Electronique Appliquée, Electromécanique sous
Simscape & SimPowerSystems (Matlab/Simulink)

Mohand Mokhtari • Nadia Martaj

Electronique Appliquée, Electromécanique sous Simscape & SimPowerSystems (Matlab/Simulink)

Mohand Mokhtari
e-Xpert Engineering
Paris
France

Nadia Martaj
Université Paris X
Pôle Scientifique et Technologique
Ville d'Avray
France

Please note that additional material for this book can be downloaded from
http://extras.springer.com
Password: 978-3-642-24200-7

ISBN 978-3-642-24200-7   ISBN 978-3-642-24201-4 (eBook)
DOI 10.1007/978-3-642-24201-4
Springer Heidelberg New York Dordrecht London

Library of Congress Control Number: 2012941507

© Springer-Verlag Berlin Heidelberg 2012
This work is subject to copyright. All rights are reserved by the Publisher, whether the whole or part of the material is concerned, specifically the rights of translation, reprinting, reuse of illustrations, recitation, broadcasting, reproduction on microfilms or in any other physical way, and transmission or information storage and retrieval, electronic adaptation, computer software, or by similar or dissimilar methodology now known or hereafter developed. Exempted from this legal reservation are brief excerpts in connection with reviews or scholarly analysis or material supplied specifically for the purpose of being entered and executed on a computer system, for exclusive use by the purchaser of the work. Duplication of this publication or parts thereof is permitted only under the provisions of the Copyright Law of the Publisher's location, in its current version, and permission for use must always be obtained from Springer. Permissions for use may be obtained through RightsLink at the Copyright Clearance Center. Violations are liable to prosecution under the respective Copyright Law.
The use of general descriptive names, registered names, trademarks, service marks, etc. in this publication does not imply, even in the absence of a specific statement, that such names are exempt from the relevant protective laws and regulations and therefore free for general use.
While the advice and information in this book are believed to be true and accurate at the date of publication, neither the authors nor the editors nor the publisher can accept any legal responsibility for any errors or omissions that may be made. The publisher makes no warranty, express or implied, with respect to the material contained herein.

Printed on acid-free paper

Springer is part of Springer Science+Business Media (www.springer.com)

Table des matières

Chapitre 1 – Prise en main de Simscape

I. Introduction 2

II. Mesure de paramètres des circuits RC et RLC 4
    II.1. Mesure de tension, de courant dans un circuit RC 4
    II.2. Modélisation de résistance, capacité et inductance 11

III. Transistor à effet de champ, modélisation, en petits signaux 20

IV. Montages à amplificateur opérationnel 23
    IV.1. Montage differentiel 23
    IV.2. Modélisation d'un amplificateur opérationnel 24
    IV.3. Amplificateur non inverseur 25
    IV.4. Montage sommateur 27

V. Systèmes mécaniques de translation et de rotation 28
    V.1. Mouvement de translation 28
    V.2. Mouvement de rotation 32

VI. Système magnétique 34
    VI.1. Force magnétomotrice et reluctance 35
    VI.2. Réluctance variable 36
    VI.3. Convertisseur électromagnétique 37
    VI.4. Actionneur à réluctance variable 39

VII. Circuits électromécaniques 40
    VII.1. Exemple d'un moteur à courant continu (DC Motor) 40
    VII.2. Ajout de moments d'inertie et couple de frottements 43

VIII. Systèmes électroniques 44
    VIII.1. Circuit astable à portes NAND 44
    VIII.2. Amplificateurs à transistors 46

Chapitre 2 - Librairies de Simscape

I. La librairie « Foundation Library » 51
    I.1. Electrical 51
    I.2. Physical Signals 69
    I.3. Magnetic 81
    I.4. Mechanical 92
    I.5. Thermal 101

II. Utilities 108

III. SimElectronics 110
    III.1. Actuators & Drivers 111
    III.2. Integrated circuits 140
    III.3. Passive Devices 154
    III.4. Semiconductor Devices 164
    III.5. Additional Components 173
    III.6. Sensors 186

Chapitre 3 - Applications de Simscape

I. Schéma interne de l'amplificateur opérationnel 192
    I.1. Schéma à 20 transistors bipolaires 192
    I.2. Schéma à 6 transistors bipolaires 193

II. Applications des amplificateurs opérationnels 195
    II.1. Sommateur et différentiateur 197
    II.2. Amplificateur d'instrumentation 200
    II.3. Les multivibrateurs 204

III. Oscillateurs rectangulaires 208
    III.1. Circuits à portes logiques 208
    III.2. Astable à transistors 216

IV. Oscillateurs sinusoïdaux 218
    IV.1. Oscillateur à pont de Wien 218
    IV.2. Oscillateur à déphasage 220
    IV.3. Oscillateur LC 223

V. Filtres actifs 232
    V.1. Filtre actif passe bas du 1er ordre 232
    V.2. Filtre actif passe bande 234
    V.3. Filtrage passe bas du 2nd ordre 237

VI. Générateurs de signal PWM 239
    VI.1. Comparaison d'un triangle à une constante 239
    VI.2. Signal PWM modulé 243

VII. Oscillateurs à quartz 244
    VII.1. Oscillateur Pierce sinusoïdal 246
    VII.2. Oscillateur Pierce rectangulaire 247

VIII. Régulateur PI et PID analogiques 248
    VIII.1. Régulateur PI 248
    VIII.2. Régulateur PID 254

IX. Commande d'éléments de puissance 258
    IX.1. Amplificateur opérationnel et transistor bipolaire 258
    IX.2. Demi pont en H 259
    IX.3. Demi pont en H bidirectionnel 262
    IX.4. Pont en H 269

X. Modulation et démodulation d'amplitude 272
    X.1. Bloc Multiplier 272
    X.2. Modulation d'amplitude 273
    X.3. Démodulation 276

XI. Circuit inverseur SN 7404 de Texas Instruments 281

XII. Systèmes électromécaniques 283
    XII.1. Mouvement de translation 283
    XII.2. Mouvement de rotation 289
    XII.3. Mouvement mixte 289

Chapitre 4 - Le langage Simscape

I. Introduction 296

II. Création de composants 297
    II.1. Différentes sections d'un programme 297
    II.2. Librairie générée par Simscape 298
    II.3. Applications 306
    II.4. Protection du code 319

III. Héritage et classes 320

Chapitre 5 - Applications du langage Simscape

I. Modélisation d'un transistor à effet de champ 328

II. Modélisation d'un moteur DC à excitation séparée 331

III. Modélisation d'un transistor bipolaire NPN 334

IV. Modélisation d'une charge mécanique 336

V. Schéma de Giacoletto d'un transistor bipolaire 339

VI. Modélisation d'un régulateur PID analogique 342

VII. Les différents répertoires et fichiers 345

Chapitre 6 - Prise en main de SimPowerSystems

I. Circuit passe bande avec circuit LC série 350

II. Modélisation de quelques composants électroniques 352
II.1. Circuit RLC avec simulation de la capacité et de l'inductance 352
II.2. Modélisation d'état et commande power_analyze 356
II.3. Simulation d'une résistance non linéaire 361

III. Modélisation d'un amplificateur opérationnel 369
III.1. Amplificateur inverseur 369
III.2. Montage intégrateur 370
III.3. Oscillateur à pont de Wien 371

IV. Filtrage analogique 373
IV.1. Caractéristiques du filter 373
IV.2. Analyse temporelle et fréquentielle de la sortie du filter 376

V. Redresseur à 2 diodes et transformateur avec secondaire à point milieu 379

VI. Systèmes triphasés 381
VI.1. Mesures triphasées 381
VI.2. Transmission triphasée par ligne en PI 383
VI.3. Redressement triphasé 385

VII. Moteur à courant continu 388

VIII. Régulation analogique 389

IX. Utilisation de l'IGBT 390

X. Moteur à courant continu régulé en vitesse 391

XI. Charge et décharge d'une batterie 393

XII. Application du MOSFET de puissance 395

Chapitre 7 - Librairies de SimPowerSystems

I. Introduction 400

II. Librairie Electrical Sources 401

III. Librairie Elements 405
III.1. Catégorie Elements 406
III.2. Applications 409
III.3. Connexion des capacités 414
III.4. Catégorie Lines 417

IV. Librairie Measurements 420
IV.1. Charge et décharge d'un condensateur 422
IV.2. Mesures par le bloc Multimeter (multimètre) 425
IV.3. Mesure triphasée, blocs RMS et Fourier 429

V. Librairie Power Electronics 441
V.1. Les composants de puissance 441
V.2. Applications 442

VI. Applications Librairies 456
VI.1. Electric Drives Library 456
VI.2. Flexible AC Transmission Systems, FACTS Library 459

VII. Librairie Extra Library 460
VII.1. Régulation discrète d'un processus analogique 461
VII.2. Blocs Measurements 463
VII.3. Mesure de puissance active et réactive 465

VIII. Librairie Machines 469
VIII.1. Moteur synchrone 470
VIII.2. Moteur à courant continu 473

IX. Le bloc Powergui et son interface graphique 474
IX.1. Analyse d'un circuit électrique 475
IX.2. Analyse en régime permanent 490
IX.3. Analyse fréquentielle 492
IX.4. Modélisation d'état électrique d'un circuit 494
IX.5. Mesure d'impédance 502
IX.6. Autres fonctionnalités du bloc powergui 506
IX.7. Représentation d'un système triphasé en notation phaseur ... 515

Chapitre 8 – Applications de SimPowerSystems

I. Introduction 524

II. Régulation de vitesse d'un moteur à courant continu 524

III. Analyse d'un circuit RLC 526
III.1. Modélisation d'état 526
III.2. Retour d'état 529
III.3. Régulation de la tension u et du courant i 531

IV. Hacheur série et parallèle 532
IV.1. Hacheur série 532
IV.2. Régulation PID du courant de sortie du hacheur série 537
IV.3. Hacheur parallèle 541

V. Onduleur 547
V.1. Onduleur monophasé 547
V.2. Onduleur triphasé 558

VI. Redresseurs 560
VI.1. Redressement monoalternance à 1 thyristor 560
VI.2. Charge inductive avec force électromotrice 562
VI.3. Redressement triphasé par pont de Graëtz à diodes 564

VII. Commande de machines à courant continu 567
VII.1. Driver DC3 567
VII.2. Commande PWM par pont en H à MOSFETs 569

VIII. Moteur asynchrone 571
VIII.1. Moteur asynchrone en boucle ouverte 572
VIII.2. Régulation de la vitesse par le bloc PID de Simulink 577
VIII.3. Utilisation du driver AC4 580

IX. Moteur synchrone 583
IX.1. Moteur en boucle ouverte 584
IX.2. Etude du driver AC6 PM Synchronous Motor Drive 585

X. Systèmes triphasés 588
X.1. Système triphasé équilibré 588
X.2. Séquences ou composantes symétriques de Fortescue 592
X.3. Relations entre le système triphasé et diphasique 599

Annexe 1 - Les fonctions Callbacks

I. Définition des fonctions Callbacks 606
I.1. Fonctions Callbacks liées à un modèle Simulink et un bloc 606
I.2. Fonctions Callbacks liées à un bloc 619

II. Aide pour les fonctions Callbacks 625

III. Programmation des Callbacks avec la commande set_param 626

IV. Autres façons de programmer des Callbacks et fichier startup 630
IV.1. Ouverture automatique des oscilloscopes 630
IV.2. Evaluation des Callbacks programmés dans un modèle Simulink 631
IV.3. Liste des Callbacks liés à un modèle Simulink 631
IV.4. Liste des Callbacks liés à un bloc 632
IV.5. Fichier startup 633

Annexe 2 – Masquage ou encapsulation de blocs

I. Etapes de masquage d'un ensemble de blocs 638
    I.1. Sous-système 638
    I.2. Masquage de sous-systèmes 641

II. Masques dynamiques 648
    II.1. Programmation du sinus cardinal 648
    II.2. Programmation du signal PWM 649

III. Création du masque 651
    III.1. Onglet Icon & Ports 651
    III.2. Onglet Parameters 652
    III.3. Onglet Initialization 655
    III.4. Onglet Documentation 656

Références bibliographiques

Ouvrages 659

Ressources Internet 660

Logiciel de dessin utilisé 660

Index 661

Avant-propos

Ce livre s'adresse tant aux Ingénieurs, qu'aux chercheurs, professeurs et étudiants.

Il est consacré essentiellement aux outils Simscape et SimPowerSystems utilisés dans les domaines de l'électronique, l'électronique de puissance, l'électromécanique.

Simscape est une extension à Simulink pour modéliser des systèmes physiques dans les domaines électriques, mécaniques, et thermiques, etc. Contrairement à Simulink, basé sur la notion de fonction de transfert ou des entrées-sorties d'un système, les composants de Simscape sont décrits par les relations mathématiques qui relient ses grandeurs physiques.

Simscape possède, dans sa librairie Foundation Library/Electrical, des composants électriques de base comme la résistance, capacité ou inductance. L'outil additionnel SimElectronics dispose de composants plus élaborés, tels des circuits intégrés ou des transistors bipolaires ou à effet de champ.

Le système physique qui utilise des connections physiques (comme le couple ou la vitesse pour un moteur) peut être directement relié à un modèle Simulink pour le contrôle de ces signaux physiques.

Simscape dispose d'un langage qui permet de créer d'autres composants personnalisés selon les besoins de l'utilisateur dans son propre domaine physique. Ce langage est basé sur la programmation textuelle orientée objets de Matlab.
Ces composants peuvent être créés à partir des programmes des composants déjà présents dans la librairie Foundation Library.

Grâce à ce langage orienté objets, Simscape permet la création textuelle de nouveaux composants et domaines que l'on peut utiliser dans l'environnement Simulink.

Simscape permet aussi de créer des systèmes multi-domaines (comme le moteur à courant continu avec sa partie électrique d'induit et mécanique sur lequel on peut insérer des couples d'inertie, frottements et faire des mesures de vitesse, couple, etc.).

SimPowerSystems, une autre extension de Simulink, permet la modélisation et la simulation des circuits électriques de puissance. Cet outil fournit des composants de puissance comme les machines triphasées (synchrones, asynchrones, etc.), les systèmes de production d'énergie (éoliennes, alternateurs, etc.), les systèmes de transmission (lignes, FACTS, …).

SimPowerSystems offre la possibilité d'analyser les systèmes électriques de puissance comme l'analyse harmonique, le calcul du taux d'harmonique (THD). Leur simulation dans l'environnement Simulink peut être réalisée en mode continu, discret ou phaseurs. Les modes discrets et phaseurs permettent une exécution plus rapide du modèle.

Ces systèmes électriques de puissance peuvent être en courant alternatif, continu ou mixte. Comme Simscape, SimPowerSystems, développé par la société Hydro-Québec de Montréal, est bâti autour de bibliothèques de composants propres aux applications d'électronique de puissance.

Ces bibliothèques peuvent être classées en 5 catégories :
- sources électriques de tension et de courant mono et triphasées,
- éléments comme les branches et charges RLC, les lignes de transmission et transformateurs,
- machines comme les moteurs alternatifs et à courant continu, régulateurs,
- Composants d'électronique de puissance (thyristor, IGBT, MOSFET, etc.),
- Mesures de tension, courant, multimètre, etc.

Chapitre 1

Prise en main de Simscape

I. Introduction
II. Mesure de paramètres des circuits RC et RLC
    II.1. Mesure de tension, de courant dans un circuit RC
    II.2. Modélisation de résistance, capacité et inductance
        III.2.1. Modélisation de résistance
        III.2.2. Modélisation de capacité
        III.2.3. Modélisation d'inductance
III. Modélisation, en petits signaux, d'un transistor à effet de champ
IV. Montages à amplificateur opérationnel
    IV.1. Montage différentiel
    IV.2. Modélisation d'un amplificateur opérationnel
    IV.3. Amplificateur non inverseur
    IV.4. Montage sommateur
V. Systèmes mécaniques de translation et de rotation
    V.1. Mouvement de translation
    V.2. Mouvement de rotation
        V.2.1. Mouvement libre
        V.2.2. Réponse à un créneau de couple
VI. Système magnétique
    VI.1. Force magnétomotrice et réluctance
    VI.2. Réluctance variable
    VI.3. Convertisseur électromagnétique
    VI.4. Actionneur à réluctance variable
VII. Circuits électromécaniques
    VII.1. Exemple d'un moteur à courant continu (DC Motor)
    VII.2. Ajout de moments d'inertie et couple de frottements
VIII. Systèmes électroniques
    VIII.1. Circuit astable à portes NAND
    VIII.2. Amplificateurs à transistors

I. Introduction

Simscape, un langage multidomaine, est une extension de Simulink pour modéliser les systèmes électroniques, mécaniques, hydrauliques et thermiques.
Les blocs des librairies de Simscape représentent ainsi des composants tels, des résistances, transistors, moteurs, etc. Simscape comprend plusieurs librairies, telles celle relative à l'électricité, la thermique, la mécanique ou l'hydraulique.

Comme le nombre de ces blocs ne peut couvrir l'ensemble de ceux utilisés dans l'Ingénierie, Simscape donne la possibilité à l'utilisateur de créer ses propres composants physiques à partir de ceux déjà présents dans la bibliothèque Foundation Library.
Pour cela, on utilise le langage de Simscape avec lequel on programme les équations mathématiques régissant les signaux d'entrée et de sortie du composant.

De même, les paramètres des composants existants peuvent être paramétrés selon les besoins de l'utilisateur.

Si on prend l'exemple d'un moteur électrique à courant continu, en double-cliquant sur son bloc, nous avons des valeurs par défaut, comme ses paramètres électriques (résistance et self d'induit, etc.) ou mécaniques (couples résistants, etc.) que nous pouvons modifier selon l'utilisation.

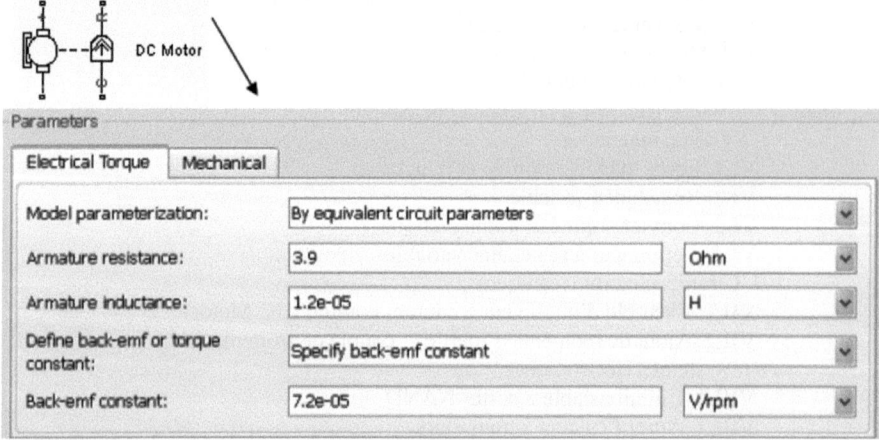

Les librairies de Simscape sont représentées comme suit, dans le browser de Simulink. Nous pouvons remarquer, entre autres, 4 librairies :
- SimDriveLine   : systèmes de transmission (véhicule en particulier),
- SimElectronics   : systèmes électroniques,
- SimHydraulics   : systèmes hydrauliques,
- SimMechanics   : systèmes mécaniques.

Dans cet ouvrage, nous étudierons la prise en main, principalement, des domaines Electrical, Mechanical, Magnetic et, dans une moindre mesure, les éléments du domaine Thermic.

Prise en main de Simscape

On peut utiliser les blocs de Simscape à partir du browser de Simulink comme suit :

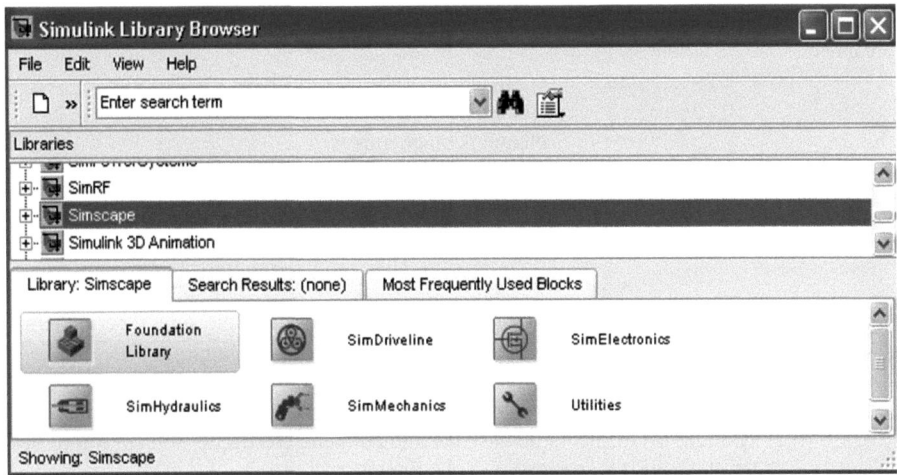

On affiche directement la librairie Simscape en utilisant la commande suivante, à partir du prompt de Matlab.

```
>> simscape
```

Nous obtenons la fenêtre suivante dans laquelle nous pouvons accéder facilement aux différentes librairies de Simscape.
Nous allons utiliser exclusivement les 3 bibliothèques suivantes :

- Foundation Library,
- SimElectronics,
- Utilities.

A partir de la commande précédente, nous obtenons la fenêtre suivante :

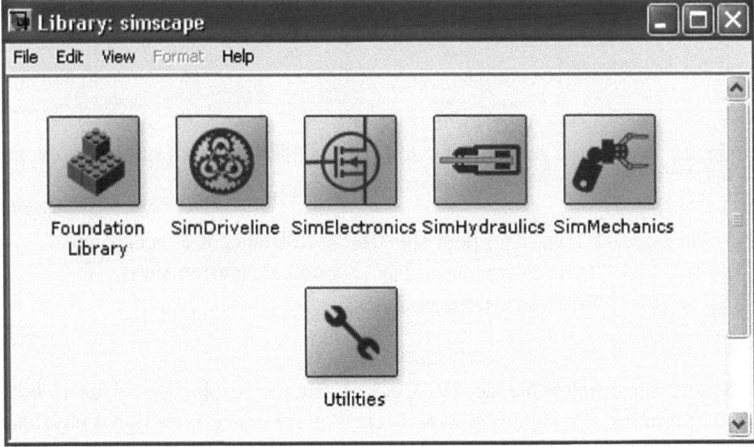

II. Mesure de paramètres des circuits RC et RLC

La librairie multidomaine de base, Foundation Library, contient les bibliothèques suivantes :

        Electrical : éléments de base de l'électricité,
        Hydraulic :   éléments hydrauliques,
        Magnetic : éléments magnétiques,
        Pneumatic : éléments pneumatiques,
        Thermal :   composants de thermique,
        Mechanical : éléments mécaniques.

Physical Signals : cette bibliothèque contient les signaux physiques permettant de passer d'un domaine à un autre parmi les précédents en passant par Simulink.

Comme il est vu dans le chapitre « Librairies de Simscape », la librairie Electrical contient les éléments de base dans le domaine électrique, sous la forme des 3 bibliothèques : les éléments, les générateurs et les capteurs.

La librairie Physical Signals contient :

- des opérateurs (somme, différence, produit ...) des signaux physiques,
- un opérateur Intégral d'un signal physique de Simscape,
- deux tables d'interpolation 1D et 2D,
- des opérateurs non linéaires (seuil, valeur absolue, floor, etc.),
- une source de type PS se réduisant à une simple constante.

II.1. Mesure de tension, de courant dans un circuit RC

Considérons le circuit RC, très simple, suivant.

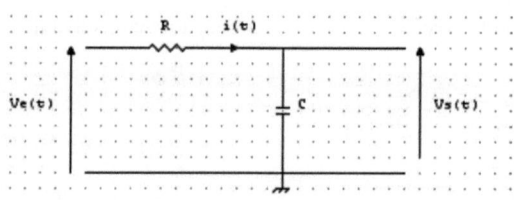

Pour l'étude de ce circuit, nous allons utiliser les bibliothèques suivantes de la librairie Electrical:

- Electrical Elements pour spécifier la résistance R et la capacité C,
- Electrical Sources pour utiliser la source de tension Ve(t),
- Electrical Sensors pour la mesure de la tension de sortie Vs(t) et du courant i(t).

Nous appliquons un échelon Ve de 5V. Ceci se fait par le bloc Step de la bibliothèque Sources de Simulink. Ce signal, de type S est d'abord converti en signal physique de type

PS pour Physical Signal. Pour obtenir une tension en Volts qu'on applique au circuit, nous devons passer par une source contrôlée de tension (Controlled Voltage Source).

Nous commençons d'abord par la construction du circuit à l'aide de composants physiques de Simscape.

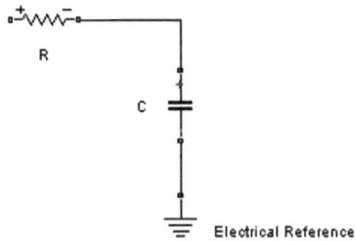

En double-cliquant sur chacun des composants, nous spécifions une variable qui le définit, et à laquelle on donne une valeur numérique dans une fonction Callback comme InitFcn de l'étape d'initialisation du modèle Simulink.

On peut aussi mettre des valeurs en dur, comme la valeur en Ω (Ohm) pour une résistance, F (Farad) pour une capacité et Henry (H) pour une inductance.

Nous appliquons 2 échelons au circuit RC, un échelon positif de hauteur 5V à l'instant t=0, puis un échelon négatif, de hauteur -3V à t=12.

Cette suite d'échelons est générée par le bloc Signal Builder.
Ce signal de Simulink est d'abord transformé en signal physique (PS) de Simscape par le convertisseur Simulink -> Physical System (PS) et que nous transformons ensuite en tension par la source de tension contrôlée (Controlled Voltage Source) de la bibliothèque Simscape/Electrical/Electrical Sources.

Dans le modèle suivant, nous avons utilisé 2 voltmètres (Voltage Sensor) pour la mesure de la tension d'entrée (à la suite de la source contrôlée de tension) et un autre pour mesurer la tension aux bornes de la capacité.

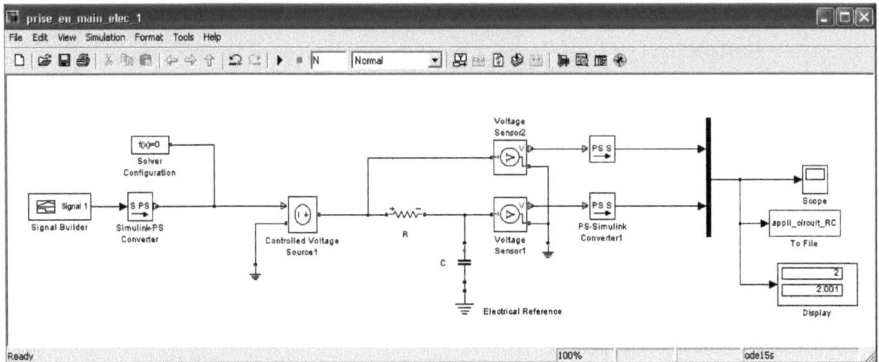

Pour chaque fenêtre de Simscape, nous devons associer un et un seul bloc solveur `f(x)=0`. Ce bloc permet de spécifier les paramètres du solveur utilisé pour la simulation du modèle Simulink comportant des composants physiques de Simscape.

Remarquons que si l'on veut mettre les signaux physiques de Simscape dans le multiplexeur, nous devons les transformer en signaux de Simulink par le convertisseur PS→S (bibliothèque `Utilities`).

Grâce à l'option `File/Model Properties/Callbacks`, nous pouvons programmer les commandes à effectuer par Simulink au début et à la fin de la simulation.

- la fonction `Callback InitFcn` (fonction d'initialisation), dans laquelle on spécifie les valeurs numériques des composants. Cette fonction est appelée au début de la simulation.

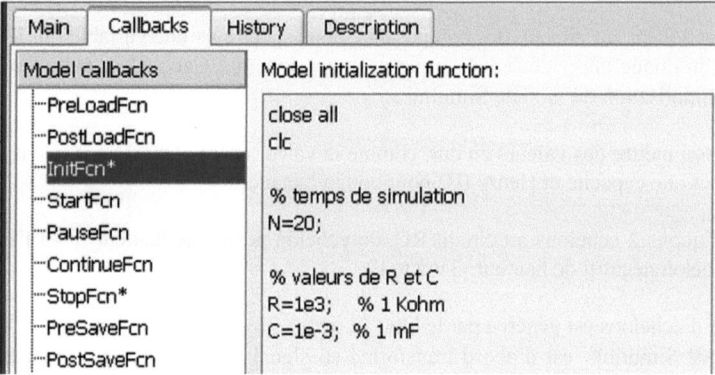

- La fonction Callback `StopFcn` (fin de la simulation) permet, à la fin de la simulation, de lire le fichier binaire `appli_circuit_RC.mat` et de tracer les différentes courbes.

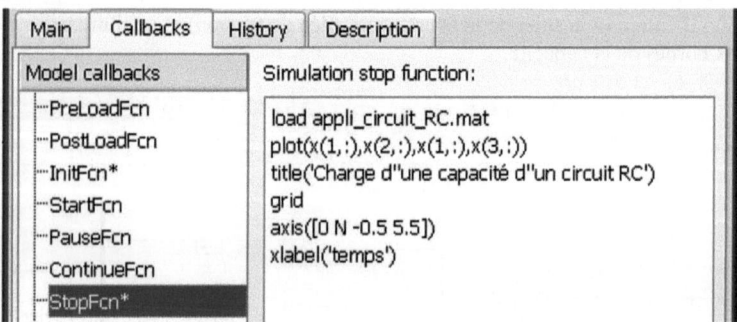

La programmation de cette fonction Callback `StopFcn` permet de lire le fichier binaire `appli_circuit_RC.mat` et de tracer les différentes courbes : la tension d'entrée, celle aux bornes de la capacité.

La 1ère composante du vecteur d'un fichier binaire, soit x(1, :), est toujours le temps de simulation.

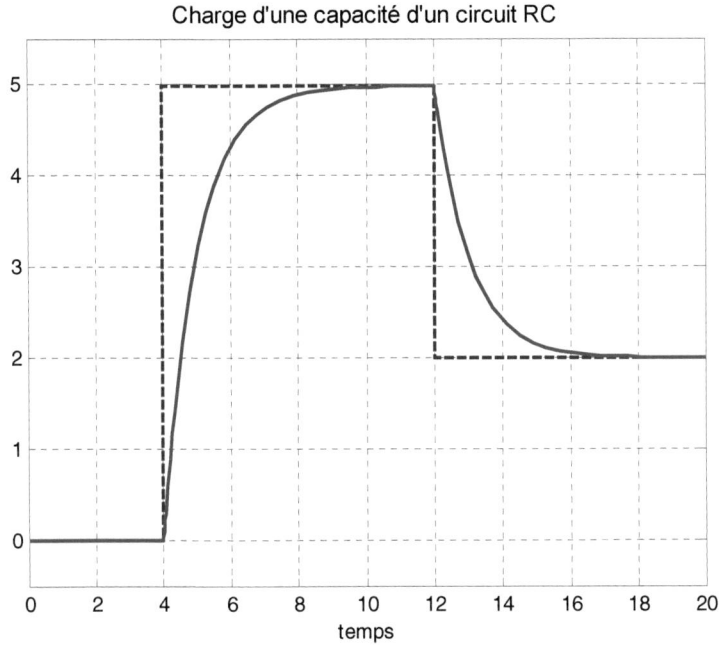

Si nous voulons mesurer le courant traversant le circuit RC, nous utilisons un ampèremètre ou capteur de courant de la même bibliothèque que le voltmètre ou capteur de tension (`Simscape/Electrical/Electrical Sensors`).

Nous mettons cet ampèremètre en série avec la capacité.

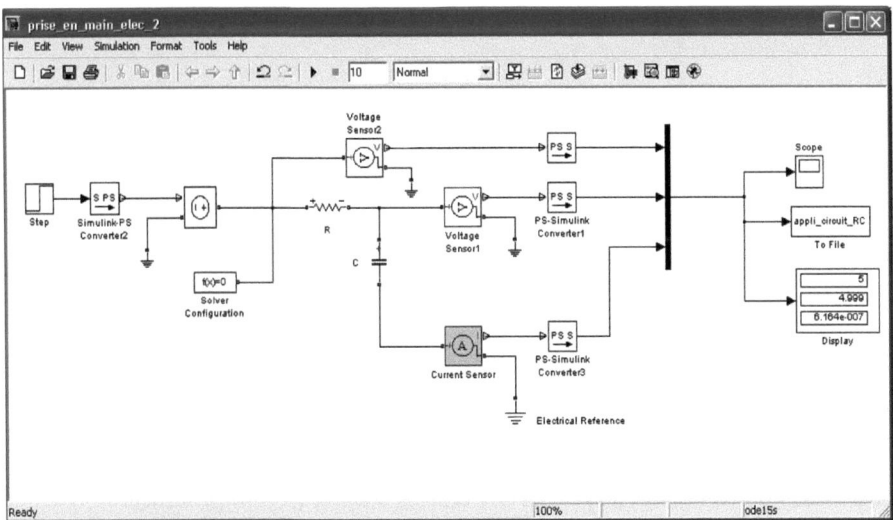

En double cliquant sur le convertisseur PS→S, nous pouvons choisir l'unité de la grandeur à mesurer (ici A pour Ampère) ou mettre 1 pour ne pas avoir d'erreur dans le choix d'unité.

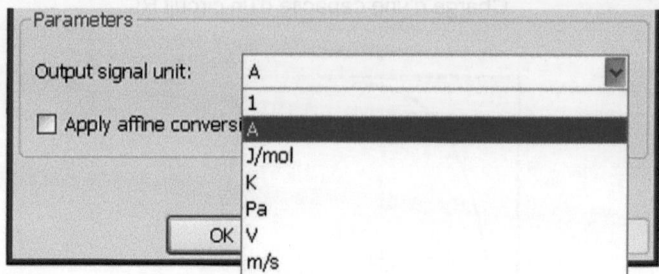

Grâce à la fonction `plotyy`, nous traçons, simultanément, la tension aux bornes de la capacité C et le courant qui la traverse dans le même graphique à 2 axes d'ordonnées différents.
Cette commande est programmée dans la fonction Callback `StopFcn` après la lecture du fichier binaire `appli_circuit_RC.mat`.

```
load appli_circuit_RC.mat
plotyy(x(1,:),x(3,:),x(1,:),x(4,:))
title('Tension aux bornes de C et courant dans le circuit')
grid, axis([0 10 -0.5 5.5])
xlabel('temps')
```

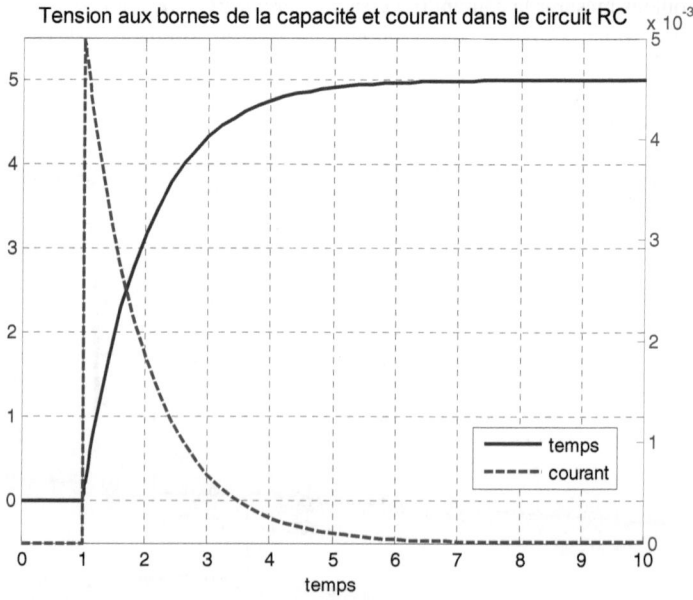

Le courant fait un saut de $U_0/R = 5$ mA, avant d'évoluer exponentiellement vers 0 lorsque le condensateur devient chargé à la valeur de l'échelon d'entrée (régime permanent).

Prise en main de Simscape

On s'intéresse ensuite à retrouver les courbes précédentes par le cas inverse, celui de l'injection du courant I dans le circuit RC.

Le courant I est obtenu comme la 3ème composante du vecteur résultat de la lecture du fichier binaire `appli_circuit_RC.mat` de l'application précédente. Cette composante est obtenue grâce au bloc `Fcn` de Simulink.

Nous vérifions bien que nous avons bien le même courant I par l'oscilloscope suivant :

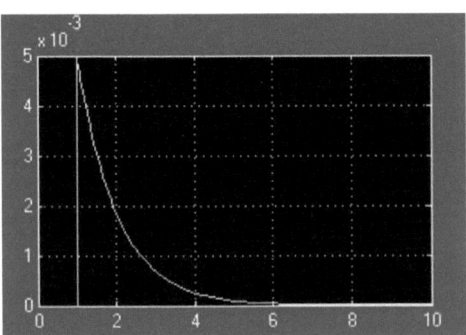

On se propose de retrouver la tension d'entrée en injectant le même courant I que précédemment dans le circuit RC.

Ceci se fait par la commande, par ce même courant, d'une source de courant contrôlée (`Controlled Current Source`) de la bibliothèque `Electrical Sources`.

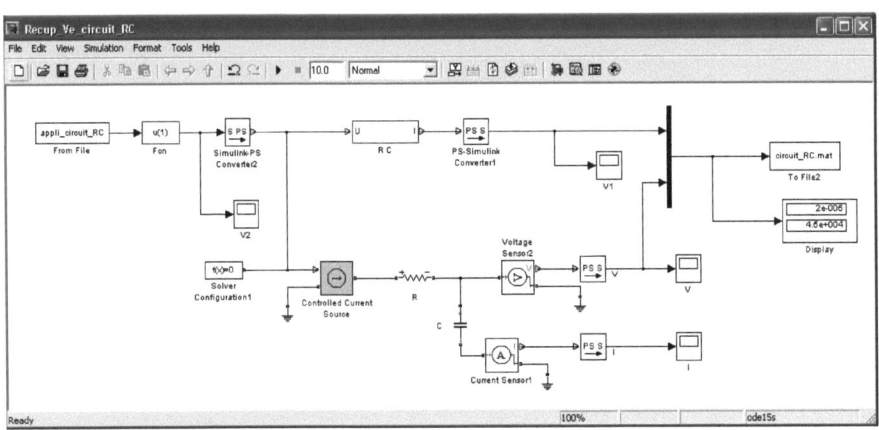

On récupère la tension aux bornes de C à l'aide d'un voltmètre branché en parallèle et d'un ampèremètre en série.

Le sous-système PS➔V permet de passer du signal physique de tension au signal Simulink de la même tension. Seul le type a changé pour que le signal physique du circuit entre dans le multiplexeur en tant que signal de Simulink.

Le sous-système PS➔I réalise la même fonction pour le courant i(t).

Ces sous-systèmes possèdent une entrée de type PS (Physical Signal) et une sortie de type S (Simulink) dans le tableau suivant.

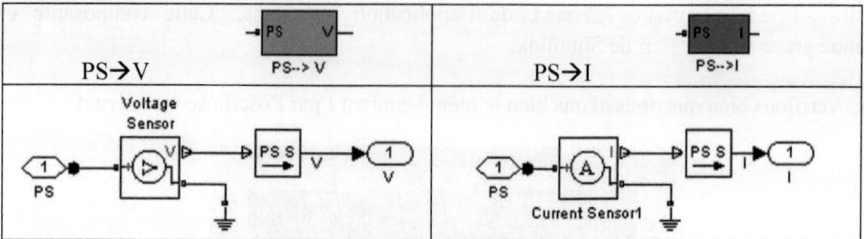

Les lignes de commandes suivantes programmées dans la fonction Callback StopFcn permettent de lire le fichier binaire `circuit_RC.mat` et de tracer le courant I et la tension aux bornes de C dans le même graphique à deux axes d'ordonnées différents.

```
load circuit_RC.mat
plotyy(y(1,:),y(2,:),y(1,:),y(3,:))
title('Tension aux bornes de C et courant I dans le circuit RC')
grid
axis([0 10 -0.5 5.5])
xlabel('temps')
```

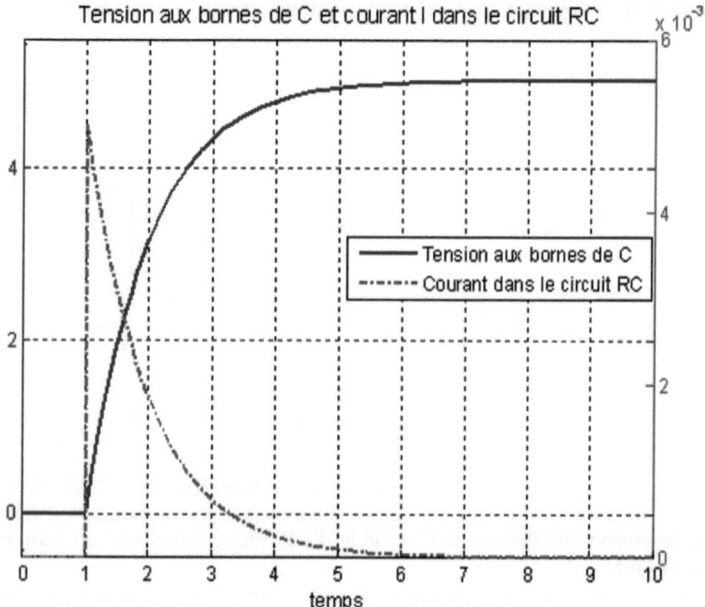

Nous retrouvons les mêmes courbes que dans l'application précédente. Dans le modèle suivant, nous appliquons un échelon de tension d'amplitude 5V.

Le courant i(t) dans le circuit RC est calculé par l'expression suivante : $i(t) = \dfrac{u(t)}{R + \dfrac{1}{Cp}}$

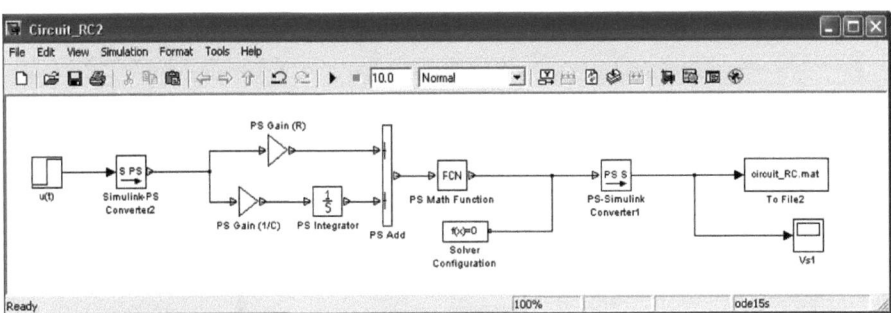

Le bloc FCN, de la librairie Foundation Library/Physical Signals/Functions), réalise l'inverse de ($R + \dfrac{1}{Cp}$).

La résistance R et le terme $\dfrac{1}{C}$ sont définis par des gains PS Gain de la même librairie de Simscape, R et C étant spécifiés dans la fonction Callback InitFcn.

II.2. Modélisation de résistance, capacité et inductance

II.2.1. Modélisation de résistance

La modélisation d'une résistance se fait à travers la tension à ses bornes qui est programmée comme le produit du courant I qui la traverse par sa valeur R que l'on spécifie comme entrée du sous-système.

Ce produit R I, constitue alors la tension aux bornes de la résistance, entre les bornes + et – (loi d'Ohm).
Ceci se fait en plaçant à l'entrée une source de tension contrôlée par le produit R.I.

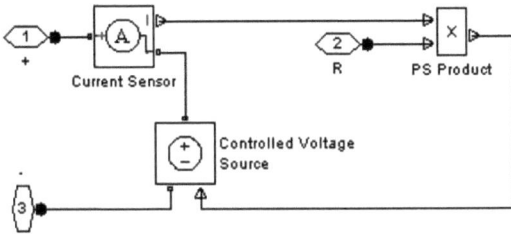

Le bloc, modélisant la résistance, est représenté par le schéma suivant dans lequel la résistance entre les bornes + et – est spécifiée par la valeur appliquée à l'entrée R.

12 Chapitre 1

Dans le modèle suivant, le bloc `Simul_R`, commandé par la constante de valeur 5, représente une résistance de même valeur que cette constante, soit 5 Ω.
Aux bornes de cette résistance nous appliquons une tension sinusoïdale d'amplitude 1V.
Le courant qui circule dans cette résistance simulée est mesuré grâce à l'ampèremètre `Current Sensor`.

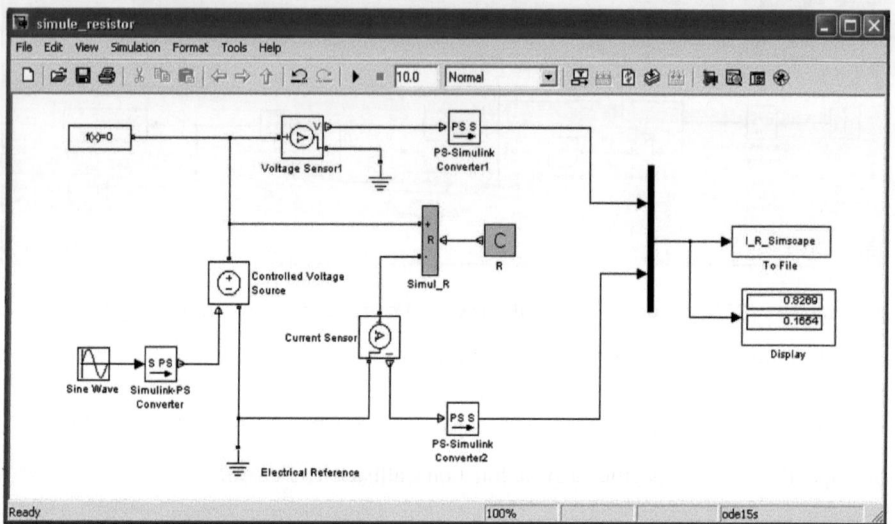

Les courbes tracées dans la fonction Callback `StopFcn`, nous montrent que la résistance simulée `Simul_R` vaut bien 5 Ω. La courbe de courant d'amplitude de 0.2A, qui correspond bien à 1V/5 Ω, est de même fréquence que la tension sinusoïdale appliquée, sans aucun déphasage ; ce qui est bien le principe d'une résistance.

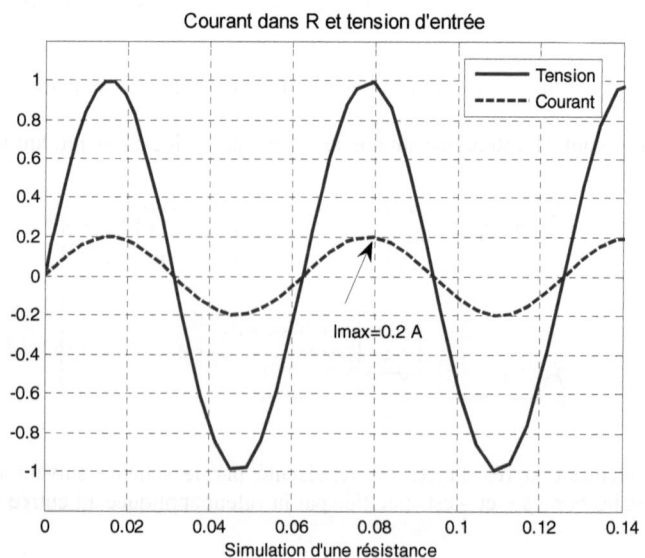

Nous pouvons obtenir n'importe quel type de résistance non linéaire, comme dans le cas suivant d'une résistance exponentielle :

$$R(t) = 5\ e^{5t}$$

Cette valeur de résistance, variant exponentiellement, est obtenue par le produit de la constante R par le bloc `PS Math Function` dans laquelle on choisit `exp(u)` dans son menu déroulant, avec comme entrée le temps multiplié par un gain égal à 5.

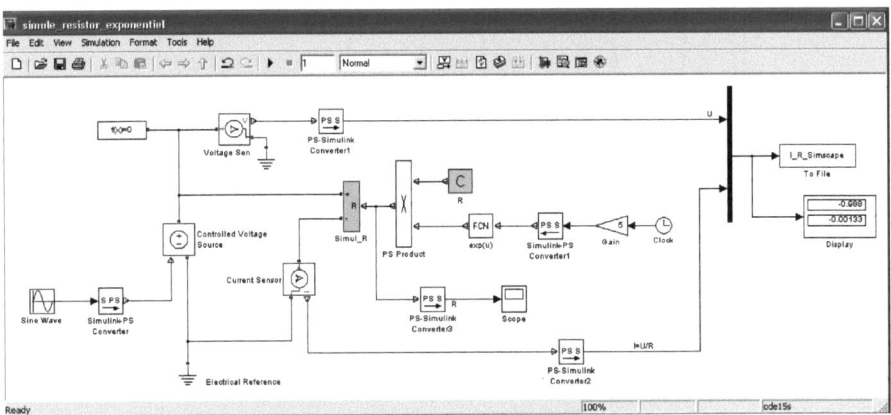

La résistance affichée dans l'oscilloscope `Scope` croît exponentiellement dans le temps, comme suit :

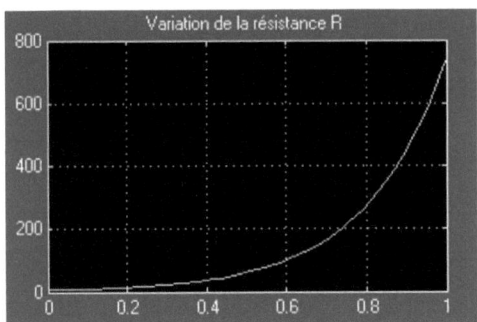

Le courant décroît exponentiellement, sans déphasage, et avec la même fréquence que la tension aux bornes de la résistance.

La figure suivante représente le courant circulant dans la résistance non linéaire et la tension à ses bornes.

Le courant est une sinusoïde amortie, de même fréquence que la tension.

La figure suivante représente la tension sinusoïdale d'entrée et le courant circulant dans la résistance R simulée.

14 Chapitre 1

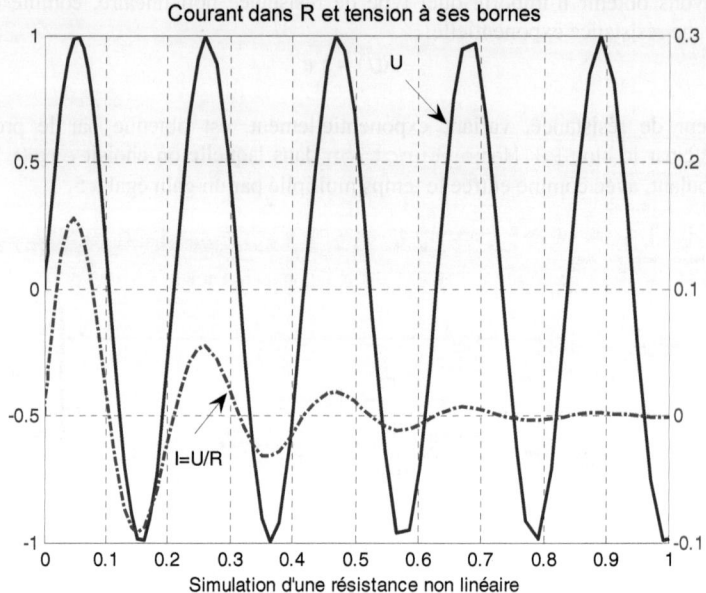

Simulation d'une résistance non linéaire

II.2.2. Modélisation de capacité

Le courant qui passe dans une capacité et la tension à ses bornes sont liés par les relations suivantes :

$$i(t) = C\frac{du(t)}{dt} \text{ ou } u(t) = \frac{1}{C}\int i(t)\,dt,$$

soit, en utilisant la transformée de Laplace, $U(p) = \frac{1}{Cp}I(p)$

Pour simuler un condensateur parfait, nous utilisons une source de tension contrôlée par le rapport de l'intégrale du courant I sur la valeur de sa capacité C.

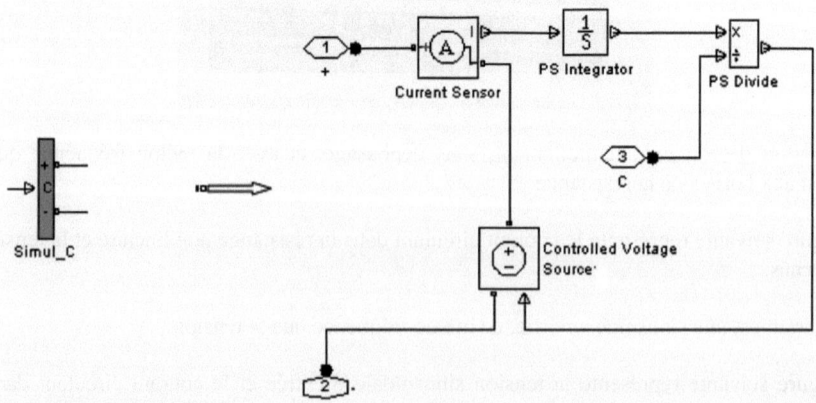

Dans le modèle suivant, nous étudions un circuit RC dont la capacité C est variable dans le temps, grâce à la table d'interpolation linéaire `PS Lookup Table (1D)`.

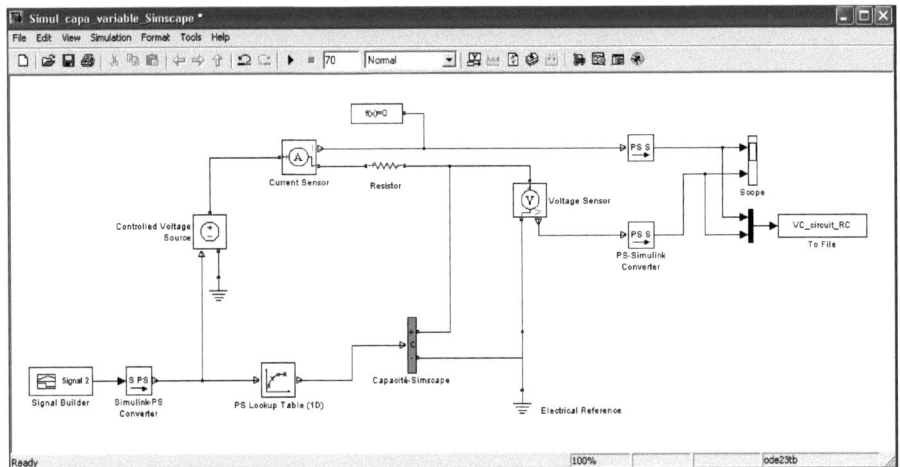

Nous appliquons au circuit RC le signal suivant, généré par le bloc `Signal Builder`.

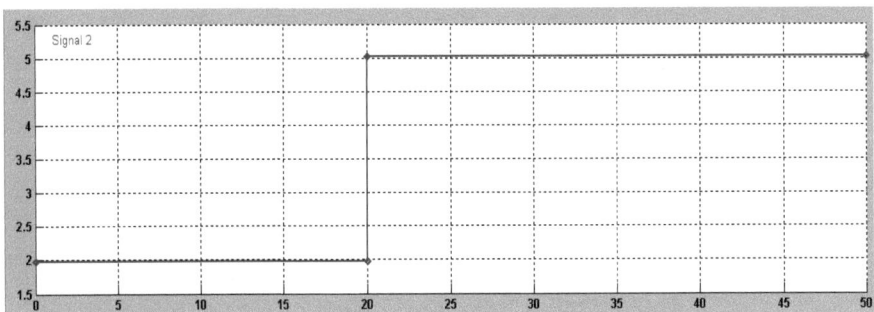

On désire que la capacité simulée prenne la valeur 1mF lorsque le signal d'entrée vaut 2V et 4 mF lorsqu'il prend la valeur de 5V. On utilise alors la table d'interpolation linéaire définie comme suit :

Parameters	
Vector of input values:	[2 5]
Vector of output values:	[1 4]*1e-3
Interpolation method:	Linear
Extrapolation method:	From last 2 points

Ainsi, entre les instants 0 et 20, la capacité valant 1mF, le circuit RC possède une constante de temps 4 fois plus faible qu'entre les instants 20 et 70.
C'est ce que nous remarquons dans la courbe suivante, obtenue grâce aux commandes spécifiées dans la fonction Callback `StopFcn`.

16   Chapitre 1

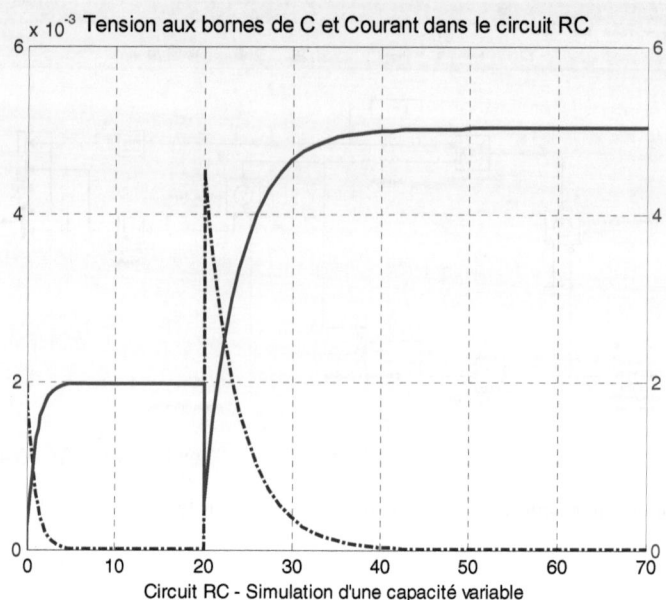

II.2.3. Modélisation d'inductance

L'intensité i(t) parcourant une inductance et la tension, à ses bornes, sont liées par les relations dynamiques suivantes :

$$u(t) = L \frac{di(t)}{dt} \text{ ou } i(t) = \frac{1}{L} \int u(t) \, dt$$

Pour simuler une bobine parfaite, nous utilisons une source de courant, contrôlée par le rapport de l'intégrale de la tension à ses bornes sur la valeur de son inductance L.

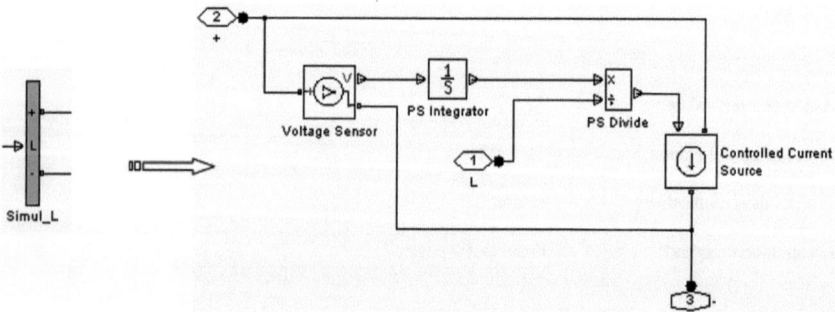

Nous nous proposons de réaliser un circuit RLC avec une résistance, une bobine et une capacité, toutes simulées.
Nous allons ensuite, comparer le résultat obtenu avec ceux d'une modélisation par fonction de transfert et l'utilisation de composants physiques de Simscape.

On s'intéresse à la réponse indicielle du circuit RLC suivant :

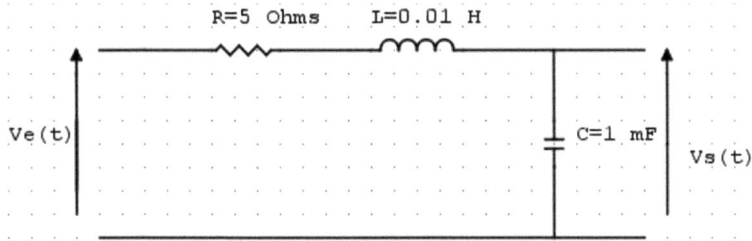

La fonction de transfert de ce circuit est donnée par :

$$H(p) = \frac{Vs(p)}{Ve(p)} = \frac{1}{1 + \frac{2\zeta}{w_0}p + \left(\frac{1}{w_0^2}\right)p^2}$$

avec $\zeta = \frac{1}{2}R\sqrt{\frac{C}{L}}$ et $w0 = \frac{1}{\sqrt{LC}}$

Les valeurs des variables R, L et C utilisées pour les simulations, la fonction de transfert et le circuit avec les composants physiques, sont spécifiées dans la fonction Callback InitFcn.

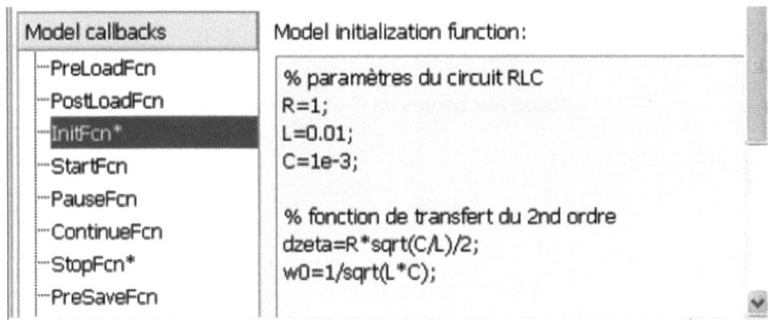

Avec les valeurs utilisées, l'amortissement du circuit vaut $\zeta = 0.1581$ et une pseudo période $T_0 = \frac{2\pi}{w_0\sqrt{1-\zeta^2}} = 0.02s$, pour les oscillations non amorties.

```
>> dzeta
dzeta =
    0.1581


>> T0=2*pi/(w0*sqrt(1-dzeta^2))
T0 =
    0.0201
```

18 Chapitre 1

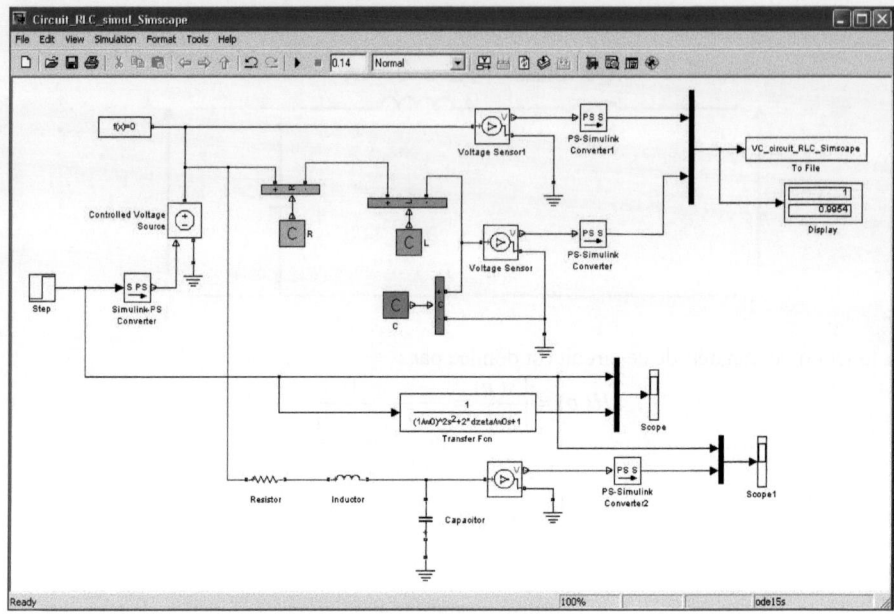

La réponse indicielle du circuit obtenu par la simulation des composants R, L et C, est tracée grâce aux commandes programmées dans la fonction Callback `StopFcn`.
La réponse de ce système sous amorti possède la pseudo période T_0 calculée ci-dessus.

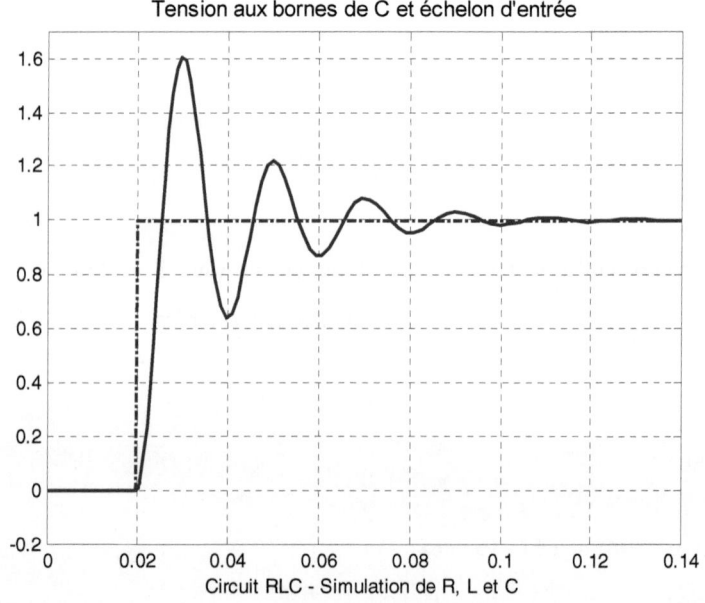

Le bloc `Transfer Fcn` contient la fonction de transfert H(p) du circuit.

Le circuit réalisé avec des composants physiques de la librairie `Electrical/Electrical Elements` de Simscape donne, aussi, la même réponse que l'on trace dans l'oscilloscope `Scope1`.

A partir de la fonction de transfert H(p) en considérant p comme l'opérateur dérivée, ou en utilisant l'additivité des tensions :

$$Ve(t) = U_C(t) + U_R(t) + U_L(t)$$

et

$$i(t) = C \frac{dU_C(t)}{dt} = C \frac{dV_s(t)}{dt}$$

Nous avons ainsi :

$$Ve(t) = Vs(t) + RC \frac{dV_s(t)}{dt} + LC \frac{d^2V_s(t)}{dt^2}$$

La tension de sortie est alors :

$$Vs(t) = Ve(t) - RC \frac{dV_s(t)}{dt} - LC \frac{d^2V_s(t)}{dt^2}$$

Par la fonction de transfert H(p), nous obtenons le même résultat en utilisant les paramètres ζ et w_0 soit :

$$Vs(t) = Ve(t) - \frac{2\zeta}{w_0} \frac{dV_s(t)}{dt} - \left(\frac{1}{w_0^2}\right) \frac{d^2V_s(t)}{dt^2}$$

Nous programmons $\frac{d^2V_s(t)}{dt^2}$ dans le modèle suivant :

$$\frac{d^2V_s(t)}{dt^2} = \frac{V_e(t) - V_s(t)}{LC} - \frac{R}{L} Vs(t)$$

$$= w_0^2 (V_e(t) - V_s(t)) - 2\zeta w0 \frac{dVs(t)}{dt}$$

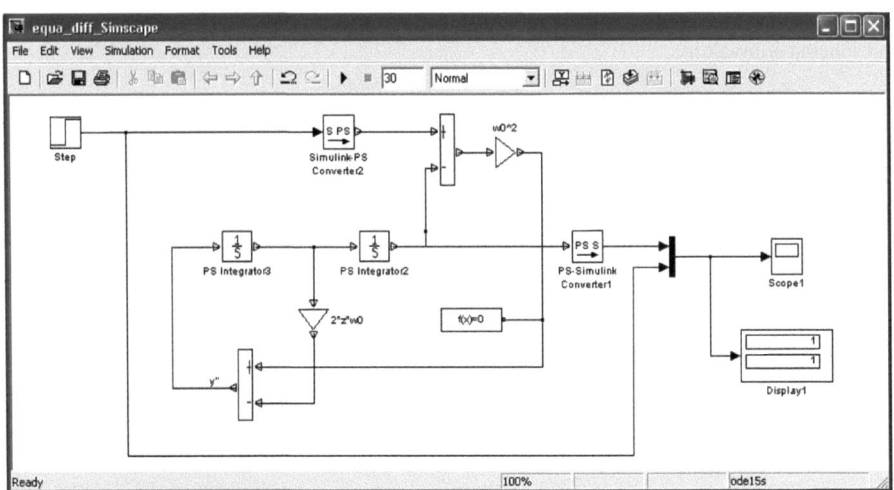

Dans ce dernier cas, nous avons spécifié un amortissement optimal, $\zeta = \sqrt{2}/2$, garantissant un temps de réponse optimal avec un gain statique unité.

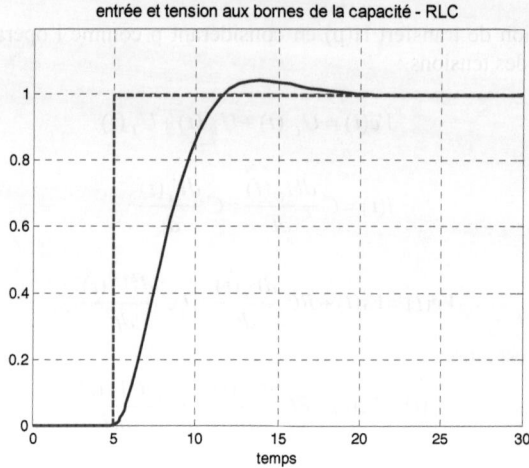

III. Transistor à effet de champ, modélisation, en petits signaux

Le transistor à effet de champ ou FET possède le schéma suivant en petits signaux :

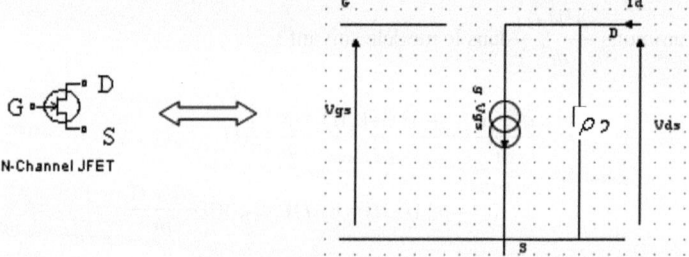

Ci-dessous, on présente le montage réel du FET, polarisé un pont de résistance à sa grille, et son schéma équivalent.

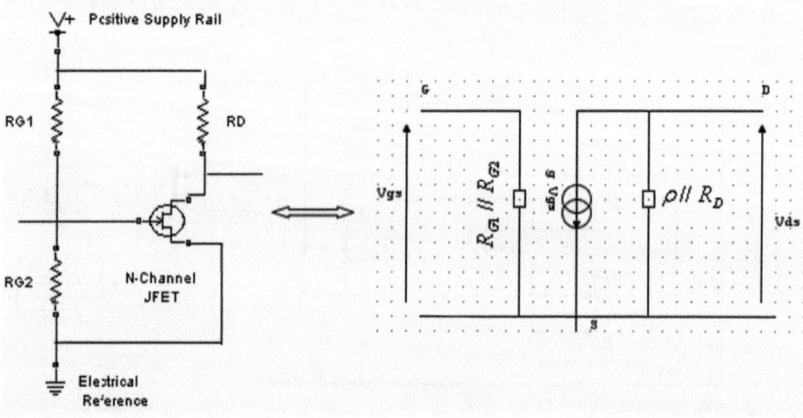

Les paramètres g, R_{G1}, R_{G2} sont définis dans la fonction Callback `InitFcn`.

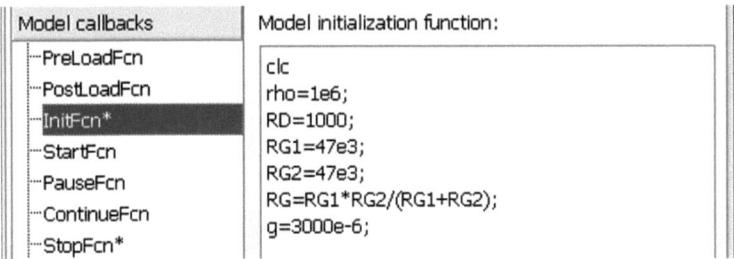

Le gain en tension est donné par : $A = \dfrac{vs}{ve} = -g(\rho // R_D) = -3000*106*1000 = -3$

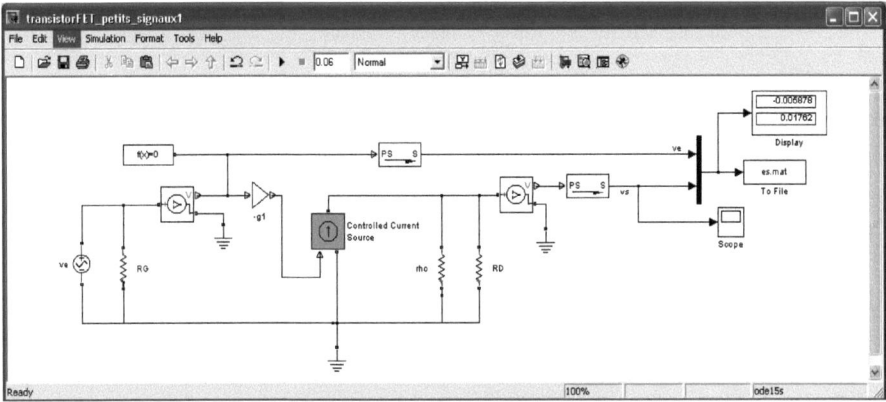

On trace sur un même graphique les tensions d'entrée et de sortie grâce à la fonction Callback `StopFcn`.

Dans ce modèle, nous utilisons une source de courant contrôlée par la tension d'entrée (V_{gs}) multipliée par le gain (-g), le signe moins permettant d'inverser le signe du courant imposé par la source contrôlée.

La courbe suivante, qui montre les signaux d'entrée/sortie, est tracée grâce aux commandes spécifiées dans la fonction Callback `StopFcn`.

22   Chapitre 1

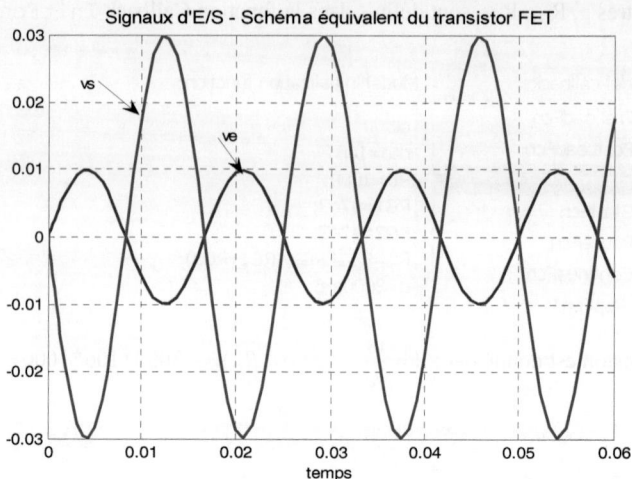

On vérifie bien le gain de 3 et une opposition de phase. On se propose de réaliser le même modèle du transistor FET à l'aide d'une source de courant contrôlée (I_D) par une tension (V_{gs}).

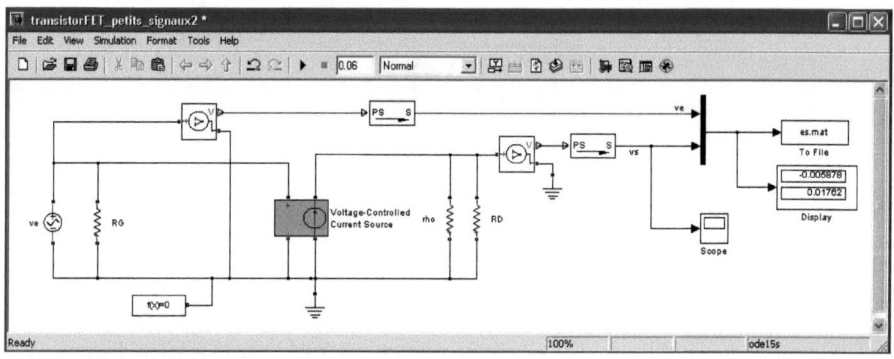

En double cliquant sur le bloc de la source de courant contrôlée par une tension (Voltage-Controlled Source), on spécifie le gain négatif (-g).

La tension d'entrée ve est générée par la source sinusoïdale AC Voltage Source de 10 mV d'amplitude et fréquence 60 Hz.

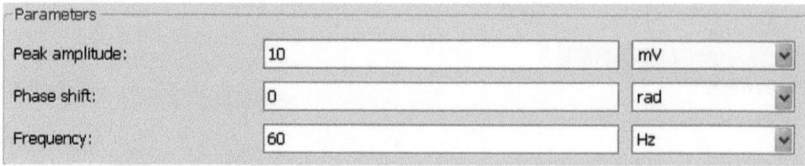

IV. Montages à amplificateur opérationnel

IV.1. Montage différentiel

L'amplificateur différentiel est donné par le schéma suivant :

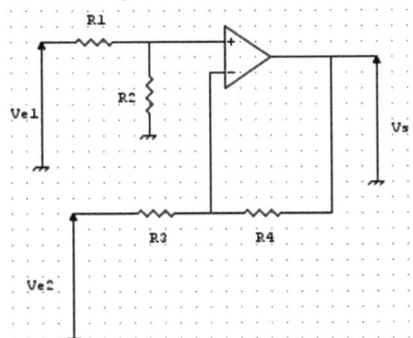

En considérant l'amplificateur opérationnel parfait, on peut écrire $V_+ = V_-$.
Avec des impédances d'entrées supposées infinies, le courant entrant dans les 2 bornes de l'amplificateur est nul. Les potentiels à l'entrée V_+ et V_- sont obtenus, respectivement, par le principe du pont diviseur et le théorème de Millman donne :

$$V+ = \frac{R_2}{R_1 + R_2} V_{e1}, \quad V- = \frac{R_4 V_{e2} + R_3 V_s}{R_4 + R_3}$$

L'égalité, de ces 2 potentiels, donne :

$$Vs = \frac{1}{R_3} \left[\frac{R_3 + R_4}{R_1 + R_2} R_2 V_{e1} - R_4 V_{e2} \right]$$

Si l'on choisit $R_1 = R_3$ et $R_2 = R_4$, nous obtenons : $Vs = \frac{R_2}{R_1} \left[V_{e1} - V_{e2} \right]$

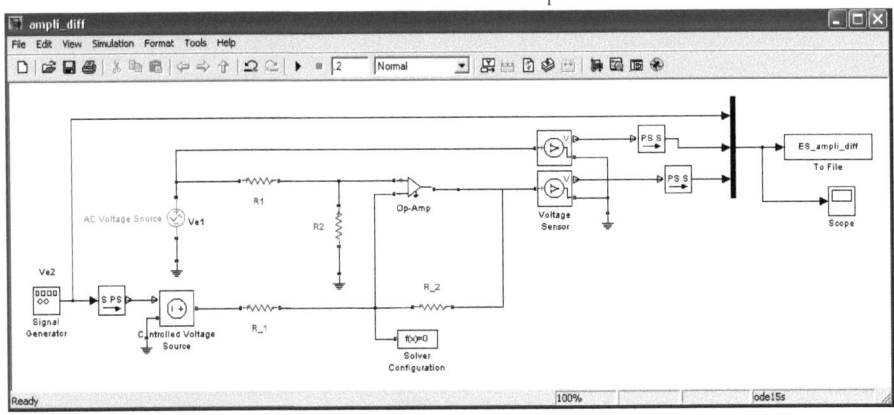

Toutes les résistances sont choisies égales à $10\,k\Omega$.
La sortie est ainsi la différence entre les 2 entrées : $Vs = V_{e1} - V_{e2}$
Les signaux d'entrée et celui de la sortie sont représentés dans la figure suivante.

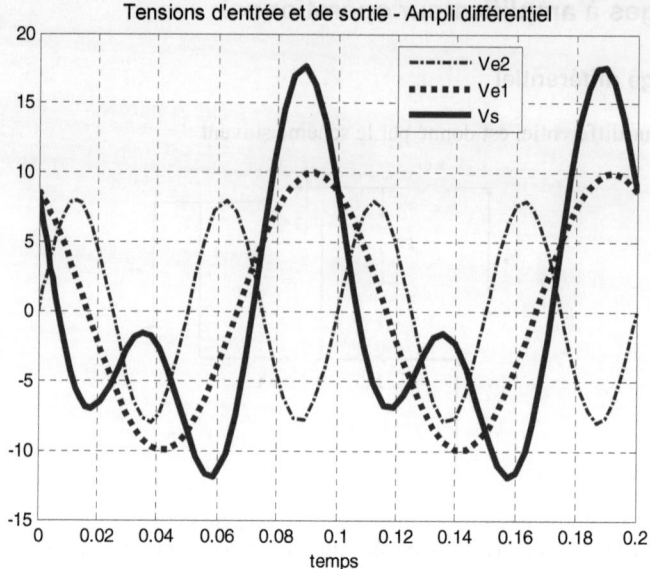

Nous remarquons que le signal de sortie passe par zéro au moment où les deux entrées sont égales et qu'il fait bien la différence ($V_{e1}-V_{e2}$), avec V_{e1} signal sinusoïdal d'amplitude 10V, fréquence 10 Hz et V_{e2} un signal sinusoïdal d'amplitude 8V et fréquence 20 Hz.

IV.2. Modélisation d'un amplificateur opérationnel

L'impédance d'entrée est supposée infinie, l'impédance de sortie nulle et le gain A_d choisi très élevé et égal à 10^5.

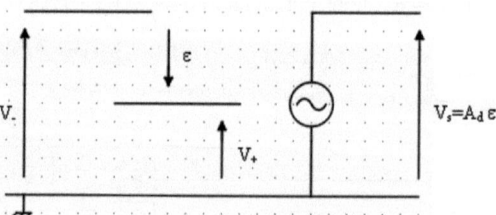

On ajoute, à ce modèle, la saturation du signal de sortie à la valeur de la tension d'alimentation Vsat=15V.

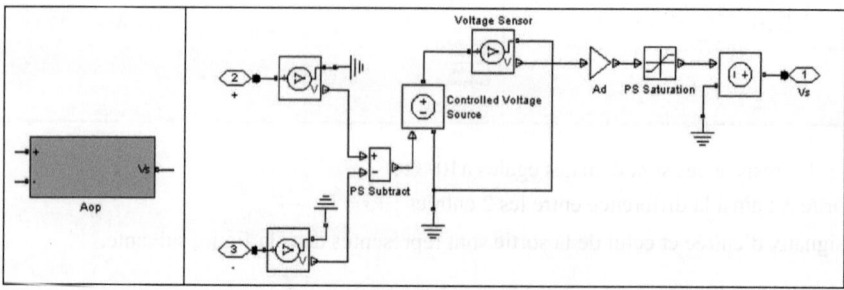

IV.3. Amplificateur non inverseur

On applique ce modèle d'amplificateur opérationnel au montage amplificateur non inverseur suivant.

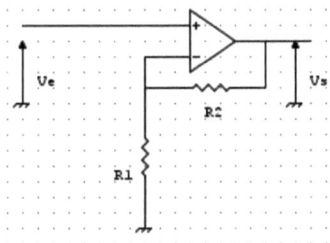

Comme l'amplificateur opérationnel est supposé parfait, les tensions à ses bornes, positive V+ et négative V-, sont égales.

Ainsi :

$$V_- = \frac{R_1}{R_1 + R_2} Vs = Ve$$

Le gain en tension de ce montage est alors, donné par :

$$\frac{Vs}{Ve} = 1 + \frac{R_2}{R_1}$$

Le schéma précédent est modélisé par le circuit suivant d'un montage amplificateur non inverseur de gain 3 ($R_2=R_1$) utilisant le modèle de l'amplificateur opérationnel.

Le signal d'entrée est sinusoïdal de fréquence 10 Hz. Son amplitude dépend du temps, grâce à l'utilisation du switch PS switch.
Tant que le temps (entrée n°2 du switch) est inférieur au seuil (threshold), fixé à 0.1, c'est l'entrée n° 1 qui passe à travers le switch et l'entrée 2 partout ailleurs.

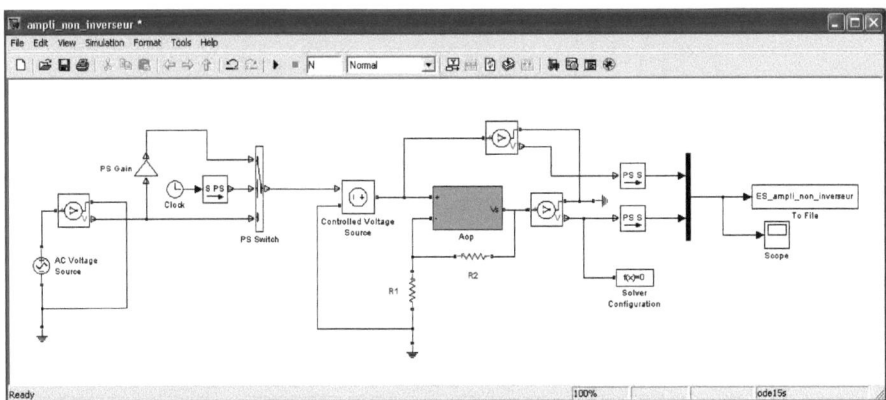

Le temps de simulation N, le gain de l'amplificateur opérationnel simulé Ad et la valeur de la tension d'alimentation, sont fixés dans la fonction Callback `InitFcn`.

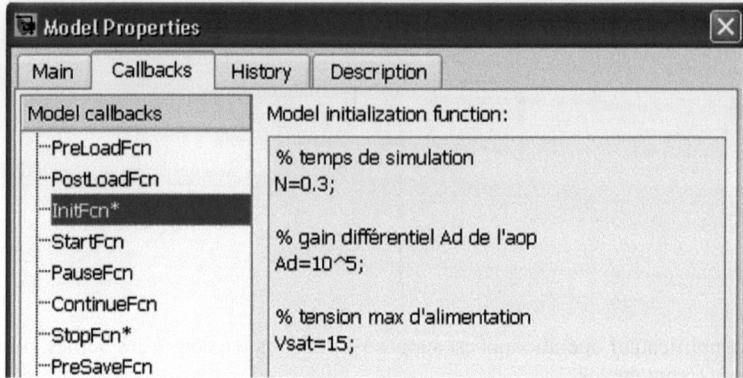

Les commandes, spécifiées dans la fonction Callback `StopFcn`, permettent de lire le fichier binaire `ES_ampli_non_inverseur.mat` et de tracer les tensions d'entrée et de sortie.

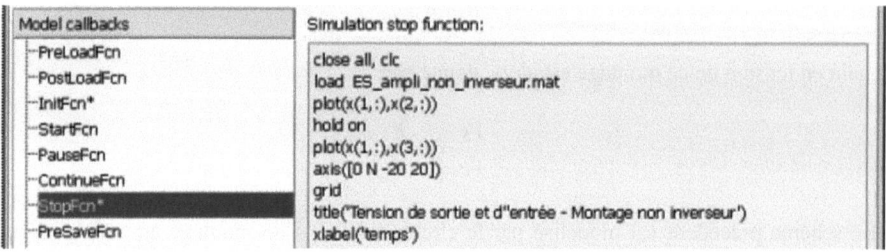

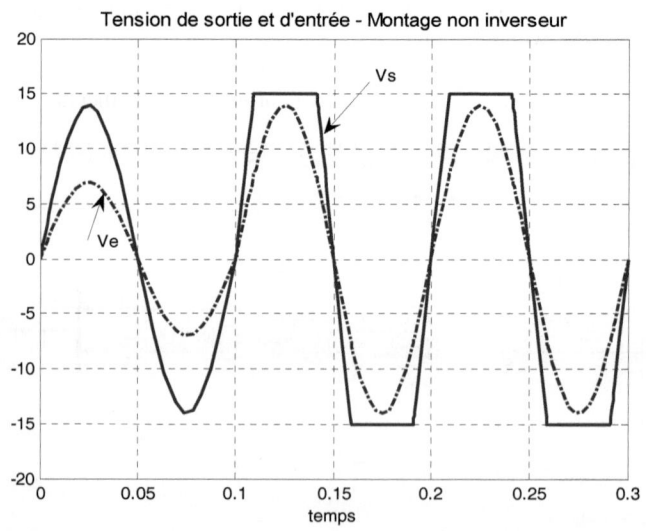

Avant t=0.1, l'entrée est la sinusoïde d'amplitude 7V, après cet instant, cette sinusoïde est multipliée par 2 (valeur du gain `PS Gain`). Nous obtenons alors la saturation à $\pm V_{sat}$.

IV.4. Montage sommateur

Avec les hypothèses précédentes d'un amplificateur opérationnel supposé parfait, la tension de sortie s'exprime par :

$$Vs = -R_2 \left(\frac{V_{e1}}{R_1} + \frac{V_{e2}}{R_3} \right)$$

V_{e1} et V_{e2} sont, toutes deux, des tensions sinusoïdales, respectivement de fréquences 10 et 20 kHz, d'amplitudes 2 et 1V.

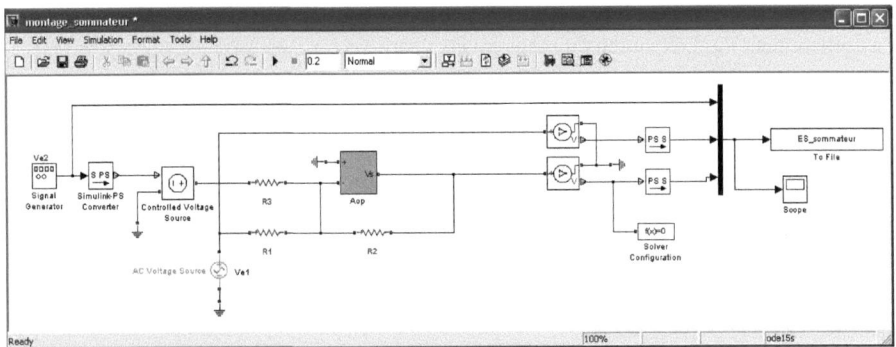

La figure suivante montre les deux sinusoïdes d'entrée et le signal somme inversé de sortie.

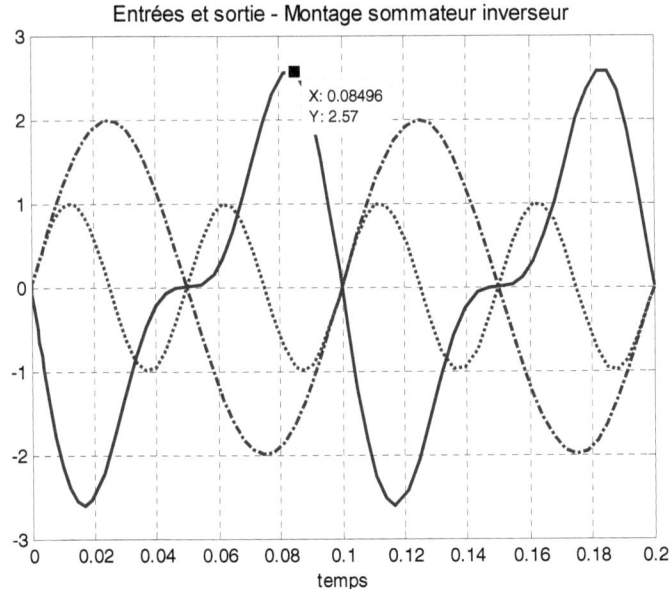

Avec toutes les résistances choisies égales à $10\,k\Omega$, le signal de sortie vaut :
$$Vs = -(V_{e1} + V_{e2})$$
Les 2 entrées sont sinusoïdales, l'une de fréquence 10 kHz, l'autre de 20 kHz.

On vérifie bien que le signal somme passe par zéro en même temps que les 2 entrées et que sa valeur max de 2.57 V n'est pas égale à la somme, des amplitudes des entrées, qui vaut 3V.

V. Systèmes mécaniques de translation et de rotation

V.1. Mouvement de translation

Dans cette application, on considère une masse connectée à un ressort rectiligne et un amortisseur. Elle est donc soumise à 2 forces ; la force de rappel du ressort, F_R et la force d'amortissement F_A. L équation du mouvement s'écrit : $M\ddot{x} = F_R + F_A$

La force de rappel du ressort est proportionnelle à son élongation (loi de Hooke),
$$F_R = -k\,x,$$
k étant la raideur du ressort.
$$F_A = -B\,\dot{x},\; \text{B étant le coefficient d'amortissement.}$$

Nous avons alors : $M\ddot{x} + B\dot{x} + k\,x = 0$

Nous allons d'abord considérer un système sans amortissement qui doit avoir une solution quasi sinusoïdale dont on vérifiera la valeur de sa période et la comparer à la valeur donnée par la théorie. Le modèle Simscape de ce système est le suivant :

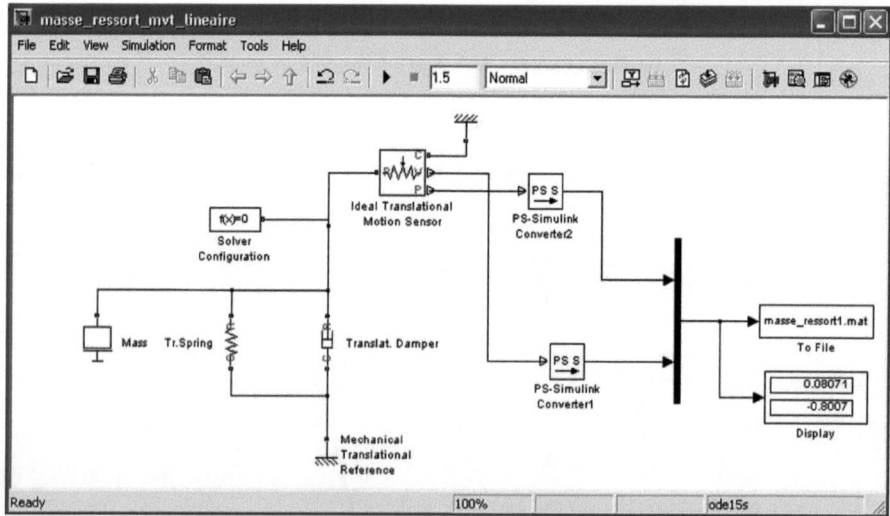

On choisit tout d'abord un système sans amortissement (B=0.001). Pour les calculs théoriques, nous considérons B=0. Le système est régi par l'équation : $M\ddot{x} + k\,x = 0$, dont l'équation caractéristique est : $M\,y^2 + k = 0$.

La solution de cette équation s'écrit :

$$x = a\cos(\frac{k}{M}t) + b\sin(\frac{k}{M}t),$$

est la solution générale :

$$x = A\cos(\frac{k}{M}t + \phi)$$

Le mouvement est ainsi sinusoïdal, d'amplitude A, de pulsation propre $w_0 = \sqrt{\frac{k}{M}}$ et une phase ϕ.

Les différents éléments possèdent les paramètres suivants :
- une masse m de 10 kg,
- une constante de raideur $k = 10^3$ N/(m/s),
- un coefficient d'amortissement de 30 N/(m/s).

La pulsation w_0 possède alors la valeur suivante :

$$w_0 = \sqrt{\frac{10^3}{10}} = 10\, rad/s.$$

Ceci donne une période $T_0 = \frac{2\pi}{w_0} = 0.2\pi = 0.6283$. Au début de la simulation, la masse est lancée avec une visite initiale de 10 m/s. Sans amortissement (B=0.001), nous obtenons les résultats suivants où les réponses, de position et de vitesse, sont quasiment sinusoïdales.

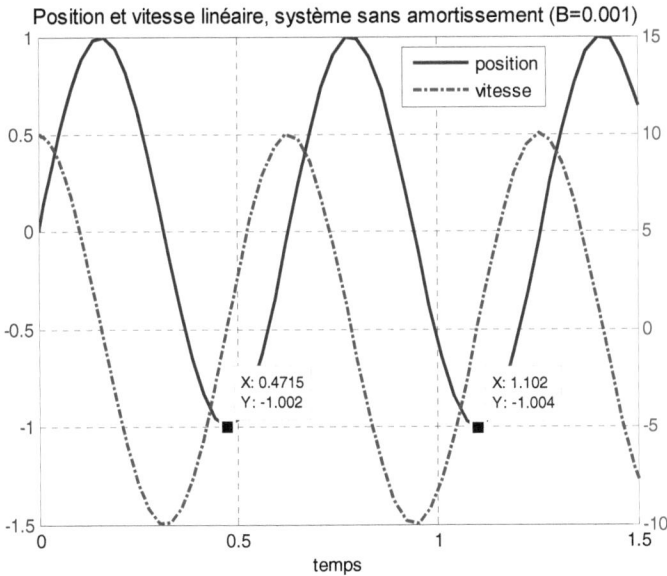

Nous avons approximativement :

```
>> T0 = 1.102-0.4715
T0 =
    0.6305
```

Cette valeur, obtenue graphiquement, nous permet de vérifier la valeur théorique 0.6283s de la période propre.

L'amplitude A des oscillations est déterminée par les conditions initiales; ce qui est le cas de la vitesse initiale de la masse, choisie égale à 10 m/s.

Parameters		
Mass:	m	kg
Initial velocity:	10	m/s

La position initiale de la masse est l'origine, en spécifiant une élongation initiale nulle du ressort :

Parameters		
Spring rate:	k	N/m
Initial deformation:	0	m

Lorsque le système est amorti, les oscillations, de même fréquence propre, s'amortissent avec le temps.

L'équation caractéristique est, dans le cas de système amorti :

$$M y^2 + B y + k = 0$$

Cette équation du 2nd degré possède 2 solutions réelles ou complexes dont la partie réelle est négative.

$$x_{1,2} = \frac{-B \pm \sqrt{B^2 - 4M}}{2M}$$

En utilisant l'équation différentielle :

$$M \ddot{x} + B \dot{x} + k x = 0$$

et après division par k, nous faisons apparaître le coefficient d'amortissement ζ et la pulsation propre w_0, en utilisant la transformée de Laplace:

$$\frac{M}{k} p^2 + \frac{B}{k} p + 1 \equiv \frac{p^2}{w_0^2} + \frac{2\zeta}{w_0} p + 1$$

Nous obtenons la pulsation propre $w_0 = \sqrt{\frac{k}{M}}$ et $\frac{2\zeta}{w_0} = \frac{B}{k}$, soit un coefficient d'amortissement :

$$\zeta = \frac{1}{2} \frac{B}{M} \frac{1}{w_0} = \frac{1}{2} \frac{B}{\sqrt{kM}} .$$

Avec B=30 N/(m/s), k=1000 N/m et M=10 kg, nous obtenons le système amorti dont les courbes de position et de vitesse sont les suivantes.

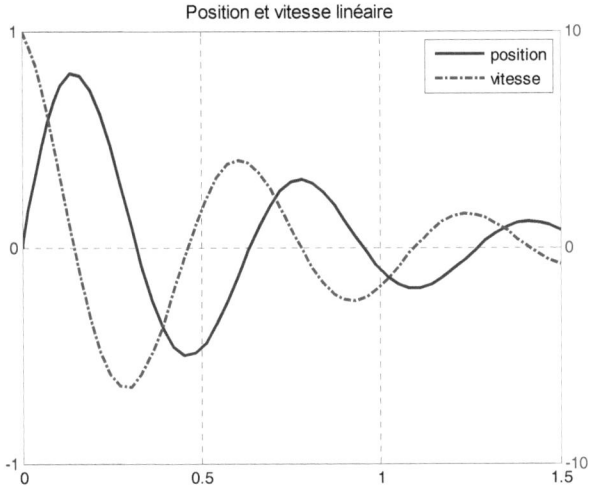

Nous vérifions bien la valeur de l'amortissement en traçant la vitesse de la masse avec son enveloppe de décroissance exponentielle :

```
close all, clear all
load masse_ressort1.mat
B=30; k=1000; m=10;
% coefficient d'amortissement et pulsation propre
dzeta=0.5*B/sqrt(k*m) ; w0=sqrt(k/m) ;
% enveloppe de décroissance de la vitesse
v0=10 ; Nv=v0*exp(-dzeta*w0*x(1,:))
plot(x(1,:),x(3,:)), hold on, plot(x(1,:),Nv)
title('vitesse linéaire et son enveloppe décroissante'), grid
```

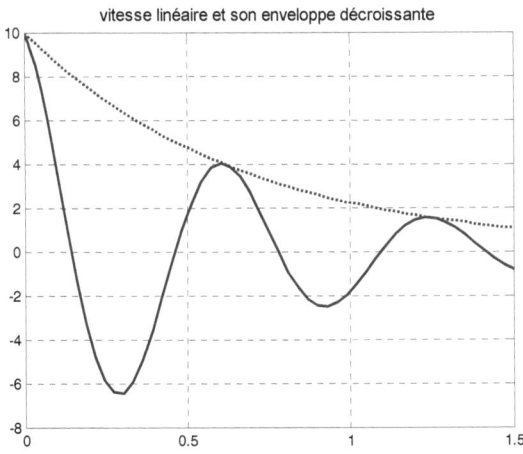

V.2. Mouvement de rotation

V.2.1. Mouvement libre

Le modèle suivant représente le même type de schéma mécanique que le précédent pour un mouvement de rotation. Il consiste en une masse possédant une inertie J=0.01 kg*m^2, reliée à un ressort de torsion de raideur k=10 N*m/rad, un amortisseur de coefficient B=0.1 N*m/(rad/s). La position et la vitesse angulaires sont mesurées par le capteur Ideal Rotational Motion Sensor.

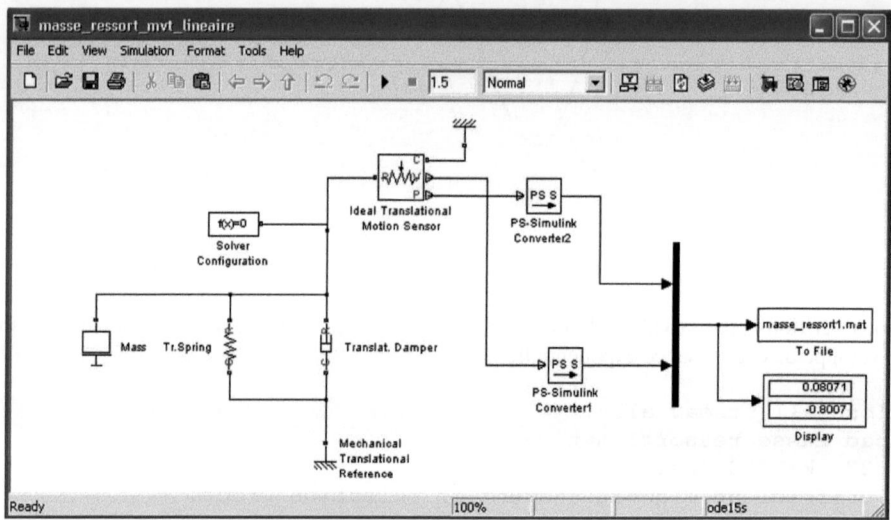

La position angulaire se comporte de la même façon que la position linéaire. L'inertie J joue le même rôle que la masse. Quand la position initiale de l'angle est égale à zéro et une vitesse initiale de 0.5 rad/s, nous obtenons les courbes suivantes.

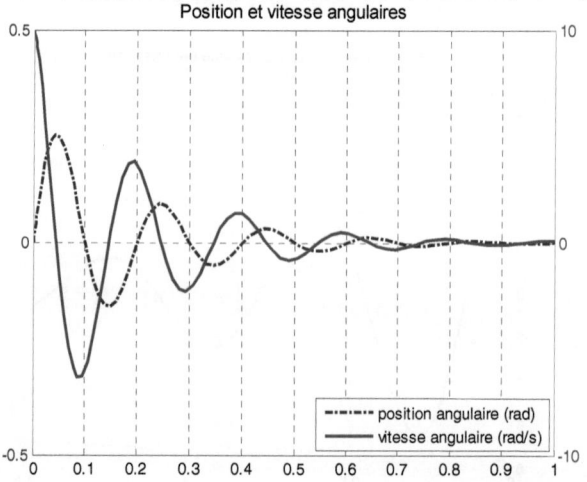

V.2.2. Réponse à un créneau de couple

Nous appliquons un créneau de couple de 1 m.N entre les instants t=0.1 et 0.3, au système précédent, formé par l'inertie J, l'amortisseur et le ressort de torsion.

Ce créneau est réalisé par la différence de 2 échelons décalés dans le temps.
L'application de ce couple est équivalent à l'application d'une force extérieure F_{ext}.

L'équation différentielle régissant le comportement du système est alors :

$$M\ddot{x} + B\dot{x} + kx = F_{ext}$$

En utilisant la transformée de Laplace, nous obtenons la fonction de transfert propre au système :

$$H(p) = \frac{1}{Mp^2 + Bp + k} = \frac{1/k}{\frac{p^2}{w_0^2} + \frac{2\zeta}{w_0}p + 1}$$

C'est un système du 2nd ordre de gain statique $\frac{1}{k}$, de pulsation propre $w0 = \sqrt{\frac{k}{M}}$ et de coefficient d'amortissement $\zeta = \frac{1}{2}B\sqrt{\frac{1}{kM}}$.

Dans le modèle suivant, on applique un créneau de couple de 1 N.m entre les instants t=0.1 et 0.3s. Ce créneau est réalisé par une différence de 2 échelons. Ce créneau est transformé en couple grâce à source de couple `Ideal Torque Source`.

Ce couple est appliqué à un système formé d'une inertie, un ressort de torsion et des frottements.
On s'intéresse à la réponse en vitesse et en position angulaire.

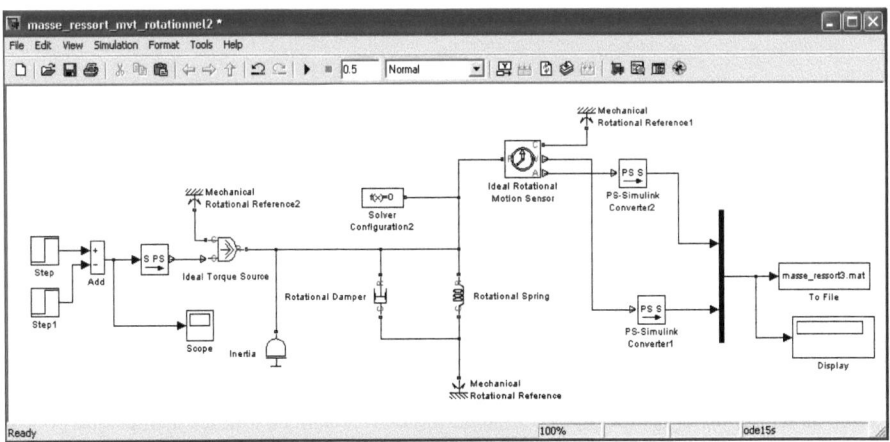

La réponse, en position et vitesse, au créneau de couple (force) est donnée par la figure suivante.

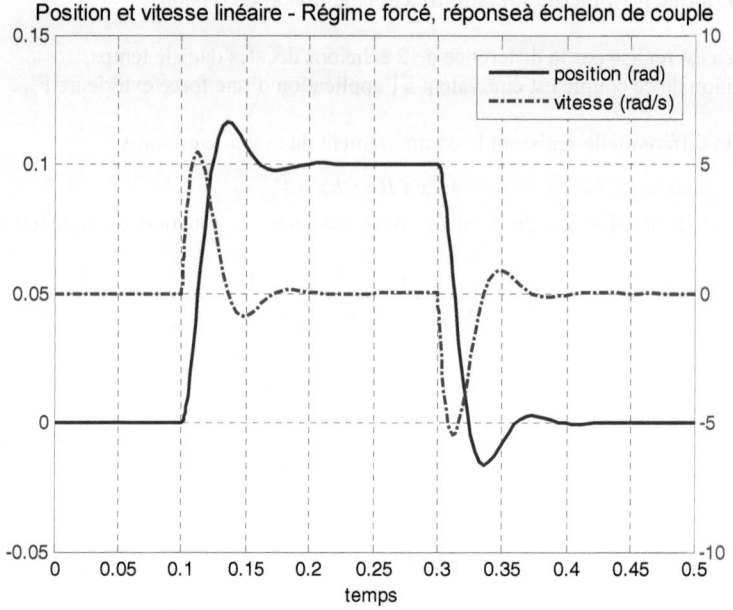

VI. Système magnétique

Comme pour la librairie Thermal, celle-ci possède les bibliothèques Magnetic Sources (sources magnétiques), Magnetic Elements (éléments magnétiques) et Magnetic Sensors (capteurs magnétiques).
L'équivalence, entre les circuits électriques et magnétiques, est résumée ci-après :

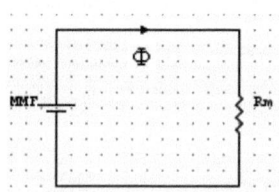

Grandeur électrique	Equivalent magnétique
Force électromotrice (V)	Force magnétomotrice, MMF (A)
Courant électrique (A)	Flux magnétique Φ (Wb)
Résistance électrique (Ω)	Réluctance $\Re$ (H^{-1})

La réluctance est l'aptitude d'un circuit magnétique à s'opposer à sa pénétration par un champ magnétique ; c'est l'équivalent d'une résistance en électricité.
Les lois de Kirchhoff et les formules d'association de réluctances sont les mêmes que pour les résistances électriques.

Prise en main de Simscape 35

L'équivalent de la loi d'Ohm en magnétisme est la loi d'Hopkinson qui s'écrit :

$$MMF = \Re \, \Phi$$

VI.1. Force magnétomotrice et réluctance

Dans le modèle suivant, nous utilisons une source contrôlée de force magnétomotrice, que nous contrôlons par un sinus cardinal pour attaquer une réluctance.

La force magnétomotrice et le flux circulant dans le circuit magnétique sont mesurés, respectivement, par les blocs MMF Sensor et Flux Sensor.

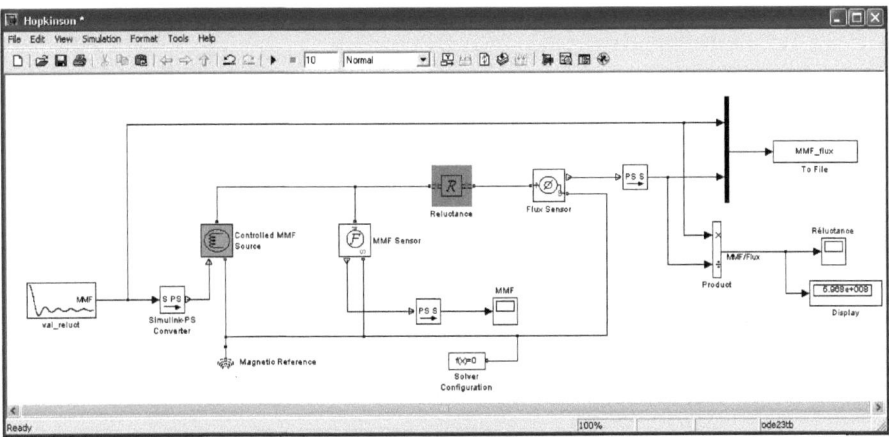

La courbe suivante représente la MMF et le flux circulant dans la réluctance.

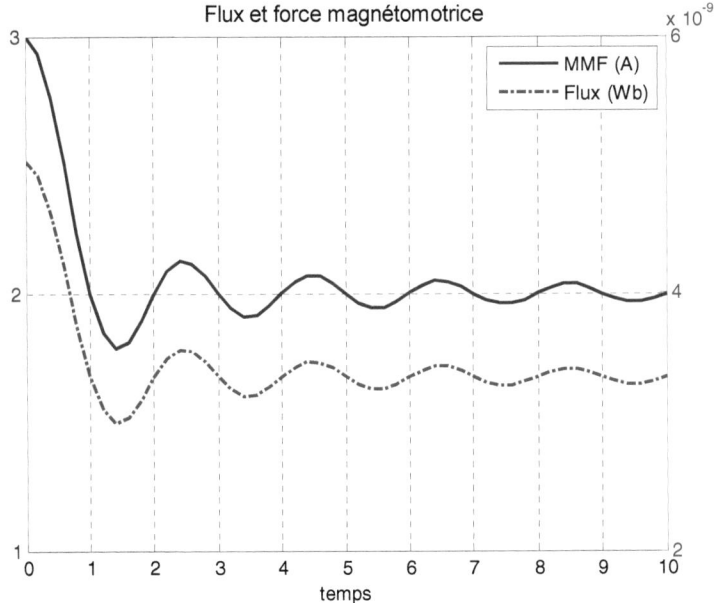

Le rapport des valeurs instantanées de la force électromotrice sur celles du flux, donne une valeur constante de la réluctance, soit $5.966 \; 10^8 \; H^{-1}$.

VI.2. Réluctance variable

Dans l'application suivante, nous utilisons un circuit magnétique formé d'une source de MMF constante de 1A et une réluctance qui varie selon un sinus cardinal.

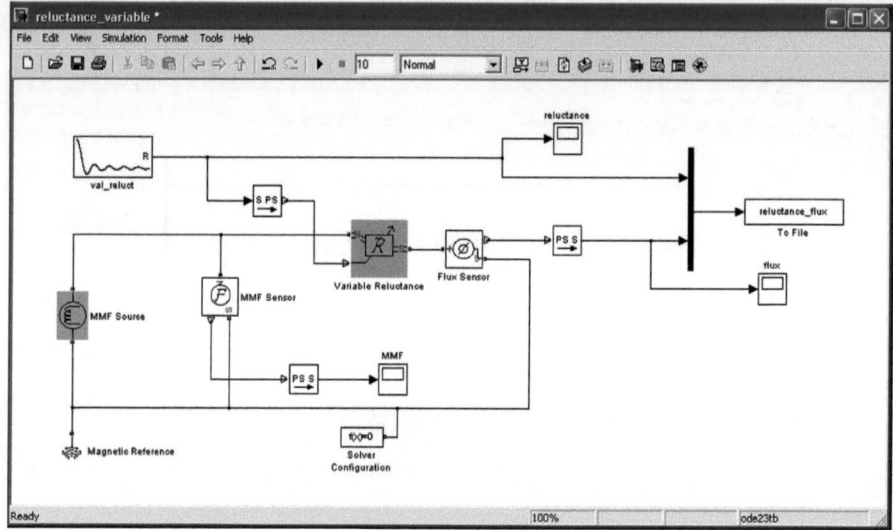

La figure suivante montre l'évolution du flux qui circule dans la réluctance et les valeurs de cette dernière. Nous vérifions bien que ces deux courbes varient toujours dans le sens inverse.

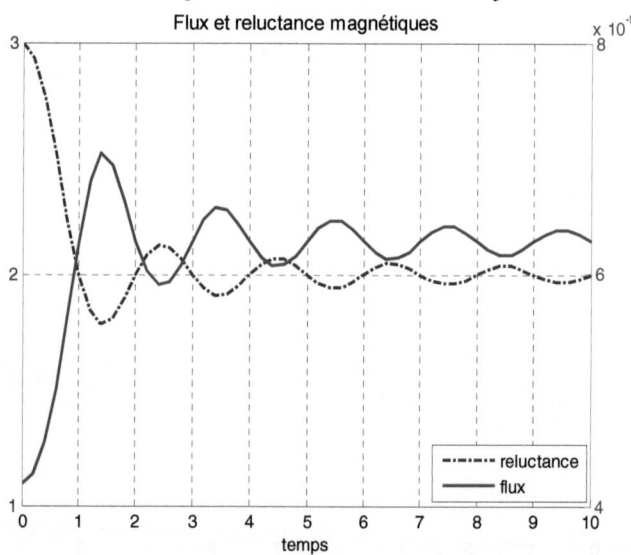

VI.3. Convertisseur électromagnétique

Le convertisseur permet de passer du domaine électrique au magnétique.

Si N représente le nombre d'enroulements du coté électrique, et I l'intensité du courant, la force magnétomotrice qui s'établit dans le circuit magnétique est donnée par :

$$MMF = N\,I$$

La tension V aux bornes du circuit électrique s'exprime en fonction du flux F qui circule dans le circuit magnétique :

$$V = -N\frac{d\Phi}{dt}$$

Ces expressions définissent un circuit magnétique sans pertes.

Dans l'application suivante, nous allons vérifier les 2 expressions précédentes. Nous considérons 1200 enroulements dans le circuit électrique.

La MMF s'applique aux bornes de la réluctance $\Re$.

Le circuit électrique est attaqué par une source de tension sinusoïdale d'amplitude 220V et de fréquence 60 Hz, à travers une résistance R=1 kΩ.

Nous mesurons le courant I qui passe dans la résistance R et le circuit électrique ainsi que la tension V qui s'établit dans celui-ci.

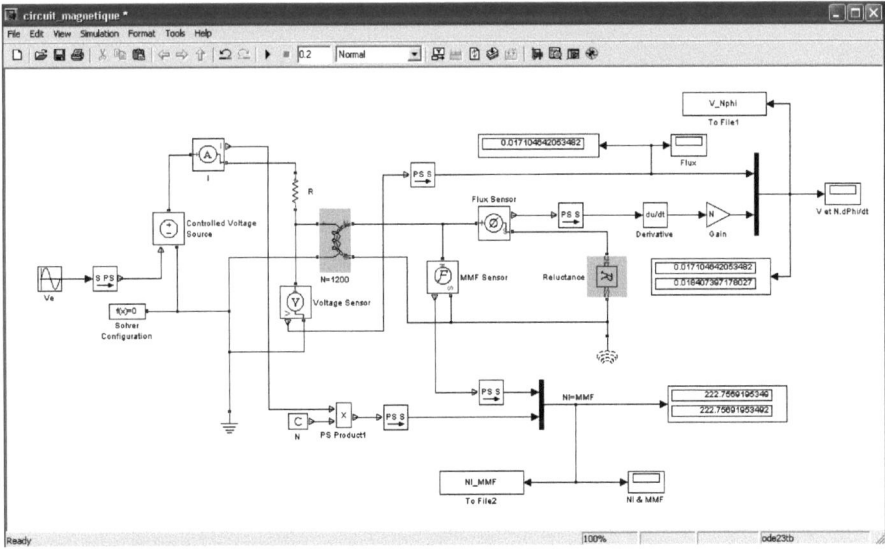

L'oscilloscope suivant donne la tension V aux bornes du circuit primaire et l'expression $N\frac{d\Phi}{dt}$.

38   Chapitre 1

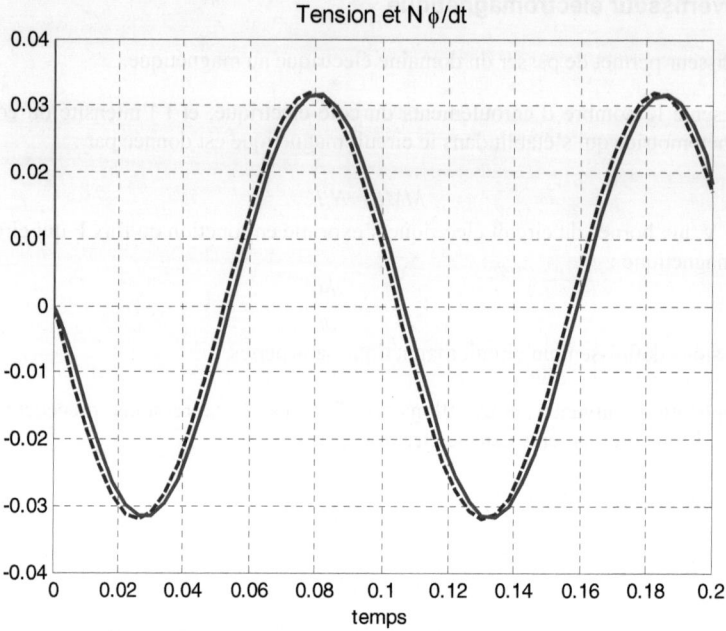

Les courbes sont légèrement déphasées tandis que les courbes de MMF et N.I. sont parfaitement identiques, comme le montre l'oscilloscope suivant.

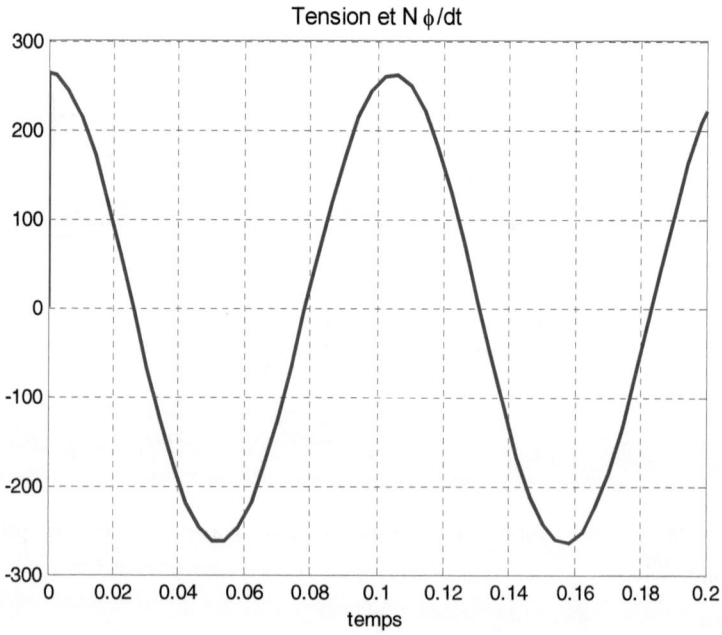

VI.4. Actionneur à réluctance variable

Dans l'application suivante, nous appliquons un flux constant à la partie magnétique de l'actionneur dont la réluctance est en série à la réluctance $\Re$. Ce flux constant est obtenu en appliquant un échelon à la source de flux `Controlled Flux Source`. Ce flux traverse la partie magnétique de l'actionneur qui applique une force au système formé d'une masse, ressort de rappel et frottements. On s'intéresse à la position et la vitesse de déplacement de la masse.

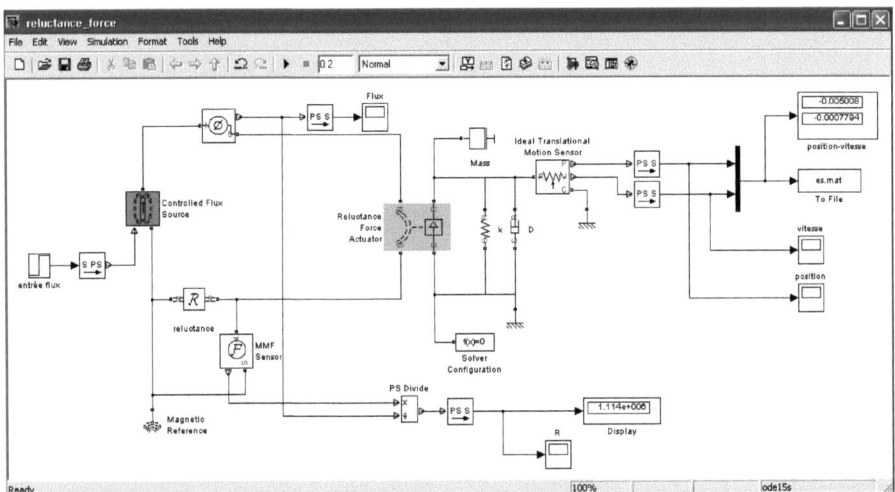

La réluctance $\Re$ est mesurée par le rapport de la MMF à ses bornes sur le flux d'entrée. Sa valeur est de $1.114 \; 10^6 \; H^{-1}$. L'actionneur est relié à une masse, un ressort et un amortisseur. La figure suivante représente la position et la vitesse de la masse.

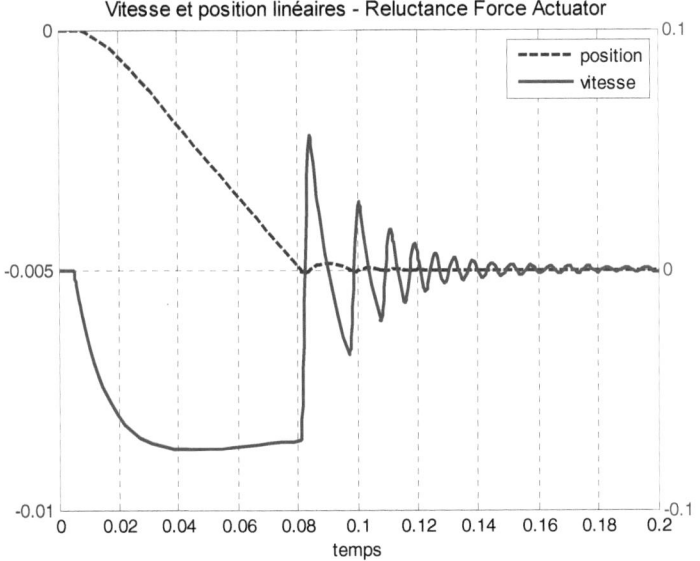

VII. Circuits électromécaniques

Les circuits électriques et mécaniques ont chacun une masse (référence) différente. Il en est de même pour les systèmes de translation et de rotation.

VII.1. Exemple d'un moteur à courant continu (DC Motor)

Le bloc du moteur à courant continu (`DC Motor`) appartient à la bibliothèque `Actuators & Drivers` de la librairie `SimElectronics`.

Dans le modèle suivant, nous appliquons à l'induit un échelon de tension de 12V via le sous-système S→V qui permet de passer d'une valeur d'un signal Simulink à une tension en Volts (valeur physique de Simscape).

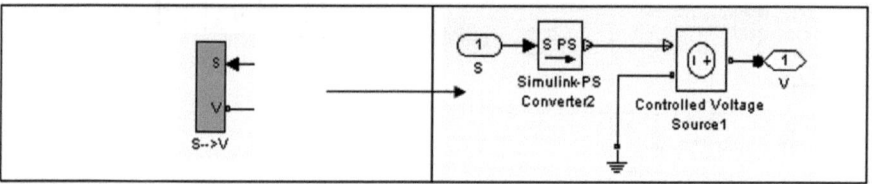

Nous pouvons constater la différence de la forme entre les ports d'un sous-système uniquement Simulink et celui de Simscape.

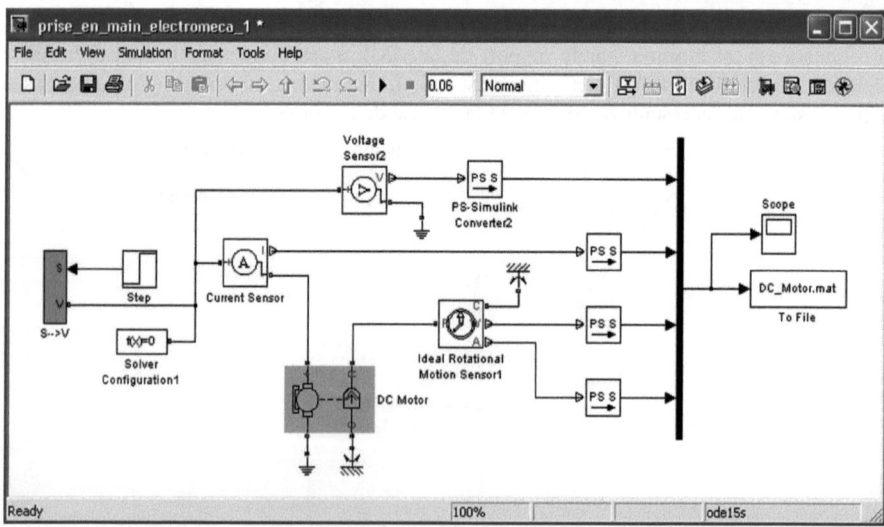

En double-cliquant sur le bloc `DC Motor`, nous obtenons la boite de dialogue suivante dans laquelle nous pouvons spécifier ses paramètres électriques de l'induit (stator) et mécaniques (rotor).

Par défaut, nous avons les valeurs suivantes.

Prise en main de Simscape

La résistance d'induit est de 3.9 Ω et sa self vaut $1.2\ 10^{-5}$ H.

La force contre-électromotrice est proportionnelle à la vitesse de rotation avec le facteur $7.2\ 10^{-5}$ V/ (tr/mn).

Les paramètres mécaniques sont spécifiés dans l'onglet Mechanical.
Dans cet onglet, on peut spécifier l'inertie du rotor, son amortissement ainsi que sa vitesse initiale de rotation en tr/mn.
L'inertie et l'amortissement sont par défaut égaux à 0.01 g.cm^2 et 1e-8 N.m/(rad/s). La vitesse de rotation initiale est de 0 tr/mn.

Les courbes suivantes sont tracées dans la fonction Callback StopFcn par les commandes suivantes.

```
% lecture du fichier binaire
load DC_Motor.mat

% trace de la tension et du courant d'induit
plotyy(x(1,:),x(2,:),x(1,:),x(3,:))
title('Tension et courant d''induit'), grid

figure

plotyy(x(1,:),x(4,:),x(1,:),x(5,:))
title(Vitesse en rad/s et position angulaire en rad)
grid
```

Nous traçons la tension et le courant d'induit dans le même graphique avec 2 axes différents des ordonnées.

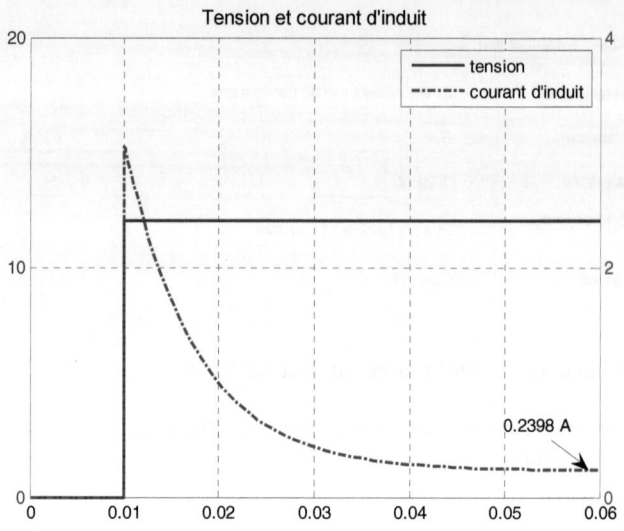

A la vitesse angulaire de 1.611 10^4 rad/s, la force contre-électromotrice vaut :

```
>> fcem=7.2e-5*1.611e4*60/(2*pi)
fcem =
    11.0764
```

Le courant obtenu en statique, dans la courbe ci-dessus, est quasiment égal à :

```
>> (12-fcem)/3.9
ans =
    0.2368
```

La vitesse et l'angle de rotation sont donnés par les courbes suivantes.

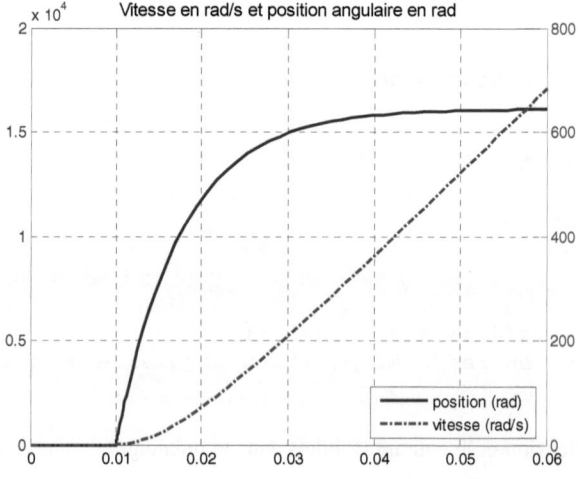

VII.2. Ajout de moments d'inertie et couple de frottements

Nous avons ajouté sur l'arbre moteur (rotor) un moment d'inertie `Motor Inertia J`, de valeur 10 g*cm² et un couple de frottements, `Friction Mr` de 0.02 10⁻³ N*m.

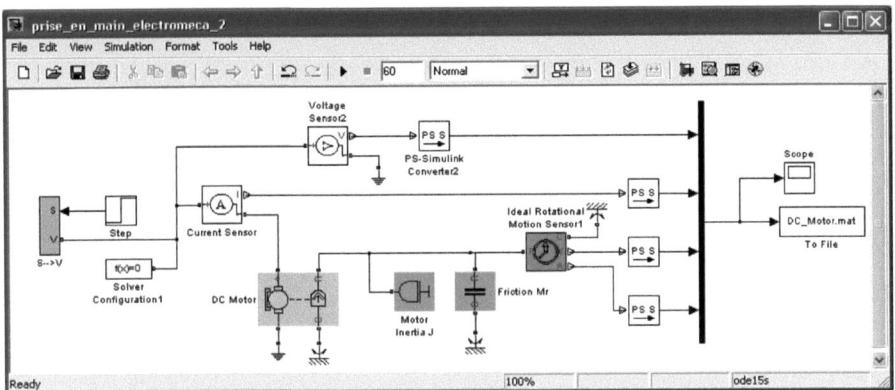

Avec l'ajout des frottements et de l'inertie, le régime permanent est obtenu en un temps plus long que précédemment dans le cas d'un moteur à vide et la valeur, en régime permanent, du courant d'induit, est plus élevée.

Le courant d'induit diminue vers la valeur statique 0.25 A selon une dynamique du 1er ordre.

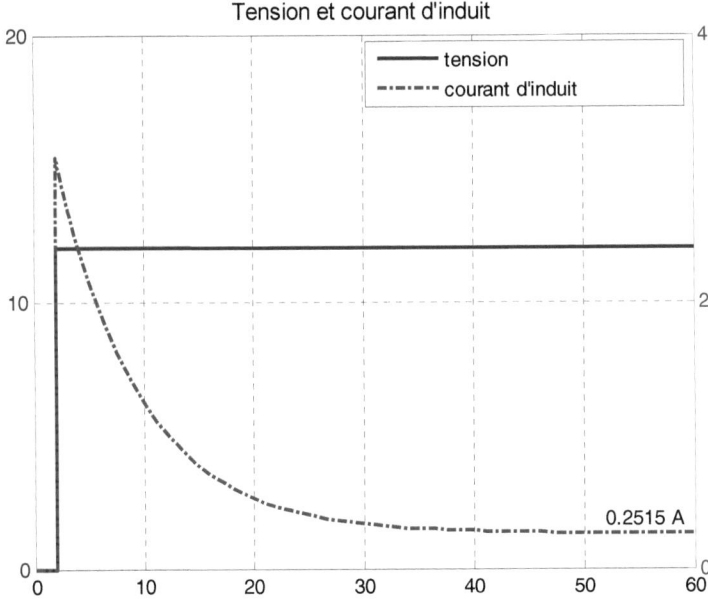

La position angulaire et la vitesse de rotation sont données par la figure suivante.

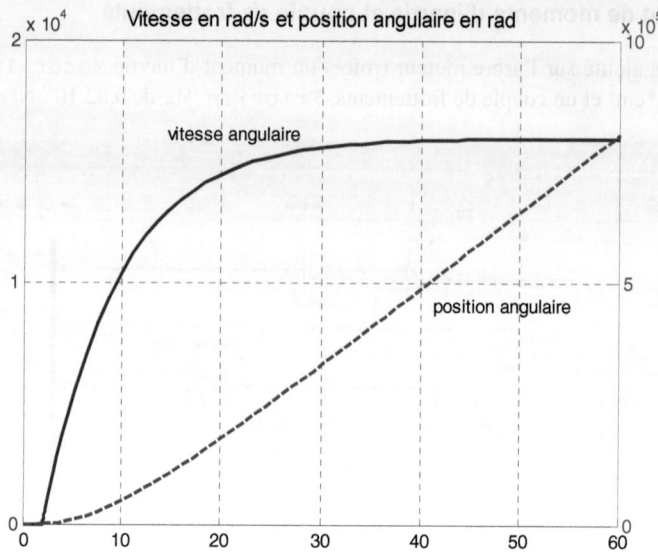

La dynamique du signal vitesse est plus longue que pour le moteur à vide; en l'absence des couples résistants des frottements et de l'inertie.

VIII. Systèmes électroniques

Outre sa librairie de base, Foundation Library, Simscape possède des librairies add-ons comme SimElectronics pour modéliser et simuler des circuits électroniques avec des composants plus élaborés.
Dans les applications, nous allons utiliser quelques circuits très simples.

VIII.1. Circuit astable à portes NAND

Les portes logiques se trouvent dans la librairie SimElectronis/Integrated Circuits/Logic. Le bloc CMOS NAND peut symboliser l'une des 4 portes du circuit intégré CD4093B.

Nous réalisons, avec le circuit suivant, un oscillateur avec 3 portes NAND.

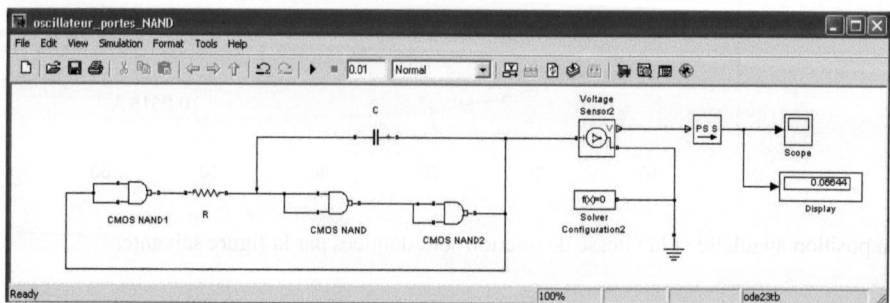

Prise en main de Simscape 45

La résistance et la capacité sont dans la librairie `Foundation Library/Electrical/Electrical Elements`.
Le bloc `Solver Configuration` peut être relié à n'importe quel point du circuit, comme la masse dans cet exemple.
Le bloc `PS->S` permet de relier des signaux physiques de Simscape à ceux de Simulink pour être représentés dans l'oscilloscope.

Nous obtenons le signal carré suivant.

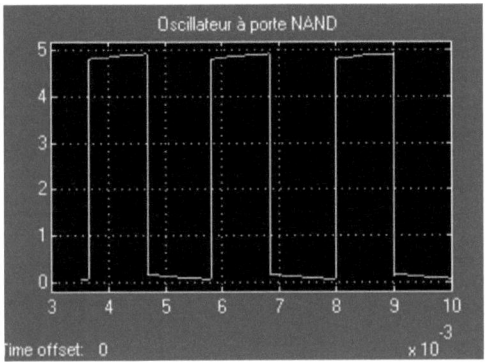

Dans le modèle suivant, nous avons divisé la résistance R en 2 parties R_1 et R_2. Une diode est placée en parallèle à R_2.
La valeur de la résistance équivalente devient nulle lorsque la diode est passante. Dans ce cas, la résistance R du circuit précédent est égale à R_1.

Lorsque cette dernière est bloquée, elle présente une résistance infinie et la résistance R est égale à R_1+R_2.

Cette résistance varie selon que la tension, à l'anode de la diode, est positive ou négative.

La modification de la résistance R entraîne celle de la période de l'oscillateur et on obtient un signal PWM (`Pulse Width Modulation`).

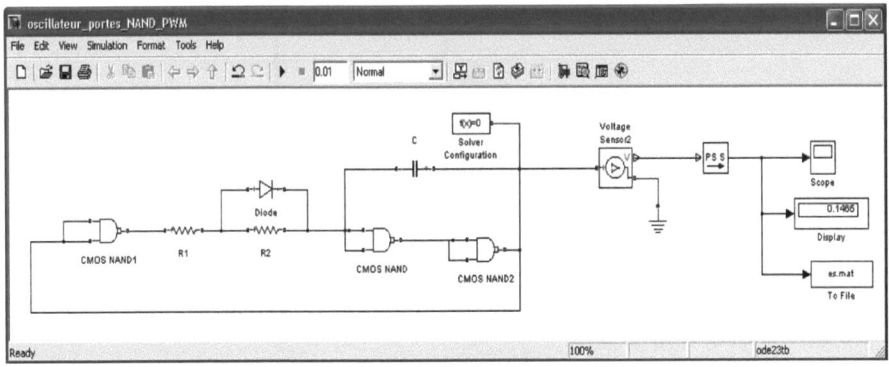

Le signal PWM est représenté dans l'oscilloscope suivant.

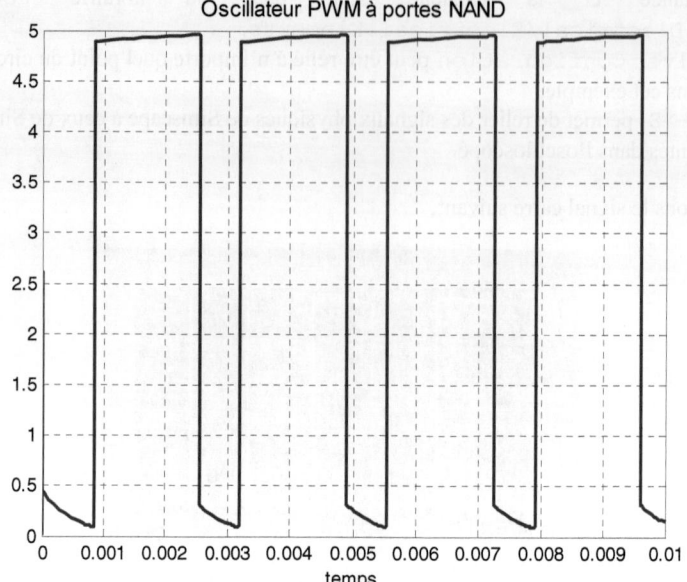

VIII.2. Amplificateurs à transistors

On s'intéresse à l'étude de l'étage différentiel à transistors. Le transistor se trouve dans la librairie SimElectronics/Semiconductor Devices.

Chaque transistor est polarisé par une résistance $Rc = R_1 = R_2 = 4.7\,k\Omega$.

Le modèle suivant représente un étage différentiel à transistors appariés, polarisés par des résistances de collecteur égales.

Le montage possède 2 entrées (au niveau des 2 bases) et 2 sorties (sur chaque collecteur). La tension de sortie différentielle est la différence ($V_{s2}-V_{s1}$).

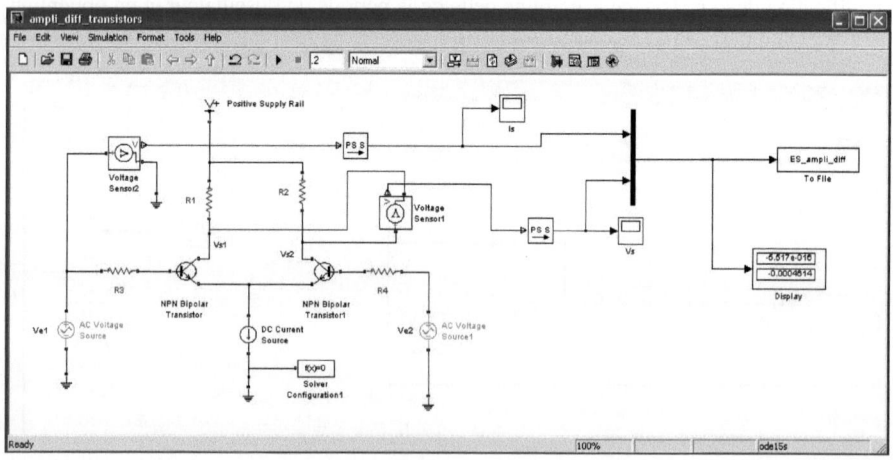

La figure suivante représente les courbes de la tension différentielle de sortie ($V_{s2}-V_{s1}$) et la tension d'entrée V_{e1}. En statique, les courants d'émetteurs se partagent le courant de la source continue (`DC Current Source`).

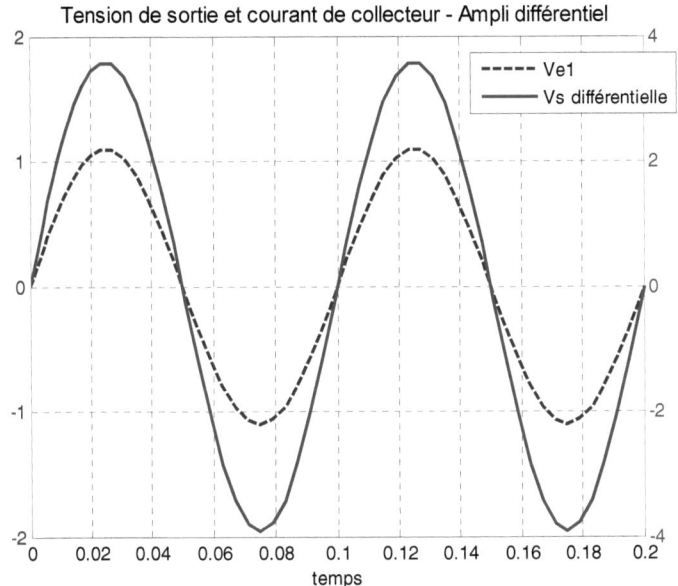

Dans le modèle suivant, la source de courant est réalisée avec le transistor `NPN Bipolar Transistor3`.
Ce montage est polarisé par une alimentation symétrique grâce aux blocs qu'on trouve dans la librairie `Sources` de `SimElectronics`.

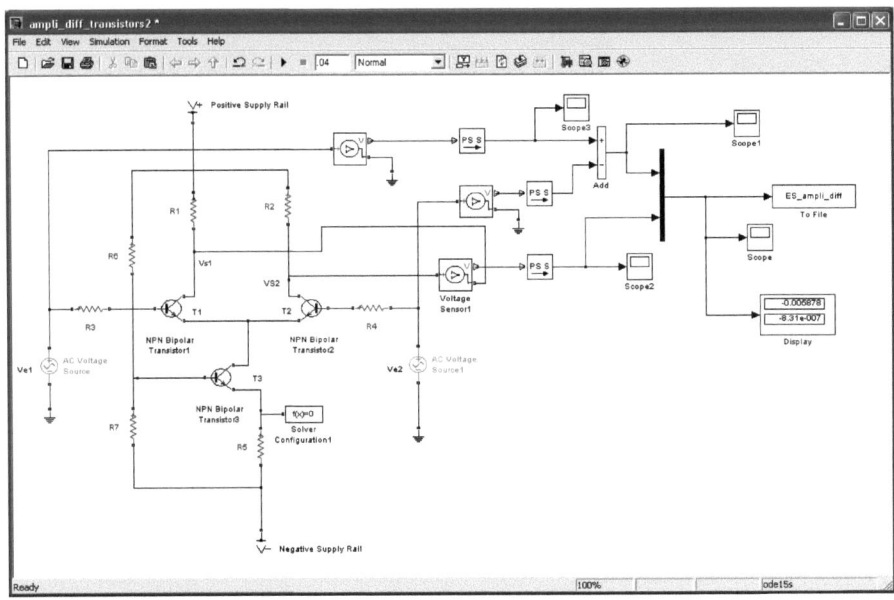

La figure suivante, représente la tension V_{e1} d'entrée du 1er transistor et la tension différentielle de sortie ($V_{s2}-V_{s1}$). Le transistor T3 joue le rôle du générateur de courant.

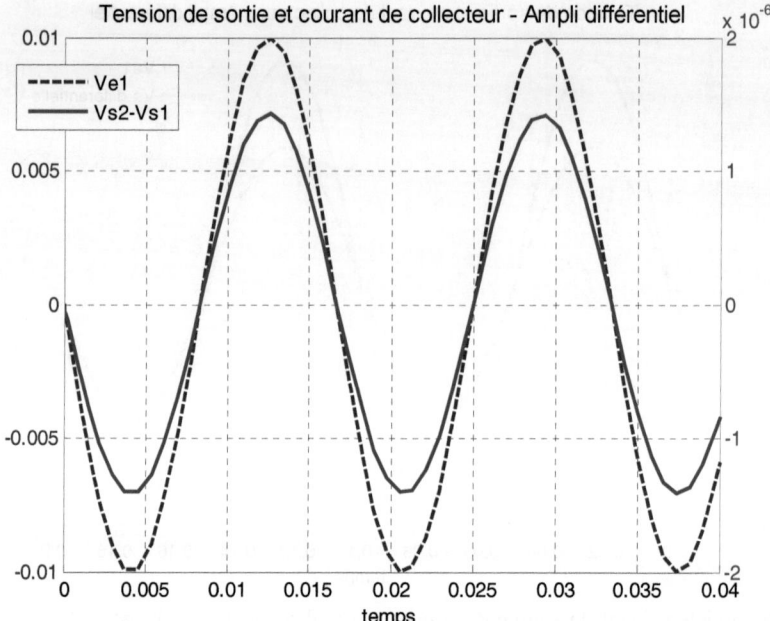

Chapitre 2

Librairies de Simscape

I. La librairie « Foundation Library »
    I.1. Electrical
    I.2. Physical Signals
    I.3. Magnetic
    I.4. Mechanical
    I.5. Thermal
II. Utilities
III. SimElectronics
    III.1. Actuators & Drivers
    III.2. Integrated circuits
    III.3. Passive Devices
    III.4. Semiconductor Devices
    III.5. Additional Components
    III.6. Sensors

Pour visualiser les différentes librairies de Simscape, on peut lancer la commande `simscape` à partir du prompt de Matlab.

```
>> simscape
```

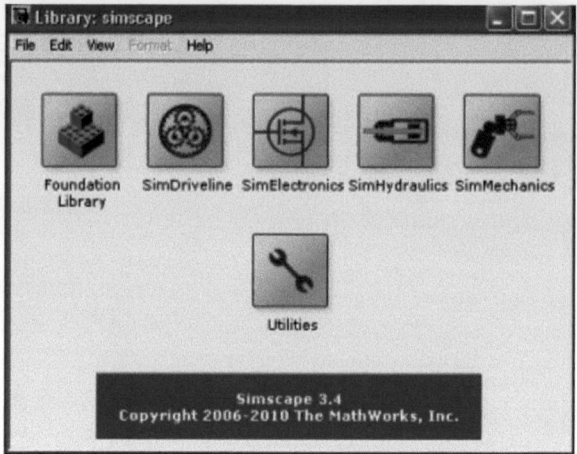

La commande `ssc_new` permet la création d'un nouveau modèle Simscape avec quelques blocs indispensables.

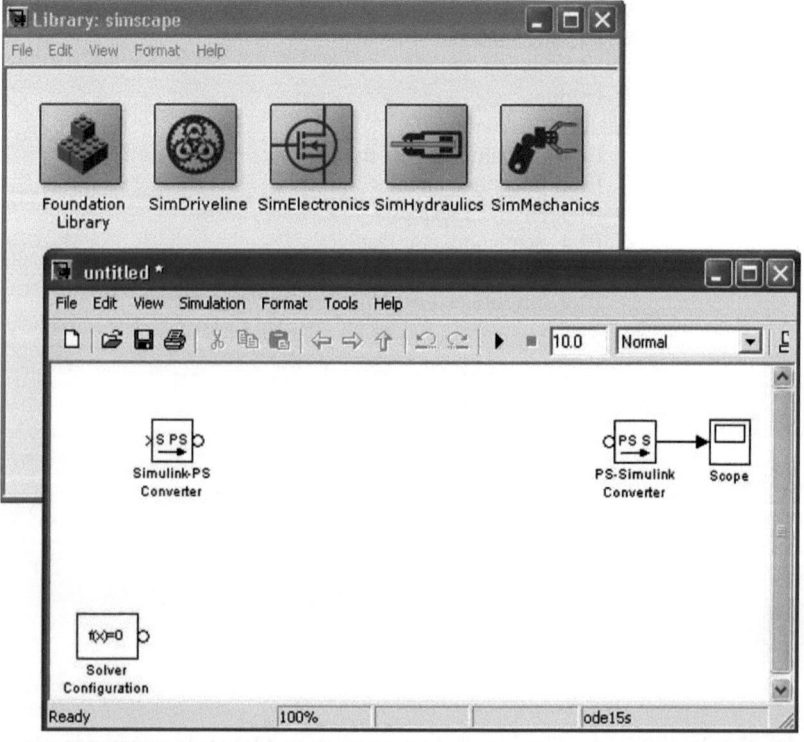

I. La librairie « Foundation library »

Dans cette librairie, on trouve les éléments essentiels des domaines de l'électricité, la mécanique, la thermique, les signaux physiques, etc.

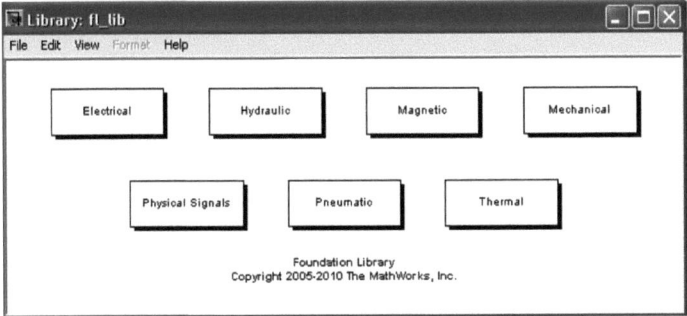

I.1. Electrical

On y trouve les éléments, les sources et les capteurs électriques.

I.1.1. Electrical Elements

C'est une bibliothèque dans laquelle on trouve les éléments de base de l'électricité tels des résistances, des capacités, diode, self, amplificateur opérationnel, switch, ainsi que des éléments électromécaniques, de translation et de rotation.

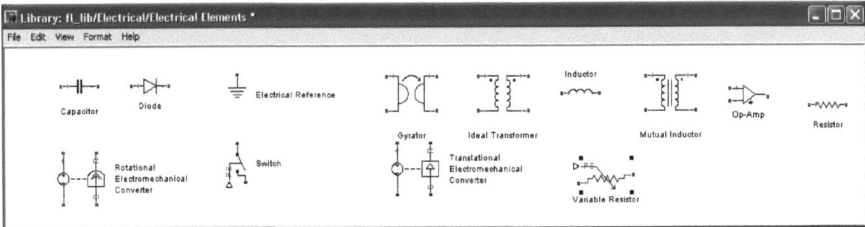

I.1.2. Electrical Sensors

Pour mesurer le courant et la tension, nous avons besoin de capteurs de tension et de courant qu'on trouve dans cette bibliothèque.

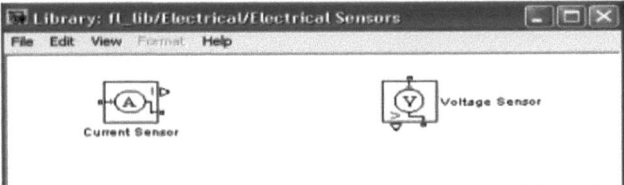

I.1.3. Electrical Sources

Dans cette bibliothèque on trouve différentes sources de tension, de courant, continues ou alternatives et des sources de tension, de courant contrôlées par un courant ou tension.

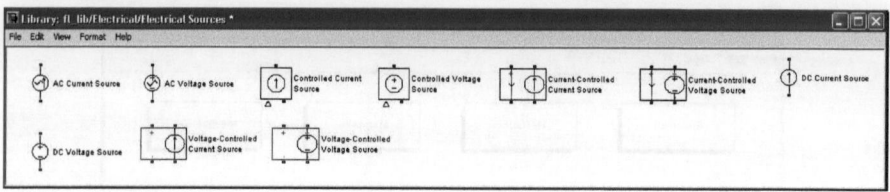

I.1.4. Applications

- **Circuit RC**

Dans le modèle Simulink suivant, on étudie la charge d'une capacité à travers une résistance. On envoie dans le fichier binaire `circuit_RC.mat`, les 3 signaux multiplexés suivants:
- la courbe théorique de la tension Vc aux bornes de la capacité,
- l'échelon d'entrée,
- la tension aux bornes du composant physique.

La courbe théorique, donnée par l'expression $V_c = U_0 (1 - e^{-t/RC})$ est programmée dans le bloc `MATLAB Function`,

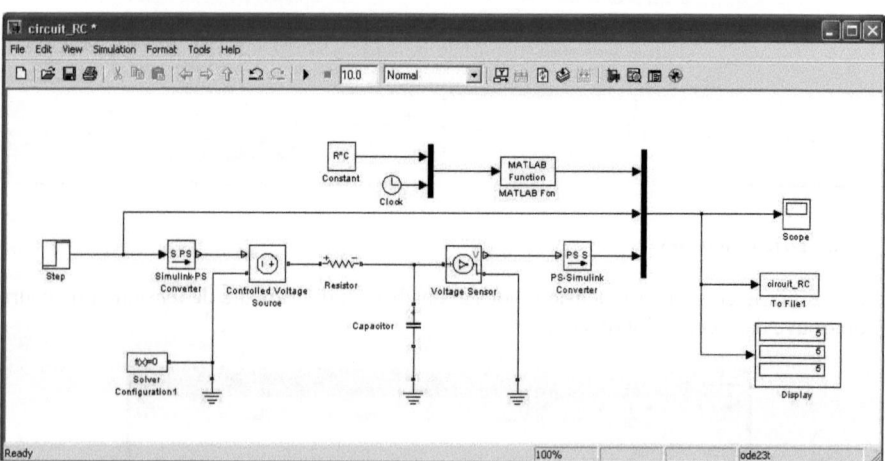

La tension d'entrée du circuit RC est un échelon unité de Simulink. Afin qu'il puisse être relié aux composants physiques de Simscape, nous utilisons le bloc S➔PS (librairie `Utilities` de Simscape) pour le passage de Simulink à `Physical Systems`.

Librairies de Simscape 53

Après ce passage, il faut le transformer en tension électrique qu'on appliquera au circuit RC. Ceci se fait grâce à la source de tension contrôlée « Controlled Voltage Source » de la librairie « Foundation Libray/Electrical/Electrical Sources ».

La tension aux bornes de la capacité est mesurée par le voltmètre ou capteur de tension « Voltage Sensor » de « Foundation Libray/Electrical/Electrical Sensors ». Dans la fonction Callback InitFcn nous avons spécifié les valeurs de la résistance et de la capacité et dans StopFcn (fin de simulation) nous avons tracé les différentes courbes.

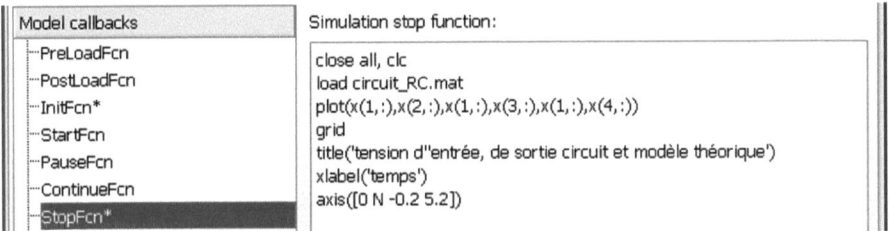

La tension mesurée aux bornes de la capacité est confondue avec la courbe de l'expression théorique.

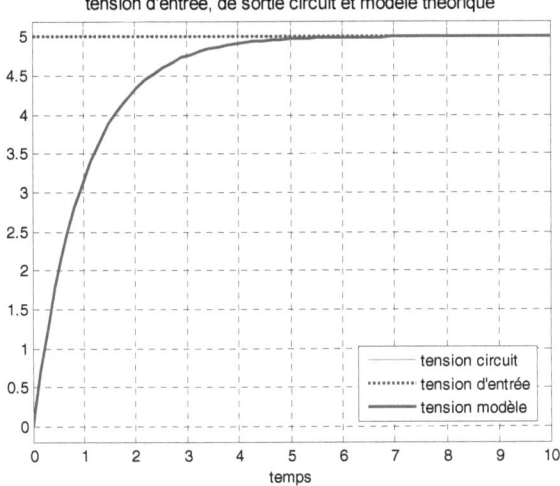

Dans la figure suivante, nous remarquons que la tension aux bornes de la capacité rejoint bien l'échelon d'entrée selon un régime du 1er ordre de constante de temps $\tau = RC$.

- *Capacité variable avec relais*

Dans l'exemple suivant, nous considérons une capacité variable (2 valeurs) en utilisant des relais. Soit le modèle suivant dans lequel le sous-système Subsystem est une capacité reliée à la résistance $R=1$ $k\Omega$, laquelle est attaquée par le signal carré Pulse Generator.

Avant d'attaquer la résistance, le signal de type Simulink doit être converti en signal physique par le convertisseur S—>PS et transformé en tension par le bloc Controlled Voltage Source.

Nous avons alors le cas simple d'une charge/décharge d'une capacité à travers la résistance R en réponse à un signal carré. Si on observe le contenu du sous-système, nous remarquerons la commutation de deux capacités par le jeu de 2 relais.

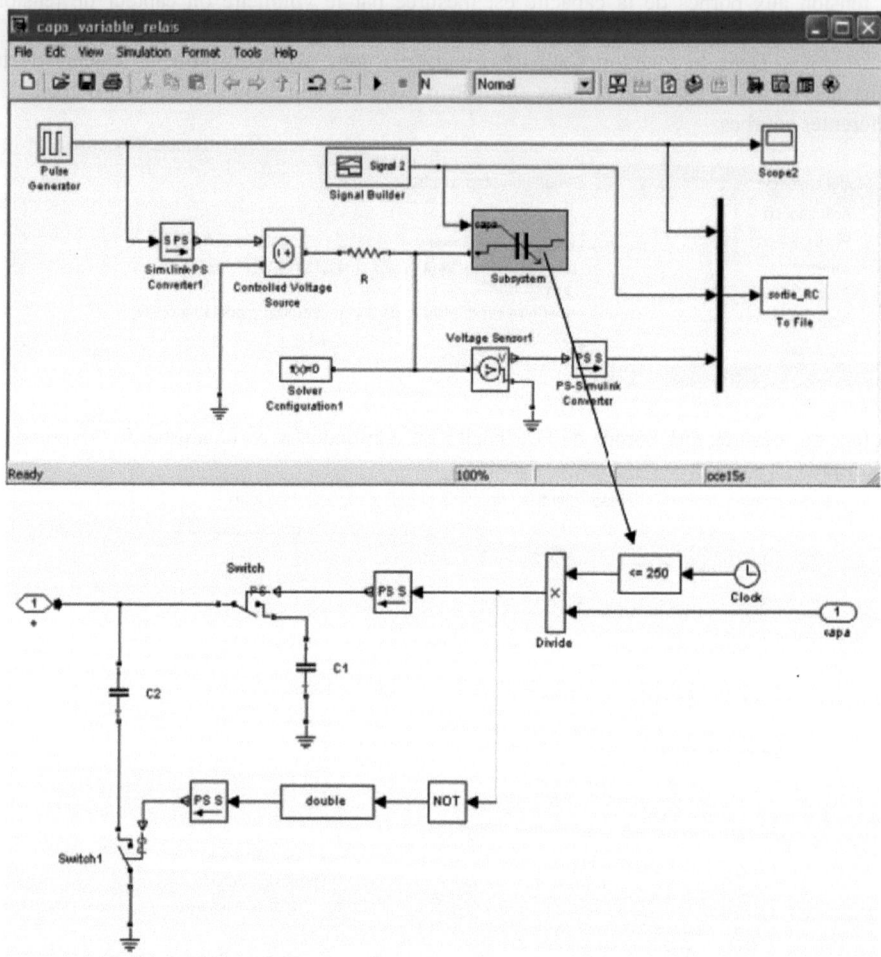

Lorsque t<=250, la valeur du signal fourni par le bloc Signal Builder vaut 1. Le block Switch reçoit une valeur logique 1 et se ferme, inversement au Swich1 qui s'ouvre grâce à porte logique NOT.
La borne inférieure de C2 n'est pas à la masse. Ainsi, il n'y a que C1 qui est reliée à la résistance R.
Lorsque t>250, l'interrupteur Switch s'ouvre, la borne supérieure de C1 n'est plus connectée au circuit, Switch1 se ferme, ainsi seule C2 est reliée à la résistance R.
Le signal de commutation qui reliera successivement l'une ou l'autre des deux capacités est généré par le bloc Signal Builder.

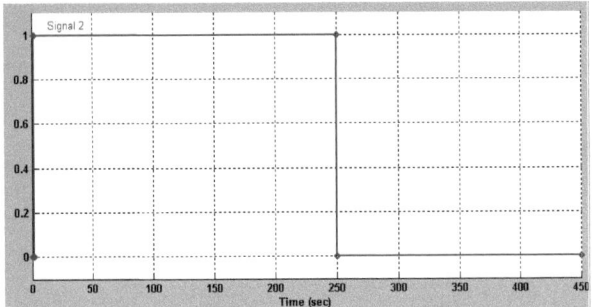

Entre les instants t=0 et 250, ce bloc génère une valeur 1 qui permet au relais `switch` de se fermer et de relier la capacité C1=2,7mF au signal d'entrée.

Grâce au bloc logique NOT, la capacité C2=17mF sera déconnectée du circuit en isolant une de ses pattes de la masse par l'ouverture du relais `switch1`.
Pendant cette durée, le circuit RC possède une constante de temps $\tau = RC_1 = 10^3 * 2,7\ 10^{-3} = 2,7s$.
Au-delà de l'instant t=250, c'est la capacité C2=17mF qui est activée et C1 désactivée, soit une constante de temps de 17s.

On observe dans la figure suivante, une charge/décharge plus lente au-delà de l'instant t=250 grâce au changement de capacité reliée à la résistance, ceci grâce à la commutation simultanée des deux relais.
En sortie de la porte NOT, nous devons utiliser un convertisseur de type de signal : du type binaire à double. Ce convertisseur, `Data Type Conversion`, se trouve dans la bibliothèque `Signal Attributes` de Simulink.

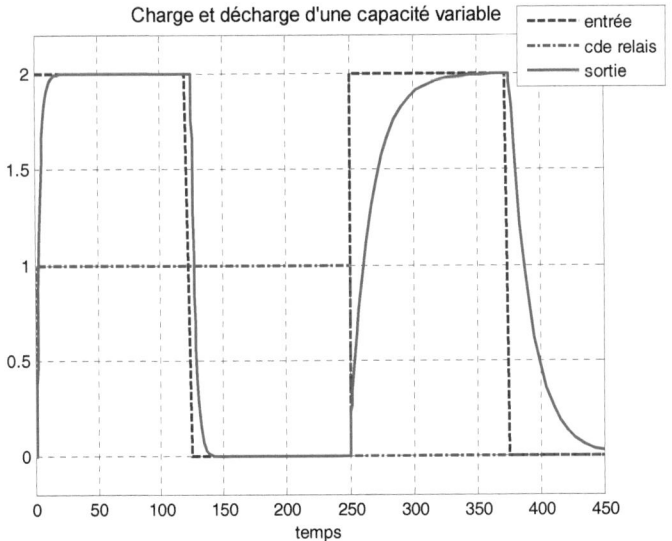

56 Chapitre 2

- *Circuit RLC, régime sinusoïdal*

Dans cette application, nous avons utilisé les éléments des 3 bibliothèques de la librairie Foundation Library/Electrical (sources, éléments et capteurs).

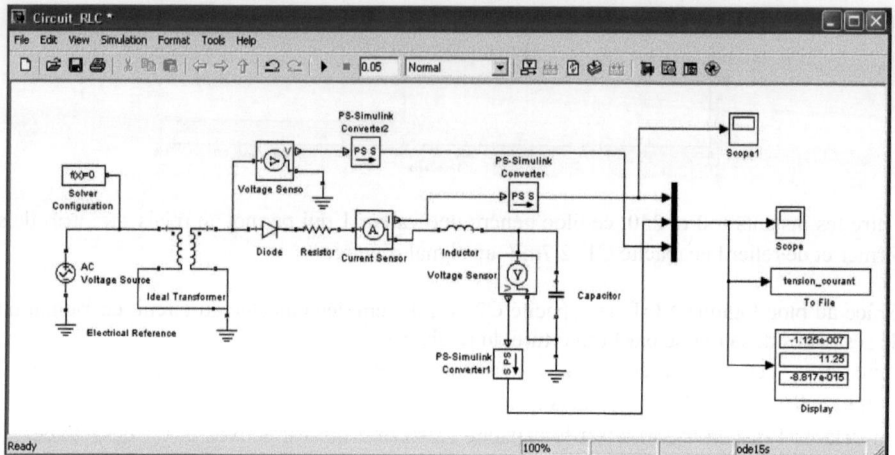

Le transformateur permet d'abaisser l'amplitude de 220V à 12V. L'ampèremètre ou capteur de courant (Current Sensor) est placé en série entre la résistance et la self pour mesurer le courant qui circule dans le circuit.

Dans les commandes de la fonction Callback StopFcn, nous lisons le fichier binaire tension_courant.mat et nous traçons les courbes de la tension d'entrée, de sortie et le courant circulant dans le circuit.

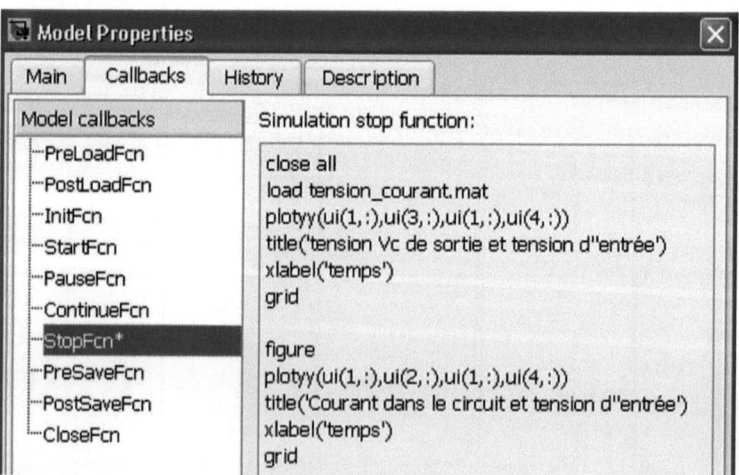

Dans les courbes suivantes, nous remarquons que le courant s'annule progressivement et la tension aux bornes de la capacité monte à chaque alternance positive et devient constante.

La tension de sortie augmente à chaque alternance et se stabilise à 11.25V.

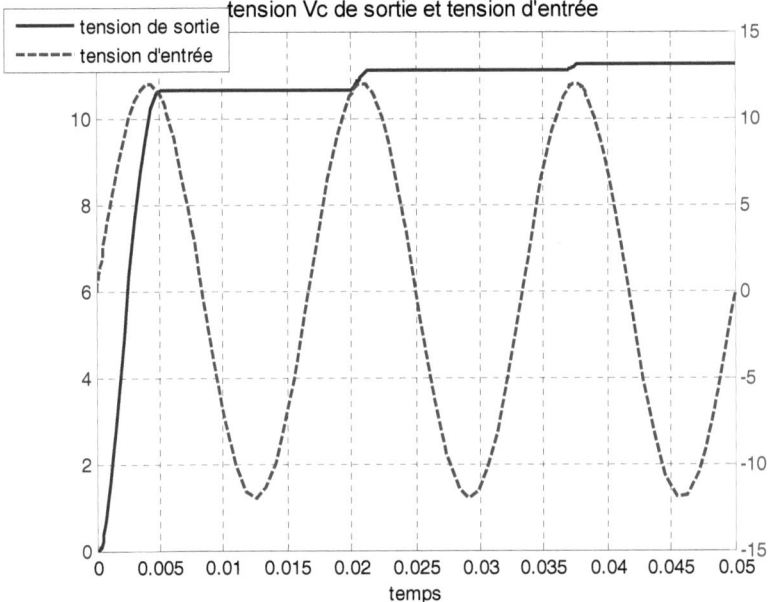

Le courant s'annule au fur et à mesure de la charge du condensateur.

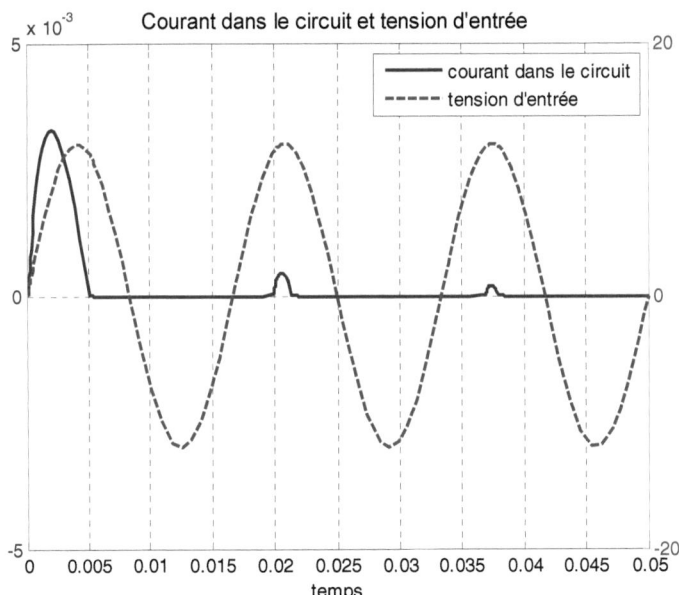

- *Redressement*

Le relais permet de brancher ou de débrancher la capacité C en parallèle à la résistance R. Lorsque le relais est « énergisé » soit qu'il reçoit une tension supérieure à 0 à son entrée PS, la borne commune C est branchée à la borne S2 (capacité branchée), autrement la borne commune C est branchée à la borne S1 (masse) et la capacité débranchée du circuit.
En double-cliquant sur le bloc de ce relais nous obtenons la boite de dialogue suivante.

On peut spécifier les temps de la connexion de C à S1 ou à S2, la résistance du relais fermé (ici 0.01Ω) et la conductance lorsqu'il est ouvert (ici $10^{-8} \Omega^{-1}$) soit une résistance de $100\,M\Omega$.

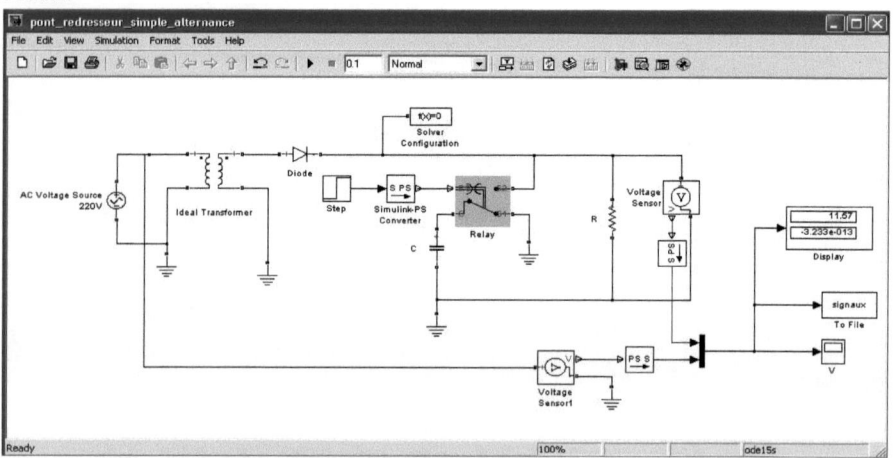

Dans la fonction Callback StopFcn, les commandes suivantes permettent de lire le fichier binaire signaux.mat et de tracer les signaux d'entrée et de sortie avec et sans capacité de filtrage.

Librairies de Simscape

```
load signaux.mat
plotyy(x(1,:),x(2,:),x(1,:),x(3,:)), grid
title('Redressement simple alternance'), xlabel('temps')
```

Les signaux sont tracés dans le même graphique avec des axes d'ordonnés différents grâce à la commande `plotyy`.

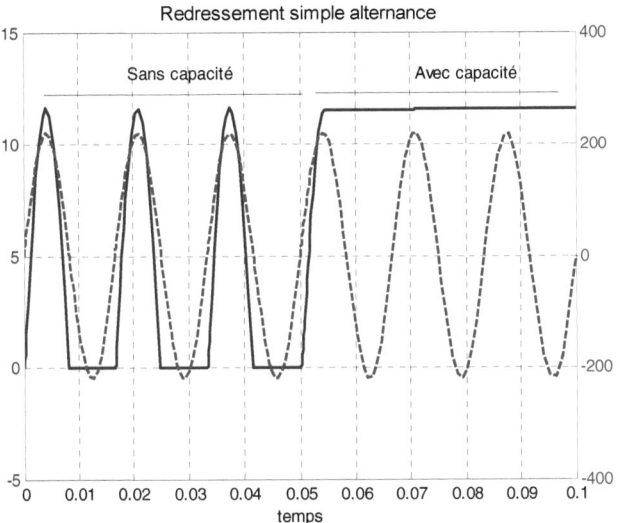

Grâce au filtrage par la capacité, la tension de sortie est constante et égale à 11.6V.
Sans la capacité, nous n'obtenons que les alternances positives.

- *Redressement double alternance*

Le redressement d'une tension sinusoïdale permet d'avoir une tension continue. Il existe des redressements, simple comme le précédent et double alternance. Pour avoir un redressement double alternance, nous devons utiliser un pont à 4 diodes.

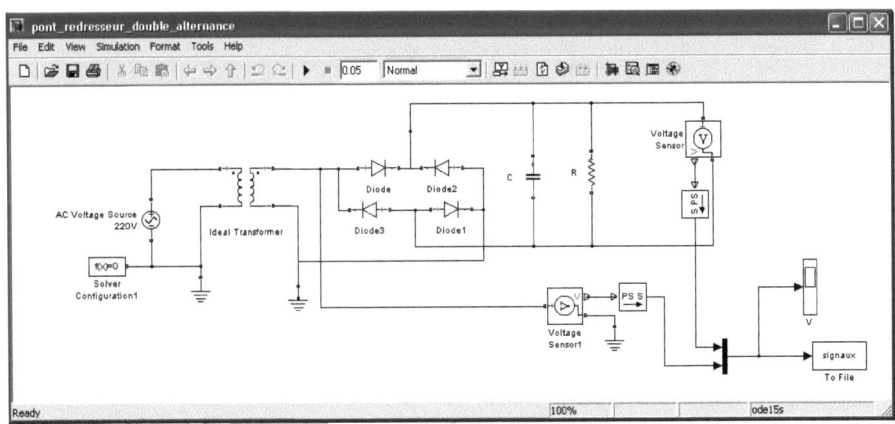

La capacité permet de faire un lissage et d'obtenir un signal presque continu en sortie.

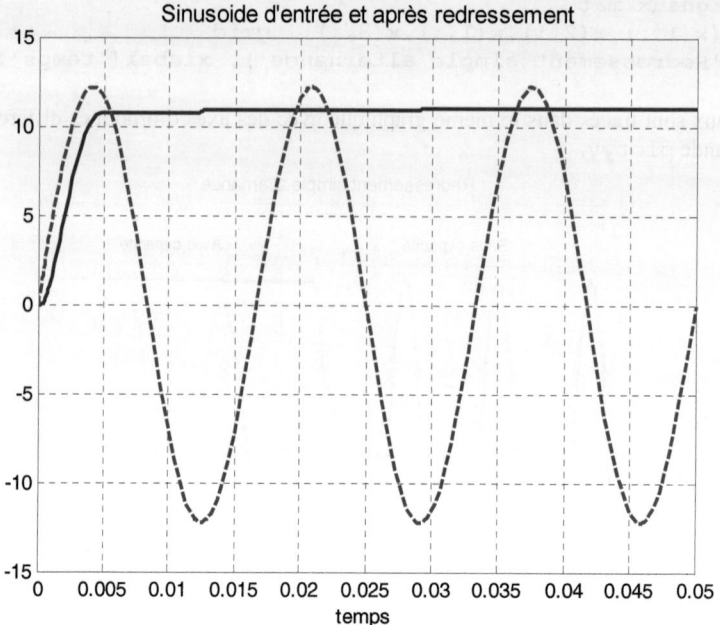

- **Schéma équivalent d'un transistor**

Dans cette application, nous allons utiliser des sources contrôlées de tension par un courant et de courant par une tension.

Considérons le montage suivant d'un transistor monté en émetteur commun et polarisé en courant par la résistance R_b.

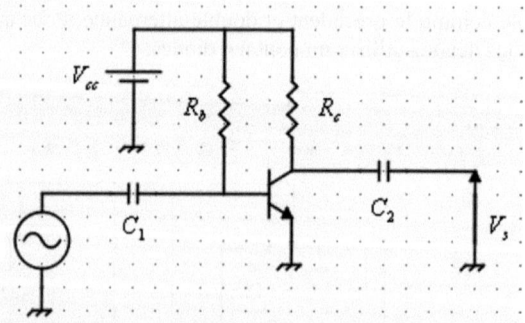

Le gain en tension de ce montage est donné par :

$$G = -\frac{\beta R_c}{h_{11}}$$

β est le gain en courant et h_{11} l'impédance d'entrée.
Le schéma équivalent en régime sinusoïdal des petits signaux est le suivant :

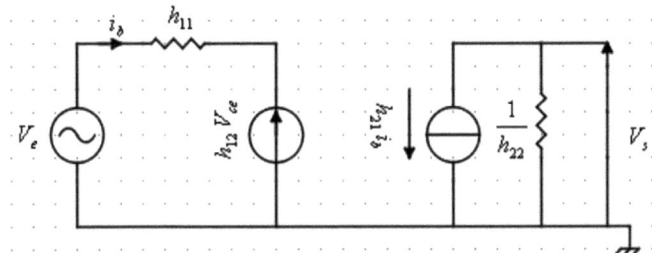

La source de courant $h_{21} i_b$ est contrôlée par le courant de base i_b et la source de tension $h_{12} V_{ce}$ par la tension collecteur-émetteur Vce. Ces 2 sources peuvent être simulées par les suivantes :

- les sources contrôlées de courant par un courant

- les sources de tension contrôlées par une tension   ($h_{12} v_{ce}$)

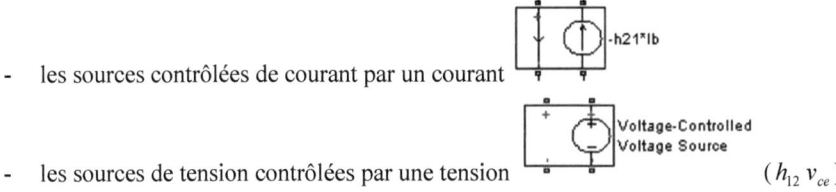

Les deux autres sources contrôlées de cette bibliothèque sont celle de courant contrôlée par une tension et de tension contrôlée par un courant.

Le modèle Simulink suivant simule le schéma équivalent du transistor. Son signal de sortie, ainsi que celui donné par la théorie sont envoyés dans le fichier binaire `es.mat` sous le nom de variable `es`.

La fonction `Callback InitFcn` (Initialisation de la simulation) spécifie les valeurs des résistances et des paramètres du transistor.

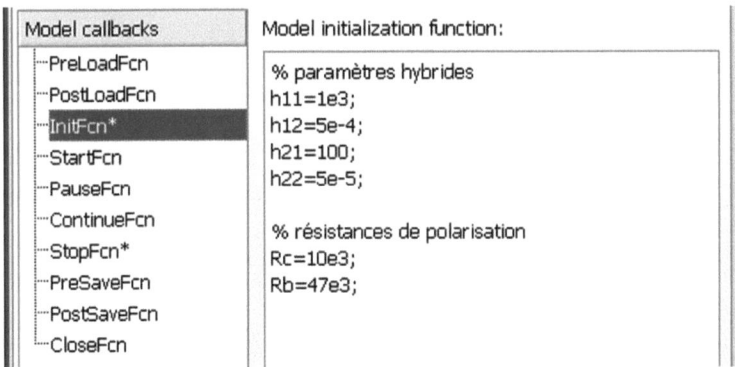

Dans le `Callback StopFcn` (fin de la simulation), on lit le fichier binaire et on trace les 2 signaux de sortie.

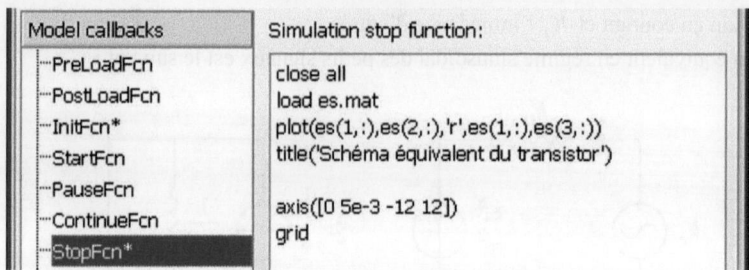

Le schéma équivalent est attaqué par un signal sinusoïdal d'amplitude 10 mV et de fréquence 1 kHz. Dans ce modèle, nous comparons la sortie du circuit physique et celle obtenue par l'expression théorique du gain.

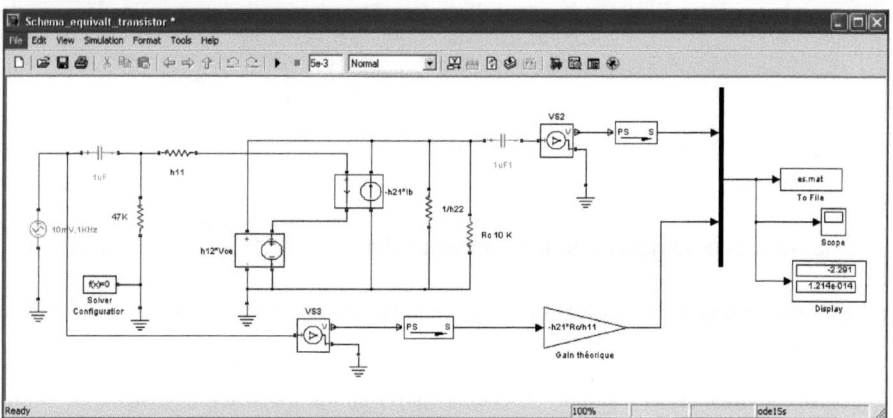

La figure suivante représente la tension de sortie donnée par le circuit formé des sources contrôlées et celle donnée par le gain théorique.

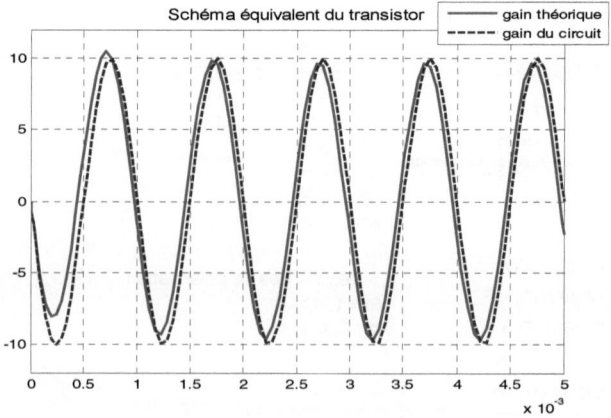

Les 2 signaux, quasiment identiques, ont une amplitude de 10 V, soit un gain en tension de 1000.

Librairies de Simscape

Le tracé se fait dans la fonction Callback `StopFcn` dans laquelle on lit le fichier binaire `es.mat` pour récupérer ces 2 tensions.

On observe un léger régime transitoire ainsi qu'un infime déphasage entre la courbe du schéma réel et celle donnée par la théorie.

- *Utilisation des sources contrôlées de tension et de courant*

Pour ce nouveau schéma équivalent, la source de tension $h_{12} V_{ce}$ est réalisée en ramenant la tension V_{ce} grâce à un voltmètre.

Cette tension sera multipliée par un gain (composant physique de la bibliothèque `Physical Signals/Functions`) pour contrôler la source de tension par une tension (`Controlled Voltage Source`).

Les sources contrôlées, de tension et de courant sont dans la librairie `Foundation Library/Electrical/Electrical Sources`.

La source de courant $h_{21} i_b$ est réalisée de la même façon grâce à l'ampèremètre.

Ce courant, multiplié par le même gain, commande la source de courant contrôlée (`Controlled Current Source`).

Nous avons utilisé, en même temps, que les sources contrôlées, des composants physiques de gain dans lesquels nous avons mis respectivement les variables h12 et -h21 dont les valeurs sont spécifiées dans la fonction Callback `InitFcn`.

Dans la boite de dialogue, les gains sont définis par les variables spécifiées dans cette fonction Callback `InitFcn`.

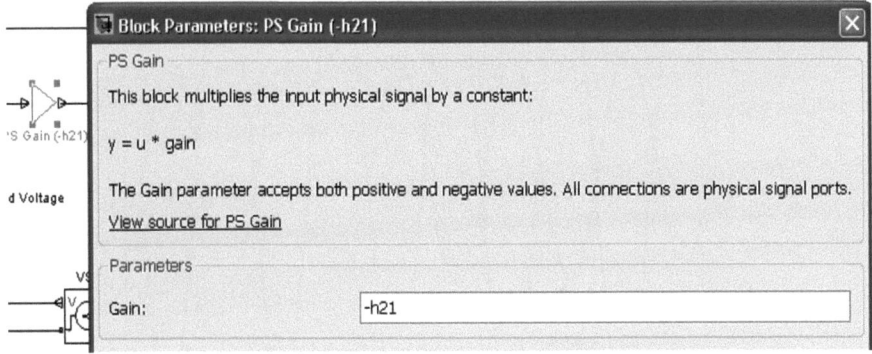

Le modèle hybride du transistor est défini par les gains -h21, h12 et les sources contrôlées de tension (h12 Vce) et de courant (-h21 ib).

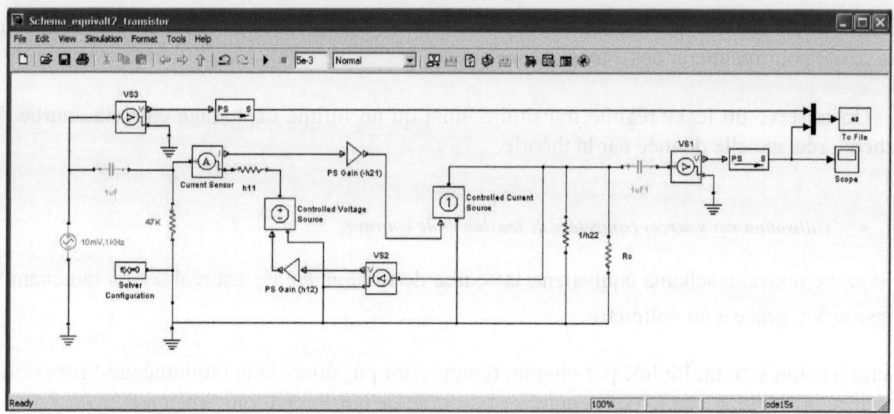

La fonction `Callback StopFcn` permet de lire le fichier binaire et de tracer, dans deux ordonnées différentes, les signaux d'entrée et de sortie de ce nouveau schéma équivalent.
Les résistances h_{22}^{-1} et Rc sont en parallèle.

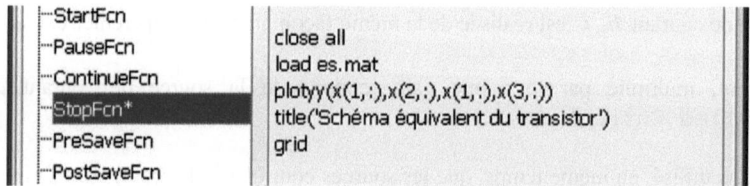

Les 2 signaux sont quasiment en opposition de phase et nous retrouvons le même gain de 1000. Les 2 tensions sont tracées dans 2 axes d'ordonnées différents.

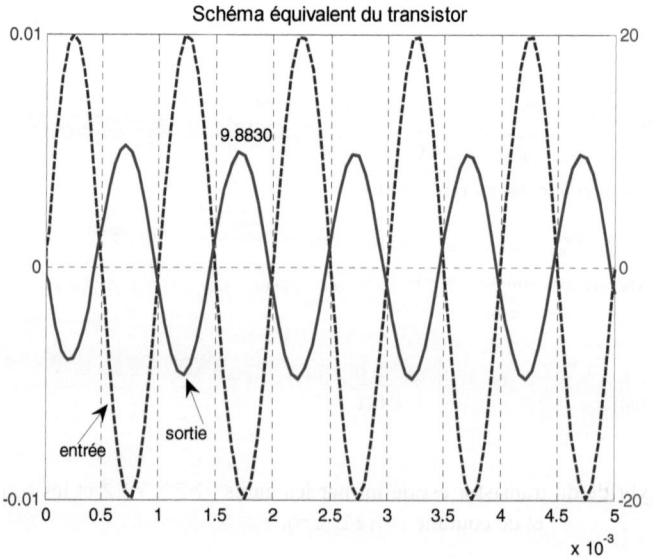

- **Mouvements mécaniques de translation et de rotation**

Nous allons étudier les systèmes mécaniques de translation et de rotation, définis dans la librairie Foundation Library/Mechanical qui contient 5 bibliothèques :

- Mechanical Sources : Sources de couple, force, etc.
- Mechanisms : boite à vitesse, levier, etc.
- Mechanical Sensors : capteur de force, vitesse, position et vitesse
  (translation et rotation), etc.
- Rotational Elements : Eléments de rotation (ressort de torsion, inertie, etc.).
- Translational Elements : Eléments de translation (masse, ressort de rappel, etc.).

- **Mouvement de translation**

Le bloc 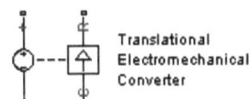 de la librairie Electrical/Electrical Elements, permet de convertir une tension U en mouvement de translation. Il réalise ainsi une conversion entre les domaines, électrique et mécanique. La vitesse de translation est donnée par : $V = \dfrac{U}{K}$ avec K le coefficient de proportionnalité que l'on peut spécifier dans sa boite de dialogue en double-cliquant sur ce bloc.

La force est proportionnelle au courant traversant la partie électrique.
Dans le modèle suivant, nous appliquons un échelon de valeur 12V au pôle négatif de l'induit, le pôle positif étant relié à l'alimentation entre t=0 à 2s afin d'appliquer 0V entre les ports électriques.
Nous utilisons pour cela une source de tension contrôlée commandée par une tension en échelon.

L'échelon revient à la valeur 0, ce qui applique 12V entre les ports électriques.

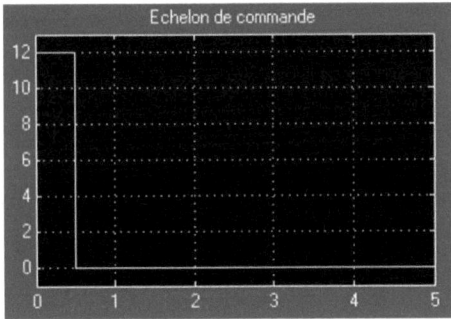

Nous obtenons une vitesse constante, proportionnelle à la tension, soit 120 rad/s et une position qui augmente linéairement.

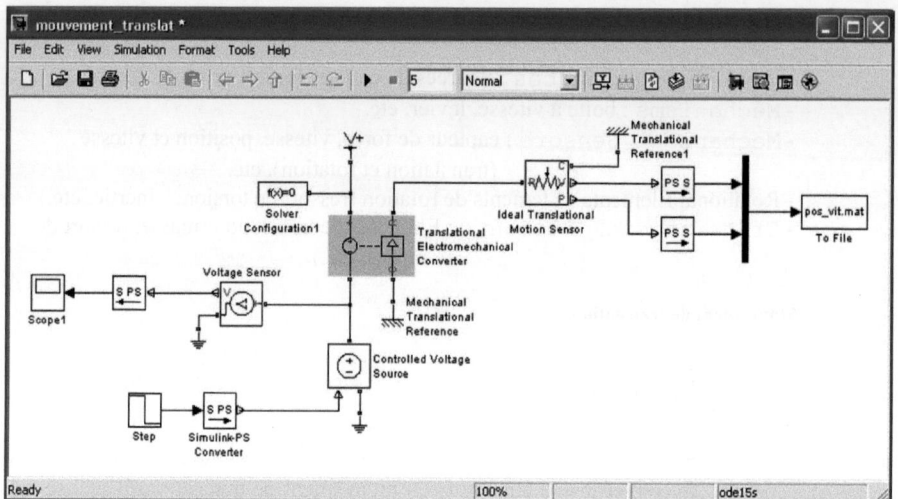

Dans la fonction `Callback StopFcn`, nous traçons la vitesse et la position qu'on lit préalablement du fichier binaire `pos_vit.mat`.

Si nous désirons vérifier la proportionnalité entre la force mécanique et le courant électrique, nous devons utiliser un capteur de force et un ampèremètre, comme on le montre dans le modèle suivant.

La courbe suivante montre la proportionnalité de la force au niveau du rotor et du courant d'induit.

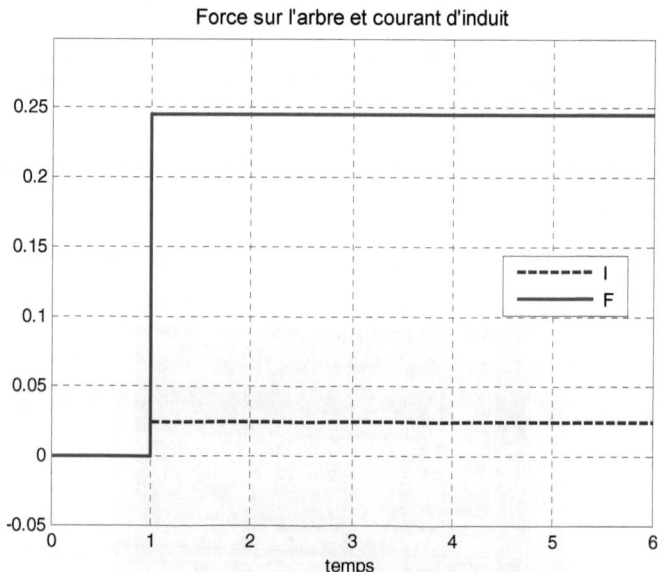

Nous avons inséré une résistance de 49Ω entre les ports électriques, symbolisant la résistance d'induit et nous avons négligé son inductance.

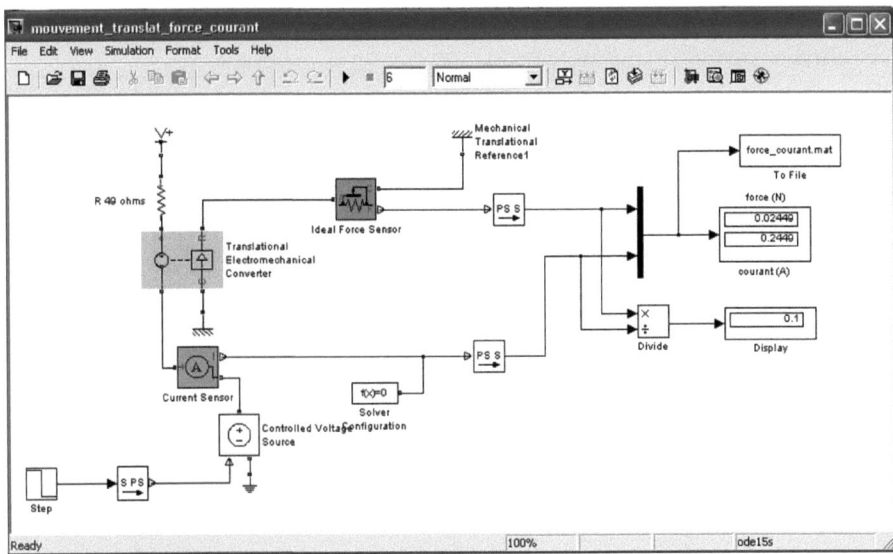

Les commandes insérées dans la fonction Callback StopFcn permettent de lire le fichier binaire force_courant.mat. Nous vérifions bien la valeur du rapport de 0.1 entre la force mécanique et le courant électrique.

- **Mouvement de rotation**

Dans cet exemple, nous étudions le convertisseur électromécanique de rotation (Rotational Electromechanical Converter).
Nous imposons sur le port électrique inférieur une tension générée par le bloc Signal Builder qui a la forme suivante :

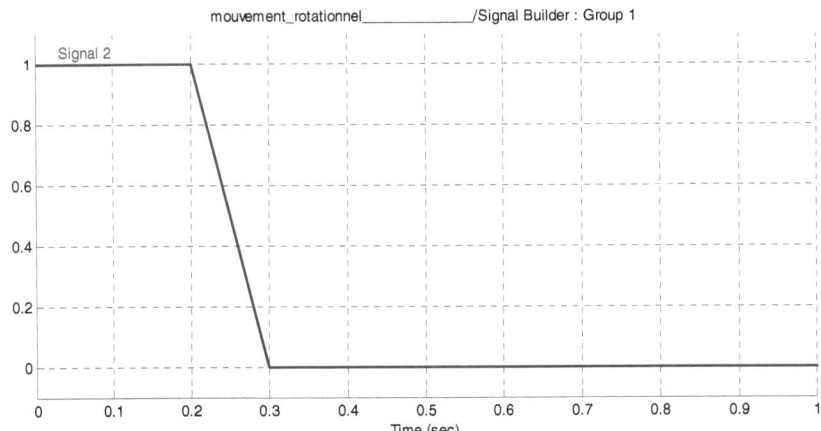

Ce signal est multiplié par un gain de 12 avant de commander la source de tension contrôlée (Controlled Voltage Source).

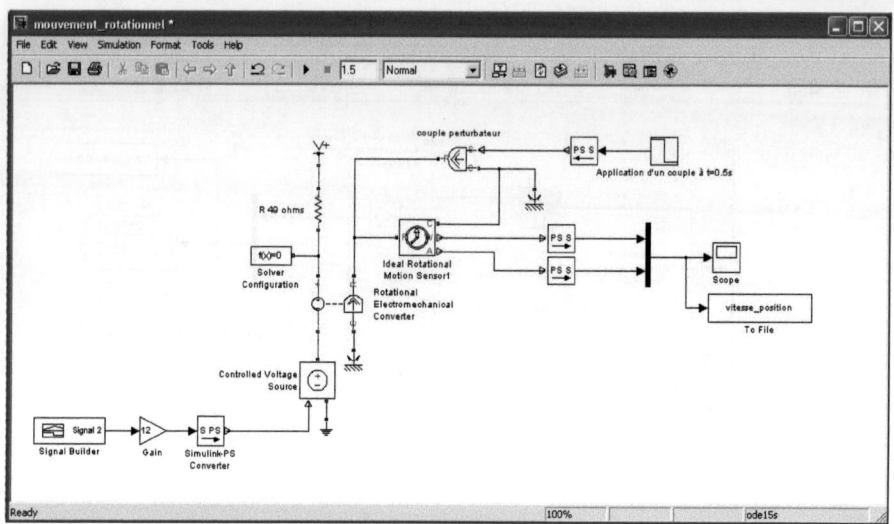

Nous notons que les références mécaniques pour les mouvements de translation et de rotation sont différentes, ainsi que les capteurs qui mesurent les vitesses et les positions (linéaires et angulaires).

Entre les instants 0 et 0.2, on applique 0 V comme différence de potentiel entre les 2 ports électriques, ce qui provoque le non démarrage du moteur (position et vitesse angulaires nulles).

Dès l'instant t=0.2, toute la tension d'alimentation de 12 V est appliquée sur les ports électriques, ce qui provoque une augmentation de la vitesse angulaire jusqu'à 120 rad/s.

A l'instant t=0.5, nous appliquons sur l'arbre mécanique un couple négatif (opposé au sens de rotation) de valeur $-15 \cdot 10^{-3}$ N.m.

La vitesse de rotation chute alors à 46.96 rad/s.
Suite à cette perturbation, nous observons un point d'inflexion sur la courbe de position angulaire.

En régime permanent, le potentiel de la borne électrique inférieure devient nul ; ce qui a pour effet d'appliquer 12V aux bornes de l'induit.

La vitesse devient constante et la position continue de croître.
Les courbes de position et de vitesse angulaire sont données par la figure suivante.

Dans la fonction Callback InitFcn, on lit le fichier binaire et on trace les courbes de position angulaire et de vitesse de rotation.

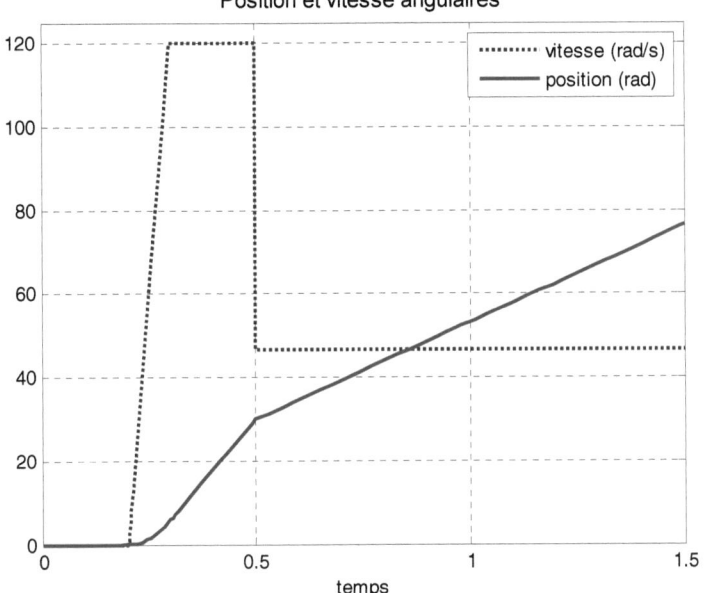

I.2. Physical Signals

Cette librairie reprend, pour les signaux de type physique de Simscape, quelques blocs équivalents à ceux de Simulink pour réaliser:

- des opérations mathématiques,
- une intégration,
- une constante,
- des opérateurs non linéaires,
- ainsi que des tables d'interpolation, etc.

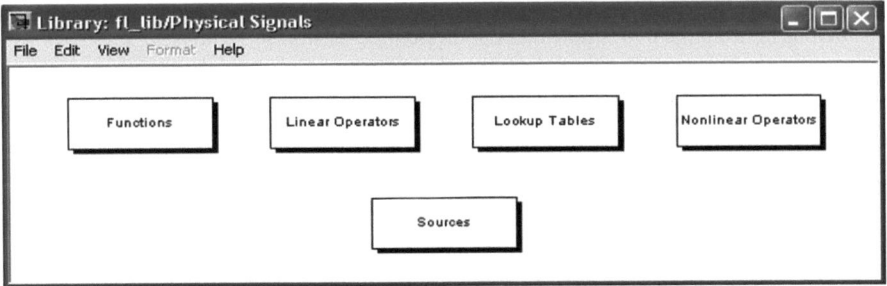

I.2.1. Functions

Ce sont des fonctions mathématiques de base qui opèrent sur des signaux physiques (entrées/sorties).

70 Chapitre 2

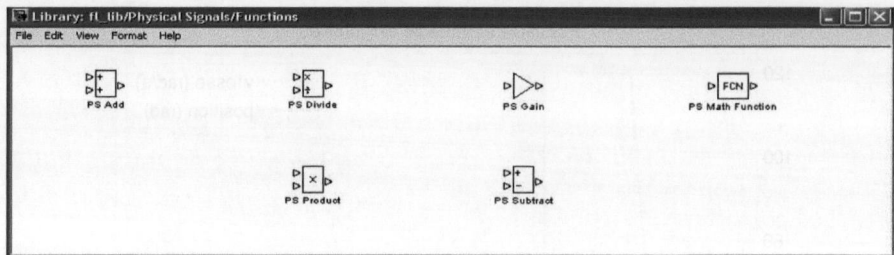

Le bloc Fcn équivaut au même type de bloc de Simulink dont il propose quelques unes de ses fonctions, mais en agissant sur des signaux physiques de Simscape.
Dans cette librairie nous avons des opérations simples telles que la somme, produit, gain, ainsi que le bloc PS Math Function qui réalise diverses opérations mathématiques.
Dans le modèle suivant, ce bloc est utilisé pour calculer le carré de la tension et la puissance au niveau de la résistance.

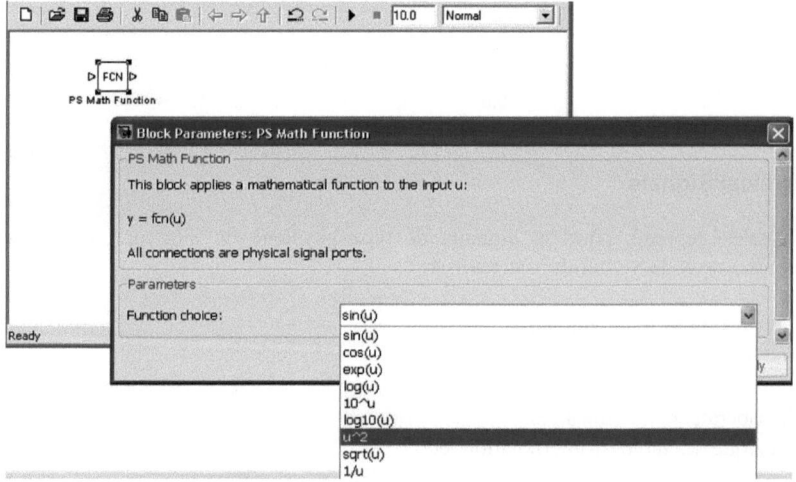

Considérons un exemple très simple du pont diviseur de tension suivant.

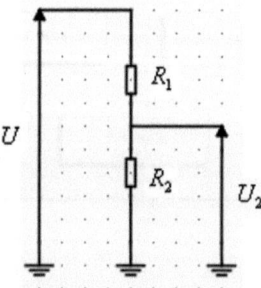

Dans le modèle suivant, nous calculons la puissance au niveau de la résistance R_2 de 2 façons différentes.

Librairies de Simscape 71

Les valeurs des résistances R_1 et R_2 sont spécifiées dans la fonction `Callback` d'initialisation `InitFcn`.

Nous utilisons pour cela l'opérateur physique `PS Divide` de Simscape.

- **La puissance par l'expression** $\dfrac{U_2^2}{R_2}$.

```
>> U=12 ;
>> U2=(R2/(R1+R2))*U; % pont diviseur de tension
>> % Calcul de la puissance
>> P=U2^2/R2
P =
   0.0032
```

Le bloc `FCN` (`PS Math Function`) réalise l'opération u^2 tandis que le gain `PS Gain` possède la valeur $1/R_2$.

- **La puissance par** $U_2 * I = U_2 * \dfrac{U}{R_1 + R_2}$

```
>> P=U2*U/(R1+R2)
P =
   0.0032
```

La tension aux bornes de R_2 et le courant la traversant sont mesurés par des capteurs, de tension et de courant.
Il suffit juste d'utiliser l'opérateur produit `PS Product`.

Dans le modèle suivant, nous calculons la tension aux bornes de la résistance R_2 et la puissance qu'elle consomme, en utilisant les 2 façons précédentes.
Le but de ce modèle étant d'utiliser les opérateurs de Simscape.

I.2.2. Linear Operators

Cette librairie se résume à l'intégrateur analogique PS Integrator.

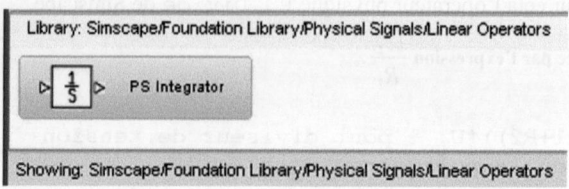

- *Application à la régulation de la position linéaire (translation)*

On utilise cet opérateur d'intégration pour réaliser le régulateur Proportionnel et Intégral PI d'expression :

$$D(p) = 1 + \frac{K}{p}$$

On réalise alors un masque pour programmer ce régulateur (Cf. Annexe Masques) pour réguler la position linéaire d'un convertisseur électromécanique.

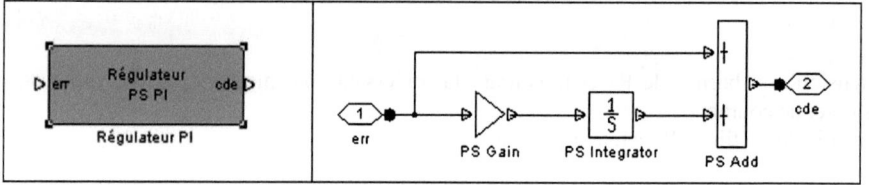

En double-cliquant sur le masque, on obtient la boite de dialogue dans laquelle on spécifie le gain K de l'intégrateur.

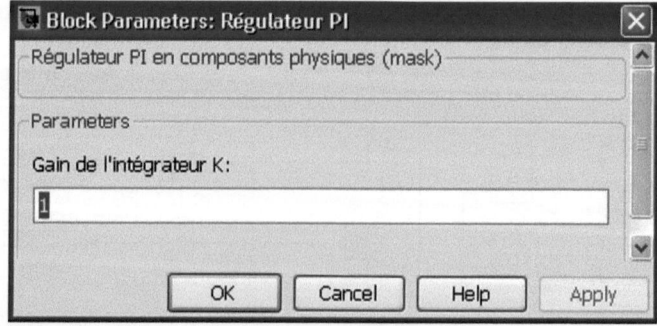

Le modèle suivant montre l'utilisation du régulateur pour contrôler la position du convertisseur électromécanique de translation.
La sortie A, angle, du capteur Ideal Translational Motion Sensor revient à l'entrée pour être comparée à la consigne.

Cette erreur constitue l'entrée du régulateur.

Librairies de Simscape 73

Le signal de consigne est généré par le bloc `Signal Builder` de Simulink.

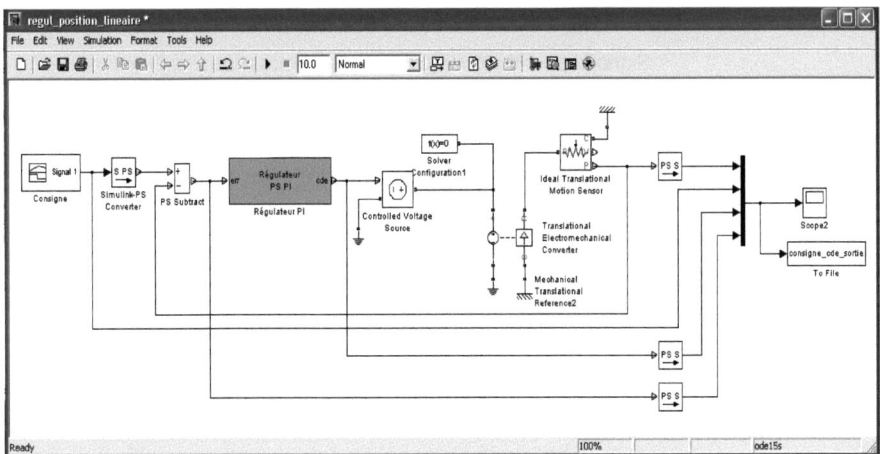

Après le régulateur, afin de transformer le signal de commande en tension qui s'applique au coté électrique du convertisseur électromagnétique, on utilise la source contrôlée de tension (`Controlled Voltage Source`).

Le signal à réguler est la position linéaire de la partie mobile du coté mécanique d'un convertisseur électromécanique défini par les 2 relations suivantes :

- F= K I, avec F la force mécanique et I le courant dans la partie électrique,
- V=K v, avec V la tension aux bornes de la partie électrique et v la vitesse de la partie mécanique.

Dans la fonction Callback `StopFcn`, nous récupérons les signaux sauvegardés dans le fichier binaire `consigne_cde_sortie.mat` afin de les tracer.

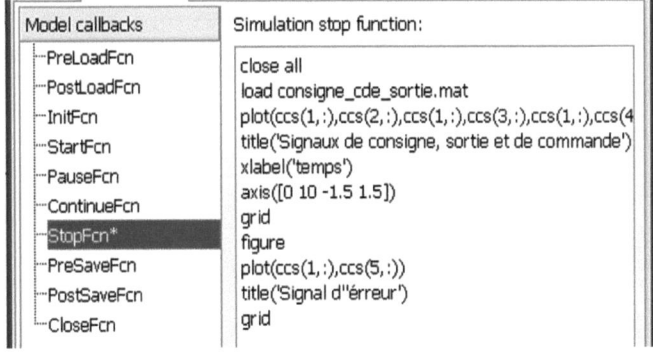

Dans l'exemple suivant, nous choisissons un gain K=20.

Nous observons, pour ce gain, des oscillations amorties du signal de sortie en régime transitoire pour rejoindre le signal de consigne en régime permanent.

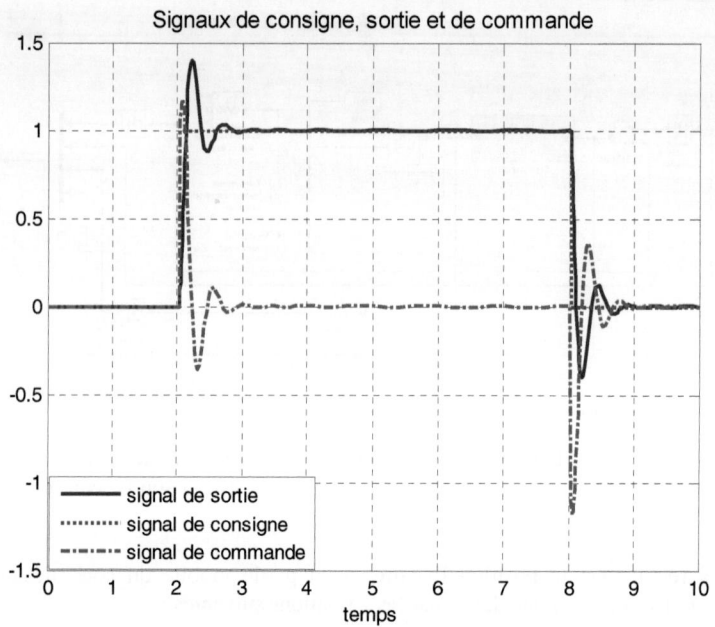

Le système en boucle fermée est, au moins, du second degré.
Le signal de commande oscille avec la même pulsation non amortie et s'annule en régime permanent.
Avec un gain K=1, le signal de position atteint la consigne avec un seul dépassement. En statique, lorsque la valeur constante de consigne est atteinte, le signal de commande s'annule.

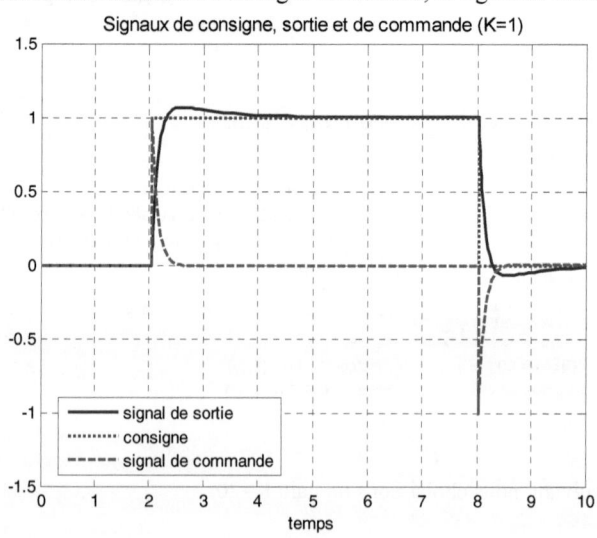

Librairies de Simscape

I.2.3. Lookup Tables

Ce sont, comme dans Simulink, des tables d'interpolation à une et deux dimensions mais en agissant sur des signaux physiques de Simscape.

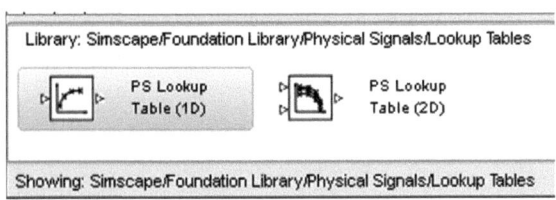

Dans les exemples suivants, on se propose, d'une part, d'utiliser les opérateurs mathématiques précédents et d'autre part, d'obtenir différentes valeurs d'une thermistance en fonction de sa température dans le but d'utiliser une table d'interpolation pour en faire un capteur.

Dans ce premier modèle, nous nous limitons au calcul de la valeur de la thermistance en fonction de sa température.

En série à la thermistance, nous avons placé une résistance $R=10\,k\Omega$ pour réaliser un pont diviseur de tension.

L'alimentation possède une valeur de 5 V.
La tension aux bornes de la thermistance est alors, donnée par l'expression :

$$U_{Rth} = \frac{R_{th}}{R_{th} + R} V_{cc}$$

De cette expression, nous tirons celle de la valeur de la thermistance.

$$R_{th} = R \frac{U_{Rth}}{V_{cc} - U_{Rth}}$$

Cette relation est programmée par les blocs physiques de calculs élémentaires de Simscape dont le gain `PS Gain` vaut la valeur de R et la constante `PS Constant` est égale à la tension d'alimentation V_{cc}.

La borne T (température) du composant physique de la thermistance est soumise à une température donnée par la constante `PS Constant1` qui commande une source de température (`Ideal Temperature Source`).

Nous obtenons la valeur de $46.42\,k\Omega$ de la thermistance lorsqu'on la soumet à une température de 50°C, ce qu'on peut observer à la sortie T du capteur (`Ideal Temperature Sensor`).

D'autres blocs thermiques seront étudiés dans la partie correspondante de cette librairie.

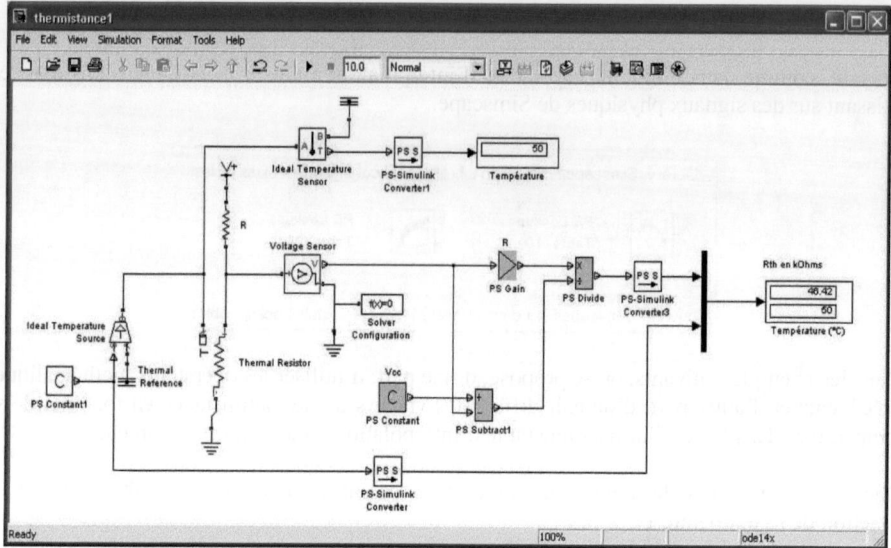

Pour avoir un certain nombre de points dans un domaine spécifié de température, nous allons créer un script dans lequel on simulera ce modèle et on sauvegardera les différentes valeurs dans un fichier texte.

Nous obtiendrons 2 vecteurs correspondants aux températures et résistances de la thermistance. Ces vecteurs seront utilisés par à la table d'interpolation linéaire `PS Lookup Table (1D)`.

fichier caract_thermistance.m
```
clear all
clc
close all
R=10;
Vcc=5;
temp=0;
x=[];

for i=0:1:20
    temp=i*5;
    sim('thermistance2')
    RT=RT(1,:)';
    x=[x,RT]
end

plot(x(2,:),x(1,:))
hold on
plot(x(2,:),x(1,:),'+')
title('Caractéristique de la résistance thermique')
xlabel('Température en °C')
ylabel('Résistance en Ohm')
grid
```

Librairies de Simscape 77

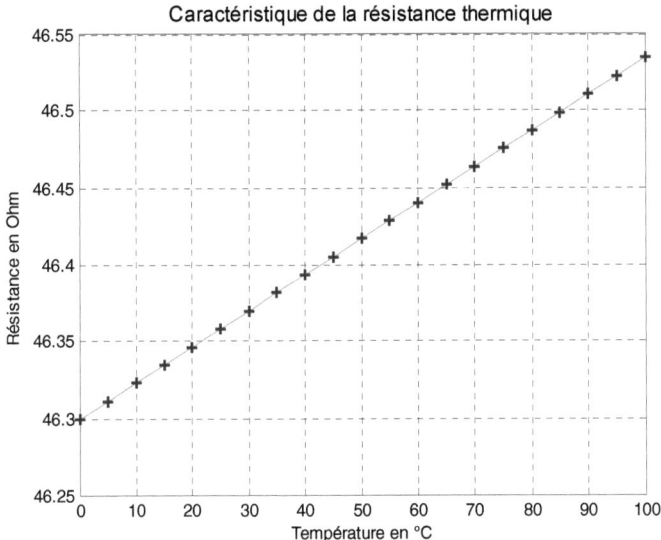

Grâce à ce script, nous obtenons la variable x qui contient la valeur de la résistance et la température correspondante, comme suit.

R(Ω)	T(°C)
46.2993	0
46.3111	5.0000
46.3228	10.0000
46.3346	15.0000
46.3463	20.0000
46.3581	25.0000
46.3698	30.0000
46.3816	35.0000
46.3933	40.0000
46.4051	45.0000
46.4168	50.0000
46.4286	55.0000
46.4403	60.0000
46.4521	65.0000
46.4638	70.0000
46.4756	75.0000
46.4873	80.0000
46.4991	85.0000
46.5108	90.0000
46.5226	95.0000
46.5343	100.0000

Nous allons utiliser une table à une dimension pour fournir la valeur de la résistance en fonction de la température.

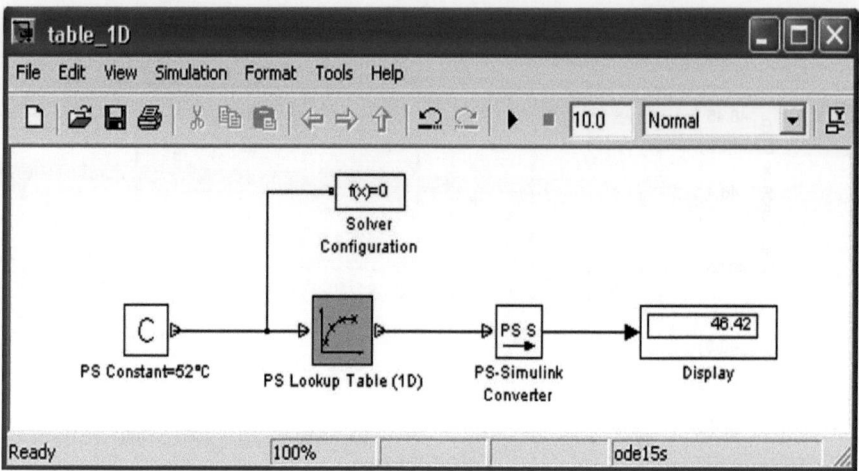

En double-cliquant sur le bloc PS Lookup Table (1D), on entre les valeurs de la température comme celles du vecteur d'entrée et les valeurs correspondantes de la résistance de la thermistance comme éléments du vecteur de sortie.

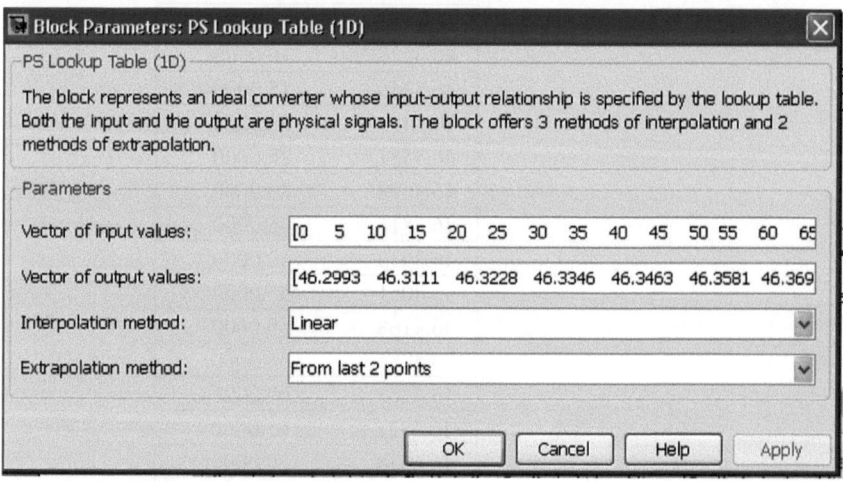

Dans le modèle précédent, la constante vaut 52°C.

La valeur estimée de la résistance est donnée par l'interpolation linéaire entre les points de température 50 et 55°C dont les valeurs de la résistance sont respectivement de 46.4168 Ω et 46.4286 Ω. Pour trouver les coefficients a et b de la droite passant par ces 2 points, nous nous proposons de résoudre le système suivant à 2 inconnues:

$$\begin{bmatrix} 50 & 1 \\ 55 & 1 \end{bmatrix} \begin{bmatrix} a \\ b \end{bmatrix} = \begin{bmatrix} 46.4168 \\ 46.4286 \end{bmatrix} \Longleftrightarrow A\beta = B$$

Librairies de Simscape

Nous le résolvons de 2 manières différentes :

$$\beta = (A^T A)^{-1} A^T B$$

et

$$\beta = A^{-1} B$$

Comme ce système est déterminé, ces 2 méthodes donnent le même résultat que celui de la table d'interpolation.

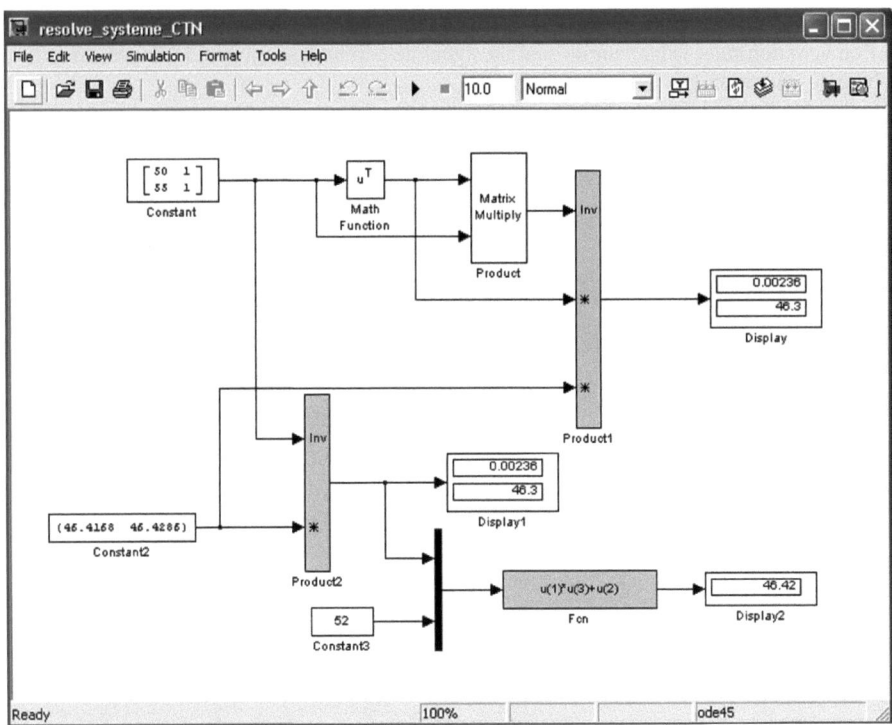

La droite qui passe par les points extrêmes a pour équation :

$$y = 0.00236 x + 46.3$$

Pour x = 52, nous obtenons bien la même valeur de $46.42\,\Omega$.
Dans ce modèle, nous avons trouvé la même valeur de différentes façons.

I.2.4. Nonlinear Operators

Ces opérateurs effectuent les mêmes opérations que leurs homologues de Simulink : valeur absolue (PS Abs), calcul des valeurs, maximale et minimale d'un signal (PS Max et PS Min, etc.).

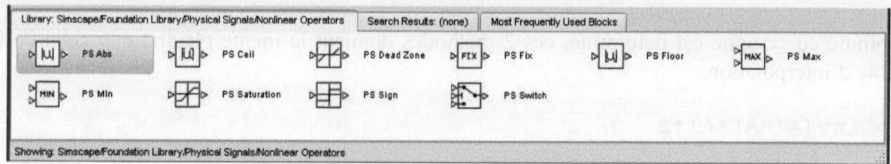

Dans le cas de la régulation de la position précédente (Application à la régulation de la position linéaire, translation), nous remarquons que le signal de commande évolue brutalement au changement de consigne.

Si l'on veut diminuer la hauteur du saut du signal de commande, on peut le saturer en utilisant le bloc de saturation PS Saturation.

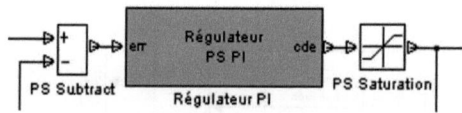

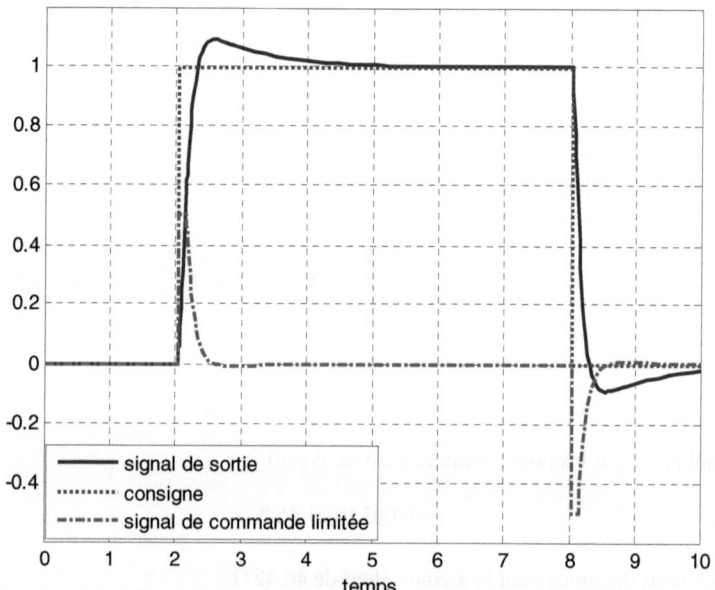

Si on limite le signal de commande à ± 0.5, comme précédemment, on remarque que la sortie met plus de temps pour rejoindre, en régime statique, le signal de consigne.

Librairies de Simscape 81

I.3. Magnetic

Cette librairie concerne le domaine magnétique et comporte, comme certaines autres librairies étudiées précédemment, les éléments, les sources et les capteurs magnétiques.

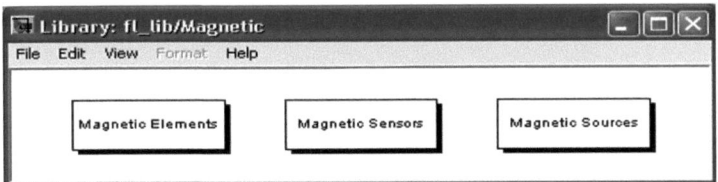

I.3.1. Magnetic Elements
Comme éléments magnétiques nous trouvons les blocs suivants.

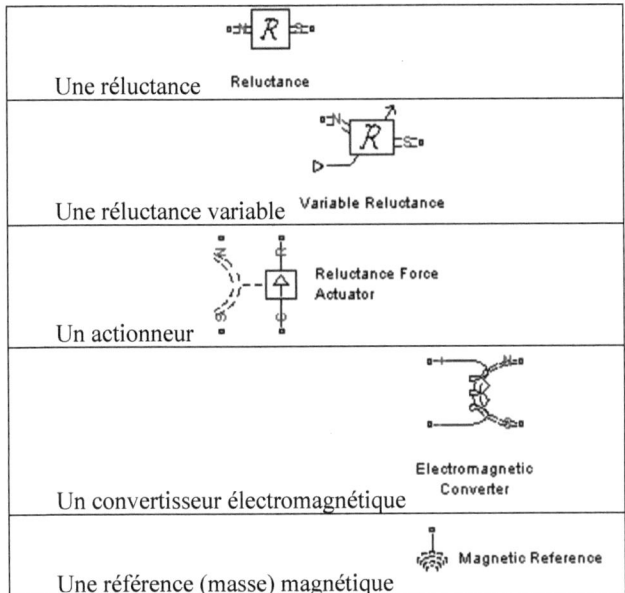

Cette librairie se présente comme suit dans le browser de Simulink.

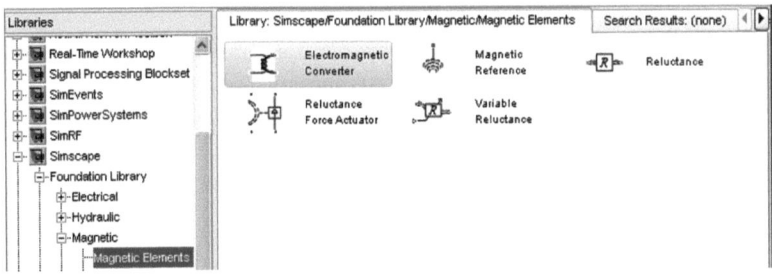

La réluctance est homogène à la résistance pour les circuits électriques. Elle quantifie la résistance (aptitude) d'un circuit magnétique à s'opposer à sa traversée par un champ magnétique.

Pour un circuit magnétique homogène (un seul matériau, section homogène), la réluctance dépend de la nature du matériau (perméabilité magnétique μ et de ses dimensions, longueur et section).

La réluctance est définie par l'expression suivante, pour un circuit magnétique homogène, en fonction du matériau qui le constitue et de ses dimensions :

$$\Re = \frac{1}{\mu}\frac{l}{s}$$

- l : longueur en m,
- s : section en m^2,
- μ : perméabilité magnétique en kg.m.A^{-2}·s^{-2}.

L'unité de la réluctance est le H^{-1} (H étant le Henry).

Le bloc Reluctance modélise une réluctance magnétique, soit un composant qui résiste au flux magnétique comme une résistance résiste à un courant électrique.

C'est le rapport de la force magnétomotrice sur le flux résultant qui traverse le composant.

I.3.2. Magnetic Sources

Cette librairie contient 2 paires de types de blocs : source contrôlée de flux magnétique et source de flux, en Weber (Wb), ainsi qu'une source contrôlée de force magnétomotrice et une source de force magnétomotrice (MMF).

Le Weber (symbole Wb) est l'unité dérivée de flux d'induction magnétique du système international (SI).

Le Weber est le flux d'induction magnétique qui, traversant un circuit d'une seule spire, y produit une force électromotrice de 1 Volt .
1 Wb = 1 T·m^2, soit le produit du champ magnétique B par la surface traversée.

La loi de Lenz montre que si une variation de flux $d\phi(t)$ apparaît dans un cadre constitué d'un conducteur électrique, une force électromotrice e(t) apparaît à ses bornes.
Cette f.e.m s'oppose à la variation de flux, d'où le signe moins dans la formule suivante, $\phi(t)$ étant le flux magnétique.

$$e(t) = -\frac{d\phi(t)}{dt}$$

Le Weber peut s'exprimer aussi en V.s, si e(t) est en Volts et le temps en secondes.

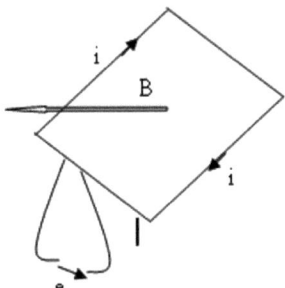

La variation d'un champ magnétique B dans un cadre conducteur crée un courant et l'apparition d'une différence de potentiel e aux bornes des extrémités de ce cadre.

Le flux magnétique que traverse ce cadre de section S est alors :

$$\phi(t) = B(t) S$$

Une force magnétomotrice (MMF, Ampère) est toute force motrice qui peut produire un flux magnétique.

Dans le browser de Simulink, la librairie Magnetic Sources se présente comme suit :

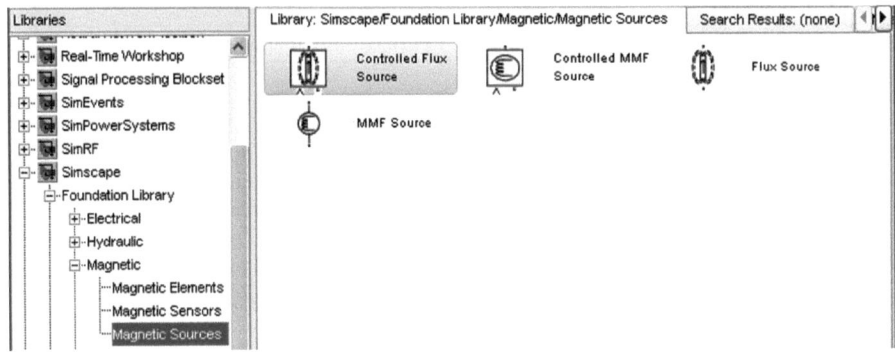

I.3.3. Magnetic Sensors

Comme pour certaines librairies étudiées, il y a 2 sortes de capteurs : un capteur de flux et un capteur de force magnétomotrice.

I.3.4. Applications des circuits magnétiques

L'exemple suivant utilise un convertisseur électromagnétique qui sert d'interface entre le coté électrique possédant un certain nombre de spires N et la partie magnétique définie par ses pôles Nord et Sud. Si I et V sont les courants parcourant le coté électrique et N le nombre de spires (number of electrical winding turns), le flux $\phi(t)$ et la MMF (force magnétomotrice) sont donnés par :

$$MMF = N*I$$
$$V = -N\frac{d\phi(t)}{dt}$$

Dans le modèle suivant, nous utilisons un convertisseur électromagnétique auquel on applique une tension sinusoïdale à son coté primaire avec un nombre de spires N=2000.
Le secondaire est relié à la réluctance $\mathfrak{R}$.
Par analogie avec les circuits électriques, la MMF (A) correspond à une tension (V) et la réluctance (H^{-1}) équivaut à une résistance (Ω). L'équivalence de la loi d'Ohm $U = R\,I$ s'écrit, dans le domaine magnétique par : $F = \mathfrak{R}\phi$.
Le tableau suivant montre quelques équivalences entre les domaines, électrique et magnétique.

Paramètre électrique	Paramètre équivalent magnétique
Intensité électrique I (A)	Flux magnétique ϕ (Wb)
Tension électrique (V)	Force magnétomotrice F (A)
Résistance R (Ω)	Réluctance $\mathfrak{R}(H^{-1})$
Conductivité électrique δ (S/m)	Perméabilité magnétique μ (H/m)

- ***Réluctance, flux et MMF***

Dans le modèle suivant, nous étudions un système composé d'un convertisseur électromagnétique auquel on branche, sur le coté magnétique, une réluctance.
On mesure le flux qui la traverse par un capteur de flux, la force magnétomotrice par le capteur MMF sensor, le flux par le capteur Flux Sensor qu'on envoie dans le fichier binaire MMF_et_flux.mat, le courant I et la tension V du circuit primaire qu'on envoie dans le fichier binaire VI_primaire.mat à travers un multiplexeur.

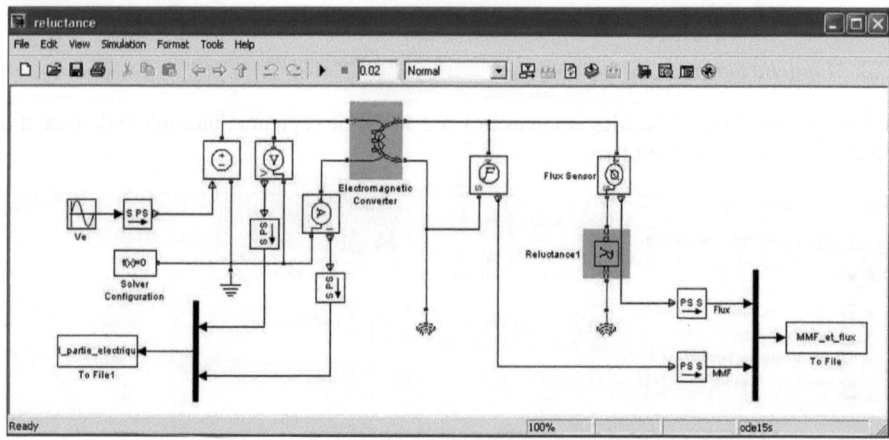

Librairies de Simscape

La figure suivante représente les courbes de tension et courant du circuit primaire du convertisseur électromagnétique.

On retrouve bien la tension sinusoïdale, d'amplitude $120\sqrt{2}$ V, appliquée au primaire.

Les figures sont tracées grâce aux lignes de commande suivantes, programmées dans la fonction Callback StopFcn.

```
close all, load VI_primaire.mat
plotyy(x(1,:),x(2,:),x(1,:),x(3,:)), grid
title('Tension et courant au primaire du convertisseur')
figure, load MMF_et_flux.mat
plotyy(y(1,:),y(2,:),y(1,:),y(3,:)), grid
title('Flux magnétique et MMF')
```

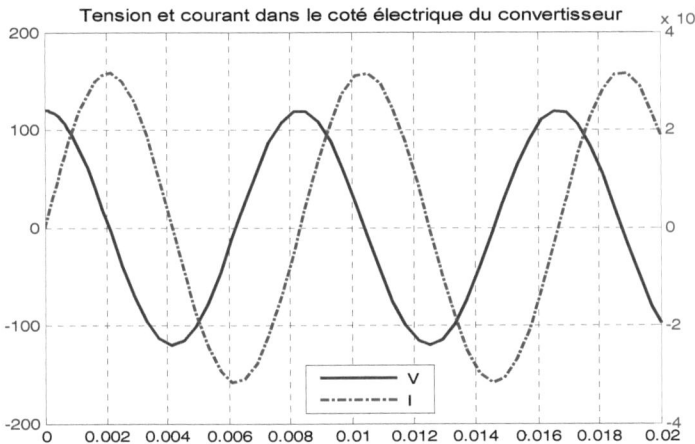

Le flux traversant la réluctance et la MMF sont donnés par les figures suivantes.

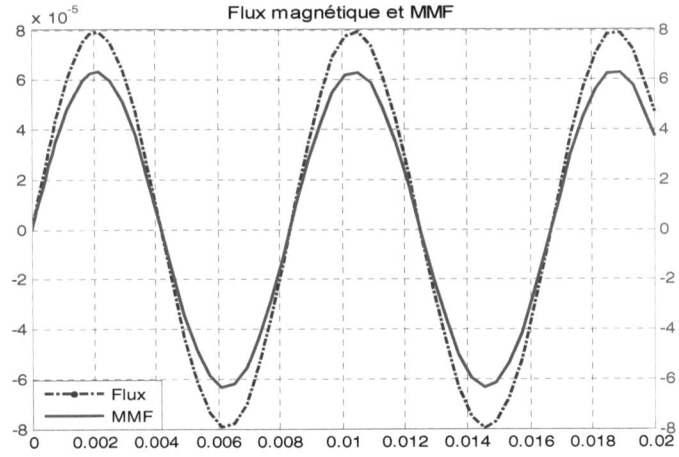

Nous comparons et vérifions les formules théoriques, à savoir les signaux MMF et N.I. d'une part et V et $-N \dfrac{d\phi(t)}{dt}$ d'autre part.

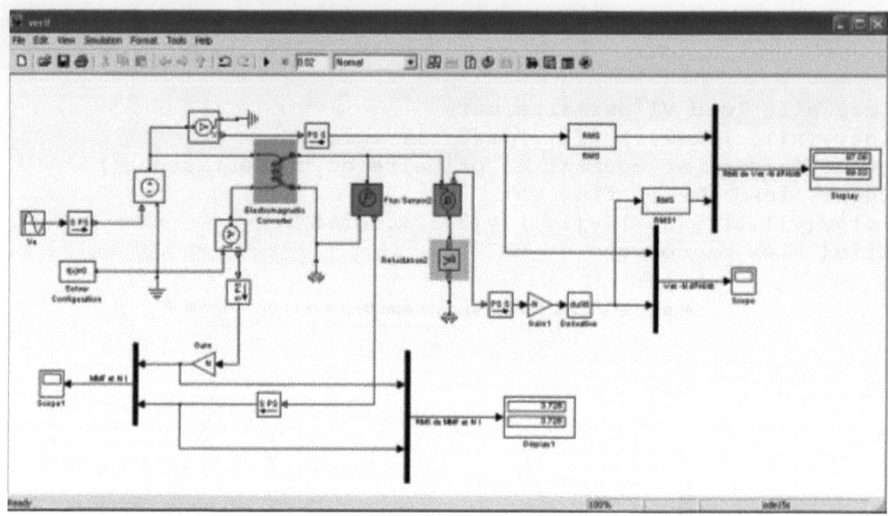

On utilise le bloc RMS de l'outil `Signal Processing Blockset` de la bibliothèque `Statistics`.

Ce bloc calcule la moyenne des carrés des valeurs d'un signal.

Si le signal est centré (moyenne nulle), la valeur obtenue correspond à la variance de ce signal.

Les signaux MMF et N.I. sont confondus dans l'oscilloscope et leurs valeurs RMS sont parfaitement égales à 3.726.

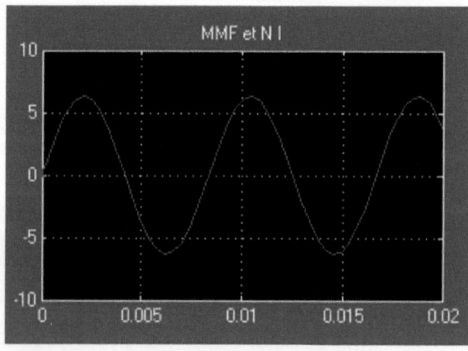

Celles de V et $-N \dfrac{d\phi(t)}{dt}$ sont légèrement différentes comme le montre leur oscilloscope.

Librairies de Simscape 87

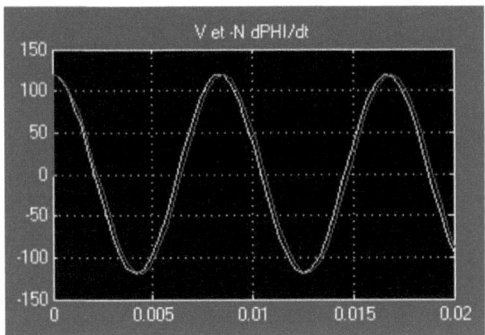

- ***Régulation de position d'une masse avec le bloc « Reluctance Force Actuator »***

Dans le modèle suivant, on réalise une régulation de la position d'une masse de 1 kg reliée à un amortisseur et un ressort. Comme on régule une position, le système possède une intégration et un simple régulateur P proportionnel suffit.
La masse est mue par l'actionneur électromagnétique `Reluctance Force actuator`.

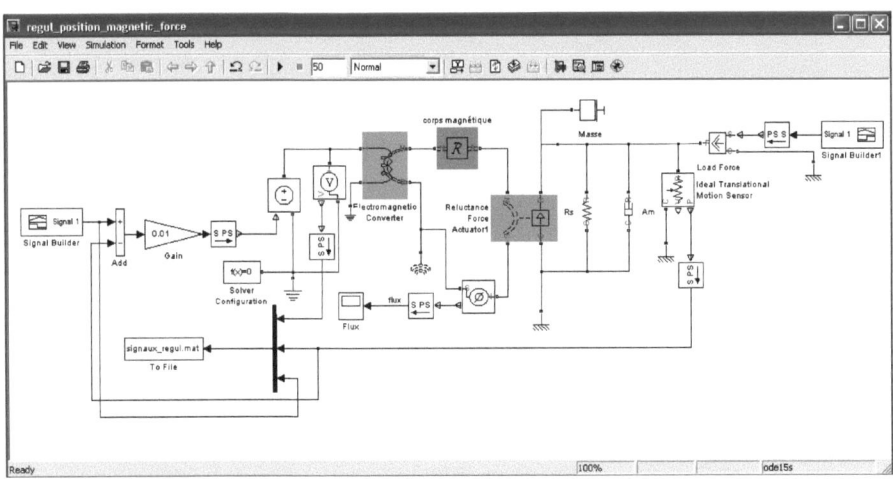

Nous appliquons des perturbations de force aux instants t=15 et 25. Ces perturbations sont rejetées rapidement.
Les signaux sont tracés dans la fonction Callback `StopFcn` où sont programmées les lignes de commandes suivantes :

```
close all, load signaux_regul.mat
plot(xyz(1,:),xyz(3,:)), hold on
plot(xyz(1,:),xyz(4,:))
axis([5 50 0 2]), xlabel('temps'), grid
title('Consigne et position de la masse')
figure
plot(xyz(1,:),xyz(2,:)), grid
```

```
title('Signal de commande')
axis([5 50 -0.015 0.015]), xlabel('temps')
```

Avec la valeur du gain choisi, les perturbations sont rejetées sans dépassement.

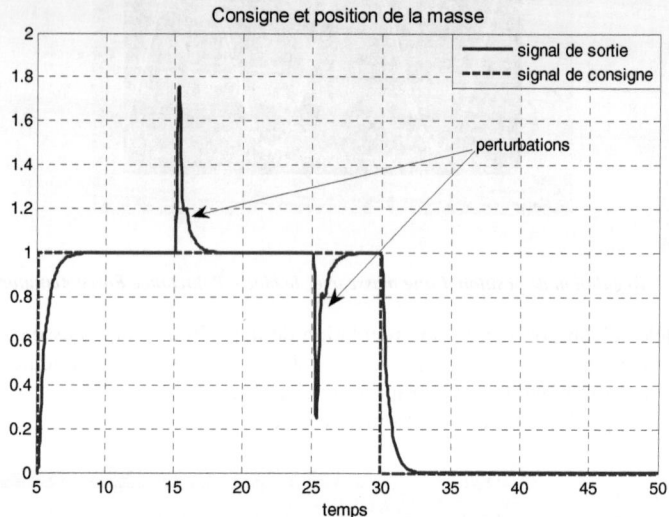

Le signal de commande est toujours nul sauf au moment de rejeter les perturbations ou du changement du signal de consigne (fronts montants ou descendants).

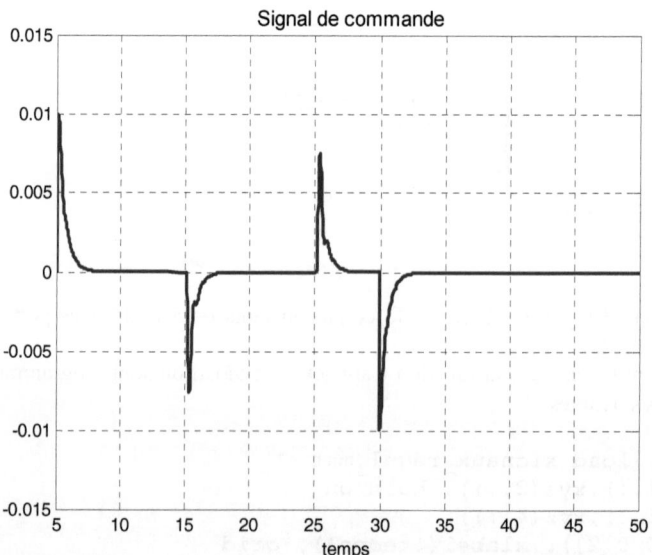

La variation correspondante de flux est donnée par l'oscilloscope suivant.

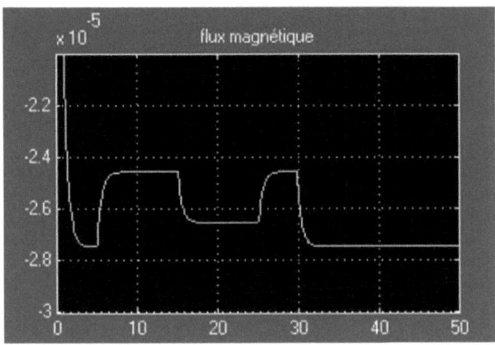

- ***Utilisation de la source contrôlée de MMF (force magnétomotrice)***

Dans le modèle suivant, nous utilisons une source contrôlée de force magnétomotrice (MMF) qu'on applique, à travers la réluctance $\Re$, à la partie magnétique d'un actionneur linéaire.
Cet actionneur déplace une masse soumise à un amortisseur et rattachée à un ressort. La source est contrôlée par le signal issu du bloc `Signal Builder` que l'on multiplie par 50.

Nous mesurons cette MMF par le capteur `MMF Sensor` ainsi que le flux qui traverse la réluctance $\Re$ et la partie magnétique de l'actionneur, par le capteur de flux magnétique `Flux Sensor`. Ces deux signaux sont envoyés vers un fichier binaire via un multiplexeur.
Il en est de même pour la position et la vitesse linéaire de la masse.

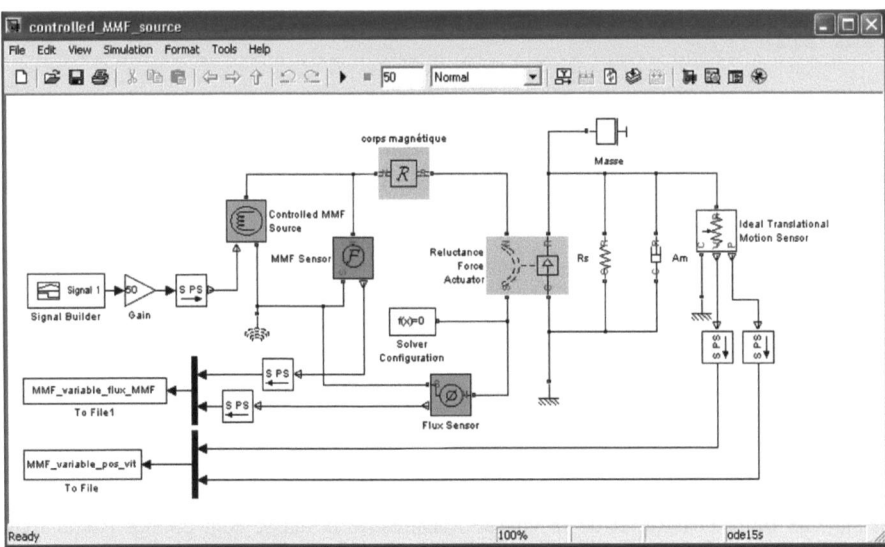

Le signal fourni par le bloc Signal Builder que l'on applique à la source contrôlée de force magnétomotrice est le suivant.

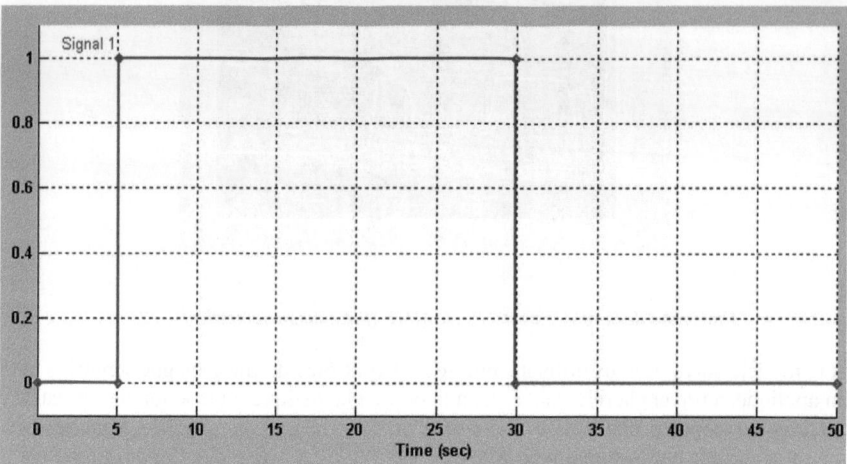

Le tracé des signaux se fait par la fonction Callback StopFcn dans laquelle sont programmées les commandes suivantes.

```
load MMF_variable_pos_vit.mat

close all
clear all

% Tracé des signaux de position et de vitesse
plotyy(x(1,:),x(2,:),x(1,:),x(3,:))
grid
title('Position et vitesse de la masse')

figure
load MMF_variable_flux_MMF.mat

% Tracé des signaux de MMF et du flux magnétique
plotyy(y(1,:),y(2,:),y(1,:),y(3,:))
grid
title('Flux magnétique et MMF')

delete *.mat
```

Les signaux de la position et de la vitesse linéaires de la masse sont donnés par la figure suivante.

Selon la dynamique du système et celle du signal de commande appliqué, la réponse en boucle ouverte, en position ou en vitesse, réagit avec des dépassements que l'on observe mieux en faisant un zoom (figure suivante).

Si l'on fait un zoom sur la partie transitoire, la position et la vitesse subissent 4 dépassements avant de se stabiliser.

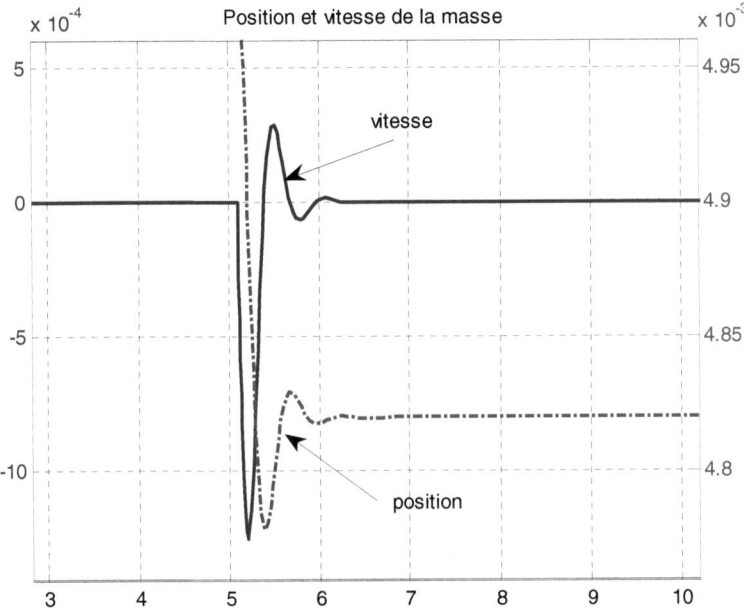

La MMF et le flux sont tous deux des créneaux qui sont tracés dans la même figure, dans 2 axes d'ordonnées différents, grâce à la commande `plotyy`.

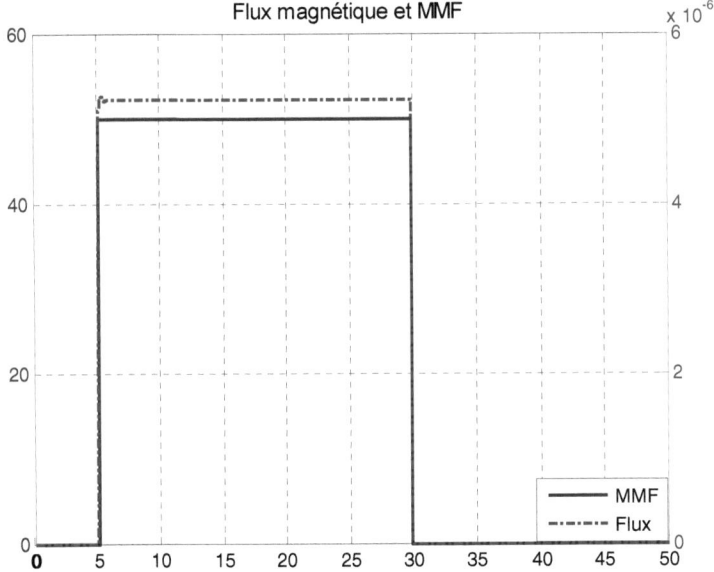

I.4. Mechanical

I.4.1. Eléments des différentes bibliothèques

Cette librairie de mécanique, comporte, comme celle de thermique :

- Des capteurs (Mechanical Sensors)
    - capteur de force (Ideal Force Sensor),
    - capteur de couple (Ideal Torque Sensor),
    - capteur de vitesse et de position (mouvement de translation, Ideal Translational Motion Sensor et de rotation, Ideal Rotational Sensor).

- Des sources mécaniques
    - source de vitesse, angulaire (Ideal Angular Velocity Source), de translation (Ideal Translational Velocity Source),
    - source de force (Ideal Force source),
    - source de couple (Ideal Torque Source).

- Des éléments mécaniques (de translation, Translational Elements et de rotation, Rotational Elements). Ces éléments comportent des ressorts, des frottements, une inertie ou une masse, un amortisseur, un limiteur de mouvement et une masse de référence.

En plus de la librairie de thermique, celle-ci comporte les mécanismes suivants :

- boite de vitesse (Gear Box),
- un levier (Lever),
- une roue avec axe (Wheel and Axle) qui permet de transformer un mouvement de rotation en mouvement linéaire.

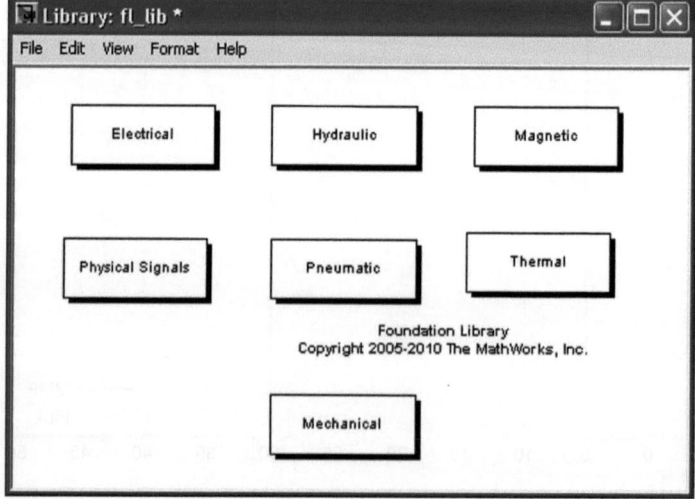

Librairies de Simscape 93

I.4.2. Applications

- *Système masse – ressort sans frottement*

On considère le système mécanique suivant composé d'une masse m accrochée à un ressort de raideur k dont l'autre extrémité est reliée à un support fixe.

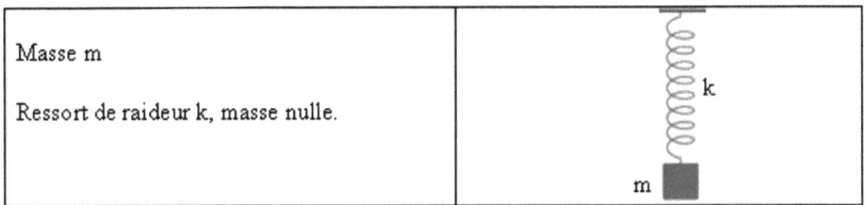

Masse m	
Ressort de raideur k, masse nulle.	

C'est un mouvement de translation qui peut être horizontal ou vertical et identique en considérant que dans chacun des deux cas, il n'y a pas de frottement. On obtient des oscillations harmoniques.

Dans le cas général, le mouvement de la masse est dû à 3 forces :

- une force de rappel F_r,
- une force d'amortissement F_a,
- une force extérieure F_e.

Si x est la position de la masse m à partir de sa position d'équilibre, l'équation du mouvement s'écrit :

$$m\ddot{x} = F_r + F_a + F_e$$

La force de rappel est une fonction de la position qui varie en sens inverse de l'excursion, tout en passant par l'origine lorsque les excursions sont comptées à partir du point d'équilibre, soit : $F_r = -kx$.

L'amortissement dépendant de la vitesse est considéré linéaire, soit $F_a = -f\dot{x}$ avec f la constante de raideur du ressort.
L'équation du mouvement donne :

$$m\ddot{x} + f\dot{x} + kx = F_e$$

Dans le cas de notre exemple, dans lequel on suppose qu'il n'y a pas de force extérieure ni d'amortissement, l'équation du mouvement se réduit à :

$m\ddot{x} + kx = 0$, dont la solution est, selon les équations d'Euler :

$$x = a\cos(\sqrt{\frac{k}{m}}t) + b\sin(\sqrt{\frac{k}{m}}t),$$

En posant $a = A\cos\varphi$, $b = -A\sin\varphi$, on obtient :

$$x = A\cos(\sqrt{\frac{k}{m}}t + \varphi).$$

C'est un signal sinusoïdal d'amplitude A, de phase φ et de pulsation $w_0 = \sqrt{\dfrac{k}{m}}$, soit une période $T = 2\pi \sqrt{\dfrac{m}{k}}$.

Avec m = 1 kg et k= 1000 N/m, la période vaut : $T = 2\pi \sqrt{10^{-3}} = 0.1987\,s$.

Nous simulons ce système par le modèle `appli1_masse_ressort.mdl`, dans lequel nous avons spécifié une vitesse initiale de 10 m/s qui deviendra la limite maximale en valeur absolue.

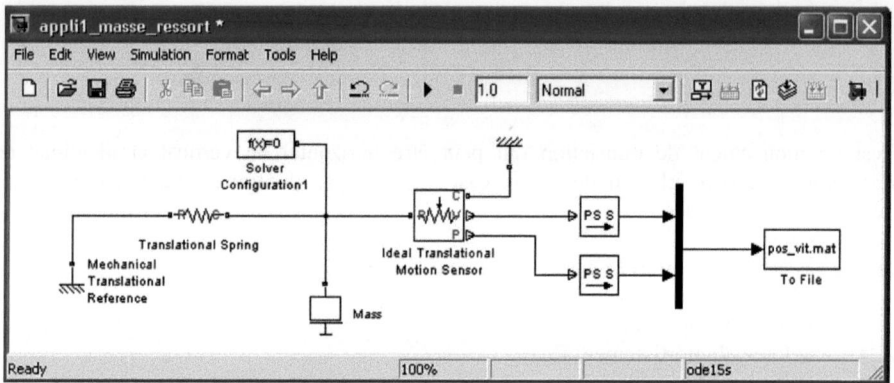

Les oscillations harmoniques de la position et de la vitesse sont données par la figure suivante.

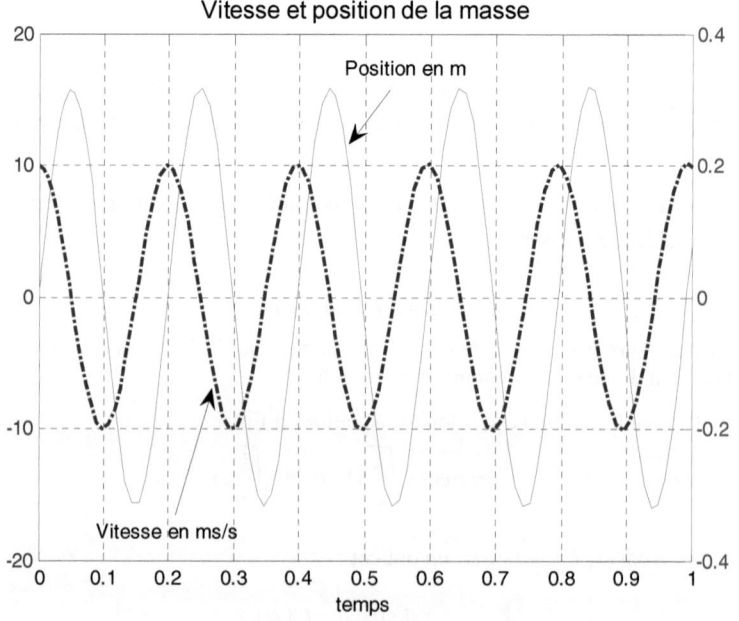

Nous vérifions bien, dans la figure suivante la valeur de la période $T \approx 0.2\,s$.

- *Système masse – ressort avec amortisseur*

Nous avons ajouté au système précédent, un amortissement de coefficient $f = 10\,N/(m/s)$. Dans le cas réel, le système est régi par l'équation différentielle :
$$m\ddot{x} + f\dot{x} + kx = 0$$
Son équation caractéristique est :
$$mr^2 + fr + k = 0$$
Le déterminant de cette équation étant :
$$\Delta = f^2 - 4mk.$$
Si ce déterminant est négatif, on a deux racines complexes conjuguées qui conduisent à une solution oscillante mais amortie.

La sortie du système oscille en tendant vers zéro, avec la pulsation $w_0 = \sqrt{\dfrac{k}{m}}$.

Le coefficient d'amortissement est :
$$\zeta = \frac{1}{2}\frac{f}{k}w_0 = \frac{1}{2}\frac{f}{k}\sqrt{\frac{k}{m}} = \frac{1}{2}f\sqrt{\frac{1}{km}}$$

Pour obtenir la réponse impulsionnelle de ce système, nous utilisons la transformée de Laplace de la fonction de transfert de ce système.

$$H(p) = \frac{\dfrac{1}{k}}{\dfrac{m}{k}p^2 + \dfrac{f}{k}p + 1}$$

$$= \frac{K}{1 + \dfrac{2\zeta}{w_0}p + \dfrac{1}{w_0^2}p^2}$$

avec :
 K : gain du système,
 ζ : coefficient d'amortissement,
 w_0 : pulsation propre.

La réponse impulsionnelle est donnée par :
$$s(t) = \frac{Kw_0}{\sqrt{\zeta^2 - 1}}e^{-\zeta w_0 t}\sin(w_0\sqrt{1-\zeta^2}\,t + \theta)$$

La réponse est pseudo-périodique. Elle comporte des oscillations dont la période, appelée pseudo-période est :
$$T = \frac{2\pi}{w_0\sqrt{1-\zeta^2}}$$

Dans le modèle suivant, nous représentons le système mécanique précédent ainsi que la solution théorique que nous avons obtenue.

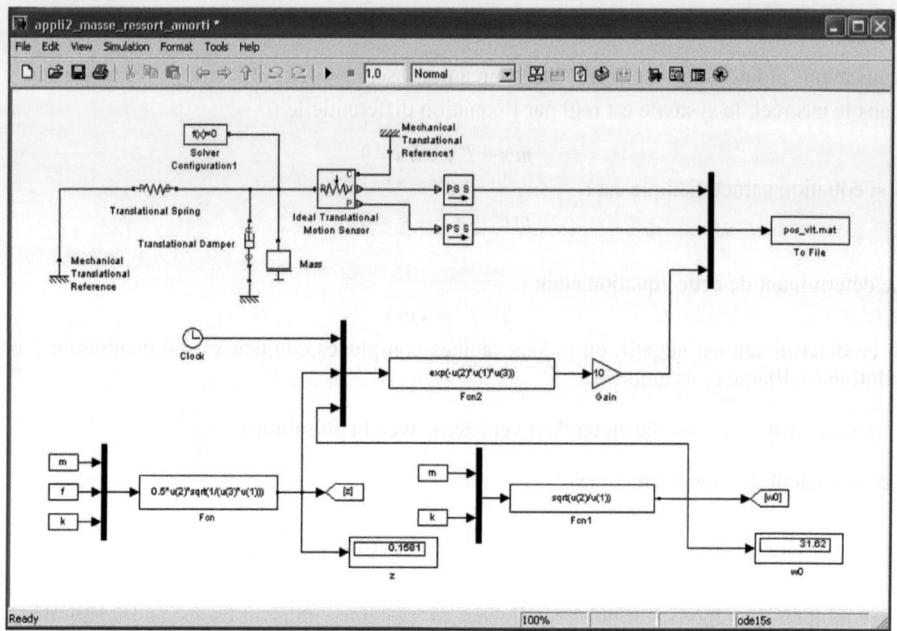

Il est impératif d'utiliser l'amortisseur et un ressort de la bibliothèque des éléments de translation ainsi que la référence (masse) correspondante. Nous obtenons une position et une vitesse qui décroissent vers 0 avec la même pseudo-période de 0.2s.

Dans la figure suivante, nous traçons la vitesse et la position avec 2 ordonnées différentes.

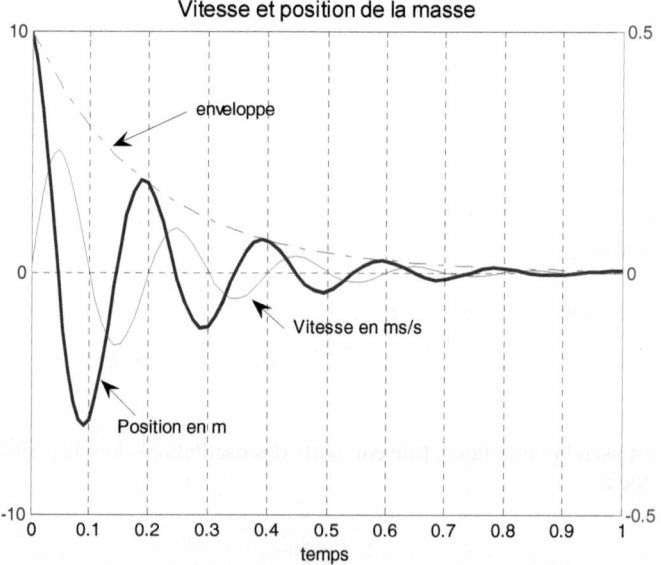

La courbe en pointillés représente l'enveloppe de décroissance du signal de vitesse évoluant selon $v_0\, e^{-\zeta w_0 t}$ avec v_0 la vitesse initiale, égale à 10 comme on l'a spécifié pour la masse.

Librairies de Simscape

Parameters		
Mass:	m	kg
Initial velocity:	10	m/s

Dans ce modèle, on calcule le coefficient d'amortissement dans la fonction Fcn, la pulsation w_0 par Fcn1.
La fonction Fcn2 calcule l'expression de l'enveloppe, soit $e^{-\zeta w_0 t}$.

Dans la fonction Callback StopFcn, nous avons tracé les différentes courbes par les lignes de commandes suivantes :

```
load pos_vit.mat
plotyy(pv(1,:),pv(2,:),pv(1,:),pv(3,:))
gtext('Vitesse en ms/s'), gtext('Position en m')
title('Vitesse et position de la masse')
xlabel('temps')
grid
hold on
plot(pv(1,:),pv(4,:))
gtext('enveloppe')
```

Dans InitFcn, nous avons spécifié les valeurs de la masse, le coefficient de raideur du ressort ainsi que le coefficient d'amortissement.

```
f=10;
m=1;
k=1000;
```

- *Système de rotation*

Dans le modèle suivant, nous étudions 2 exemples, l'un de translation et l'autre de rotation d'un système équivalent.
Nous appliquons un couple sous forme de l'échelon suivant avec lequel on commande la source contrôlée de couple Ideal Torque Source.

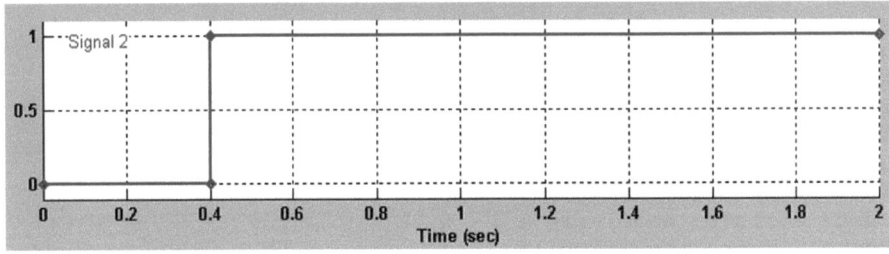

On utilise, ensuite, un réducteur de vitesse de rapport 5, ce qui consiste à obtenir, en sortie, un couple 5 fois plus grand qu'à l'entrée, mais à une vitesse d'autant plus réduite.
Le réducteur de vitesse est utilisé comme multiplicateur de couple.

Ce couple est appliqué à un système formé d'une inertie, `Inertia`, un amortisseur, `Rotational Damper` et un ressort de torsion, `Rotational Spring`.

Ce mouvement de rotation est transformé en mouvement linéaire grâce au bloc `Wheel and Axle`. La vitesse et la position linéaire, obtenues à la sortie du capteur `Ideal Translational Motion Sensor`, sont envoyées simultanément vers un oscilloscope et le fichier binaire `couple_pos_vit_trans.mat`.

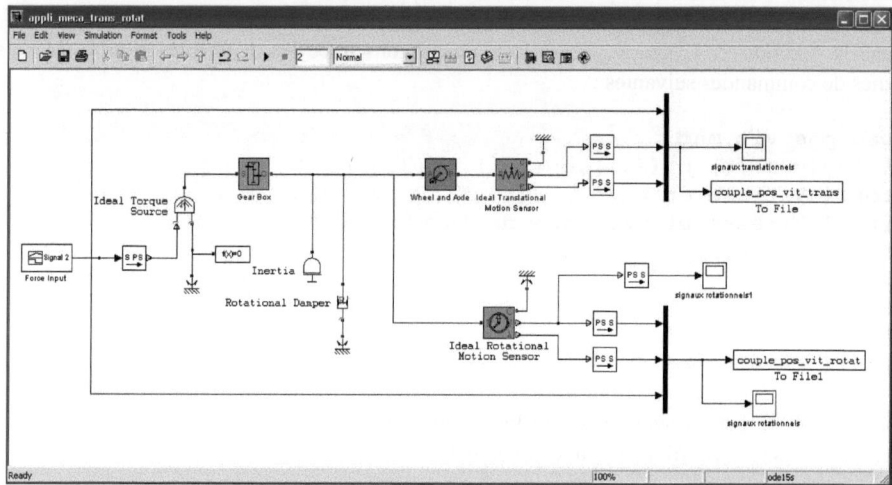

Dans la partie basse de ce modèle, on utilise un capteur de mouvement de rotation, `Ideal Rotational Motion Sensor`, pour obtenir la vitesse et la position angulaires que l'on envoie vers un oscilloscope et le fichier binaire `couple_pos_vit_rotat.mat`.

Dans la fonction Callback `StopFcn`, nous lisons les fichiers binaires et traçons les différentes courbes.

```
% Lecture des 2 fichiers binaires
close all, clc
load couple_pos_vit_rotat.mat
load couple_pos_vit_trans.mat
subplot 211
plot(x(1,:),x(4,:)), axis([0 2 -0.2 1.2])
title('Système rotationnel')
gtext('Couple appliqué'), grid
subplot 212
plot(x(1,:), x(2,:),x(1,:),x(3,:)), grid
gtext('Position angulaire')
gtext('Vitesse angulaire')
figure
plot(y(1,:), y(3,:),y(1,:),y(4,:))
title('Système linéaire'), grid
gtext('Position linéaire'), gtext('Vitesse linéaire')
```

Librairies de Simscape 99

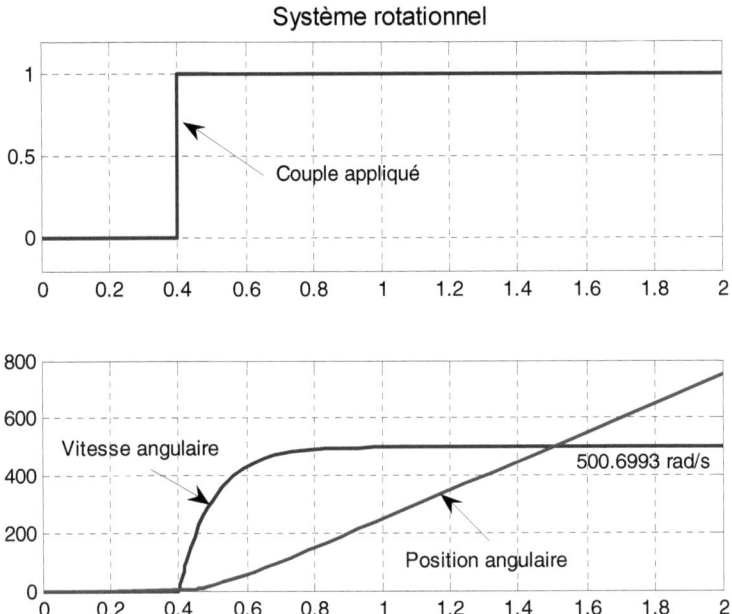

- *Système de translation*

Le mouvement linéaire est dérivé du système de rotation qui entraîne une roue et un axe (Wheel and Axle).

Si le rayon de cette roue est noté r, la vitesse linéaire est donnée par :

$$V = w \; r$$

avec w : la vitesse angulaire de la roue.

De même que pour le système de rotation, on mesure la vitesse et la position linéaire par le capteur Ideal Translational Motion Sensor.

- *Force appliquée à un système masse-ressort*

Dans le modèle suivant, nous appliquons une force sous forme d'un signal rectangulaire de fréquence 0.2 Hz d'amplitude 1.

Le bloc Fcn, (u+1)/2, permet de ramener le signal qui varie entre -1 et 1, vers des valeurs positives comprises entre 0 et 1.

Ce signal contrôle une source de force par le bloc Ideal Force Source. On applique ainsi au système, une force de 1 N, sous la forme d'un signal carré de fréquence 0.2 Hz.

100   Chapitre 2

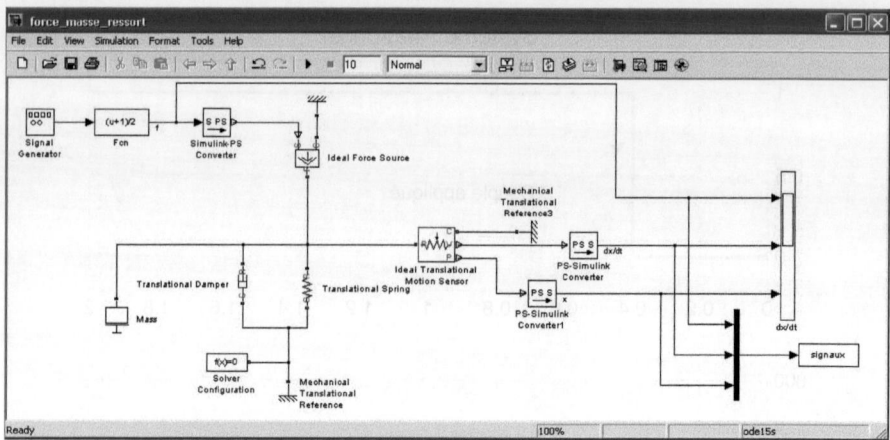

Dans la fonction Callback `StopFcn`, nous traçons les courbes de la force appliquée ainsi que les variations de la vitesse et de la position angulaire. La variable x correspond à celle qui contient les signaux sauvegardés dans le fichier binaire `signaux.mat`.

```
load signaux.mat
subplot 211, plot(x(1,:),x(2,:))
title('Masse-ressort, mouvement rotationnel'), grid
axis([0 10 -0.2 1.2])
subplot 212
plotyy(x(1,:),x(3,:),x(1,:),x(4,:))
grid
xlabel('temps')
```

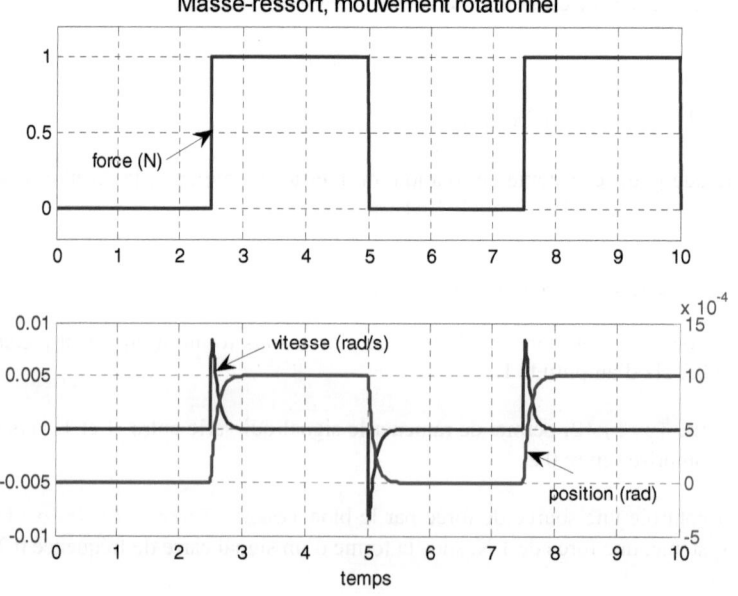

I.5. Thermal

Cette librairie possède les 3 bibliothèques suivantes :

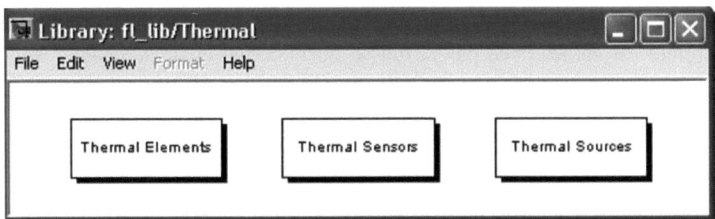

- Thermal elements ou éléments thermiques (masse thermique, différents types de transfert thermiques, masse et référence thermique),
- Thermal sensors ou capteurs de température,
- Thermal Sources ou sources thermiques.

I.5.1. Thermal Elements

Cette bibliothèque contient les éléments thermiques, comme :
- la masse thermique,
- les coefficients d'échange thermique par rayonnement, conduction et convection,
- la masse thermique ou référence des circuits thermiques.

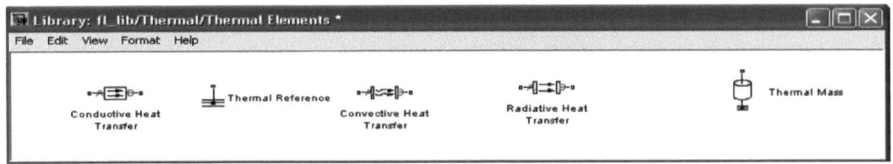

La librairie Thermal de Foundation Library comporte les 3 bibliothèques des sources, éléments et capteurs thermiques.
Les 2 sources de température et de flux thermique doivent être commandées par un signal issu de Simulink (échelon, etc. ...) qui doit être ensuite converti en signal physique de Simscape.

Parmi les éléments, nous trouvons une masse thermique qui symbolise l'inertie thermique, les coefficients d'échange par conduction, convection et rayonnement. Parmi ces éléments, nous trouvons la référence ou masse pour les signaux des circuits modélisant les systèmes thermiques.

- *Masse thermique*

La masse thermique symbolise l'inertie thermique d'un matériau quelconque.
Une boule de grande masse, à l'inverse d'une petite bille, sera difficile à mettre en mouvement, mais une fois lancée, elle sera difficile à arrêter.
Ceci est du à l'inertie propre à sa masse.

L'inertie thermique, de la même manière, est liée à la « masse thermique » des matériaux. Certains matériaux sont difficiles à monter en température que d'autres comme le métal, mais une fois chauffés, il est plus difficile de les refroidir.

Le bloc de masse thermique représente une masse thermique, qui reflète la capacité d'un matériau ou une combinaison des matériaux à stocker l'énergie interne.

Cette propriété est caractérisée par la masse du matériau et de sa chaleur spécifique. La masse thermique est décrite avec l'équation suivante : $Q = mc\dfrac{dT}{dt}$.

avec :
  Q : flux thermique,
  c : chaleur spécifique du matériau,
  m : masse du matériau,
  T : température du matériau,
  t : temps.

Ce bloc est défini par la boite de dialogue dans laquelle, on spécifie la masse, la chaleur spécifique et la température initiale du matériau.

Parameters		
Mass:	1	kg
Specific heat:	447	J/kg/K
Initial temperature:	300	K

- **Echange par conduction**

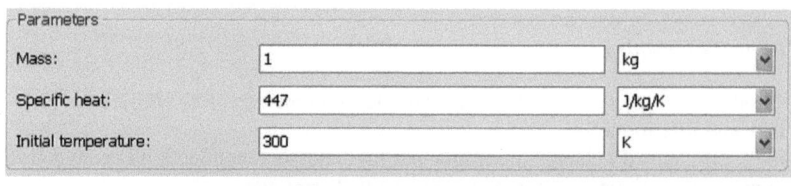

Conductive Heat Transfer

Le bloc de transfert de chaleur par conduction représente le transfert par conduction entre 2 couches du même matériau.

Le transfert est régi par la loi de Fourier définie par l'équation suivante : $Q = k\dfrac{A}{D}(T_A - T_B)$

où :
  Q   : flux de chaleur,
  K   : conductivité thermique du matériau,
  A   : aire ou surface d'échange, normale à la direction du flux de chaleur,
  D   : épaisseur des couches,
  T_A, T_B : températures des couches A et B.

Le flux est considéré positif de A vers B. Sa boite de dialogue est la suivante :

Parameters		
Area:	1e-4	m^2
Thickness:	0.1	m
Thermal conductivity:	401	W/(m*K)

Area : surface d'échange de chaleur, normale à la direction d'écoulement de la chaleur. La valeur par défaut est 0.0001 m^2,

`Thickness` : épaisseur des couches. La valeur par défaut est de 0.1 m,
`Thermal conductivity` : conductivité thermique, valeur par défaut 401 W/(m*K)

- ***Echange par convection***   Convective Heat Transfer

Le bloc de transfert par convection représente le transfert de chaleur entre deux corps, dont au moins un est fluide.

Ceci est représenté par la loi de Newton, décrite par l'équation : $Q = k A (T_A - T_B)$

Q   : flux de chaleur,
k :   : coefficient du transfert de chaleur par convection,
A :   : surface d'échange,
T_A, T_B : températures des 2 corps.

Lorsqu'on double-clique sur ce bloc, on obtient la boite de dialogue dans laquelle on spécifie l'aire et le coefficient de transfert, dont les valeurs par défaut sont, respectivement de 10^{-4} m^2 et 20 W/((m^2*K).

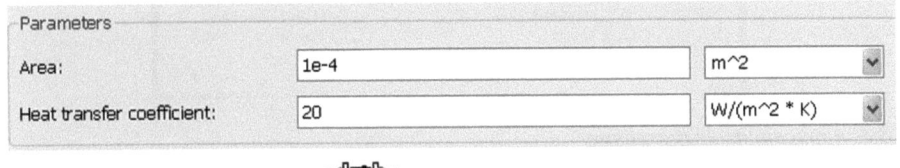

- ***Echange par rayonnement***   Radiative Heat Transfer

Ce bloc de transfert par rayonnement représente le transfert entre deux surfaces de telle sorte que l'énergie, émise par un corps, est complètement absorbée par le corps récepteur.
Le transfert est régi par la loi de Stefan-Boltzmann et décrit par l'équation :

$$Q = k A (T_A^4 - T_B^4)$$

Q   : débit de chaleur ou flux,
k   : constante de Stefan-Boltzmann,
A   : aire de transfert,
T_A, T_B : températures des 2 corps.

La boite de dialogue de ce bloc est la suivante :

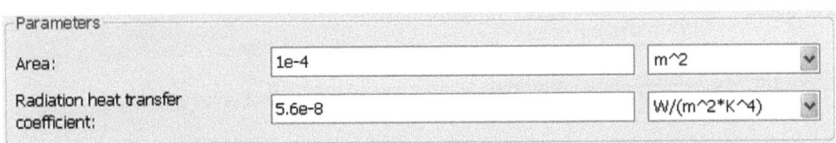

On peut spécifier la surface qui est ici par défaut, de 10^{-4} m^2.

I.5.2. Thermal Sensors

Nous avons 2 capteurs thermiques, un capteur de température et un capteur de flux thermique.

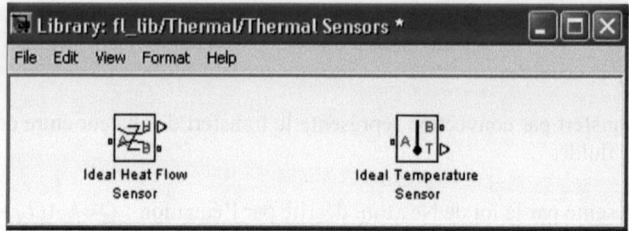

I.5.3. Thermal Sources

Comme pour les capteurs, nous avons 2 sources, une de température et une autre de flux thermique.

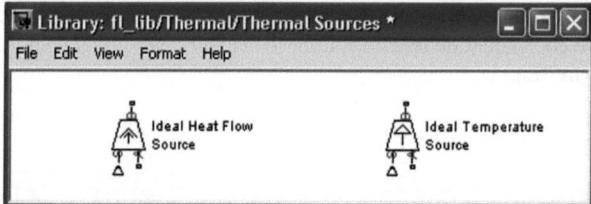

I.5.4. Applications de thermique

- **Immersion d'un corps mince dans un fluide**

Dans cet exemple, nous étudions le cas d'un cylindre métallique très mince à la température $T_0 = 20°C$ qu'on immerge dans un fluide à la température $T_\infty = 100°C$.

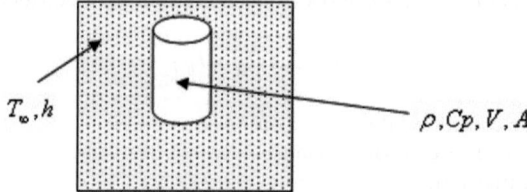

Le bilan thermique ou équation de la chaleur : $A h (T_\infty - T(t)) = \rho V Cp \dfrac{dT}{dt}$

Ceci donne : $\dfrac{dT(t)}{dt} + \dfrac{A h}{\rho Cp V}(T(t) - T_\infty) = 0$

En posant $m = \dfrac{A h}{\rho Cp V}$, nous obtenons : $\dfrac{T(t) - T_\infty}{T_0 - T_\infty} = \dfrac{\theta(t)}{\theta_0} = e^{-mt}$

Dans le modèle suivant, on définit les paramètres du cylindre ainsi que ceux du fluide, dans la fonction Callback `InitFcn`.

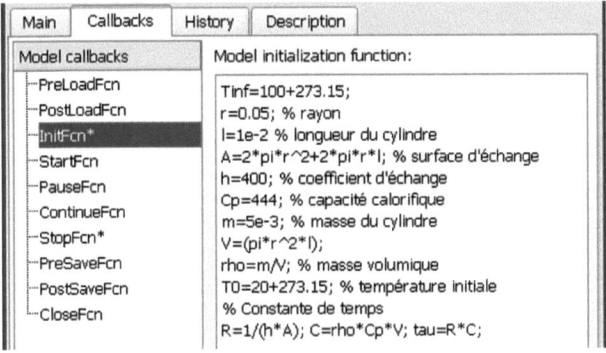

On a :
$$\frac{\theta(t)}{\theta_0} = e^{-mt} = e^{-t/\tau}$$
C'est un système du 1er ordre de constante de temps :
$$\tau = \frac{1}{Ah}\rho\, CpV.$$

On voit bien l'analogie de ce système et la décharge d'un condensateur dans une résistance dans le cas d'un circuit RC avec :

$$R = \frac{1}{Ah} \text{ et } C = \rho\, CpV.$$

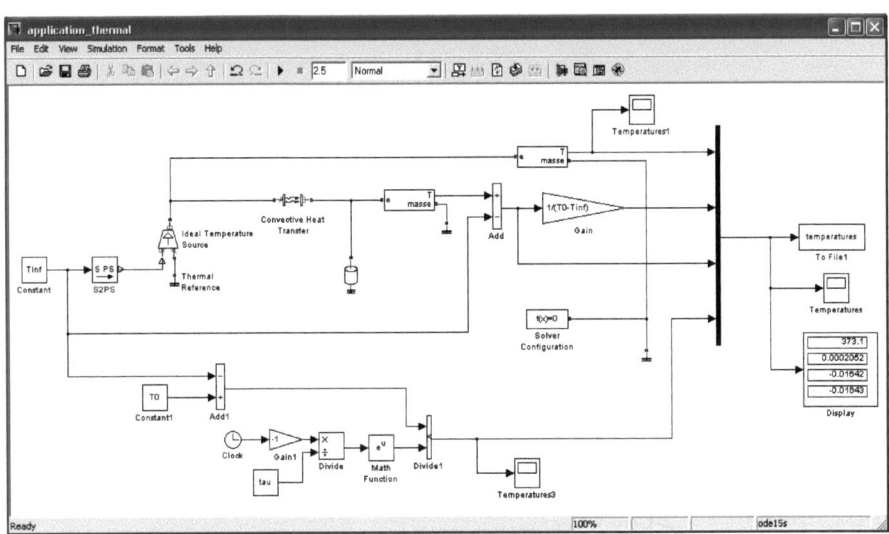

L'évolution, avec le temps, du rapport $\dfrac{\theta(t)}{\theta_0}$ est donné par la courbe suivante.

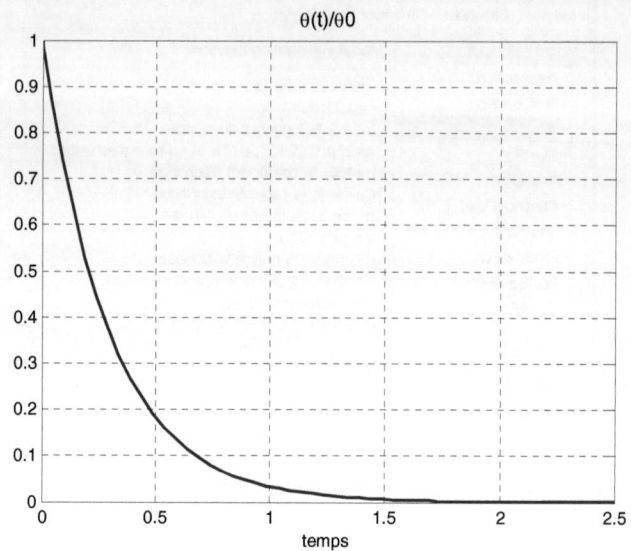

- **Système à conditions mixtes**

On considère un solide de surface transversale A et d'épaisseur e, initialement à la température T_0.
Pour t>0, on fournit de la chaleur à l'une des surfaces transversales (q en W/m²), l'autre étant en contact avec l'air ambiant à T_∞.

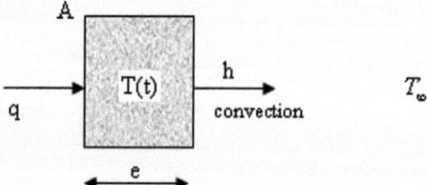

Le bilan thermique s'écrit :

$$Aq - hA[T(t) - T_\infty] = \rho Cp\, Ae \frac{dT}{dt}$$

En posant $\theta(t) = T(t) - T_\infty$,

$$\frac{d\theta}{dt} + \frac{h}{\rho Cpe}\theta(t) = \frac{q}{\rho Cpe}$$

Avec $m = \dfrac{h}{\rho Cpe}$ et $\phi = \dfrac{q}{\rho Cpe}$,

la solution est donnée par : $\theta(t) = \theta_0 e^{-mt} + \dfrac{\phi}{m}(1 - e^{-mt})$, où $\theta_0 = T_0 - T_\infty$. Dans le modèle suivant, nous appliquons d'un coté la température T_∞, de l'autre le flux q.

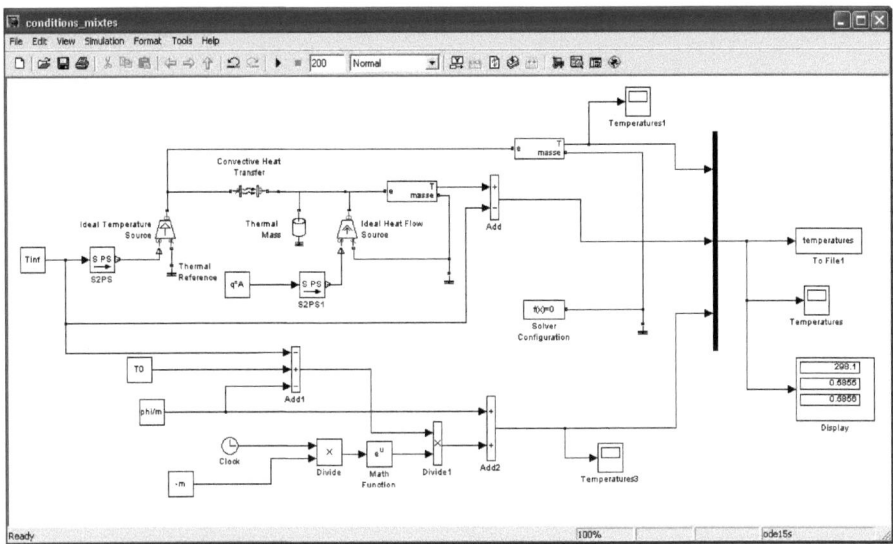

L'échange convectif entre le système et l'air ambiant, par un coefficient h, se fait grâce au bloc `Convective Heat Transfer`. L'accumulation de chaleur dans le solide est simulée par la masse thermique `Thermal Mass`.

Dans cet exemple, nous avons utilisé 2 conditions aux limites, la température de l'air ambiant T_∞ (`Ideal Temperature Source`) et le flux q (`Ideal Heat Flow Source`). Les solutions obtenues par les blocs thermiques de Simscape et la théorie qui sont tracées dans la fonction Callback `StopFcn` sont parfaitement identiques.

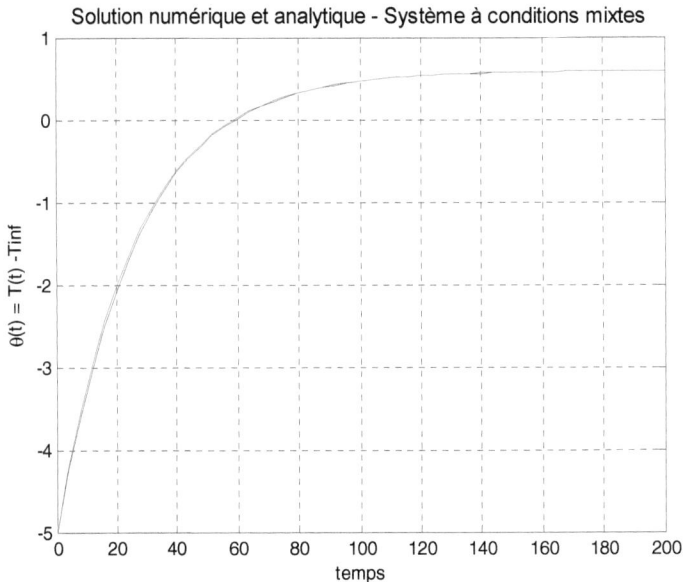

II. Utilities

Dans cette librairie, nous avons les blocs qui permettent le passage du domaine Simulink à celui des composants physiques de Simscape et inversement (S➔PS et PS➔S).

Nous remarquons que contrairement à Simulink, les ports d'entrée In et de sortie Out d'un sous-système Simscape ne sont pas différents et peuvent être réalisés par le même port Connection Port.

L'élément très important de cette bibliothèque est le bloc 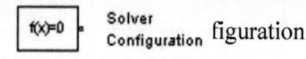 figuration du solveur.

Ce dernier doit être raccordé à n'importe quel point du système.

Il spécifie des informations globales et fournit les paramètres dont a besoin le solveur Simulink avant tout début de simulation.

Chaque modèle a besoin d'un bloc unique de ce type.

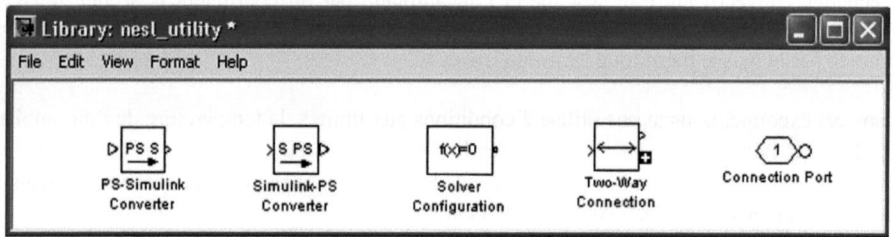

Considérons le système suivant, obtenu de l'exemple du mouvement rotationnel.

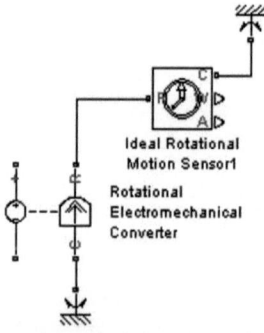

En sélectionnant tout ce système, on peut en obtenir un sous-système par Edit/Create Subsystem, qui comprend un moteur à courant continu et ses capteurs de position angulaire et de vitesse de rotation.

Ces mesures physiques sont transformées en signal de type Simulink. Par contre, les entrées électriques de l'induit sont de type physique de Simscape.

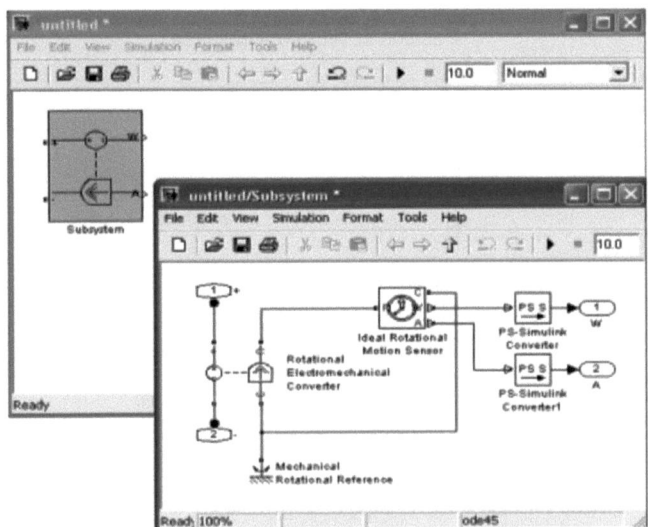

Les masses, électrique et mécanique, sont inclues dans le sous-système. Lorsqu'on crée le sous-système de cette façon les connecteurs se placent automatiquement.

Mais rien n'empêche, si l'on veut créer une autre entrée ou sortie, de copier un connecteur, de renommer son nom et de le connecter à l'entrée ou sortie désirée.

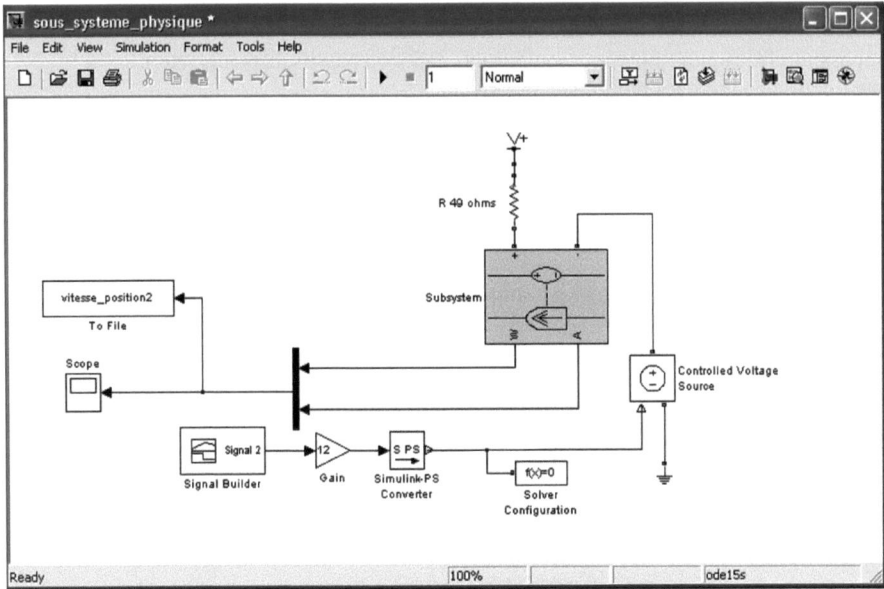

Nous obtenons les mêmes résultats que dans l'exemple précédent.

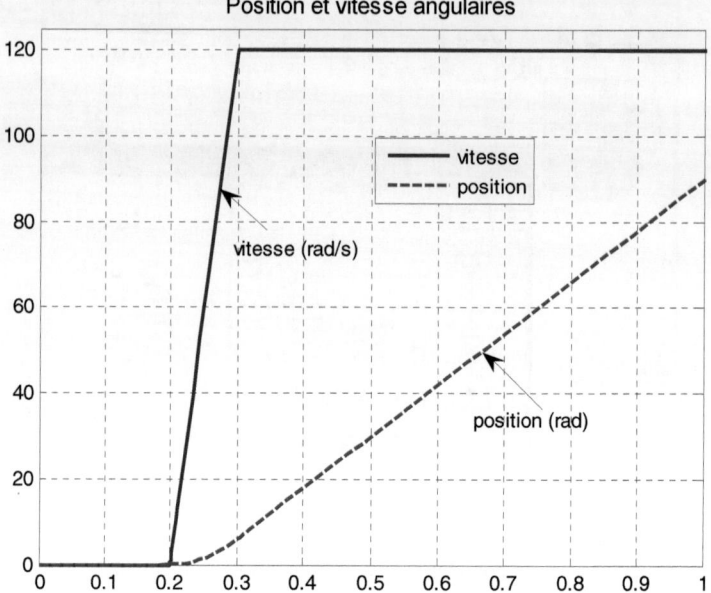

III. SimElectronics

SimElectronics est un outil additionnel à Simscape permettant de simuler des composants électriques (moteurs, composants actifs ou passifs, capteurs, etc.).
Cette librairie contient les bibliothèques suivantes :

- Actuators & Drivers: actionneurs (différents types de moteurs) et drivers (PWM, ponts en H, …),

- Additional Components : composants compatibles SPICE,

- Integrated Circuits : amplificateurs opérationnels, bibliothèque de portes logiques CMOS, etc.

- Passive Devices : 2 switchs (commande en tension et en courant), fusible, quartz, relais, capacité et self variable, etc.

- Semiconductor Devices : des transistors (bipolaires, MOSFET, JFET), diode, etc.

- Sensors : thermocouple, thermistance, jauge de contraintes, capteur de proximité,

- photodiode, etc.
- Sources : une batterie générique, une cellule solaire, des bornes – et + d'une alimentation continue.

Librairies de Simscape   *111*

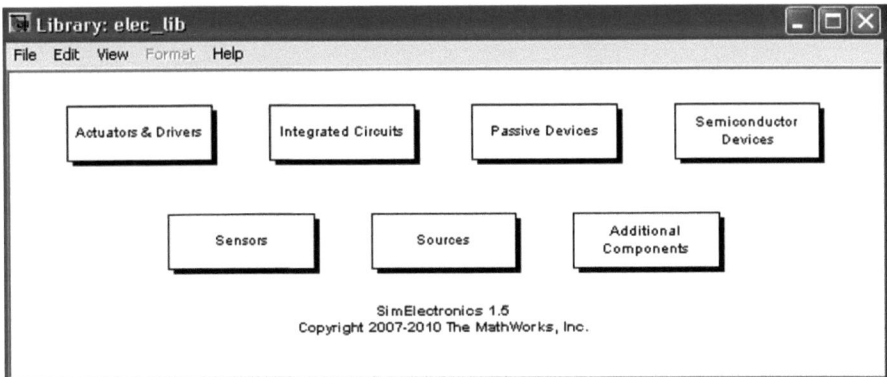

Le contenu de cette fenêtre (contenu de SimElectronics) peut être obtenu directement du prompt de Matlab :

```
>> elec_lib
```

III.1. Actuators & Drivers

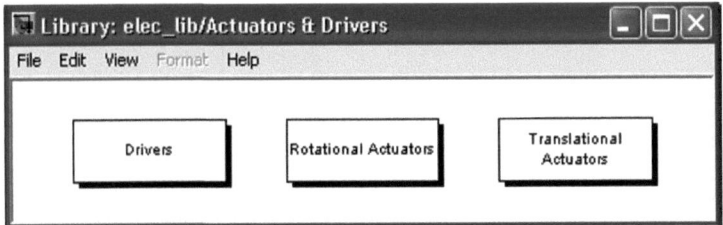

III.1.1. Translational et Rotational Actuators

Dans ces librairies, nous trouvons différents types de modèles de moteurs à mouvement linéaire et de rotation:

- Moteur à courant continu,
- Servomoteur,
- Moteur à induction, etc.

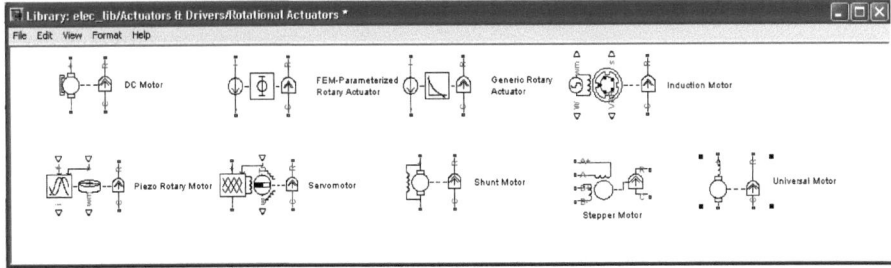

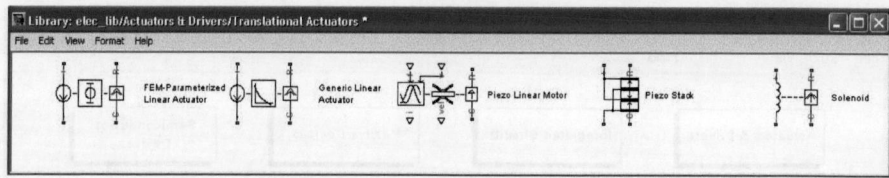

III.1.2. Drivers

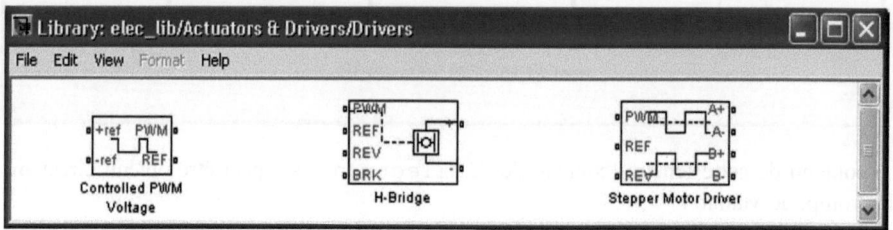

Nous trouvons, dans cette librairie, des drivers qui génèrent un signal PWM, pont en H et moteurs pas à pas.

III.1.3. Applications à la commande d'un moteur à courant continu

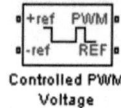

- *Application, générateur de signal PWM*

Le bloc Controlled PWM Voltage permet de générer un signal PWM en fonction de la tension appliquée à son entrée +ref.

L'entrée -ref, la référence négative est reliée à la masse, ainsi que sa sortie REF.

En double-cliquant sur ce bloc, on peut spécifier la fréquence du signal, les valeurs du signal d'entrée correspondant, respectivement, aux valeurs du rapport cyclique, minimal 0 % et maximal 100%. Pour le mode PWM ou Averaged, la sortie est une valeur constante égale à la moyenne du signal PWM.

Dans cette boite de dialogue, on spécifie aussi l'amplitude de la tension de sortie (Outputvoltage amplitude).

Nous pouvons choisir 2 modes pour le signal de sortie :

- PWM : le signal de sortie est un signal PWM (Pulse Width Modulation)
- Average : le signal de sortie est une moyenne du signal PWM.

Dans l'exemple suivant, le signal PWM aura un rapport cyclique de 100% pour un signal de référence de 5 V et 0% pour 0 V.

Sa fréquence est de 1 kHz et son amplitude sera de 5 V.

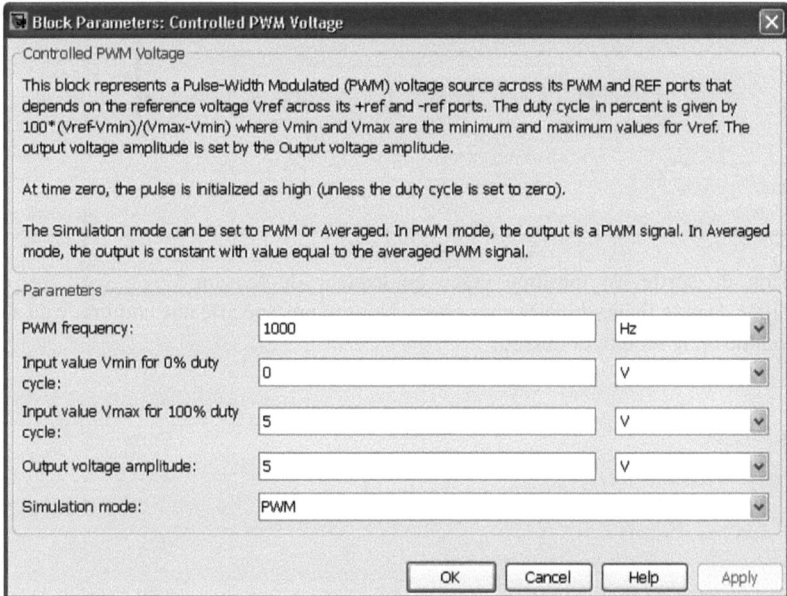

Dans le modèle suivant, l'entrée est générée par le bloc Signal Builder qui commande une source de tension contrôlée. L'entrée appliquée à l'entrée ref correspond, respectivement à 5V pour un rapport cyclique de 100% et 0V pour 0%. Ainsi, comme spécifié dans les valeurs du signal d'entrée suivant, le tableau donne le rapport cyclique en fonction du temps.

Instants	Rapport cyclique
0-1	0%
1-5	20%
5-10	80%

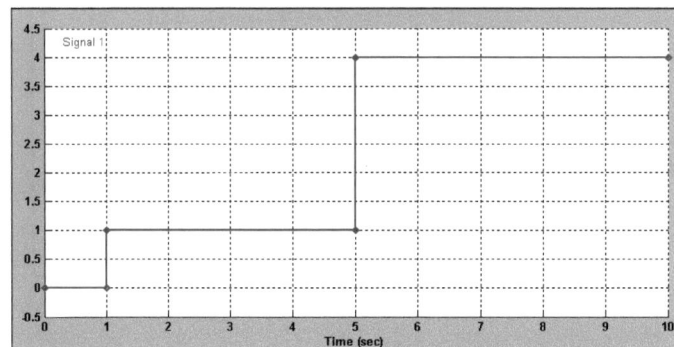

Le signal de commande ou de référence est donné par ce signal généré par le bloc Signal Builder.

114 Chapitre 2

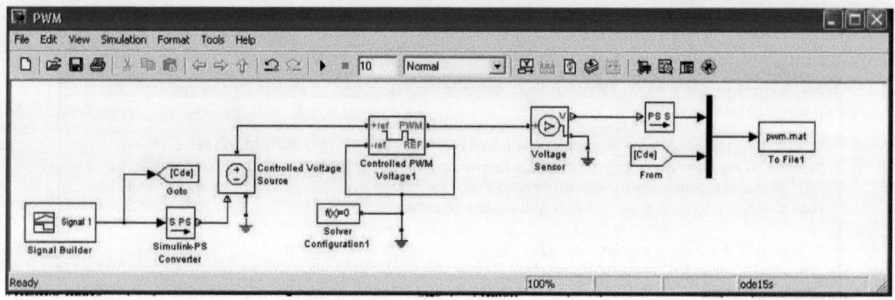

La tension de sortie est mesurée grâce au capteur de tension Voltage Sensor et sauvegardée dans le fichier binaire pwm.mat. Nous avons spécifié une amplitude de sortie de 2.5 V comme on le montre ci-dessous :

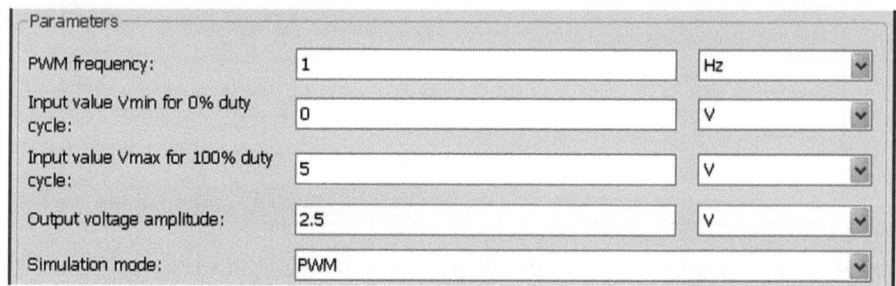

Le signal PWM obtenu, est représenté par la figure suivante.

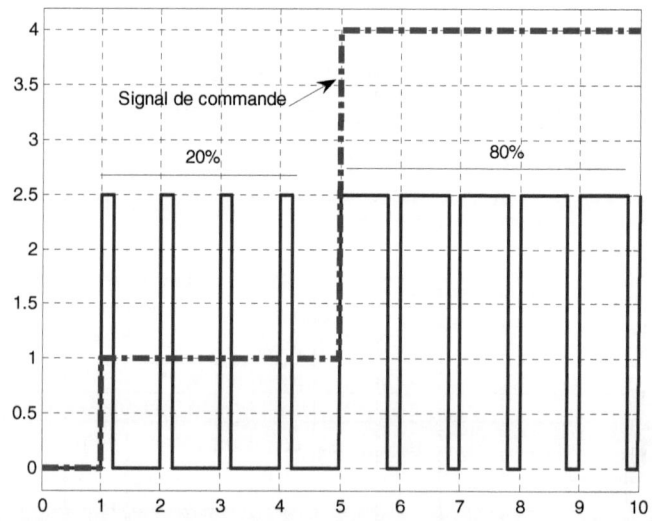

Nous vérifions que le signal de sortie PWM vaut 0 entre les instants 0 et 1 (rapport cyclique de 0 %).
Entre 1 et 5, le rapport cyclique est de 20 % et 80 % entre t=5 et 10.

Librairies de Simscape

- **Régulation de vitesse d'un moteur à courant continu**

On se propose de réaliser la régulation de la vitesse d'un moteur à courant continu (DC Motor) à l'aide d'un régulateur proportionnel et intégral PI que l'on programme à partir de composants physiques de Simscape.

Au bloc DC Motor, nous avons ajouté une inertie (Inertia) de 10 g.cm^2 et un couple de frottements (Friction) de 0.02 10^{-3} N.m.

La vitesse est divisée par 5 en sortie de l'arbre moteur grâce au bloc réducteur de vitesse (Gear Box). Le couple mécanique est multiplié par la même valeur que le taux de réduction de la vitesse. Le bloc Wheel and Axle (Roue et Axe) permet de passer du mouvement de rotation au mouvement linéaire.

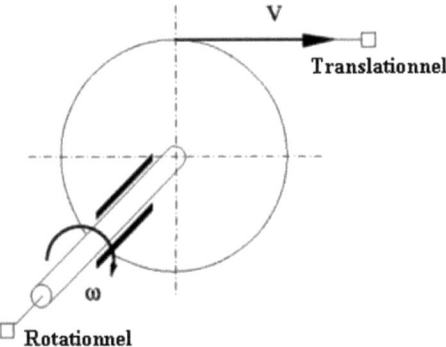

La vitesse linéaire V est égale à la vitesse angulaire w multipliée par le rayon de la roue, $V = r w$.

Le modèle électromécanique du moteur est le suivant.

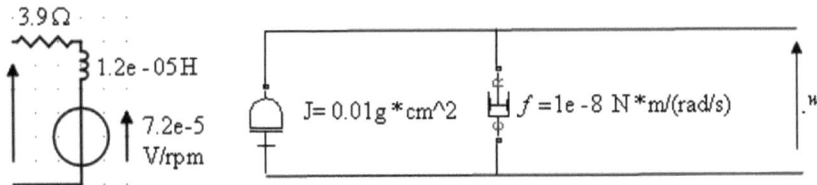

Les couples d'inertie et de frottements du moteur sont négligeables devant ceux qu'on a rajoutés.

$$U(p) = E(p) + R I(p) + L p I(p)$$

avec :

I : courant d'induit,
L : self d'induit,
E = force électromotrice d'induit (f.e.m).

$$E(p) = K \Omega(p)$$

$\Omega(p)$: vitesse de rotation.

Le couple moteur est donné par :

Cm = K I(p) si le flux est constant (excitation constante),

Cm = J p Ω(p) si on néglige les frottements,

$$U(p) = \Omega(p)\,(K + r J p / K + L p J p / K)$$

Ainsi la fonction de transfert de la vitesse de rotation sur la tension d'entrée est donnée par :

$$\frac{\Omega(p)}{U(p)} = \frac{\dfrac{1}{K}}{1 + \dfrac{RJ}{K^2}p + \dfrac{LJ}{K^2}p^2}$$

$$= \frac{k}{1 + \dfrac{2\zeta}{w_0}p + \dfrac{1}{w_0^2}p^2}$$

avec :

ζ : coefficient d'amortissement,
w_0 : pulsation propre,
k : gain.

- *Modélisation du moteur en boucle ouverte*

Le modèle suivant consiste à tracer la réponse en boucle ouverte du moteur pour obtenir le type de modèle (identification par modèle de conduite).

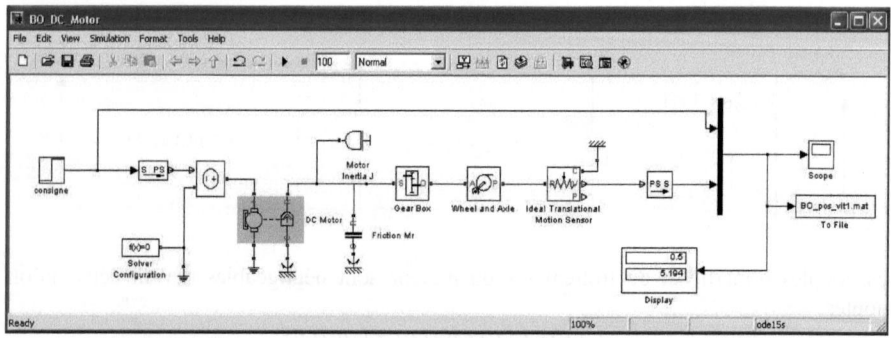

La courbe suivante représente la réponse en boucle ouverte de la vitesse linéaire du moteur suivi d'une boite de vitesses (réduction de valeur 5) et d'une roue de rayon de 0.05 m avec axe qui permet de transformer le mouvement de rotation en mouvement linéaire.

La vitesse linéaire est alors donnée par v = r w, r étant le rayon de la roue et w la vitesse angulaire.

Dans ce cas, le capteur qu'on doit utiliser est celui qui permet d'avoir la vitesse et la position linéaire (Ideal Translational Motion Sensor).

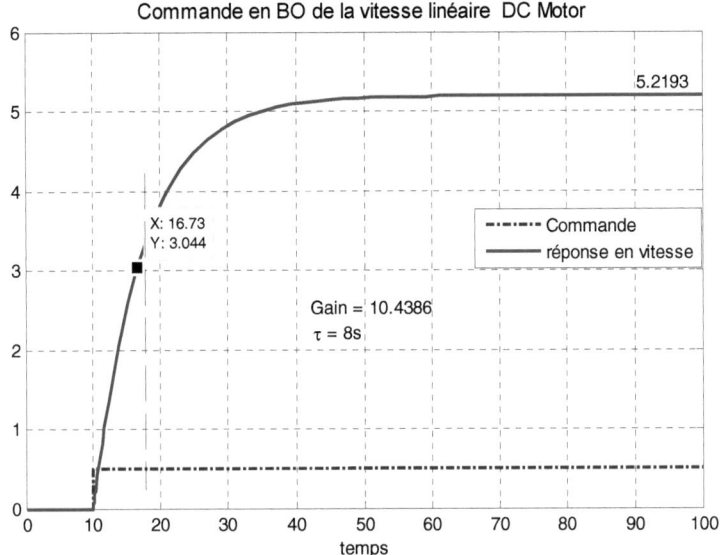

La fonction de transfert du système est identifiée comme celle du 1er ordre d'expression suivante :

$$H(p) = \frac{G}{1+\tau p} = \frac{10.4386}{1+8 p}$$

Dans ce modèle, nous traçons les 2 réponses indicielles, celle du moteur et celle de son modèle pour comparaison.

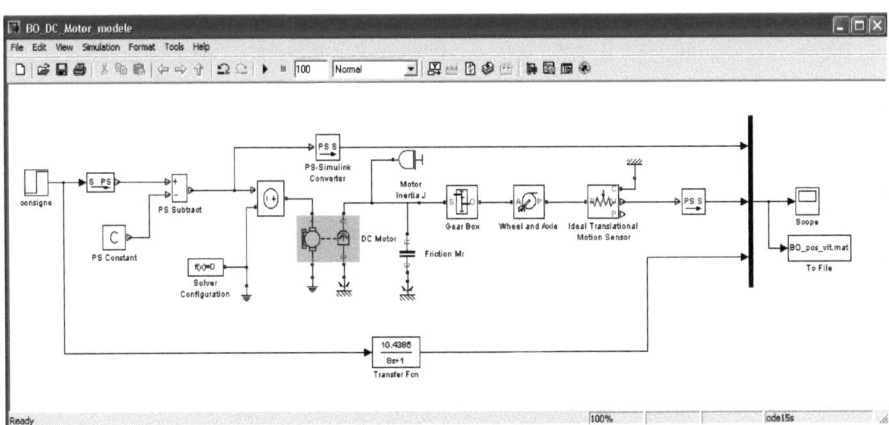

La courbe suivante, représente la réponse en boucle du moteur et celle de son modèle en vitesse.

118   Chapitre 2

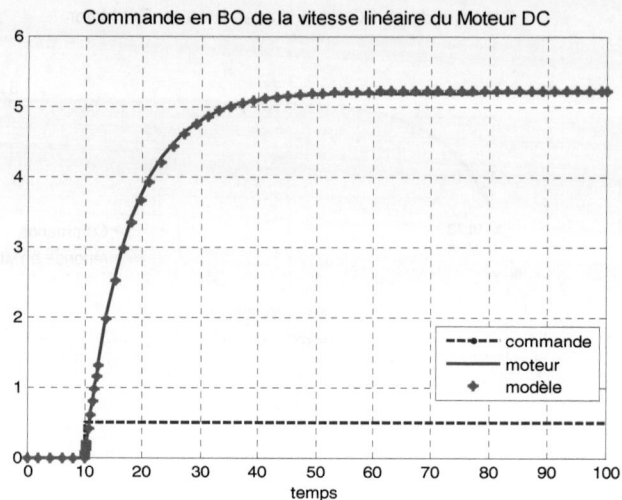

Il y a quasi similitude entre les réponses indicielles du moteur et de son modèle identifié en boucle ouverte.

* *Régulation proportionnelle et intégrale, PI*

Dans le modèle suivant, on réalise une régulation de type proportionnel et intégral, PI. Le moteur est à courant continu. Son arbre, constitué d'une inertie J et un couple de frottements Mr est couplé à un réducteur de vitesse et une roue qui permet de passer du mouvement de rotation à un mouvement rectiligne. La consigne est un échelon de 0.5 m/s.

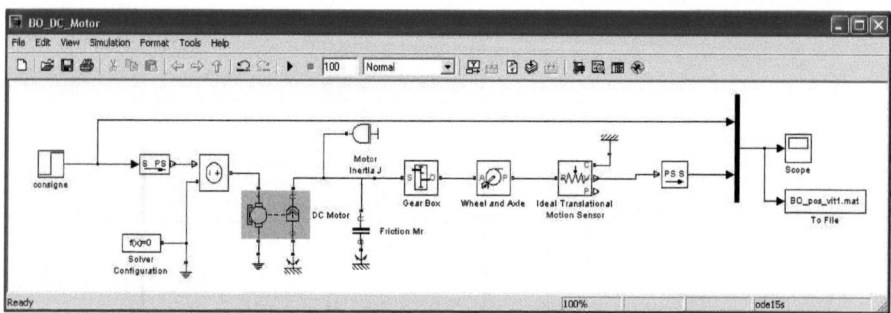

Le régulateur, proportionnel et intégral, PI est réalisé par des composants physiques de Simscape qu'on a programmés dans le sous-système PI suivant.

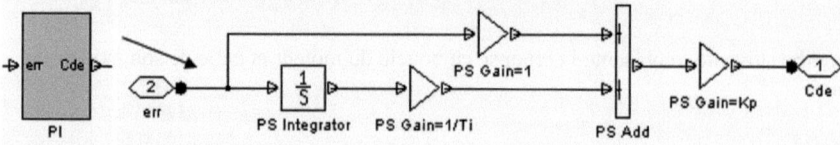

Ce régulateur, programmé uniquement par des composants physiques de Simscape, possède la structure suivante :

$$C(p) = Kp(1 + \frac{1}{Ti\, p})$$

avec $Kp = 5e-3$ et $Ti = 0.5s$.

Le modèle suivant réalise cette régulation de vitesse.

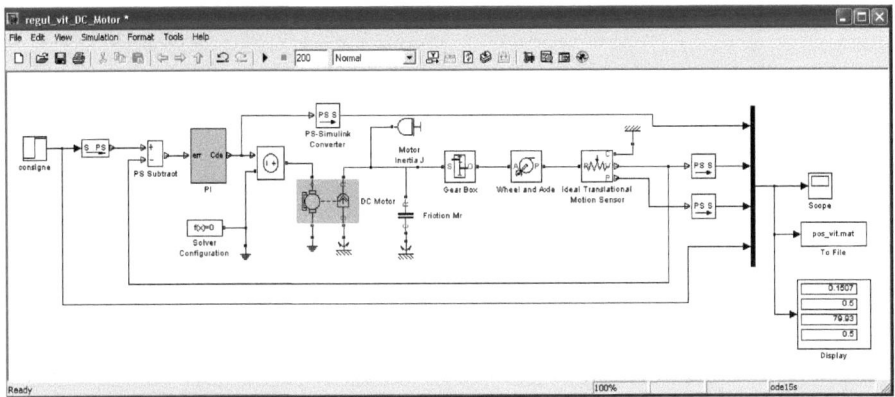

La figure suivante représente le signal de consigne et la réponse en vitesse.

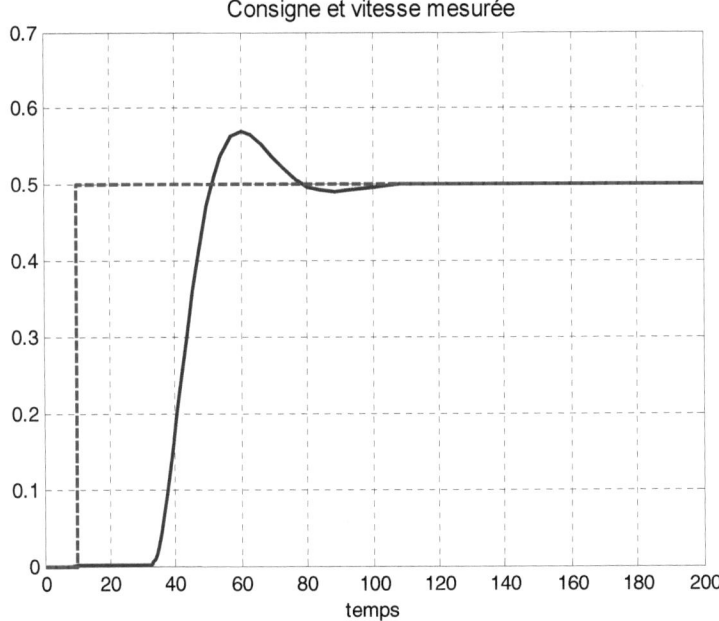

Avec les coefficients Kp, Ti choisis, la réponse en vitesse possède 2 dépassements ainsi qu'un retard pur d'environ 30s environ.

Le signal de commande issu du régulateur et le déplacement linéaire sont donnés dans la figure suivante.

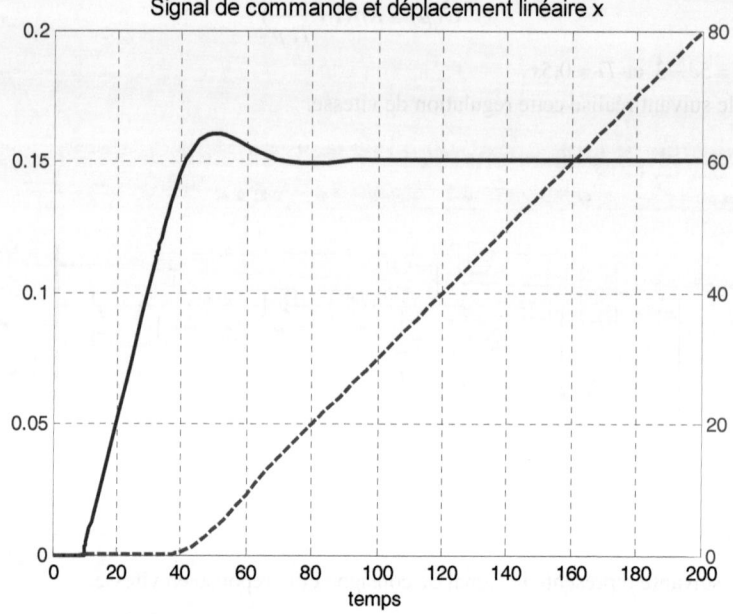

- *Régulation par compensation de pôles*

On réalise maintenant une régulation par la compensation du pôle du système en utilisant un régulateur PI, d'expression :

$$D(p) = k(1 + \frac{1}{\tau p}) = \frac{k}{\tau p}(1 + \tau p),$$

La fonction de transfert en boucle ouverte est alors donnée par :

$$BO(p) = 10.4386 \frac{k}{\tau p}$$

Ce qui donne en boucle fermée :

$$BF(p) = \frac{10.4386 \, k}{10.4386 \, k + \tau p} = \frac{1}{1 + \frac{\tau}{10.4386 \, k} p}$$

En boucle fermée, le système reste du 1er ordre dont on peut fixer la valeur de sa constante de temps par le paramètre de réglage k.

Si nous voulons rendre le système plus rapide, par exemple réduire de moitié sa constante de temps, il faut choisir le paramètre k de façon à ce que

$$10.4386 \, k = 2, \text{ soit } k = 0.1916.$$

Dans le modèle suivant, nous réalisons ce type de régulation par la compensation du pôle.

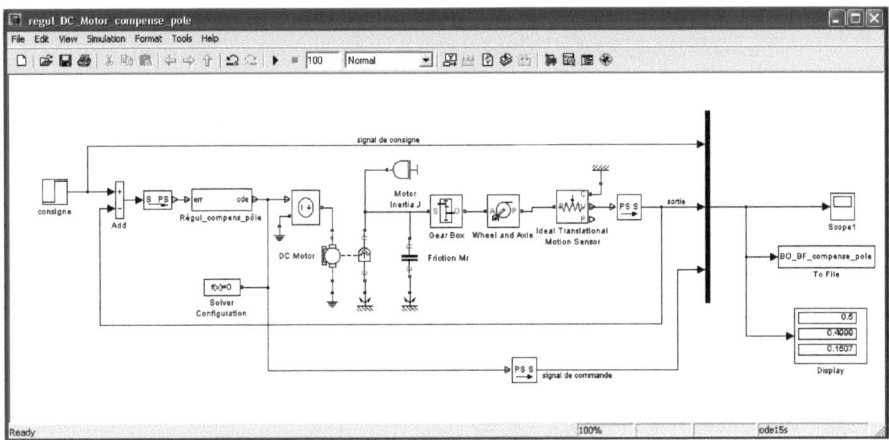

Le régulateur est programmé comme suit :

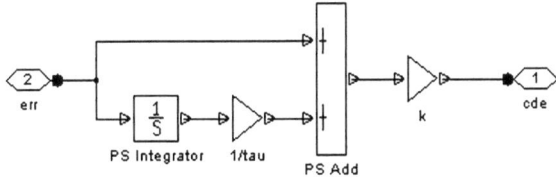

Le réglage du paramètre k et la spécification de la valeur de τ sont réalisés dans la fonction Callback `InitFcn` par les commandes suivantes.

```
% effacement de l'écran et fermeture des fenêtres graphiques
clc
close all

% spécification de et de la constante de temps tau
k= 0.1916;
tau=8;
```

Les courbes de sortie, consigne et commande sont tracées grâce aux commandes suivantes programmées dans la fonction Callback `StopFcn`

```
load BO_BF_compense_pole.mat

plot(x(1,:),x(2,:), x(1,:),x(3,:),x(1,:),x(4,:))
grid
title('Régulation par compensation de pôle de la vitesse linéaire du Moteur DC')
xlabel('temps')
axis([0 100 0 120])
```

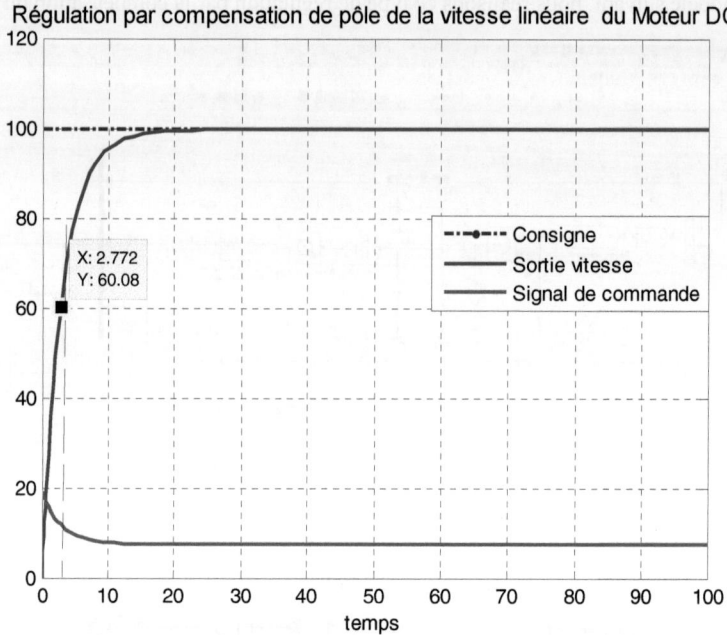

Cette courbe montre, approximativement, que le système se comporte comme un système du premier ordre, dont la constante de temps a été divisée par 2 par rapport au système en boucle ouverte.

Dans le modèle suivant, on applique une perturbation de couple.

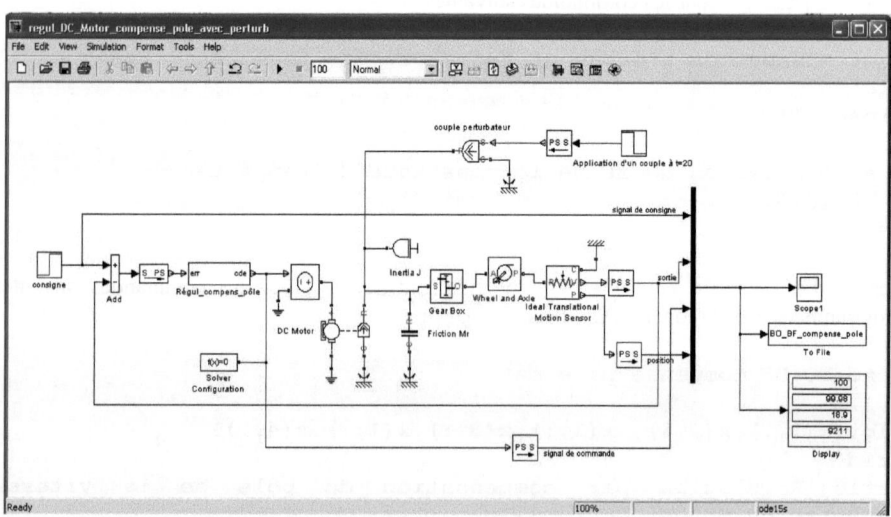

Dans la figure suivante, nous représentons la réjection de la perturbation de couple à l'instant t=30.

Librairies de Simscape 123

La sortie rejoint toujours le signal de consigne grâce à une augmentation du signal de commande.

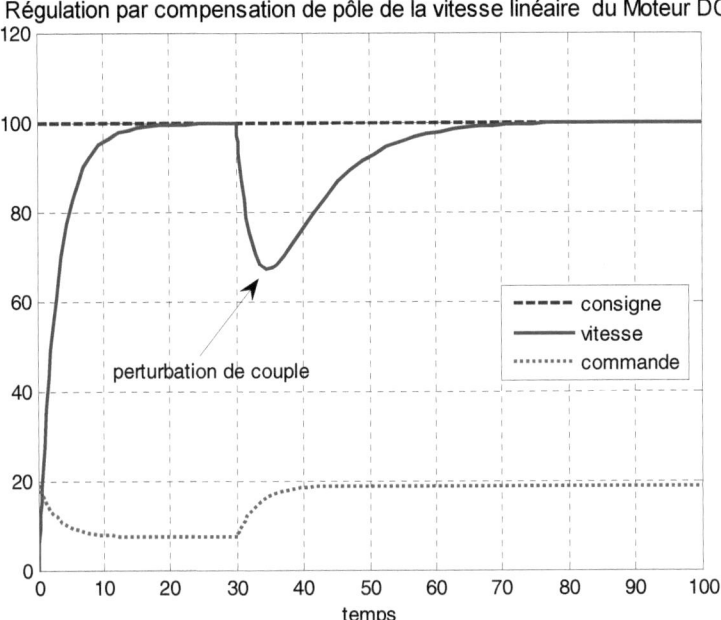

La perturbation de vitesse est rejetée au bout de 30s environ.

- ***Commande par un pont en H, moteur en boucle ouverte***

Le modèle suivant simule la commande du même moteur avec inertie, frottements, le réducteur de vitesse rapport 5, la transformation du mouvement de rotation en mouvement linéaire.
Dans ce cas présent, cette commande, en boucle ouverte, se fait grâce à un bloc générateur de signal PWM qui attaque un pont en H auquel est relié l'induit du moteur.

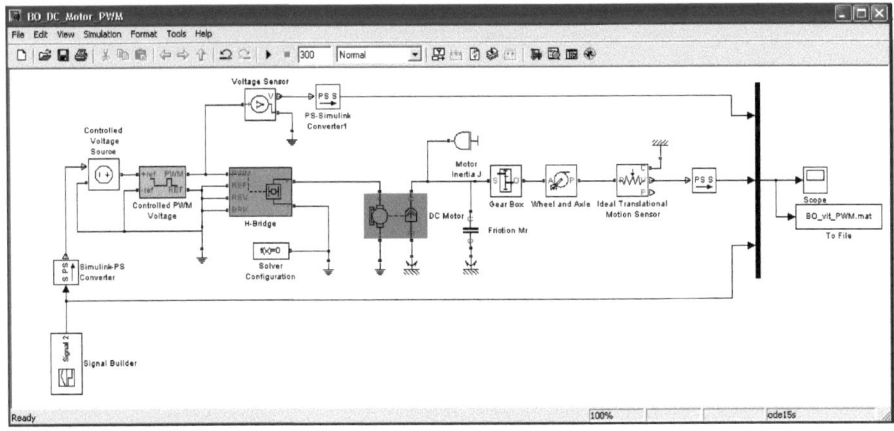

Le bloc `Signal Builder` fournit le signal d'entrée suivant formé d'échelons correspondants aux valeurs suivantes du rapport cyclique, 40% et 80%.

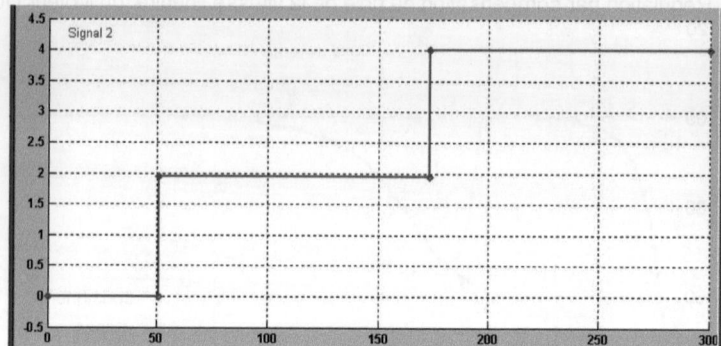

Ce signal est transformé en tension par le bloc `Controlled Voltage Source` pour commander la tension contrôlée sous forme PWM (`Controlled PWM Voltage`).
Ce dernier bloc est le pont en H qui alimente le moteur à courant continu (`H-Bridge`).
Les figures sont tracées grâce aux lignes de commandes suivantes, programmées dans la fonction Callback `StopFcn`.

```
load BO_vit_PWM.mat
plotyy(x(1,:),x(3,:), x(1,:),x(4,:)), grid
title('Commande en BO du moteur DC par pont en H et PWM')
xlabel('temps')
figure
plot(x(1,:),x(2,:)), xlabel('temps')
title('Signal PWM')
```

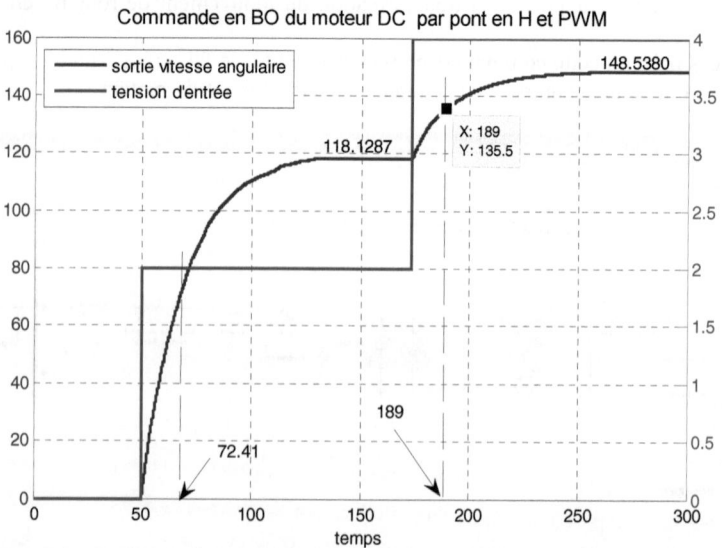

Nous avons représenté pour chaque échelon la valeur de la vitesse en régime établi. Si on estime pour chaque échelon, la réponse comme celle d'un système du 1er ordre, nous remarquons que lors du premier échelon, le gain est égal à 59.0643 et 74.2690 pour le deuxième échelon.
Les 2 constantes de temps sont approximativement de 22.4s et 19s, respectivement, pour le 1er et 2ème échelon. Nous pouvons estimer, alors, qu'en moyenne le modèle du système est de gain égal 67 et de constante de temps de 20.7s : $H(p) = \dfrac{67}{1+20.7 p}$

Au début de la simulation, nous avons appliqué un échelon de 2V correspondant à un signal PWM de rapport cyclique de 40% (presque un signal carré) que l'on observe dans la figure suivante.

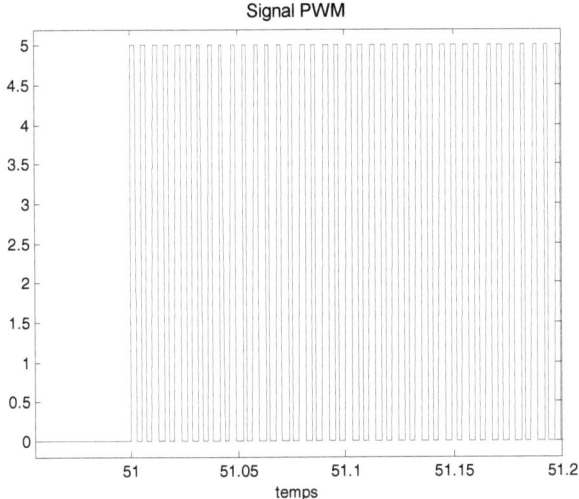

Au-delà de l'instant t=170, nous appliquons un échelon d'amplitude 4V, ce qui correspond, en sortie du bloc `Controlled PWM Voltage`, à un signal PWM de rapport cyclique de 80%, comme le montre la figure suivante.

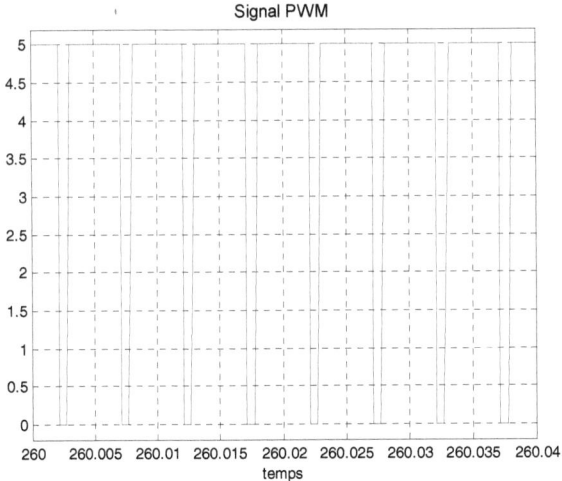

126 Chapitre 2

- *Moteur en boucle fermée*

Le modèle suivant représente la régulation en vitesse du moteur en appliquant sur son induit un signal PWM fourni par le bloc `Controlled PWM Voltage`, lequel commande le pont en H.
La consigne est réalisée par le bloc `Signal Builder` qui fournit un échelon d'amplitude unité après sa multiplication par le gain de valeur 120.

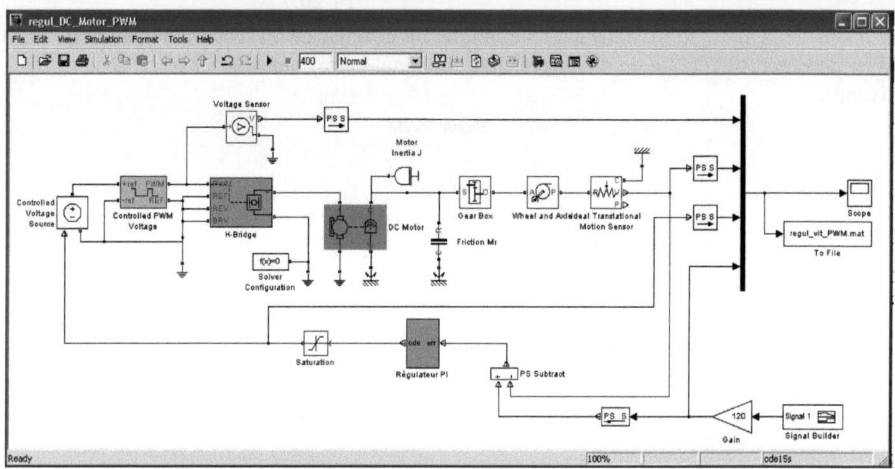

Le régulateur possède la forme suivante,

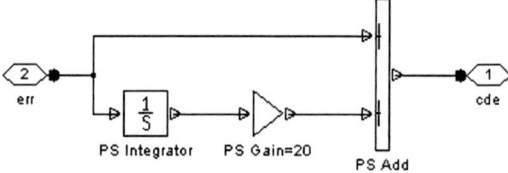

avec l'expression

$$D(p) = 1 + \frac{20}{p}$$

Les lignes de commande suivantes permettent de lire le fichier binaire et de tracer les différents signaux de consigne, sortie, signal de commande issu du régulateur et signal PWM qu'on applique à l'induit du moteur.

```
load regul_vit_PWM.mat

plot(x(1,:),x(3,:), x(1,:),x(5,:))
grid
title('Consigne et sortie vitesse - moteur DC par pont en H et
PWM')
xlabel('temps')
figure
plot(x(1,:),x(4,:))
grid
```

```
title('Signal de commande')
xlabel('temps')

% tracé du signal de commande
figure
plot(x(1,:),x(2,:))
grid
axis([0 N -0.2 5.2])
title('Tension de commande PWM')
xlabel('temps')
```

avec N, la durée de simulation, définie dans la fonction Callback InitFcn à laquelle on fait appel lors de l'étape d'initialisation.

```
% effacement de l'écran et suppression des fenêtres
% graphiques
clc
close all
N=400;
```

La figure suivante montre l'évolution du signal de sortie qui rejoint la consigne au bout de 150 échantillons après un régime transitoire oscillant (7 oscillations décroissantes).

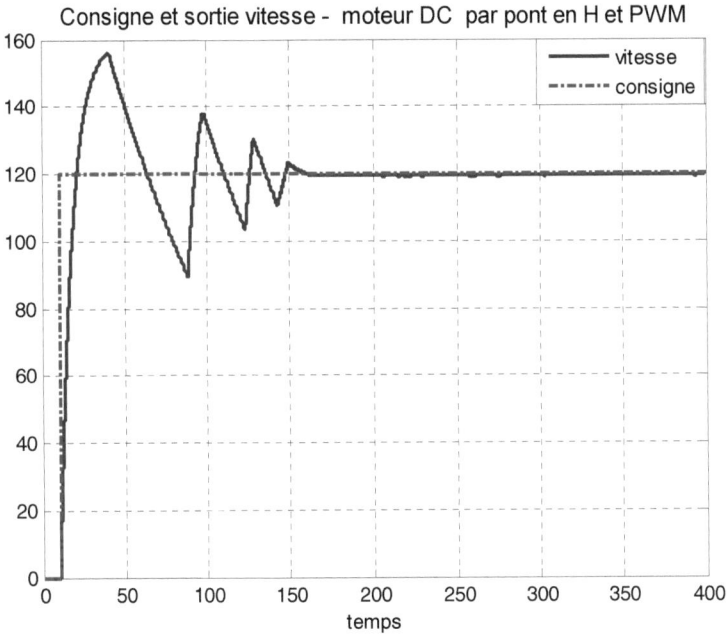

La figure suivante représente le signal de commande fourni par le régulateur.

Celui-ci va attaquer le bloc Controlled PWM Voltage qui fournira un signal PWM qui sera appliqué au pont en H.

128   Chapitre 2

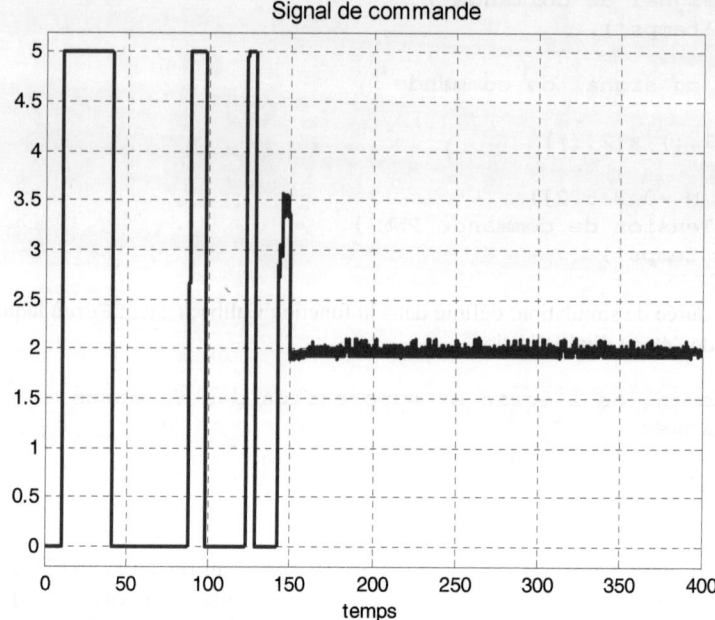

Nous observons dans la courbe suivante du signal PWM, comme dans la précédente du signal issu du régulateur, les régimes, transitoire et permanent.

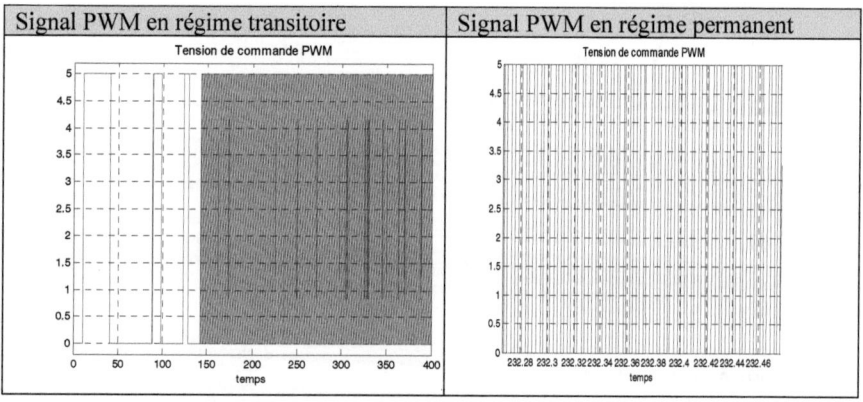

III.1.4. Moteur à induction

Le moteur est constitué de deux parties principales:

- une partie fixe appelée « STATOR »,
- une partie mobile appelée « ROTOR ».

Ces deux parties sont séparées par un espace appelé «entrefer»
La figure suivante montre le modèle de circuit équivalent du bloc du moteur à induction.

Dans cette figure, les différents éléments sont :

    R1   : résistance d'une des phases du stator,
    R2   : résistance du rotor,
    L1   : inductance du stator,
    L2   : inductance de rotor,
    Lm   : réactance réelle servant à représenter la puissance réactive requise pour produire le champ magnétique tournant ou impédance magnétisante,
    s   : glissement du rotor.

U, I : tension d'alimentation sinusoïdale et courant dans l'une des phases.

Le « ROTOR » est un circuit fermé, donc court-circuité, qui se trouve dans le champ magnétique tournant créé par le « STATOR ». Il est alors traversé par des courants induits ou de Foucault qui provoquent sa rotation.

Le rotor ne tourne pas à la fréquence du champ magnétique, d'où la notion de glissement.
Si on note, w_s la pulsation du signal de commande du stator, p le nombre de paires de pôles et w_m la vitesse de rotation du rotor, le glissement est défini par :

$$g = 1 - p\frac{w_m}{w_s}$$

Le glissement est une grandeur qui rend compte de l'écart de vitesse de rotation d'une machine asynchrone par rapport à une machine synchrone hypothétique construite avec le même stator. La tension induite dans les bobines du rotor ne sera pas à fréquence constante et l'amplitude de cette tension sera proportionnelle à l'écart de vitesse entre celle du champ et la vitesse du rotor.

Les pertes par effet Joule évoluent avec le glissement et sont maximales au démarrage (g = 1).
Si on note V_2, la tension au niveau des bobines du rotor ouvert (donc sans rotation), et f_2 la fréquence du signal (rotor ouvert).

Nous avons, pour chaque phase du rotor en rotation :

$$V_r = g\, V_2,$$
$$f_r = g\, f_2.$$

Chaque phase du rotor est une bobine que l'on peut représenter par une impédance inductive :
$Z_r = R_r + j\, X_r$

R_r : résistance totale de la phase,
X_r : réactance totale de la phase.

$$X_r = 2\pi\, f_r\, L_r = 2\pi\, s\, f_2\, L_r = g\, X_2$$

X_2 est la réactance du rotor à circuit ouvert (sans rotation et même fréquence que le signal appliqué au stator).

Une phase du rotor en court-circuit peut être modélisée par le schéma suivant :

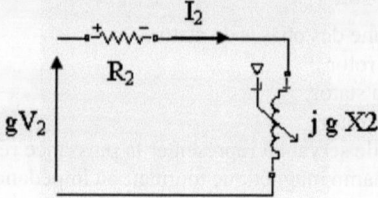

Nous avons alors, en divisant par g :

$$V_2 = I_2 \left(\frac{R_2}{g} + jgX_2\right)$$

Si l'on veut faire apparaître le terme $Z_2 = R_2 + jX_2$, le schéma de la phase devient :

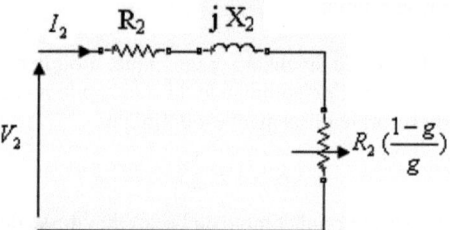

Le modèle du moteur à induction est alors :

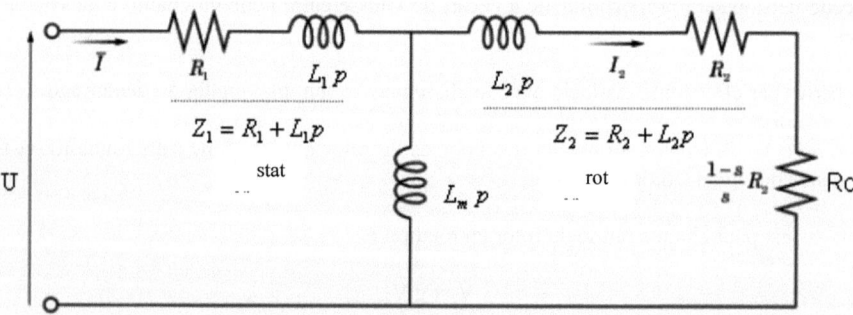

Le couple moteur est inversement proportionnel à la vitesse de rotation du rotor et proportionnel au carré de la valeur efficace de la tension d'entrée du stator par rapport au neutre.

Il possède une valeur maximale pour une certaine valeur du glissement.

$$T = \frac{npR_2}{gw} \frac{Veff^2}{(R_1 + R_2 + \frac{1-g}{g}R_2)^2 + (X_1 + X_2)^2}$$

n étant le nombre de phases et p le nombre de paires de pôles.

Le bloc du moteur à induction dans Simscape est le suivant :

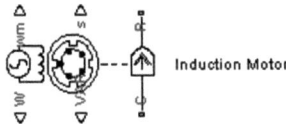

Sa boite de dialogue possède 3 onglets.

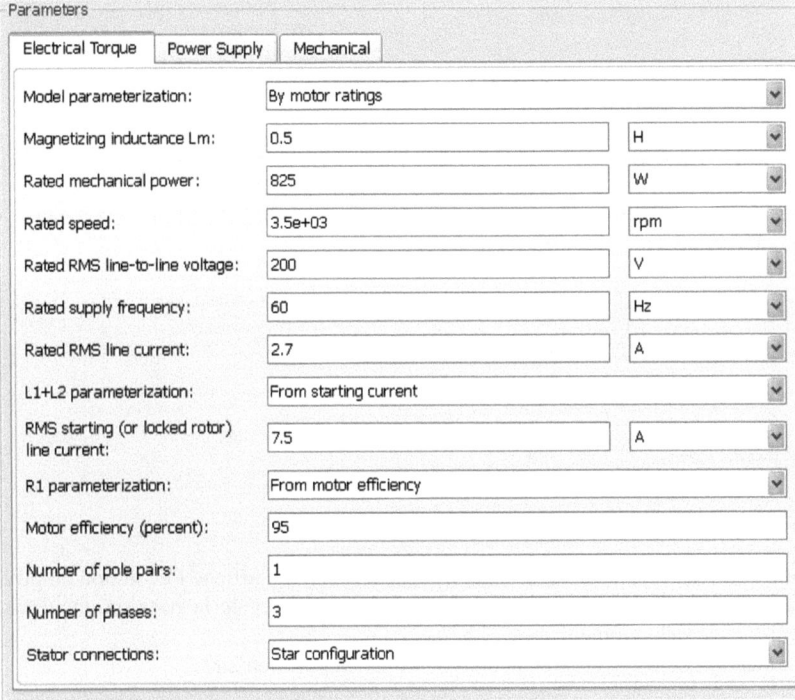

Le moteur est triphasé avec ses 3 phases montées en étoile. Par défaut, il possède 1 paire de pôles, soit un pôle Nord et un pôle Sud.

- **Electrical Torque**

Dans cet onglet, on peut spécifier, entre autres,

- l'inductance magnétisante L_m,
- la valeur efficace de la tension spécifiée de l'alimentation du stator,
- la fréquence du signal d'entrée spécifiée pour le moteur,
- le courant de ligne en ampères,
- la puissance mécanique estimée.

132 Chapitre 2

Les valeurs spécifiées sont celles définies pour le moteur.

- *Power Supply*

Dans cet onglet, on retrouve les éléments réellement appliqués au moteur (tension efficace et fréquence).

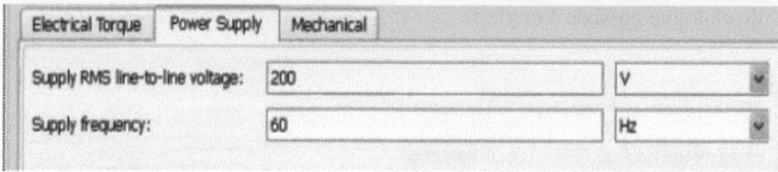

- *Mechanical*

Dans cet onglet, on définit l'inertie et l'amortissement au niveau du rotor, ainsi que sa vitesse de rotation initiale.

- *Application*

Le modèle suivant représente un moteur à induction dont on affiche l'évolution du glissement dans un oscilloscope et dont on trace celle de la vitesse et de la position angulaire qu'on récupère dans le fichier binaire `mot_ind_pos_vit.mat`.
Nous avons rajouté une inertie et un amortissement supplémentaires.

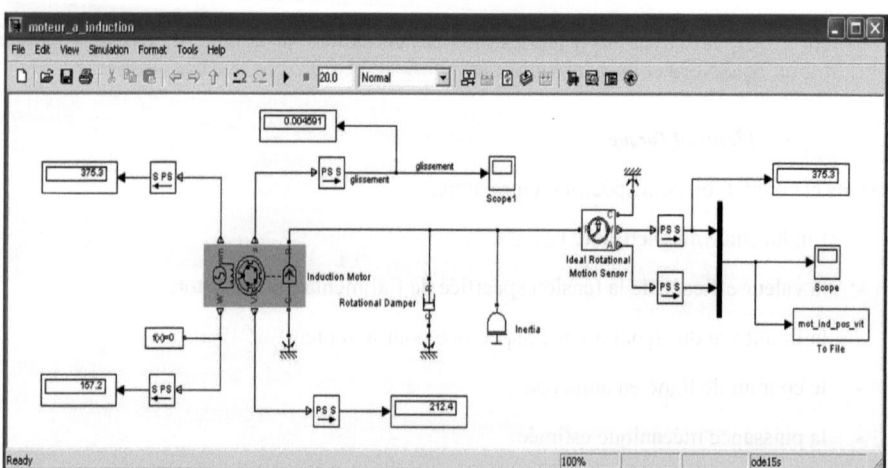

L'oscilloscope suivant montre l'évolution du glissement :

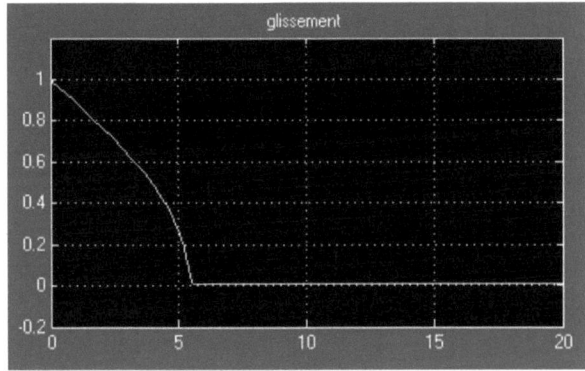

Le glissement, maximal et égal à 1 au départ, vaut 0.0046 à la fin de la période du démarrage. La figure suivante montre l'évolution de la vitesse angulaire du rotor ainsi que l'angle de rotation.

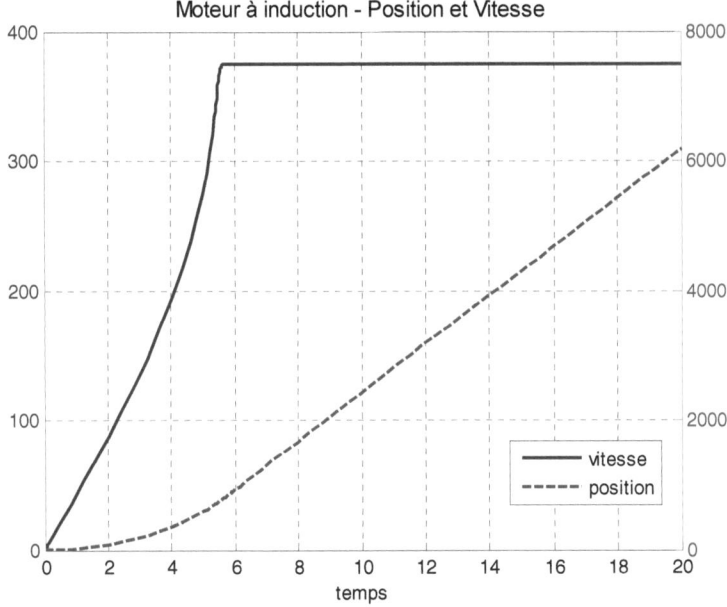

Après le démarrage qui dure un peu moins de 6s, la vitesse est constante et égale à 375.3 rad/s.

Si l'on choisit l'option « By equivalent circuit parameters », nous pouvons spécifier les valeurs des éléments du circuit électrique équivalent, comme les résistances R_1, R_2, les selfs L_1, L_2 du stator et du rotor ainsi que la self magnétisante L_m.
Nous pouvons aussi imposer le nombre de paires de pôles ainsi que le nombre de phases.

Dans cette application, nous cherchons à tracer l'évolution du couple moteur.

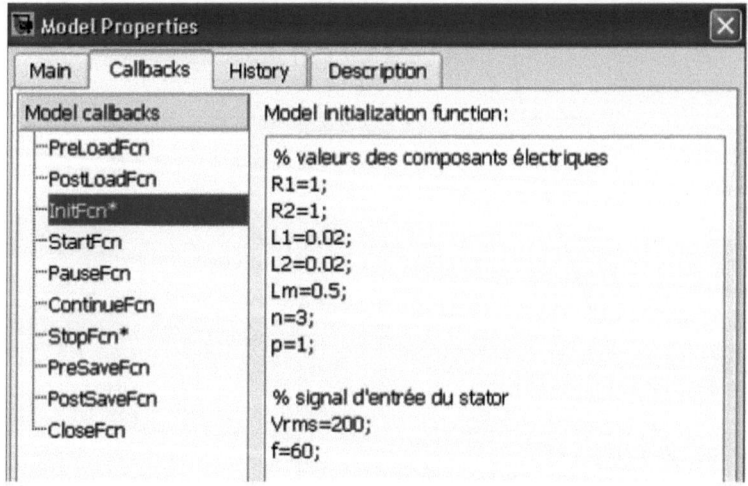

Les valeurs du circuit équivalent sont représentées par des variables dont on spécifie les valeurs dans la fonction Callback `InitFcn`.

Dans le bloc `Fcn`, nous avons programmé l'expression qui donne le couple en fonction de :

- la vitesse de rotation,
- le glissement,
- le nombre de paires de pôles,
- le nombre de phases,
- des valeurs de résistances et inductances au niveau du stator et du rotor.

Librairies de Simscape

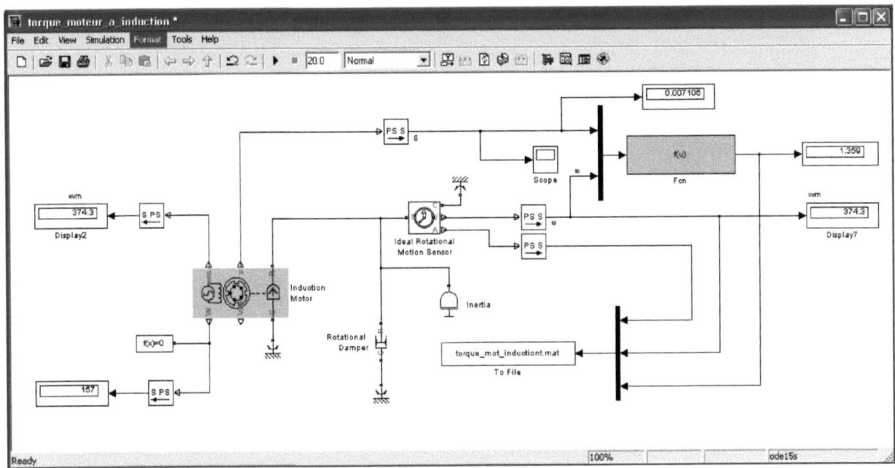

La fonction Callback `StopFcn` permet de tracer les courbes de vitesse et position angulaire ainsi que celle du couple sur le rotor.

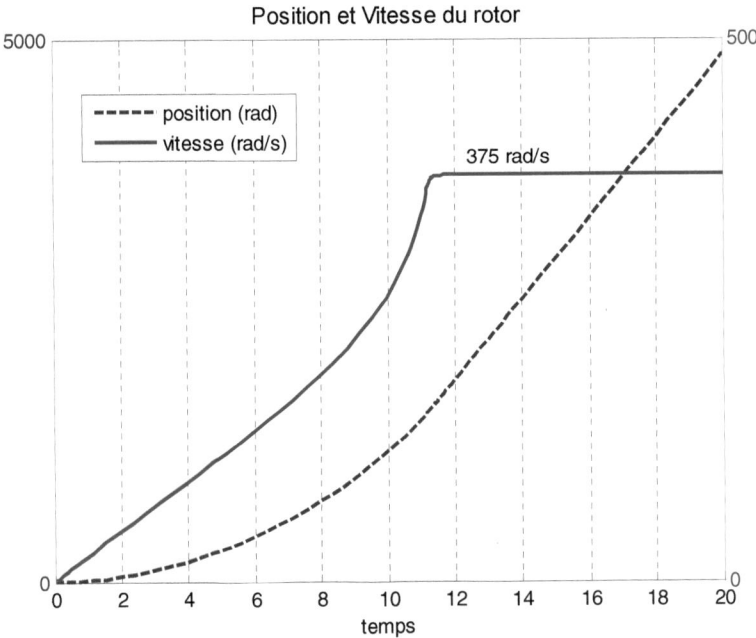

Après un régime transitoire d'un peu moins de 12 secondes, la vitesse se stabilise à la valeur 375 rad/s.

Les paramètres du moteur ainsi que son alimentation électrique sont définis dans la fonction Callback `InitFcn`.

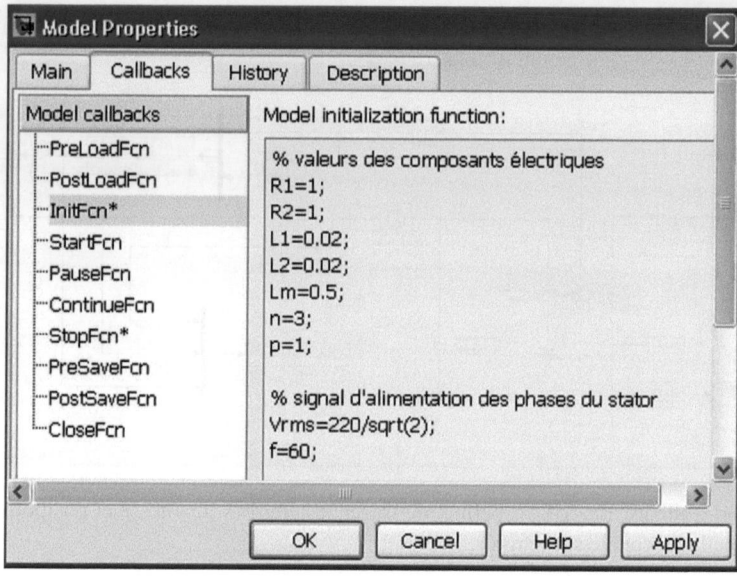

La tension triphasée appliquée à chacune des phases du stator est de 220V d'amplitude, soit $220/\sqrt{2}$ V de valeur efficace qu'on spécifie dans la boite de dialogue du moteur. Comme il y a une paire de pôles, la vitesse de rotation sera égale à la fréquence de l'alimentation :

```
>> wth=2*pi*60
wth =
  376.9911
```

Si la valeur finale du glissement n'est pas nulle, la vitesse de rotation est alors :
$$w_m = (1-g)w$$

```
>> wth=(1-7e-3)*2*pi*60
wth =
  374.3522
```

L'évolution du glissement, de 1 à 7e-3, est donné par l'oscilloscope suivant :

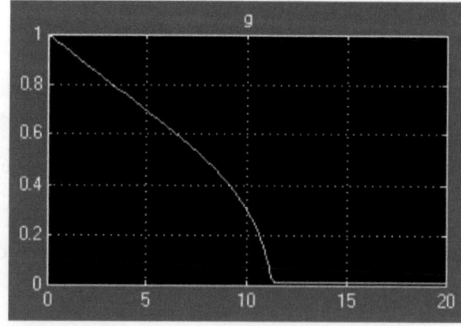

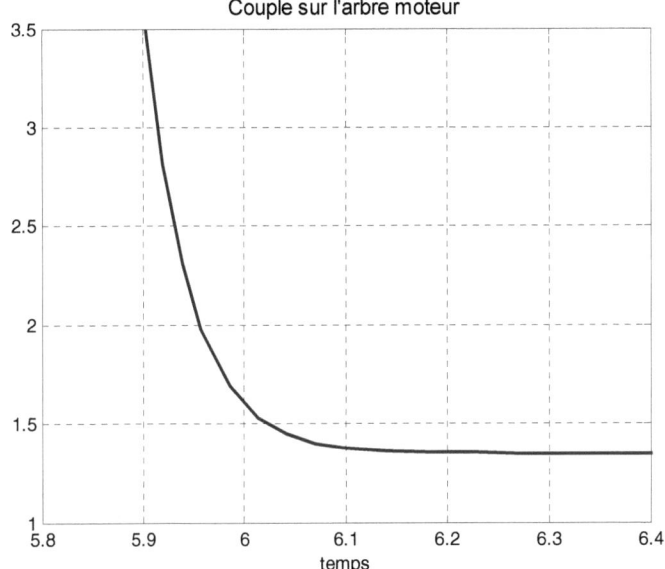

Couple sur l'arbre moteur

III.1.5. Servomoteur

Le bloc du servomoteur est le suivant :

Le servomoteur est un moteur à courant continu sans balais (brushless). Le couple est contrôlé en circuit fermé.
Pour simuler un type de moteur, nous devons spécifier une enveloppe couple-vitesse qui délimite les valeurs admissibles soit les valeurs des vitesses des couples maximums correspondants.
Le block limite automatiquement le couple réel aux demandes de couple.

Nous spécifions aussi dans la boite de dialogue suivante, la résistance électrique du modèle correspondant aux pertes par effet Joule.

Cette résistance est calculée selon l'efficacité du moteur utilisé.

La puissance appliquée U I est égale à la somme des pertes par effet Joue, $R I^2$ et de la puissance mécanique utile T w, T étant le couple.

$$U I = R I^2 + T w$$

On définit l'efficacité du moteur par :

$$E = \frac{T w}{U I}$$

En remplaçant le courant I dans la première relation, nous obtenons : $R = \dfrac{EV^2}{Tw}(1-E)$

L'efficacité étant comprise entre 0 et 1, nous trouvons toujours une valeur R>0.
En double-cliquant sur le bloc Servomotor, on spécifie certains paramètres (Electrical Torque) et mécaniques (Mechanical) qui le définissent; notamment les valeurs du couple et de la vitesse de l'enveloppe définissant les limites que doit englober ce couple. Ces 3 points ont pour coordonnées la vitesse du moteur et le couple maximum admissible, comme on les fixe dans la figure suivante. Dans cette boite de dialogue, on spécifie aussi des paramètres concernant l'efficacité et les pertes du moteur.

Parameters		
Electrical Torque	**Mechanical**	
Vector of rotational speeds:	[0 3.75e+3 7.5e+3 8e+3]	rpm
Vector of maximum torque values:	[0.09 0.08 0.07 0]	N*m
Torque control time constant, Tc:	0.02	s
Motor and driver overall efficiency (percent):	100	
Speed at which efficiency is measured:	3.75e+3	rpm
Torque at which efficiency is measured:	0.08	N*m
Torque-independent electrical losses:	0	W
Supply series resistance:	0	Ohm

L'enveloppe couple-vitesse des couples admissibles est donnée, par défaut dans la figure suivante, selon les valeurs spécifiées dans la boite de dialogue ci-dessus.
Cette enveloppe couple-vitesse montre, en effet, que si l'on veut augmenter le couple on doit généralement baisser la vitesse (par un réducteur de vitesse, par exemple) et que si l'on augmente la vitesse, il n'en suit une diminution du couple, pour une même puissance donnée.

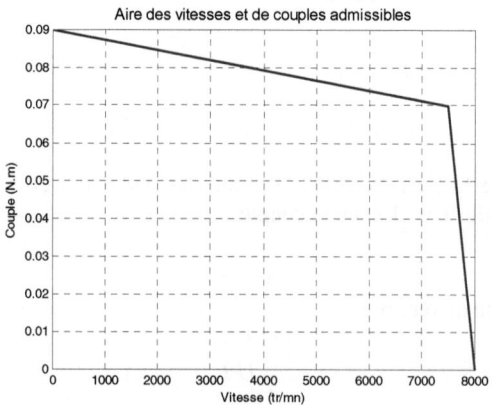

Dans l'onglet `Mechanical`, nous trouvons les valeurs par défaut de l'inertie du rotor, son amortissement et la valeur initiale de la vitesse de rotation qu'on peut modifier selon le type de servomoteur dont on dispose.

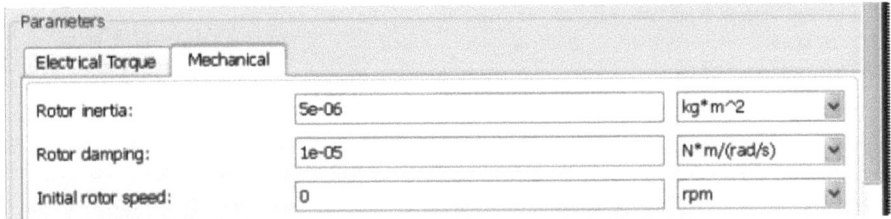

Dans le modèle suivant, nous appliquons une tension de 12 V à l'induit (stator) du moteur et nous avons ajouté des couples extérieurs d'inertie de 0.01 kg*m^2 et un amortisseur de coefficient 0.001 N*m/(rad/s) en sortie de l'arbre.
Nous spécifions une demande de couple de 5 N.m, défini par le bloc `PS Constant`.

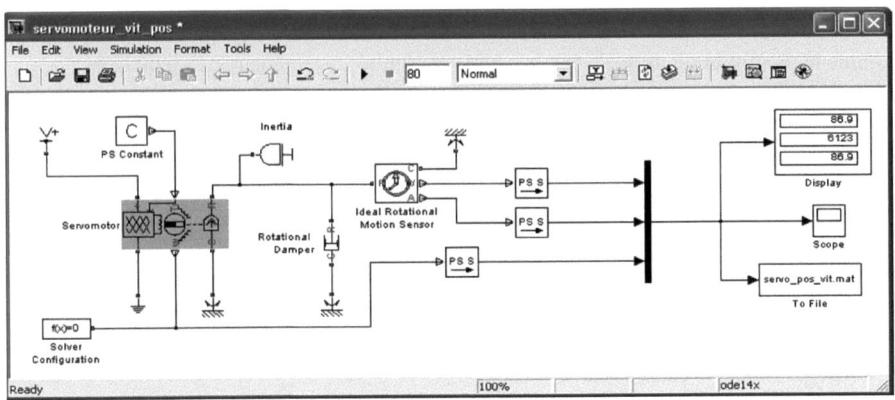

La vitesse et la position, obtenues grâce au capteur « `Ideal Rotational Motion Sensor` », sont tracées par les commandes de la fonction Callback `StopFcn`.

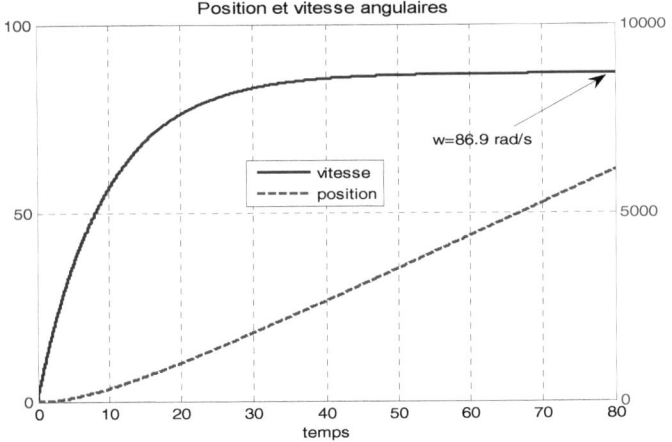

Pour connaître le couple réel, nous utilisons le capteur de couple « Ideal Torque Sensor ».

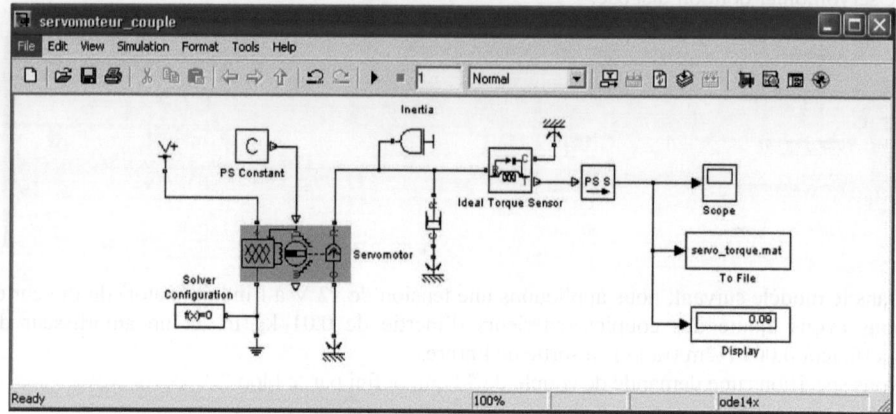

Comme le montre la figure suivante, le couple est limité très rapidement à 0.09 N.m.

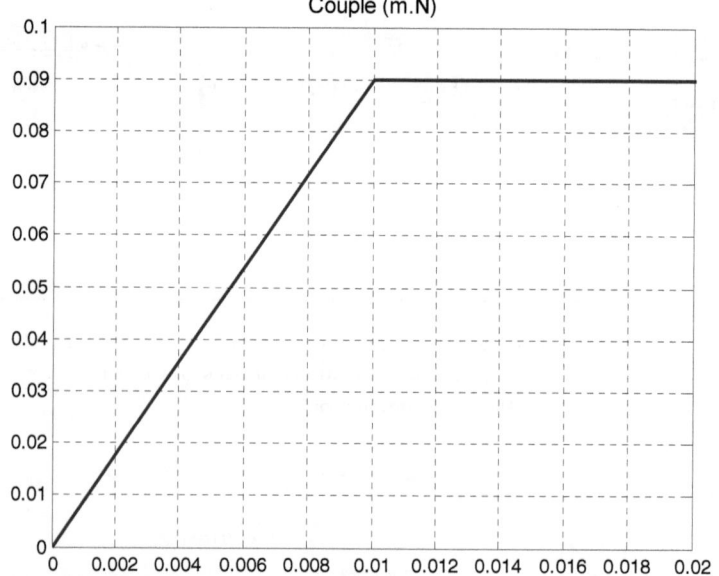

III.2. Integrated circuits

Cette librairie contient une bibliothèque de composants logiques et 2 types d'amplificateurs opérationnels :
- amplificateur opérationnel à bande limitée,
- amplificateur opérationnel à gain fini.

La fenêtre suivante représente cette librairie dans le browser Simulink.

Librairies de Simscape 141

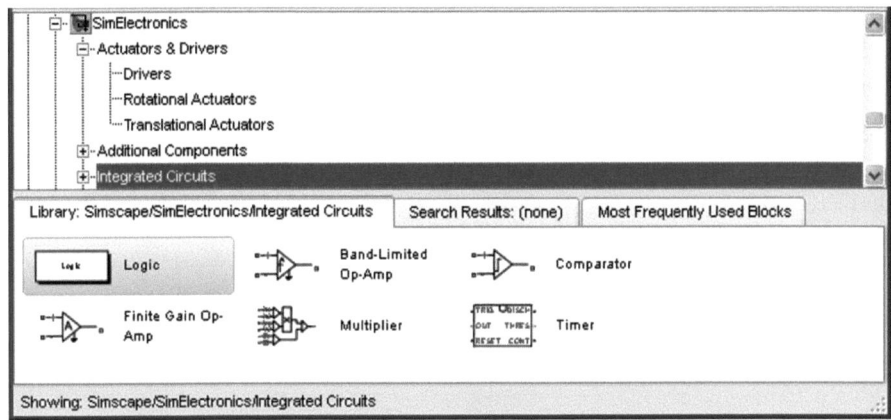

Avec la commande qu'on lance du prompt de Matlab,

```
>> simscape
```

cette librairie se présente comme suit :

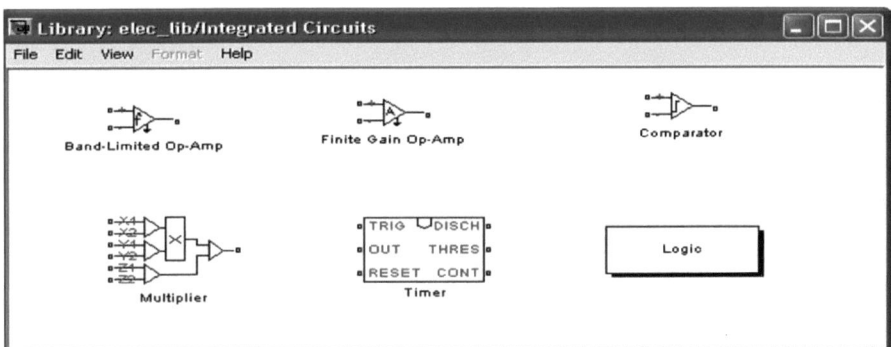

III.2.1. Amplificateurs opérationnels

- *Amplificateur opérationnel à bande limitée*

   Band-Limited Op-Amp

La tension de sortie se comporte comme un filtre passe bas du 1er ordre vis-à-vis de la différence de tension entre ses bornes, positive et négative.

$$Vs = \frac{A(v_+ - v_-)}{1 + \frac{1}{2\pi f_c}} - R_s I_s$$

avec :
  A : gain,

f_c : fréquence de coupure à -3 dB,
R_s : résistance de sortie,
I_s : courant de sortie.

Le courant d'entrée est donné par :

$$I_e = \frac{v_+ - v_-}{R_e}$$

R_e : résistance d'entrée

En double-cliquant sur ce bloc, on peut spécifier toutes ces valeurs.

Parameters			
Gain, A:	1000		
Input resistance, Rin:	1e+6	Ohm	
Output resistance, Rout:	100	Ohm	
Minimum output, Vmin:	-15	V	
Maximum output, Vmax:	15	V	
Maximum slew rate, Vdot:	1000	V/s	
Bandwidth, f:	1e+5	Hz	
Initial output voltage, V0:	0	V	

- ***Amplificateur à gain fini***

Finite Gain Op-Amp

Cet amplificateur est défini par :

$$Vs = A(v_+ - v_-) - R_s I_s$$

Le courant d'entrée est donné par l'expression précédente de l'amplificateur à bande limitée. Sa boite de dialogue permet la spécification du gain A, les résistances d'entrée R_{in}, de sortie R_s et les tensions, minimale V_{min} et maximale V_{max} d'alimentation.

Parameters			
Gain, A:	1000		
Input resistance, Rin:	1e+6	Ohm	
Output resistance, Rout:	100	Ohm	
Minimum output, Vmin:	-15	V	
Maximum output, Vmax:	15	V	

Le modèle suivant simule un montage sommateur.

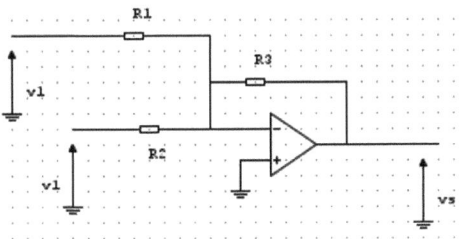

Le théorème de Millman, appliqué à l'entrée v_-, donne : $\dfrac{v_- - v_1}{R_1} + \dfrac{v_- - v_2}{R_2} + \dfrac{v_- - v_s}{R_3} = 0$

D'où : $v_s = -R_3 \left(\dfrac{v_1}{R_1} + \dfrac{v_2}{R_2} \right)$

Si l'on choisit $R_1 = R_2 = R_3$, nous obtenons $v_s = -(v_1 + v_2)$

Dans le modèle suivant, nous avons fait suivre le sommateur par un circuit inverseur pour éliminer le signe moins.

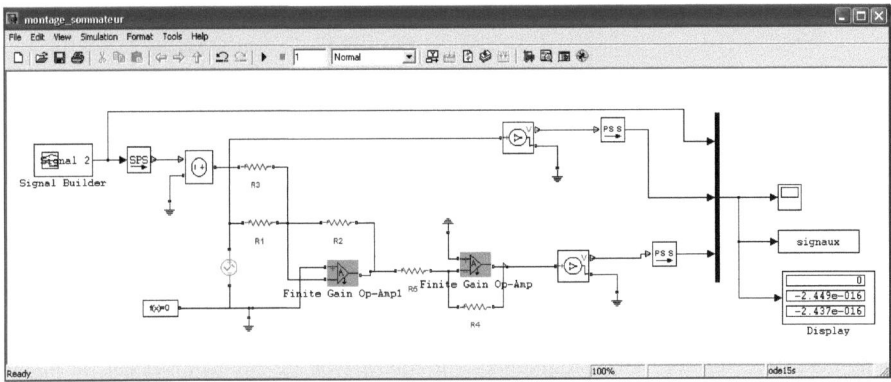

Dans ce montage, toutes les résistances sont égales à $10\,k\Omega$.

Le signal qu'on ajoute à la sinusoïde est donné par le bloc `Signal Builder` ; c'est un créneau de valeur 1 entre les instants t=0.3 et 0.7.

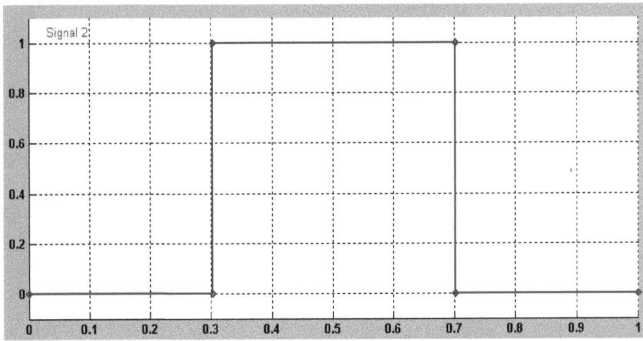

L'amplificateur opérationnel `Finite Gain Op-Amp` permet d'éliminer le signe « - » et de réaliser une vraie sommation. Le créneau est ajouté à la sinusoïde entre les instants 0.3 et 0.7, comme le montre la figure suivante.

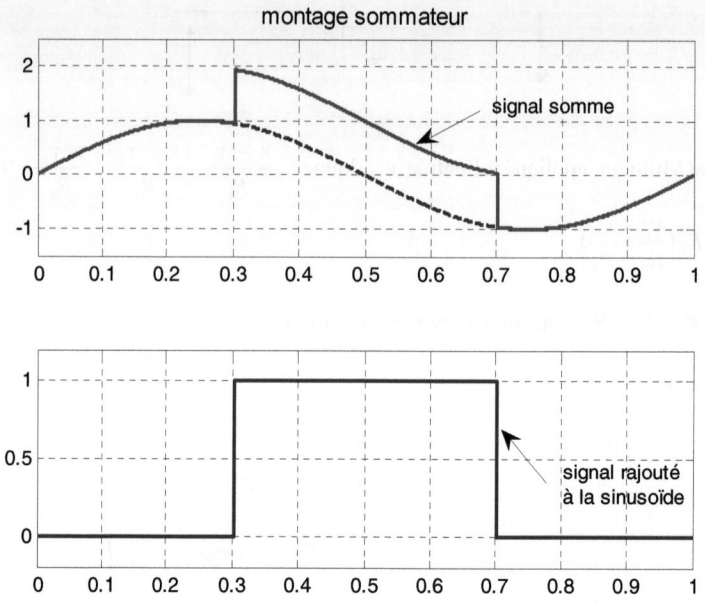

Entre les instants 0.3 et 0.7, la sinusoïde est décalée de 1 vers le haut suite à l'ajout du créneau à la sinusoïde d'origine.

- *Comparaison des 2 amplificateurs opérationnels*

Dans l'exemple suivant, nous programmons le même type de circuit inverseur, le premier utilisant l'amplificateur à bande limitée et le deuxième, celui à gain limité.

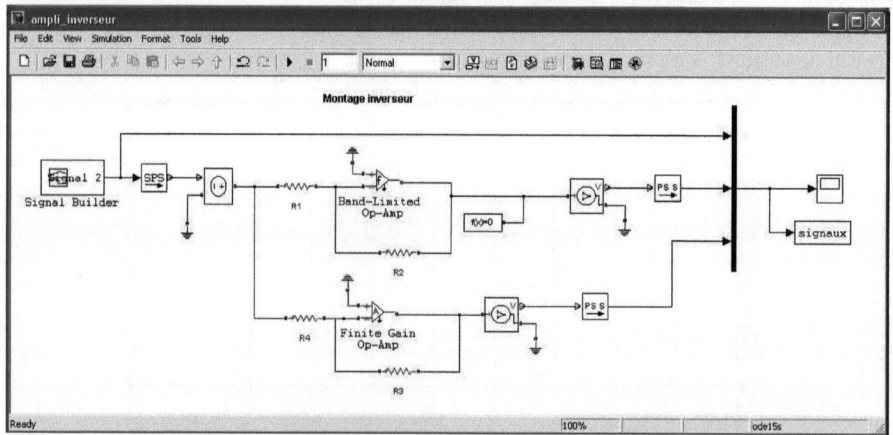

Le même signal d'entrée est fourni par le bloc `Signal Builder`.
Nous cherchons à comparer la réponse en fréquences des deux montages en examinant les réponses aux fronts du signal d'entrée.

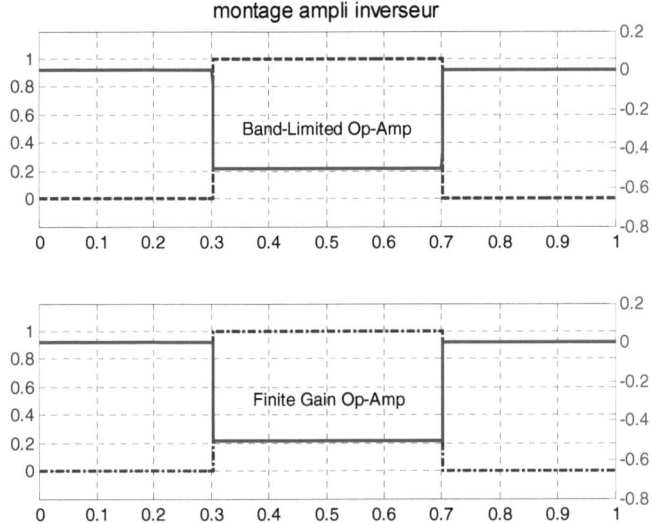

A première vue, les deux montages donnent la même réponse.
Si l'on fait un zoom horizontal, nous remarquons qu'avec une étendue d'abscisse plus large, la réponse du signal de sortie de l'amplificateur opérationnel à bande limitée accuse un fléchissement alors que pour celui à gain limité, le signal de sortie possède la même montée raide que le signal d'entrée.

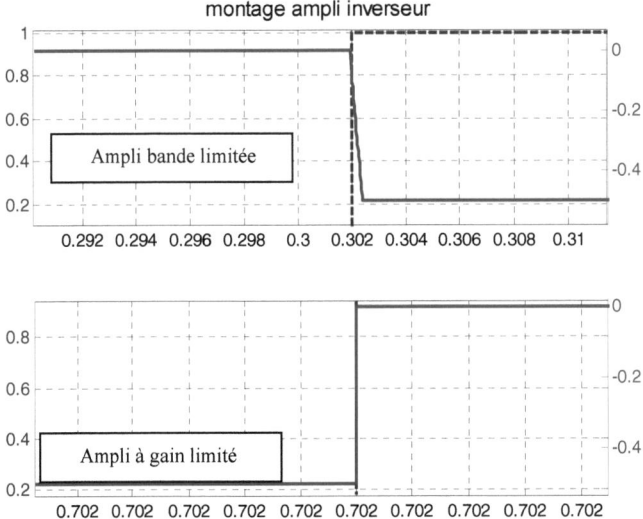

146 Chapitre 2

III.2.2. Logic

La bibliothèque `Logic` comporte des portes logiques MOS complémentaires, CMOS.

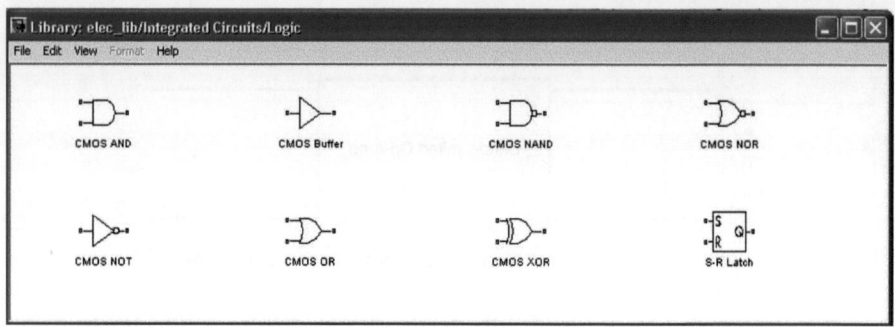

En double-cliquant sur le bloc de la porte ET par exemple, nous obtenons la boite de dialogue suivante à 2 onglets où l'on définit les caractéristiques des signaux d'entrée et de sortie.

A l'entrée de la porte, en dessous de 2V, le signal est interprété comme étant du niveau bas (0 logique) et au-dessus de 3V, il est considéré comme étant du niveau (1 logique).

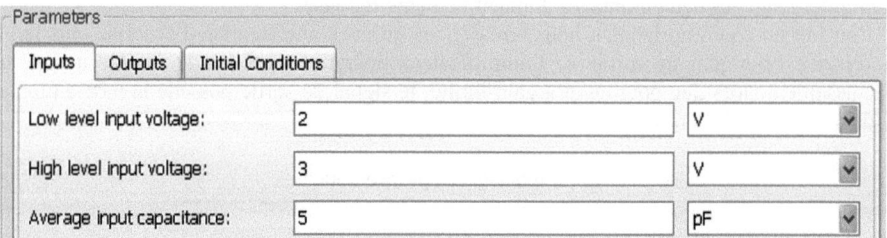

En sortie, les niveaux de la tension, correspondants aux niveaux logiques 0 et 1 sont de 0V et 5V.

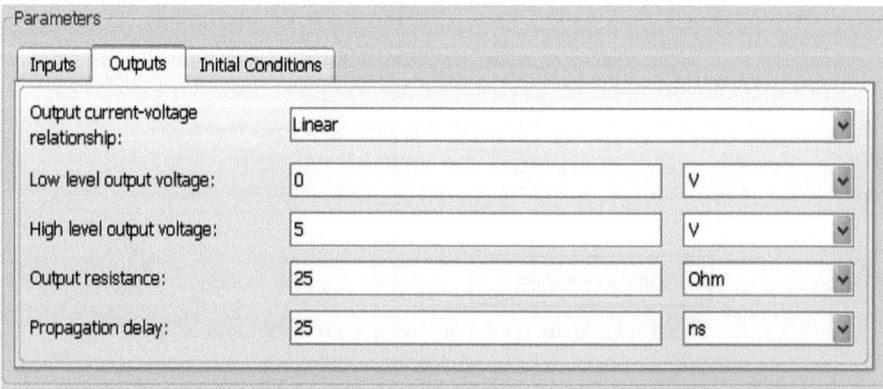

- *Oscillateur astable à portes logiques*

Le modèle suivant permet de réaliser un oscillateur à l'aide des portes NAND. On peut aussi utiliser des portes NOR, car le but de ces portes est de réaliser une inversion. La résistance de $1 M\Omega$ dite de protection permet de limiter le courant. La période d'oscillation est donnée par : $T \approx 2 RC \ln(3)$. Dans le cas pratique ci-dessous, $T = 2 * 10^{-4} = 0.2$ ms.

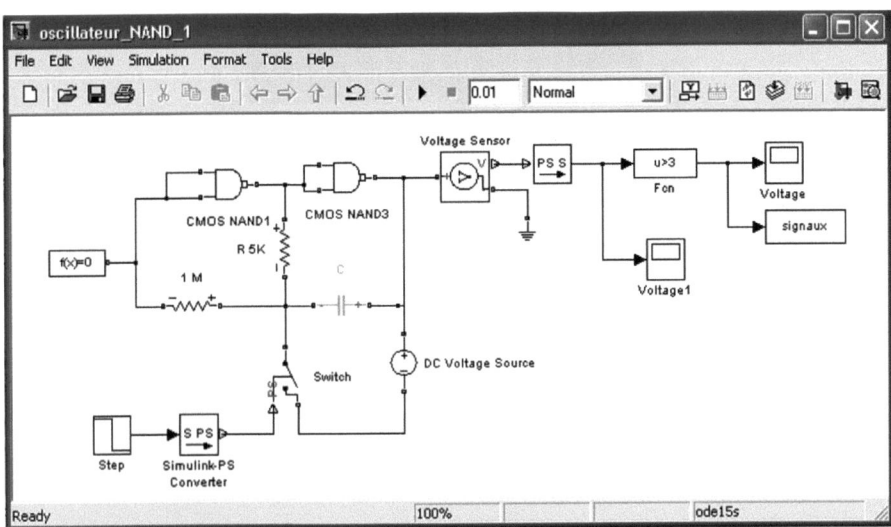

Le bloc Fcn (u>3) permet d'avoir des valeurs logiques à partir de la tension de sortie de la deuxième porte logique, 1 si la tension est supérieure à 3V et 0 dans le cas contraire.
Nous vérifions bien la valeur de la période théorique de 0.2 ms.

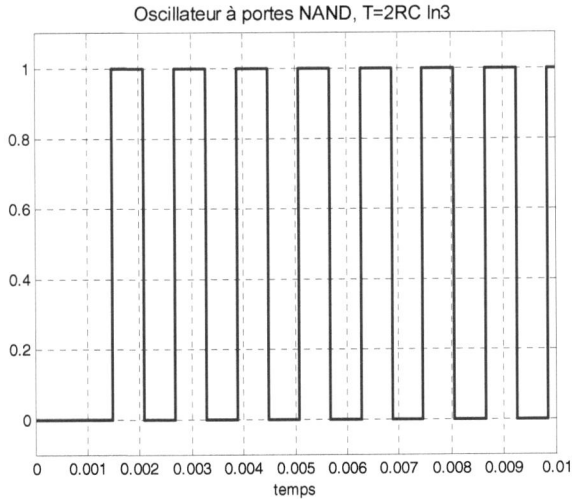

La tension de sortie en volts est donnée par l'oscilloscope Voltage1.

148   Chapitre 2

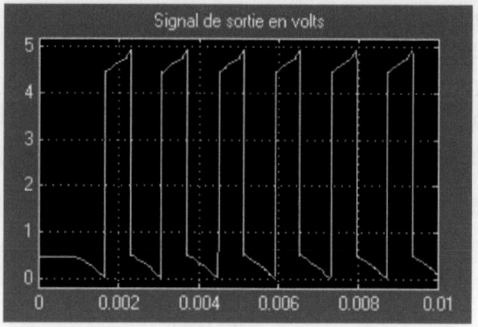

Comme dans les applications précédentes, on utilise un relais pour appliquer une tension continue aux bornes de la capacité. Le relais est fermé pendant 1 ms au départ puis reste ensuite ouvert.

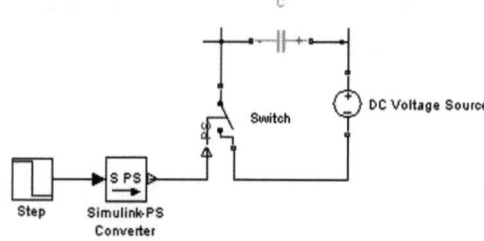

La charge de départ de la capacité peut être spécifiée plus simplement en précisant sa charge initiale dans sa boite de dialogue dans le champ `Initial voltage`.

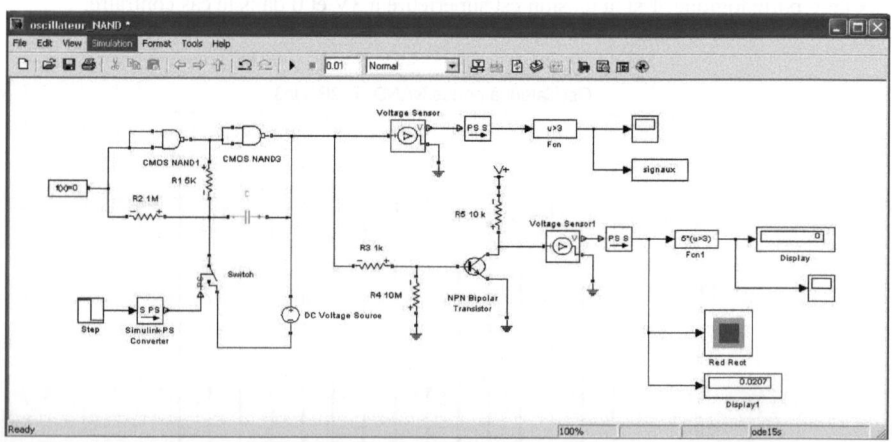

On utilise un transistor dans le régime saturé/bloqué.

Lorsque la sortie du système est à l'état 1, le courant de base du transistor est imposé par la résistance R_3 par $\dfrac{V_{sat}}{R3} \approx 3\,mA$ au minimum, ce qui permet de saturer le transistor.

Librairies de Simscape 149

Les blocs Fcn et Fcn1 permettent, respectivement, d'afficher les valeurs 1/0 et 5/0 selon l'état haut et bas de la sortie du système.

L'état 1 ou 0 est aussi représenté par la LED « Red Rect » de l'outil additionnel Gauges Blockset.

La tension de sortie au niveau du collecteur du transistor est visualisée dans l'oscilloscope Voltage1 suivant.

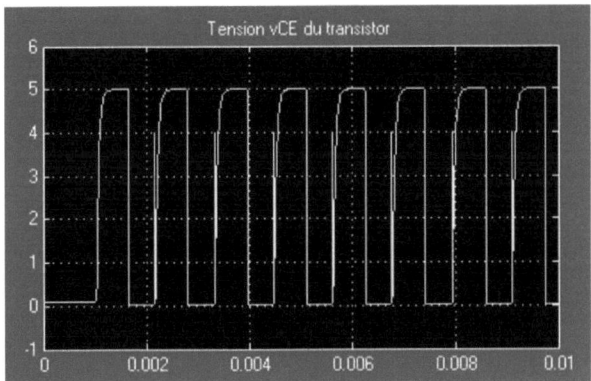

- *Oscillateur triangulaire commandé*

Avant l'instant t=0.008s, la condition logique t>0.008 est fausse, le switch reçoit alors un 0 logique à sa 2ème entrée. C'est alors la 1ère entrée du switch qui commande l'état de sortie. La constante PS Constant qui vaut 5 permet de mettre un 1 logique à la 1ère entrée de la porte CMOS NAND1.
La capacité, non chargée au départ, se charge à travers la résistance R jusqu'à mettre un 1 logique sur la 2ème entrée de cette porte logique. La sortie se met alors à 0. La capacité se décharge et ainsi de suite.

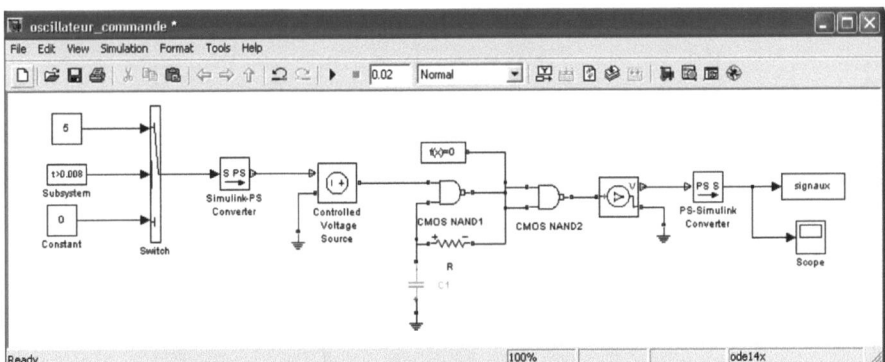

Après l'instant t=0.008, la valeur logique 0 est constamment appliquée à la 2ème entrée de la porte NAND.

Quelle que soit la valeur logique prise par la charge de la capacité, la sortie vaut toujours 1. Par la présence de la porte CMOS NAND2, la sortie est toujours égale à 0 comme le montre la figure suivante.

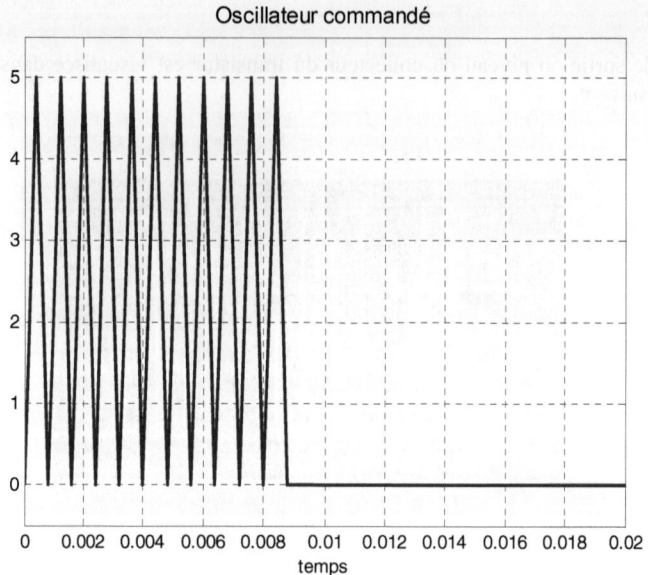

Avec les valeurs des composants du circuit RC, le signal est de forme quasi triangulaire, comme le montre la figure suivante, obtenue après un zoom horizontal.

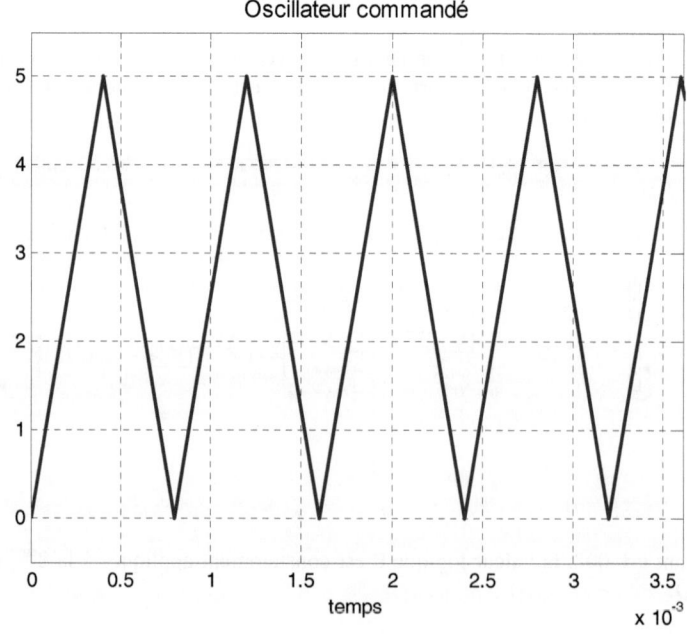

- *Oscillateur rectangulaire commandé*

Le modèle suivant correspond à cet oscillateur utilisant les portes NOR.

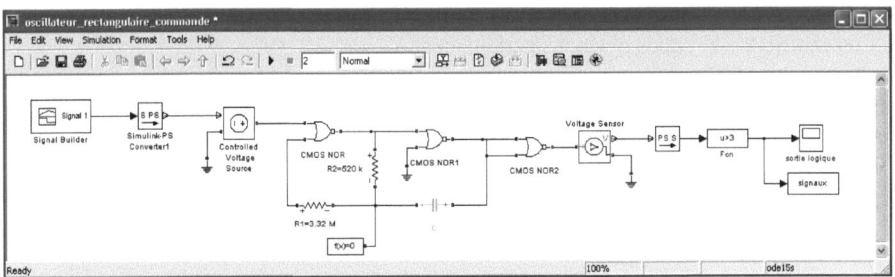

L'oscilloscope suivant montre le signal obtenu en sortie.

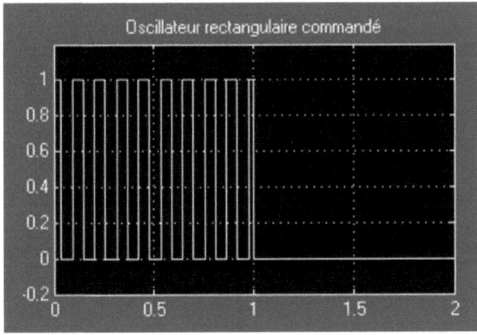

III.2.3. Multiplieur

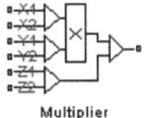

L'entrée de ce circuit consiste en 3 paires de signaux X, Y et Z. Les paires (x_1, x_2), (y_1, y_2) et (z_1, z_2) sont des entrées de différentiateurs. Les sorties des 2 premiers différentiateurs sont multipliées et le résultat divisé par un facteur K.
A ce résultat on soustrait la sortie du 3ème différentiateur. Le résultat final est ensuite multiplié par un gain A.
Le signal de sortie est alors donné par l'expression suivante :

$$Vs = A\left\{\frac{(x_1 - x_2)(y_1 - y_2)}{K} - (z_1 - z_2)\right\}$$

Les signaux x_i, y_i et z_i sont des tensions d'entrée du multiplieur, A est le gain et K un facteur d'échelle.
Ce bloc permet d'effectuer de nombreuses opérations.

L'application suivante effectue l'élévation au carré d'un signal. Pour cela, on relie ensemble les entrées x_1 et y_1 pour former le même signal d'entrée u, pendant qu'on relie toutes les autres entrées à la masse. L'expression précédente devient alors : $Vs = A \dfrac{u^2}{K}$, avec $u = x_1 = y_1$.

Si l'on choisit $A = K$, nous obtenons parfaitement $Vs = u^2$.

En double-cliquant sur ce bloc, on trouve divers onglets, dans lesquels on peut spécifier les valeurs du gain A, du facteur d'échelle K et les paramètres liés aux amplificateurs opérationnels (saturation, le slew rate, etc.).

Ce composant qui élève un signal au carré est programmé dans le sous-système suivant :

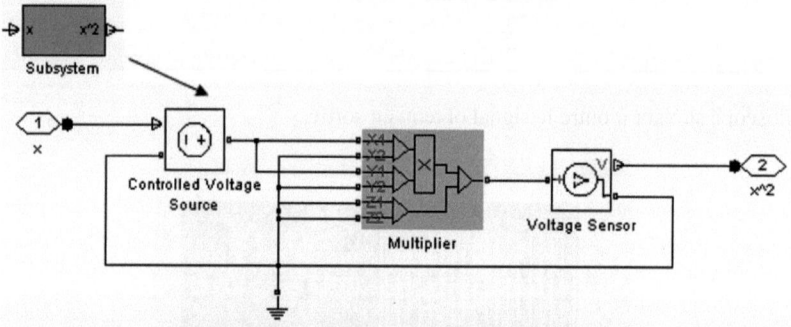

- *Elévation au carré d'un signal*

L'application à un signal constant donne parfaitement son carré.

On l'applique ensuite à l'élévation d'un signal variant dans le temps, comme la fonction sinusoïdale.

Le signal $\sin^2(t)$ est affiché dans le même oscilloscope que la sinusoïde d'origine. Le modèle Simulink suivant représente ces 2 applications (carré d'une constante et du signal sinusoïdal).

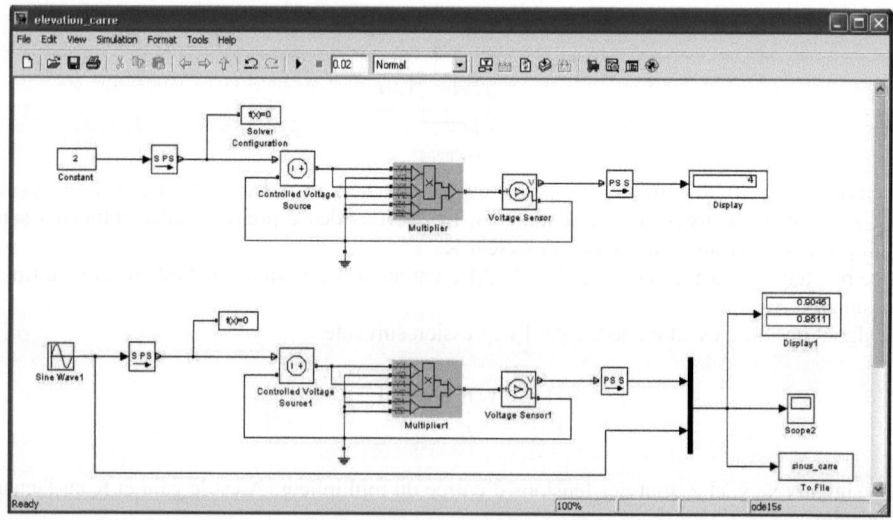

La courbe suivante représente une sinusoïde et son carré par l'utilisation du bloc `Multiplier`.

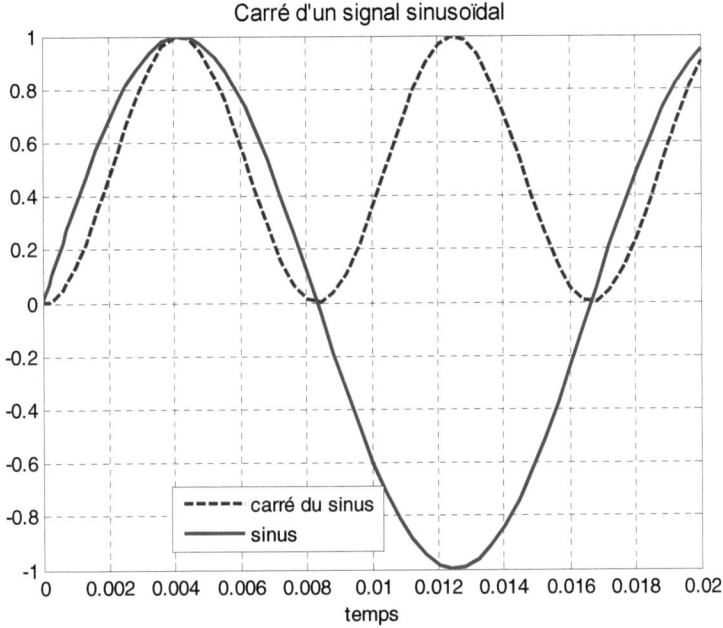

- *Amplificateur à gain variable*

Dans cette application nous réalisons un amplificateur de tension dont le gain peut être modifié par les valeurs d'un autre signal.

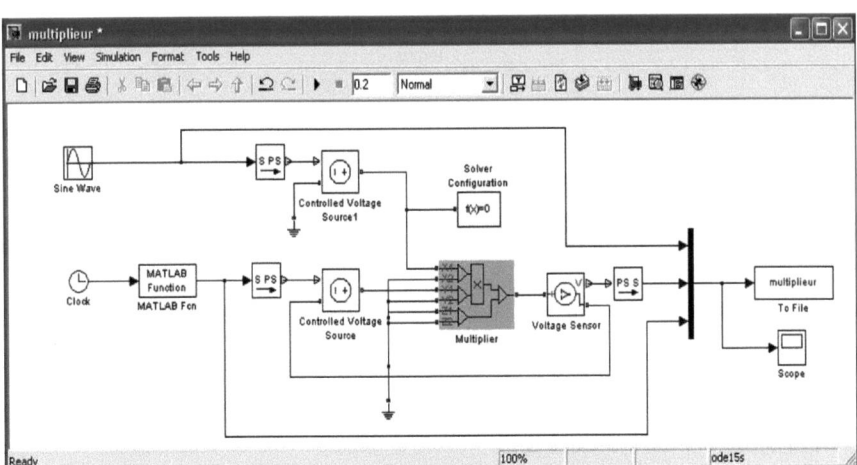

154   Chapitre 2

Toutes les entrées du multiplieur sont branchées à la masse sauf l'entrée x_1 qui reçoit une sinusoïde servant d'entrée de l'amplificateur à gain variable.
La valeur du gain est calculé par le bloc `Matlab Function` en fonction du temps d'horloge par l'expression relationnelle suivante :

$$2*(u<=0.05)+5*((0.05<u)\&(u<=0.12))+3*(u>0.12)$$

$$\begin{cases} 2 & t <= 3 \\ 5 & 0.05 < t < 0.12 \\ 3 & 0.12 < t \end{cases}$$

Cette expression relationnelle permet d'avoir le signal suivant, en fonction du temps :

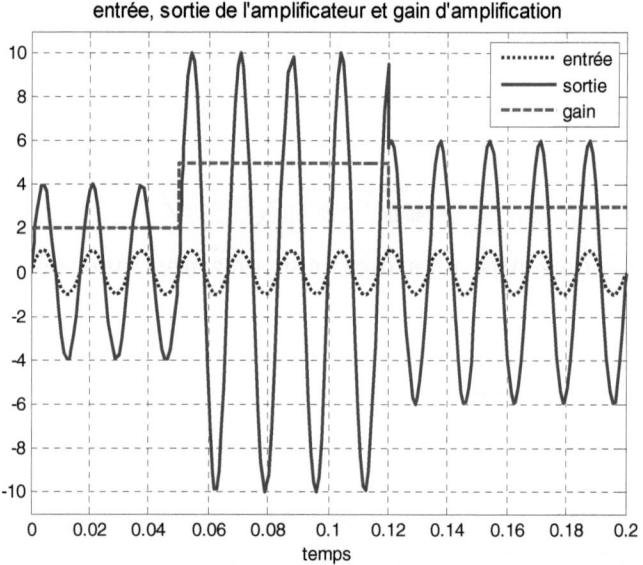

III.3. Passive Devices

Dans cette librairie de composants passifs, nous trouvons, entre autres, un quartz, des interrupteurs, un relais, une thermistance, etc.

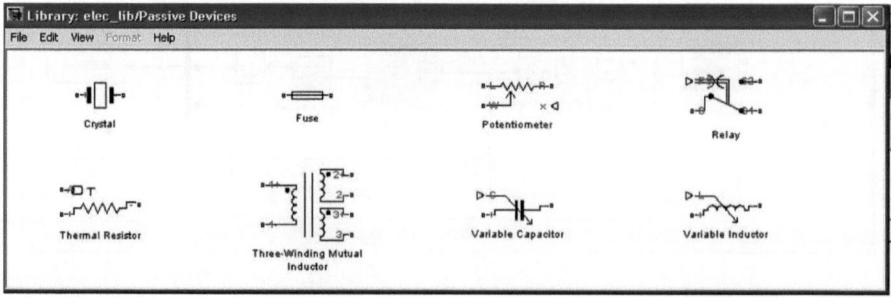

Librairies de Simscape 155

III.3.1. Switch commandé en tension

Le modèle suivant permet d'utiliser le switch commandé en tension. Le signal de commande est généré par le bloc `Signal Builder` de Simulink.

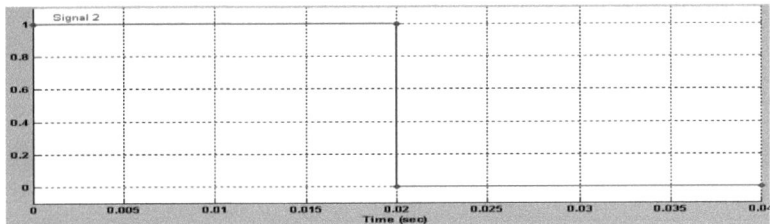

Ce signal est transformé en tension par le sous-système S→V.

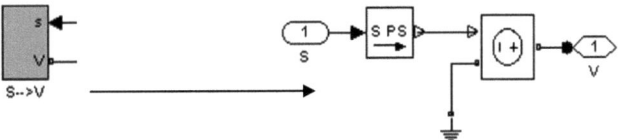

Pour mettre en parallèle les deux résistances R_2 et R_3 nous utilisons le switch commandé en tension suivant dont nous avons spécifié le seuil à 0.5 V. Ce switch appartient à la librairie `SPICE-Compatible Components/Passive Devices`.
Ce switch présente une résistance que nous avons spécifiée, respectivement, à 0.001 lorsqu'il fermé et à 10^{12} Ω quand il est ouvert.

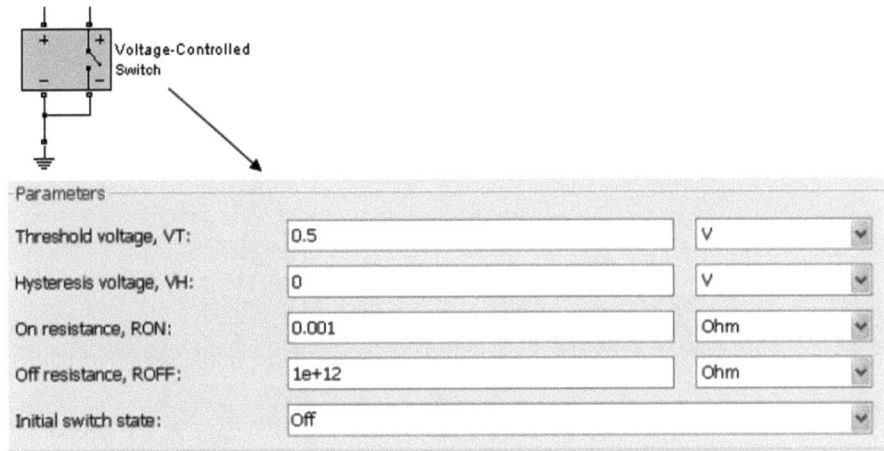

Le switch est, initialement, initialisé à `Off` donc ouvert.

Ce bloc est commandé par le signal `Signal2` provenant du bloc `Signal Builder`, un créneau de 1 V entre les instants t=0 et 0.02.

Ce signal est appliqué à une résistance R_3 de $10\,k\Omega$. Cette résistance est ainsi mise en parallèle à la résistance R_2 aux bornes de laquelle la tension possède le 1/4 de l'amplitude du signal sinusoïdal.
En effet la tension à ses bornes vaut :

$$V_s = \frac{(R_2 // R_3)}{(R_2 // R_3) + R_1} = \frac{1}{4} V_e$$

Après l'instant 0.02, la résistance R_2 n'est plus mise en parallèle à R_3, la tension Vs n'est plus le ¼ mais la moitié de la tension d'entrée Ve.

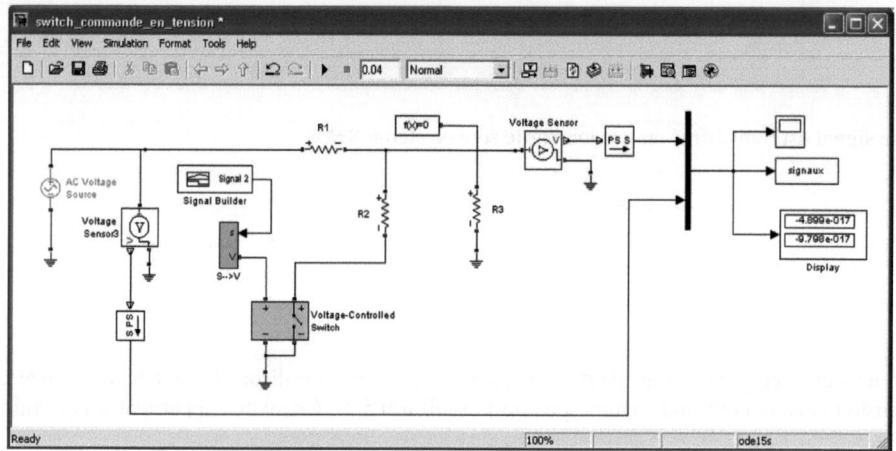

Dans la fonction Callback `InitFcn`, nous spécifions les valeurs des différentes résistances et dans `StopFcn` nous traçons les tensions d'entrée et de sortie.
Nous remarquons bien, dans la figure suivante, que le signal de sortie est bien la moitié et non le quart du signal d'entrée, selon la mise en parrallèle de R_2 à R_3 par le switch `Voltage Controlled Switch`.

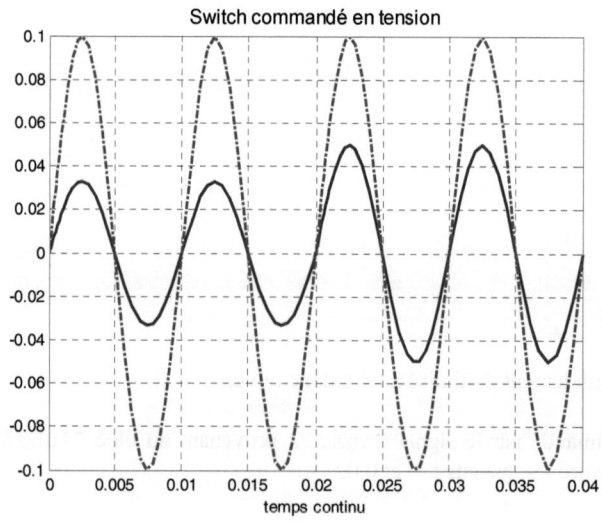

III.3.2. Switch commandé en courant

Ce switch se ferme lorsque l'intensité du courant qui le traverse dépasse la valeur du seuil (threshold).

Il se comporte alors comme une résistance Ron dont on a spécifié la valeur ainsi que celle du seuil (Threshold).

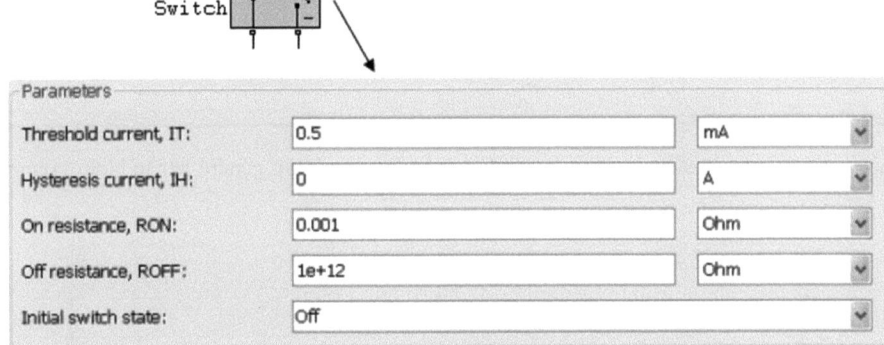

On choisit un seuil de 0.5 mA.
La résistance R, choisie égale à 1 $k\Omega$, sera parcourue par un courant de 1 mA grâce à la tension de 1 V fournie par le bloc Signal Builder.

Dans le modèle suivant, nous avons un circuit dérivateur de résistance $R = 10$ $k\Omega$ et de capacité variable grâce au switch commandé en courant. Le switch commandé en courant permet de court-circuiter ou non la capacité C_1.

- à 0<t<0.2, le switch est ouvert, les 2 capacités C1 et C2 sont en série.

Elles forment, alors, une capacité de valeur $\dfrac{C_1 C_2}{C_1 + C_2} = 50$ nF. La sortie du dérivateur est donnée par :

$$Vs = R\dfrac{C}{2}\dfrac{dVe}{dt} = 10*10^3 *50*10^{-9}\dfrac{dVe}{dt} = 0.0005\dfrac{dVe}{dt}$$

- à t>0.2, le switch est fermé, la capacité C_1 est court-circuitée, il ne reste que C_2.

$$Vs = RC\dfrac{dVe}{dt} = 10*10^3*100*10^{-9}\dfrac{dVe}{dt} = 0.001\dfrac{dVe}{dt}$$

Le signal d'entrée est triangulaire de période 0.2s, sa dérivée est égale à 10 en valeur absolue.

Ainsi, nous pouvons bien vérifier les valeurs du signal Vs que nous avons affichées sur les paliers des créneaux obtenus.

158 Chapitre 2

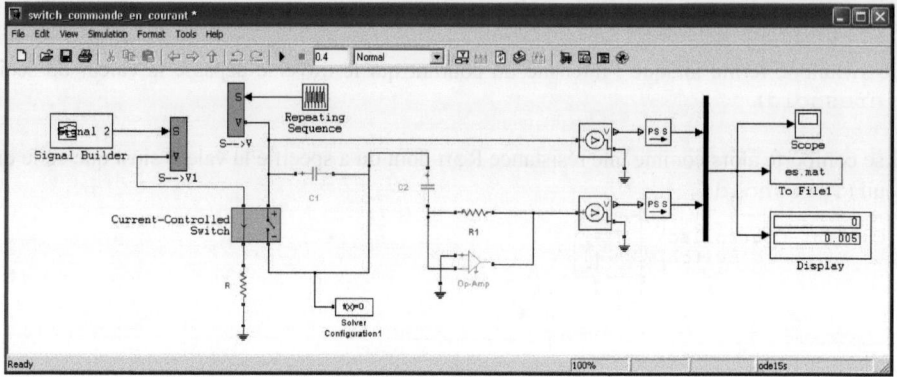

Dans cet exemple, le switch est commandé par le signal suivant généré par le bloc `Signal Builder`:

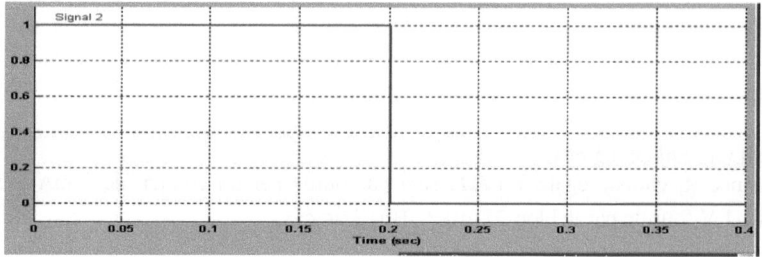

Entre les instants 0 et 0.2, on applique une tension de 1 V aux bornes de la résistance R de $1k\Omega$, soit 1 mA, le double de la valeur fixée pour le seuil ; ce qui a pour effet de le fermer.

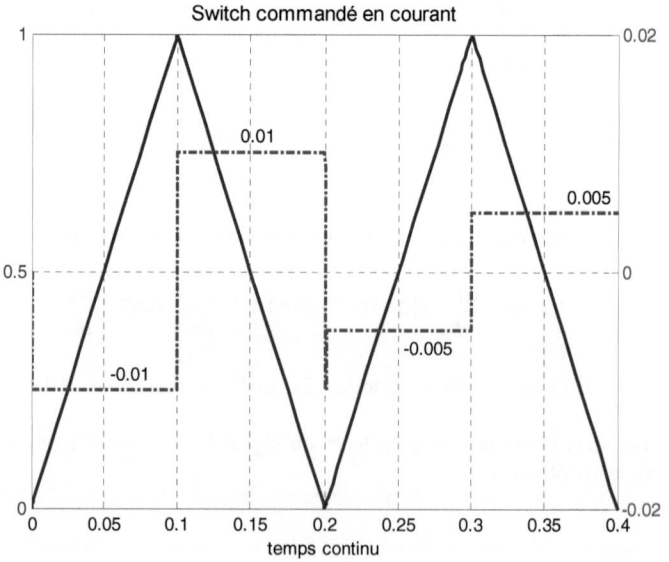

Librairies de Simscape   *159*

III.3.3. Mesure de température par une thermistance

Dans beaucoup de cas de mesure de température, dans le monde de la mécatronique, on utilise la thermistance dans un pont diviseur de tension.

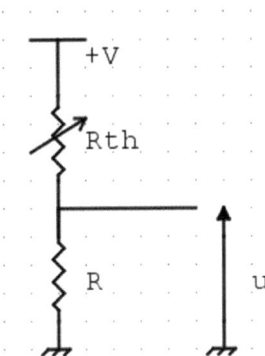

La mesure de la température consiste à mesurer la tension $u = \dfrac{R}{R + Rth}$.

Pour valider le calcul, on commencera à utiliser des résistances fixes.

Le but est de calculer la résistance R_2 (qu'on remplacera par une thermistance pour laquelle, on calculera la résistance) à partir de la mesure de la tension aux bornes de R_1.

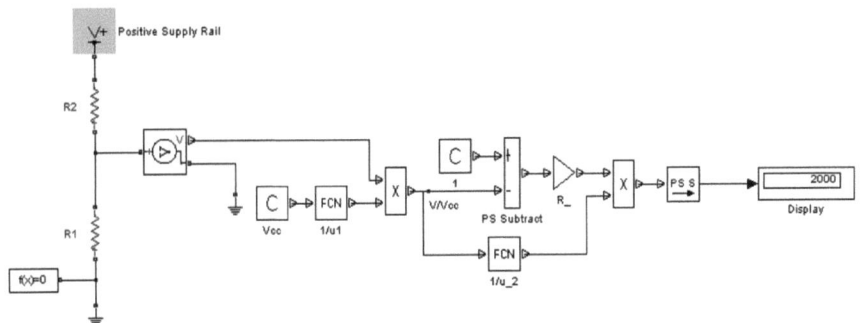

La tension aux bornes de R_1 est donnée par :

$$V = \dfrac{R_1}{R_1 + R_2} Vcc$$

A partir de cette relation, la résistance R_2 est donnée par :

$$R_2 = R_1 (1 - \dfrac{V}{Vcc}) \dfrac{Vcc}{V}$$

V : tension mesurée aux bornes de R_1

Dans la fonction Callback InitFcn, nous avons spécifié les résistances R_1, R_2 et V_{cc}.

```
R1=1e3; R2=2*R1;
Vcc=12; % tension d'alimentation
```

160   Chapitre 2

Pour faire ces calculs, nous avons utilisé des éléments physiques de Simscape de la librairie Simscape/Physical Signals/Functions. Dans cet exemple, nous avons utilisé les résistances $R_1 = 1 k\Omega$, $R_2 = 2 R_1 = 2000 \Omega$. Nous allons créer un sous-système physique englobant tous ces calculs. Pour cela, on sélectionne tout le bloc et on choisit l'option Edit/Create Subsystem. On obtient un sous-système physique avec comme entrée la tension V du pont diviseur et comme sortie la valeur en Ω de la résistance R_2 dans ce cas particulier qui sera remplacée par une résistance thermique.

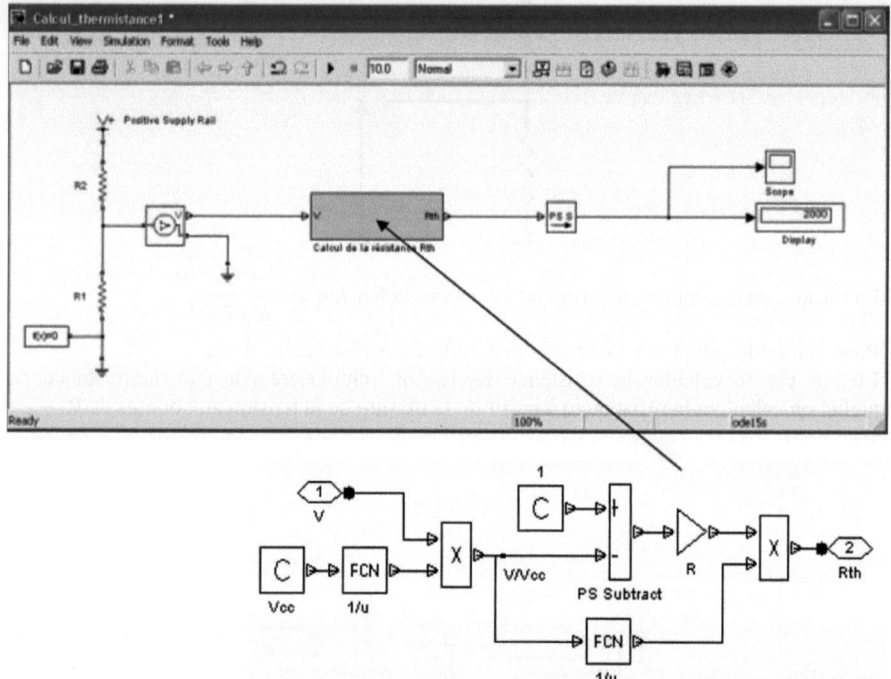

Nous obtenons bien la valeur de $R_2 = 2200 \Omega$. Nous l'appliquons dans la suite pour la détermination de la résistance de la thermistance (Thermal Resistor). Nous appliquons un échelon de température de 25°C pour vérifier la valeur par défaut de 1Ω de la valeur de sa résistance à cette température.

Parameters		
Electrical	Thermal	
Nominal resistance:	1	Ohm
Reference temperature:	25	C
Temperature coefficient:	5e-05	1/K

La résistance de la thermistance varie, en fonction de la température, selon la formule suivante :

$$Rth = R_0(1+\alpha (T-T_0))$$

Librairies de Simscape   *161*

avec :
- T_0 : température de référence, 25°C,
- α : coefficient de température (5 10^{-5} K^{-1}).

La thermistance constitue un pont diviseur avec la résistance R de $10\,k\Omega$, et on obtient une tension de 11.99 V à ses bornes.

Cette tension atteint cette valeur avec une certaine dynamique due au délai du transfert par conduction et du temps de réponse de la résistance thermique.

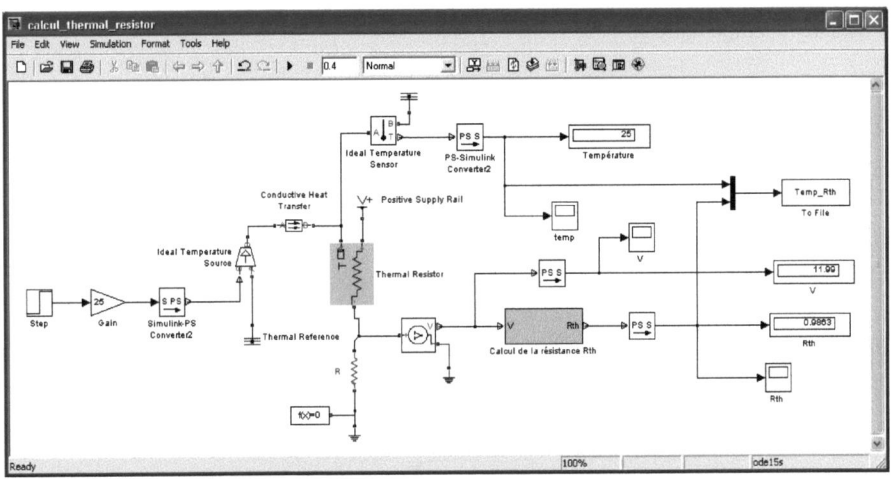

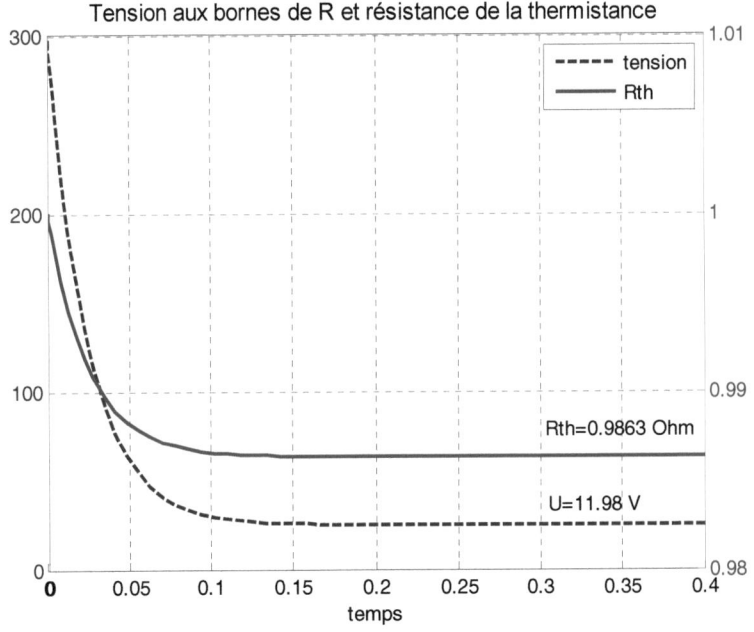

162   Chapitre 2

Nous avons utilisé le sous-système physique « `Calcul de la résistance Rth` » que nous avons créé précédemment pour un pont diviseur à résistances fixes.

III.3.4. Choc thermique

Dans le modèle suivant, nous avons considéré le problème du choc thermique à température imposée en surface sur une barre métallique d'épaisseur $2l$.

Nous appliquons la même température de 50°C de chaque côté de la barre (abscisses $-l$ et $+l$). On mesure la température en $x=0$.

Le transfert se fait par conduction.

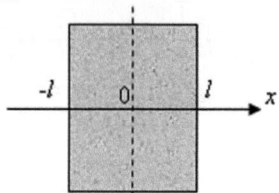

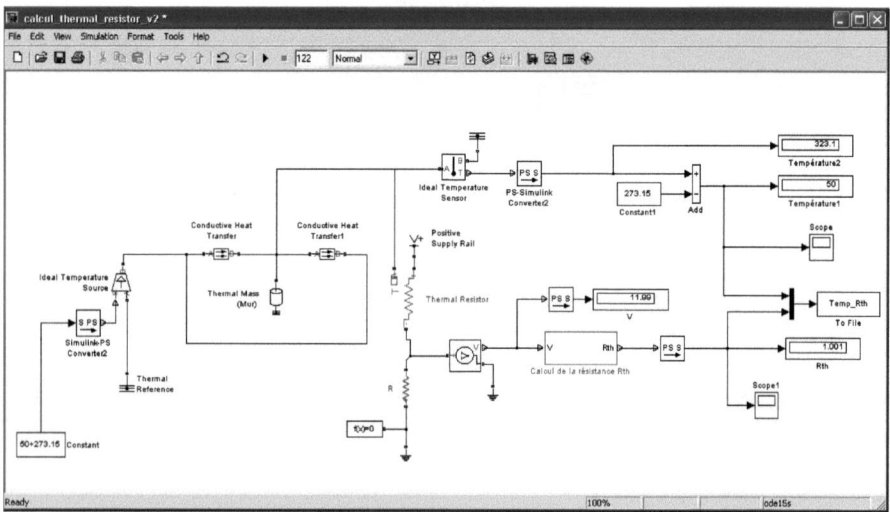

Nous obtenons une valeur quasiment identique (1.001 Ω) à la température de 50°C, comme c'est spécifié précédemment dans l'expression de la résistance de la thermistance en fonction de la température :

```
>> R50=1*(1+5e-5*(50-25))

R50 =
    1.0013
```

Nous retrouvons bien la valeur de la résistance à cette température de 50°C.

Librairies de Simscape 163

L'évolution de la température selon l'échange de chaleur par conduction, a l'allure suivante. Cette température atteint les 50°C du signal d'entrée au bout de 60s.

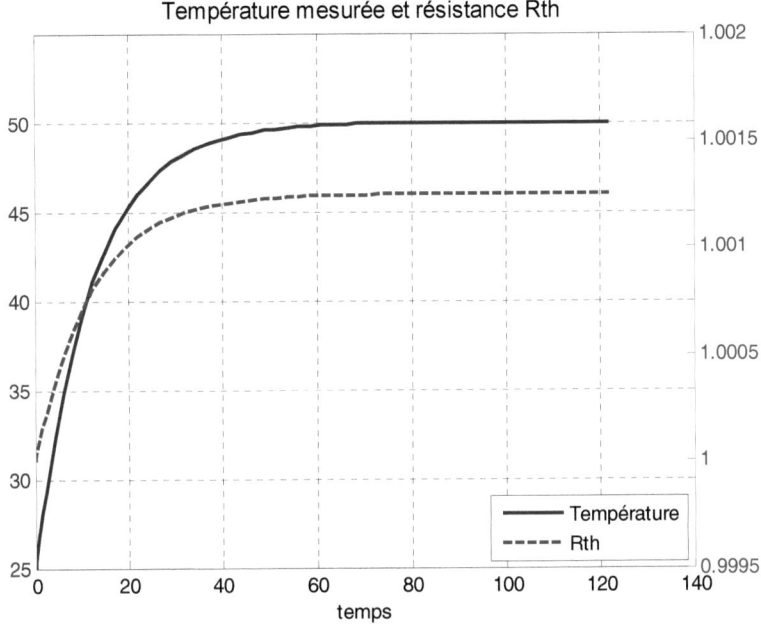

Dans ce qui suit, nous appliquons une suite d'échelons de température afin de calculer cette température par la mesure de la tension aux bornes de la résistance R et l'utilisation de l'expression donnant en fonction de Rth:

$$T = (\frac{Rth}{R_0} - 1)/\alpha + T_0$$

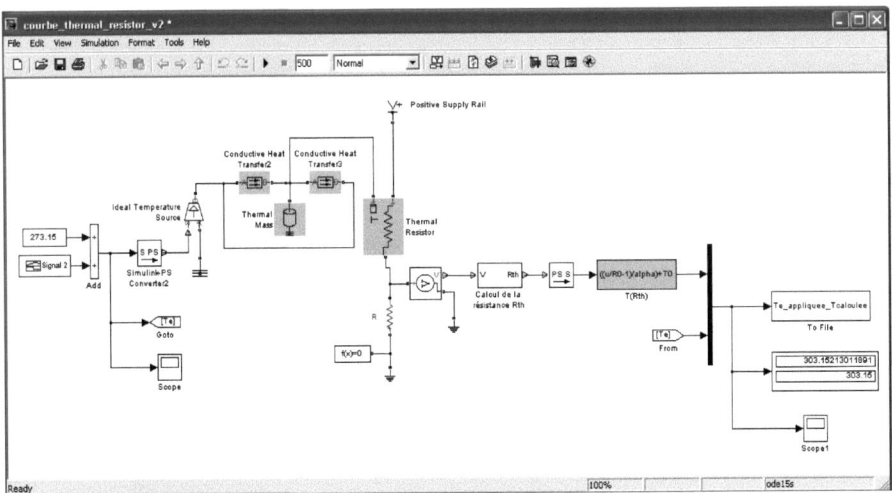

Dans la fonction Callback `StopFcn`, nous traçons les 2 courbes, températures, appliquée et mesurée :

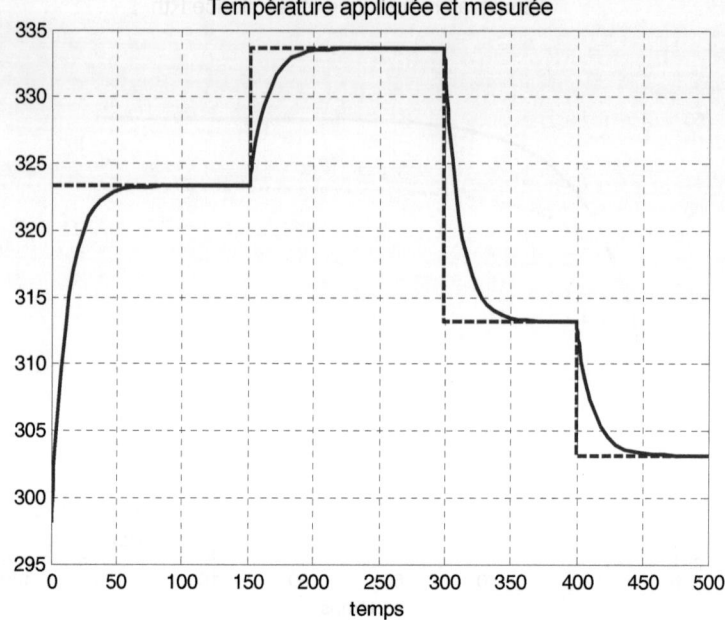

Pour chaque échelon, nous observons une convergence de la température mesurée vers la valeur appliquée.

III.4. Semiconductor Devices

Cette librairie contient les composants actifs semi-conducteurs tels les transistors bipolaires, `NPN` et `PNP`, les `MOSFET` à canal N et canal P, les transistors `JFET`, et passifs comme la diode et le thyristor.

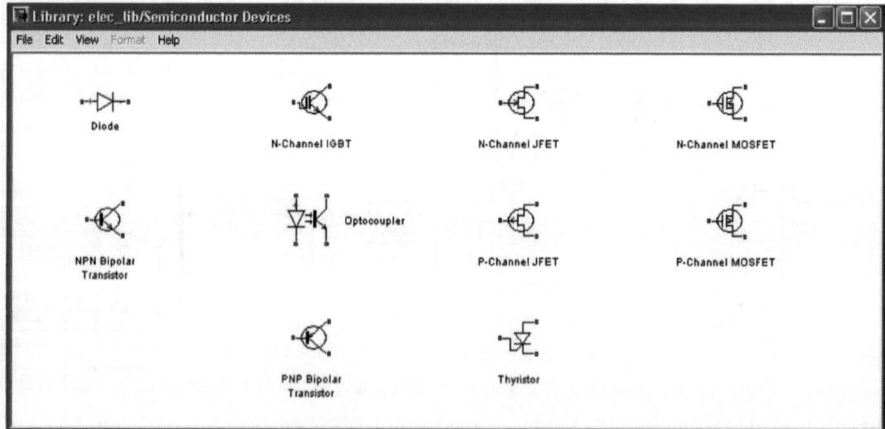

III.4.1. Le transistor JFET (Junction Field Effect Transistor)

Le JFET est un transistor à effet de champ à jonction PN, comme les transistors bipolaires. Il existe des JFET à canal N ou à canal P, comme pour les transistors bipolaires NPN ou PNP. Les transistors à effet de champ sont commandés par la tension V_{GS} (tension grille-source) alors que les transistors bipolaires le sont par leur courant de base i_b.

Les caractéristiques des JFET sont semblables à celles des transistors bipolaires, à part que le courant de base i_b est remplacé par la tension grille-source V_{GS}.

Ainsi, leur courant de drain I_D dépend de la tension V_{GS}, à comparer avec le courant de collecteur I_C dépendant du courant de base i_b.

La caractéristique $I_D(V_{GS})$ est donnée par la relation suivante : $I_D = I_{DSS}(1-\dfrac{V_{GS}}{V_p})^2$

avec :

I_{DSS} : courant de saturation ou de court-circuit ($V_{GS}=0$),

V_p : tension de pincement, tension V_{GS} qui annule le courant de drain I_D.

- *JFET comme source de courant d'une LED d'un optocoupleur*

Dans l'application qui suit, nous utilisons le transistor JFET (Junction Field Effect Transistor ou Transistor à effet de champ à jonction) comme source de courant afin d'alimenter la LED d'un optocoupleur à courant constant de 10 mA.
On choisit le transistor dans un catalogue et dans son datasheet, on s'intéresse à la caractéristique $I_D(V_{GS})$. Dans celui qu'on a choisi, ce courant est limité par la valeur maximale de 20 mA et minimale de 2 mA.
D'après le datasheet du transistor, pour un courant I_D =10 mA, correspond la tension V_{GS} de -1,8 V.

On obtient alors la valeur de la résistance R_S : $R_s = -\dfrac{V_{GS}}{I_D} = -\dfrac{-1,8}{0.01} = 180\,\Omega$

Dans cette application, nous alimentons le circuit à une valeur d'alimentation V_{CC} variable. Le but étant que la LED soit alimentée par un courant constant.
Si on observe le schéma du JFET, nous avons :

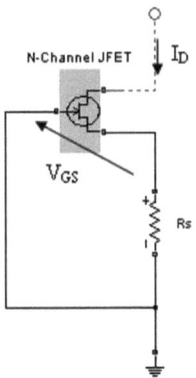

Avec $V_{GS} = - R_s\, I_D$, la polarisation du JFET est assurée par la résistance R_s et le courant de drain.

166 Chapitre 2

Cette polarisation est dite automatique. En effet, si le courant de drain augmente, ceci a pour effet d'augmenter négativement V_{GS}, ce qui diminue le courant I_D.

On obtient donc un effet de régulation du courant de drain.

Dans le modèle suivant, le montage est alimenté par une tension continue de 15 V `Positive Supply Rail` à laquelle on soustrait une sinusoïde d'amplitude 2V.

Le circuit est alors alimenté par la tension variable (13 à 17 V). Cette tension est affichée dans l'oscilloscope `Valim`.

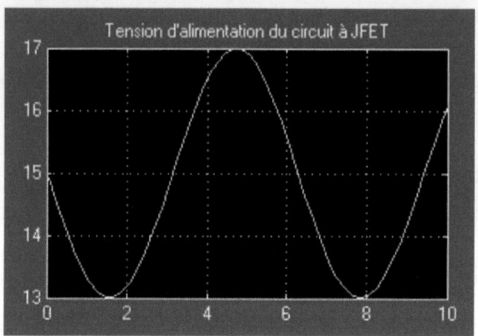

Le courant de drain, I_D traverse la diode de l'optocoupleur.

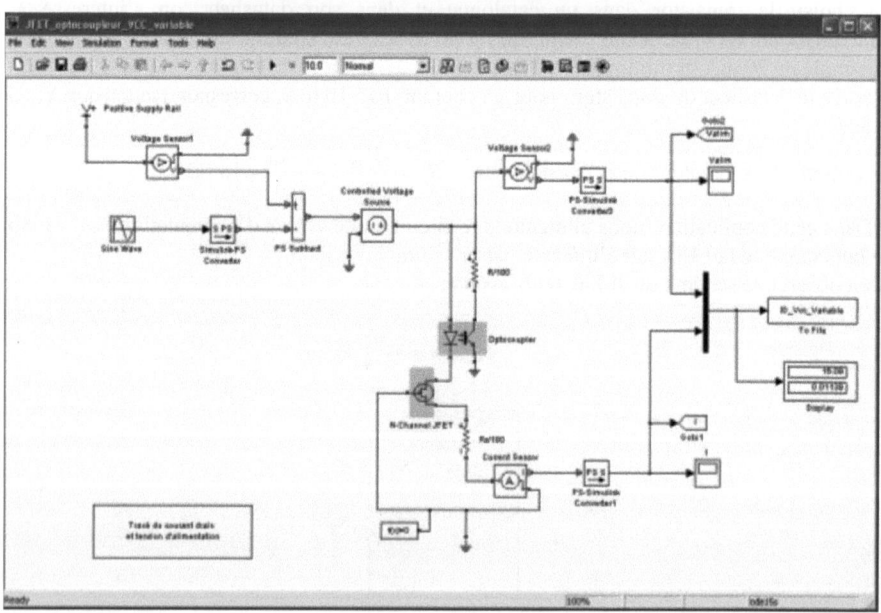

Le courant I_D est mesuré par un capteur de courant `Current Sensor` au niveau de la résistance R_s.

La figure suivante représente les variations de la tension d'alimentation du circuit ainsi que le courant de drain.

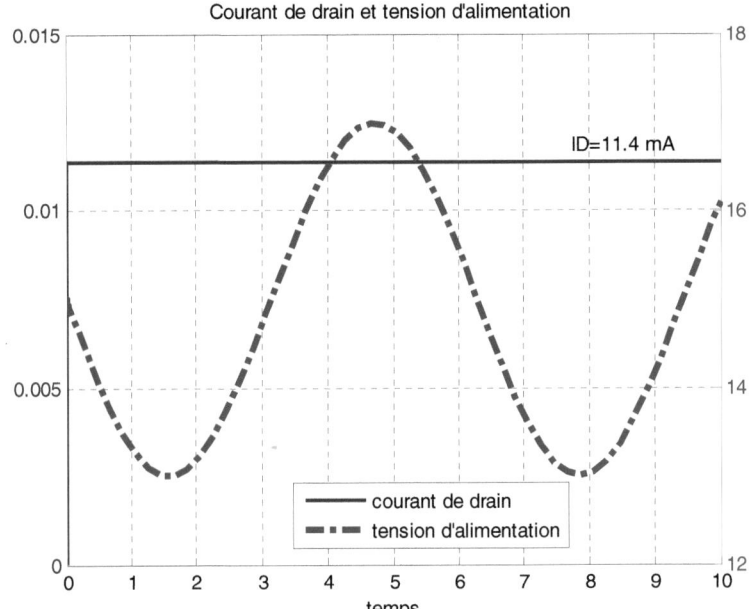

On remarque que malgré les variations sinusoïdales de la tension d'alimentation, le courant de drain reste constant, égal à 11.4 mA.

- *JFET comme source de courant d'induit, tension d'alimentation fixe de 15V*

Dans cette application, la source de courant réalisée par le transistor JFET attaque l'induit d'un moteur à courant continu.

La tension d'alimentation est d'abord choisie constante et égale à 15 V.

Dans l'afficheur Courant drain, on observe la valeur du courant de drain, égale à 11.38 mA, le même ordre de grandeur que dans l'exemple de l'optocoupleur. Le moteur est chargé mécaniquement par une inertie (Inertia, 1e-7 kg*m2) et un amortisseur (Rotational Damper, 1e-8 N*m/(rad/s)).

Dans le modèle Simulink ci-dessous, nous avons calculé la dérivée de la position que nous affichons dans Display dont la valeur est 390.3 rad/s et que nous pouvons vérifier avec la valeur en régime permanent de la courbe de vitesse, laquelle est égale à 391.2281 rad/s.

La position angulaire et la vitesse de rotation sont enregistrées dans le fichier binaire signaux_VitPos.mat.

Les deux valeurs, calculée et obtenue graphiquement, sont quasiment identiques.
La vitesse et la position sont enregistrées dans le fichier binaire signaux_VitPos.mat. Dans la fonction Callback StopFcn, on lit ce fichier et on trace les courbes de la position angulaire et la vitesse de rotation.

168 Chapitre 2

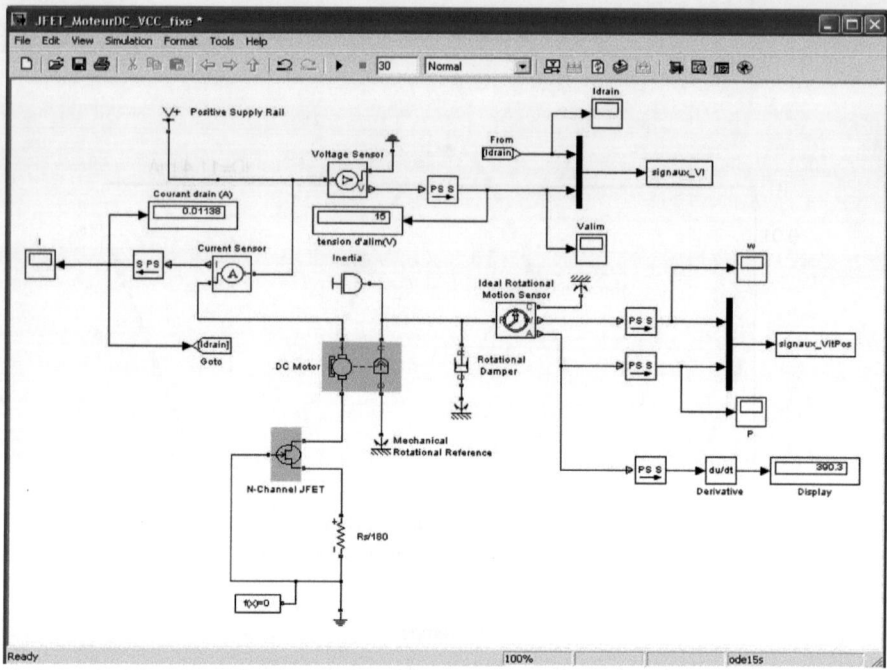

Ci-après, nous traçons les courbes de vitesse et de position angulaires.

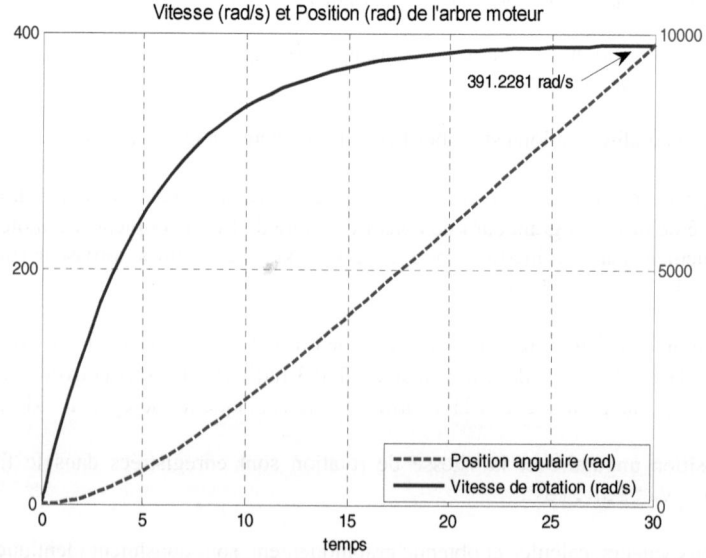

- ***Tension d'alimentation sinusoïdale***

Dans cette application, on ajoute à la tension fixe de 15 V, une sinusoïde d'amplitude 5V et de pulsation de 1 rad/s.

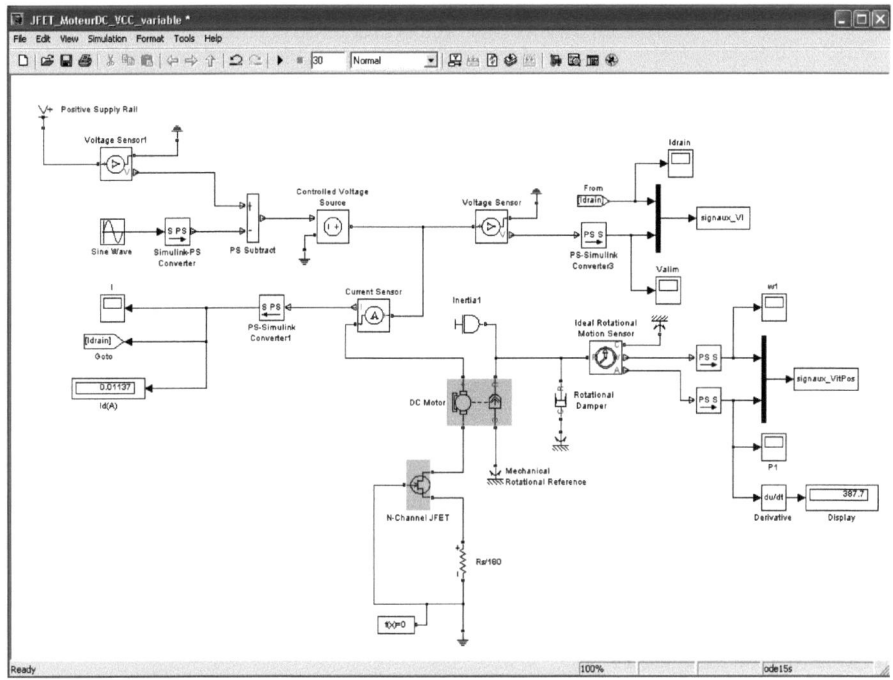

Le courant de drain est presque constant, comme on le voit dans la courbe suivante et dont on affiche la valeur dans le display Id(A) vaut 11.37 mA.

On peut dire qu'il ne varie pas beaucoup par rapport au cas où la tension d'alimentation est constante et égale à 15 V, avec un courant de drain de 11.4 mA, alors que les variations de cette dernière ont une amplitude de 5 V autour de 15 V.

Nous avons :

$$\frac{\Delta Va\lim}{Va\lim} = \frac{5}{15} = 33\%$$

et $\dfrac{\Delta Id}{Id} = \dfrac{11.4 - 11.37}{11.4} = 0.26\%$ ($\approx 30\%$)

avec le rapport de ces variations :

$$\frac{\dfrac{\Delta Id}{Id}}{\dfrac{\Delta Va\lim}{Va\lim}} = \frac{0.26}{33} = 0.0079 \ (\approx 0.8\%)$$

Ainsi le JFET remplit bien sa fonction de générateur de courant malgré les grandes variations de la tension d'alimentation.

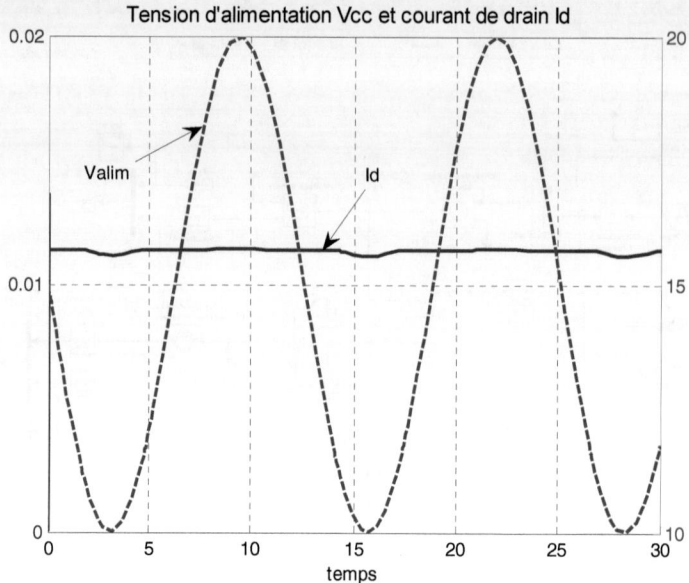

Pour ces mêmes variations de 30% de la tension d'alimentation, la variation relative de la vitesse de rotation est égale à :

$$\frac{\Delta w}{w} = \frac{391.23 - 388.9}{391.23} = 0.6\%$$

La figure suivante représente la vitesse de rotation et la position angulaire de l'arbre moteur :

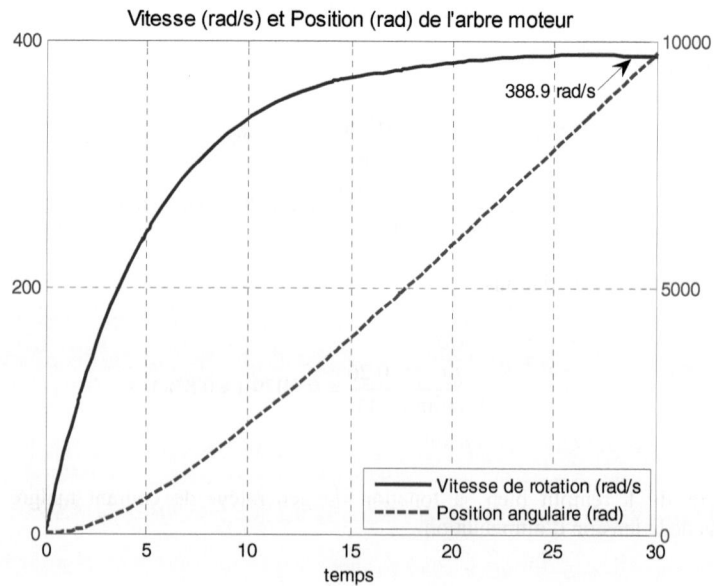

Librairies de Simscape 171

III.4.2. Transistor MOSFET, contrôle d'un moteur DC

Les inconvénients des transistors bipolaires sont :

- Courant de base non nul d'où consommation notable,
- Risque d'emballement thermique,
- Pilotage en courant (pas en tension).

Le transistor MOSFET possède les avantages suivants:

- Consommation d'énergie très réduite en commutation,
- Pilotable en tension,
- Pas de risque d'emballement.

Les transistors MOSFET (Métal-Oxyde-Semiconducteur Field Effect Transistor) possèdent des vitesses élevées de commutation et peuvent contrôler des moteurs à courant continu ou des moteurs pas à pas.

Ils sont utilisés comme de parfaits switchs (commutateurs) dans le cas de commande d'un moteur par signal PWM.

Dans le modèle suivant, l'induit du moteur DC est directement branché sur le drain du MOSFET.

Nous avons placé en parallèle de cet induit une diode de roue libre pour dévier la f.e.m générée par le moteur lorsque le MOSFET l'arrête.
Nous avons placé un ampèremètre pour mesurer et tracer le courant d'induit (courant du drain) en même temps que la vitesse et l'angle de rotation.

Le moteur est soumis à un couple d'inertie et de frottements.

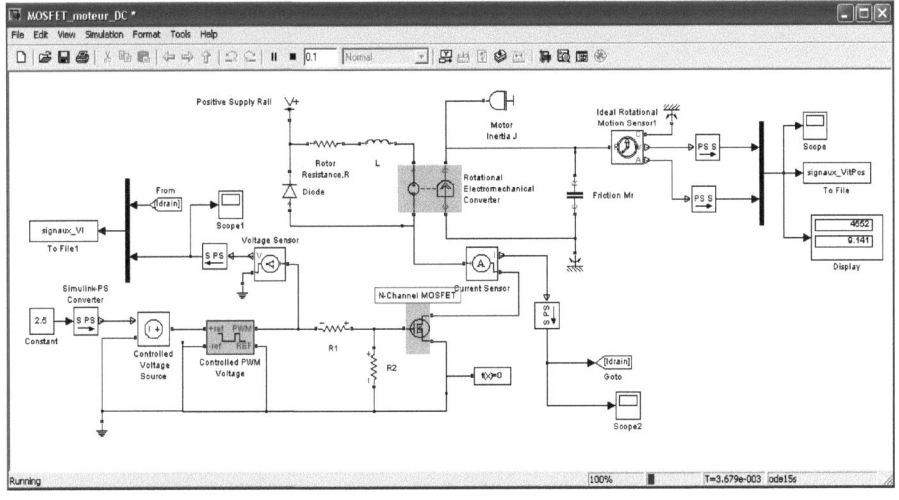

La constante de valeur 2.5 est transformée en tension pour imposer un rapport cyclique de 50% du fait que nous avons spécifié dans le générateur PWM que 5 V et 0V correspondent, respectivement, à 100 et 0 % de rapport cyclique.

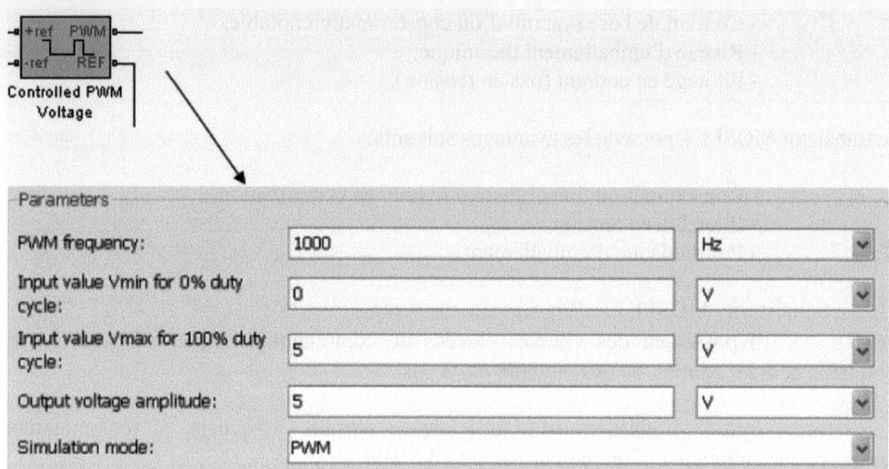

Le signal de commande est du type PWM, de fréquence 1 kHz, avec 5 V pour 100% et 0 V pour 0% de rapport cyclique.
Les courbes suivantes, de la vitesse et de l'angle de rotation ainsi que le courant d'induit, sont tracées dans la fonction Callback `StopFcn` (fin de simulation).

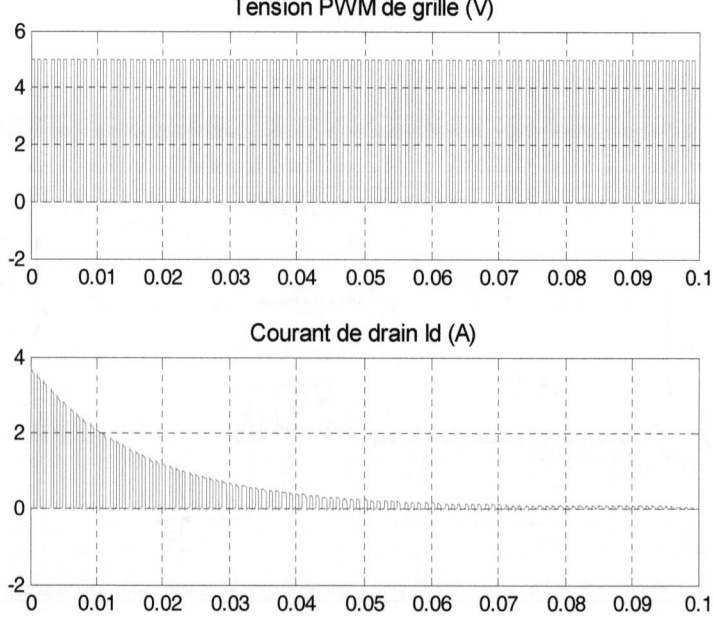

Librairies de Simscape 173

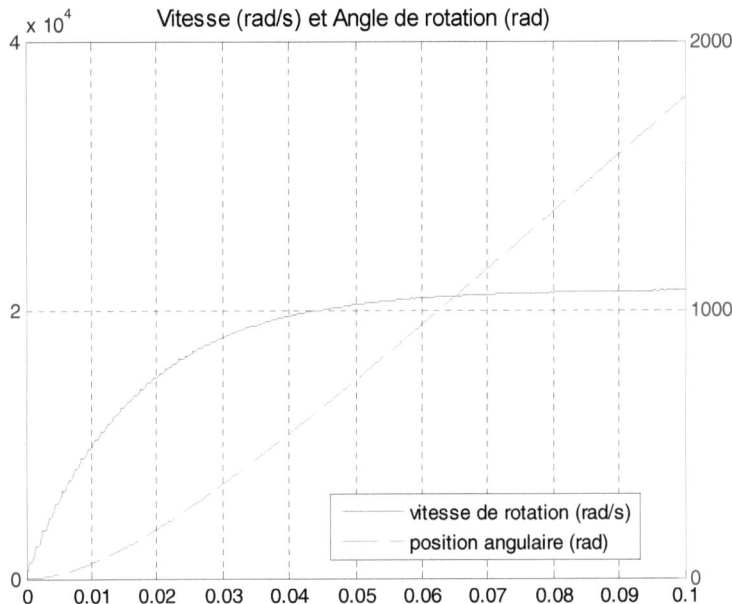

III.5. Additional Components

Cette librairie contient des composants additionnels, notamment des composants compatibles SPICE.

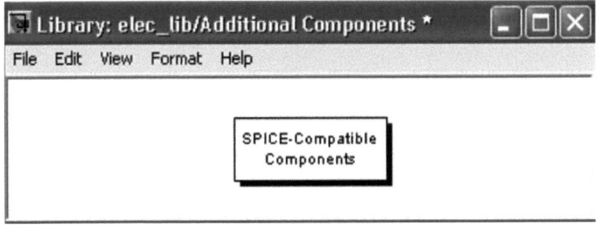

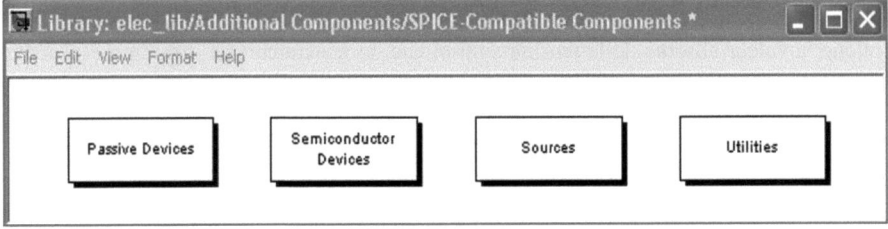

SPICE (Simulation Program with Integrated Circuit Emphasis) est un programme "open source", un simulateur puissant de circuits électroniques.

III.5.1. Passive Devices

Les composants passifs compatibles SPICE de cette librairie sont la résistance, 2 switchs commandés, respectivement en courant et en tension avec hystérésis.

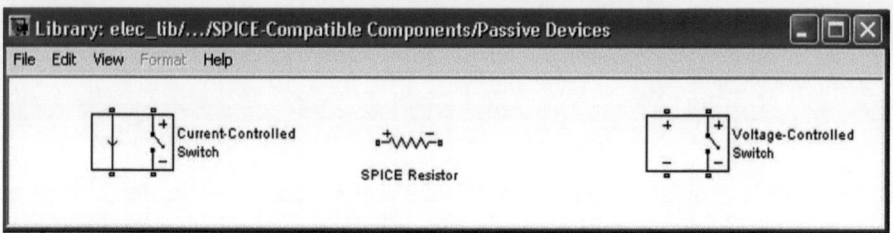

Dans l'application qui suit, nous utilisons le switch commandé en courant et une résistance, compatibles SPICE.

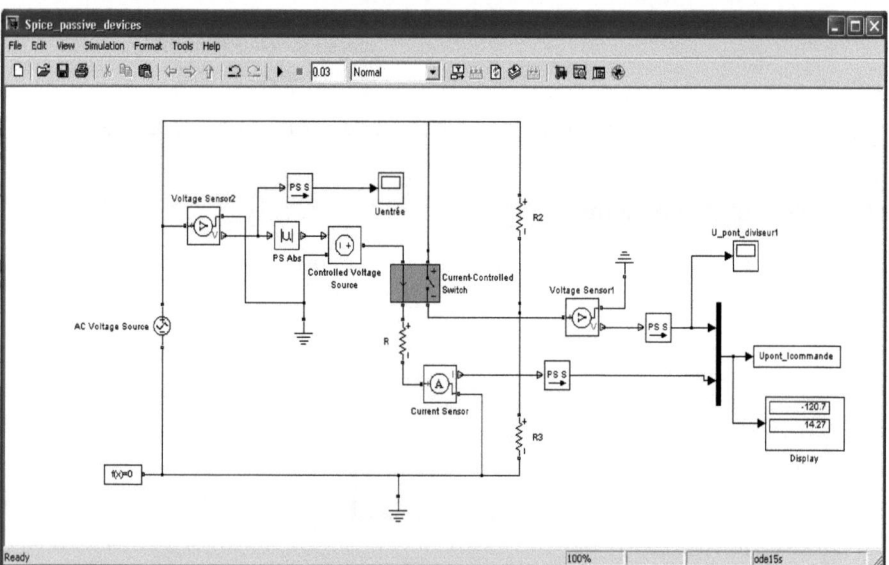

Le courant de commande du switch est celui qui passe dans la résistance R lorsqu'on lui applique la valeur absolue de la tension sinusoïdale du générateur AC Voltage Source (amplitude 150 V, fréquence 60 Hz).

La résistance R, valant 10Ω, le courant est alors une sinusoïde redressée en double alternance d'amplitude 15 A, comme on l'observe dans la figure suivante.

La figure suivante représente le courant de commande (en Ampères) du switch ainsi que la tension au niveau du pont diviseur.

Le switch est défini par un seuil (Threshold current, IT) et une valeur d'hystérésis (Hystheresis current, IH).

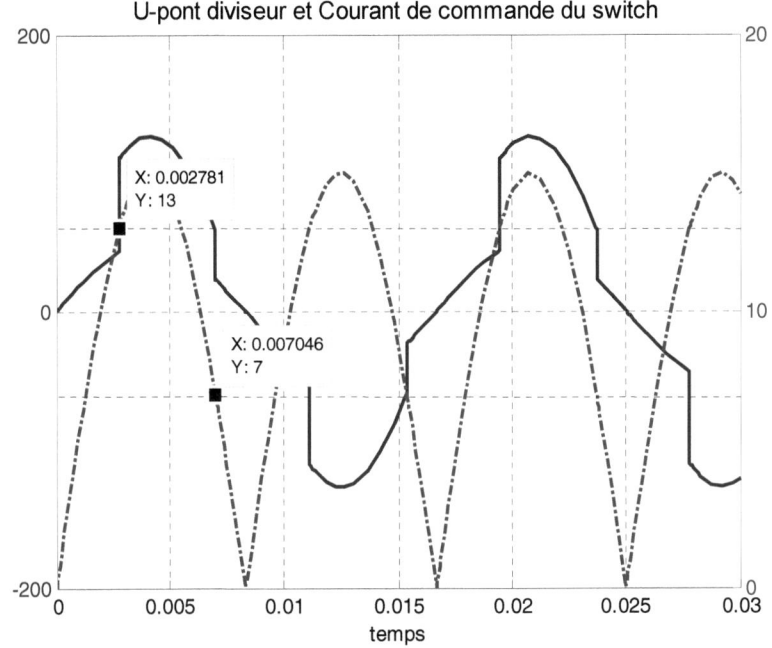

La boite de dialogue de ce switch commandé est la suivante.

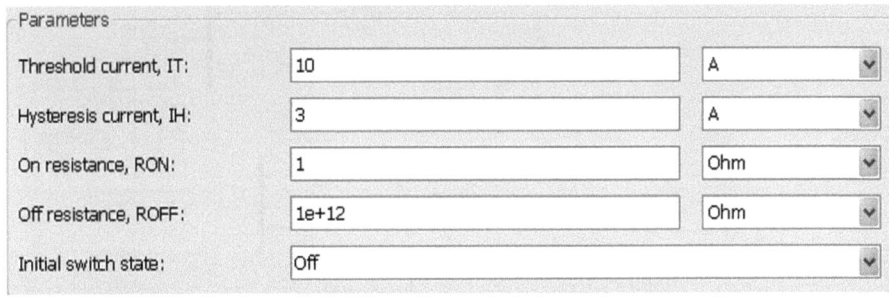

Le switch se comporte comme une résistance très faible (Ron = 1 Ω) lorsque le contact est fermé et une résistance très élevée (Roff = 10^{12} Ω) lorsque le contact est ouvert.

Le contact se ferme si l'intensité du courant de commande (ici la sinusoïde de 15 A d'amplitude, redressée) devient plus grande que la valeur du seuil et de l'hystérésis, respectivement de 10 et 3 A, soit 13 A.

Si le courant de contrôle devient plus faible que la différence du courant de seuil et du courant d'hystérésis alors le commutateur s'ouvre et sa valeur de résistance est égale à Roff.

Entre ces deux valeurs, la position du commutateur est inchangée.

III.5.2. Semiconductor Devices

Cette librairie contient des composants semi-conducteurs de type SPICE, tels des transistors bipolaires (SPICE NPN, SPICE PNP), des JFET canal N (SPICE NJFET) et canal P (SPICE PJFET) et des transistors MOS (SPICE NMOS), canal et canal P (SPICE PMOS)

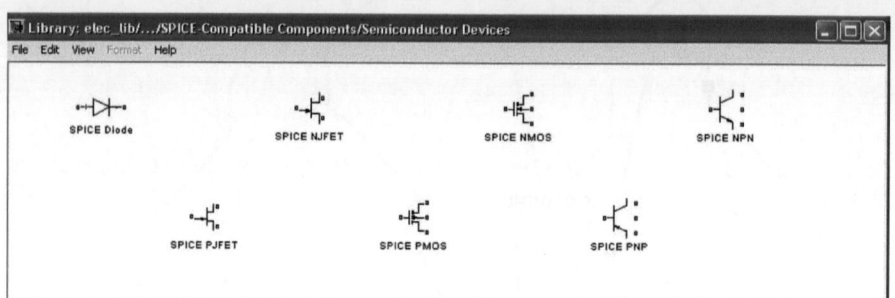

Dans l'application qui suit, nous associons un transistor bipolaire NPN et un NMOS pour commander l'induit d'un moteur à courant continu.

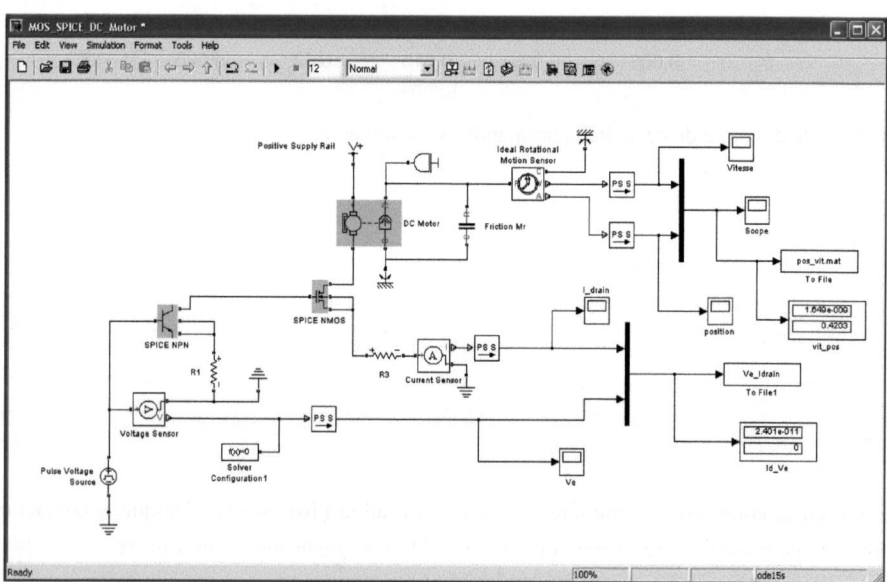

La tension de commande est un créneau d'amplitude 12 V, de largeur 5s (Pulse width, PW), un retard de 1s (Pulse delay time, TD) et un temps de montée de 0.2s (Pulse rise time, TR).

Tous ces paramètres sont fixés dans la boite de dialogue du générateur Pulse Voltage Source).

Librairies de Simscape

La courbe qui suit représente l'évolution de la vitesse de rotation et de la position angulaire de l'arbre du moteur DC.

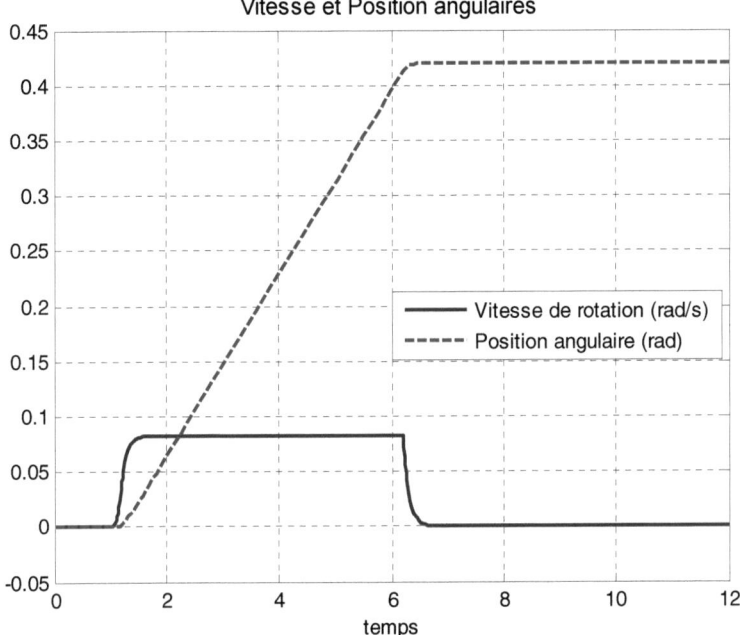

La figure suivante représente les courbes, dans deux axes d'ordonnées différents, du courant du drain du transistor NMOS et de la tension d'entrée.

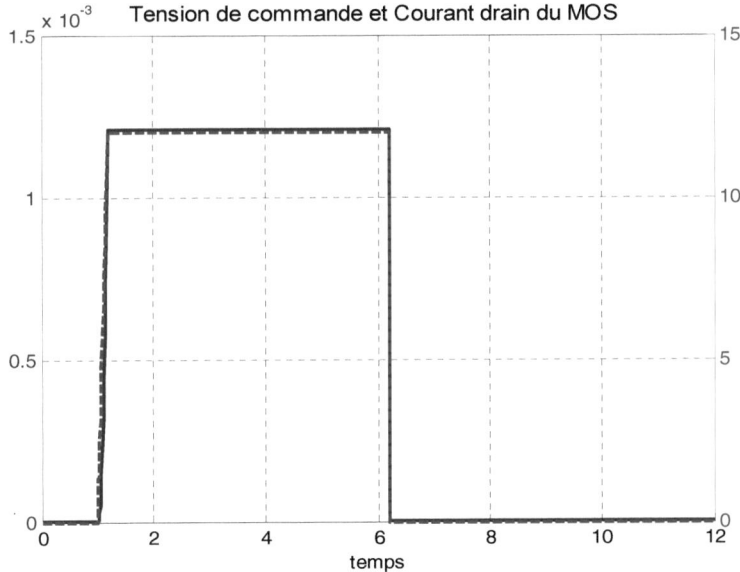

III.5.3. Sources

Cette librairie comprend différentes sources compatibles au langage SPICE.

Nous trouvons :

- des sources de tension et de courant continues,
- des sources exponentielles de courant et de tension,
- des sources contrôlées de courant par un courant,
- des sources contrôlées de courant par une tension,
- des sources de courant et de tension à rapport cyclique variable,
- des sources, de tension et courant, sinusoïdales,

etc.

Cette librairie contient des sources de tension, de courant, contrôlées par une tension ou un courant, un générateur d'impulsion, une source de tension et de courant de forme exponentielle et bien d'autres types de sources propres à SPICE.

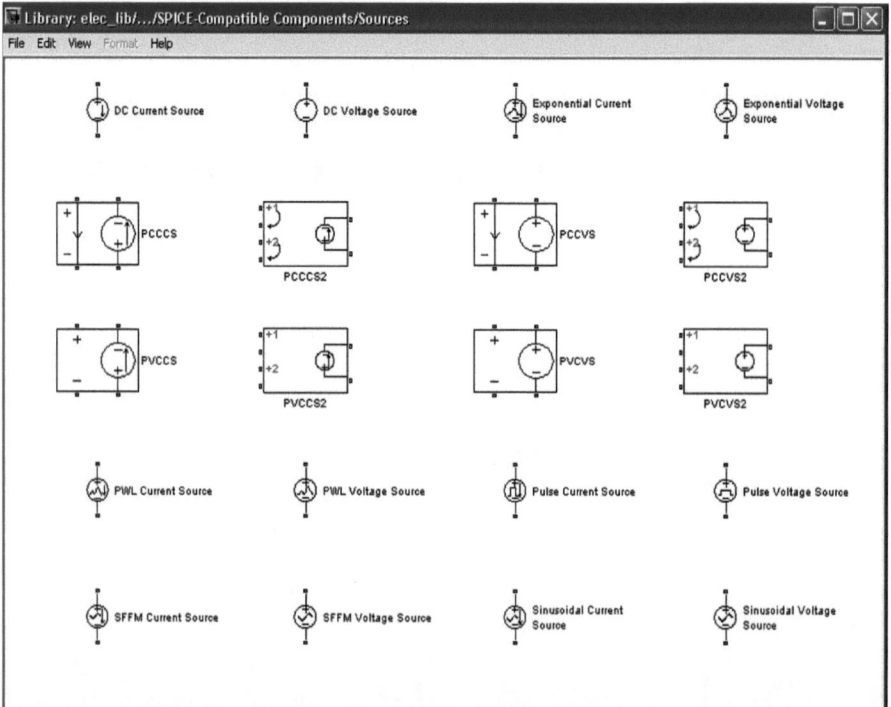

- *Source de courant PWL et source de tension contrôlée PCCVS*

Dans cette application, nous utilisons une source de courant PWL (Piecewise Wave Lookup Source) dont on spécifie le temps, les valeurs de courant avec des méthodes d'interpolation, linéaire, cubique ou spline.

Dans notre cas, nous avons choisi une interpolation linéaire comme les tables d'interpolation de Simulink.

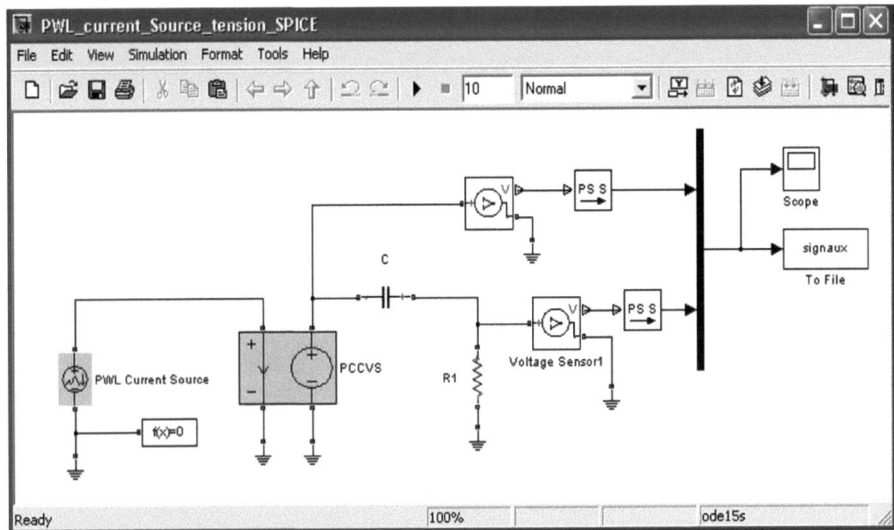

Dans la fonction Callback StopFcn, nous avons programmé les commandes suivantes qui permettent de lire le fichier binaire signaux.mat et de tracer dans un même graphique à 2 axes d'ordonnées différents.

La tension contrôlée par la source de courant PWL, contrôle elle-même une source de tension PCCVS avec un polynôme du premier degré et la tension aux bornes de la résistance qui correspond, à un terme près, à la dérivée de la tension fournie par la source PCCVS.

```
load signaux.mat
plotyy(x(1,:),x(2,:),x(1,:),x(3,:))
title('Dérivateur commandé par PWL Current et source I-->V')
xlabel('temps')
grid
gtext('Tension d''entrée')
gtext('Sortie du dérivateur')
```

La tension aux bornes de la résistance est donnée par l'expression :

$$V_R = \frac{1}{RC}\frac{dV_e}{dt}$$

Le signal Ve, sous forme de rampes, devient un échelon en sortie du dérivateur.

Avec $R=1k\Omega$, $C=1\mu F$, nous obtenons des paliers de valeur 10^{-3} V en valeur absolue. C'est ce que nous vérifions dans le graphique suivant.

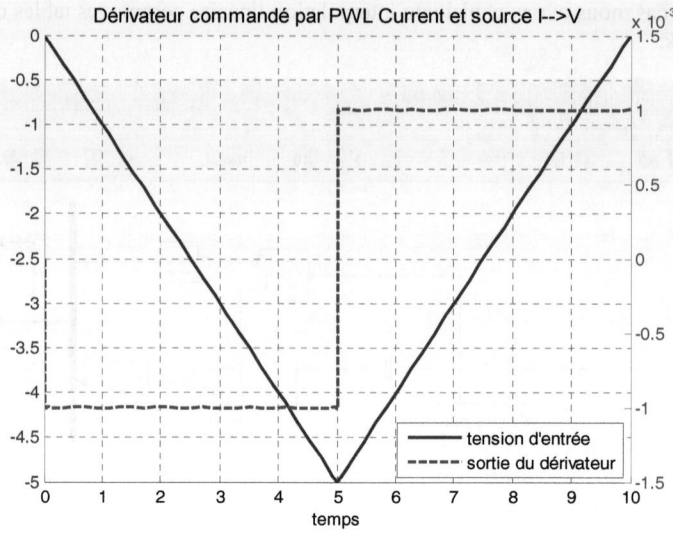

- *Source de courant contrôlée PVCCS2*

Dans cette application, nous étudions la source de courant PVCCS2, contrôlée par 2 autres sources de tension. Le bloc PVCCS2 (Two-Input Polynomial Voltage-Controlled Current Source) représente une source de courant dont la sortie est une fonction polynomiale des tensions appliquées aux paires de ports de contrôle (entre chaque numéro 1 et 2, le suivant représentant la masse).

Les équations décrivant ce courant en fonction du temps, sont les suivantes :

$$I_s = p_1 + p_2\ V_1 + p_3\ V_2 + p_4 * V_1^2 + p_5\ V_1\ V_2 + p_6\ V_2^2 + \ldots$$

où:

- V_1 : tension à la 1ère paire des ports d'entrée,
- V_2 : tension à la 2ème paire des ports d'entrée,
- p : vecteur des coefficients.

Lorsqu'on double-clique sur ce bloc, on choisit les valeurs des coefficients du vecteur *p*.

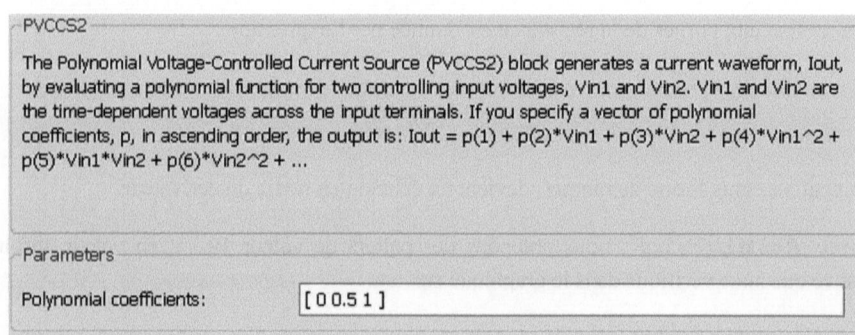

Le courant parcourant la résistance R est donné ainsi par : $I_R = 0.5\, V_1 + V_2$

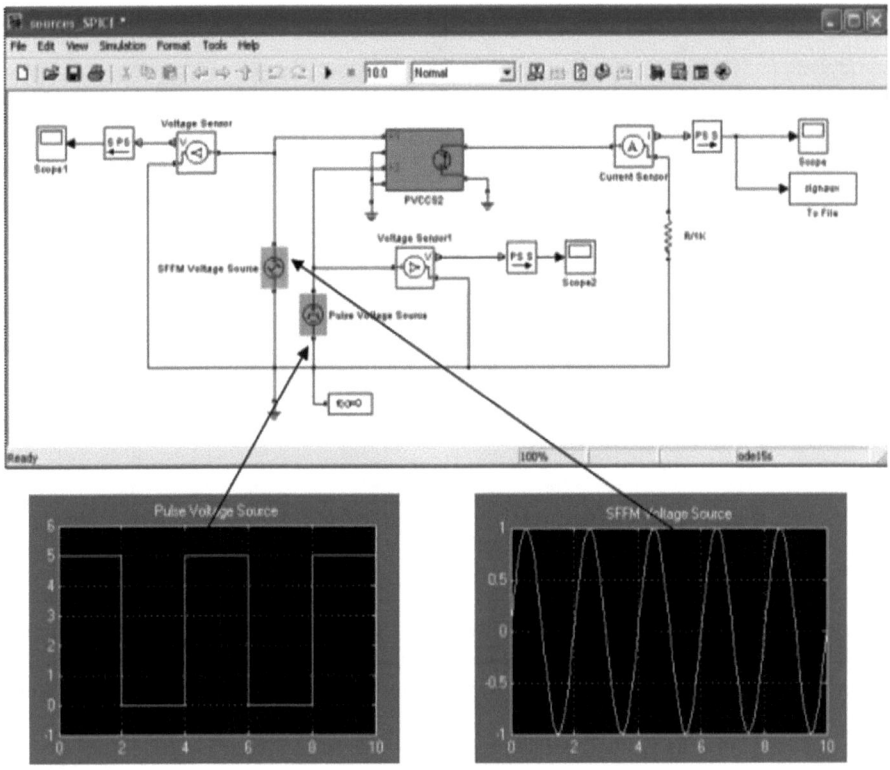

V_1, (SFFM Voltage Source), est une sinusoïde d'amplitude 1V, de fréquence 0.5 Hz.
V_2, (Pulse Voltage Source), est un signal carré d'amplitude 5V et de largeur 2s (Pulse width, PW).

Parameters		
Initial value, V1:	0	V
Pulse value, V2:	5	V
Pulse delay time, TD:	0	s
Pulse rise time, TR:	1e-09	s
Pulse fall time, TF:	1e-09	s
Pulse width, PW:	2	s
Pulse period, PER:	4	s

Par le coefficient 0.5 du $2^{\text{ème}}$ coefficient du vecteur p, l'amplitude de la sinusoïde est divisée par 2 et elle se superpose au signal carré, comme on l'observe dans la figure suivante.

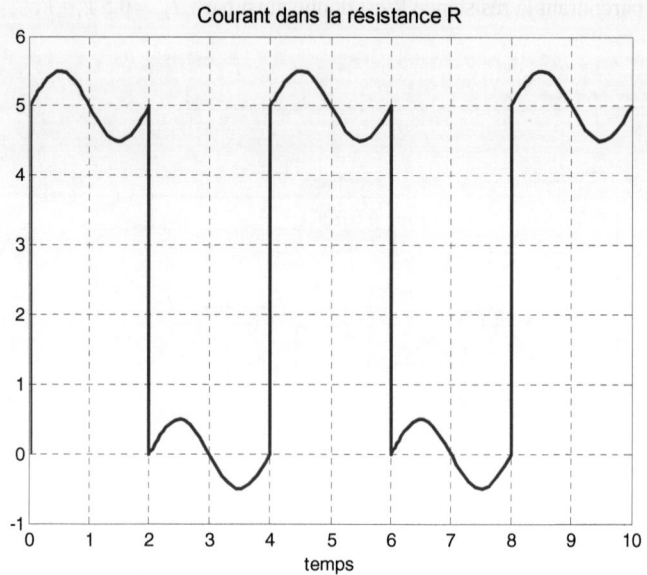

- **Commande d'un moteur DC par transistor NPN compatible SPICE**

Nous utilisons dans le modèle suivant un transistor NPN compatible SPICE pour commander sur son collecteur, un moteur à courant continu sans couples externes sur son arbre. A la base du transistor, nous appliquons un signal carré de largeur 5 s et de période 20 s par la source `Pulse Voltage Source`.
Le transistor est alimenté par la source continue `DC Voltage Source`.

Nous sauvegardons dans le fichier binaire `pos_vit.mat`, la vitesse, la position angulaire de l'arbre moteur, le signal carré, le courant à l'émetteur du transistor ainsi que le courant de base du transistor.

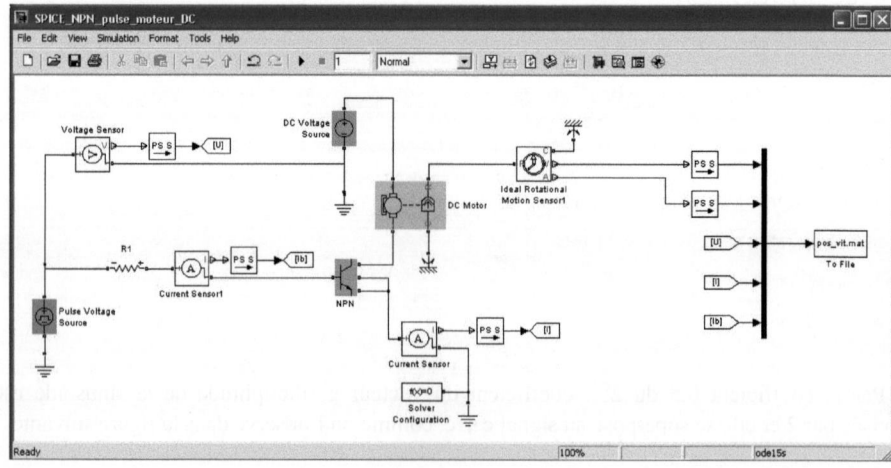

Librairies de Simscape

Grâce aux commandes suivantes, dans la fonction Callback `StopFcn`, nous lisons le fichier binaire et nous traçons les différentes courbes.

La dynamique de la vitesse est assez rapide car il n'y a pas de couples résistants supplémentaires, à part ceux propres au moteur, qui sont de 0.01 g.cm^2 pour l'inertie et 10^{-8} N*m/(rad/s) pour l'amortisseur.

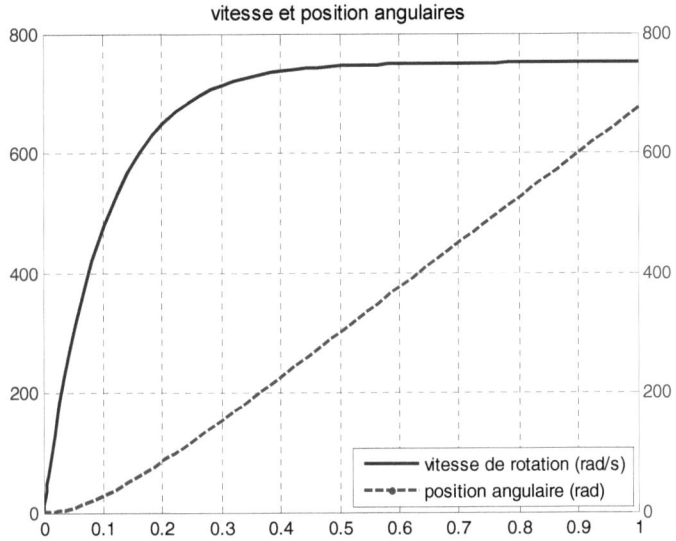

La figure suivante représente les courants de base et d'émetteur du transistor liés par un rapport de 10.

C'est ce que nous avons spécifié dans l'onglet `Forward Gain` de la boite de dialogue qu'on obtient lorsqu'on double-clique sur le bloc NPN du transistor.

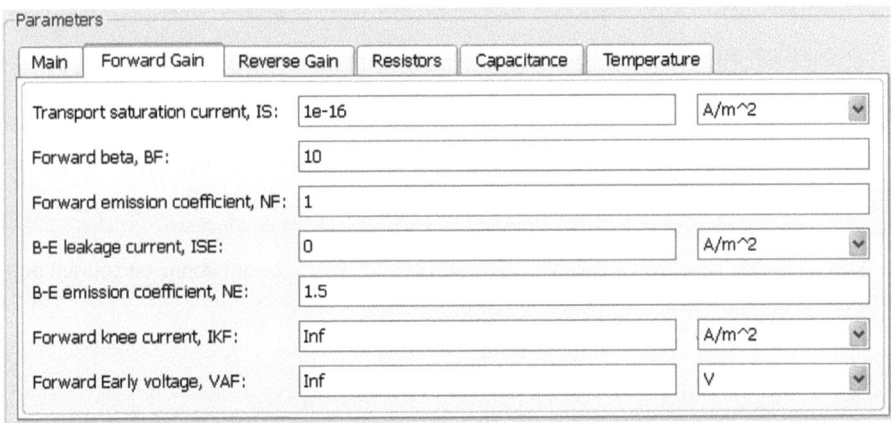

La figure suivante représente le courant de base du transistor ainsi que celui de son émetteur ou d'induit du moteur.

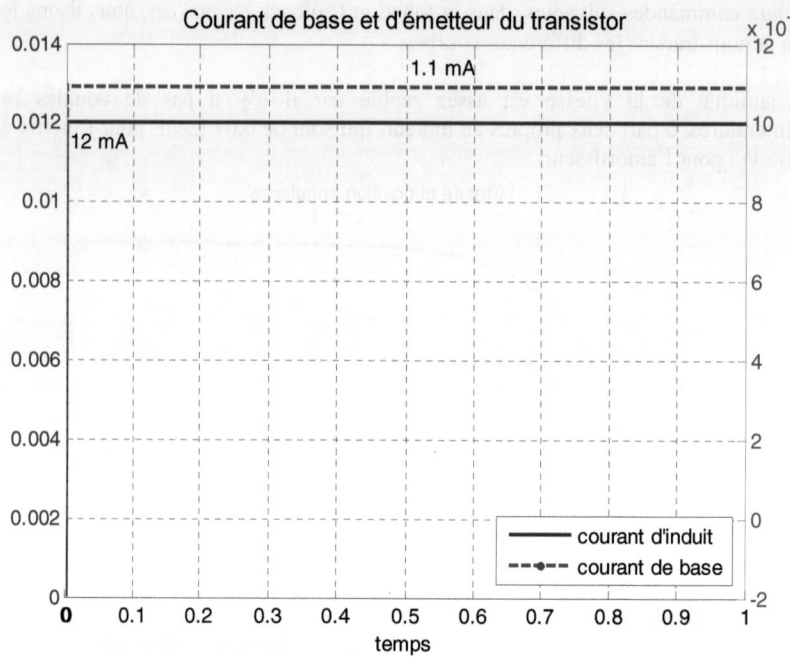

- *Source contrôlée de courant PVCCS et de tension PCCCS*

Dans l'exemple suivant nous utilisons la source de courant contrôlée par 2 sources de tension (sinusoïde et carré).

Le courant fourni par cette source alimente la résistance R_3 de $10\,k\Omega$.

Le bloc PCCCS (Polynomial Current-Controlled Current Source) représente une source de courant dont la sortie est une fonction polynomiale.

Les équations suivantes décrivent ce courant en fonction du temps.

$$I_s = p(0) + p(1)\,I_e + \ldots + p(n-1)\,I_e^{n-1} + p(n)\,I_e^n$$

Si on spécifie uniquement un scalaire p au lieu d'un vecteur, le courant de sortie est alors donné par : $I_s = p\,I_e$

Dans notre cas, nous avons spécifie p(0)=0 et p(1)=0.1, ce qui donne un courant de sortie par :

$$I_s = 0.1\,I_e$$

Parameters

Polynomial coefficients: [0 0.1]

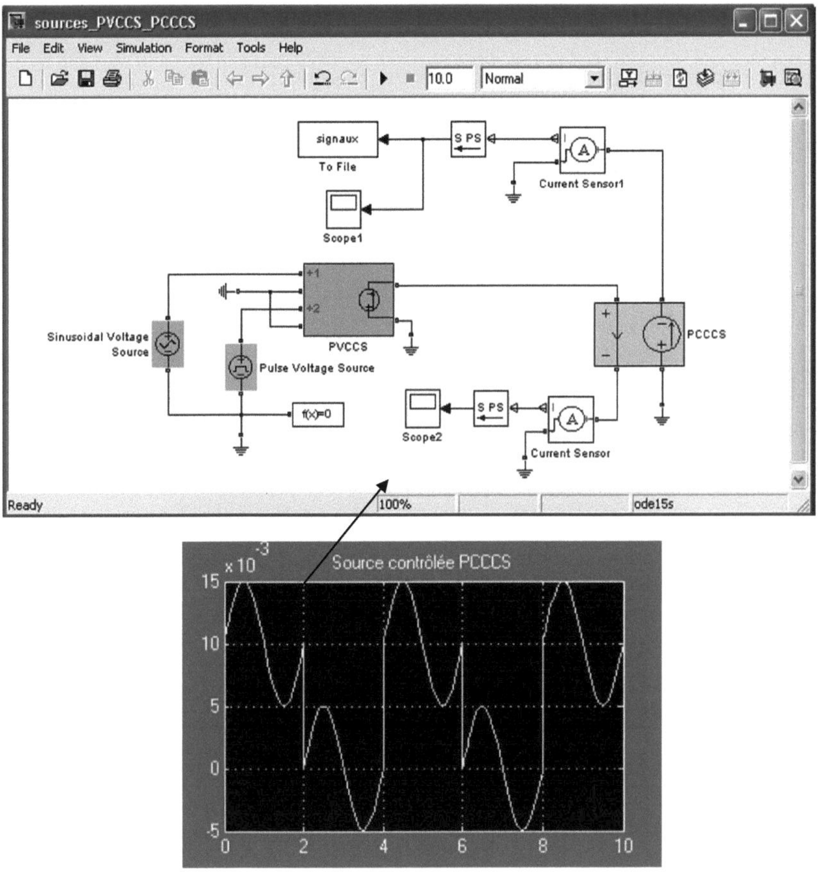

Librairies de Simscape 185

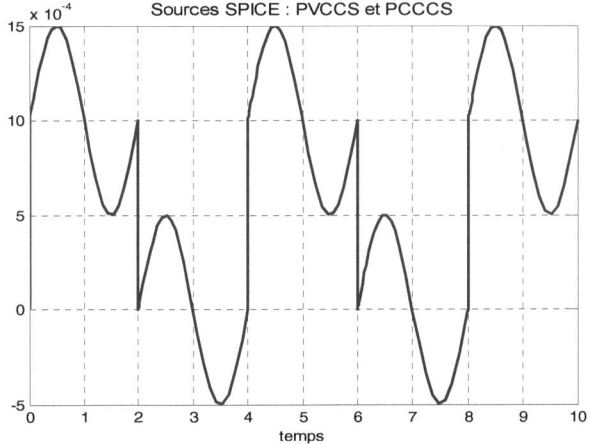

Le courant de sortie de la source PVCCS est 10 fois supérieur à celui de la source PCCCS du fait qu'on a spécifié un gain de 0.1 dans sa boite de dialogue.

186   Chapitre 2

III.6. Sensors

Nous trouvons dans cette bibliothèque des capteurs tels que :
- le codeur incrémental,
- la photodiode,
- la jauge de contraintes,
- la thermistance,
- le thermocouple,
- le capteur de proximité,
- le codeur incrémental,
etc.

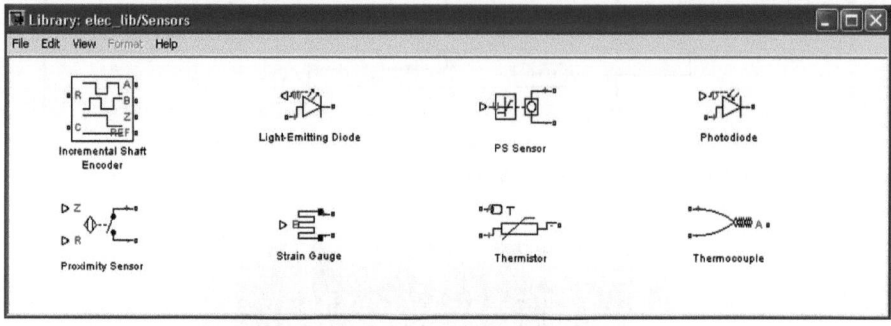

III.6.1. Jauges de contrainte

Les jauges de contrainte, 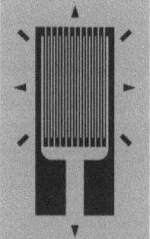, sont constituées par un fil très fin, collé sur un support isolant comme suit :

Elles consistent en des spires rapprochées et sont le plus souvent fabriquées à partir d'une mince feuille métallique (quelques µm d'épaisseur) et d'un isolant, qu'on traite comme un circuit imprimé (par lithographie ou par attaque à l'acide).

Le fonctionnement de ce dispositif repose sur le principe physique selon lequel la résistance électrique d'un fil se modifie proportionnellement à sa déformation lorsque ce fil est étiré ou comprimé par une force exercée.

La modification de cette résistance est ainsi utilisée comme indicateur de la force exercée.

Il est ainsi possible de procéder à des mesures de traction et de pression de ce fil.

La résistance d'un fil électrique est donnée par : $R = \rho \dfrac{l}{s}$. Elle dépend donc de la longueur du matériau qui la constitue. Pour un allongement relatif $\dfrac{\Delta l}{l}$, la variation relative de la résistance est donnée par :

$$\dfrac{\Delta R}{R} = K \dfrac{\Delta l}{l}$$

Le bloc ⊳▤ Strain Gauge est défini par : $\dfrac{\Delta R}{R} = K\,\varepsilon$ où ε est la contrainte à son port B et K le facteur de la jauge ($K = \dfrac{\Delta R / R}{\Delta l / l}$, sans dimensions).

En double-cliquant sur ce bloc, nous pouvons définir la résistance R de la jauge et son facteur K.

La jauge étant un capteur passif, elle est nécessairement associée à un conditionneur actif, généralement le pont de Wheatstone.
Le pont de Wheatstone est constitué de 4 résistances R1, R2, R3, et R4 montées comme suit :

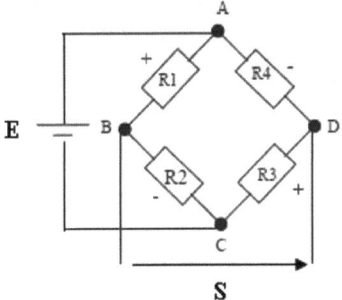

Il est alimenté par une tension continue entre les points A et C et la tension de sortie est mesurée entre les points B et D.
Si on branche une résistance R_{BD} entre les points B et D, à l'équilibre, il ne circule aucun courant dans cette dernière.
Alimenté par une source de courant, le pont présente à l'équilibre une tension nulle entre les points B et D.
La variation de l'une de ces résistances, fait apparaître, entre B et D, une tension non nulle.

$$E = (R_1 + R_2)\,i_1 = (R_3 + R_4)\,i_2$$

A l'équilibre, $R_1\,i_1 = R_4\,i_2$. Ainsi, nous avons alors :

$$\dfrac{R_1}{R_1 + R_2} = \dfrac{R_4}{R_4 + R_3}$$

soit :
$$R_4 R_2 = R_1 R_3$$
L'équilibre du pont est réalisé quand les produits en croix des résistances sont égaux.
Si on met la jauge à la place de R_4, par exemple, avec sa résistance R_x, l'équilibre du pont est obtenu lorsque cette valeur vaut :
$$R_x = \frac{R_1 R_3}{R_2}$$
Les applications des jauges de contraintes sont la mesure d'une déformation sur une pièce, d'une force ou d'une pression,
En utilisant le théorème de Millman, l'expression de la tension S est :
$$S = E \frac{R_1 R_3 - R_2 R_4}{(R_1 + R_2)(R_3 + R_4)}$$
Nous retrouvons bien, la même condition d'équilibre du pont, $R_1 R_3 - R_2 R = 0$.

Dans le modèle suivant, nous disposons d'un pont de Wheatstone avec les valeurs des résistances :

$R_1 = 200 \Omega$,

R_2 : résistance variable,

$R_3 = 200 \Omega$,

$R_4 = R_x$: jauge de contrainte.

Nous utilisons une résistance variable que l'on fait varier jusqu'à obtenir l'équilibre, soit une tension nulle entre les points B et D.

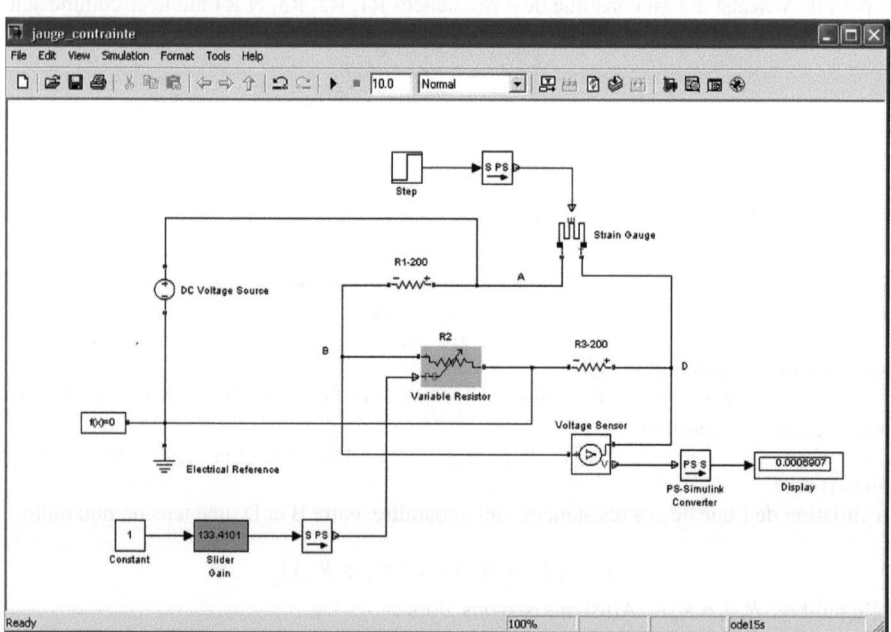

La tension entre B et D devient nulle pour une résistance de 133.26Ω donnée par la valeur `Slider Gain`.

Librairies de Simscape 189

III.6.2. Thermocouple

Le modèle du thermocouple permet de convertir une différence de potentiel thermique en différence de potentiel électrique.

La mesure de température par un thermocouple est basée sur l'effet Seebeck.

Le bloc Thermocouple représente un thermocouple en utilisant des tables et des fonctions standard définies dans la base de données NIST ITS-90 Thermocouple Database.

Ces tables et fonctions permettent d'obtenir la force électromotrice (f.e.m) en fonction de la température.

Elles ont été adoptées par American Society for Testing and Materials (ASTM) et International Electrotechnical Commission (IEC).

Des lettres ont été désignées pour les thermocouples selon la plage de températures à mesurer.

Le thermocouple de type K permet une mesure dans une gamme de températures très large (250°C à 1 372°C).

Il est constitué de Chromel (alliage nickel + chrome) et Alumel (alliage nickel + aluminium).

Dans le modèle suivant, nous appliquons un échelon de température grâce à la source de température (Ideal Temperature Source) contrôlée par un échelon d'amplitude 300, lequel est ensuite transformé en signal physique de Simscape par le convertisseur Simulink PS Converter (S→PS).

Après un échange de chaleur de type conductif (Conductive Heat Transfert), la température est mesurée grâce au thermocouple Thermocouple, à partir de la force électromotrice que nous sauvegardons dans le fichier binaire temp.mat en même que l'échelon d'entrée.

La température est aussi mesurée par le capteur Ideal Temperature Sensor qui mesure la température entre les A et B. Le point B étant relié à la masse thermique, nous mesurons ainsi la température au point A.

Les valeurs, par défaut, des coefficients du polynôme sont définies pour un thermocouple de type S dont la gamme de températures est : -50 à 1064°C.

La f.e.m en sortie du thermocouple est donnée par le polynôme défini dans la base de données NIST ITS-90.

(http://srdata.nist.gov/its90/main/).

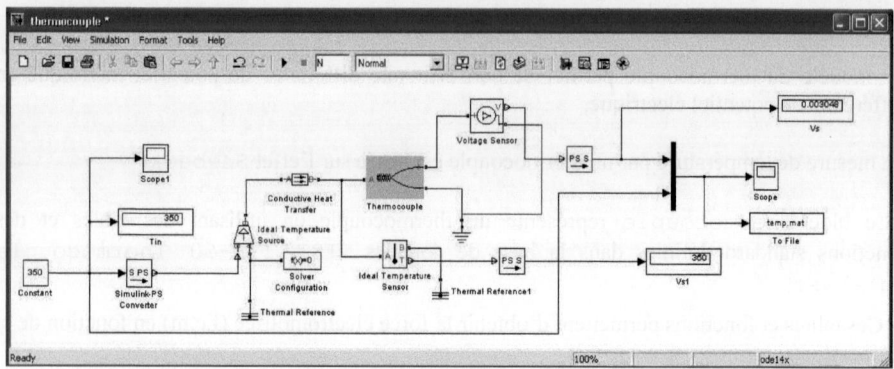

Pour une température d'entrée de 350°C, celle mesurée par le thermocouple l'est sous forme d'une tension de 0.0004801 V. Pour passer de la valeur de cette f.e.m à la température, on peut utiliser des tables ITS-90.

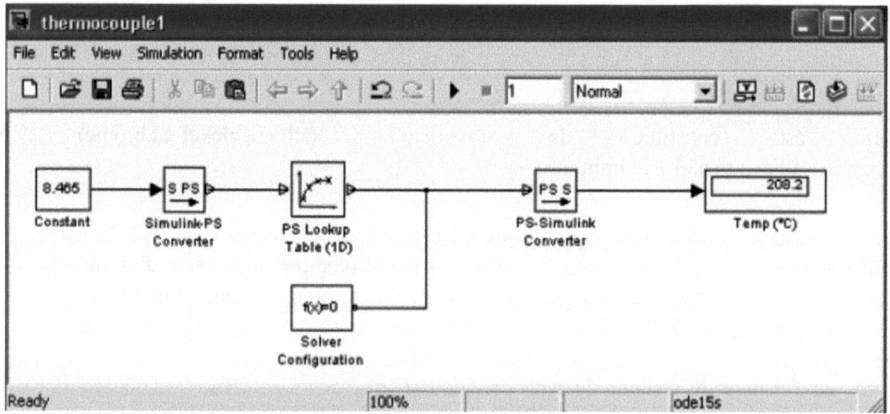

Le thermocouple de type K présente une courbe de conversion, f.e.m-Température, presque linéaire entre 0 et 1000 °C avec un coefficient de Seebeck, $\alpha \approx 40\mu V / °C$.

Chapitre 3

Applications de Simscape

I. Schéma interne de l'amplificateur opérationnel
   I.1. Schéma à 20 transistors bipolaires
   I.2. Schéma à 6 transistors bipolaires
II. Applications des amplificateurs opérationnels
   II.1. Sommateur et différentiateur
   II.2. Amplificateur d'instrumentation
   II.3. Les multivibrateurs
III. Oscillateurs rectangulaires
   III.1. Circuits à portes logiques
   III.2. Astable à transistors
IV. Oscillateurs sinusoïdaux
   IV.1. Oscillateur à pont de Wien
   IV.2. Oscillateur à déphasage
   IV.3. Oscillateur LC
V. Filtres actifs
   V.1. Filtre actif passe bas du 1er ordre
   V.2. Filtre actif passe bande
   V.3. Filtrage passe bas du 2nd ordre
VI. Générateurs de signal PWM
   VI.1. Comparaison d'un triangle à une constante
   VI.2. Signal PWM modulé
VII. Oscillateurs à quartz
   VII.1. Oscillateur Pierce sinusoïdal
   VII.2. Oscillateur Pierce rectangulaire
VIII. Régulateur PI et PID analogiques
   VIII.1. Régulateur PI
   VIII.2. Régulateur PID
IX. Commande d'éléments de puissance
   IX.1. Amplificateur opérationnel et transistor bipolaire
   IX.2. Demi pont en H
   IX.3. Demi pont en H bidirectionnel
   IX.4. Pont en H
X. Modulation et démodulation d'amplitude
   X.1. Bloc Multiplier
   X.2. Modulation d'amplitude
   X.3. Démodulation
XI. Circuit inverseur SN 7404 de Texas Instruments
XII. Systèmes électromécaniques
   XII.1. Mouvement de translation
   XII.2. Mouvement de rotation
   XII.3. Mouvement mixte

I. Schéma interne de l'amplificateur opérationnel

I.1. Schéma à 20 transistors bipolaires

L'amplificateur opérationnel le plus connu est le $\mu A\,741$, formé d'une vingtaine de transistors et d'une capacité. On se propose de programmer son schéma interne.

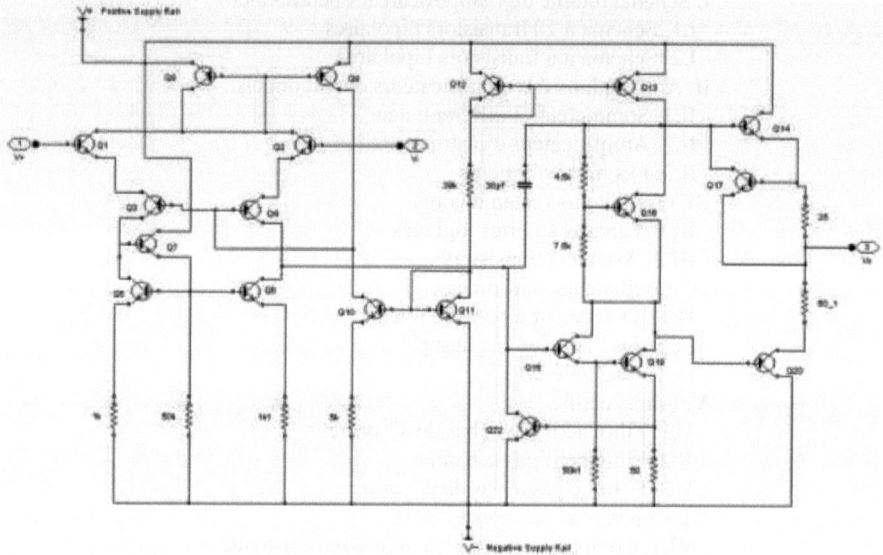

(Source Wikipedia)

Ce modèle qui représente le schéma interne du 741 est à l'intérieur du masque `Aop 741` du modèle `schema_interne_741.mdl`.

Ce masque est utilisé dans le cas d'un montage inverseur comme suit.

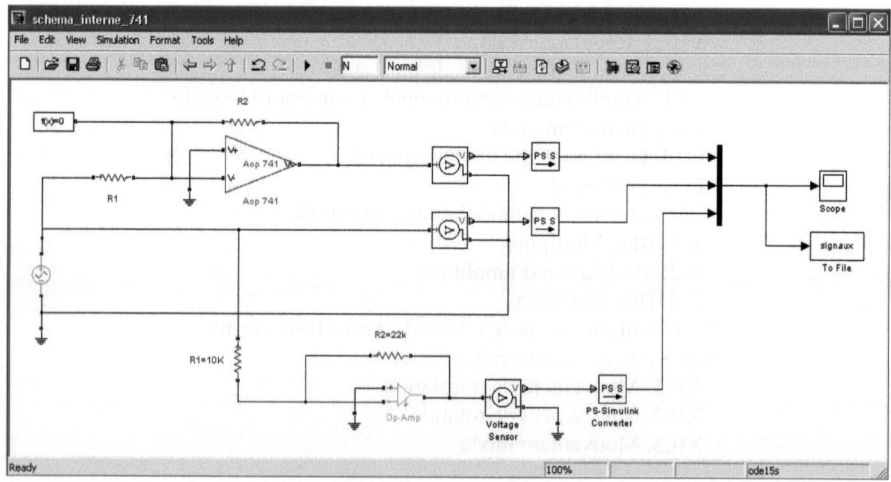

La figure suivante représente le signal de sortie de ce modèle, celui de l'amplificateur opérationnel de Simscape et le signal d'entrée. Ces 2 sorties sont quasiment identiques et opposées au signal d'entrée. Nous avons utilisé les valeurs suivantes, $R_1 = 10\,k\Omega$, $R_2 = 22\,k\Omega$ avec une amplitude de 1V du signal d'entrée.

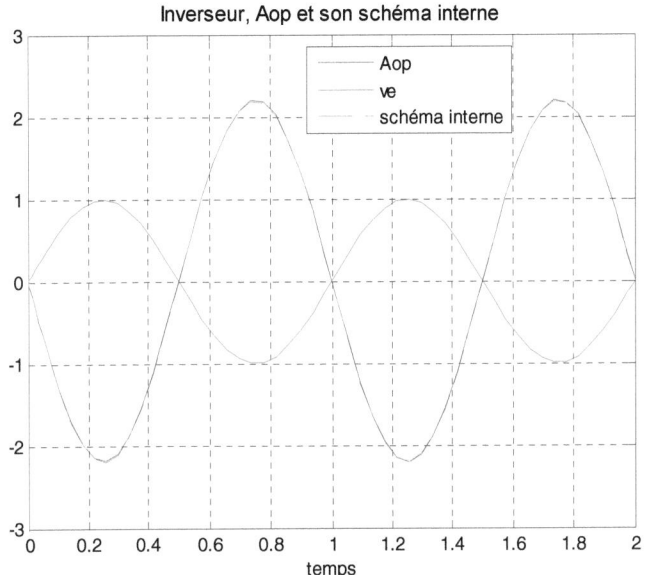

I.2. Schéma à 6 transistors bipolaires

Dans ce montage, nous trouvons, à l'entrée, un étage différentiel, suivi d'un émetteur commun et d'un collecteur commun. L'étage différentiel est polarisé par une source de courant formée par les 2 transistors T3 et T4.

Les circuits des amplificateurs opérationnels sont constitués, d'au moins, 3 étages :
- l'étage différentiel formé par une paire de transistors appareillés,
- un ou plusieurs étages d'amplification de tension,
- un étage cascode, etc.

Dans le circuit d'une vingtaine de transistors, on trouve une capacité qui réalise une compensation en fréquence.
L'étage différentiel permet l'amplification de la différence entre les deux tensions d'entrée et de présenter une forte impédance d'entrée.
Le modèle suivant correspond à la modélisation l'amplificateur opérationnel à 6 transistors.
On retrouve, à l'entrée, l'étage différentiel avec des résistances de collecteurs de valeurs égales. L'amplification de tension est réalisée par le transistor T5 monté en émetteur commun. Le transistor T6, en collecteur commun, permet d'avoir une résistance de sortie très faible et ainsi fournir des courants forts. Cet étage permet de réaliser des limitations de courant et des protections contre des courts-circuits.
L'étage d'entrée peut être constitué de transistors à effet de champ comme le TL 071 ou de transistors MOS (Métal-Oxyde-Semiconducteur) comme le CA 3140 ou LMC6035.

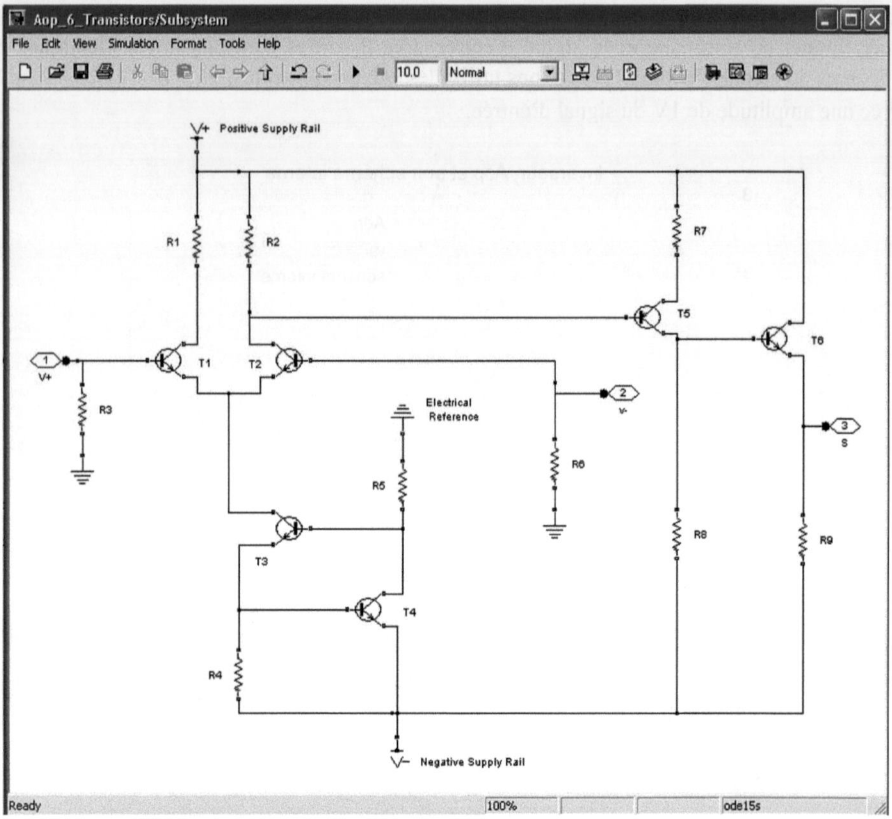

Après le masquage de ce sous-système, on l'utilise dans le même cas précédent, dans un montage inverseur.

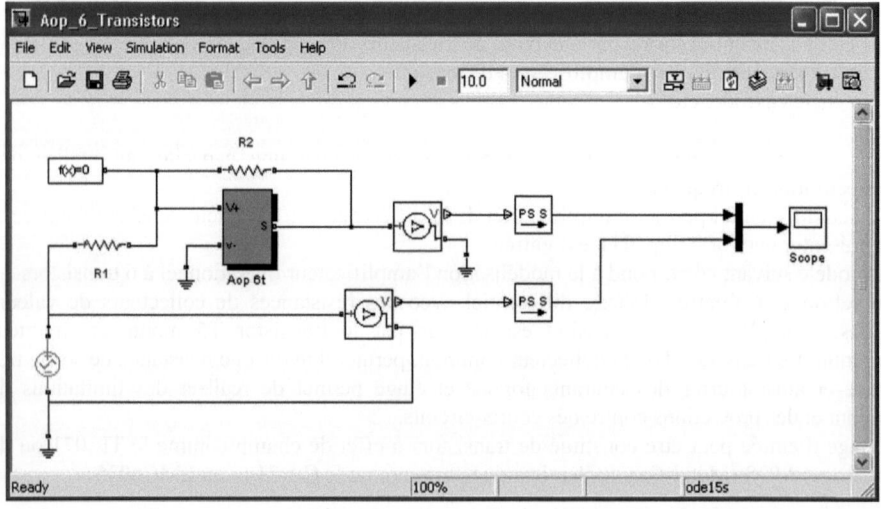

Avec $R_1 = 5\,k\Omega$, $R_2 = 10\,k\Omega$, le gain égal à -2, est bien vérifié dans cet oscilloscope.

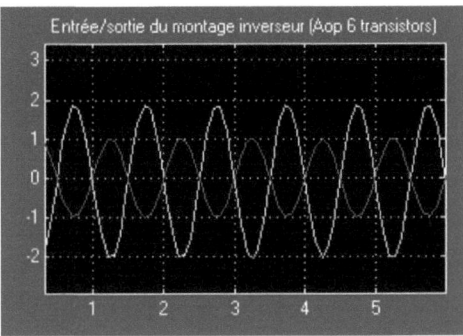

II. Applications des amplificateurs opérationnels

Il existe 2 types d'amplificateurs opérationnels dans la librairie Integrate Circuits du module SimElectronics de Simscape.

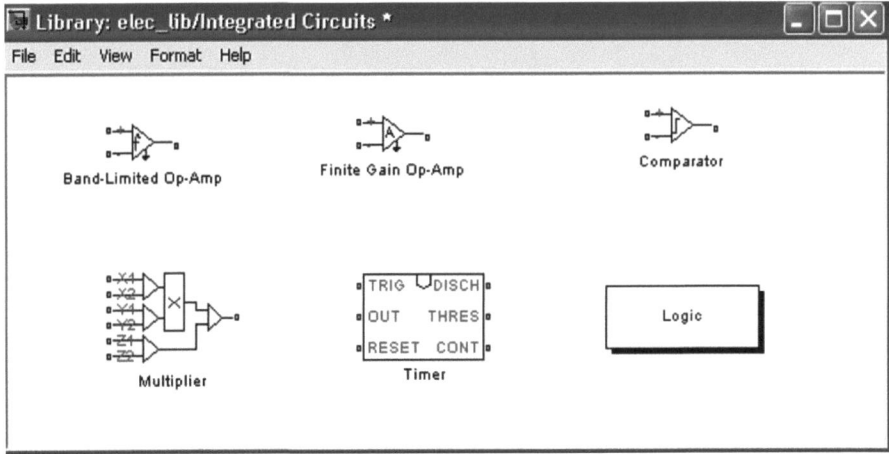

Band-Limited Op-Amp est un amplificateur opérationnel à bande limitée en fréquences. Si v_+ et v_- sont les tensions appliquées respectivement aux entrées positive et négative, la tension de sortie v_s est donnée par l'expression $v_s = \dfrac{A(v_+ - v_-)}{1 + \dfrac{p}{2\pi f_1}} - R_s I_s$

Si on néglige la résistance de sortie R_s, le rapport $\dfrac{v_s}{v_+ - v_-} = \dfrac{A}{1 + \dfrac{p}{2\pi f_1}}$ constitue la fonction de transfert d'un filtre passe bas de fréquence de coupure $f_1 = 10^5\,Hz$.

La tension d'alimentation, les impédances d'entrées R_{in} et de sortie R_s sont données, par défaut, dans la fenêtre de dialogue suivante.

Gain, A:	1000		
Input resistance, Rin:	1e+6	Ohm	
Output resistance, Rout:	100	Ohm	
Minimum output, Vmin:	-15	V	
Maximum output, Vmax:	15	V	
Maximum slew rate, Vdot:	1000	V/s	
Bandwidth, f:	1e+5	Hz	
Initial output voltage, V0:	0	V	

`Finite Gain Op-Amp` est un amplificateur opérationnel dont le gain est limité et indépendant de la fréquence.

Si v_+ et v_- sont les tensions appliquées respectivement aux entrées, positive et négative, la tension de sortie v_s est donnée par l'expression :

$$v_s = A(v_+ - v_-) - R_s I_s$$

Il est modélisé par le schéma équivalent suivant :

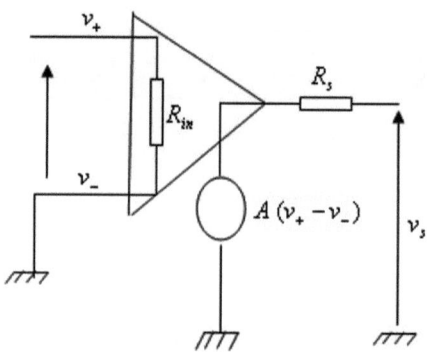

Les paramètres gain, résistances d'entrée et de sortie sont donnés, par défaut, dans la boite de dialogue obtenue en double-cliquant sur le bloc de cet amplificateur. Ces valeurs sont modifiables pour spécifier les caractéristiques réelles du datasheet de l'amplificateur opérationnel que l'on veut modéliser.

Dans la boite de dialogue suivante, nous pouvons observer et modifier les valeurs par défaut, du gain A (1000), de la résistance de sortie R_s (100 Ω) et d'entrée R_{in} ($10^6 \Omega$).

Parameters			
Gain, A:	1000		
Input resistance, Rin:	1e+6	Ohm	
Output resistance, Rout:	100	Ohm	
Minimum output, Vmin:	-15	V	
Maximum output, Vmax:	15	V	

Applications de Simscape

II.1. Sommateur et différentiateur

II.1.1. Montage sommateur

Le montage sommateur est donné par le schéma suivant :

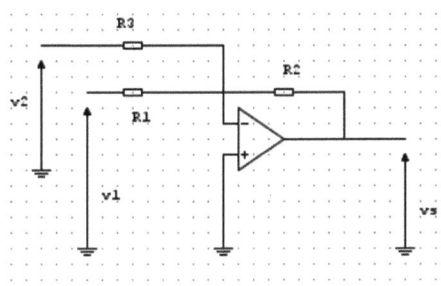

Le théorème de Millman, appliqué au nœud de l'entrée négative v_-, donne :

$$\frac{v_- - v_s}{R_2} + \frac{v_- - v_1}{R_1} + \frac{v_- - v_2}{R3} = 0$$

et en supposant $v_- = v_+ = 0$, nous obtenons l'expression de la tension de sortie v_s.

$$v_s = -\frac{R_2}{R_1} v_1 - \frac{R_2}{R3} v_2$$

Si l'on choisit $R_1 = R_2 = R_3$, nous obtenons :

$$v_s = -(v_1 + v_2).$$

Il suffira alors de faire suivre ce montage par un amplificateur inverseur de gain unité pour obtenir un montage sommateur.

Ceci est représenté par le schéma suivant :

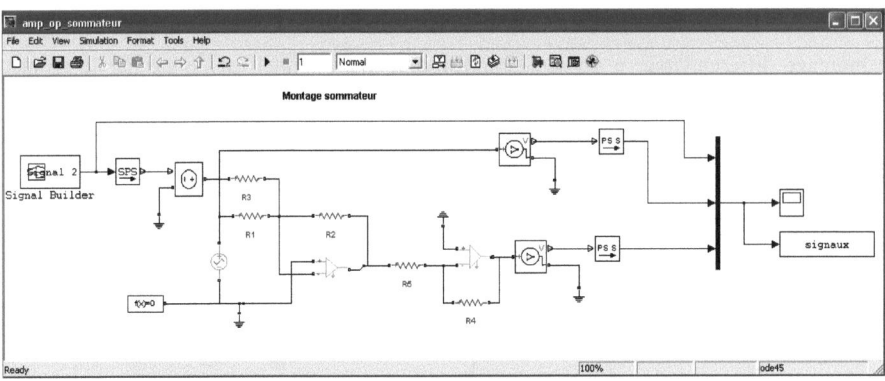

Les commandes suivantes permettent de lire le fichier binaire `signaux.mat`, de tracer les 3 signaux et de faire des annotations.

```
>> load signaux.mat
>> plot(xyz(1,:),xyz(2,:),xyz(1,:),xyz(3,:),xyz(1,:),xyz(4,:))
>> gtext('signal de sortie')
>> gtext('signal d''entrée 1'), gtext('signal d''entrée 2')
>> xlabel('temps'), grid
```

Le signal créneau est fourni par le bloc Signal Builder de la librairie Sources de Simulink. Le signal sinusoïdal de 1V d'amplitude et de fréquence 1 Hz (bloc AC Voltage Source), appartient à la librairie Electrical Sources de Simscape.

Le signal de sortie est confondu avec le signal sinusoïdal lorsque le créneau est à sa valeur nulle et remonte d'une unité (celle du créneau) pour ensuite se confondre avec la sinusoïde. Nous avons bien un montage sommateur des 2 signaux d'entrée.

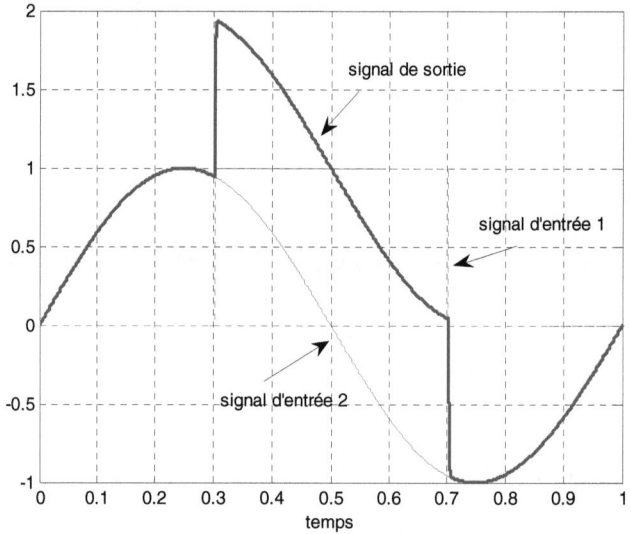

II.1.2. Montage différentiateur

Le montage différentiateur à un seul amplificateur opérationnel est donné par le montage suivant :

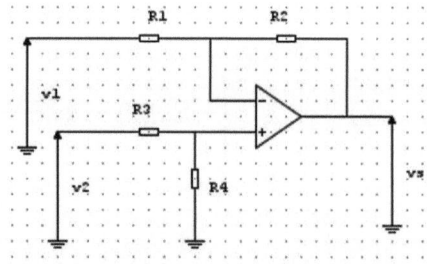

En supposant l'amplificateur parfait, $v_+ = v_-$, nous avons : $v_+ = \dfrac{R_4}{R_3 + R_4} v_2$, et en utilisant le théorème de Millman :

$$\frac{v_- - v_1}{R_1} + \frac{v_- - v_s}{R_2} = 0,$$

nous obtenons :

$$v_- = \frac{R_2}{R_1 + R_2} v_1 + \frac{R_1}{R_1 + R_2} v_s$$

En égalisant les expressions de v_+ et v_-, nous avons :

$$v_s = \frac{R_1 + R_2}{R_2} \left(\frac{R_3}{R_3 + R_4} v_2 - \frac{R_1}{R_1 + R_2} v_1 \right)$$

Si $R_1 = R_2 = R_3 = R_4$, alors $v_s = v_2 - v_1$.

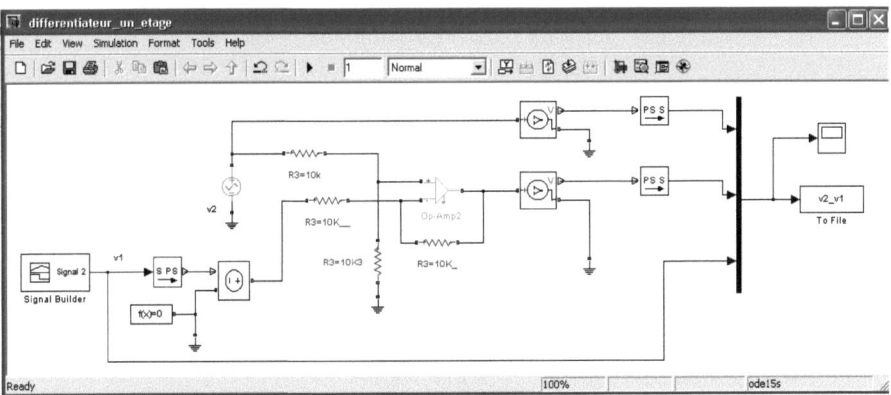

Ce circuit peut servir d'amplificateur d'instrumentation avec 2 impédances d'entrée différentes pour l'entrée inverseuse et non inverseuse.
Le signal v_2 est sinusoïdal d'amplitude 1, v_1 est généré par le bloc Signal Builder de Simulink.

Les 2 signaux d'entrée et de sortie sont enregistrés dans le fichier binaire v2_v1.mat. Les résistances sont toutes égales à $10\,k\Omega$.

Les courbes sont tracées à l'aide des commandes suivantes, programmées dans la fonction Callback StopFcn.

```
close all, clc
load v2_v1.mat
plot(x(1,:),x(2,:),x(1,:),x(3,:),x(1,:),x(4,:))
axis([0 1 -2 1.5])
title('Montage différentiateur')
xlabel('temps')
grid
```

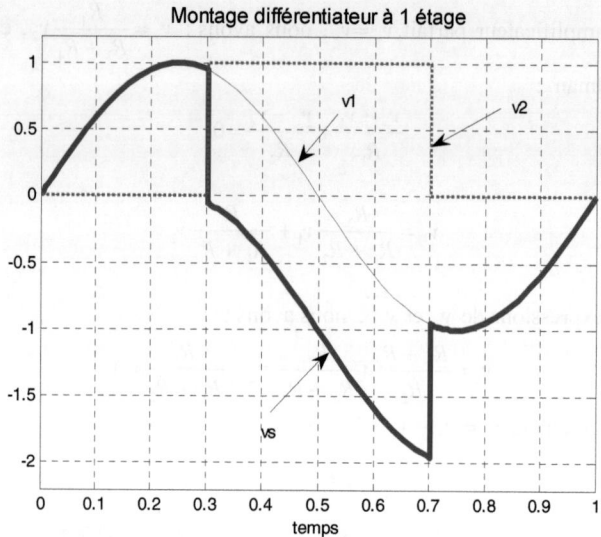

Lorsque le créneau de la tension v_2 est nul, la tension de sortie correspond à la sinusoïde de l'entrée v_1. La sinusoïde est translatée vers le bas de la valeur du créneau.

II.2. Amplificateur d'instrumentation

II.2.1. Version à deux amplificateurs opérationnels

L'amplificateur d'instrumentation est un différentiateur à 2 amplificateurs opérationnels.
La tension de sortie est donnée par :
$$v_s = A(v_2 - v_1)$$

Il possède les caractéristiques suivantes :

- une impédance d'entrée infinie, grâce aux entrées par la borne +,
- une impédance de sortie nulle,
- un gain A réglable par des résistances.

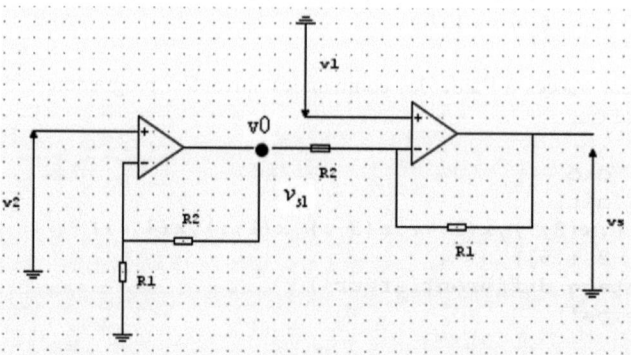

Si on appelle v_0, la tension de sortie du 1er amplificateur opérationnel, nous avons :

$$v_0 = (1 + \frac{R_2}{R_1}) v_2$$

En considérant les amplificateurs opérationnels idéaux, à savoir $v_+ = v_-$, le courant dans les résistances R_1 et R_2 du 2ème amplificateur opérationnel est donné par l'égalité suivante:

$$\frac{v_1 - v_0}{R_2} = \frac{v_s - v_1}{R_1}, \text{ soit} (1 + \frac{R_2}{R_1}) v_1 = \frac{R_2}{R_1} v_s + v_0,$$

d'où :
$$v_s = \frac{R_1}{R_2} \left[(1 + \frac{R_2}{R_1}) v_1 - v_0 \right]$$

Nous avons alors, en remplaçant v_0 par son expression, la valeur de la tension de sortie de l'amplificateur d'instrumentation:

$$v_s = (1 + \frac{R_1}{R_2}) (v_1 - v_2)$$

Le gain est lié à 4 résistances, égales deux à deux. C'est la difficulté pour faire varier ce gain avec une seule résistance.

Le modèle suivant simule le circuit de cet amplificateur.

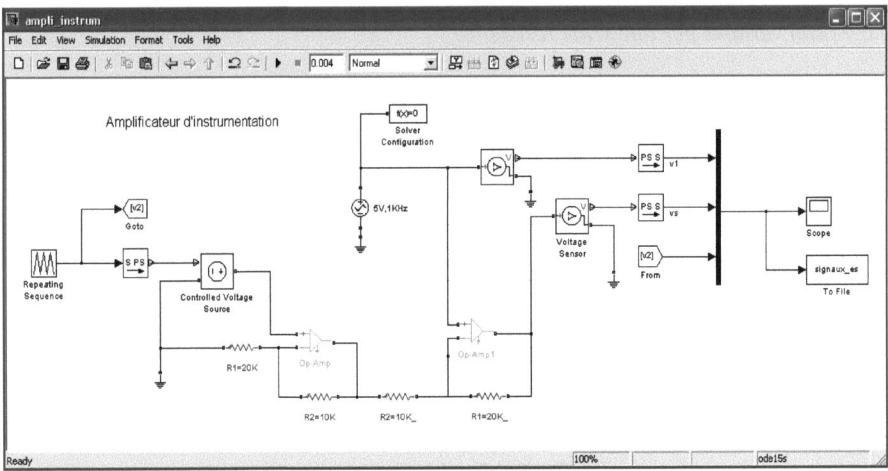

La figure suivante, représente les courbes des tensions d'entrée v_2 (triangle) et v_1 (sinusoïde) et la sortie v_s.
Les commandes qui réalisent ce tracé sont spécifiées dans la fonction Callback StopFcn.

On vérifie bien le gain différentiel de cet amplificateur.

La tension de sortie est nulle lorsque les deux tensions sont égales (points où les courbes de v_1 et v_2 se rencontrent).

Toutes les courbes se rencontrent, particulièrement aux instants t = 0,2 et 4 10^{-3}s.

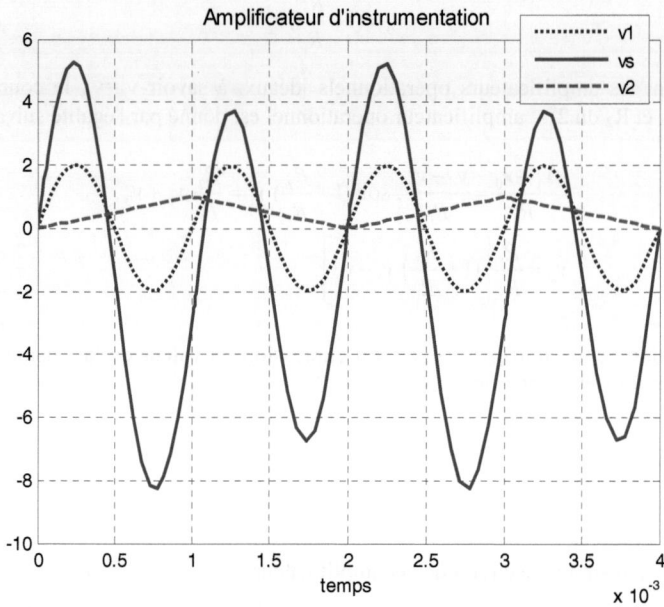

II.2.2. Gain variable par une seule résistance

Le montage suivant est un amplificateur d'instrumentation dont le gain différentiel peut être réglé par la variation de la seule résistance Rg.

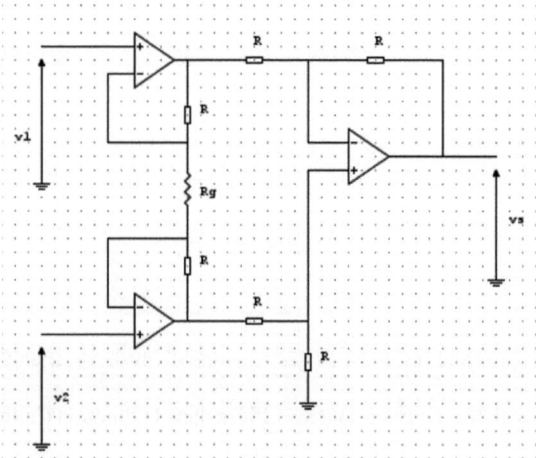

Si on appelle v_{s1} et v_{s2} les tensions de sortie des amplificateurs d'entrée, nous obtenons le schéma équivalent suivant.

Applications de Simscape

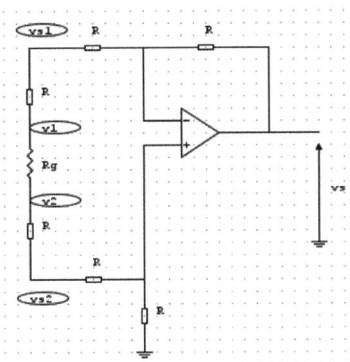

Les deux résistances de valeur R et celle de réglage R_g sont parcourues par le même courant en considérant les amplificateurs opérationnels parfaits.

$$\frac{v_1 - v_2}{R_g} = \frac{v_{s1} - v_{s2}}{2R + R_g}$$

En utilisant le théorème de Millman $v_s = v_{s2} - v_{s1}$, nous obtenons:

$$v_s = (1 + 2\frac{R}{R_g})(v_2 - v_1)$$

Le modèle suivant permet de simuler cet amplificateur d'instrumentation.

Comme dans le cas précédent, nous utilisons comme signaux d'entrée, v_1 sinusoïdal et v_2 triangulaire.

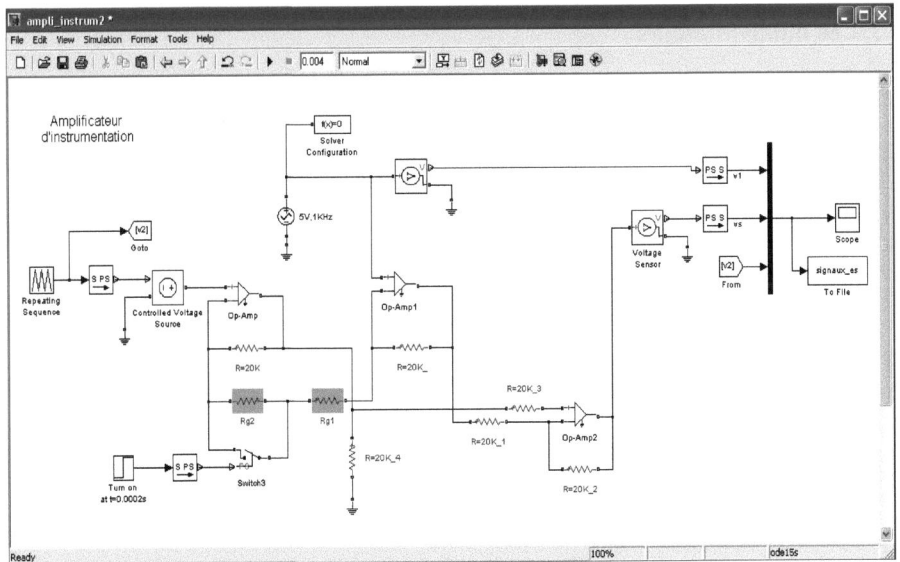

La figure suivante, tracée dans la fonction Callback StopFcn, montre les signaux d'entrée v_1, v_2 et le signal de sortie v_s.

Le gain a été augmenté en mettant en série la résistance Rg_2 à Rg_1.
La résistance Rg_2 est initialement court-circuitée par le switch qu'on ouvre à l'instant t=0.002s.

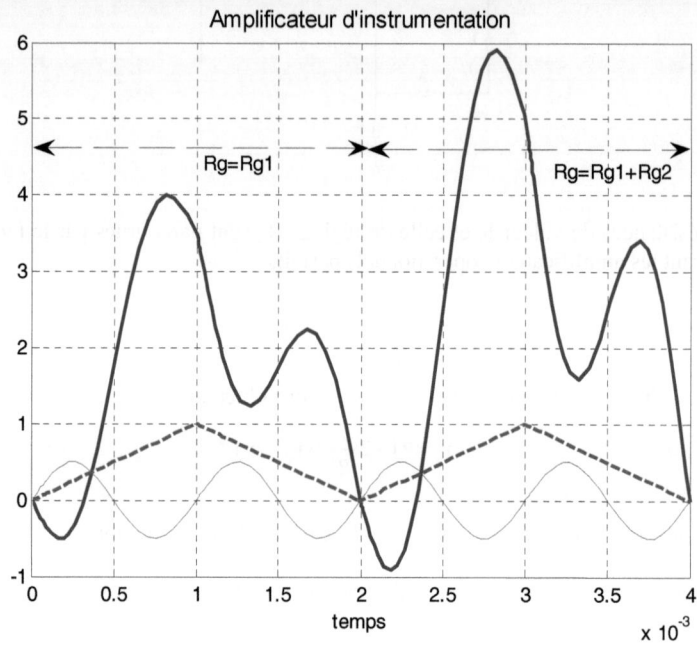

II.3. Les multivibrateurs

II.3.1. Multivibrateur astable

Un montage astable est un générateur de signaux rectangulaires. Dans le cas d'une réalisation à l'aide d'un amplificateur opérationnel, la tension de sortie peut avoir l'une des deux valeurs possibles, Vcc ou -Vcc.
Grâce au retour sur la borne positive de l'amplificateur opérationnel et à la charge et décharge du condensateur, la sortie bascule entre ces 2 valeurs.

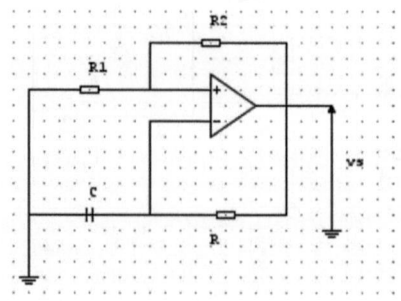

Du fait du retour sur la borne +, le système est toujours dans l'état saturé.

Supposons $v_+ > v_-$, la sortie est alors à $+V_{cc}$, la capacité C se charge à travers la résistance R_3, ce qui fait augmenter la tension v_- jusqu'à la valeur $\dfrac{R_1}{R_1+R_2} V_{cc}$ à partir de laquelle il y a basculement.

La période des oscillations vaut :

$$T = 2RC \ln(1+\dfrac{2R_1}{R_2})$$

Pour simuler cet oscillateur en utilisant les blocs de SimElectronics (Electrical Elements/Electrical), nous devons imposer une charge initiale de la capacité afin de provoquer les oscillations.

Ceci se fait grâce au switch de Simscape. Il est commandé par un signal physique qui le ferme lorsque sa valeur est supérieure à 0 ; ceci peut, néanmoins, se faire tout simplement par la spécification d'une valeur non nulle de la charge initiale de la capacité C.

Dans notre exemple, le switch est commandé par un échelon qui passe à la valeur 0 (switch ouvert) au temps t=0.1.

Lorsque l'interrupteur est fermé, on applique une tension continue de 1V grâce au bloc DC Voltage Source de la librairie Electrical/Electrical Sources de Foundation Library.

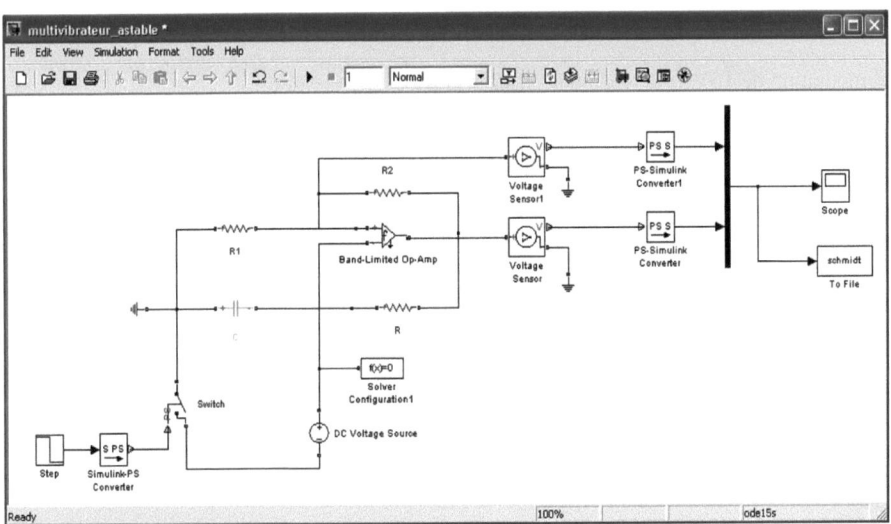

Les signaux v_+ et v_s sont sauvegardés dans le fichier binaire schmidt.mat. Les commandes suivantes, dans la fonction Callback StopFcn, permettent le tracé des courbes.

```
close all, clc
load schmidt.mat
plot(x(1,:),x(2,:),'--',x(1,:),x(3,:))
xlabel('temps'), grid
title('Multivibrateur astable à amplificateur opérationnel')
```

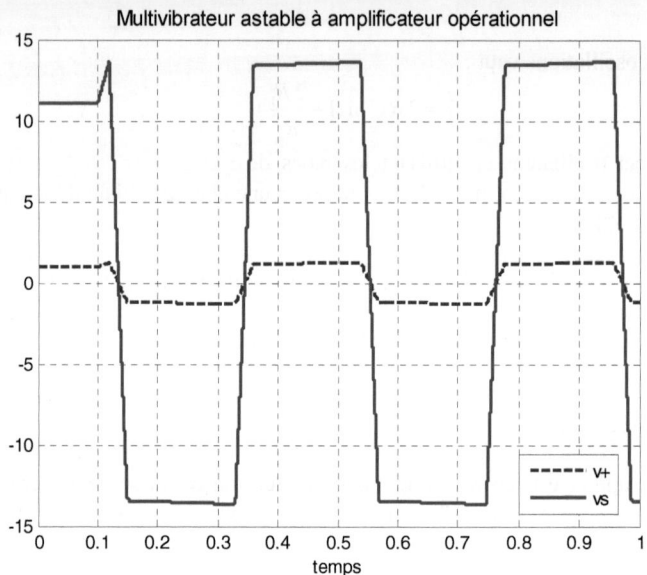

Nous remarquons que la sortie bascule entre les valeurs, positive et négative, de l'alimentation de 15V et la tension v_+ oscille entre $\pm \dfrac{R_1}{R_1+R_2} Vcc$

On se propose d'utiliser le même type de schéma que précédemment pour réaliser un générateur de créneaux à fréquence réglable par la résistance R.

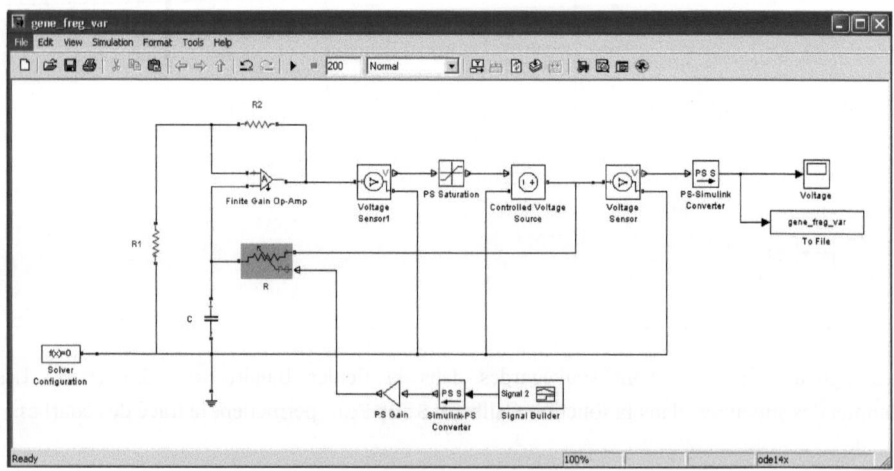

Applications de Simscape

On spécifie $R_1=R_2=10$ kΩ et on prend R comme résistance variable en utilisant le bloc Variable Resistor de Simscape, de la librairie Foundation Library/ Electrical/Electrical Elements. R prend 2 valeurs différentes, grâce au bloc Signal Builder qui commande la résistance variable Variable Resistor de Electrical Elements.

Nous obtenons bien un signal avec 2 fréquences différentes.

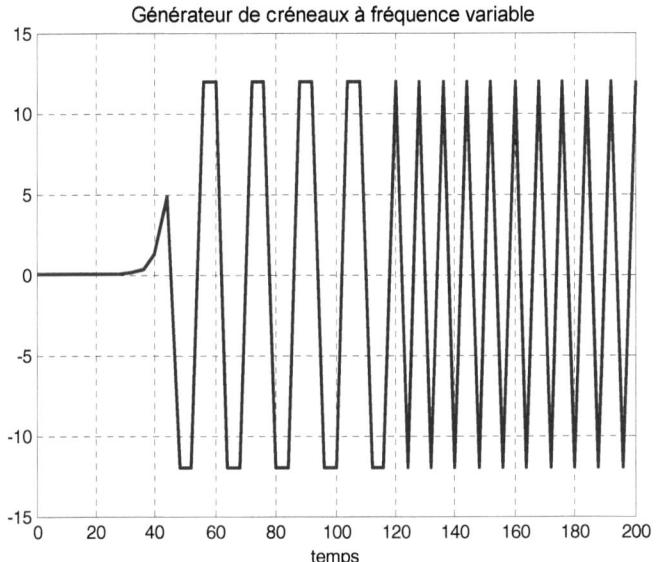

II.3.2. Multivibrateur astable à intégrateur

L'astable à intégration est donné par le modèle Simulink suivant dans lequel la sortie d'un montage intégrateur est bouclée à l'entrée positive d'un amplificateur opérationnel qui sert de trigger.

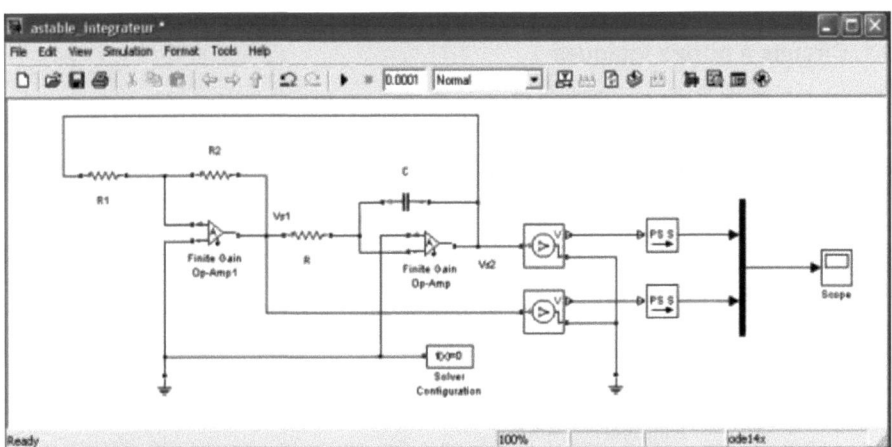

La sortie Vs₁ du trigger est égale à ±Vsat (toujours en saturation) à cause du retour sur l'entrée $V+$.

- Si $Vs_1 = -Vsat$, le condensateur se charge jusqu'à $+\dfrac{R_1}{R_2}Vsat$,

- Si $Vs_1 = Vsat$, le condensateur se décharge jusqu'à $-\dfrac{R_1}{R_2}Vsat$.

La charge et la décharge se font avec la constante de temps $\tau = RC$. La figure suivante montre la courbe de charge de la capacité et la sortie Vs₁ du montage trigger.

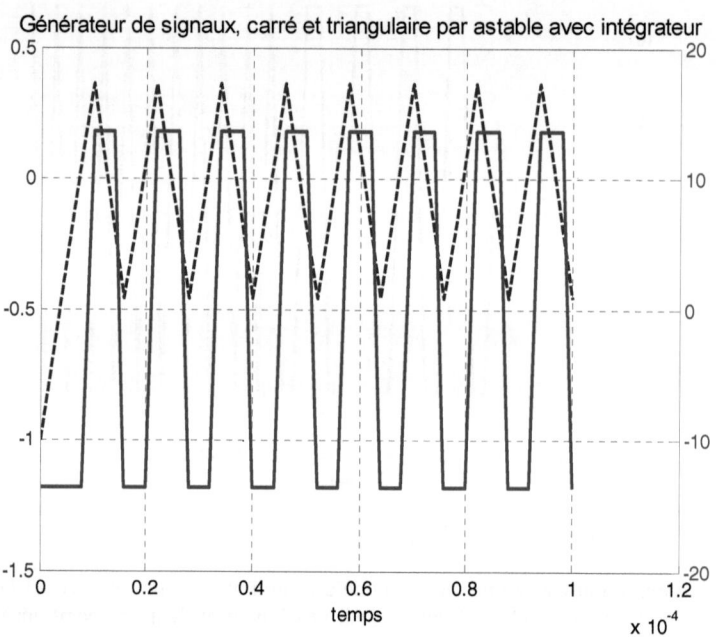

III. Oscillateurs rectangulaires

III.1. Circuits à portes logiques

III.1.1. Circuit NE 555

Le NE 555 est un circuit intégré utilisé comme temporisateur, astable ou monostable, créé en 1970 par Hans R. Camenzind et commercialisé en 1971 par Signetics.

Encore utilisé de nos jours par sa simplicité d'utilisation et son bas coût, il est fabriqué par milliard d'unités par an, sous plusieurs variantes :

                Fairchild : NE555
                Philips   : NE555D
                Texas instruments : SN52555
                National : LM555C

Applications de Simscape

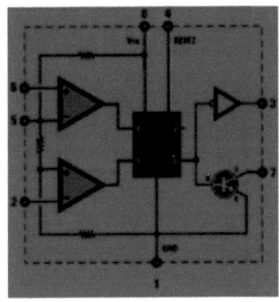
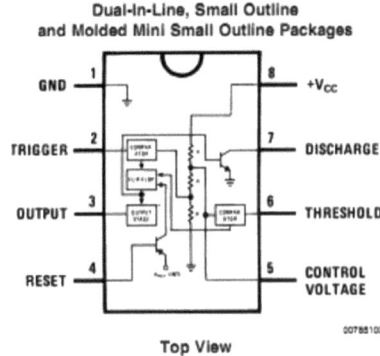

Il est présenté sous forme d'un boîtier 8 broches. NE 555
La structure du circuit NE 555 est composée de 2 comparateurs, une bascule RS, un transistor et 3 résistances de précision de 5Ω.

- **Schéma simplifié du NE 555**

On se propose de réaliser, sous Simscape, le schéma simplifié de ce circuit et de l'utiliser dans quelques applications.
Les 2 comparateurs du circuit interne du NE 555, permettent d'actionner les entrées de la bascule RS (R : Reset ou déclenchement, S : Set ou enclenchement) entre un seuil bas, $\frac{1}{3}Vcc$

et un seuil haut égal de $\frac{2}{3}Vcc$. Le transistor permet de décharger un condensateur externe en le court-circuitant. Dans le circuit suivant, nous utilisons les blocs dont on note, ci-dessous, la librairie correspondante.

Comparateur	Integrated Circuits
Porte inverseuse CMOS NAND	Logic
Bascule RS S-R Latch	Logic
Aop à bande limitée Band-Limited Op-Amp	Integrated Circuits
Transistor NPN NPN Bipolar Transistor	Semiconductor Devices

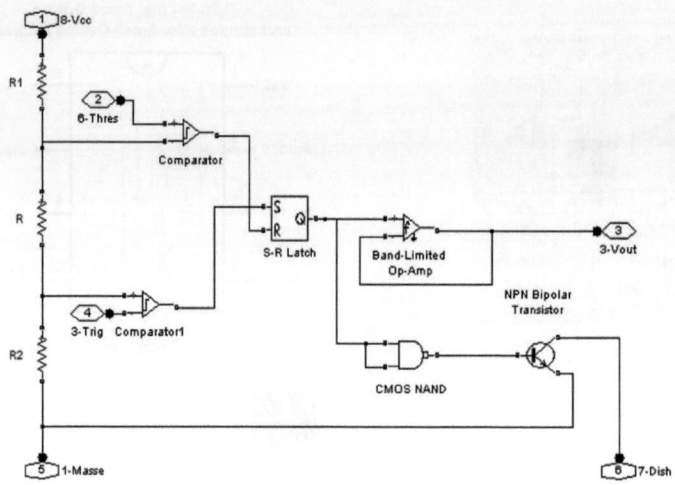

Ce circuit se présente sous forme du sous-système suivant :

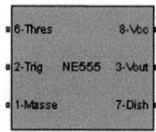

Le circuit intégré réel possède une vingtaine de transistors et une dizaine de résistances selon le fabricant.

- **Application au montage astable**

On se propose d'utiliser le masque du circuit NE 555 pour réaliser un multivibrateur astable avec le modèle Simulink suivant.

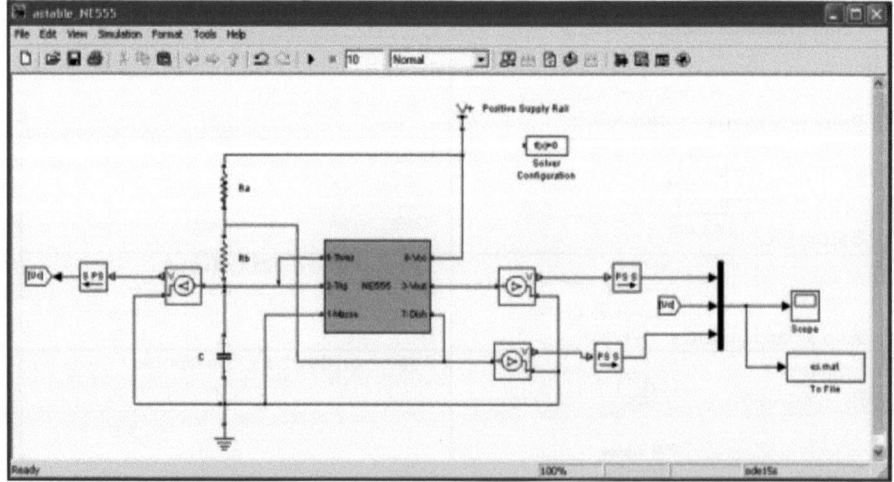

Applications de Simscape 211

Pour comprendre le fonctionnement, nous allons nous référer au circuit interne précédent.
Lorsque la sortie Q de la bascule RS vaut 1, la porte NAND applique la valeur 0 au transistor qui se bloque.

La capacité C se charge à la valeur du seuil haut de $\frac{2}{3}Vcc \approx 3.3333V$ à travers les 2 résistances Ra et Rb. Lorsque la tension aux bornes de la capacité dépasse le seuil haut, la sortie du comparateur passe à 1, ce qui met la sortie de la bascule à 0.

La porte NAND sature le transistor par l'application, à sa base, de la valeur logique 1, ainsi la tension V_{CE} de saturation, V_{CEsat}, s'applique aux bornes de la capacité. Ceci entraîne sa décharge à travers la résistance R_b jusqu'à la valeur du seuil bas de $\frac{1}{3}Vcc \approx 1.6667V$.

La fréquence d'oscillation dépend des composants Ra, Rb et C.

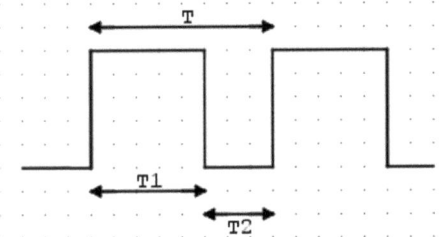

Comme la charge se fait à travers Ra et Rb et la charge sur Rb, les durées des niveaux, haut et bas sont :

$$T1 = 0.7(Ra+Rb)C \qquad T2 = 0.7\,Rb\,C$$

On remarque qu'on ne peut pas avoir un signal carré avec un rapport cyclique de 50%.

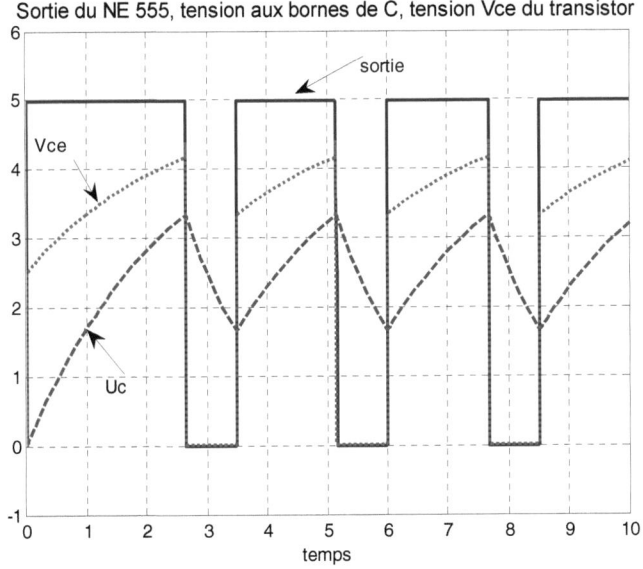

Cette courbe représente :

- la tension de sortie du circuit entre 0 et 5V,
- la charge et la décharge du condensateur entre les seuils, haut et bas, fixés par les résistances de 5 Ω de précision du NE 555,
- la tension Vce du transistor.

La fréquence de ce signal vaut :

$$f = \frac{1}{T} = \frac{1}{T1+T2} = \frac{1}{0.7\,(Ra+2Rb)C} \approx \frac{1.44}{(Ra+2Rb)C}$$

- **Rapport cyclique variable**

Le rapport cyclique $\delta = \dfrac{Ra+Rb}{Ra+2Rb}$ est toujours inférieur à 50%.

Pour obtenir un rapport cyclique variable entre 0 et 1, nous branchons une diode bypass en parallèle à Rb.

Dans ce cas, le rapport cyclique vaut $\delta = \dfrac{Ra}{Ra+Rb}$.

Durant la charge de la capacité, on ne tient pas en compte la résistance Rb à cause de la diode « bypass » en parallèle, qui la court-circuite.

Le modèle suivant réalise ce montage à rapport cyclique variable.

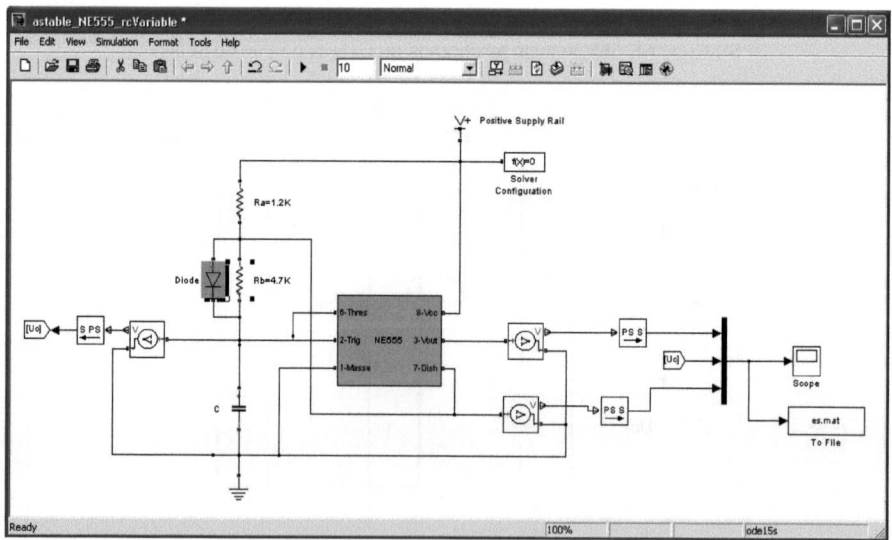

Avec $Ra = 1.2\,k\Omega$ et $Rb = 4.7\,k\Omega$, nous obtenons le rapport cyclique de 20% environ, comme le montre la figure suivante qui représente la tension de sortie du NE 555 et la tension aux bornes de la capacité.

Applications de Simscape 213

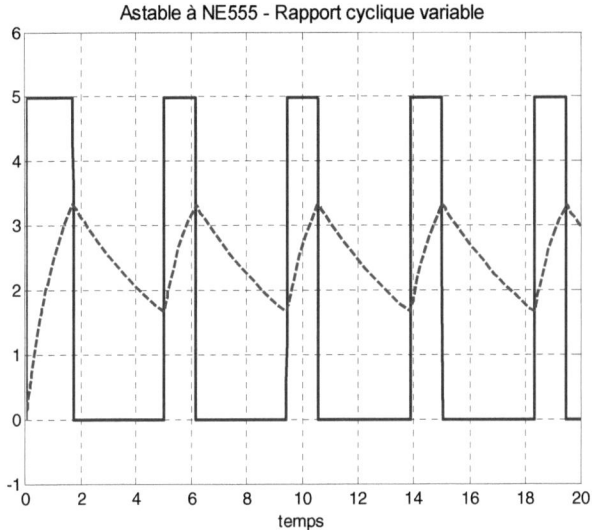

Le rapport cyclique de ce signal est d'environ 20%,

$$\delta = \frac{Ra}{Ra+Rb} = \frac{1.2}{1.2+4.7} = 20.34\%$$

- **Exemple des feux de détresse d'un véhicule**

Une application réelle de l'astable est le système des feux de détresse d'un véhicule, donné par le modèle Simulink suivant. Nous utilisons l'astable à NE 555 pour commander une LED de la boite à outils `Gauges Blockset`. Pour mettre en route ou arrêter le clignotement, on utilise le switch manuel de Simulink qui permet de connecter ou déconnecter le condensateur C grâce au bloc `Switch` de Simscape que l'on commande par un niveau logique (1 ouvert et 0 fermé).

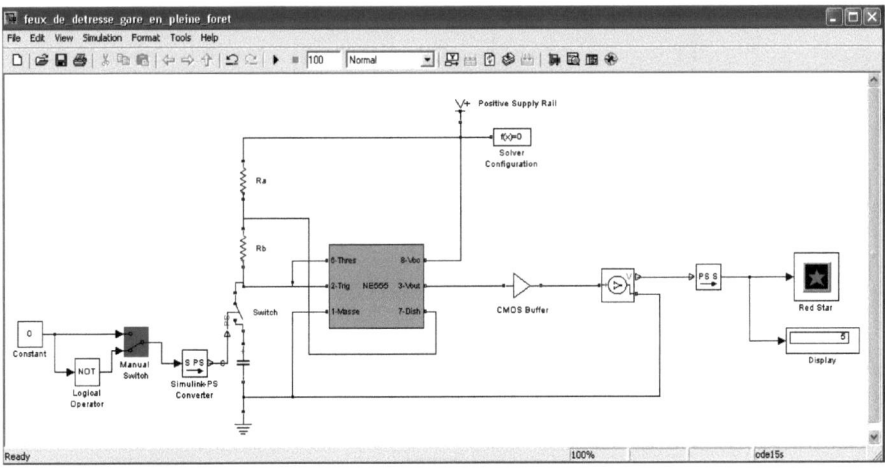

III.1.2. Astable à portes NOR ou NAND

L'astable à 2 portes logiques NOR est donné par le modèle suivant. La fréquence du signal est fixée par la résistance R et la capacité C.

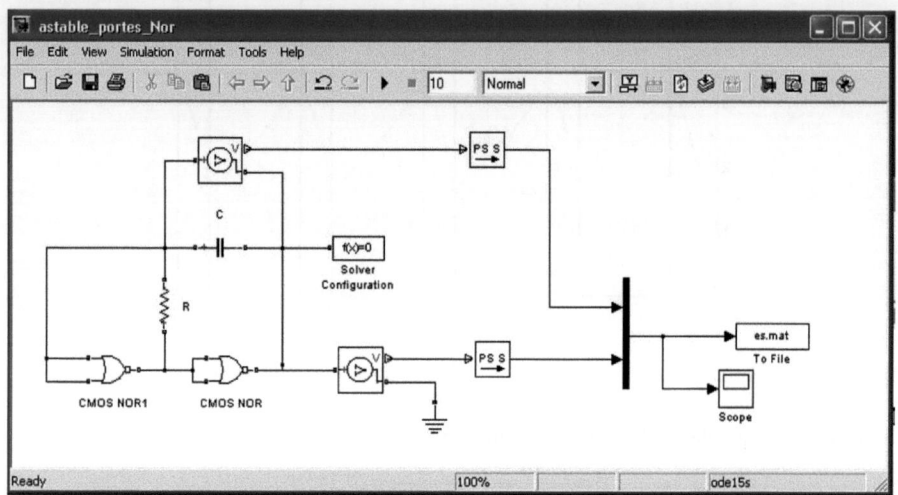

Le condensateur effectue un cycle de charge et décharge à travers la résistance R. La sortie vaut Vsat ou 0.
La période $T = 2RC\ln(3) \approx 2.64s$ est vérifiée par les courbes ci-dessous.

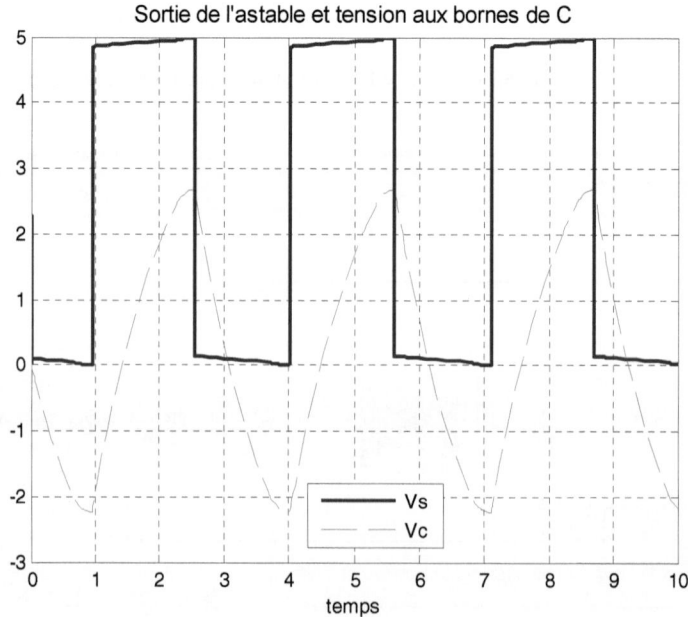

Le modèle suivant représente un astable qui fournit un signal à rapport cyclique réglable grâce à une diode et une résistance supplémentaires.

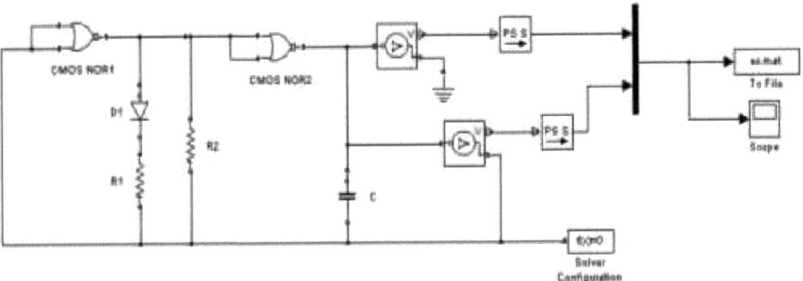

Pour modifier le rapport cyclique, on modifie la constante de temps $\tau = RC$ de sorte que la durée de la charge et celle de la décharge soient différentes.

Dans un cas, les résistances R_1 et R_2 sont en parallèle, dans l'autre il n'y a que R_2 quand la diode est bloquée.

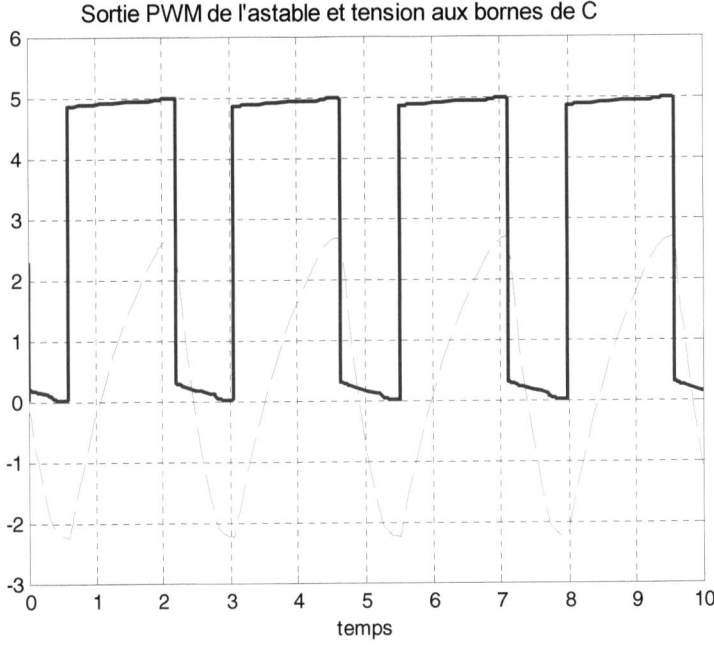

Le rapport cyclique est donné par :

$$rc = \frac{R_1}{R_1 + R} \text{ avec } R = R_1 // R_2$$

Dans notre cas, $R_1 = R_2 = 10\text{k}\Omega$, soit $rc = \frac{2}{3} = 0.67$, soit 67%.

On peut utiliser aussi les portes NAND; le résultat sera identique puisque les portes sont utilisées uniquement en tant qu'inverseurs. Nous pouvons utiliser directement les portes NOT.

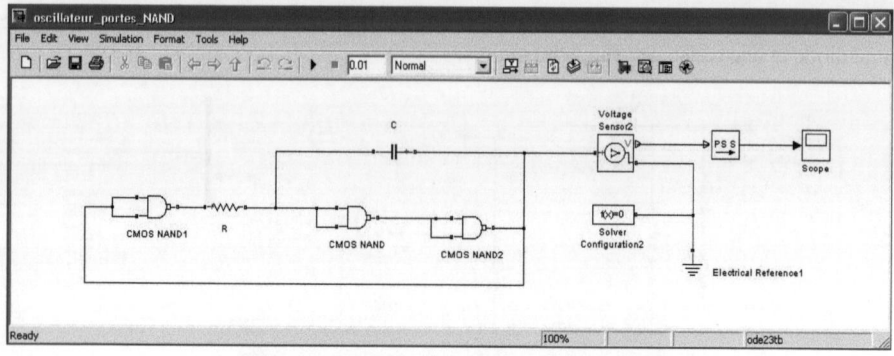

La sortie de cet oscillateur est identique à celui réalisé avec des portes NOR.

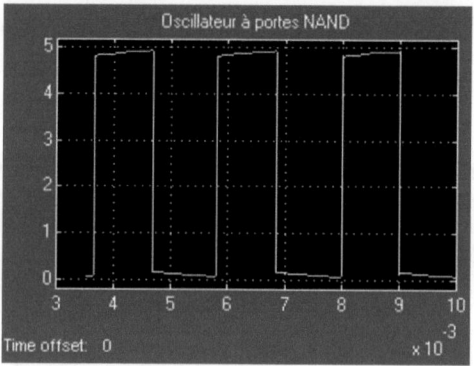

Dans le modèle suivant, nous avons utilisé une porte NOT. Les 2 portes NAND en cascade sont remplacées par un bloc BUFFER.

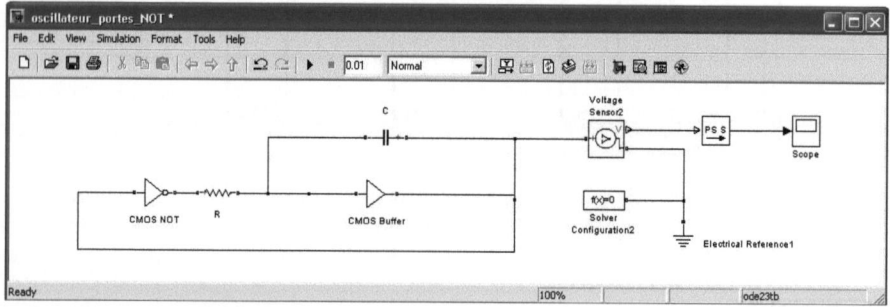

III.2. Astable à transistors

Le multivibrateur astable est constitué de 2 transistors. Le collecteur de chaque transistor est relié à la base de l'autre par une liaison capacitive.
Les résistances de polarisation des bases doivent être très grandes devant celles des collecteurs.

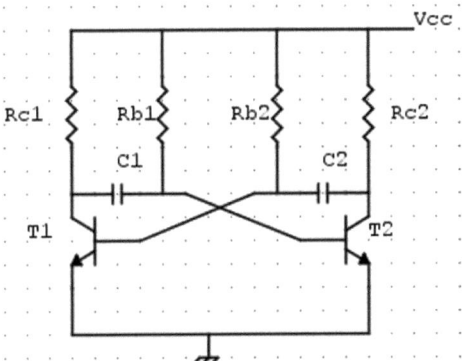

Supposons que les condensateurs sont initialement déchargés. Les deux transistors ne peuvent pas se saturer, ni se bloquer en même temps.
On suppose initialement que T1 est bloqué et T2 saturé. Supposons que la base de T1 devient légèrement positive, alors il se sature. Son potentiel de collecteur diminue brutalement jusqu'à V_{CEsat} ; ainsi le potentiel de la base de T2 passe de 0.6V à $-V_{cc}$, alors il se bloque.
Le potentiel de son collecteur croît vers Vcc.
Le condensateur C2 se charge à travers Rc2 et la jonction base-émetteur de T1, C1 se charge à travers Rb2 et l'espace Vce du transistor T1.
La charge de T1 fait passer le potentiel de base de T2 au niveau du seuil pour lequel il se sature. Le même effet se réalise pour T1 et la capacité C2.
Les calculs donnent la valeur suivante de la période des oscillations :
$$T = 0.7\,(R_{b1}\,C_2 + R_{b2}\,C_1)$$

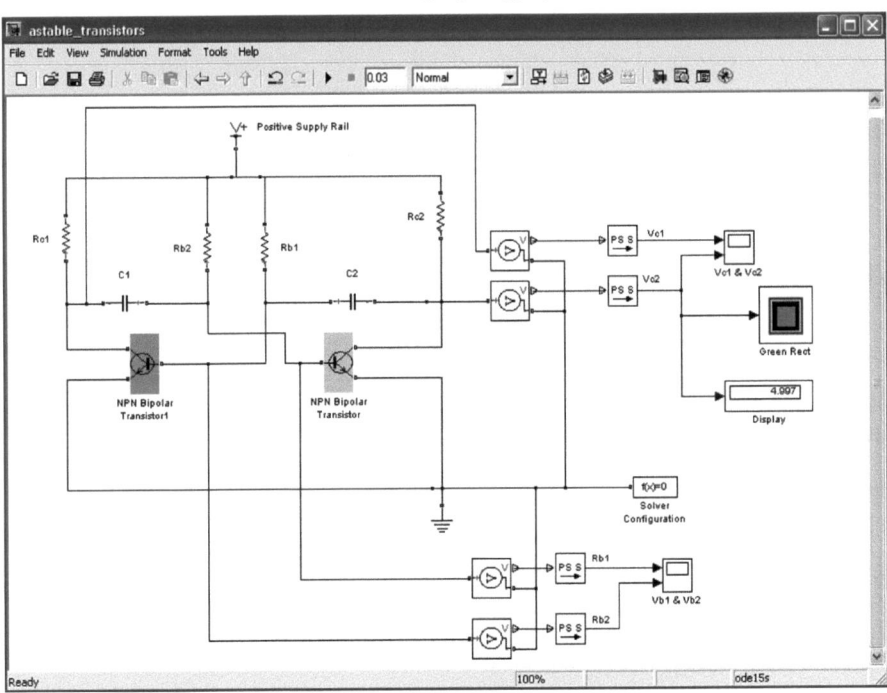

Les oscilloscopes suivants représentent les potentiels de base et de collecteur des transistors T_1 et T_2.

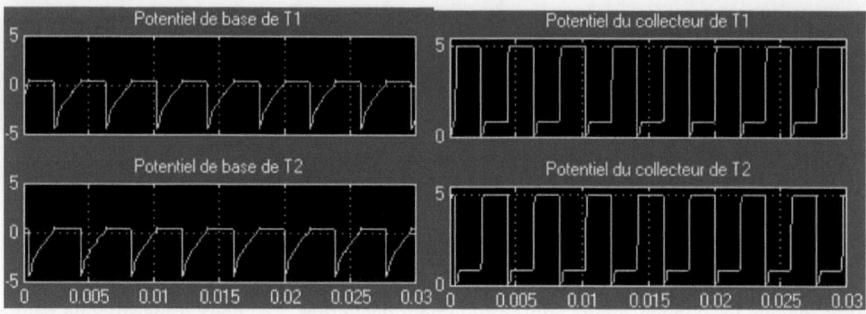

IV. Oscillateurs sinusoïdaux

IV.1. Oscillateur à pont de Wien

Dans le montage à pont de Wien, le retour vers la borne positive se fait à travers la cellule donnée par le circuit suivant.

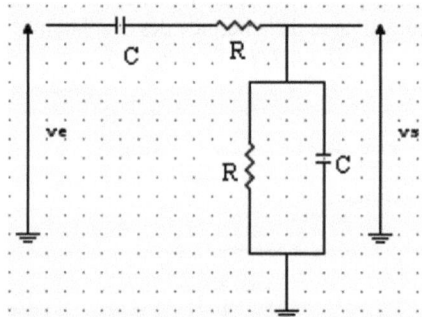

La fonction de transfert de ce circuit est donnée par :

$$\frac{vs}{ve} = \frac{RCp}{1+3RCp+RC\,p^2}$$

Ce circuit constitue un filtre passe bande.

Cette fonction de transfert peut être mise sous la forme suivante, en fonction de la pulsation :

$$\frac{vs}{ve} = \frac{1}{\dfrac{1}{jRCw}+3+jRCw} = \frac{1}{3+j(\dfrac{w}{w_0}-\dfrac{w_0}{w})}$$

Pour $w = w_0$, cette fonction de transfert est réelle et égale à $\dfrac{1}{3}$.

Applications de Simscape 219

On appelle A, la chaîne directe, de gain GA, et de phase φA. GB et φB sont le gain et la phase de la chaîne de retour comme le circuit précédent.

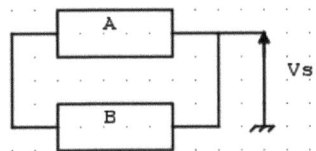

La condition d'oscillation est donnée par les 2 conditions suivantes:

$$GA * GB = 1 \text{ et } \varphi A + \varphi B = 0 = \pm 2\pi = \pm 360°.$$

Dans la pratique, il est difficile de réaliser avec exactitude la relation GA.GB = 1 principalement à cause de la dérive des caractéristiques des composants avec la température et le vieillissement.

Au bout d'un certain temps :
- soit on se retrouve avec GA*GB<1, soit GB<1/GA, le signal de sortie décroît pour finalement s'annuler.
- soit GA*GB >1, soit GB>1/GA, donc Vs croît jusqu'à sa saturation à la valeur maximale de l'alimentation.

Dans le modèle suivant qui simule cet oscillateur, nous avons utilisé R_1 comme résistance variable.

Avant et après l'instant t=30, on utilise respectivement les valeurs de $1 k\Omega$ et $0.99 k\Omega$ pour la résistance R_1.

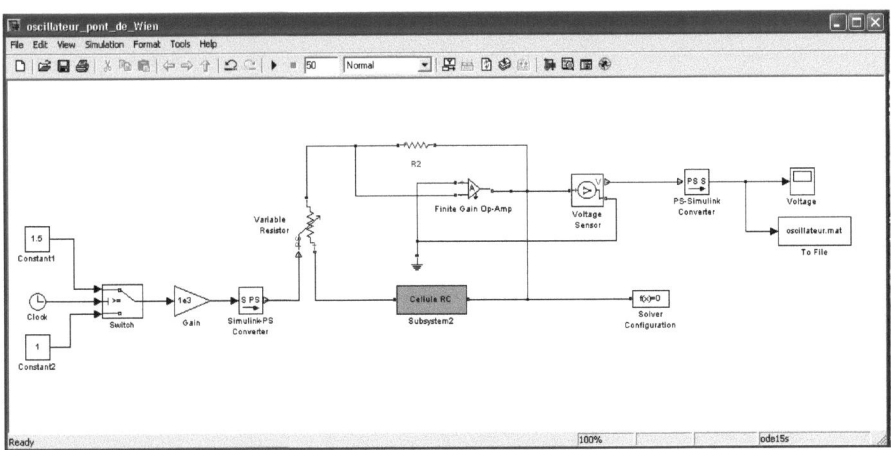

Après un régime transitoire, le signal de sortie se stabilise dans une forme purement sinusoïdale, comme on l'observe dans la figure suivante à laquelle on a fait un zoom vers la fin du régime établi.

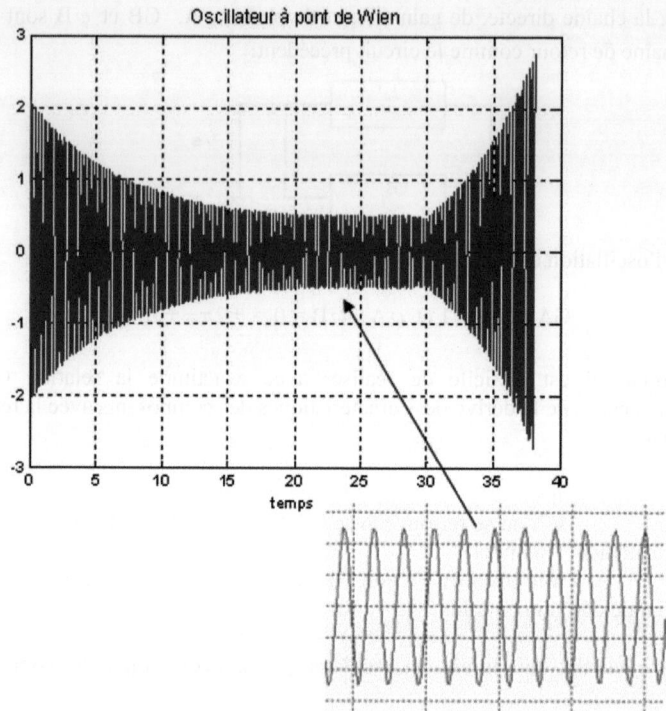

Dès qu'on choisit la valeur $R_1 = 0.99\,k\Omega$, le gain de l'amplificateur devient plus grand que 3 ; la sortie diverge pour se saturer à la valeur $\pm V_{cc}$.

IV.2. Oscillateur à déphasage

Comme pour l'oscillateur à pont de Wien, nous utilisons le circuit suivant comme chaîne de réaction de l'amplificateur.

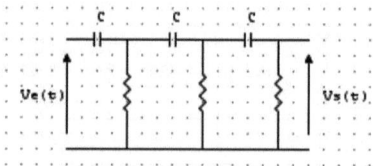

Cette chaîne de réaction possède la fonction de transfert suivante :

$$B(jw) = \frac{(RCp)^3}{(RCp)^3 + 6(RCp)^2 + 5\,RCp + 1}\ , \text{ avec } R = 1k\Omega,\ C = 10\mu F$$

Nous allons tracer son diagramme de Bode grâce aux lignes de commande suivantes.

```
R=1e3; C=0.01e-3;
num=[(R*C)^3 0 0 0];
den=[(R*C)^3 6*(R*C)^2 5*R*C 1];
Sys=tf(num,den); bode(Sys);
grid
title('Cellule de réaction - Oscillateur à déphasage')
```

Applications de Simscape

En fonction de la pulsation w, le module de cette fonction de transfert se présente comme suit :

$$B(jw) = \frac{R^3 C^3 w^3}{(R^3 C^3 w^3 - 5RCw) + j(1 - 6R^2 C^2 w^2)}$$

B(jw) est réelle et égale à :

$$B(jw_0) = -\frac{1}{29}$$

```
>> w0=1/(R*C*sqrt(6))
w0 =
    4.0825
```

Sur la courbe suivante, nous vérifions la valeur du gain à cette pulsation, égal à 1/29 et une phase de 180°.

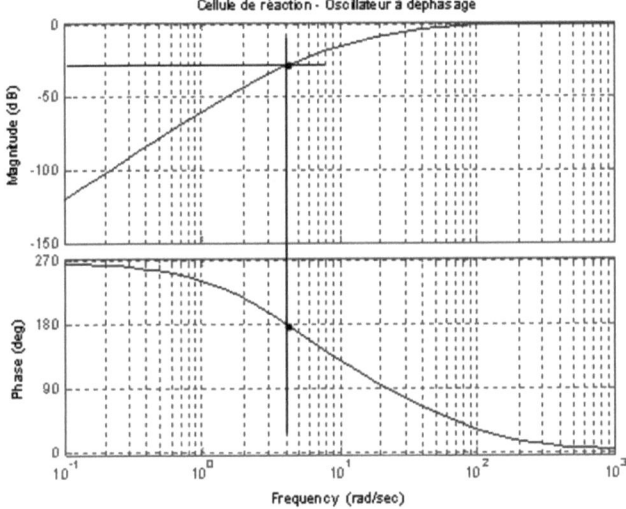

Une des 3 résistances du circuit de réaction est utilisée pour réaliser le gain $-\frac{R_1}{R} = -29$ de la chaîne directe effectuée par l'amplificateur inverseur.

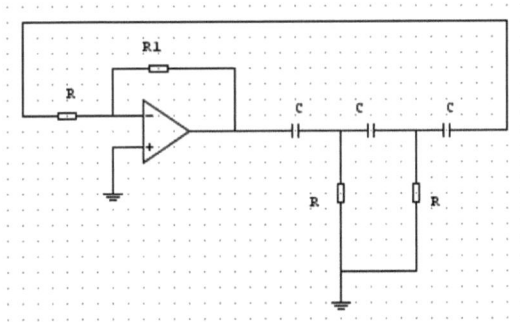

Le modèle suivant simule cet oscillateur à déphasage.

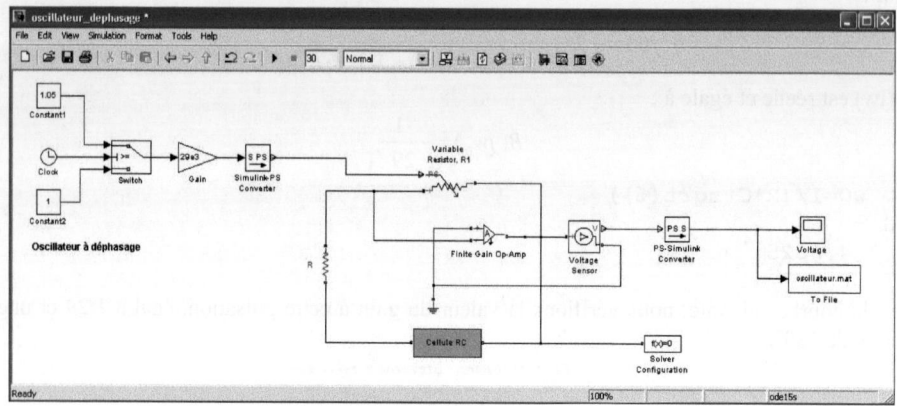

La résistance R_1 varie de 1 $k\Omega$ à 1.05 $k\Omega$ à l'instant t=25s. La sortie diverge après cet instant.

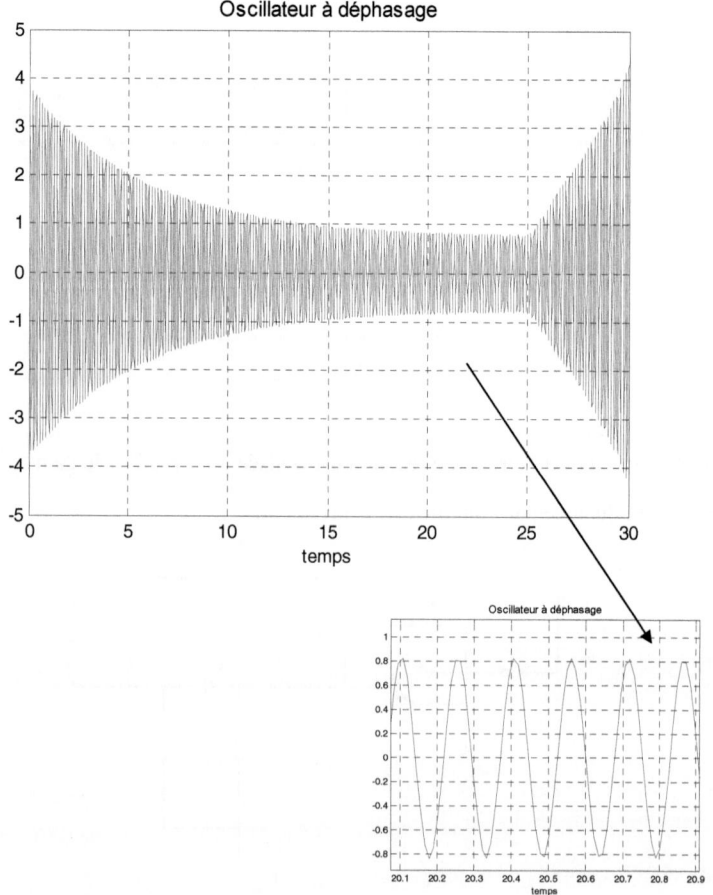

IV.3. Oscillateur LC

IV.3.1. Résistance négative simulée

Lorsque la bobine L possède une résistance de fuite r, le système composé de cette bobine et un condensateur, ne peut osciller à cause de l'amortissement du à cette résistance.
Pour qu'il y ait oscillation, il faut neutraliser cette résistance par un montage à amplificateur opérationnel qui simule une résistance négative.
Le montage qui simule une résistance négative est le suivant :

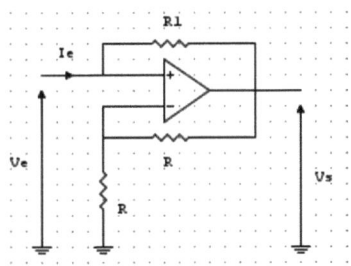

Nous avons, par la borne + de l'amplificateur opérationnel, $ve - vs = R_1 Ie$. Au niveau de la borne -, en admettant que l'amplificateur est parfait $(v_- = v_+)$, nous avons $\dfrac{ve}{R} = \dfrac{vs}{2R}$, soit $vs = 2\, ve$.

A partir du résultat précédent, nous déduisons $ve = -R_1 Ie$.

Le circuit précédent présente bien, à l'entrée, une résistance négative, égale en valeur absolue à la résistance R_1 placée entre l'entrée (borne +) et la sortie.
Le circuit est représenté par le sous-système suivant.

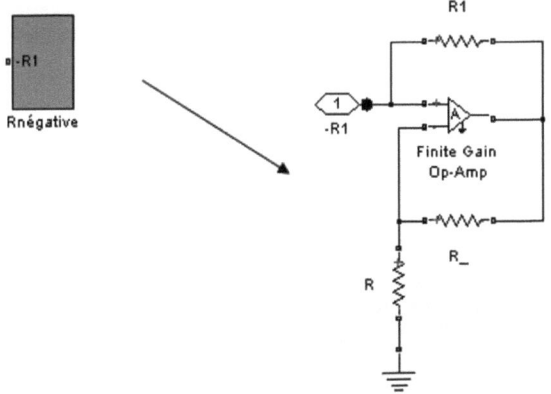

Dans le montage suivant, nous avons branché cette résistance négative à une source de tension sinusoïdale (AC Voltage Source).

Nous avons utilisé un ampèremètre (Current Sensor) et un voltmètre (Voltage Sensor) pour mesurer le courant qui circule dans cette résistance et la tension à ses bornes.

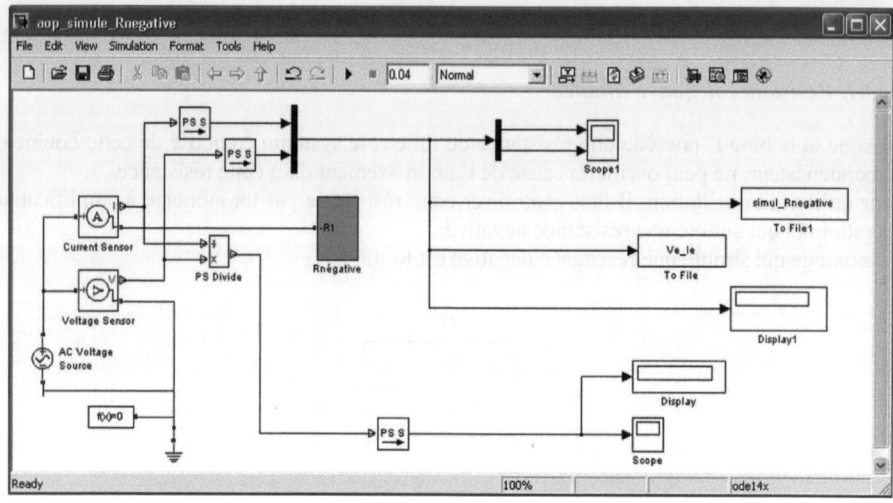

Nous remarquons que la tension et le courant d'entrée sont bien en opposition de phase.

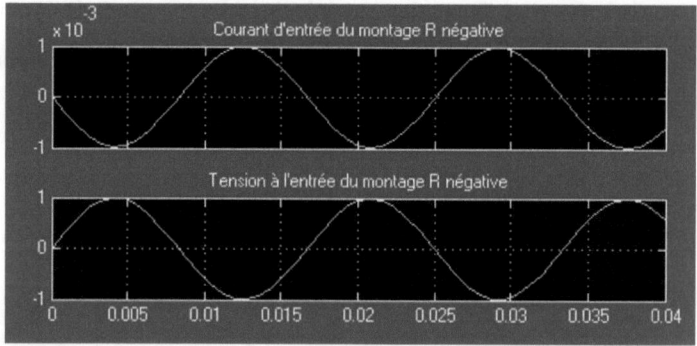

Le rapport instantané de la tension sur le courant vaut -1004 soit $-R_1$ environ, comme on le voit sur l'afficheur `Display` ainsi que dans la courbe suivante, après un certain temps du régime transitoire.

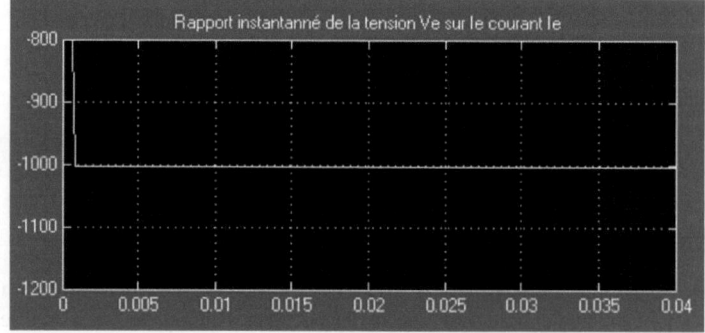

La figure suivante représente la caractéristique u=f(i). Elle est linéaire et la pente, négative, égale à $R_1=10^3\,\Omega$ en valeur absolue, est la valeur de la résistance vue à l'entrée du montage.

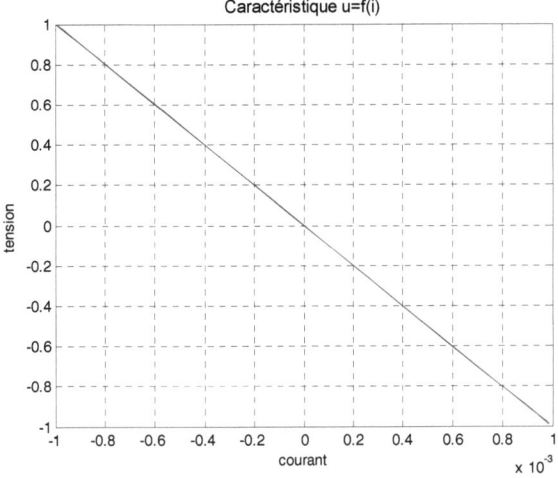

IV.3.2. Association avec un circuit RLC

Avant d'utiliser l'oscillateur LC, nous allons étudier la réponse indicielle d'un système du 2nd ordre selon les valeurs de son coefficient d'amortissement ξ. Nous considérons un circuit RLC auquel on applique un échelon et dont nous changeons le coefficient d'amortissement par la modification de la valeur de la résistance R.

La tension de sortie est prise aux bornes de la capacité. La fonction de transfert est donnée par :

$$H(p)=\frac{1}{1+RC\,p+LC\,p^2}=\frac{1}{1+\dfrac{2\xi}{w_0}p+\dfrac{p^2}{w_0^2}}\ \text{avec}\ \xi=\frac{1}{2}R\sqrt{\frac{C}{L}}.$$

On peut ainsi contrôler le coefficient d'amortissement par la valeur de la résistance R avec $R=2\xi\sqrt{\dfrac{L}{C}}$.

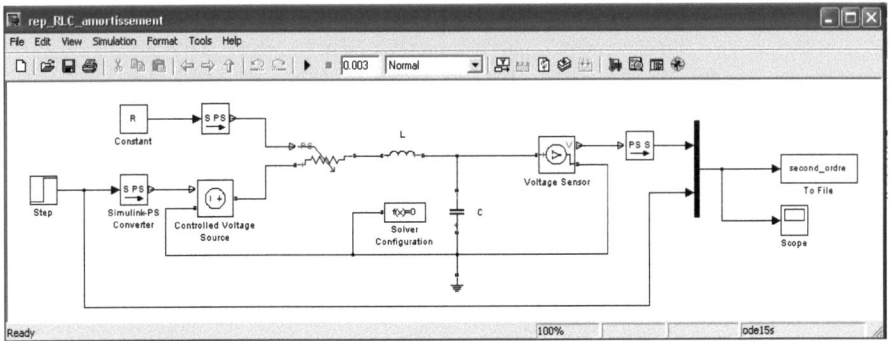

Dans la fonction Callback InitFcn, nous imposons une valeur pour le coefficient d'amortissement ξ et nous déduisons la valeur de la résistance correspondante.

- Système amorti, sous amorti et optimal :

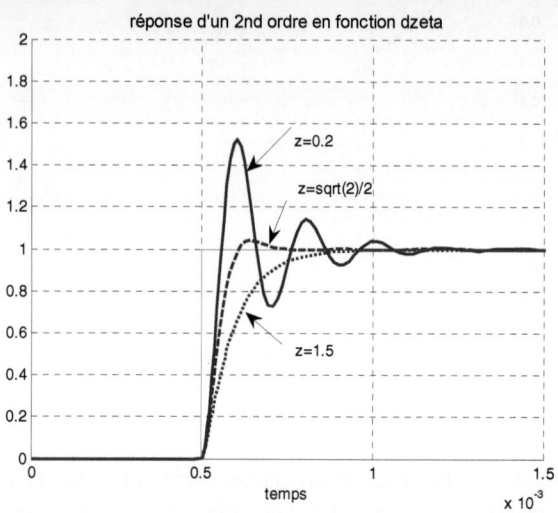

- Système à amortissement nul (sinusoïdal pur) :

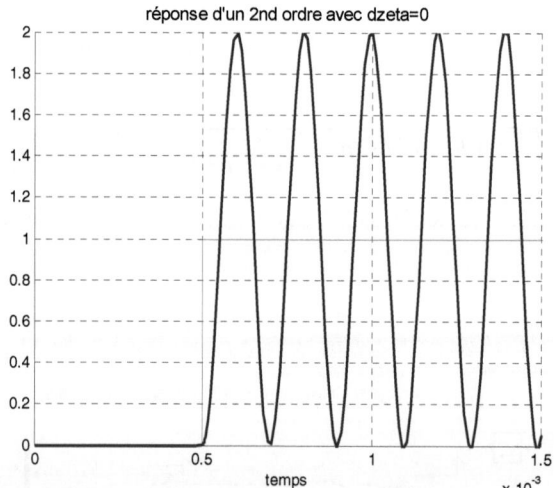

Lorsque l'amortissement est nul, nous observons des oscillations pures.
C'est le principe des oscillateurs LC pour lesquels, on compense la résistance R du circuit RLC de départ par une résistance négative, -R, qu'on simule par un montage à amplificateur opérationnel.

Dans le modèle suivant, nous avons un circuit RLC en série à l'entrée de l'amplificateur opérationnel qui simule une résistance négative.

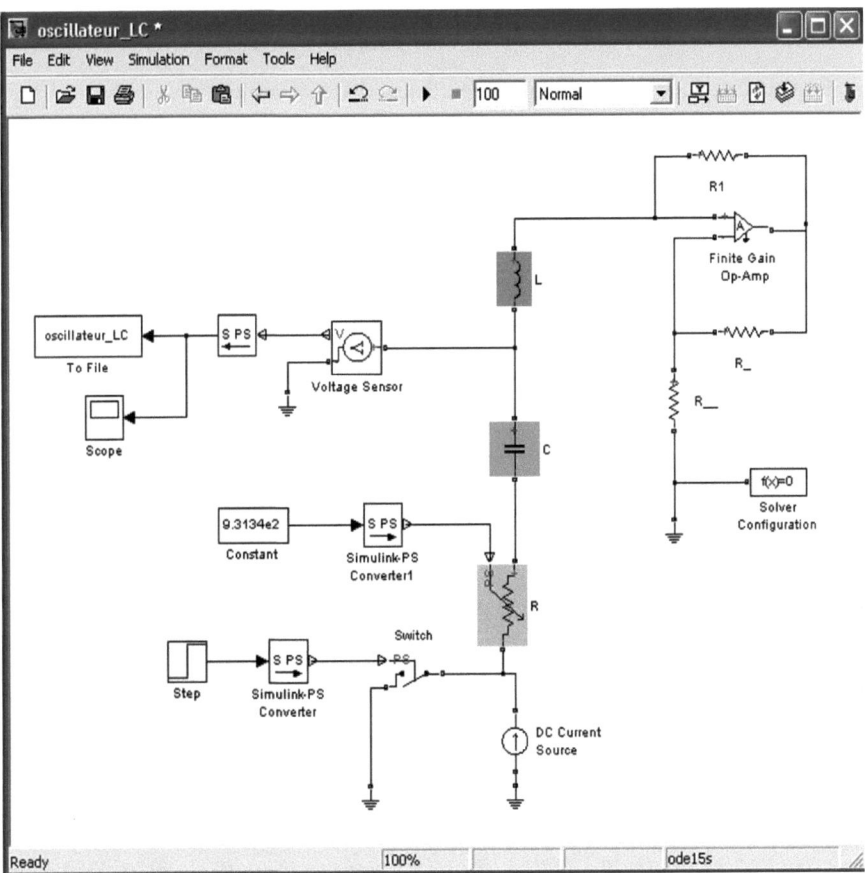

Pour que le système oscille, la résistance négative, -R1, doit compenser la résistance R. D'autre part, le circuit doit recevoir une énergie qu'il doit conserver lors des oscillations.

Pour cela, nous avons prévu le générateur de courant, DC Current Source, qu'on branche au circuit RLC, au départ, durant 0.01s, grâce au bloc Switch.

A cause des résistances de fuite de la capacité, de l'inductance et de la valeur de la résistance négative, nous avons du utiliser le bloc Variable Resistor que l'on règle à la valeur qui permet les oscillations.

Le circuit est régi par l'équation différentielle suivante :

$$\frac{d^2i}{dt^2} + \frac{R-R_1}{L}\frac{di}{dt} + w_0^2 i = 0, \text{ avec } w_0 = \frac{1}{\sqrt{LC}}$$

Lorsque $R = R_1$, le système oscille car il n'y a aucun élément résistif qui l'amortit en consommant de l'énergie.

L'équation caractéristique du courant i du circuit est donnée par :

$$p^2 + \frac{R-R_1}{L}p + w_0^2$$

On fait apparaître, dans cette équation, le coefficient d'amortissement :

$$\xi = \frac{R-R_1}{2}\sqrt{\frac{C}{L}}$$

Dans le cas d'un circuit RLC, le coefficient d'amortissement est donné par $\xi = \dfrac{R-R_1}{2}\sqrt{\dfrac{C}{L}}$

Lorsque R est égale à R1, ce coefficient est nul, le circuit RLC devient oscillant.

La courbe suivante représente les oscillations du circuit.

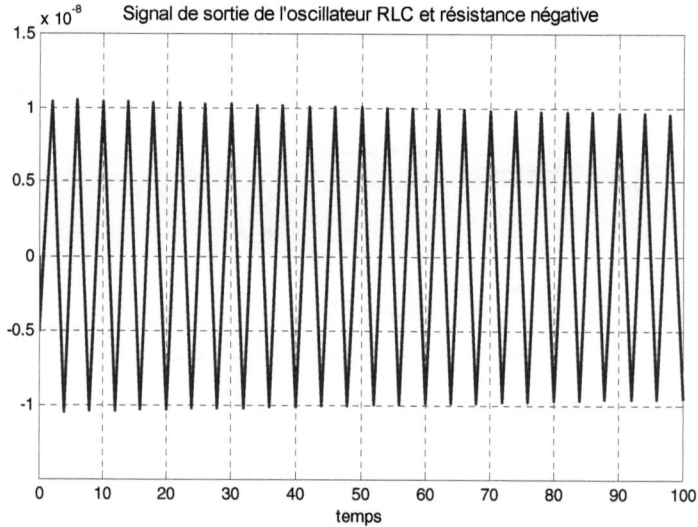

IV.3.3. Circuit RLC oscillant avec simulateur d'inductance et de capacité

- **Simulateur d'inductance**

Le simulateur d'inductance est donné par le montage suivant.

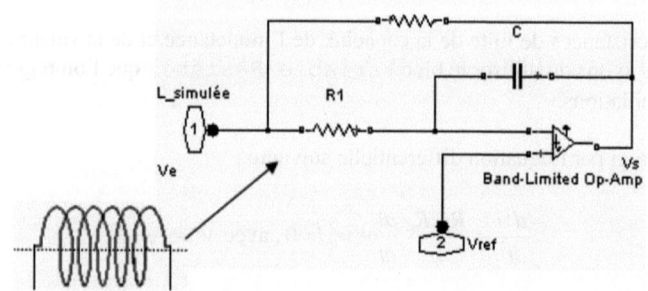

Le courant d'entrée est la somme de ceux qui passent dans R_1 et R_2, qu'on note respectivement i_1 et i_2.
On suppose que l'amplificateur opérationnel est parfait, à savoir $V_+ = V_-$ et que l'entrée V_{ref} est reliée à la masse.

$$i_1 = \frac{V_e}{R_1}$$

Or le 2ème amplificateur opérationnel agit comme intégrateur, soit :

$$V_s = -\frac{1}{R_1 C p} V_e$$

Le courant i_2 qui passe dans la résistance R_2 est donné par :

$$i_2 = \frac{V_e - V_s}{R_2} = (1 + \frac{1}{R_1 C p}) V_e$$

Le courant d'entrée I_e est alors donné par :

$$I_e = i_1 + i_2 = (\frac{1}{R_1} + \frac{1}{R_2} + \frac{1}{R_1 R_2 C p}) V_e$$

Le montage présente à son entrée les 2 résistances R_1 et R_2 en parallèle et une inductance égale à $L = R_1 R_2 C$.

Dans le modèle suivant, nous appliquons la même tension de 1V à travers une résistance R.
Les valeurs des résistances R, R_1, R_2 et de la capacité C sont spécifiées dans la fonction Callback InitFcn.

```
R1=1e3;
R2=R1;
R=R1;
C=10e-3;
```

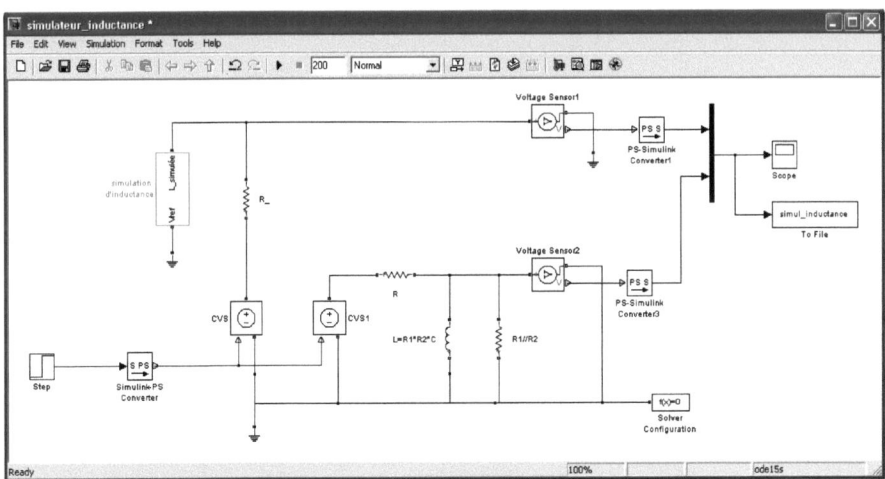

Comme le montre la figure suivante, les tensions aux bornes de l'inductance simulée et de son circuit équivalent électrique, sont identiques.

En régime permanent, la tension s'annule car l'impédance de la bobine est nulle.

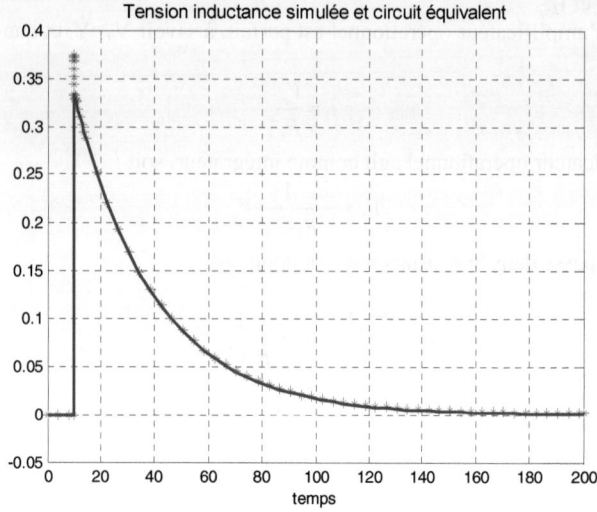

- **Simulateur de capacité**

Le montage suivant permet de simuler une capacité plus grande que celle qui est présente dans le circuit.

Notons I_e, le courant d'entrée du montage. Du fait de l'impédance supposée infinie de l'amplificateur opérationnel Finite Gain Op-Amp, le courant I_e passe entièrement dans la capacité C. Le 2ème amplificateur opérationnel agit comme inverseur.

Nous avons ainsi : $V_s = -\dfrac{R_2}{R_1} V_e$, et $V_e - V_s = \dfrac{I_e}{Cp}$ d'où $V_e = \dfrac{I_e}{(1+\dfrac{R_2}{R_1})Cp}$

Le montage simule ainsi, à son entrée, une capacité plus grande que C, soit $C_e = (1+\dfrac{R_2}{R_1})C$.

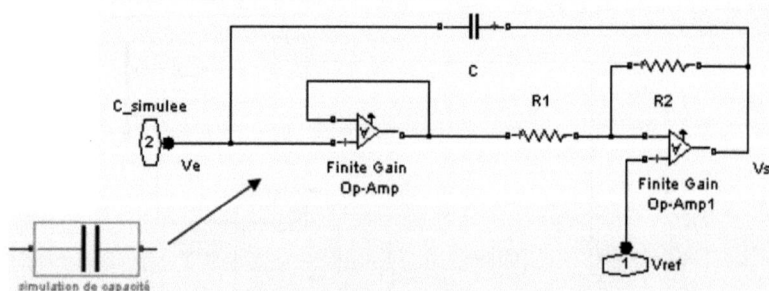

Dans ce modèle, nous appliquons un créneau de tension à un circuit, d'abord formé par une résistance R et la capacité simulée et son circuit équivalent électrique.

Applications de Simscape 231

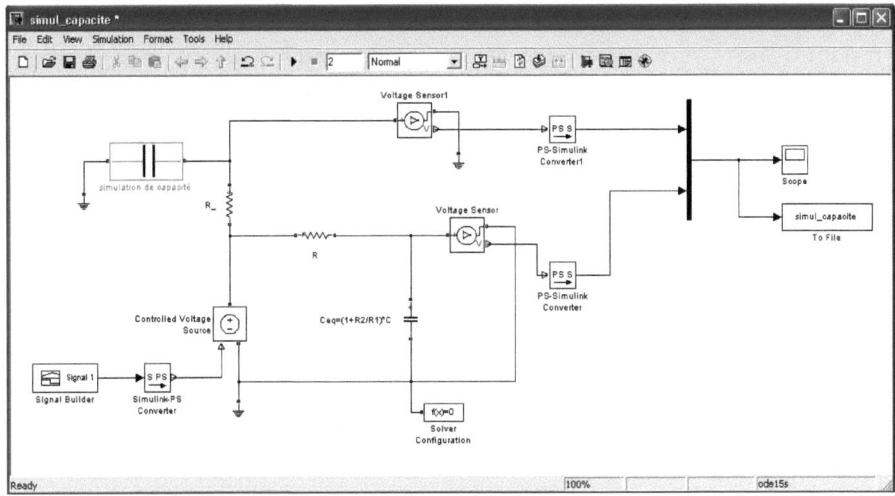

Les réponses du circuit RC avec la capacité simulée et de son circuit physique équivalent sont parfaitement identiques, comme le montre la figure suivante.

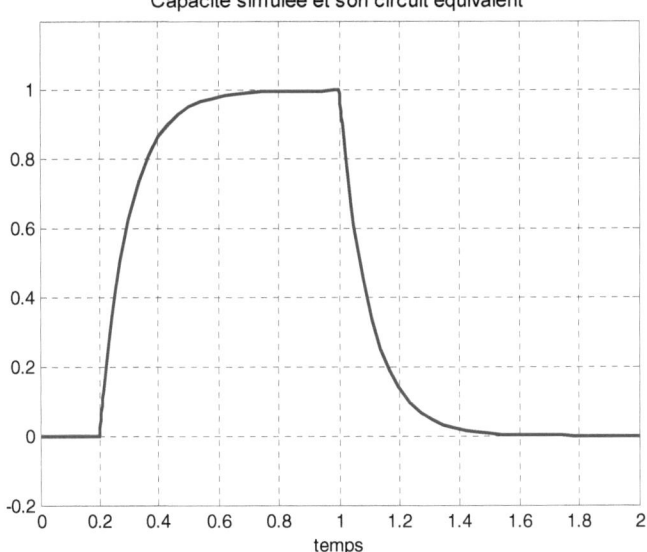

- **Circuit RLC parallèle oscillant**

On désire réaliser un circuit RLC oscillant par l'inductance et la capacité simulées.

Afin de compenser les résistances R_1 et R_2 en parallèle du circuit d'inductance, on utilise également une résistance simulée.

Avec $R_1=R_2=1\,k\Omega$, nous obtenons des oscillations pour une résistance négative de $0.5\,k\Omega$.

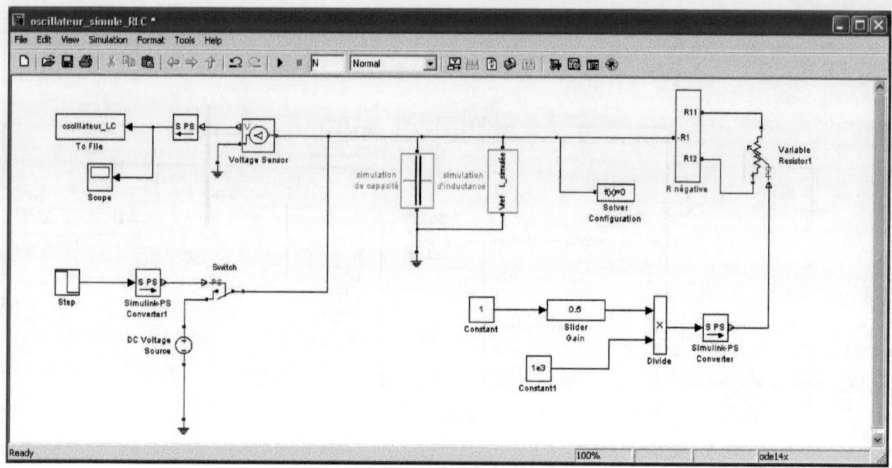

La figure suivante montre les oscillations obtenues.

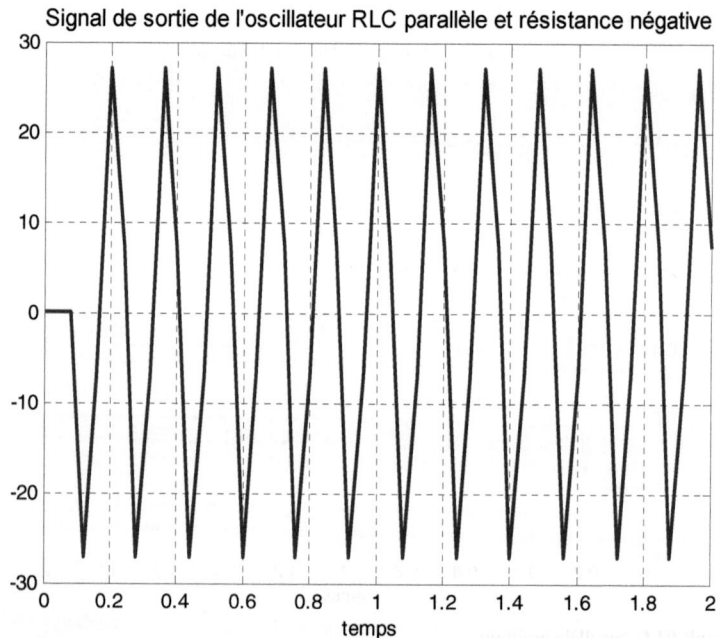

V. Filtres actifs

V.1. Filtre actif passe bas du 1er ordre

Le schéma suivant correspond à un filtre actif passe bas du 1er ordre de fréquence de coupure $f_1 = \dfrac{1}{2\pi RC}$ et de gain statique $G = 1 + \dfrac{R_1}{R_2}$.

Sa fonction de transfert est donc : $H(p) = \dfrac{1+\dfrac{R_1}{R_2}}{1+RC\,p}$

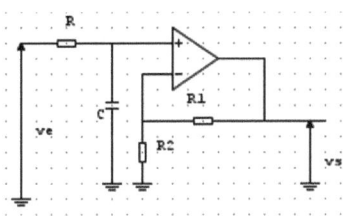

Dans le modèle Simulink suivant, nous avons utilisé des valeurs des composants tels que : $f_1 = 1.6\,kHz$ et $G = 2$.

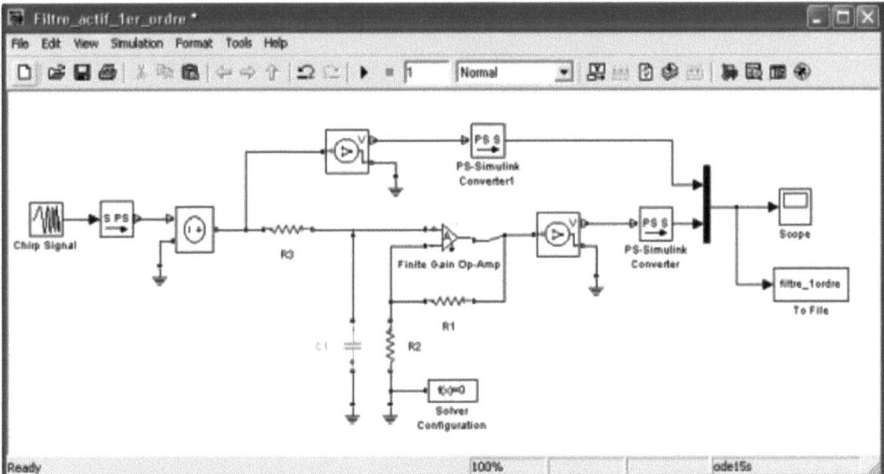

Nous avons appliqué au filtre un signal `Chirp` de la bibliothèque `Sources` de Simulink.

Nous avions alors besoin de faire suivre ce bloc par un convertisseur S→PS et une source contrôlée de tension afin de passer de Simulink à un signal physique que l'on peut connecter à la résistance R_3.

Le signal `Chirp` est un signal sinusoïdal dont la fréquence augmente linéairement avec le temps. Dans notre cas nous avons choisi une variation de 10 Hz à 100 kHz.
Les lignes de commandes suivantes permettent de lire le fichier binaire et de tracer les courbes des signaux d'entrée et de sortie du filtre.

```
load filtre_1ordre.mat
subplot 211, plot(xy(1,:),xy(2,:)), grid
axis([0 1 -3 3])
title('Signal chirp d''entrée')
subplot 212
```

```
grid
plot(xy(1,:),xy(3,:)), axis([0 1 -3 3])
title('Sortie du filtre actif du 1er ordre'), grid
xlabel('temps')
```

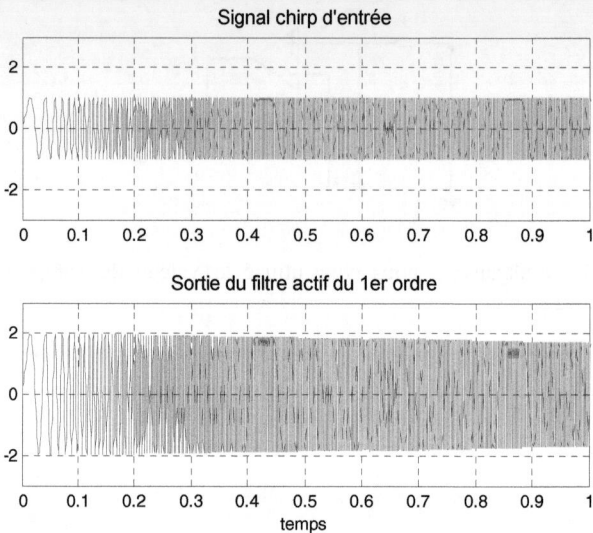

Le gain, égal à 2 en régime statique, diminue au fur et à mesure que la fréquence augmente.

V.2. Filtre actif passe bande

La self est obtenue en utilisant le bloc d'inductance variable ![Variable Inductor] de la librairie Passive Devices.

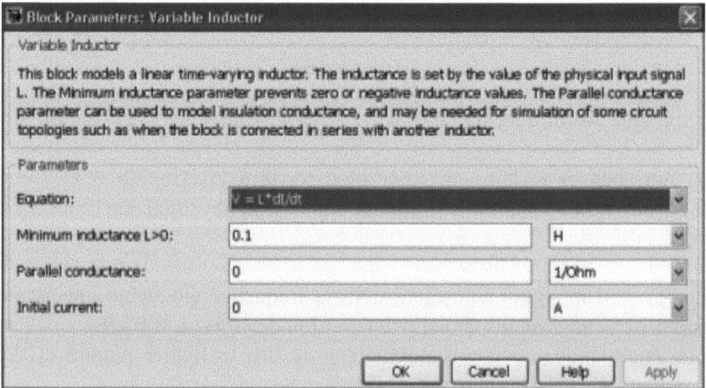

Par défaut, la valeur minimale de l'inductance vaut 10^{-6} H et sa résistance parallèle de $10^9\ \Omega$ peut-être rendue infinie en choisissant une conductance nulle.

Dans le cas de ce filtre, nous choisissons $L = 0.1H$ avec une conductance parallèle nulle.

Applications de Simscape

La fonction de transfert de ce filtre est :

$$H(p) = -\frac{\dfrac{L}{R_1}p}{1+LCp^2+\dfrac{L}{R_2}p}$$

Le fichier suivant permet de tracer le diagramme de Bode de cette fonction de transfert.

fichier filtre_pbande.m
```
clc
close all

% Oscillateur à déphasage
L=0.1;
R1=1e3;
R2=10e3;
C=100e-9;

num=[L/R1 0];
den=[L*C L/R2 1];

Sys=tf(num,den);
bode(Sys);
grid
title('Filtre passe bande')
```

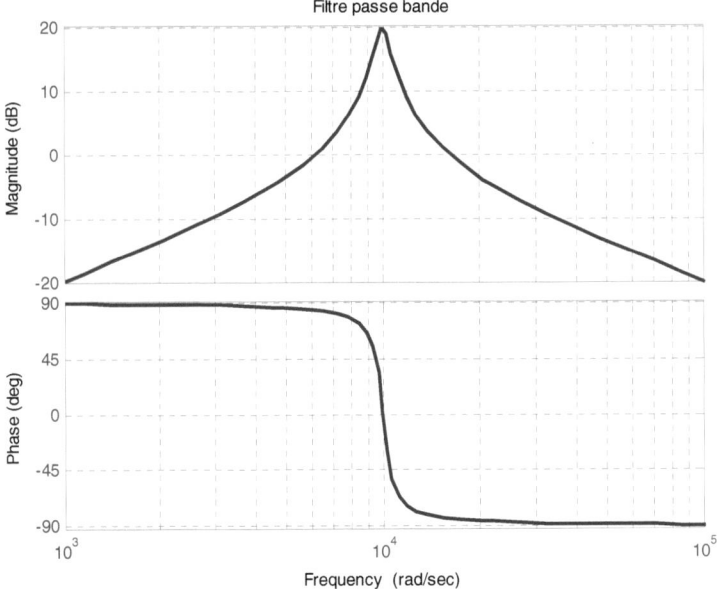

Le modèle Simulink suivant permet de simuler ce filtre.

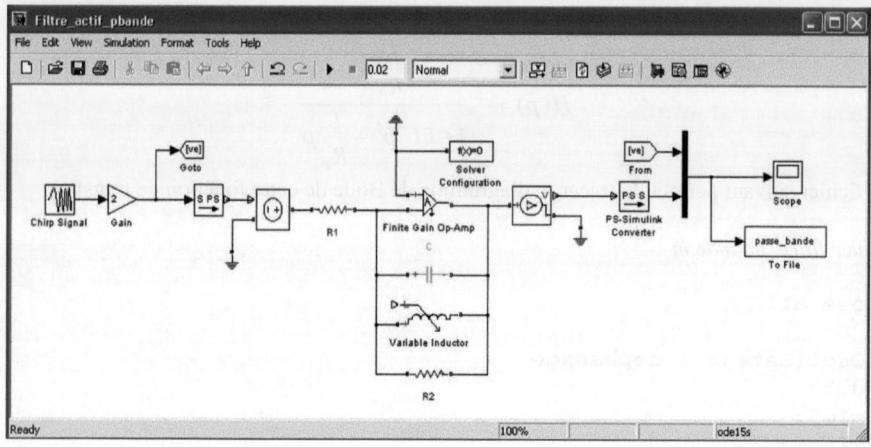

Les lignes de commande de la fonction Callback `StopFcn` permettent de tracer les signaux d'entrée et de sortie de ce filtre.

```
close all, clc
load passe_bande.mat
plot(x(1,:),x(2,:),x(1,:),x(3,:))
title('Entrée et sortie du filtre passe bande')
xlabel('temps'), grid
```

Nous observons bien que le gain du filtre, nul dans le régime continu, devient supérieur à 10 dans une bande de fréquences et tend vers zéro au fur et à mesure que la fréquence augmente.

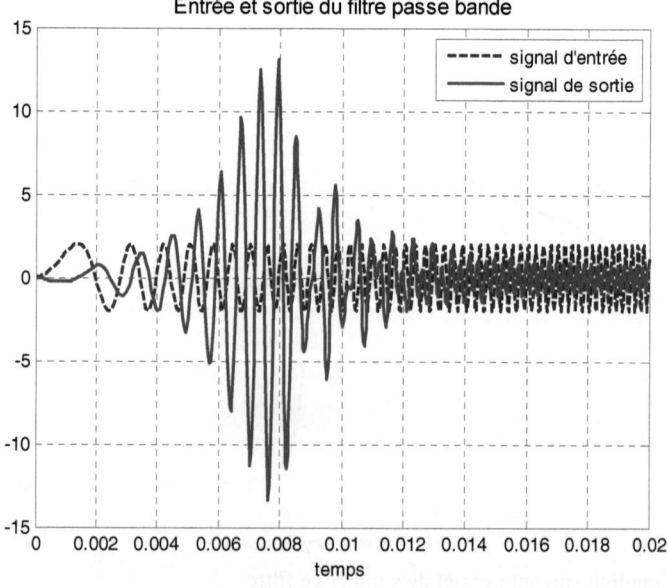

Applications de Simscape 237

V.3. Filtrage passe bas du 2nd ordre

On se propose de simuler un filtre passe bas du 2nd ordre pour récupérer une sinusoïde, de fréquence donnée, dans un signal. Ce signal est une somme de 3 sinusoïdes d'amplitudes et de fréquences différentes. Cette somme est réalisée par un montage sommateur à amplificateur opérationnel qu'on fait suivre par un inverseur afin d'annuler le signe moins.
Les blocs du circuit de cette somme sans inversion sont placés dans le sous-système « Somme de 3 sinusoïdes ».

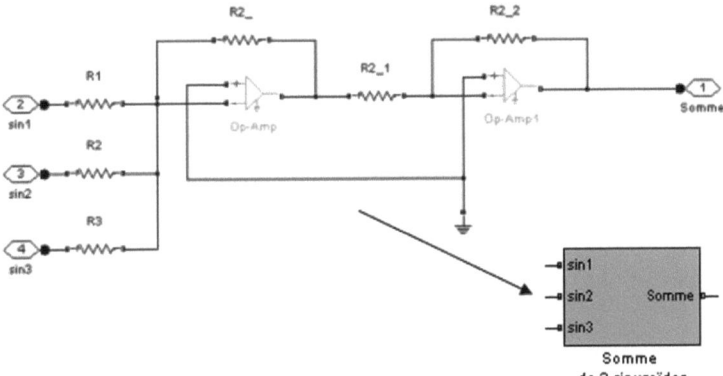

Nous choisissons le filtre de la structure Sallen-Key suivante :

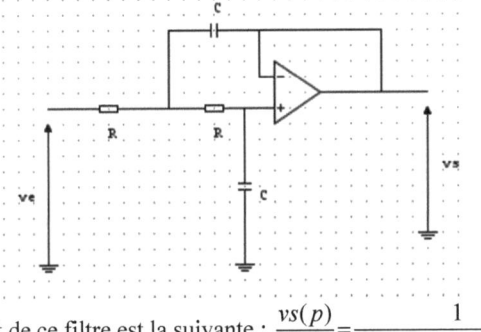

La fonction de transfert de ce filtre est la suivante : $\dfrac{vs(p)}{ve(p)} = \dfrac{1}{1 + 2RCp + R^2C^2p^2}$

C'est un filtre de pulsation propre $w_0 = 1/RC$ et un coefficient d'amortissement $\zeta = 1$, soit un système amorti, de gain statique unité, comme le montre sa réponse indicielle :

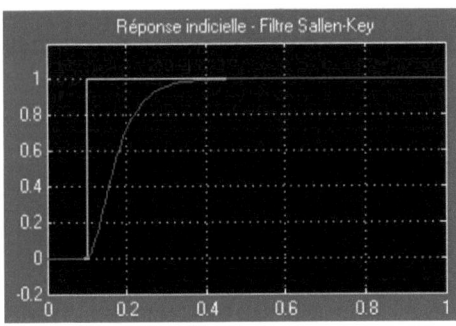

Cette réponse indicielle est donnée par le modèle suivant auquel on applique un échelon unité.

Ce signal de la librairie `Sources` de Simulink doit être suivi du convertisseur `S->PS` puis d'une source contrôlée de tension avant d'attaquer les composants physiques de Simscape.

Le signal physique de Simscape est mesuré par un voltmètre puis converti en signal Simulink par le convertisseur `PS->S` avant d'être envoyé dans l'oscilloscope.

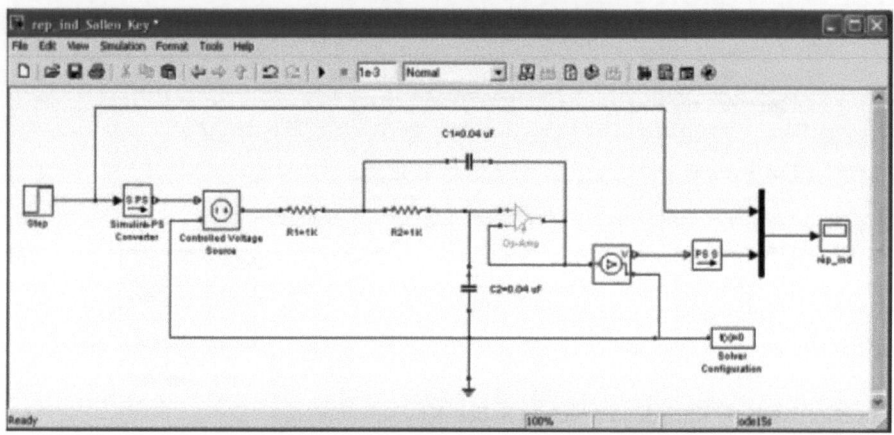

Ce filtre est utilisé pour récupérer la sinusoïde de plus basse fréquence dans le signal suivant :
$$s = \sin(2\pi*10^3 t + \frac{\pi}{2}) + 5\sin(2\pi*10^5 t + \frac{2\pi}{3}) + 10\sin(2\pi*1.25*10^5 t + \frac{2\pi}{5}).$$

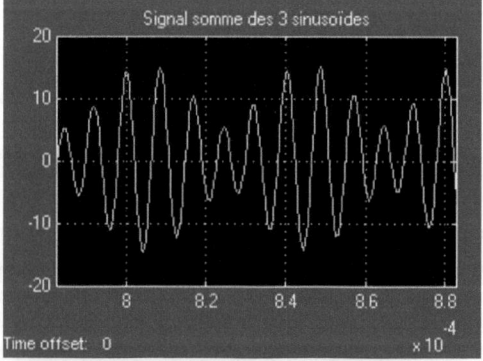

Dans le modèle suivant, nous appliquons les 3 sinusoïdes au sous-système qui réalise leur somme que nous filtrons par le filtre précédent de Sallen-Key.

Outre le signal somme, nous affichons aussi la sinusoïde d'origine et la sortie du filtre.

Applications de Simscape   239

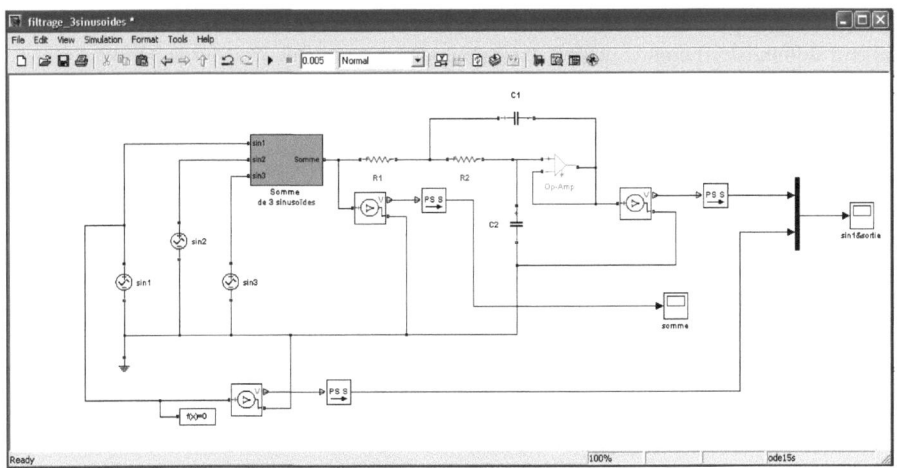

Dans l'oscilloscope suivant nous remarquons qu'à part le déphasage introduit par le filtre, les 2 sinusoïdes possèdent la même fréquence et la même amplitude.

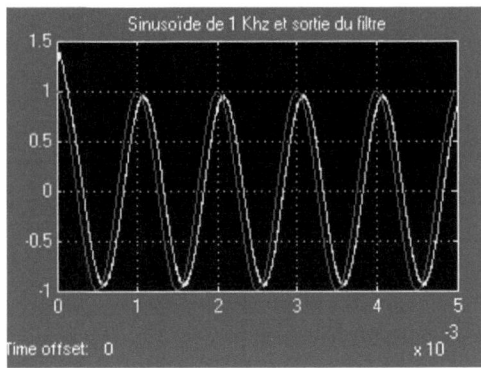

VI. Générateurs de signal PWM

VI.1. Comparaison d'un triangle à une constante

Pour générer un signal PWM nous allons le faire par la méthode qui consiste à comparer un signal triangulaire à une valeur constante, comme le montre la figure suivante.

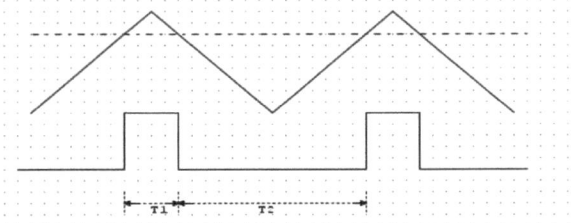

Le signal rectangulaire est dit PWM (Pulse Width Modulation ou Modulation de Largeur d'impulsion) dont le rapport cyclique (rapport du niveau haut sur la période) vaut :

$$RC = \frac{T_1}{T_1+T_2} = \frac{T_1}{T}$$

T : période du signal

Le montage suivant représente le schéma analogique du générateur de signal triangulaire.

Grâce au retour sur la borne d'entrée positive, la sortie V_{s2} du deuxième amplificateur opérationnel est toujours égale à la valeur de l'alimentation de 15V=V_{cc} en valeur absolue.

Supposons V_{s2} = +15 V.
La capacité C commence à se charger, à courant constant, à travers la résistance R.

Cette charge se poursuit tant que la tension V_{+2} ne change pas de valeur.

En appliquant le théorème de Millman au nœud de la borne positive du 2ème amplificateur opérationnel, V_{+2} on obtient :

$$\frac{V_{+2}-V_{s1}}{R_1} + \frac{V_{+2}-V_{s2}}{R_2} = 0$$

V_{s1}, étant la tension de sortie du premier amplificateur opérationnel.
Nous obtenons :

$$V_{+2} = \frac{R_2}{R_1+R_2} V_{s1} + \frac{R_1}{R_1+R_2} V_{s2} = \frac{R_2}{R_1+R_2} V_{s1} + 15 \frac{R_1}{R_1+R_2}$$

La charge du condensateur C modifie la tension V_{s1} jusqu'au basculement vers – 15 V de la tension V_{s2} lorsque V_{+2} passe en dessous de 0.

Au moment du basculement, soit $V_{+2} = 0_-$, la tension aux bornes du condensateur vaut :

$$V_C = 15 \frac{R_1}{R_2}$$

Comme R_1 = R_2, le signal triangulaire varie entre les valeurs extrêmes de la tension d'alimentation, ce qu'on observe dans la figure qui va suivre.

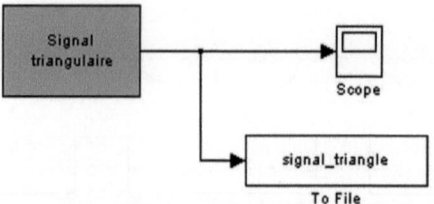

Applications de Simscape

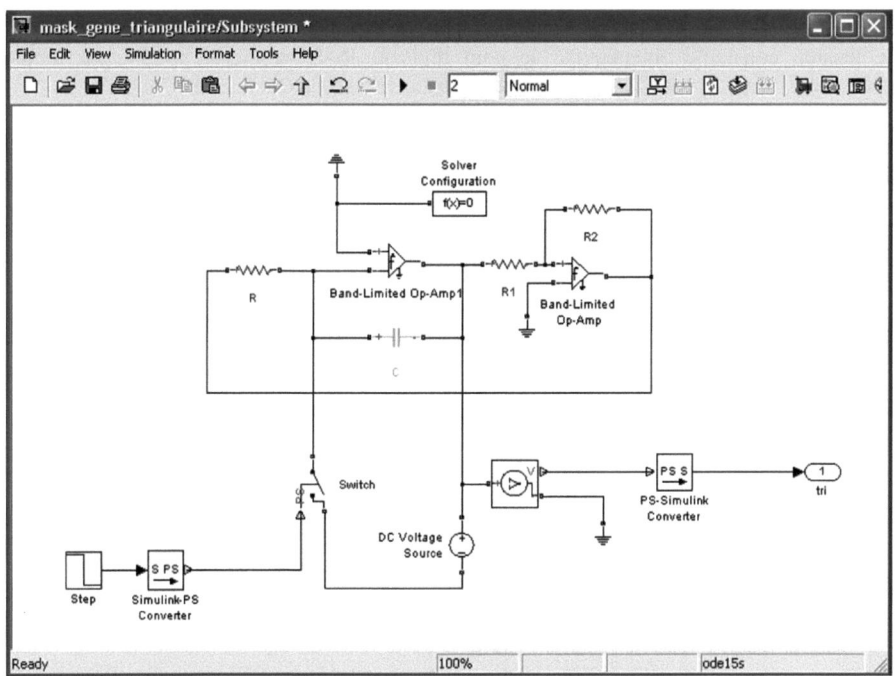

Le signal sortant du masque est sauvegardé dans le fichier binaire `signal_triangle.mat`.
Les commandes spécifiées dans la fonction Callback `StopFcn` permettent de lire ce fichier et de tracer la courbe du signal généré.

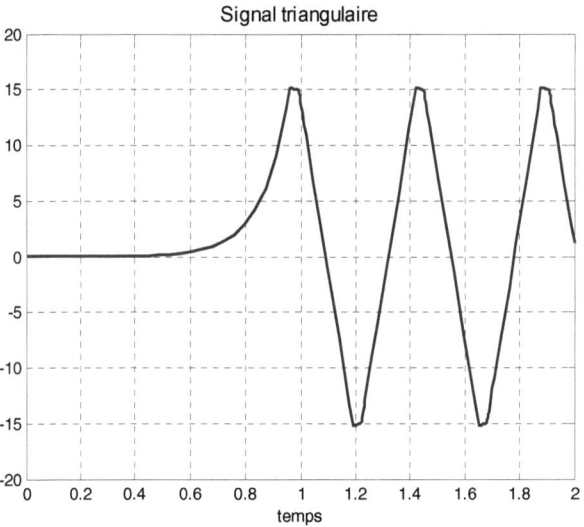

Le signal triangulaire est formé de courbes exponentielles de charge et décharge de la capacité avec la constante de temps $\tau = RC$.

Pour générer le signal PWM, nous comparons le signal triangulaire du masque précédent à une tension constante obtenue par le pont diviseur R_1-R_2 alimenté en 5V par le bloc `Positive Supply Rail` de la bibliothèque `Sources` de `SimElectronics`.

Au temps t=3, nous fermons l'interrupteur pour mettre en parallèle les 2 résistances R_1 et R_4 afin de modifier le rapport cyclique du signal PWM.

La comparaison du triangle et de la constante se fait grâce à un amplificateur opérationnel en boucle ouverte chargé par une résistance $R_3 = 10\,k\Omega$.

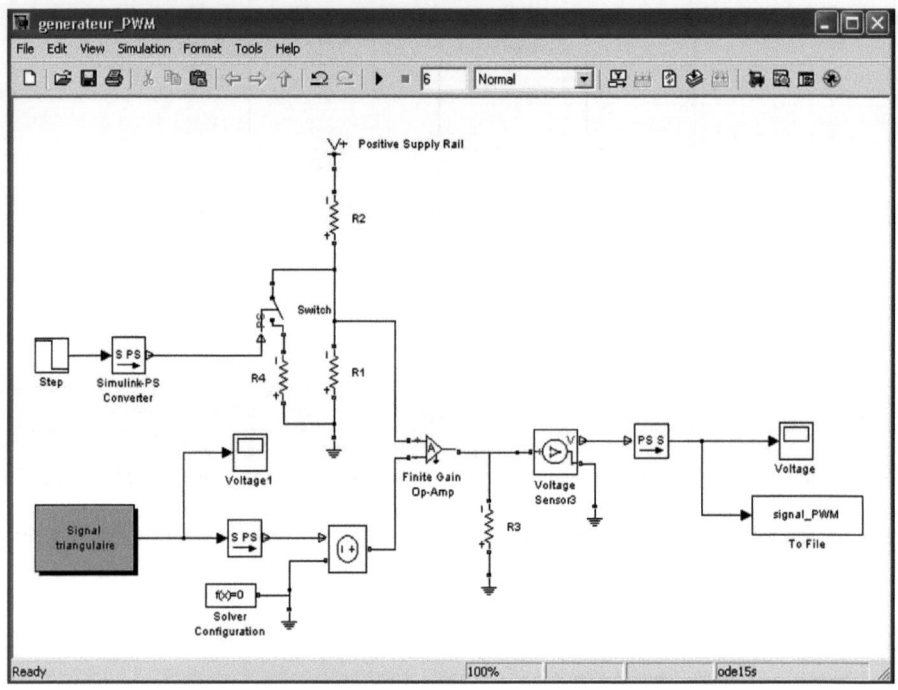

La figure suivante représente le signal PWM généré par le modèle précédent.

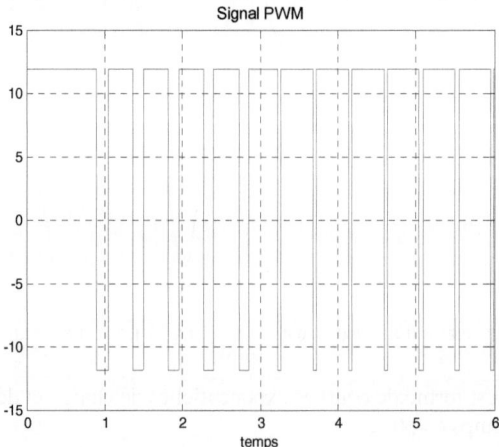

Applications de Simscape 243

Nous remarquons qu'après t=3, le rapport cyclique est plus faible du fait d'avoir changé la valeur de la tension constante.

VI.2. Signal PWM modulé

Dans le modèle suivant, la sinusoïde est comparée à un signal en dents de scie pour créer le signal PWM.

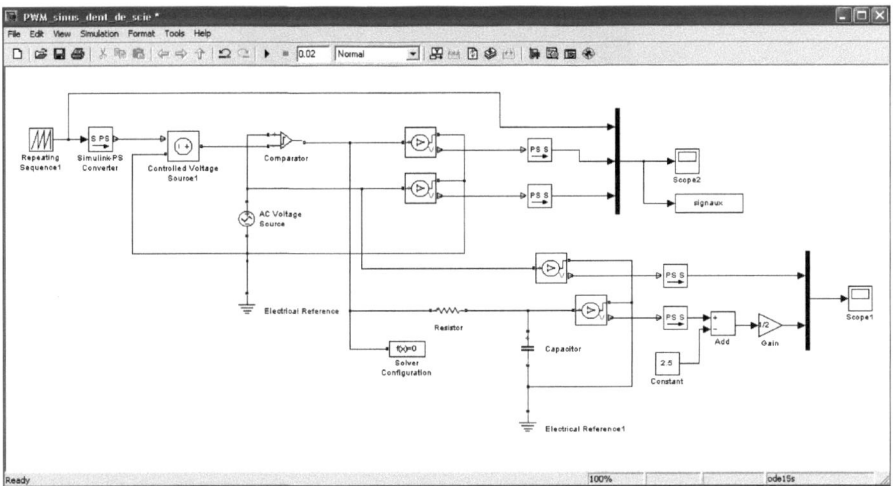

Dans la figure suivante, nous traçons les 3 signaux, le PWM, la sinusoïde et le signal en dents de scie. Le rapport cyclique est proportionnel à l'amplitude de la sinusoïde.
Cette méthode consiste à transmettre un signal modulant avec une porteuse en dents de scie ou triangulaire.

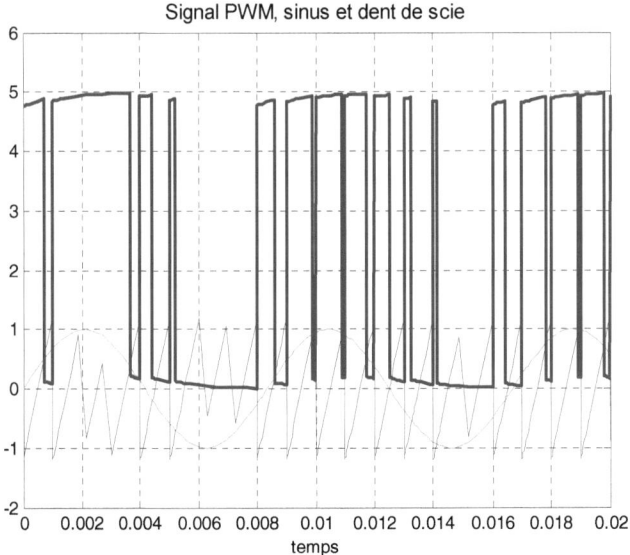

L'oscilloscope suivant montre la sinusoïde d'origine et le signal récupéré en sortie d'un filtre RC passe bas.

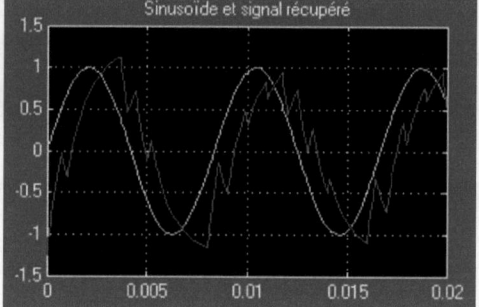

Le signal récupéré peut ressembler beaucoup plus au signal modulant si on augmente le degré du filtre passe bas.

VII. Oscillateurs à quartz

Le bloc `Crystal` de la librairie `Passive Devices` de `SimElectronics` représente un quartz dont le modèle équivalent est représenté par le schéma ci-dessous.

Le schéma équivalent du quartz est donné par une capacité C_0, en parallèle au circuit RLC formé par la résistance R_1, la capacité C_1 et l'inductance L_1, comme suit :

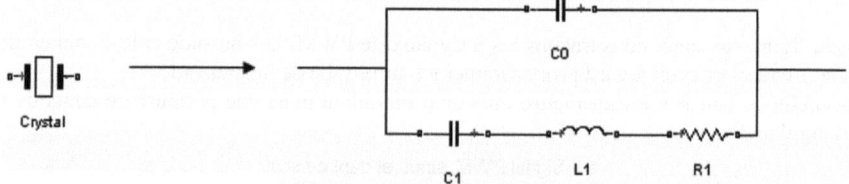

Le paramétrage du quartz se fait dans sa boite de dialogue, en double-cliquant sur son bloc.

Il possède 3 types de paramétrage:

- `Series resonance data` (spécification de la fréquence de résonance série)
- `Parallel resonance data` (spécification de la fréquence de résonance parallèle)
- `Equivalent circuit parameters` (spécification des valeurs des composants)

Dans le cas du mode « `Series resonance data` », le bloc utilise la relation suivante pour calculer la valeur de l'inductance L.

$$f_s = \frac{1}{2\pi\sqrt{L_1 C_1}} \text{ avec } f_s \text{, la fréquence de résonance série}$$

Quand on choisit l'option « Parallel resonance data », le bloc utilise la relation suivante pour calculer L_1 :

$$f_p = \frac{1}{2\pi \sqrt{L_1 \dfrac{C_1 C_0}{C_1 + C_0}}}$$

Dans les 2 cas, le calcul de la résistance R_1 peut se faire directement par sa valeur où à partir du coefficient de qualité Q du circuit.

Selon le choix du mode série ou parallèle, le coefficient de qualité a pour expression :

$Q = \dfrac{2\pi L_1 f_s}{R_1}$ avec $f = f_s$, fréquence de résonance série.

Dans le mode de paramétrage « equivalent circuit parameters», on peut spécifier directement les valeurs de ces composants.

L'impédance du quartz est donnée par :

$$Z(jw) = \frac{1 + jC_1 w(R_1 + jL_1 w)}{j(C_1 + C_0)w - C_1 C_0 w^2 (R_1 + jL_1 w)}$$

Pour un quart de fréquence de 1 MHz, nous avons la courbe suivante de la réactance du quartz.

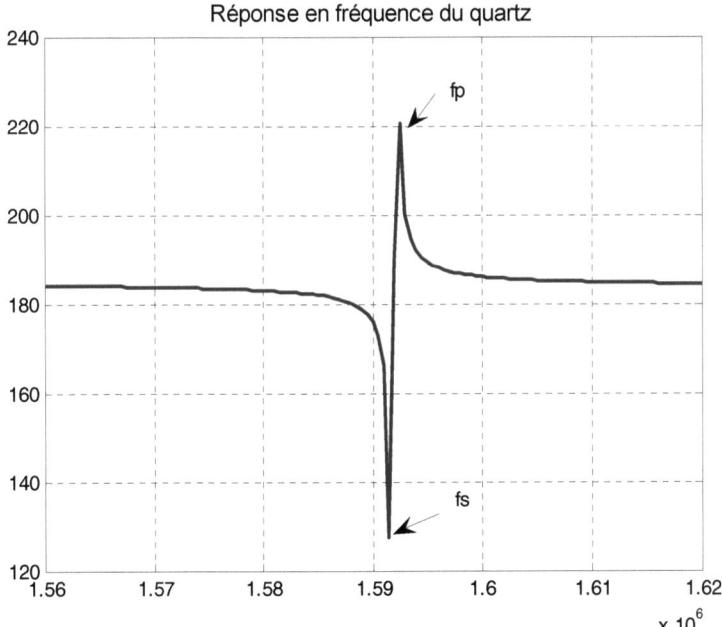

En considérant le schéma précédent du quartz et avec R_1 supposée négligeable, l'impédance du quartz est donnée par :

$$Z \approx \frac{1 - L_1 C_1 w^2}{jw(C_1 + C_0 - L_1 C_1 C_0 w^2)} = jX$$

L'impédance du quartz est une réactance : capacité avant f_s et inductance après f_s.

A la fréquence f_s le quartz présente une impédance nulle et infinie à la fréquence parallèle f_p.

Le quartz est un matériau qui a la propriété de se polariser lorsqu'on lui applique une compression. Inversement, lorsqu'on lui applique un champ magnétique, le quartz subit des déformations.

Il est ainsi réversible. Le circuit précédent est valable uniquement autour de la fréquence de résonance.

Ces composants sont des équivalents électriques du phénomène de résonance mécanique, des pertes et de l'effet des électrodes.

Le quartz possède 2 fréquences, l'une dite série f_s et l'autre appelée fréquence parallèle f_p Ces fréquences sont définies selon les tailles des faces du cristal.

Nous allons étudier 2 exemples d'oscillateur de Pierce.

VII.1. Oscillateur Pierce sinusoïdal

Le modèle suivant représente un circuit d'oscillateur Pierce. Le quartz se comporte comme un circuit RLC avec un fort coefficient de qualité.

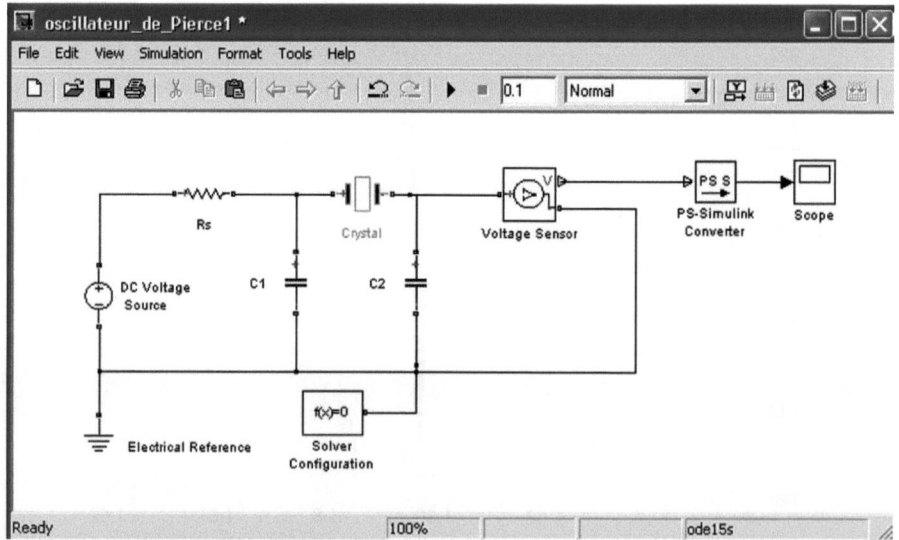

Les oscilloscopes suivants montrent l'oscillation dont on fait un zoom.

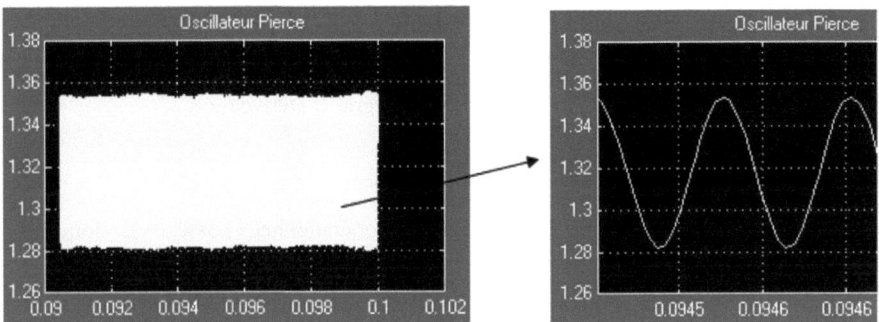

VII.2. Oscillateur Pierce rectangulaire

Le modèle suivant représente un oscillateur rectangulaire qui utilise une porte NAND et 2 capacités C_1 et C_2.

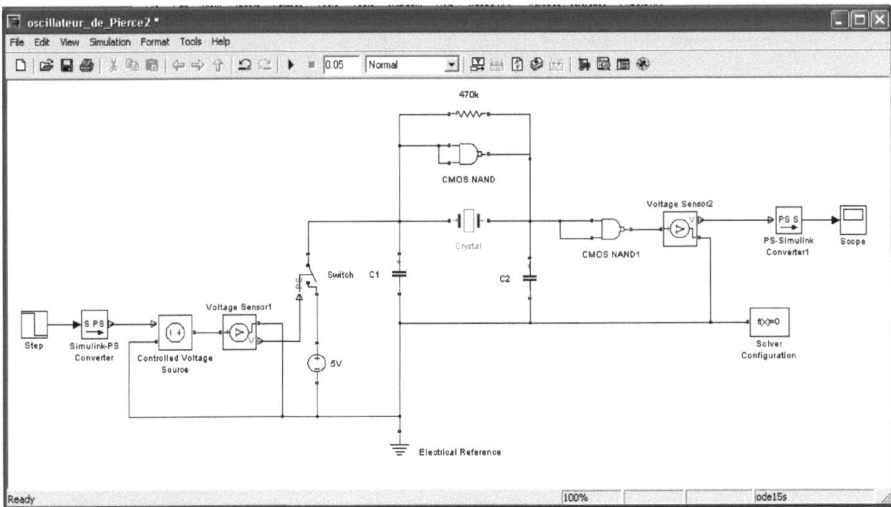

Après un zoom, nous obtenons les oscillations entre 0 et 5V (limitations des portes NAND) de l'oscilloscope suivant.

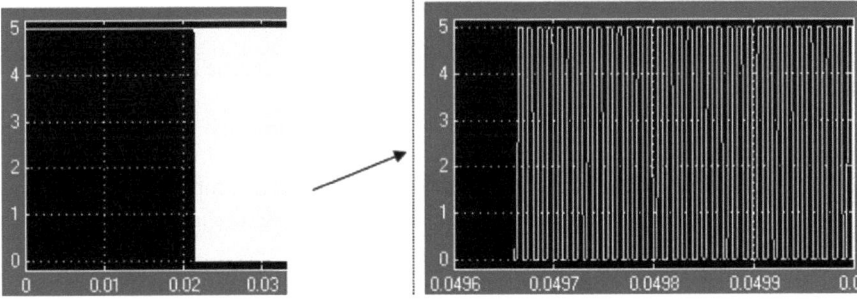

VIII. Régulateur PI et PID analogiques

Nous allons étudier les circuits à amplificateurs opérationnels des régulateurs PI (Proportionnel et Intégral) et PID (Proportionnel, Intégral et Dérivée).

VIII.1. Régulateur PI

Le circuit d'un régulateur PI à amplificateur opérationnel, possède la fonction de transfert suivante:

$$\frac{vs}{ve} = 1 + \frac{R_2}{R_1} + \frac{1}{R_1 C_2 p}$$

Ce circuit est donné par le schéma suivant :

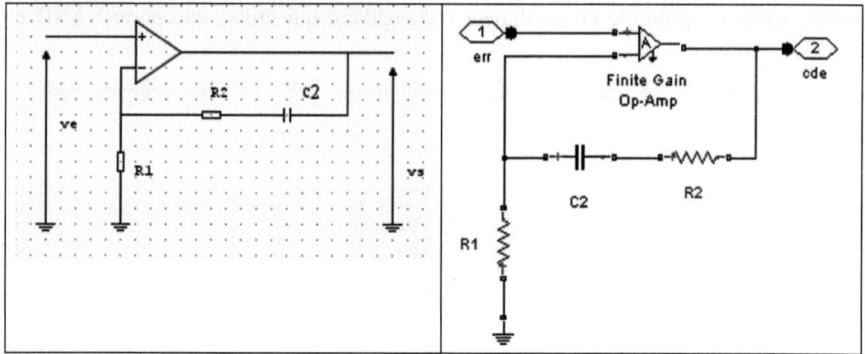

Ce régulateur possède, comme le précédent, 2 paramètres de réglage. On fait apparaître la même structure que précédemment en mettant en facteur le terme $1 + \frac{R_2}{R_1}$.

$$\frac{vs}{ve} = (1 + \frac{R_2}{R_1}) \left[1 + \frac{1}{(R_1 + R_2) C_2 p} \right] = K_p \, (1 + \frac{1}{T_i \, p})$$

A partir de la valeur de $K_p = 1 + \frac{R_2}{R_1}$, on fixe R_1 et on déduit la valeur $R_2 = (K_p - 1) R_1$.

De $T_i = (R_1 + R_2) C_2$, on déduit la valeur $C_2 = \frac{Ti}{R_1 + R_2}$.

Dans le modèle suivant, nous traçons la sortie de ce régulateur et celle de sa fonction de transfert.

Le paramétrage de ce régulateur est réalisé dans la fonction Callback InitFcn. On impose le gain K_p et on déduit R_2, avec une valeur de R_1 prise par défaut. Pour ce régulateur, le gain proportionnel doit être supérieur à 1.

La valeur de la capacité est déduite du gain intégral T_i.

```
clc, close all
Kp=1.02;
R1=10e3;
R2=(Kp-1)*R1;
Ti=0.01;
C2=Ti/(R1+R2);
```

La structure, sous forme de la somme des actions, proportionnelle et intégrale, est donnée par :

$$D(p) = K_p (1 + \frac{1}{T_i p})$$

Le modèle suivant représente ce régulateur et la structure somme de ses actions.

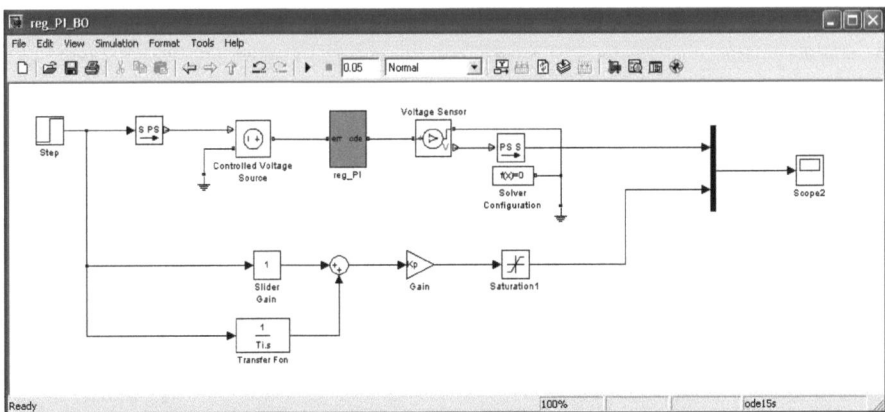

L'oscilloscope donne les courbes des sorties du régulateur PI analogique et de la structure somme.

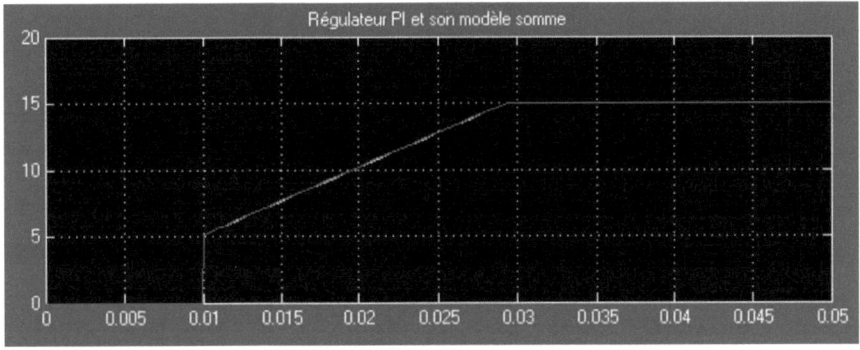

La partie linéaire, de pente $1/Ti$, correspond à l'action intégrale qui commence à la valeur 5 (action somme).

Cette droite a été saturée à la valeur 15 qui est la valeur positive de l'alimentation des amplificateurs opérationnels.

VIII.1.1. Régulation de la tension Vc d'un circuit RC

Le modèle suivant, utilise le régulateur PI programmé dans le sous-système « `reg_PI` » par un circuit analogique.
Le paramétrage du régulateur et la spécification des valeurs du circuit RC se font dans la fonction Callback `InitFcn`.

```
Kp=1.02; R1=10e3;
R2=(Kp-1)*R1;
Ti=0.01;
C2=Ti/(R1+R2);
R=10e3; C=1e-3;
```

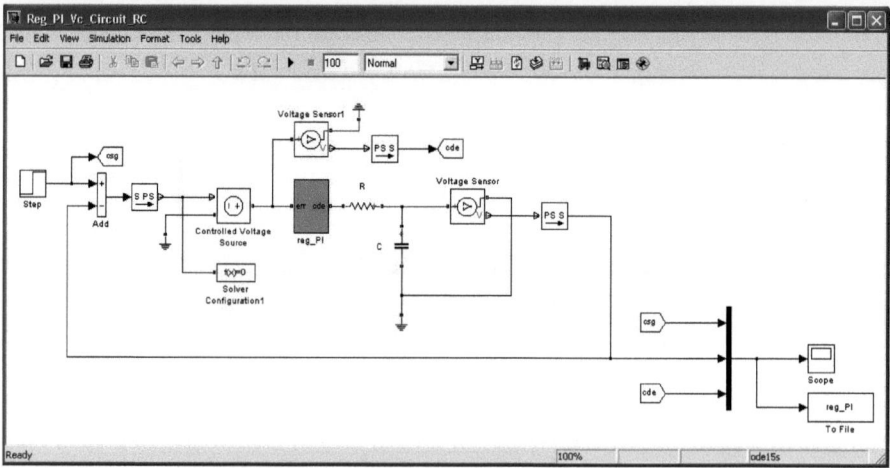

Le signal de vitesse oscille avant de rejoindre la consigne en régime permanent.

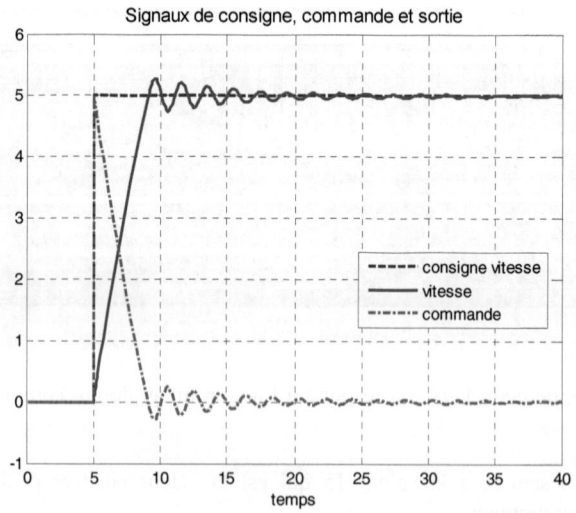

Applications de Simscape 251

VIII.1.2. Contrôle de vitesse d'un actionneur électromécanique

On se propose d'utiliser ce régulateur pour contrôler la vitesse d'un moteur à courant continu (convertisseur électromécanique linéaire) qui déplace une masse de 500 g.

Le paramétrage de ce régulateur (Kp, Ti) se fait dans la fonction Callback InitFcn par les commandes suivantes :

```
% spécification de Kp, Ti et R1
Ti=0.0001;
Kp=1.2;
R1=1e3;

% Déduction de R2 et C2
R2=(Kp-1)*R1;
C2= Ti/(R1+R2);
```

Le régulateur reçoit l'erreur entre la consigne de vitesse et la vitesse mesurée par le capteur de mouvement de translation (Ideal Translational Motion Sensor).

Le signal issu du régulateur est transformé en courant pour commander l'entrée du convertisseur électromécanique (Translational Electromechanical Converter) de la librairie Foundation Library/Electrical/Electrical Elements).
Ce bloc convertit un courant I (A) en une force mécanique F (N) qui déplace une masse avec :
$$F = K\,I, \quad K=0.1\ s*V/m$$

Pour cela, la commande issue du régulateur est transformée en courant par le bloc Voltage-Controlled Current Source (Source de courant contrôlée par une tension). Le mouvement de la masse qui n'est soumise à aucun frottement, ni amortisseur, est régi par l'équation différentielle suivante :
$$F = m\frac{d^2 x}{dx^2}$$

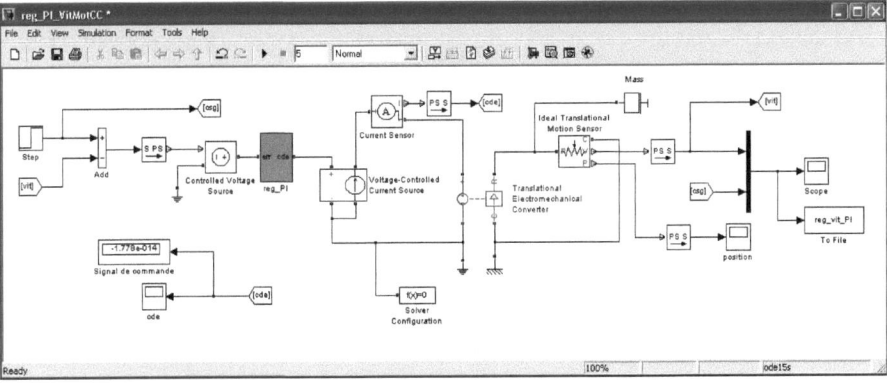

252 Chapitre 3

Le paramétrage du régulateur est réalisé dans la fonction Callback `InitFcn`.

On spécifie les valeurs de K_p et T_i et on en déduit celles des résistances R_1, R_2, R et la capacité C.

La courbe suivante, tracée dans la fonction Callback `StopFcn`, représente la consigne de vitesse (échelon de 1 m/s à partir de l'instant t=1) et la vitesse réelle de la masse.

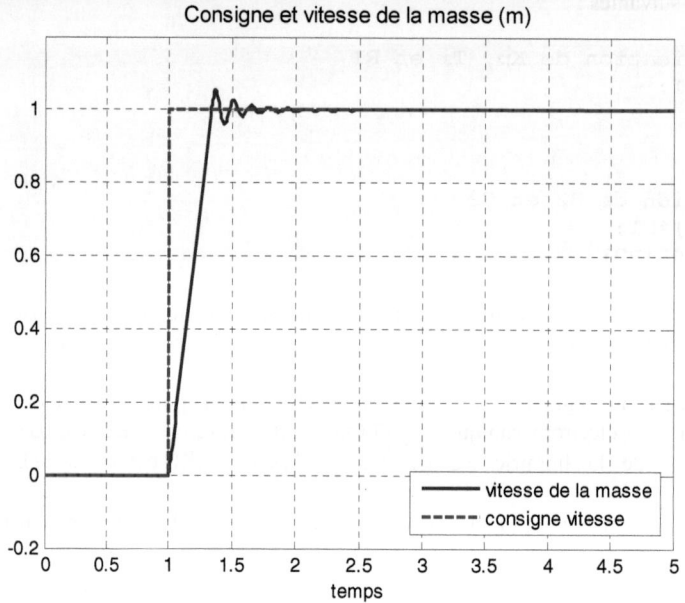

VIII.1.3. Régulateur de position angulaire

- **Régulateur proportionnel et dérivée**

Dans le modèle suivant, on utilise le même régulateur précédent pour contrôler la position angulaire d'un moteur à courant continu.

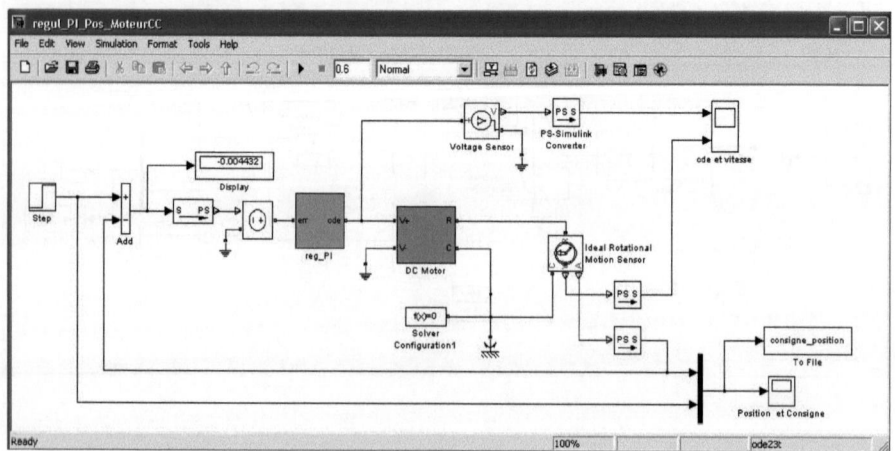

Applications de Simscape 253

Le sous-système `DC Motor` comporte le schéma interne du moteur dans ses parties, électrique et mécanique. L'arbre moteur comporte une inertie, `Motor Inertia J` et des frottements, `Friction Mr`.

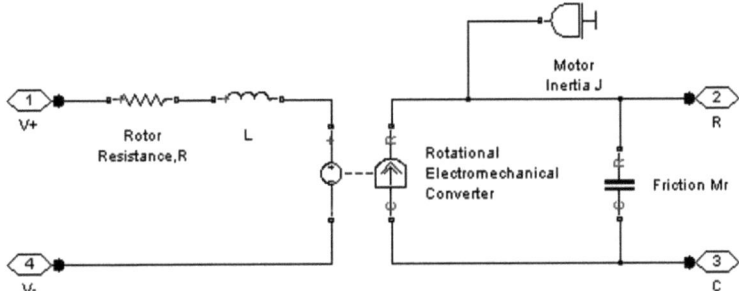

La figure suivante montre que la courbe du signal de position comporte des oscillations autour du signal de consigne en régime transitoire et se stabilise au bout de 0.3s environ.

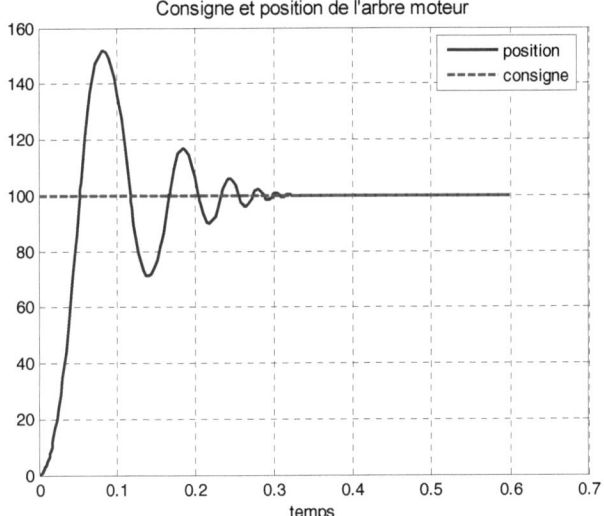

- **Régulateur proportionnel**

Dans ce cas, le régulateur est composé uniquement de 2 amplificateurs inverseurs en cascade, l'un d'eux fixe le gain Kp, l'autre uniquement pour éliminer le signe négatif.

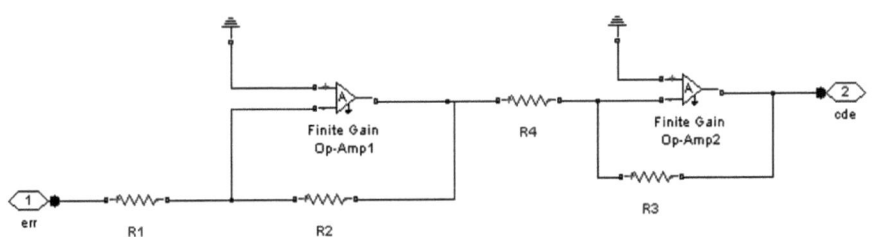

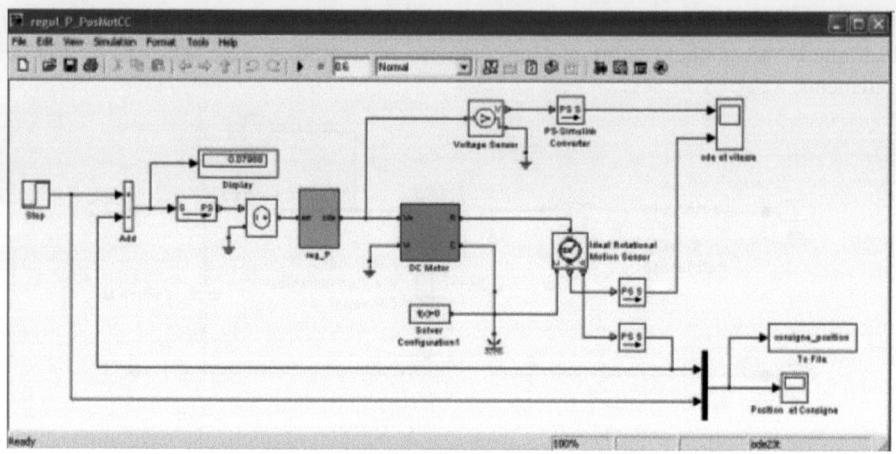

La figure suivante représente les signaux de position et de consigne.

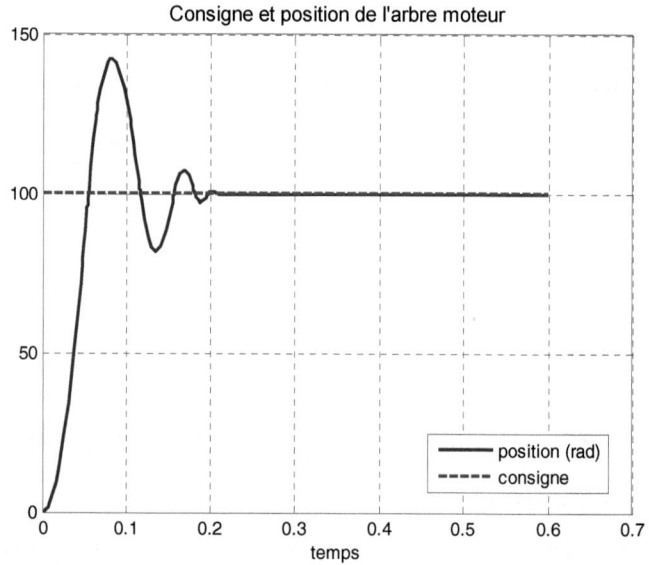

Avec la régulation uniquement proportionnelle, le signal de position comporte moins d'oscillations.

VIII.2. Régulateur PID

En plus des actions, proportionnelle et intégrale, le régulateur PID possède une action de dérivation du signal d'erreur.
La dérivée a des actions stabilisatrices du système régulé mais elle est rarement utilisée dans les systèmes de régulation dans l'industrie. Le nom « régulateur PID » industriel est donné abusivement au contrôleur PI.

Le tableau suivant récapitule les actions P, I et D réalisées à partir de montage à amplificateurs opérationnels.

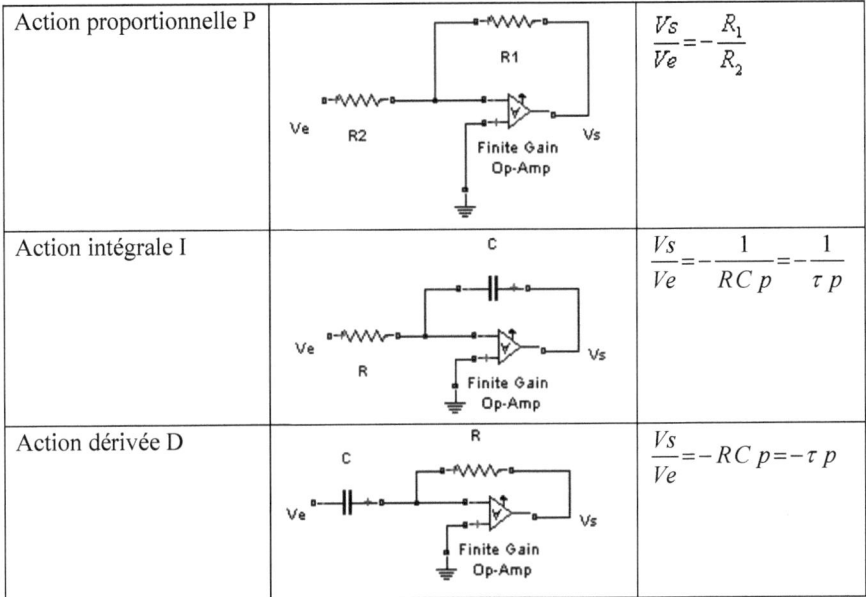

Action proportionnelle P	$\dfrac{Vs}{Ve} = -\dfrac{R_1}{R_2}$
Action intégrale I	$\dfrac{Vs}{Ve} = -\dfrac{1}{RCp} = -\dfrac{1}{\tau p}$
Action dérivée D	$\dfrac{Vs}{Ve} = -RCp = -\tau p$

Pour éliminer le signe moins, il suffit de faire suivre chacun de ces montages par un montage inverseur.

L'action proportionnelle P est la commande la plus simple pour commander un système mais, généralement, il subsiste une erreur statique plus ou moins importante lorsque le système ne possède pas d'intégration. Cette erreur est nulle dans le cas d'une commande d'une position ou d'un niveau d'un liquide.

L'action intégrale I atténue les changements brusques de consigne et élimine totalement l'erreur statique. L'action dérivée permet de stabiliser les systèmes.

L'association de ces 3 actions permet de réaliser le régulateur PID par le circuit suivant :

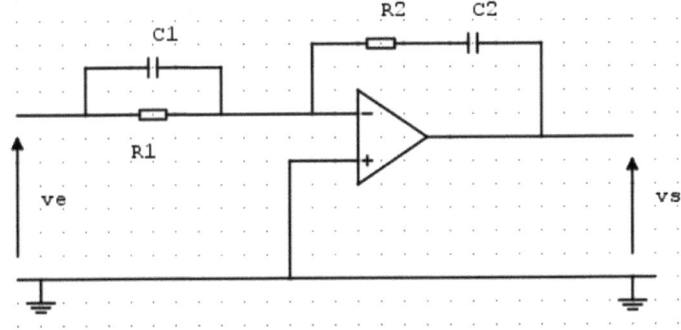

La fonction de transfert de ce circuit permet de retrouver les actions P, I et D.

$$\frac{vs}{ve} = \frac{R_2 + \dfrac{1}{C_2 p}}{\dfrac{R_1}{1 + R_1 C_1 p}}$$

Ce qui donne l'expression de vs en fonction de ve.

$$\frac{vs}{ve} = (\frac{R_2}{R_1} + \frac{C_1}{C_2}) + \frac{1}{R_1 C_2 p} + R_2 C_1 p = K_p + \frac{1}{T_i p} + T_d p$$

soit :

$$vs(t) = (\frac{R_2}{R_1} + \frac{C_1}{C_2}) ve(t) + \frac{1}{R_1 C_2} \int ve(t)\, dt + R_2 C_1 \frac{dve(t)}{dt}$$

Le régulateur PID est programmé dans le sous-système suivant.

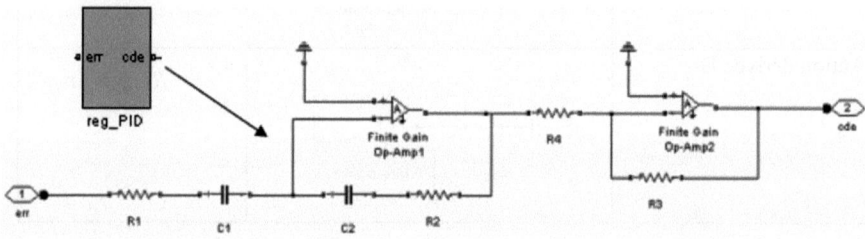

Dans le modèle suivant, nous réalisons une régulation de position angulaire de l'arbre d'un moteur à courant continu à aimants permanents.

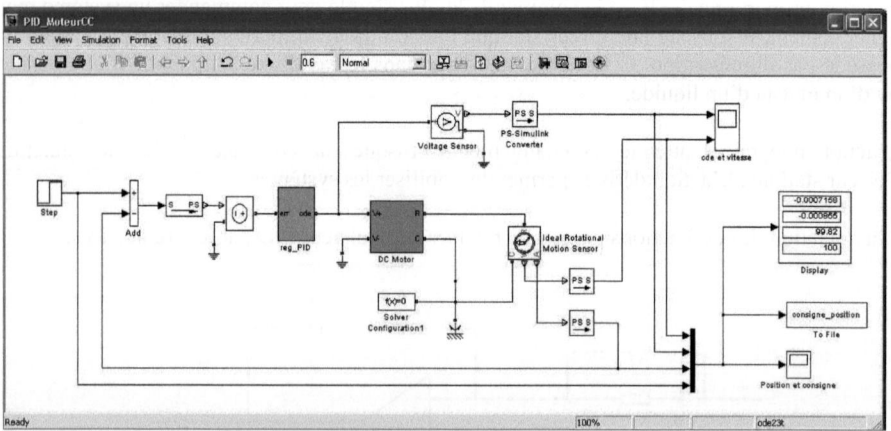

La courbe suivante montre la réponse en position angulaire de l'arbre moteur et le signal de consigne constant. La réponse présente 4 à 5 oscillations autour du signal de consigne.

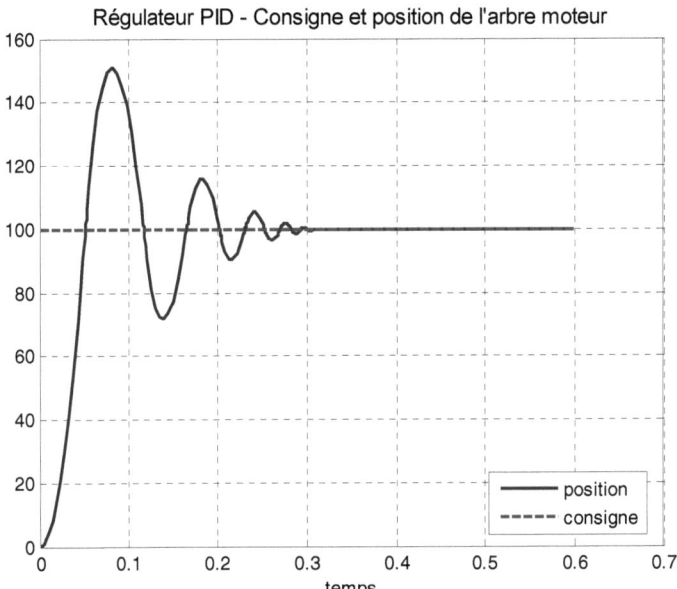

Sur les figures suivantes, nous affichons le signal de commande issu du régulateur PID et la vitesse de l'arbre moteur.
Les signaux de commande et de vitesse de rotation présentent plusieurs oscillations autour de zéro.

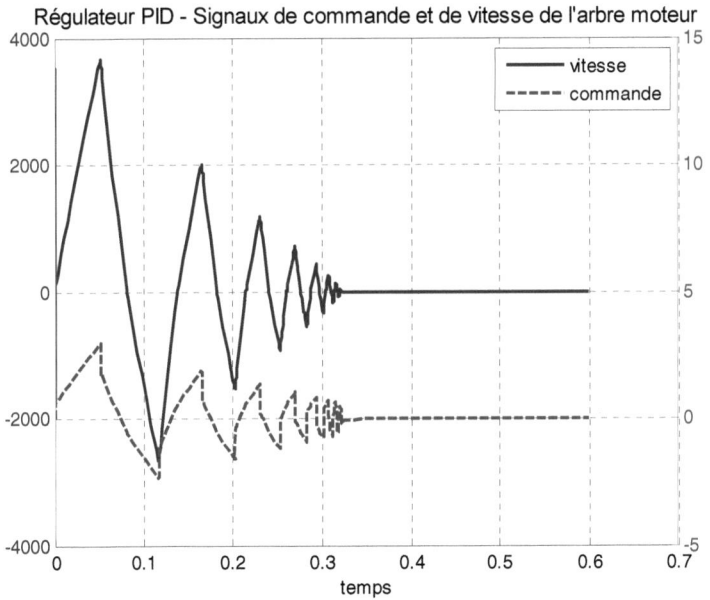

L'erreur statique est aussi nulle qu'avec un PI ou un PID grâce à la présence de l'intégration dans la boucle ouverte.

IX. Commande d'éléments de puissance

IX.1. Amplificateur opérationnel et transistor bipolaire

Avec un amplificateur opérationnel, on peut commander un élément de puissance tel un moteur en utilisant un montage Darlington de transistors bipolaires pour appliquer un fort courant au moteur. Dans le modèle suivant, on commande un moteur à courant continu avec un amplificateur opérationnel et un transistor darlington.

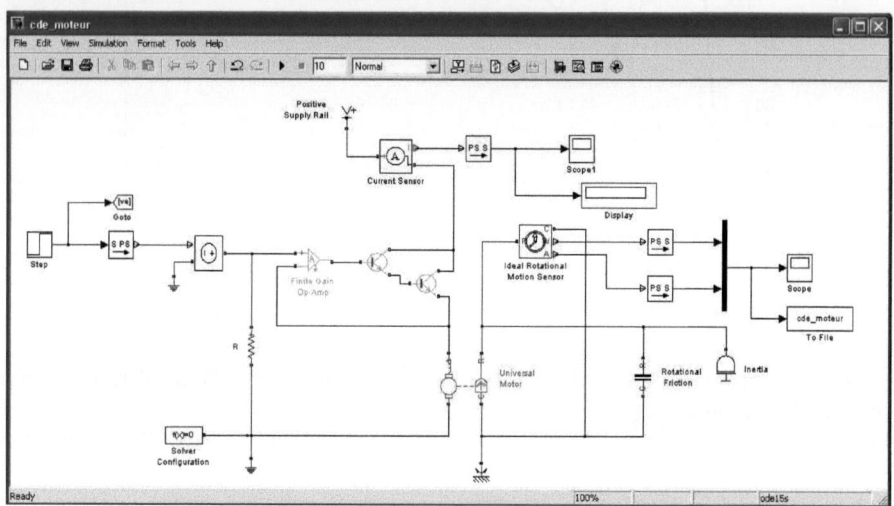

On réalise un retour sur la borne négative de l'amplificateur opérationnel, au niveau d'une borne de l'induit, l'autre étant reliée à la masse. La tension appliquée est retransmise à l'induit. Les transistors permettent d'alimenter le moteur avec l'intensité nominale selon la charge appliquée au niveau de son rotor. Nous avons alimenté le moteur en 50V.

L'arbre du moteur possède une charge avec une inertie et des frottements. L'inconvénient de ce montage est dans le fait que le moteur ne peut tourner que dans un sens.

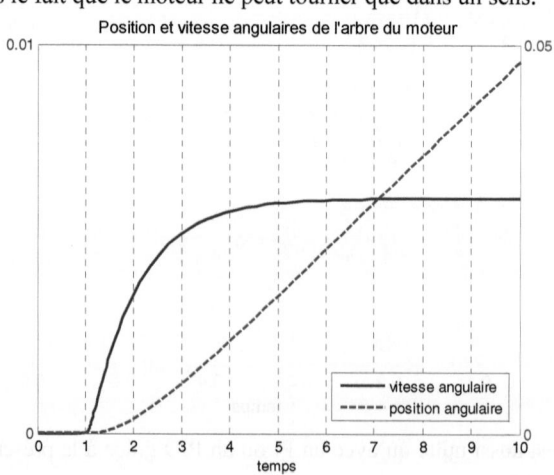

Applications de Simscape

L'oscilloscope suivant montre la courbe du courant de l'induit qui se stabilise au bout de quelques secondes à une valeur de 1.675 A.

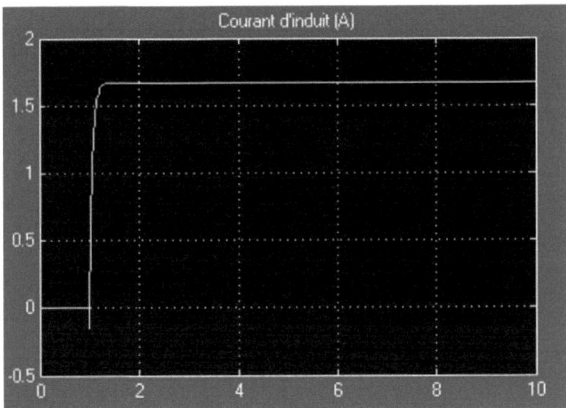

IX.2. Demi pont en H

IX.2.1. Système en boucle ouverte

Lorsqu'on s'intéresse uniquement à un seul sens de rotation de l'arbre moteur, on utilise le circuit suivant formé de 2 transistors bipolaires, sous forme d'un demi pont en H, qui impose un seul sens de circulation du courant d'induit.
Les amplificateurs opérationnels réalisent les fonctions d'adaptation d'impédance tout en assurant une amplification de puissance. Les diodes, dites de roue libre, protègent les transistors des surtensions générées par le moteur.

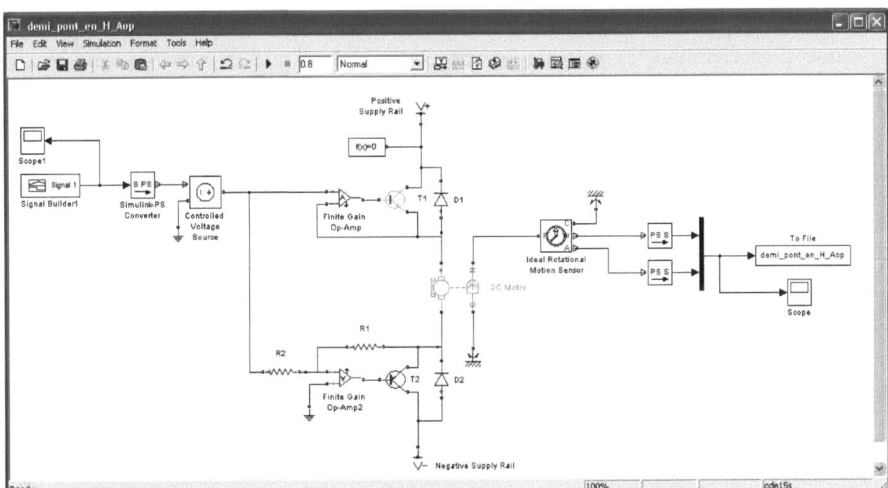

Selon le signal de commande généré par le bloc `Signal Builder`, nous obtenons les courbes suivantes de la vitesse et de la position.

Pour une même hauteur de l'échelon de commande, la dynamique est plus rapide en phase d'accélération qu'en décélération.

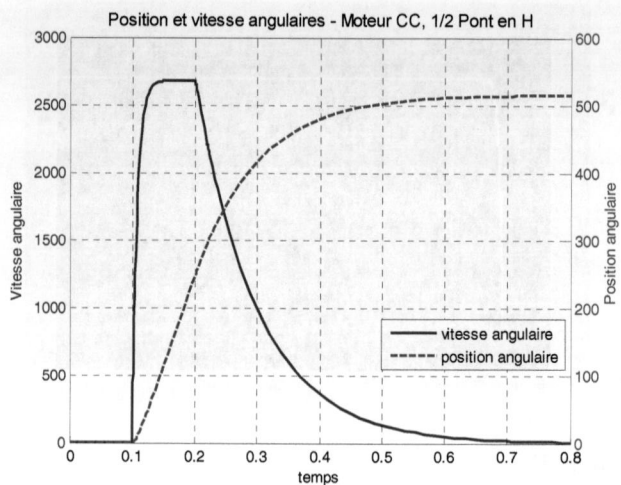

IX.2.2. Régulation de vitesse

On se propose de réaliser une régulation de la vitesse afin que le système en boucle fermée se comporte comme un système du 1er ordre avec une dynamique plus lente à l'accélération et plus rapide à la décélération. On commence par estimer ces 2 constantes de temps. La pente à l'origine de la courbe n'est pas nulle.
On cherchera alors à modéliser ce système par un modèle du 1er ordre.

- **Phase d'accélération**

En phase d'accélération, le système se comporte comme un 1er ordre de gain statique H_0=2680 rad.s^{-1} V^{-1} et une constante de temps $\tau_1 = 0.08 s$. La figure suivante représente la réponse en vitesse du moteur et celle du modèle de fonction de transfert $H_1(p) = \dfrac{2680}{1+0.08\,p}$

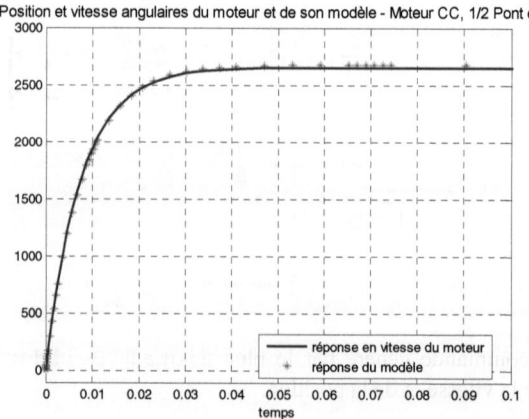

Applications de Simscape 261

- **Phase de décélération**

La figure suivante représente la réponse en vitesse du moteur, en phase de décélération, et celle de son modèle du 1er ordre.
Le gain statique est le même qu'en phase d'accélération. La constante de temps vaut $\tau_2 = 0.1s$.

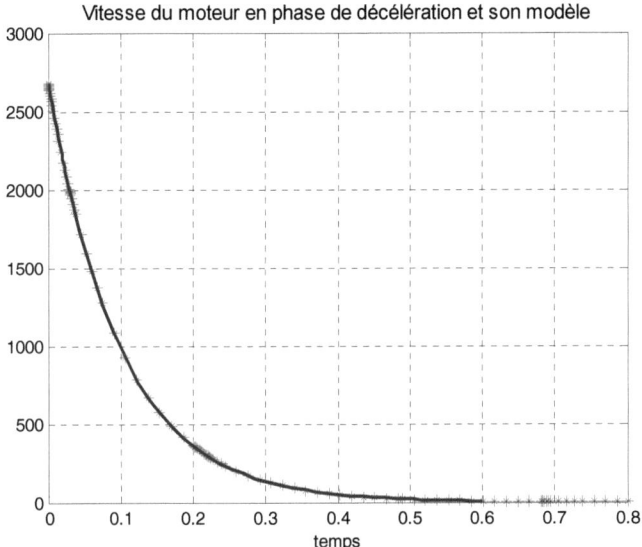

On, désire réguler la vitesse pour obtenir un système du 1er ordre de constante de temps τ tel que $\tau_2 < \tau < \tau_1$, soit $0.008 < \tau < 0.1$.

Dans le modèle suivant, nous utilisons un régulateur PI pour réguler la vitesse du moteur dans un demi pont en H avec amplificateur opérationnel et transistor.

Avec ce demi pont en H, nous ne pouvons pas avoir des vitesses négatives.

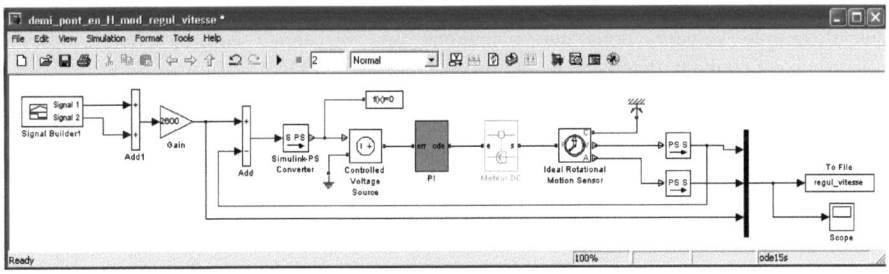

La figure suivante représente les signaux de consigne et de vitesse mesurée du moteur.

Nous pouvons remarquer que la vitesse répond plus vite en phase d'accélération. Par rapport à la boucle ouverte, la dynamique de décélération est plus rapide lorsque la vitesse est régulée. Comme le régulateur possède une intégration, la vitesse rejoint la consigne en régime statique avec une erreur nulle.

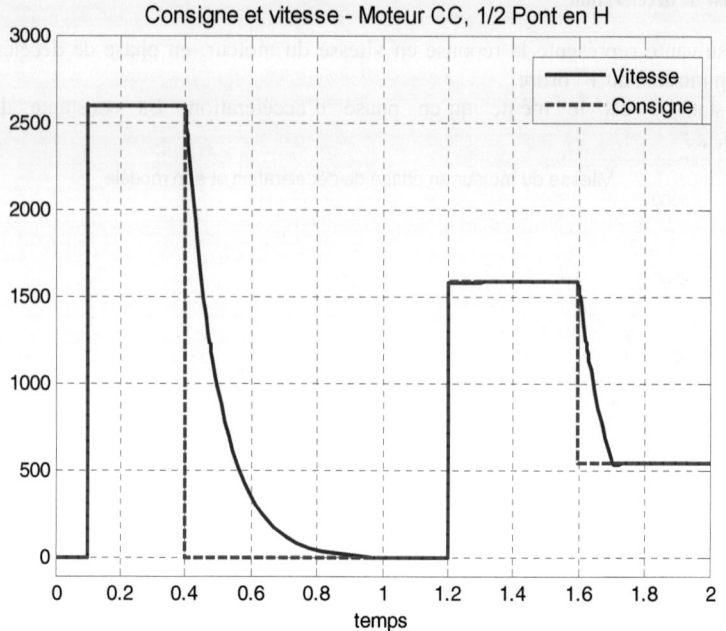

IX.3. Demi pont en H bidirectionnel

IX.3.1. Commande en boucle ouverte

Pour pouvoir faire tourner le moteur dans les 2 sens, on utilise 2 demi ponts en H avec un relais pour inverser le sens du courant.

Le signal `cde_sens` permet de brancher le moteur dans le premier 1er pont en H (`cde_sens=1`) et dans le 2ème demi pont en H lorsque la vitesse est négative (`cde_sens=0`).

Dans l'exemple suivant, nous avons branché une résistance comme charge. Lorsque `cde_sens` est égal à 0, la tension à ses bornes est égale à -24V.

Cette tension vaut 24V lorsque la commande du sens vaut 1. On peut le vérifier grâce à l'utilisation du switch manuel avec lequel on peut passer de 1 à 0 et réciproquement par un double clic.
Le courant d'induit est ainsi inversé par rapport au cas `cde_sens=1` pour lequel cette tension vaut +24V.

Les entrées E12 et E21 correspondent, respectivement, aux émetteurs communs des transistors T_1 et T_2 et à ceux de T_3 et T_4.

Ce sont sur ces entrées que sont reliées les bornes de l'induit du moteur.

Applications de Simscape

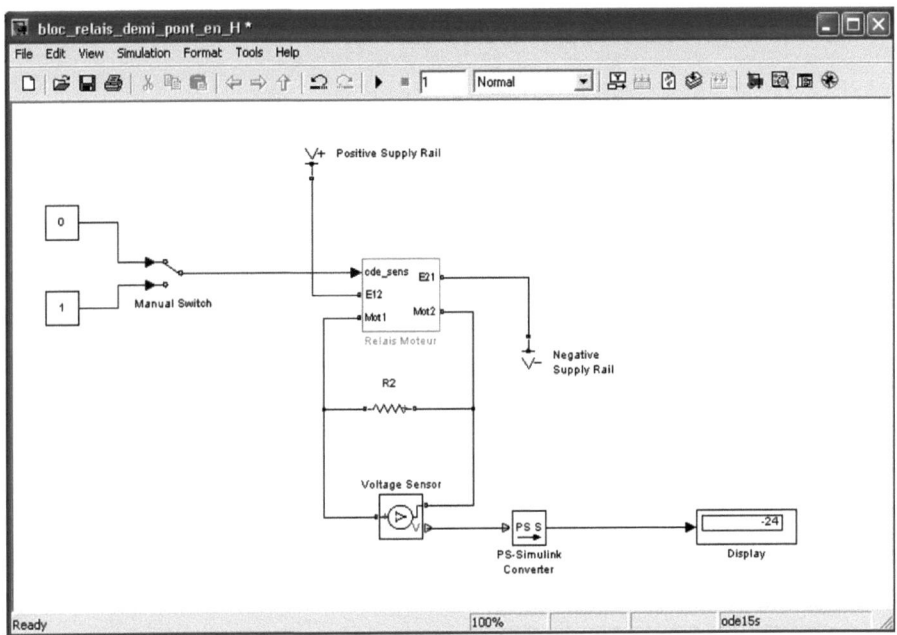

Le relais, réalisé à l'aide 2 blocs switch est donné par le modèle suivant.

Les sous-systèmes V→S (Volts vers Simulink) et S→PS (Simulink vers Système Physique) sont des convertisseurs, pour passer, respectivement des Volts vers Simulink et de Simulink vers des systèmes physiques (Physical Systems ou Physical Signals).

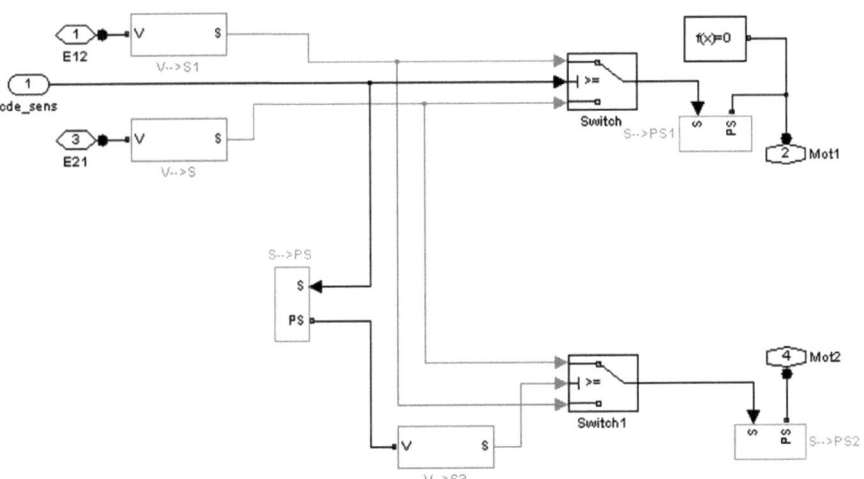

Dans le modèle suivant, nous utilisons le signe du signal cde_sens pour saturer ou bloquer les transistors.

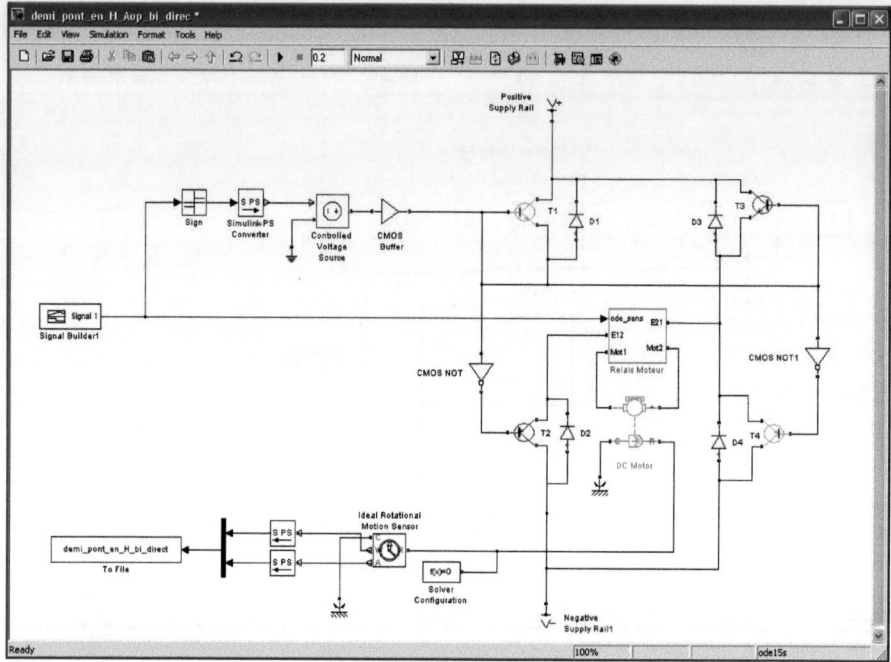

La commande du sens de rotation est effectuée grâce au signal généré par le bloc `Signal Builder`.

Jusqu'à t=0.1, le moteur tourne dans un sens, ensuite il change de sens car le relais le branche à l'autre demi pont en H.

La figure suivante représente la vitesse et la position de l'arbre moteur.

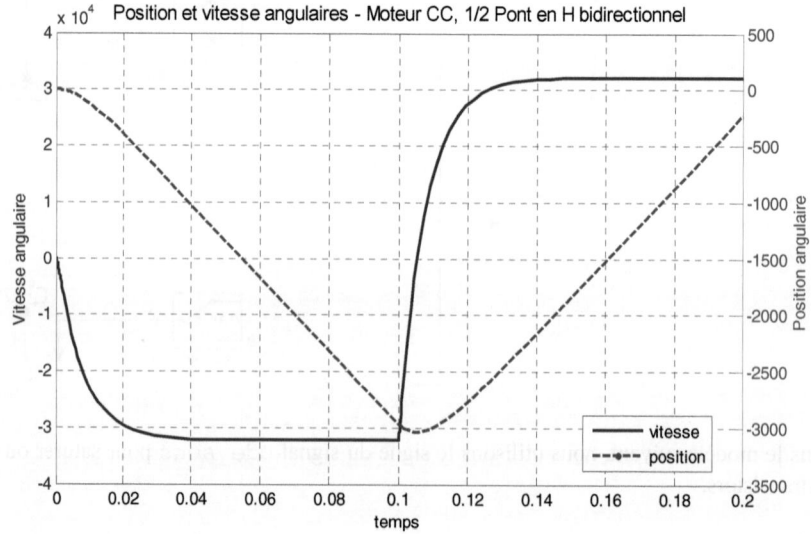

Le moteur peut être commandé par un signal PWM.
Dans le modèle suivant, entre 0<t<et 0.1, le rapport cyclique est de 90%, après t=0.1, le rapport cyclique est réduit à 30%. Le signal PWM est généré par le bloc Controlled PWM Voltage de la librairie Drivers.

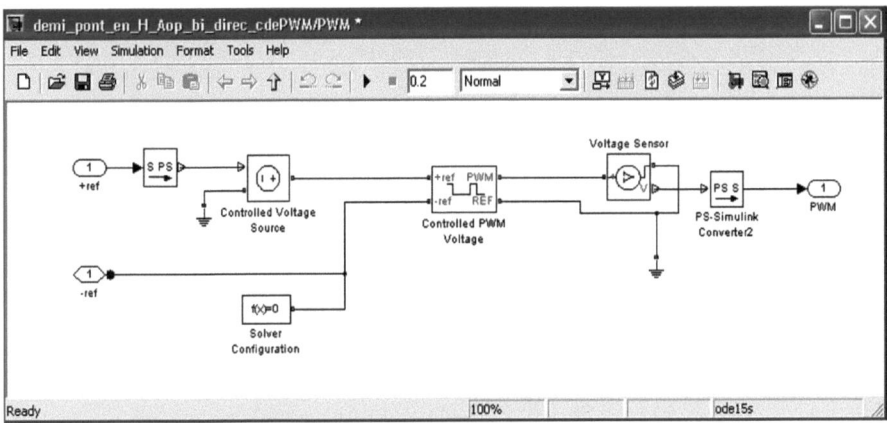

Le modèle suivant représente la partie de la commande PWM réalisée par le sous-système PWM bâti autour du bloc Controlled PWM Voltage de la librairie Drivers de SimElectronics.

Ce sous-système contient l'entrée +ref, signal de type Simulink, qui contrôle la valeur du rapport cyclique, la sortie PWM et l'entrée -ref, de type PS, qui est généralement connectée à la masse du circuit.

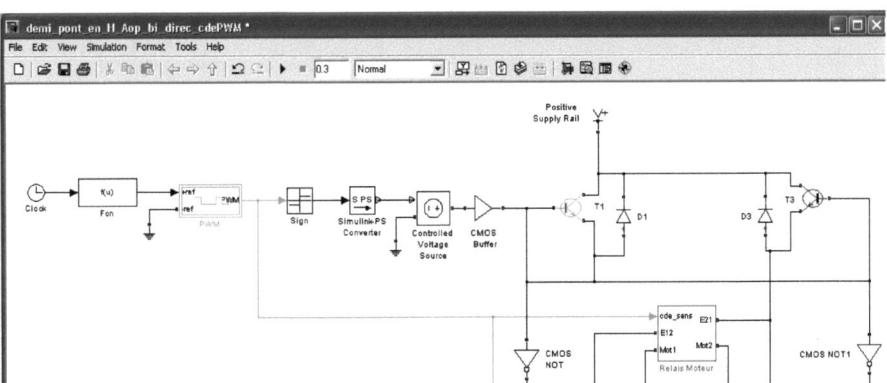

Dans le bloc Fcn, nous avons programmé une relation conditionnelle pour appliquer un signal PWM de rapport cyclique 90% pour 0<t<0.1, 30% pour 0.1<t<0.2, 50% après t=0.2.

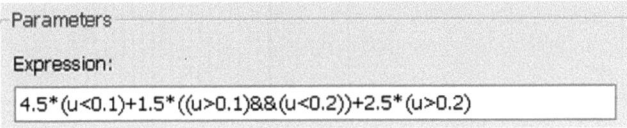

La réponse en vitesse est visiblement celle d'un système du 1er ordre.

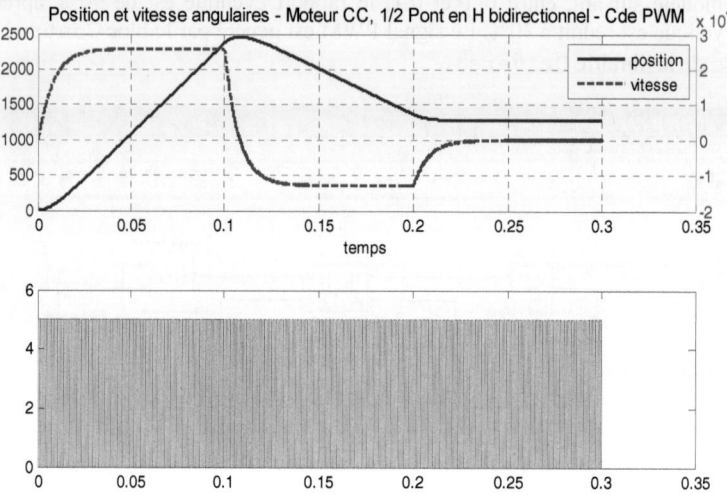

Dans le tableau suivant, nous avons tracé le signal de commande PWM après avoir fait des zooms.

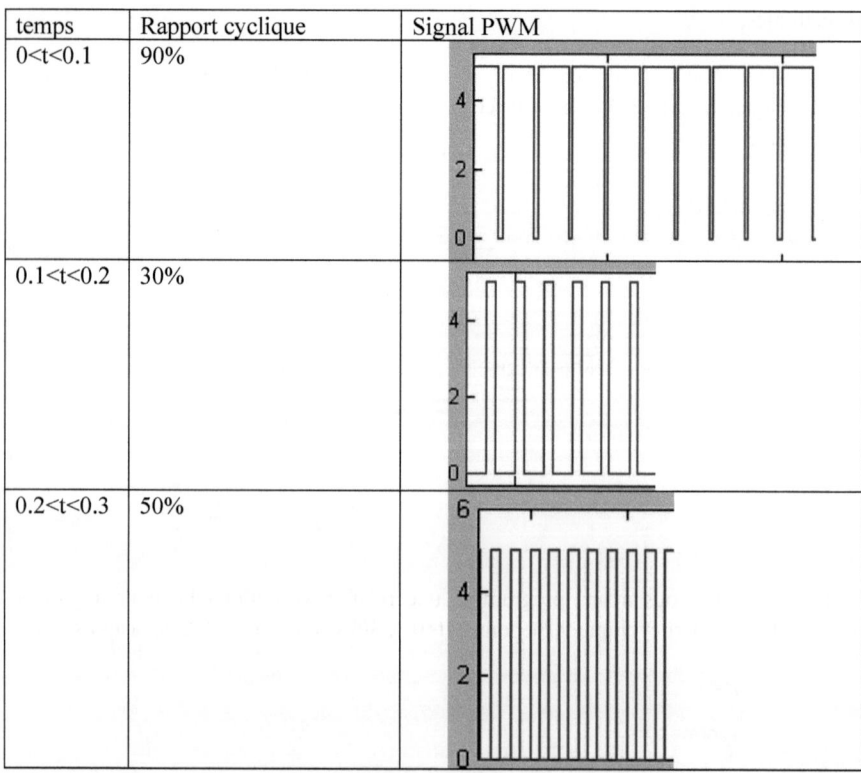

Applications de Simscape 267

IX.3.2. Boucle fermée, régulation de vitesse

On se propose de réaliser la régulation de vitesse en utilisant ce circuit, formé de 2 demi ponts en H avec relais pour le changement de direction du moteur.

On utilise le bloc PID de Simulink qui fournira une valeur du rapport cyclique afin que la vitesse suive le signal de consigne.
Ce signal de commande passe par le bloc Saturation qui le limite entre 0 et 5.

A l'instant t=0.001s, on applique un couple mécanique sur l'arbre moteur de 4 mN. Ce couple crée une perturbation sur la vitesse qui diminue légèrement.

Le modèle suivant correspond à la régulation de la vitesse d'un moteur à courant continu commandé par un signal PWM et 2 demi ponts en H avec relais aiguilleur.

La commande du sens de rotation se fait grâce au signal de commande PWM qui passe par le bloc Signum qui donne 0 pour un signal de commande nul et 1 lorsque ce dernier est positif.

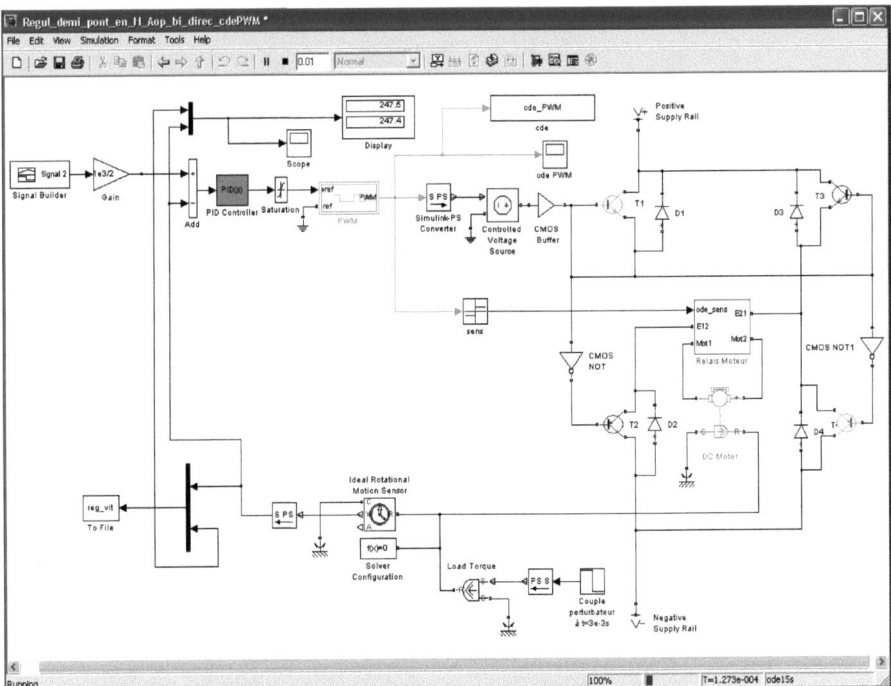

La figure suivante, tracée dans l'étape de fin de simulation, par la fonction StopFcn, représente l'évolution de la vitesse et la consigne. La poursuite d'un échelon positif de consigne se fait en un temps plus élevé que pour un échelon négatif.

Dans la figure suivante, l'échelon négatif de hauteur 500 rad/s est presque instantanément atteint alors qu'un échelon positif de 250 rad/s nécessite 0.5 ms.

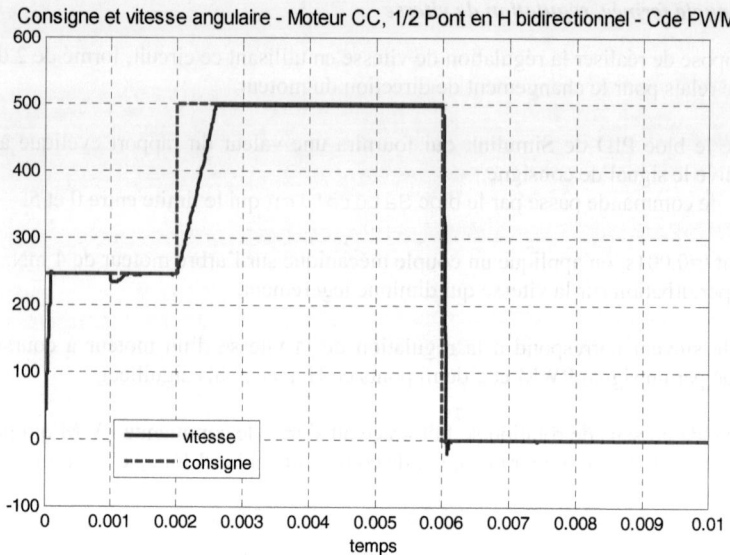

En régime permanent, la vitesse suit parfaitement la consigne, grâce à la présence de l'action intégrale dans le régulateur. La poursuite d'un échelon positif (accélération) est plus lente qu'en décélération.

La courbe suivante représente le signal de commande sous forme PWM de hauteur 5V.

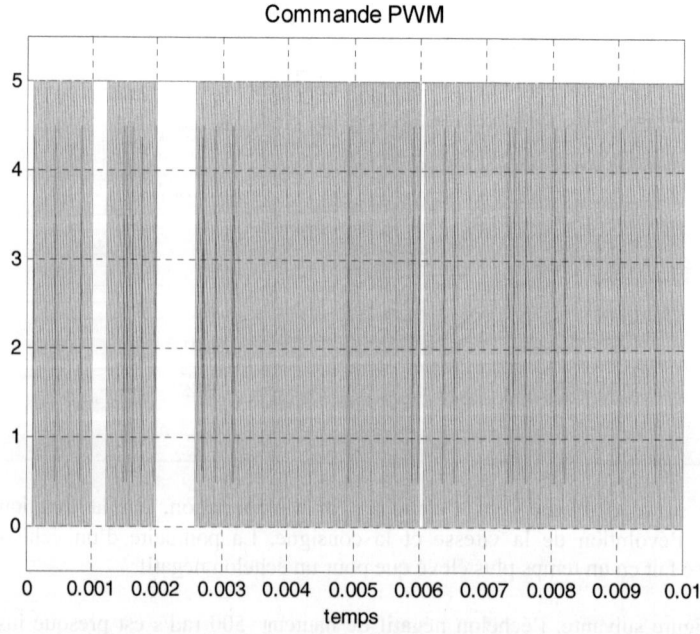

Lors de l'accélération, la tension est constante et égale à la valeur maximale de 5V. Elle se réduit à 0V en phase de décélération.

Applications de Simscape 269

IX.4. Pont en H

Si l'on veut que le transistor fonctionne dans les 2 sens, nous devons utiliser un pont en H.

En robotique, les moteurs utilisés sont généralement de faible puissance pour lesquels on ne s'intéresse pas à la régulation de sa vitesse, mais seulement à lui fixer l'ordre d'avancer ou de reculer grâce à des cartes à logique CMOS.
On s'intéresse à la commande d'un moteur à courant continu de faible puissance.

Le pont en H peut être schématisé par 4 interrupteurs, comme le montre le schéma suivant.
Dans le cas présenté ci-après, la position des interrupteurs permet le choix du sens de la circulation du courant.

Pour commander ces 4 interrupteurs, nous avons besoin de 2 commandes logiques.

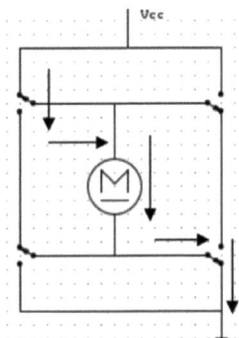

Dans le modèle suivant, les interrupteurs sont représentés par les transistors T_1, T_2, T_3 et T_4 qu'on bloque ou que l'on sature.

Le tableau suivant récapitule l'état des transistors selon la valeur logique (0 ou 1) des commandes u_1 et u_2.

u_1	u_2	Etat Moteur
0	0	arrêt
0	1	T_2, T_3 saturés, sens 1
1	0	T_1, T_4 saturés, sens 2
1	1	arrêt

Les diodes, dites de roue libre, permettent de protéger les transistors des surtensions provoquées par le moteur. La valeur logique des portes AND permet de saturer les transistors avec les 5V de sortie.

La commande en (enable) permet d'autoriser les blocages et les saturations des transistors.

Lorsqu'on sature T_1, on bloque T_2 à cause de l'inverseur CMOS NOT. Pour cela, il faut que T_4 soit aussi saturé, ce qui est montré dans le schéma suivant.

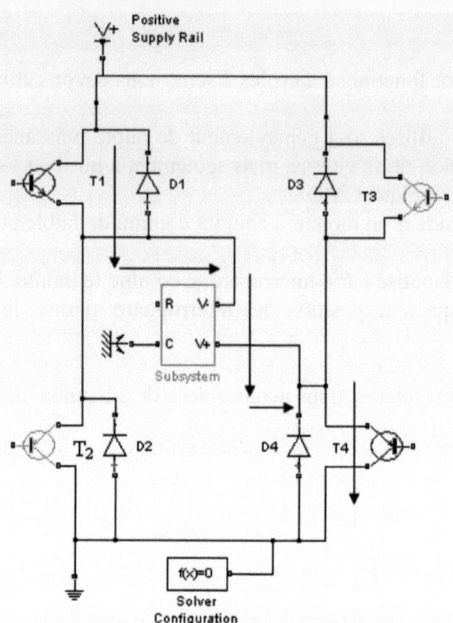

C'est le cas où $u_1=1$ et $u_2=0$. T_1 et T_4 sont saturés pour un sens de rotation, le courant passe à travers T_2 et T_3 pour l'autre sens. Dans le modèle suivant, les signaux u1, u2 et en sont fournis par le bloc `Signal Builder`.

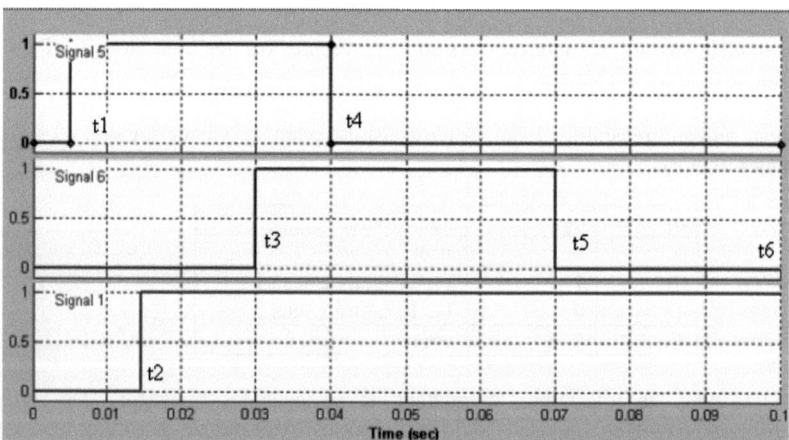

Le tableau suivant récapitule l'état des transistors et le sens du courant.

0<t<t1	u1 = u2 = en=0	∀ la valeur de u1 et u2, le moteur est à l'arrêt car en=0
t1<t<t2	u1=1,u2 = en =0	∀ la valeur de u1 et u2, le moteur est à l'arrêt car en=0
t2<t<t3	u1=1,u2=0,en=1	Le courant passe par T1 et T4, sens 1
t3<t<t4	u1= u2 = en =1	Moteur à l'arrêt car T1 et T3 saturés et T2 et T4 bloqués
t4<t<t5	u1=0, u2=en = 1	Le courant passe par T2 et T3, sens 2
t5<t<t6	u1=u2=0, en = 1	Moteur à l'arrêt car T1 et T4 saturés et T2, T3 bloqués

Applications de Simscape 271

Le modèle suivant représente le moteur, le pont en H et les signaux logiques u1, u2 et en.

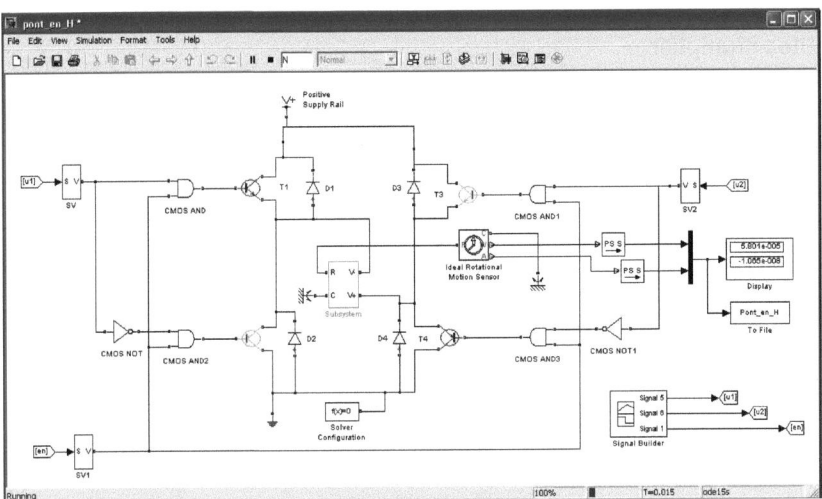

La figure suivante, représente les courbes de la vitesse et de la position angulaire de l'arbre moteur.

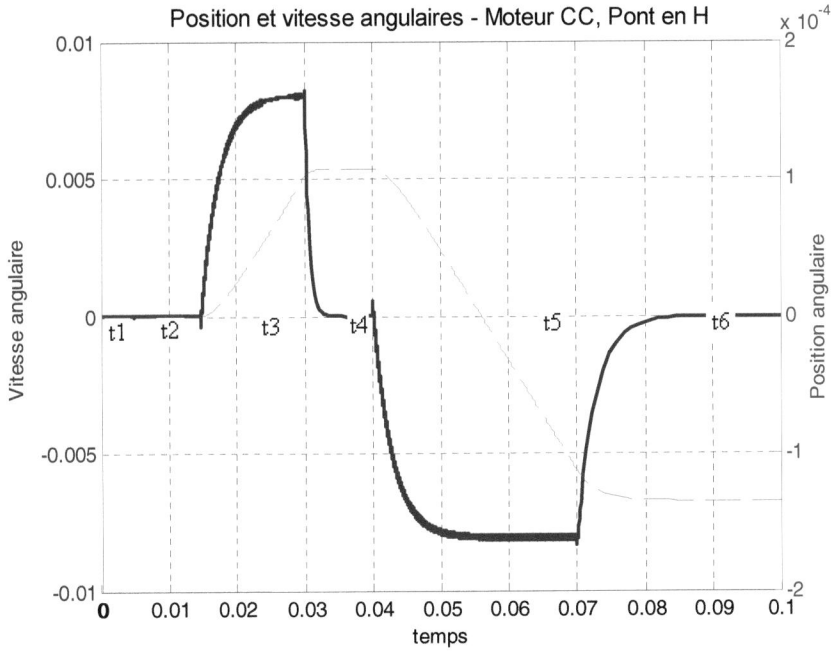

De 0 à t2, le moteur reste à l'arrêt car le signal en est égal à 0. De t2 à t3, le moteur tourne dans le sens 1.
A t3, le moteur s'arrête. De t4 à t5, le moteur tourne dans l'autre sens (vitesse négative). A partir de t5, le moteur s'arrête (la vitesse tend à s'annuler et la position reste constante).

X. Modulation et démodulation d'amplitude

X.1. Bloc multiplier

Dans l'application de modulation d'amplitude, nous avons besoin de faire l'opération de produit de 2 signaux et ainsi d'utiliser le bloc `Multiplier` qui permet d'effectuer le produit de 2 signaux centrés.

Dans le modèle suivant, nous multiplions une sinusoïde par un signal rectangulaire d'amplitude variable.

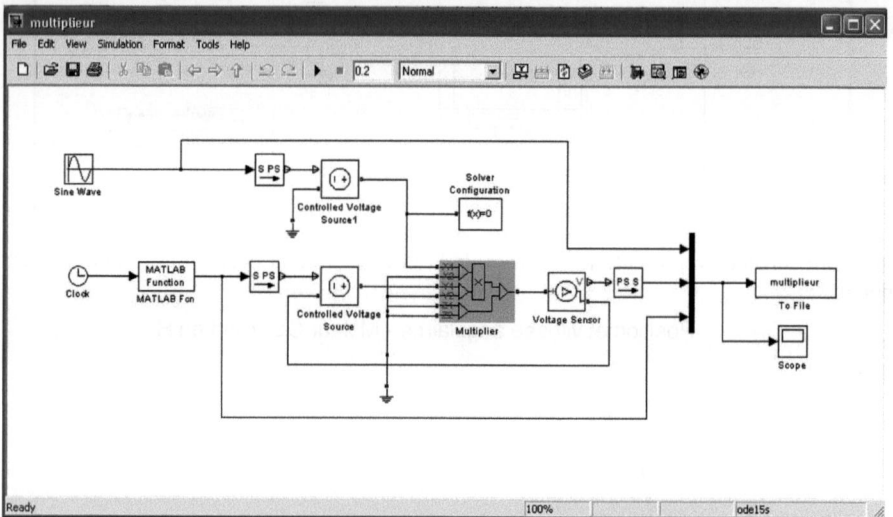

Dans la figure suivante, nous affichons la sinusoïde, le signal rectangulaire et la sortie du multiplieur.

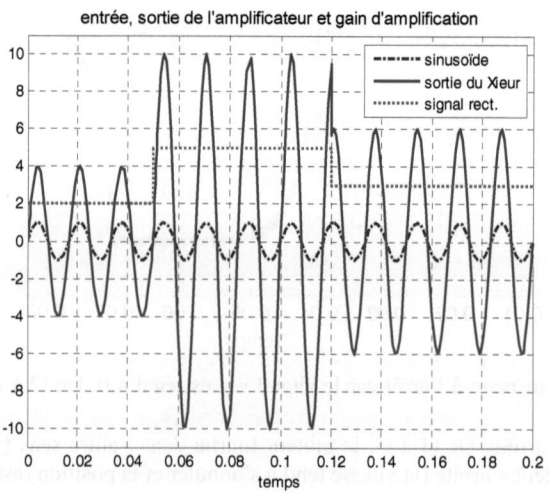

X.2. Modulation d'amplitude

La modulation d'amplitude consiste à moduler un signal haute fréquence ou porteuse $x_p(t)$ par un signal modulant ou signal utile $x_m(t)$ de basse fréquence.

Le principe de cette modulation consiste à multiplier ces 2 signaux et ajouter la porteuse.
On considère les signaux suivants :

$$x_m(t) = X_m \cos(w_m t)$$
$$x_p(t) = X_p \cos(w_p t)$$

Nous choisissons les valeurs suivantes pour ces deux signaux.

$$x_m \begin{cases} X_m = 0.2V \\ w_m = 2\pi \, kHz \end{cases} \qquad xp \begin{cases} X_p = 0.8V \\ w_m = 2\pi * 50 \, kHz \end{cases}$$

Le principe de cette modulation est représenté dans la figure suivante.

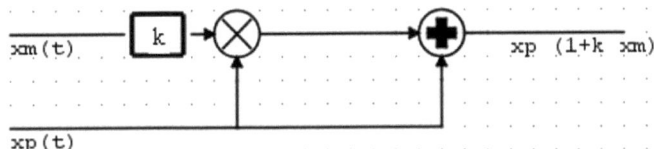

Le signal de sortie peut être exprimé en fonction des amplitudes comme suit :

$$V_s(t) = x_p(t)[1 + k\, x_m(t)] = X_p \left[1 + k\, X_m \cos(w_m t)\right] \cos(w_p t)$$

On note $k\, X_m = m$, le taux de modulation, soit :

$$V_s(t) = X_p \left[1 + m \cos(w_m t)\right] \cos(w_p t)$$

Le coefficient m est choisi tel que la somme $[1 + m \cos(w_m t)]$ soit toujours positive.

$V_s(t)$ peut se développer comme suit :

$$V_s(t) = X_p \cos w_p t + \frac{m X_p}{2} \left[\cos(w_p + w_m)t + \cos(w_p - w_m)t\right]$$

Le 1er terme correspond à la porteuse, les deux autres sont des sinusoïdes de pulsations $w_p + w_m$ et $w_p - w_m$.

Le spectre est formé de 3 raies; la raie (X_p, w_p) et 2 raies latérales de part et d'autre de cette dernière, d'amplitude $\frac{m X_p}{2}$.

Dans le modèle suivant, on utilise le bloc Multiplier de Simscape afin de faire le produit de $k\, x_m(t)$ par $x_p(t)$.

L'ajout, au résultat de ce produit, de la porteuse se fait grâce au sous-système Somme dans lequel on a utilisé le montage sommateur à amplificateurs opérationnels.

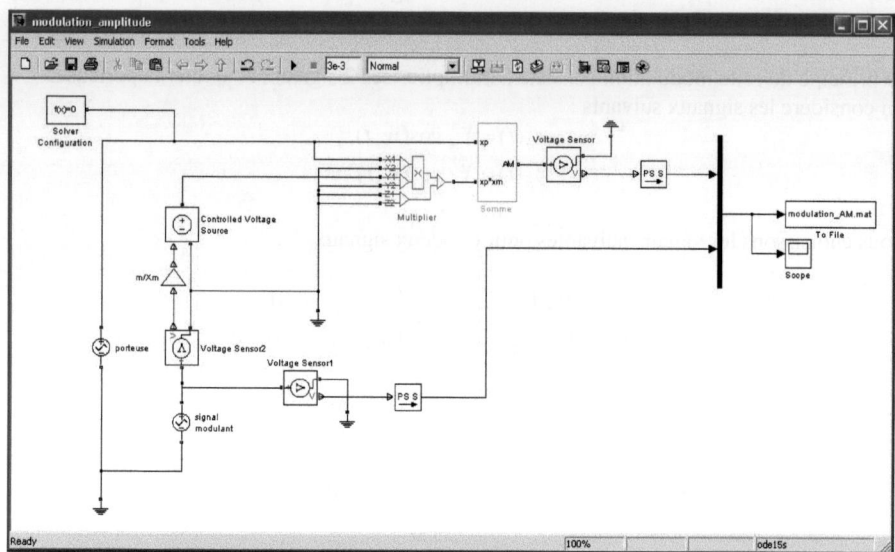

Le principe de modulation est réalisé directement dans le masque suivant.

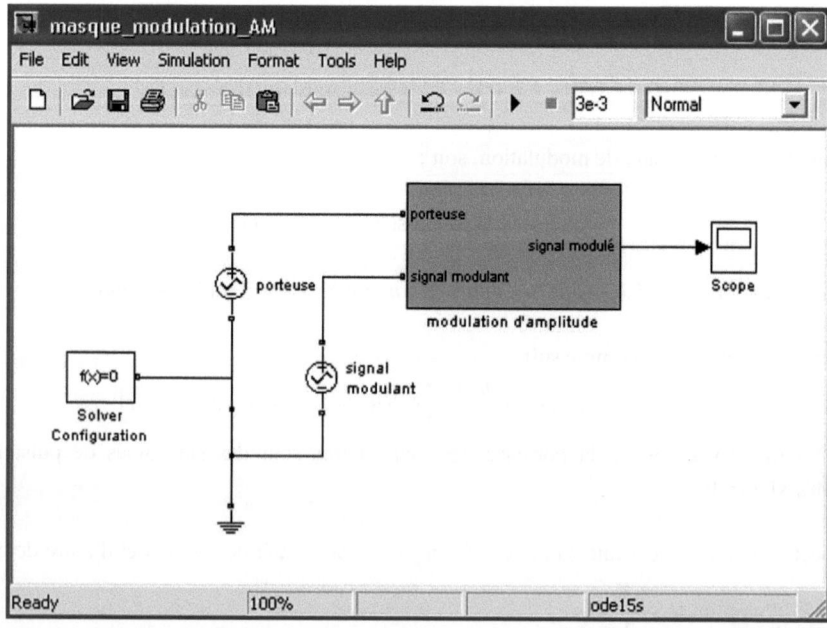

La figure suivante représente le signal modulé et le signal modulant, basse fréquence avec un taux de modulation m=0.5.

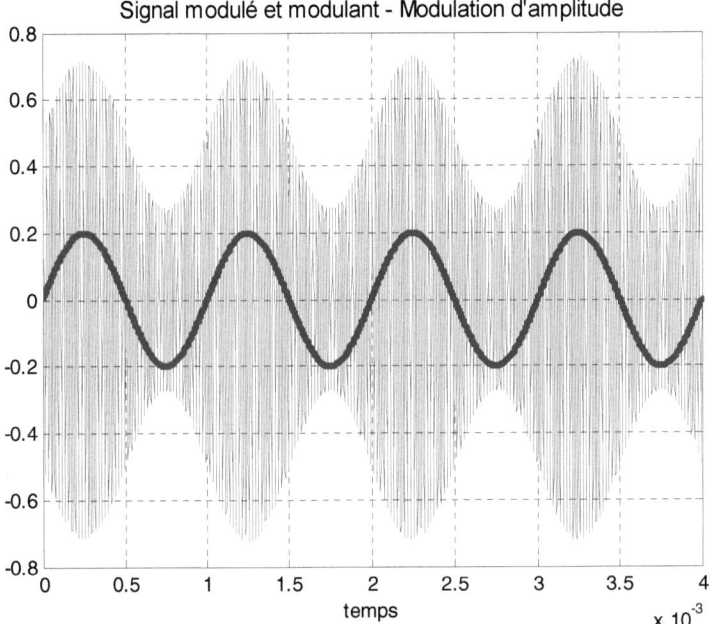

La figure suivante représente les mêmes signaux lorsqu'il y a sur modulation (m>1).

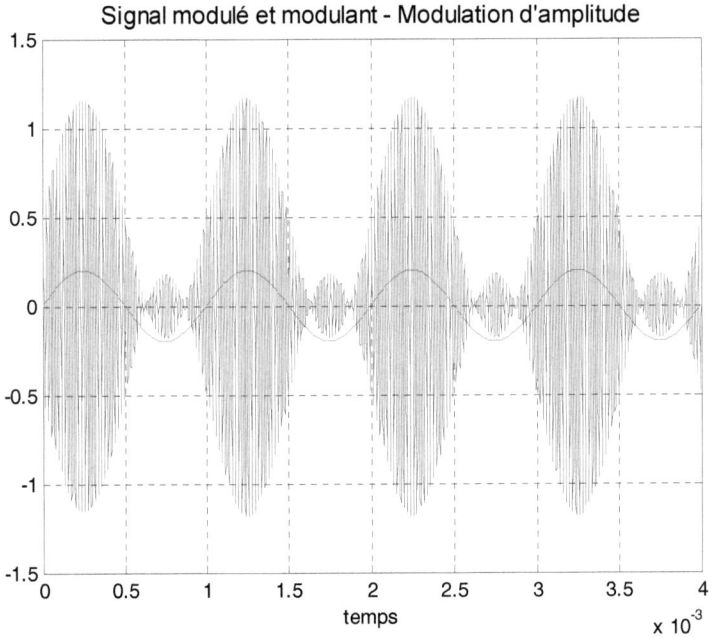

On s'intéresse ensuite à la récupération du signal utile par la démodulation du signal.

X.3. Démodulation

A la réception du signal modulé, le but est de récupérer uniquement le signal utile modulant, c'est l'étape de démodulation.

Le principe de démodulation, représenté par la figure suivante, consiste à multiplier le signal modulé $V_s(t)$ par un signal de même pulsation que la porteuse.

Avec $V_s(t) = X_p \left[1 + m \cos w_m t\right] \cos w_p t$, nous devons multiplier ce signal par :

$$z(t) = Z \cos(w_p t)$$

En utilisant un autre multiplieur, en notant s(t) le signal de sortie, nous avons :

$$s(t) = V_s(t) z(t) = X_p Z \left[1 + m \cos(w_m t)\right] \cos^2(w_p t)$$

En utilisant la formule trigonométrique,
$$\cos^2(a) = \frac{1 + \cos(2a)}{2}$$

nous obtenons :

$$s(t) = \frac{X_p Z}{2} \left[1 + m \cos(w_m t)\right]\left[1 + \cos(2 w_p t)\right]$$
$$= \frac{X_p Z}{2} \left[1 + \cos(2 w_p t) + m \cos(w_m t) + m \cos(w_m t) \cos(2 w_p t)\right]$$

Nous utilisons la formule trigonométrique :
$$\cos a \cos b = \frac{1}{2}\left[\cos(a+b) + \cos(a-b)\right]$$

$$s(t) = \frac{X_p Z}{2} \left[1 + \cos(2 w_p t) + m \cos(w_m t) + \frac{m}{2} \cos(w_m + 2 w_p)t + \frac{m}{2} \cos(2 w_p - w_m)t\right]$$

Le signal de sortie est composé de 5 signaux. On utilise un filtre passe bande centré sur la pulsation w_m pour récupérer le signal proportionnel au signal modulant, $x_m(t)$.

$$w(t) = \frac{m X_p Z}{2} \cos(w_m t)$$

Pour obtenir la même amplitude X_m que le signal modulant, nous devons choisir celle du signal z(t) comme suit :

$$Z = \frac{2 X_m}{m X_p},$$

ainsi :
$$z(t) = \frac{2 X_m}{m X_p} \cos(w_m t)$$

Ces différents traitements sont modélisés par la figure suivante :

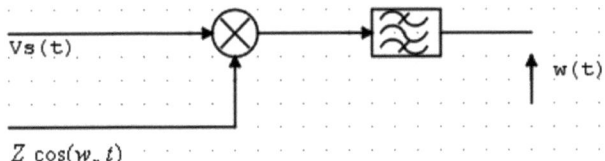

Nous considérons le filtre passe bande passif du second ordre suivant :

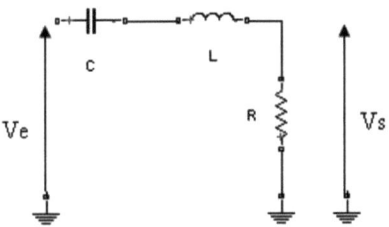

La fonction de transfert de ce circuit est :

$$H(jw) = \frac{Vs}{Ve} = \frac{1}{1 + j(\frac{Lw}{R} - \frac{1}{RCw})} = \frac{1}{1 + jQ(\frac{w}{w_0} - \frac{w_0}{w})}$$

avec $w_0 = \frac{1}{\sqrt{LC}}$, la pulsation propre, et $Q = \frac{1}{R}\sqrt{\frac{L}{C}}$, le facteur de qualité du filtre.

En notant $x = \frac{w}{w_0}$, la fonction de transfert se met sous la forme suivante avec la pulsation réduite :

$$H(x) = \frac{1}{1 + jQ(x - \frac{1}{x})}$$

Le module de cette fonction de transfert, en décibels, est donné par :

$$20 \log |H(x)| = -10 \log \left[1 + Q^2 (x - \frac{1}{x})^2 \right]$$

Les fréquences de coupure à -3dB sont telles que :

$$-3 = -10 \log \left[1 + Q^2 (x - \frac{1}{x})^2 \right] = -10 \log(2)$$

soit :

$$Q^2 (x - \frac{1}{x})^2 = 1$$

Nous obtenons 2 équations dont nous choisissons, pour chacune, la solution positive.

$$x_{1,2} = \frac{\pm 1 + \sqrt{1+4Q^2}}{2Q}$$

Nous déduisons la bande passante à -3dB, en fonction du facteur de qualité.

$$\Delta x = x_1 - x_2 = \frac{\Delta w}{w_0} = \frac{1}{Q}$$

Plus le facteur de qualité est grand, plus le filtre est sélectif.

Les courbes sont tracées en utilisant le script suivant.

fichier passe_bande.m
```
close all, hold off
Q=2;
x=0:0.001:5;
mod=1./sqrt(1+Q^2*(x-1./x).^2);

if Q==1
    plot(x,mod)
    hold on
else
    plot(x, mod,'r-')
    grid
end

plot(x,(1/sqrt(2))*ones(size(x)),':')
title('Réponse en fréquence du filtre passe bande RLC')
axis([0 5 0 1.02])
```

La figure suivante représente le module de la fonction de transfert, en fonction de la pulsation normalisée x, pour 2 valeurs du coefficient de qualité, Q=1 et 2

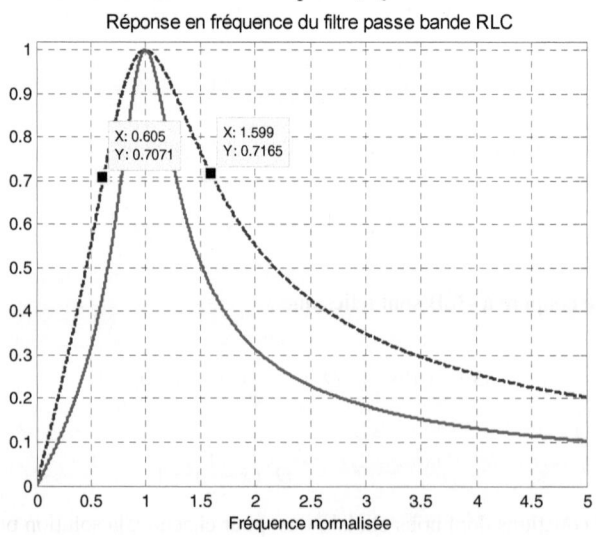

Nous vérifions la valeur de 1 de la bande passante normalisée pour Q=1 et 0.5 pour Q=2.
Le filtre passe bande est programmé dans le sous-système « passe bande ».

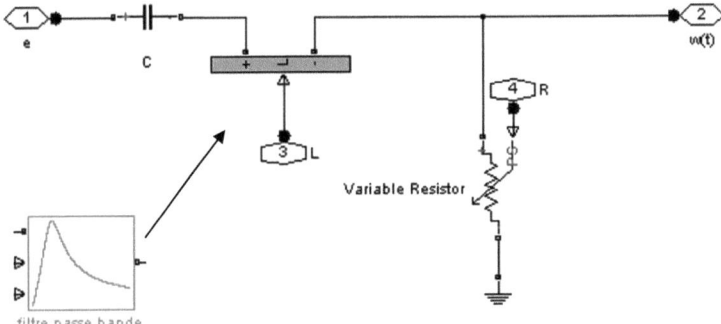

Ce système possède 3 entrées (valeur de la résistance, valeur de l'inductance et signal d'entrée du filtre et une sortie, celle du filtre).
De tous les composants du système, seule la capacité possède la valeur fixe C=1mF.
La résistance et la bobine sont réglables en utilisant la résistance réglable de Simscape, réalisée dans le chapitre « prise en main de Simscape ».
Nous choisissons ce type de filtre pour démoduler le signal $V_s(t)$ en sortie du bloc Somme du modèle « modulation_amplitude.mdl ».

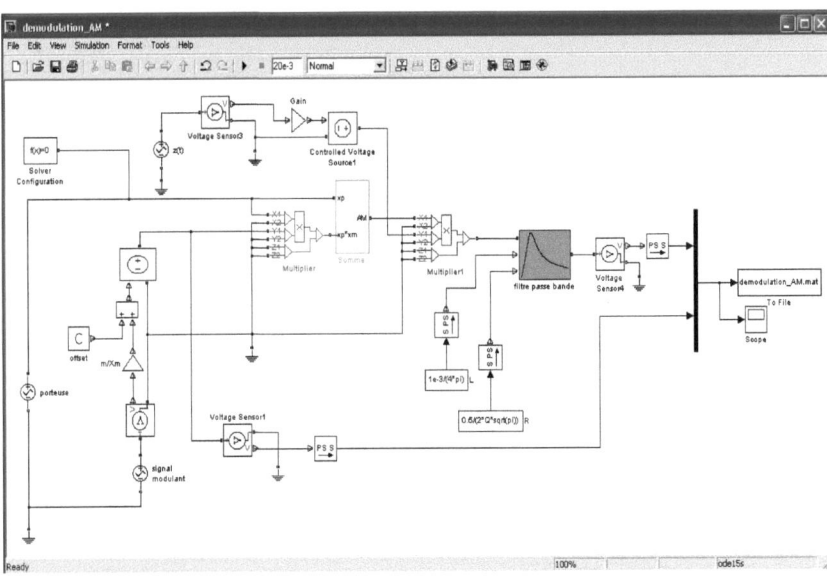

Dans la fonction Callback InitFcn, nous programmons les amplitudes du signal modulant Xm et de la porteuse ainsi que leurs fréquences respectives de 1 kHz et 50 kHz.

```
Xm=0.2; fm=1e3;    % amplitude et fréquence du signal modulant
Xp=0.5; fp=50e3;   % amplitude et fréquence de la porteuse
m=0.5;             % taux de modulation
```

La figure suivante montre le signal de sortie du filtre qui rejoint, après une étape transitoire, le signal modulant $x_m(t)$.

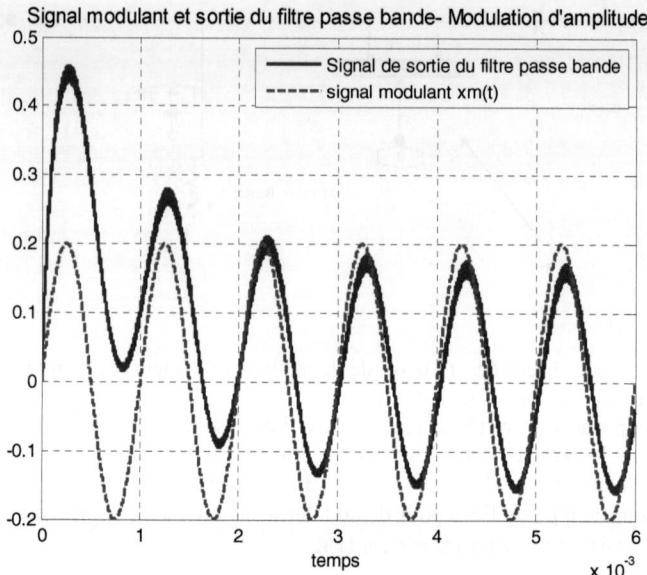

La figure suivante représente l'erreur de démodulation ainsi que sa moyenne mobile qui tend vers 0.

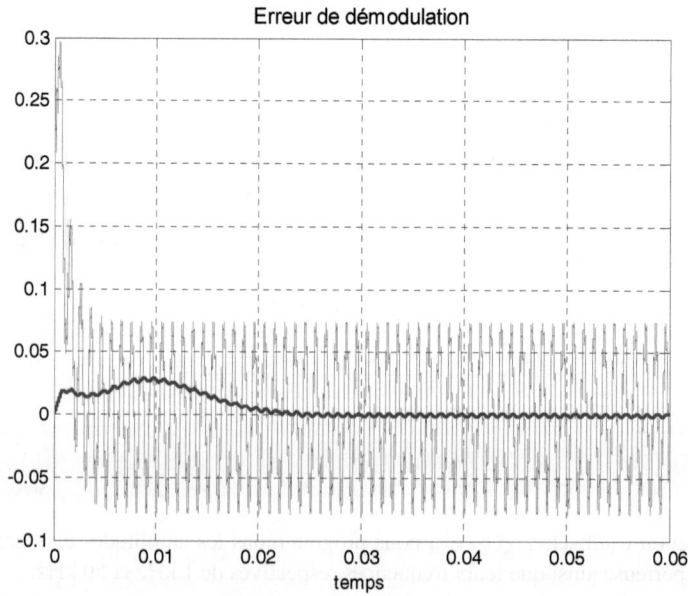

La moyenne de l'erreur de démodulation est nulle. Cette erreur sera d'autant plus faible que le facteur de qualité du filtre passe bande sera plus élevé.

Applications de Simscape 281

XI. Circuit inverseur SN 7404 N de Texas Instruments

Le circuit inverseur SN 7404 de Texas Instruments est un circuit intégré comportant 6 inverseurs.

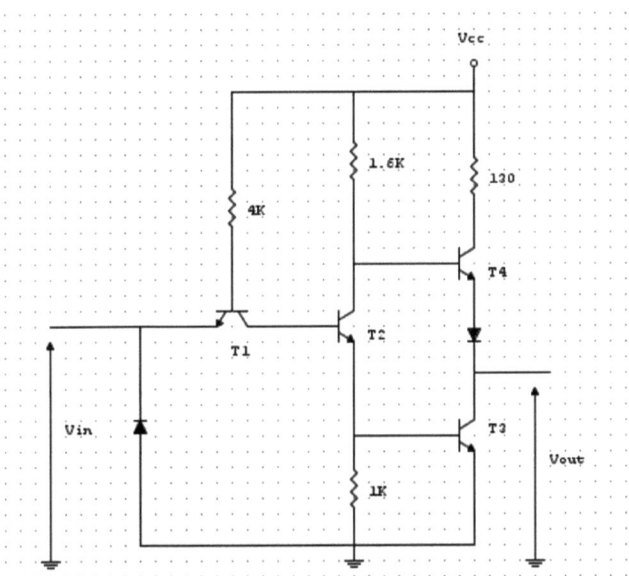

Nous appliquons à son entrée un échelon de Simulink qui passe d'une valeur 0 à 5, que nous transformons en composant physique de Simscape grâce au convertisseur S→PS.
Ensuite sa valeur est transformée en tension par la source de tension contrôlée Controlled Voltage Source.
La tension d'alimentation appartient à la bibliothèque Sources de SimElectronics.

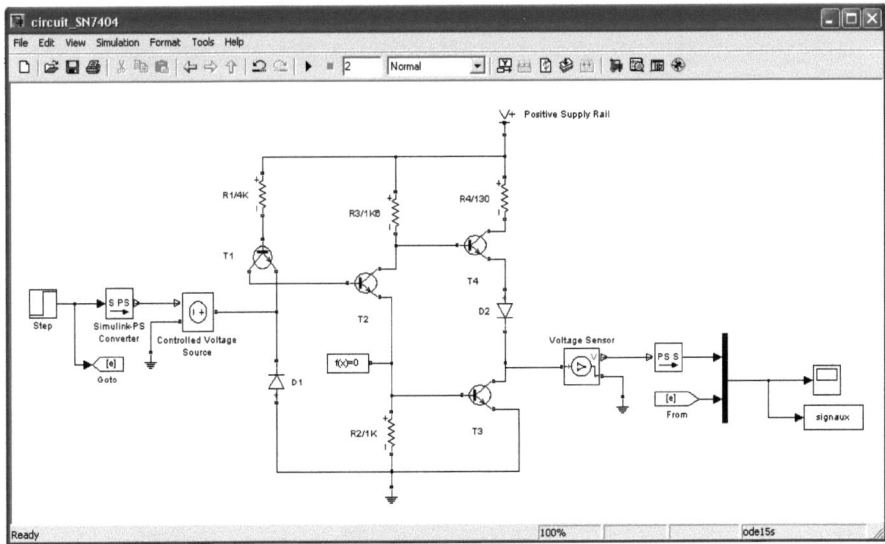

La figure suivante représente les tensions d'entrée et de sortie. Le tracé se fait dans la fonction Callback `StopFcn`.

```
load signaux.mat
plot(x(1,:),x(2,:),x(1,:),x(3,:))
title('Circuit du SN7404')
```

Nous vérifions que la sortie est l'inverse de l'entrée.

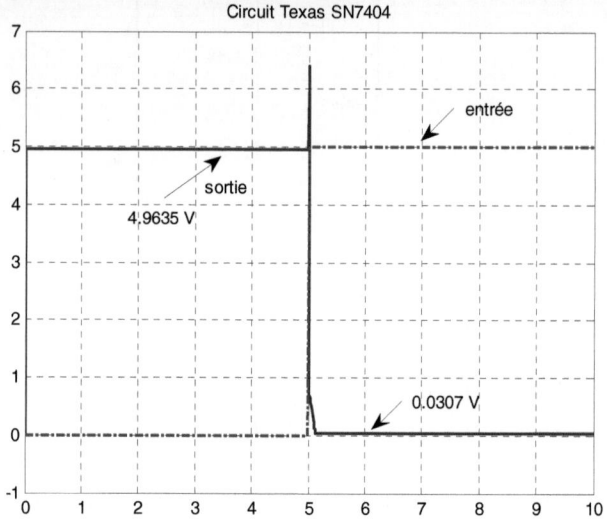

Supposons que l'entrée est au niveau bas, 0V :
Le transistor T_1 est saturé, il présente entre son collecteur et son émetteur, la tension de saturation ($V_{ceSAT} \approx 0.2V$). Ainsi T_2 est bloqué et T_4 saturé.
On peut le vérifier en mesurant les courants des émetteurs de T_2 et T_4 (T_3).

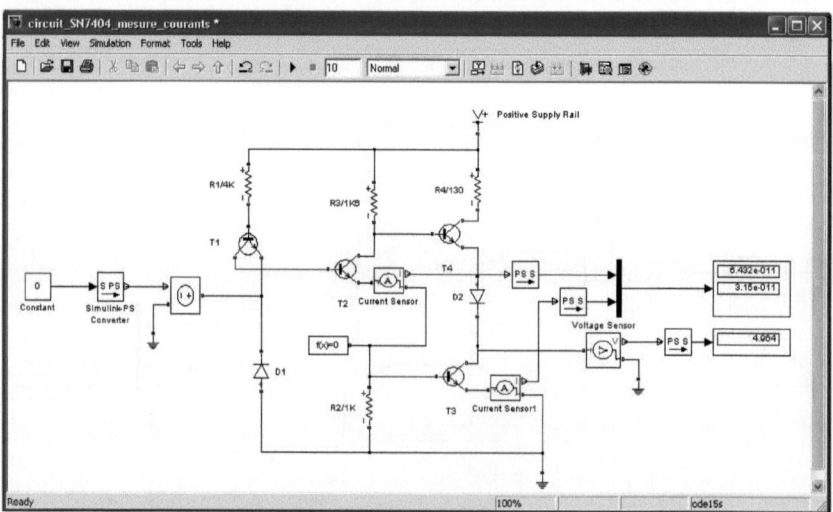

Applications de Simscape   283

Avec 0V en entrée, les courants d'émetteur des transistors T2 et T3 (T4) sont de l'ordre de 10^{-11} A (bloqués) et la tension de sortie vaut 4.964 V (état logique 1).

Si on applique 5V (état 1 en entrée), nous obtenons les résultats suivants :

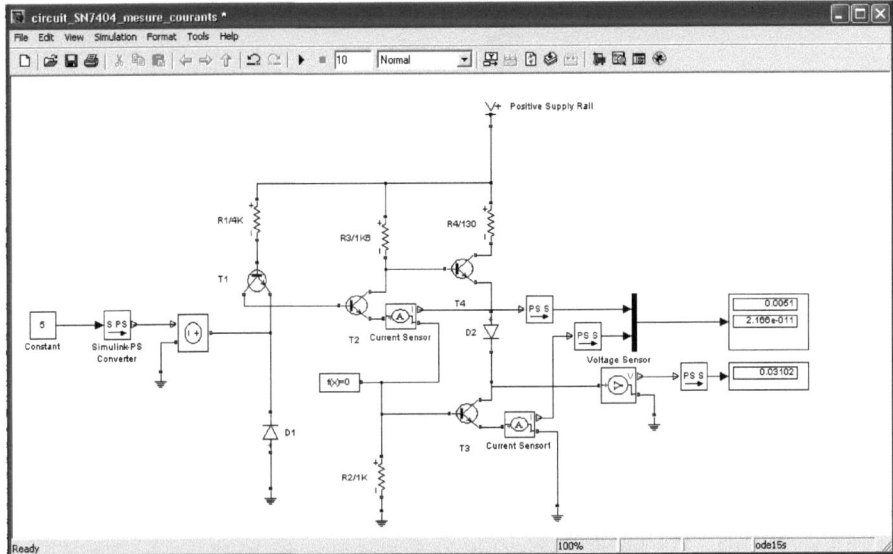

T_1 est bloqué car il y a 0V entre sa base et son émetteur, il agit en tant que diode de la jonction base-collecteur et T_2 conduit, on trouve bien le courant de son émetteur égal à 5.1 mA.

La tension V_{ce} de T_2 étant égale à 0.2V, T_4 devient bloqué (V_{ce} agit en diode) et T_3 saturé, la tension de son collecteur devient proche de celle de l'émetteur qui est à la masse.

Nous obtenons, une tension de sortie de 0.03V (état bas).

XII. Systèmes électromécaniques

XII.1. Mouvement de translation

Considérons le système mécanique suivant, formé de 2 masses, 2 ressorts de translation et 2 amortisseurs.

Les vitesses x_1 et x_2, respectivement des masses m_1 et m_2, sont initialisées aux valeurs $x_{10} = 10 m/s$ et $x_{20} = 10 m/s$. La masse m est reliée à un support fixe par un ressort de translation de constante de raideur $k = 2000 N/m$ et un amortisseur $f = 500 N/(m/s)$.

La deuxième masse m_2 est reliée à la masse mobile m_1 par les mêmes éléments (ressort de translation et amortisseur).

284 Chapitre 3

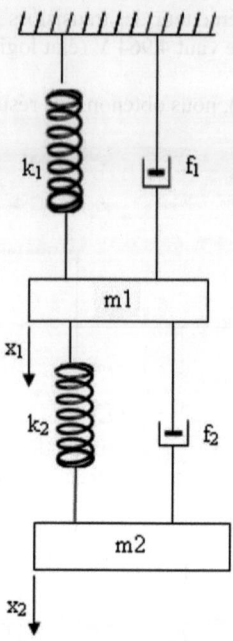

Ce circuit mécanique est programmé comme suit, en utilisant les blocs masse, ressort et amortissement de la librairie Mechanical/Translational Elements de Foundation Library.

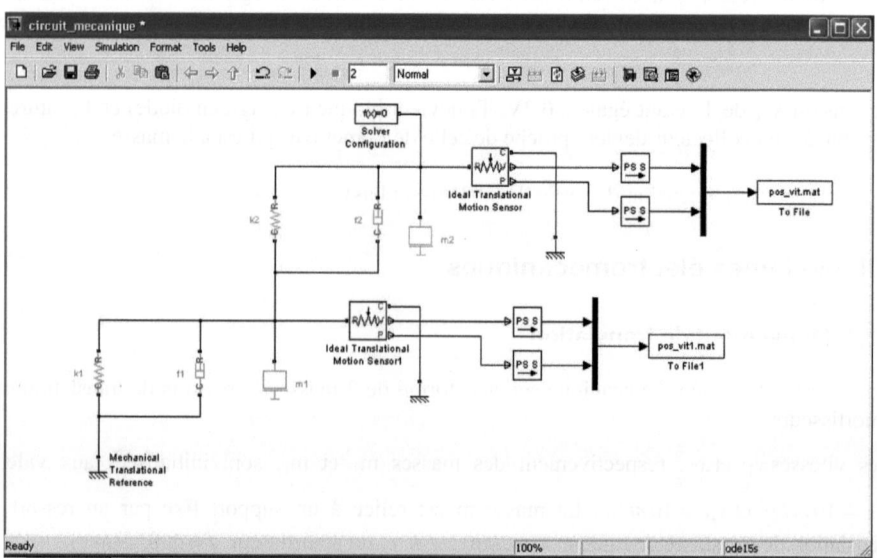

Les positions et les vitesses des 2 masses sont représentées dans les figures suivantes en utilisant des axes d'ordonnées différents.

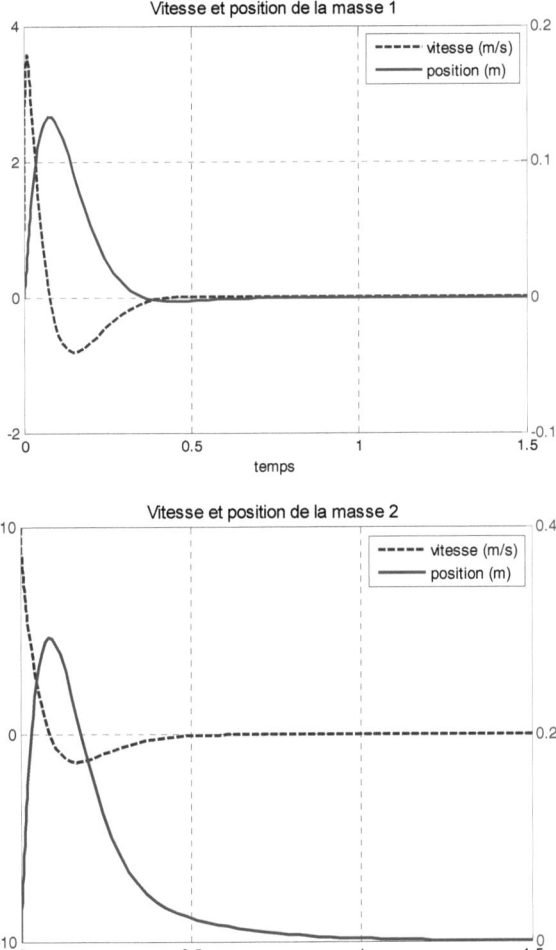

On n'applique aucune force, ni à m_1, ni à m_2, seules les conditions initiales des vitesses permettent le mouvement du système qui revient à sa position initiale selon sa dynamique.

$$m_1 \frac{d^2 x_1}{dt^2} + (f_1 + f_2)\frac{dx_1}{dt} + (k_1 + k_2) x_1 - f_2 \frac{dx_2}{dt} - k_2 x_2 = 0$$

$$m_2 \frac{d^2 x_2}{dt^2} + f_2 \frac{dx_2}{dt} + k_2 x_2 - f_2 \frac{dx_1}{dt} - k_2 x_1 = m_2 \frac{d^2 x_2}{dt^2} - f_2 (\frac{dx_1}{dt} - \frac{dx_2}{dt}) - k_2 (x_1 - x_2) = 0$$

La programmation du modèle consiste à résoudre les équations différentielles couplées suivantes :

$$\frac{d^2 x_1}{dt^2} = -\frac{(f_1 + f_2)}{m_1} \frac{dx_1}{dt} - \frac{(k_1 + k_2)}{m_1} x_1 + \frac{f_2}{m_1} \frac{dx_2}{dt} + \frac{k_2}{m_1} x_2 = 0$$

$$m_2 \frac{d^2 x_2}{dt^2} + f_2 \frac{dx_2}{dt} + k_2 x_2 - f_2 \frac{dx_1}{dt} - k_2 x_1 = m_2 \frac{d^2 x_2}{dt^2} - f_2 (\frac{dx_1}{dt} - \frac{dx_2}{dt}) - k_2 (x_1 - x_2) = 0,$$

soit:

$$\frac{d^2 x_2}{dt^2} = f_2 \left(\frac{dx_1}{dt} - \frac{dx_2}{dt}\right) + k_2 (x_1 - x_2) = 0$$

Les dérivées de x_1 et x_2 sont initialisées aux mêmes valeurs initiales des vitesses du circuit mécanique. La résolution des 2 équations différentielles se fait dans le modèle suivant en utilisant le bloc de l'intégrateur.

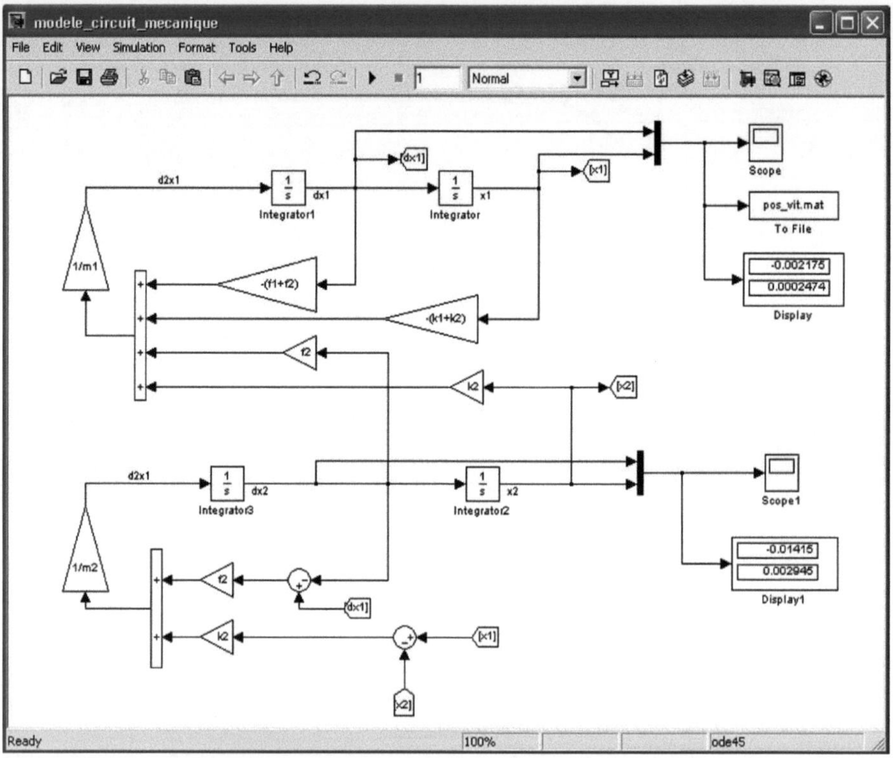

L'oscilloscope suivant représente la vitesse et la position du modèle de la masse m_1. Les masses reviennent à leurs positions initiales selon des dynamiques particulières.

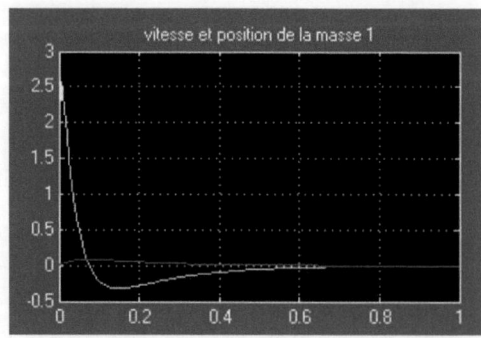

Applications de Simscape

- **Equivalences mécaniques-électriques**

Le tableau suivant récapitule quelques équivalences entre les signaux (composants) mécaniques et électriques.

Mécanique (translation)	Mécanique (rotation)	Electrique
Déplacement x(t)	Déplacement $\theta(t)$	Charge q(t)
Vitesse $v(t) = \dfrac{dx(t)}{dt}$	Vitesse $w(t) = \dfrac{d\theta(t)}{dt}$	Courant $i(t) = \dfrac{dq(t)}{dt}$
Masse m, $F = m\dfrac{d^2 x(t)}{dt}$	Inertie J, $F = J\dfrac{d^2 \theta(t)}{dt}$	Self L, $u = L\dfrac{di(t)}{dt}$
Frottement visqueux f, $F = f\dfrac{dx(t)}{dt}$	Frottement visqueux f, $F = f\dfrac{d\theta(t)}{dt}$	Résistance R, $u = Ri$
Ressort, raideur k $F = -kx$	Ressort de torsion, raideur k $F = -k\theta$	Capacité C $u = q/C$

On se propose d'utiliser et de vérifier l'analogie mécanique-électrique pour les 2 schémas suivants.

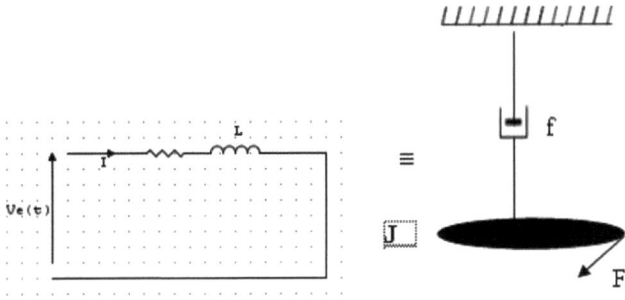

Dans le tableau suivant, nous présentons les différentes équations qui régissent les deux systèmes, mécanique « inertie+frottements visqueux » et électrique « circuit RL » équivalents.

Circuit mécanique	Circuit électrique
$J\dfrac{dw}{dt} + fw = F$	$L\dfrac{di(t)}{dt} + Ri(t) = Ve(t)$

Dans le modèle suivant, nous étudions les 2 circuits précédents dans lesquels nous utilisons une inertie $J = 0.01 \text{kg} * \text{m}^2$, équivalente à une inductance $L = 0.01 H$.

De même qu'une résistance électrique $R = 0.1 k\Omega$ équivalente à des frottements visqueux $f = 100 \text{N} * \text{m}/(\text{rad/s})$.

On applique un échelon de couple au circuit mécanique par la source Ideal Torque Source.

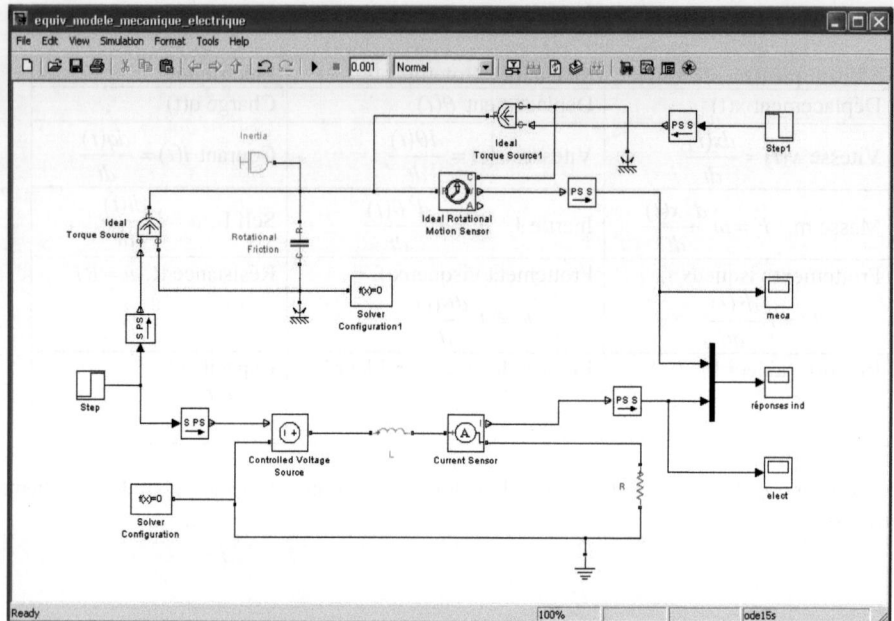

Les réponses des 2 circuits sont parfaitement identiques, comme le montre la figure suivante.

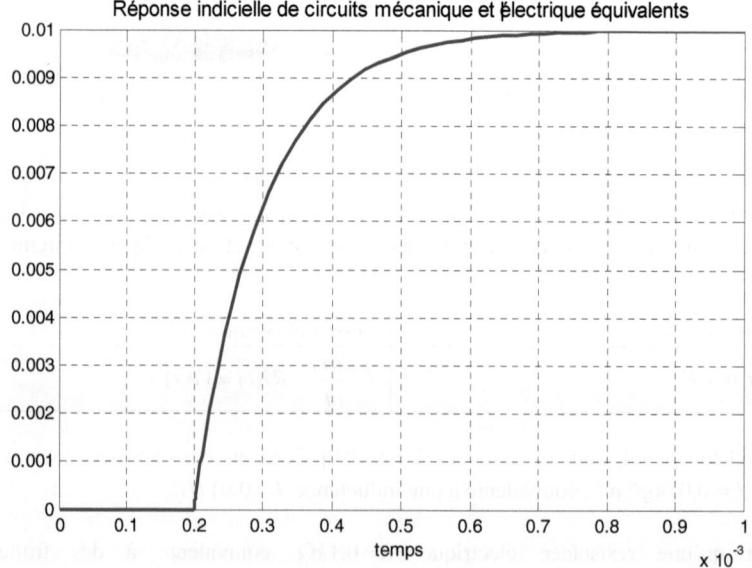

XII.2. Mouvement de rotation

Dans le modèle suivant, nous utilisons une inertie $J = 0.01\,\text{kg}*\text{m}^2$ et un ressort de torsion de coefficient de rappel $k = 10\,\text{N}*\text{m/rad}$ avec des frottements visqueux de coefficient $f = 10\,\text{N}*\text{m/(rad/s)}$.

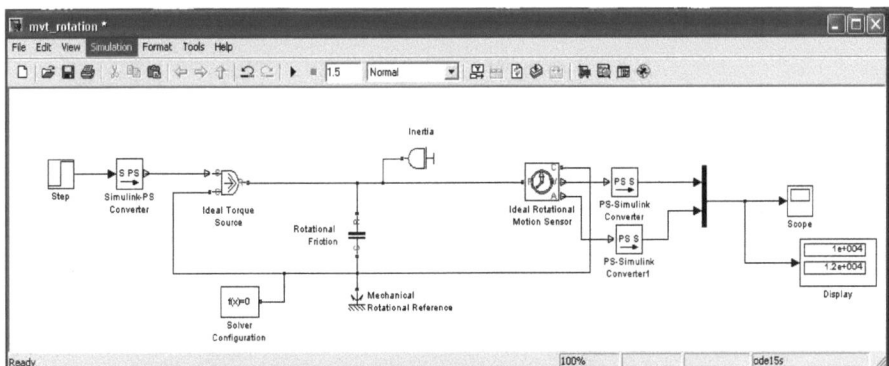

La vitesse et la position angulaires sont données dans l'oscilloscope suivant.

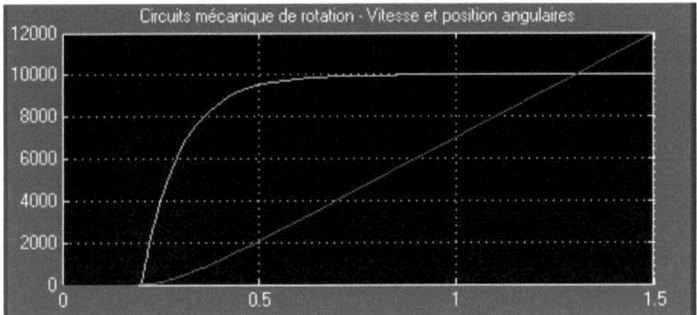

XII.3. Mouvement mixte

Dans ce modèle, on utilise le bloc Wheel and Axle pour passer d'un mouvement de rotation à un mouvement de translation.

Le système mécanique de rotation est formé d'une inertie et des frottements. Il est soumis à un échelon de couple de 1000 N.m.

La vitesse de rotation est divisée par 5 par le bloc Gear Box ou boîte à vitesse de la librairie Foundation Library/Mechanical/Mechanisms.

Après réduction de la vitesse, le mouvement devient linéaire grâce au bloc Wheel and Axle de rayon égal à 0.05 m. Nous trouvons ainsi un rapport, de la vitesse de rotation sur la vitesse linéaire, égal à 0.25.

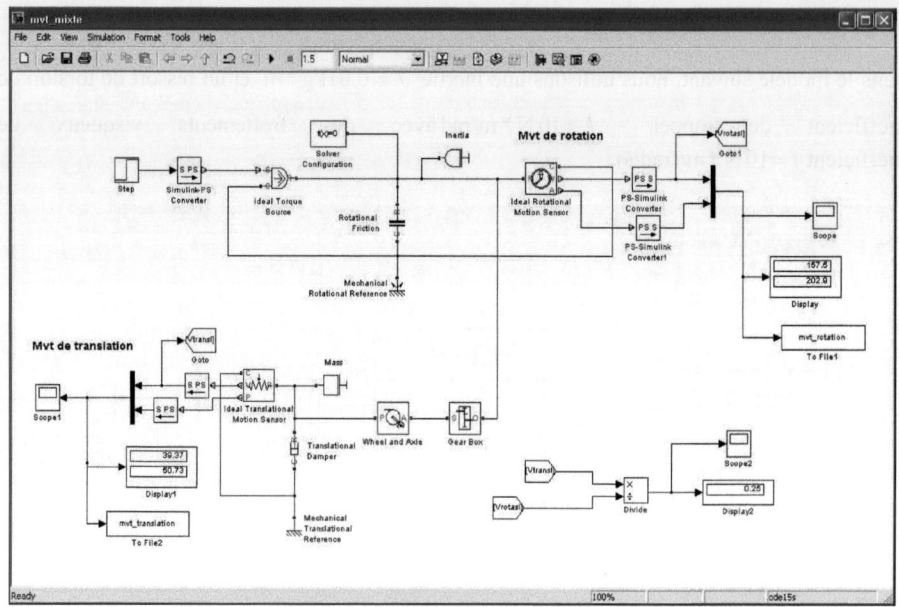

Les 2 courbes suivantes représentent les positions/vitesses des mouvements de rotation et de translation.

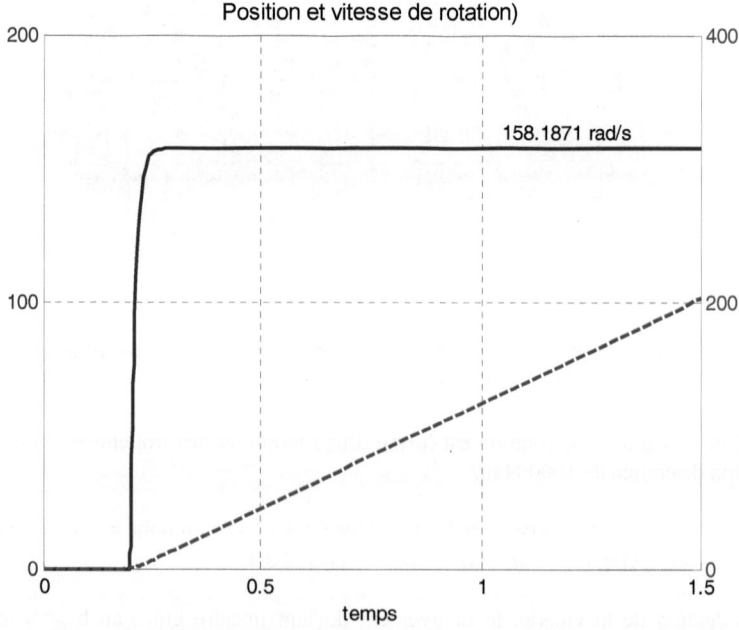

La vitesse de rotation se stabilise à 158,2 rad/s.

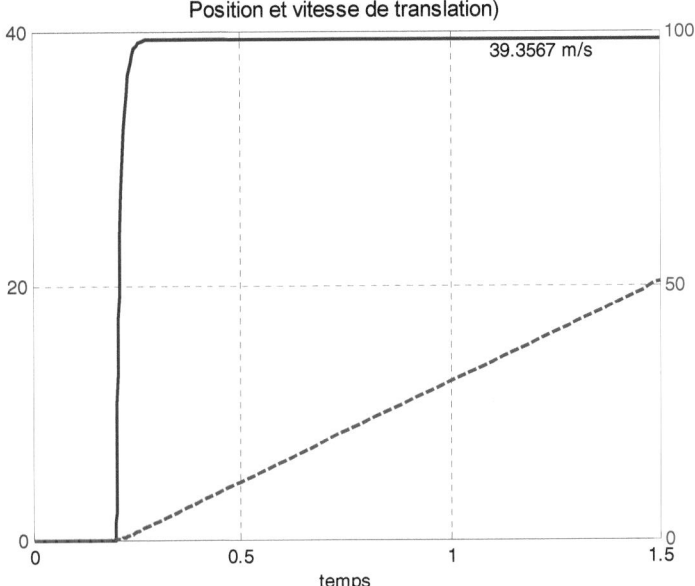

La vitesse de translation se stabilise à 40 m/s approximativement.

Nous retrouvons le même rapport de 40/160 = 0.25 m/rad.

XIII. Application thermique

On cherche à modéliser un mur d'épaisseur L. Au point x=0, il est à une température T_1. A x=L, le transfert de chaleur entre le mur et l'air ambiant à la température T_0, se fait par convection avec un coefficient d'échange connu h.

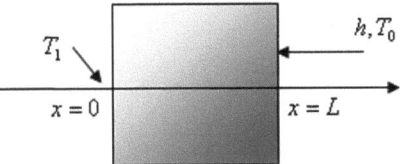

L'équation de la chaleur du système mur-air ambiant s'écrit :

$$Cth\frac{\partial T}{\partial t} = \frac{1}{R_{conv}}(T_0 - T(t)) + \frac{1}{R_{cond}}(T_1 - T(t))$$

Avec $R_{cond} = \frac{L}{\lambda A}$ et $R_{conv} = \frac{1}{hA}$ sont des résistances, conductive et convective, dont λ est la conductivité thermique du mur, A la surface d'échange et h le coefficient d'échange par convection.

L'équivalence électrique du système thermique précédent donne le schéma électrique suivant :

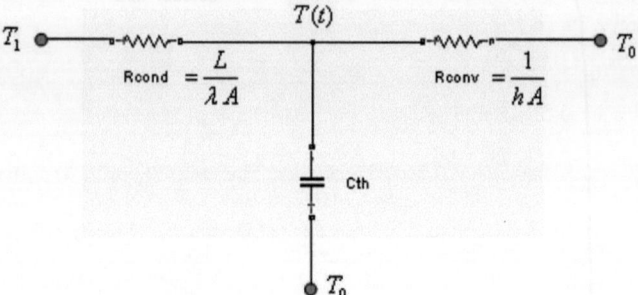

Le modèle suivant donne les résultats du système thermique et de son circuit électrique équivalent.

Ces 2 résultats sont sauvegardés dans le fichier binaire `result.mat` qui sera lu en fin de simulation par l'appel de la fonction Callback `StopFcn` afin de tracer les 2 courbes dans la même figure.

Pour le circuit thermique, la température T_1 est fournie par source contrôlée `Ideal Temperature Source`. De l'autre coté, pareil pour T_0 pour l'air ambiant.
Le stockage de la chaleur dans le mur est symbolisé par la masse thermique `Thermal Mass`.

Pour le circuit équivalent électrique, les températures sont représentées par des tensions que l'on génère par les sources contrôlées `Controlled Voltage Source`.

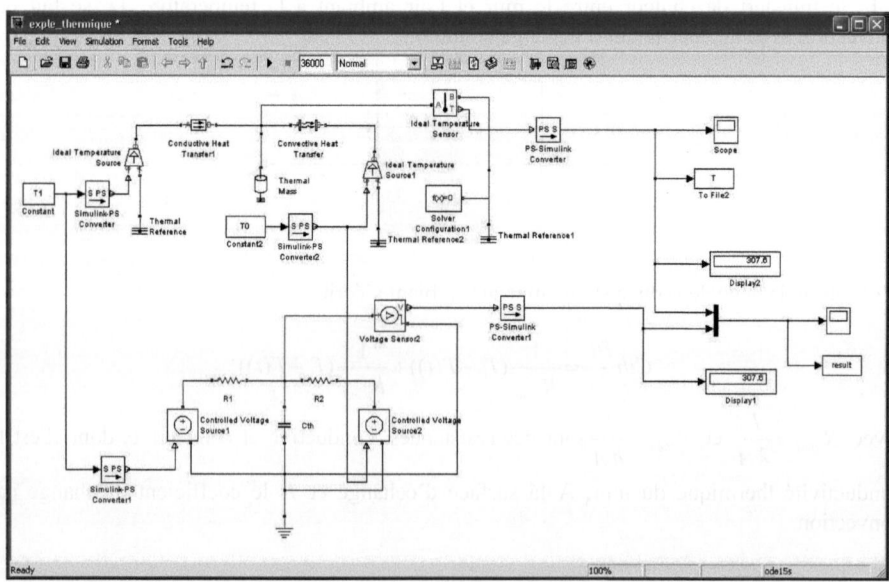

Applications de Simscape 293

La figure suivante montre que l'évolution de la température dans le mur coïncide parfaitement avec celle de la tension aux bornes de la capacité du circuit électrique équivalent.

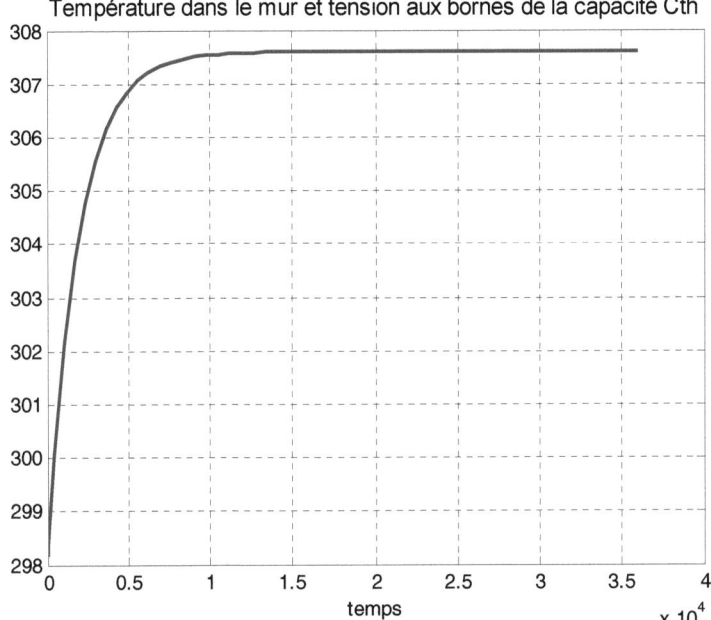

Le tableau suivant montre que l'évolution de la température dans le mur "chaude puissamment avec celle de la tension aux bornes de la capacité du circuit électrique équivalent.

Température dans le mur et tension aux bornes de la capacité C.

Chapitre 4

Modélisation physique par le langage Simscape

I. Introduction
II. Création de composants
  II.1. Différentes sections d'un programme
  II.2. Librairie générée par Simscape
    II.2.1. Création d'une résistance non linéaire
    II.2.2. Utilisation de la résistance non linéaire
  II.3. Applications
    II.3.1. Programmation d'une thermistance
    II.3.2. Programmation d'un générateur de signal sinusoïdal
    II.3.3. Capacité réelle
    II.3.4. Création d'un amplificateur opérationnel réel
  II.4. Protection du code
III. Héritage et classes

I. Introduction

Le langage Simscape permet d'étendre l'outil Simscape, lui-même étant une extension de Simulink, pour travailler avec des composants physiques.
Avec ce langage, on peut créer des composants qui n'existent pas dans la librairie de base Foundation Library. Ce langage est basé sur le langage orienté Objets de Matlab.

Si l'on considère la librairie Electrical de Foundation Library, dans la bibliothèque Electrical Elements, nous trouvons des composants tels la résistance, la capacité, etc.

Si on place la résistance dans un nouveau modèle Simulink et qu'on double-clique dessus, nous obtenons la boite de dialogue de son masque, créée automatiquement lors de sa programmation par le langage Simscape.

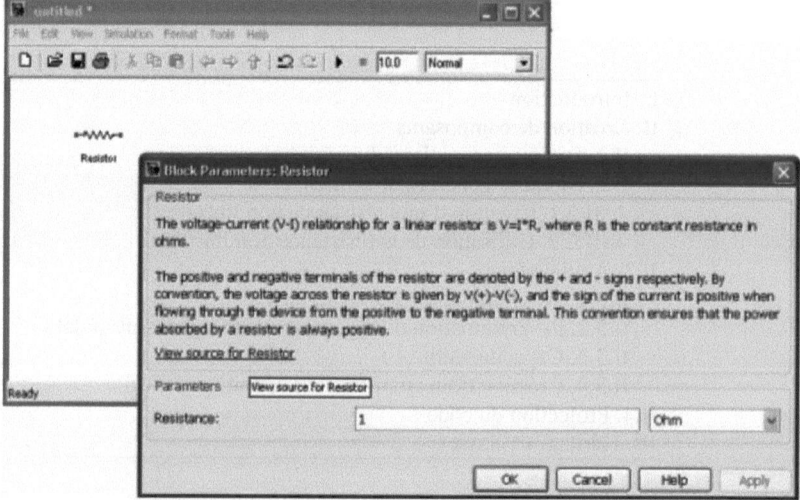

Pour chaque composant, nous avons la possibilité de consulter le code du programme qui a permis de le créer. Ainsi, nous pouvons l'utiliser comme point de départ pour la création d'un autre composant physique.

Un composant physique est créé de façon intuitive dans ce langage textuel.

Simscape possède, dans sa librairie Foundation, les différents domaines suivants :

- Electrique (Electrical),
- Hydraulique (Hydraulic),
- Magnétique (Magnetic),
- Pneumatique (Pneumatic),
- Mécanique (Mechanical),
- Etc.

Le langage Simscape

Pour chacune de ces librairies, Simscape possède des composants physiques, déjà définis dans ce langage.

Un domaine physique fournit un environnement défini par ses variables `through` et `across` qui permettent de connecter un composant dans un réseau. Les nœuds d'un composant sont propres à son domaine.

Les composants physiques, créés par ce langage, peuvent réunir, à la fois, plusieurs de ces domaines et ainsi réaliser une modélisation multi physique.

C'est le cas, par exemple, du composant `Rotational Electromechanical Converter` composé de 2 parties ; la partie électrique avec les ports « + » et «-» et la partie mécanique avec ses 2 ports « C » et « R ».

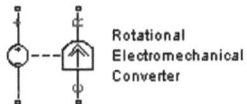

Comme le port électrique '-' peut servir de masse ou référence des potentiels, le port mécanique C peut être la partie fixe du moteur (bâti) qui sert de référence mécanique pour la vitesse. Le port R constitue son arbre sur lequel on peut opposer un couple résistant, une inertie, etc. Sur ce port, on peut disposer de capteurs (de couple ou vitesse, etc.).

Dans le cas d'un moteur, nous avons, pour chacune des 2 parties, électrique et mécanique, les 2 types de variables :

- 2 variables de type `across` (tension d'induit, vitesse, etc.). Ce sont des variables qui nécessitent une référence.

- 2 variables de type `through` qui sont le courant d'induit, le couple mécanique, etc. Les variables de type `through` sont celles qui sont mesurées par une jauge connectée en série à un élément (courant, couple, etc.), celles de type `across`, par une jauge connectée en parallèle (tension, vitesse, etc.).

Le langage Simscape permet aussi de définir de nouveaux domaines. Les programmes de création de domaines sont similaires à ceux de la création du composant.

II. Création de composants

II.1. Différentes sections d'un programme

Le langage Simscape permet de créer un nouveau composant, propre à l'utilisateur, par une programmation textuelle, basée sur le langage Matlab.

On peut utiliser le programme des composants présents dans `Foundation Library`, comme base de travail. Chaque composant appartient à un domaine particulier.

Deux blocs appartenant à deux domaines différents ne peuvent pas être connectés entre eux. Dans l'exemple suivant, les blocs `Rotational Friction1` et `Mechanical Translational Reference` ne peuvent pas être reliés, comme le montre le fil de connexion en pointillés.

Le composant `Rotational Friction1` appartient au domaine `Rotational` et la référence `Mechanical Translational Reference` à celui des mouvements de translation.
Les blocs `Rotational Friction` et `Mechanical Rotational Reference` sont connectés correctement car ils appartiennent au même domaine `Rotational`.

Les étapes de programmation d'un composant physique dans le langage Simscape, sont étudiées dans le cas particulier d'une résistance non linéaire. Les commandes que nous allons utiliser ne sont pas exhaustives, d'autres seront étudiées dans les diverses applications de ce chapitre.
La structure d'un fichier Simscape, après la déclaration du composant, par la commande `component`, est composée de 3 sections :
- section `declaration`,
- section `setup`,
- sections `equations`.

La section `Declaration` permet de déclarer les nœuds par lesquels le composant sera relié à l'autres blocs Simscape, les paramètres, les variables et ses entrées et sorties Simulink.

La section `Setup` permet l'initialisation, la validation des paramètres entrés par l'utilisateur, par des tests, la définition des conditions initiales et la liaison des variables aux nœuds du composant.
Si les paramètres ne sont pas corrects, on affiche un message d'erreur.

Ces 2 sections sont appelées une seule fois uniquement ; lors de la compilation du programme.
Dans la section `equations`, on décrit les équations mathématiques qui relient les variables du composant. Celle-ci est exécutée tout au long de la simulation du modèle Simulink.

II.2. Librairie générée par Simscape

II.2.1. Création d'une résistance non linéaire

On se propose de créer une résistance non linéaire définie par :

$$u = K\, i^2$$

avec u la tension à ses bornes et i le courant qui la traverse. La résistance est alors dépendante du courant par la relation :
$$R = K\, i$$

Le langage Simscape

Si le composant est appelé R_NL, son fichier Simscape sera dénommé R_NL.ssc.

Le programme commence par le mot-clé component suivi du nom du composant.
Le premier commentaire, « Résistance Non Linéaire », est le label ou nom du bloc du composant dans Simulink. Il ne doit apparaître que dans un seul programme, autrement il y aura affichage d'un message d'erreur.

Les commentaires qui suivent sont optionnels. Ce sont ceux qui s'afficheront dans la boite de dialogue du masque lorsqu'on double-clique sur le composant. Ils servent à la description sommaire du composant.

```
component R_NL
%
% Résistance Non Linéaire
% Ce composant définit une résistance non linéaire
% La valeur de la résistance dépend du courant qui la traverse
% La caractéristique est donnée par la relation entre le
% courant qui traverse la résistance et la tension à ses
% bornes
% U=K*I^2
```

Une fois que cette résistance est créée, la boite de dialogue de son masque est représentée, comme suit :

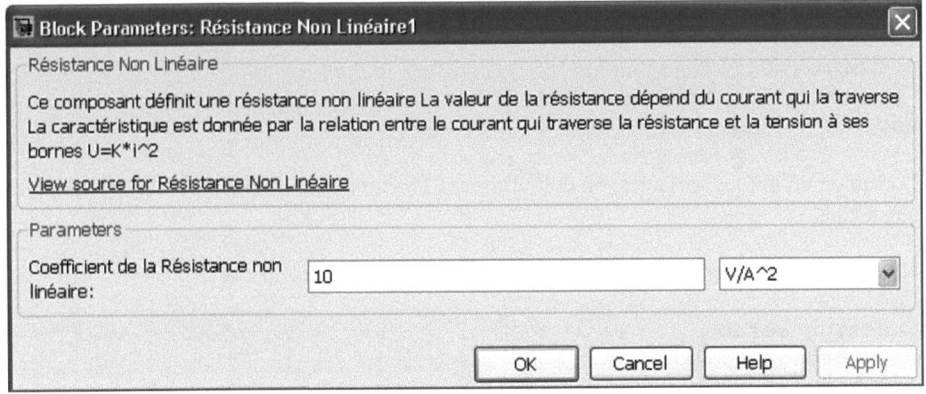

Nous remarquons le nom du composant, le texte d'aide ainsi que l'unité $\dfrac{Volt}{Ampere^2}$ du paramètre K.

Par défaut, K prend la valeur 10 que l'on peut modifier.

On définit ensuite ses nœuds, sur lesquels on affiche '+' pour p et '-' pour n.
On utilise ceux définis dans le domaine Electrical de Foundation Library. On peut contrôler la position des nœuds grâce au commentaire que l'on spécifie juste après. Dans notre cas, le port p, noté '+' sur le bloc est au-dessus (top) et le port n,'-', en dessous (bottom).

Un composant doit avoir, au moins, un port qui peut être un nœud, une entrée ou une sortie Simulink. Autrement, il ne peut pas être relié à un autre bloc.
Nous pouvons indiquer seulement la position ; sans les signes + et -.
Dans la déclaration suivante des nœuds, on utilise le domaine Electrical de la librairie Foundation Library de Simscape pour la création de composants compatibles.

```
nodes
    p = foundation.electrical.electrical; % +:top
    n = foundation.electrical.electrical; % -:bottom
end
```

Si on supprime les commentaires en fin de ces lignes, les ports sont automatiquement placés sur le coté gauche du bloc.

On définit ensuite les paramètres que possède le composant ; ici K pour la résistance non linéaire.

```
parameters
    K = {10, 'V^2/A'}; % Coefficient de la Résistance non linéaire
end
```

On déclare ensuite les variables qui sont le courant i et la tension v aux bornes de cette résistance. Comme pour les paramètres, on définit la valeur initiale et l'unité pour chaque variable. Celles-ci n'apparaissent pas dans la boite de dialogue.

```
variables
    v = { 0, 'V' };
    i = { 0, 'A' };
end
```

Lorsqu'on définit les variables, on doit utiliser la fonction setup afin de relier ces variables aux nœuds.

Nous définissons, dans cette étape, les 2 variables de types through et across.

```
function setup
    through( i, p.i, n.i );
    across( v, p.v, n.v );
end
```

Nous verrons, par la suite, d'autres utilités de la fonction setup.

Nous définissons, enfin, la relation liant les 2 variables, i et v.

```
equations
    i == sqrt(v/K);
end
```

Le signe == ne correspond pas à un test logique mais bien à une égalité mais bien à une affectation.

Cette équation, liant le courant i dans la résistance et la tension v à ses bornes, est évaluée de façon continue tout au long de la simulation du modèle Simulink.

Le programme complet de création de cette résistance non linéaire est le suivant:

```
component R_NL
% Résistance Non Linéaire
%
% Ce composant définit une résistance non linéaire
% La valeur de la résistance dépend du courant qui la traverse
% La caractéristique est donnée par la relation entre le
% courant qui traverse la résistance et la tension à ses
% bornes, U=K*i^2
%
nodes
    p = foundation.electrical.electrical; % +:top
    n = foundation.electrical.electrical; % -:bottom
end

parameters
    K = {10, 'V/A^2' };   % Coefficient de la Résistance NL
end

variables
    v = { 0, 'V' };
    i = { 0, 'A' };
end

function setup
    through( i, p.i, n.i );
    across( v, p.v, n.v );
end

equations
    i == sqrt(v/K);
end

end
```

On peut décider de ne pas afficher certains paramètres dans la boite de dialogue du composant en les déclarant comme `private` ou `hidden`.

Considérons le programme précédent pour lequel le paramètre K doit garder sa valeur initiale et qui ne doit pas être modifié par l'utilisateur.

On doit alors déclarer son accès comme privé (`private`) ou caché (`hidden`).

```
parameters(Access=private)
K = { 10, 'V/A^2' };   % Coefficient K de la Résistance non linéaire
end
```

Après la commande `ssc_build` de compilation et la création de la librairie `MaLibrairieElectrical_lib`, un double clic sur le bloc correspondant donne la fenêtre de dialogue suivante.

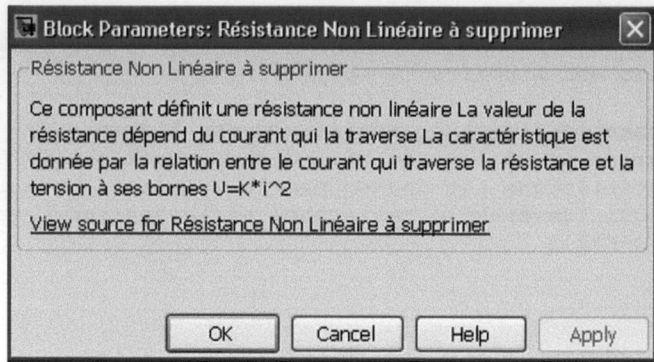

S'il y a plusieurs paramètres dans un même programme `ssc`, on peut déclarer uniquement certains d'entre eux comme d'accès privé et pas d'autres, comme dans la déclaration suivante.

```
parameters parameters
K1 = { 10, 'V/A^2' };   % Coefficient K de la Résistance non linéaire
end

parameters parameters(Access=private)
K2 = {100, 'V/A^2' };   % Coefficient K de la Résistance non linéaire
K3 = {200, 'V/A^2' };   % Coefficient K de la Résistance non linéaire
end
```

Dans ce cas, K1 est visible et modifiable par l'utilisateur dans la boite de dialogue tandis que K2 et K3 gardent leurs valeurs par défaut K2=100 et K3=200 et ne sont pas visibles par l'utilisateur dans la boite de dialogue.

Simscape fait la différence entre les majuscules et les minuscules. On peut déclarer K comme paramètre et k comme variable, les 2 peuvent cohabiter dans un même programme, comme le cas suivant :

```
variables
k = 0;
end

parameters
K = 0;
end
end
```

La commande `ssc_build` seule permet de compiler tous les fichiers `ssc` présents dans le répertoire courant (comme la librairie `MalibrairieElectrical`).

Si nous sommes dans le répertoire parent, nous faisons suivre cette commande par le nom de cette librairie.

Le langage Simscape 303

```
>> ssc_build MaLibrairieElectrical
Generating  'MaLibrairieElectrical_lib.mdl'  in  the  current
directory  'C:\Livre2_Simscape\Programmes\11.Langage  Simscape'
...
```

Le programme `ssc` doit se trouver dans un répertoire dont le nom commence par un signe +, comme par exemple `+MaLibrairieElectrical`. Le répertoire parent doit se trouver dans les chemins de recherche Matlab, que l'on peut spécifier par l'option `Set Path` du menu `File` de Matlab.

Pour générer la librairie contenant le composant, nous utilisons la commande `ssc_build` à partir du prompt de Matlab.

```
>> ssc_build
Generating 'MaLibrairieElectrical_lib.mdl' in the MATLAB
package parent directory
'C:\Livre2_Simscape\Programmes\11.Langage Simscape' ...
```

Cette commande crée automatiquement, dans le répertoire parent de celui nommé `+MaLibrairieElectrical`, une librairie dans laquelle se trouve le composant. Cette librairie porte le nom se terminant par `_lib`, comme `MaLibrairieElectrical_lib` dans notre cas.

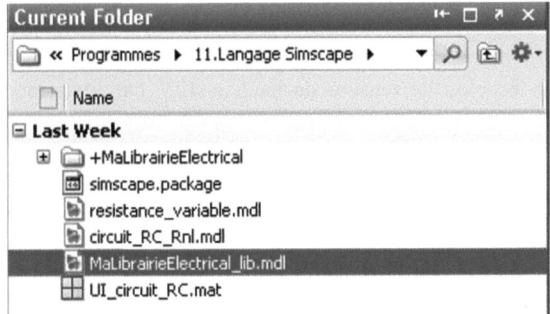

Lorsqu'on double-clique sur cette librairie (`MaLibrairieElectrical_lib.mdl`), nous trouvons le bloc du composant, `R_NL`, de la résistance non linéaire.

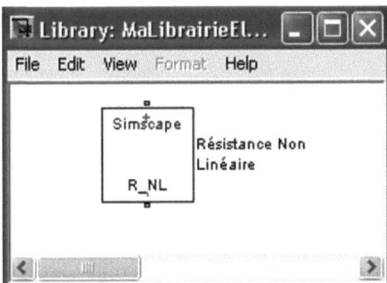

La forme du bloc ne comporte pas l'image d'une résistance, comme le bloc `Resistor` de la librairie `Electrical Elements` de `Foundation Library`.

304 Chapitre 4

Pour cela, nous devons disposer d'un fichier image de type `jpg`, `png` ou `bmp` dans le même répertoire que le fichier `ssc`.

Le bloc ne comporte que le nom du composant défini par la commande `component`.

II.2.2. Utilisation de la résistance non linéaire

Nous spécifions la valeur 100 pour le paramètre K dans la boite de dialogue du masque du bloc `R_NL`.

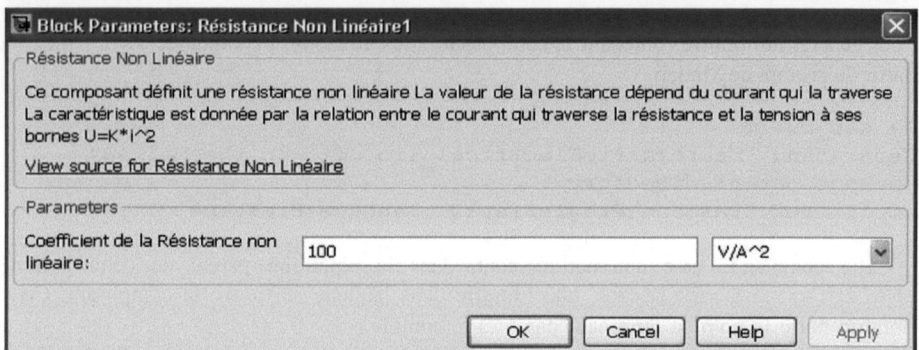

Dans le modèle Simulink suivant, on utilise la résistance non linéaire précédente dans un circuit RC.

Nous appliquons un échelon de tension de hauteur 12V par l'intermédiaire d'une source contrôlée de tension et nous mesurons la tension aux bornes de la capacité C de 1mF et le courant circulant dans le circuit RC.

Le courant dans le circuit, la tension aux bornes de la capacité et l'échelon d'entrée, sont sauvegardés dans le fichier binaire `UI_circuit_RC.mat`.

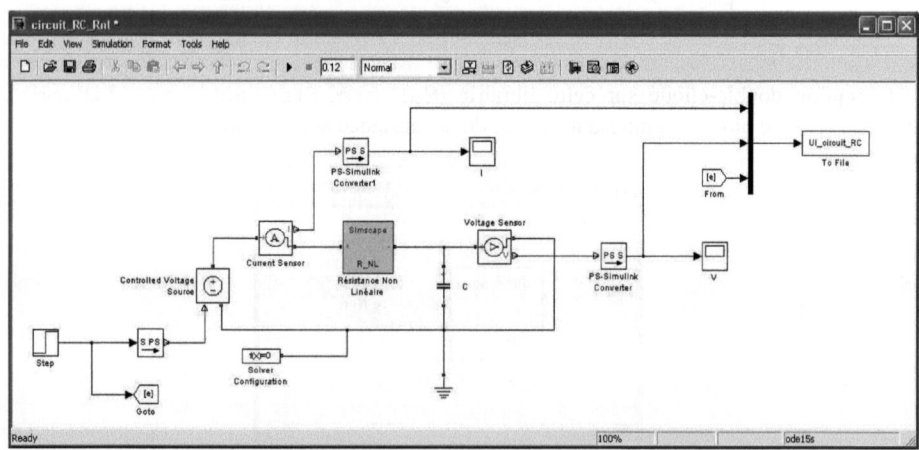

Au départ, la capacité étant non chargée, la tension de 12V est appliquée entièrement à la résistance `R_NL`.

En utilisant la définition de cette résistance, la tension à ses bornes vaut K I^2, soit la valeur initiale du courant I0 suivante.

```
>> I0=sqrt(U/K)

I0 =
    0.3464
```

Ainsi, la résistance donnée par la loi d'Ohm, vaut :

```
>> R0=U/I0

R0 =
   34.6410
```

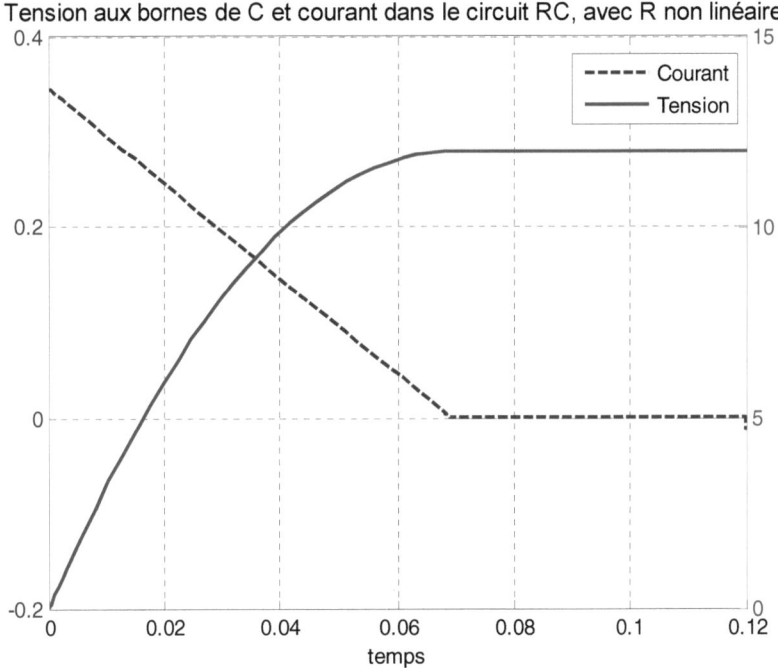

Les courbes de charge de la capacité et de l'annulation du courant sont linéaires au lieu d'être exponentielles.

La courbe suivante représente l'évolution de la résistance du composant non linéaire. On vérifie la valeur initiale précédente.

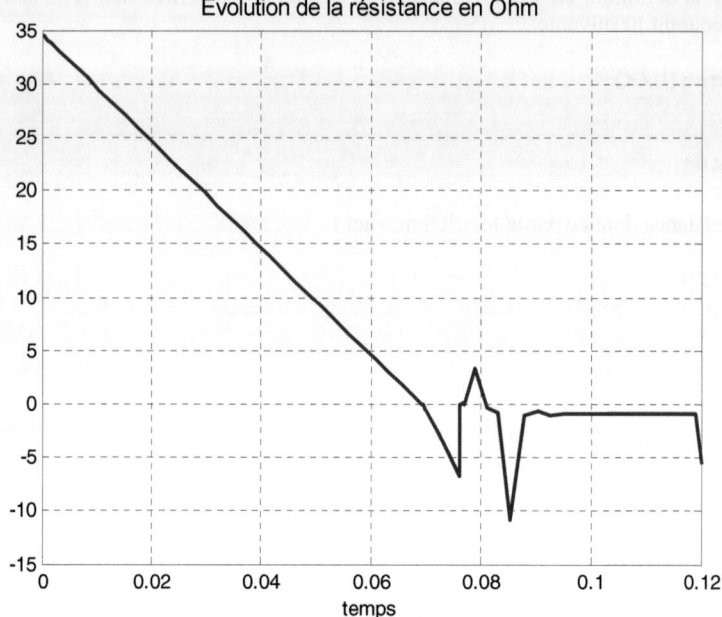

Le courant diminue au fur et à mesure que la capacité se charge, et comme la résistance est proportionnelle au courant, cette dernière diminue, comme le montre la courbe ci-dessus.
Les courbes sont tracées dans la fonction Callback `StopFcn`.

II.3. Applications

Dans ces applications, nous utiliserons d'autres propriétés des programmes Simscape.

II.3.1. Programmation d'une thermistance

La résistance d'une thermistance à coefficient de température négatif est donnée par l'expression suivante :

$$R(T) = R_0 \exp\left[B\left(\frac{1}{T+273.15} - \frac{1}{T_0+273.15}\right)\right]$$

T_0 est la température nominale, souvent égale à 25°C, à laquelle la résistance de la thermistance vaut la valeur R_0. Le composant qui sera créé, recevra, de Simulink, la valeur de la température T, les grandeurs R_0, B et T_0 sont des définies comme des paramètres.
Ce composant permettra de fournir la valeur de la température T que l'on veut mesurer par cette thermistance.

Dans le programme `ssc` nous allons aborder les entrées-sorties dans Simulink.

En outre, nous allons donner une apparence à la thermistance en utilisant une image de type jpg que nous mettrons le même répertoire que le fichier `ssc` de notre composant.
Le fichier suivant donne le code du langage Simscape qui crée ce composant thermistance

Le langage Simscape 307

```
component thermistance
% thermistance
% Ce composant définit un capteur de température à coefficient
% de température négatif
% La valeur de la résistance de ce capteur est donné par
% l'expression suivante:
% R(T)=R(T0) exp(B(1/T - 1/T0)) avec T et T0 en °K

parameters
    T0 = {300, 'K' };    % Température nominale
    B = {2900, 'K' };    % sensibilité thermique
    R0 = {100, 'Ohm' };  % résistance nominale en Ohms
end

inputs
T = { 300, 'K' }; % T(°C) : left
end

outputs
R = { 100, 'Ohm' }; % R (Ohm) : right
End

function setup
if B<0
    error('B doit être positif')
end
end

equations
R==R0*exp(B*(1/T - 1/T0))
end
end
```

Ce programme comporte :

- 3 paramètres,
- une entrée température,
- une sortie résistance de type Simscape, à gauche et à droite du bloc.

En plus des nœuds liés à un domaine, le composant peut avoir des entrées et des sorties (signaux physiques transportant des signaux associés à une unité particulière).

Ces entrées/sorties sont définies dans les déclarations `inputs` et `outputs`.

Dans le programme précédent, il n'y a pas de définition de nœuds et la fonction `setup` permet uniquement de donner un message d'erreur si on entre un coefficient B négatif.

Nous récupérons le bloc de la thermistance de la librairie `MaLibrairieElectrical_lib.mdl` qui comprend aussi la résistance non linéaire créée précédemment.

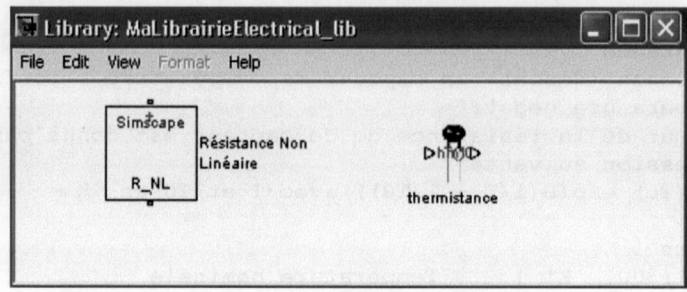

Dans le modèle Simulink suivant, nous appliquons à l'entrée de la thermistance une température sinusoïdale et récupérons, en sortie, la valeur de la résistance du capteur.
Nous utilisons les valeurs par défaut des paramètres du composant.

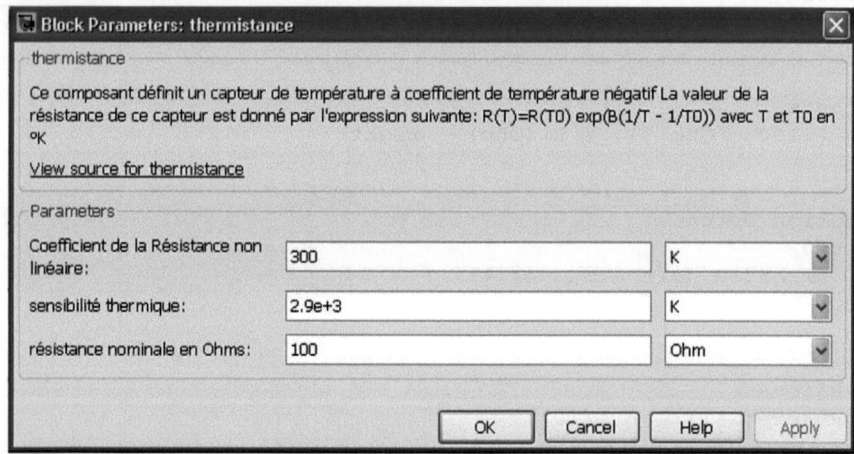

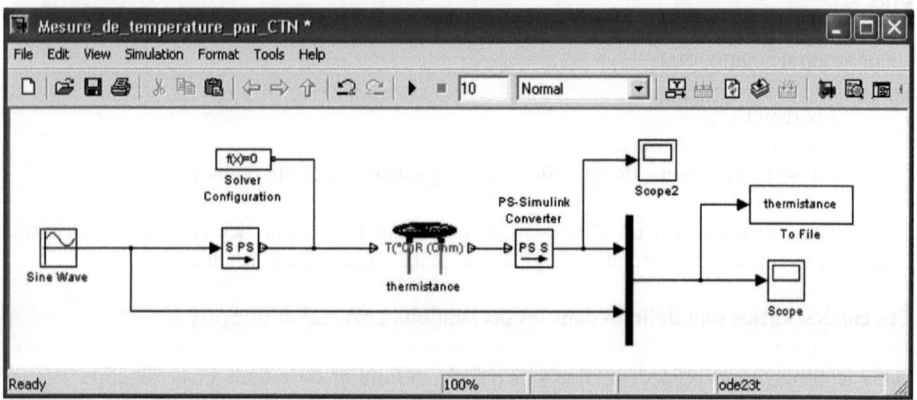

Pour ne pas avoir de température négative, la sinusoïde possède un offset ou biais de 300 K.

Dans la figure suivante, nous traçons la courbe de la température d'entrée en °K et la résistance de la thermistance en Ω.

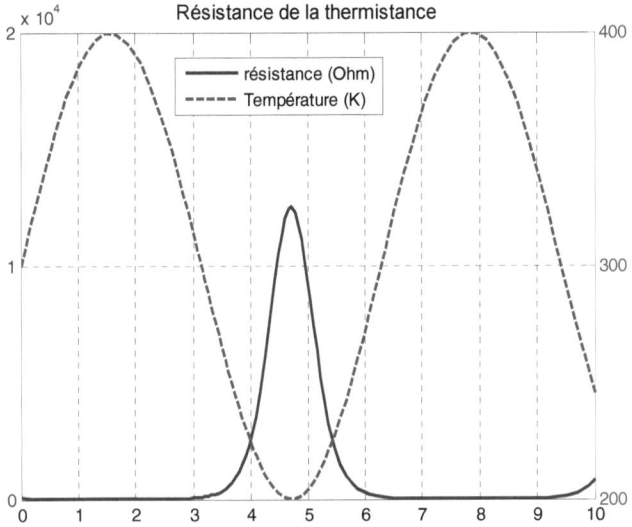

II.3.2. Programmation d'un générateur de signal sinusoïdal

Le bloc que nous allons créer permet de fournir un signal sinusoïdal amorti.

```
component gen_sin_amorti
% Générateur Sinusoïde Amortie
% Ce bloc génère le signal suivant
% x(t)=Amp exp(-at) sin (wt+phi)+ biais
parameters
biais = 0; % biais
w = { 2*pi, '1/s' }    % omega
Amp = { 1, '1' }       % Amplitude
phi = { 2*pi, 'rad' }     % Phase
a = 5 % décrément
end

outputs
x = 0;
end

function setup
if w<0
    error('La pulsation w doit être strictement positive')
end
end
 equations
x==Amp*exp(-a*time)*sin(w*time+phi)+ biais
end
end
```

Ce programme comporte 5 paramètres et une sortie. Dans l'équation de x, nous utilisons le temps de simulation `time`.

La fonction `setup` ne sert qu'à vérifier que la pulsation n'est pas négative.

Nous utilisons ce générateur dans deux cas différents, un détecteur de crête et un générateur de sinus amorti.

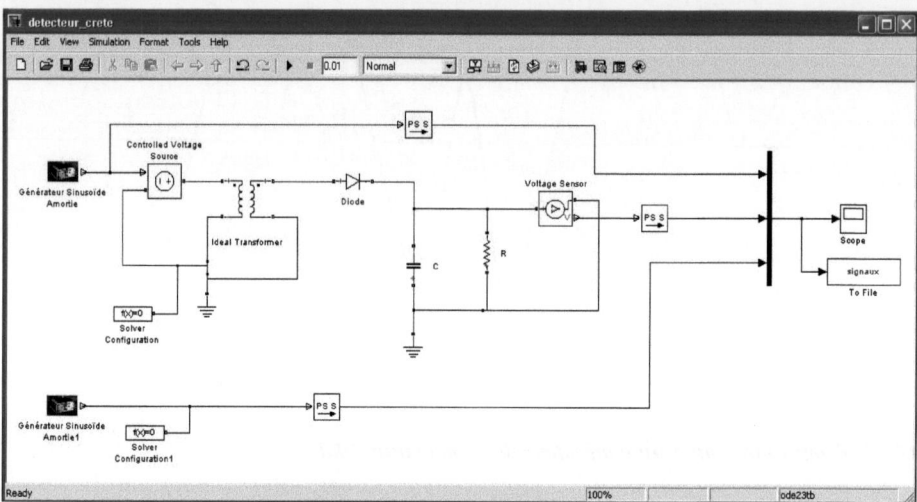

La sortie du détecteur de crête et le sinus amorti sont représentés dans l'oscilloscope suivant.

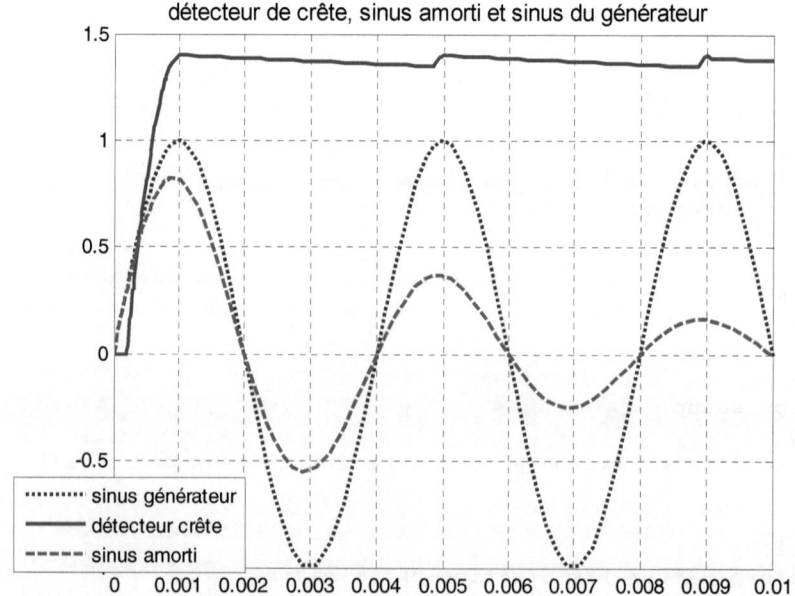

Nous avons maintenant 3 blocs dans notre librairie.

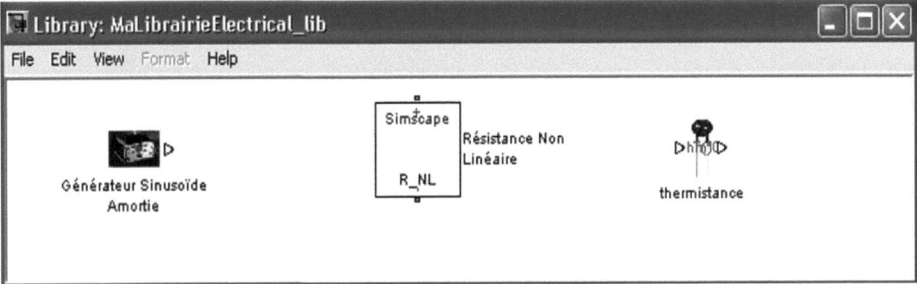

II.3.3. Capacité réelle

Cette capacité réelle, qui tient compte de ses éléments parasites (l'inductance et la résistance du fil, etc.) est composée d'une capacité idéale C, en parallèle à une résistance Rp, le tout en série à une résistance Rs et une inductance Ls.

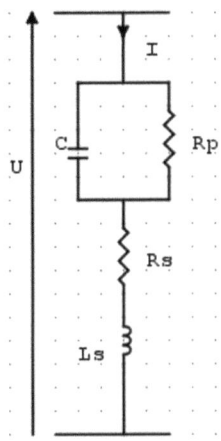

```
component capa_reelle
% Capacité réelle
% Cette capacité est composée d'une capacité idéale en
% parallèle à une résistance Rp
% le tout en série à une résistance Rs et une inductance Ls

nodes
    p = foundation.electrical.electrical; % +:top
    n = foundation.electrical.electrical; % -:bottom
end

parameters
    C  = { 1e-6, 'F' };        % Capacité
    v0 = { 0, 'V' };           % charge initiale de la capacité
    Rs = { 1e-6, 'Ohm' };      % Résistance série Rs
```

```
    Rp  = { 1e6, 'Ohm' };      % Résistance parallèle Rp
    Ls  = { 0,   'H'   };      % Inductance série Ls
end

variables
    vc = { 0, 'V' }; % tension aux bornes de la capacité
    v  = { 0, 'V' }; % tension aux bornes du circuit
    i  = { 0, 'A' }; % courant qui circule dans le circuit
end

function setup
    through( i, p.i, n.i );
    across( v, p.v, n.v );
    vc = v0; % valeur de départ de la tension vc
end

equations
    v == Rs*i + Ls*i.der + vc;
    i == C*vc.der + vc/Rp;
end
```

La fonction setup permet de relier les variables i et v aux nœuds et de fixer la valeur initiale de la variable interne vc à v0 définie comme un paramètre.

D'après le schéma de cette capacité, la tension v à ses bornes est liée au courant i par :

$$\begin{cases} u = R_s\, i + L_s \dfrac{di}{dt} + vc \\ i = C \dfrac{dvc}{dt} + \dfrac{vc}{R_p} \end{cases}$$

Ce système est programmé dans la section equations.
Pour accéder à la dérivée d'un signal, on le fait suivre par .der.

$$x.der = der(x) = \dfrac{dx}{dt}$$

Nous remarquons ici la notion de programmation Objets.

Après avoir ajouté une image jpg dans le même répertoire que ce fichier ssc. On utilise, enfin, la commande ssc_build pour compiler ce programme.

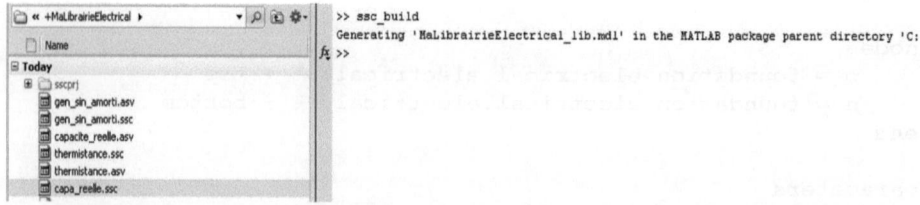

Nous allons utiliser cette capacité réelle dans un circuit RC et nous allons observer sa courbe de charge.

Nous choisissons les valeurs suivantes des paramètres:

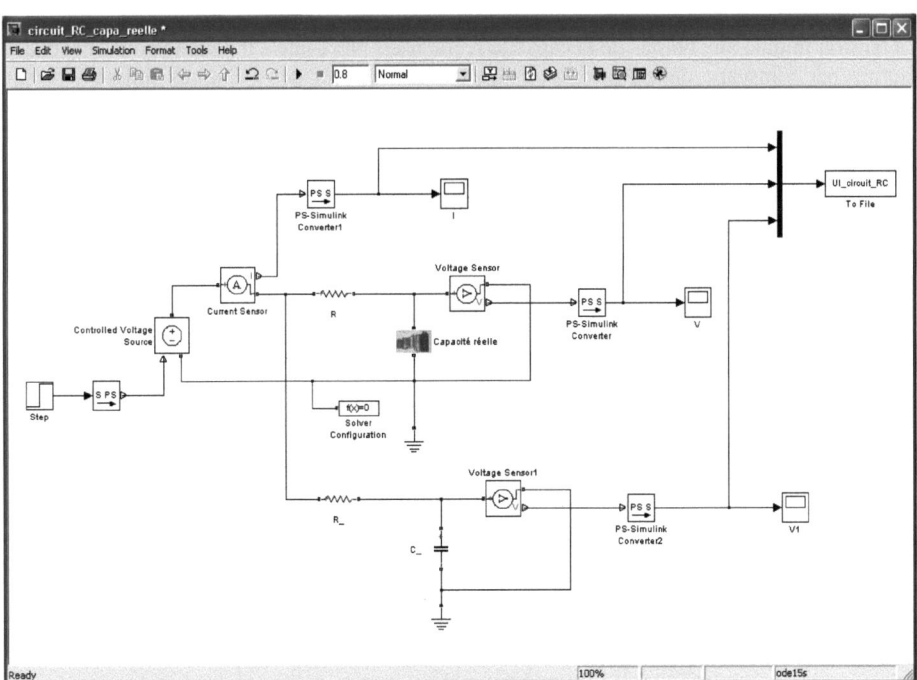

Dans le modèle suivant, nous appliquons la même tension à une capacité idéale dont on compare la courbe de charge avec celle de la capacité réelle que nous avons créée.

Ces capacités sont dans un circuit RC de même valeur de résistance $R = 0.1\,k\Omega$.

La figure suivante, obtenue dans la fonction Callback `StopFcn`, représente les courbes de charge de la capacité réelle et la capacité idéale de même valeur 1mF.

Les deux courbes sont très légèrement différentes.

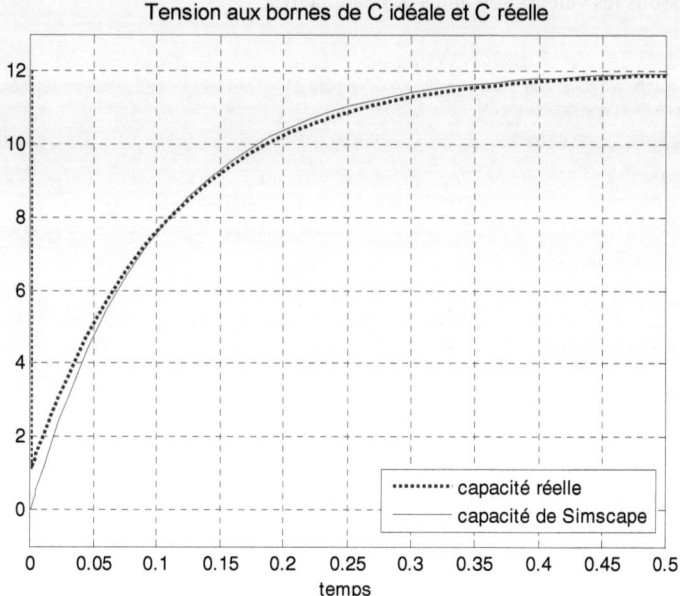

La tension initiale aux bornes de la capacité réelle n'est pas égale à 0 comme pour la capacité fournie par Simscape dans `Foundation Library`. Les deux courbes finissent par se rejoindre.

II.3.4. Simulation d'un amplificateur opérationnel réel

On se propose de créer un amplificateur opérationnel réel en tenant compte des résistances d'entrée Re et de sortie Rs, son gain en tension en boucle ouverte de valeur finie. Sa tension de sortie est limitée à la valeur de l'alimentation de 15 V.

Avec le nom du composant `op_amp_reel`, on obtient le fichier `op_amp_reel.ssc`. Ce fichier doit se trouver dans le même répertoire que le fichier jpg qui donne sa forme graphique dans la librairie.

L'amplificateur que l'on désire créer est défini par le schéma suivant :

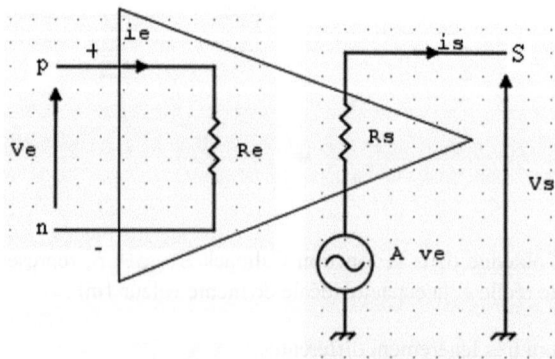

Le langage Simscape

Les tensions d'entrée et de sortie sont définies par :

$$ve = Re \ ie$$
$$vs = A \ ve - Rs \ is$$

Dans le fichier `ssc`, le premier commentaire correspond au label ou nom du bloc dans le modèle Simulink.

Les autres commentaires apparaissent dans la fenêtre du bloc dans laquelle sont affichées les valeurs par défaut du composant que l'utilisateur peut modifier.

Les noeuds p, n et S sont ceux des entrées, positive, négative et de sortie de l'amplificateur opérationnel.
Ils sont placés, à gauche pour l'entrée + et - (`left`) Le noeud S de la sortie est placé à droite (`right`).

```
component op_amp_reel
% Amplificateur Opérationnel Réel
% Dans cet amplificateur, on tient compte de:
% - sa résistance d'entrée Re,
% - sa résistance de sortie Rs,
% - gain en boucle ouverte,
% - de la saturation de la sortie à +/-Vsat

nodes
    p = foundation.electrical.electrical; % +:left
    n = foundation.electrical.electrical; % -:left
    S = foundation.electrical.electrical; %  :right
end
```

Amplificateur
Opérationnel Réel

Le noeud de sortie ne possède pas de label, comme + et – des bornes, positive et négative car nous n'avons pas défini de chaîne de caractères avant les « : » dans la déclaration du noeud S de sortie.

On définit les paramètres du composant comme :
- Le gain en boucle ouverte, A, fini, de 10^6,
- Les résistances d'entrée et de sortie Re et Rs, avec 1 MΩ et 100 Ω par défaut,
- La tension d'alimentation de +/- 15 V = +/- Vsat.

```
parameters
    A = 1e6;  % Gain de l'Aop en boucle ouverte
    Re ={ 1e6, 'Ohm' }; % Résistance d'entrée
    Rs ={ 100, 'Ohm' }; % Résistance de sortie
    Vsat = { 15, 'V' }; % Tension d'alimentation
end
```

L'amplificateur opérationnel possède des variables comme celles des équations de ve et vs précédentes, le courant d'entrée ie, non nul, la tension différentielle entre les entrées, positive et négative, eps, ainsi que le courant et tension de sortie, is et vs.
Les commandes suivantes, spécifient les valeurs initiales et l'unité de la variable, ainsi que les paramètres.

```
variables
    ie  = { 0, 'A' };
    eps = { 0, 'V' };
    is  = { 0, 'A' };
    vs  = { 0, 'V' };
end
```

Dans la fonction setup, on définit les tensions et courants, qui sont entre 2 nœuds ou qui circulent d'un nœud à un autre.

Le nœud [] correspond à la masse. Le courant ie circule du nœud positif p au nœud n, c'est une variable de type through. La différentielle eps entre les nœuds p et n est une variable de type across. Le courant is circule entre le nœud S de la sortie et la masse.
De même pour la tension de sortie, est prise entre la masse symbolisée par le signe [] et le nœud S.

On peut vérifier ceci dans le schéma électronique précédent.

```
function setup
    through( ie, p.i, n.i );
    across( eps, p.v, n.v );
    through( is, S.i, [] );
    across( vs, S.v, [] );
end
```

Dans la section equations, on écrit les équations mathématiques qui relient les différentes variables. On utilise la condition sur la valeur de vs pour la saturation de la tension de sortie vs.

```
equations
    ie == eps/Re;

    if vs>Vsat
        vs==Vsat
    elseif vs<-Vsat
        vs==-Vsat
    else
        vs == A*eps-is*Rs
    end
  end
end
```

On place ce programme de type ssc et l'image jpg dans le même répertoire +MaLibrairieElectrical.

```
>> ssc_build
Generating 'MaLibrairieElectrical_lib.mdl' in the MATLAB
package parent directory
'C:\Livre2_Simscape\Programmes\11.Langage Simscape' ...
```

La commande `ssc_build` permet d'insérer le bloc du composant créé dans la même librairie `MaLibrairieElectrical_lib`.

Nous obtenons la librairie suivante contenant cet amplificateur opérationnel réel et les autres composants que nous avons créés précédemment (capacité, thermistance, etc.).

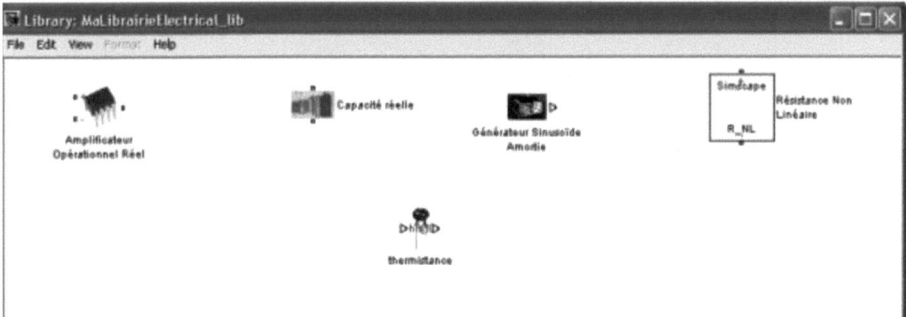

Dans le modèle Simulink suivant, nous utilisons cet amplificateur opérationnel réel pour réaliser un amplificateur inverseur. Le gain est égal à : $-\frac{R_2}{R_1} = \frac{100}{47} = -2.1277$.

Nous appliquons un signal sinusoïdal d'amplitude 5V, ce qui donne, en sortie, une tension sinusoïdale d'amplitude 10.64 V.

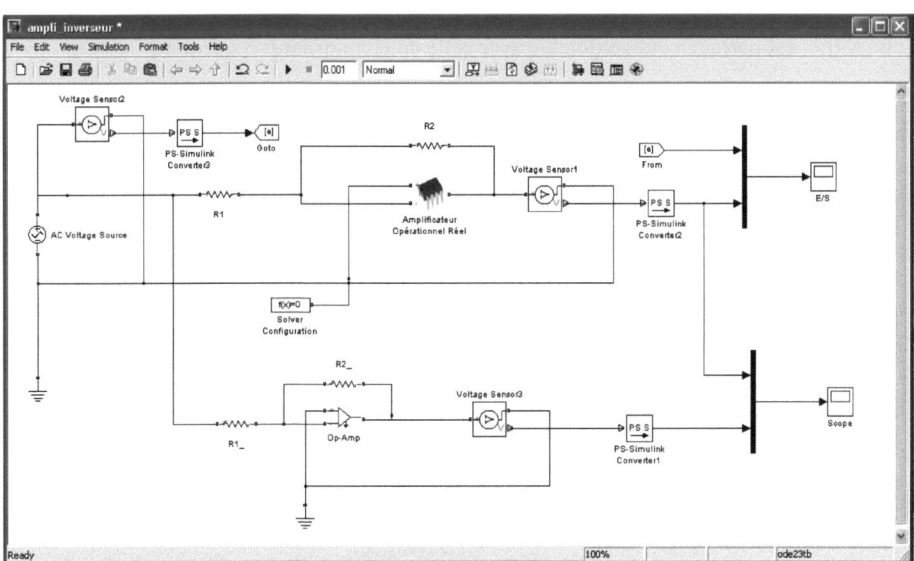

La figure suivante donne les bonnes valeurs de la tension de sortie et montre que cette dernière est en opposition de phase avec l'entrée.

De même, l'amplitude de la sortie, estimée graphiquement grâce à la commande `ginput` à 10.5702 V, est proche de la valeur théorique de 10.64 V.

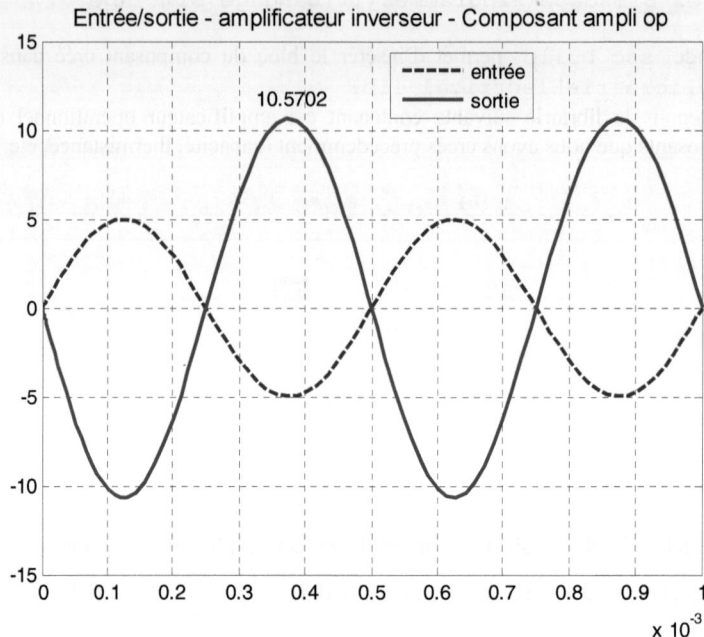

Dans cette figure, nous traçons également la sortie de l'amplificateur opérationnel fourni dans `Foundation Library`.

Cette sortie est parfaitement confondue avec celle du composant précédemment créé.

Si l'on veut consulter le code `ssc` d'un composant, nous pouvons double-cliquer sur son bloc pour faire apparaître la boite de dialogue. On cliquera ensuite sur `View source for Amplificateur opérationnel Réel` ou faire un clic droit et choisir `View Simscape source` dans le menu qui apparaît.

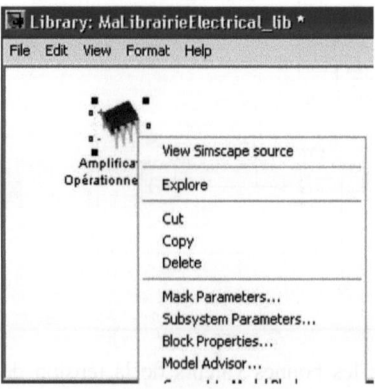

Le langage Simscape 319

II.4. Protection du code

Si l'on veut protéger le code d'un programme, il faut utiliser la commande suivante, par exemple pour le composant `gen_sin_amorti` (générateur sinusoïdal).

```
>> ssc_protect gen_sin_amorti
```

Cette commande produit le fichier `gen_sin_amorti.sscp` (`ssc` protégé).

La boite de dialogue du bloc ne contient plus de lien pour accéder au fichier texte contenant le programme de création du composant.

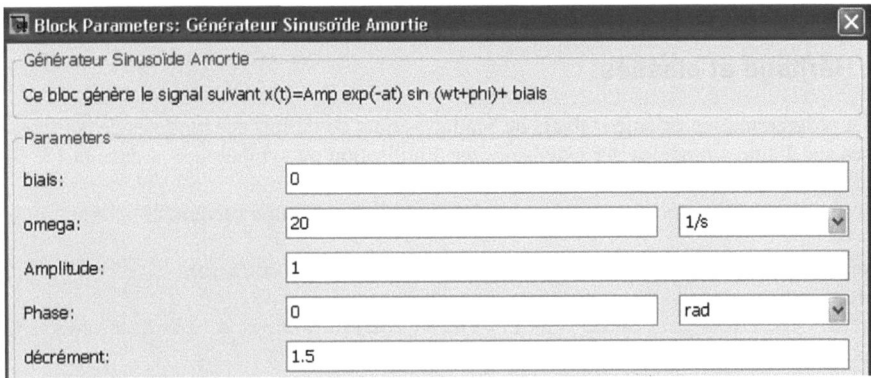

Par un clic droit sur ce composant, nous ne trouvons plus l'option `View simscape source`.

Le fichier `ssc` de même nom ne doit pas se trouver dans le même répertoire que le `sscp`.

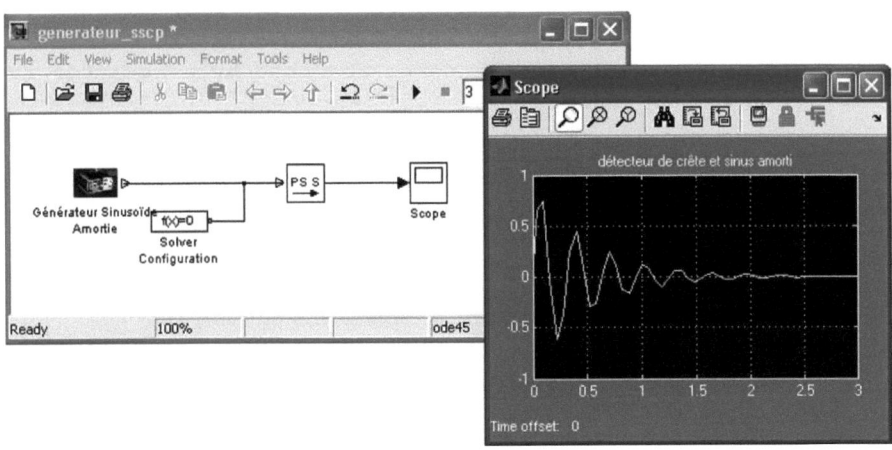

Si l'on veut protéger tous les fichiers se trouvant dans un répertoire, comme `+MaLibrairieElectrical`, nous utilisons la commande :

```
>> ssc_protect +MaLibrairieElectrical
```

Ainsi tous les fichiers .ssc de ce répertoire deviennent des .sscp.

III. Héritage et classes

La programmation orientée Objets de Matlab permet de définir des modèles de composants basés sur d'autres modèles par extension, par l'utilisation du symbole « < » dans la 1ère ligne de déclaration du composant.

Considérons le composant Resistor défini par le programme suivant.

```
component resistor < foundation.electrical.branch
% Resistor
% The voltage-current (V-I) relationship for a linear resistor
% is V=I*R,
%
% where R is the constant resistance in ohms.
% The positive and negative terminals of the resistor are
% denoted by the + and - signs respectively. By convention,
% the voltage across the resistor is given by V(+)-V(-), and
% the sign of the current is positive when flowing through the
% device from the positive to the negative terminal. This
% convention ensures that the power absorbed by a resistor is
% always positive.

% Copyright 2005-2008 The MathWorks, Inc.

  parameters
    R = { 1, 'Ohm' };    % Resistance
  end

  function setup
    if R <= 0
        pm_error('simscape:GreaterThanZero','Resistance')
    end
  end

  equations
    v == R*i;
  end
end
```

Nous remarquons qu'il ne possède pas de sections nodes, et variables. Le composant créé hérite des membres de la classe de base (parameters, variables, nodes, inputs et outputs) et peut ajouter ses propres membres.

Dans le cas de la résistance, les variables i et v ne sont pas déclarées dans le programme resistor.ssc.

La 1ère ligne du programme resistor.ssc indique que le composant Resistor de Foundation Library, hérite de la classe de base Electrical Branch.

```
component resistor < foundation.electrical.branch
```

Les nœuds p, n et les variables i, v de type through et across sont définis dans cette classe de base, comme on l'observe dans le programme branch du domaine electrical.

Le composant d'une sous-classe hérite les nœuds p et n, aussi bien que les variables i et v avec leurs valeurs initiales.

Ainsi le programme resistor.ssc contient uniquement les sections parameters, setup et equations.

Le programme resistor.ssc contient la fonction setup bien que cette dernière soit aussi définie dans le programme branch.ssc définissant la classe de base. La fonction setup de la classe de base est exécutée avant la fonction setup de la sous-classe.

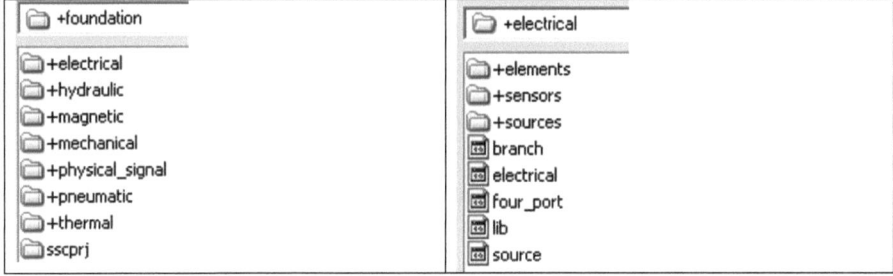

Le programme branch.ssc définit les nœuds p et n ainsi que les variables i et v. Dans la section setup, on déclare les variables i et v, respectivement, de type through et across.

```
component(Hidden=true) branch
% Electrical Branch
% Defines an electrical branch with positive and negative
% external nodes.
% Also defines associated through and across variables.

% Copyright 2005-2008 The MathWorks, Inc.

  nodes
    p = foundation.electrical.electrical; % +:left
    n = foundation.electrical.electrical; % -:right
  end
```

```
  variables
    i = { 0, 'A' };
    v = { 0, 'V' };
  end

  function setup
    through( i, p.i, n.i );
    across( v, p.v, n.v );
  end
end
```

Dans le modèle suivant, on réalise le circuit inverseur avec la résistance R_NL2, l'amplificateur opérationnel réel et le générateur de sinusoïde amortie.

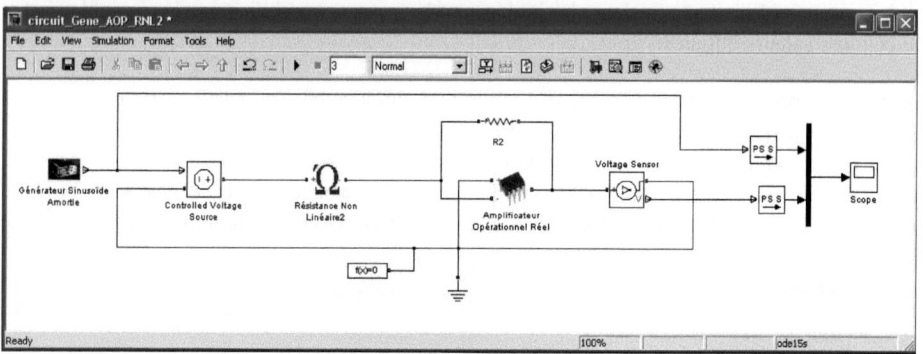

La courbe qui suit, représente les signaux d'entrée et de sortie.

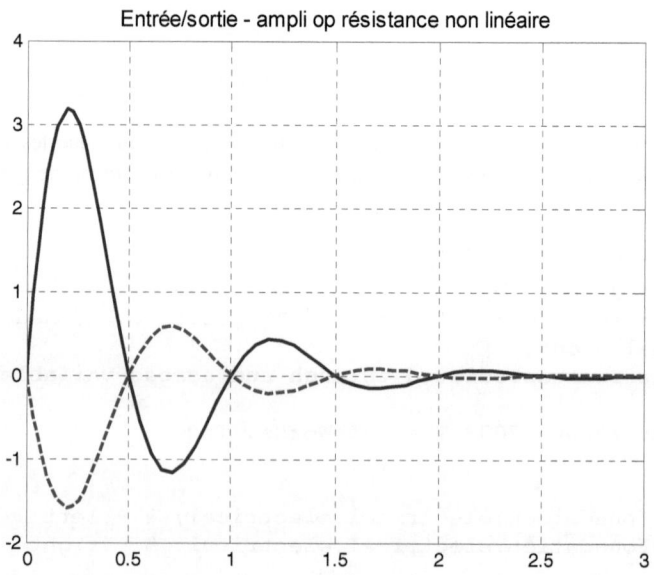

Le langage Simscape

Dans le code du composant de la résistance R_NL2, il n'y a ni la section `nodes`, ni `variables`.

Les signaux i et v sont connus dans la classe supérieure. En effet, ce composant appartient à une sous-classe de `electrical`. Ceci se fait par le signe '<' après le mot-clé `component`.
Après ce signe, nous trouvons le fichier `branch.ssc` dans le package +electrical, lequel se trouve dans le répertoire +foundation.

```
component R_NL2 < foundation.electrical.branch
% Résistance Non Linéaire2
% Ce composant définit une résistance non linéaire
% La valeur de la résistance dépend du courant qui la traverse
% La caractéristique est donnée par la relation entre le
% courant qui traverse la résistance et la tension à ses
% bornes U=K*i^2

parameters
    R0 = { 10, 'Ohm' };
    K  = { 10, 'V/A^2' };   % Coefficient de la Résistance NL
end

equations
    v == K*i^2+R0*i;
end
end
```

Dans ce programme, nous avons calculé, dans la section `equations`, la tension v en utilisant la valeur de la résistance non linéaire, $K\,i^2$ à laquelle on a rajouté la valeur initiale R_0.
La tension aux bornes du composant est, alors, donnée par :

$$v = K\,i^2 + R_0$$

R_0 est définie comme paramètre, modifiable par l'utilisateur.
La classe de base est définie par le fichier `branch.ssc`.

```
component(Hidden=true) branch
% Electrical Branch
% Defines an electrical branch with positive and negative
% external nodes.
% Also defines associated through and across variables.
% Copyright 2005-2008 The MathWorks, Inc.

  nodes
     p = foundation.electrical.electrical; % +:left
     n = foundation.electrical.electrical; % -:right
  end

  variables
     i = { 0, 'A' };
     v = { 0, 'V' };
  end
```

```
  function setup
    through( i, p.i, n.i );
    across( v, p.v, n.v );
  end
end
```

Dans le fichier branch.ssc, on définit les nœuds p et n ainsi que les variables i et v. Ces variables sont définies de type through et across dans la section setup.

Dans le fichier R_NL2.ssc, nous n'avons pas eu besoin d'avoir les nœuds, ni les variables i et v car ceux-ci le sont déjà dans le fichier de la classe de base, branch.ssc.

La création du domaine electrical est donnée par le programme suivant, dans lequel il n'y a que la partie déclaration.

```
domain electrical
% Electrical Domain

% Copyright 2005-2008 The MathWorks, Inc.

  parameters
    Temperature = { 300.15 , 'K'    }; % Circuit temperature
    GMIN        = { 1e-12  , '1/Ohm' }; % Minimum conductance, GMIN
  end

  variables
    v = { 0 , 'V' };
  end

  variables(Balancing = true)
    i = { 0 , 'A' };
  end

end
```

Un domaine physique est d'abord défini par ses variables de type across et through. C'est le cas du domaine électrique par le courant et la tension, ou le domaine mécanique par le couple et la vitesse.

Le type de nœuds est propre à chaque domaine afin de ne connecter, entre eux, que des composants du même domaine.

Simscape contient, dans Foundation Library, un certain nombre de domaines tels que electrical, mechanical translational, mechanical rotational, etc. Certains composants importants ont été créés pour chacun de ces domaines.

Le code de ces composants peut être utilisé à des fins de création de nouveaux composants personnalisés.

Pour définir un nouveau domaine, on doit déclarer les variables de type through et across qui lui sont associées.

Le langage Simscape 325

Le tableau suivant liste les variables de type `through` et `across` pour certains domaines de la librairie `Foundation`.

Domaine	Variable across	Variable through
Electrique (`Electrical`)	tension	courant
Mécanique de rotation (`Mechanical rotational`)	vitesse de rotation	couple
Mécanique de translation (`Mechanical translational`)	vitesse de translation	force
Magnétique (`Magnetic`)	MMF	flux magnétique
Thermique (`Thermal`)	température	flux thermique

Le code du programme `ssc` qui définit un domaine ne contient que la partie déclaration.

Exemple du domaine `Hydraulic`.

```
domain t_hyd

variables
    p = { 1e6, 'Pa' }; % pressure
end

variables(Balancing = true)
    q = { 1e-3, 'm^3/s' }; % flow rate
end

parameters
    t = { 303, 'K' }; % fluid temperature
end
```

La première ligne du programme d'un fichier de domaine commence par le mot-clé `domain` et se termine par `end`.

La section de déclaration d'un domaine est celle où on déclare les variables de type `Through` et `Across`.

La variable de type `Through` est celle où on a noté le terme (`Balancing=true`), comme la variable q du flux du domaine `t_hyd` (hydraulique), équivalent au courant i pour le domaine `electrical`.

Ces variables associées du domaine caractérisent le flux d'énergie et vont généralement par paire, une variable de type `Through` et une autre de type `Across`.

Dans le programme définissant un domaine, les variables de type `Through` et `Across` sont déclarées séparément, comme dans `electrical.ssc` et `t_hyd.ssc`.

L'attribut `Blancing=true` commence la déclaration des variables de type `Through`.

Chapitre 5

Applications de la modélisation physique

I. Modélisation d'un transistor à effet de champ
II. Modélisation d'un moteur DC à excitation séparée
III. Modélisation d'un transistor bipolaire NPN
IV. Modélisation d'une charge mécanique
V. Schéma de Giacoletto d'un transistor bipolaire
VI. Modélisation d'un régulateur PID analogique
VII. Les différents répertoires et fichiers

I. Modélisation d'un transistor à effet de champ

Le transistor à effet de champ ou FET possède le schéma suivant en petits signaux.

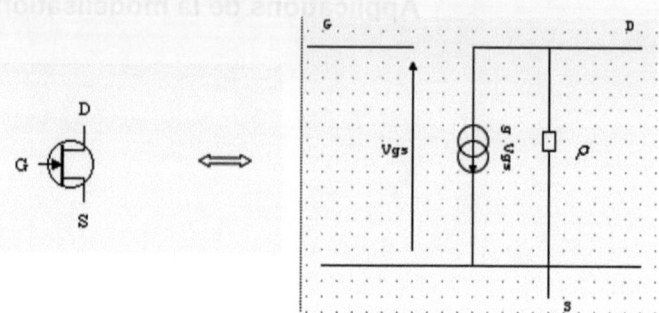

Son schéma équivalent est défini par la résistance ρ, le courant drain gVgs (contrôlé par la tension grille-source).

Dans le programme suivant, nous définissons une résistance Rgs de très forte valeur entre la grille et la source.

```
component model_FET_canal_N
% Modèle d'un transistor à effet de champ Canal N
%
% Dans cet amplificateur, on tient compte de:
% - sa conductance s ou pente s=dId/dVgs,
% - sa résistance rho
%
nodes
    G = foundation.electrical.electrical; % G:left
    D = foundation.electrical.electrical; % D:right
    S = foundation.electrical.electrical; % S:right
end

parameters
    s={3000e-6, 'A/V'};
    rho ={ 1e6, 'Ohm' };
end

parameters (Access=private)
    Rgs={1e9, 'Ohm'} % résistance entre grille et source
end

variables
    ie  = { 0, 'A' }; % courant d'entrée du FET
    vgs = { 0, 'V' }; % tension, Grille-Source
    is  = { 0, 'A' }; % courant Drain-Source
```

Applications de la modélisation physique 329

```
        vds    = { 0, 'V' }; % tension Drain-Source
end

function setup
    across( vds, D.v, S.v );
    through( is, D.i, S.i );
    across( vgs, G.v, S.v );
    through( ie, G.i, S.i );
end

equations
      ie==vgs/Rgs;
      is == vds/rho+s*vgs;
end
```

Le transistor possède 3 noeuds, G (grille), S (source) et D (drain), définis dans le domaine `electrical` de la librairie `Foundation`.

Les nœuds G et S sont sur la gauche et D sur la droite du composant.

Nous avons défini 2 types de paramètres, dans la section `parameters`, modifiables par l'utilisateur.

Ceux d'accès privé (`Access=private`) gardent leurs valeurs initiales et ne sont pas modifiables par l'utilisateur et n'apparaissent pas dans la boite de dialogue, comme le paramètre Rgs (résistance Grille-Source).

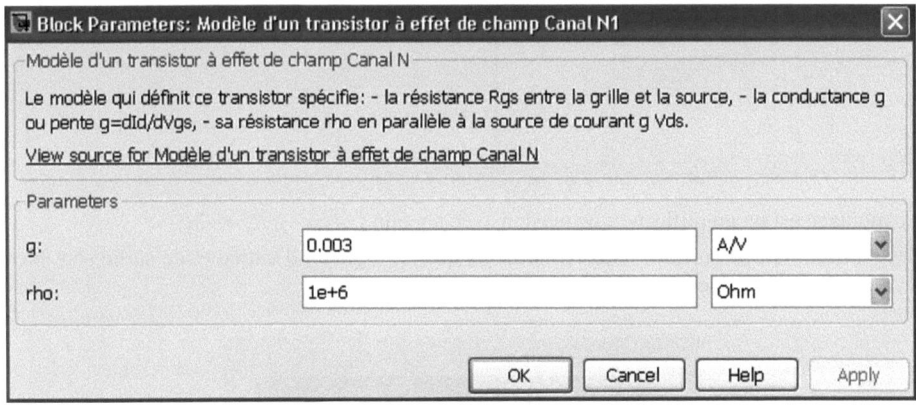

La résistance Rgs, définie comme paramètre à accès privé avec l'attribut `Access=Private`, n'apparaît pas dans cette boite de dialogue.

Dans le modèle suivant, nous utilisons ce transistor FET dans un montage source commune.

Comme nous nous intéressons uniquement en régime variable des petits signaux, l'alimentation continue peut être symbolisée par la masse.

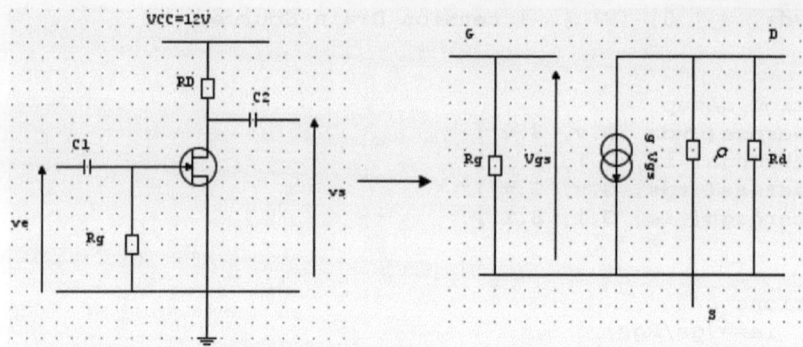

Nous appliquons à l'entrée du montage (entre la grille et la source), une tension sinusoïdale d'amplitude 10 mV et de fréquence 60 Hz.

R_d est la résistance de polarisation du drain et R_g la résistance de polarisation de la grille.

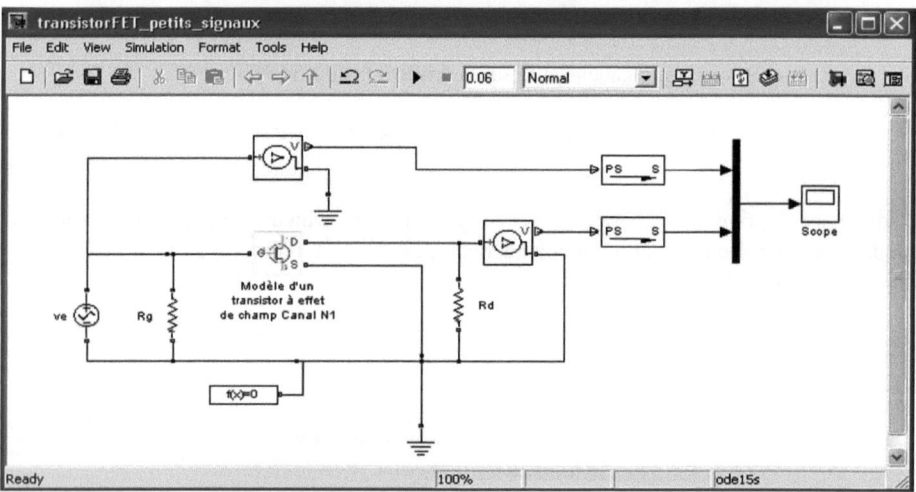

Le montage est un amplificateur de tension avec un gain : $A_v = -g\,R_d = -3$.

Dans l'oscilloscope suivant, nous remarquons que les signaux d'entrée et de sortie sont bien en opposition de phase avec un gain de 3.

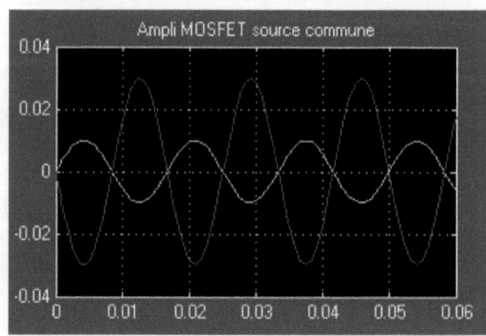

II. Modélisation d'un moteur DC à excitation séparée

On s'intéresse uniquement aux moteurs à excitation séparée. L'inducteur (stator) crée, avec des aimants permanents ou électro-aimants, un champ magnétique fixe.

L'induit (partie en rotation ou rotor) possède des enroulements dans lesquels circule un flux en quadrature avec le flux statorique.

La force qui s'applique au rotor est proportionnelle au courant d'induit et au flux statorique.

Le langage Simscape permet la modélisation et la simulation multi domaine. Le moteur à courant continu possède une partie électrique (induit ou stator) et une partie mécanique (rotor).

Pour définir des nœuds, du coté électrique, nous devons faire appel au domaine `Electrical` et pour ceux du coté mécanique au domaine `Mechanical`.
L'induit du moteur est schématisé comme suit :

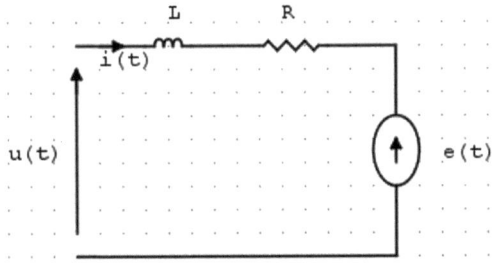

$$u(t) = e(t) + R\,i(t) + L\frac{di(t)}{dt}$$

La force électromotrice e(t) est proportionnelle à la vitesse de rotation Ω et au flux statorique par un facteur k.

$$e(t) = k\,\Phi\,\Omega(t),$$

Le couple mécanique Γ est aussi proportionnel au courant d'induit i(t) et au flux statorique par cette constante $k\,\Phi$.

$$\Gamma = k\,\phi\,I$$

Nous avons alors l'égalité des 2 puissances, électrique et mécanique.

$$e(t)\,i(t) = \Gamma\,\Omega(t)$$

Si un couple résistant s'applique sur l'arbre, il est freiné, il s'en suit la diminution de la force e(t). Comme la tension appliquée à l'induit u(t) est constante, le courant i(t) augmente, le couple moteur Γ augmente pour s'opposer à la diminution de la vitesse.

Le moteur est ainsi modélisé par les équations suivantes :

$$J\,\frac{d\Omega}{dt} = \Gamma - \Gamma_f$$

$$u(t) = K\Omega + Ri(t) + L\frac{di(t)}{dt}$$

$$\Gamma = K i(t)$$

L'énergie électrique fournie au moteur est caractérisée par 2 grandeurs physiques définies par la variable de type `across` (tension u) et celle de type `through` (courant i d'induit).

De même, du coté mécanique, l'énergie en sortie du moteur, est caractérisée par le couple Γ (variable de type `through`) et la vitesse (type `across`). Les variables de type `through` et `across` sont régies par la loi de Kirchhoff généralisée. Le couple mécanique en Nm est homogène à un courant en A dans un circuit électrique, tous les deux, définis par une variable de type `through`. Les variables de type `across` définissent des quantités, mécaniques ou électriques, par rapport à une référence ou masse, comme les tensions ou les vitesses.

```
component DC_Moteur_serie
% Moteur DC à excitation séparée

  nodes
    p = foundation.electrical.electrical; % +:top
    n = foundation.electrical.electrical; % -:bottom
    R = foundation.mechanical.rotational.rotational; % R:top
    C = foundation.mechanical.rotational.rotational; % C:bottom
  end

  parameters
    K = { 0.1, 'N*m/A' }; % Constante de proportionnalité K
    Ri = { 4.9, 'Ohm' }; % Résistance d'induit
    Li = { 1e-5, 'H' }; % inductance d'induit
    fr = { 0.02, 'N*m/(rad/s)' }; % coupe de frottement
    J = { 1e-5, 'kg*m^2' }; % moment d'inertie
  end

  variables
    w = { 0, 'rad/s' };
    i = { 0, 'A' };
    v = { 0, 'V' };
    t = { 0, 'N*m' };
  end

  function setup
    through( i, p.i, n.i );
    across( v, p.v, n.v );
    through( t, R.t, C.t );
    across( w, R.w, C.w );
  end

  equations
    v == K*w+Ri*i+Li*i.der;
    J*w.der == K*i-fr*w;
  end

end
```

Applications de la modélisation physique 333

La section `equations` implémente les équations mathématiques qui régissent les différentes variables électriques (courant d'induit, tension d'induit et f.c.e.m) et d'autres mécaniques qui mettent en jeu le couple utile et les couples résistants.

Le modèle suivant représente ce moteur auquel on applique un échelon de tension de 12 V à son induit à travers une source de tension contrôlée.

Les signaux, de position angulaire et de vitesse de rotation, fournis par le capteur `Ideal Rotational Motion Sensor` sont envoyés au multiplexeur avant d'être affichés dans un oscilloscope et sauvegardés dans un fichier binaire pour être tracés dans une fenêtre Matlab.

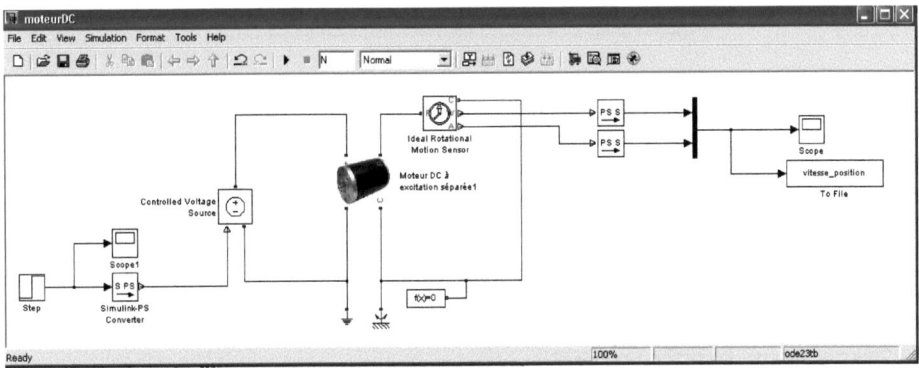

Le moteur ne porte aucune charge inertielle, frottements ou amortisseurs.
La figure suivante, tracée dans la fonction Callback `StopFcn`, représente la vitesse et la position angulaire du rotor.

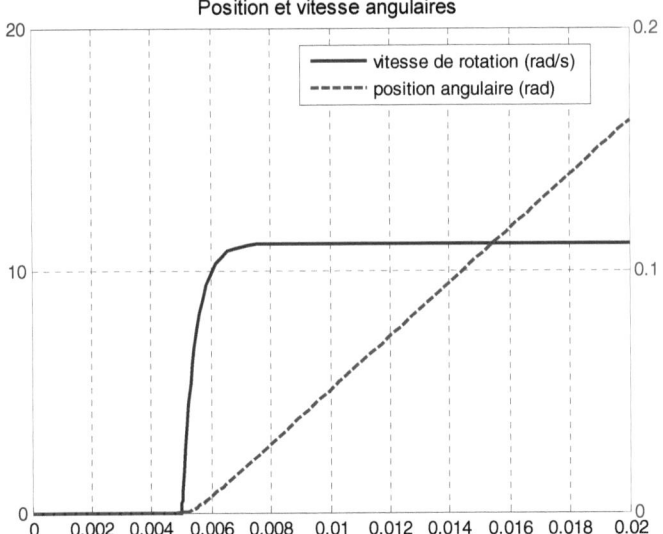

III. Modélisation d'un transistor bipolaire NPN

Le modèle d'un transistor NPN, par ses paramètres hybrides, est donné par le circuit suivant.

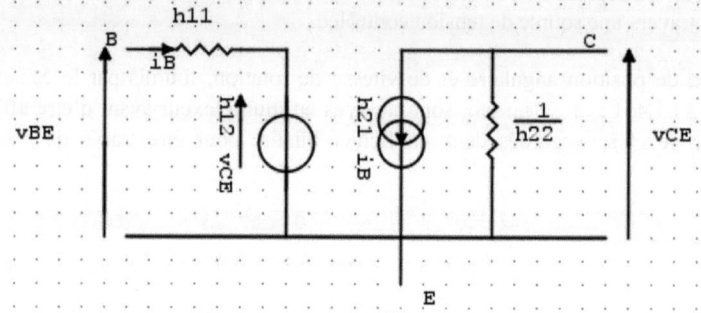

Dans la section equations, on programme les équations suivantes, obtenues par les lois de Kirchhoff appliquées au circuit précédent.

$$I_b = \frac{V_{be} - h_{12} V_{ce}}{h_{11}}$$

$$I_c = h_{21} I_b + s V_{ce}$$

```
component Transistor_NPN
% Transistor bipolaire NPN
%
% Le modèle qui définit ce transistor spécifie:
% - la résistance 1/h22 (s) entre le collecteur et l'émetteur
% - le gain en courant h21,
% - le paramètre h12, amplification inverse en tension
% - sa résistance d'entrée h11.

nodes
    B = foundation.electrical.electrical; % B:left
    C = foundation.electrical.electrical; % C:right
    E = foundation.electrical.electrical; % E:right
end

parameters
    s={1e-6, '1/Ohm'}; % 1/h22
    h21={200, '1'};    % Gain en courant h21
    h12={1e-4, '1'};   % Gain en tension inverse
    h11={1000, 'Ohm'}; % Résistance d'entrée h11
end

variables
    Ib  = { 0, 'A' }; % courant d'entrée du transistor
    Vbe = { 0, 'V' }; % tension, Base-Emetteur
    Ic  = { 0, 'A' }; % courant Collecteur-Emetteur
    Vce = { 0, 'V' }; % tension Collecteur-Emetteur
end
```

```
function setup
    across( Vbe, B.v, E.v );
    through( Ib, B.i, E.i );
    across( Vce, C.v, E.v );
    through( Ic, C.i, E.i );
end

equations
    Ib==(Vbe-h12*Vce)/h11;
    Ic==h21*Ib+s*Vce;
end

end
```

Le modèle suivant utilise le transistor NPN dans un montage émetteur commun qui possède le gain en tension suivant :

$$Av \approx -\frac{Rc}{Re} = -10 \ (Rc=100 \ k\Omega \ et \ Re=10 \ k\Omega)$$

Les résistances Rc et Re participent aussi à la polarisation statique du transistor avec les résistances de base Rb1 et Rb2.

Le programme met en jeu les 3 nœuds du domaine `electrical`, les paramètres classiques (paramètres hybrides), les 4 variables Vbe et Vce de type `across` et Ib, Ic de type `through`. Comme il n'y aucune équation différentielle, il n'y a aucune variable à initialiser dans la section `setup`.

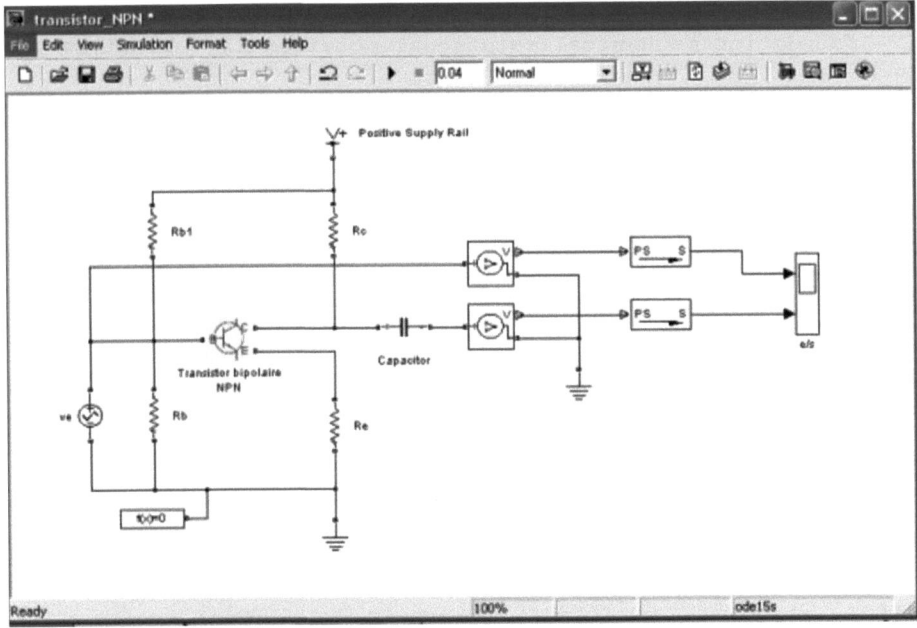

La figure suivante représente les signaux d'entrée et de sortie.

On vérifie bien l'opposition de phase et le gain de 10.

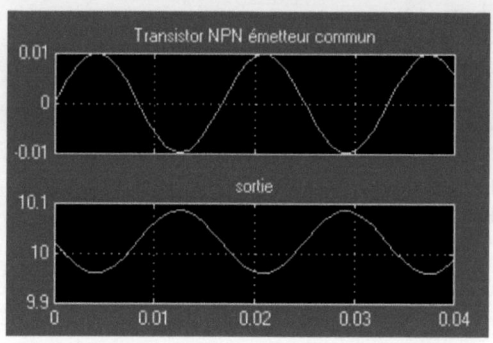

IV. Modélisation d'une charge mécanique

On se propose de réaliser un bloc mécanique composé d'une inertie J, des frottements fr et un ressort de torsion de constante de raideur k.

```
component Charge_mecanique
% Charge mécanique
% Inertie J, frottements fr, ressort de raideur k

nodes
R = foundation.mechanical.rotational.rotational; % R:top
C = foundation.mechanical.rotational.rotational; % C:bottom
end

parameters
k = { 10, 'N*m/rad' };            % raideur du ressort
J = { 0.01, 'kg*m^2' };           % couple d'inertie
fr = { 0.01, 'N*m/(rad/s)' };     % frottements visqueux
end

variables
alpha = { 0, 'rad'};
t = { 0, 'N*m' };
w = { 0, 'rad/s' };
end

function setup
through( t, R.t, C.t );
across( w, R.w, C.w );

if k <= 0
error('La raideur du ressort doit être positive' )
end
```

```
if J <= 0
error('La valeur de l''inertie doit être positive')
end

if fr <= 0
error('La valeur du couple de frottements doit être négative')
end
end

equations
w == alpha.der;
t == k*alpha + J*w.der + fr*w;
end

end
```

Dans ce programme, nous trouvons :

- les 3 paramètres k, fr et J spécifiés dans la section `parameters`,
- 3 variables : la vitesse angulaire w, le couple t et l'angle alpha, utilisées dans la section `equations`.

Dans la section `setup`, nous vérifions que les paramètres renseignés par l'utilisateur ne sont pas négatifs, auxquels cas, il y a affichage d'un message d'erreur.

Dans la section `equations`, nous écrivons la relation mathématique reliant le couple t, la vitesse w et l'angle alpha.
Cette section est exécutée tout le long de la simulation.

Par application du théorème du moment cinétique, le couple total est donné par la relation :

$$t = J\frac{dw}{dt} + fr\ w + k\ alpha$$

Nous spécifions cette relation dans la section `equations` après avoir calculé la vitesse angulaire par la dérivée de l'angle.

Dans le modèle suivant, nous utilisons le bloc `Charge mécanique` que l'on trouve dans la bibliothèque `AppliMechanical_lib` générée après compilation, par la commande `ssc_build`.

Cette librairie contient déjà le bloc du moteur DC à excitation séparée.

On applique un échelon de couple de 5 Nm, à la fois au composant créé et à l'ensemble des blocs `Inertia, Rotational Friction, Rotational Spring` de la librairie `Foundation/Mechanical/Rotational Elements`.

Nous avons spécifié les mêmes valeurs à ces différents éléments, dans la fonction Callback `InitFcn`.

Dans les displays `alpha` et `vitesses angulaires`, nous affichons, respectivement l'angle de rotation et la vitesse angulaire, de ce composant et ceux des 3 blocs mécaniques élémentaires de Simscape.

Nous retrouvons parfaitement les mêmes valeurs.

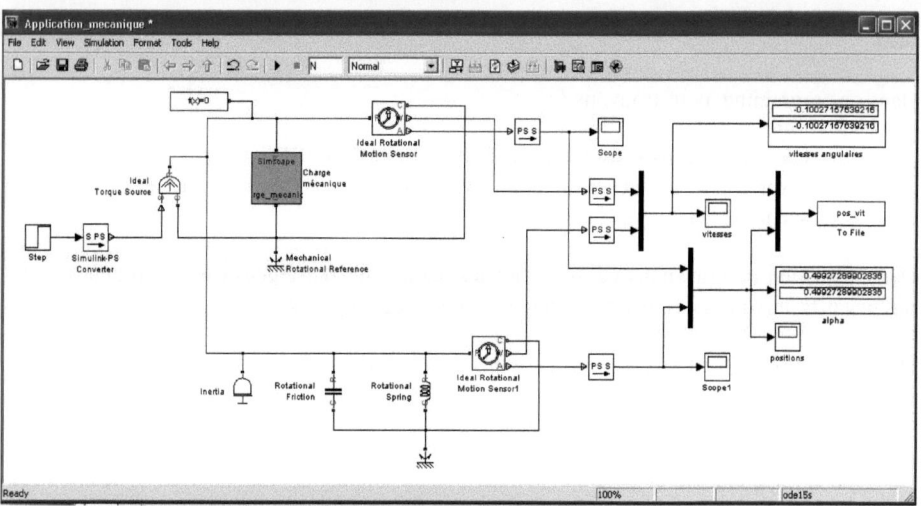

Nous obtenons une réponse en sinusoïde amortie.

La période est imposée par l'inertie (équivalente à la masse dans le cas linéaire) et le coefficient de raideur du ressort de torsion (ou de translation).

A l'aide de la commande `ginput`, nous pouvons estimer la période des pulsations, soit T = 0.2074s.

La période, indépendante de l'amplitude, est donnée de façon plus précise par :

$$T = 2\pi\sqrt{\frac{J}{k}}$$

```
>> 2*pi*sqrt(J/k)
ans =
    0.1987
```

Le coefficient de frottements règle la décrémentation du signal. Les valeurs décrites par le signal dépendent uniquement des valeurs initiales de l'angle et de la vitesse.

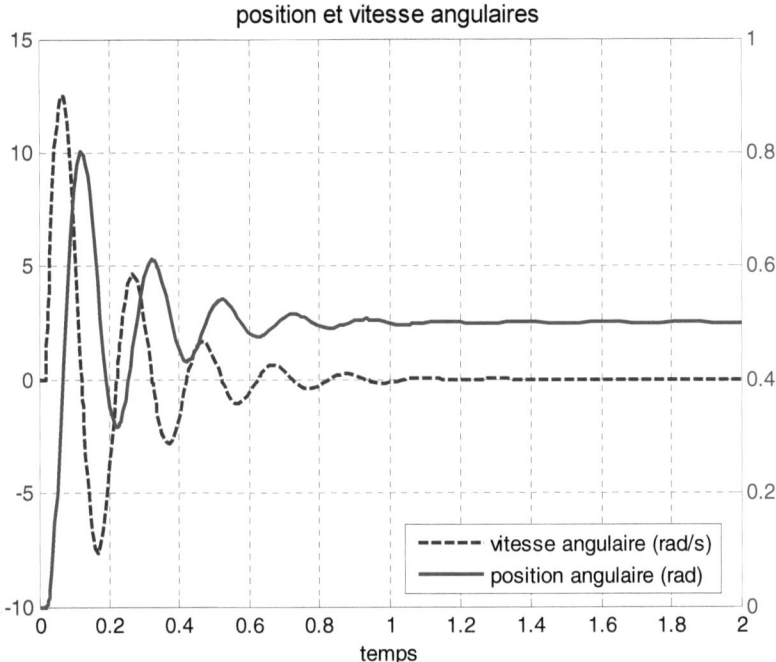

Nous observons les oscillations pseudo périodiques de la vitesse et de l'angle de rotation, avec une période de valeur 0.2s environ.

V. Schéma de Giacoletto d'un transistor bipolaire

En hautes fréquences, il y a apparition des capacités Cb'e et Cb'c, entre la base interne B' et, respectivement l'émetteur et le collecteur.

D'autre part, cette base interne et la base externe du transistor sont reliées par une résistance, Rbb'.

Le schéma du transistor bipolaire est le suivant.

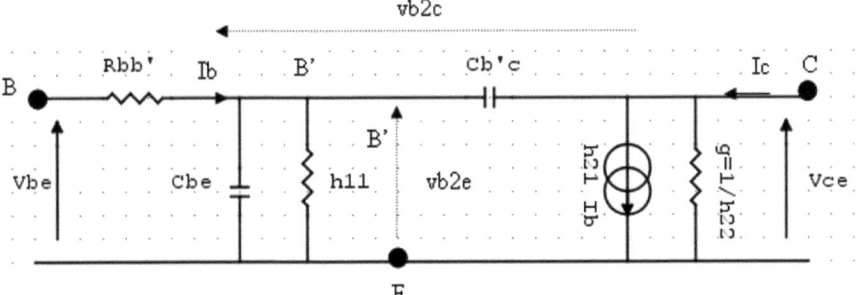

Par rapport au programme ssc du transistor en basses fréquences, on crée 2 variables supplémentaires, v_{b2e} et v_{b2c} qui représentent les tensions entre la base interne et, respectivement, l'émetteur et le collecteur.

Dans la section equations, on programme les équations suivantes.

$$I_b = \frac{v_{b'e}}{h_{11}} + C_{be}\frac{d(v_{b'e})}{dt} + C_{b'c}\frac{d(v_{b'c})}{dt}$$

$$I_c = h_{21} I_b + \frac{v_{ce}}{h_{22}} - C_{b'c}\frac{d(v_{b'c})}{dt}$$

$$V_{ce} = V_{be} - r_{bb'} I_b - v_{b'c}$$

```
component Giacolleto_NPN
% Schéma de Giacoletto d'un transistor bipolaire NPN
% Le schéma de Giacoletto modélise les transistors en hautes
% fréquences.
% Le modèle a besoin des paramètres suivants:
% - la résistance rbb' entre la base réelle et la base interne
% (généralement prise rbb'=0
% - la résistance entre la base interne et l'émetteur,
% rb'e=h11
% - la capacité entre la base interne et l'émetteur, Cb'e
% - la capacité entre la base interne et le
% collecteur, Cb'c
% - le gain en courant h21, Ic=h21 Ib
% - l'admittance 1/h22 (s) entre le collecteur et l'émetteur
% - le paramètre h12, amplification inverse en tension

nodes
    B = foundation.electrical.electrical; % B:left
    C = foundation.electrical.electrical; % C:right
    E = foundation.electrical.electrical; % E:right
end

parameters
    Cbe = { 80e-12, 'F' };    % Capacitance Cb'e
    Cbc = { 10e-12, 'F' };    % Capacitance Cb'c
    h11 = { 1000, 'Ohm' };    % résistance h11
    rbb = { 100, 'Ohm' };     % résistance rbb'
    rbc = { 100, 'Ohm' };     % résistance rbb'
    h21 = { 100, '1' };       % gain en tension Ic=h21 Ib
    g   = { 1e-6, '1/Ohm' };  % conductance 1/h22
end

variables
    vb2e = { 0, 'V' }; % Tension entre la base interne et l'émetteur
    vb2c = {0, 'V' }; % Tension entre la base interne et le collecteur
    Ib   = { 0, 'A' }; % courant d'entrée du transistor
```

```
    Vbe = { 0, 'V' }; % tension, Base-Emetteur
    Ic  = { 0, 'A' }; % courant Collecteur-Emetteur
    Vce = { 0, 'V' }; % tension Collecteur-Emetteur
end
function setup
    across( Vbe, B.v, E.v );
    through( Ib, B.i, E.i );
    across( Vce, C.v, E.v );
    through( Ic, C.i, E.i );
    vb2c=0;
    vb2e=0
end

equations
    Ib==vb2e/h11+Cbe*vb2e.der+Cbc*vb2c.der+vb2c/rbc; % ok
    Vbe==rbb*Ib+vb2e;
    Ic==h21*Ib+g*Vce-Cbc*vb2c.der;
    Vce==Vbe-rbb*Ib-vb2c;
end
end
```

Le composant possède 2 variables de type `across`; les tensions base-émetteur Vbe et émetteur-collecteur Vce, ainsi que 2 variables de type `through`; le courant de base Ib et de collecteur Ic.

En plus de ces 4 variables, il y a les tensions Vb'e (vb2e) et vb'c (vb2c) qui sont spécifiées dans la section `variables`. Ces 2 dernières variables, correspondant à des tensions aux bornes des capacités Cb'e et Cb'c, sont initialisées à 0 dans la section `setup`.

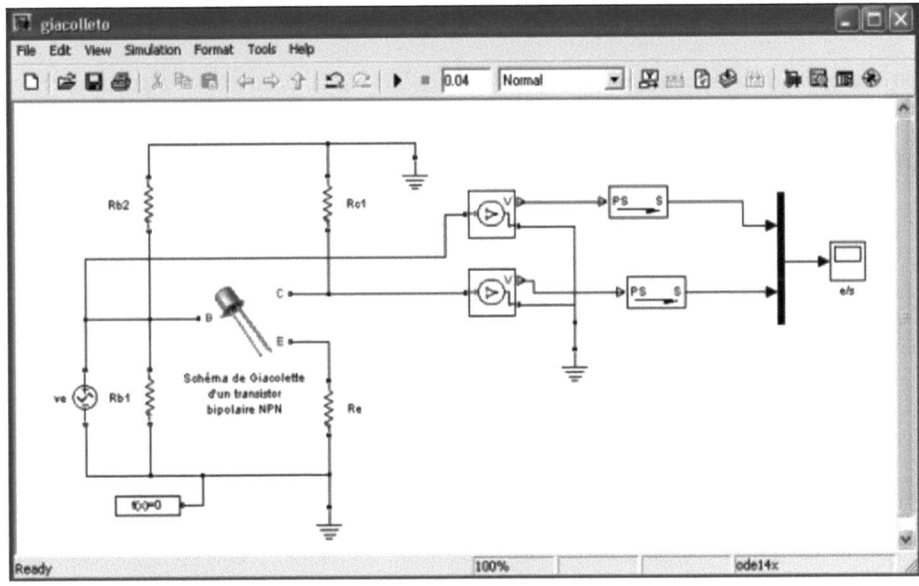

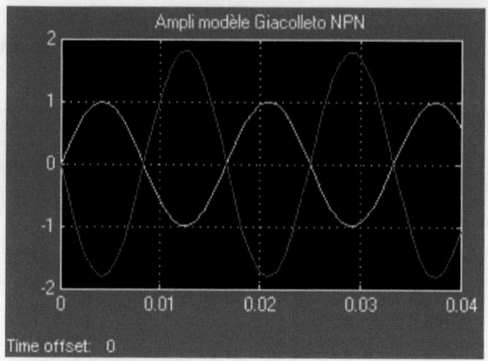

Avec une fréquence de 100Mz, l'oscilloscope suivant montre une diminution du gain et un déphasage.

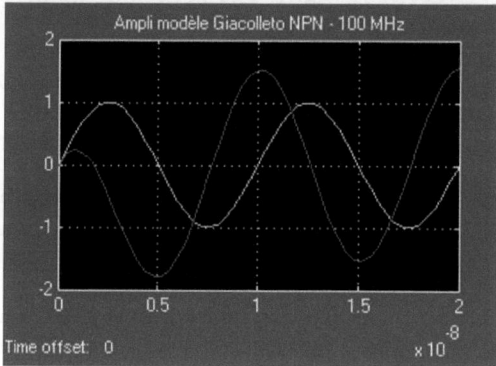

VI. Modélisation d'un régulateur PID analogique

On se propose de réaliser un composant physique qui réalise la fonction d'un régulateur PID.

Si on appelle ε(t), l'erreur entre la consigne et la sortie du processus, le signal de commande u(t) généré par ce régulateur, est donné par l'expression suivante :

$$u(t) = K_p \, \varepsilon(t) + K_i \int \varepsilon(t) \, dt + K_d \, \frac{d\varepsilon(t)}{dt}$$

Comme le langage Simscape ne possède pas encore la fonction Intégrale, le programme de ce régulateur calcule la dérivée du signal de commande, soit :

$$\frac{du(t)}{dt} = K_p \, \frac{d\varepsilon(t)}{dt} + K_i \, \varepsilon(t) + K_d \, \frac{d^2\varepsilon(t)}{dt^2}$$

Ce composant ne possède pas de nœuds, mais une entrée pour l'erreur et une sortie pour la dérivée de la commande.

Applications de la modélisation physique 343

```
component PID_analogique
% PID analogique de type Proportionnel, Intégral et dérivée
% L'entrée, err, de ce composant est l'erreur consigne-sortie
% La sortie, cde, est la variation de commande.
% De fait, ce composant doit être suivi d'un intégrateur
% pour obtenir la commande à appliquer au processus

inputs
    err = { 0, '1' };     % err
end

outputs
    cde = { 0, '1/s' };   % variation de commande
end

variables
    deriv = { 0, '1/s' }; % derr/dt;
    erreur = { 0, '1' };  % err(t);
end

parameters
    Kp = { 10, '1' };          % Gain proportionnel
    Ki = { 0.5, '1/s' };       % Gain intégral
    Kd = { 0.01, 's' };        % Gain dérivée
end

function setup
    deriv=0;
    erreur=0;
end

equations
    erreur==err;
    deriv==der(erreur);
    cde == Kp*erreur.der+Kd*der(deriv)+Ki*erreur;
end
end
```

Les sections `variables` et `setup` ne servent qu'à déclarer et initialiser les variables `erreur` et `deriv` qui représentent l'erreur et sa dérivée.

La commande `ssc_build` permet de compiler ce programme et créer la librairie de composants, `AppliElectrical_lib.mdl`.

```
>> ssc_build
Generating 'AppliElectrical_lib.mdl' in the MATLAB package
parent directory 'C:\Livre2_Simscape\Programmes\Application
langage Simscape' ...
this =
     NetworkEngine.LibraryElementEquationBuilder
```

Dans le modèle suivant, ce composant est utilisé pour réguler la sortie d'un système du 1er ordre symbolisé par un circuit RC.

Nous avons suivi ce régulateur par un intégrateur pour commander une source de tension contrôlée qui applique une commande de tension aux bornes du circuit RC.

Les signaux de l'échelon de consigne, de la commande et de la sortie du processus sont envoyés vers un multiplexeur avant d'être affichés dans un oscilloscope et sauvegardés dans un fichier .mat, après avoir été convertis en signal de type Simulink lorsqu'ils sont du type PS (physical Signal PS).

Le signal de l'échelon de consigne passe directement vers le multiplexeur car il est déjà de type Simulink.

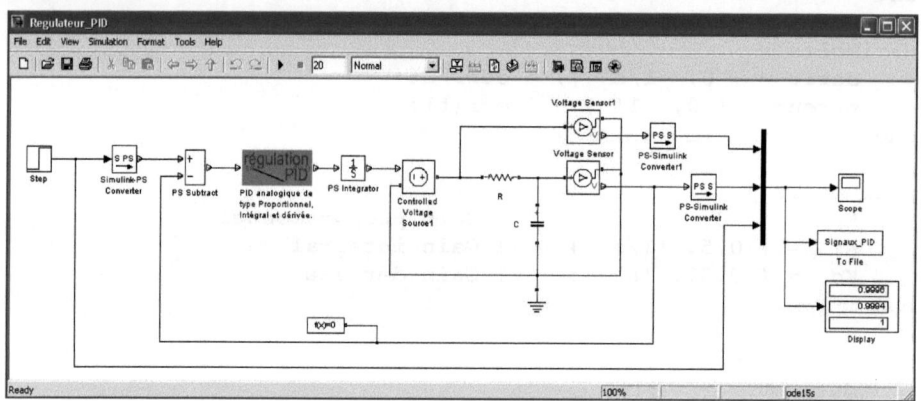

La boite de dialogue du composant permet de spécifier les valeurs des gains, proportionnel K_p, intégral K_i et dérivée K_d.

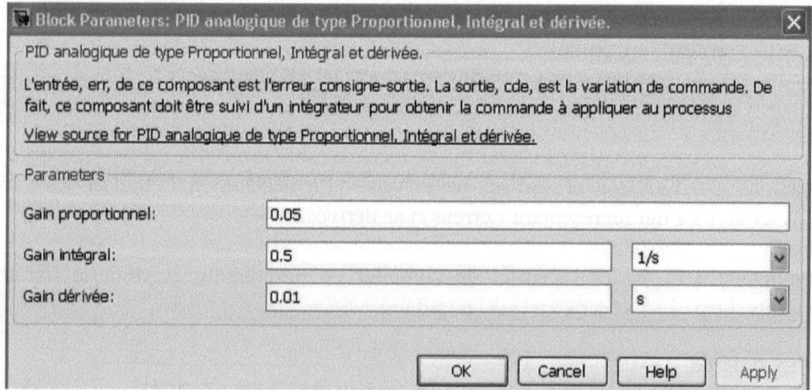

La figure suivante, tracée dans la fonction Callback StopFcn, représente les courbes des signaux de l'échelon de consigne, du signal de commande ainsi que celui de la sortie du processus.

Applications de la modélisation physique 345

Le signal de sortie rejoint la consigne au bout de 10 secondes, après un léger dépassement comme le fait un second ordre d'amortissement optimal.

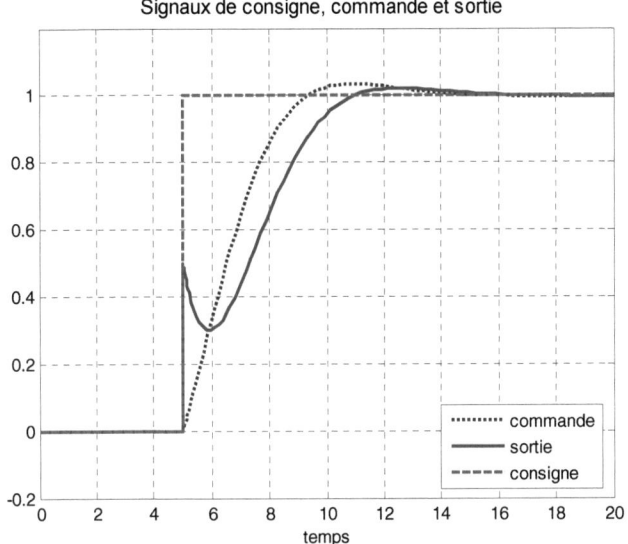

VII. Les différents répertoires et fichiers

Le répertoire racine contient :
- Les fichiers .mdl d'applications des composants,
- Les 2 librairies contenant les blocs des composants créés ; la librairie des composants électriques `AppliElectrical_lib` et celle des composants mécaniques, `AppliMechanical_lib`,
- Les répertoires +AppliElectrical et +AppliMechanical contenant les fichiers .ssc représentent les programmes, en langage Simscape, des composants créés.

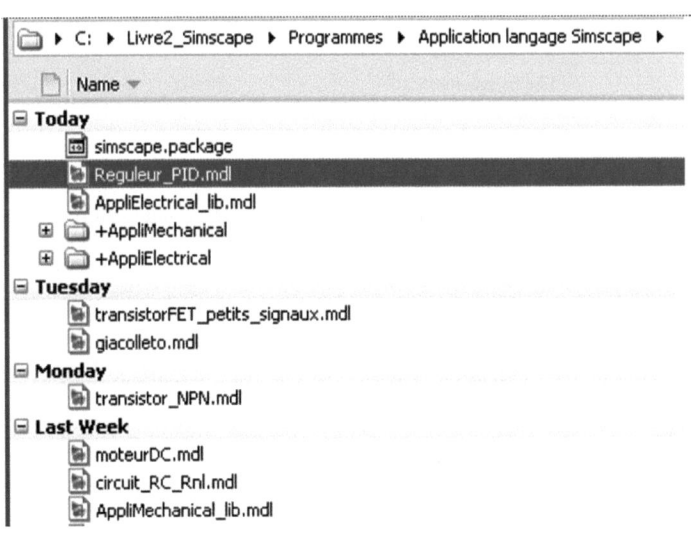

Dans le répertoires +AppliElectrical, nous trouvons les fichiers .ssc et .jpg pour chacun des composants créés.

Notons que les fichiers .scc et .jpg doivent avoir parfaitement le même nom pour désigner le même composant.

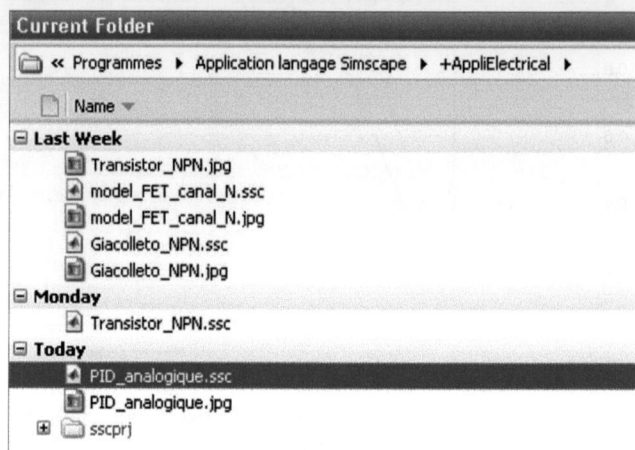

De même pour le répertoire +AppliMechanical dans lequel, le composant Charge_mecanique ne possède pas d'image jpg.

Il prend ainsi l'image par défaut de tous les composants n'ayant pas d'image propre.

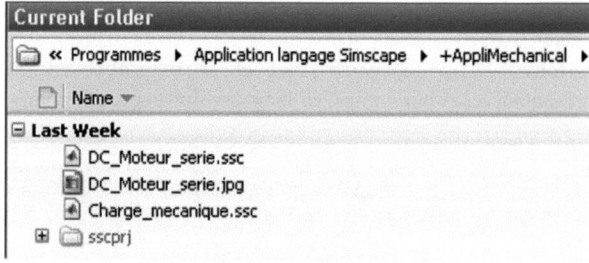

En double-cliquant sur le fichier ![AppliElectrical_lib.mdl], nous obtenons la librairie des composants électriques ; les composants possèdent tous des nœuds, sauf le régulateur PID analogique qui n'a qu'une entrée et une sortie de type PS.

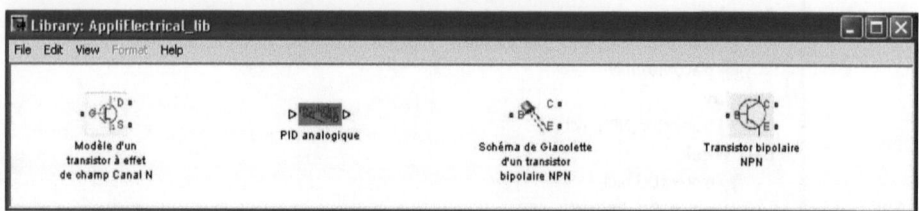

Applications de la modélisation physique 347

En double-cliquant sur le fichier ![AppliMechanical_lib.mdl], nous obtenons la liste des composants mécaniques créés.

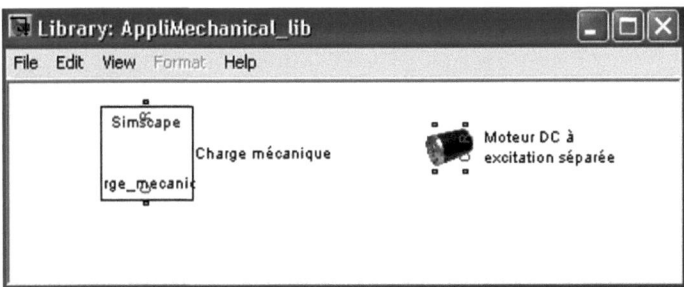

Nous remarquons que le composant possède la forme par défaut, car il n'y a pas d'image jpg, png ou bmp.

Nous allons simuler la commande d'un moteur à courant continu. Nous utiliserons les composants créés (transistor NPN, moteur à courant continu et charge mécanique).

Le modèle suivant, utilise les 3 composants que nous avons créés précédemment ; le moteur à courant continu commandé par le transistor NPN en régime de commutation et la charge mécanique appliquée sur l'arbre du moteur.

On applique à l'induit du moteur une tension continue de 12 V en saturant le transistor avec $V_{CE}=V_{CEsat}$.

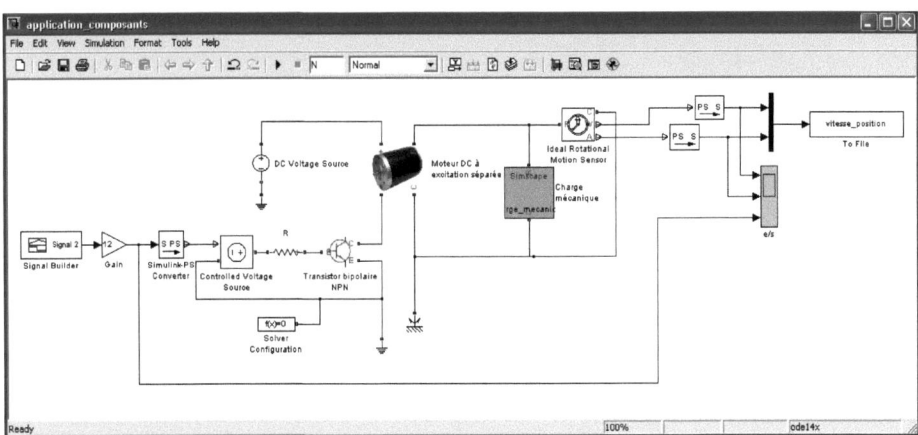

Le signal de commande de la base du transistor est donné par le bloc `Signal Builder`.

Le gain de 12 permet d'avoir ce signal compris entre 0 et 12V.

La figure suivante, tracée dans la fonction Callback `StopFcn`, représente la courbe de vitesse angulaire du moteur en rad/s ainsi que la position de l'arbre en radians.

348 Chapitre 5

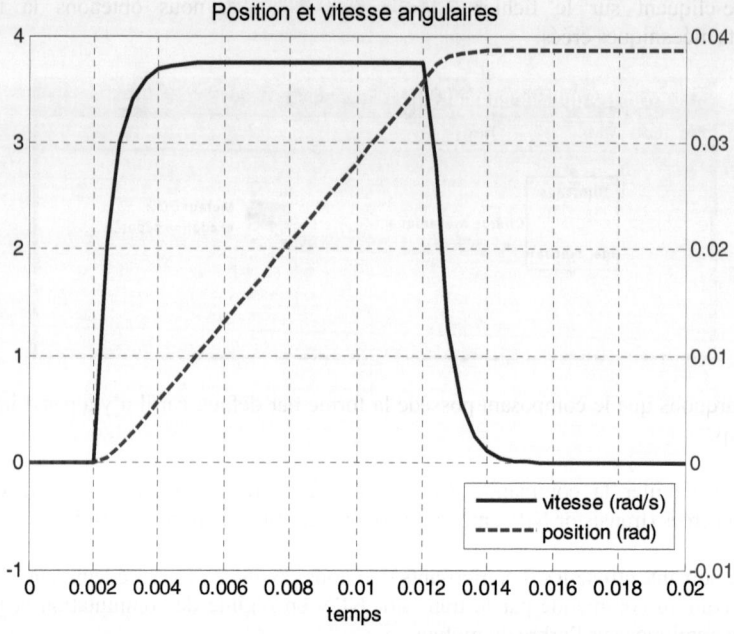

Chapitre 6

Prise en main de SimPowerSystems

I. Circuit passe bande avec circuit LC série
II. Modélisation de quelques composants électroniques
    II.1. Circuit RLC avec simulation de la capacité et de l'inductance
        II.1.1. Modélisation de l'inductance et de la capacité
        II.1.2. Circuits RC et RLC avec composants simulés
    II.2. Modélisation d'état et commande power_analyze
    II.3. Simulation d'une résistance non linéaire
III. Modélisation d'un amplificateur opérationnel
    III.1. Amplificateur inverseur
    III.2. Montage intégrateur
    III.3. Oscillateur à pont de Wien
IV. Filtrage analogique
    IV.1. Caractéristiques du filtre
    IV.2. Analyse temporelle et fréquentielle de la sortie du filtre
V. Redresseur à 2 diodes et transformateur avec secondaire à point milieu
VI. Systèmes triphasés
    VI.1. Mesures triphasées
    VI.2. Transmission triphasée par ligne en PI
    VI.3. Redressement triphasé
VII. Moteur à courant continu
VIII. Régulation analogique
IX. Utilisation de l'IGBT
X. Moteur à courant continu régulé en vitesse
XI. Charge et décharge d'une batterie
XII. Application du MOSFET de puissance

SimPowerSystems fonctionne dans l'environnement Simulink. L'outil combine les circuits d'électronique de puissance, des moteurs, des systèmes de régulation, etc.

I. Circuit passe bande avec circuit LC série

Le circuit suivant constitue un filtre passe bande de fonction de transfert:

$$\frac{Vs}{Ve} = \frac{1 + LCp^2}{1 + RCp + LCp^2}$$

que l'on peut mettre sous la forme :

$$H(p) = \frac{Vs(p)}{Ve(p)} = \frac{1 + \left(\frac{1}{w_0^2}\right)p^2}{1 + \frac{2\zeta}{w_0}p + \left(\frac{1}{w_0^2}\right)p^2}$$

avec $w0 = \frac{1}{\sqrt{LC}}$ et $\zeta = \frac{1}{2}R\sqrt{\frac{C}{L}}$.

Les valeurs de la pulsation propre et du coefficient d'amortissement sont:

```
>> w0=1/sqrt(L*C)
w0 =
   3.1623e+004

>> z=sqrt(C/L)*R/2
z =
    0.1581
```

Pour les fréquences extrêmes, nulle $p = 0$ et infinie $p = \infty$, le gain est égal à 1 et plus faible aux fréquences intermédiaires.

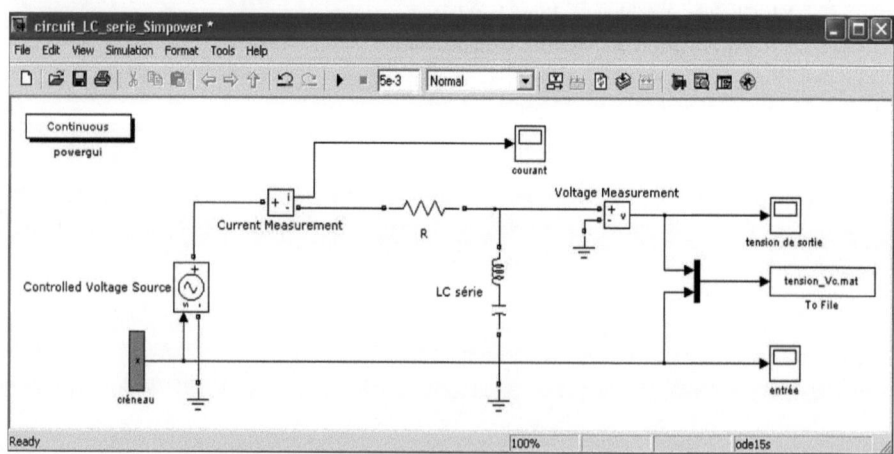

Les commandes suivantes de la fonction Callback `StopFcn` permettent de lire le fichier binaire et de tracer le créneau d'entrée et la tension de sortie.

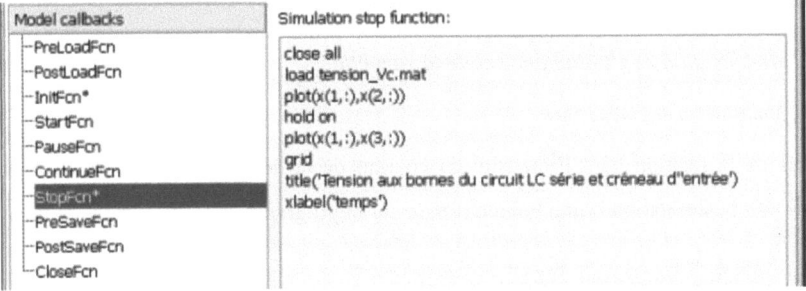

La tension de sortie oscille, à cause du faible coefficient d'amortissement, avant de rejoindre la valeur statique du créneau d'entrée.

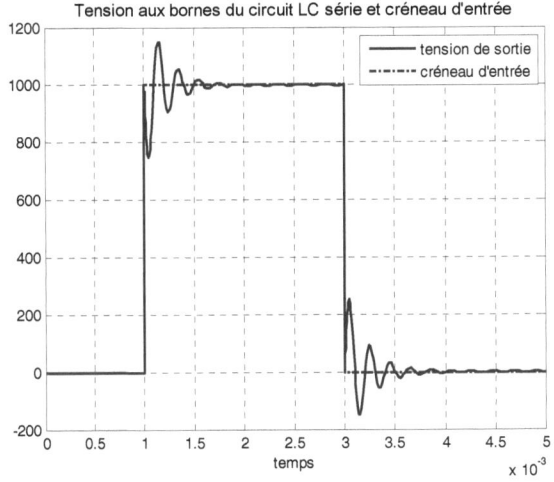

Ces oscillations sont dues au fait que le système est sous amorti ($\zeta = 0.1581$).

Le courant circulant dans le circuit est nul en statique et sujet à des oscillations lors des fronts du créneau d'entrée.

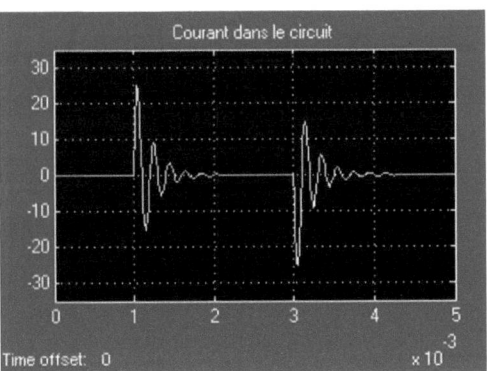

II. Modélisation de quelques composants électroniques

II.1. Circuit RLC avec simulation de la capacité et de l'inductance

II.1.1. Modélisation de l'inductance et de la capacité

- *Modélisation de l'inductance*

A partir de la relation liant l'intensité du courant de la bobine à la tension à ses bornes : $u = L\dfrac{di(t)}{dt}$, la simulation d'une bobine repose sur la programmation de la relation donnant ce courant : $i(t) = \dfrac{1}{L}\int u(t)$, soit $I(p) = \dfrac{1}{L}\dfrac{1}{p}U(p)$.

Nous utilisons alors une source de courant contrôlée par le rapport de l'intégrale de la tension sur la valeur de l'inductance L.

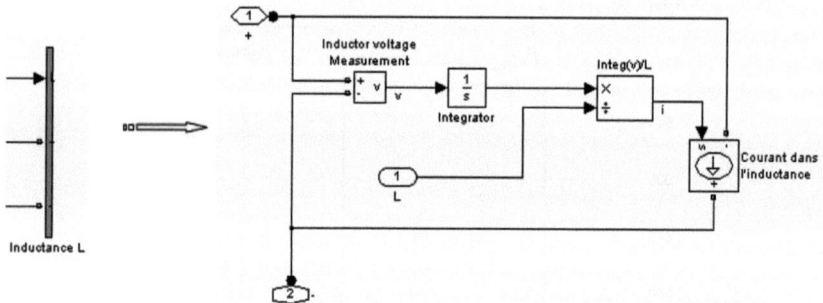

- *Simulation de la capacité*

Pour la capacité, la même intégration donne la tension en fonction du courant, soit :

$$U(p) = \dfrac{1}{C}\dfrac{1}{p}I(p)$$

Nous utilisons, dans ce cas, une source de tension contrôlée par le rapport de l'intégrale du courant sur la valeur de cette capacité.

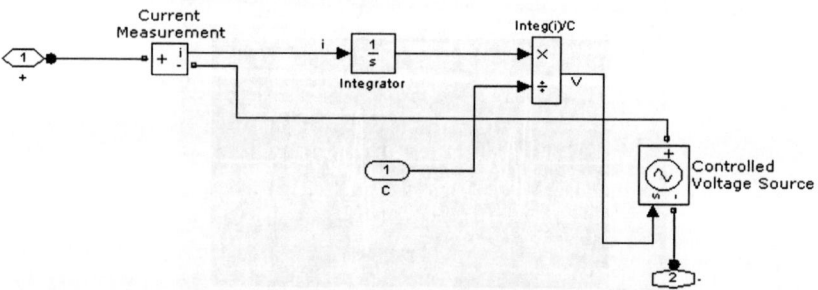

II.1.2. Circuits RC et RLC avec composants simulés

- **Circuit R C**

On utilise une capacité simulée C en série à une résistance R de la bibliothèque `Elements` de SimPowerSystems. On s'intéresse à la tension aux bornes de cette capacité lorsqu'on applique au circuit un échelon de tension de 1V. On utilise un monostable pour décaler cet échelon dans le temps.
L'échelon d'entrée et la tension aux bornes de la capacité sont sauvegardés dans le fichier binaire `VC_circuit_RC.mat`. Les valeurs de C et R sont spécifiées dans la fonction Callback `InitFcn`.

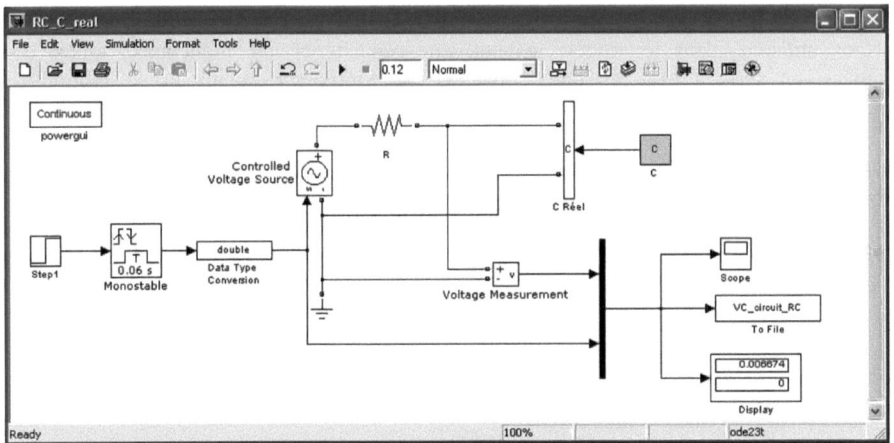

Les commandes de la fonction Callback `StopFcn` permettent de lire le fichier binaire et de tracer le signal d'entrée et celui aux bornes de la capacité simulée.

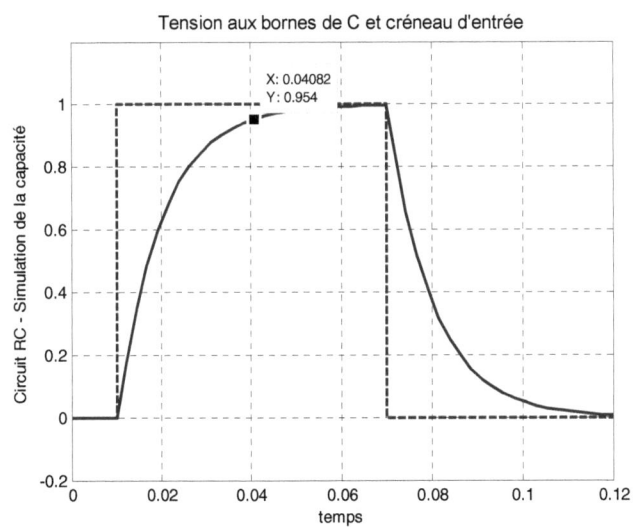

La tension aux bornes de cette capacité varie selon l'expression suivante :

$$Vc(t)=1-e^{-(t-0.01)/RC}$$

On vérifie la valeur au point t = 0.04082 que nous avons choisie par un `data cursor`.

```
>> t=0.04082; Vc=1-exp(-(t-0.01)/(R*C))
Vc =
    0.9541
```

On retrouve bien la même valeur 0.954.

- *Circuit RLC avec la capacité C et l'inductance L simulées*

Nous utilisons, dans le modèle suivant, une capacité et une inductance, toutes deux simulées, en série à une résistance physique de SimPowerSystems de la bibliothèque `Elements`.

Pour cette résistance nous choisissons le bloc `Parallel RLC Branch` que nous réduisons à la seule résistance R dans le menu déroulant de sa boite de dialogue.

Nous nous intéressons à la tension aux bornes de la capacité.

La fonction de transfert de ce circuit est donnée, en fonction du coefficient d'amortissement ζ et de la pulsation propre w_0, par :

$$H(p)=\frac{Vs(p)}{Ve(p)}=\frac{1}{1+\frac{2\zeta}{w_0}p+\left(\frac{1}{w_0^2}\right)p^2} \quad \text{avec} \quad \zeta=\frac{1}{2}R\sqrt{\frac{C}{L}},\; w_0=\frac{1}{\sqrt{LC}}$$

Les valeurs de R, L et C utilisées sont spécifiées dans la fonction Callback `InitFcn`.

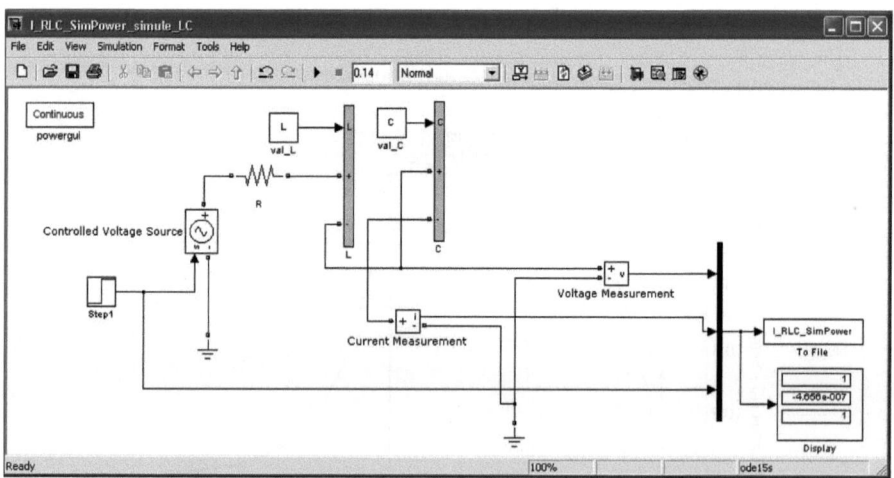

Les valeurs de la capacité C et l'inductance L sont fixées par les constantes C et L auxquelles on affecte des valeurs numériques dans la fonction Callback `InitFcn`.

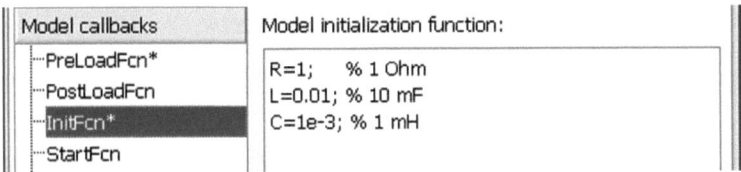

La pulsation propre w_0 et le coefficient d'amortissement ζ sont :

```
>> dzeta=R*sqrt(C/L)/2
dzeta =
    0.1581

>> w0=sqrt(1/L/C)
w0 =
  316.2278
```

La figure suivante représente l'évolution la tension aux bornes de la capacité, le courant parcourant le circuit RLC et l'échelon d'entrée.

Les dépassements sont dus à la faible valeur du coefficient d'amortissement.

En régime permanent la tension aux bornes de la capacité rejoint la valeur statique du signal d'entrée pendant que le courant s'annule.

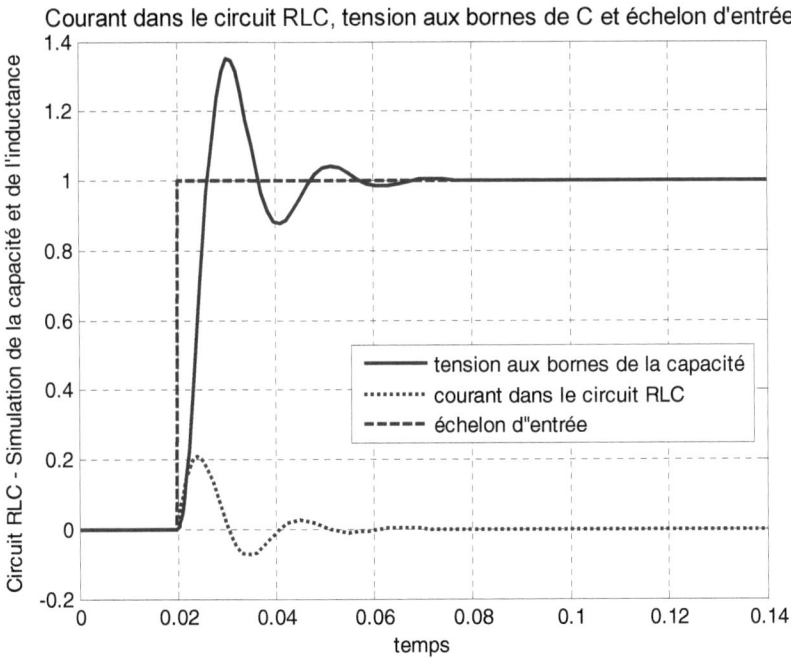

II.2. Modélisation d'état et commande `power_analyze`

La commande `power_analyze` permet d'obtenir le modèle d'état d'un circuit comportant des composants réactifs, notamment des capacités et des inductances.

Les variables d'état électriques sont constituées des courants dans les inductances et des tensions aux bornes des capacités.

Avec cette commande, les entrées et les sorties sont dénommées avec les préfixes I_L (courant dans une inductance) et U_C (tension aux bornes d'un condensateur).

La commande `power_analyze`, qui permet d'obtenir le modèle d'état du système, ne fonctionne pas avec les composants simulés, comme on le voit dans l'exemple suivant.

A part la matrice D et les entrées-sorties, les autres matrices d'état sont vides.

```
>> [A, B, C, D, x0, electrical_states, entrees, sorties] =
power_analyze (I_RLC_SimPower_simule_LC)

A =
     []

B =
   Empty matrix: 0-by-3
C =
   Empty matrix: 4-by-0
D =
     0    1    0
     1   -1   -2
     0    0    1
     0    0    1

x0 =
   Empty matrix: 0-by-1

electrical_states =
     {}

entrees =

    'U_Controlled Voltage Source'
    'U_C/Controlled Voltage Source'
    'I_L/Courant dans  l''inductance'

sorties =

U_Voltage Measurement
U_L/Inductor voltage Measurement
I_Current Measurement
I_C/Current Measurement
```

Pour avoir des matrices A, B, C et D du modèle d'état représentant le circuit RLC nous devons utiliser des composants physiques de SimPowerSystems dont nous spécifions les mêmes valeurs dans la fonction Callback `InitFcn`, comme le montre le modèle suivant.

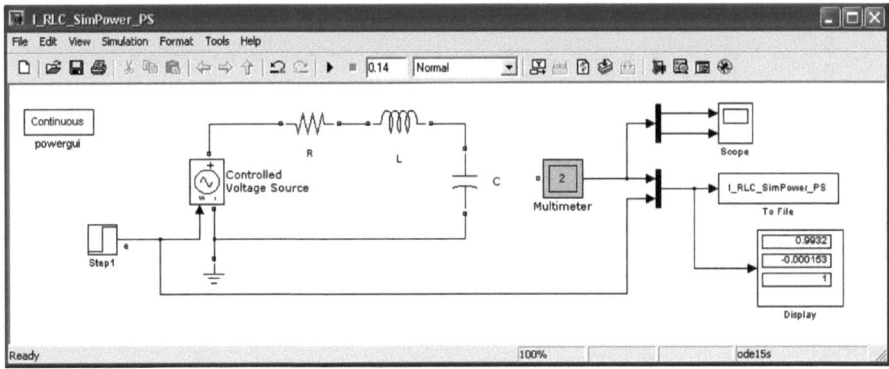

La tension aux bornes de la capacité et le courant dans l'inductance sont mesurés par le multimètre (bloc `Multimeter`).

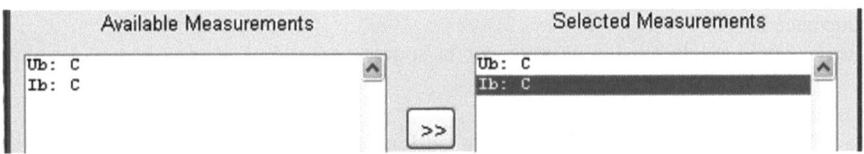

La mesure de ces grandeurs se fait, après un double clic sur le bloc C, par le choix de l'option `Branch voltage and current` dans le menu déroulant du paramètre `Measurements`.

Cette option permet la mesure de la tension aux bornes de la capacité et de l'intensité du courant qui circule dans cette dernière.

```
>> [A, B, C, D, x0, electrical_states, entrees, sorties] =
power_analyze ('I_RLC_SimPower_PS')

A =
            0        1000
         -100        -100

B =
       0
     100

C =
       1        0
       0        1
```

```
D =
    0
    0
x0 =
    0
    0
electrical_states =
    'Uc_C'
    'Il_L'

entrees =
    'U_Controlled Voltage Source'

sorties =
Ub: C
Ib: C
```

Le système possède 2 sorties, 1 entrée et 2 variables d'état. Les 2 sorties correspondent à celles que l'on mesure par le multimètre (tension aux bornes de C et courant dans l'inductance L).

La seule entrée est la tension fournie par la source contrôlée (Controlled Voltage Source).

La 1ère composante d'état correspond à la tension aux bornes de la capacité C, la deuxième au courant I circulant dans l'inductance ou dans le circuit.

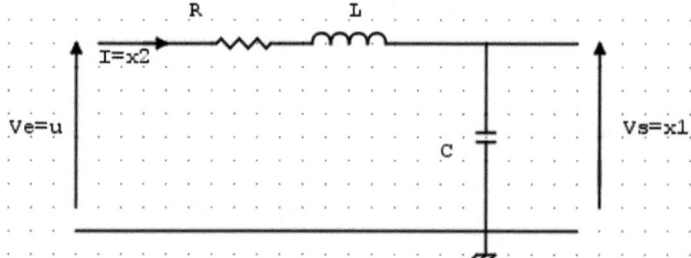

La loi des mailles nous donne :

$$u = Vs + L\frac{di(t)}{dt} + Ri(t) = x_1 + L\dot{x}_2(t) + Rx_2,$$

d'où :

$$\dot{x}_2 = -\frac{1}{L}x_1 - \frac{R}{L}x_2 + \frac{1}{L}u$$

La tension aux bornes de la capacité et le courant sont liés par :

$$i = C\frac{dVs}{dt},$$

soit :
$$\dot{x}_1 = \frac{1}{C} x_2 .$$

La matrice d'évolution A et de commande B, s'expriment ainsi par :

$$A = \begin{bmatrix} 0 & \dfrac{1}{C} \\ -\dfrac{1}{L} & -\dfrac{R}{L} \end{bmatrix}, \ B = \begin{bmatrix} 0 \\ \dfrac{1}{L} \end{bmatrix}$$

Les 2 sorties correspondant aux mesures de courant et de tension dans le modèle sont données par :

$$\begin{bmatrix} y_1(t) \\ y_2(t) \end{bmatrix} = \begin{bmatrix} x_1(t) \\ x_2(t) \end{bmatrix},$$

soit la matrice C suivante :

$$C = \begin{bmatrix} 1 & 0 \\ 0 & 1 \end{bmatrix}$$

Ce qui donne une matrice D qui relie directement l'entrée et la sortie, nulle, soit :

$$D = \begin{bmatrix} 0 \\ 0 \end{bmatrix}$$

On peut vérifier le résultat donné par le circuit physique RLC et par la résolution des équations différentielles en utilisant Simscape et le modèle d'état de Simulink.

La programmation, sous Simscape, des équations différentielles reliant les 2 variables d'état donne la même réponse que le circuit RLC de SimPowerSystems.

$$\begin{cases} \dot{x}_1 = \dfrac{1}{C} x_2 \\ \dot{x}_2 = -\dfrac{1}{L} x_1 - \dfrac{R}{L} x_2 + \dfrac{1}{L} u \end{cases}$$

Dans le modèle suivant, nous programmons ces équations différentielles à l'aide des composants physiques de Simscape.

Les 2 sorties correspondent aux 2 variables d'état :

$$\begin{cases} y_1 = x_1 \\ y_2 = x_2 \end{cases}$$

Les 2 sorties sont sauvegardées dans le fichier binaire `x1_et_x2.mat`. Ce fichier est lu dans la fonction Callback `StopFcn` pour le tracé des courbes.

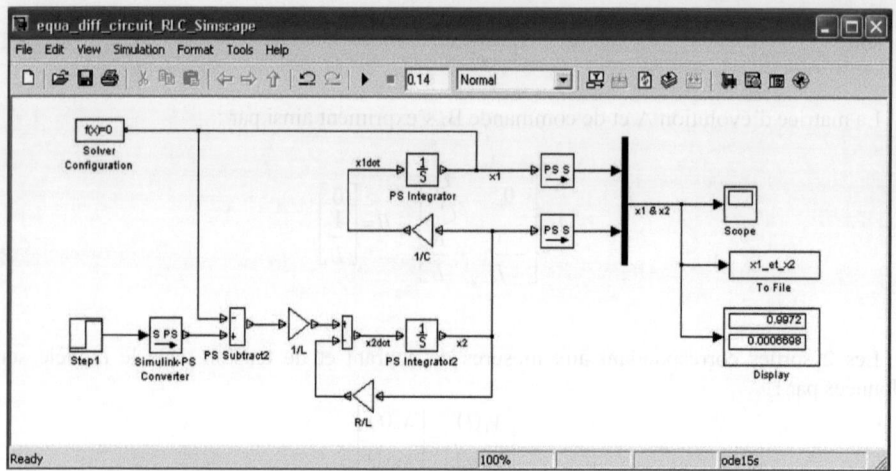

Les courbes suivantes sont celles des 2 variables d'état x_1 (tension aux bornes de C) et x_2 (courant dans la bobine L).

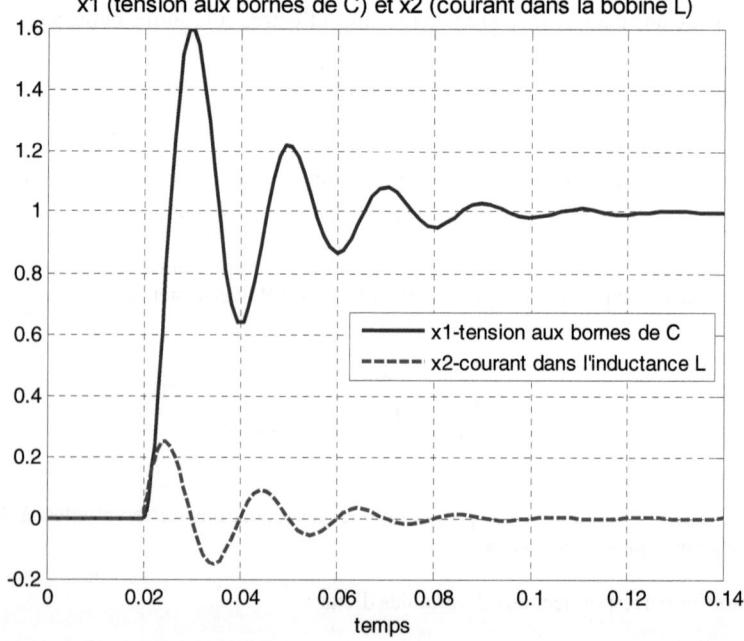

En régime permanent, la tension aux bornes de C rejoint l'échelon d'entrée pendant que le courant dans le circuit (ou dans l'inductance) s'annule.

Dans le modèle suivant, nous allons mesurer directement la tension aux bornes de la capacité C par un voltmètre et le courant dans l'inductance L par un ampèremètre, au lieu du multimètre que nous avons utilisé précédemment.

Prise en main de SimPowerSystems 361

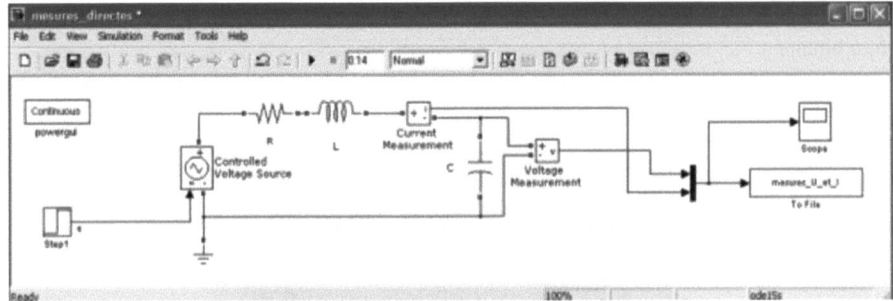

Les résultats sont identiques à ceux obtenus par la modélisation d'état.

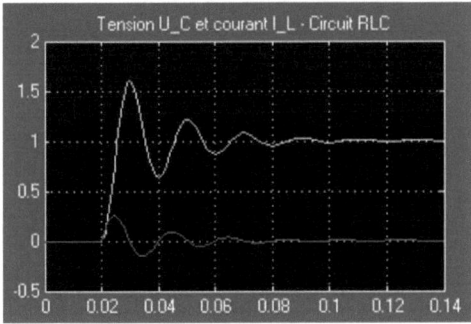

II.3. Simulation d'une résistance non linéaire

Dans le modèle suivant, on utilise une résistance simulée dont la valeur est générée à partir d'une sinusoïde. On applique une tension continue et on s'intéresse à la mesure de l'intensité du courant qui circule dans cette résistance.

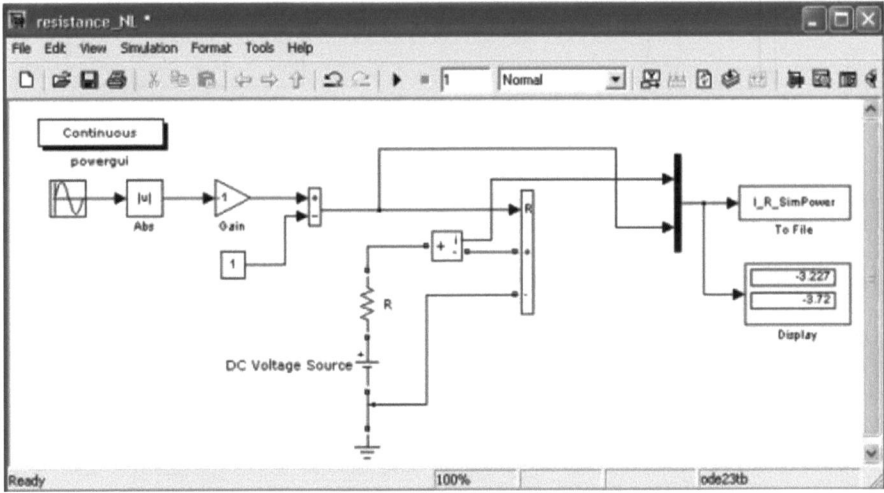

La tension d'entrée et le courant qui circule dans la résistance sont sauvegardés dans le fichier binaire I_R_SimPower.mat.

Dans ce modèle, la valeur de la résistance est fixée par le module de la sinusoïde, changé de signe, soit le signal suivant :

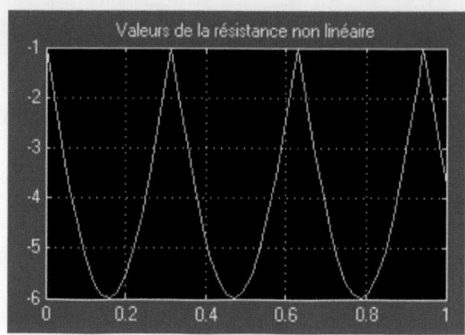

Pour pouvoir commander de cette façon la valeur d'une résistance, nous devons d'abord la simuler.

Cette résistance, est non seulement non linéaire mais toujours négative.

En utilisant la loi d'Ohm, la source de tension contrôlée génère la tension aux bornes de la résistance comme le produit de R par le courant y circulant que l'on mesure par le capteur de courant (Current Measurement).

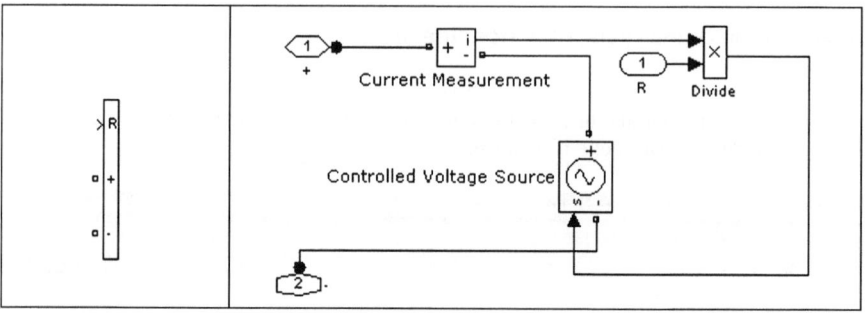

La valeur de la résistance est l'entrée R de type Simulink, par contre la résistance est vue entre les ports physiques '+' et '-'.

La courbe suivante représente l'évolution du courant suite à la variation de la valeur de la résistance qui est, non seulement non linéaire, mais toujours négative.

Dans le modèle, nous avons tenu compte de la résistance interne du générateur continue (DC Voltage Source).

La valeur de la résistance et le courant qui circule de son pôle '+' à son pôle '-', sont sauvegardés dans le fichier binaire I_R_SimPower.mat.

La courbe suivante représente la valeur de la résistance négative, non linéaire et le courant qui circule entre ses pôles.

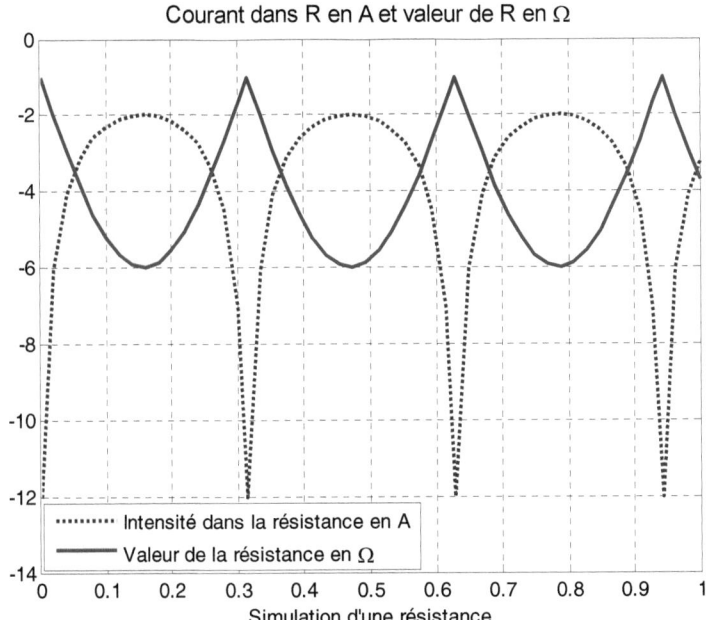

Une résistance négative peut servir à entretenir les oscillations d'un circuit RLC comme nous le verrons dans l'exemple suivant dans lequel on s'est intéressé à un circuit RLC série dont on supprime l'effet résistif par une résistance négative.

Les valeurs de ce circuit sont les mêmes que celles du précédent et sont spécifiées dans la fonction Callback `InitFcn`.

La résistance équivalente de R, en parallèle à celle valant (-R), est une résistance nulle. Le circuit se comporte alors en circuit LC.

On applique au circuit un échelon de 1V à travers la source contrôlée de tension. L'interrupteur `Breaker1`, fermé entre les instants t=0 et 2, s'ouvre de 2 jusqu'à l'instant final t=10.

Ce qui donne le signal de contrôle suivant (1 ferme l'interrupteur ou `Breaker` et 0 l'ouvre).

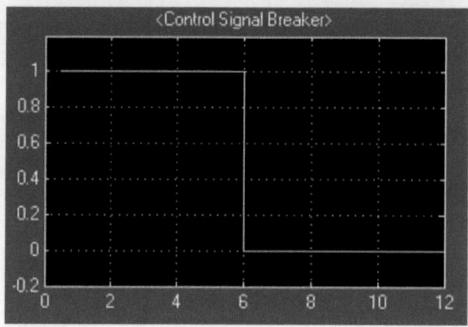

A partir de l'instant t=2, `Breaker1` isole le circuit du signal d'entrée tandis que `Breaker2`, qui reçoit un signal de commande inverse, branche le circuit à la masse ; grâce à la résistance négative, il ne reste que le circuit LC suivant.

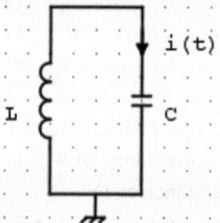

Même ne recevant plus l'énergie extérieure, il y a entretien des oscillations du circuit LC.

L'énergie emmagasinée par la capacité est restituée à l'inductance et inversement et cela à la pulsation propre $w_0 = \dfrac{1}{\sqrt{LC}}$ fixée par les valeurs éléments réactifs.

En l'absence du seul élément actif, la résistance, toutes les quantités définissant le circuit (charge électrique, intensité du courant, tension aux bornes de chaque élément) sont régies par le même type d'équation différentielle ayant la solution type de la forme e^{jwt}.

Le courant i(t) dans le circuit LC est régi par l'équation :

$$\frac{d^2i(t)}{dt} + \frac{1}{LC}i(t) = 0$$

Dans le modèle suivant, on mesure l'impédance vue aux bornes de la capacité grâce au bloc `Impedance Measurement Z` de la librairie `Measurements`.

Nous avons utilisé le bloc `Multimeter` (multimètre) afin de tracer l'évolution, dans le temps, du courant traversant les deux interrupteurs.

Ceci se fait, après un double clic sur les blocs `Breaker`, en choisissant l'option `Branch current` du paramètre `Measurements`.

En double-cliquant sur le bloc `Multimeter`, nous trouvons les signaux disponibles dont nous sélectionnons ceux qu'on veut mesurer par « >> ».

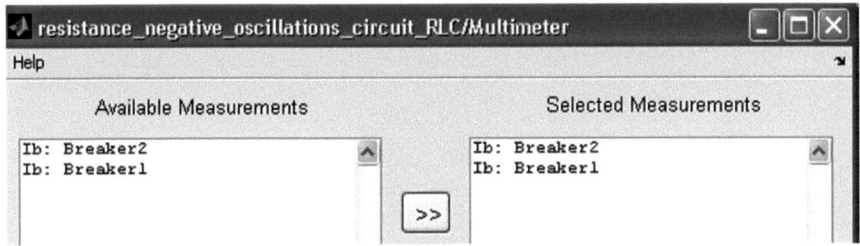

Dans notre cas, nous traçons l'évolution de ces signaux en cochant le bouton `Plot selected measurements`.

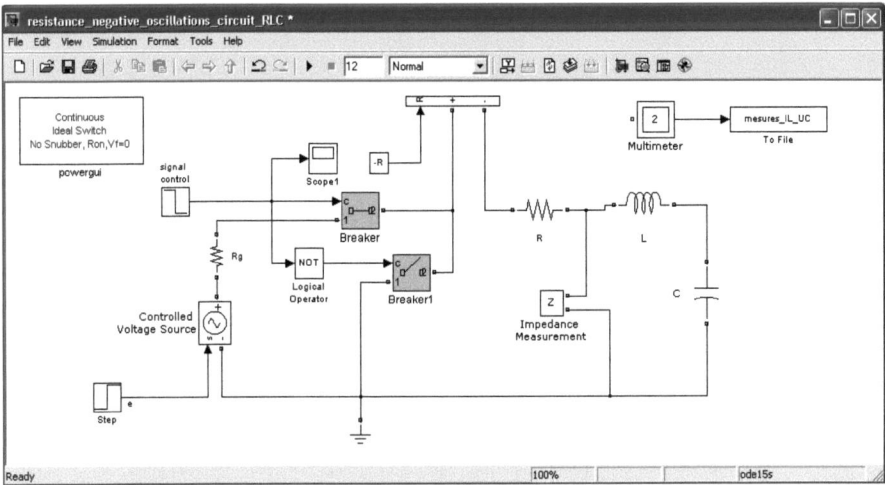

Le bloc `Impedance Measurement Z` permet de tracer l'impédance vue entre les deux bornes de ce bloc en fonction de la fréquence.

Pour cela, il faut double-cliquer sur le bloc `powergui`. Dans l'interface utilisateur GUI qui s'ouvre, on clique sur le bouton :

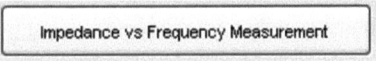

On obtient le module en Ohms de cette impédance ainsi que son argument en degrés. L'intervalle de fréquences utilisé est fixé par défaut mais on peut le modifier selon les besoins.

Dans cet exemple, nous avons choisi des blocs `Breaker` comme des switchs idéaux sans circuit RC, `snubber`, qui limite les dV/dt (limitation des variations brusques de tension).

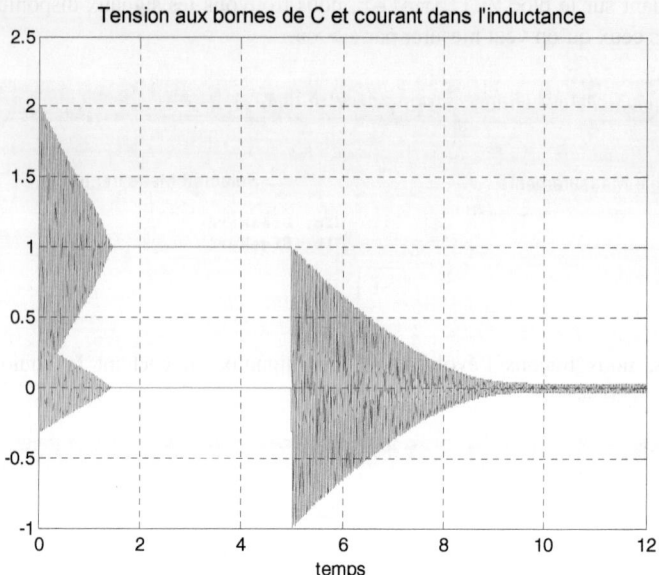

Si on fait un zoom après l'instant t=10, nous obtenons :

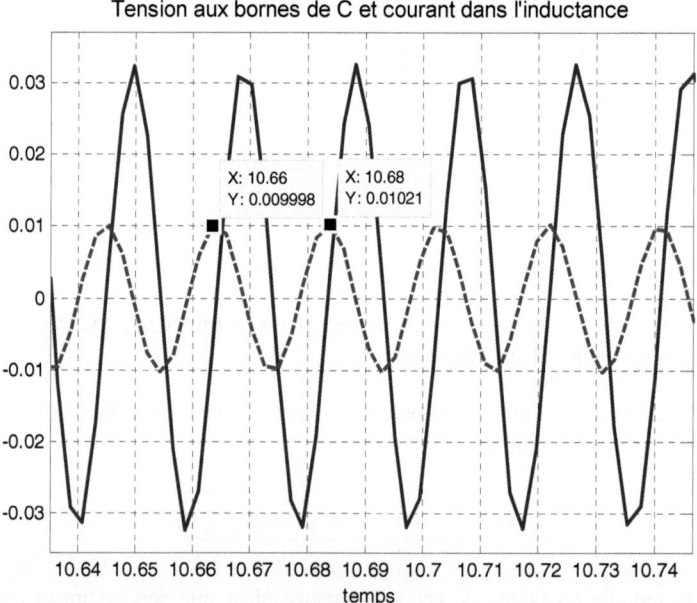

La période est calculée approximativement par :

```
>> T=10.68-10.66
ans =
    0.0200
```

Pour avoir la représentation de l'impédance vue par le bloc Z, nous devons double-cliquer sur le bloc powergui et choisir le bouton Impedance vs Frequency Measurement.

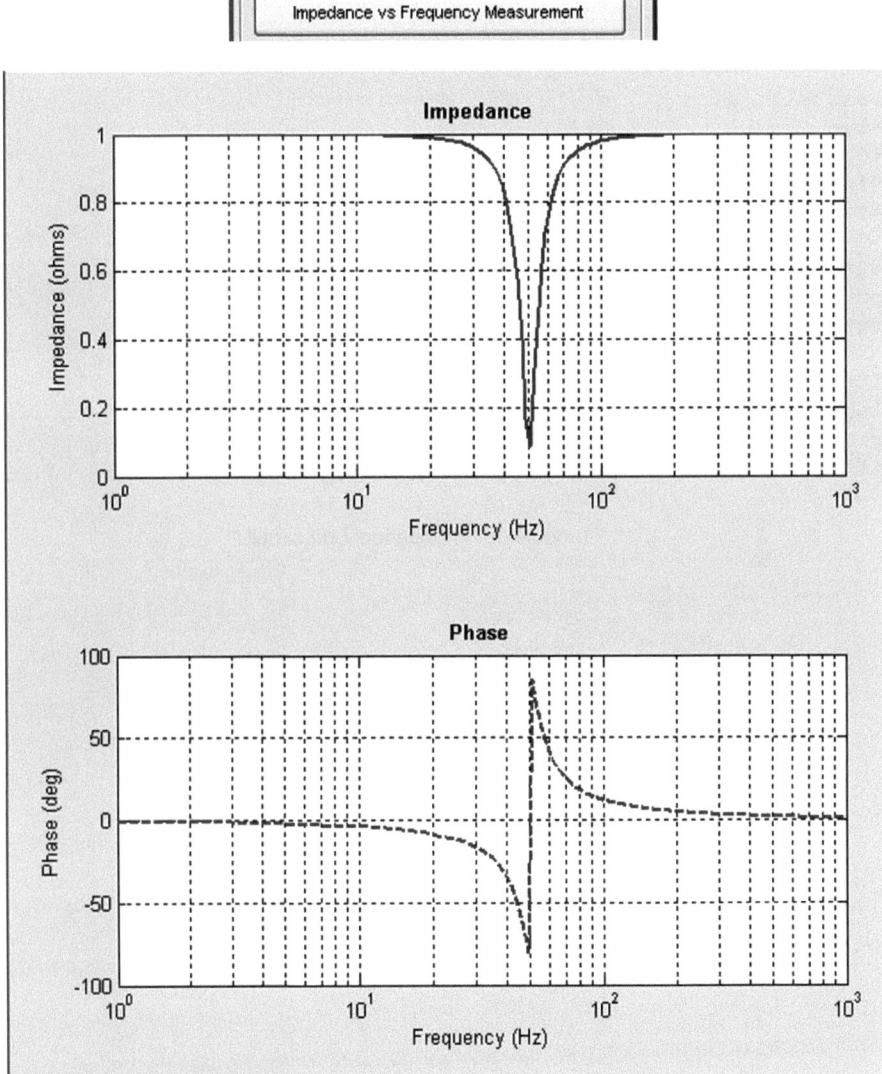

Cette impédance est faible aux basses fréquences à cause de l'inductance et aux fréquences élevées à cause de la capacité. L'impédance est minimale à la fréquence de 50 Hz.

Elle est théoriquement nulle à la fréquence $f_0 = \dfrac{1}{2\pi\sqrt{LC}} \approx 50\,Hz$.

On vérifie bien que cette impédance passe par un pic à cette fréquence.

```
>> 1/(2*pi*(sqrt(L*C)))
ans =
    50.3292
```

On peut vérifier la variation de cette impédance en fonction de la fréquence, avec les lignes de commande suivantes :

```
clear all, clc
R=1;
L=0.01;
C=1e-3;
f=1:0.01:100;

Z=j*L*2*pi*f+1./(j*C*2*pi*f);
module_Z=20*log10(abs(Z));
argument_Z=angle(Z);

plot(f,module_Z)
xlabel('fréquence')
grid
title('module de l''impédance Z du circuit')
```

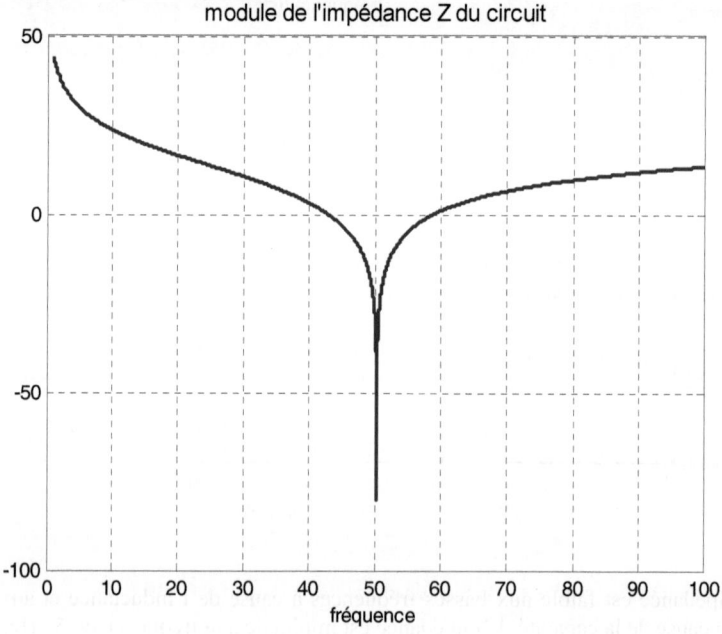

III. Modélisation d'un amplificateur opérationnel

On se propose de modéliser simplement le fonctionnement de l'amplificateur opérationnel par le schéma suivant. Sa tension de sortie Vs est égale au produit de la différence des tensions entre ses bornes + et – par le gain A_d : $V_s = A_d (V_+ - V_-)$

On ne considère pas les impédances d'entrée, de sortie, ni le gain ou les impédances en mode commun.

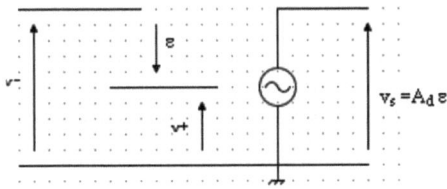

L'impédance d'entrée est supposée infinie, l'impédance de sortie nulle et le gain A_d choisi très élevé ($A_d \geq 105$).
Nous obtenons le sous-système suivant qui réalise la modélisation ci-dessus.

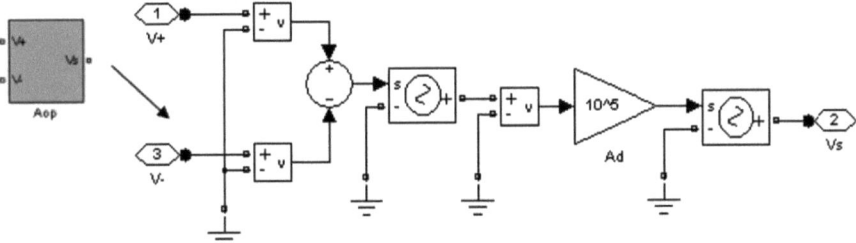

III.1. Amplificateur inverseur

Le montage amplificateur inverseur est donné par le montage suivant où le signal de sortie a pour expression : $V_s = -\dfrac{R_2}{R_1} V_e$

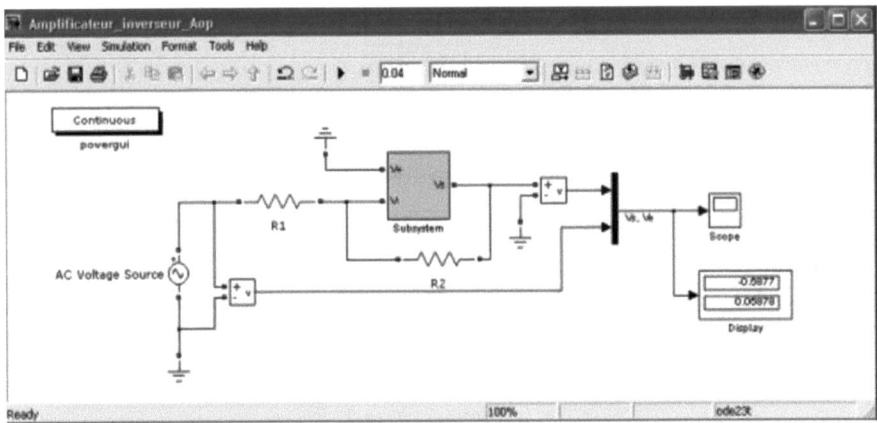

Avec une sinusoïde d'entrée de 0.1 V d'amplitude, la sortie, en opposition de phase, a bien une amplitude 10 fois plus grande.

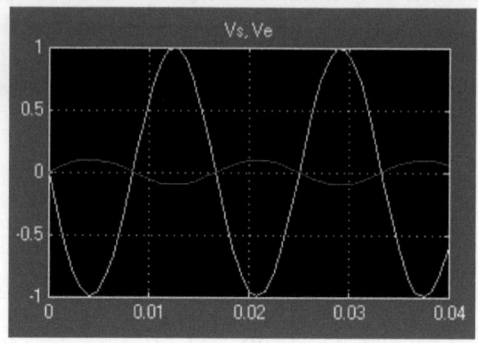

III.2. Montage intégrateur

La sortie du montage intégrateur est donnée par : $Vs = -\dfrac{1}{RC} \int Ve\, dt$

Dans l'exemple qui va suivre, le signal d'entrée est un carré d'amplitude 1V obtenu par la commande d'une source contrôlée de tension par le bloc Signal Generator de Simulink.

La sortie du circuit est alors, un signal triangulaire de pente égale à : $-\dfrac{1}{RC} = -0.1$ V/s.

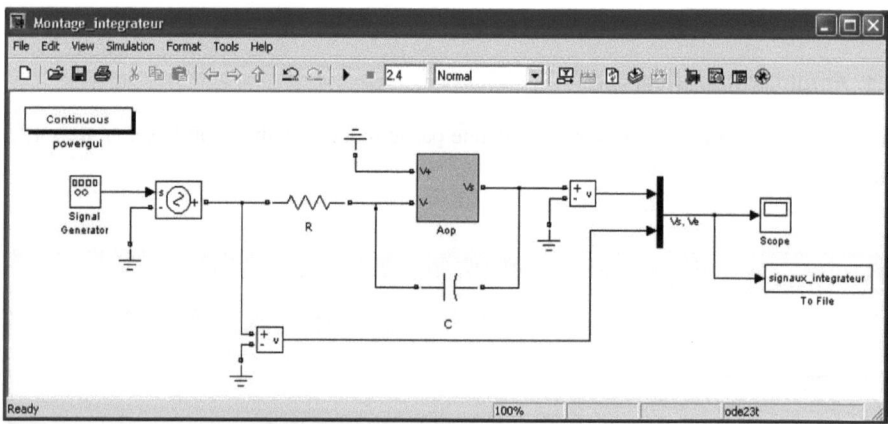

Nous obtenons en sortie un signal triangulaire positif d'amplitude 5 et de même fréquence que le carré.

Les signaux d'entrée/sortie sont donnés par la figure suivante, obtenue grâce à la fonction Callback StopFcn qui lit le fichier binaire signaux_integrateur.mat et trace les signaux.

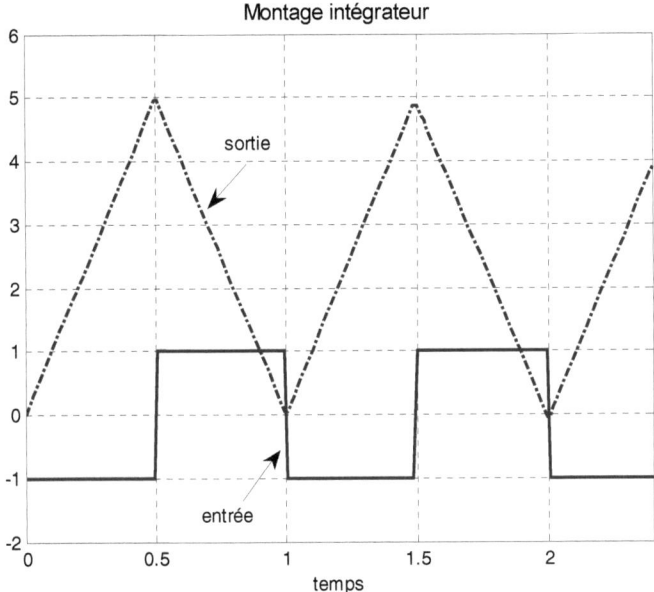

III.3. Oscillateur à pont de Wien

Un oscillateur est réalisé lorsqu'un amplificateur A s'entretient, en sélectionnant une seule fréquence, par la réinjection de la tension à travers un atténuateur B.

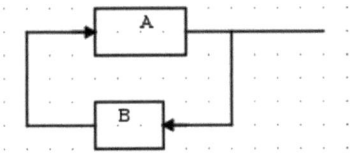

La chaîne de retour de l'oscillateur, ou pont de Wien, est la suivante :

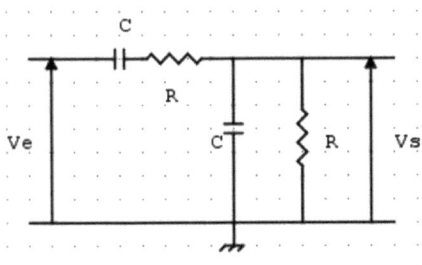

La fonction de transfert du pont de Wien est donnée par : $H(jw) = \dfrac{jRCw}{(1 - R^2C^2w^2) + 3\,jRCw}$

Pour une pulsation $w_0 = 1/RC$, le gain est égal à $1/3$ avec un déphasage nul. Pour obtenir des oscillations, il suffit de prendre un amplificateur non inverseur de gain égal à 3. Dans le modèle suivant, nous utilisons l'amplificateur opérationnel simulé précédemment.

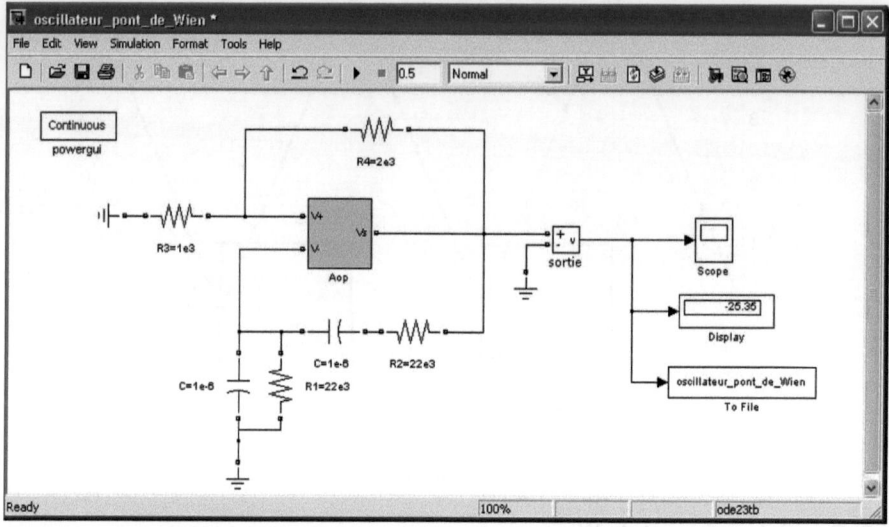

La période des oscillations, donnée par : $T_0 = 2\pi R_2 C$, vaut :

```
>> T0=2*pi*R2*C
 T0 =
      0.1382
```

Nous visualisons la sortie de l'oscillateur dans la courbe suivante et nous pouvons vérifier qu'il oscille bien sous forme d'une sinusoïde de période T_0, approximativement. Nous pouvons remarquer que le voltmètre sert d'interface entre SimPowerSystems et Simulink.

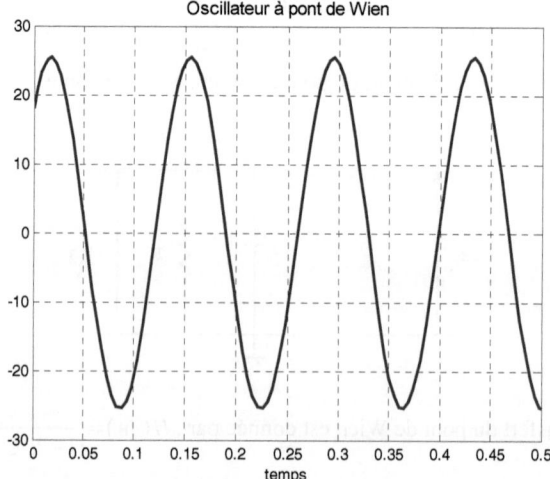

IV. Filtrage analogique

Dans le modèle suivant, on s'intéresse à un filtrage passe bas d'un signal obtenu par la somme de 3 sinusoïdes; le but étant de récupérer la sinusoïde de plus basse fréquence.

Nous additionnons les 3 sinusoïdes suivantes:

$$x_1 = 5\sin 200\pi t$$
$$x_2 = 15\sin(20\pi t - \frac{\pi}{4})$$
$$x_3 = 2\sin 2000\pi t$$

La somme des 3 sinusoïdes commande une source contrôlée de tension avant d'être filtrée par le filtre passe bas du 2nd ordre.
La somme, la sinusoïde de 10 Hz et le signal de sortie du filtre sont enregistrés dans le fichier binaire Sinusoïdes_filtrage.mat.

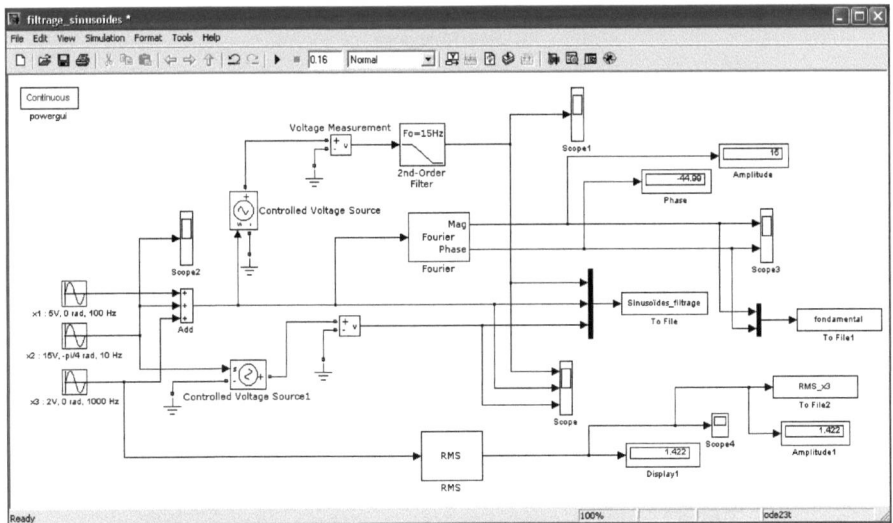

IV.1. Caractéristiques du filtre

Le bloc du filtre passe bas du second ordre se trouve dans la librairie Extras/Discrete Control Blocks dans la catégorie Filters.

En double-cliquant sur ce bloc, nous obtenons la boite de dialogue dans laquelle nous pouvons choisir le type de filtre, sa fréquence de coupure f_c et son coefficient d'amortissement ζ.

Dans notre cas, la fréquence de coupure f_c est choisie égale à 15 Hz afin de récupérer la sinusoïde de 10 Hz. Le coefficient d'amortissement est choisi optimal et égal à $\sqrt{2}/2$ pour un temps de réponse minimal.

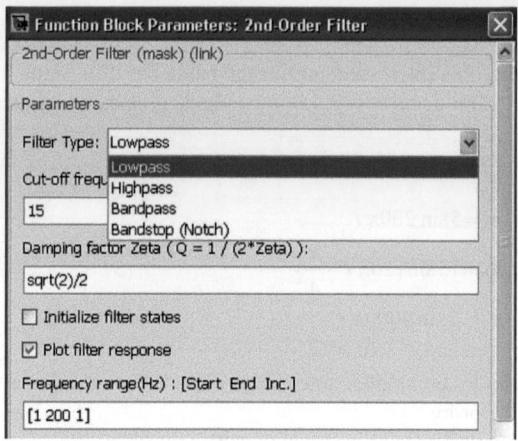

La réponse indicielle présente un seul dépassement suite au choix optimal du coefficient d'amortissement.

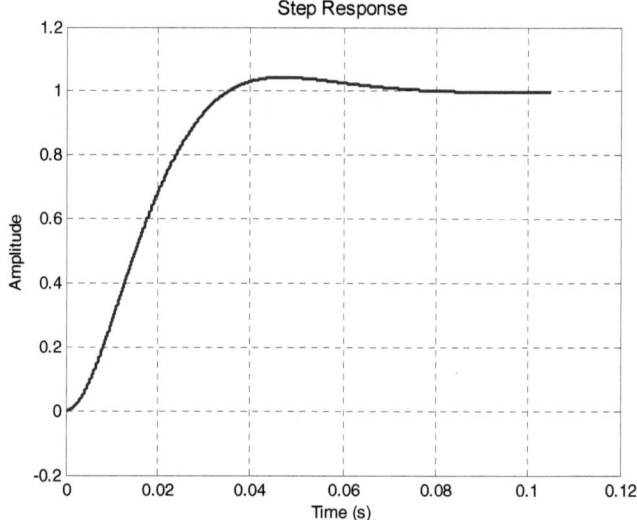

En cochant la case `Plot filter response`, on obtient le diagramme de Bode de la réponse en fréquences dans un domaine que l'on spécifie dans le champ prévu à cet effet.

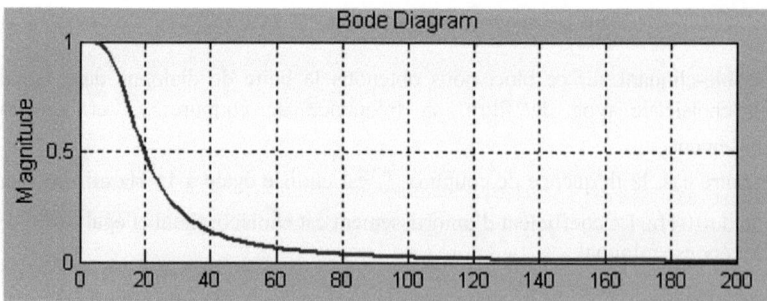

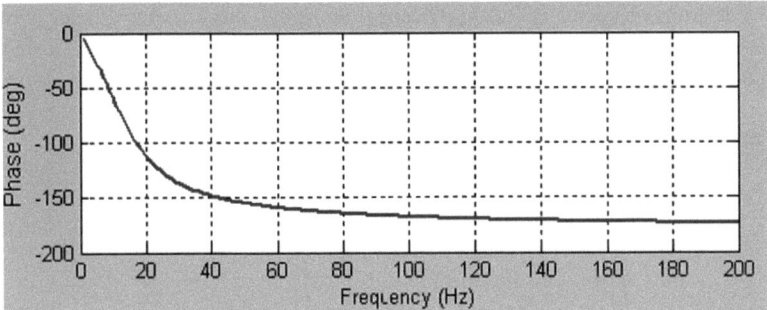

Le bloc Fourier, de la librairie Measurements/Continuous Measurements, permet de récupérer l'amplitude et l'argument d'une sinusoïde dont on spécifie la fréquence fondamentale.
Dans notre cas, nous voulons récupérer les propriétés (module et argument) de la sinusoïde de fréquence 10 Hz.
Nous spécifions une fréquence fondamentale de 10 Hz et nous cherchons à identifier le 1er harmonique, soit le fondamental de 10 Hz.

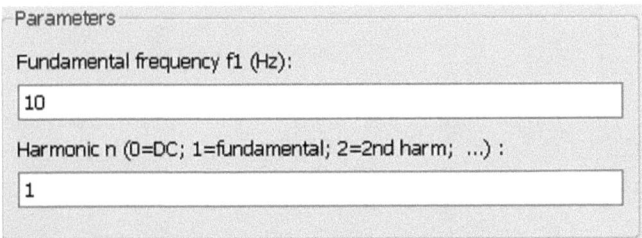

Nous obtenons parfaitement les valeurs de l'amplitude 15 V et de la phase $-\pi/4 = -45°$ que nous avons également dans les afficheurs Amplitude et Phase.

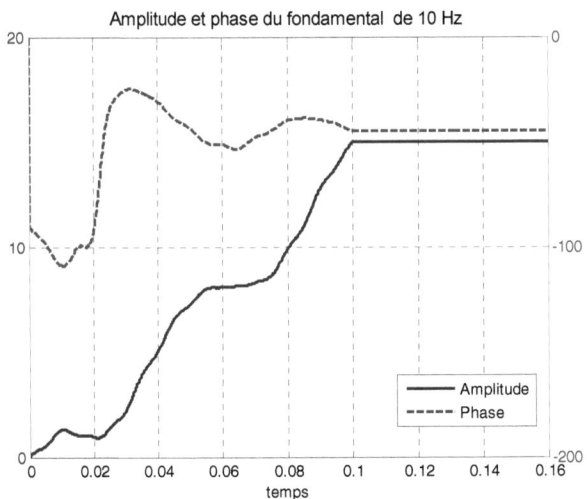

Si nous désirons récupérer la valeur efficace d'un signal, nous devons utiliser le bloc RMS (Root Mean Square) de la librairie Measurements/Continuous Measurements.

Nous appliquons ce bloc à la sinusoïde x_3 de 2V d'amplitude.

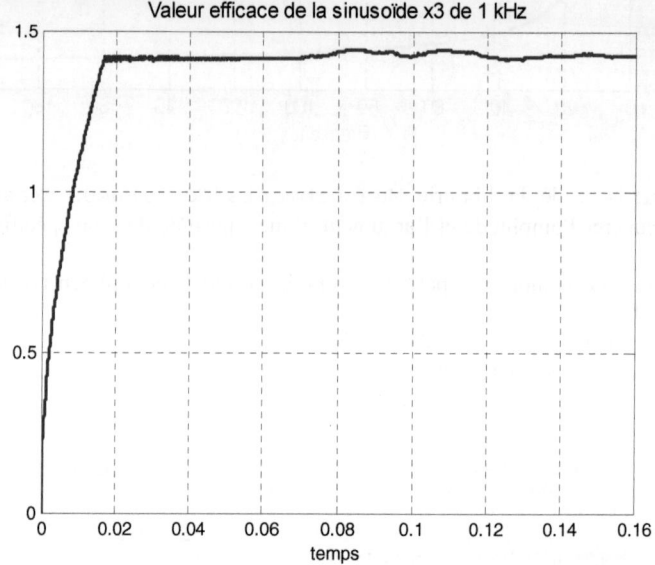

Nous obtenons bien la valeur 1.422 qui est quasiment égale à la valeur théorique de :

```
>> 2/sqrt(2)
ans =
    1.4142
```

IV.2. Analyse temporelle et fréquentielle de la sortie du filtre

Les commandes suivantes de la fonction Callback StopFcn, permettent de lire le fichier binaire Sinusoïdes_filtrage.mat et de tracer le signal somme, la sinusoïde de 10 Hz ainsi que la sortie du filtre.

```
load Sinusoïdes_filtrage.mat
plot(x(1,:),x(2,:))
hold on
plot(x(1,:),x(3,:))
plot(x(1,:),x(4,:))
grid
title('Somme des 3 sinusoïdes, sinusoïde de 10Hz et sortie du filtre')
xlabel('temps'), delete *.mat
```

Nous remarquons que le signal de sortie possède la même amplitude et la même fréquence que la sinusoïde de 10 Hz d'origine mais avec un certain retard.

La figure suivante représente le signal somme des 3 sinusoïdes, la sinusoïde de fréquence 10 Hz et le signal de sortie du filtre passe bas du 2nd ordre.

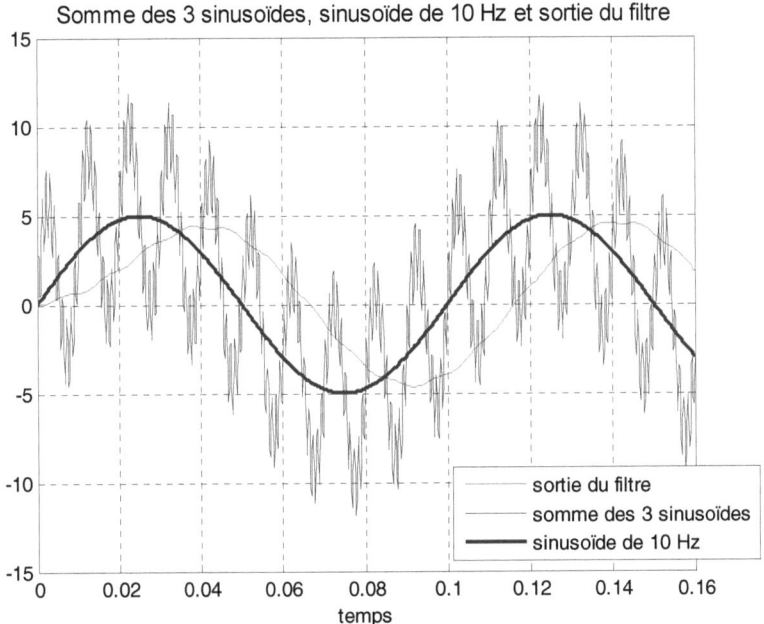

Nous pouvons utiliser le bloc powergui afin de faire une analyse FFT d'un signal. Pour cela, le signal à analyser doit être sauvegardé dans l'espace de travail sous la forme d'une structure avec temps. Pour sauvegarder dans l'espace de travail, un signal quelconque affiché dans un oscilloscope, nous devons cocher la case Save data to workspace de l'onglet Parameters/Data History et choisir le nom de la structure avec temps dans laquelle sera sauvegardé le signal.

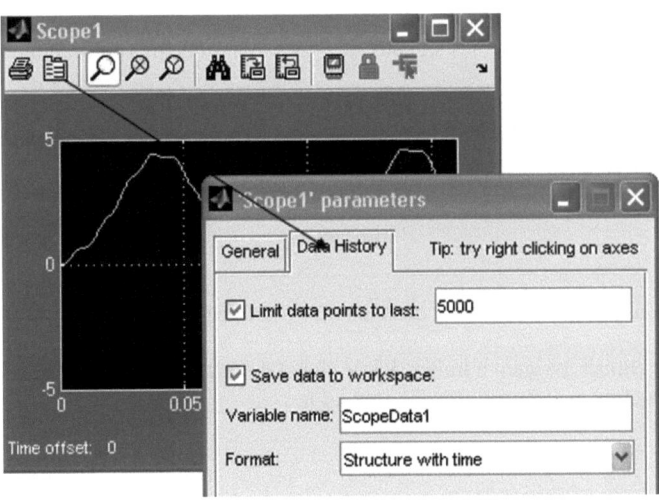

Par défaut, le nom ScopeData est choisi par défaut.

```
ScopeData1      <1x1 struct>
ScopeData2      <1x1 struct>
```

Les commandes suivantes permettent de tracer la sinusoïde de 10 Hz d'origine et le signal de sortie du filtre, en lisant les champs time et signals des structures avec temps, ScopeData1 et ScopeData2.

```
>> plot(ScopeData1.time,ScopeData1.signals.values)
>> hold on
>> plot(ScopeData2.time,ScopeData2.signals.values)
```

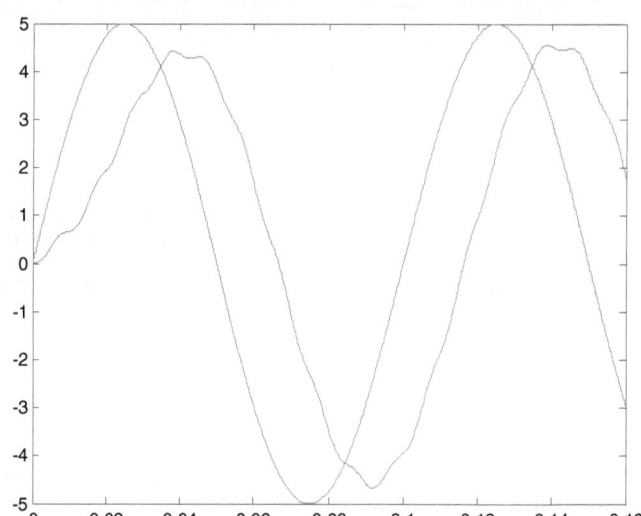

Nous retrouvons bien les mêmes signaux que nous avons obtenus précédemment.

Après la sauvegarde de ces 2 signaux dans les structures avec temps, ScopeData1 et ScopeData2, si nous voulons réaliser une analyse FFT, nous devons double-cliquer sur le bloc powergui et choisir le bouton suivant :

Nous obtenons la fenêtre suivante, dans laquelle, est tracé le signal temporel et son spectre.

A droite, on choisit le signal à traiter (ici, le signal de sortie du filtre qu'on a enregistré sous forme de la structure avec temps, ScopeData1).

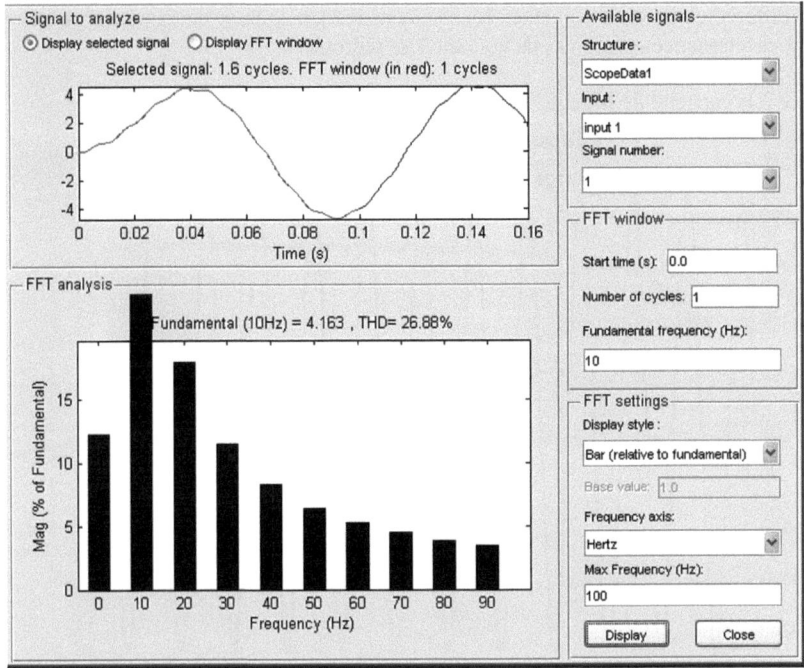

Pour faire afficher le spectre, on doit cliquer sur le bouton `Display`.

V. Redresseur à 2 diodes et transformateur avec secondaire à point milieu

Par rapport au point milieu, relié à la masse, il apparaît deux alternances opposées, ce qui rend l'une des deux diodes passante et l'autre bloquée.

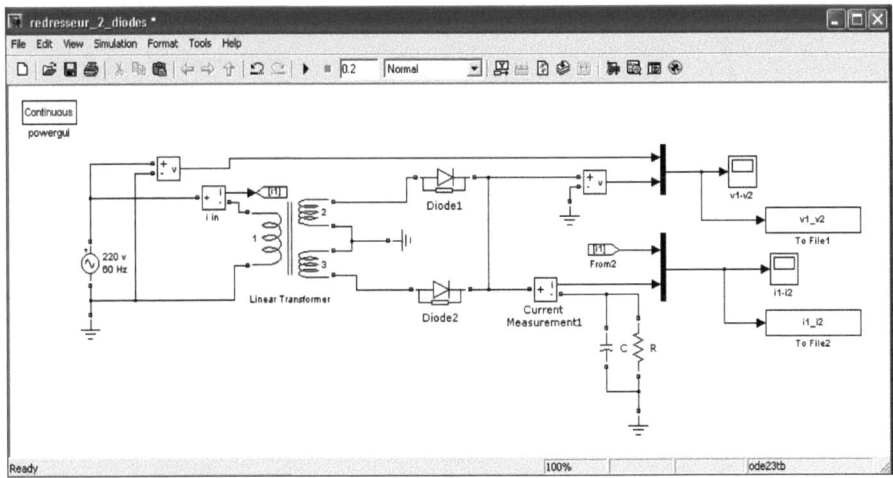

Les différentes courbes suivantes représentent les tensions et courants du primaire et de sortie. Les alternances négatives du courant sont redressées.

Grâce à la capacité de filtrage, la tension de sortie est quasi continue.

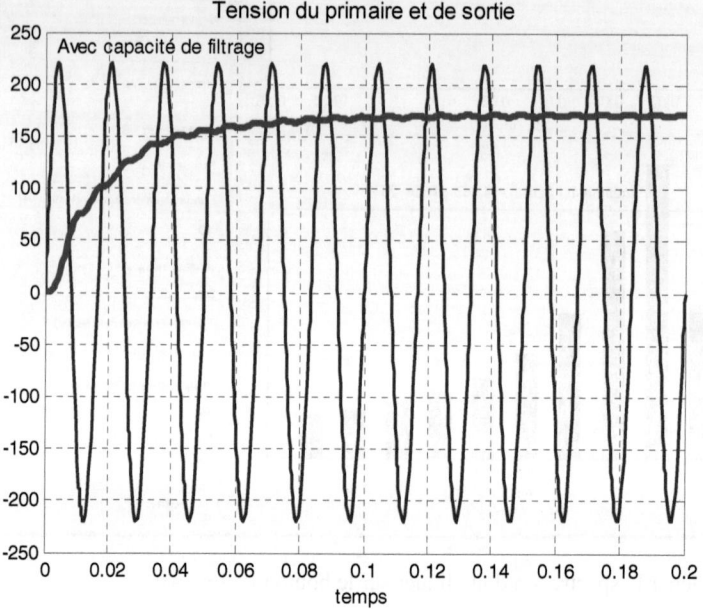

Les alternances négatives du courant de sortie sont redressées.

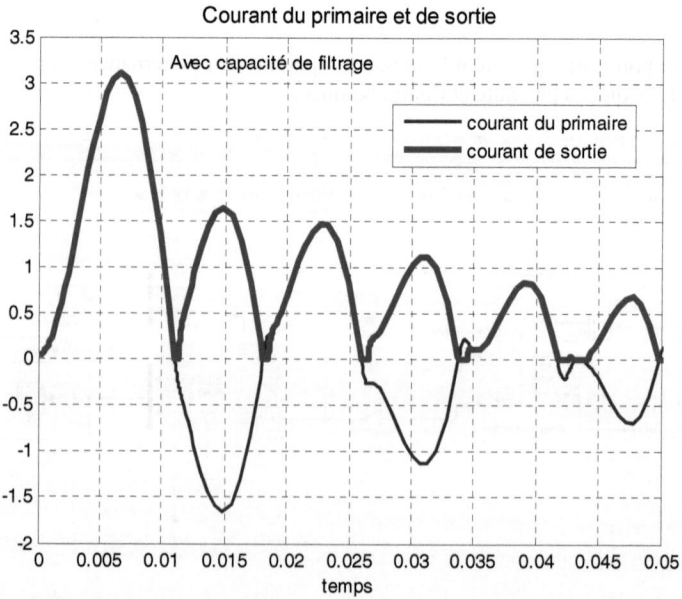

VI. Systèmes triphasés

VI.1. Mesures triphasées

Dans l'application suivante, la source triphasée est formée de 3 sources indépendantes ayant la même référence commune; la masse.

La source de la phase A est la séquence triangulaire répétée qui devient un courant de hauteur 4 A, par la source de courant contrôlée `Controlled Current Source`.
Cette source de courant alimente la charge triphasée `Three-Phase Series RLC Branch`. Cette charge est choisie purement résistive égale à 1Ω sur chacune des phases.
Sur la sortie de la phase A, nous obtenons alors, une tension triangulaire de 4 V. La sortie de la phase B revient à mesurer celle du circuit suivant :

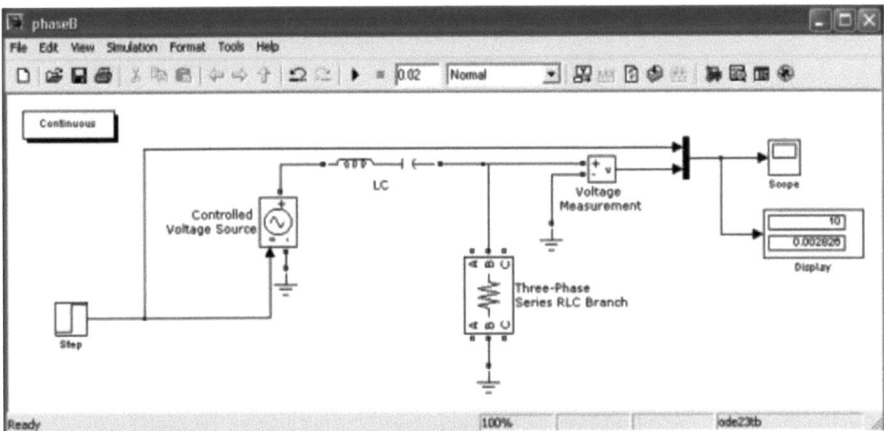

Avec les valeurs $R = 1\Omega, L = 1mH, C = 1mF$, le circuit du second ordre possède la fonction de transfert suivante:

$$H(p) = \frac{RCp}{1+RCp+LCp^2} = \frac{RCp}{1+\frac{2\varsigma}{w_0}p+\frac{p^2}{w_0^2}}$$

Soit une pulsation propre:

$$w_0 = \frac{1}{\sqrt{LC}} = 10^3 \, rad/s$$

et un coefficient d'amortissement:

$$\varsigma = \frac{1}{2}R\sqrt{\frac{C}{L}} = 0.5.$$

Le système est sous amorti comme le montre la courbe ci-dessous. Le gain est nul en régime statique.

Le système se comporte comme un filtre passe bande comme le montre la tension de sortie de la figure suivante.

382 Chapitre 6

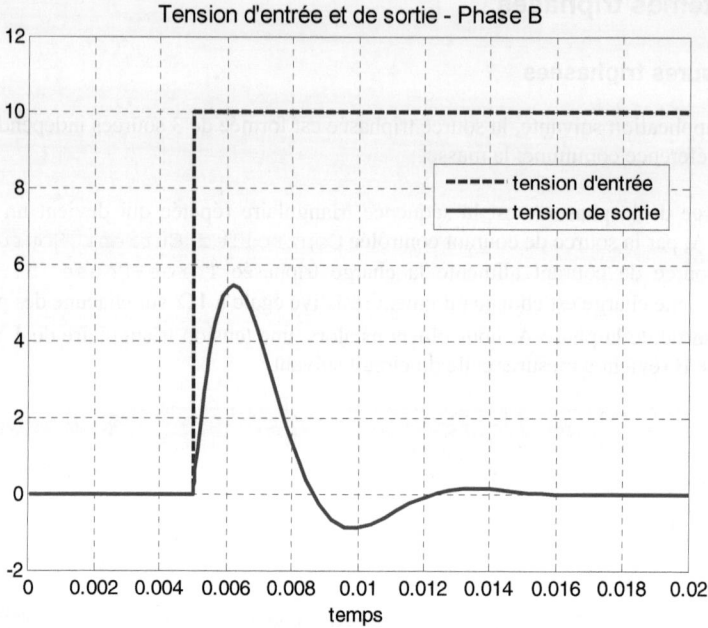

La tension qu'on mesure en sortie de la phase C est donnée par le pont diviseur résistif de valeur 0.5.

Nous obtenons alors une tension sinusoïdale d'amplitude égale à 5V, soit la moitié de celle de la source `AC Voltage Source`.

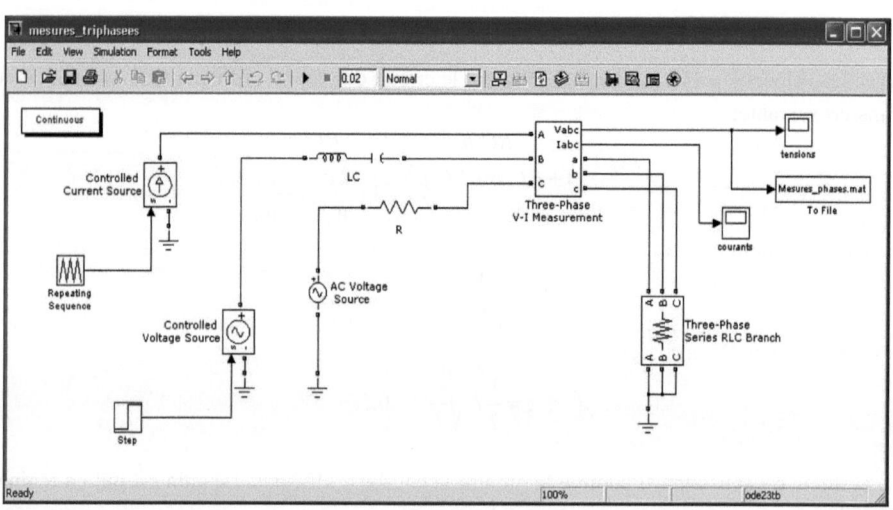

Grâce au bloc `Three-Phase V-I Measurement`, nous avons accès aux 3 tensions aux bornes de la charge et aux 3 courants qui y circulent.

Les courants circulant dans chaque résistance de $1\,\Omega$, ont même valeur numérique que les tensions de sortie données par la figure suivante.

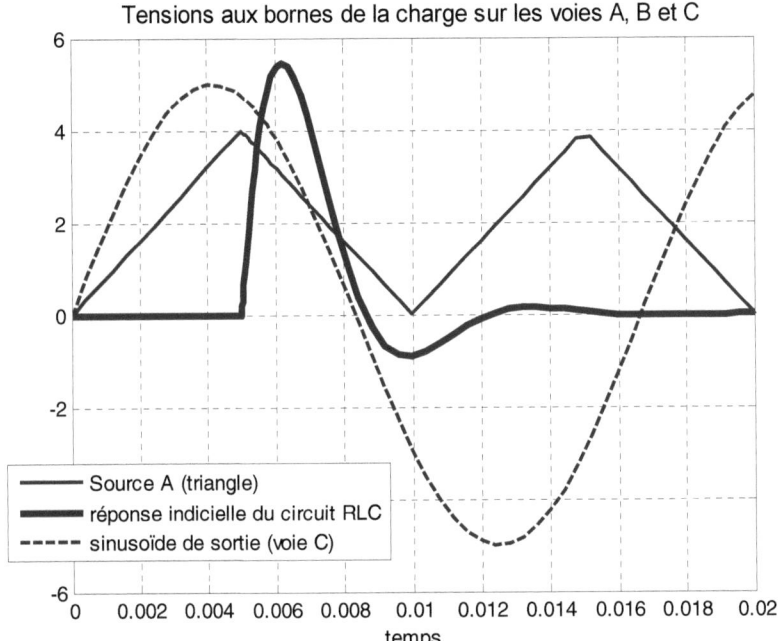

VI.2. Transmission triphasée par une ligne en PI

Les systèmes alternatifs ont l'avantage, par rapport aux systèmes continus, d'avoir leurs formes et niveaux de tension modifiables par l'utilisation de transformateurs, contrairement aux systèmes continus.

Les systèmes monophasés (2 fils) sont utilisés principalement dans le domaine domestique.

Les appareils fonctionnant en mode triphasé ont un meilleur rendement que ceux fonctionnant en monophasé et le transport de l'énergie électrique en triphasé est plus économique car nécessitant moins de cuivre pour une même longueur de ligne.

Un système triphasé, dit équilibré, est constitué de 3 sources de tension, de même amplitude, même fréquence, déphasées respectivement de $2\pi/3$.

Dans le modèle suivant une source triphasée connectée en étoile, dont le neutre est relié à la masse (Yg), est connectée à une ligne en PI d'une longueur de 100 km.

Le bout de ligne est branché à une charge triphasée, configurée aussi en étoile, ne comportant pas de terme capacitif.

Entre le bout de la ligne et la charge, nous avons inséré un disjoncteur (Breaker) triphasé commandé par le signal généré par le bloc Signal Builder.

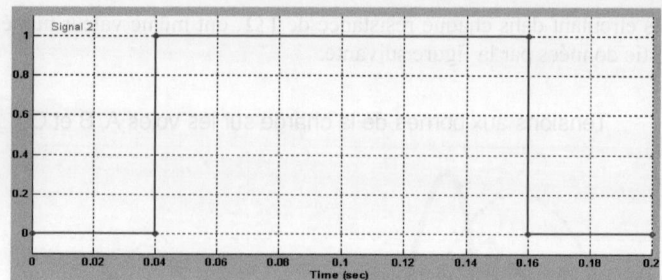

Dans le modèle suivant, le système triphasé est généré par la source `Three-Phase Source` de valeur efficace de 25 kV entre phases. Une charge de type inductif RL est branchée à cette source via une ligne de transmission en PI de 100 km de longueur.

Les blocs `Fourier` permettent d'obtenir l'amplitude et la phase d'un harmonique dont on spécifie la fréquence et l'ordre.

La charge peut être débranchée du circuit grâce au disjoncteur `CB1`.

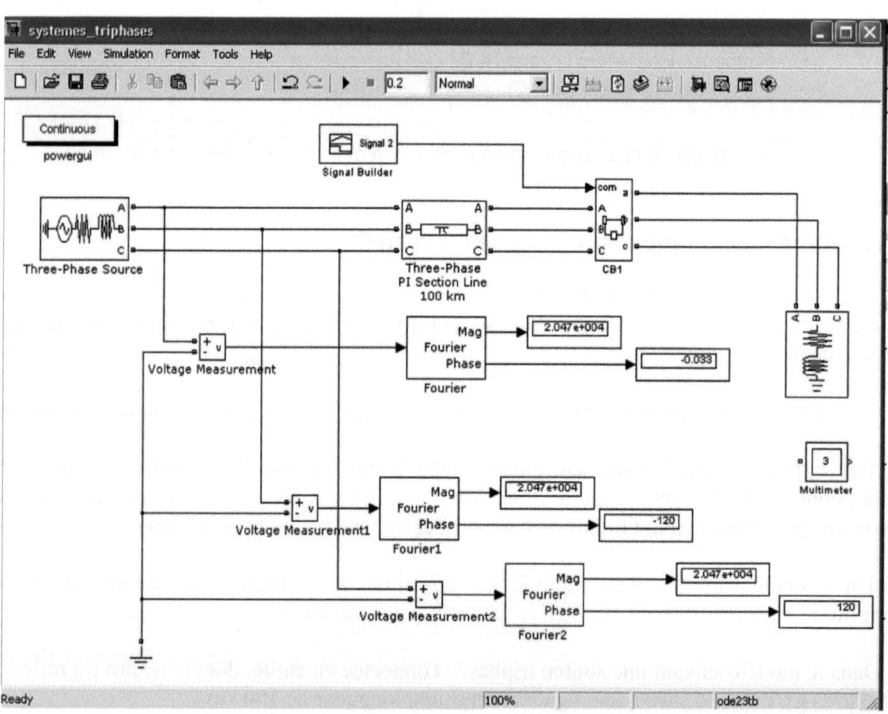

Les signaux aux bornes des 3 phases sont tracés par le bloc `Multimer` dans lequel nous avons coché la `case Plot selected measurements`.
Dans les courbes suivantes, nous remarquons l'effet des interrupteurs (`Breakers`) et vérifions les valeurs des déphasages des 3 signaux du système triphasé.

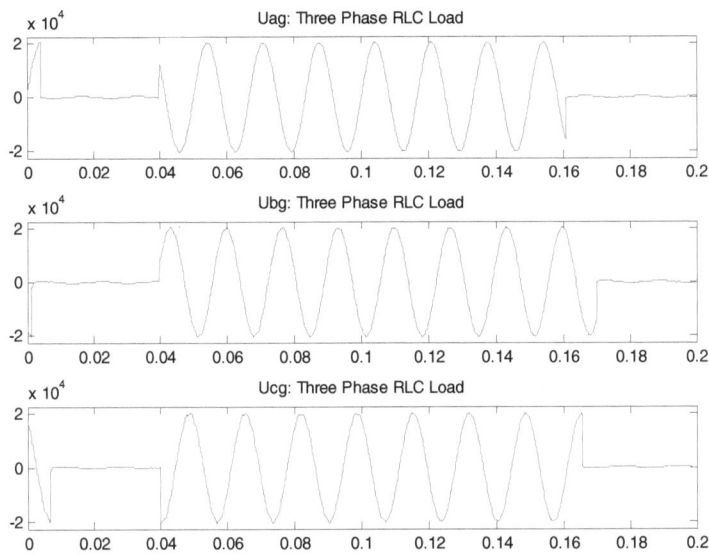

VI.3. Redressement triphasé

On s'intéresse au redressement triphasé nécessitant 2 diodes de puissance à chacune des phases. Dans un système triphasé, les tensions entre phase et neutre sont appelées tensions simples.

La source de tension utilisée dans le modèle suivant, est montée en étoile avec la masse qui sert de neutre (montage Yg), avec une valeur RMS des tensions entre phase de 380 V et une fréquence de 60 Hz.
Les signaux des 3 phases sont représentés par l'oscilloscope Scope1.
Les signaux aux anodes (point B), cathodes (point A) sont tracés par l'exécution de la fonction Callback StopFcn après la lecture du fichier binaire redressement_triphase.mat.

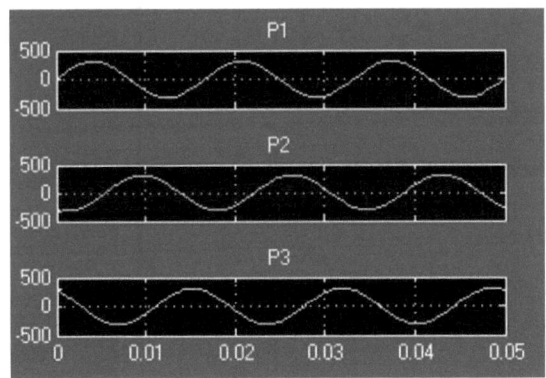

386 Chapitre 6

Parmi les diodes D2, D4 et D6, seule celle qui a la tension la plus positive, à son anode, conduit. Pour D3, D5 et D7, celle qui conduit est celle qui a la tension la plus négative à sa cathode.
Entre t=0 et $t=T/12$, le signal de la phase 3 est le plus grand et le signal de la phase 2 est le plus petit, ainsi les diodes D6 et D3 conduisent, les autres sont bloquées. La tension redressée est alors U32. La charge est purement résistive est égale à $12\,k\Omega$.

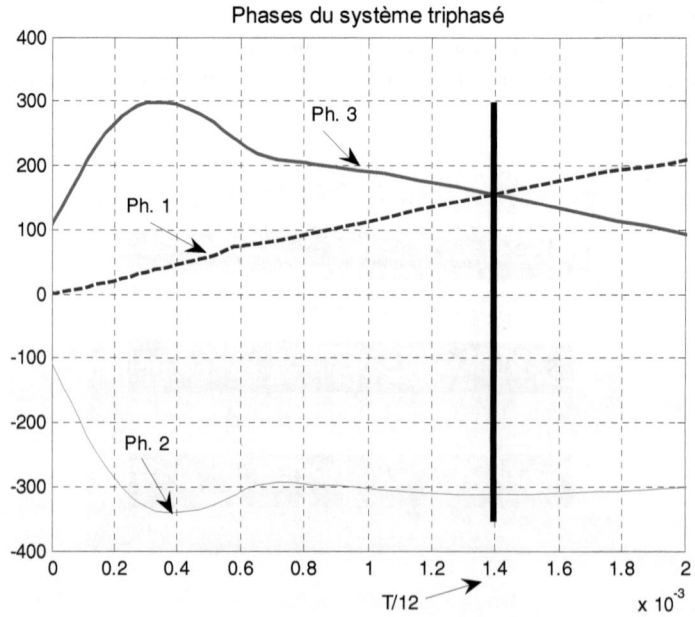

La figure suivante représente les signaux des 3 phases et un trait vertical correspondant à t=T/12.

```
>> T=1/60 ; t=T/12 ;
t =
    0.0014
```

Le signal redressé, de moyenne proche de 520V, possède des oscillations que l'on peut éliminer par une inductance de lissage. La courbe suivante représente les tensions aux anodes et cathodes des diodes mais aussi le signal redressé.

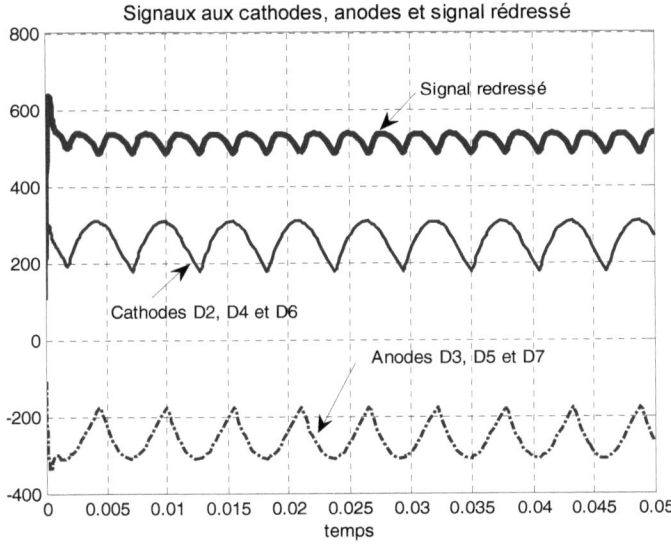

Le modèle SimPowerSystems suivant permet aussi d'obtenir l'évolution des courants entre l'anode et la cathode (le courant Iak) des diodes D6 et D3.

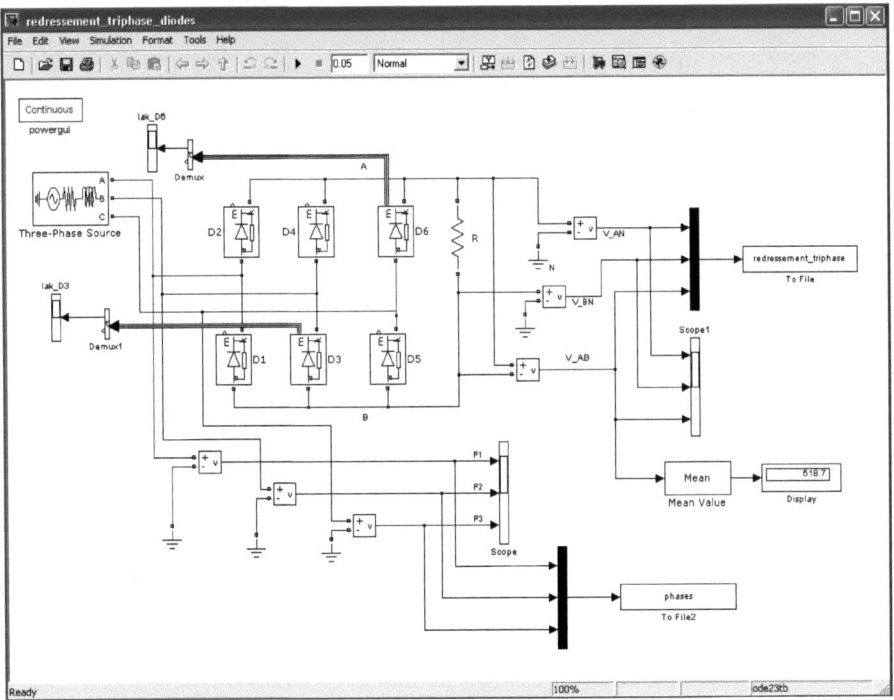

VII. Moteur à courant continu

Le moteur, à courant continu, se trouve dans la librairie Machines de powerlib.

Nous appliquons une tension de 220 V aux armatures du moteur. Cette tension est appliquée à travers un switch (Ideal Switch de l'outil SimElectronics) commandé par le signal Timer qui le ferme à l'instant t=1. L'armature est constituée d'une résistance Ra = 0.6 Ω et d'une inductance La = 0.012 H.

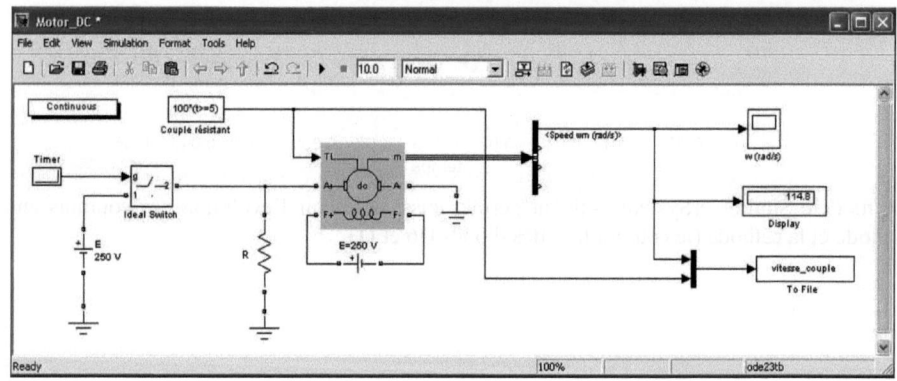

A l'entrée TL nous appliquons un couple de charge de 20 Nm. La sortie m démultiplexée permet de sortir 4 signaux dont le premier consiste en la vitesse de rotation en rad/s. L'onglet Configuration/Preset model nous permet de choisir un type de moteur particulier.

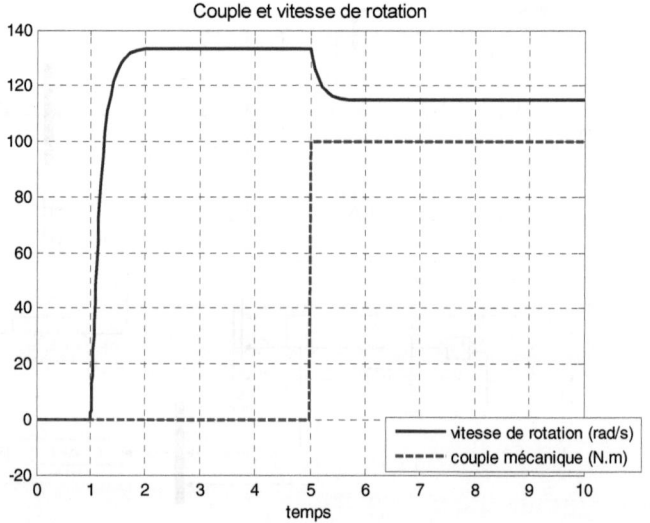

Cette courbe montre l'évolution de la vitesse de rotation du moteur en rad/s. A partir de l'instant t = 5, on augmente le couple résistant à 100 Nm. La vitesse diminue pour se stabiliser à une valeur plus basse.

VIII. Régulation analogique

Le modèle suivant représente une régulation d'un circuit analogique à l'aide d'un régulateur proportionnel et intégral PI, de fonction de transfert :

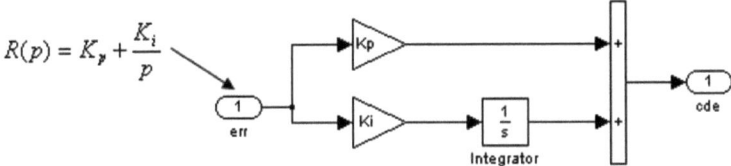

$$R(p) = K_p + \frac{K_i}{p}$$

Nous utilisons ce régulateur, mis dans le sous-système Régulateur PI, afin de contrôler la tension aux bornes de la capacité C du circuit RLC suivant.

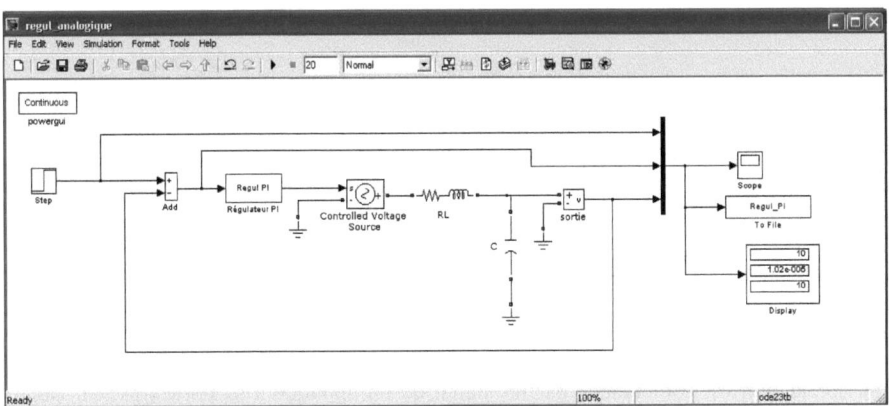

Ci-dessous, nous représentons les commandes qui spécifient les valeurs de R, C, L et les paramètres du gain proportionnel Kp et intégral Ki. Ces affectations sont réalisées dans la fonction Callback InitFcn.

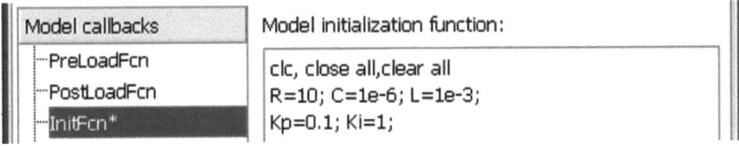

Les signaux de consigne, de l'erreur et de la sortie du système, sont sauvegardés dans le fichier binaire Regul_PI.mat.

La figure suivante représente les courbes de ces différents signaux. Leur tracé se fait en fin de simulation du modèle, lors de l'appel de la fonction Callback StopFcn.

390 Chapitre 6

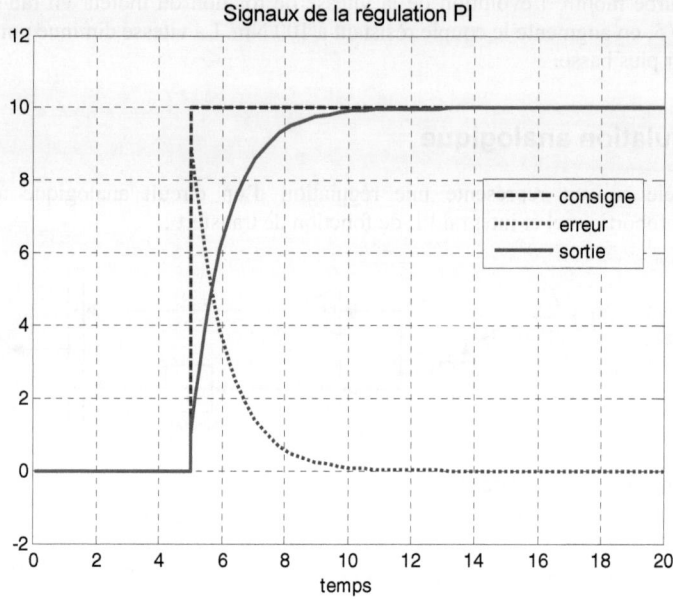

Grâce à la présence de l'action intégrale dans le régulateur, l'erreur en régime permanent s'annule à partir de t=10.

IX. Utilisation de l'IGBT

L'IGBT (Insulated Gate Bipolar Transistor) est un transistor bipolaire à porte isolée qui allie les avantages des transistors bipolaires (tensions et courants élevés) avec une structure d'un MOSFET. Il est notamment utilisé comme interrupteur dans des systèmes de puissance.

Sa conduction est commandée par un signal qu'on applique à sa porte (gate). Dans le modèle suivant, un signal, sinusoïdal est appliqué à une charge RC parallèle à travers un IGBT commandé par un signal carré de même fréquence.

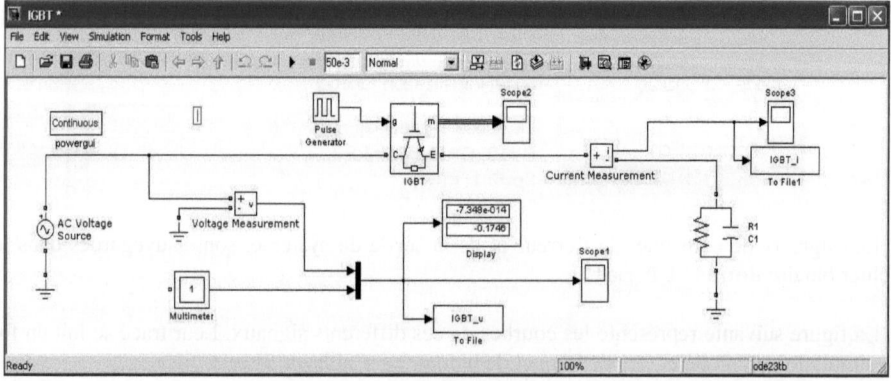

Pendant les alternances négatives, l'IGBT est bloqué donc seules les alternances positives sont appliquées à la charge.

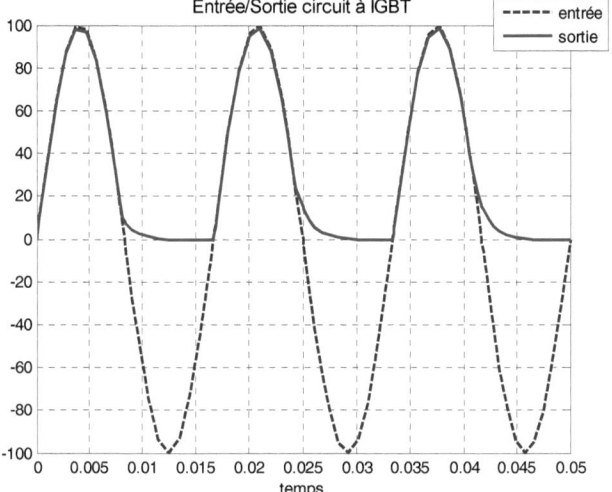

Le courant, circulant dans la charge, est donné par la courbe suivante. L'intensité est nulle sauf pendant les alternances positives du signal sinusoïdal d'entrée.

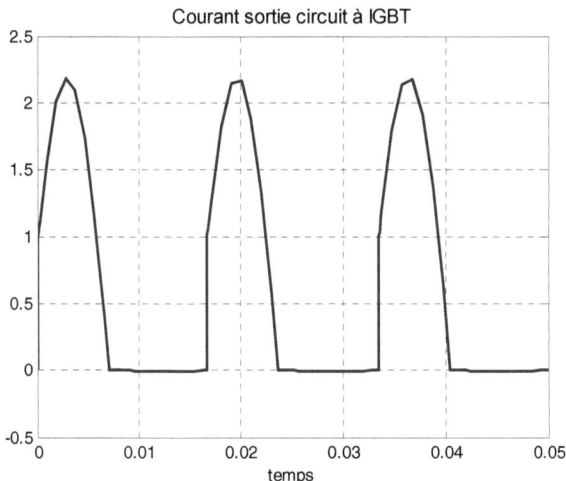

X. Moteur à courant continu régulé en vitesse

Le modèle suivant, représente un moteur à courant continu régulé en vitesse dont la consigne est appliquée à l'entrée SP (set point ou consigne).

Tm (mechanical torque) représente le couple mécanique appliqué sur l'arbre moteur. En double-cliquant sur ce bloc, nous trouvons 3 onglets.
- DC Machine (machine à courant continu),
- Converter (convertisseur),
- Controller (contrôleur).

L'onglet DC Machine permet la spécification des paramètres électromécaniques du moteur (résistances et inductances des bobinages, la mutuelle inductance, l'inertie, les couples de frottements visqueux et de Coulomb).

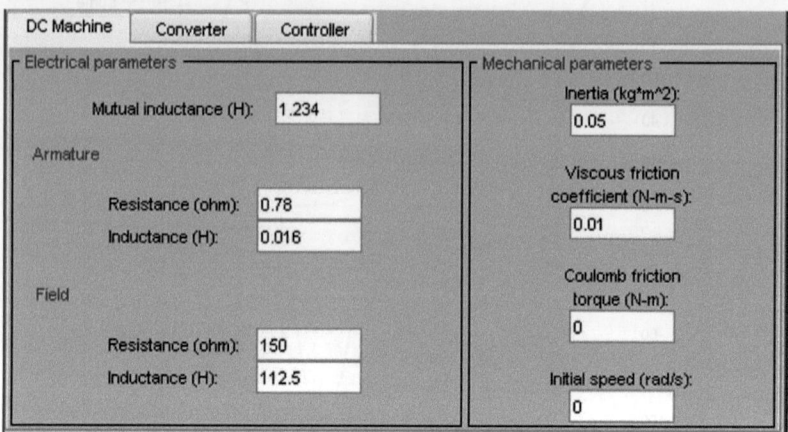

Dans l'onglet Controller, nous pouvons spécifier la consigne de vitesse, la vitesse initiale, les paramètres du régulateur PI (gain proportionnel Kp et intégral Ki), les rampes d'accélération, de décélération, etc.

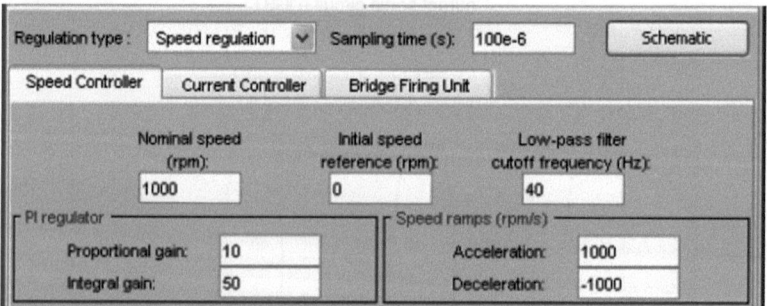

Le modèle suivant représente ce type de moteur avec les paramètres du régulateur ci-dessus. La sortie Motor nous permet de récupérer la vitesse de rotation et le courant circulant entre les armatures du moteur.

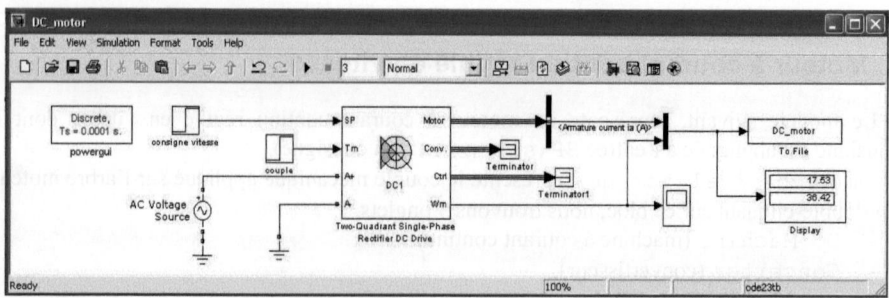

Le courant des armatures et la vitesse de rotation qui vérifie la pente d'accélération de 1000 rpm/s (onglet `Controller` de la boite de dialogue) sont donnés par la figure suivante.

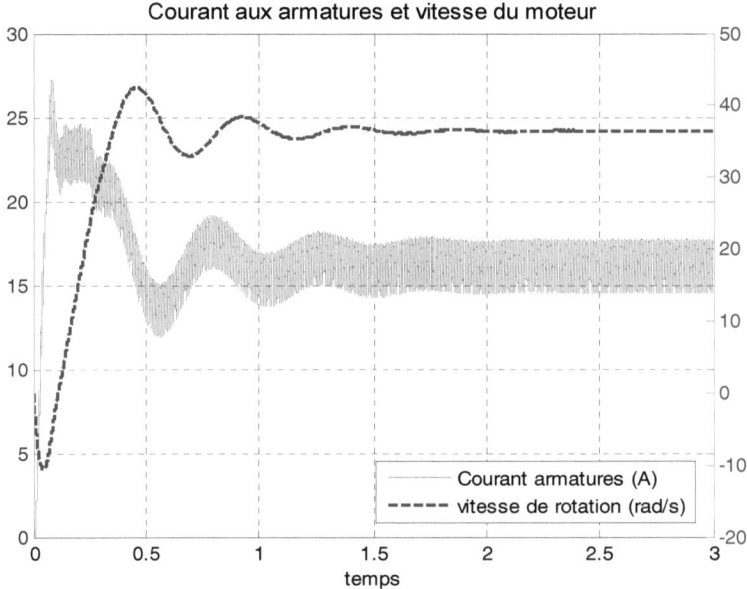

XI. Charge et décharge d'une batterie

L'étude de la charge et décharge d'une batterie Ni-MH est donnée par la démo `power_battery` qu'on peut exécuter par :

```
>> power_battery
```

La batterie est toujours soumise à une charge constante et égale à 5A par le branchement en parallèle d'une source de courant contrôlée.

La sortie m nous permet d'avoir accès à la tension aux bornes de la batterie et à son état de charge (SOC, State Of Charge).

Un moteur à courant continu est branché aux bornes de la batterie afin de la charger si on lui applique un couple négatif et si son état de charge dépasse un seuil minimal dans le sens de la décharge.

Dans l'exemple suivant, la charge est la résistance Rload.
On applique au moteur un couple négatif, constant de -200 N.m lorsque l'état de charge de la batterie descend en dessous de 40%.

La batterie se charge jusqu'à ce que son état SOC atteint 80%, auquel cas le couple appliqué au moteur, devient nul.

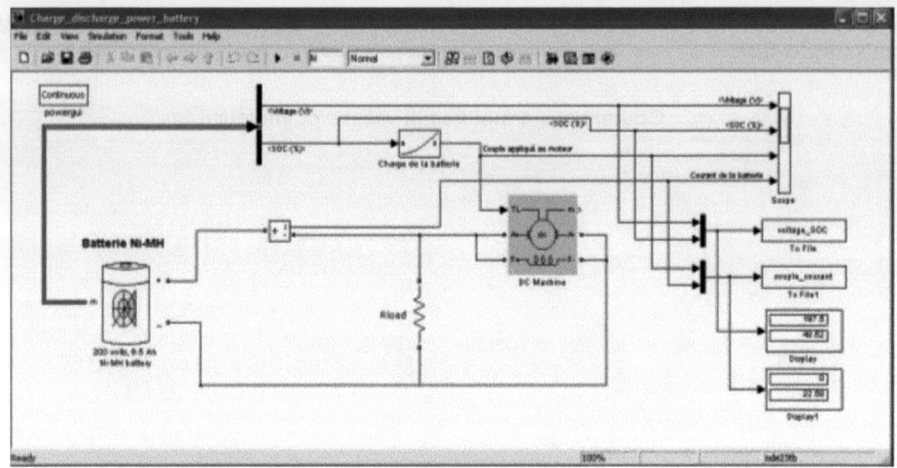

La figure suivante donne l'évolution de la charge de la batterie, son état de charge, le couple appliqué au moteur et le courant qu'elle délivre,

La commande en couple du moteur se fait avec hystérésis grâce au bloc Relay. La vitesse de variation est limitée par le bloc Rate Limiter.

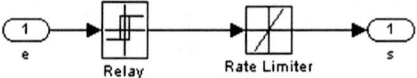

L'oscilloscope suivant montre l'évolution de la tension aux bornes de la batterie et l'état de sa charge. La batterie se charge jusqu'à ce que le SOC atteint 80% et se décharge linéairement jusqu'à ce que ce SOC descende à 40% et le cycle continue.

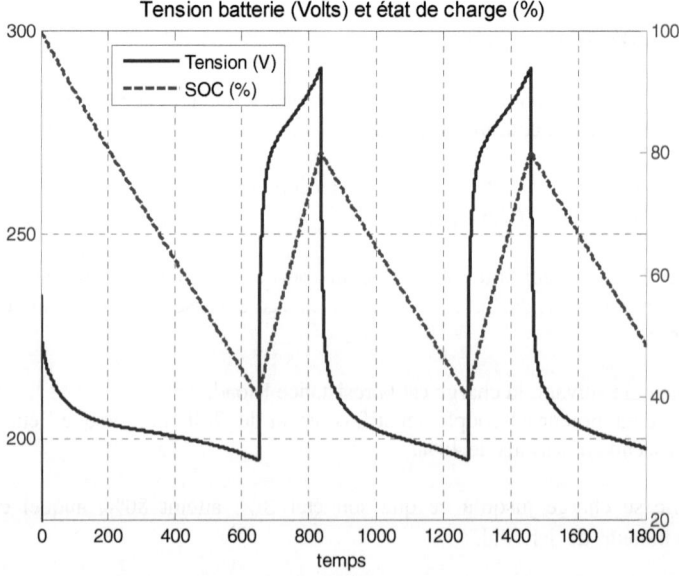

Dans la courbe suivante, nous affichons le couple mécanique appliqué au rotor du moteur ainsi que le courant fourni par la batterie.

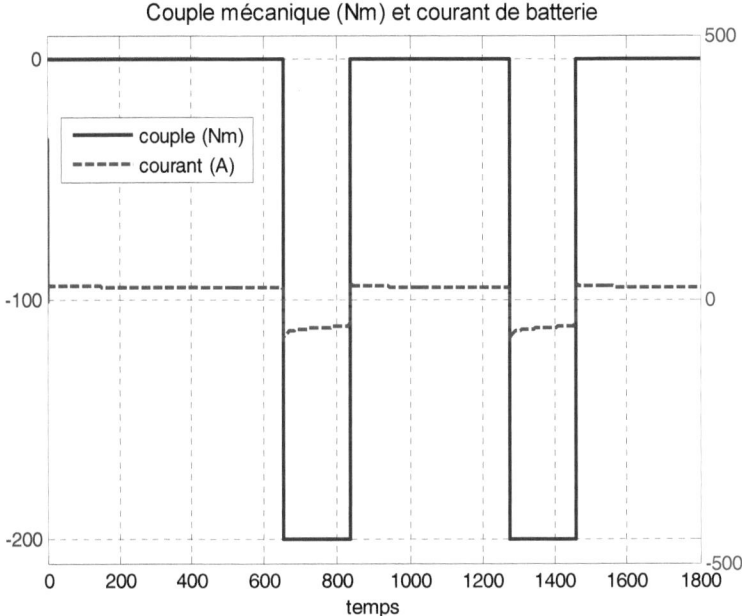

XII. Application du MOSFET de puissance

Dans cette application, nous contrôlons un moteur à courant continu à l'aide d'un transistor MOS à effet de champ (MOSFET).

Le signal de commande de la gâchette est un échelon qui vaut 0 pour 0<t<1 et 1 partout ailleurs.

Une tension continue de 240V est appliquée aux armatures A+ et A- à travers le circuit Drain-Source d'un MOSFET.

Le MOSFET est passant si on applique, à sa gâchette, un signal strictement positif.

Si la tension Drain-Source V_{DS} est positive, il présente entre ces bornes une résistance Ron très faible que l'on peut spécifier dans sa boite de dialogue.

Si la tension V_{DS} est négative, la diode en parallèle conduit avec apparition de la tension Vf et une résistance Rd.

Une inductance Lon apparaît aux hautes fréquences. La spécification de ces paramètres se fait dans la boite de dialogue du MOSFET :

Parameters

FET resistance Ron (Ohms) :
```
0.1
```

internal diode inductance Lon (H) :
```
0
```

Internal diode resistance Rd (Ohms) :
```
0.01
```

Internal diode forward voltage Vf (V) :
```
0
```

Initial current Ic (A) :
```
0
```

Snubber resistance Rs (Ohms) :
```
1e5
```

Par défaut, la résistance Ron (résistance entre drain et source à l'état passant) vaut 0.1Ω, avec une inductance Lon nulle.

Dans le modèle suivant, le couple appliqué (signal d'entrée TL, choisi égal à 60 N.m pour t>4 et 180 pour t>6) est la sortie du bloc Fcn qui utilise une expression relationnelle en utilisant l'entrée temps.

Pour (0<=t<=1) le moteur est à l'arrêt car la commande de gâchette est nulle.

A chaque fois que le couple résistant augmente, on observe une diminution de la vitesse de rotation du moteur, pour une même tension appliquée aux armatures.

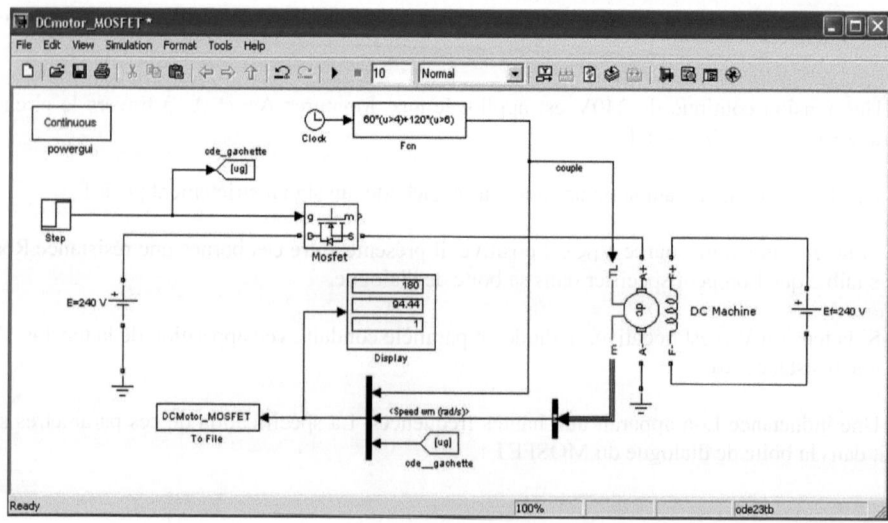

La sortie m du moteur DC Machine attaque le bloc Bus Selector qui permet de sélectionner (par un double clic) la vitesse de rotation en rad/s.

Le couple, la vitesse de rotation et le signal de commande de la gâchette sont sauvegardés dans le fichier binaire DCMotor_MOSFET.mat.

Chapitre 7

Librairies de SimPowerSystems

I. Introduction
II. Librairie Electrical Sources
III. Librairie Elements
    III.1. Catégorie Elements
    III.2. Applications
    III.3. Connexion des capacités
    III.4. Catégorie Lines
IV. Librairie Measurements
    IV.1. Charge et décharge d'un condensateur
    IV.2. Mesures par le bloc Multimeter (multimètre)
    IV.3. Mesure triphasée, blocs RMS et Fourier
V. Librairie Power Electronics
    V.1. Les composants de puissance
    V.2. Applications
VI. Applications Librairies
    VI.1. Electric Drives Library
    VI.2. Flexible AC Transmission Systems, FACTS Library
VII. Librairie Extra Library
    VII.1. Régulation discrète d'un processus analogique
    VII.2. Mesure de puissance active et réactive
VIII. Librairie Machines
    VIII.1. Moteur synchrone
    VIII.2. Moteur à courant continu
IX. Le bloc Powergui et son interface graphique
    IX.1. Analyse d'un circuit électrique
    IX.2. Analyse en régime permanent
    IX.3. Analyse fréquentielle
    IX.4. Modélisation d'état électrique d'un circuit
    IX.5. Mesure d'impédance
    IX.6. Autres fonctionnalités du bloc powergui
    IX.7. Représentation d'un système triphasé en notation phaseur

I. Introduction

`SimPowerSystems` est un outil fonctionnant sous Simulink pour modéliser et simuler rapidement des systèmes électroniques ou électromécaniques de puissance.
Pour ouvrir la librairie principale de `SimPowerSystems` à partir du prompt de Matlab, on exécute la commande suivante :

```
>> powerlib
```

On obtient la fenêtre suivante qui présente les différentes librairies de `SimPowerSystems` et le bloc `powergui` qui permet, par l'ouverture d'une interface graphique utilisateur, d'étudier les circuits électriques (réponse en fréquences, etc.) et de spécifier le type de calcul continu, discret ou la méthode des phaseurs.

`SimPowerSystems` permet aussi de modéliser les systèmes électriques, mécaniques, et de contrôle commande (PI et PID, très utilisés dans l'industrie).
La présentation des contenus de ces bibliothèques diffère de celle qu'on obtient quand on ouvre `SimPowerSystems` dans le browser de Simulink.
Quand on double-clique sur la librairie `Elements`, à partir de la commande `powerlib`, nous obtenons une présentation des blocs selon la fonction à réaliser.

Nous trouvons les 4 catégories suivantes :

- `Elements` (circuits passifs RLC, série et parallèle, mono et triphasés, pouvant servir de charge ou d'élément de circuit),

- `Lines` (lignes de transmission, mono ou triphasées),

- `Circuit Breakers` (interrupteurs),

- `Transformers` (transformateurs mono et triphasés, etc.).

Tous ces éléments sont prévus en mode monophasé et triphasé. Nous trouvons également les blocs servant de masse (`Ground`), de neutre (`Neutral`) et de port dans un sous-système (`Connection Port`).

Librairies de SimPowerSystems 401

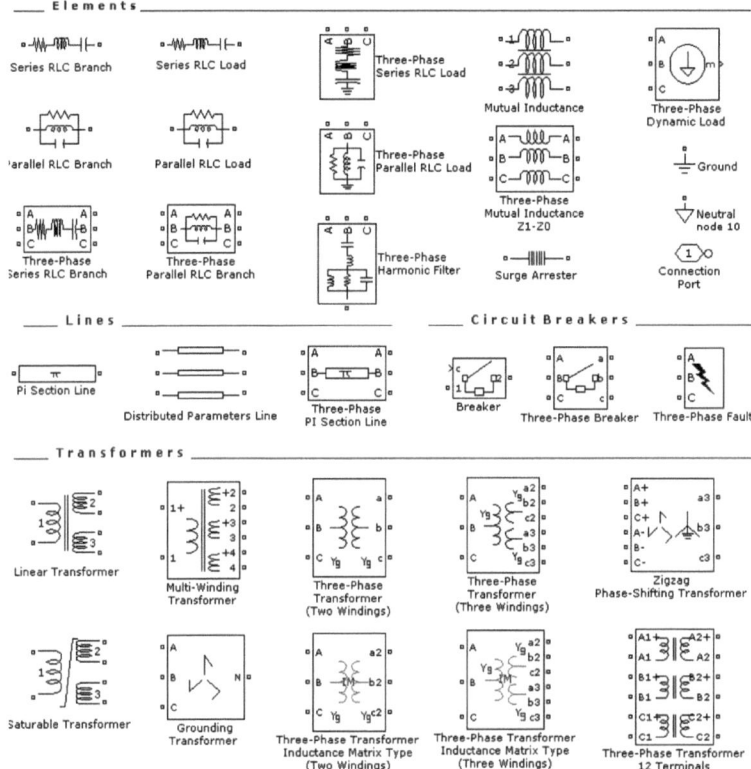

II. Librairie Electrical Sources

Cette librairie contient les différentes sources de SimPowerSystems, les sources contrôlées de tension et de courant, les sources de tension et de courant alternatif, une source de tension et de courant continu ainsi que deux sources de tension triphasées (une source de tension triphasée et une source de tension triphasée programmable).

Par le browser de Simulink, cette librairie se présente comme suit :

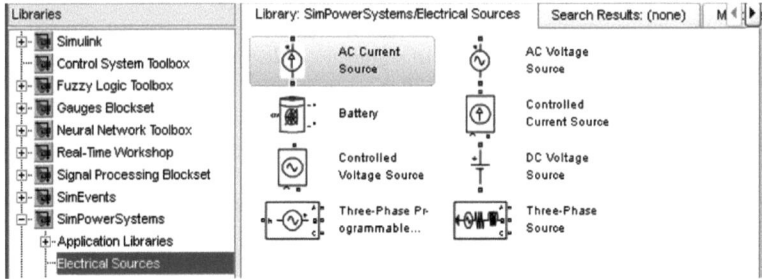

Par la commande `powerlib`, à partir du prompt de Matlab :

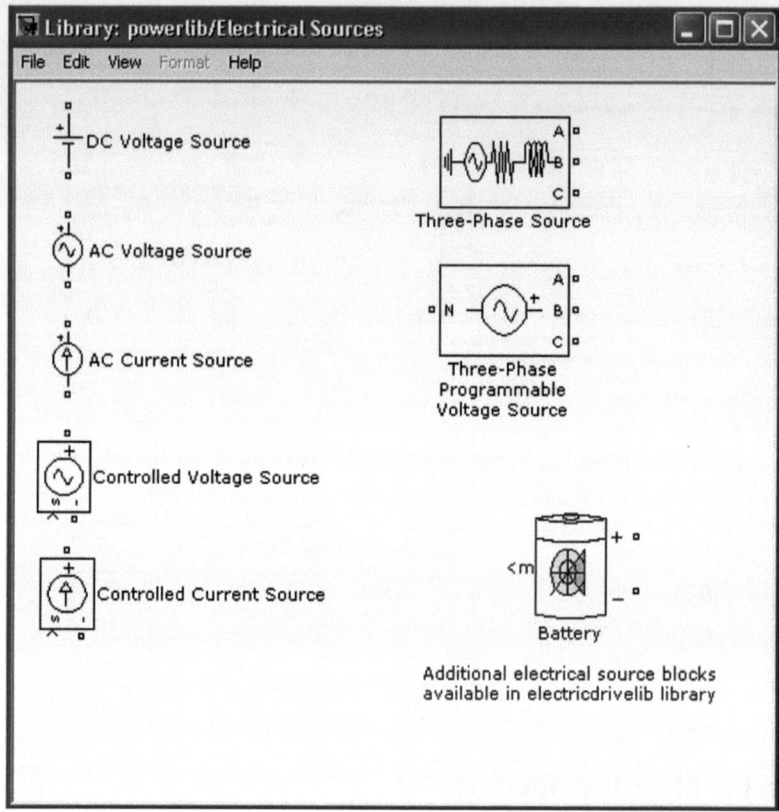

Les générateurs de courant ou tension ainsi que les sources contrôlées de tension ou de courant sont très largement utilisés dans la partie Simscape et sont totalement équivalents à ceux de SimPowerSystems.

Ces sources sont contrôlées par un signal de type Simulink. Elles forment ainsi une interface entre le monde de la simulation et les systèmes physiques de type SimPowerSystems.

Si on considère, par exemple, la source de tension contrôlée, `Controlled Voltage Source`, cette tension est générée entre le signe '+' et le signe '-' qui est généralement la masse.

Le signal de contrôle, de type Simulink, s'applique à l'entrée 's' de ce bloc.

Si l'on veut générer une tension à partir de la somme d'une rampe et d'une sinusoïde, par exemple, nous utilisons ce signal pour commander la source contrôlée de tension, `Controlled Voltage Source`.

Librairies de SimPowerSystems 403

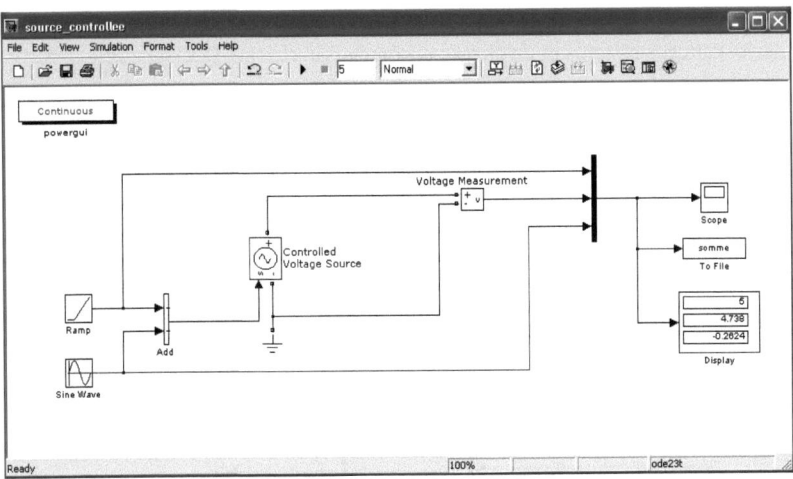

Pour afficher le signal « somme », nous avons besoin du voltmètre, Voltage Measurement, qui fait office d'interface entre les signaux physiques de SimPowerSystems et Simulink. L'entrée '-' du voltmètre sert de masse commune.

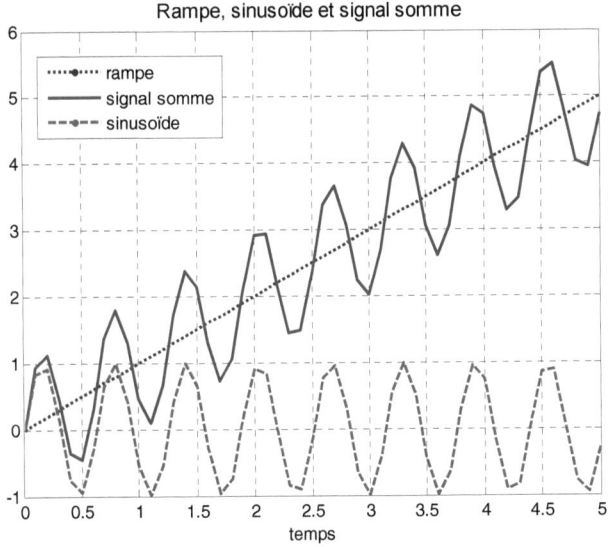

Le bloc Battery implémente un modèle de batterie générique qui résume une batterie rechargeable et qui se décharge au bout d'un certain temps d'utilisation.
Dans l'application suivante, on fait débiter à la batterie un courant constant de 10 A. Avec le temps, la batterie sera totalement déchargée.

La valeur qui commande la source contrôlée de courant est la constante unité qui est multipliée par un gain variable que nous fixons à 10, afin d'avoir une source de courant de 10 A qui décharge la batterie.

404 Chapitre 7

La sortie m du bloc `battery` permet de ressortir, à travers un `Bus Selector`, le courant fourni par la batterie, sa tension de charge et son état de charge, `SOC`(State Of Charge) en %.

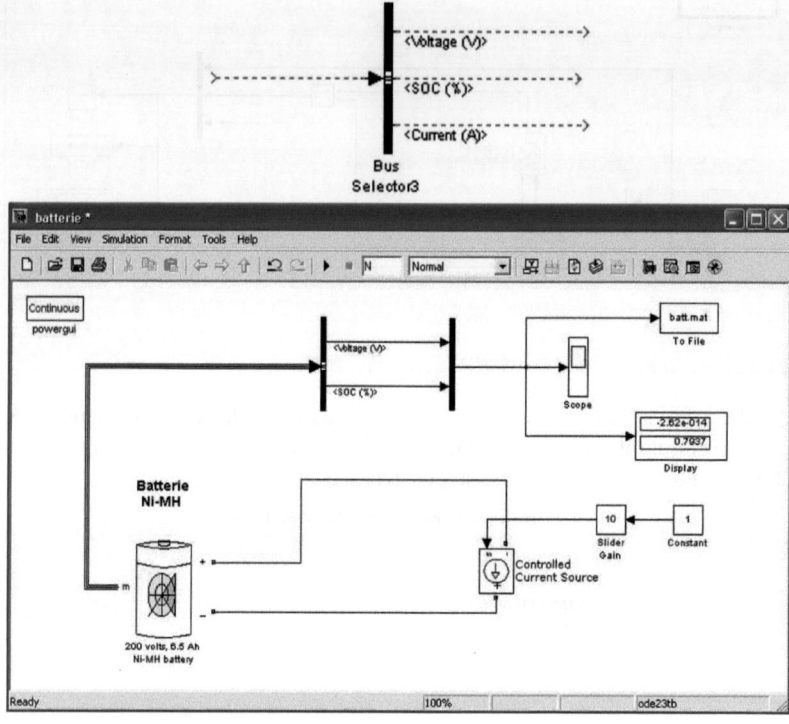

Les commandes insérées dans la fonction Callback `StopFcn` permettent de lire le fichier binaire `batt.mat` afin de tracer la charge (V) et l'état de charge de la batterie, `SOC` en %.

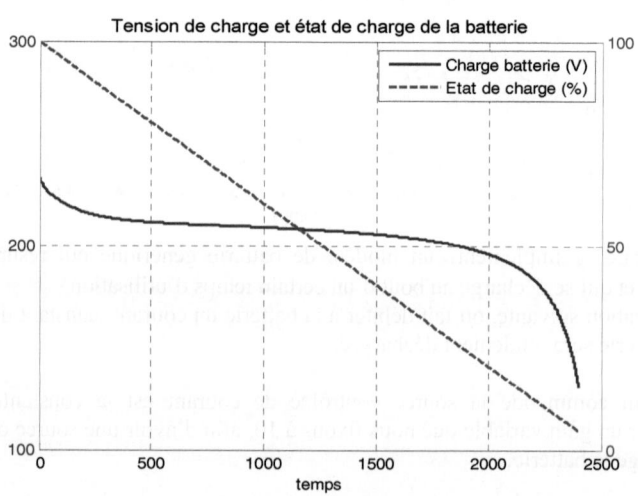

La courbe en traits pleins représente la tension aux bornes de la batterie. Elle est divisée en 3 parties :
- une décharge exponentielle,
- une zone où la tension est à sa valeur nominale,
- une zone de décharge pendant laquelle la tension chute brutalement.

III. Librairie Elements

Par le browser de Simulink tous ces différents éléments sont affichés ensemble, contrairement à la commande powerlib.

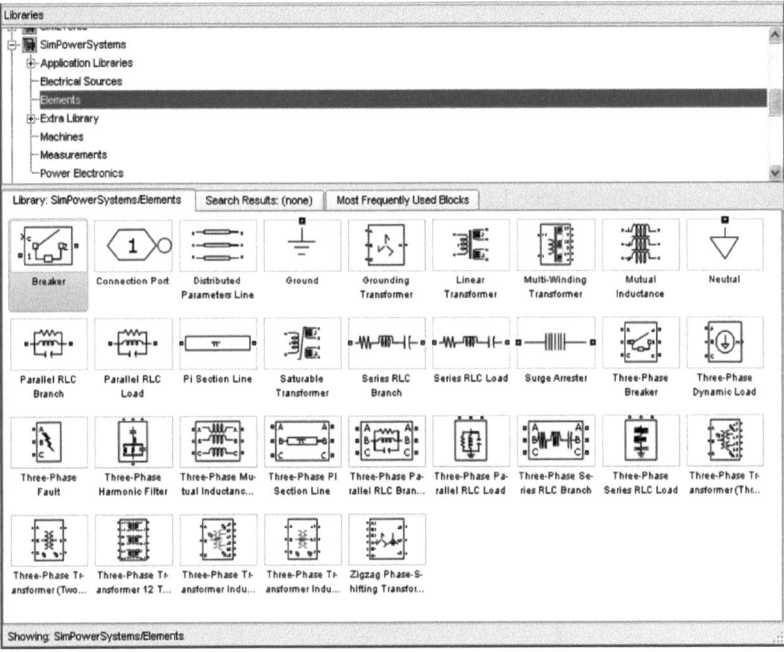

L'avantage de l'ouverture de cette librairie par la commande powerlib de la ligne de commande Matlab, est la répartition des blocs selon la fonction réalisée :

- Elements (circuits RLC, parallèles et séries, etc.),

- Lines (lignes de transmission),

- Circuit Breakers (interrupteurs),

- Transformers (transformateurs).

De même, la librairie Measurements pour les blocs de mesure, son affichage par la commande powerlib est plus complète que celui du browser de Simulink.

III.1. Catégorie Elements

On y trouve les différents éléments des circuits de puissance.

III.1.1. Les circuits RLC, parallèle et série

Nous trouvons 2 types : Load et Branch.

- **Type Load**

Dans le type Load, le circuit RLC sert de charge à un circuit. Nous spécifions, dans ce cas, les valeurs de R, L et C par leurs puissances, active pour R et réactives pour L (positive) et C (négative).

On peut éliminer un de ces composants en spécifiant sa puissance nulle, active pour R, réactive pour C et L.
Nous pouvons, ainsi, réaliser un circuit RC, RL, LC, RLC ou simplement une résistance R, une capacité C ou une inductance L. Ce type de circuit est principalement prévu pour servir de charge (Load).

Nous pouvons spécifier ce circuit sous une forme triphasée, en étoile avec un neutre confondu avec la masse Y (grounded), neutre flottant (floating), neutre accessible (neutral) ou en triangle (Delta).

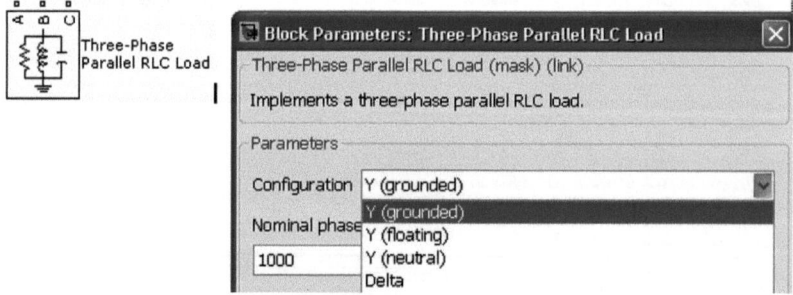

- **Type Branch**

Le type Branch est utilisé comme circuit intermédiaire d'une branche d'un circuit, monophasé ou triphasé.

La suppression d'un élément revient à choisir les valeurs particulières R=0, L=0 et C=Inf pour l'élément RLC série ou R=Inf, L=Inf et C=0 pour le circuit RLC parallèle.

Nous pouvons aussi réduire la branche RLC, série ou parallèle, à un seul ou deux éléments, en choisissant le type de circuit, R, RC, RL, etc., parallèle ou série, dans le menu déroulant suivant.

Le cas suivant permet d'avoir une charge purement inductive.

Librairies de SimPowerSystems 407

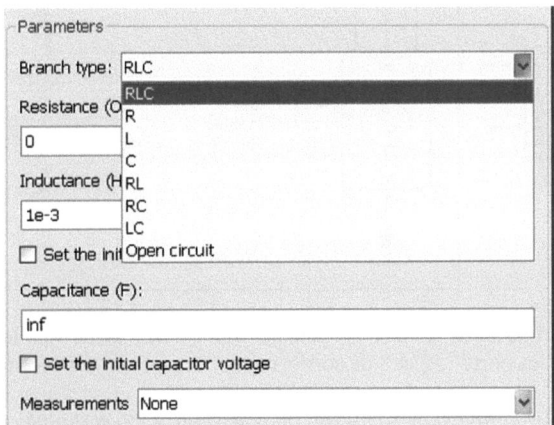

- des mutuelles inductances simples ou triphasées,
- un port pour les sous-systèmes,
- le neutre,
- un élément qui protège le circuit contre les surtensions (Surge Arrester).

III.1.2. Elements triphasés

Dans le modèle suivant, nous allons étudier les circuits RLC de type Load, Branch et des sources triphasées et des sous-systèmes avec des entrées/sorties de type SimPowerSystems.

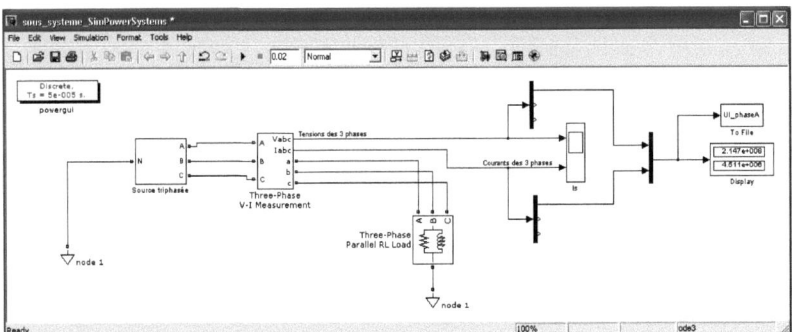

Le neutre N du générateur n'est pas relié à la masse mais au bloc Neutral dont on a spécifié le nœud n°1 dans sa boite de dialogue. La charge RL du circuit est reliée au même nœud.
Dans le tableau suivant, nous présentons le sous-système formé du générateur triphasé et de sa charge.

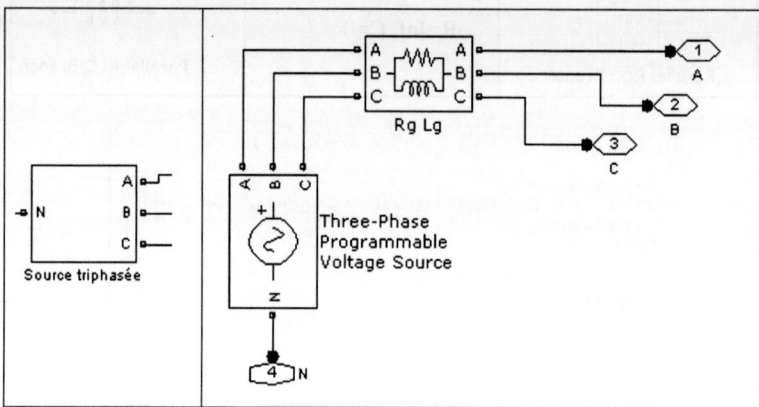

Les ports d'entrée et de sortie d'un sous-système SimPowerSystems sont identiques comme le port n°4 (entrée) et les ports 1, 2 et 3 de sortie, contrairement aux sous-systèmes Simulink.

Nous utilisons un démultiplexeur au niveau de la tension Vabc et du courant Iabc pour tracer la tension et le courant au niveau de la phase A.

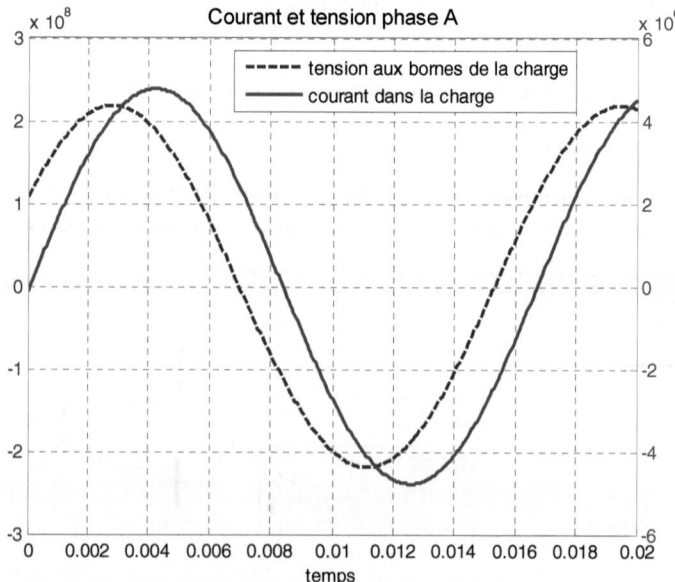

Le niveau et le déphasage de ces signaux sont dépendants des valeurs des éléments de la charge et de l'impédance interne de la source.

Librairies de SimPowerSystems   409

III.2. Applications

III.2.1. Circuit RLC série

On se propose de simuler le circuit RLC série suivant.

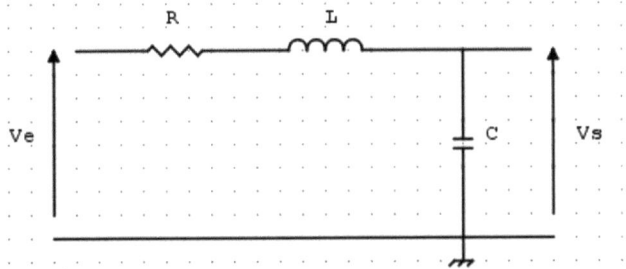

Le modèle Simulink suivant permet de simuler ce circuit et d'obtenir sa réponse indicielle.

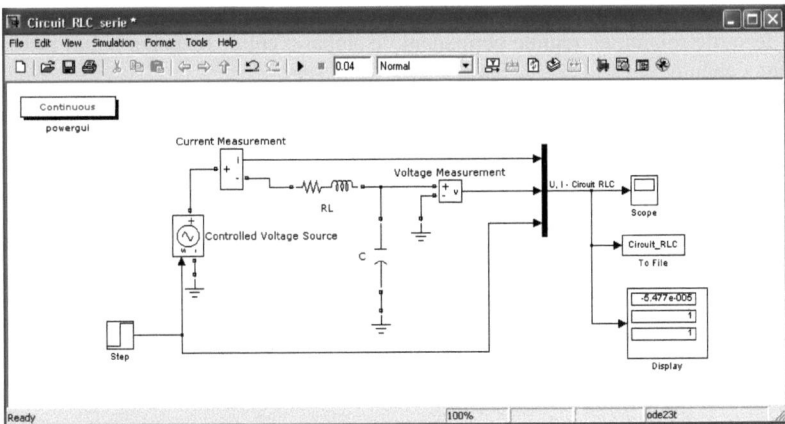

La tension aux bornes du condensateur C et le courant circulant dans le circuit RLC sont mesurés, respectivement par les blocs `Voltage Measurement` (voltmètre) et `Current Measurement` (ampèremètre).

On applique au système un échelon de tension unité via la source de tension contrôlée (`Controlled Voltage Source`).

En utilisant la transformée de Laplace, la tension aux bornes du condensateur C, Vs(p), est donnée en fonction de celle de la tension d'entrée Ve(p), par la formule du pont diviseur :

$$Vs(p) = \frac{\frac{1}{Cp}}{\frac{1}{Cp} + R + Lp} Ve(p) = \frac{1}{1 + RCp + LCp^2} Ve(p)$$

Ce système du 2nd ordre est défini par 2 paramètres, sa pulsation propre $w_0 = \dfrac{1}{\sqrt{LC}}$ et son coefficient d'amortissement ζ, tel que $RC = 2\,\zeta\,w_0$, soit :

$$\zeta = \frac{RC}{2w0} = \frac{1}{2} R \sqrt{\frac{C}{L}}.$$

$w_0 = \dfrac{1}{\sqrt{LC}}$, pulsation propre du circuit RLC ou de résonance du circuit LC.

Pour $R \neq 0$, le système est amorti. La réponse indicielle du circuit dépend du coefficient d'amortissement ζ.

Le meilleur temps de réponse est obtenu pour $\zeta = \dfrac{\sqrt{2}}{2}$. C'est ce qu'on cherche à obtenir, en général en boucle fermée, en sortie d'un système de régulation.

La figure suivante représente l'échelon de tension d'entrée, la tension de sortie aux bornes de la capacité et le courant circulant dans le circuit. Comme on l'observe dans ces courbes, la tension de sortie rejoint, en régime permanent, le signal d'entrée (échelon unité) pendant que le courant s'annule.

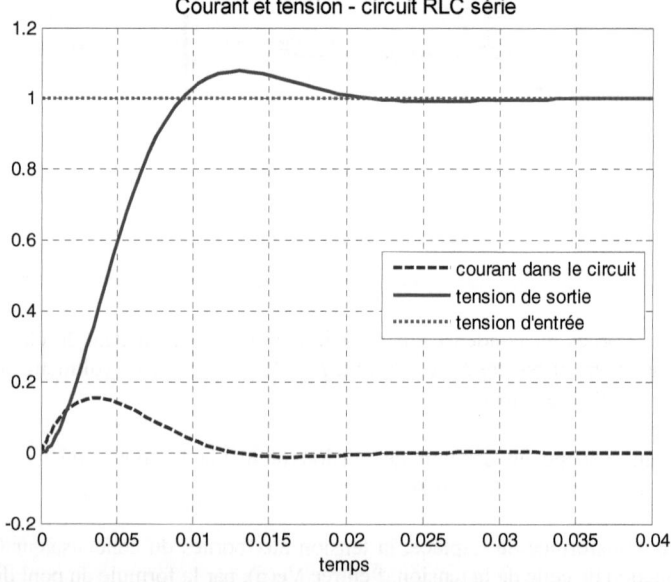

Les commandes suivantes de la boite à outils « Symbolic Math Toolbox » permettent d'obtenir l'expression temporelle du signal de sortie et de la tracer.
En utilisant la loi des mailles, nous avons :

$$i = C \frac{dV_s}{dt}$$

$$Ve = Vs + R\,i + l \frac{di}{dt}$$

Librairies de SimPowerSystems

Ce qui donne l'équation différentielle suivante.

$$V_e = V_s + RC\frac{dV_s}{dt} + LC\frac{d^2V_s}{dt^2}$$

La commande dsolve permet de résoudre cette équation différentielle. Les symboles DVs et D2Vs représentent la première et la seconde dérivée du signal Vs.

```
clc
clear all
syms R C Ve Vs

R=4; L=10e-3; C=0.001; Ve=1;

% équation différentielle et conditions initiales
Vs=dsolve('Ve=Vs+R*CDVs+L*C*D2Vs','Vs(0)=0','DVs(0)=0')
Vs=subs(Vs);
ezplot(Vs, [0 0.04])
grid
```

La commande subs permet de remplacer les variables R, C et L par leurs valeurs numériques et ezplot trace Vs dans l'intervalle [0 0.04].

L'expression symbolique de la tension de sortie, avant l'exécution de la commande subs, est la suivante.

```
Vs = Ve - (Ve*((C^2*R^2 - 4*C*L)^(1/2) -
C*R))/(2*exp((t*((C^2*R^2 - 4*C*L)^(1/2) +
C*R))/(2*C*L))*(C^2*R^2 - 4*C*L)^(1/2)) - (Ve*exp((t*((C^2*R^2 -
4*C*L)^(1/2) - C*R))/(2*C*L))*((C^2*R^2 - 4*C*L)^(1/2) + C*R))/(2*(C^2*R^2
- 4*C*L)^(1/2))
```

III.2.2. Circuit RLC parallèle

Le circuit RLC parallèle se comporte de la même façon qu'un circuit RLC série, lorsqu'on lui applique un courant.

Le comportement n'est pas exactement identique malgré le fait d'avoir conservé les mêmes valeurs pour chacun des composants passifs.

En effet, pour le circuit série, on a mesuré la tension aux bornes du condensateur en fonction de la tension d'entrée, alors que pour ce circuit parallèle nous avons appliqué un courant à l'entrée et qu'en sortie on s'est intéressé à la tension aux bornes du circuit RLC.

Le rapport entre la tension de sortie Vs sur le courant d'entrée Ie, est homogène à une impédance.

$$\frac{Vs(p)}{Ie(p)} = \frac{Lp}{1 + \frac{L}{R}p + LCp^2}$$

La pulsation propre possède la même valeur que précédemment mais pas le coefficient d'amortissement.

$$\zeta = \frac{1}{2w_0}\frac{L}{R} = \frac{1}{2}\frac{1}{R}\sqrt{\frac{L}{C}}$$

Le circuit RLC série, qui était d'amortissement optimal, est sous cette forme parallèle, sous amorti.

Le circuit RLC de la charge joue le rôle d'un filtre passe bande. La tension de sortie est nulle aux hautes fréquences (front de l'échelon d'entrée) ainsi que pour ses paliers, haut et bas (fréquence nulle) ou régime établi.

Entre ces deux états, cette tension est pseudo-périodique de même fréquence non amortie que pour le circuit série.

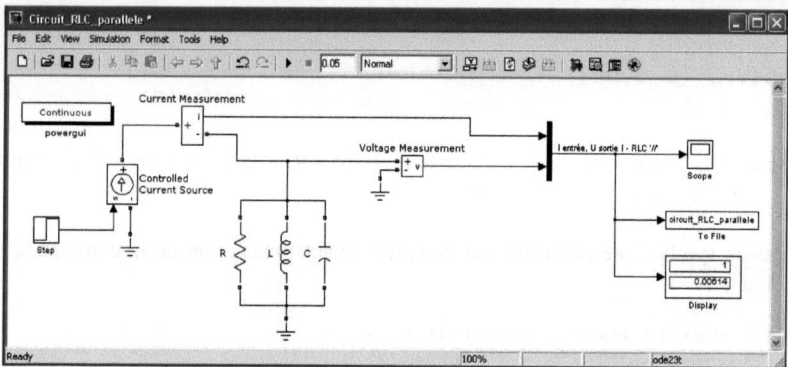

Les signaux du courant d'entrée et de la tension de sortie sont multiplexés et sauvegardés dans le fichier binaire `circuit_RLC_parallele.mat`.

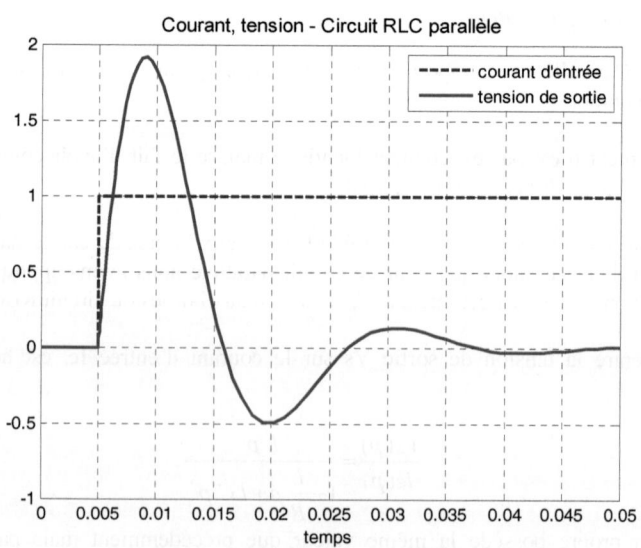

Librairies de SimPowerSystems 413

III.2.3. Circuit RC avec utilisation du bloc Breaker

Dans le modèle suivant, on utilise le bloc Breaker qui permet de couper ou de rétablir le contact dans un circuit.
Entre les instants t=0 à t=10, nous appliquons une tension constante de 1000 V (réellement 990V que l'on peut voir dans l'afficheur Display) au circuit RC.
Avant l'instant t=4, l'interrupteur (Breaker) est ouvert, déconnectant ainsi la capacité $C = 1F$ de la résistance $R = 1\Omega$.
A l'instant t=4, la fermeture brutale de la capacité remet la sortie à la masse d'où la chute brutale de la tension de sortie suivie de la charge de la capacité vers la tension d'entrée constante de 1000V.
Notons que le bloc Controlled Voltage Source réalise une interface entre Simulink et SimPowerSystems, tandis que l'ampèremètre (Current Measurement) et le voltmètre (Voltage Measurement) font l'opération inverse.

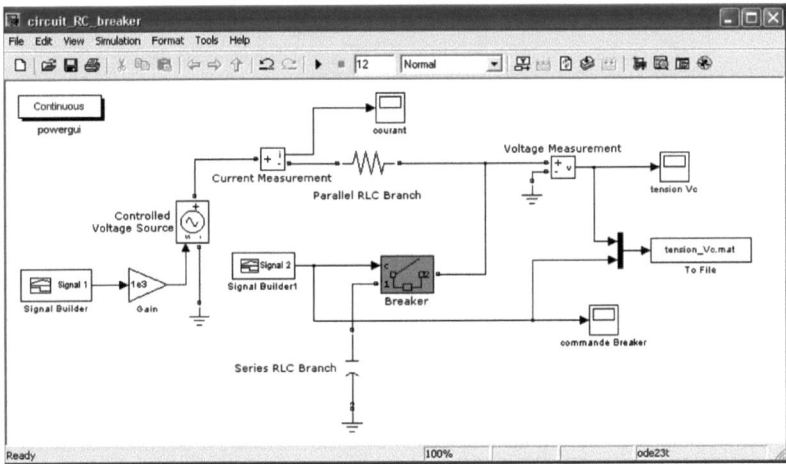

La figure suivante représente, l'évolution de la tension aux bornes de la capacité et le signal de commande de l'interrupteur (Breaker).
Dans la boite de dialogue du disjoncteur (Breaker), nous spécifions la résistance Ron de l'état conducteur, la résistance et la capacité du circuit qui le protège des variations brusques de la tension (les dV/dt), le circuit snubber.

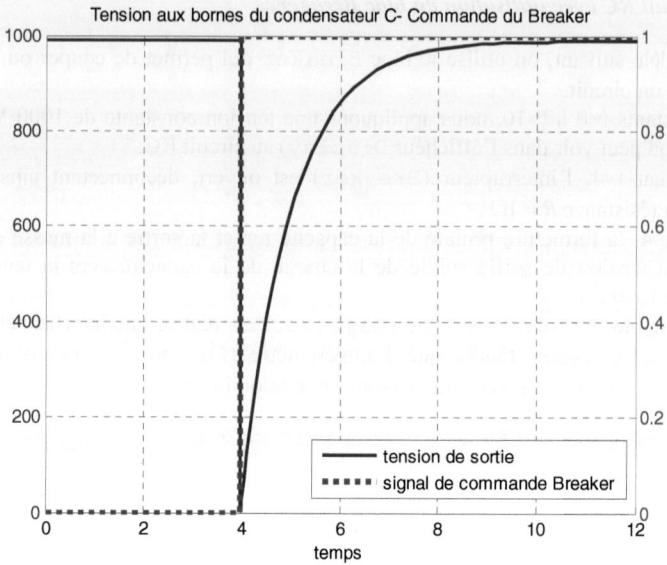

Entre les instants t=0 et t=4, le condensateur n'est pas relié au circuit, ce dernier est alors ouvert, il n'y a pas de chute de tension au niveau de la résistance ; la tension de sortie est égale à celle de l'entrée (1000V).

A la fermeture du breaker, la tension de sortie chute à zéro à cause de la charge nulle du condensateur. Elle rejoint la valeur de la tension d'entrée selon une dynamique du 1er ordre de constante de temps $\tau = RC = 1s$.

III.3. Connexion des capacités

Il existe des principes de base pour connecter les condensateurs à des sources de tension ou les inductances à des sources de courant.
La simulation du schéma suivant affiche un message d'erreur.

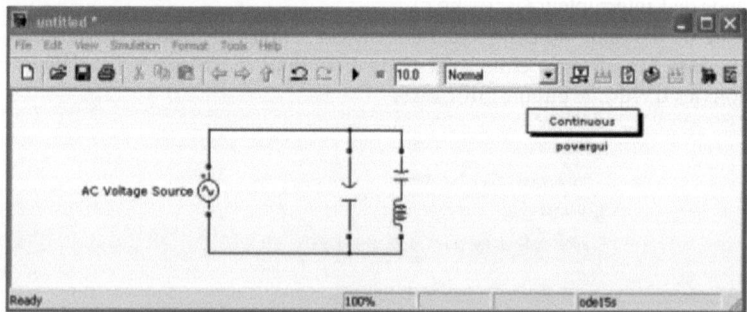

Il est évident qu'on ne peut pas brancher directement une capacité en parallèle à une source de tension sans impédance interne. Cette capacité se charge instantanément et perd sa raison d'être. D'autre part, si sa charge initiale est nulle, il peut court-circuiter le générateur de tension.

Librairies de SimPowerSystems 415

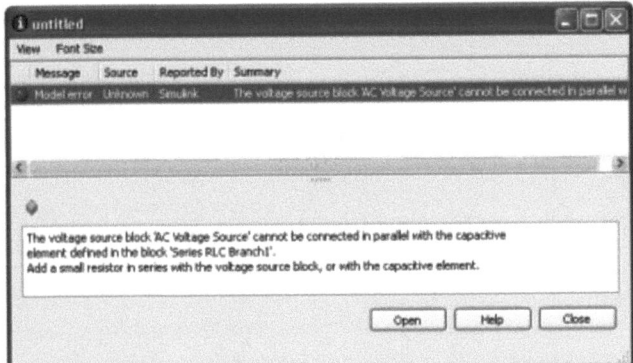

Pour éviter cette erreur, il suffit d'ajouter une résistance de faible valeur en série entre le condensateur et la source de tension.

C'est le cas de cet exemple où l'on a rajouté la résistance $r = 0.01\Omega$ après la source de tension.

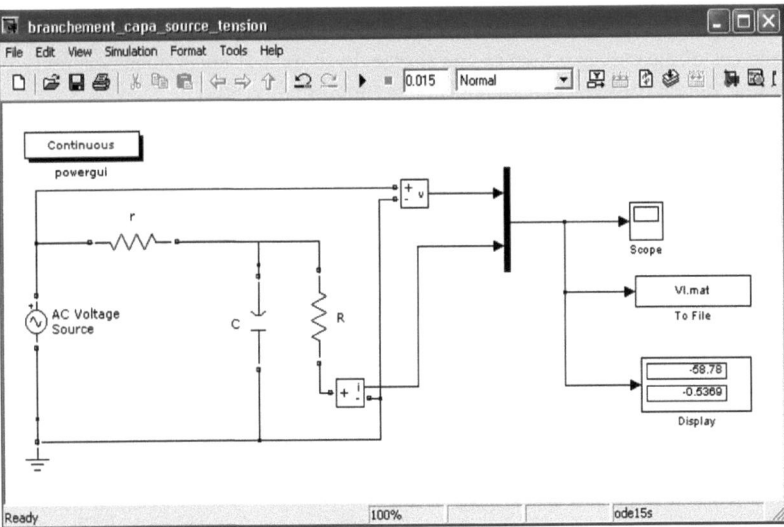

La courbe suivante, représentant la tension et le courant dans le circuit LC série, est obtenue grâce aux commandes suivantes programmées dans la fonction Callback StopFcn.

```
close all
load VI.mat
plotyy(x(1,:),x(2,:),x(1,:),x(3,:))
grid
title('Tension et courant dans le circuit LC')
xlabel('temps')
```

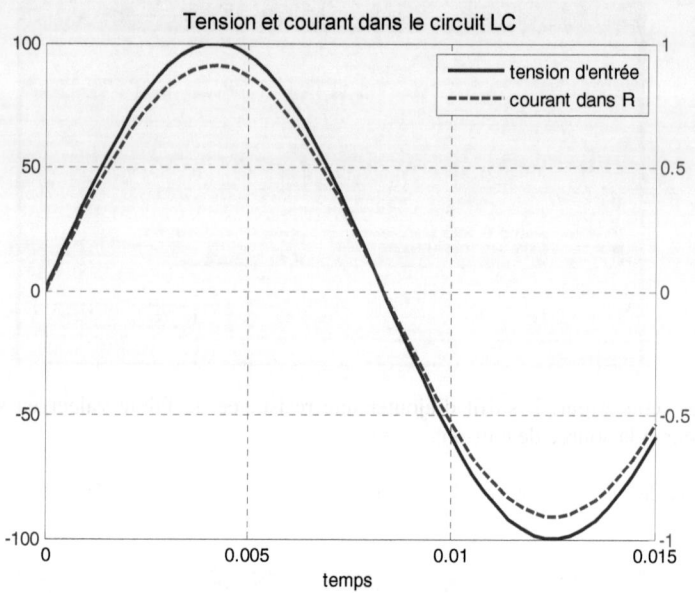

Dans le cas d'une connexion entre une source de courant et une inductance, nous avons du rajouter une grande résistance en parallèle pour supprimer l'erreur.

Cette résistance permet de faire passer un courant non nul dans le cas où la valeur initiale du courant dans la bobine est égale à zéro.

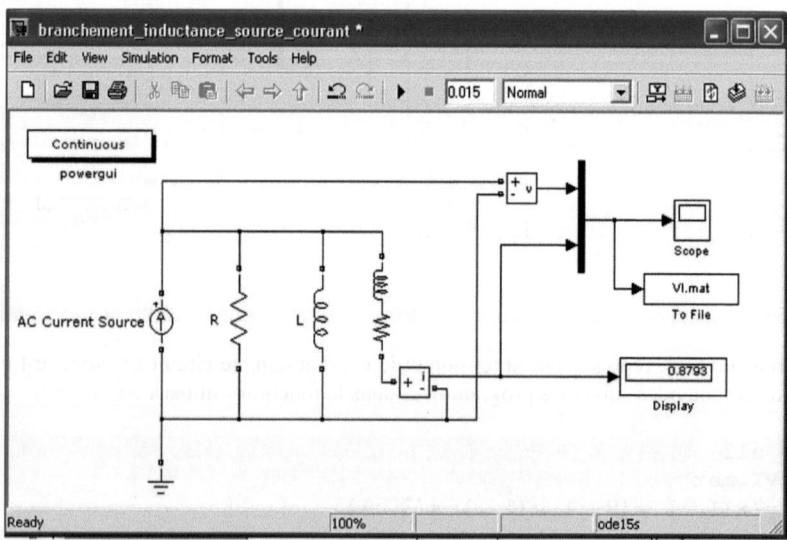

La tension et le courant, dans le circuit sont représentés dans la courbe suivante.

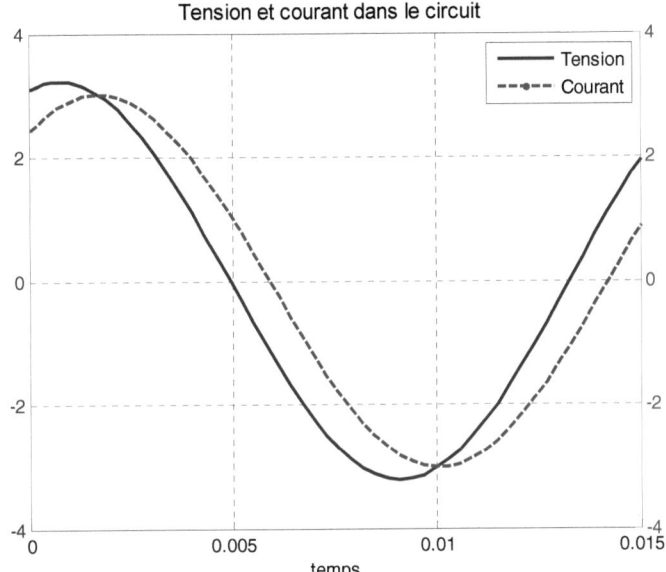

III.4. Catégorie Lines

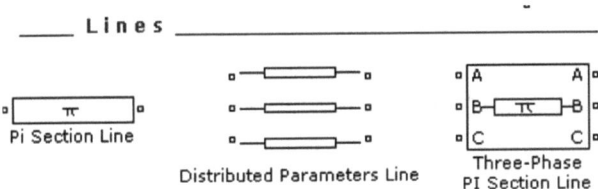

On y trouve les lignes de transmission, notamment une section de ligne en PI, simple ou triphasée.

Les lignes de transmission sont un ensemble de conducteurs acheminant un signal électrique vers la charge. La condition idéale de fonctionnement est de voir à l'entrée de la ligne la même impédance que celle de la charge, quelque soit la longueur de la ligne. Ainsi l'impédance caractéristique de la ligne est égale à la charge.

La forme PI est donnée par la cellule élémentaire d'une ligne de transmission.

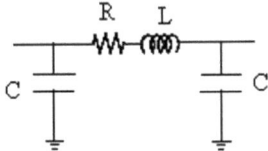

L'impédance caractéristique d'une ligne de transmission idéale, c'est-à-dire sans pertes (R=0), est définie par :

$$Zc = \sqrt{\frac{L}{C}}$$

où L et C l'inductance et la capacité par unité de longueur de la ligne.

Les valeurs typiques de l'impédance caractéristique sont 50 ou 75 Ω pour une ligne coaxiale (http://www.kw-link.net/) et 300 Ω pour une ligne bifilaire (à 2 fils, torsadés ou pas).

La ligne de transmission est modélisée par un nombre élevé de cellules en PI, comme le schématise le circuit suivant :

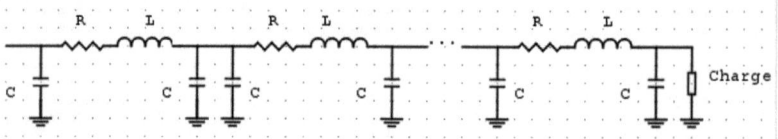

Ce qui se réduit à :

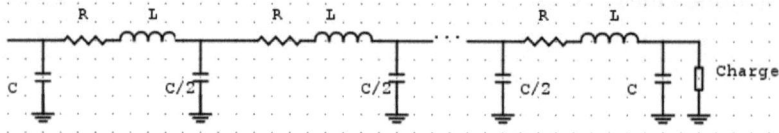

Une bonne transmission de l'information suppose une bonne transmission d'énergie d'où une adaptation d'impédance, soit une impédance caractéristique égale à l'impédance de la charge.

Le bloc `PI section Line block` représente une ligne de transmission formée d'une succession de cellules élémentaires en cascade comme celle que nous avons représentée précédemment.

Le nombre de ces cellules dépend du domaine de fréquences, utilisé.

La fréquence maximale est donnée par la formule suivante:

$$f_{max} = \frac{N v}{8 l}$$

avec:

N : nombre de sections en PI (cellules élémentaires),

v : vitesse de propagation en km/s,

l : longueur de la ligne en km.

Librairies de SimPowerSystems 419

On choisit un nombre de sections en PI de telle sorte que les fréquences de coupure et de résonance de la ligne soient nettement plus grandes que la fréquence de travail. Cela détermine les valeurs de la capacité C et de la self L de la section en PI. La fenêtre de dialogue du bloc `PI section Line block` permet de spécifier la fréquence de travail, la résistance R, l'inductance L, et la capacité C par unité de longueur (kilomètre) ainsi que le nombre de cellules élémentaires. La précision du modèle de ligne dépend du nombre de sections en PI utilisées.

Dans le modèle suivant, nous utilisons une ligne de transmission de 300 km modélisée par 10 sections en PI. Nous utilisons un disjoncteur, initialement fermé, que nous ouvrons à l'instant 2*T, avec T, la période du signal (T=1/60s= 0.0167s). Nous le refermons à l'instant t=3T.

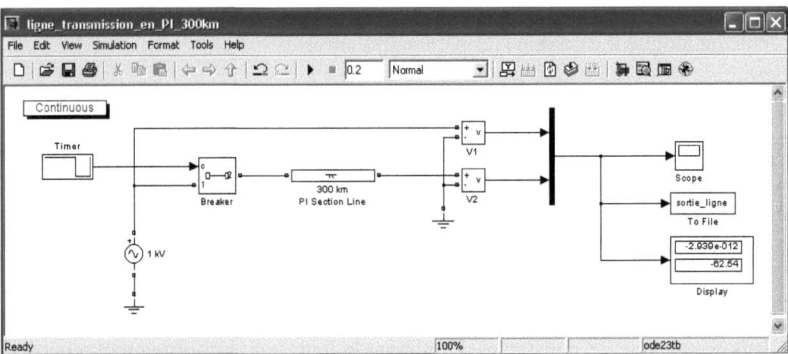

A la fermeture du disjoncteur, le signal n'est pas sinusoïdal, en régime transitoire, à cause de la présence de composants réactifs (inductances et capacités). Au bout d'un certain temps, le signal de sortie redevient sinusoïdal.

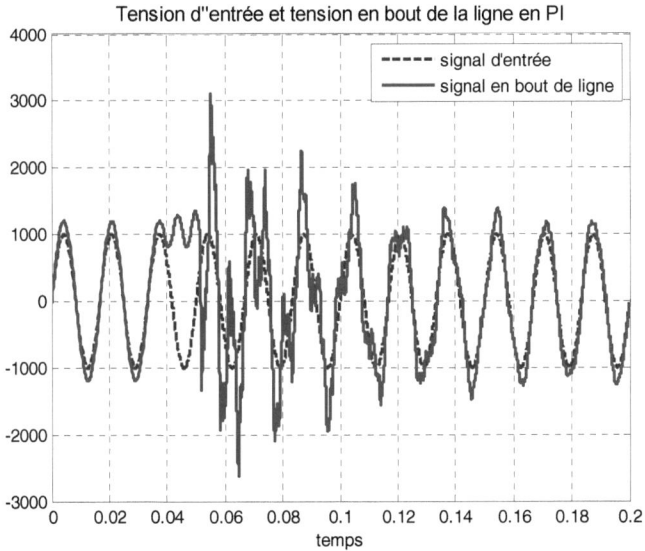

Une ligne peut être modélisée par la mise en cascade d'une infinité de cellules d'une longueur dx infinitésimale. Les 4 paramètres définissant une ligne sont, entre autres:

- La résistance linéique R_l qui est la résistance longitudinale des conducteurs par unité de longueur. Pour le cuivre, elle vaut $22\ 10^{-3}\ \Omega/m$.

- L'inductance linéique L_l ou inductance longitudinale due à l'induction créée par les autres cellules.

- La conductance linéique G_l qui est l'inverse de la résistance transversale entre 2 conducteurs (Siemens/m). Elle est nulle pour un bon diélectrique.

- La capacité linéique C_l qui est la capacité transversale entre 2 fils (en F/m).

Cette cellule de longueur dx a donc les paramètres suivants :

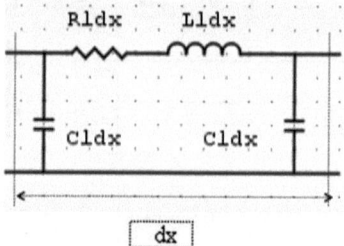

On dit, dans ce cas, que les constantes définissant la ligne sont uniformément réparties le long de sa longueur.

Distributed Parameters Line

Cette ligne est modélisée par le bloc `Distributed Parameters Line`.

Les différents types de ligne sont, entre autres:

- Une paire de fils parallèles,
- Les lignes torsadées,
- Un câble coaxial.

IV. Librairie Measurements

Cette librairie contient des blocs de mesure de tension (voltmètre), de courant (ampèremètre), d'impédance, un bloc multimètre, etc.

Le voltmètre doit être mis en parallèle au circuit dont on veut mesurer la tension et l'ampèremètre en série.

L'ampèremètre et le voltmètre sont des interfaces entre SimPowerSystems et Simulink, comme on peut le remarquer par la forme des ports des sorties de ces blocs.

Librairies de SimPowerSystems 421

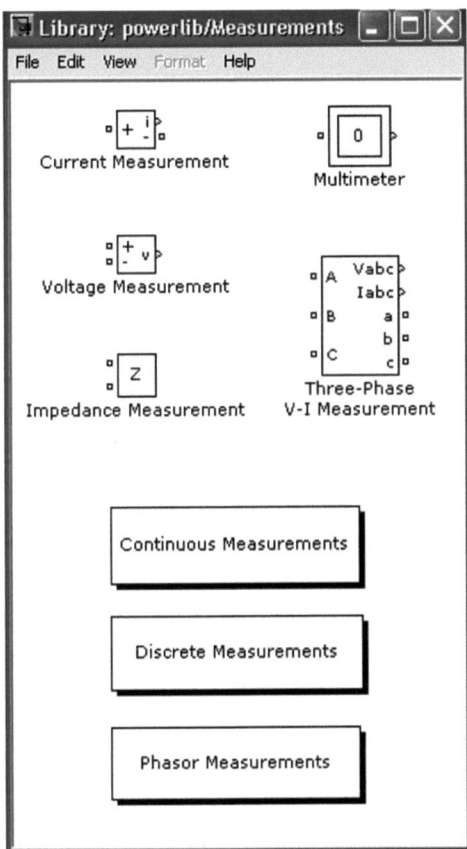

Nous retrouvons les blocs élémentaires de l'ampèremètre, voltmètre, etc., mais grâce à la commande `powerlib` sous Matlab, nous avons 3 blocs supplémentaires:

- bloc de mesures continues (Continuous Measurements),
- mesures discrètes (Discrete Measurements),
- mesures de type phaseurs (Phasor Measurements).

Dans les deux premiers cas, on peut faire des mesures sur une simple phase, des mesures triphasées (valeur moyenne, RMS, transformée de Fourier) ou de puissance (mesure de puissance active ou réactive).

Les mesures de type `Phasors` sont celles où on ne s'intéresse qu'aux amplitudes et phases des signaux pour lesquelles on n'a pas besoin de résoudre les équations différentielles qui régissent la dynamique du système.

La simulation est donc plus rapide qu'avec un solveur à pas variable tel qu'ode15s.

Un phaseur est un signal mis sous sa forme complexe $Ae^{j\varphi}$.

IV.1. Charge et décharge d'un condensateur

Le modèle suivant représente la charge et décharge d'une capacité à travers une résistance en utilisant les librairies Elements, Measurements et Electrical Sources.
Le créneau d'entrée, appliqué au circuit, est obtenu par la différence entre deux échelons décalés dans le temps.
Le courant est mesuré par le bloc Current Measurement, intercalé en série entre la source de tension contrôlée et la résistance.
La tension aux bornes de la capacité est donnée par le bloc Voltage Measurement. La résistance et la capacité sont, toutes deux, obtenues par le même bloc suivant :

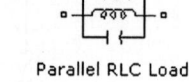

Parallel RLC Load
(Charge RLC parallèle).

Comme il n'y a qu'un seul élément à chaque fois, celui-ci, peut être aussi obtenu par la charge RLC série.

Series RLC Load

Les valeurs de ces éléments sont fixées par leur puissance, active pour la résistance et réactive pour la capacité et la self. Ces éléments peuvent, aussi être spécifiés en utilisant les blocs Parallel RLC Branch (Branche RLC parallèle) ou Series RLC Branch (Branche RLC série). Dans ce dernier cas, on choisit le type de circuit dans un menu déroulant, dans lequel on spécifie les valeurs de ces composants en Ohm, Henry et Farad ainsi que la charge initiale de la capacité ou le courant initial dans la self.

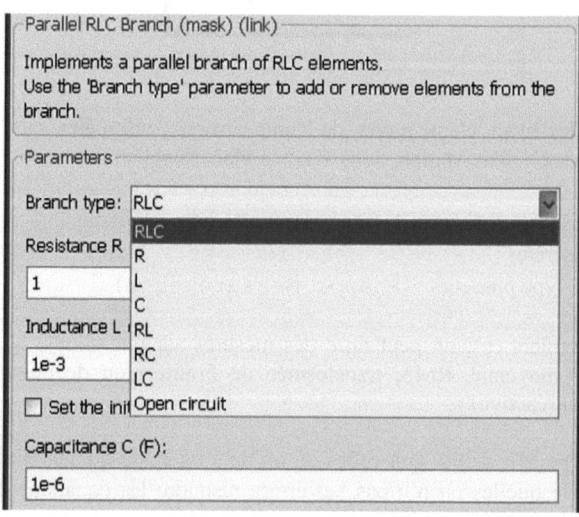

Pour étudier la charge et décharge d'une capacité à travers une résistance, on utilise le modèle suivant.

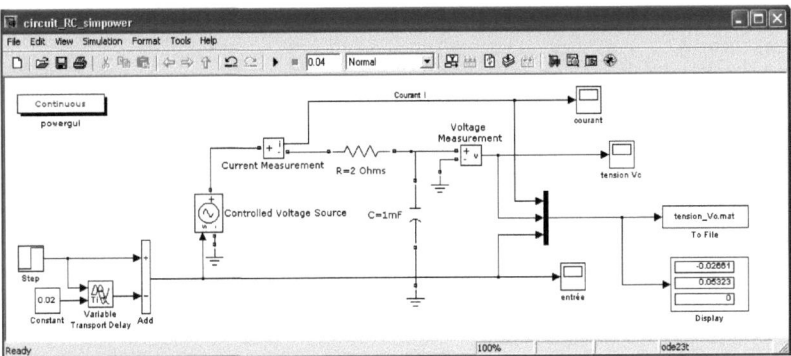

Le créneau, signal de type Simulink doit passer par la source de tension contrôlée avant d'attaquer les éléments physiques, comme la résistance R.

On intercale un capteur de courant entre cette source de tension contrôlée et la résistance pour mesurer le courant dans le circuit RC.
Un capteur de tension, placé en parallèle à la capacité, mesure la tension à ses bornes qu'on envoie dans le fichier binaire tension_Vc.mat en même temps que le signal créneau.
La courbe suivante représente la tension aux bornes du condensateur, lorsqu'on applique une tension sous forme de créneau, au circuit RC, ainsi que le courant dans le circuit.

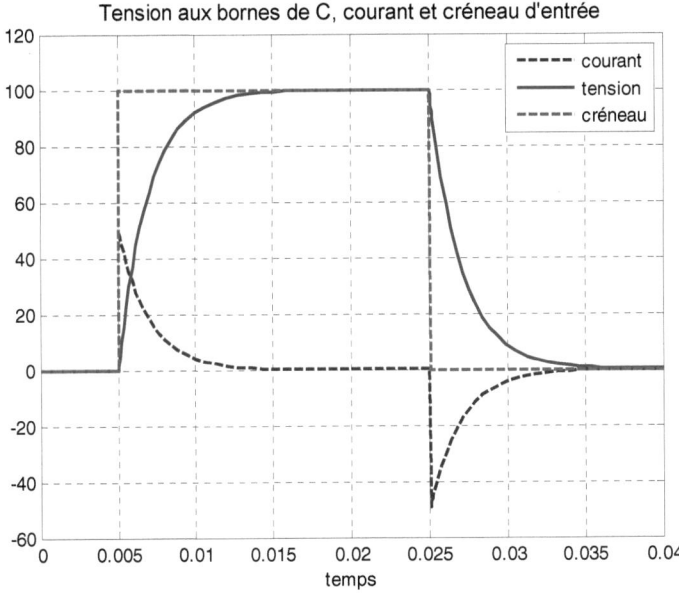

Au front montant du signal d'entrée, le courant fait un saut de 50A à cause de la capacité très faible du condensateur en hautes fréquences. Le courant s'annule en régime permanent, lorsque le condensateur est complètement chargé.
Il en est de même, mais dans le sens inverse au front descendant du créneau d'entrée.

fichier symbolique circuit_RC.m
```
clc, close all, clear all

syms R C Ve Vs t
R=4; L=10e-3; C=0.001;

Ve=heaviside(t)
% équation différentielle et conditions initiales
Vs=dsolve('Ve=Vs+R*C*DVs','Vs(0)=0')
Vs=subs(Vs)
ezplot(Vs, [0 0.04]), hold on
ezplot(Ve, [0 0.04]), grid
axis([0 0.04 -0.2 1.2])
```

Avant la commande `subs`:
```
Vs =
Ve - Ve/exp(t/(C*R))
```

Après la commande `subs`:
```
Vs =
heaviside(t) - heaviside(t)/exp(250*t)
```

Ce fichier permet d'obtenir l'expression symbolique de la tension Vs puis sa valeur temporelle en résolvant l'équation différentielle du 1er ordre,

$$Ve(t) = Vs(t) + RC\frac{dVs(t)}{dt}$$

avec une tension d'entrée Ve(t) sous forme d'un échelon (fonction `heaviside`).

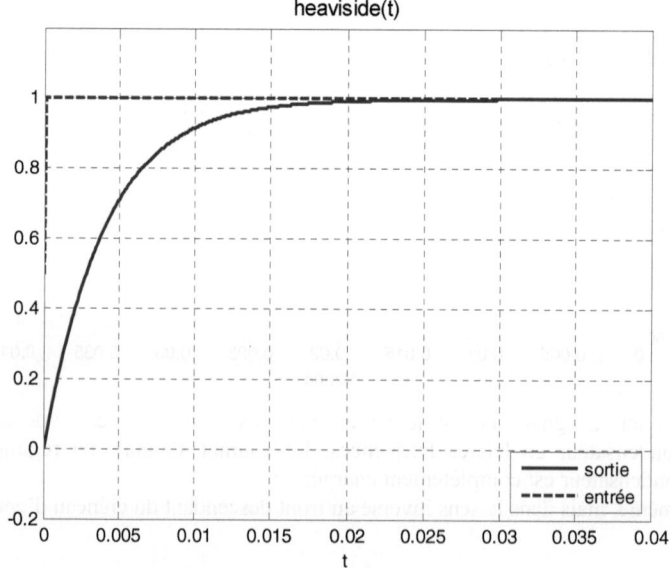

Librairies de SimPowerSystems 425

IV.2. Mesures par le bloc Multimeter (multimètre)

Le bloc `Multimeter` permet la mesure de tensions et courants circulant dans certains blocs possédant le paramètre spécial nommé `Measurements` qu'on trouve dans leur boite de dialogue.

Les éléments possédant le paramètre `Measurements` sont listés dans le tableau suivant. Dans la troisième colonne, nous affichons la bibliothèque correspondant à chacun d'eux.

Nom du bloc	Bloc	Bibliothèque
AC Current Source	AC Current Source	Electrical Sources
AC Voltage Source	AC Voltage Source	Electrical Sources
Controlled Current Source	Controlled Current Source	Electrical Sources
Controlled Voltage Source	Controlled Voltage Source	Electrical Sources
DC Voltage Source	DC Voltage Source	Electrical Sources
Series RLC Branch	Series RLC Branch	Elements
Series RLC Load	Series RLC Load	Elements
Parallel RLC Branch	Parallel RLC Branch	Elements
Parallel RLC Load	Parallel RLC Load	Elements
Linear Transformer	Linear Transformer	Elements

Saturable Transformer	Saturable Transformer	Elements
PI Section Line	Pi Section Line	Elements
Distributed Parameters Line	Distributed Parameters Line	Elements
Breaker	Breaker	Elements
Universal Bridge	Universal Bridge	Power Electronics

Dans le modèle Simulink suivant, nous utilisons un double transformateur dont la tension du secondaire est redressée par un pont à diodes (Universal Bridge) que nous avons spécifié dans le menu déroulant du bloc, comme le montre la figure suivante.

La liste comporte les composants de puissance qui réalisent la fonction de relais ou switchs, comme les diodes, les thyristors, IGBT, GTO, etc.

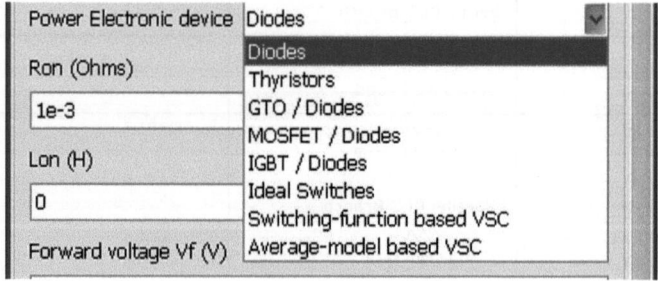

La charge est formée par un circuit LC série.

Grâce au bloc Multimeter, nous affichons la tension d'entrée ainsi que celle aux bornes de la capacité.

Ce bloc affiche, ensuite, le nombre de signaux qu'il permettra d'afficher, 3 dans notre cas.

Librairies de SimPowerSystems 427

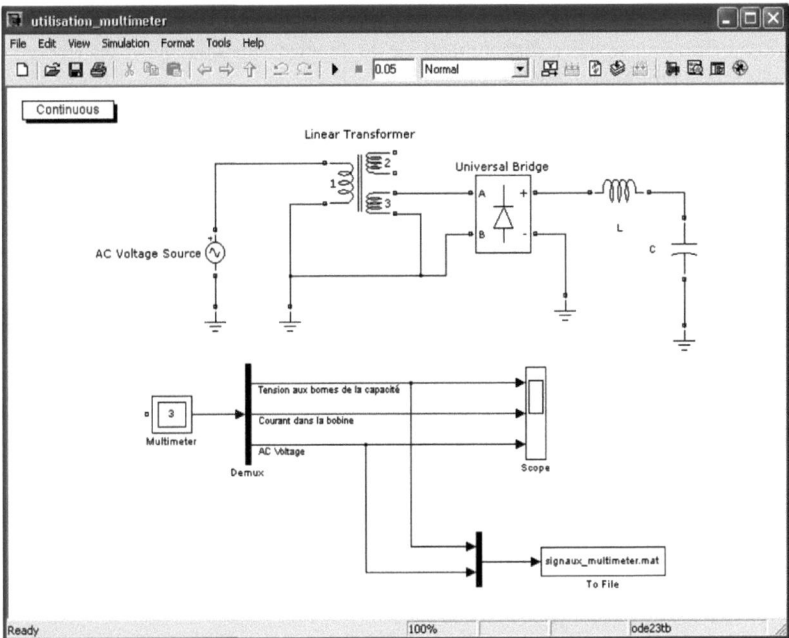

Pour mesurer la tension fournie par la source de tension AC Voltage Source, nous devons choisir l'option voltage pour le paramètre Measurements dans la boite de dialogue de ce bloc.

L'option None empêche toute mesure par le multimètre.

Pour mesurer la tension aux bornes du condensateur C, nous choisissons l'option Branch voltage pour le paramètre Measurements.

L'option Branch voltage and current permet la mesure simultanée du courant et de la tension.

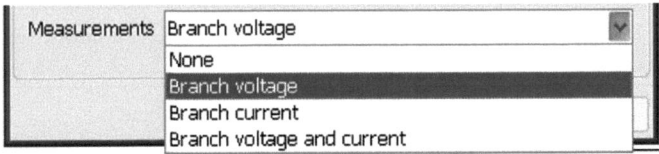

Les signaux à mesurer sont sélectionnés par le choix adéquat de l'option pour le paramètre Measurements.

La liste de ces signaux est affichée, au départ, dans le coté gauche (`Available Measurements` ou signaux disponibles) de la fenêtre suivante que l'on obtient par un double clic sur le bloc `Multimeter`.

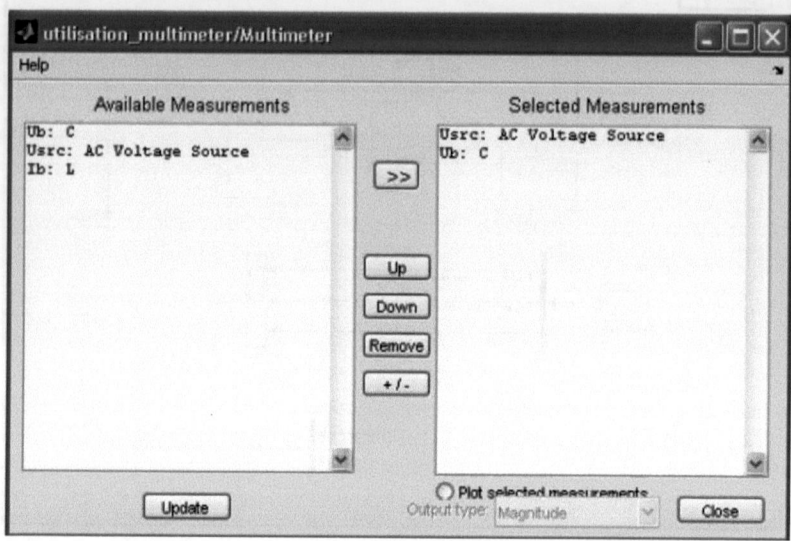

Dans cette fenêtre, à gauche, nous avons les signaux disponibles (blocs de SimPowerSystems dont on a sélectionné la bonne valeur du paramètre `Measurements` (`Available Measurements`) et à droite, les signaux sélectionnés pour être mesurés (`Selected Measurements`) par le bloc `Multimeter`.
Ce choix se fait par « >> ».

Certains signaux sélectionnés peuvent être supprimés par le bouton « `Remove` » après avoir été sélectionnés.

Dans notre exemple, nous décidons de garder uniquement la tension d'entrée et la tension aux bornes de la capacité.
`Update` permet la mise à jour après toute modification d'ajout ou suppression de signaux.

Les signaux disponibles sont listés et définis dans le tableau suivant.

`Ub: C`	Tension aux bornes de la capacité C
`Usrc: AC Voltage Source`	Tension du générateur d'entrée
`Ib: RLC`	Courant dans la bobine L

Après avoir été démultiplexés, ces 2 signaux sont représentés dans la figure suivante.
Cette figure, tracée grâce aux commandes de la fonction Callback `StopFcn`, représente le signal de la source `AC Voltage Source` et celle que l'on mesure aux bornes du condensateur C.

Librairies de SimPowerSystems 429

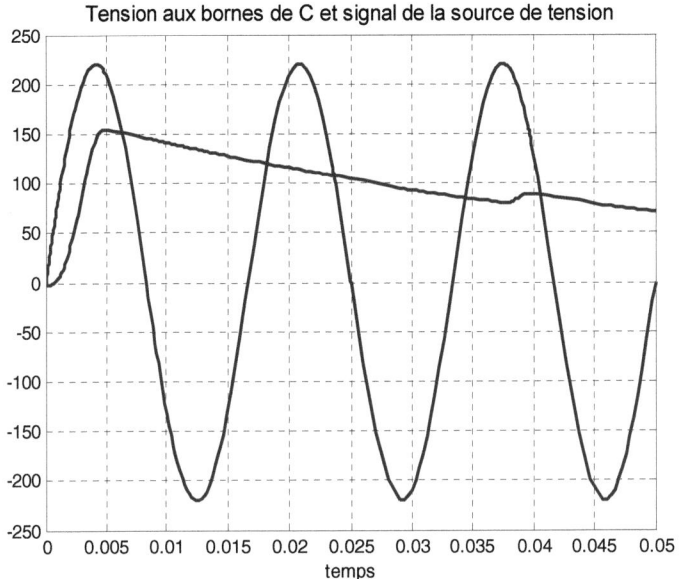

IV.3. Mesure triphasée, blocs RMS et Fourier

SimPowerSystems possède des blocs de mesure dans les 3 modes :

- discret,
- continu,
- le mode Phaseurs.

Le choix de l'un de ces modes se fait en double-cliquant sur le bloc `powergui`.

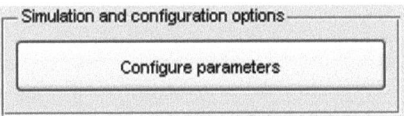

- **mode Continuous**

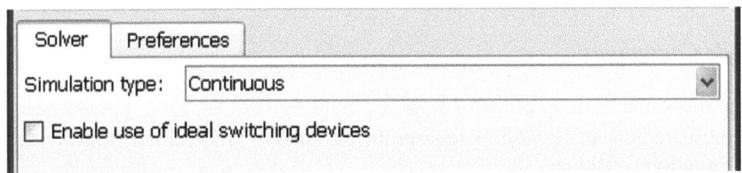

Dans le mode `Continuous`, les solveurs généralement utilisés dans SimPowerSystems sont `ode23tb` ou `ode15s`.

Lorsqu'on coche la case « Enable use of ideal switching devices », on peut supprimer les circuits snubbers qui sont des circuits RC qui limitent par leur inertie les grandes variations de tensions qui risquent de détruire le composant.

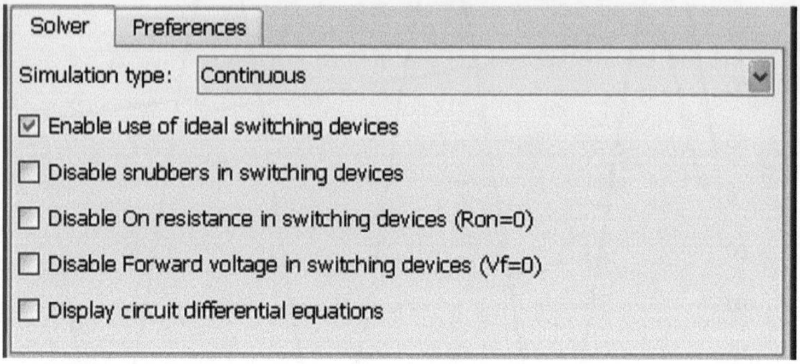

- **mode Discrete**

Dans ce mode, nous devons spécifier la période d'échantillonnage.

- **mode Phasors**

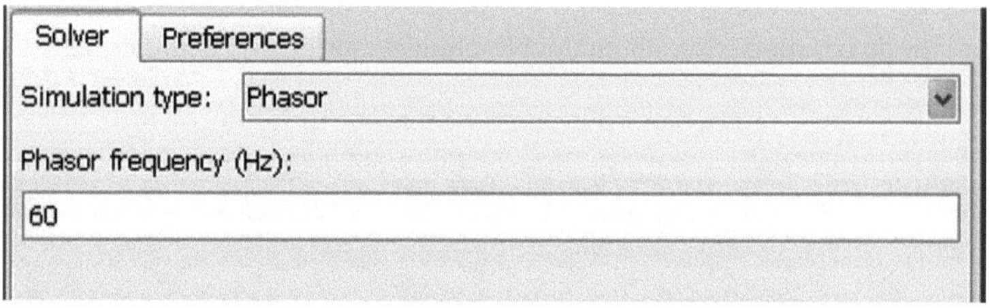

Dans ce mode particulier, nous devons indiquer la fréquence du signal.

IV.3.1. Mode Continuous

Dans l'exemple suivant, nous utilisons le bloc Three-Phase V-I Measurement pour mesurer simultanément la tension et le courant de chaque phase d'une source triphasée, en mode de simulation continue.

La source triphasée Three-Phase Source, montée en étoile avec la masse du circuit comme neutre, et la charge, sont représentées comme suit, pour chaque phase :

Librairies de SimPowerSystems 431

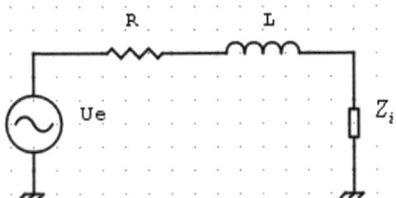

R et L sont la résistance et l'inductance de l'impédance interne de la source triphasée pour chacune des 3 phases et Z_i la charge appliquée au bout d'une phase i.

Nous avons 2 phases chargées, respectivement par une résistance de $10\,\Omega$ (phase C) et $5\,\Omega$ (phase A), tandis que la phase B est à vide.

Les sorties Vabc et Iabc sortent, simultanément, les tensions et courants des 3 phases.

Pour obtenir la grandeur d'une seule phase nous devons démultiplexer la sortie Vabc ou Iabc ; ce que nous avons fait pour obtenir l'intensité du courant de la phase A.

Nous le vérifions en divisant la 1ère sortie du démultiplexeur par la tension aux bornes de la résistance de $5\,\Omega$, nous obtenons la valeur 1 au niveau de l'afficheur Display.

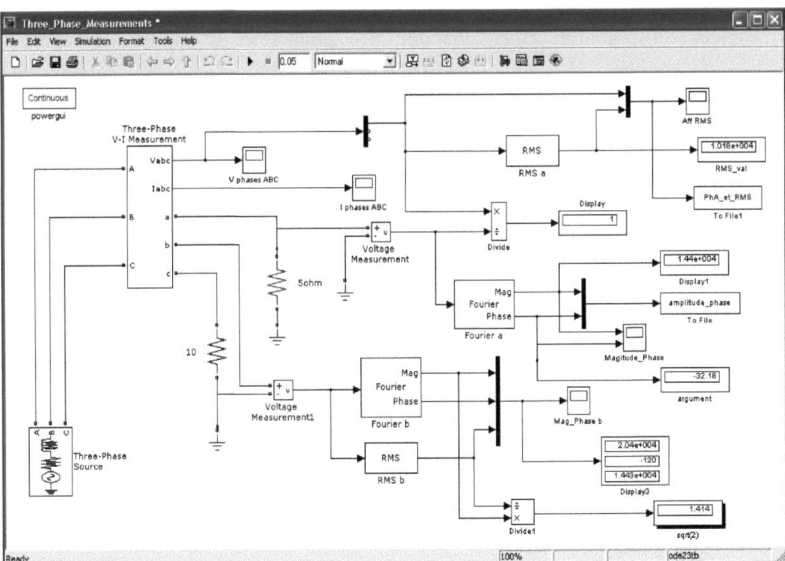

Le bloc RMS permet de calculer la valeur efficace d'un signal après un temps égal à une période de ce signal, environ.
Nous le vérifions dans la courbe suivante dans laquelle nous affichons la tension aux bornes de la charge sur la phase A et sa valeur efficace.

Nous remarquons que le calcul de la valeur efficace ne converge qu'après un temps égal, au moins, à une période du signal.

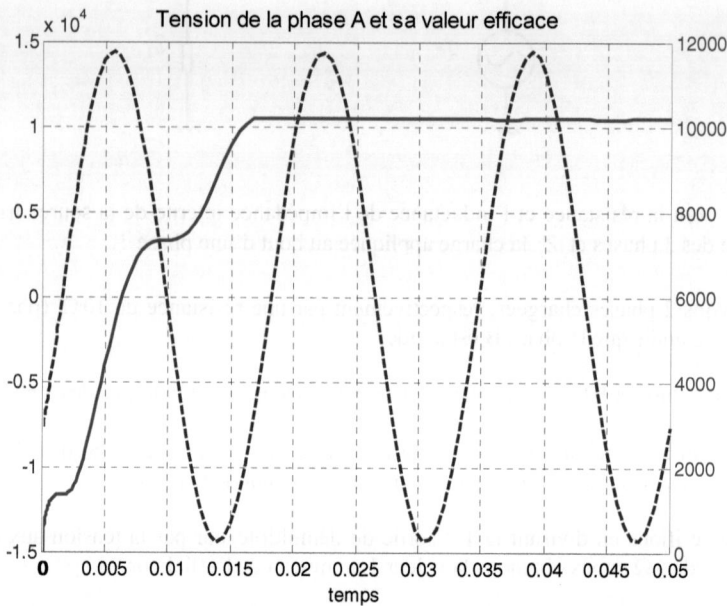

Les différences de potentiel entre chacune des phases et le neutre (tensions simples) constituent un système de tensions triphasées notées v_1, v_2 et v_3, déphasées de $\frac{2\pi}{3}$.

$$v_1 = V_1 \sqrt{2} \sin(wt + \varphi),$$
$$v_2 = V_2 \sqrt{2} \sin(wt + \varphi - \frac{2\pi}{3}),$$
$$v_3 = V_3 \sqrt{2} \sin(wt + \varphi - \frac{4\pi}{3}).$$

Avec $V_1 = V_2 = V_3$, les valeurs efficaces, toutes égales pour un système triphasé équilibré.

Le bloc Fourier permet d'obtenir l'amplitude et la phase d'un signal après un temps égal, au moins, à une période.

Nous l'utilisons pour obtenir l'amplitude et la phase de la tension au niveau des phases A et B.

La figure suivante représente l'amplitude et la phase de la tension au niveau de la phase A.

Librairies de SimPowerSystems

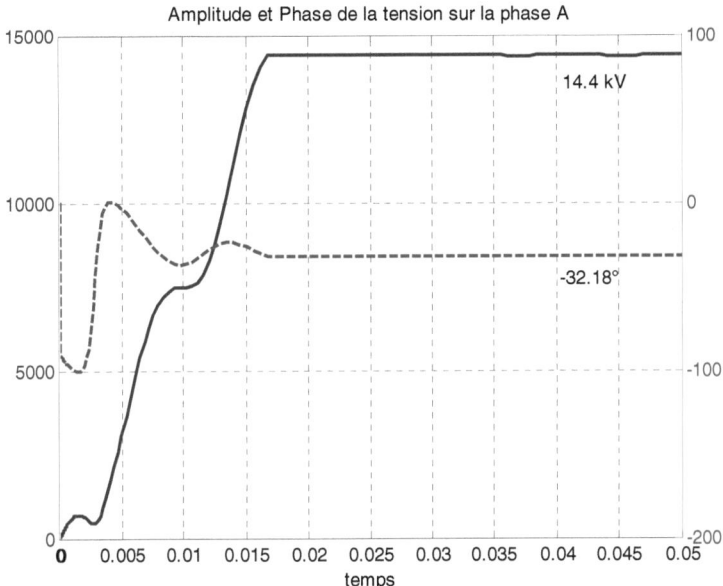

Dans l'afficheur `sqrt(2)` nous vérifions le rapport de l'amplitude sur la valeur efficace d'un signal.

La tension aux bornes de la résistance $5\,\Omega$ sur la phase A est donnée par :

$$vA = \frac{R}{R+(1+j\,Lw)}ve = \frac{R}{R+1}\frac{1}{1+j\frac{Lw}{R+1}}ve = \frac{5}{6+j2\pi*L*60}ve = \frac{5}{6}\frac{1}{1+j0.2\pi}ve$$

Les lignes de commande suivantes permettent de calculer cette phase que nous vérifions avec la valeur affichée dans `Display2`.

Nous rappelons que l'argument de la tension au niveau de la phase A est nul.

```
% Calcul de la phase, Phase A
% Impédance interne de la source, R=10ohms L=10 mH
R=1
L=10e-3;
Imp_A=R+j*2*pi*L*60;
Charge=5; % 5 ohms
Tension_chargeA=Charge/(Charge+Imp_A);

% calcul de la phase
Phase = angle(Tension_chargeA)*180/pi
Phase =
  -32.1419
```

Nous vérifions bien cette valeur de la phase dans l'afficheur `argument`.

IV.3.2. Mode Phasors

Nous pouvons utiliser les blocs Fourier et RMS pour mesurer l'amplitude, la phase d'un signal continu et sa valeur efficace.

Ces mesures sont possibles après les blocs voltmètres et ampèremètres pour lesquels on choisit l'option Magnitude après un double-clic.

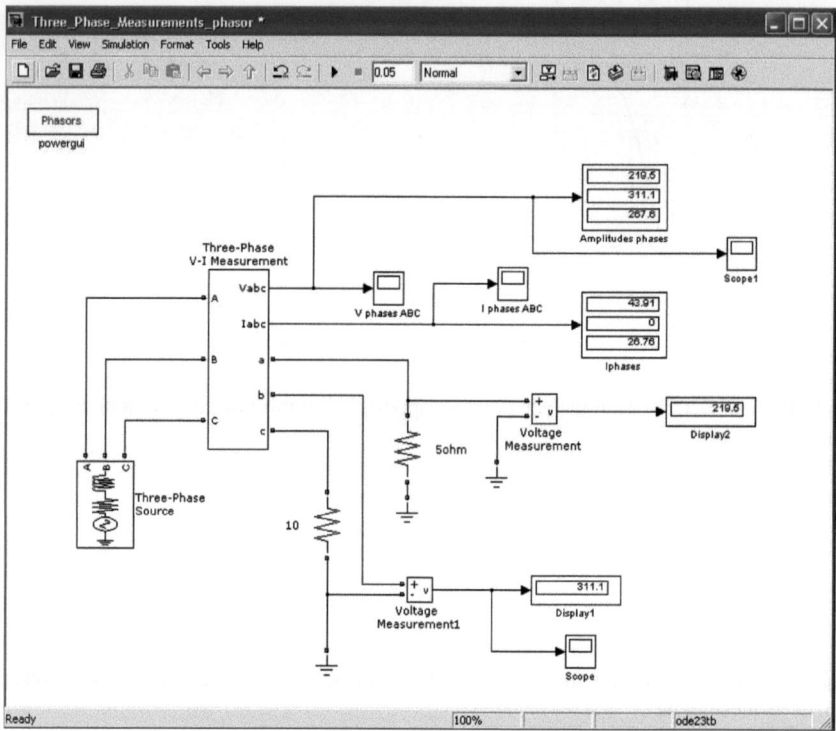

Les amplitudes des tensions des 3 phases sont affichées dans Amplitudes phases. La tension efficace de la source étant de $220\sqrt{3}$ V phase à phase, l'amplitude par rapport au neutre est alors de $220\sqrt{2}$ V, soit 311.13 V, ce que nous trouvons dans cet afficheur pour cette phase B.

Pour les autres phases, il suffit d'appliquer la loi du pont diviseur de tension.

Nous pouvons remarquer que l'amplitude du courant est nulle pour la phase B car cette dernière n'est pas chargée.

De même, celle du courant dans la phase A est bien elle qui est dans l'afficheur Iphases.

```
>> 219.5/5
ans =
   43.9000
```

De même pour le courant de la phase C.

Librairies de SimPowerSystems 435

Avec Rc la résistance de charge ($Rc = 10\Omega$), Rg la résistance interne de la source triphasée ($Rg = 1\Omega$) et Lg l'inductance interne de la source ($Lg = 10e-3H$), nous avons, par le pont diviseur de tension :

```
>> Rc=10;
>> Rg=1;
>> Lg=10e-3;
>> w=2*pi*60;
>> Vc=220*sqrt(2)*abs(10/(11+j*Lg*w))
Vc =
  267.5652
```

Nous trouvons bien cette valeur dans l'afficheur correspondant. Dans cet oscilloscope, nous retrouvons directement les valeurs précédentes grâce au mode phasors.

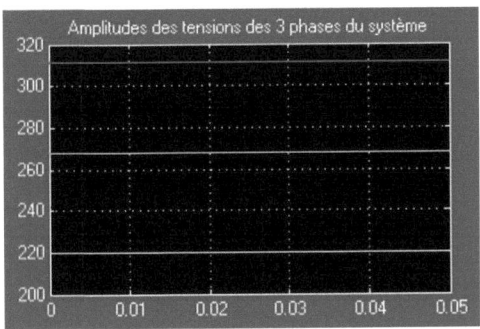

IV.3.3. Mode Discrete

L'application suivante utilise la source triphasée programmable pour laquelle on peut spécifier la variation dans le temps de l'amplitude, de la phase et superposition d'harmoniques.

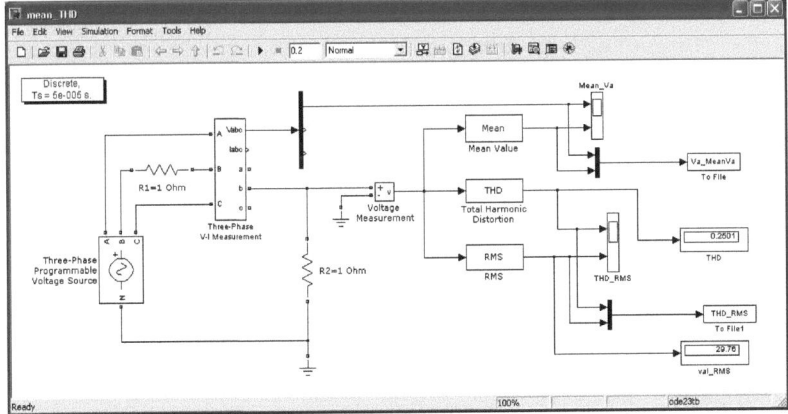

Dans la boite de dialogue de la source triphasée programmable, `Three-Phase Programmable Voltage Source`, on doit spécifier d'abord la valeur efficace entre phases de la tension triphasée, son argument et sa fréquence.

La valeur efficace, `Arms` et sa période `T` sont définies dans la fonction Callback `InitFcn` du modèle Simulink.

Ci-après, nous montrons la boite de dialogue de la source triphasée programmable.

```
Parameters
Positive-sequence: [ Amplitude(Vrms Ph-Ph)  Phase(deg.)  Freq. (Hz) ]
[Arms 0 1/T]

Time variation of: Amplitude

Type of variation: Step

Step magnitude (pu, deg. or Hz):
1

Variation timing (s) : [ Start  End ]
[0.06 0.14 0.2]
```

Dans le champ `Time variation of`, on définit le paramètre à modifier avec le temps, à savoir l'amplitude, la fréquence ou la phase.

Le type de variation peut être un échelon, une rampe, etc. Dans le cas du choix de l'échelon, on définit sa hauteur en `pu` (`per unit`). Dans le cas d'une rampe, on spécifie sa pente.

L'échelon de variation d'amplitude 1 pu a lieu à l'instant t=0.06s jusqu'à t=0.14s.
On observe bien la variation d'amplitude dans la courbe suivante.
L'unité `pu` est relative à une tension de référence (ou de base).

La tension Vbase, ou de référence, est définie dans la boite de dialogue du bloc `Three-Phase V-I Measurement` dans le champ «`Nominal voltage used for pu measurement (Vrms phase-phase)`».

La tension en unités `pu` est définie par :

$$V(pu) = \frac{V(entre\ phases)}{V_{base}}$$

Dans notre cas, la tension de référence ou de base est égale à 25e3 V. La valeur efficace, ramenée à cette unité `pu` est, alors, égale à :

```
>> Arms/25000
ans =
    0.0040
```

A l'instant t=0.06s, l'amplitude est augmentée d'une unité pu, comme nous l'avions spécifié dans le champ « Step magnitude (pu, deg. or Hz)» jusqu'à l'instant t = 0.14s.

Nous présentons ci-après, la suite de la boite de dialogue de la source programmable triphasée.

En plus de la programmation des paramètres amplitude, phase et fréquence, en fonction du temps, nous pouvons aussi superposer des harmoniques au signal sinusoïdal d'une des phases de la source.

Les spécifications suivantes de cette boite de dialogue consistent en la superposition de l'harmonique 3, d'amplitude 0.2 pu et de phase égale à -25°.

Un 3ème harmonique, d'amplitude 0.2 pu, est superposée au signal d'origine de l'instant t=0.1s à 0.2s.

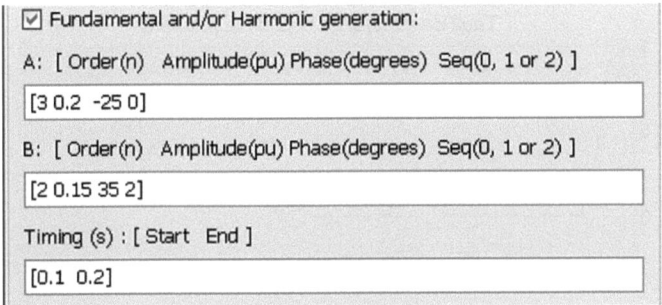

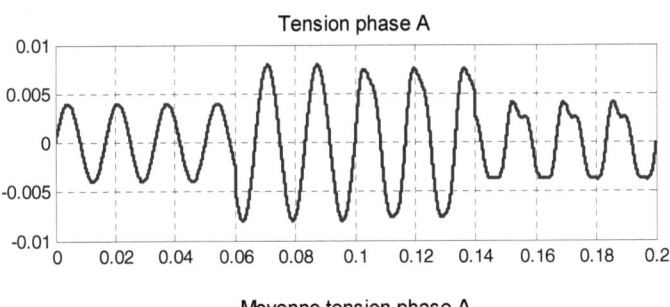

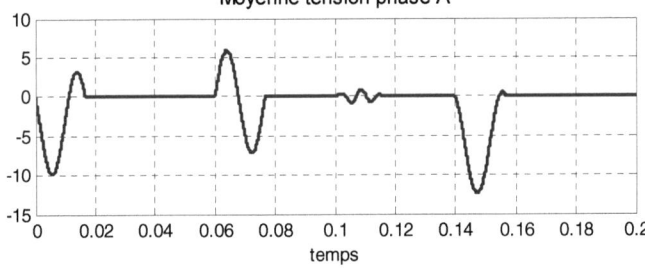

La 2ème courbe représente la valeur de la moyenne du signal.

Elle est égale à 0 avec des perturbations aux instants où l'on apporte une modification des paramètres du signal (amplitude à t=0.06s, rajout d'harmoniques à t=0.14s).

Nous observons également, dans la courbe suivante, le taux de distorsion harmonique THD. Ce taux de distorsion est défini comme la valeur (RMS) du signal somme de tous les harmoniques, divisé par la valeur RMS de son fondamental.

On définit ce terme comme suit: $THD = \dfrac{Ah}{Af}$

avec: $A_h = \sqrt{A_1^2 + A_2^2 + \ldots A_n^2}$

A_n = valeur RMS de l'harmonique n,
A_f = valeur RMS du fondamental

Nous observons ce THD qui change de valeur dès la superposition des harmoniques.

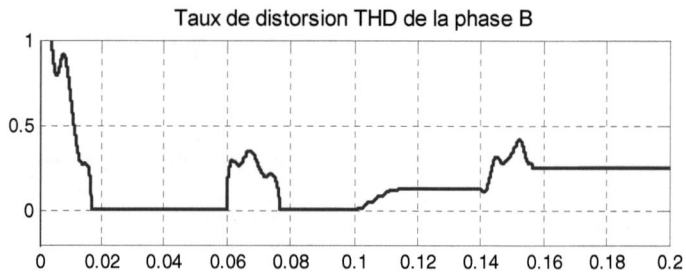

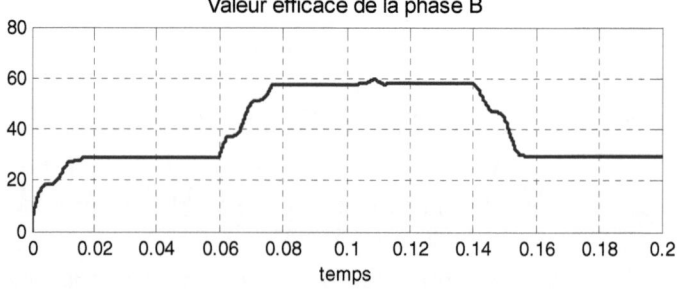

La deuxième courbe de cette figure représente la valeur efficace du signal qui est modifiée lorsqu'on réalise un saut d'amplitude de 1 pu à l'instant t=0.06s.

L'afficheur THD nous donne 0.2501, soit un taux 25% de distorsion totale par l'ajout des harmoniques au signal.

Dans l'exemple suivant, nous modifions la fréquence de la source triphasée programmable selon un échelon de 60 Hz ; ce qui revient à doubler la fréquence entre les instants 0.06s et 0.14s.

Librairies de SimPowerSystems 439

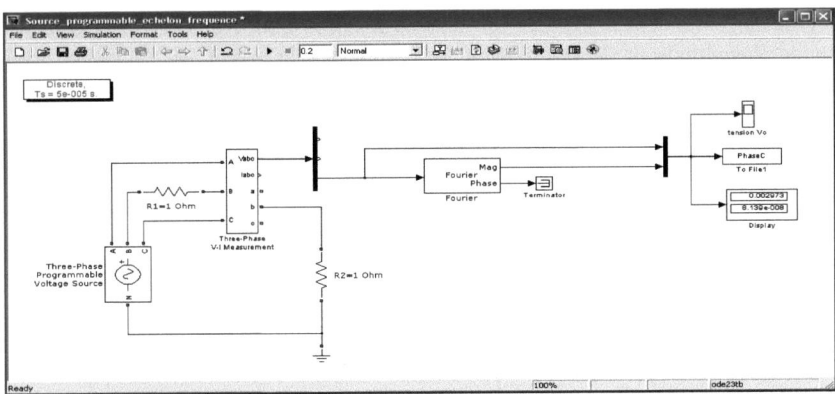

Nous utilisons le bloc Fourier pour calculer l'amplitude et la phase de l'harmonique spécifié, ici le 2.

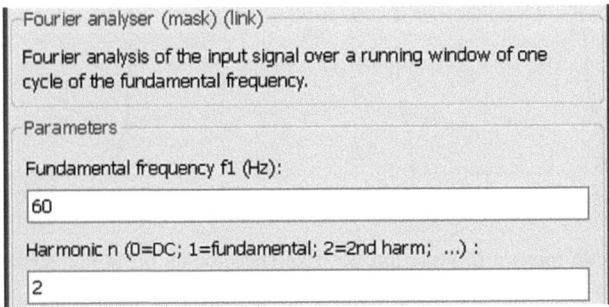

Nous remarquons le doublement de la fréquence entre les instants 0.06s et 0.14s, avec la même amplitude de 0.004 pu; ce que nous avons spécifié précédemment, les phases A et C n'étant pas chargées.

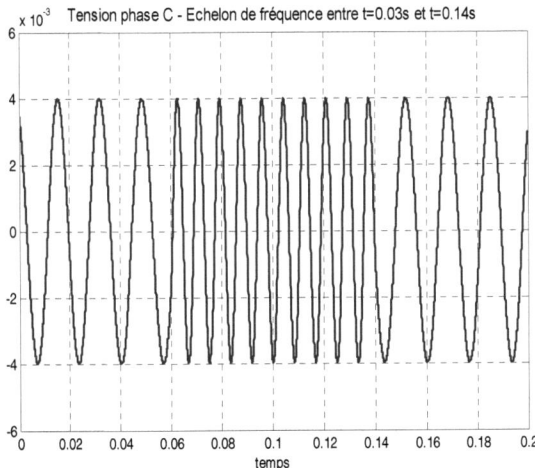

La courbe suivante, dont le tracé se fait dans la fonction Callback StopFcn, représente la valeur de l'amplitude et de la phase de la tension sur la voie C de la source triphasée programmable.

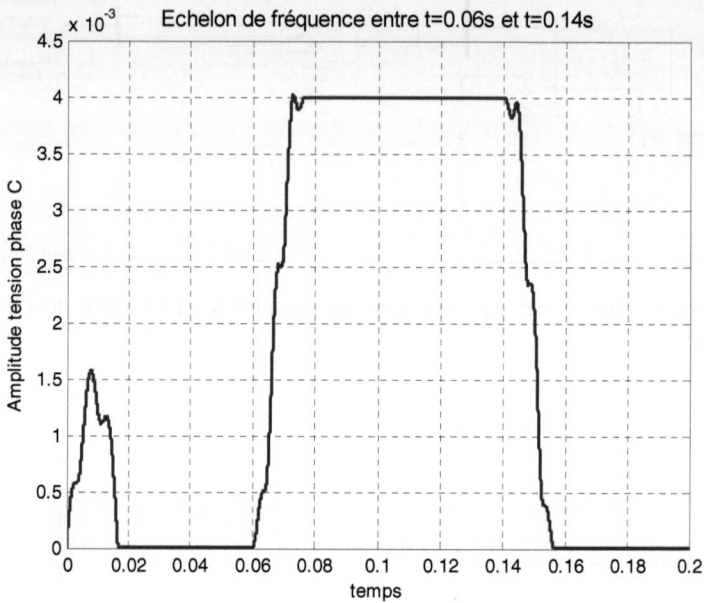

La courbe suivante montre la variation de fréquence lorsqu'on la choisit sous forme d'une rampe.

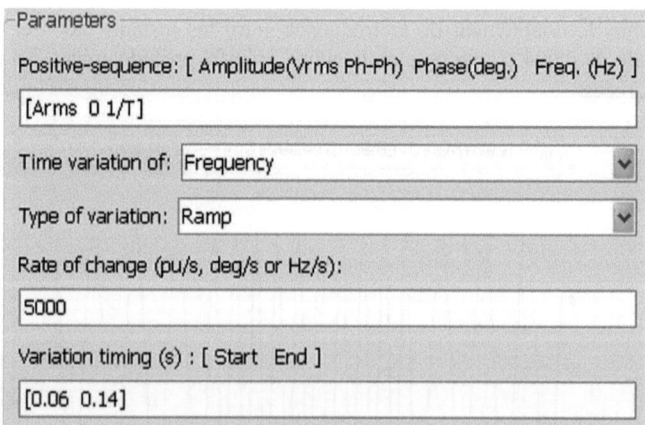

La variation de la fréquence se fait selon une rampe de pente égale à 5000 Hz/s, entre les instants t=0.06s et t=0.14s.

Ainsi la fréquence augmente au fur et à mesure, dans le temps, à 5000 Hz par seconde.

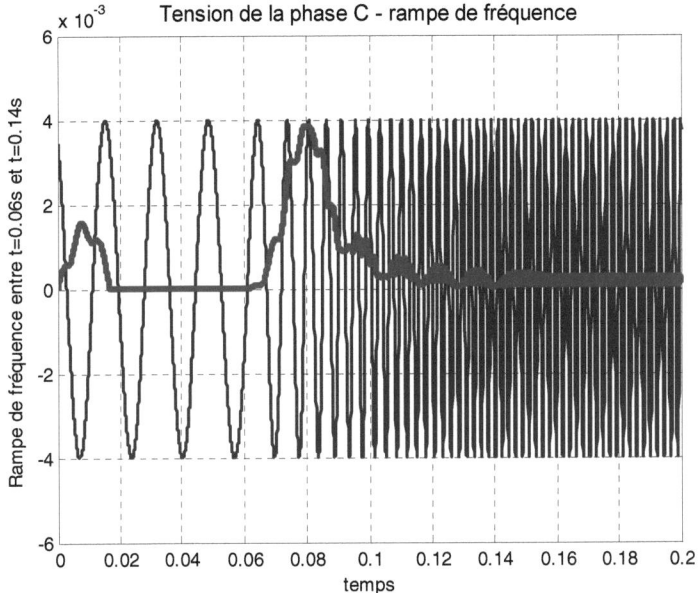

V. Librairie Power Electronics

V.1. Les composants de puissance

On trouve dans cette librairie des composants d'électronique de puissance, tels :

- MOSFET de puissance (`metal-oxide-semiconductor field-effect transistor` ou transistor MOS à effet de champ),

- l'IGBT (`Insulated gate bipolar transistor` ou transistor bipolaire à grille isolée),

- la diode,

- le switch,

- le thyristor,

- le pont à diodes,

- etc.

La figure suivante représente cette librairie qu'on obtient dans le browser Simulink. Cette représentation est incomplète dans la mesure où il lui manque les bibliothèques `Control blocks` et `Discrete Control blocks` par rapport à ce qu'on obtient par la commande `powerlib`.

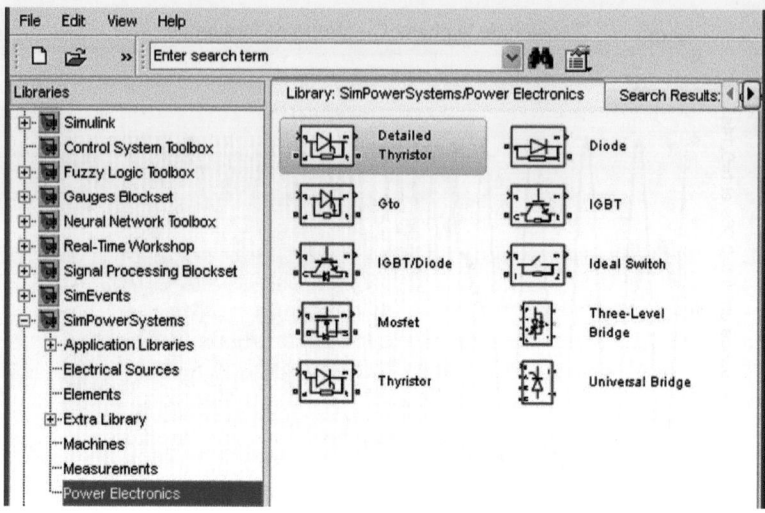

V.2. Applications

V.2.1. Commande de moteur DC par MOSFET

Le transistor MOSFET est un composant semi-conducteur que l'on peut commander par un signal au niveau de sa grille (gate). Il est relié à une diode qui conduit lorsque sa tension drain-source V_{DS} est négative et qu'aucun signal n'est appliqué à sa grille. Il réalise la fonction de switch (interrupteur) commandé par un signal logique (g>0 ou g=0) avec une diode connectée en parallèle.

Dans l'application suivante, le MOSFET agit comme un interrupteur entre l'alimentation et l'armature du moteur. Le timer envoie un signal égal à 1 à t=1s. A partir de t=3s, on applique un couple mécanique de 50 N.m sur l'arbre du moteur à aimants permanents.

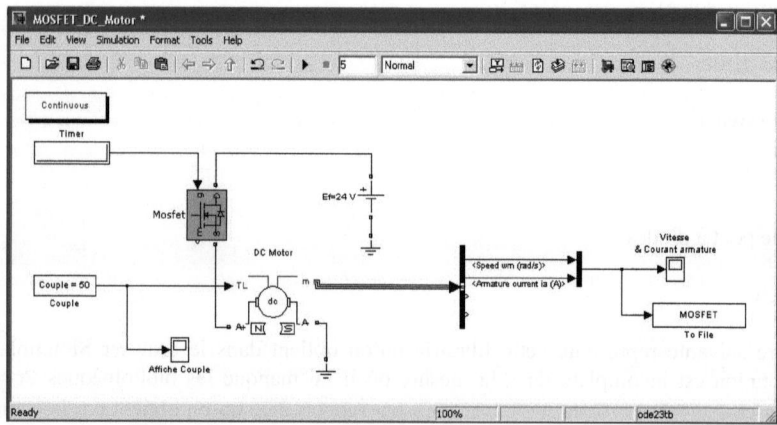

La figure suivante représente la vitesse de rotation du moteur et le courant de l'armature. Lorsqu'on applique le couple mécanique, la vitesse diminue et le courant de l'armature augmente.

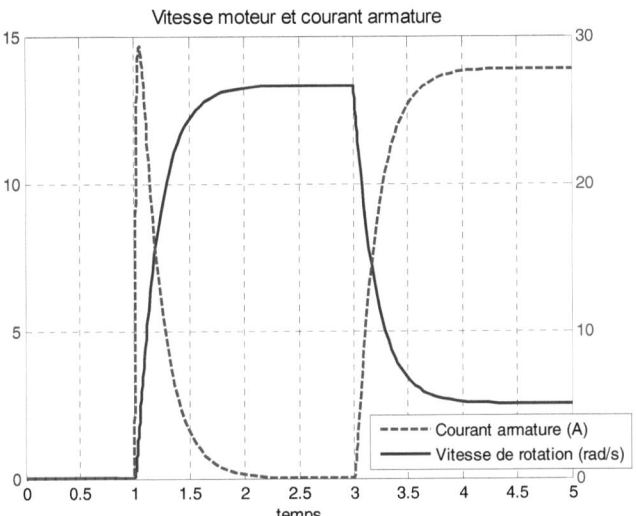

V.2.2. Applications du thyristor

Le thyristor est un composant semi-conducteur qui possède la structure de 2 transistors PNP et NPN reliés comme suit :

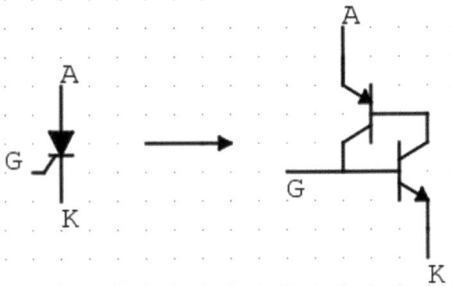

Le thyristor ou dans sa dénomination anglaise SCR (Silicon Controlled Rectifier : redresseur contrôlé au silicium) est un interrupteur de puissance commandé par sa gâchette G.

C'est un redresseur car il s'apparente à une diode parce qu'il est unidirectionnel.

Il ne fonctionne que si sa tension V_{AK} (tension entre l'anode A et la cathode K), positive, est supérieure à une tension de seuil.

Le courant I_{AK} parcourant le thyristor, de l'anode vers la cathode, est non nul quand un courant I_G est considéré positif lorsqu'il rentre dans la gâchette.

Ainsi, avec les deux conditions $I_G>0$ et $V_{AK}>V_{seuil}$, le thyristor conduit et se comporte comme un interrupteur fermé tant que le courant $I_{AK}>0$ et ce, quelque soit la tension appliquée à sa gâchette.

Pour le bloquer (interrupteur ouvert), il suffit d'annuler le courant I_{AK}.

Le thyristor peut être vu comme un amplificateur de puissance car quelques mA de courant I_G de gâchette peuvent commander un courant I_{ak} de plusieurs ampères.

- **Redresseur commandé mono alternance**

Dans cette application, nous vérifions les 2 conditions de conduction du thyristor:
1. tension $V_{AK}>0$
2. courant $I_G>0$

La source sinusoïdale AC Voltage Source (amplitude 100V, fréquence 60 Hz) est reliée à une charge résistive de 1 Ω à travers un thyristor commandé sur sa gâchette, par des impulsions fournies par le signal carré Pulse Generator. Pour générer des impulsions, nous devons spécifier un rapport cyclique très faible de 2% pour le signal carré de commande de la gâchette et une fréquence double de celle du signal sinusoïdal d'entrée.

La boite de dialogue du signal carré montre bien un signal de 120 Hz, de rapport cyclique 2% et un retard égal à 0.2 T (T : période).

Amplitude:
1
Period (secs):
1/120
Pulse Width (% of period):
2
Phase delay (secs):
0.2/120

La sortie m du thyristor permet de ressortir le courant circulant de l'anode vers la cathode Iak et la tension Vak grâce à un bloc Bus Selector.

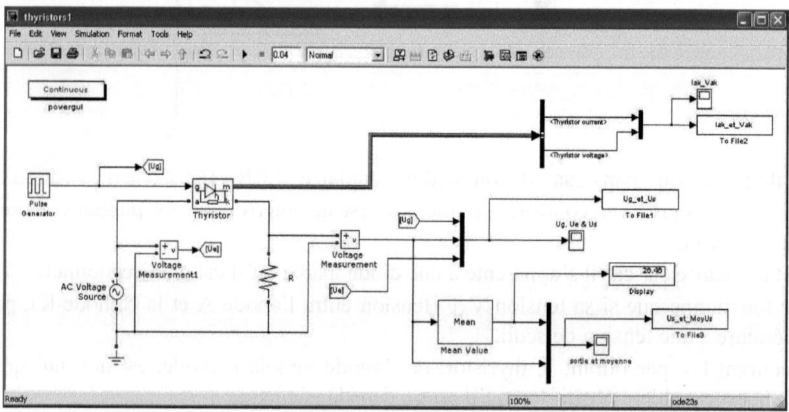

Dans la courbe suivante, nous affichons le signal PWM de commande de la gâchette ainsi que la tension de sortie aux bornes de la charge R.

Nous remarquons que le thyristor est passant lorsque sa gâchette reçoit l'impulsion de commande, à la condition que la tension V_{AK} soit positive.

Pendant l'alternance négative du signal d'entrée, la tension aux bornes de la résistance de charge l'est aussi, ainsi que le courant qui la traverse ; le thyristor se bloque et la tension de sortie devient nulle malgré la présence d'une impulsion de commande.

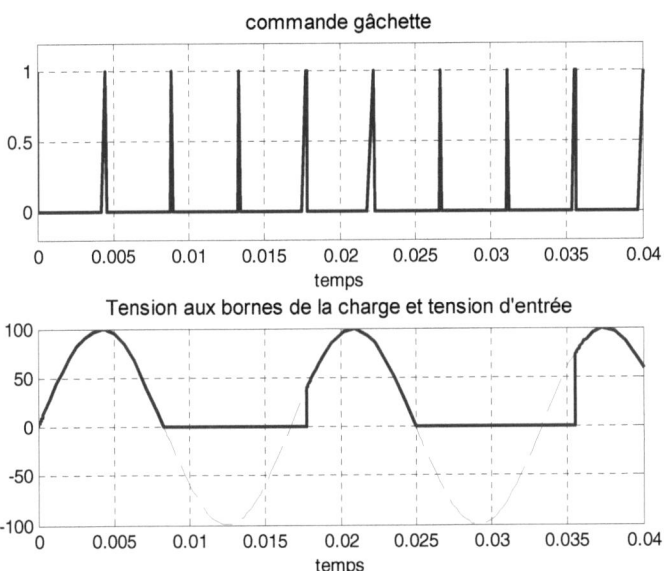

Les courbes suivantes sont celles du courant I_{AK} et de la tension V_{AK}.

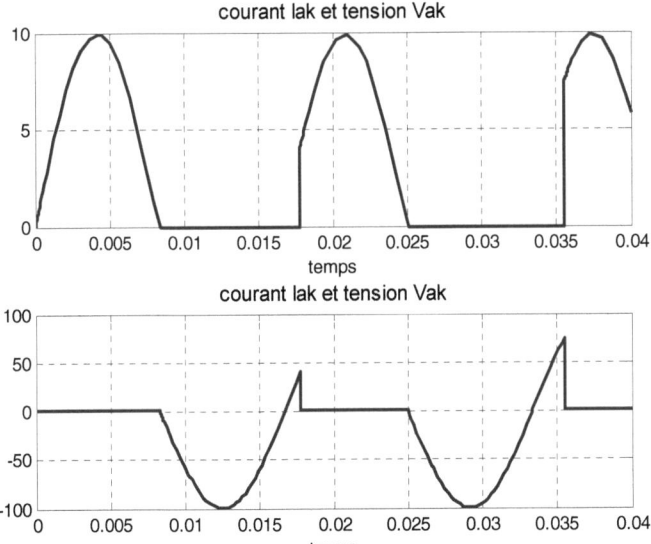

Si on appelle t_0 le retard spécifié pour les impulsions de commande et égal à 0.2 T, on définit l'angle $\alpha = wt_0$, comme l'angle de retard à l'amorçage du thyristor.

La commande du retard à l'amorçage modifie la valeur moyenne du signal de sortie.

Cette fonctionnalité permet, par exemple, la modulation de la tension secteur pour commander une résistance chauffante, dans le cas, par exemple, d'une régulation de température.

Le bloc Mean permet de calculer la valeur moyenne d'un signal. Cette moyenne est calculée après une période de ce signal.

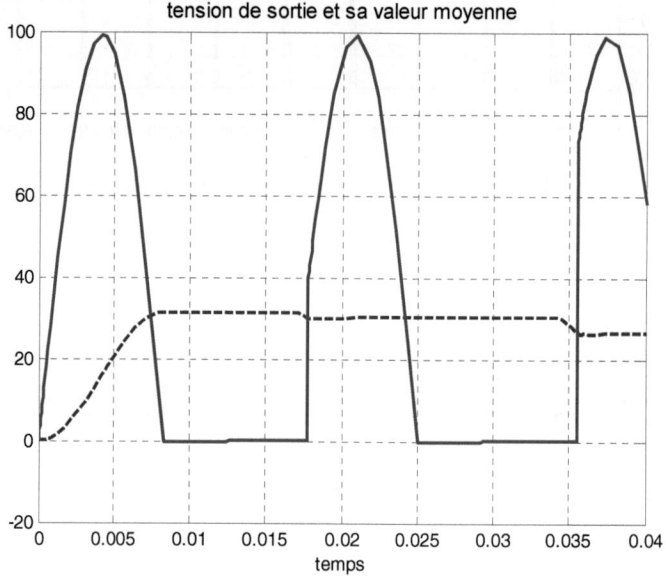

- *Redresseur double alternance*

Pour un redresseur double alternance, nous utilisons un transformateur à point milieu au niveau du secondaire et 2 thyristors.

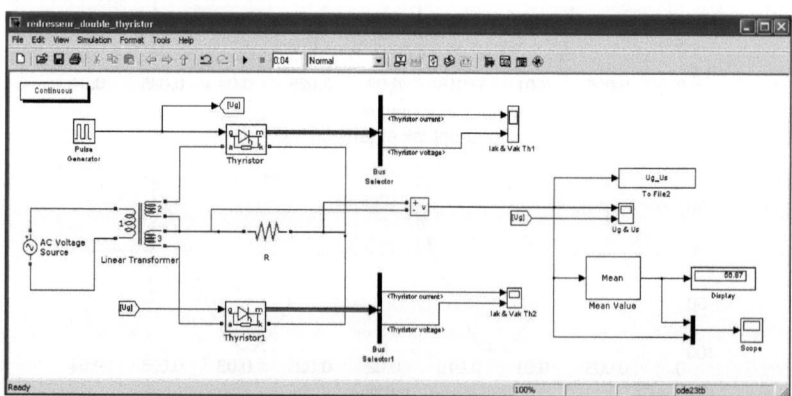

Librairies de SimPowerSystems   447

Les deux thyristors sont commandés par le même signal PWM de commande de gâchette. Pendant l'alternance positive, le thyristor `Thyristor` s'amorce et `Thyristor1` le devient pendant l'alternance négative.

La valeur moyenne, égale à 56.87, est le double de celle du redressement mono alternance. La courbe suivante représente la tension aux bornes de la résistance R et le signal de commande de la gâchette.

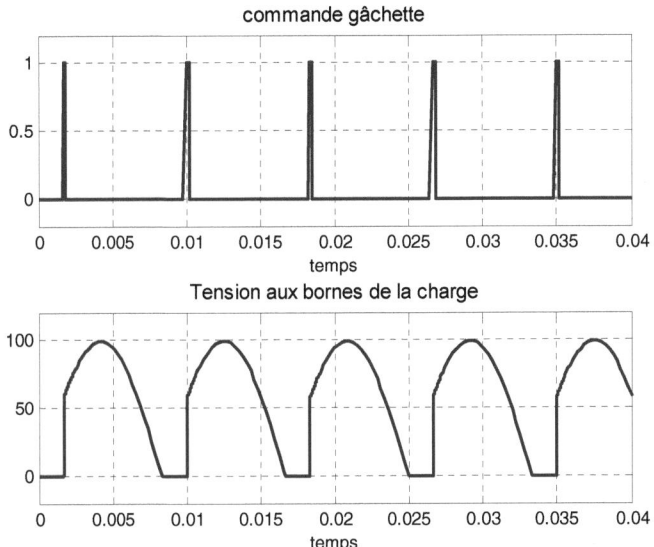

- ***Redresseur à 2 thyristors et transformateur à point milieu***

Dans cette application, la gâchette reçoit toujours un signal logique 1.

Le thyristor s'amorce dès que la tension anode-cathode Vak devient positive, soit pendant l'alternance positive pour le thyristor `Thysristor 1` et l'alternance négative pour `Thyristor 2`.

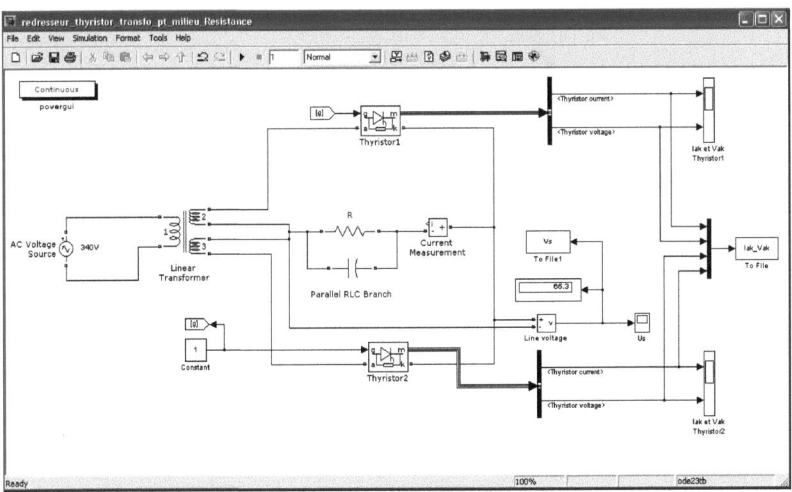

Les tensions au niveau des deux secondaires du transformateur sont en opposition de phase ; lorsque l'un des thyristors reçoit l'alternance positive qui lui permet de s'amorcer, l'autre se bloque par l'alternance négative.

La courbe suivante, tracée dans la fonction Callback StopFcn, montre les tensions Vak et les courants Iak des 2 thyristors.

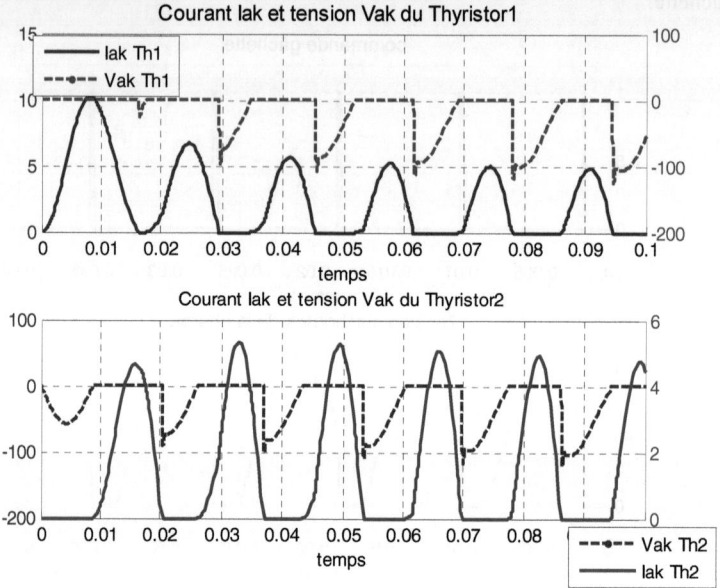

A chaque alternance, l'un des deux thyristors s'amorce pendant que l'autre se bloque et inversement.

La tension au niveau de la résistance de 47 Ω est continue et égale à 65.3 V, grâce au condensateur C=10mF qui filtre les ondulations.

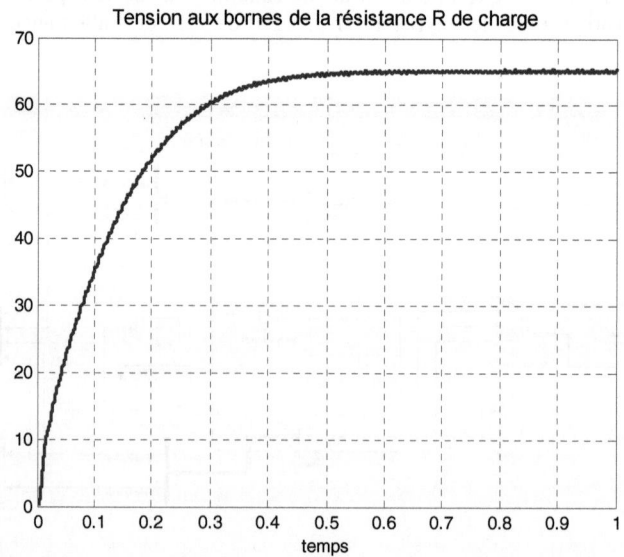

- **Commande par thyristors d'un moteur DC**

Dans l'application suivante, on s'intéresse à la commande d'un moteur à courant continu à l'aide de deux thyristors et un transformateur à point milieu.

Sur les deux secondaires du transformateur, on dispose de deux signaux en opposition de phase. A chaque alternance, l'un des deux thyristors est passant pendant que l'autre est bloqué.

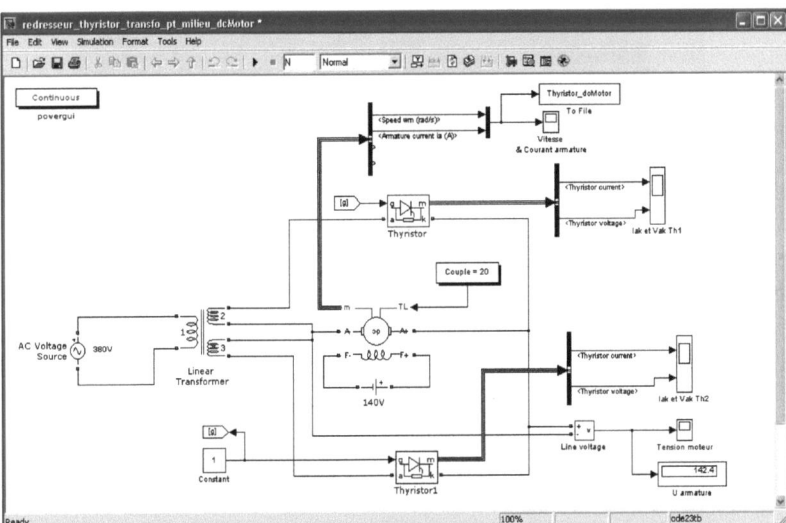

Les oscilloscopes suivants montrent les courants Iak et tensions Vak des thyristors. Après un régime transitoire de 2 périodes environ, la valeur du pic du courant Iak est de 2 A.

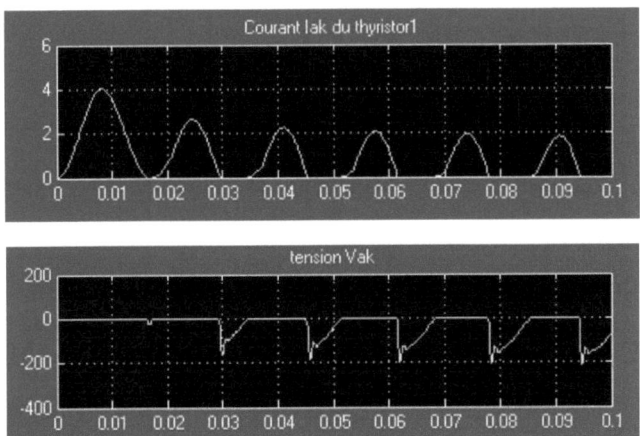

L'un des deux thyristors s'amorce pendant que l'autre se bloque selon les alternances du signal. On observe un régime transitoire de 0.03s environ.

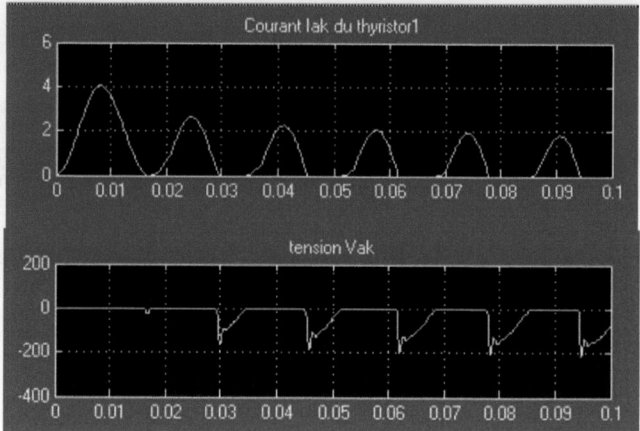

On exécute cette application pendant 15s. A l'instant t=7s, on applique un couple de 20 N.m sur l'arbre du moteur. La vitesse chute de 80 à -3.2 rad/s.

A l'instant t=9s, on supprime ce couple et la vitesse remonte à la valeur précédente de 80 rad/s. Lorsqu'on applique le couple, on observe des oscillations qui durent 1s environ.

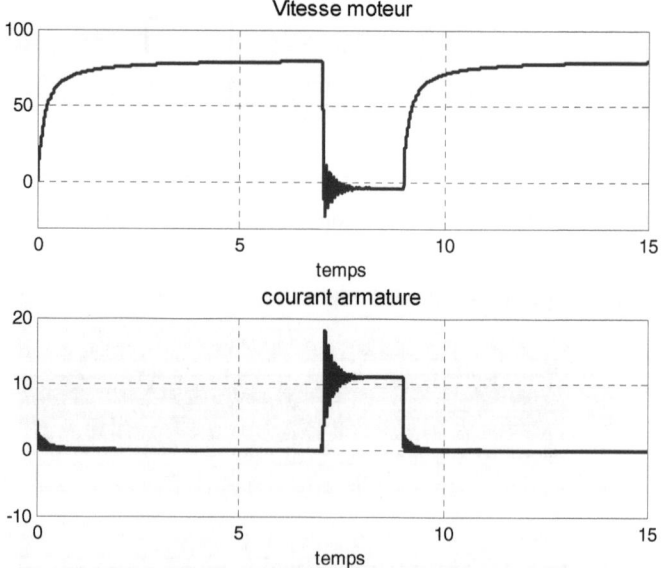

- *Convertisseur DC-AC par GTOs*

Dans l'application suivante, nous réalisons un onduleur ou convertisseur continu-alternatif (DC-AC) à l'aide de 4 GTOs.

Le GTO est un thyristor à extinction par la gâchette (thyristor GTO ou `Gate Turn-Off Thyristor` en anglais). Contrairement au thyristor, le GTO peut s'amorcer (conducteur) et être bloqué uniquement par la commande de sa gâchette. Le thyristor passant ne peut se bloquer que si le courant Iak devient inférieur au courant de maintien I_H (Holding current). Il peut être rendu passant par l'application d'une tension positive sur sa gâchette et peut se bloquer par une tension égale à 0. Le GTO peut être simulé dans son état passant, par une résistance très faible Ron, une inductance Lon et une tension Vf continue en série. Lorsqu'il est bloqué, il présente une impédance infinie entre l'anode et la cathode.

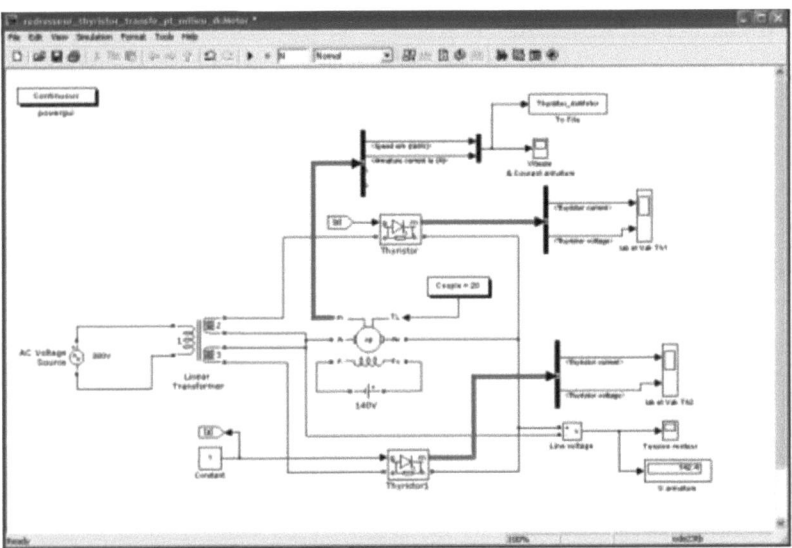

Chaque GTO possède une diode de roue libre. Un GTO est dit passant lorsqu'il présente, entre son anode et sa cathode, une résistance très faible, Ron=0.001 Ω .
Il présente, alors, une chute de tension Vf=1V (forward voltage, Vf). Dans ce cas, il ne possède pas de circuit RC de protection ou snubber. Selon la valeur (0 ou 1) du signal de gâchette, nous avons GTO1 et GTO4 passants, GTO2 et GTO3 bloqués et inversement. Les oscilloscopes suivants représentent le courant Iak et la tension Vak du GTO n° 4.

La tension Vak passe de 1V à 11V à cause de la tension continue de 1V qui est en série à Ron.

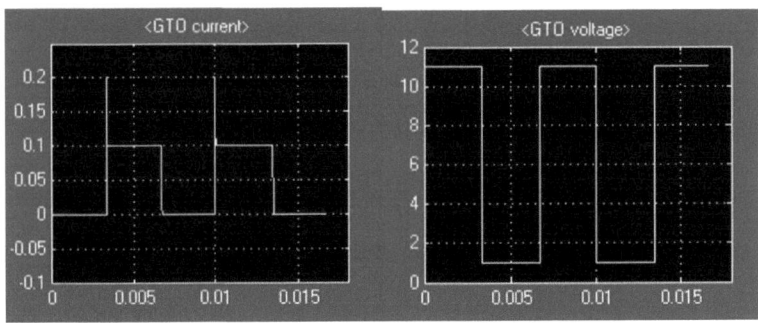

Le signal de commande des gâchettes est du type PWM de rapport cyclique de 50% (signal carré).

La tension aux bornes de la résistance est un signal carré de même fréquence. Ses valeurs vont de -10V à +10V à cause des tensions de 1V de chaque paire de GTOs passants, qui se retranchent de la valeur de la tension du générateur.

Chaque GTO peut être remplacé par un relais représenté par le bloc Ideal Switch, qui ne représente aucun composant physique.

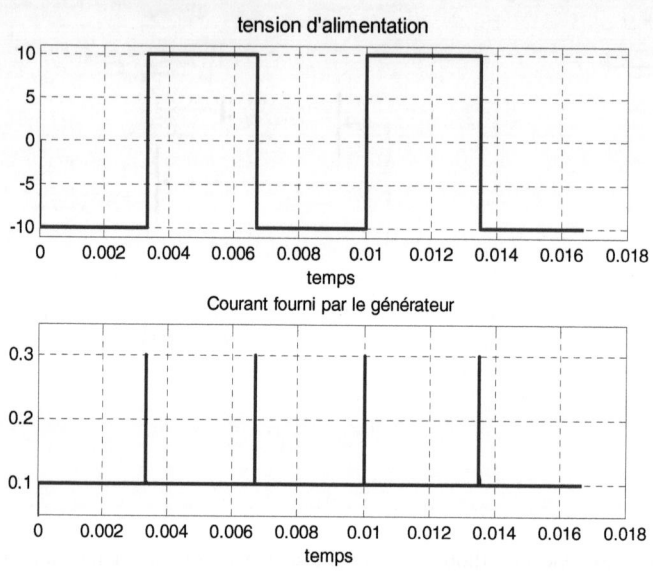

Le courant dans la résistance possède une valeur constante, quelque soit la paire des GTOs passants, égale à $10V/100\Omega = 0.1$ A. On observe des sauts de 200mA aux fronts montants et descendants du signal de gâchette.

On insère une bobine de lissage de courant, en série à la résistance de charge.

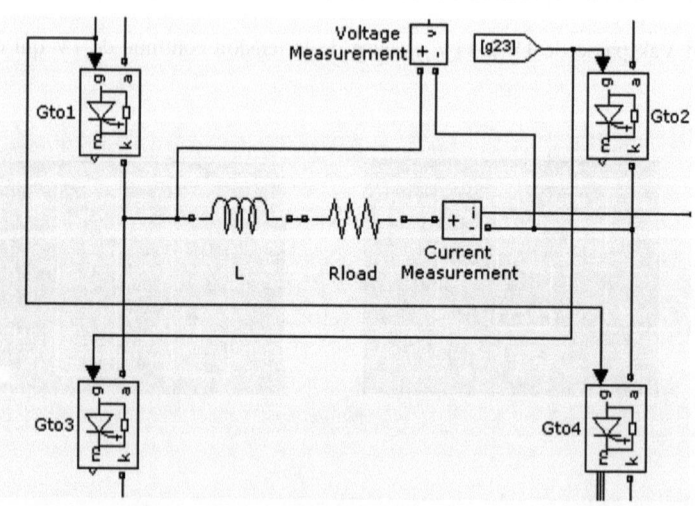

Librairies de SimPowerSystems

L'oscilloscope suivant montre la courbe de l'intensité du courant dans la charge. Nous observons la courbe de variation du courant dans un circuit RL.

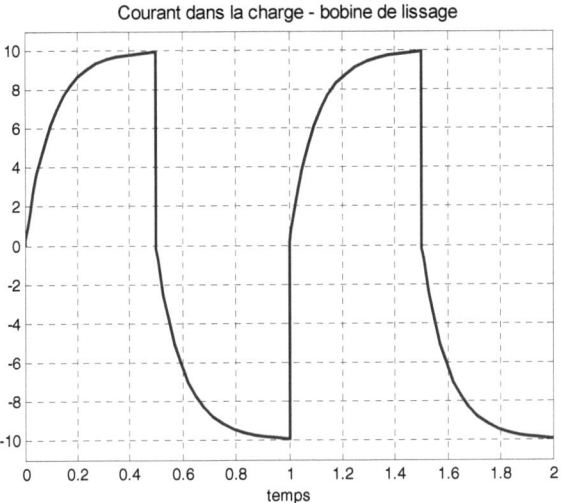

- **Hacheur à diode et GTO**

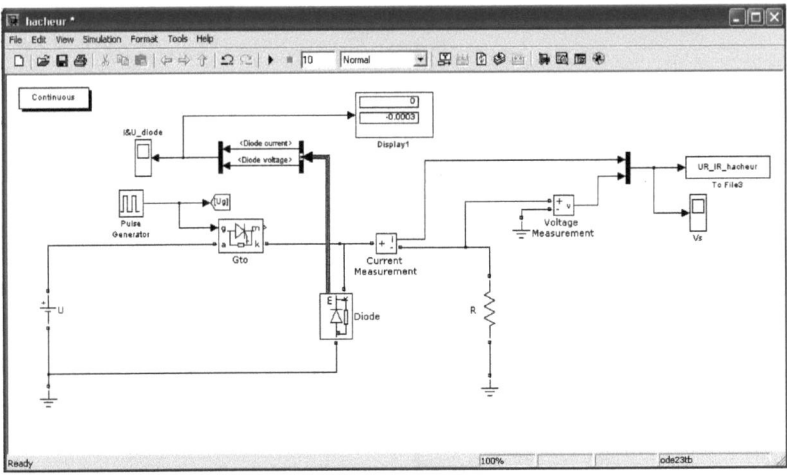

La courbe suivante montre la sortie du hacheur qui possède le même rapport cyclique que le signal de commande de gâchette du GTO et une amplitude légèrement plus faible que la valeur de la tension continue d'entrée. La différence d'amplitude est due à la tension Vak du GTO.

Lorsque l'interrupteur (GTO) est fermé, la diode est bloquée et se comporte comme un interrupteur ouvert, la tension de sortie est égale à la tension continue d'entrée.

Lorsque le GTO est ouvert, la diode est passante et se comporte comme un interrupteur fermé, la tension de sortie est nulle.

Si on appelle α le rapport cyclique, la valeur moyenne est égale à α Ue, Ue étant la valeur de la source de tension continue d'entrée. La tension moyenne est donc plus faible que l'entrée.

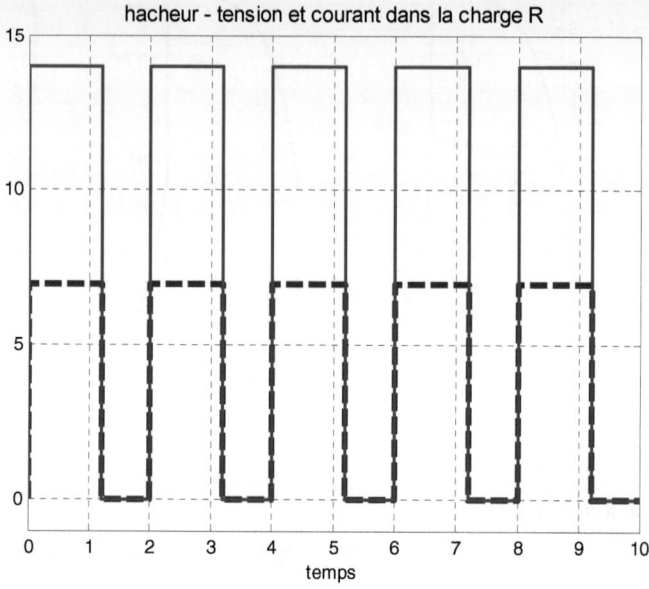

L'exemple suivant concerne le hacheur avec lissage du courant de charge. Nous simulons l'induit d'un moteur à courant continu avec L= 0.4 H, R = 1 Ω et une f.e.m de 6V.

Le rapport cyclique du signal de commande de gâchette du GTO est de 1%.

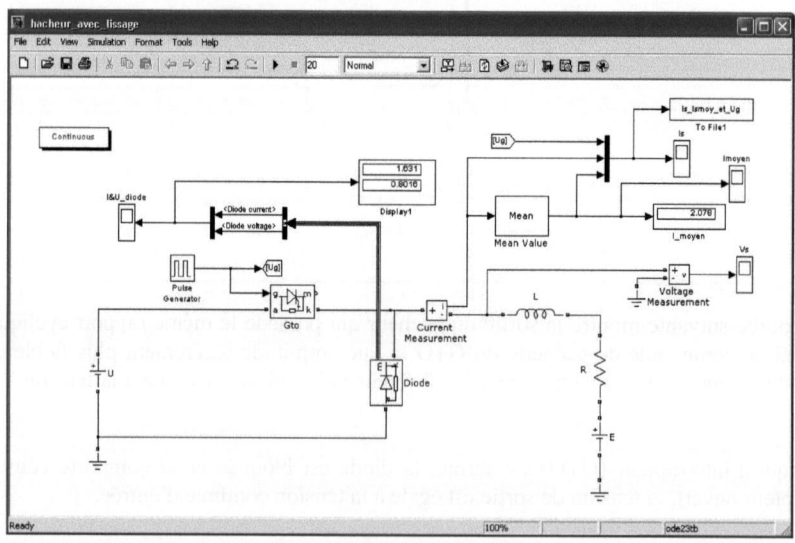

La figure suivante représente le signal de commande de la gâchette, le courant de charge ainsi que sa valeur moyenne.

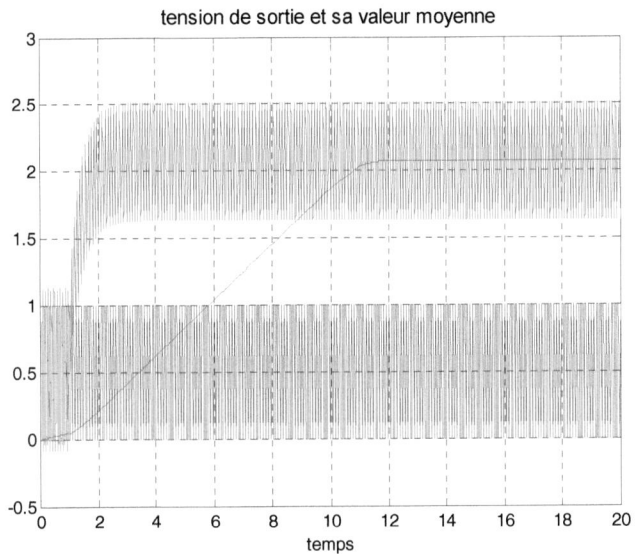

La vitesse de rotation du moteur varie selon cette valeur moyenne du courant d'induit. Après un zoom, nous obtenons la figure suivante.

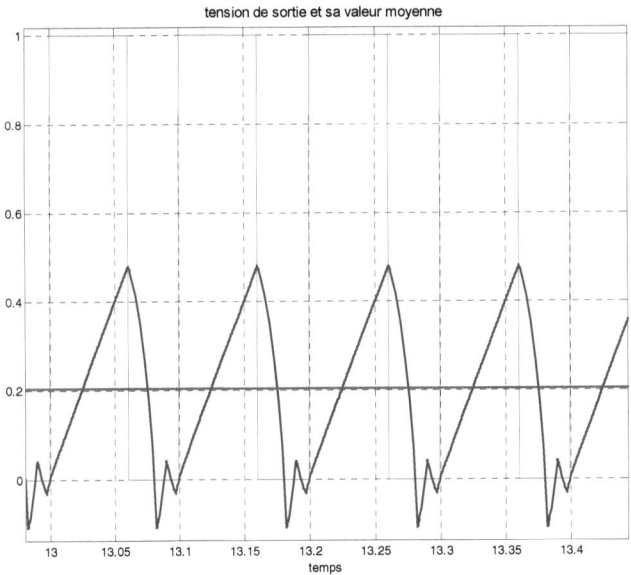

La vitesse du moteur varie proportionnellement à ce courant moyen.

La librairie Power Electronics contient les deux autres bibliothèques suivantes, dont on trouve les blocs, aussi, dans la librairie Extra Library.

VI. Application Librairies

Cette librairie contient des bibliothèques de moteurs continus avec régulateurs intégrés de vitesse, des transformateurs, etc.

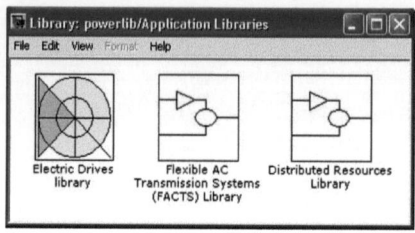

VI.1. Electric Drives Library

Dans Electric Drives library, nous trouvons des systèmes de commande, continus, alternatifs, des axes, réducteurs de vitesse et des sources externes (batterie et pile à hydrogène). Cette librairie contient des drivers et régulateurs de moteurs DC et AC.

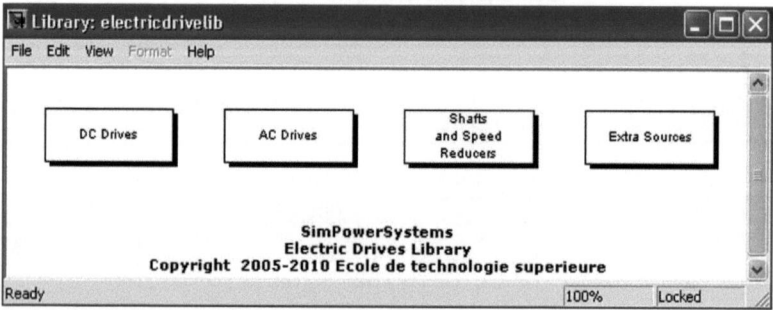

Dans la bibliothèque DC Drives, nous trouvons des moteurs à courant continu avec leurs régulateurs intégrés de vitesse ou de couple.
Un exemple d'un moteur DC et ses régulateurs est donné par le bloc suivant :

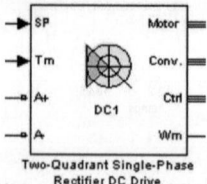

Nous pouvons choisir de réguler la vitesse ou le couple. On peut aussi passer, à un certain temps de la même simulation, basculer de la régulation de vitesse à celle du couple.

Librairies de SimPowerSystems

Nous allons étudier un exemple d'un moteur à courant continu.
Une inductance de 150 mH permet de lisser le courant armature.
En double-cliquant sur le bloc de cet ensemble, nous trouvons une boite de dialogue à 3 onglets :

- le moteur (DC Machine),
- le convertisseur à thyristors (converter)
- et le régulateur (controller)

Pour le moteur, on spécifie les paramètres électriques et mécaniques. La régulation se fait sur le couple ou la vitesse mais aussi sur le courant d'armature.

Dans le cas de la régulation de vitesse, la mesure de cette dernière est filtrée par un filtre passe bas du 1er ordre dont on spécifie la fréquence de coupure.

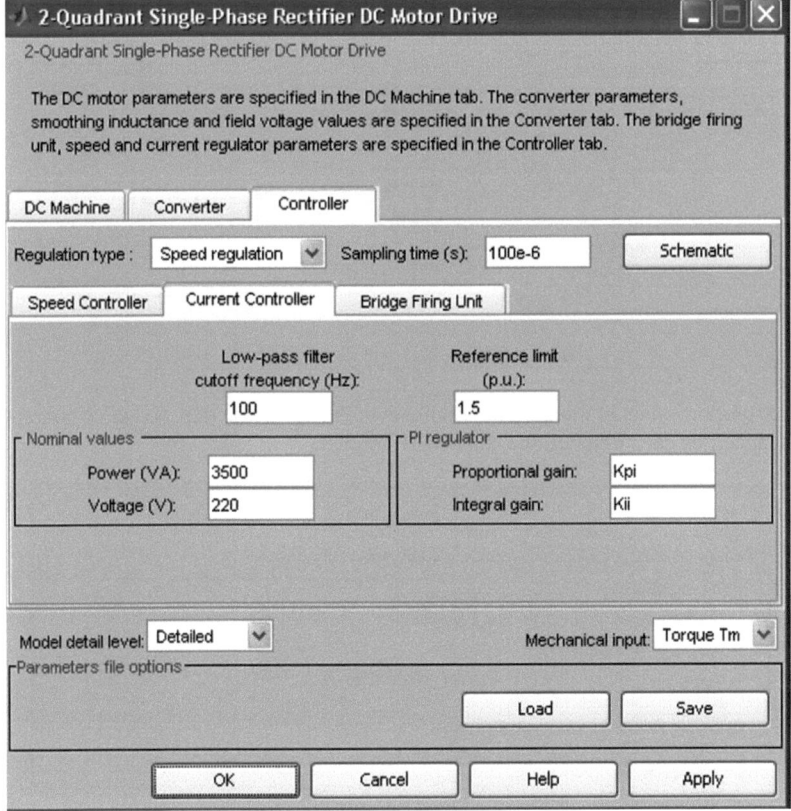

Dans le cas de notre exemple, les paramètres des 2 régulateurs PI (vitesse et courant) sont spécifiés dans la fonction Callback InitFcn.
Dans le modèle Simulink suivant, la vitesse de référence est générée par le bloc Signal Builder suivant :

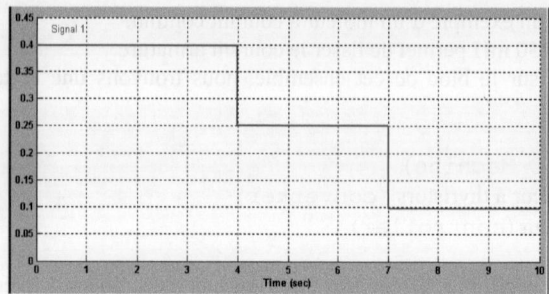

Après un gain de 1000, la référence de vitesse est un palier de 400, 250 et 100 tr/mn.

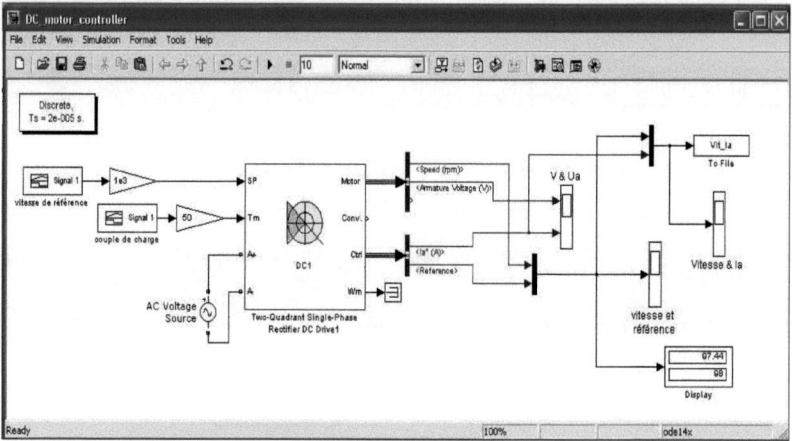

Les gains, proportionnel et intégral, des régulateurs PI, de vitesse (Kp, Ki) et de courant (Kpi, Kii) sont spécifiés dans la fonction Callback `InitFcn`.

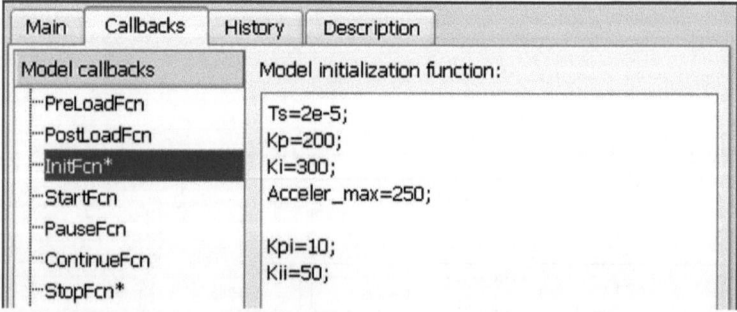

Le paramètre `Acceler_max` permet de limiter l'accélération (ou décélération) dans la rotation de l'arbre moteur à 250 m/s^2.

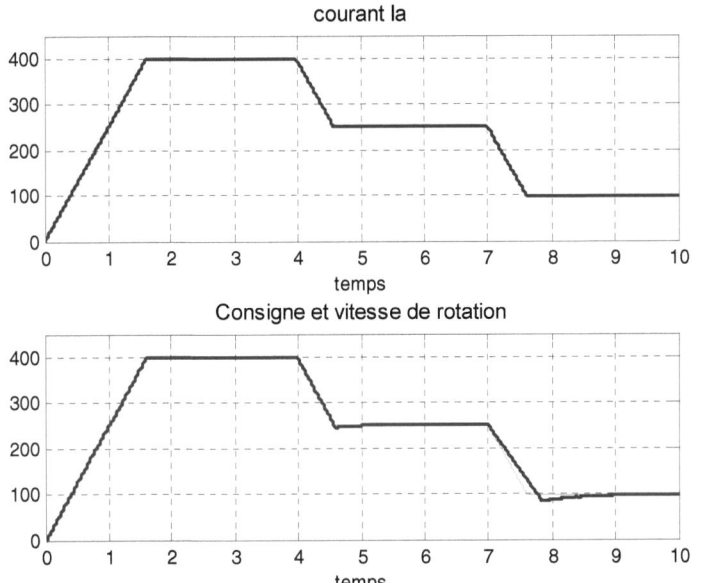

La vitesse suit parfaitement la référence, à part une légère augmentation au moment où l'on diminue le couple mécanique appliqué (t=3s).

L'oscilloscope suivant montre la tension armature (entre A+ et A-).

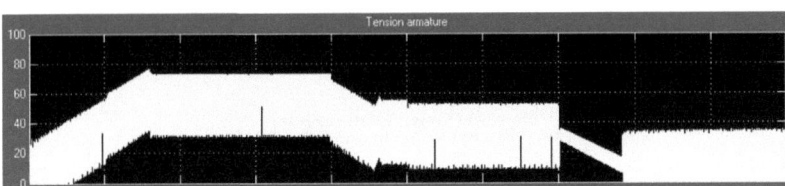

VI.2. Flexible AC Transmission Systems, FACTS Library

La librairie FACTS (Flexible AC Transmission Systems Library) concerne les systèmes de transmission flexible en courant alternatif et les HVBC (High Voltage Direct Current) pour les systèmes de transmission en courant continu.

Ces systèmes concernent notamment le transport de l'énergie électrique haute tension en alternatif ou en courant continu.

On peut obtenir le contenu de cette librairie, directement, à partir du prompt de Matlab avec la commande :

```
>> factslib
```

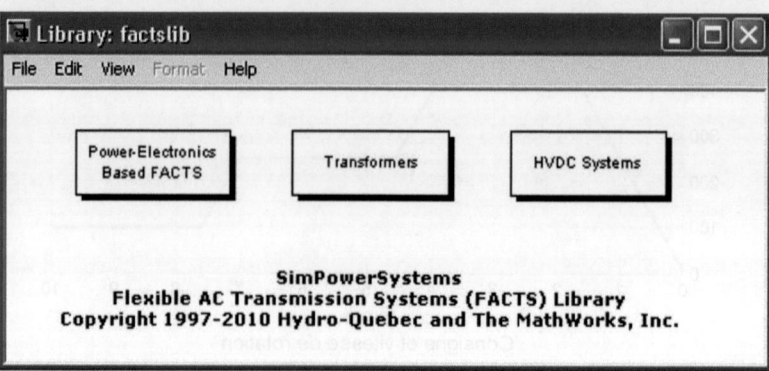

VII. Librairie Extra Library

Cette librairie contient des blocs de mesure (notamment ceux que nous avons déjà utilisés) et de contrôle.

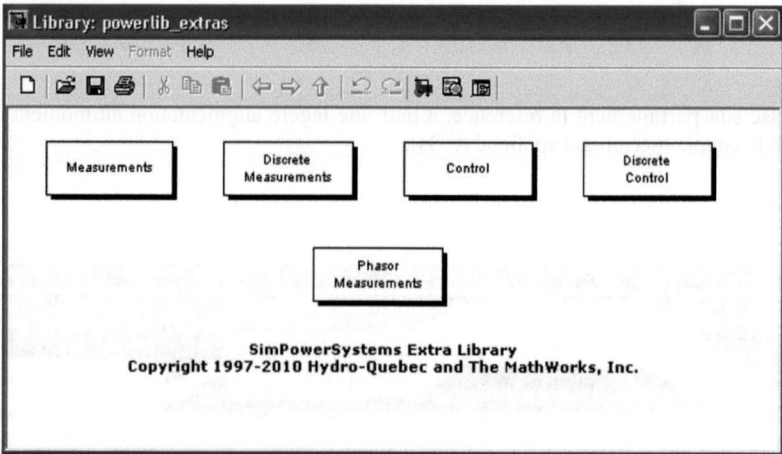

La bibliothèque Control possède :
- des filtres analogiques du 1er et du 2nd ordre, modélisés dans l'espace d'état,
- des PLL (Phase Locked Loop ou boucle à verrouillage de phase) monophasée ou triphasée,
- des générateurs de pulses, PWM (Pulse Width Modulation ou modulation de largeur d'impulsion),
- un générateur de signal,
- des timers, un monostable, bistable, un bloc S/H (Sample&Hold ou échantillonneur bloqueur).

Dans les bibliothèques Measurements et Discrete Measurements, nous trouvons des blocs de mesures pour les signaux monophasés et triphasés.
Parmi ces mesures, nous trouvons celle de la valeur efficace (RMS), la valeur moyenne, Fourier, etc. Il y a également la mesure de puissance.

Librairies de SimPowerSystems 461

La bibliothèque Phasor Measurements comprend les blocs de mesure de type Phasor.

VII.1. Régulation discrète d'un processus analogique

Dans l'application suivante, nous allons réaliser une régulation discrète d'un système analogique du 1er ordre de gain statique 0.8 et de constante de temps de 20s.

$$H(p) = \frac{0.8}{1 + 20 p}$$

Nous utilisons le régulateur PID discret de cette librairie.

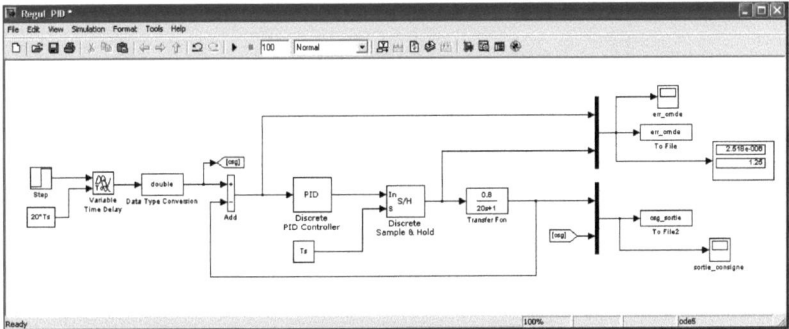

Le signal de commande est un échelon retardé de 20 périodes d'échantillonnage grâce au bloc Variable Time Delay.

Le signal de commande du régulateur discret est échantillonné et bloqué grâce à l'échantillonneur bloqueur S/H (Sample and Hold) avant d'attaquer le processus analogique.

Le signal de sortie rejoint la consigne, au bout de 50 périodes d'échantillonnage, avec un seul dépassement. Le système en boucle fermée se comporte, approximativement, comme un système de second ordre d'amortissement optimal.

Les paramètres du régulateur PID sont les suivants :

- Proportional gain (Kp): 5
- Integral gain (Ki): 0.5
- Derivative gain (Kd): 0.01

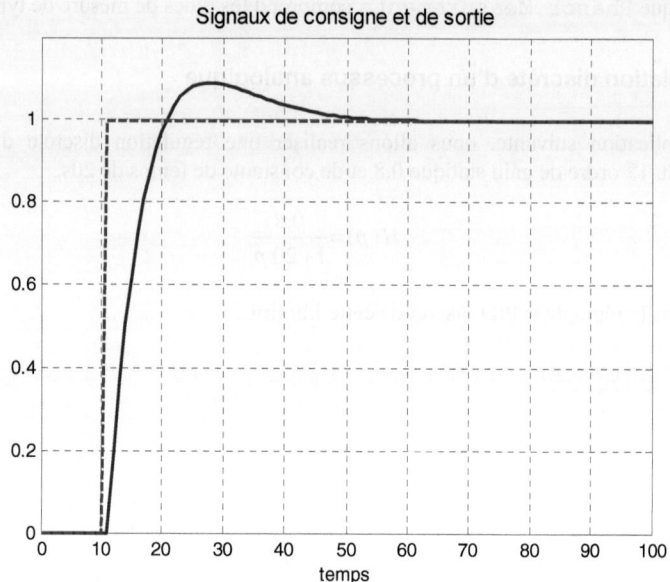

La courbe suivante représente l'erreur entre la consigne et la sortie ainsi que le signal de commande issu du régulateur PID.

Le signal de commande fait un saut de 5V au front montant du signal de consigne puis baisse selon la dynamique de la boucle fermée et se stabilise à 1.25 V pendant que l'erreur s'annule en régime permanent.

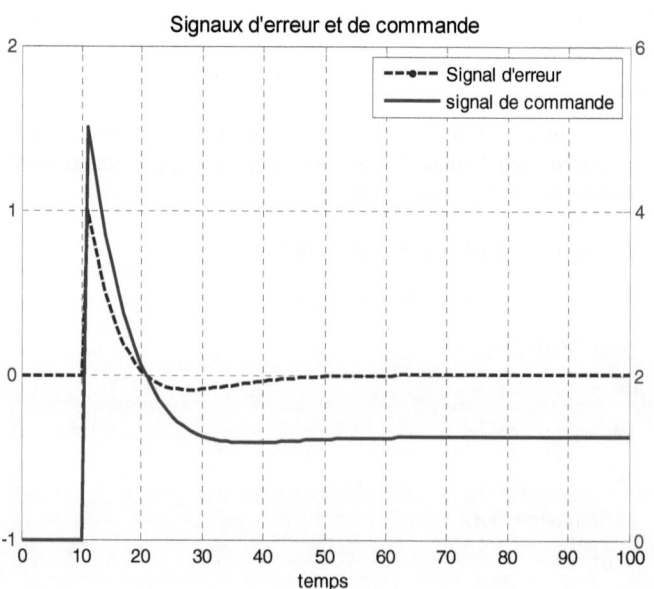

Librairies de SimPowerSystems 463

VII.2. Blocs Measurements

Nous allons étudier quelques blocs de la librairie Extra Library/Measurements. Nous générons un signal s qui est la somme des 2 sinusoïdes suivantes :

$x_1 = 100 \sin(120\pi t) + 50$, amplitude 100, fréquence 60 Hz avec offset de 50
$x_2 = 50 \sin(240\pi t)$, amplitude de 50, fréquence 120 Hz

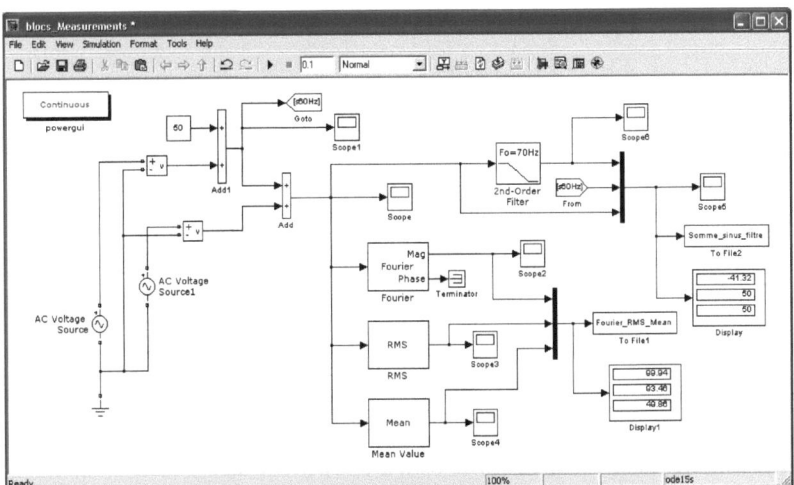

Le signal somme est donné dans l'oscilloscope suivant.

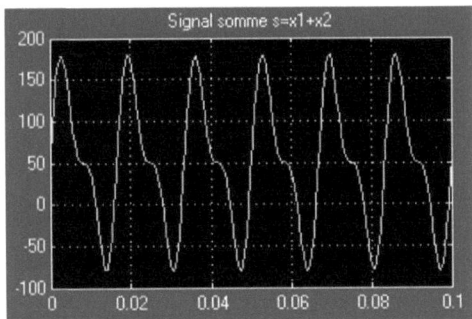

On se propose de calculer la valeur moyenne (Mean) qui est de 50 (offset), la valeur efficace (RMS) et l'amplitude du fondamental du signal somme (fréquence de 60 Hz) par le bloc Fourier.

On désire récupérer le signal la sinusoïde de 60 Hz en utilisant le filtre passe bas du second ordre 2nd-Order Filter de la librairie Control. Pour cela, on spécifie une fréquence de coupure de 80 Hz.

La figure suivante représente la sinusoïde de fréquence 60 Hz, le signal somme et le signal de sortie du filtre.

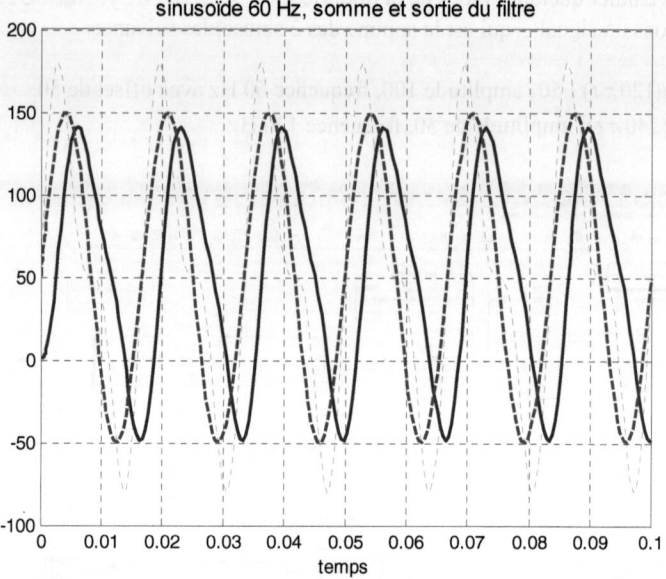

Les blocs RMS, Mean permettent de calculer, respectivement, la valeur efficace et la moyenne d'un signal. Les résultats sont obtenus au bout d'une période du signal, environ. La moyenne de 49.86 est quasiment égale à la valeur de l'offset de 50.

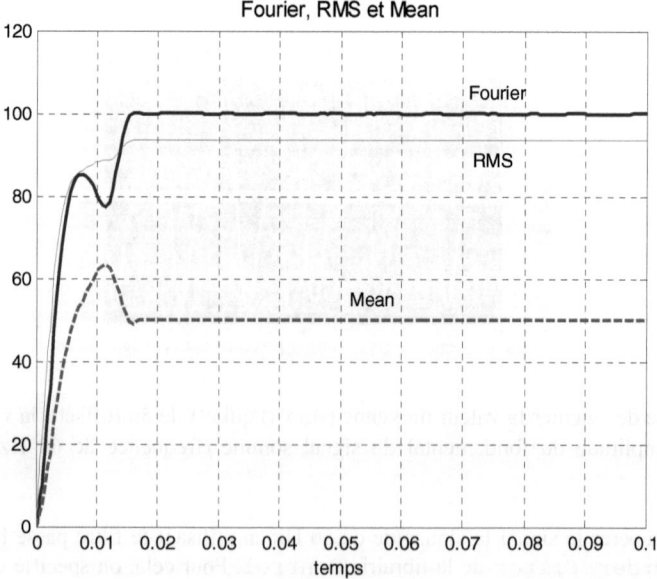

Le bloc Fourier permet de calculer l'amplitude de l'harmonique spécifié dans la boite de dialogue.

VII.3. Mesure de puissance, active et réactive

VII.3.1. Puissance active, et réactive d'un circuit RL

La puissance apparente S consommée par un circuit est définie par le produit de la tension et du conjugué du courant, dans leurs formes complexes.

Si la tension U et le courant I sont définis par :

$$u = U e^{j\theta}$$

et

$$i = I e^{j\alpha}$$

avec U, I les amplitudes de la tension et du courant et θ, α leurs déphasages respectifs. La puissance apparente est alors :

$$S = U e^{j\theta} I e^{-j\alpha} = U I e^{j(\theta - \alpha)}$$

La puissance active est la partie réelle de cette puissance apparente, la puissance réactive étant sa partie imaginaire.

$$S = P + jQ$$

Dans l'application suivante, nous utilisons le bloc `Active & Reactive Power` afin de mesurer la puissance active consommée par un circuit.

Les entrées de ce bloc, de type phaseur, sont le courant consommé et la tension aux bornes du circuit.

Nous mesurons ces puissances aux bornes d'un circuit RL

$$R = 1\Omega, L = 1 mH$$

et d'une charge purement résistive de 1.8Ω.

Nous calculons aussi la puissance active par la partie réelle de la puissance apparente, soit :
$$P = U I \cos(\theta - \alpha)$$

Les valeurs efficaces U et I sont mesurées par les blocs `RMS`. Les déphasages θ et α sont donnés par les sorties `Phase` des blocs `Fourier`.

Nous utilisons le bloc `Active & Reactive Power` après avoir calculé les valeurs efficaces à l'aide du bloc `RMS` ainsi que le calcul théorique pour vérification.

Les valeurs mesurées sont quasiment égales à celles données par le calcul théorique.

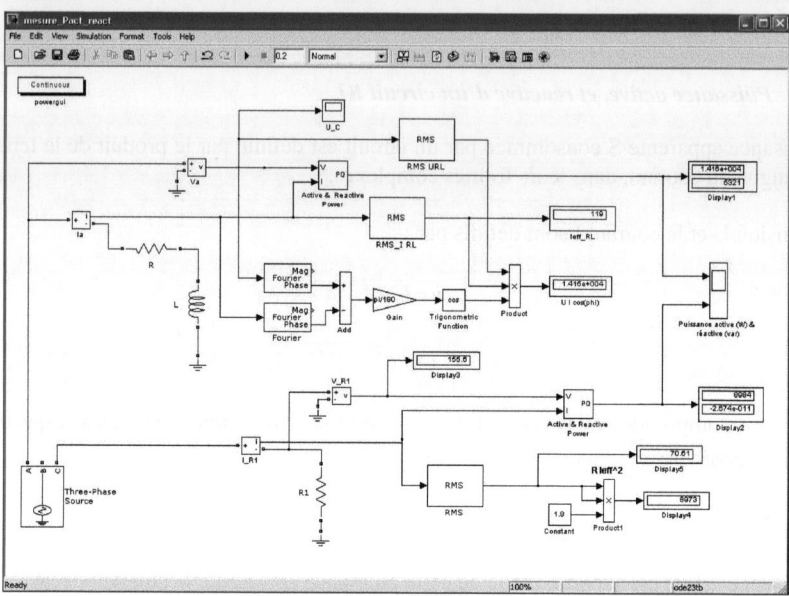

Nous vérifions bien que la puissance réactive est nulle pour la charge purement résistive et que la puissance active consommée est donnée par :

$$P = R\, I_{eff}^2$$

Nous mesurons la valeur efficace du courant, 70.61A, grâce au bloc RMS. Nous vérifions la valeur de la puissance active mesurée 8984W qui est quasiment égale à celle donnée par la formule ci-dessus.

```
>> 1.8*70.61^2

ans =
   8.9744e+003
```

Nous vérifions aussi que la puissance active consommée par un circuit est donnée par :
$$P_{active} = U_{eff}\, I_{eff} \cos\varphi$$

avec φ, le déphasage de la tension aux bornes du circuit RL par rapport au courant qui le traverse.
Ce déphasage est obtenu par la différence entre la phase de la tension et celle du courant. Les phases sont mesurées par le bloc `Fourier`.
La puissance réactive, est donnée par :

$$P_{réactive} = Lw\, I_{eff}^2 = 2\pi\, L f\, I_{eff}^2$$

Cette expression vérifie bien la valeur mesurée par le bloc `Active & Reactive Power`.

```
>> 1e-3*2*pi*60*119^2

ans =
  5.3386e+003
```

Ce bloc, de type phaseur, donne les courbes suivantes qui ont convergé à t=0.02s= 1 période environ.

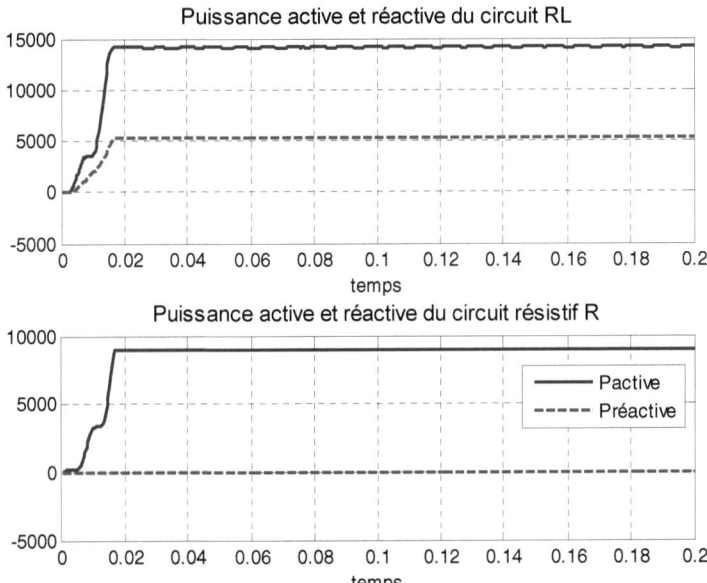

VII.3.2. Puissance active et réactive instantanée

Dans l'application suivante, on mesure la puissance instantanée d'un système triphasé.
Nous utilisons une source triphasée de 220V phase à phase (tension composée) avec une impédance interne nulle.

La phase A est chargée par un circuit RL série (R=1Ω, $L = 1mH$), la phase B est à vide et la phase C alimente la résistance R1 de 1.8Ω.

La puissance instantanée p(t), dissipée dans un circuit soumis à une tension v(t) et parcouru par un courant i(t), est donnée par le produit instantané suivant: $p(t) = v(t)\ i(t)$.
La puissance active est la valeur moyenne de cette puissance instantanée.

Nous utilisons le bloc 3-phase `Instantaneous Active & Reactive Power` pour calculer la puissance triphasée instantanée.

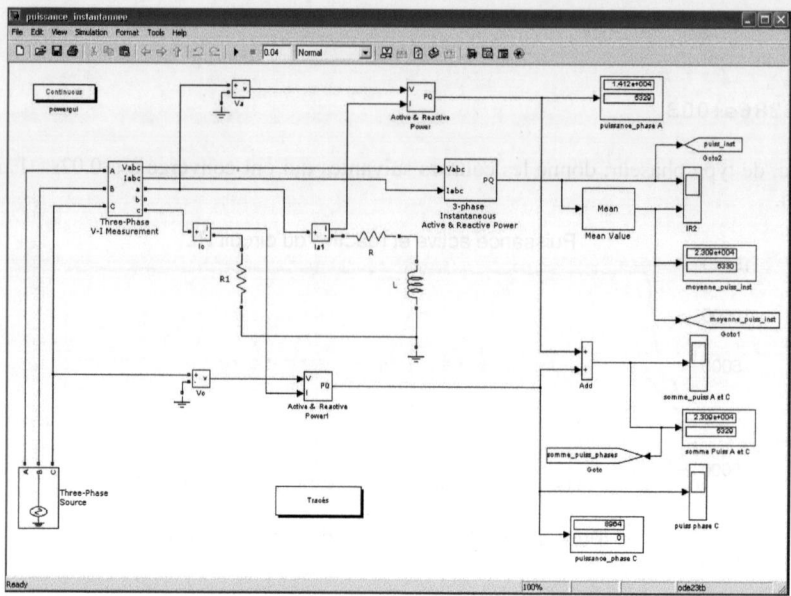

Le bloc 3-phase Instantaneous Active & Reactive Power permet de mesurer la puissance active et réactive en triphasé.
Cette puissance est la somme des puissances absorbées par chaque phase.

Nous vérifions, grâce au bloc Mean, que la puissance active est la valeur moyenne de la puissance instantanée. Cette valeur de 2.309 10^4 W est la même dans les afficheurs somme Puiss A et C et moyenne_puiss_inst.

Les valeurs instantanées, active et réactive, de la puissance triphasée, et leurs moyennes, sont données par la courbe suivante, obtenue par la fonction Callback StopFcn après la lecture des fichiers binaires puiss_act.mat et puiss_react.mat.

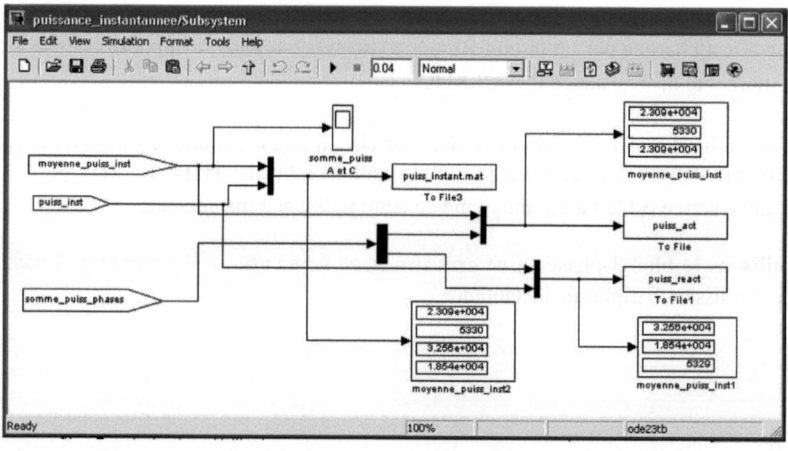

Librairies de SimPowerSystems 469

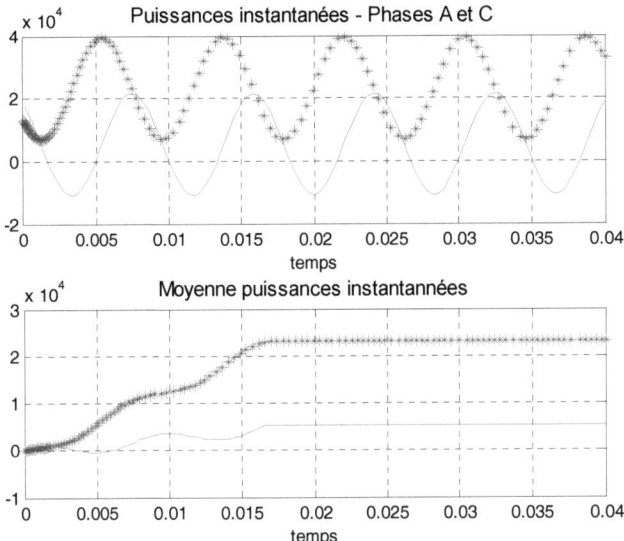

VIII. Librairie Machines

Cette librairie comporte différents types de machines (synchrones, asynchrones, à courant continu ou moteurs pas à pas) de puissance.

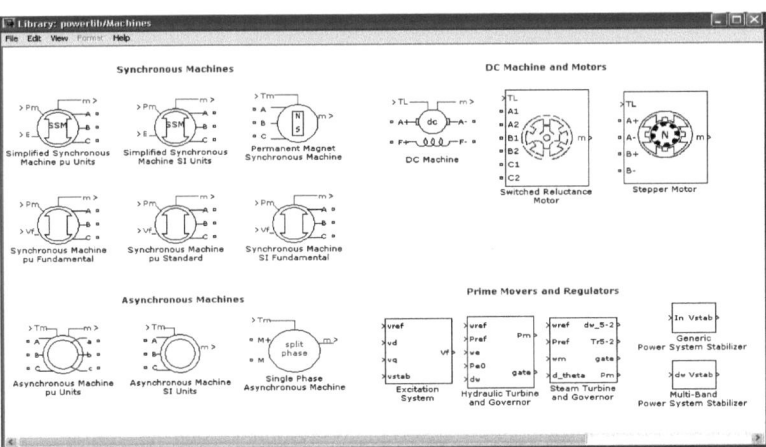

Un exemple de machine à courant continu est donné par le bloc `DC Machine`.

Ce bloc représente une machine à aimants permanents avec accès aux terminaux du champ magnétique (F+, F-).
Le couple appliqué sur l'axe du moteur est fourni à l'entrée TL de type Simulink.

L'armature (A+, A-) est composée d'une bobine La et d'une résistance Ra d'inducteur en série avec la force contre électromotrice E.

VIII.1. Moteur synchrone

Le bloc suivant, représente une machine simplifiée de type synchrone triphasée.

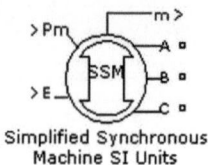

Simplified Synchronous
Machine SI Units

La machine synchrone est réversible, à savoir qu'elle agit en moteur ou en génératrice (alternateur) selon le signe de la puissance mécanique (négative pour un alternateur et positive pour un moteur).

Ce type de machine peut fonctionner en moteur de quelques Watts jusqu'à l'alternateur de plusieurs centaines de MW (alternateurs des centrales électriques).

Le rotor (inducteur) est constitué d'un enroulement parcouru par un courant d'excitation. Il peut être aussi un aimant permanent. Le champ magnétique possède p paires de pôles.
La création d'un champ tournant dans le stator fait tourner le rotor à la vitesse (fréquence de l'alimentation ou du champ tournant).

Dans le cas d'un moteur triphasé, le stator est constitué de 3 bobinages déphasés de $\frac{2\pi}{3}$.
Les courants statoriques des 3 phases sont alors :

$$i_A = I_S \sqrt{2} \cos wt$$
$$i_B = I_S \sqrt{2} \cos(wt - \frac{2\pi}{3})$$
$$i_C = I_S \sqrt{2} \cos(wt - \frac{4\pi}{3})$$

avec I_S la valeur efficace du courant statorique. On suppose que les courants statoriques possèdent tous cette même valeur efficace.

Le bloc représentant le moteur représente le système suivant :

$$\Delta w(t) = \frac{1}{2H} \int_0^t (Tm - Te) \, dt - Kd \, \Delta w(t)$$

La vitesse de rotation est alors donnée par :

$$w(t) = \Delta w(t) + w_0,$$

avec w_0 la vitesse nominale (fréquence du courant statorique).

Nous spécifions $w_0 = 1\, pu$.

L'écart entre la vitesse de rotation du rotor et la fréquence du courant statorique est du à l'inertie et l'amortissement des bobinages.

    $\Delta\omega$ = écart de vitesse,

    H = constante d'inertie,

    T_m = couple mécanique,

    Te = couple électromagnétique,

    Kd = facteur d'amortissement des bobinages,

    $\omega(t)$ = vitesse de rotation du rotor,

    w_0 = fréquence nominale (1 pu).

Dans la boite de dialogue de ce bloc, on spécifie :

    - le type de connexion, étoile à 3 fils (neutre non accessible) ou 4 fils (les 3 phases et le neutre).

    - l'inertie, le coefficient d'amortissement et le nombre de paires de pôles,

    - l'impédance statorique : sa résistance R et sa réactance X,

    - les conditions initiales.

Le signe de l'entrée Pm indique si la machine fonctionne en moteur (Pm>0) ou en générateur (Pm<0).

A, B et C sont les 3 phases statoriques absorbant ou générant un courant quand la machine fonctionne en moteur ou en alternateur, respectivement. E est l'amplitude de la tension d'alimentation. A partir de la sortie m, on peut récupérer à l'aide du bloc Bus Selector, beaucoup de paramètres dont la vitesse de rotation w (rad/s), la position angulaire du rotor, et les courants statoriques, entre autres.

La vitesse de rotation d'un moteur synchrone est indépendante de la charge.

Il fonctionne jusqu'à ce qu'il soit en surcharge ; auquel cas il décroche, à savoir qu'il s'arrête dans un mouvement oscillatoire. L'application suivante, représente un moteur synchrone 1000 MVA - 380 kV.

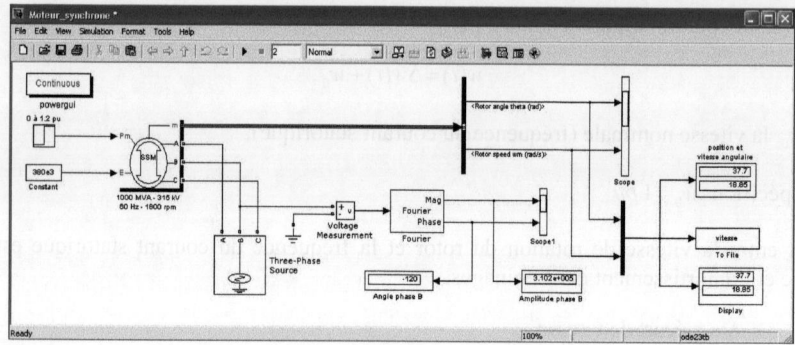

Le bloc Fourier permet de vérifier les valeurs de l'amplitude et l'argument de la phase B. Grâce au bloc Bus Selector, nous récupérons la vitesse en rad/s et l'angle du rotor en radians que nous traçons dans la figure suivante. A t=1s, nous appliquons sur l'arbre moteur un couple mécanique de 1.2 pu. Nous observons une perturbation sur la vitesse qui revient à sa valeur statique d'avant la perturbation de couple. Nous vérifions bien que la vitesse ne change pas, en statique, avec la charge. La vitesse en tr/mn d'un moteur synchrone est égale à $n=\dfrac{f}{p}$, avec f la fréquence électrique d'alimentation et p le nombre de paires de pôles. Avec 20 paires de pôles et une fréquence de 60Hz, nous vérifions la valeur obtenue dans la figure suivante.

```
>> (60/20)*2*pi
ans =
    18.8496
```

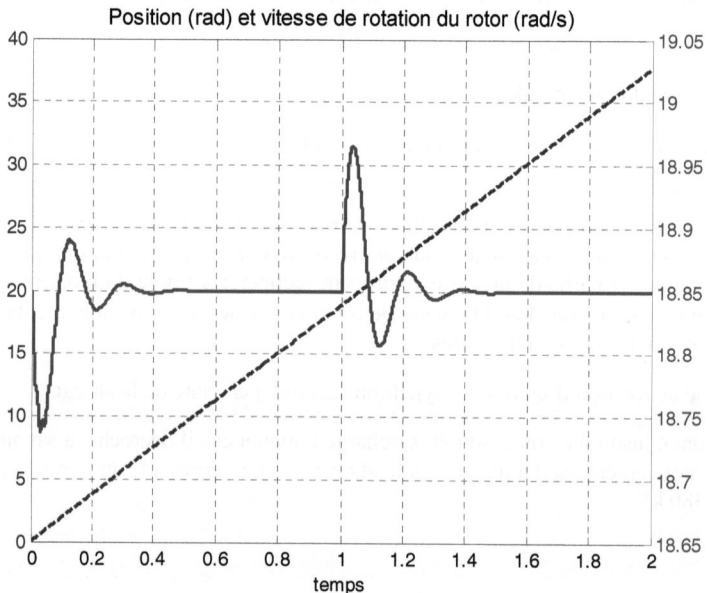

Les commandes suivantes de la boite à outils Symbolic Math Toolbox permettent de réaliser l'intégration et d'obtenir la valeur finale de la position angulaire en radians.

```
clc
syms w alpha t
w=(60/20)*2*pi
alpha=w*t ;
angle=int(alpha,0,2) ;
angle=subs(angle)
```

Les valeurs statiques de la vitesse de rotation (rad/s) et la position angulaire du rotor en radians sont les suivantes.

```
w =
    18.8496

angle =
    37.6991
```

VIII.2. Moteur à courant continu

L'application suivante concerne un moteur à courant continu. Le bobinage créant le champ magnétique est alimenté par une tension continue de 250V, la même valeur est appliquée entre les armatures A+ et A-.

Cette tension continue passe à travers un switch commandé par un signal généré par un timer de la librairie Extra Library/Control/Miscellaneous.

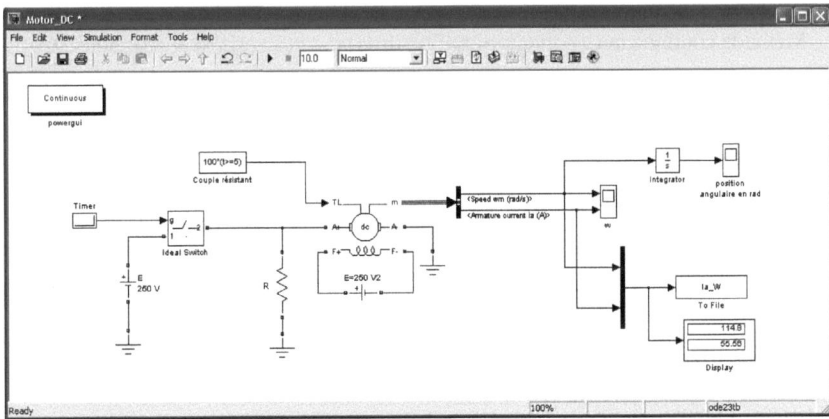

Par le bloc Bus Selector, nous récupérons la vitesse angulaire en rad/s de l'arbre moteur ainsi que le courant qui circule entre les armatures A+ et A-.

De t=0 à t=1s, le moteur est à l'arrêt car, pendant ce temps, le switch Ideal Switch est ouvert grâce à la commande du timer.

A partir de t=5s, nous appliquons un couple de 100 mN à l'entrée TL. Nous observons, à cet instant, une chute de tension et une élévation du courant.

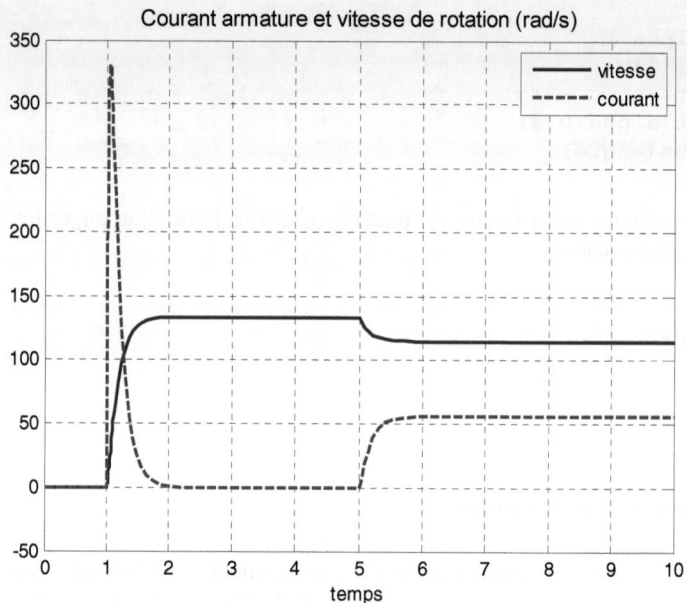

IX. Le bloc Powergui et son interface graphique

Le bloc `powergui` permet de choisir l'une des méthodes de résolution suivantes:

- Méthode continue avec solveur Simulink de type « pas variable » (variable `step`),

- Méthode discrète à « pas fixe » (`fixed time step`),

- `Phasor solution method` (résolution type phaseurs).

Le choix de méthode de résolution se fait en double-cliquant sur le bloc `powergui` en choisissant « `Configure parameters` ».

Chaque modèle de SimPowerSystems doit contenir un bloc et un seul `powergui`.

Ce bloc permet d'avoir accès à une interface graphique (`GUI : graphical User Interface`).

IX.1. Analyse d'un circuit électrique

Chaque modèle Simulink contenant des blocs de SimPowerSystems doit inclure le bloc `powergui`.

Pour de meilleures performances, et comme il a été fait dans les applications de SimPowerSystems, ce bloc doit être inséré au plus haut niveau des modèles Simulink.
De plus, le label de ce bloc doit s'écrire impérativement « `powergui` ».

Sans ce bloc, nous obtenons le message d'erreur suivant :

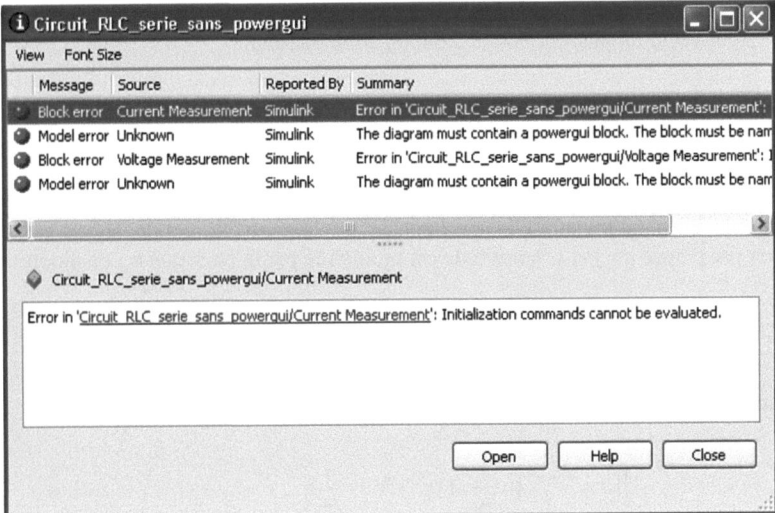

Il est utilisé pour stocker l'équivalent Simulink qui représente les équations d'état des blocs de SimPowerSystems.
C'est aussi une interface graphique utilisateur (GUI) qui permet l'analyse d'un circuit électrique.

IX.1.1. Simulation de type Phasors

Cette méthode est principalement utilisée pour étudier les oscillations électromécaniques de circuits de puissance constitués de générateurs et de moteurs, principalement, même si cette méthode peut être appliquée également aux systèmes linéaires.

Dans le cas particulier où l'on ne s'intéresse qu'aux changements en terme d'amplitude et de phase à l'ouverture ou fermeture de switchs, nous n'avons pas besoin de résoudre toutes les équations différentielles régissant les interactions des composants réactifs (capacités et inductances).
Nous nous contentons uniquement de résoudre un ensemble d'équations algébriques.
Un phaseur est une représentation d'un signal (tension ou courant) sinusoïdal pour lequel l'amplitude, la phase et la fréquence sont indépendantes du temps.

La formule d'Euler permet de représenter un signal sinusoïdal sous la forme de la somme de 2 entités complexes.

$$A \cos(wt + \varphi) = A \frac{e^{j(wt+\varphi)} + e^{-j(wt+\varphi)}}{2}$$

Ce phaseur peut être aussi représenté par sa notation complexe $Ae^{j\varphi}$.

Les phaseurs obéissent aux règles arithmétiques suivantes :

- Le produit d'un phaseur $Ae^{j\varphi}$ par une constante complexe $Be^{j\theta}$ donne un autre phaseur noté $AB\ e^{j(\varphi+\theta)}$. Seules son amplitude et sa phase sont modifiées par ce produit.

- La dérivée d'un phaseur donne aussi un autre phaseur.

$$\frac{d}{dt}\left[A\ e^{j(wt+\varphi)}\right] = jwA\ e^{j(wt+\varphi)} = wAe^{j(wt+\varphi+\frac{\pi}{2})}$$

La dérivation d'un signal sinusoïdal revient à le multiplier par la constante jw, c'est l'équivalence avec la transformée de Laplace où la dérivation d'un signal revient à la multiplier par p avec p=jw. L'amplitude est multipliée par la pulsation w, on ajoute $\pi/2$ à la phase.

- L'intégrale d'un phaseur est aussi un autre phaseur.

L'opération revient à diviser ce phaseur par jw.

$$\int\left[A\ e^{j(wt+\varphi)}\right] = \frac{1}{jw}A\ e^{j(wt+\varphi)} = \frac{A}{jw}e^{j(wt+\varphi-\frac{\pi}{2})}$$

L'amplitude est divisée par la pulsation w, on retranche $\pi/2$ à la phase.
En double-cliquant sur le bloc `powergui`, nous pouvons ainsi choisir de simuler un circuit électrique par les méthodes, classique, continue ou discrète et par cette troisième méthode, celle des phaseurs.

Cette méthode permet de fournir les variations, dans le temps, de l'amplitude et de la phase d'un signal.

Les circuits alternatifs AC peuvent être analysés par les lois de Kirchhoff avec des formules trigonométriques.

L'utilisation de la forme complexe ou la notation de phaseur permettent de simplifier l'analyse des circuits AC.

On utilise la forme exponentielle du cosinus [formule d'Euler]

$$\cos(wt+\varphi) = \frac{e^{j(wt+\varphi)} + e^{-j(wt+\varphi)}}{2}$$

Cette forme du cosinus s'exprime sous la forme d'une somme de deux complexes (phasors) :

$$V = \cos(wt+\varphi) = \mathrm{Re}\left[\frac{e^{j(wt+\varphi)} + e^{-j(wt+\varphi)}}{2}\right]$$

Pour un courant sinusoïdal I qui parcourt des éléments comme la résistance, l'inductance ou la capacité, nous concluons que la tension à leurs bornes s'exprime, sous la forme exponentielle, donc sous forme de phaseurs.

Soit un courant de la forme $I = I_0\, e^{jwt}$. La tension, aux bornes de l'élément, est donnée dans le tableau suivant :

Résistance	Capacité	Inductance
$V_R = R I_0\, e^{jwt}$	$V_C = \dfrac{1}{jCw} I_0\, e^{jwt}$	$V_L = jLw I_0\, e^{jwt}$

On définit alors les impédances complexes suivantes :

Résistance	Capacité	Inductance
$V_R = R$	$V_C = \dfrac{1}{jCw}$	$V_L = jLw$

Un signal sinusoïdal peut être représenté par un vecteur OB qui tourne, dans le sens contraire des aiguilles d'une montre, dans un cercle de rayon $|OB|$ à la vitesse w (rad/s).

Ce vecteur tournant, dans le temps, à la pulsation w, représente un phaseur qui définit entièrement ce signal sinusoïdal.

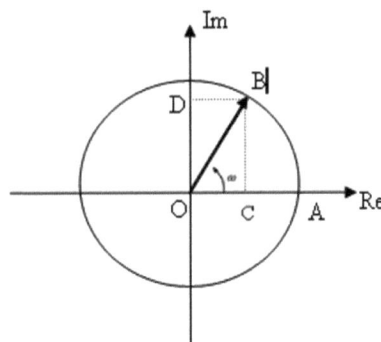

478 Chapitre 7

La somme instantanée de deux signaux sinusoïdaux, déphasés d'un angle φ, peut être obtenue par la somme vectorielle des 2 phaseurs qui les définissent.

IX.1.2. Applications

Le modèle suivant, permet de représenter deux sinusoïdes déphasées de 60 degrés, d'amplitude 5 et 15, respectivement.

$$v_1 = 5 \sin wt, \quad v_2 = 15 \sin(wt + \varphi)$$

avec $\varphi = \dfrac{60 * \pi}{180} = 1.0472 \text{ rad}$.

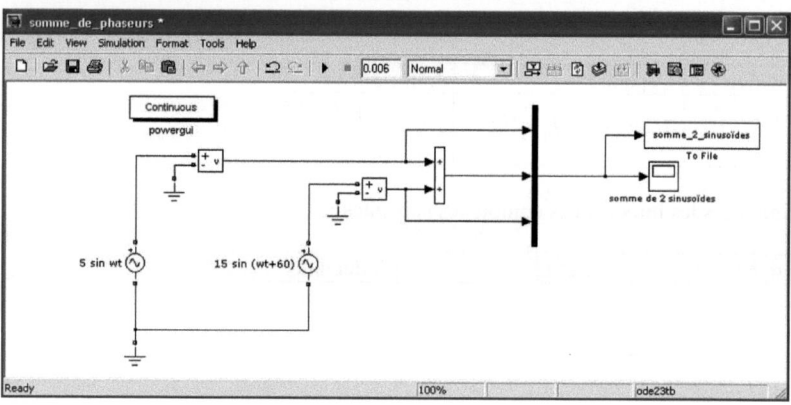

La figure suivante représente les 2 sinusoïdes, $v_1 = 5 \sin wt$ et $v_2 = 15 \sin(wt + 60)$ ainsi que leur somme.

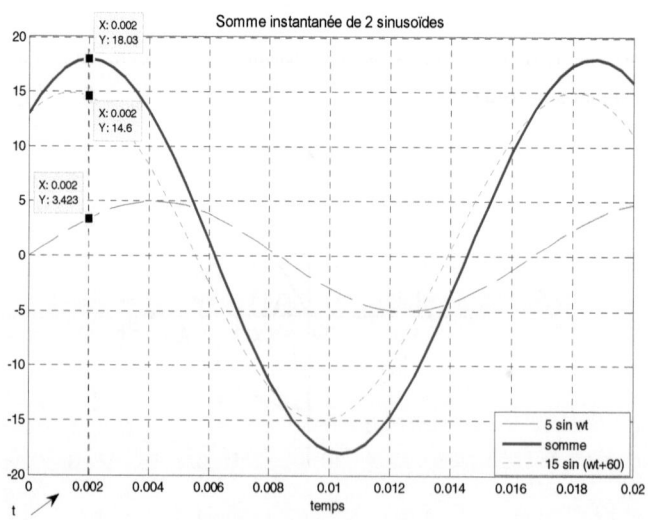

En choisissant un temps de calcul de 0.006s, on peut obtenir le décalage temporel entre la sinusoïde résultante et celle de référence, 5 sinwt.

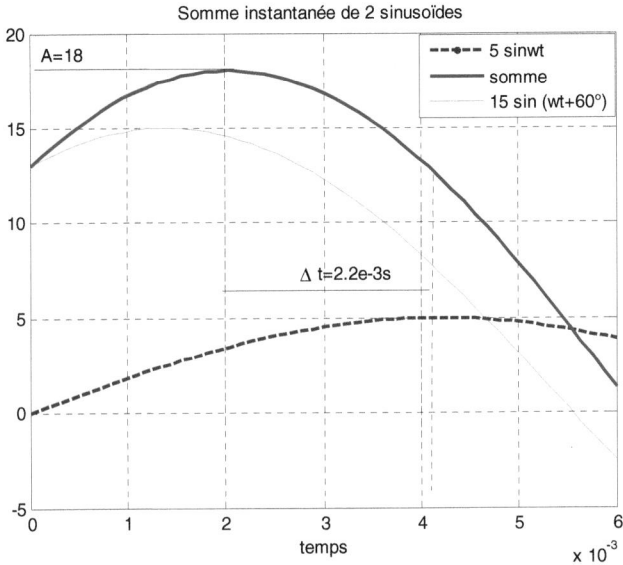

La sinusoïde résultante possède une amplitude de 18 et un décalage temporel de 2.2 ms, soit un angle, en radians, de :

```
>> 2.2*2*pi*60*1e-3
ans =
    0.8294
```

Dans le modèle « somme_de_phaseurs2.mdl », nous traçons les 3 sinusoïdes précédentes et la sinusoïde résultante, qui a pour expression :

$$v_3 = 18 \sin(wt + 0.8294)$$

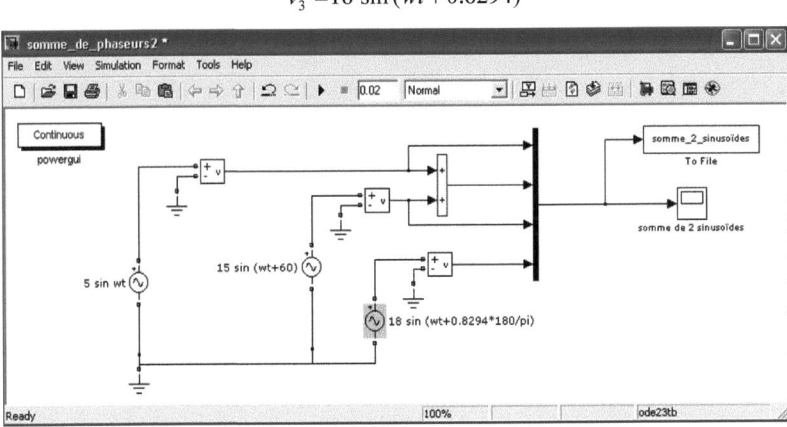

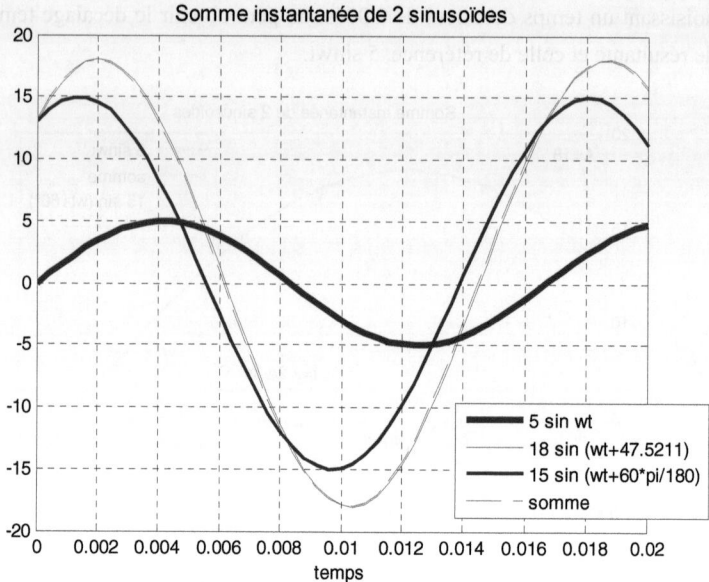

La sinusoïde v_3 est quasiment identique à la somme des 2 sinusoïdes v_1 et v_2.
Pour obtenir la sinusoïde somme, il suffit de faire la somme de leurs phaseurs.

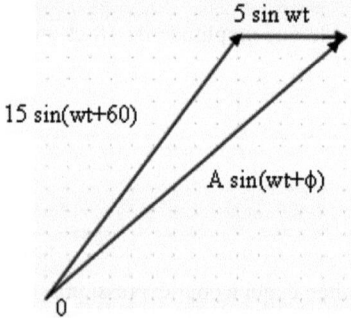

On se propose d'utiliser la formulation des phaseurs pour trouver la tension de sortie du circuit suivant.

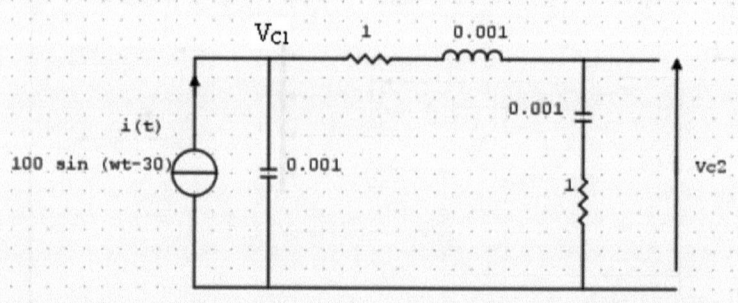

Librairies de SimPowerSystems

Dans la formulation des phaseurs, le courant d'entrée i(t)=100 sin (wt-30°) est notée i = 100 /-30°, soit un vecteur tournant i(t)= 100 sin(1000t-30°).

Avec une pulsation de 1000 rad/s, le tableau suivant donne les admittances de chaque composant :

Composant	C_1	L, R_1	R_2, C_2
Admittance (Ω^{-1})	j	$\dfrac{1-j}{2}$	$\dfrac{1+j}{2}$

Si on applique la loi des noeuds en V_{C1} et V_{C2}, nous avons :

$$i = V_{C1} * j + (V_{C1} - V_{C2}) * (\frac{1-j}{2})$$

Cette équation se simplifie comme suit:

$$V_{C1} * (1+j) - V_{C2}(1-j) = 2i$$

Au noeud V_{C2} nous obtenons l'autre équation:

$$(V_{C1} - V_{C2}) * (1-j) = V_{C2}(1+j),$$

d'où

$$V_{C1}(1-j) = 2 V_{C2},$$

soit :

$$V_{C1} = \frac{2}{1-j} V_{C2}$$

Nous obtenons le système d'équations suivant :

$$V_{C1} * (1+j) - V_{C2}(1-j) = 2i$$
$$V_{C1} = \frac{2}{1-j} V_{C2}$$

En remplaçant V_{C1} par sa valeur dans la 1ère équation, nous obtenons:

$$V_{C2} = \frac{2}{-1+3j} i$$

```
>> z=2/(-1+3j)
z =
  -0.2000 - 0.6000i
```

Nous avons ainsi :

- module de V_{C2} = module de z *module (i)=100 * module de z
- argument de V_{C2} = argument de z + argument de i = argument de z $- 30°$

```
>> arg_z=angle(z)*180/pi

arg_z =
 -108.4349

>> module_z=abs(z)
module_z =
    0.6325
```

Nous obtenons, ci-après, le module et l'argument de la tension V_{C2}.

```
>> module_Vc2=module_z*100

module_Vc2 =
   63.2456
>> arg_Vc2=arg_z-30
arg_Vc2 =
 -138.4349
```

On vérifie les résultats de 2 façons différentes avec SimPowerSystems, d'abord en utilisant le bloc Fourier afin de déterminer l'amplitude et la phase de la tension V_{C2} et ensuite calculer ces quantités en utilisant le mode Phasor du bloc powergui.

Le modèle suivant permet de calculer l'amplitude et la phase de la tension V_{C2} grâce au bloc Fourier.

Le signal d'entrée est un courant sinusoïdal de fréquence $\dfrac{1000}{2\pi}$ Hz, d'amplitude 100A et de phase -30°.

Dans le modèle suivant, nous vérifions, grâce au bloc Fourier, l'amplitude et la phase du courant d'entrée i(t), soit 100A et -30°.

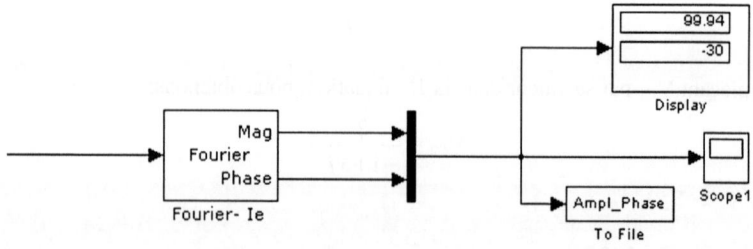

Librairies de SimPowerSystems 483

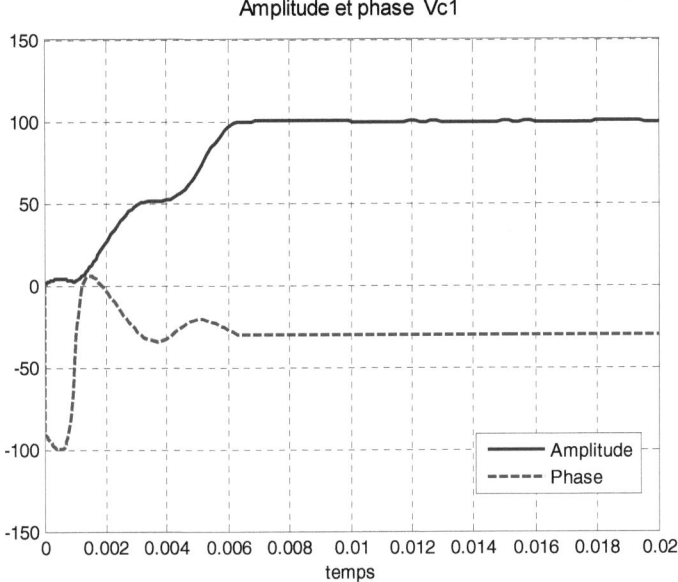

Dans le modèle suivant, nous utilisons le bloc `Fourier` pour calculer le module et la phase du signal V_{C2}.

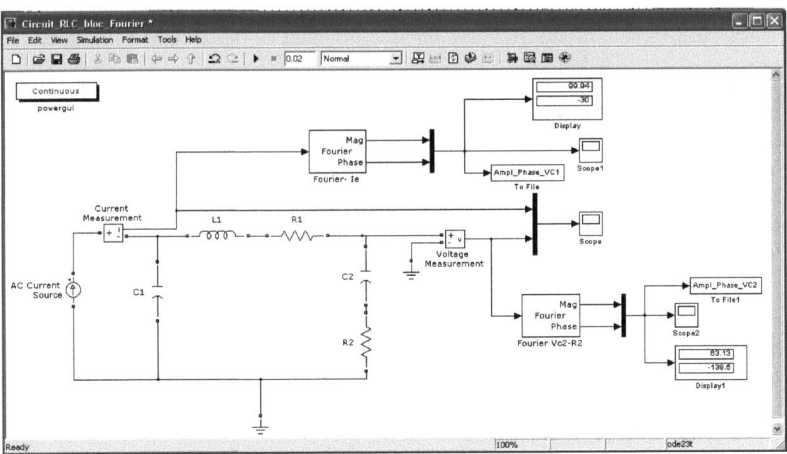

La courbe suivante représente l'amplitude et la phase de la tension V_{C2}.

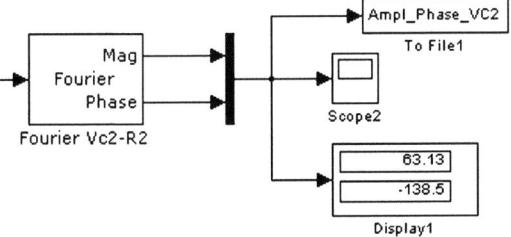

Chapitre 7

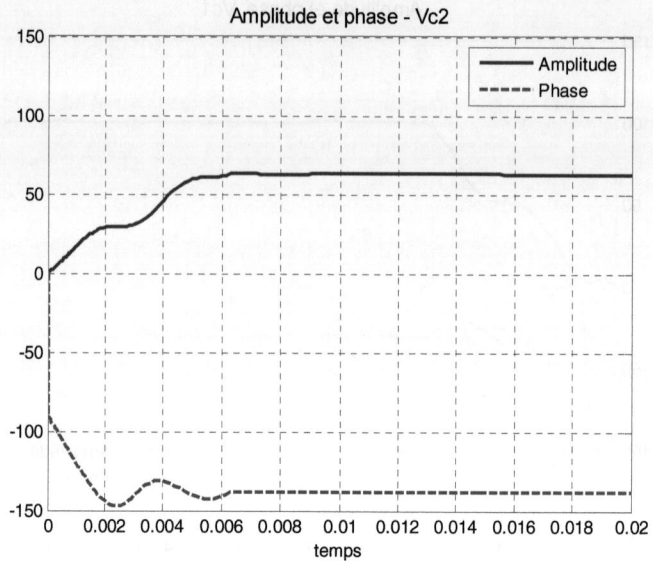

Nous obtenons :
$$V_{C2} \approx 63.2 \sin(1000t - 138.2°)$$
L'amplitude de V_{C2} est alors 63.2 V et la phase de -138.2°.
Nous vérifions bien les résultats obtenus avec la formulation des phaseurs.
Ci-après nous utilisons le mode `Phasor` en sélectionnant ce mode dans l'interface graphique du bloc `powergui` par le bouton `Configure parameters`.

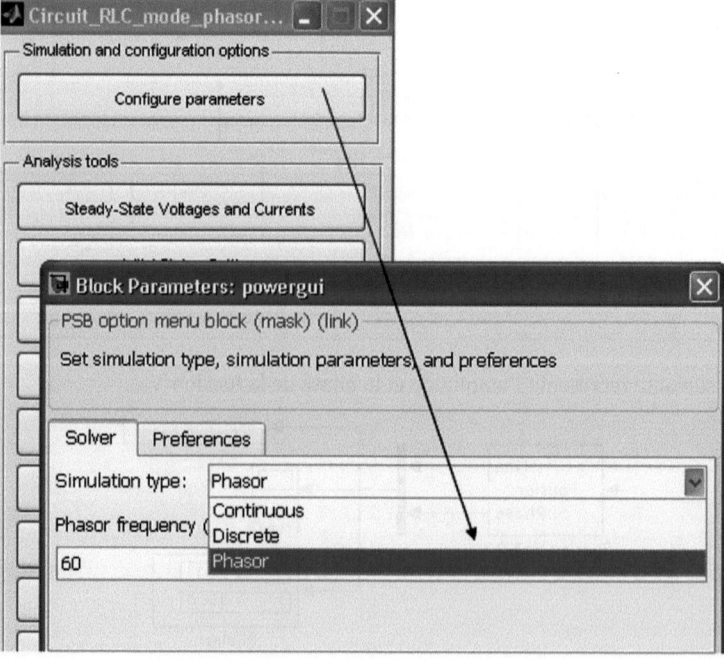

Librairies de SimPowerSystems 485

Dans le mode `Phasors` du bloc `powergui`, nous obtenons, par l'ampèremètre ou le voltmètre, l'amplitude et la phase du signal mesuré.

Nous devons, au préalable, configurer leur signal de sortie, `Output signal`, en `Magnitude-Angle`.

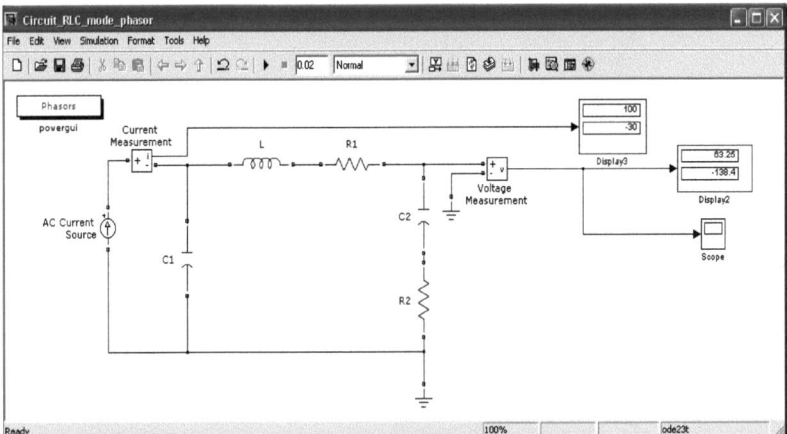

Dans la courbe suivante, nous obtenons directement, avec le mode `Phasors`, l'amplitude et la phase de la tension V_{C2}.
Nous obtenons les mêmes valeurs de l'amplitude et de la phase.

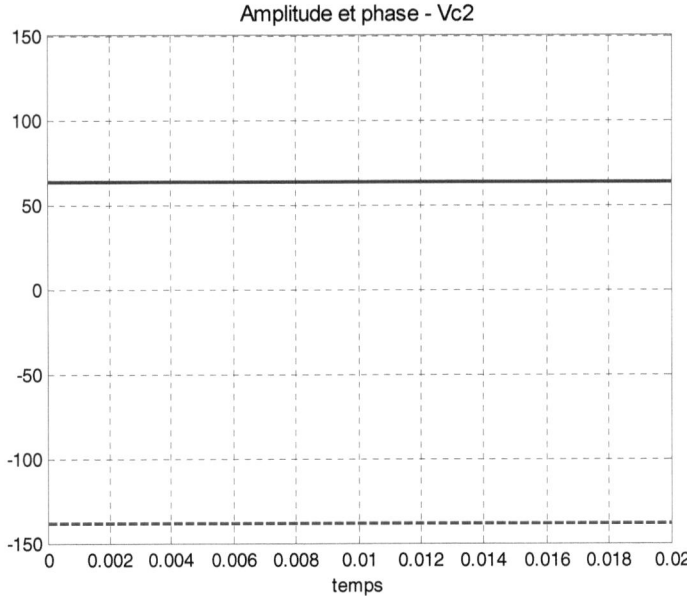

Ce résultat peut-être plus facilement obtenu par le calcul matriciel en utilisant la méthode des moindres carrés.

La solution X du système linéaire $AX = B$ est donnée par :

$$X = (A^T A)^{-1} A^T B$$

Dans notre cas, le vecteur des inconnues est formé des tensions V_{C1} et V_{C2}.
D'après les équations précédentes, la matrice A complexe est la suivante :

$$A = \begin{bmatrix} 1+j & -(1-j) \\ 1 & -2/1-j \end{bmatrix}$$

et le vecteur B :

$$B = \begin{bmatrix} 2\ Ampl(\cos\alpha + j\sin\alpha) \\ 0 \end{bmatrix}$$

avec $Ampl = 100$ et $\alpha = -30°$

Le script suivant permet d'obtenir le module et la phase de la tension V_{C2} qui est la 2ème composante du vecteur X.

fichier systeme_AX_B_phaseurs.m

```
clc
% phase en rad du courant d'entrée
alpha=-30*pi/180;

%Amplitude du courant d'entrée
Ampl=100;

A=[1+j -(1-j);1 -2/(1-j)]
B=[2*Ampl*( cos(alpha) +j*sin(alpha)); 0]
X=inv(A'*A)*A'*B

VC2=X(2)
module_VC2=abs(X(2))
phase_VC2=angle(X(2))*180/pi
```

Ce fichier donne les résultats suivants :

```
A =
   1.0000 + 1.0000i   -1.0000 + 1.0000i
   1.0000             -1.0000 - 1.0000i

B =
  1.0e+002 *
   1.7321 - 1.0000i
        0

X =
   -5.3590 -89.2820i
  -47.3205 -41.9615i
VC2 =
```

Librairies de SimPowerSystems 487

```
   -47.3205 -41.9615i
module_VC2 =
    63.2456

phase_VC2 =
  -138.4349
```

Nous trouvons parfaitement les mêmes résultats que par les 3 méthodes précédentes.
Ces calculs matriciels peuvent être réalisés dans Simulink par le modèle suivant :

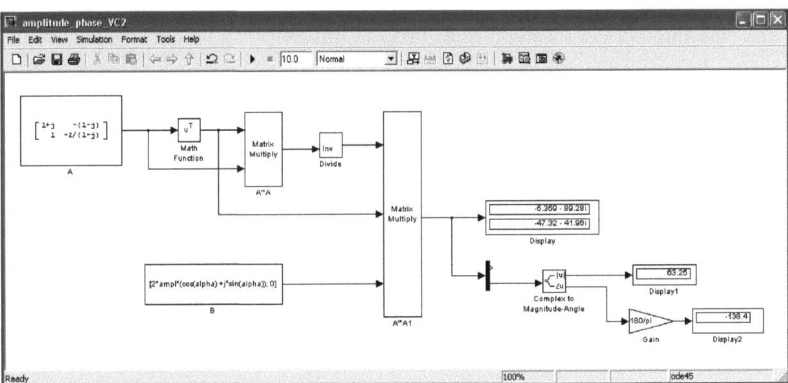

On considère maintenant le modèle Simulink utilisé dans le guide utilisateur, `SimPowerUser's_guide.pdf` dans la démo « `power_transient`[R] ».
Au départ, la méthode de simulation était la méthode continue.
Une fois qu'on a choisi la méthode des tensions et courants de type phaseurs, nous obtenons le modèle Simulink suivant dans lequel le bloc `powergui` a changé de `Continuous` à `Phasors`.

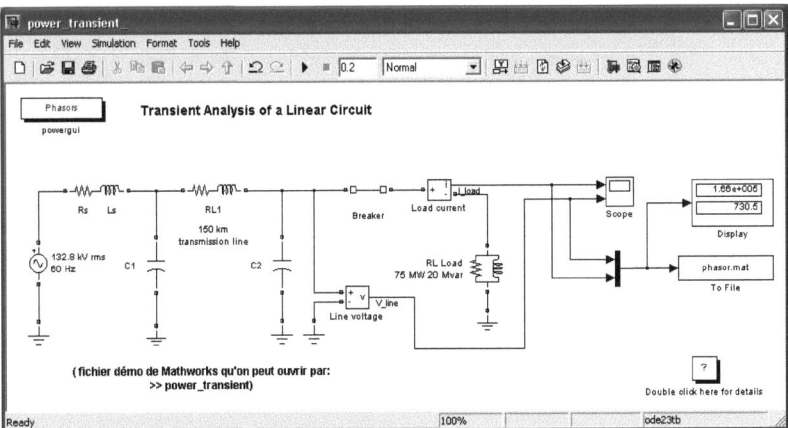

Ce circuit consiste en une source triphasée de puissance (230 kV, 60 Hz) pour laquelle, seule une phase est représentée.

La valeur RMS de la source est de $\frac{230}{\sqrt{3}} kV$.

R_s et L_s sont la résistance et l'inductance de l'impédance interne de la source.
C_1, C_2 et RL_1 sont les éléments d'une ligne de transmission en PI, sur une distance de 150 km.

La charge en bout de ligne est de type RL (RL Load). Le bloc Breaker constitue le disjoncteur qui permet de relier la ligne à la charge.
Si nous double-cliquons sur le bloc Breaker, nous pouvons spécifier ses différents paramètres :

- son état initial (1 pour l'état fermé et 0 pour ouvert),
- sa résistance équivalente lorsqu'il est fermé, Ron,
- la résistance Rs et la capacité Cs du circuit RC de protection contre les surtensions (Snubber),
- les instants de changement d'état (ouverture/fermeture).

Avec les valeurs spécifiées dans cette boite de dialogue, le bloc Breaker (disjoncteur) est équivalent à une résistance Ron très faible de 0.01Ω.

Le snubber est un circuit RC qui limite les dV/dt. Dans notre cas, la résistance Rs est infinie et la capacité Cs nulle.

De l'état initial fermé, il s'ouvre à t1=2/60 = 0.0333s (2 périodes) et se referme à t2=7/60s = 0.1167s (7 périodes).

```
Parameters
Breaker resistance Ron (Ohm):
0.01
Initial state ( 0 for 'open' , 1 for 'closed' ):
1
Snubber resistance Rs (Ohms):
inf
Snubber capacitance Cs (F):
0
Switching times (s):
[2/60 7/60 ]
```

Lorsqu'on choisit la méthode des phaseurs, nous devons spécifier la fréquence de 60 Hz.

Librairies de SimPowerSystems 489

Lorsqu'on utilise un voltmètre ou ampèremètre pour mesurer une tension ou un courant de type phaseur, nous pouvons choisir l'un des 4 formats suivants de représentation du phaseur.

- Complex (le type complexe, par défaut),
- Real-Imag (partie réelle, partie imaginaire du phaseur),
- Magnitude-Angle (amplitude et phase),
- Magnitude (amplitude).

Nous choisissons le format Magnitude pour le courant dans la charge et la tension en bout de ligne.

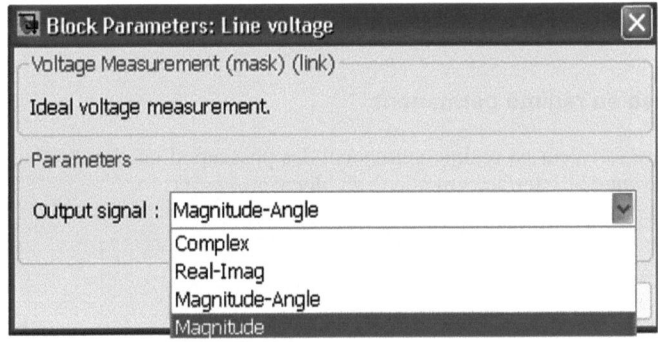

La courbe suivante représente les amplitudes de la tension en bout de ligne et du courant dans la charge lorsqu'on ferme le disjoncteur.

Entre les instants $t_1=2/60$ et $t_2=7/60$, le disjoncteur est ouvert et le courant est, par conséquent, nul.

On considère le mode «power_transient_.mdl» qui est le fichier demo de Mathworks qui se nomme «power_transient.mdl» qui fonctionne dans le mode Continuous.

Celui qu'on utilise fonctionne dans le mode Phasors.

Comme nous avons sauvegardé ces mêmes phaseurs dans le fichier binaires phasor.mat, nous pouvons les tracer et trouver leurs valeurs grâce à la commande ginput. Ensuite, on affiche ces valeurs par la commande gtext.

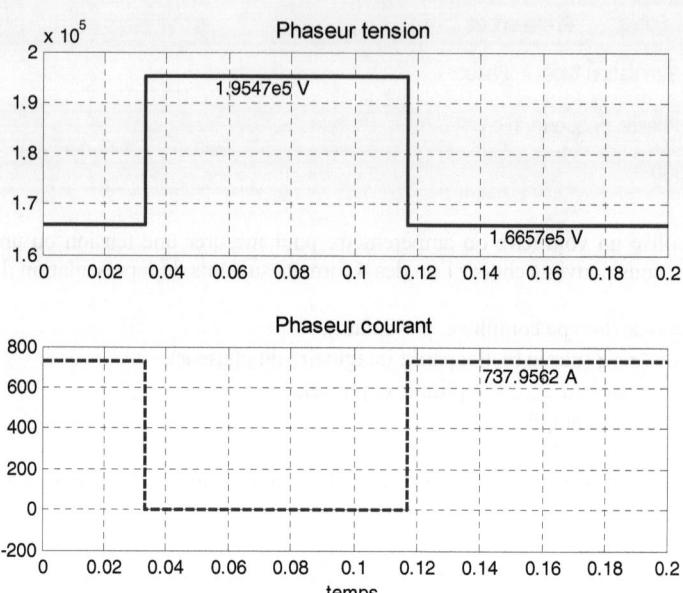

IX.2. Analyse en régime permanent

Pour connaître la valeur en régime permanent des phaseurs d'un circuit, nous devons choisir le bouton suivant de l'interface graphique du bloc `powergui`.

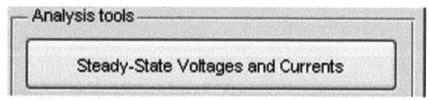

Nous obtenons les valeurs des phaseurs en régime permanent, sous forme polaire, si l'on coche uniquement la case `Measurements`.

Les états, `States` sont les tensions aux bornes de capacités ou des courants circulant dans les inductances.

Nous avons aussi les sources, dans notre cas, une seule.
Comme élément non linéaire, nous avons uniquement le disjoncteur (`Breaker`).

Lorsqu'on coche les cases `States`, `Measurements`, `Sources` et `Nonlinear Elements`, nous obtenons les valeurs en régime permanent des états, des mesures, des sources et des éléments non linéaires (ici le disjoncteur, `Breaker`).

La case `Sources` permet l'affichage des sources ; seule la tension d'entrée U est affichée.

`Measurements` permet d'afficher les mesures effectuées par des voltmètres ou ampèremètres.

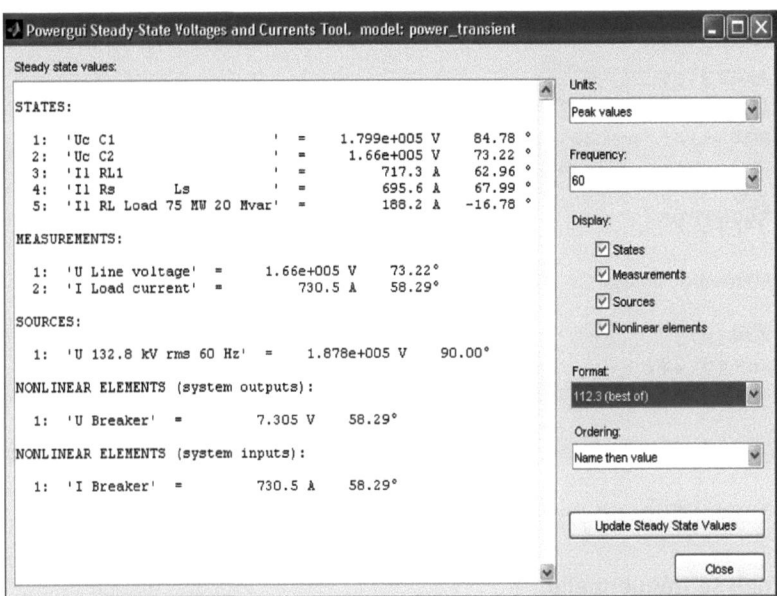

Comme on s'intéresse uniquement aux valeurs en régime permanent des phaseurs, on ne coche que la case `Measurements`.

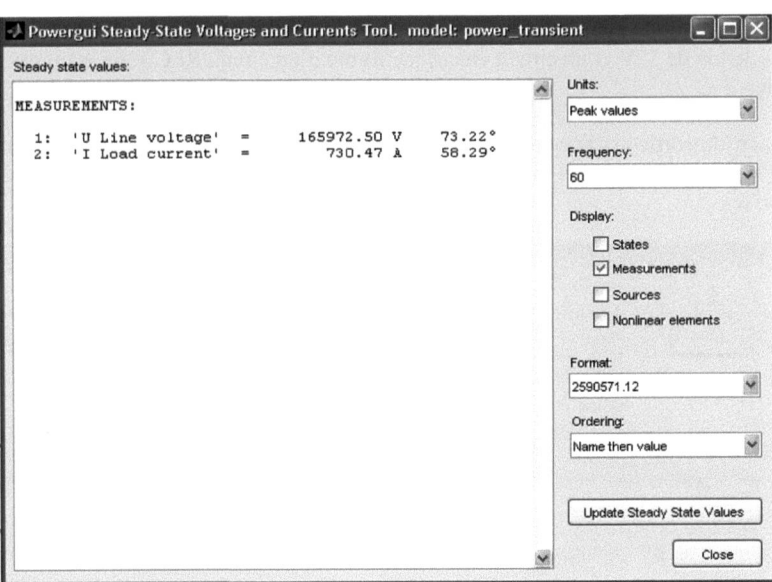

Pour trouver l'amplitude à partir des coordonnées polaires, (r, θ), on doit passer en coordonnées cartésiennes.

$$A = \sqrt{(r\cos\theta)^2 + (r\sin\theta)^2}$$

Pour la tension en bout de ligne :

```
>> teta=73.22;
>> r=165972.5;
>> A=sqrt((r*cos(teta))^2+(r*sin(teta))^2)
>> A
A =
  1.6597e+005
```

Pour le courant de charge :

```
>> r=730.47;
>> teta=58.29;
>> I=sqrt((r*cos(teta))^2+(r*sin(teta))^2)
I =
  730.4700
```

Nous pouvons vérifier ses valeurs exactes à celles obtenues graphiquement.

IX.3. Analyse fréquentielle

La librairie Measurements contient un bloc qui mesure l'impédance vue entre deux noeuds du circuit. Nous pouvons aussi mesurer cette impédance à partir du modèle d'état.

Considérons le modèle Simulink suivant formé d'une source contrôlée de tension commandée par un échelon de 12V et un circuit électrique formé d'un circuit RLC série et un circuit RLC parallèle.

La tension de sortie est mesurée aux bornes du circuit parallèle comme on le voit dans le modèle suivant. On désire aussi mesurer l'impédance entre le point commun des deux circuits et la masse.

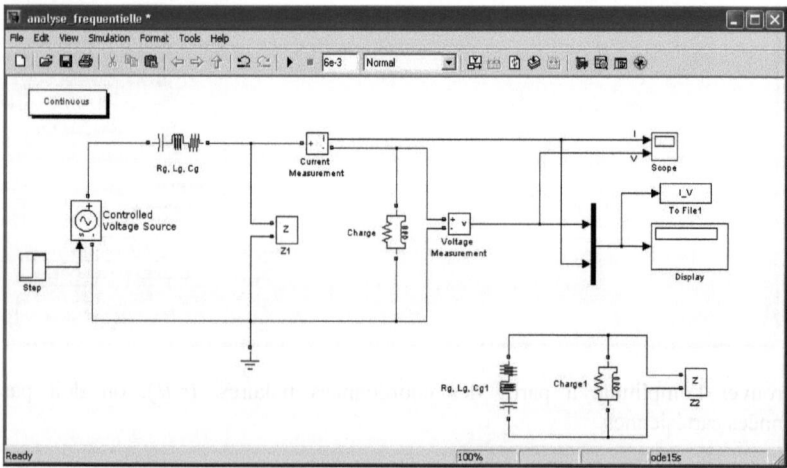

Librairies de SimPowerSystems

La courbe suivante montre l'évolution de la tension de sortie.

Le courant et la tension tendent vers 0 en oscillant.

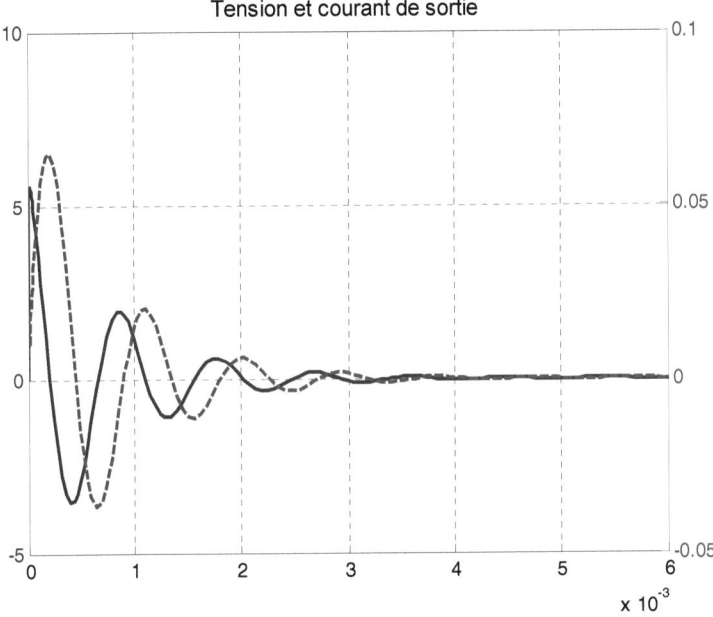

Le bloc `Impedance Measurement` permet de mesurer l'impédance vue entre le point commun des 2 circuits électriques et la masse.

Pour obtenir la représentation fréquentielle, de cette impédance, on double clique sur le bloc `powergui`.

On choisit ensuite le bouton suivant de l'interface graphique.

Impedance vs Frequency Measurement

Nous avons mesuré la même impédance, avec tous les éléments du circuit d'abord par le bloc `Impedance Measurement` puis par la mise en parallèle des deux circuits RLC.

Les 2 façons d'utiliser ce bloc, Z1 et Z2 donnent la même impédance dont on mesure la valeur en Ohms et sa phase en degrés.

Nous pouvons modifier l'intervalle de fréquences dans lequel cette impédance sera analysée.

Dans le cas de la figure suivante, on passe du bloc Z1 au bloc Z2 dans la fenêtre `Impedance Measurements`, en haut à droite.

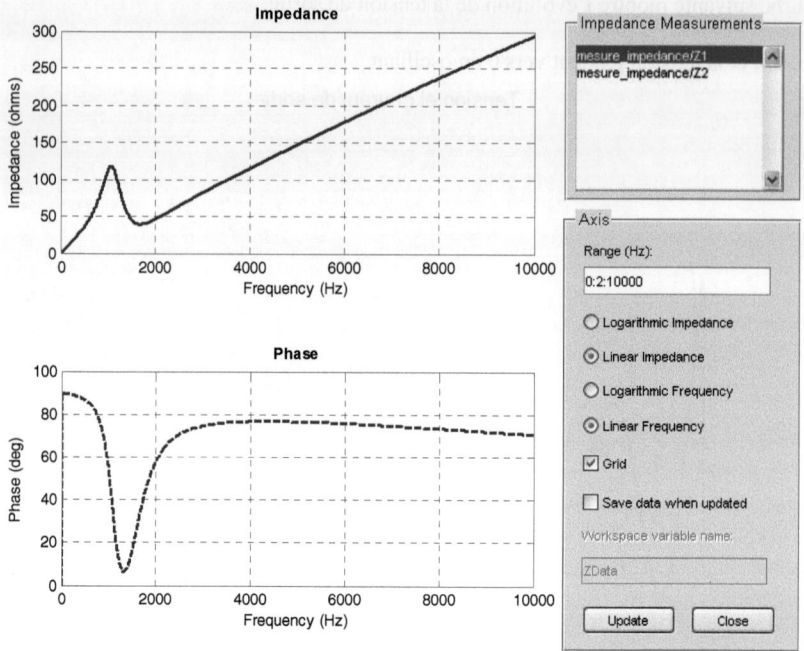

Nous pouvons choisir une représentation linéaire ou logarithmique de la fréquence ainsi que l'intervalle de fréquence utilisé, Range (Hz).

IX.4. Modélisation d'état électrique d'un circuit

IX.4.1. Circuit RC

La commande power_analyze permet d'obtenir le modèle d'état de ce système, ses entrées/sorties ainsi que son état initial.

```
>> [A, B, C, D, x0, electrical_states, entrees, sorties] =
power_analyze ('circuit_RC_simpower')
```

Dans ce cas particulier, cette commande possède comme seul argument d'appel le nom du modèle et comme arguments de retour, les matrices d'état A, B, C, D, l'état initial x0, les états électriques, les entrées et les sorties.

Il existe d'autres spécifications de cette commande.

Nous obtenons les matrices d'état A, B, C et D suivantes :

```
A =
   -500
B =
    500
```

```
C =
    1.0000
   -0.5000

D =
         0
    0.5000

x0 =
     0

electrical_states =
    'Uc_C=1mF'

entrees =
    'U_Controlled Voltage Source'

sorties =
U_Voltage Measurement
I_Current Measurement
```

Le système possède :

- 1 seule entrée, (tension de la source de tension contrôlée, `U_Controlled Voltage Source`)
- 2 sorties, la tension aux bornes de la capacité, soit `U_Voltage Measurement` et le courant circulant dans le circuit RC, `I_Current Measurement`.

SimPowerSystems examine les générateurs pour déterminer les entrées et les blocs de mesure pour le nombre de sorties du système d'état équivalent.

Comme nous avons une seule source contrôlée de tension et deux mesures (courant dans l'inductance et tension aux bornes du condensateur).

La commande `power_analyze` retourne une entrée ('U_Controlled Voltage Source') et deux sorties (tension aux bornes du condensateur, mesurée par le voltmètre, 'Voltage Measurement' et le courant circulant dans l'inductance ou le circuit RC, mesuré par l'ampèremètre, 'Current Measurement')

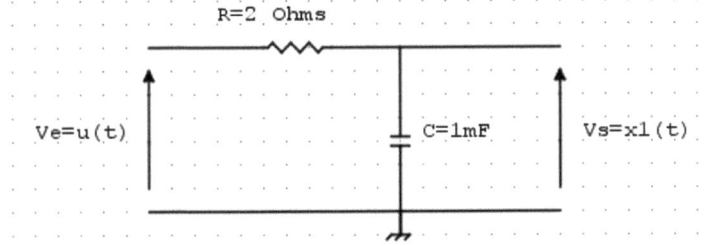

Nous avons, pour ce circuit RC,

$$i = C\frac{dVs}{dt} = C\dot{x}_1(t)$$

Or, le courant i est donné par :

$$i = \frac{Ve - Vs}{R} = \frac{u(t) - x_1(t)}{R}$$

L'égalité de ces 2 expressions donne la 1ère équation d'état:

$$\dot{x}_1(t) = -\frac{1}{RC} x_1(t) + \frac{1}{RC} u(t)$$

Les 2 sorties correspondantes aux 2 mesures s'expriment en fonction de la variable d'état $x_1(t)$ comme suit :

$$y_1(t) = Vs = x_1(t)$$

$$y_2(t) = i = \frac{Ve - Vs}{R} = -\frac{1}{R} x_1(t) + \frac{1}{R} u(t)$$

Le vecteur de sortie est alors donné par l'équation d'observation suivante :

$$\begin{bmatrix} y_1(t) \\ y_2(t) \end{bmatrix} = \begin{bmatrix} 1 \\ -1/R \end{bmatrix} x_1(t) + \begin{bmatrix} 0 \\ 1/R \end{bmatrix} u(t)$$

Les matrices, A, B, C et D, du modèle d'état, sont alors :

$$\mathsf{A} = -\frac{1}{RC}, \quad \mathsf{B} = \frac{1}{RC}, \quad \mathsf{C} = \begin{bmatrix} 1 \\ -1/R \end{bmatrix}, \quad \mathsf{D} = \begin{bmatrix} 0 \\ 1/R \end{bmatrix}$$

Avec les valeurs de R et C, nous retrouvons bien les mêmes résultats que ceux obtenus par la commande `power_analyze`. Le modèle suivant représente ce système d'état (bloc State-Space de Simulink) dont les matrices et l'état initial sont donnés précédemment.

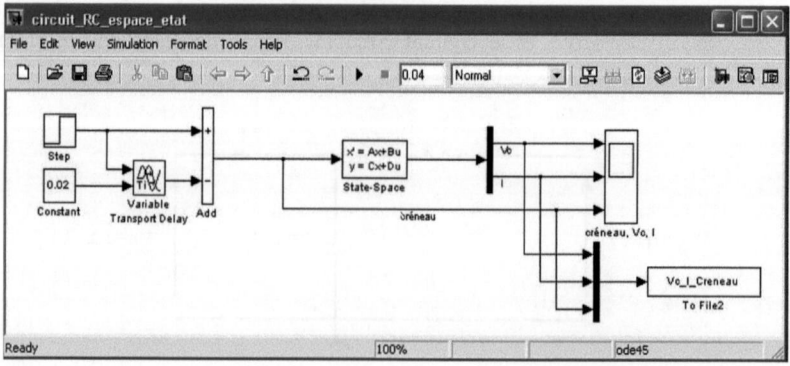

Librairies de SimPowerSystems 497

La courbe suivante représente les signaux du créneau, de la tension aux bornes de la capacité et du courant circulant dans l'inductance ou le circuit RC.

Nous obtenons quasiment les mêmes résultats qu'avec les composants physiques de SimPowerSystems.

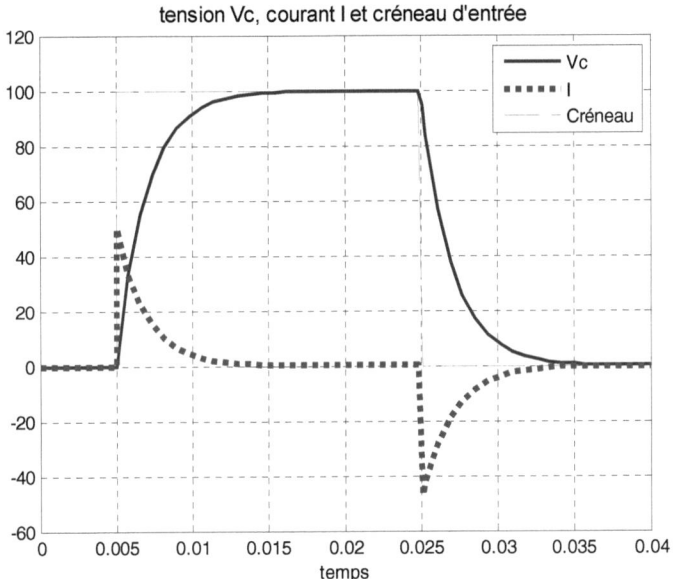

Dans le modèle suivant, nous vérifions que les réponses du système physique de SimPowerSystems sont identiques à ceux du modèle d'état obtenu précédemment.
Le signal d'entrée du système physique est le même que celui que nous avons utilisé pour la commande `power_analyze`.

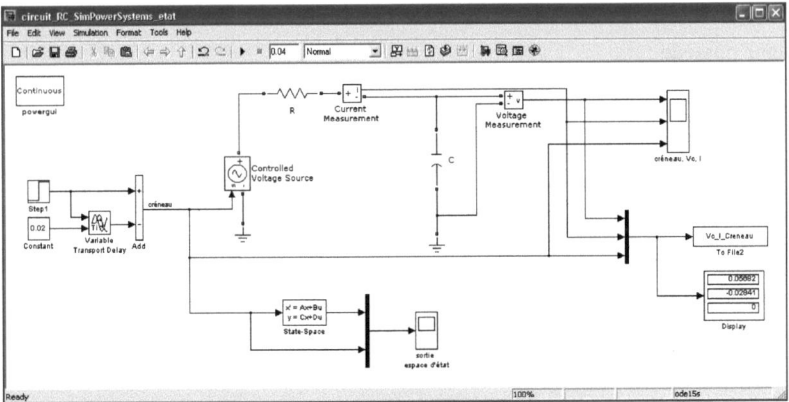

Les sorties du modèle sont uniquement la tension aux bornes de la capacité et le courant dans l'inductance.
L'oscilloscope suivant montre les mêmes signaux que lorsque nous avons utilisé la commande `power_analyze`.

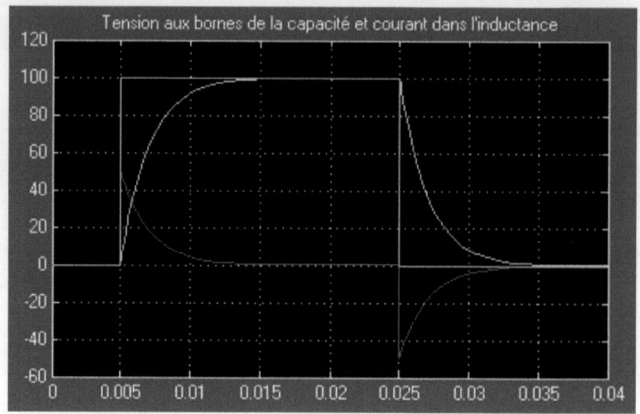

IX.4.2. Circuit RLC

Dans ce cas, comme il y a 2 éléments réactifs, C et L, nous aurons 2 états électriques.

Le circuit RLC, que nous étudions, est composé de la résistance, de l'inductance $L = 0.01 H$ et du condensateur $C = 0.001 F$. La tension de sortie est la tension aux bornes du condensateur.

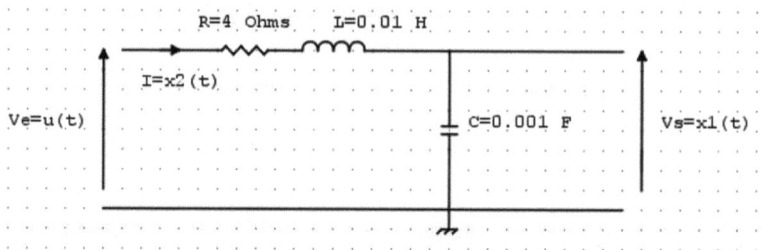

Le système possède :

- 1 entrée u(t) qui est la tension fournie par la source de tension contrôlée ('U_Controlled Voltage Source')
- 2 variables d'état : $x_1(t)$ qui est la tension aux bornes du condensateur ('Uc_C') et $x_2(t)$, le courant circulant dans le circuit ('Il_RL')
- 2 sorties : $y_1(t)$ qui est la tension mesurée par le voltmètre ('U_Voltage Measurement') et $y_2(t)$, le courant mesuré par l'ampèremètre ('I_Current Measurement').

-

Les entrées sont les signaux fournis par les générateurs ou les sources contrôlées de tension ou de courant.
Les sorties sont les signaux mesurés par les voltmètres ou les ampèremètres présents dans le modèle.

Le modèle d'état possède la structure suivante :

- Equation d'état :
$$\begin{bmatrix} x_1'(t) \\ x_2'(t) \end{bmatrix} = A \begin{bmatrix} x_1(t) \\ x_2(t) \end{bmatrix} + B\ u(t)$$

- Equation d'observation :
$$\begin{bmatrix} y_1(t) \\ y_2(t) \end{bmatrix} = C \begin{bmatrix} x_1(t) \\ x_2(t) \end{bmatrix} + D\ u(t)$$

La capacité, exprimée en Farad d'un condensateur est le coefficient de proportionnalité entre la charge et la tension appliquée.

La relation caractéristique d'un condensateur idéal est : $i = C \dfrac{du}{dt}$

Appliquée au condensateur C de notre modèle, nous avons :

$$i = C \frac{dVs}{dt} = C \frac{dx_1(t)}{dt} = x_2(t)$$

Ainsi, nous avons la deuxième équation d'état :

$$\dot{x}_1(t) = 0 * x_1(t) + \frac{1}{C} x_2(t) + 0 * u(t)$$

$x_2(t)$ étant le courant dans le circuit, on peut le calculer par celui qui traverse la résistance R. On se propose de calculer la tension V_R aux bornes de cette résistance afin d'en déduire ce courant par $i = \dfrac{V_R}{R}$.

$$V_R = Ve - Vs - L \frac{dI}{dt}$$

avec
$$i = x_2(t),\quad Ve = u(t),\quad Vs = x_1(t)$$

nous déduisons :
$$R\ x_2(t) = u(t) - x_1(t) - L\ \dot{x}_2(t)$$

ce qui donne la 2ème équation d'état :

$$\dot{x}_2(t) = -\frac{1}{L} x_1(t) - \frac{R}{L} x_2(t) + \frac{1}{L} u(t)$$

Les matrices d'évolution A et de commande B, s'expriment par :

$$A = \begin{bmatrix} 0 & \dfrac{1}{C} \\ -\dfrac{1}{L} & -\dfrac{R}{L} \end{bmatrix},\ B = \begin{bmatrix} 0 \\ \dfrac{1}{L} \end{bmatrix}$$

Les 2 sorties correspondant aux mesures de courant et de tension dans le modèle sont données par :

$$\begin{bmatrix} y_1(t) \\ y_2(t) \end{bmatrix} = \begin{bmatrix} x_1(t) \\ x_2(t) \end{bmatrix},\ \text{soit la matrice C suivante :}\ C = \begin{bmatrix} 1 & 0 \\ 0 & 1 \end{bmatrix}$$

Ce qui donne une matrice D qui relie directement l'entrée et la sortie, nulle, soit :
$$D = \begin{bmatrix} 0 \\ 0 \end{bmatrix}$$

La commande `power_analyze` nous donne toutes ces matrices, l'état initial, les noms des états électriques et les sorties du système (courant et tension mesurés).

```
>> [A, B, C, D, x0, electrical_states, entrees, sorties] =
power_analyze ('circuit_RLC_serie')
A =
            0       1000
         -100       -400
B = 0
     100
C =  1     0
     0     1
D =  0
     0

x0 = 0
     0
electrical_states =
    'Uc_C'
    'Il_RL'
entrees =
    'U_Controlled Voltage Source'
sorties =
U_Voltage Measurement
I_Current Measurement
```

x_0 est le vecteur des conditions initiales des états électriques (courant initial dans une bobine ou charge initiale d'un condensateur).

Dans notre cas, nous avons spécifié partout des conditions initiales nulles.

Nous allons étudier la réponse impulsionnelle du circuit RLC série en utilisant son modèle d'état.

Dans le modèle suivant, nous comparons les réponses impulsionnelles du circuit RLC et du modèle d'état obtenu précédemment.

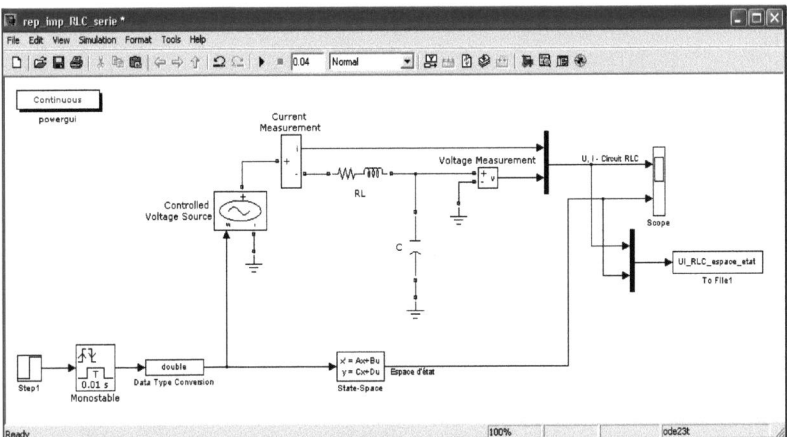

Nous spécifions les valeurs des composants, R, L et C dans la fonction Callback `InitFcn`.

Dans la boite de dialogue du bloc `State Space`, nous spécifions les valeurs des différentes matrices, A, B, C et D en utilisant les noms de variables R, L et C.

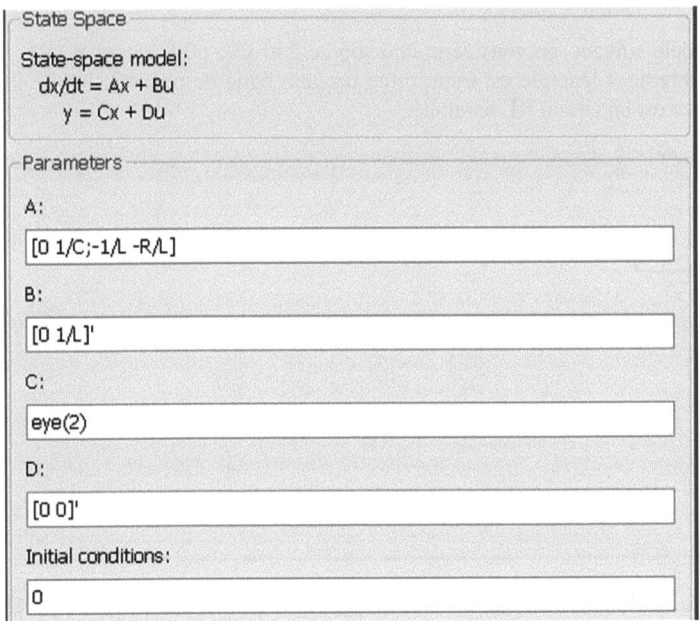

Les réponses du circuit RLC et du modèle d'état sont identiques comme on l'observe dans la courbe suivante.

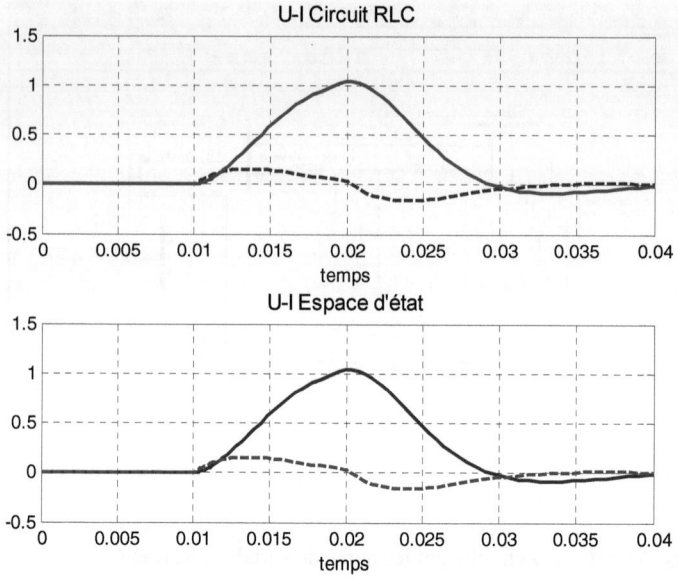

IX.5. Mesure d'impédance

Dans le modèle suivant, on considère une source 230 kV, 60 Hz dont R et L forment son impédance interne. L'énergie est transportée par une ligne de transmission de longueur 100 km. La charge est un circuit RL parallèle.

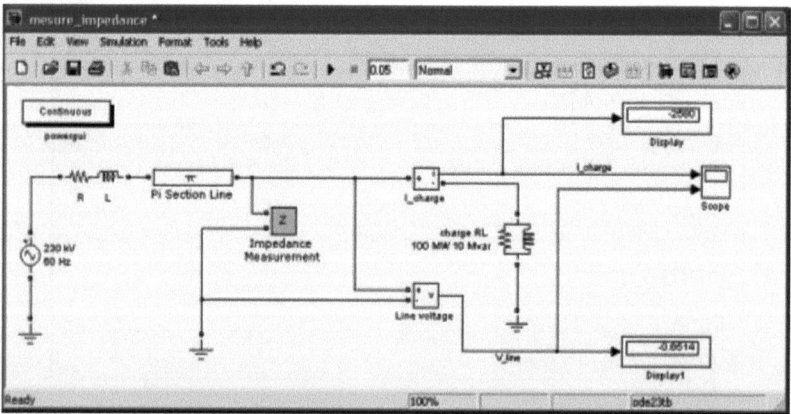

Si on veut tracer l'impédance vue en bout de ligne et la masse, on utilise le bloc Impedance Measurement z. Pour obtenir ce tracé, on double-clique sur le bloc powergui.
Dans le GUI, on choisit l'option « Impedance vs Frequency Measurement ».

Librairies de SimPowerSystems 503

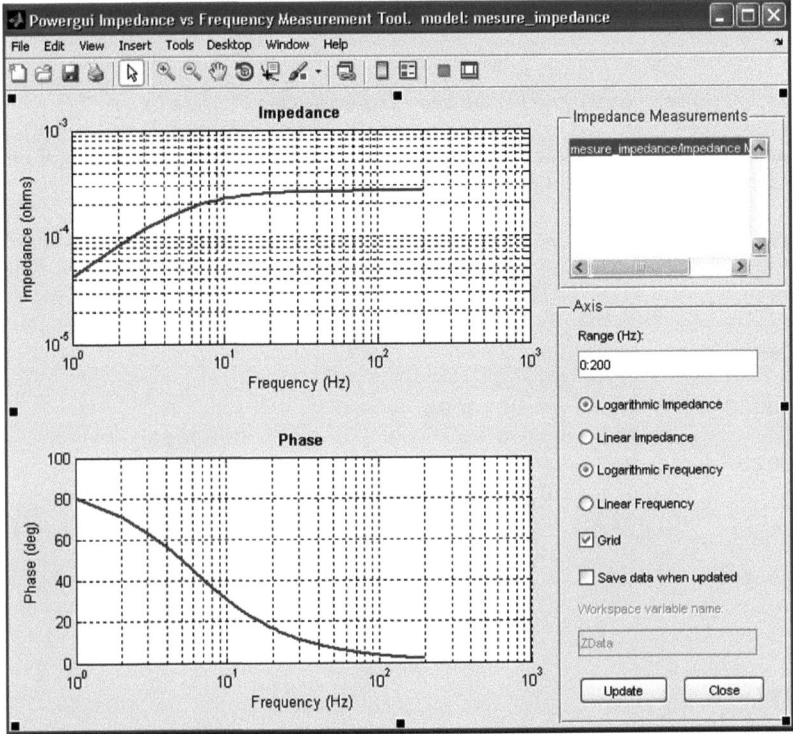

Nous avons choisi les échelles logarithmiques pour la fréquence et l'impédance.

Nous donnons ici une autre manière de calculer l'impédance.
Nous appliquons un générateur de courant AC Current Source au nœud auquel on veut mesurer cette impédance.

Nous avons, ainsi, inséré une autre source de courant, à ce nœud du circuit. Nous choisissons une amplitude nulle pour cette source de courant.

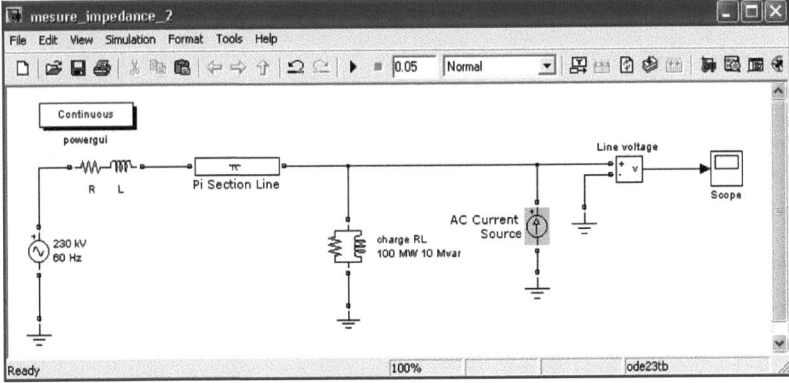

La commande `power_analyze` permet d'obtenir les matrices d'état de notre nouveau circuit.

```
>> sys = power_analyze('mesure_impedance_2','ss') ;
```

Cette commande peut afficher les matrices d'état dans l'espace de travail Matlab, si on enlève le « ; » après cette commande. On peut aussi les demander séparément.

```
>> sys.a

ans =

  1.0e+009 *

  -0.0000         0        -0.0000         0              0
        0         0              0         0         0.0001
   0.0023         0              0   -0.0023              0
        0         0         0.0000   -0.0000        -0.0000
        0   -0.0023              0    0.0023        -8.7745

>> sys.b

ans =

  1.0e+006 *

    0.0001         0
         0         0
         0         0
         0         0
         0    2.3208

>> sys.InputName

ans =
    'U_230 kV 60 Hz'
    'I_AC Current  Source'

>> sys.OutputName

ans =
    'U_Line voltage'
```

Pour connaître tout le contenu de la variable `sys` on utilise la commande `get`.

```
>> get(sys)
              a: [5x5 double]
              b: [5x2 double]
              c: [0 0 0 0 1]
              d: [0 0]
              e: []
```

Librairies de SimPowerSystems 505

```
           Scaled: 0
        StateName: {5x1 cell}
        StateUnit: {5x1 cell}
    InternalDelay: [0x1 double]
       InputDelay: [2x1 double]
      OutputDelay: 0
               Ts: 0
         TimeUnit: ''
        InputName: {2x1 cell}
        InputUnit: {2x1 cell}
       InputGroup: [1x1 struct]
       OutputName: {'U_Line voltage'}
       OutputUnit: {''}
      OutputGroup: [1x1 struct]
             Name: ''
            Notes: {[1x73 char]}
         UserData: []
```

Si l'on veut connaître les noms des variables d'état, on fait appel StateName de la structure sys :

```
>> sys.StateName

ans =
    'Il_R          L'
    'Il_charge RL  100 MW 10 Mvar'
    'Uc_input: Pi Section Line'
    'Il_section_1: Pi Section Line'
    'Uc_output: Pi Section Line'
```

Le nombre de variables est égal au nombre de composants réactifs (inductances pour les variables courants et capacités pour les variables tensions).

Il y a 3 variables courants ; ceux qui circulent dans la bobine de l'impédance interne du générateur, l'impédance de la charge et celui dans la bobine de la ligne de transmission.

Il y a 2 variables tensions ; celles aux bornes des capacités de l'entrée et de la sortie de la ligne de transmission.

L'impédance que l'on recherche est le rapport de la sortie sur l'entrée 2.

Les commandes suivantes permettent de définir le domaine de fréquences dans lequel on tracera le diagramme de Bode de l'impédance que l'on recherche.

```
>> freq=0:200;
>> w=2*pi*freq;
>> bode(sys(1,2),w);
>> grid
```

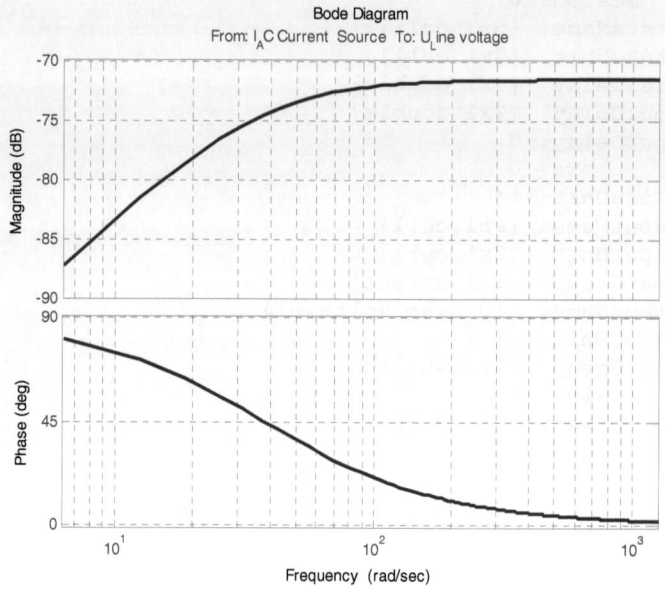

IX.6. Autres fonctionnalités du bloc powergui

La principale utilité de l'interface utilisateur (GUI) du bloc `powergui` est d'analyser les circuits électriques de SimPowerSystems.

IX.6.1. Discrétisation d'un circuit

Pour simuler un circuit en discret, nous devons choisir le mode discret avec le bouton `Configure parameters` de l'interface graphique du bloc `powergui`.

Nous spécifions aussi le pas de temps.

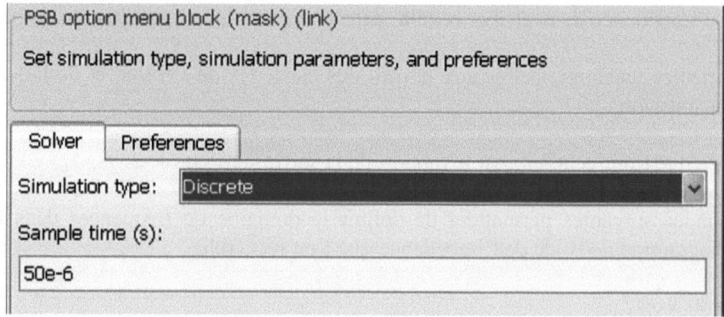

On considère le circuit suivant, formé par une source triphasée d'impédance interne (Rg, Lg) sur chaque phase.
Au bout d'une ligne de transmission de 150 km, nous trouvons une charge inductive (circuit RL parallèle).

Librairies de SimPowerSystems 507

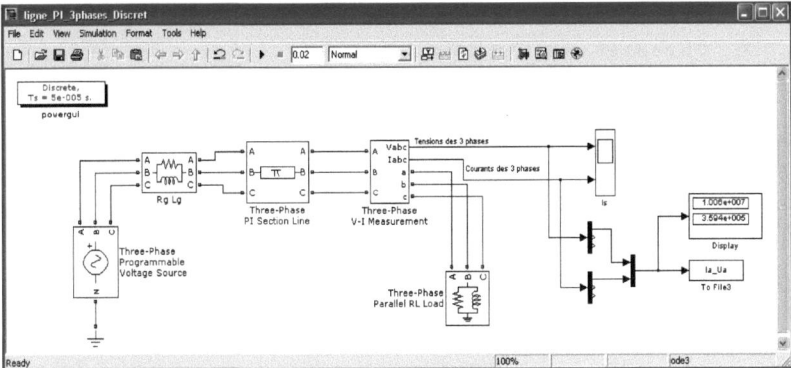

Le courant et la tension de la phase A du système triphasé sont donnés par la figure suivante.

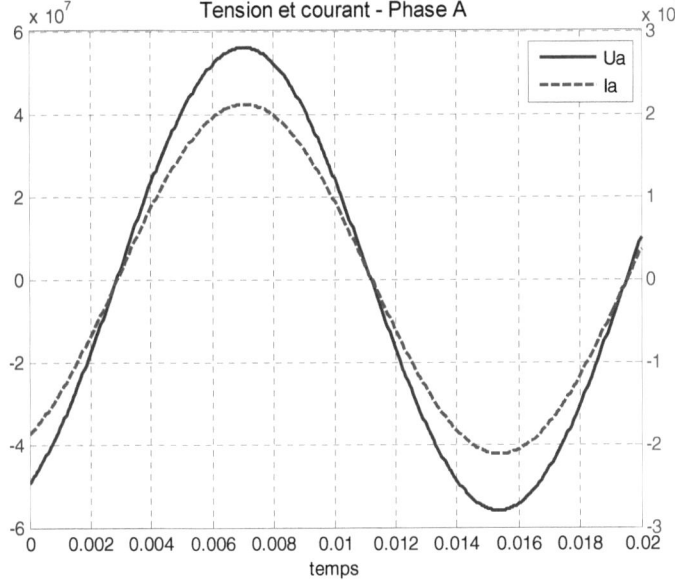

La commande `power_analyze` permet d'obtenir le modèle d'état électrique discret.

```
>> sys = power_analyze('ligne_PI_3phases_Discret','ss');
```

On va comparer la réponse de ce circuit à celle de son modèle d'état discret.
Le modèle d'état possède 6 sorties (les 3 tensions et les 3 courants des phases mesurées par le bloc `Three-Phase V-I Measurement`).

```
>> sys.OutputName
ans =
    'U_A: Three-Phase V-I Measurement'
    'U_B: Three-Phase V-I Measurement'
    'U_C: Three-Phase V-I Measurement'
```

```
'I_A: Three-Phase V-I Measurement'
'I_B: Three-Phase V-I Measurement'
'I_C: Three-Phase V-I Measurement'
```

Le modèle d'état électrique est calculé dans la fonction Callback `InitFcn`, les variables d'état sont ensuite récupérées à travers la variable `sys`.

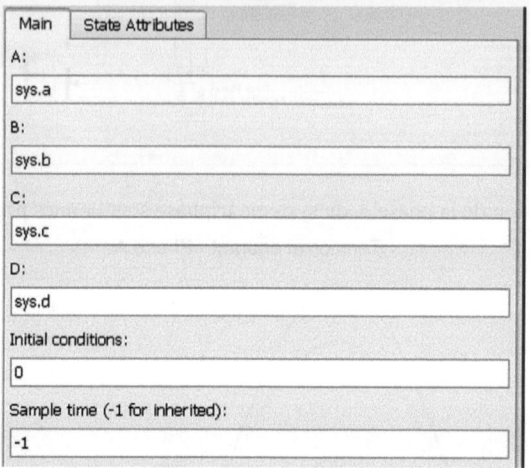

Pour comparer les tensions des phases et les 3 premières sorties du modèle d'état, nous devons démultiplexer les sorties du bloc d'espace d'état (`Discrete State-Space`).
Les 3 premières sorties du démultiplexeur sont ensuite multiplexées pour être affichées dans la même courbe que les tensions du circuit électrique pour comparaison.

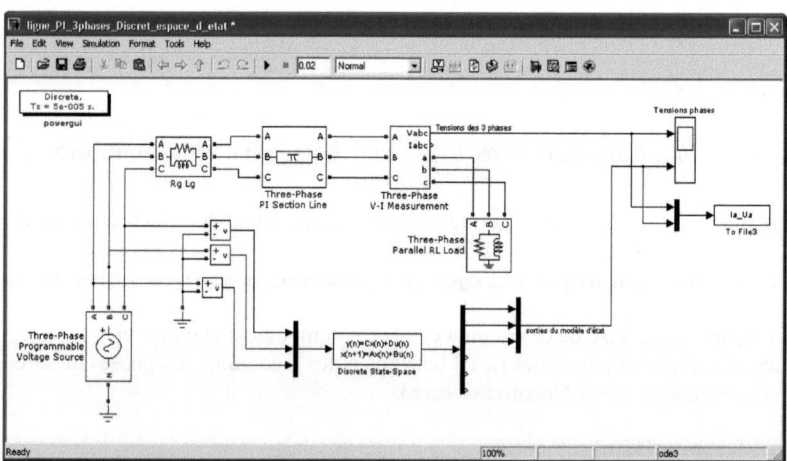

Dans la courbe suivante, nous constatons la similitude des tensions du circuit électrique et celles du modèle d'état.

Librairies de SimPowerSystems 509

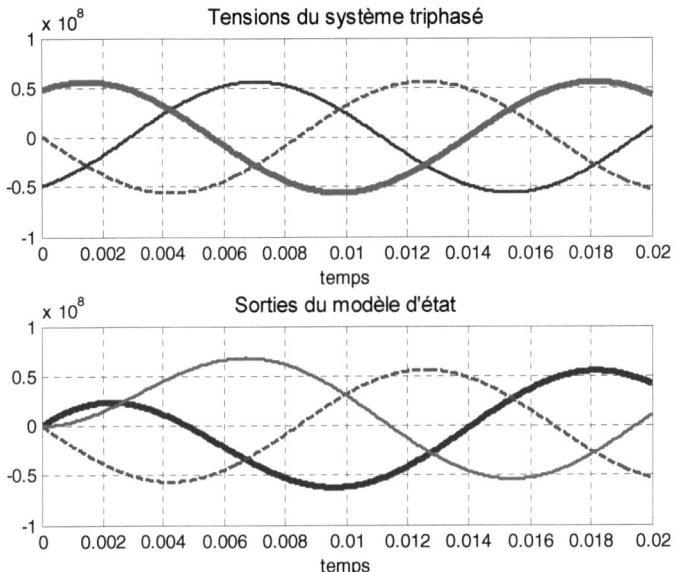

IX.6.2. Analyse FFT

On considère le circuit du modèle «ligne_PI_3phases_Discret.mdl».
Pour réaliser l'analyse FFT grâce au bouton « FFT Analysis » du GUI powergui, nous devons faire une sauvegarde dans l'espace de travail par l'intermédiaire de l'oscilloscope.

Les signaux doivent être sauvegardés dans l'espace de travail sous forme de structure avec temps. Le nom ScopeData est donné par défaut, on peut choisir un nom quelconque.

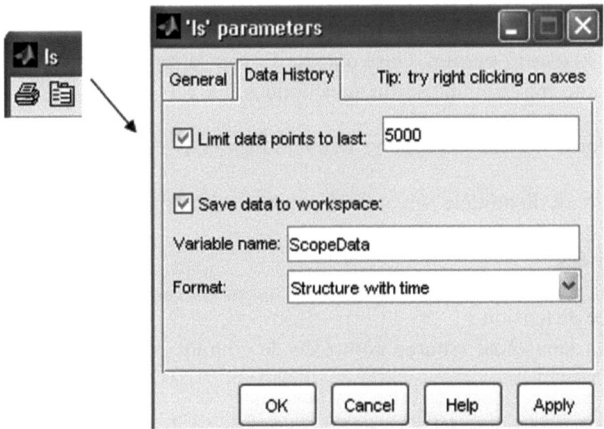

Dans la fenêtre suivante, on retrouve dans « Available signals », la structure avec temps, ScopeData.

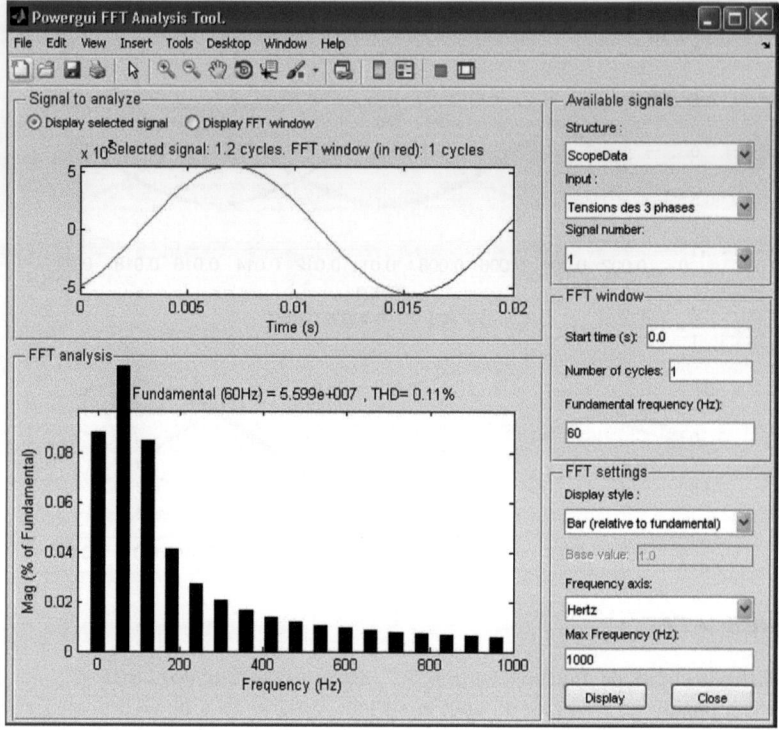

IX.6.3. Analyse du circuit en tant que système linéaire et invariant (LTI)

Ceci se fait grâce au bouton « Use LTI Viewer » de l'interface graphique qui ouvre la fenêtre suivante où sont listées, à gauche, les entrées et à droite les sorties du système.

L'utilitaire LTI Viewer, permet, entre autres, d'avoir la réponse indicielle et les fonctions de transfert liant une entrée et une sortie quelconques.

Par défaut, la réponse indicielle s'affiche automatiquement.

Considérons le circuit du modèle suivant formé par un circuit RLC série et un autre parallèle.

Nous avons 2 entrées :

- une source de tension AC Voltage Source,
- un courant sinusoïdal (source contrôlée de courant commandée par le signal Sine Wave).

Il y a 2 sorties :

- le courant circulant dans le circuit,
- la tension aux bornes du circuit RLC parallèle.

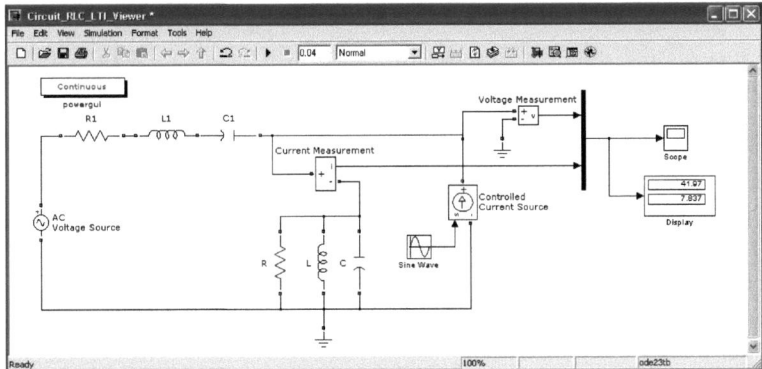

En choisissant l'option « Use LTI Viewer » du menu du bloc powergui, nous obtenons la fenêtre suivante :

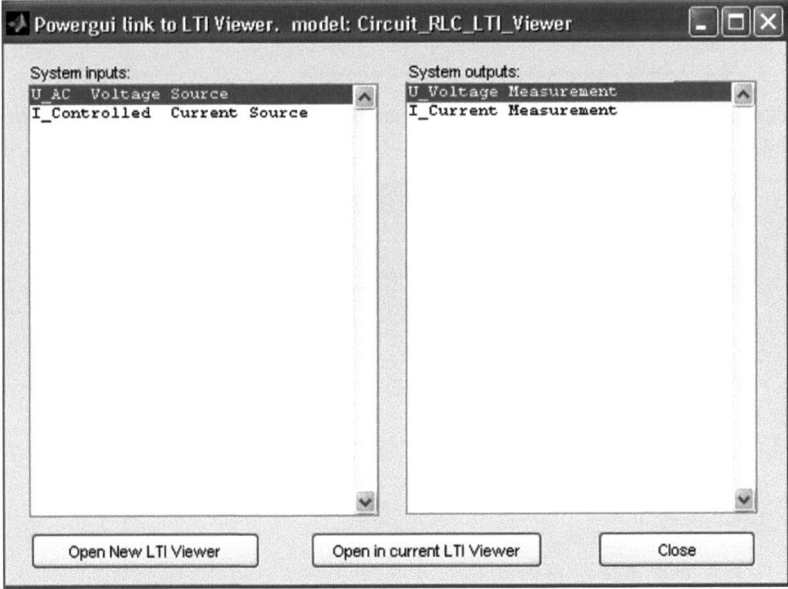

Dans la fenêtre suivante, sont listées les différentes entrées et sorties du circuit.
Lorsqu'on sélectionne une entrée et une sortie, il y a affichage automatique de la réponse indicielle.

Dans cette fenêtre et avec un clic droit, on peut obtenir d'autres propriétés du système liant l'entrée et la sortie sélectionnées.

Grâce à l'obtention des pôles et des zéros, on peut avoir la fonction de transfert, le système d'état, etc.

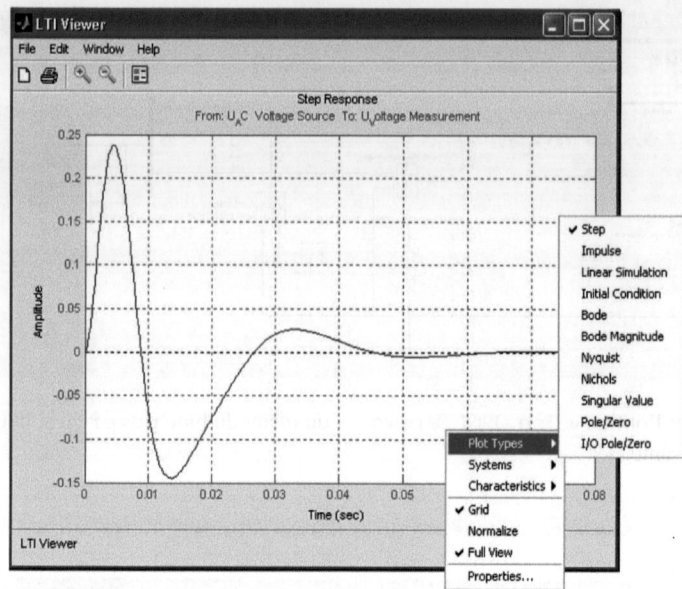

La fenêtre suivante donne la réponse impulsionnelle du système liant la source de courant à la tension aux bornes du circuit RLC parallèle.

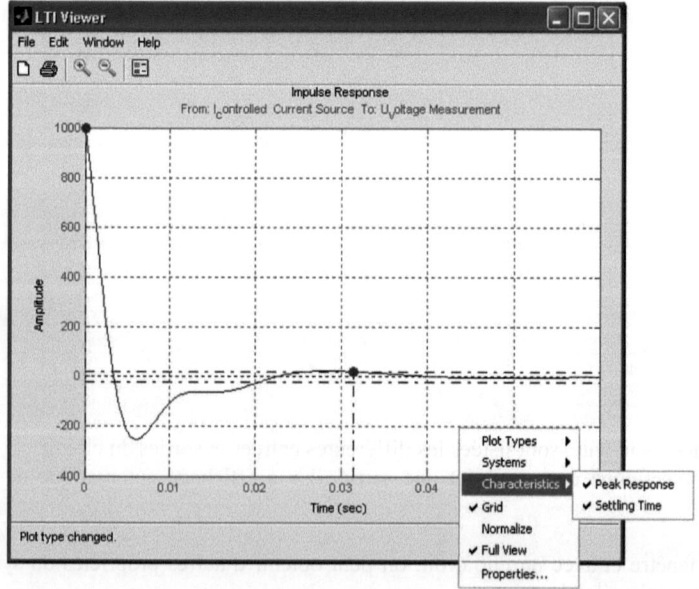

Dans la fenêtre Workspace de Matlab, nous pouvons bien observer la variable qui définit le modèle d'état du système dont l'entrée est la source de courant et la tension aux bornes du circuit RLC parallèle, comme sortie.

Dans la fenêtre Workspace, nous pouvons observer la variable Circuit_RLC_LTI_Viewer_sys qui contient la description du modèle d'état du circuit.

Librairies de SimPowerSystems 513

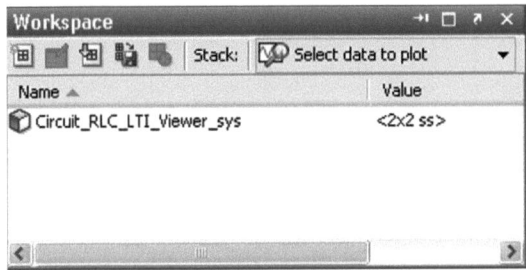

En double-cliquant sur cette variable, nous remarquons que nous avons 2 modèles d'état ; en effet car nous avons 2 sorties.

En double-cliquant sur le 1er modèle, nous affichons la fenêtre suivante dans laquelle on trouve les valeurs des matrices d'état et la description de ses entrées/sorties, sa période d'échantillonnage, etc.

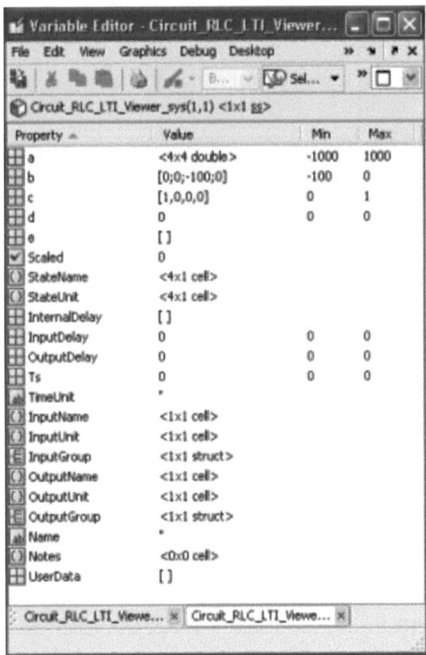

La matrice A, du modèle d'état, peut-être obtenue comme suit.

```
>> Circuit_RLC_LTI_Viewer_sys.a
ans =
```

-250	-1000	-1000	0
100	0	0	0
100	0	-400	-100
0	0	1000	0

La simulation du système complet nécessite les 4 modèles d'état ou fonctions de transfert alors que la commande `power_analyze` permet de le faire globalement.

```
>> sys = power_analyze('Circuit_RLC_LTI_Viewer','ss')

a =
            Uc_C   Uc_C1   Il_L   Il_L1
    Uc_C    -250      0   -1000  -1000
    Uc_C1      0      0       0   1000
    Il_L     100      0       0      0
    Il_L1    100   -100       0   -400


b =
            U_AC Voltag   I_Controlled
    Uc_C         0            1000
    Uc_C1        0               0
    Il_L         0               0
    Il_L1     -100               0


c =
                    Uc_C   Uc_C1   Il_L   Il_L1
    U_Voltage Me       1      0      0       0
    I_Current Me       0      0      0      -1


d =
                    U_AC Voltag   I_Controlled
    U_Voltage Me         0               0
    I_Current Me         0               1

Continuous-time model.
```

Pour des plus grandes distances, la ligne peut-être modélisée par une succession de cellules élémentaires en PI de ce type.

Nous pouvons vérifier les réponses de ce modèle d'état à celles du circuit physique SimPowerSystems.

La matrice A peut être aussi obtenue en double-cliquant sur la variable `a` :

Librairies de SimPowerSystems 515

	1	2	3	4
1	-250	0	-1000	-1000
2	0	0	0	1000
3	100	0	0	0
4	100	-100	0	-400
5				
6				

De même pour les variables b, c, d correspondant aux matrices B, C et D.

Le système est défini par 2 modèles d'état, l'un pour la sortie tension aux bornes de la capacité et l'autre pour la sortie courant dans l'inductance.

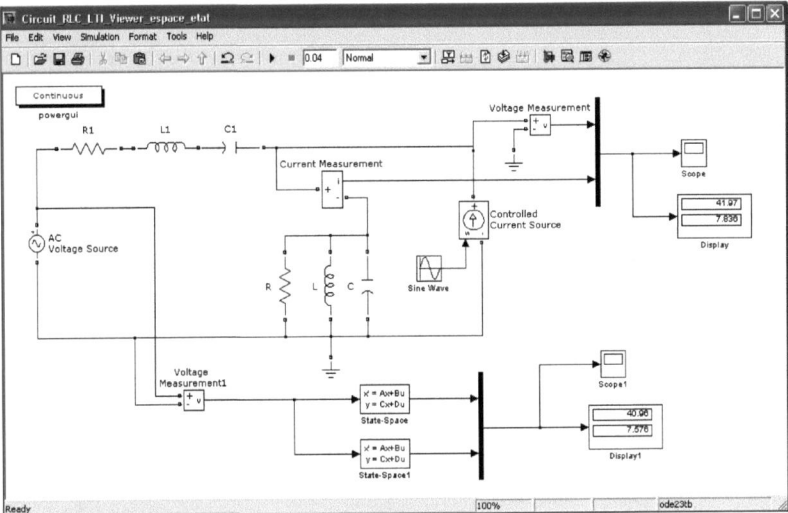

Nous obtenons quasiment les mêmes résultats.

IX.7. Représentation d'un système triphasé en notation phaseur

IX.7.1. Séquences positive, négative et homopolaire

« Composants symétriques » est le nom donné à une méthodologie qui a été découverte en 1913 par Charles Legeyt Fortescue, qui plus tard a présenté un article sur ses résultats sous le nom « Method of Symetrical Co-ordinates Applied to the Solution of Polyphase Networks.»

Fortescue a démontré que tout système triphasé non équilibré peut s'exprimer par une somme de trois ensembles symétriques de phaseurs équilibrés pour les tensions et les courants.

Un ensemble de phaseurs triphasés déséquilibrés peut donc être décomposé en la somme de :

- *3 phaseurs formant une séquence directe ou positive.*

La séquence positive est alors formée par 3 vecteurs, de même amplitude, décalés de 120° et tournant dans le sens A, B, C pour un observateur immobile.

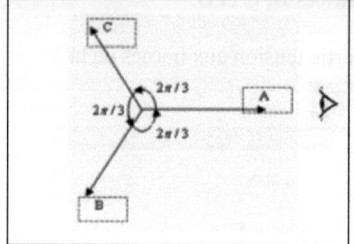

La séquence directe ou positive est celle où l'observateur immobile voit passer les vecteurs dans l'ordre A, B, C.

- *3 phaseurs formant une séquence inverse ou négative.*

Les vecteurs sont toujours décalés de 120° mais tournant dans le sens A, C, B pour un observateur immobile.

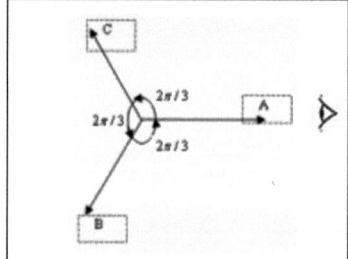

La séquence directe ou positive est celle où l'observateur immobile voit passer les vecteurs dans l'ordre A, C, B.

- *3 phaseurs homopolaires ou séquence zéro.*

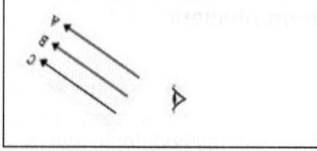

La séquence nulle ou homopolaire est celle où l'observateur immobile voit défiler les 3 vecteurs en même temps.

Les vecteurs tournants ont la même amplitude et la même phase. Ceci s'applique aussi bien à des courants, en triangle ou en étoile.

Si on utilise la notation phaseur, les quantités d'un système triphasé peuvent être représentées sous la forme du vecteur suivant :

$$Vabc = \begin{bmatrix} V_a \\ V_b \\ V_c \end{bmatrix} = \begin{bmatrix} V_{a0} \\ V_{b0} \\ V_{c0} \end{bmatrix} + \begin{bmatrix} V_{ap} \\ V_{bp} \\ V_{cp} \end{bmatrix} + \begin{bmatrix} V_{an} \\ V_{bn} \\ V_{cn} \end{bmatrix}$$

avec :

$\begin{bmatrix} V_{ap} \\ V_{bp} \\ V_{cp} \end{bmatrix}$: positive sequence ou séquence directe,

$\begin{bmatrix} V_{an} \\ V_{bn} \\ V_{cn} \end{bmatrix}$: negative sequence ou séquence inverse,

$\begin{bmatrix} V_{a0} \\ V_{b0} \\ V_{c0} \end{bmatrix}$: zero sequence ou séquence homopolaire.

Les composants des 3 séquences ne diffèrent, à chaque fois, que par la phase qui est égale à $\frac{2\pi}{3}$ rad. Si on note $a = e^{j\frac{2\pi}{3}}$ (opérateur de rotation de 120°), nous avons $a^3 = 1$, $a^2 = a^{-1}$. V_0, V_1 et V_2 sont les phaseurs correspondants aux différentes phases.

$$\begin{bmatrix} V_{a0} \\ V_{b0} \\ V_{c0} \end{bmatrix} = \begin{bmatrix} V_0 \\ V_0 \\ V_0 \end{bmatrix}$$: séquence homopolaire

- Composantes de la séquence positive :

$$\begin{bmatrix} V_{ap} \\ V_{bp} \\ V_{cp} \end{bmatrix} = \begin{bmatrix} V_1 \\ a V_1 \\ a^2 V_1 \end{bmatrix}$$

- Composantes de la séquence négative :

$$\begin{bmatrix} V_{an} \\ V_{bn} \\ V_{cn} \end{bmatrix} = \begin{bmatrix} V_2 \\ a V_2 \\ a^2 V_2 \end{bmatrix}$$

Le système triphasé est donné par:

$$Vabc = \begin{bmatrix} V_a \\ V_b \\ V_c \end{bmatrix} = \begin{bmatrix} 1 & 1 & 1 \\ 1 & a^2 & a \\ 1 & a & a^2 \end{bmatrix} \begin{bmatrix} V_0 \\ V_1 \\ V_2 \end{bmatrix} = F \begin{bmatrix} V_0 \\ V_1 \\ V_2 \end{bmatrix}$$

La matrice F dite de Fortescue permet d'obtenir le système triphasé en fonction de ses séquences positive, négative et nulle.

Inversement, l'obtention de ces séquences en fonction du système triphasé est donnée par la matrice :

$$F^{-1} = \frac{1}{3}\begin{bmatrix} 1 & a & a^2 \\ 1 & a^2 & a \\ 1 & 1 & 1 \end{bmatrix}$$

IX.7.2. Applications

Les mesures en notation phaseurs peuvent être réalisées par les blocs de la librairie `Measurements/Phasor Measurements`.

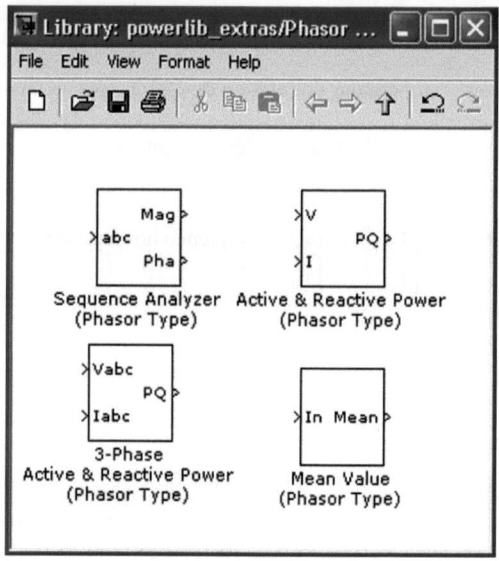

- *Mesures de type Phasor pour un signal triphasé*

Le bloc `Sequence Analyzer` permet l'analyse d'un signal triphasé pour obtenir l'amplitude et la phase de ses 3 séquences.

Lorsqu'on mesure simultanément une tension Vabc et un courant Iabc triphasés, le bloc `3-Phase Active & Reactive Power` permet la mesure de la puissance active et réactive triphasées.

Lorsque le signal est monophasé on utilise le bloc `Active & Reactive Power`.

Dans l'application suivante, nous générons un signal triphasé par la source triphasée programmable. L'impédance interne de la source est de type R, L série avec les éléments R= 0.8929 Ω, L= 16.58e-3 H

Librairies de SimPowerSystems

La valeur phase à phase de la source triphasée est de 380V et une fréquence de 60 Hz.

La phase A est à vide, la phase B est chargée par R1=2Ω, et la phase C par R=1Ω, L=0.1 H (valeurs définies dans la fonction Callback `InitFcn`). On calcule les séquences, positive, négative et zéro (homopolaire) par le bloc `Sequence Analyzer`.

La puissance triphasée, active et réactive est calculée par le bloc `3-Phase Active & Reactive Power`. La sortie du voltmètre-ampéremètre doit être du type `Complex`.

Il fournit les phaseurs correspondants aux 3 phases du signal triphasé. On affiche ces phaseurs dans le display `Phaseurs des tensions A, B, C`.

Les tensions simples (par rapport au neutre) des phases A, B et C sont données par le display `Amplitudes des tensions simples Va, Vb et Vc`.

Nous obtenons Va=310.3 V, Vb=90.1 V et Vc=266V lorsqu'il n'y a pas d'augmentation de l'amplitude.

La phase A, n'étant pas chargée, cette valeur est obtenue très simplement par :

```
>> 380*sqrt(2)/sqrt(3)

ans =
   310.2687
```

Si on considère la phase B, on utilise la loi du pont diviseur de tension.

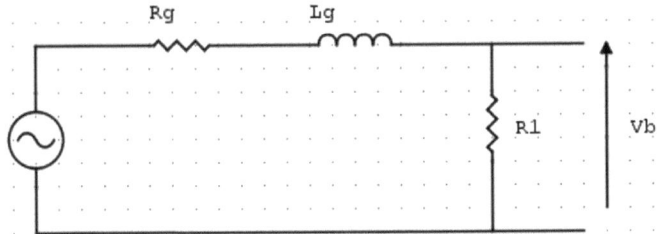

L'amplitude de la tension Vb est donnée par le script suivant.

```
clc
f=60; % période du signal triphasée
% charge de la phase C
R1=2;
% impédance interne du générateur
Rg=0.8929;
Lg=16.58e-3;
w=2*pi*f;
Vb=380*(R1/(R1+Rg+j*Lg*w))*sqrt(2)/sqrt(3);
```

```
mod_Vb=abs(Vb)

mod_Vb =
    90.0961
```

On obtient quasiment la même valeur que celle affichée dans le display `Amplitude des phases A, B et C`.

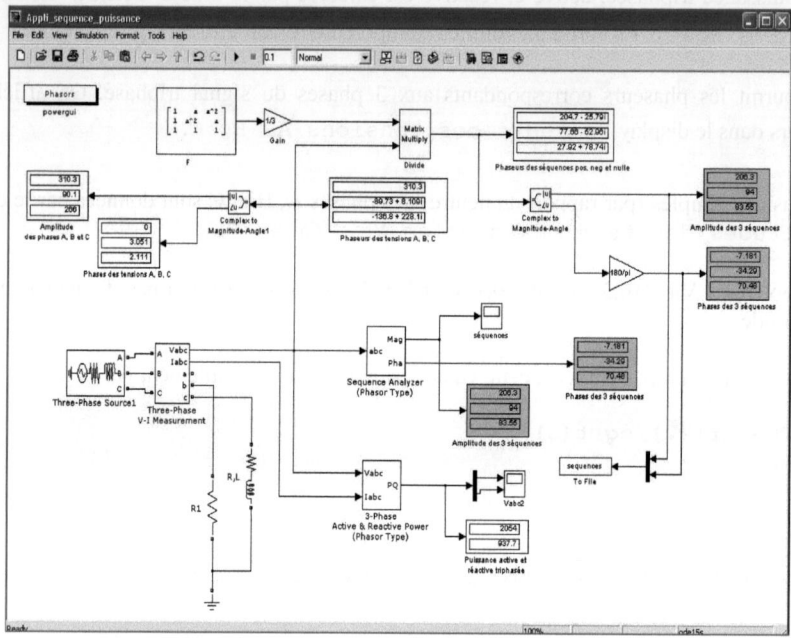

Les 3 séquences, positive, négative et nulle sont obtenues par le bloc `Sequence Analyzer(Phasor Type)`.

Ce bloc sort l'amplitude (`Mag`) et la phase (`Pha`) de ces séquences.
L'ampèremètre-voltmètre triphasé `Three-Phase V-I Measurement` mesure les tensions des 3 phases du signal triphasé.

Sa sortie, de type `complex,` nous donne les 3 phaseurs définissant les phases du signal triphasé.

Afin de recalculer les amplitudes et phases de ces séquences, nous utilisons la matrice de `Fortescue` inverse dans laquelle le paramètre a, spécifié dans la fonction Callback `InitFcn`, correspond à une rotation de $2\pi/3$.

Nous obtenons parfaitement les mêmes valeurs d'amplitude et de phase.

Dans la figure suivante, on trace les amplitudes et les phases des séquences.

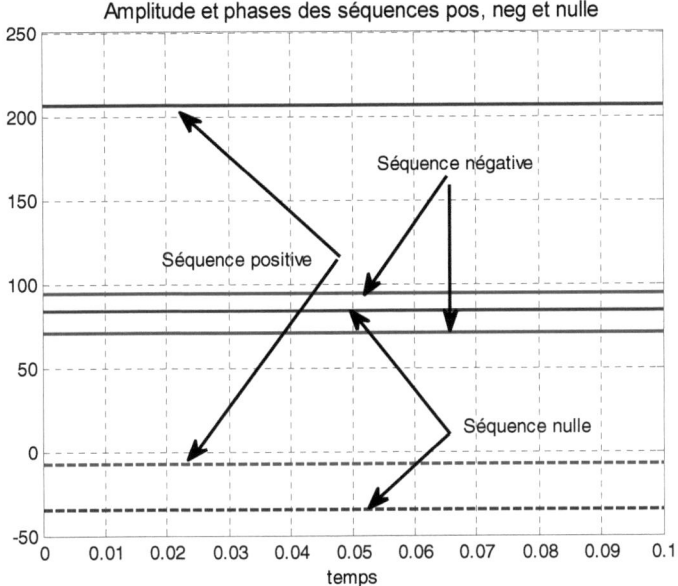

IX.7.3. Mesures de type Phasor pour un signal monophasé

Dans le modèle suivant, nous considérons uniquement la tension et le courant de la phase C du signal triphasé qu'on récupère par un démultiplexeur.

Les charges sont les mêmes que précédemment.

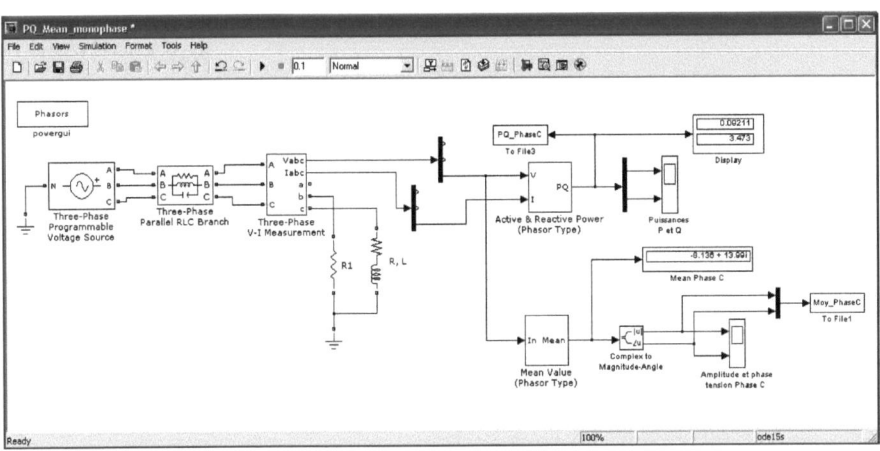

Le bloc `Active & Reactive Power` donne les amplitudes des puissances, active et réactive, au niveau de la phase C.

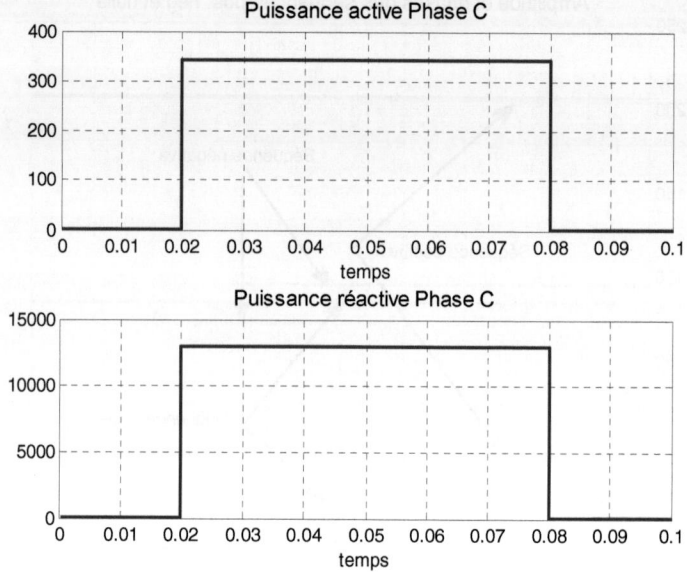

Le bloc `Mean Value` donne la moyenne mobile de l'amplitude de la tension au niveau de la phase C. L'entrée étant de type `Complex`, ce bloc nous donne une valeur de ce type. Nous devons utiliser le bloc `Complex to Magnitude-Angle` pour transformer cette valeur complexe en amplitude et phase.

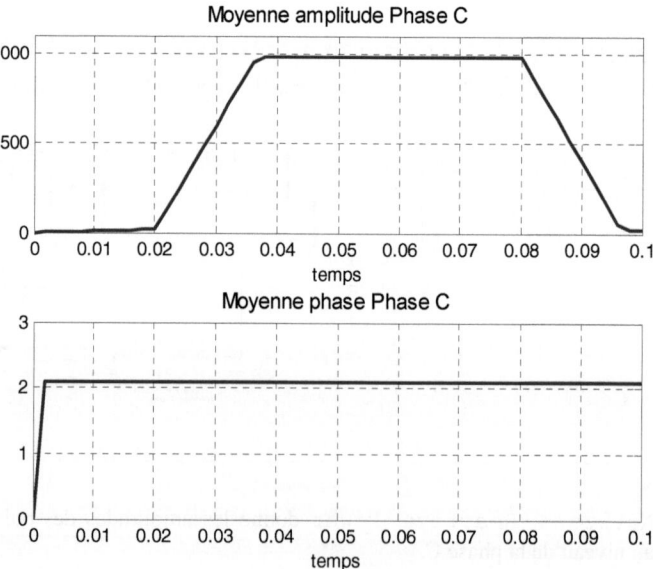

Chapitre 8

Applications de SimPowerSystems

I. Introduction
II. Régulation de vitesse d'un moteur à courant continu
III. Analyse d'un circuit RLC
    III.1. Modélisation d'état
    III.2. Retour d'état
    III.3. Régulation de la tension u et du courant i
IV. Hacheur série et parallèle
    IV.1. Hacheur série
    IV.2. Régulation PID du courant de sortie du hacheur série
    IV.3. Hacheur parallèle
V. Onduleur
    V.1. Onduleur monophasé
    V.2. Onduleur triphasé
VI. Redresseurs
    VI.1. Redressement monoalternance à 1 thyristor
    VI.2. Charge inductive avec force électromotrice
    VI.3. Redressement triphasé par pont de Graëtz à diodes
VII. Commande de machines à courant continu
    VII.1. Driver DC3
    VII.2. Commande PWM par pont en H à MOSFETs
VIII. Moteur asynchrone
    VIII.1. Moteur asynchrone en boucle ouverte
IX. Moteur synchrone
    IX.1. Moteur en boucle ouverte
    IX.2. Etude du driver AC6 PM Synchronous Motor Drive
X. Systèmes triphasés
    X.1. Système triphasé équilibré
    X.2. Séquences ou composantes symétriques de Fortescue
    X.3. Relations entre le système triphasé et diphasique

I. Introduction

Le langage SimPowerSystems™ est développé initialement par la société Hydro-Québec Research Institute (IREQ), Varennes, Québec. Certains domaines ont été créés par des chercheurs de l'École de Technologie Supérieure (ETS), Montréal.

SimPowerSystems software fonctionne, comme d'autres outils, tel Simscape, dans l'environnement Simulink.
Ce langage simule les circuits d'électronique de puissance, des moteurs, des systèmes de régulation, etc.

II. Régulation de vitesse d'un moteur à courant continu

Le modèle suivant correspond à la régulation de vitesse du moteur à courant continu (librairie Machines de powerlib) par le régulateur PID de Extra Library/Discrete Control).

Le régulateur reçoit l'écart entre la consigne échelon et la vitesse mesurée et applique une tension de commande à l'armature A+ à travers la source contrôlée de tension.

Grâce au bloc Bus Selector à la sortie m, nous avons accès, entre autres, à la vitesse de rotation du moteur et au courant circulant entre les armatures A+ et A-.

Nous appliquons un couple perturbateur de 500 N.m à l'instant t=10.

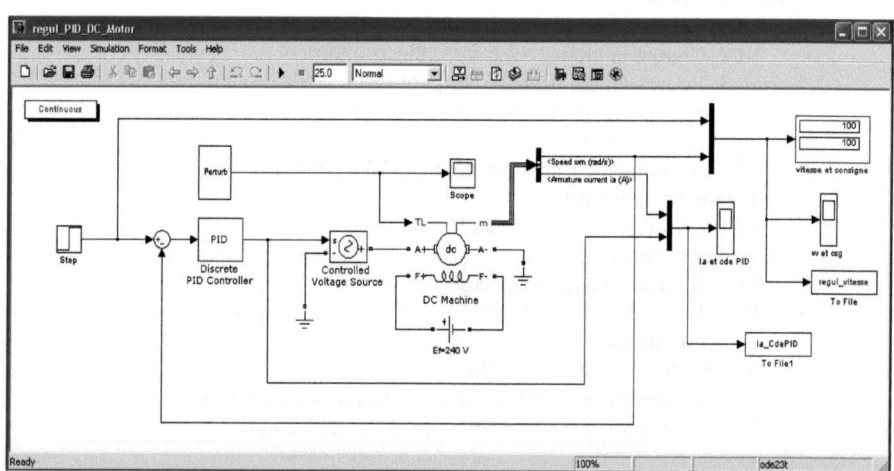

La figure suivante représente l'échelon de consigne de 100 rad/s et la vitesse de rotation du moteur.

La vitesse rejoint la consigne selon une dynamique proche d'un second ordre d'amortissement optimal.

Applications de SimPowerSystems

A l'instant t=10, la perturbation est rejetée selon la même dynamique que celle de la poursuite.

Les différents signaux (consigne, vitesse, courant et signal de commande) sont sauvegardés dans des fichiers binaires.
Ces fichiers sont lus par la fonction `StopFcn`, en fin de simulation, pour tracer les courbes nécessaires.

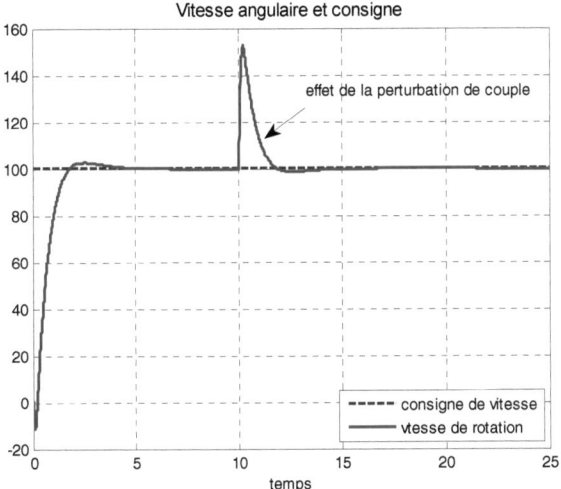

Le signal de commande généré par le régulateur PID et le courant dans les armatures du moteur sont représentés dans la figure suivante.

Le couple perturbateur agit dans le sens à augmenter la vitesse de rotation. Nous le vérifions dans l'augmentation de la vitesse, suite à l'application de cette perturbation de couple. Pour garder la même valeur pour la vitesse de rotation, le régulateur doit diminuer la valeur de l'intensité `Ia` aux armatures du moteur. C'est ce que nous observons dans la figure suivante où nous observons une diminution de la commande issue du régulateur et du courant aux armatures `Ia`.

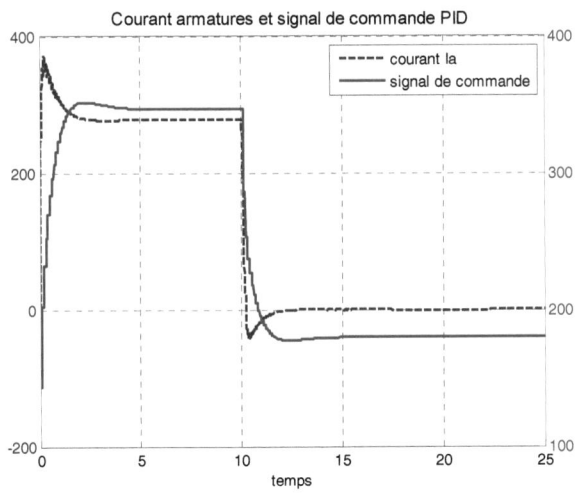

III. Analyse d'un circuit RLC

III.1. Modélisation d'état

La tension u_c aux bornes de la capacité est donnée, en fonction de l'entrée u par :

$$\frac{u_c}{u} = \frac{1}{1+RCp+LCp^2}$$

Si on pose, comme 1ère variable d'état $x_1=u_c$, nous avons : $\ddot{x}_1 = \frac{u}{LC} - \frac{R}{L}\dot{x}_1 - \frac{1}{LC}x_1$

Le courant dans la bobine, qu'on peut prendre comme 2nde variable d'état, est donné par :
$$i = x_2 = Cpu_c = C\dot{x}_1$$

La tension aux bornes de la capacité, x_1 et le courant dans l'inductance, x_2, sont donnés par l'équation différentielle du modèle suivant.

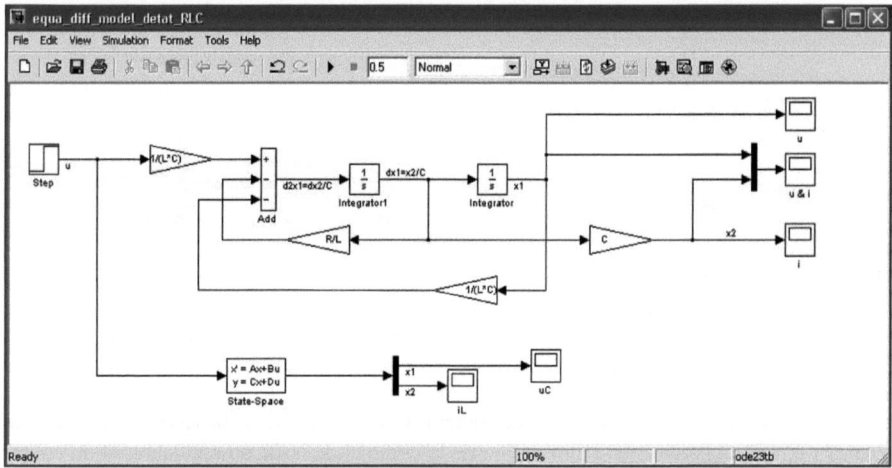

De cette équation différentielle nous déduisons :

$$\begin{cases} \dot{x}_1 = \frac{1}{C}x_2 \\ \dot{x}2 = -\frac{1}{L}x_1 - \frac{R}{L}x_2 + \frac{1}{L}u \end{cases}$$

d'où les matrices A et B suivantes du modèle d'état :

$$A = \begin{bmatrix} 0 & \frac{1}{C} \\ -\frac{1}{L} & -\frac{R}{L} \end{bmatrix}, \quad B = \begin{bmatrix} 0 \\ \frac{1}{L} \end{bmatrix}$$

Comme nous avons 2 sorties qui correspondent aux 2 variables d'état x_1 et x_2 et qu'il n'y a pas de relation directe entre l'entrée u et les sorties, les matrices C, diagonale et D nulle, sont alors :

$$C = \begin{bmatrix} 1 & 0 \\ 0 & 1 \end{bmatrix}, \quad D = \begin{bmatrix} 0 \\ 0 \end{bmatrix}$$

Les oscilloscopes suivants donnent les réponses indicielles de la tension u aux bornes de la capacité C et du courant i dans l'inductance L.

La tension u rejoint la valeur de l'échelon unité d'entrée, en régime permanent, et le courant i s'annule.

Les sorties de l'équation différentielle et du modèle d'état sont parfaitement identiques.

Les courbes présentent des oscillations car le circuit est un 2ème ordre sous amorti avec un coefficient d'amortissement :

$$\varsigma = \frac{1}{2} R \sqrt{\frac{C}{L}} = 0.2887$$

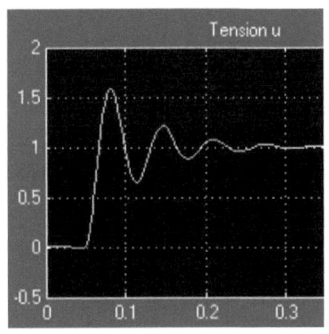
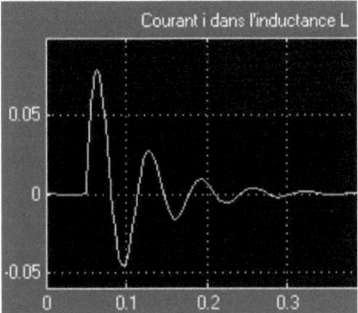

Le modèle suivant représente le circuit physique RLC sous SimPowerSystems.

On applique un échelon de tension à travers la source contrôlée Controlled Voltage Source.
On mesure le courant dans le circuit dans l'inductance par l'ampèremètre Current Measurement et la tension aux bornes de la capacité par le voltmètre Voltage Measurement.
Nous avons 2 mesures donc 2 sorties et une entrée.

Comme variables d'état, il y en a autant que de tensions aux bornes des capacités et de courants dans les inductances.

Avec une inductance et une capacité, nous avons 2 variables d'état : la tension aux bornes de la capacité C et le courant dans l'inductance L.

La commande power_analyze permet d'obtenir le modèle d'état d'un circuit.
Pour obtenir le modèle d'état du circuit RLC, nous utilisons la commande suivante :

```
>> [A,B,C,D,x0,States,Inputs,Outputs] =
                    power_analyze('RLC_power_analyze')
```

Dans cette commande, les variables d'appel sont les matrices d'état A, B, C, D, l'état initial x0, les noms des variables d'état States, les entrées Inputs et les sorties Outputs.

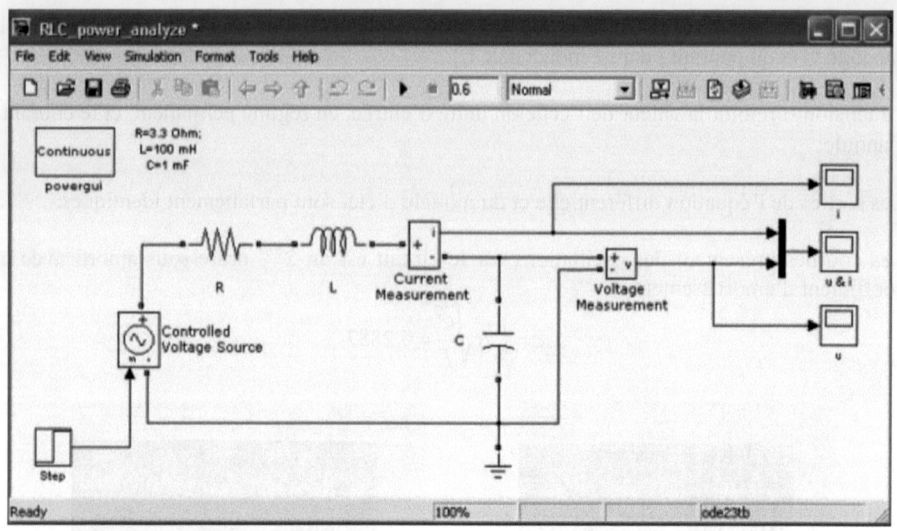

Nous retrouvons les mêmes valeurs des matrices d'état que celles que nous avons calculées précédemment.

```
A =     0         1000
       -10         -33


B =
        0
       10


C =
        1         0
        0         1


D =
        0
        0


x0 =
             0
        0.0100


States =
       'Uc_C'
       'Il_L'
```

Applications de SimPowerSystems

```
Inputs = 
    'U_Controlled  Voltage Source'

Outputs =
U_Voltage   Measurement
I_Current   Measurement
```

Les états sont des tensions aux bornes de capacités, dont les noms commencent par `Uc_` et les courants dans les inductances, nommés `Il_`.

Les sorties sont les sorties des ampèremètres `I_current Measurement` ou des voltmètres `U_Voltage Measurement`.

Nous retrouvons bien les matrices A, B, C et D ainsi que l'état initial x_0 où seul le courant a été initialisé à $x_{20} = 10\, mA$.

III.2. Retour d'état

Le modèle suivant représente le circuit RLC dans son régime transitoire (à partir de la valeur initiale du courant dans l'inductance) et avec des coefficients de retour d'état de valeurs -5 et 15.

Grâce à ce retour d'état, on peut spécifier la dynamique de retour à l'équilibre (spécification des pôles du système en boucle fermée).

Si on écrit ce retour sous forme du vecteur F = [-5 15], ce circuit fermé avec ce retour d'état peut être représenté comme suit :

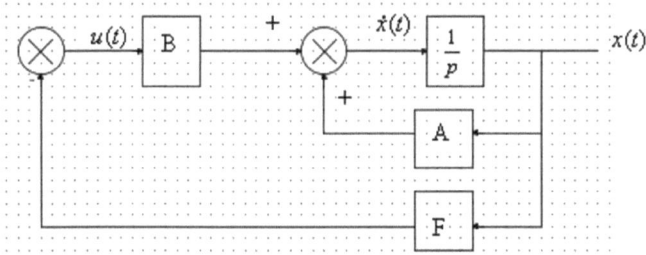

L'état bouclé peut s'écrire :
$$\dot{x}(t) = (pI - A - BF)x(t)$$

Le polynôme $pI - A - BF$ représente l'équation caractéristique qui définit la dynamique du retour à l'équilibre (pôles du système en boucle fermée).

Grâce à ce retour, on peut fixer les pôles et spécifier la dynamique souhaitée.

Dans le modèle suivant, nous fixons les valeurs du retour à -5 pour x_1 (tension aux bornes de la capacité) et 15 pour x_2 (courant dans l'inductance).

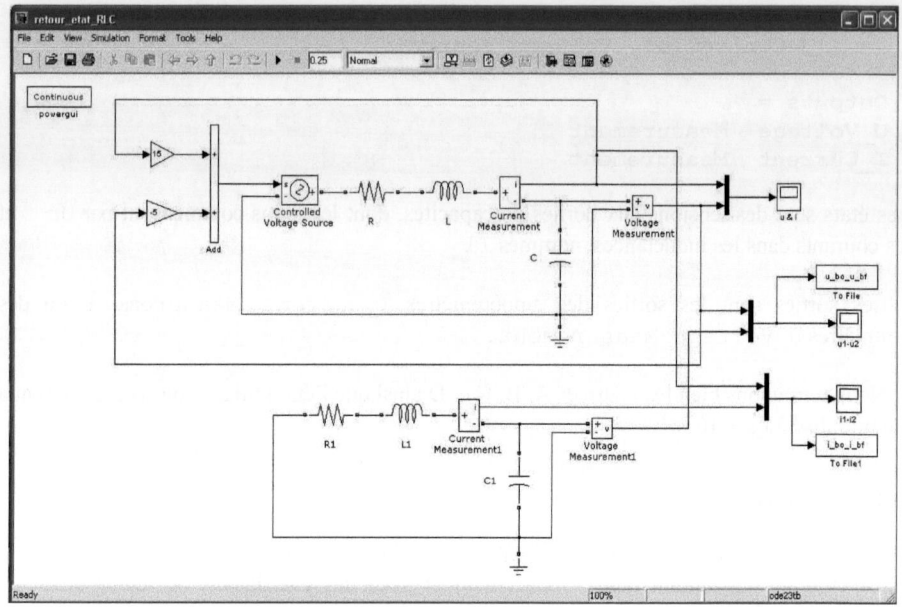

La figure suivante représente les courbes du retour à l'équilibre, en boucle ouverte et en boucle fermée par le retour d'état.

Le temps de réponse du circuit en boucle fermée est plus faible qu'en boucle ouverte.

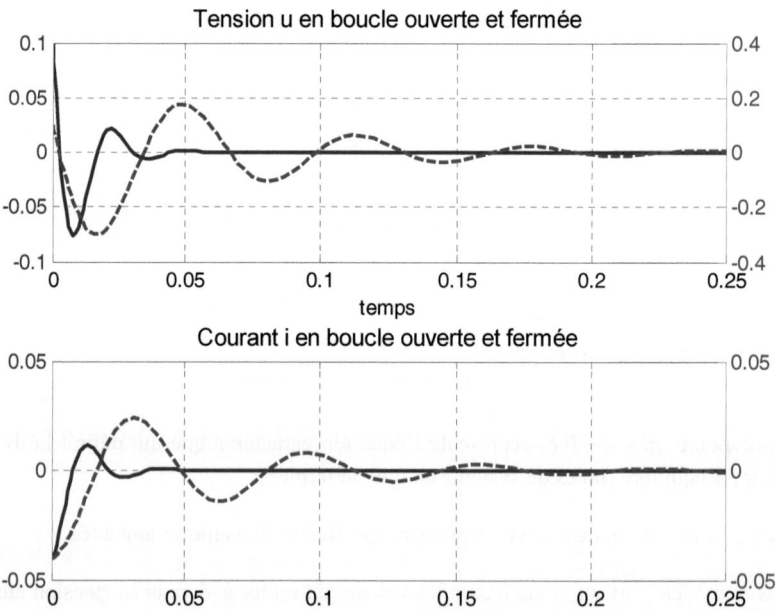

III.3. Régulation de la tension u et du courant i

On réalise la régulation de la tension u et du courant i par une commande anticipative.
En général, la loi de commande qui permet de réguler autour d'une consigne r(t) est donnée par :

$$u(t) = q\, r(t) - F x(t)$$

Elle comporte un retour d'état F et une commande anticipative q.

L'équation d'état devient :

$$\dot{x}(t) = A\, x(t) + B[q\, r(t) - F\, x(t)] = (A - B F)\, x(t) + B q\, r(t)$$

L'état x est donné, en régime permanent ($\dot{x}(t) = 0$) par :

$$x = (I - A + B F)^{-1} B q\, r$$

Dans notre cas, la sortie correspond au vecteur d'état.

L'égalité entre la sortie et la consigne en régime permanent est obtenue avec la valeur suivante de l'anticipation :

$$q = \left[(I - A + B F)^{-1} B \right]^{-1}$$

Le modèle suivant réalise ce type de commande anticipative.

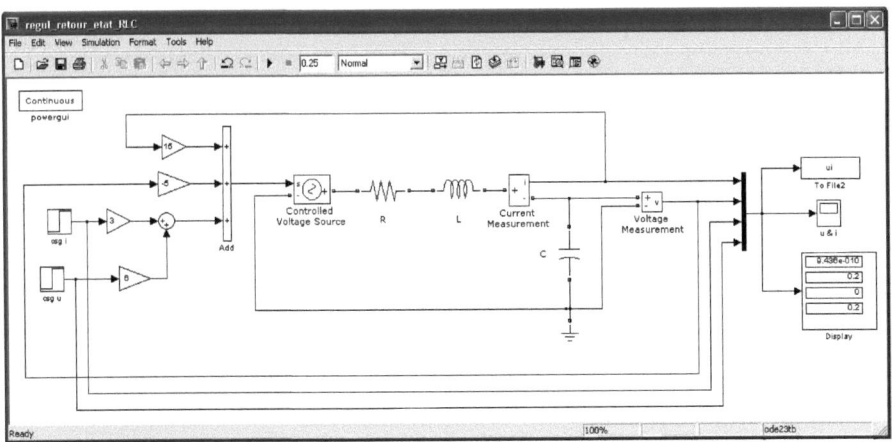

La figure suivante représente les consignes de tension et de courant ainsi que les signaux correspondants.

Les réponses sont celles d'un système sous amorti.

Dans l'afficheur Display, nous remarquons que le courant et la tension rejoignent parfaitement les consignes de 0 mA et 0.2V.

La commande anticipative conserve la même dynamique du simple retour d'état, comme on le remarque dans la figure suivante qui représente les réponses en tension et courant pour des échelons de consignes.

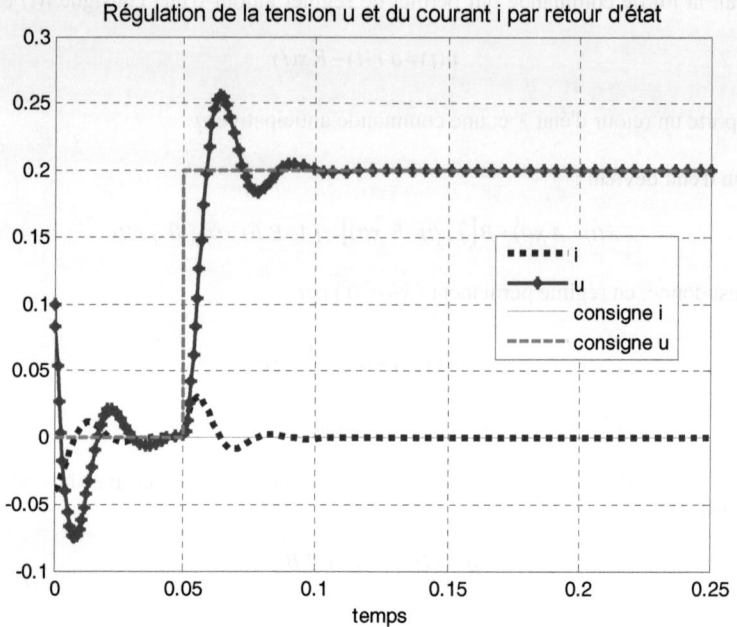

IV. Hacheur série et parallèle

IV.1. Hacheur série

Le hacheur est un convertisseur statique continu-continu ou DC-DC. Il peut être « dévolteur », abaisseur de tension ou « survolteur ».

Il permet d'obtenir une tension continue réglable, en valeur moyenne, par celui du rapport cyclique, à partir d'une tension continue fixe.

Le principe du hacheur série est décrit par le schéma suivant, ou K_1 et K_2 sont des interrupteurs complémentaires, quand l'un est fermé, l'autre est ouvert.

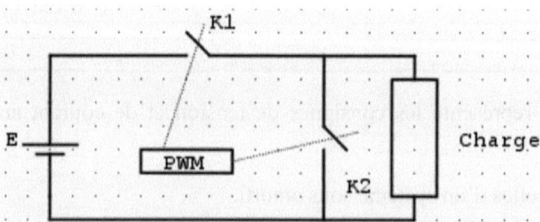

Ce hacheur est dit « série » car l'interrupteur K_1 est parcouru par le courant de charge lorsqu'il est fermé (K_2 ouvert).

Applications de SimPowerSystems 533

Les interrupteurs peuvent être réalisés avec des transistors en mode bloqué-saturé, des thyristors, des GTOs, IGBTs ou de transistors MOSFETs.

Dans le modèle du hacheur série, l'interrupteur K_1 est un IGBT (librairie `Power Electronics`) commandé par un signal PWM généré par le sous-système `PWM`.

Le signal PWM est obtenu par la comparaison d'un signal triangulaire et d'un signal constant.

Cette comparaison est faite par l'amplificateur opérationnel `Finite Gain Op-Amp` de la librairie `Integrated Circuits` de Simscape.

L'entrée `rc` de la valeur du rapport cyclique est multipliée par 0.15 pour faire correspondre à 100% la valeur maximale de 15V de l'alimentation des amplificateurs opérationnels.

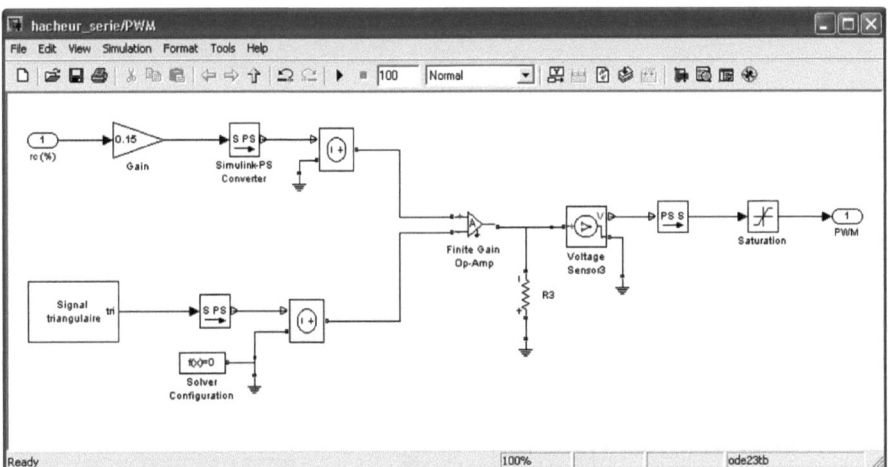

Losque K_1 est ouvert, K_2 est fermé. Nous avons, alors, le schéma équivalent suivant :

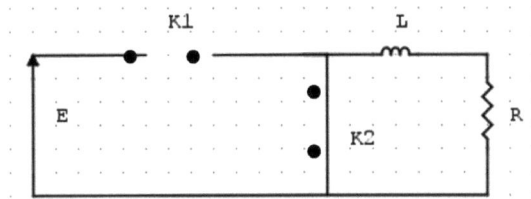

La loi des mailles donne :

$$L\frac{di}{dt} + Ri = 0$$

Le courant i de la charge tend à s'annuler selon une dynamique du 1er ordre de constante de temps $\tau = \dfrac{L}{R}$.

Lorsque K_1 est fermé et K_2 ouvert, le courant de charge est régi par l'équation différentielle :

$$E = Ri + L\frac{di}{dt}$$

Le courant tend vers la valeur $\dfrac{E}{R}$ avec la même dynamique du 1er ordre.

Dans le modèle suivant, nous utilisons un signal PWM de 30% de rapport cyclique.

Si on appelle α le rapport cyclique, la valeur moyenne de la tension aux bornes de la charge vaut $\overline{u} = \alpha E$, avec E la valeur de la tension continue d'entrée.

Dans l'exemple suivant, nous avons $\alpha = 0.3$ et E=12V. Nous obtenons bien cette valeur proche de 3.6.

Avec la valeur de $R = 1\Omega$, la valeur moyenne du courant est égale à 3.6 A ; ce que nous obtenons bien dans l'afficheur I_moy.

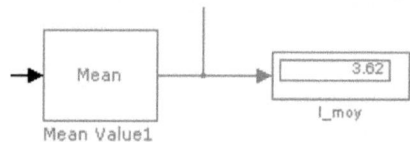

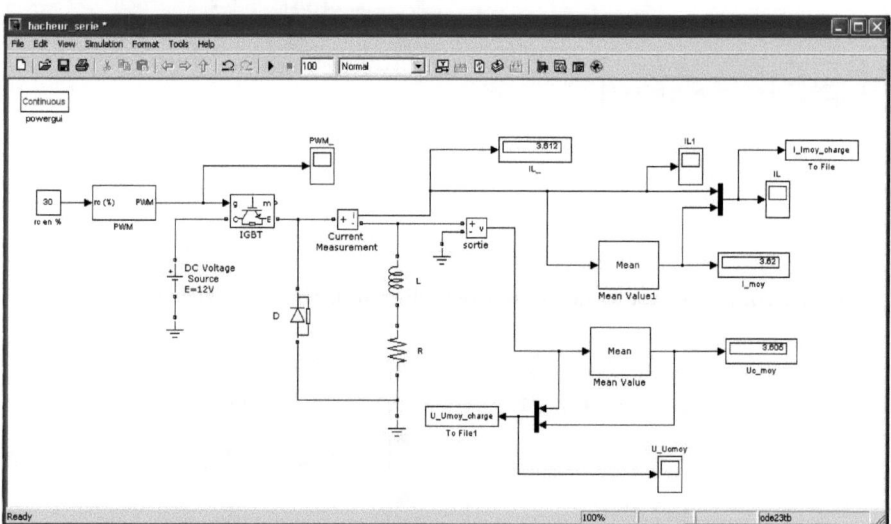

D est une diode de roue libre.

Elle conduit pour que le courant ne s'annule pas brusquement lorsque la bobine restitue l'énergie emmagasinée. Ainsi, elle protège l'interrupteur IGBT.

La bobine, de valeur assez élevée, permet de lisser le courant, de façon à obtenir un courant proche d'un courant continu.

La figure suivante représente la tension aux bornes de la charge ainsi que sa valeur moyenne calculée par le bloc `Mean` de la librairie `Measuremets/Coutinuous Measurements`.
La tension de charge et sa valeur moyenne, obtenue par le bloc `Mean`, sont enregistrées dans le fichier binaire `U_Ucmoy`. Il en est de même pour le fichier `I_Icmoy.mat` dans lequel sont enregistrés le courant et sa valeur moyenne.
La figure suivante, tracée dans la fonction Callback `StopFcn`, représente la tension de charge et sa valeur moyenne.
Le bloc `Mean` calcule la moyenne mobile du signal sur une période que l'on spécifie dans sa boite de dialogue.
Après une période transitoire, la valeur se stabilise à la valeur moyenne du signal.

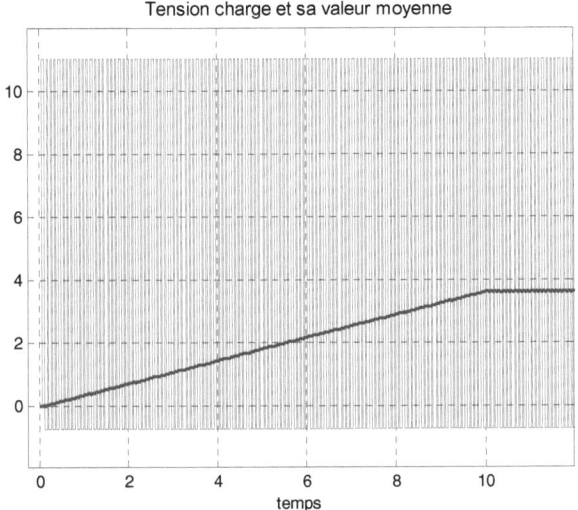

La tension moyenne en sortie est inférieure à celle, continue, appliquée en entrée ; pour cela, ce hacheur est dit « dévolteur », contrairement au hacheur « survolteur ».

Celui qui fonctionne des 2 manières est dit hacheur « `Boost-Buck` ». La tension de sortie est un signal PWM de même rapport cyclique que le signal de commande.

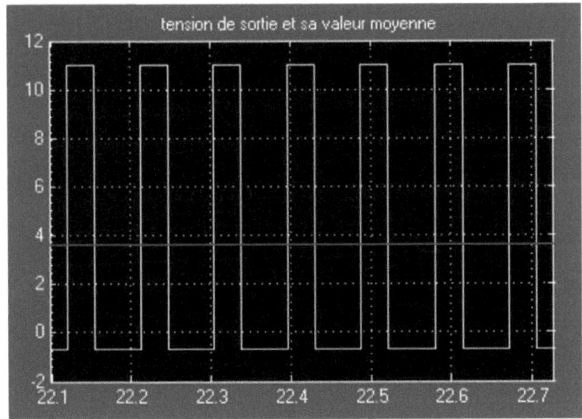

Dans la figure suivante, nous avons tracé le courant dans la charge ainsi que sa valeur moyenne.

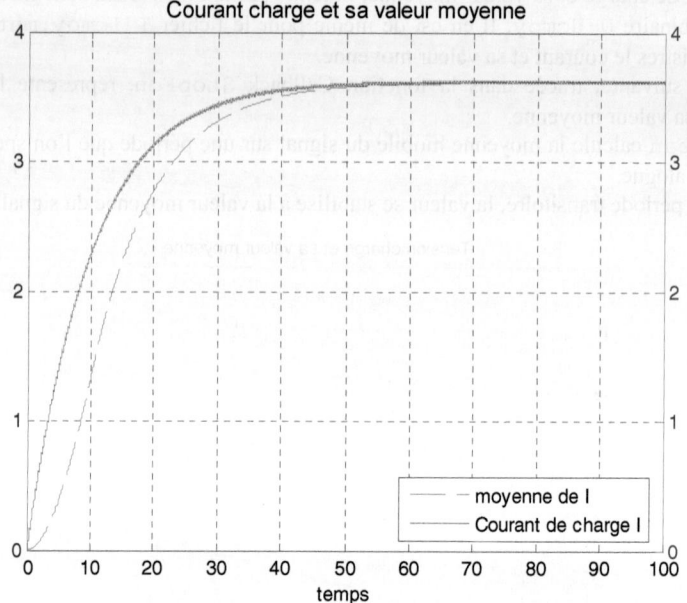

Les ondulations du courant dans la charge sont représentées dans la figure suivante.

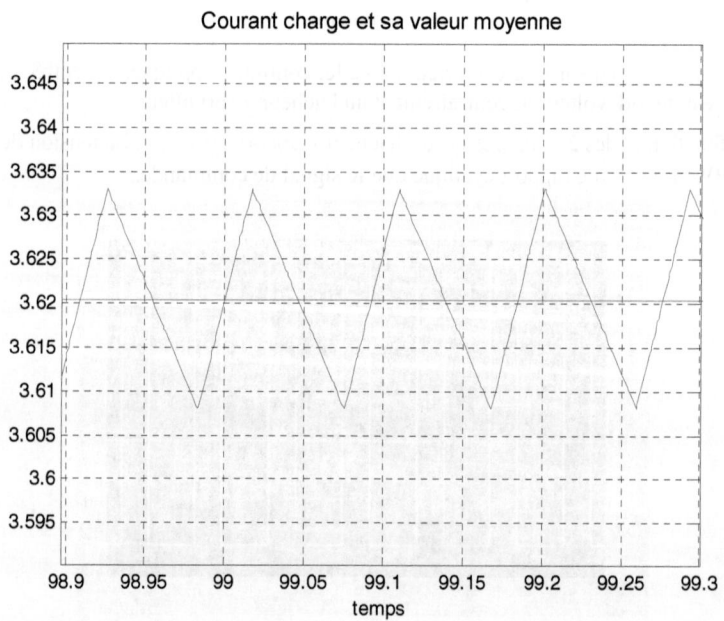

IV.2. Régulation PID du courant de sortie du hacheur série

IV.2.1. Bloc PID de Simulink

On se propose de réguler le courant en sortie du hacheur série par un PID. Nous utiliserons le bloc PID de Simulink. Pour sa réalisation par des composants analogiques (amplificateurs opérationnels, on se reportera aux chapitre « Applications de Simscape»).

Dans le modèle suivant, nous programmons ce régulateur avec les paramètres de l'action proportionnelle Kp=10 et intégrale Ki=1.

La comparaison de la consigne PWM à la valeur du courant de sortie est réalisée par le sous-système Comparateur dans lequel on a utilisé le montage différentiateur à amplificateur opérationnel.

Dans les fichiers binaires csg_Imoy_charge et err-cde-PID, nous enregistrons, respectivement, les signaux de consigne, sortie et signaux de l'erreur en courant ainsi que la commande PWM.

La consigne est égale à la valeur théorique : $I = \alpha \frac{E}{R} = 0.3 \frac{12}{1} = 3.6\,A$

La sortie qui est comparée à la consigne est la valeur moyenne de la mesure, sortie du bloc Mean. Avec un seul dépassement de consigne, le système en boucle fermée se comporte comme un 2nd ordre d'amortissement optimal.

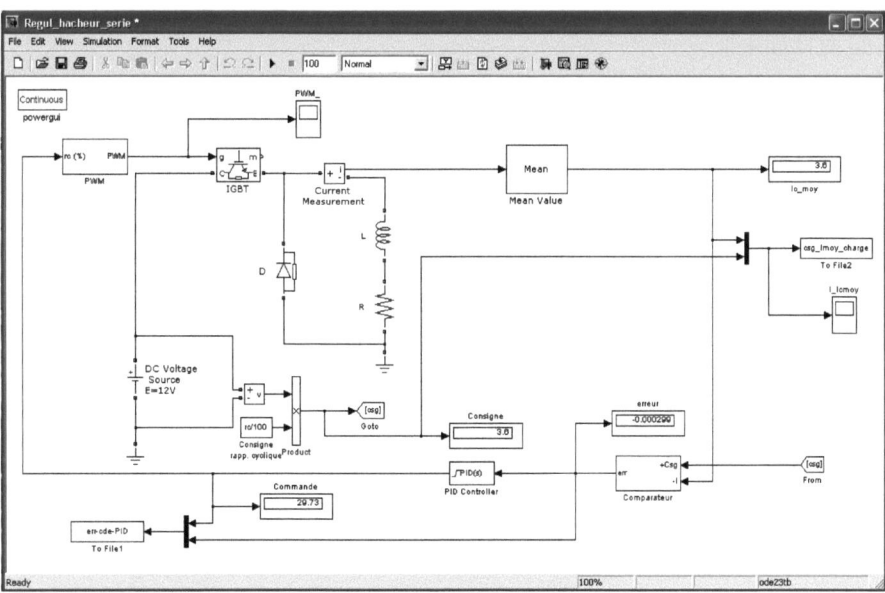

Dans la figure suivante, nous traçons les signaux de consigne et de sortie en courant du hacheur.

Grâce à la présence de l'action intégrale dans le régulateur, l'erreur est nulle en régime permanent.

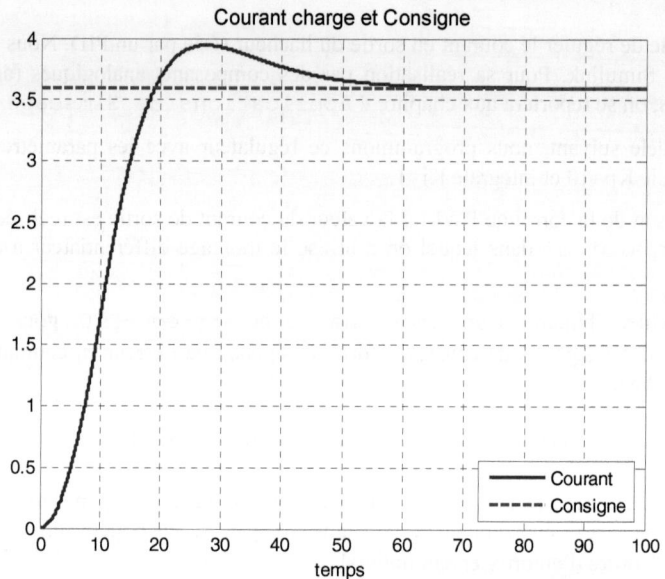

La figure suivante représente les signaux de l'erreur en courant et de la commande PWM en sortie du régulateur.

La réponse du système en boucle fermée est un peu plus rapide que la réponse en boucle ouverte.

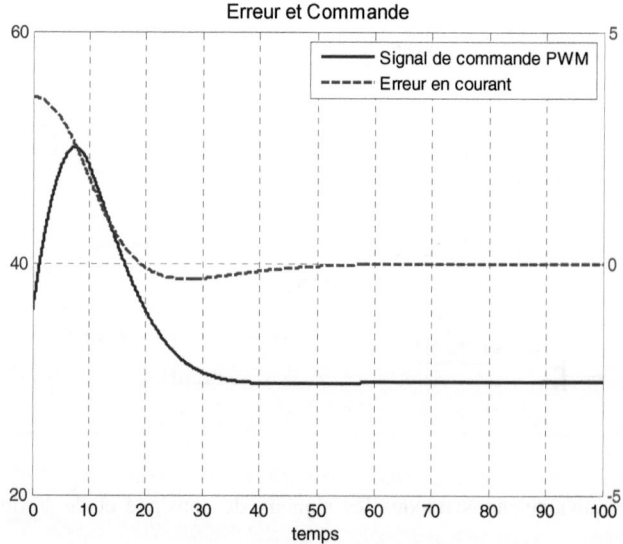

Avec cette régulation, la commande PWM est égale à 29.73% au lieu de 30%, en régime permanent.

L'erreur finale est égale à 3* 10^{-4}A.

IV.2.2. PID à amplificateur opérationnel

Dans le modèle suivant, nous avons réalisé le régulateur PID par le circuit à un seul amplificateur opérationnel, que nous avons étudié dans le chapitre « Applications de Simscape ».

Grâce aux convertisseurs PS→S et S→PS, nous pouvons associer des modèles Simscape et ceux de SimPowerSystems.

Dans notre cas présent, le sous-système reg_PI_Aop est un modèle Simscape que nous utilisons dans un modèle SimPowerSystems.

Nous devons, en outre, utiliser des sources contrôlées à l'entrée du sous-système Simscape que l'on veut insérer dans un modèle SimPowerSystems ainsi qu'un capteur de tension ou de courant (ampèremètre ou voltmètre), à sa sortie.

Dans ce modèle, nous utilisons la valeur moyenne du courant pour être comparée à la consigne.

Dans le fichier binaire csg_Imoy_charge.mat, nous sauvegardons les signaux de courant de sortie, sa moyenne ainsi que la consigne en courant.

L'erreur consigne-entrée ainsi que le signal de commande en PWM sont sauvegardés dans le fichier binaire err-cde-PID.mat.

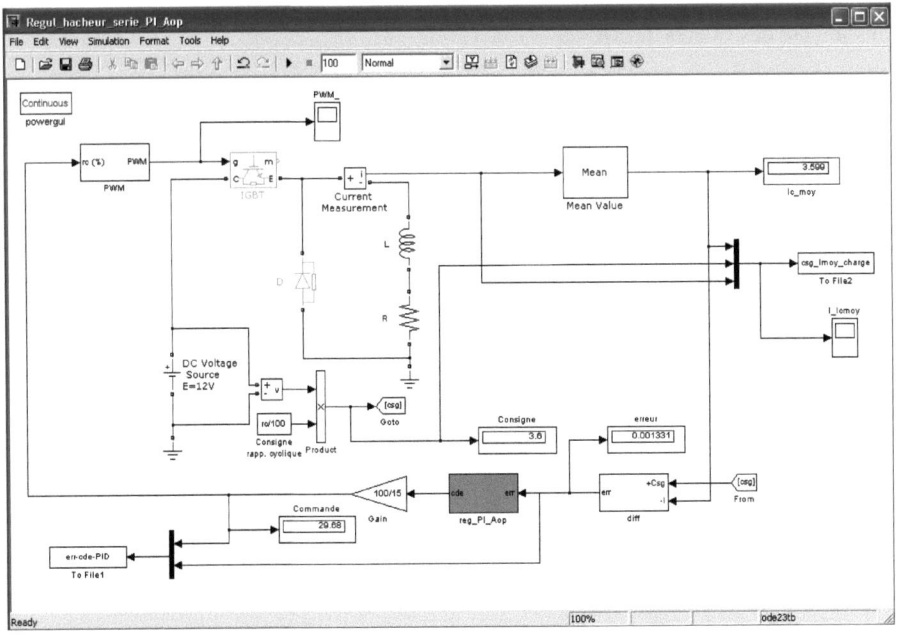

Nous avons tracé le courant en sortie du circuit en même temps que le courant moyen utilisé pour la régulation et le signal de consigne.

Dans le modèle précédent, nous avons multiplié le signal issu du régulateur par la valeur 100/15 pour faire coïncider la tension 15V de saturation de l'amplificateur opérationnel à 100% de rapport cyclique.

Le réglage des paramètres, proportionnel Kp et intégral Ti se fait dans la fonction Callback `InitFcn` comme suit.

```
clc
close all
clear all

% Rapport cyclique
rc=30;      % valeur du rapport cyclique de consigne

% Gain proportionnel et résistances R1, R2
Kp=1e-5;    % gain proportionnel du régulateur
R1=10e3;    % valeur par défaut de la résistance R1
R2=Kp*R1;   % valeur de R2 à partir de Kp

% Gain intégral et capacité C
Ti=1e-4;    % constante de temps du régulateur PID
C=Ti/R2;    % valeur de la capacité C dépendant de Ti
```

Nous imposons un rapport cyclique avec lequel on calcule la valeur théorique du courant qui servira de valeur de consigne.

On s'impose des valeurs de $Kp = 1e-5$ et $Ti = 1e-4$.

La valeur de la résistance R1 du circuit analogique du régulateur est prise, par défaut, égale à $10\,k\Omega$.

La valeur de R2 est déduite de Kp, ainsi que celle de la capacité C à partir de Ti.

Le régulateur PID est donné par le modèle suivant.

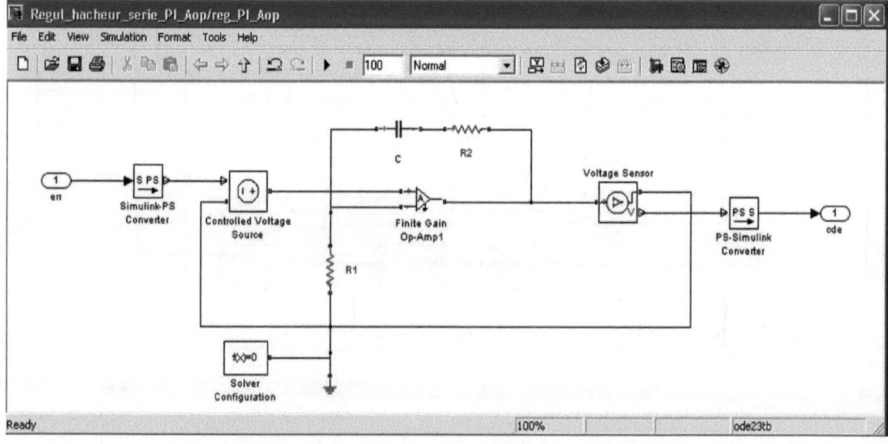

Applications de SimPowerSystems 541

La figure suivante représente le courant moyen utilisé pour la régulation, le courant en sortie du hacheur et la consigne en courant.

Le courant moyen et celui en sortie du hacheur dépassent une seule fois le signal de consigne.

Nous obtenons quasiment les mêmes résultats qu'avec le bloc `PID Controller` du régulateur de Simulink.

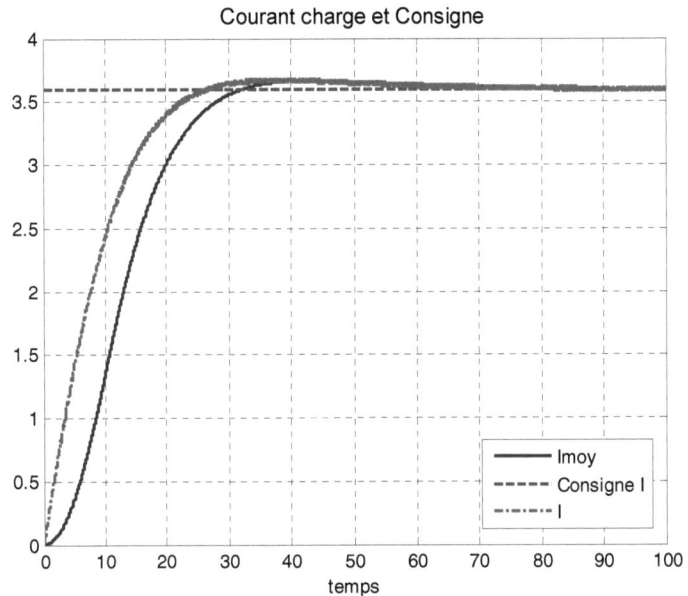

IV.3. Hacheur parallèle

Le hacheur parallèle, dit « Boost », est un hacheur survolteur car il convertit une tension continue en une autre de plus forte valeur.

Il est représenté par un générateur de courant d'entrée en parallèle à un interrupteur K.

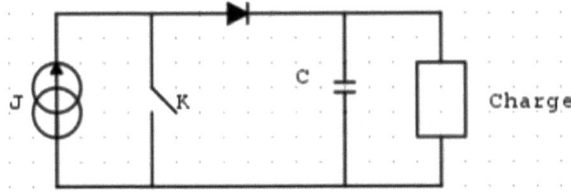

Pour appliquer une tension en entrée, on doit transformer le générateur de courant en générateur de tension, en mettant en série une bobine d'assez forte valeur.

Nous avons ainsi le schéma équivalent suivant.

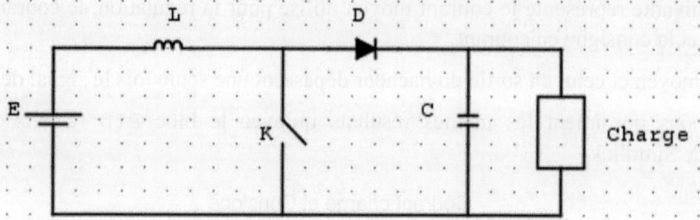

Le montage fonctionne dans les 2 phases suivantes, selon l'état de l'interrupteur K :

- K fermé

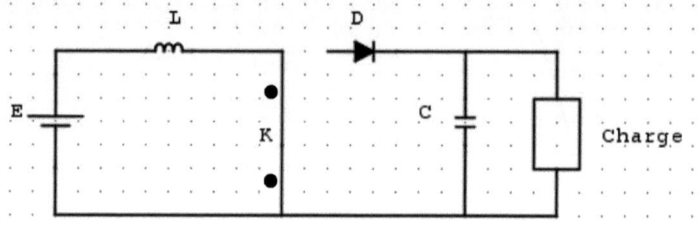

Dans le cas où le signal PWM est à son état haut, l'inductance est branchée directement aux bornes de la tension continue E. La charge est ainsi déconnectée de la tension continue d'entrée E. Durant cette étape, le courant dans la bobine croît linéairement selon l'expression de sa variation suivante.

$$di = \frac{E}{L} dt$$

A la fin de cette étape, ce courant vaut :

$$i = \frac{E}{L} \int dt = \frac{E}{L} t + i(0) = \frac{E \alpha T}{L} + i(0)$$

- K ouvert

C'est le cas où le signal PWM est à l'état bas.

La diode est passante, la charge et la capacité reçoivent de l'énergie de la source E et de l'inductance L (énergie emmagasinée). L'effet survolteur est du à la somme de ces 2 énergies qui s'appliquent à la charge et à la capacité.

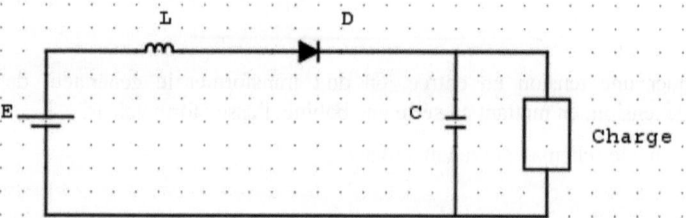

La capacité doit être de valeur assez grande pour que la tension de sortie puisse être considérée constante.

Si on appelle Vs la tension de sortie, nous avons dans cette étape,

$$E - Vs = L \frac{di}{dt}$$

La variation de courant est alors :

$$di = \frac{E - Vs}{L}(t - \alpha T)$$

La pente est négative et plus faible, en valeur absolue que dans le cas précédent.

IV.3.1. Charge résistive

Dans le modèle suivant, on utilise un transistor MOSFET de puissance pour servir d'interrupteur.

Sa gâchette est commandée par le signal PWM dont on a réglé la fréquence en agissant sur la valeur de la capacité du générateur du signal triangulaire.

La tension de sortie est, en moyenne, proche de la valeur théorique de 30V.

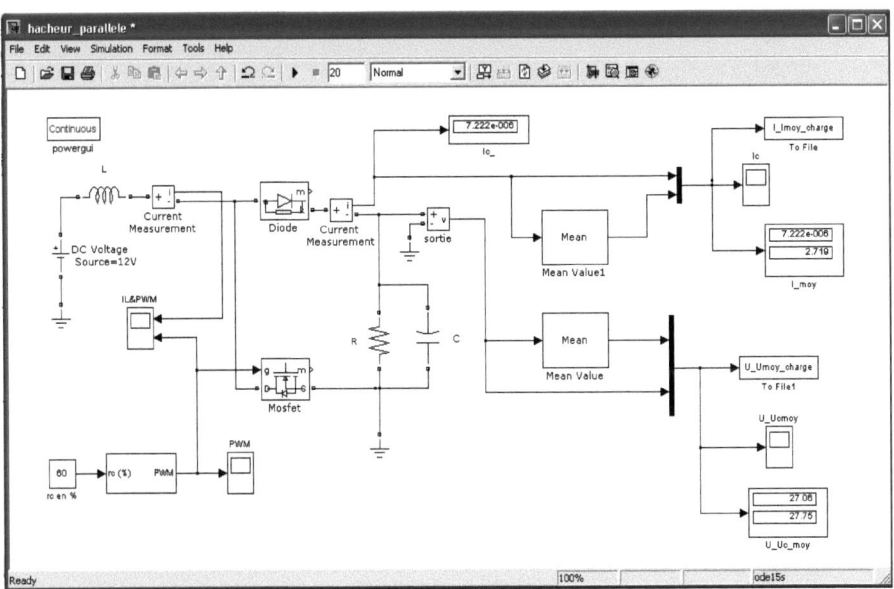

Dans l'oscilloscope suivant, nous montrons l'évolution du courant dans l'inductance L selon l'état du signal PWM qui commande la gâchette du transistor MOSFET.

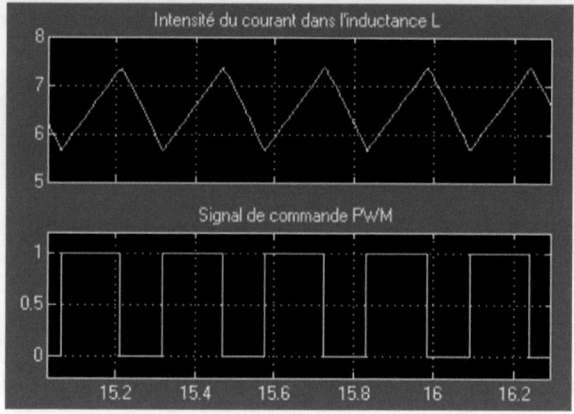

La figure suivante représente la tension en sortie et sa valeur moyenne.

Pour le hacheur série, la bobine de lissage permet d'avoir un courant de sortie presque continu. Pour le hacheur parallèle, le condensateur permet d'avoir une tension presque constante. Comme pour le courant (cas du hacheur série), la tension de sortie du hacheur parallèle possède des ondulations autour de la valeur moyenne.

La valeur moyenne en sortie est donnée par : $\overline{V}s = \dfrac{1}{1-\alpha} E$

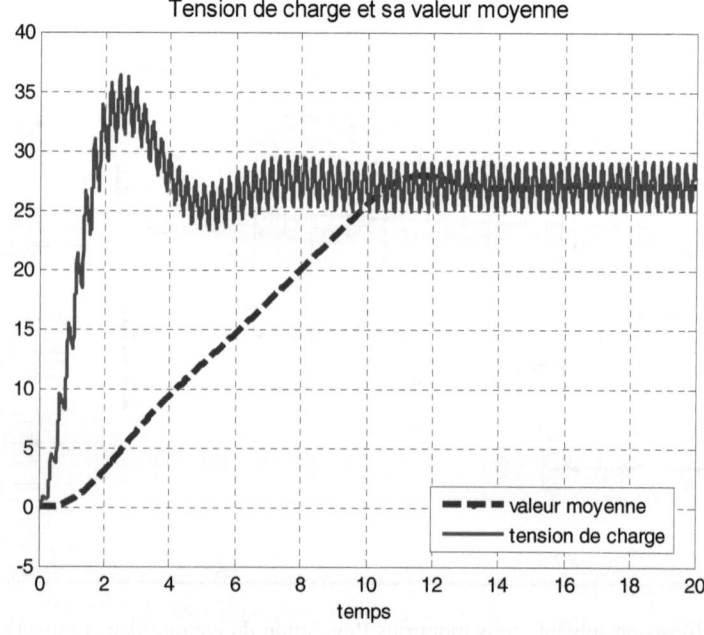

Applications de SimPowerSystems 545

Le courant de charge, ainsi que sa valeur moyenne, sont représentés dans la figure suivante.

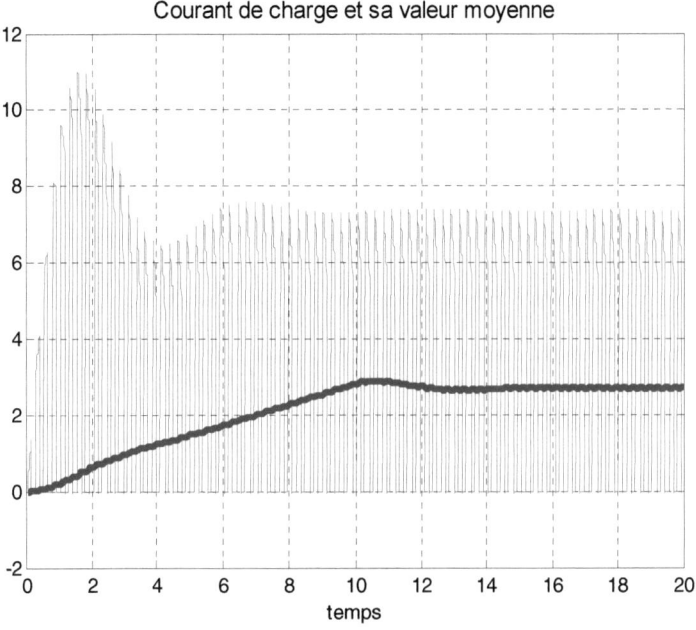

IV.3.2. Commande d'un moteur à courant continu

Dans le modèle suivant, nous utilisons le hacheur parallèle pour entraîner un moteur à courant continu.

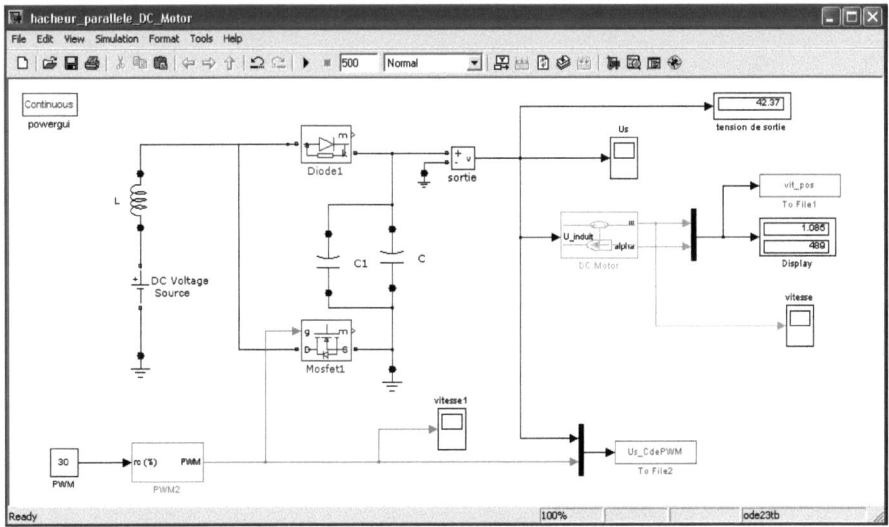

Le sous-système `DC Motor` est un modèle de composants Simscape dans lequel on a inséré des convertisseurs S→PS à l'entrée et PS→S en sortie pour communiquer avec l'environnement Simulink. Pour appliquer une tension à l'induit du moteur, nous utilisons la source contrôlée de tension, `Controlled Voltage Source`.

Pour avoir une tension continue en sortie du hacheur, nous avons du doubler la valeur de la capacité.

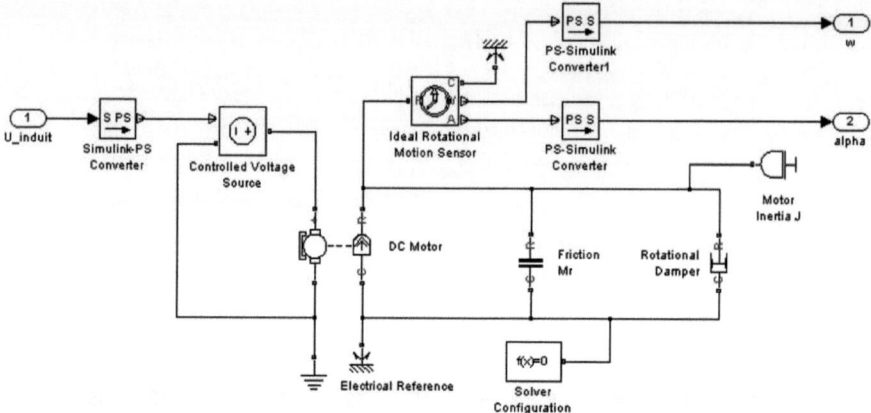

La figure suivante représente la vitesse et la position angulaire. La tension appliquée à l'induit est supérieure à 40V.

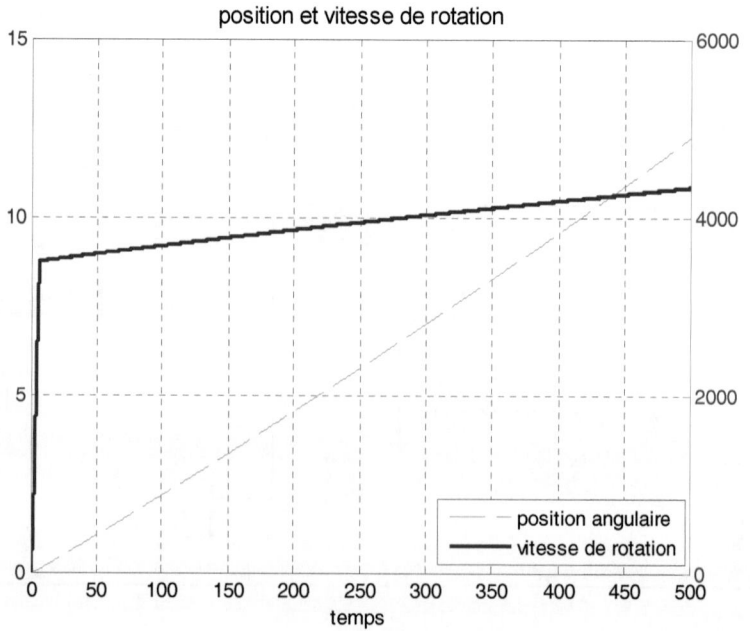

V. Onduleur

Un onduleur est un convertisseur de puissance destiné à convertir une tension continue en une tension alternative par un jeu de commutations d'interrupteurs (thyristors, MOSFETs de puissance, etc.).

Les applications de l'onduleur sont, entre autres, l'alimentation sans coupure ou l'alimentation de machines alternatives (moteurs synchrones, asynchrones). L'entrée continue est hâchée pour obtenir une sortie proche d'une sinusoïde. Le but est de fournir une tension sinusoïdale (par filtrage du fondamental du signal carré obtenu) d'amplitude et de fréquence désirées.

La fréquence est déterminée par celle du signal qui commande la commutation des interrupteurs.

V.1. Onduleur monophasé

V.1.1. Onduleur monophasé à 2 interrupteurs

L'onduleur monophasé à 2 interrupteurs est donné par le schéma suivant dans lequel on utilise une charge de nature inductive (R, L). Il n'est pas souhaitable que les 2 interrupteurs soient fermés simultanément pour cause de court-circuit des sources de tensions.

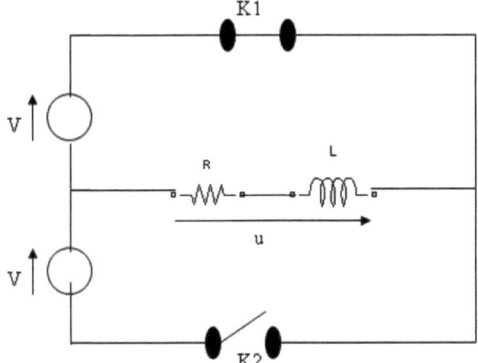

Avec une seule source de tension, nous pouvons utiliser le schéma suivant :

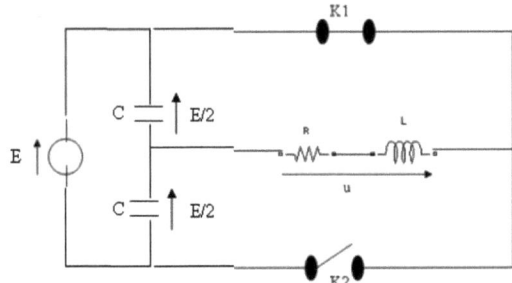

Ce sont les tensions de charge E/2 des capacités C qui s'appliquent à la charge R, L.

Les capacités se chargent instantanément au moment de la commutation (ouverture des 2 interrupteurs).

Dans le modèle suivant, les interrupteurs sont des GTOs. Le GTO est un thyristor à extinction par la gâchette (`Gate Turn-Off Thyristor`). Il peut être rendu passant ou bloqué par un signal appliqué sur sa gâchette. Il devient passant pour un signal positif et bloqué si on applique un signal nul.

Son modèle équivalent est constitué d'une résistance Ron, une inductance Lon, une tension continue Vf, connectés à un switch.

Dans le modèle suivant, la commande des gâchettes des interrupteurs K_1 et K_2 (GTOs) est réalisée par un signal PWM (`Pulse Width Modulation` ou signal carré dont la largeur est modulée selon un rapport cyclique). La porte logique NOT permet d'éviter que les interrupteurs K_1 et K_2 soient fermés simultanément.

La commande du rapport cyclique se fait par la tension continue qu'on applique à l'entrée du sous-système cde_PWM, avec 0V (rapport cyclique 0%) et 5V pour un rapport cyclique maximal de 100%.

Dans le cas suivant, nous avons un rapport cyclique : $3\dfrac{100}{5}=60\%$

Pour avoir un signal logique, nous divisons par 5 le signal généré par le sous-système.

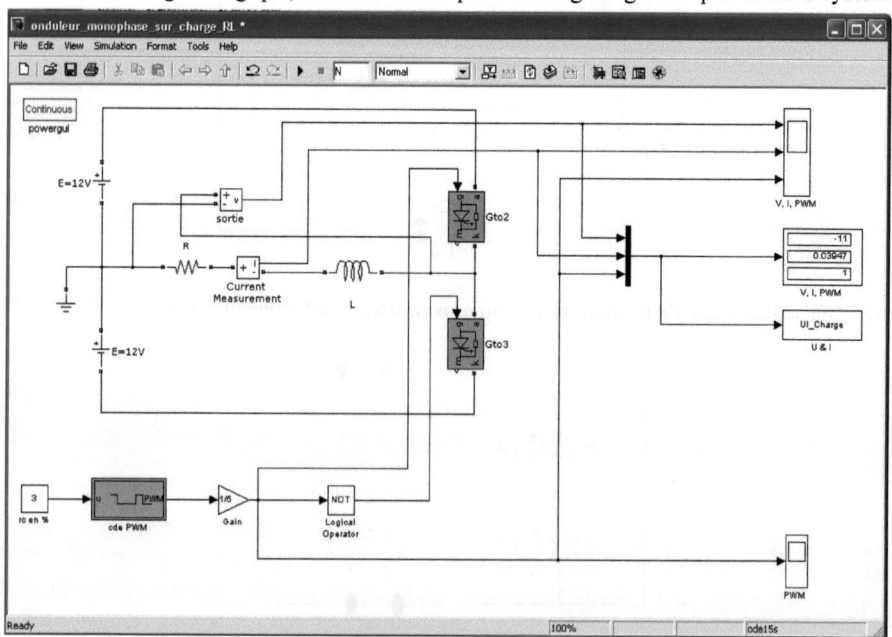

Applications de SimPowerSystems

Si on appelle α le rapport cyclique et T la période du signal PWM, nous avons les tensions et les courants suivants au niveau de la charge (R, L):

$0 < t < \alpha T$	$\alpha T < t < (1-\alpha)T$
K_1 fermé	K_2 fermé
K_2 ouvert	K_1 ouvert
$u = V$	$u = -V$
$Ri + L\dfrac{di}{dt} = V$	$Ri + L\dfrac{di}{dt} = -V$
$i = \dfrac{E}{R}(1 - e^{-t/\tau})$	$i = i_0 \, e^{-(t-\alpha T)/\tau} - \dfrac{E}{R}(1 - e^{-(t-\alpha T)})$

La figure suivante montre l'évolution de la tension et du courant dans la charge (R, L).

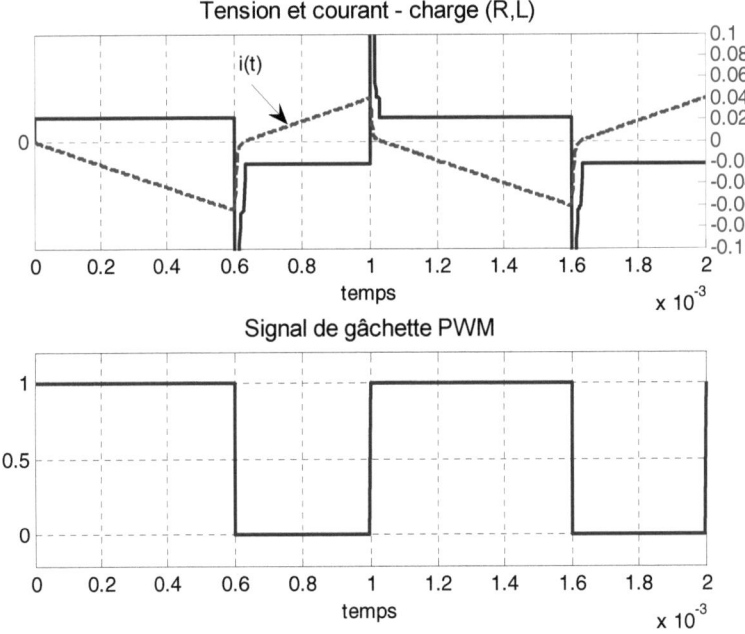

Pendant la fermeture de K_1, le courant tend à atteindre la valeur statique E/R selon un système du 1er ordre de constante de temps $\tau = L/R$.

Il en est de même pour la valeur $-E/R$ que le courant veut atteindre à la fermeture de K_2.

Le sous-système cde_PWM génère le signal PWM par l'utilisation du bloc Controlled PWM Voltage de la librairie Actuators & Drivers/Drivers de SimElectronics.

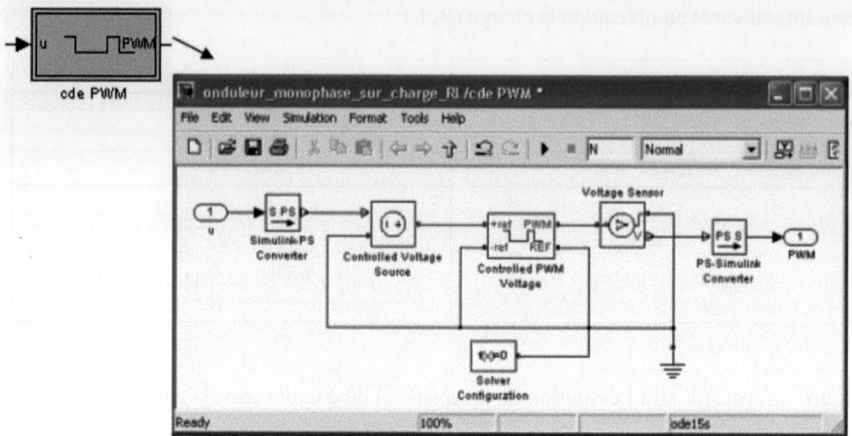

Grâce aux convertisseurs S→PS et PS→S, que l'on met à l'entrée et à la sortie d'un modèle Simscape, on peut insérer son sous-système dans un modèle SimPowerSystems.

Dans notre cas, on fait suivre le convertisseur S→PS par une source contrôlée de tension, Controlled Voltage Source et on insère un capteur de tension (voltmètre), Voltage Sensor avant le convertisseur PS→S.

V.1.2. Onduleur monophasé à 4 interrupteurs (pont en H)

- *Commande symétrique*

On s'intéresse au montage en pont en H avec 4 interrupteurs K_1, K_2, K_3, K_4, représenté par la figure suivante dans le cas où les interrupteurs K_1, K_4 sont fermés et K_2, K_3 ouverts.

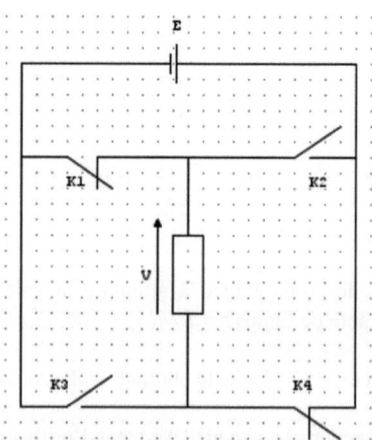

Dans le cas de la commande symétrique, comme on l'observe dans ce schéma, lorsque K_1 et K_4 sont fermés, les interrupteurs K_2 et K_3 sont ouverts et inversement.

Applications de SimPowerSystems 551

Pour cela, nous commandons les gâchettes des paires d'interrupteurs par un signal PWM de 50% de rapport cyclique. Le signal PWM est généré par le sous-système PWM.

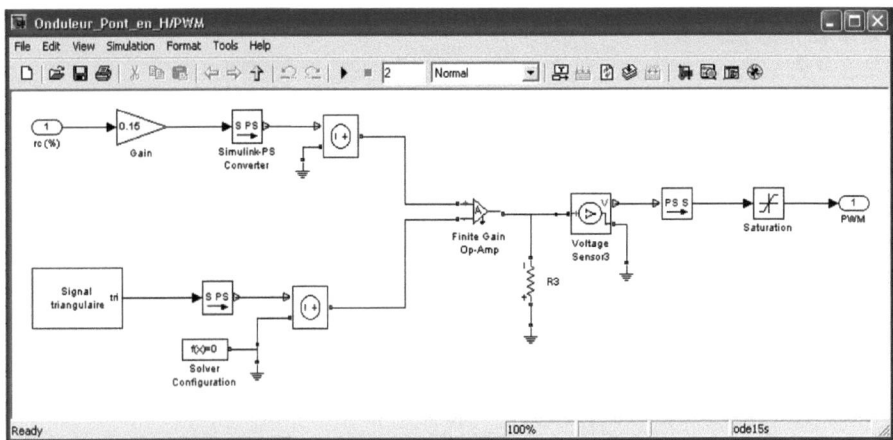

Le principe consiste à comparer un signal triangulaire et une constante.

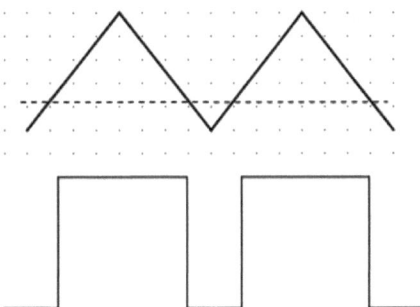

Ce sous-système ainsi que celui du générateur de signal triangulaire sont des modèles Simscape que nous intégrons dans SimPowerSystems grâce aux convertisseurs de Simscape à Simulink (PS→S) et inversement pour S→PS.

Le modèle suivant, représente ce pont en H dans lequel les interrupteurs sont réalisés par des transistors MOSFETs dont on commande la gâchette à l'aide d'un signal PWM. Un transistor MOSFET se sature lorsque sa tension VGS est positive.

Dans le cas du transistor MOSFET à canal N (NMOS) nous avons les équivalences suivantes avec un interrupteur fermé, cas où VGS>0.

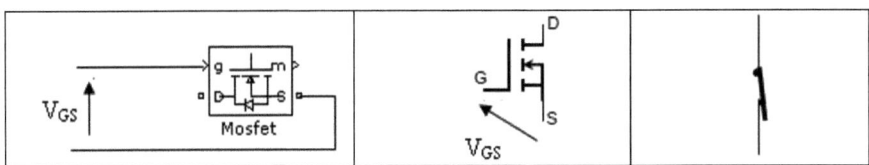

La porte logique NOT permet d'inverser l'état de saturation ou de blocage des paires (K_1, K_4) et (K_2, K_3) et inversement.

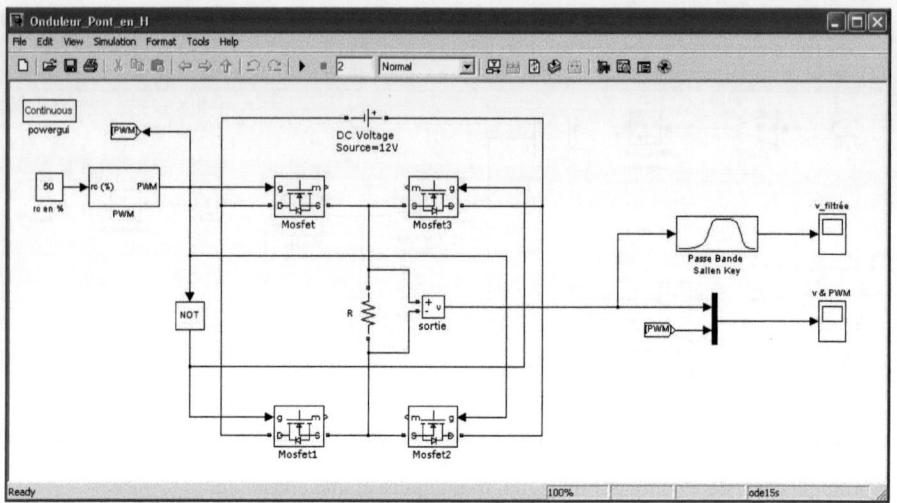

L'état des interrupteurs est schématisé dans le tableau suivant selon état (1 ou 0) du signal PWM de commande.

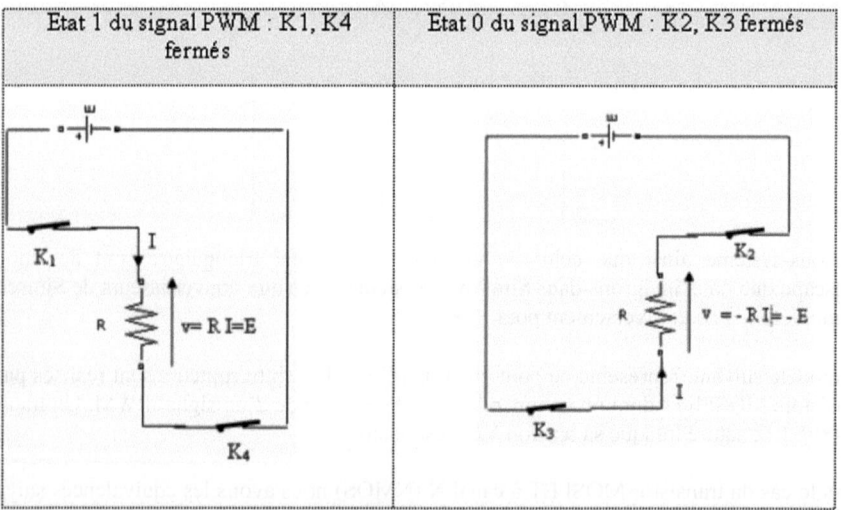

L'amplitude de la tension de sortie, aux bornes de la résistance de charge R, peut être plus faible que E selon les valeurs de la résistance Ron du MOSFET, de la résistance Rd de la diode quand elle conduit et de la valeur de la résistance de charge R.
Dans notre cas, nous avons spécifié des faibles valeurs de Ron=1e-6 Ω et Rd=1e-3 Ω.
Pour cela, l'amplitude de la tension v est égale à E.
Dans cet oscilloscope, nous avons tracé la tension v aux bornes de la résistance de charge R et le signal PWM de commande des gâchettes des MOSFETs.

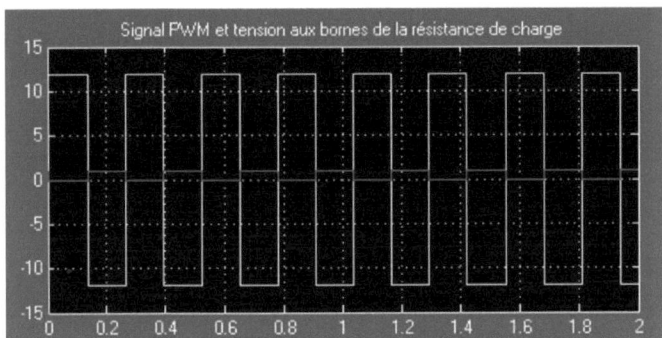

Dans cet exemple, le signal PWM de commande des gâchettes possède un rapport cyclique de 50%. Dans ce signal carré, il existe une fréquence fondamentale, celle du signal que l'on veut récupérer. Pour supprimer les autres composantes, il suffit d'utiliser un filtre passe-bande, de fréquence centrale égale à celle du fondamental du circuit carré ou PWM. Avec filtrage passe bas du 1er ordre, nous obtenons le signal suivant qui se rapproche d'une sinusoïde.

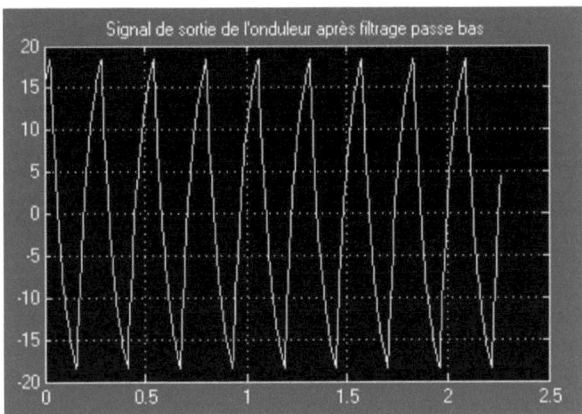

Avec un filtre de 2nd ordre de structure Sallen-Key, nous obtenons:

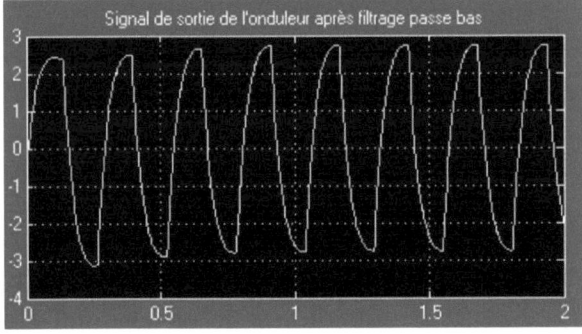

Le filtre de structure Sallen-Key, est donné par le circuit suivant à l'aide d'un amplificateur opérationnel.

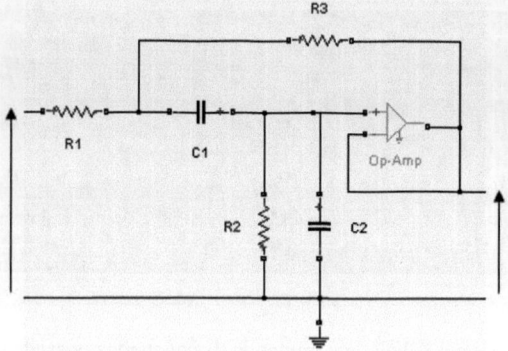

- **Commande décalée**

Le but est de mieux approcher un signal sinusoïdal de période T, comme le montre la figure suivante.

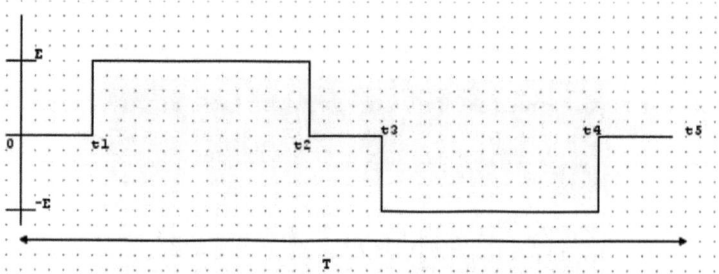

Pour obtenir ce signal avec un onduleur en pont en H (4 interrupteurs K_1, K_2, K_3 et K_4) étudié pour la commande symétrique, nous spécifions les états de ces interrupteurs comme le montre le tableau suivant :

Tension aux bornes de la charge	Etat des interrupteurs
v = 0 0<t<t1, t2<t<t3, t4<t<t5)	K_1, K_3 fermés et K_2, K_4 ouverts
v = E (t1<t<t2)	K_2, K_3 fermés, K_1, K_4 ouverts
v = -E (t3<t<t4)	K_2, K_3 ouverts, K_1, K_4 fermés

Les signaux qu'on doit appliquer (valeurs 0/1) sur les gâchettes des transistors MOSFETs qui modélisent les 4 interrupteurs, ont les allures suivantes :

temps	K_1	K_2	K_3	K_4
0<t<t1	1	0	1	0
t1<t<t2	0	1	1	0
t2<t<t3	1	0	1	0
t3<t<t4	1	0	0	1
t4<t<t5	1	0	1	0

Les signaux logiques appliqués aux gâchettes sont les suivants :

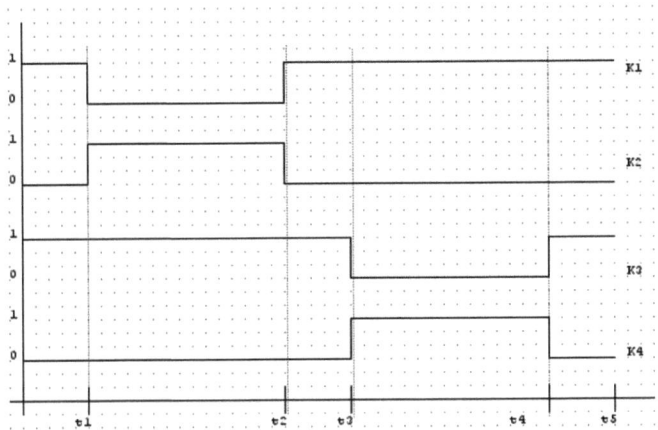

Les signaux précédents sont générés par le `bloc Repeating Sequence` de Simulink. Le modèle qui suit représente un onduleur sous forme d'un pont en H à transistors MOSFETs de puissance dont les gâchettes sont commandées par un signal PWM.

Les signaux commandant les interrupteurs (MOSFETs) K_1 et K_4 sont en phase.

Egalement pour les signaux de commande de K_2 et K_3 qui sont en opposition de phase à ceux de K_1 et K_2.

Ces signaux sont générés par le bloc `Repeating Table` (ou séquence répétée).

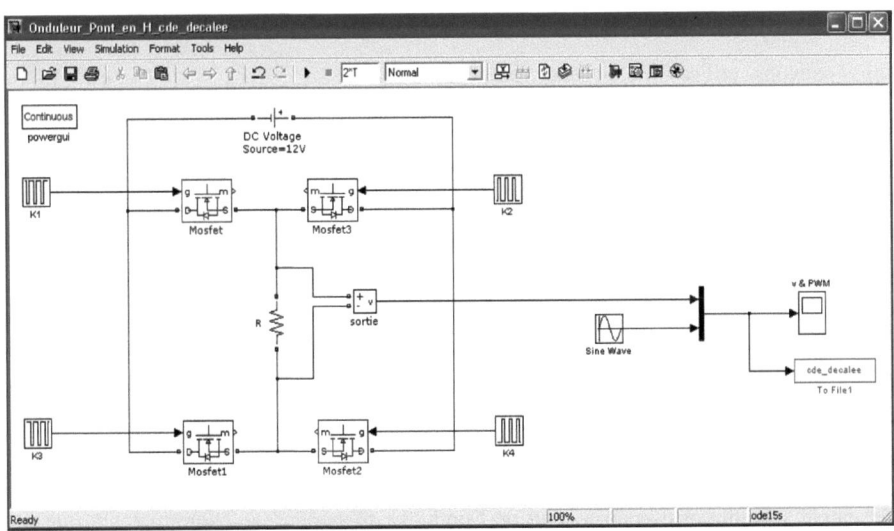

La figure suivante montre la sinusoïde approchée ainsi que la sortie de l'onduleur.

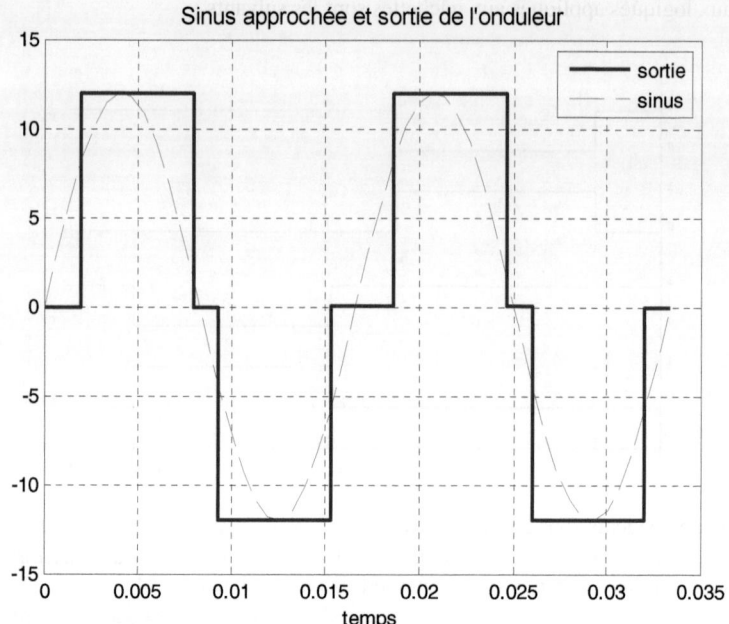

Un filtrage passe-bande autour de la fréquence 1/T permet de récupérer la sinusoïde fondamentale du signal de sortie de ce montage.
SimPowerSystems possède des blocs d'onduleur avec un bras (2 interrupteurs), 2 ou 3 bras pour générer un signal triphasé.

Ces bras d'interrupteurs complémentaires peuvent réalisés par différents composants de puissance (Thyristors, MOSFETs, IGBTs, GTOs, etc.).

Nous pouvons utiliser, pour cela, les blocs Universal Bridge, Three Level Bridge de la librairie Power Electronics.

Pour commander de façon complémentaire les 2 interrupteurs de chaque bras, nous pouvons utiliser le bloc Discrete PWM Generator de la librairie Extra Library/Discrete Control ou PWM Generator de Extra Library/Control.

Le signal PWM est généré par la comparaison d'un signal triangulaire et d'un autre de référence qui peut être, soit un signal externe, soit un signal généré en interne. Ce choix se fait par la case à cocher «Internal generation of modulating signal(s) ».

Ce bloc génère 2 signaux complémentaires par bras à commander. Ce bras peut être constitué de MOSFETs, de GTOs, ou d'IGBTs.

L'exemple suivant correspond à celui de l'onduleur monophasé à 2 interrupteurs que nous avons étudié précédemment.

Applications de SimPowerSystems 557

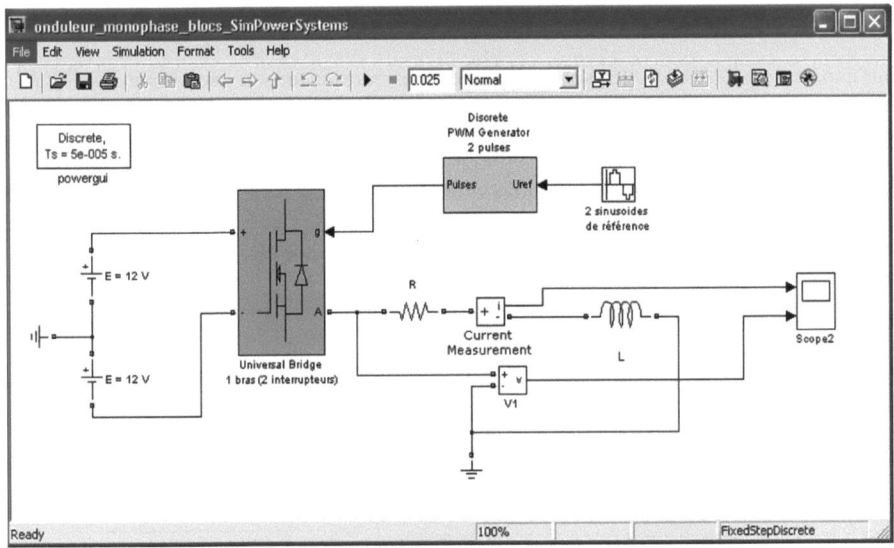

Nous avons utilisé 2 interrupteurs sous forme de MOSFETs et une charge inductive de type (R, L).

Le bloc `Discrete PWM Generator` utilise un signal de référence sinusoïdal qui sera comparé à un signal triangulaire pour générer le PWM qui attaquera les gâchettes des MOSFETs.

La tension, aux bornes de la charge, est un signal PWM alternativement égal à E et –E. Le courant est homogène à l'intégrale de la tension (sinusoïde) avec une suite de charges et décharges.

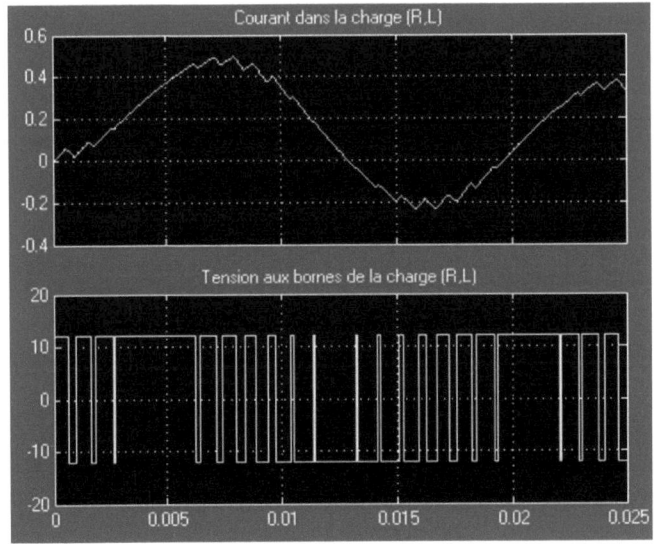

V.2. Onduleur triphasé

Pour avoir un signal triphasé en sortie de l'onduleur, nous devons utiliser 3 bras consistant en 3 onduleurs monophasés dont les interrupteurs sont commandés par des signaux décalés de $2\pi/3$.

Dans le modèle suivant, nous avons choisi d'utiliser des signaux de référence interne au bloc Discrete PWM Generator. Au niveau de chaque phase, la tension de sortie est donnée par un diviseur de tension formé par la charge R C parallèle et le circuit R L série.

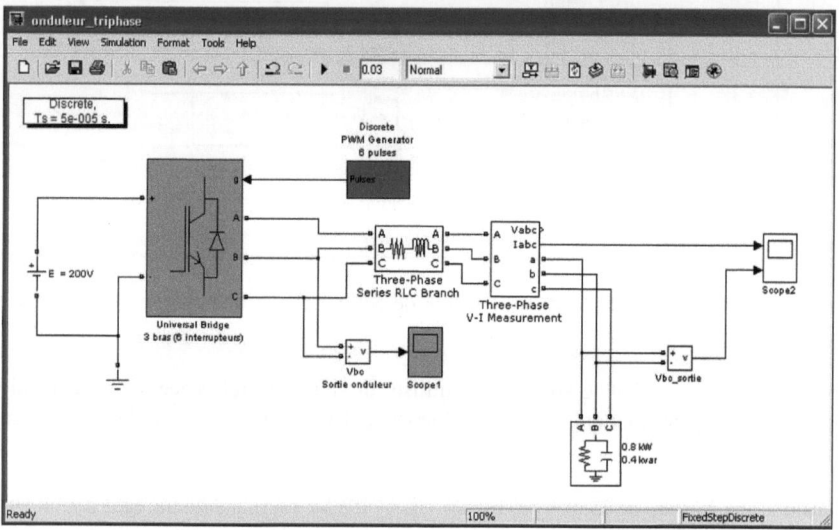

L'oscilloscope suivant représente la tension au niveau de la sortie de l'onduleur.

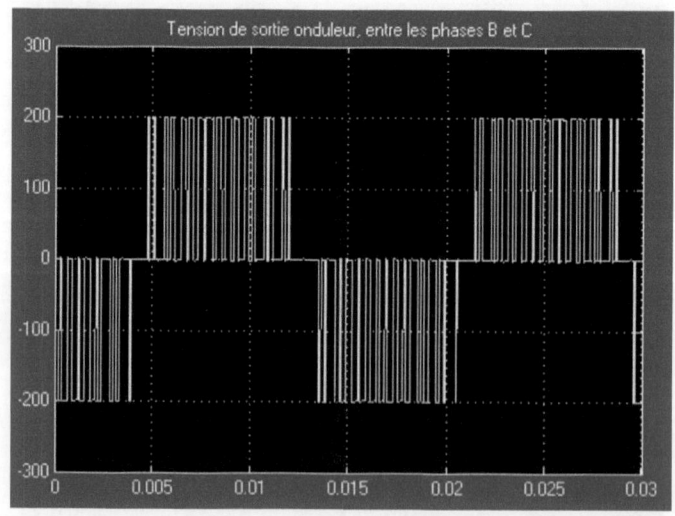

Applications de SimPowerSystems 559

En démultiplexant le signal de sortie du bloc Discrete PWM Generator, nous constatons que les signaux de commande des gâchettes, au niveau de chaque bras, sont toujours complémentaires.

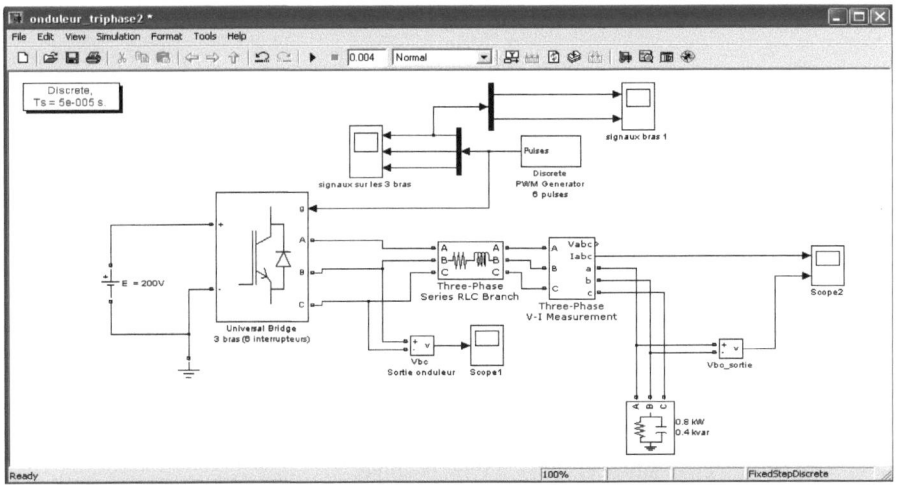

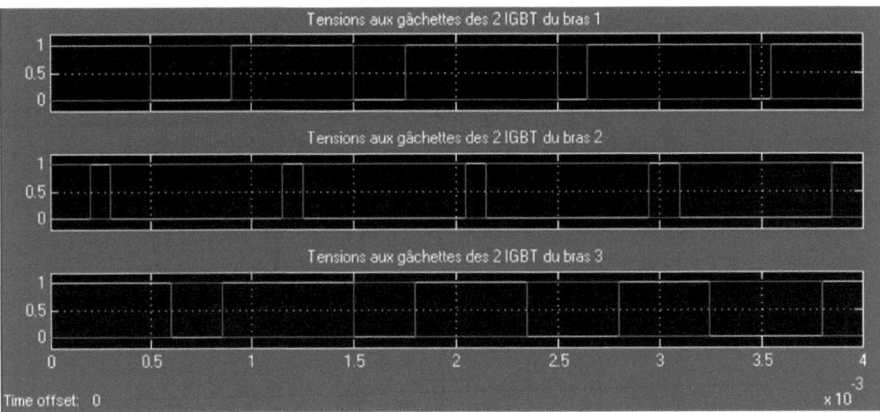

Après un 2ème démultiplexage du signal au niveau d'un bras, nous affichons les 2 signaux complémentaires qui commandent les 2 interrupteurs du bras.

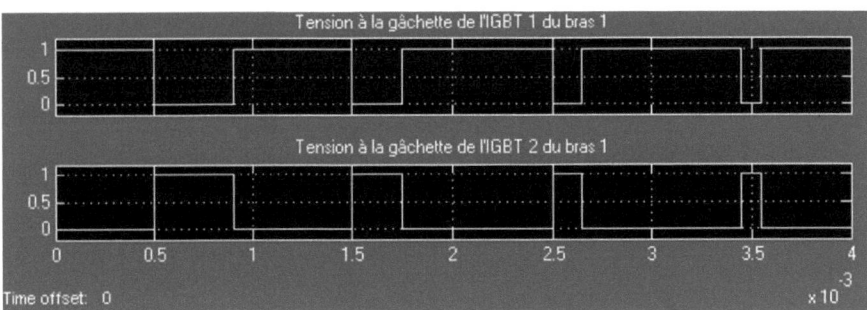

VI. Redresseurs

VI.1. Redressement monoalternance à 1 thyristor

La figure suivante représente le circuit redresseur mono alternance à un thyristor.

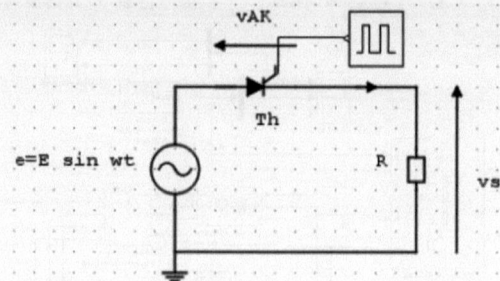

Un thyristor est équivalent à un interrupteur commandé à la fermeture.

Il faut 2 conditions pour amorcer un thyristor :

- une tension entre anode et cathode vAK positive,
- un courant d'établissement iAK suffisant.

Il suffit d'annuler le courant pour que le thyristor se bloque (interrupteur ouvert).

Dans le modèle suivant, le signal de commande PWM de la gâchette du thyristor est généré par la comparaison du signal sinusoïdal d'entrée et d'un signal en dents de scie.

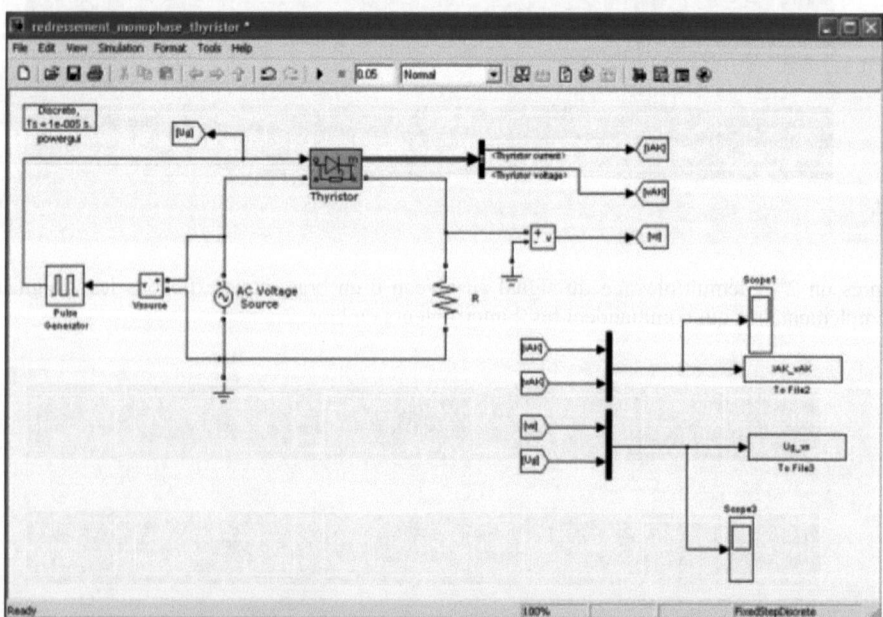

Applications de SimPowerSystems 561

La sortie m du bloc `Thyristor` permet de récupérer, à travers un `Bus Selector`, le courant entre cathode et anode, iAK et la tension vAK à leurs bornes.
On désire redresser une tension sinusoïdale de 100V d'amplitude et de fréquence 60 Hz. La charge est une résistance $R = 10\Omega$.
La figure suivante représente le courant iAK et la tension vAK.
Dans la figure d'après, nous représentons le signal PWM qui commande la gâchette du thyristor. Lorsque la tension de sortie devient négative, le courant iAK le devient aussi car vs=R iAK; ainsi, le thyristor se bloque.
La tension de sortie s'annule, l'alternance négative est éliminée d'où le nom de redresseur mono alternance.

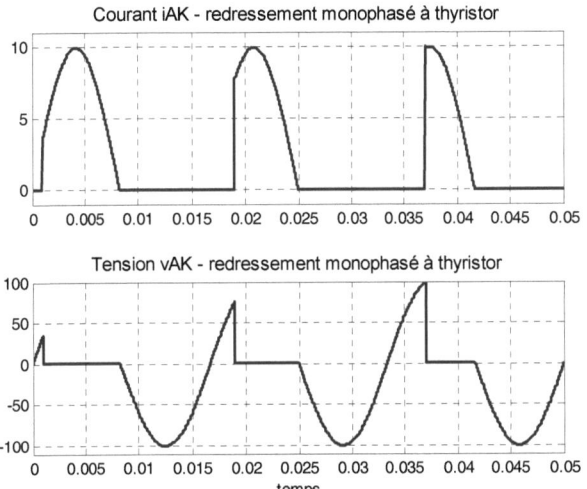

La figure suivante représente la tension de sortie aux bornes de la charge R et le signal PWM de commande de la gâchette du thyristor.

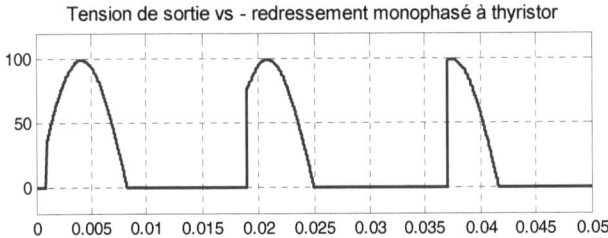

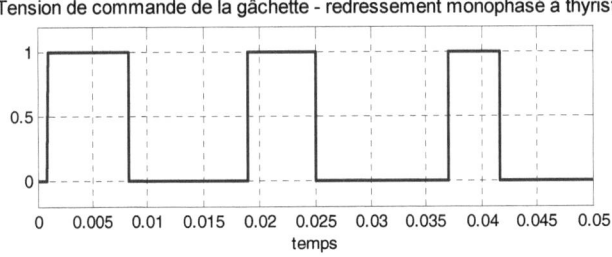

Le thyristor se réamorce lorsque la tension vAK est positive et que le courant iAK devient suffisant.

VI.2. Charge inductive avec force électromotrice

Le circuit suivant correspond au redresseur précédent, chargé par un moteur à courant continu dont R et L sont la résistance et inductance d'induit et E sa force électromotrice.

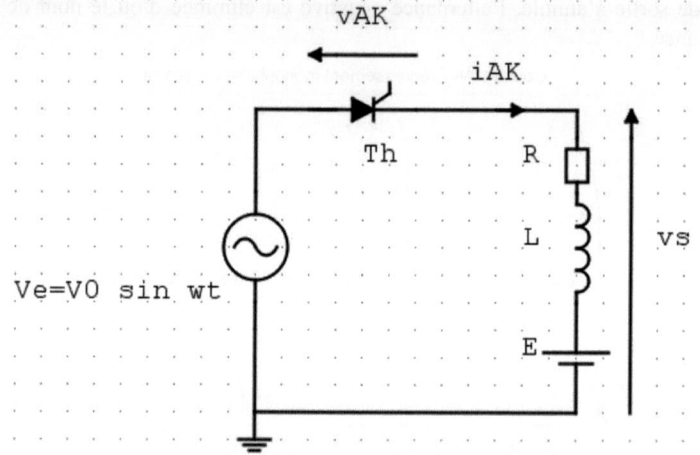

Dans le modèle suivant, le signal PWM de commande de la gâchette, est généré par le bloc `Discrete PWM generator` de la librairie `Extrary Library/Discrete Control`.

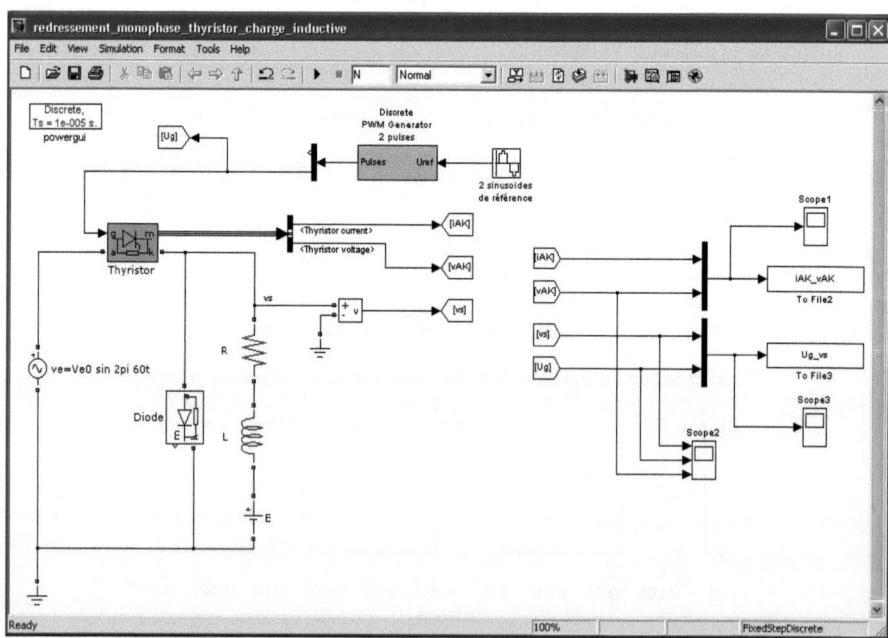

Applications de SimPowerSystems

La figure suivante représente le courant iAK et la tension vAK.

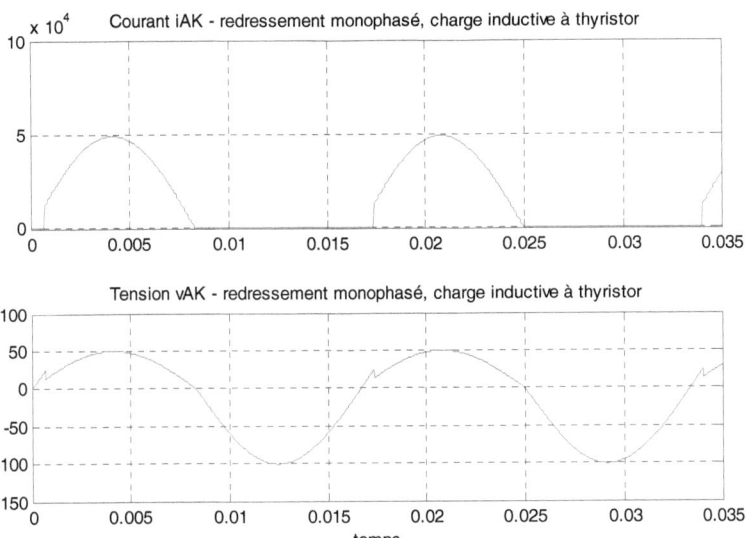

La tension de sortie vs et le signal PWM de commande de la gâchette du thyristor sont donnés par la figure suivante.

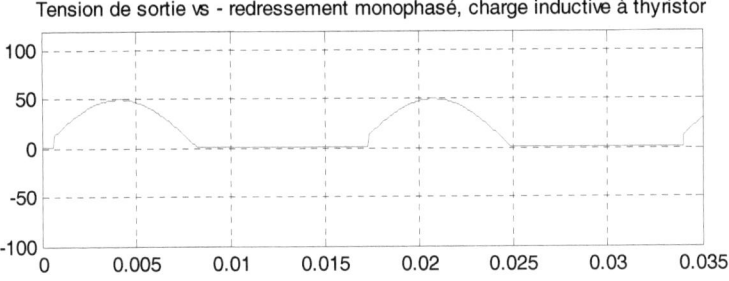

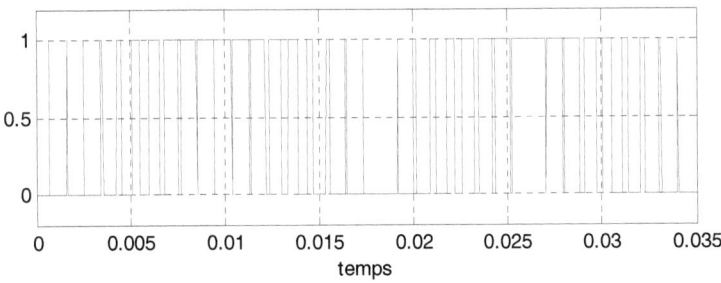

Le tableau suivant, récapitule les conditions de blocage et de réamorçage du thyristor.

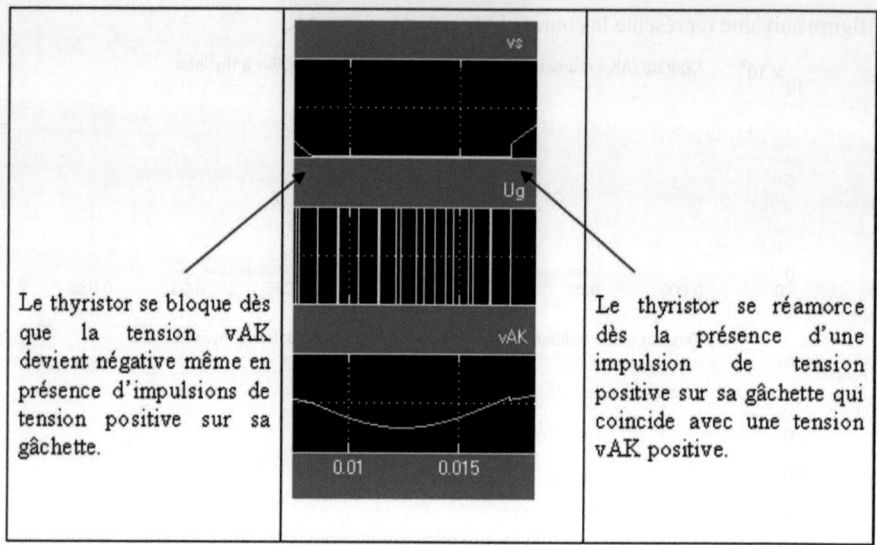

Le thyristor se bloque dès que la tension vAK devient négative même en présence d'impulsions de tension positive sur sa gâchette.

Le thyristor se réamorce dès la présence d'une impulsion de tension positive sur sa gâchette qui coincide avec une tension vAK positive.

VI.3. Redressement triphasé par pont de Graëtz à diodes

Le modèle suivant représente un pont de Graëtz triphasé à diodes.

Les phases A, B, C de la source `Three-Phase-Source` fournissent, respectivement, les tensions v1, v2 et v3 qu'on applique au 1er, 2ème et 3ème bras du redresseur.

Les tensions composées, phase à phase, sont données, pour un système triphasé équilibré, en fonction des tensions simples (d'une phase au neutre) par :

$$u_1 = v_1 \sqrt{3} \sin 120\pi t = 380 \sin 120\pi t$$
$$u_2 = v_2 \sqrt{3} \sin(120\pi t - \frac{2\pi}{3}) = 380 \sin(120\pi t - \frac{2\pi}{3})$$
$$u_3 = v_3 \sqrt{3} \sin(120\pi t + \frac{2\pi}{3}) = 380 \sin(120\pi t + \frac{2\pi}{3})$$

Le neutre correspond à la masse.

Dans le cas du montage suivant, les sources sont montées en étoile. L'impédance interne de la source est spécifiée par les valeurs de la résistance Rg et l'inductance Lg lorsqu'on ne coche pas la case « `Specify impedance using short-circuit level` ».

Lorsque cette case est cochée, cette impédance interne peut être déterminée par la valeur du courant de court-circuit et du rapport X/R (rapport l'impédance réactive sur celle de l'impédance active).

Les diodes D_1, D_3 et D_5 sont des commutateurs à anode commune et D_2, D_4 et D_6 sont à cathode commune.

Dans l'ensemble des diodes à cathode commune, celle dont l'anode est au potentiel le plus élevé conduit tandis que la conduction de l'une des diodes D_1, D_3 et D_5 est assurée pour celle dont la cathode est au potentiel négatif.

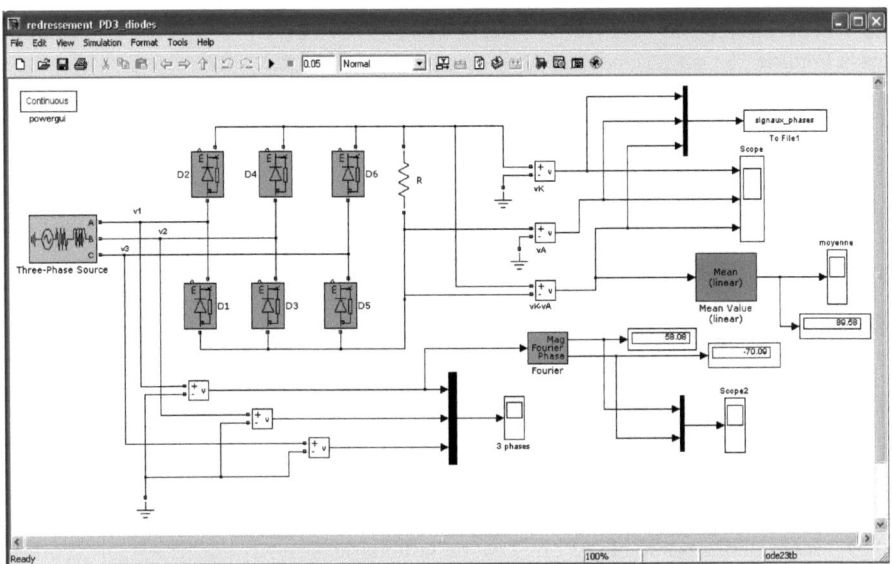

Dans la figure suivante, nous affichons les tensions au niveau de l'anode commune vA et de la cathode commune vK.
La tension redressée correspond à la différence vK-vA.

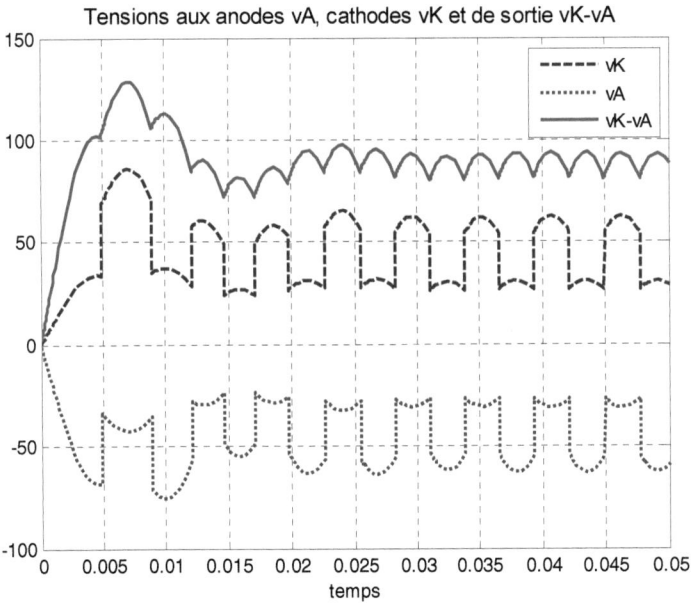

La figure suivante représente ces 3 types de tension. La valeur moyenne de la tension redressée est donnée par le bloc Mean (Linear) de la librairie Measurements/Continuous Measurements.

Une version discrète du bloc Mean (Linear), Discrete Mean value, se trouve dans la librairie Extra Library/Discrete Measurements.

La valeur de cette moyenne est obtenue selon la dynamique suivante.

Le module et la phase de la tension au niveau de la phase A, respectivement de 58.08V et -70.09°, sont donnés par le bloc Fourier de la librairie Measurements/Continuous Measurements.

Ce même bloc se trouve dans la librairie Extra Library/Measurements.

Une version discrète de ce bloc, Discrete Fourier, se trouve dans la librairie Extra Library/Discrete Measurements.

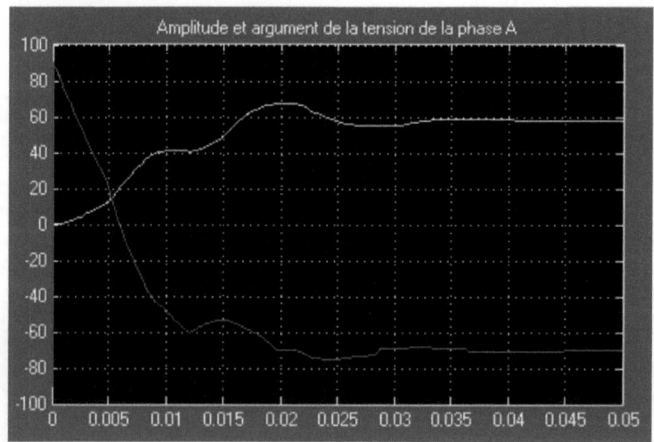

Les ondulations peuvent être limitées par un condensateur en parallèle (cas de faibles débits en courant de sortie) ou par une bobine de lissage en série avec la charge (cas des forts débits, quelques ampères).

Applications de SimPowerSystems 567

VII. Commande de machines à courant continu

On se propose d'étudier 2 systèmes de commande d'un moteur à courant continu à excitation séparée.

VII.1. Driver DC3

Dans le modèle suivant, nous utilisons le driver d'un moteur à courant continu fonctionnant dans 2 quadrants et alimenté par une tension triphasée (phase A, B, C). On réalise la régulation de vitesse dont la consigne est appliquée à l'entrée SP pour Set Point. L'entrée Tm correspond au couple mécanique appliqué sur l'arbre moteur.

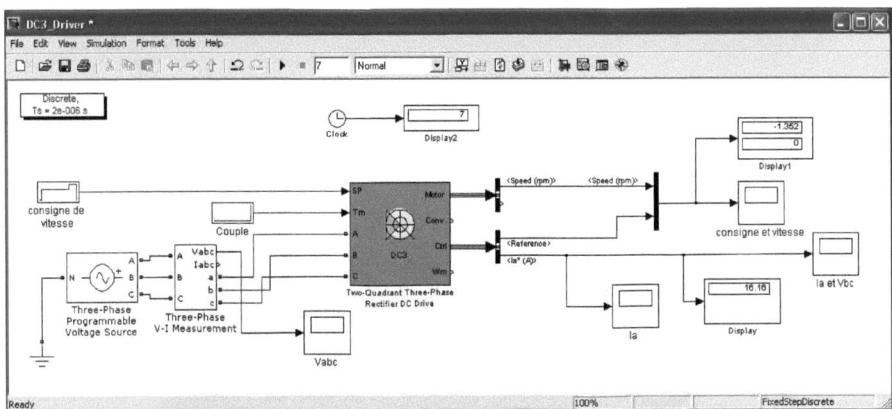

Le driver DC3 est composé d'un moteur à courant continu alimenté par un redresseur triphasé à thyristors. Ce moteur possède un régulateur de vitesse et un régulateur de courant. A l'aide de ces 2 régulateurs, nous pouvons contrôler, respectivement, la vitesse de rotation ou le couple.
Lorsqu'on régule le couple de sortie, le régulateur de vitesse est désactivé.
La sortie du régulateur de vitesse est une valeur de courant permettant d'obtenir le couple électromagnétique nécessaire pour atteindre la vitesse désirée.
Les accélérations et décélérations limites imposées dans la boite de dialogue sur l'onglet Controller permettent d'éviter les variations brusques de courant.
La mesure de la vitesse est filtrée par un passe bas.
Le régulateur de courant commande l'angle d'amorçage des thyristors du rectifieur afin d'obtenir le courant nécessaire pour avoir le couple désiré.
Le modèle de ce moteur est discret. Le contrôleur est échantillonné à une période plus élevée que celle du modèle Simulink (proportionnelle).
A l'instant t=1.5s, on applique un courant mécanique de 20N.m sur l'arbre moteur.
Ce couple introduit une perturbation de vitesse qui est rejetée, sans dépassement au bout de 1.5s environ.

Entre les instants 6 et 7, on augmente la tension entre phases de la tension d'entrée d'une valeur de 1pu, grâce à l'utilisation de la source Three-Phase Programmable Voltage Source, cette tension composée étant initialement de 380V. L'effet de cette augmentation n'a pas un effet significatif sur la vitesse.

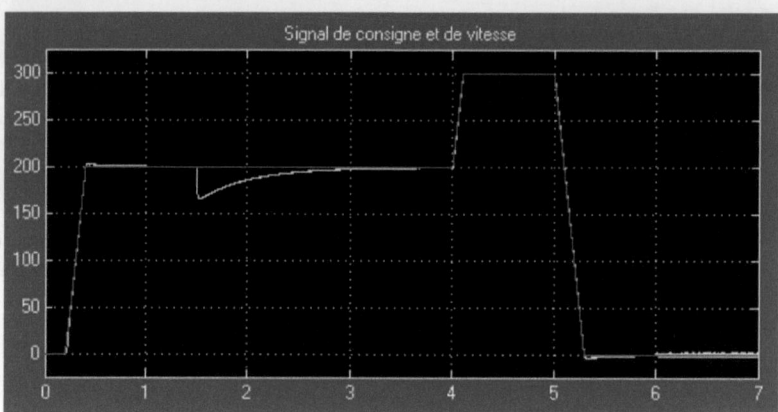

L'application du couple mécanique a pour effet d'augmenter l'intensité du courant aux armatures du moteur. L'effet de l'augmentation de la tension composée, à partir de l'instant 6s, n'est pas significatif même si, après un zoom, on observe des ondulations.
L'oscilloscope suivant montre l'évolution du courant entre les armatures du moteur.

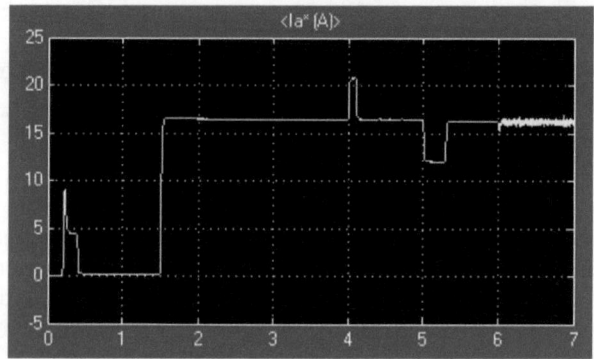

L'oscilloscope suivant montre la tension triphasée, mesurée par le bloc Three-Phase V-I Measurement.

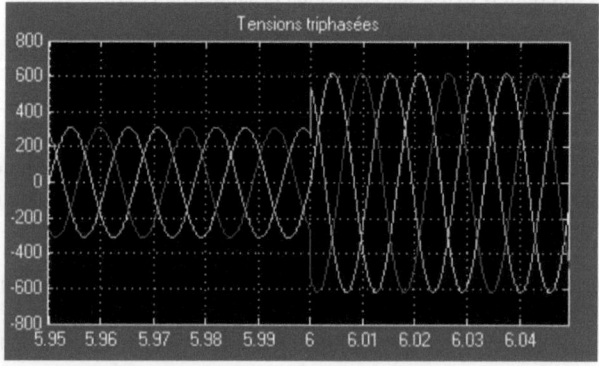

Applications de SimPowerSystems 569

La boite de dialogue suivante correspond à l'onglet Controller dans lequel on spécifie les caractéristiques du régulateur proportionnel et intégral.

Nous avons spécifié un gain proportionnel Kp=50 et intégral Ki=100.

L'échantillonnage de la régulation de 100 µs est plus rapide que celle du modèle qui est de 2 µs.

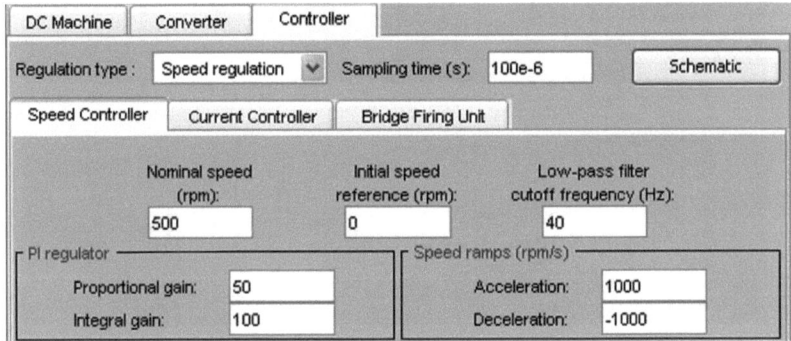

VII.2. Commande PWM par pont en H à MOSFETs

Dans l'application suivante, on commande le moteur à l'aide d'un pont en H formé de 4 transistors MOSFETs de puissance. Le signal de commande des gâchettes est de type PWM (signal carré à modulation de largeur d'impulsion).

VII.2.1. Rapport cyclique de 80%

Les gâchettes des transistors Mosfet1 et Mosfet4 sont commandées par le même signal PWM. L'inverse de ce signal est appliqué aux gâchettes de Mosfet2 et Mosfet3. Dans le modèle suivant, on utilise un rapport cyclique égal à 80% pour commander les gâchettes des MOSFETs du pont en H.

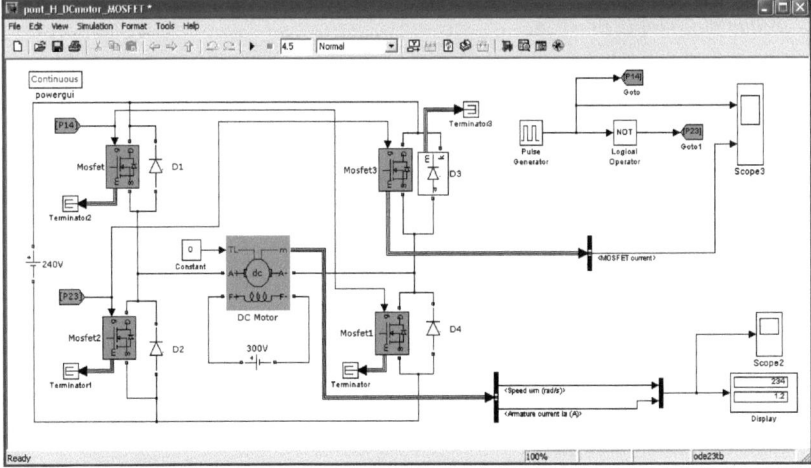

L'oscilloscope suivant montre le signal PWM et le courant circulant dans le transistor `Mosfet3`.

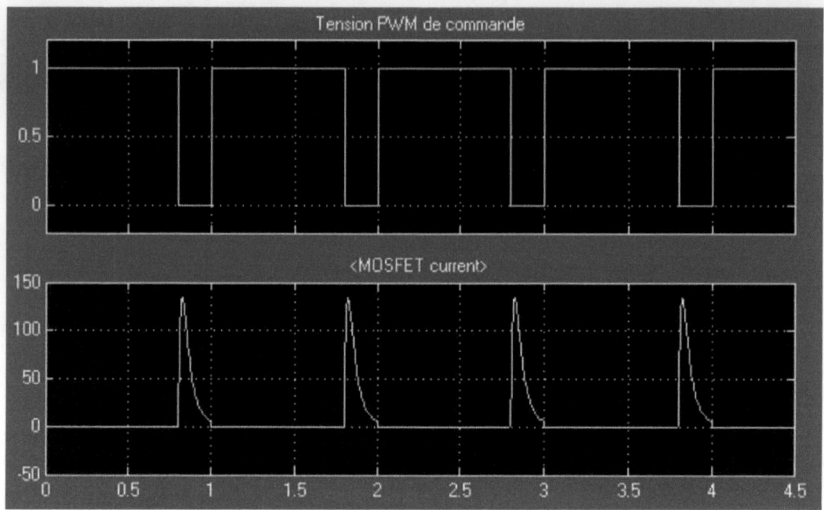

La vitesse atteint 234 rad/s pendant la durée positive du signal PWM avec un courant de 1.2 A entre les armatures du moteur.

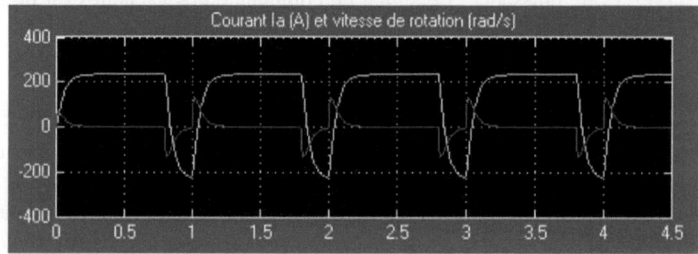

VII.2.2. Rapport cyclique de 20%

Avec un rapport cyclique de 20%, le moteur change de sens, la vitesse atteint 233 rad/s avec un courant de 1.681 A dans le sens inverse que précédemment.

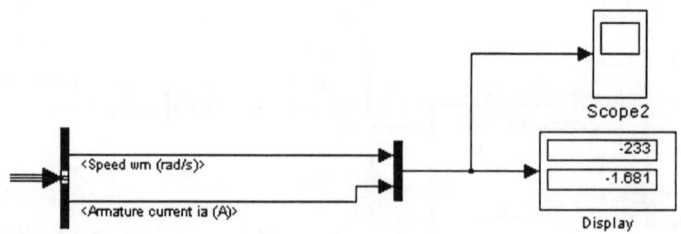

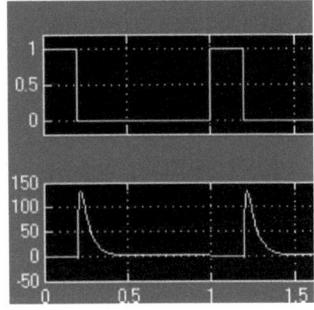 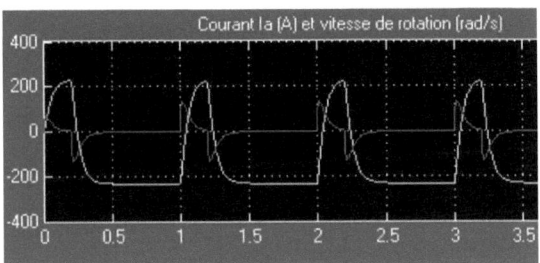

VIII. Moteur asynchrone

La machine asynchrone est constituée de 2 parties ; une partie fixe ou stator et une partie mobile ou rotor. Le stator est constitué des bobinages alimentés par des courants triphasés, de pulsation w, créant un champ magnétique tournant de pulsation $ws = w/p$, avec p le nombre de paires de pôles.

Le rotor dont le bobinage est généralement en cage d'écureuil est formé de barres reliées entre elles à chaque extrémité par une bague circulaire ; ces conducteurs sont ainsi en court-circuit et sont parcourus par un courant induit.
Le rotor est soumis à une force du fait qu'il est parcouru par un courant et soumis à un champ magnétique.
Il existe 2 types de machines synchrones : pôles lisses ou saillants. Le rotor est constitué d'un nombre pair de pôles, soit 2p pôles.

Cette machine peut être aussi alimentée par une tension monophasée. Contrairement au moteur synchrone, la vitesse de rotation du rotor est différente et inférieure à la vitesse de synchronisme (fréquence de l'alimentation).

La différence s'appelle le glissement : $g = n_0 - n_r$
La vitesse de synchronisme n_0 est fonction de la fréquence du réseau f et du nombre de paires de pôles, soit : $n_0 = 60\,f/p$
La fréquence d'alimentation ou la vitesse de rotation, peut être modifiée grâce aux variateurs de vitesse. Différents types de machines asynchrones sont disponibles dans SimPowerSystems, dans la librairie Machines.

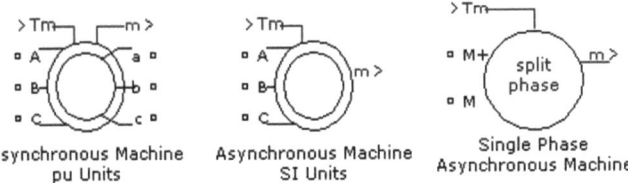

VIII.1. Moteur asynchrone en boucle ouverte

VIII.1.1. Commande par une source triphasée

L'application suivante représente un moteur asynchrone en boucle ouverte. On applique au le stator une tension triphasée de 380V entre les phases.

Le neutre est accessible par la masse. Ainsi la tension entre chaque phase est le neutre (masse) vaut :

```
>> 380*sqrt(2)/sqrt(3)
ans =
   310.2687
```

Cette alimentation triphasée est générée par le bloc Three-Phase Programmable Voltage Source. Cette source programmable permet de faire varier l'amplitude, la fréquence ou le déphasage durant la période spécifiée dans le champ Variation timing(s). Le type de variation peut être choisi sous forme d'échelon, rampe, etc.

Dans cet exemple, la variation se fait sous forme d'échelon de hauteur 0.5pu entre les instants 10 et 30, soit une hauteur de 155.1344 V.

L'amplitude des tensions appliquées au stator est donnée par l'oscilloscope suivant.

La boite de dialogue de cette source programmable est la suivante.

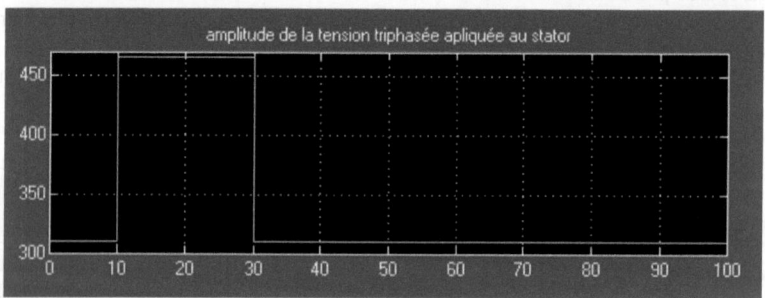

Le couple mécanique est spécifié à l'entrée Tm.
Si ce couple est positif, la machine est un moteur asynchrone, autrement elle fonctionne en générateur triphasé.

Ce couple est nul jusqu'à l'instant t=50s et vaut 100 N.m après.

Grâce au bloc Three-Phase V-I Measurement, nous pouvons mesurer les tensions appliquées aux bobines du stator ainsi que les courants statoriques.

Sur la sortie m du moteur, nous pouvons récupérer les variables du rotor, du stator ainsi que les paramètres mécaniques.

Dans cet exemple, nous nous intéressons au courant dans la phase A du stator ainsi qu'à la vitesse de rotation du rotor.

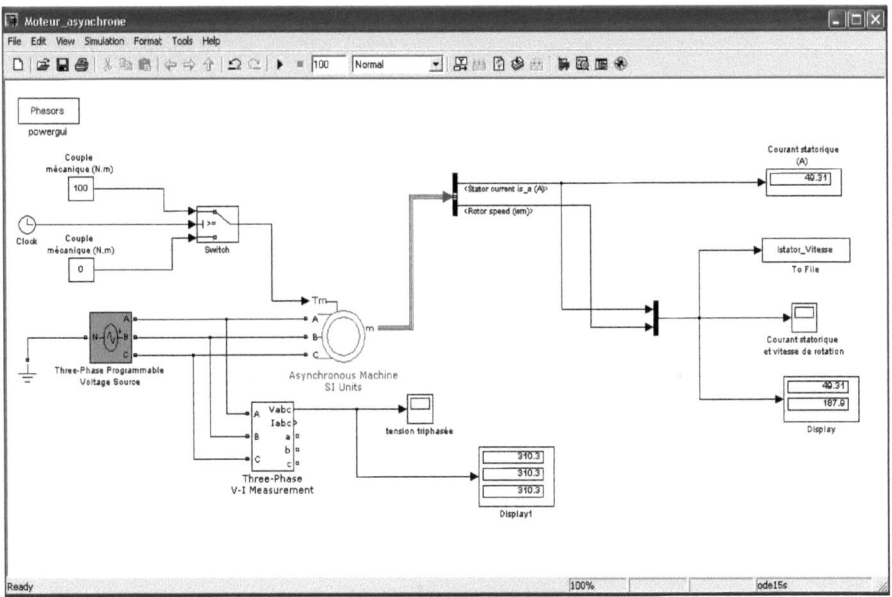

La figure suivante représente la courbe du courant de la phase A du stator et celle de la vitesse de rotation du rotor.

Pour ce modèle, nous avons utilisé la simulation de type phasors (phaseurs).

Par cette méthode, on obtient uniquement la valeur de l'amplitude des signaux et non pas leur évolution temporelle.

Entre les instants t=10 et 30s, nous vérifions l'augmentation de l'amplitude du courant statorique (phase A) due à l'augmentation de l'amplitude des tensions appliquées au stator.

Pendant cette durée, nous remarquons une augmentation de la pente de la courbe de vitesse.

574 Chapitre 8

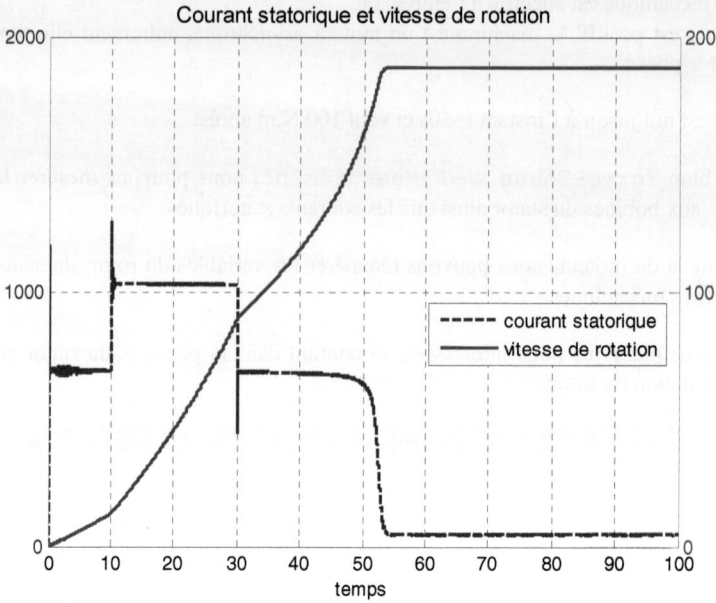

La version de la simulation continue est donnée par le modèle suivant.

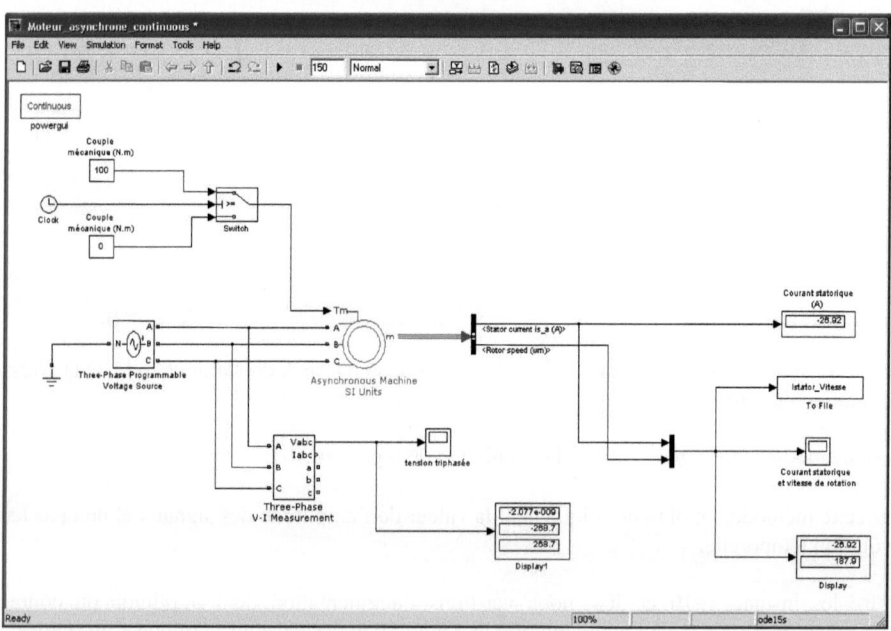

L'oscilloscope suivant représente les tensions des 3 phases appliquées aux bobines du stator.

A l'instant t=10, on note la variation de l'amplitude de la tension triphasée d'alimentation du stator.

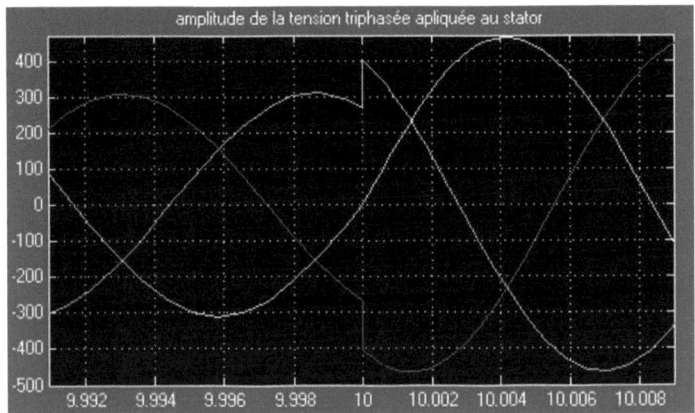

Les courbes du courant statorique et de la vitesse de rotation sont données par la figure suivante.

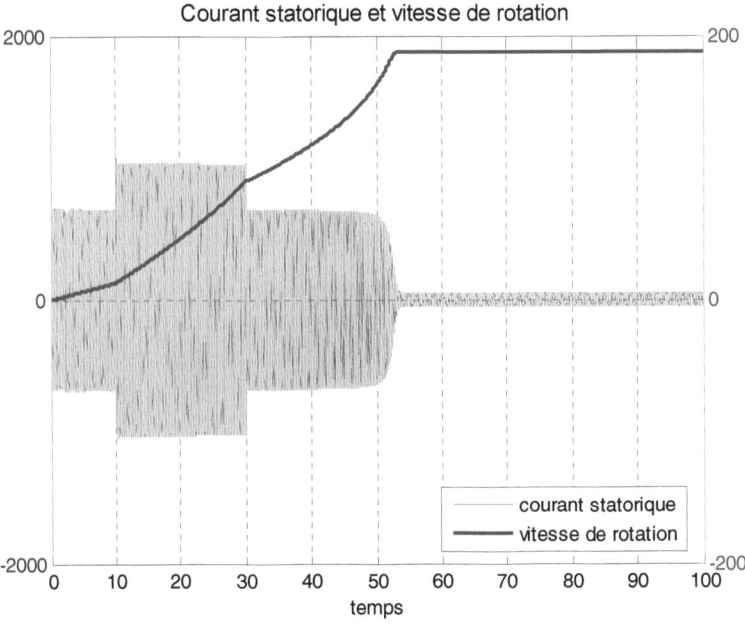

Nous vérifions l'augmentation de l'amplitude de la tension triphasée dans l'intervalle $t \in [10\ 30]$ ainsi que l'application du couple de 100 N.m à partir de t=50.
Dans le cas de la simulation en continu, nous obtenons exactement les valeurs des signaux au lieu des seules amplitudes par la simulation de type `phasors`.

VIII.1.2. Commande par une source continue et onduleur

Dans le modèle suivant le moteur asynchrone est commandé par une alimentation continue de 380V suivie d'un onduleur triphasé à MOSFETs de puissance. L'oscilloscope suivant représente la tension composée entre les phases A et B. Elle représente la commande dite MLI sinus pour laquelle l'onduleur est commandé en modulation de largeurs d'impulsions sinusoïdales.

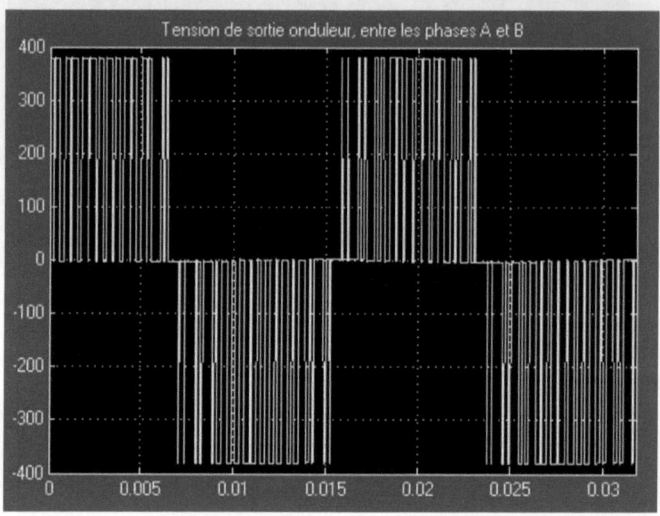

Le modèle suivant représente l'onduleur et le moteur asynchrone.

Le bloc Discrete PWM Generator génère des signaux PWM modulés par une sinusoïde. On remarque que les signaux appliqués aux 2 MOSFETs d'un même bras sont complémentaires, comme le montre l'oscilloscope suivant.

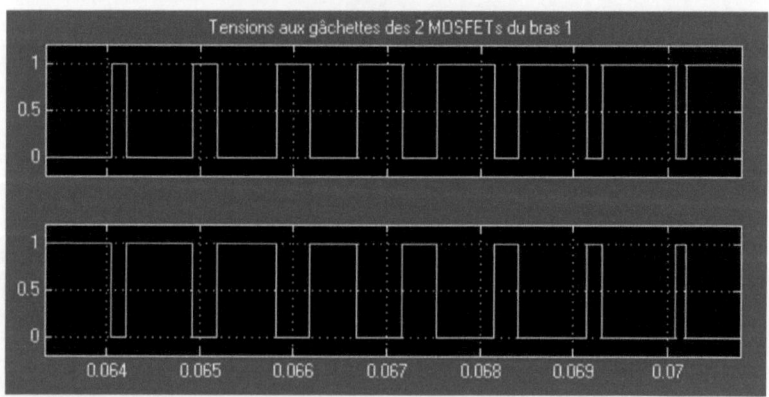

Le modèle suivant montre le moteur asynchrone piloté par un onduleur à 3 bras et 6 interrupteurs.

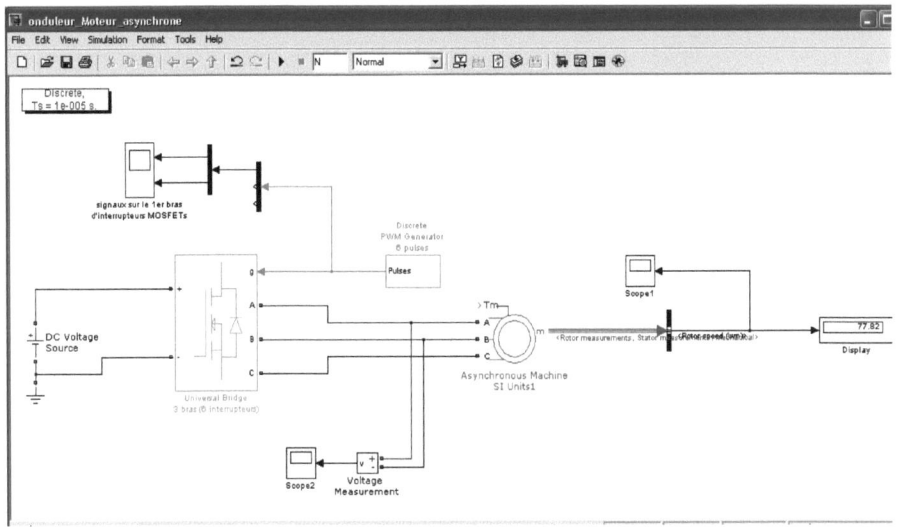

L'entrée de l'onduleur à 3 bras est une tension continue de 380V. Par le bloc `Bus Selector`, on récupère la vitesse de rotation du rotor.

La courbe suivante montre l'évolution de la vitesse de rotation du moteur en boucle ouverte. Elle se stabilise à une valeur égale à 188.5 rad/s.

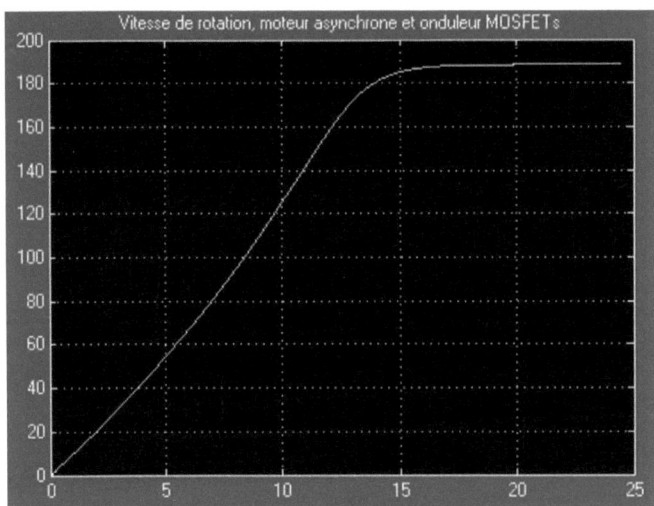

VIII.2. Régulation de la vitesse par le bloc PID de Simulink

Nous régulons la vitesse du moteur asynchrone par un contrôleur PID (bloc `PID Controller`) disponible dans la librairie `Continuous` de Simulink avec les paramètres, de l'action proportionnelle Kp= 0.01 et intégrale Ki=0.001.

On spécifie une consigne constante de 100 rad/s.

L'alimentation triphasée du moteur est réalisée par l'ensemble de blocs suivant :

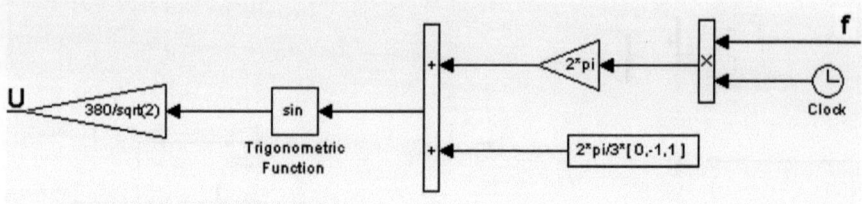

La commande issue du régulateur PID est la fréquence f de l'alimentation triphasée U appliquée au stator du moteur asynchrone.

Cette alimentation comprend les phases suivantes, déphasées de $2\pi/3$:

$$U_A = \frac{380}{\sqrt{2}} \sin 2\pi f t,$$
$$U_B = \frac{380}{\sqrt{2}} \sin (2\pi f t - \frac{2\pi}{3}),$$
$$U_C = \frac{380}{\sqrt{2}} \sin (2\pi f t + \frac{2\pi}{3})$$

Pour appliquer ces tensions aux phases A, B et C du moteur, nous démultiplexons le signal U et chaque composante commande une source de tension contrôlée qu'on applique à chacune des phases du moteur.

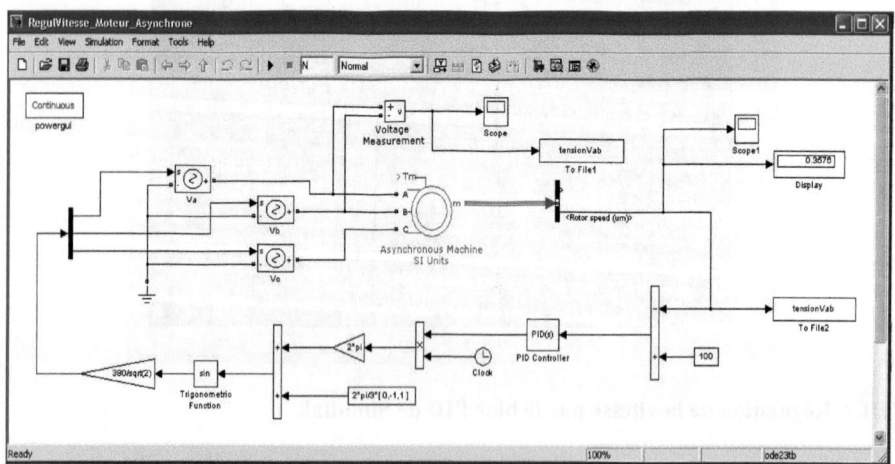

La figure suivante représente la courbe de la vitesse ainsi que celle de la consigne de 100 rad/s.

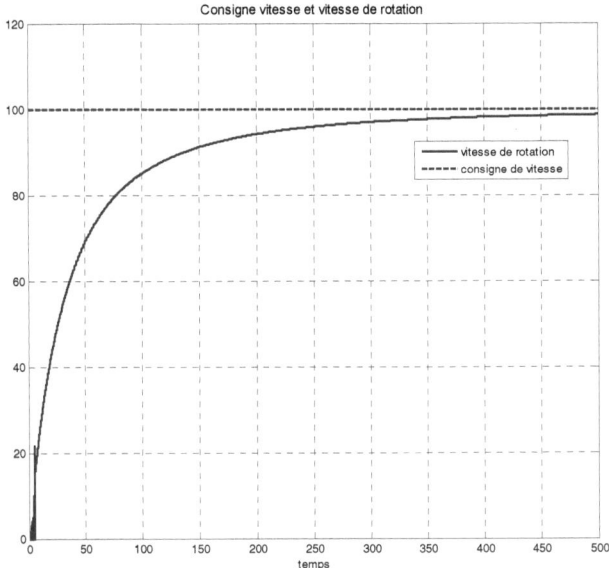

La figure suivante montre la tension composée Vab dont la fréquence est issue du régulateur PID.

L'amplitude reste la même pendant que la fréquence varie de sorte à réduire l'erreur entre la vitesse mesurée et la consigne.

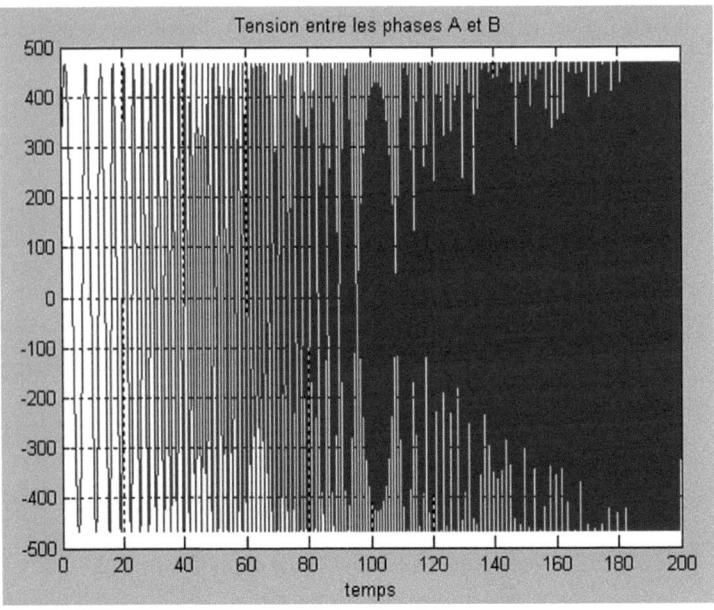

VIII.3. Utilisation du driver AC4

Dans la bibliothèque AC Drives de la librairie Application Libraries, nous trouvons des drivers de moteurs triphasés. Le driver AC4 permet le contrôle du flux et du couple des moteurs à induction, comme les moteurs asynchrones. Le driver AC4 est composé, essentiellement du moteur asynchrone, un redresseur, un onduleur et un régulateur PID. Les signaux de consigne et de couple perturbateur sont donnés par des tables d'interpolation. De la sortie Motor, nous récupérons le courant statorique au niveau de la phase A et le couple électromécanique.

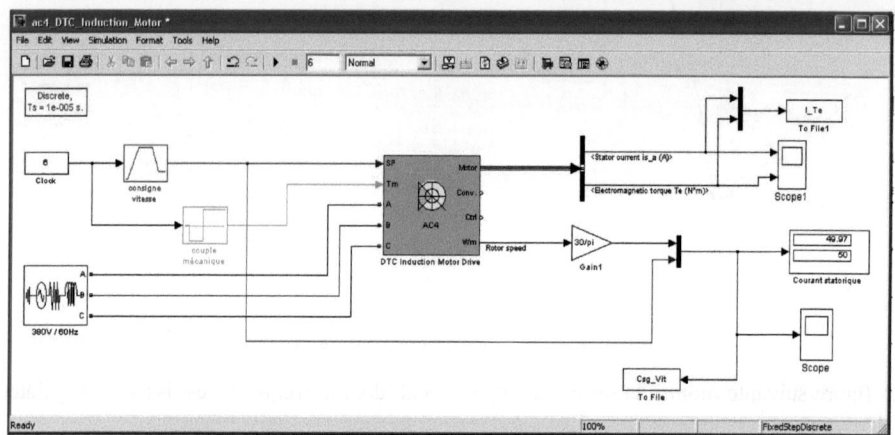

Le bloc AC4 comporte 3 onglets : Asynchronous Machine, Converters and DC bus, Controller. Dans l'onglet Asynchronous Machine, on spécifie les paramètres électromécaniques du moteur asynchrone, à savoir les résistances et inductances du rotor et stator, l'inertie, le couple de frottement du rotor, le nombre de paires de pôles, la valeur initiale du glissement, etc.

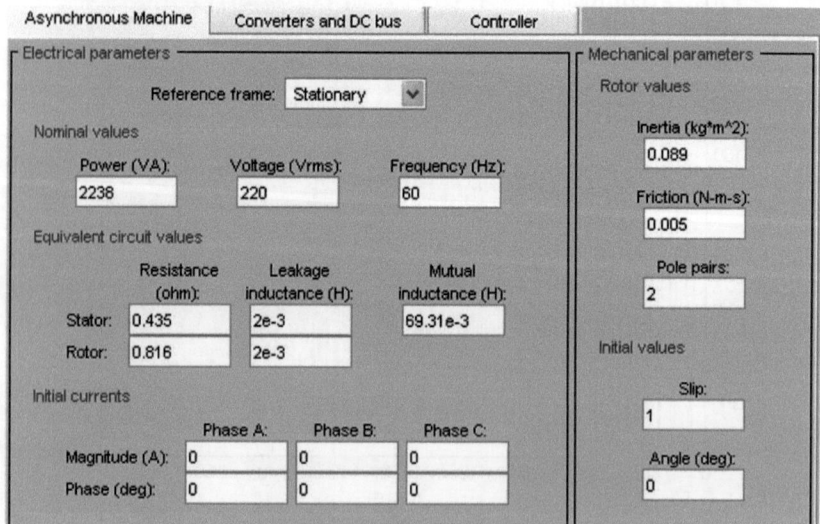

Dans l'onglet Converters and DC bus, on spécifie le type de composant utilisé dans l'onduleur (IGBT, GTO ou MOSFET) ainsi que les valeurs de la résistance et la capacité du circuit Snubber.

Le circuit snubber est un circuit RC qui permet de protéger le composant de puissance (diode, thyristor, etc.) contre les pics de surtension en transitoire.

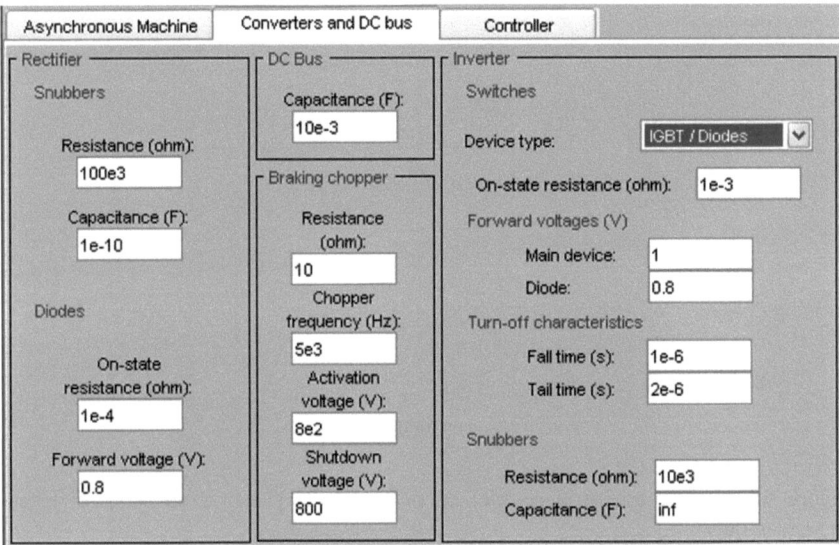

L'onglet Controller permet de choisir le type de régulation (vitesse ou couple).

Nous spécifions les limites des rampes d'accélération ou de décélération de la vitesse, les limites du couple ainsi que les gains, proportionnel (Proportional gain) et intégral (Integral gain) du régulateur PID.

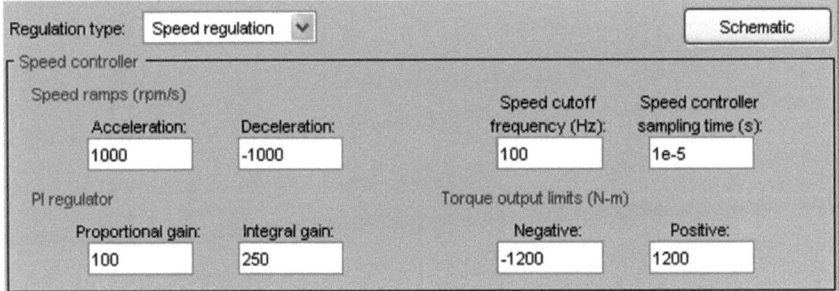

La figure suivante montre l'évolution de la vitesse de rotation du moteur et la consigne, formée de rampes et de paliers. Aux instants 0.5 et 2.5, nous appliquons respectivement des couples perturbateurs de -10^{-3} et 10^{-3} N.m.

Elle montre, également, la dynamique de réjection des perturbations de couple mécanique.

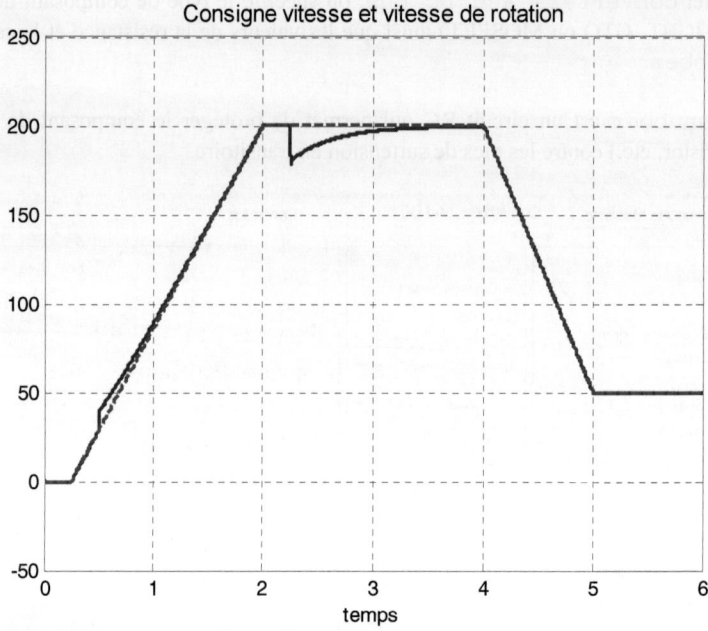

La figure suivante représente le courant au niveau de la phase A du stator et le couple électromécanique.

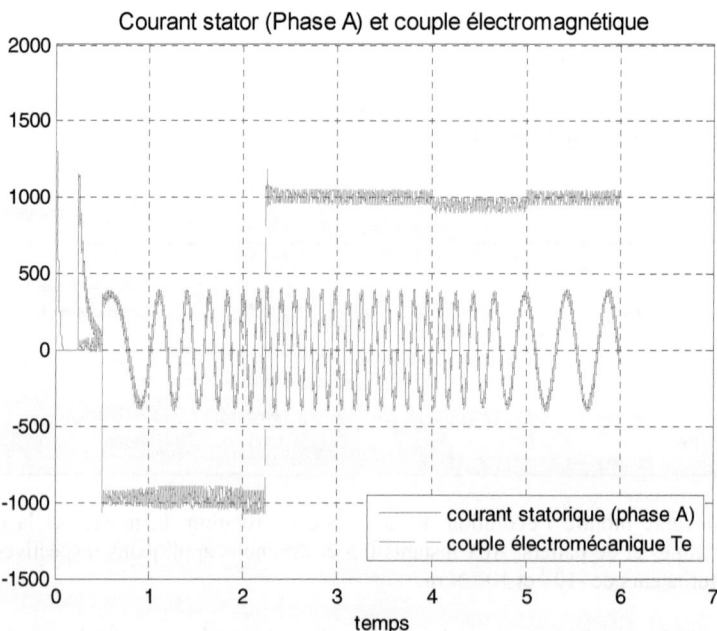

Au démarrage du moteur asynchrone, il y a un fort appel de courant qui peut le détériorer, comme nous le remarquons dans cette figure.

Il existe plusieurs méthodes pour réduire ce courant de démarrage, l'une d'elles consiste à coupler le stator en étoile.

La diminution de la tension d'alimentation possède l'avantage de réduire ce courant de démarrage avec l'inconvénient de rallonger le temps d'obtention du régime permanent.

Le stator peut-être aussi relié à un auto transformateur afin d'alimenter le moteur par une tension qui augmente progressivement afin que les courants statoriques ne dépassent pas la valeur nominale.

Enfin, la solution la plus utilisée est celle du rhéostat de démarrage dont la résistance diminue au fur et à mesure, elle est court-circuitée à la fin de la phase de démarrage.

Dans cette figure, nous vérifions aussi que la vitesse est proportionnelle à la fréquence des courants statoriques.

Nous retrouvons sur la courbe du couple électromécanique les valeurs du couple mécanique appliqué au rotor.

IX. Moteur synchrone

Le moteur synchrone possède une partie tournante, le rotor et une partie fixe, le stator comme le moteur asynchrone. Contrairement au moteur asynchrone dont la vitesse du rotor est inférieure à la fréquence de l'alimentation, la vitesse de rotation de ces machines est toujours proportionnelle à la fréquence des courants.

Le rotor peut être alimenté en courant continu pour créer un champ magnétique rotorique qui suit le champ tournant du stator. Ce champ magnétique peut, aussi, être obtenu par des aimants permanents.

Au-delà d'une certaine puissance, l'enroulement statorique est triphasé, monté en étoile avec le neutre relié à la terre.

Le stator, partie fixe, est appelé induit du fait du courant induit dans ses bobinages fixes, par le champ magnétique du rotor ou inducteur.

La vitesse de rotation du rotor est donnée par :

$$v = \frac{60 f}{p}$$

avec f, la fréquence de l'alimentation et p le nombre de paires de pôles.

Ce moteur, dont la vitesse est fixée dès sa réalisation, fonctionne à vitesse constante, indépendante de la charge, jusqu'à ce qu'il soit en surcharge et s'arrête.

IX.1. Moteur en boucle ouverte

Dans le modèle suivant, on commande le moteur synchrone, pour lequel on applique un couple mécanique qui n'arrête pas le moteur. Le moteur est à rotor à aimants permanents.

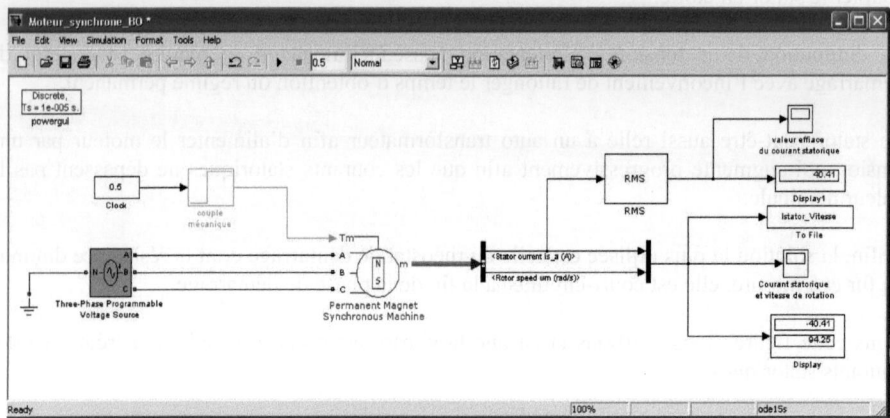

Après un régime transitoire oscillant, la vitesse se stabilise à la valeur de 94.25 rad/s. Avec 4 paires de pôles et une fréquence de 60 Hz de l'alimentation, nous avons la vitesse suivante en tours par minute.

```
>> (60*60/4)*pi/30
ans =
   94.2478
```

Après l'application du couple perturbateur, on constate une augmentation de l'amplitude des oscillations de la vitesse. Malgré ce couple, la vitesse se stabilise à la valeur précédente.

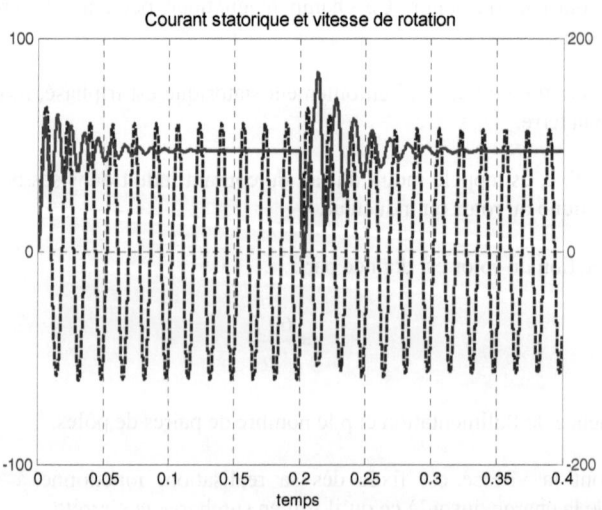

Applications de SimPowerSystems 585

L'oscilloscope suivant montre l'évolution de la valeur efficace du courant statorique avant et après l'application du couple mécanique perturbateur.

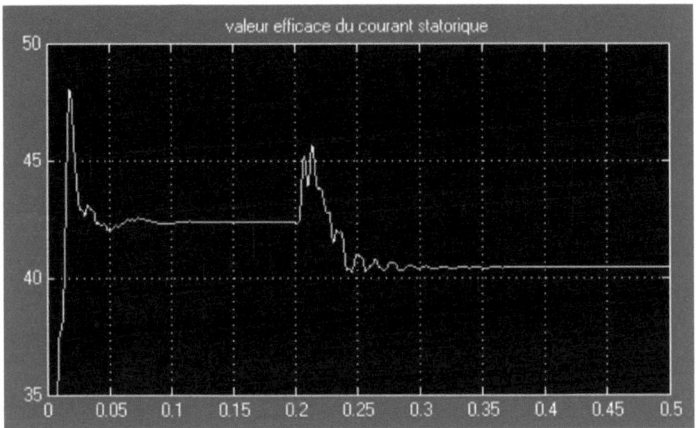

Lorsqu'on applique un couple de 80 N.m le moteur s'arrête.

On observe, dans l'oscilloscope suivant, l'augmentation de la vitesse et du courant statorique.

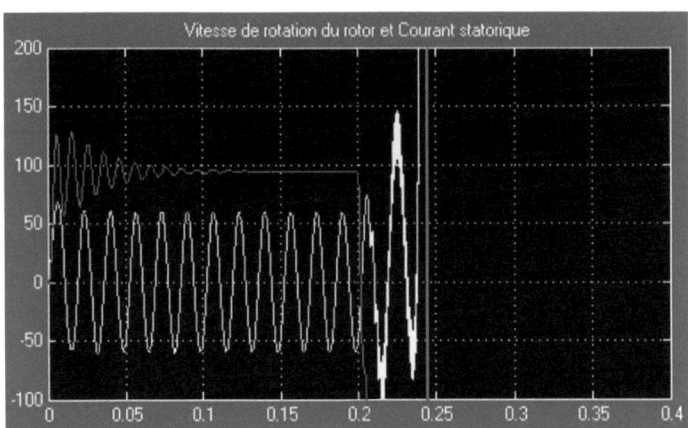

IX.2. Etude du driver AC6 PM Synchronous Motor Drive

On s'intéresse au driver AC6 du moteur synchrone à aimants permanents. Ce driver est composé, entre autres, d'un redresseur, onduleur et régulateur PID.

Dans le modèle suivant, nous spécifions les mêmes valeurs du signal de consigne que pour le moteur asynchrone précédent.

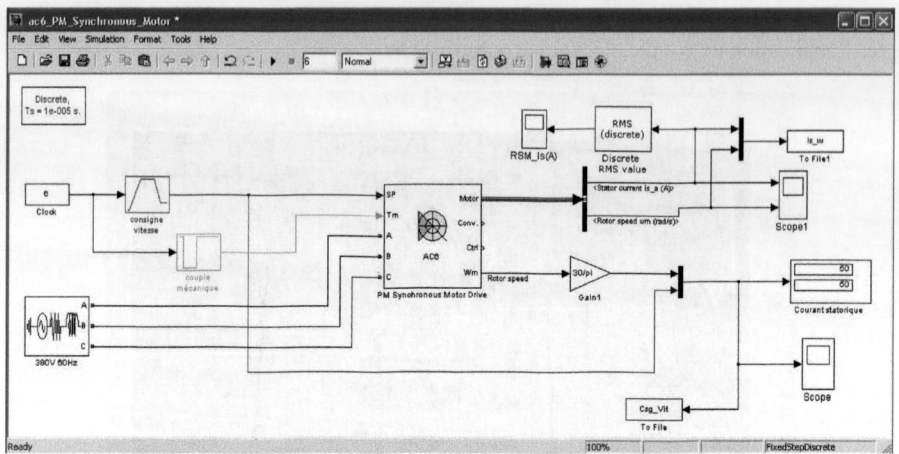

La figure suivante représente la courbe de l'évolution de la vitesse de rotation de l'arbre moteur et la réjection des perturbations de couple mécanique de valeur -18 N.m à t=0.5. Cette perturbation est supprimée à t=2.25.

Sans perturbation, le signal de la vitesse de rotation coïncide parfaitement avec celui de la consigne. Nous avons spécifié les paramètres suivants du régulateur PID :

$$K_p = 2, \quad K_i = 80$$

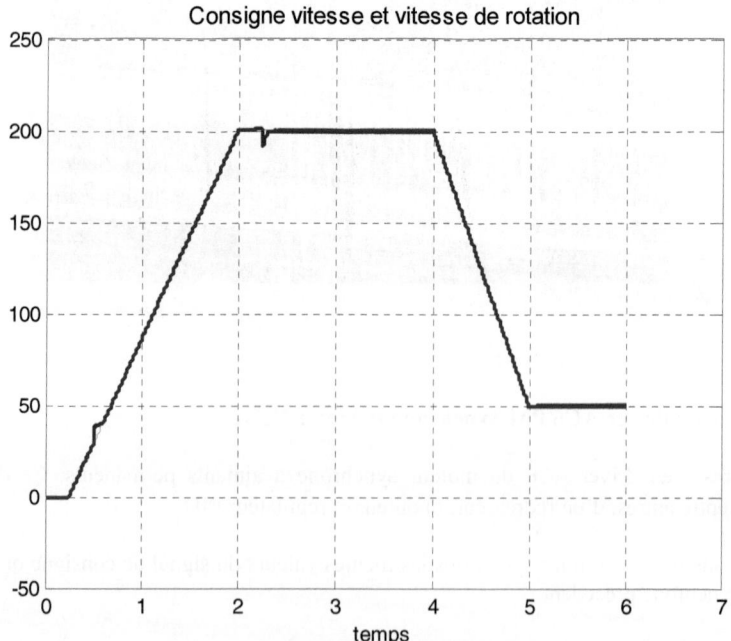

Applications de SimPowerSystems

Dans la figure suivante, nous pouvons remarquer les variations de l'amplitude du courant dans la phase A du stator selon la pente de la rampe de consigne.

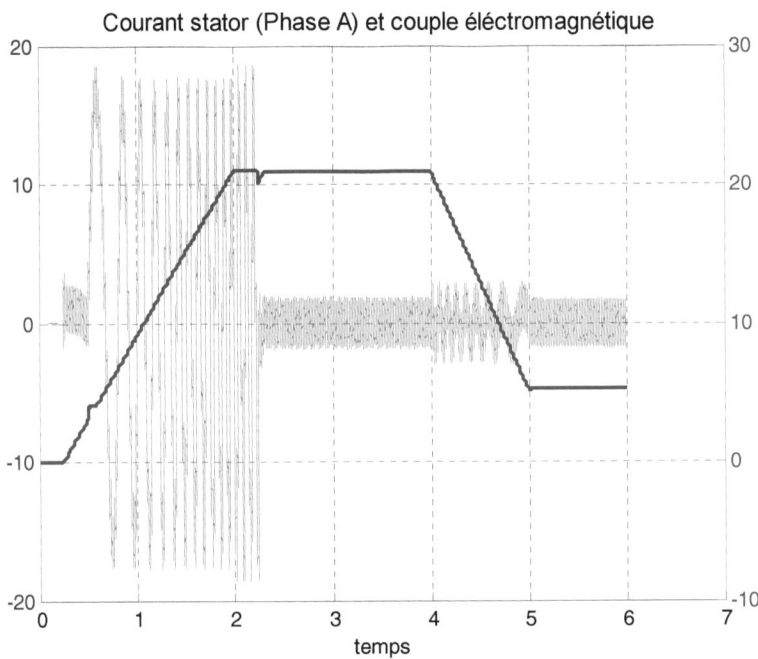

Le bloc `Discrete RMS value` nous donne la courbe de l'oscilloscope suivant pour la valeur RMS du courant statorique.

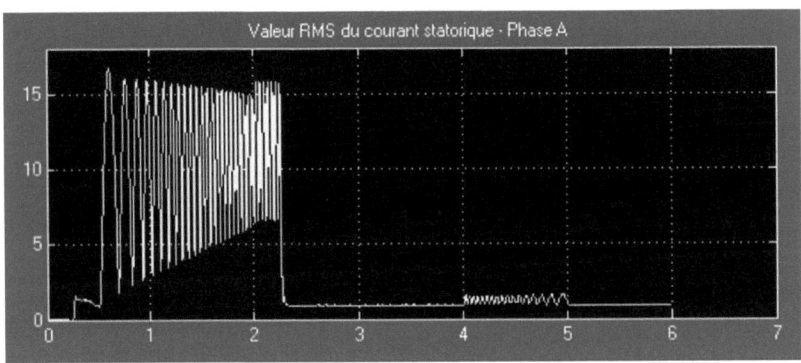

Pendant la rampe positive, le courant du stator est plus important. Il est plus faible lorsque la consigne varie peu (paliers).

Sans perturbation, la valeur RMS de ce courant est la suivante.

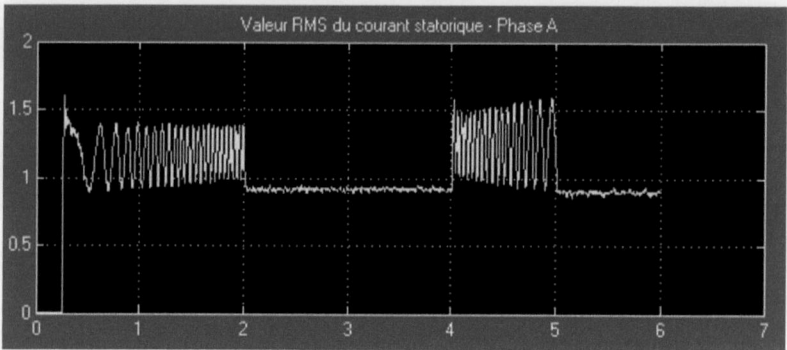

Les amplitudes de ce courant sont plus faibles qu'en présence de la perturbation.

X. Systèmes triphasés

X.1. Système triphasé équilibré

Au-delà d'une certaine puissance, la majorité des moteurs électriques sont alimentés par une source triphasée. L'intérêt du triphasé alternatif réside dans le rendement énergétique dans le transfert de l'énergie électrique par rapport au monophasé. Le transfert de l'électricité dans les lignes hautes tensions se fait en triphasé pour le gain de 50% de cuivre par rapport en monophasé. Le système triphasé est supposé symétrique, à savoir que les valeurs efficaces de ses 3 phases sont égales et que le déphasage entre elles vaut $2\pi/3$.

Si A, B et C sont les phases d'un système triphasé, nous avons :

$$u_1 = U\sqrt{2}\,\cos wt$$
$$u_2 = U\sqrt{2}\,\cos(wt - \frac{2\pi}{3})$$
$$u_3 = U\sqrt{2}\,\cos(wt + \frac{2\pi}{3})$$

Chaque phase peut être représentée par un phaseur ou nombre complexe défini par son module et sa phase. Les phaseurs représentent l'amplitude et la phase des différentes grandeurs sinusoïdales régissant un circuit électrique.

$$u_1 = U\sqrt{2}\,e^{j0}$$
$$u_2 = U\sqrt{2}\,e^{-j\frac{2\pi}{3}}$$
$$u_3 = U\sqrt{2}\,e^{j\frac{2\pi}{3}}$$

U est la valeur efficace ou RMS du signal triphasé. Dans le cas de l'alimentation domestique, l'amplitude des phases du système est de 220V, soit une amplitude de la tension composée ou tension phase à phase de $220\sqrt{3} = 380V$. Pour les systèmes triphasés équilibrés, nous avons

$u_1+u_2+u_3=0$. Un réseau triphasé équilibré est composé de 3 phases et d'un neutre. La tension u, entre une phase et le neutre, possède une amplitude U, celle de la tension composée est de $U\sqrt{3}$. Dans le modèle suivant, nous générons les tensions triphasées avec la source Three-Phase Source. Nous mesurons la tension et l'argument de la phase B grâce au bloc Fourier et la valeur efficace de cette composante par rapport au neutre, par le bloc RMS. Ces blocs sont dans la bibliothèque Continuous Measurements de la librairie Measurements.

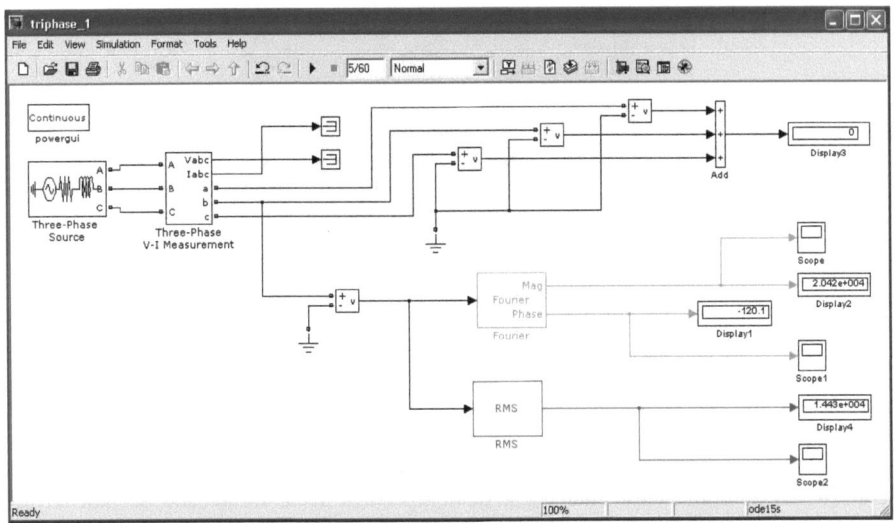

La somme des 3 tensions est nulle (afficheur Display3). Nous obtenons bien la valeur $-\dfrac{2\pi}{3}=-120°$ pour la phase de la composante B. La valeur efficace phase à phase du générateur triphasé est de 25 kV, l'amplitude par rapport au neutre est alors :

```
>> 25e3*sqrt(2)/sqrt(3)
ans =
  2.0412e+004
```

Nous obtenons bien cette valeur dans l'afficheur Display2. Les valeurs de l'amplitude et de la phase sont obtenues, après une période transitoire d'une période de la composante fondamentale, dans les oscilloscopes suivants.

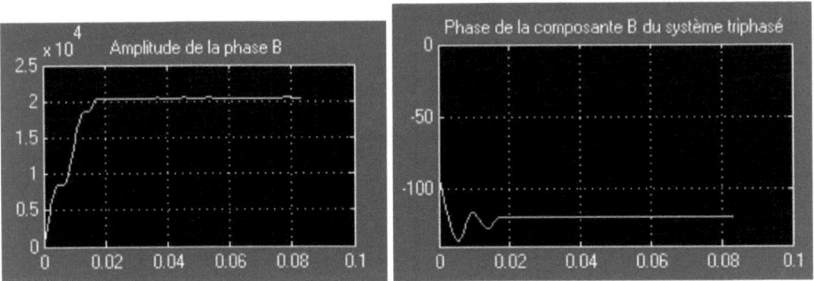

La valeur RMS d'une des phases, par rapport au neutre est obtenue, en fonction de la tension RMS et phase à phase de la source par :

```
>> 25e3/sqrt(3)

ans =
  1.4434e+004
```

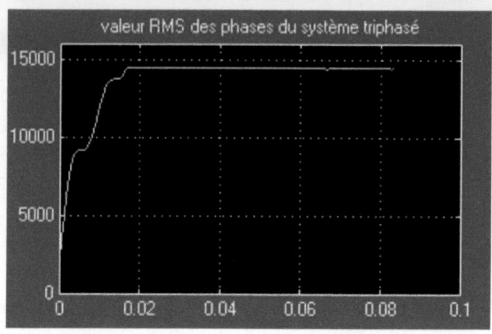

Dans le modèle suivant, une source triphasée de 140 kV entre phases, d'impédance interne de type (R, L), est appliquée à une ligne de transmission à constantes réparties de 100km de longueur. En bout de ligne, on trouve une charge triphasée de type (R, L) parallèle. Un disjoncteur triphasé (Breaker) relie ce circuit à une autre charge de type (R, C).
On s'intéresse à la tension et au courant au niveau de la phase B. Cette tension est prise sur la charge (R, L), le courant est obtenu par démultiplexage de la sortie Iabc du bloc Three Phase V-I Measurement.
Le disjoncteur triphasé, fermé au départ, est ouvert à t_1=20/60 (au bout de 20 périodes) et refermé à t_2=30/60.

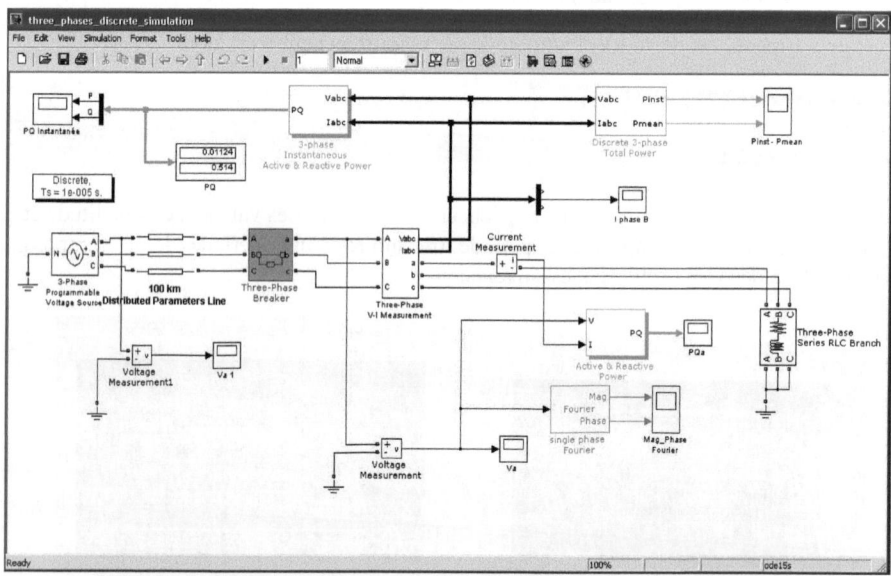

La source triphasée programmable, 3-Phase Programmable Voltage Source, permet une augmentation de l'amplitude du signal sous forme d'échelon (Step) de valeur 2 pu, entre les instants 0.2 et 0.3s. L'effet de cette augmentation d'amplitude et celui de la disjonction sont représentés dans l'oscilloscope suivant. Sur l'oscilloscope Va1, nous affichons la tension avant le disjoncteur et le courant au niveau de la phase A. Il est évident que cette tension n'est pas affectée par l'état du disjoncteur. Nous observons l'augmentation, sous forme indicielle, de l'amplitude du signal de la source programmable.

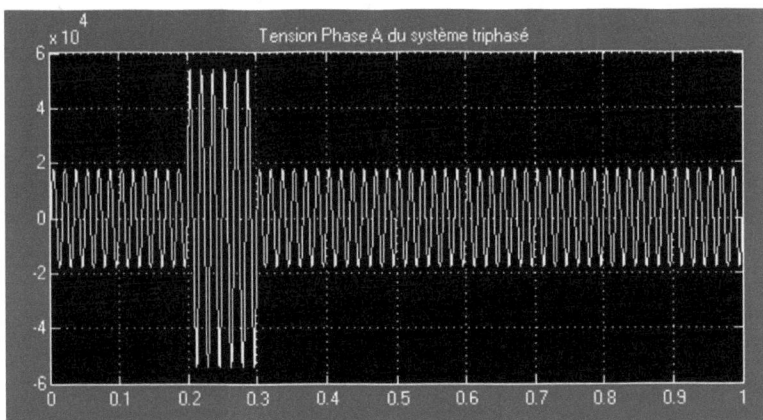

Cette même tension (sortie du voltmètre ampèremètre triphasé) est affichée en unités pu. (per unit) contrairement à celle en sortie du voltmètre Voltage Measurement Va1 où elle est donnée en volts.

De même qu'au niveau de la charge, celle-ci est déconnectée de la source lorsque le disjoncteur est ouvert, la tension affichée sur l'oscilloscope Va est donc nulle.

Elle reprend les mêmes valeurs d'avant l'ouverture du disjoncteur et avant l'augmentation de l'amplitude par la source programmable.

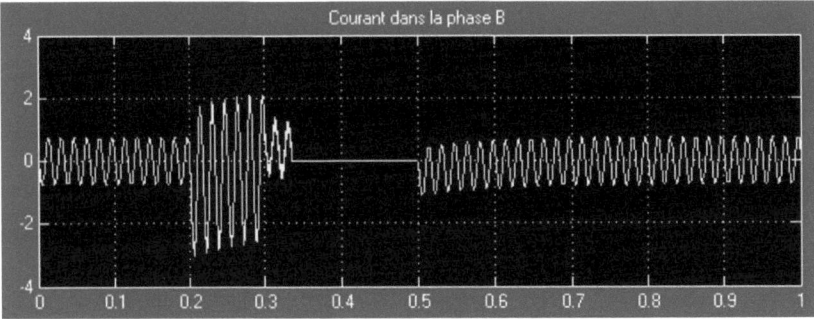

Le bloc 3-phase Instantaneous Active & Reactive Power, avec les tensions et courants du circuit triphasé, Vabc et Iabc, permet de sortir les puissances, active P et réactive Q, instantanées après le disjoncteur.

Nous remarquons le saut de la puissance active au moment du saut indiciel de la tension de la source programmable.

La puissance active est nulle durant l'ouverture du disjoncteur. Il en est de même pour la puissance réactive car le courant s'annule durant l'ouverture du disjoncteur.

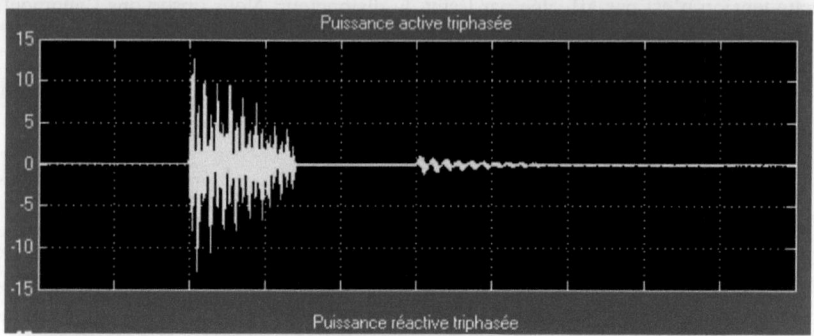

La puissance réactive, dépendant des éléments réactifs, L et C des charges, est soumise à des variations dues aux changements brusques de la tension de source et de l'effet du disjoncteur.

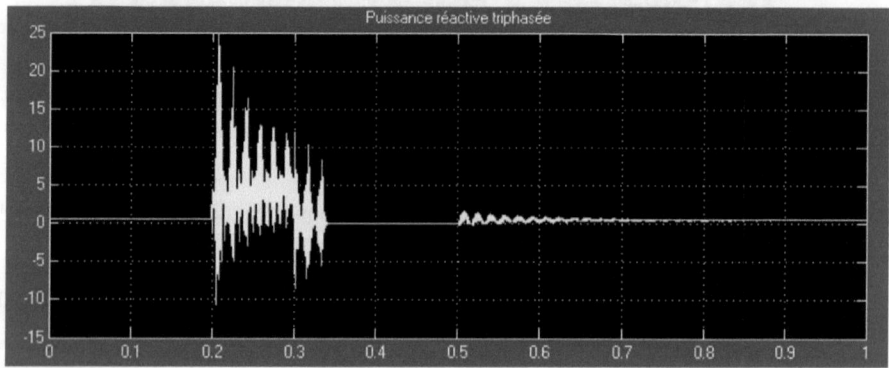

X.2. Séquences ou composantes symétriques de Fortescue

Dans le diagramme de Fresnel, ces tensions sont représentées par les vecteurs suivants :

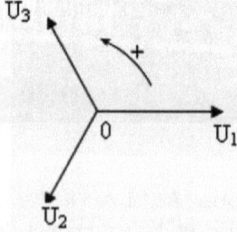

Applications de SimPowerSystems

En notant l'opérateur de rotation a = $e^{j2\pi/3}$, nous pouvons exprimer les phases u₂ et u₃ en fonction de u₁ par :

$$U_2 = U_1 e^{-j\frac{2\pi}{3}} = \frac{U_1}{a}$$

$$U_3 = U_1 e^{j\frac{2\pi}{3}} = a\,U_1$$

La relation $U_1 + U_2 + U_3 = 0$ implique $1 + a + a^2 = 0$.

Si le système était déséquilibré, cas où les amplitudes sont différentes pour les 3 phases, le système peut se décomposer en 3 systèmes triphasés de même fréquence que u₁, u₂ ou u₃. Le déséquilibre peut être du à la source ou à la charge. Ces systèmes, nommés séquences, positive (directe), négative (inverse) ou zéro (homopolaire) sont des systèmes symétriques ou composantes symétriques de Fortescue.

- séquence positive (ou directe): 3 phaseurs tournant dans le sens horaire, soit la séquence S_{1p}, S_{2p}, S_{3p}.
- séquence négative (ou indirecte): 3 phaseurs tournant dans le sens anti horaire, soit la séquence S_{1p}, S_{2p}, S_{3p}.
- séquence zéro ou homopolaire : 3 phaseurs de même phase, S_{1z}, S_{2z}, S_{3z}.

Pour toutes ces séquences, les phaseurs ont le même module.

Les séquences, positive et négative correspondent à des champs tournants, respectivement, à un sens positif et négatif dans les machines alternatives tels les moteurs synchrones et asynchrones.

Séquence positive	Séquence négative	Séquence zéro
S_{3p}, $a = e^{j\frac{2\pi}{3}}$, S_{1p}, S_{2p}	S_{2n}, S_{3n}, S_{1n}	S_{1z}, S_{2z}, S_{3z}

Les phases du système triphasé sont données, en fonction des séquences symétriques de Fortescue, par :

$$\begin{bmatrix} U_1 \\ U_2 \\ U_3 \end{bmatrix} = \begin{bmatrix} 1 & 1 & 1 \\ a^2 & a & 1 \\ a & a^2 & 1 \end{bmatrix} \begin{bmatrix} S_p \\ S_n \\ S_z \end{bmatrix}$$

Si l'on considère le cas où la séquence positive est donnée uniquement par elle-même :

$$S_p = U_1 = U$$

$$S_n = 0$$

$$S_z = 0$$

nous avons :

$$U_1 = U \cos wt$$
$$U_2 = a^2 U_1 = U \cos(wt - \frac{2\pi}{3})$$
$$U_3 = a U_1 = U \cos(wt + \frac{2\pi}{3})$$

Nous retrouvons ainsi un système triphasé équilibré dont les phases sont d'amplitude U et déphasées de $\frac{2\pi}{3}$.

Dans l'exemple suivant, nous considérons ce cas où U = 220V.

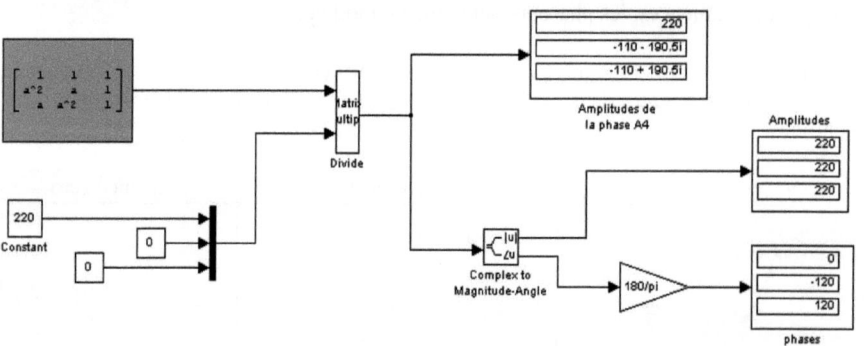

Inversement, les séquences symétriques sont obtenues, en fonction des phases du système triphasé, équilibré ou non équilibré, par la transformation inverse :

$$\begin{bmatrix} S_p \\ S_n \\ S_z \end{bmatrix} = \frac{1}{3} \begin{bmatrix} 1 & a & a^2 \\ 1 & a^2 & a \\ 1 & 1 & 1 \end{bmatrix} \begin{bmatrix} U_1 \\ U_2 \\ U_3 \end{bmatrix}$$

Avec les blocs suivants, nous réalisons l'exemple inverse, soit obtenir les séquences, directe, inverse et zéro en fonction des phases d'un système triphasé équilibré.

Applications de SimPowerSystems

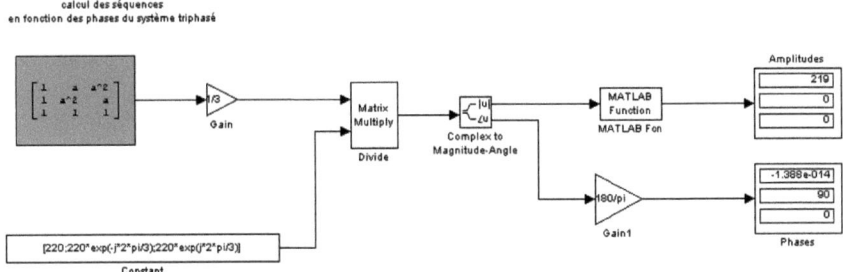

Nous n'obtenons que la séquence directe d'amplitude 219V avec une phase nulle. Les autres séquences ont une amplitude nulle. Pour un système triphasé non équilibré, la somme de ses phaseurs n'est plus nulle. Dans SimPowerSystems, nous trouvons des blocs régissant ces composantes symétriques que sont ces séquences. Nous considérons, dans le modèle suivant, un système triphasé équilibré.

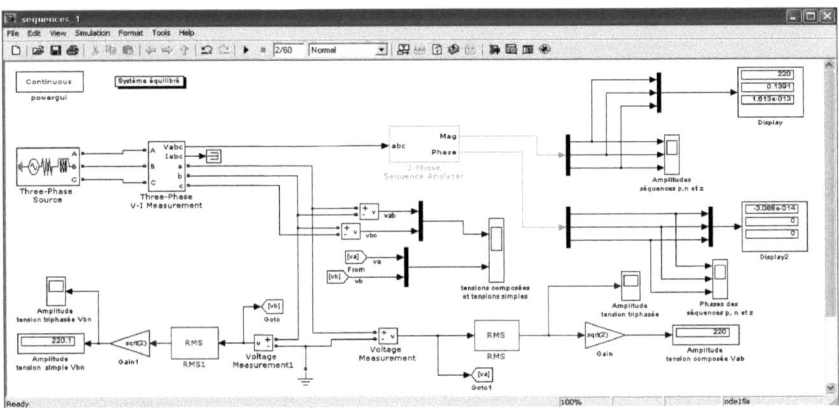

Avec le bloc 3-Phase Sequence Analyzer, nous obtenons les amplitudes et les phases des 3 séquences, positive, négative et zéro en choisissant le cas suivant dans la boite de dialogue de ce bloc :

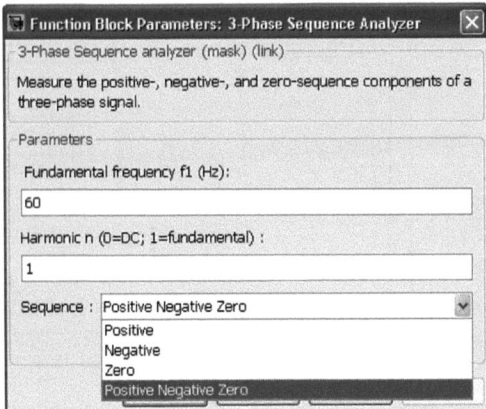

On doit spécifier la fréquence fondamentale qui est de 60Hz dans notre cas. L'harmonique 1 correspond à cette fréquence pour laquelle les séquences seront calculées. Dans le cas ci-dessus, pour le système équilibré, les séquences, négative et zéro, sont nulles, tandis que la phase positive correspond au système triphasé lui-même. L'amplitude de la séquence positive de 220V, correspond exactement à celle du système triphasé ; ce que l'on peut remarquer dans les afficheurs Display et Amplitude tension simple Vbn.

Nous considérons le cas d'un système triphasé déséquilibré par des charges qui ne sont pas identiques au niveau de ses 3 phases.

Le déséquilibre peut apparaître quand on branche une charge monophasée (exemple d'un pantographe d'une locomotive) à une ligne triphasée.

Dans le modèle suivant, la phase A n'est pas chargée, tandis que la phase B est connectée à un circuit R, L ($R = 1\Omega$, $L = 0.1H$) et la phase C à une résistance $R = 2\Omega$.

L'impédance interne de la source est de type inductif ($Rg = 1\Omega$, $Lg = 10^{-6} H$).

L'amplitude et la phase des 3 composantes du système triphasé sont mesurées par le bloc Fourier pour lesquels on spécifie la fréquence fondamentale de 60 Hz et le type d'harmonique, l'harmonique fondamentale 1.

Avec le bloc RMS, nous mesurons la valeur efficace de la phase A. Les amplitudes et les phases du système triphasé de sortie sont sauvegardées dans le fichier binaire phases_syst_triphase.mat.

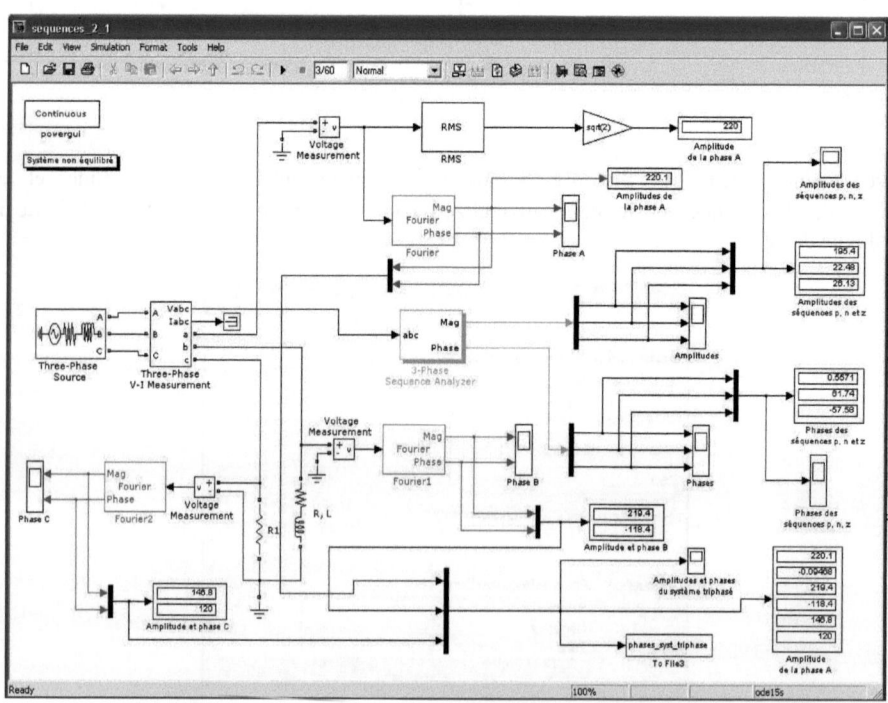

Applications de SimPowerSystems 597

La figure suivante montre la convergence des courbes d'amplitude et phase des composantes du système triphasé.

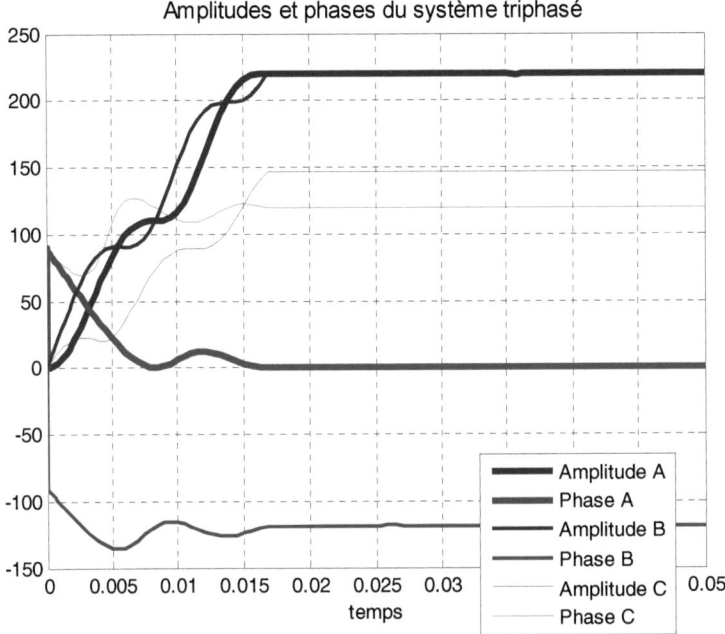

Ces amplitudes et phases sont sauvegardées dans le fichier binaire `phases_syst_triphase.mat`. Dans le fichier `sequences_2_2.mdl`, nous utilisons le vecteur amplitude phase des 3 composantes du système triphasé dans le produit matriciel afin de calculer les 3 séquences.

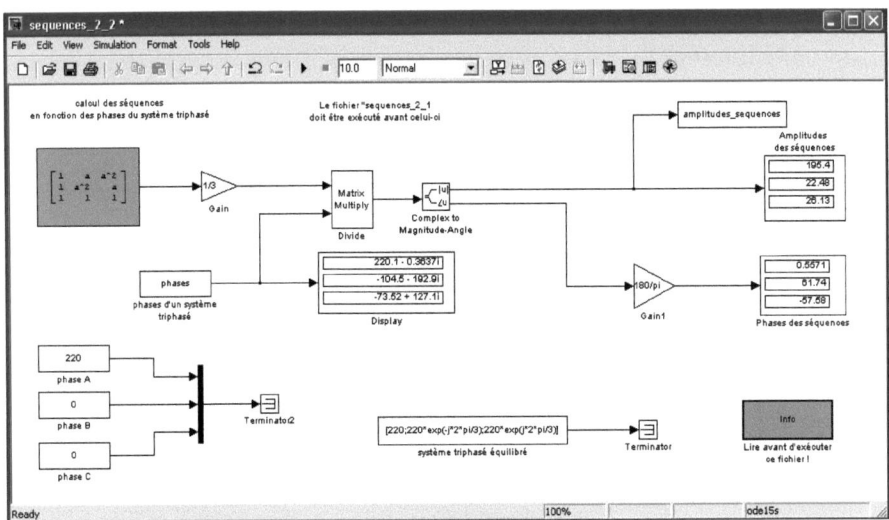

Nous retrouvons les mêmes valeurs des séquences que dans le modèle « sequences_2_1 » dans lequel ces séquences sont calculées par le bloc 3-Phase Sequence Analyzer.

Les séquences sont calculées comme suit :

$$S_p = \frac{1}{3}(U_1 + aU_2 + a^2 U_3)$$

$$S_n = \frac{1}{3}(U_1 + a^2 U_2 + aU_3)$$

$$S_z = \frac{1}{3}(U_1 + U_2 + U_3)$$

L'opérateur « a » correspond à une rotation du phaseur d'un angle de 120°, tandis que « a^2 » correspond à une rotation de 240°. En utilisant la notation phaseurs, nous pouvons écrire, pour la séquence positive :

$$S_p = \frac{1}{3}(U_1 + aU_2 + a^2 U_3) = \frac{1}{3}U_1 + aU_2 + a^2 U_3$$

En notation phaseurs, le système triphasé peut être écrit comme suit :

$$U_1 = 195.4 e^{j0.5571} = 195.4 < 0.5571$$

$$U_2 = 22.48 e^{j61.74} = 22.48 < 61.74$$

$$U_3 = 26.13 e^{-j57.58} = 26.13 < -57.58$$

Le tracé de ces complexes dans le diagramme de Fresnel montre que le système est fortement déséquilibré.

```
>> phases=[220.1*exp(-j*0.09468*pi/180 219.4*exp(-118.4*pi/180)
146.8*exp(j*120*pi/180)];
>> compass(phases);
```

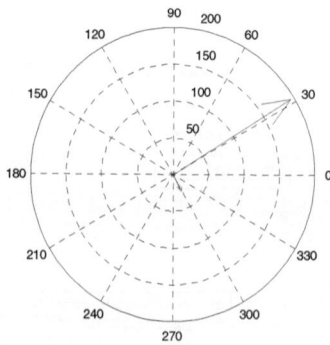

X.3. Relations entre le système triphasé et diphasé

Des transformations d'un système triphasé en un autre diphasé équivalent permettent de simplifier les calculs et sont très utiles pour l'étude et la commande des machines alternatives, synchrones et asynchrones.

Le passage en diphasé pour les machines asynchrones correspond à la diagonalisation de la matrice liant les flux statoriques (rotoriques) aux courants statoriques (rotoriques). Physiquement, ceci revient à considérer 2 bobines déphasées de 90° qui créent un champ tournant, sans les mutuelles inductances.

Mathématiquement, ceci revient à diagonaliser la matrice liant les flux aux courants. Dans le cas de ces 2 phases, les tensions à leurs bornes sont liées aux courants par les matrices diagonales suivantes :

$$\begin{bmatrix} v_1 \\ v_2 \end{bmatrix} = \begin{bmatrix} R_1 i_1 + \dfrac{d\varphi_1(t)}{dt} \\ R_2 i_2 + \dfrac{d\varphi_2(t)}{dt} \end{bmatrix} = \begin{bmatrix} R_1 & 0 \\ 0 & R_2 \end{bmatrix} \begin{bmatrix} i_1 \\ i_2 \end{bmatrix} + \begin{bmatrix} L_1 & 0 \\ 0 & L_2 \end{bmatrix} \begin{bmatrix} \dfrac{di_1(t)}{dt} \\ \dfrac{di_2}{dt} \end{bmatrix}$$

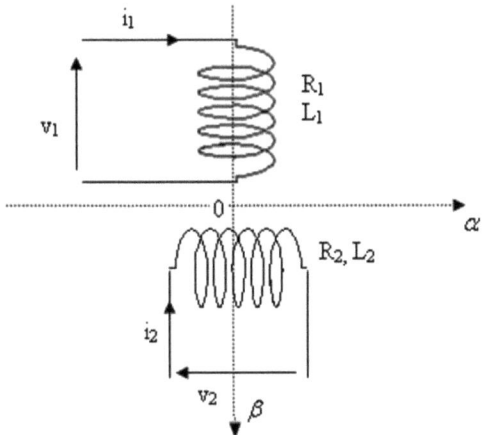

$R_{1,2}$ et $L_{1,2}$ sont les résistances et inductances des 2 phases du système diphasé.

La création d'un champ tournant impose que les 2 bobines soient décalées spatialement d'un angle de $\pi/2$ et qu'elles soient parcourues par des courants sinusoïdaux déphasés de $\pi/2$.

C'est le même principe que pour 3 bobinages décalées spatialement de $3\pi/2$ qui créent un champ tournant en triphasé et qui sont parcourues par des courants déphasés temporellement de $3\pi/2$.

Pour les mêmes amplitudes des courants et les mêmes inductances des phases, le flux créé par le système triphasé est 1.5 fois plus important que celui créé par le système diphasique.

X.3.1. Transformation de Concordia

On peut passer d'un système triphasé (I_1, I_2, I_3) à un système diphasique équivalent (I_α, I_β) grâce aux matrices C_{23} et C_{32} de Concordia.

$$\begin{bmatrix} I_\alpha \\ I_\beta \end{bmatrix} = C_{23} \begin{bmatrix} I_1 \\ I_2 \\ I_3 \end{bmatrix}$$

La transformation inverse se fait par :

$$\begin{bmatrix} I_1 \\ I_2 \\ I_3 \end{bmatrix} = C_{32} \begin{bmatrix} I_\alpha \\ I_\beta \end{bmatrix}$$

avec C_{32} dite matrice de Concordia.

$$C_{32} = \sqrt{\frac{2}{3}} \begin{bmatrix} 1 & 0 \\ -\frac{1}{2} & \frac{\sqrt{3}}{2} \\ -\frac{1}{2} & -\frac{\sqrt{3}}{2} \end{bmatrix}$$

La matrice C_{23} est la transposée de C_{32}, soit :

$$C_{32} = \sqrt{\frac{2}{3}} \begin{bmatrix} 1 & -\frac{1}{2} & -\frac{1}{2} \\ 0 & \frac{\sqrt{3}}{2} & -\frac{\sqrt{3}}{2} \end{bmatrix}$$

L'effet du système triphasé ou diphasique est le même, à part l'amplitude, concernant le champ magnétique créé.

Les 2 bobines du champ diphasique créent, chacune, un champ rectiligne selon les axes 0α, et $O\beta$.

Ces 2 champs sont déphasés de 90°, spatialement et temporellement.

Leur résultante est un champ tournant à la vitesse w égale à la fréquence des courants circulant dans les bobines.

Le même effet peut être obtenu lorsque les 2 bobines sont parcourues par des courants continus Iq et Id pendant qu'elles tournent physiquement à la vitesse w.

Applications de SimPowerSystems

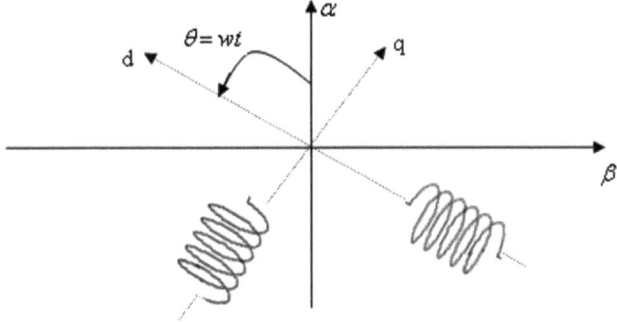

La transformation de Park consiste en celle de Concordia suivie d'une rotation d'angle θ.

On ajoute un axe 0 pour former un trièdre direct avec les axes d et q.

Les bobines mobiles, parcourues par les courants continus Id et Iq, créent chacune un champ magnétique rectiligne selon les axes mobiles d et q.

X.3.2. Transformation de Park

La matrice de Park est très utile pour la commande des machines asynchrones. Elle permet de diagonaliser la matrice liant les flux statoriques (rotoriques) aux courants statoriques (rotoriques). Contrairement à la matrice de Concordia, celle de Park n'est pas constante, mais dépend de l'angle θ qui relie la bobine du stator à celle du rotor, qui dépend du temps par $\theta = wt$, w étant la pulsation des courants statoriques.

```
                      Condordia                    Rotation
Repère (a, b, c) ─────────────► repère (α, β) ─────────────► repère (d, q)
                 │                                                    │
                 └──────────────────── Park ─────────────────────────┘
```

Cette transformation est utilisée pour modéliser les machines électriques triphasées. Elle permet d'éliminer des inductances variables dans le temps, dépendant de l'angle $\theta = wt$. Les tensions et courants du stator d'une machine sont référés à l'axe tournant, lié au rotor. Les courants Id et Iq sont des courants continus circulant dans les bobines du rotor produisant le même champ magnétique que les courants alternatifs triphasés du stator. Id est la tension ou courant direct car c'est un axe lié à la bobine, Iq perpendiculaire (quadratic). SimPowerSystems possède des blocs qui permettent de passer du repère (a, b, c) du système triphasé au repère (d, q) avec l'ajout de l'axe fictif 0. La composante d est dite directe, 'q' pour quadratique.

$$\begin{bmatrix} Id \\ Iq \end{bmatrix} = P_{23} \begin{bmatrix} Ia \\ Ib \\ Ic \end{bmatrix} = \frac{2}{3} \begin{bmatrix} \sin wt & \sin(wt - \frac{2\pi}{3}) & \sin(wt + \frac{2\pi}{3}) \\ \cos wt & \cos(wt - \frac{2\pi}{3}) & \cos(wt + \frac{2\pi}{3}) \end{bmatrix} \begin{bmatrix} Ia \\ Ib \\ Ic \end{bmatrix}$$

Nous ajoutons une 3ème ligne pour tenir de la composante homopolaire représentant la moyenne des composantes triphasées : $I_0 = \dfrac{1}{3}(Ia + Ib + Ic)$

Le passage des quantités (Id, Iq, I0) aux quantités triphasées (Ia, Ib et Ic) sont données par :

$$\begin{bmatrix} Ia \\ Ib \\ Ic \end{bmatrix} = \begin{bmatrix} \sin wt & \cos wt & 1 \\ \sin(wt - \dfrac{2\pi}{3}) & \cos(wt - \dfrac{2\pi}{3}) & 1 \\ \sin(wt + \dfrac{2\pi}{3}) & \cos(wt + \dfrac{2\pi}{3}) & 1 \end{bmatrix} \begin{bmatrix} Id \\ Iq \\ I0 \end{bmatrix}$$

Pour utiliser les blocs qui permettent la transformation du système triphasé vers le diphasé et inversement, nous devons utiliser le bloc de la PLL (phase locked loop ou boucle à verrouillage de phase). Le bloc Discrete Virtual PLL est un bloc qui simule une boucle à verrouillage de phase discrète. Il permet de fournir la fréquence spécifiée dans sa boite de dialogue, le vecteur [sin wt cos wt] ainsi que le produit wt. Elle existe aussi en triphasé et en version analogique dans la librairie Extra Library/Control. Cette version discrète se trouve Extra Library/Discrète Control. Dans le modèle suivant, nous utilisons ce bloc pour créer, individuellement, les phases du système triphasé.

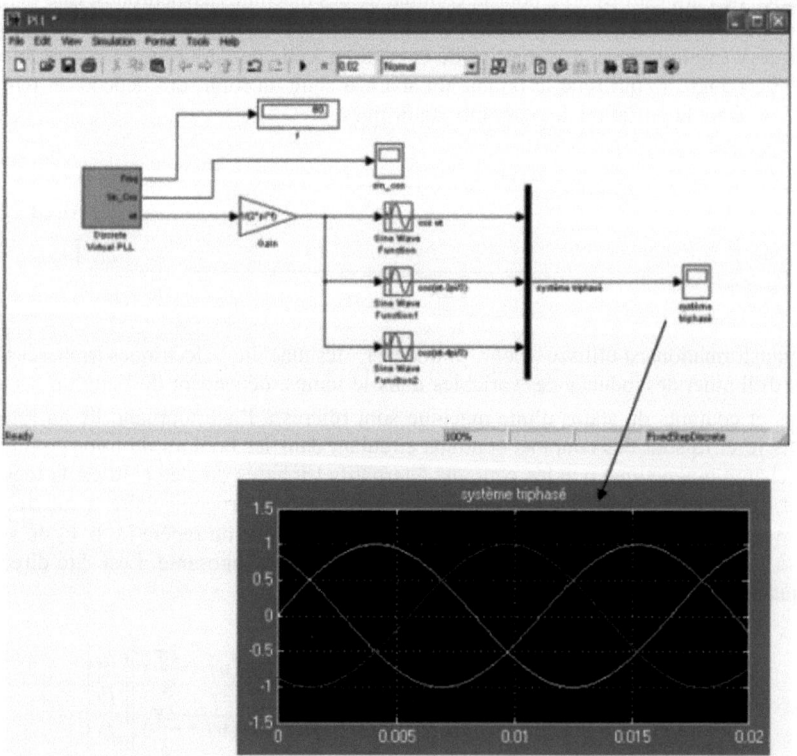

Applications de SimPowerSystems 603

On peut se passer du bloc PLL en créant le sous-système sin_cos.

Dans le sous-système t→abc, on crée individuellement, les signaux du système triphasé que l'on peut multiplier par un coefficient a. Jusqu'à l'instant 3 fois la période du signal, le coefficient a est choisi égal à 15. A l'aide du bloc abc_to_dq0 Transformation, nous calculons les composants (d, q). Nous retrouvons l'amplitude et la phase de la séquence positive du système triphasé, en fonction des composantes du système (d, q), par :

$$V_1 = \sqrt{d^2 + q^2}, \quad \varphi = artg\frac{d}{q}$$

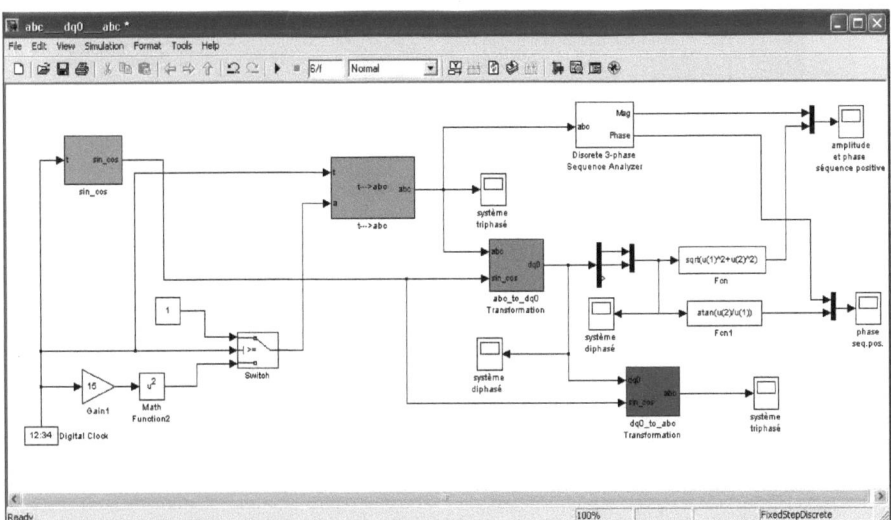

Il y a convergence de l'amplitude et la phase de la séquence positive p du système (a, b, c) avec la mesure par le bloc Discrete 3-phase Sequence Analyzer et par le calcul à partir du système (d, q). Les oscilloscopes suivants montrent cette convergence. Ils représentent, respectivement, l'amplitude et la phase de la composante d du système triphasé.

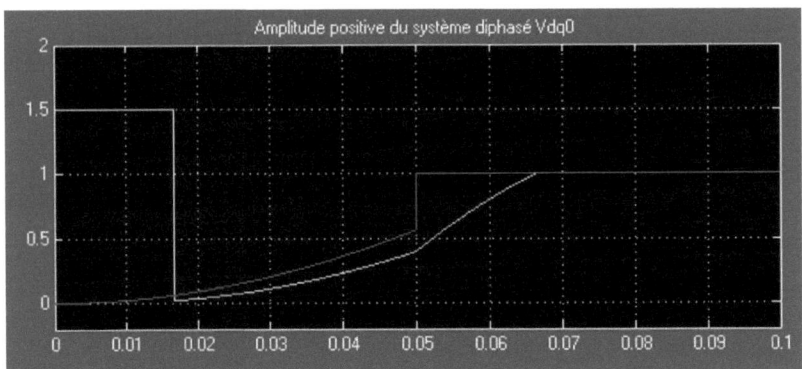

La phase de la séquence d, initialisée à 0.5, rejoint la valeur 0, en régime permanent.

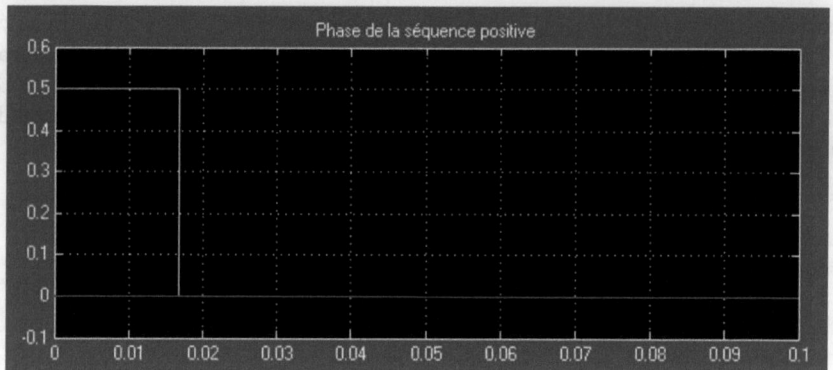

Annexe 1

Les fonctions Callbacks

I. Définition des fonctions Callbacks
    I.1. Fonctions Callbacks liées à un modèle simulink et un bloc
    I.2. Fonctions Callbacks liées à un bloc
II. Aide pour les fonctions Callbacks
III. Programmation des Callbacks avec la commande set_param
IV. Autres façons de programmer des Callbacks et fichier startup.m
    IV.1. Ouverture automatique des oscilloscopes
    IV.2. Evaluation des Callbacks programmés dans un modèle Simulink
    IV.3. Liste des Callbacks liés à un modèle Simulink
    IV.4. Liste des Callbacks liés à un bloc
    IV.5. Fichier startup.m

I. Définition des fonctions Callbacks

Les fonctions Callbacks contiennent des commandes Matlab qui sont exécutées à une étape particulière de la simulation du modèle Simulink.

I.1. Fonctions Callbacks liées à un modèle Simulink et un bloc

I.1.1. Callbacks InitFcn et StopFcn d'un modèle Simulink

Pour programmer les fonctions Callbacks associées à un modèle Simulink, nous utilisons le menu `File... Model Properties`. Le modèle Simulink peut contenir des composants physiques de Simscape ou de SimPowerSystems.
En choisissant l'onglet `Callbacks`, nous obtenons les fonctions suivantes que nous détaillerons et décrirons plus loin dans le tableau suivant. Les fonctions Callbacks peuvent être utilisées pour agir sur le modèle Simulink (fichier mdl) ou sur un bloc de ce fichier. On s'intéresse ici, aux fonctions Callbacks liées à un modèle Simulink. Le modèle suivant correspond à la mesure de la position et de la vitesse angulaire d'un moteur à courant continu. On applique à l'induit un échelon de 12V à partir de l'instant t=0.2.

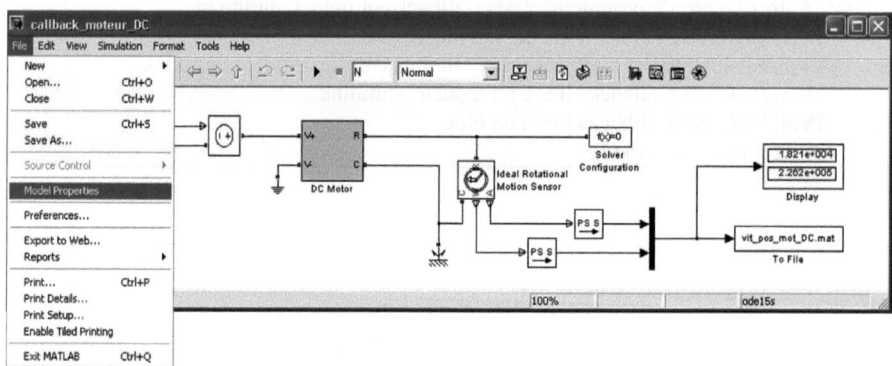

Les fonctions Callbacks programmées sont celles qui possèdent une étoile sur leur nom comme le montre la fenêtre suivante.

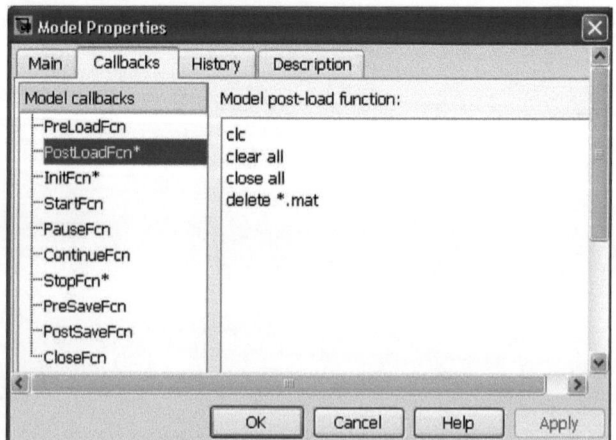

Les fonctions Callbacks 607

Dans la fonction Callback InitFcn, nous spécifions le temps de simulation à N=1 et les paramètres électromécaniques du moteur (résistance R et inductance L d'induit, paramètre couple-courant K, inertie J et frottements Mr). Dans le sous-système DC Motor, le moteur est défini par sa résistance R, l'inductance L d'induit et son inertie J.
Des valeurs sont affectées à ces variables dans ce Callback.
Il est fait appel à cette fonction Callback pendant l'étape d'initialisation (Initializing...) du modèle Simulink.

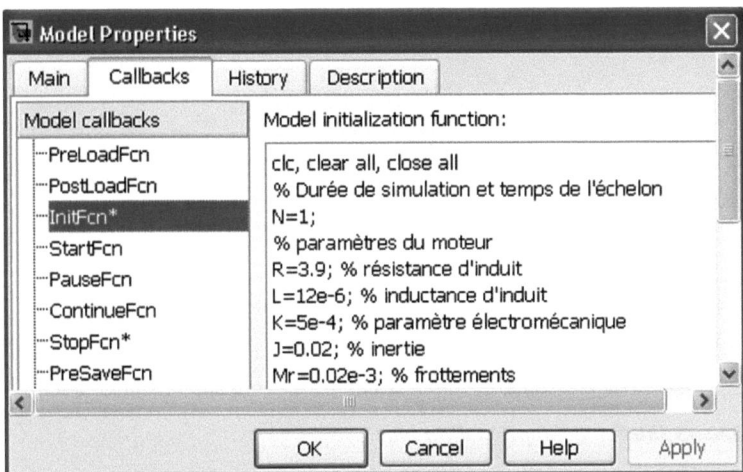

Dans la fonction Callback StopFcn qui a lieu en fin de la simulation, on efface toutes les fenêtres graphiques éventuelles. On lit ensuite le fichier binaire et on récupère le tableau x qui contient le temps et les 3 signaux envoyés au multiplexeur. On trace ensuite les signaux de position et de vitesse angulaire de l'arbre du moteur dans une même fenêtre graphique avec deux axes d'ordonnées différents, grâce à la commande plotyy.

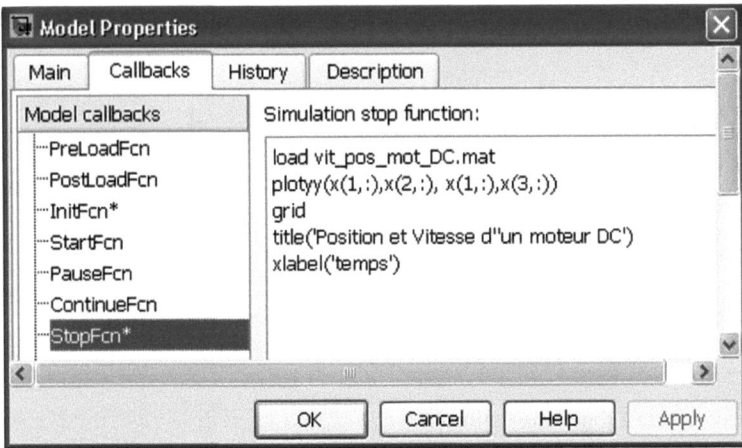

A la fin de la simulation, la fonction Callback StopFcn s'exécute et nous obtenons les courbes de la vitesse (rad/s) et de la position angulaire (rad).

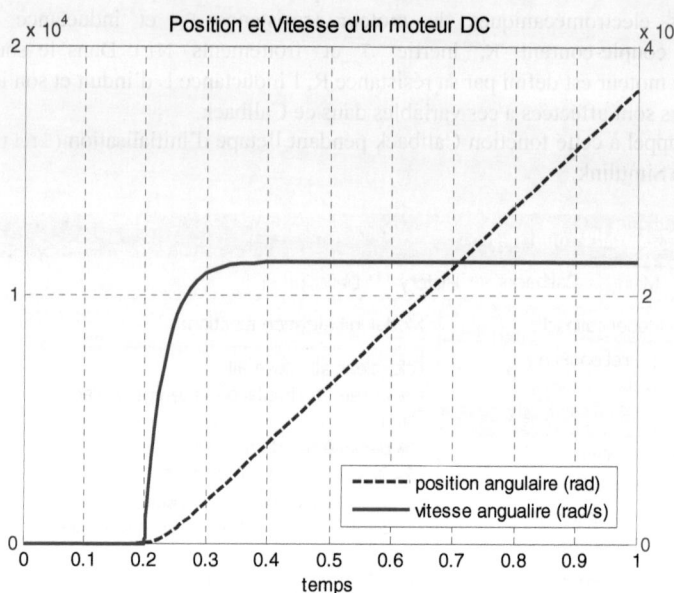

I.1.2. Callbacks InitFcn et StopFcn d'un bloc

On se propose de modéliser ce moteur par un système du 1er ordre. Le système du moteur en boucle ouverte est attaqué par l'échelon de tension de 12V. Le modèle suivant consiste en la mesure de la position et de la vitesse du moteur défini dans le sous-système DC Motor avec une tension d'entrée sous forme d'un échelon de hauteur 12V.

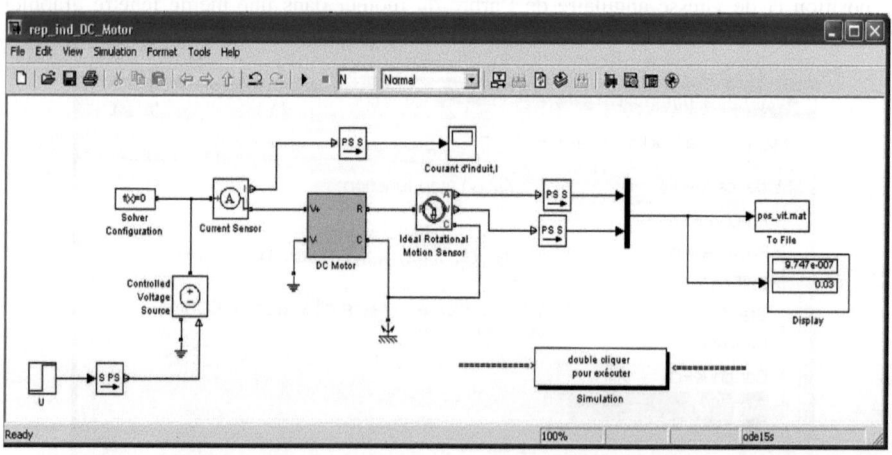

Ce fichier comporte 2 fonctions Callbacks :
- InitFcn qui affecte la valeur 0.01 et 35e-6, respectivement à l'inertie J et à la durée de la simulation,
- StopFcn qui s'exécute en fin de simulation pour tracer les courbes.

Les fonctions Callbacks 609

Pour définir les fonctions Callbacks d'un bloc, on clique dessus et avec le bouton droit de la souris, on obtient un menu dont on sélectionne l'option Block properties...

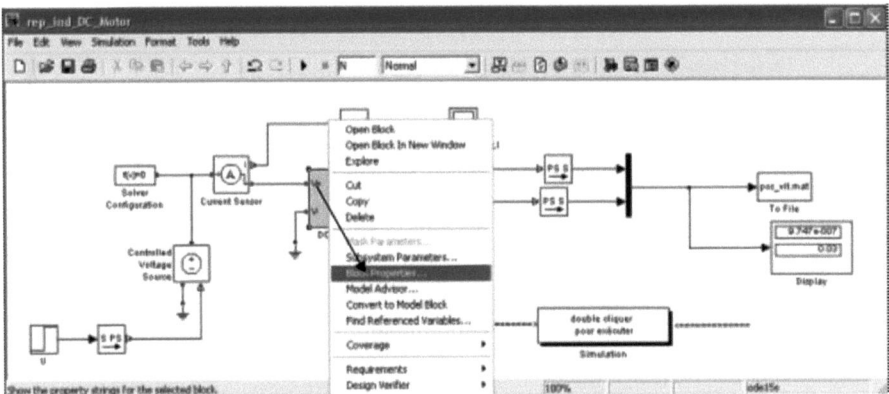

On programme la fonction Callback InitFcn du bloc DC Motor dans laquelle on spécifie les paramètres électromécaniques (R, L, Cr, K) du moteur.

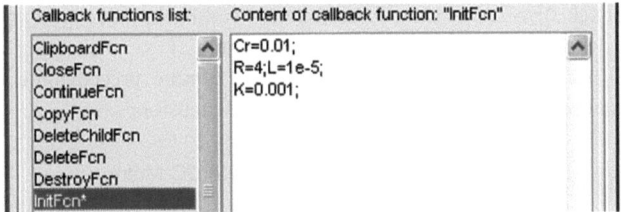

Les paramètres électromécaniques que l'on spécifie dans cette fonction définissent le moteur, comme le montre le contenu du sous-système DC Motor.
L'inertie J est programmée dans la fonction Callback InitFcn du modèle.

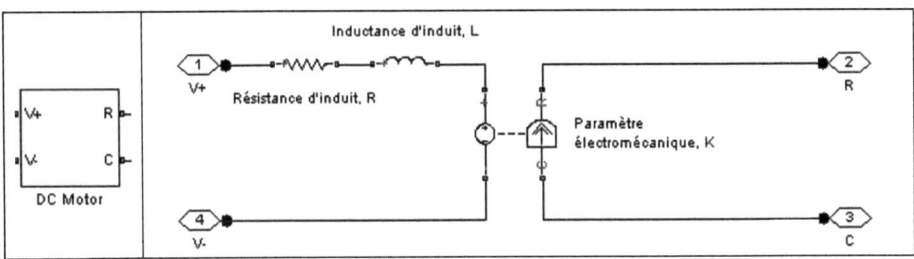

Dans cette fonction Callback, on spécifie des valeurs aux paramètres du moteur (résistance R et inductance d'induit L, le coefficient de frottements Cr et le paramètre électromécanique K). Ci-dessous, on programme la fonction Callback OpenFcn du bloc Simulation. Dès qu'on double-clique sur ce bloc, on fait appel à cette fonction.
Ci-dessous, on programme la fonction Callback OpenFcn de ce bloc, après un clic droit de la souris et la sélection de l'option Block Properties... La fonction Callback openFcn, d'un modèle ou d'un bloc s'exécute après l'ouverture du modèle.

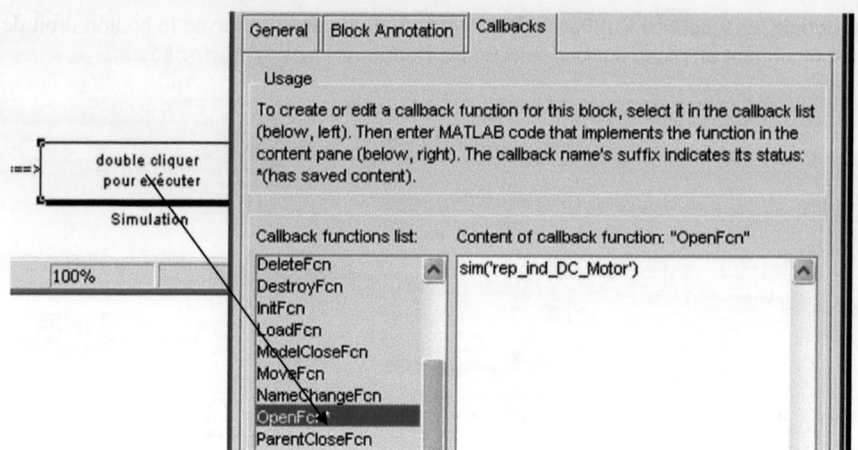

La commande sim permet de lancer l'exécution d'un fichier. Ainsi l'exécution du fichier se fait dès l'ouverture du fichier rep_ind_DC_Motor.mdl. En double cliquant sur le bloc Simulation, le modèle rep_ind_DC_Motor s'exécute et nous obtenons la réponse indicielle du moteur en boucle ouverte. Lorsqu'on double clique sur ce bouton, on fait appel à sa fonction Callback OpenFcn. Dans cette fonction Callback, on programme la commande sim qui permet de lancer l'exécution du modèle Simulink.

La fonction Callback StopFcn du modèle permet, comme précédemment, de tracer les courbes de la réponse indicielle en vitesse et l'échelon de tension.

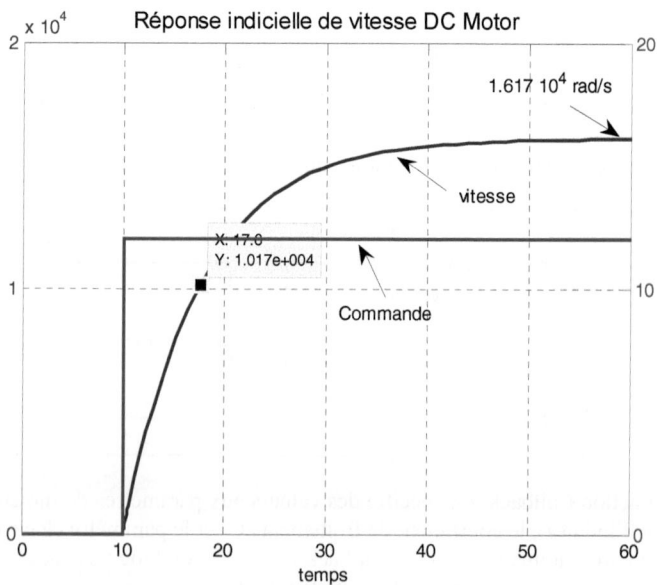

La valeur statique de la vitesse étant de $1.617 \cdot 10^4$ rad/s avec un échelon d'entrée de 12V, le gain statique est alors de 1347.5 rad/s/V.

La constante de temps est l'instant où la vitesse atteint 63% de la valeur maximale. Nous avons ainsi :
$$v(\tau) = 0.63 * 1.617e4 = 1.0187e+004$$
D'après la figure précédente, cette constante de temps est estimée à $\tau = 7.6\,s$.
Le système du 1er ordre possède la fonction de transfert suivante :
$$H(p) = \frac{1347.5}{1 + 7.6\,p}$$
Les commandes de la fonction Callback StopFcn permettent de tracer la sortie de ce modèle en même temps que la vitesse mesurée du moteur à des fins de comparaison.
Dans les commandes de la fonction InitFcn, on spécifie les valeurs des variables électromécaniques du moteur (résistance R, inductance L d'induit, inertie, etc.).
Nous ajoutons la sortie du modèle à la 3ème entrée du multiplexeur.

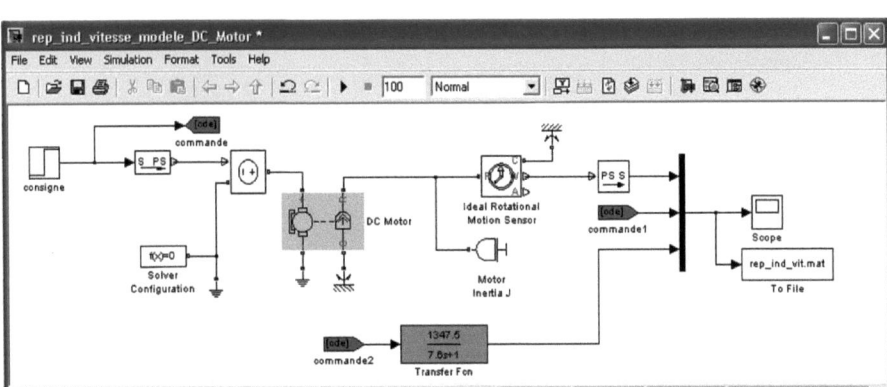

Les commandes de la fonction StopFcn permettent de lire le fichier binaire et de tracer, dans le même graphique, la réponse en vitesse du moteur, ainsi que celle du modèle sous forme de points en étoiles.

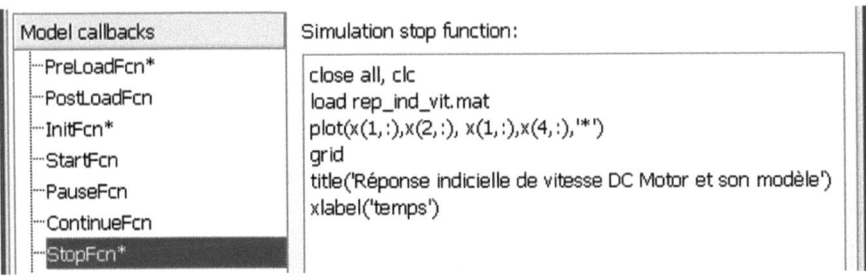

Le capteur Ideal Rotational Motion Sensor permet de récupérer la vitesse en rad/s et la position angulaire en rad.
Ces deux signaux sont envoyés vers un multiplexeur et sauvegardés dans le fichier binaire rep_ind_vit.mat.

Nous obtenons sur la figure suivante la sortie du modèle et la vitesse du moteur.

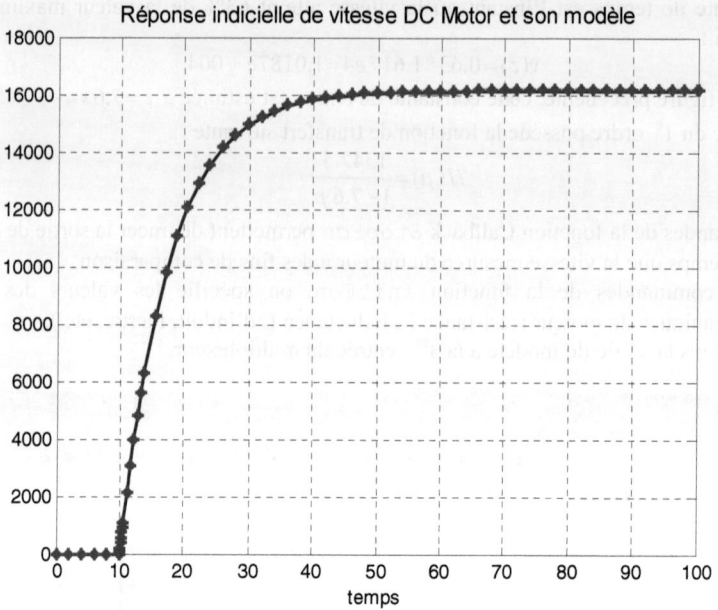

La réponse en vitesse du moteur ainsi que celle du modèle sont quasiment identiques.

I.1.3. Régulation PID de la vitesse d'un moteur à courant continu

Considérons le modèle Simulink suivant, dans lequel on réalise une régulation de la vitesse angulaire d'un moteur à courant continu. Nous allons utiliser les fonctions Callbacks liées à un bloc et à ce modèle.

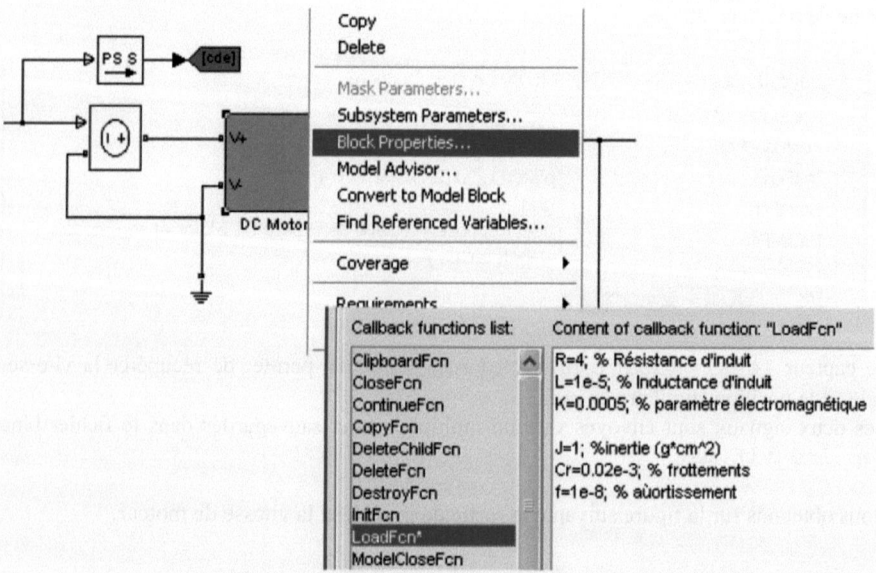

Les fonctions Callbacks 613

En cliquant droit sur le bloc `DC Motor`, on choisit le menu `Block Properties...` et on programme le Callback `LoadFcn` dans lequel on spécifie les valeurs des paramètres électromécaniques du moteur.

Cette fonction est appelée lors de l'ouverture du modèle Simulink. Lorsqu'on apporte des modifications sur celui-ci, ces dernières ne sont prises en compte que si on sauvegarde ce modèle et qu'on l'ouvre de nouveau.

Nous utilisons un régulateur PID d'expression :
$$D(p) = Kp(1 + \frac{K_i}{p} + K_d\, p),$$
qui associe les composants physiques de Simscape pour la partie PI et celui de Simulink pour la dérivée.

On utilise les convertisseurs S→PS et PS→S pour passer respectivement de Simulink à Simscape et inversement.

Le bloc `DC Motor` est défini comme suit :

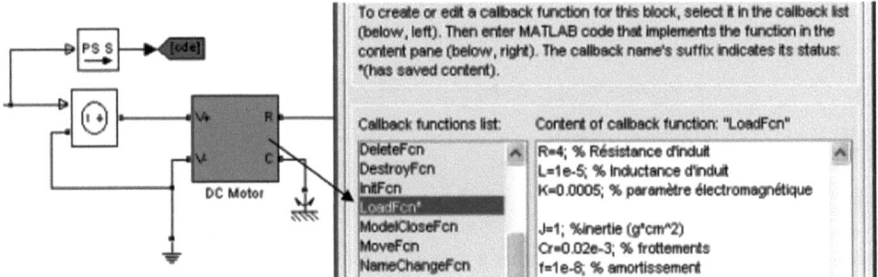

L'inconvénient, dans notre cas de l'utilisation de cette fonction Callback, est que les modifications sur les valeurs des paramètres ne sont prises en compte qu'après la sauvegarde du modèle et sa réouverture.

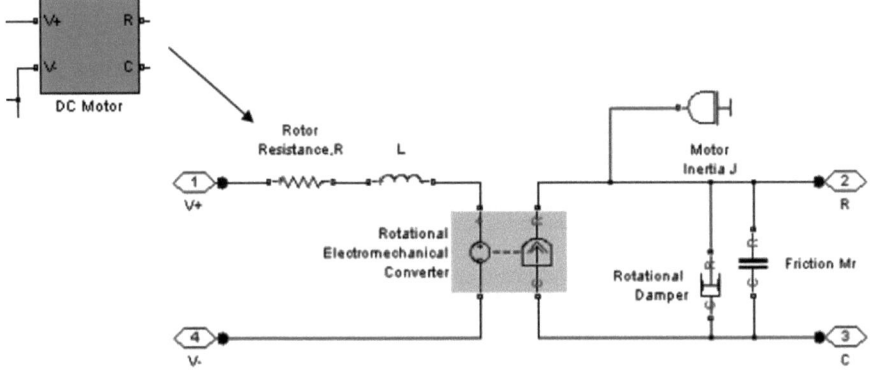

Le modèle du régulateur, est programmé essentiellement en composants physiques de Simscape, sauf pour la dérivée, réalisée avec le bloc Simulink $\dfrac{du}{dt}$ qu'on insère entre les convertisseurs S→PS et PS→S afin de passer des blocs Simulink à des blocs physiques de Simscape et inversement.

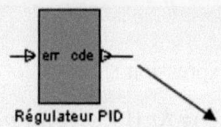

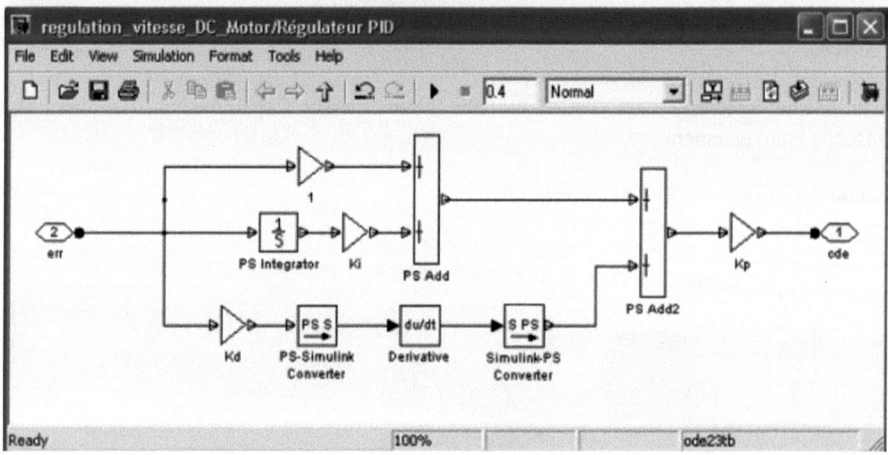

Dans le modèle du système régulé, nous avons utilisé la fonction Callback PostLoadFcn qui est appelée dès l'ouverture du modèle Simulink, dans laquelle on spécifie les gains Kp, Ki et Kd, respectivement de actions, proportionnelle, intégrale et dérivée.

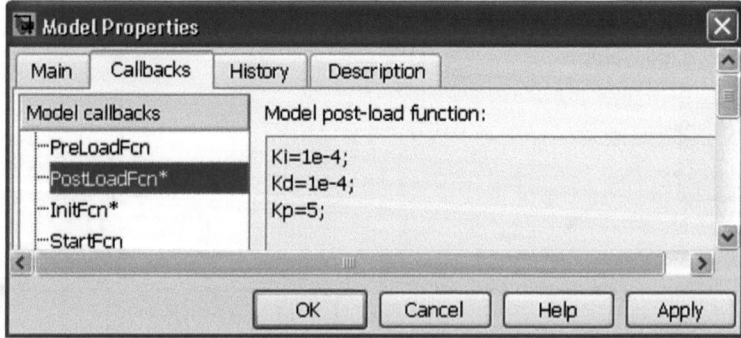

Les 3 fonctions Callbacks, PostLoadFcn, InitFcn et StopFcn sont utilisées pour la spécification des paramètres électromécaniques du moteur, ceux du régulateur et pour le tracé des courbes en fin de simulation.

Les résultats de cette régulation sont donnés par la courbe suivante.

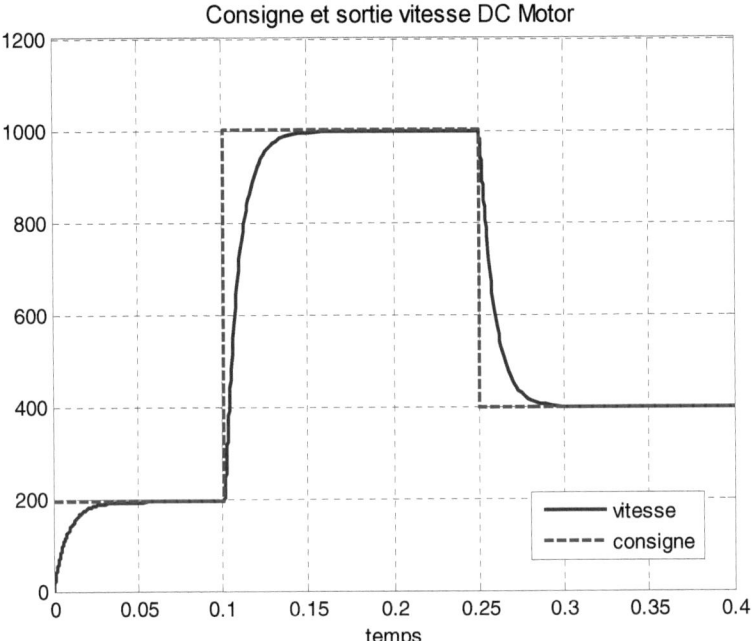

Lorsque beaucoup de paramètres sont nécessaires pour définir le modèle Simulink, nous pouvons les insérer dans un fichier script Matlab qu'on appelle dans une fonction Callback comme `PostLoadFcn`, `PreLoadFcn` ou `InitFcn`.

Dans notre cas, nous le ferons en invoquant le script « `parametres.m` » dans la fonction Callback `InitFcn`.

fichier parametres.m

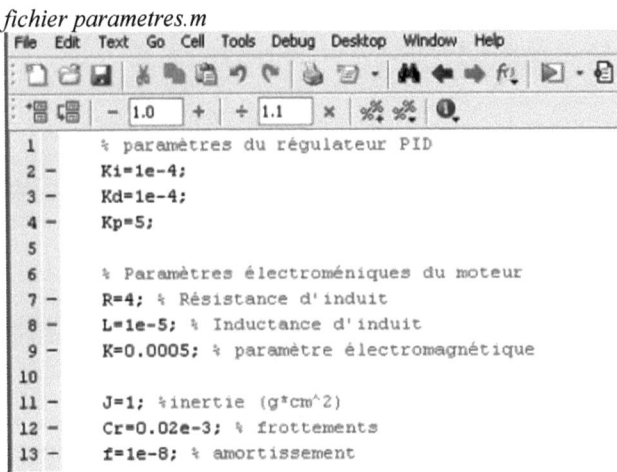

La fonction Callback utilisée est uniquement `InitFcn` qui est exécutée en début de simulation du modèle Simulink.

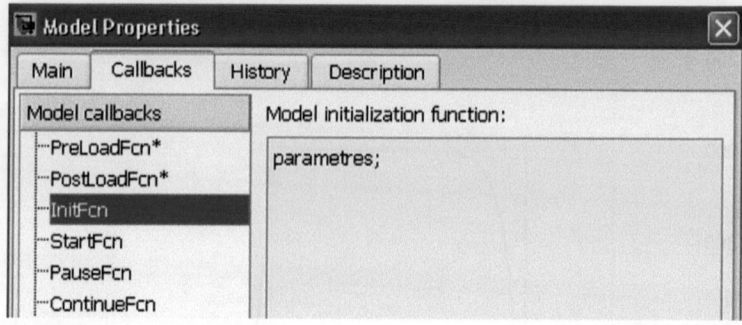

- **Fonction Callback StopFcn**

Cette fonction est appelée en fin de simulation et ses commandes Matlab sont exécutées lorsque la simulation du modèle est terminée. Comme le montre la figure suivante, en fin de simulation, on lit le fichier binaire `reg_vit.mat` et on trace les courbes de l'échelon d'entrée et de la réponse en vitesse.

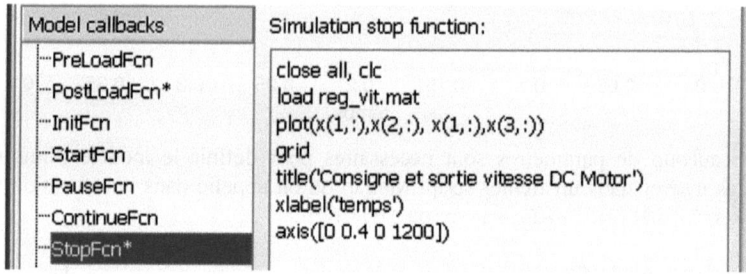

- **Fonction PreLoadFcn**

Les commandes de cette fonction sont exécutées avant l'ouverture du modèle Simulink. Elle peut remplacer la fonction `InitFcn` pour la spécification des paramètres.

- **Fonction PostLoadFcn**

Les commandes Matlab sont exécutées juste après l'ouverture du modèle Simulink.
Elle peut remplacer la fonction `InitFcn` pour la spécification des paramètres d'un modèle Simulink.

- **Fonction StartFcn**

Cette fonction est appelée après le début de la simulation. Elle peut remplacer la fonction `InitFcn` pour la spécification des paramètres d'un modèle Simulink.

- **Fonction CloseFcn**

La fonction `CloseFcn` est appelée à la fermeture du modèle Simulink.

Les fonctions Callbacks 617

- **Fonctions PreSaveFcn et PostSaveFcn**

La fonction `PreSaveFcn` est exécutée avant la sauvegarde du modèle et `PostSaveFcn` après. La fonction `PostSaveFcn` n'est appelée que lorsqu'on sauvegarde le modèle.
Pour rendre effectives de nouvelles valeurs des paramètres, il faut au préalable sauvegarder et rouvrir le modèle Simulink.

- **Fonction PreloadFcn**

Nous avons programmé la fonction `PreLoadFcn` afin de :
- fermer toutes les fenêtres graphiques,
- nettoyer l'écran de travail Matlab,
- supprimer tous les fichiers binaires présents dans le répertoire de travail.

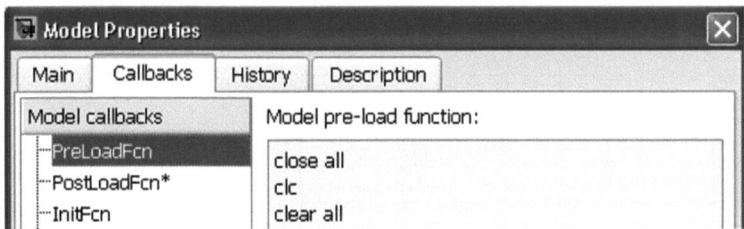

- **Fonction CloseFcn**

On peut aussi décider de réaliser les mêmes opérations précédentes, lorsqu'on ferme la fenêtre du modèle.

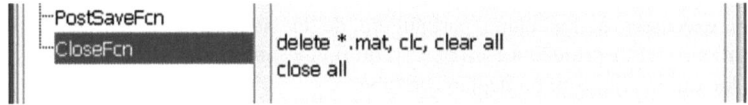

On peut vérifier facilement, après la fermeture de la fenêtre du modèle Simulink, la suppression des fichiers binaires, la fermeture de la seule fenêtre graphique obtenue par notre modèle, le nettoyage de l'écran de travail et la suppression de toutes les variables de l'espace de travail. Nous exécutons le modèle et nous avons les courbes de la régulation ainsi que toutes les variables définies par la fonction Callback `InitFcn` comme on le voit dans la figure suivante.

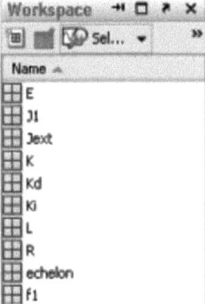

Dès qu'on ferme la fenêtre du modèle Simulink
« regulation_vitesse_DC_Motor.mdl », on fait appel à la fonction Callback
CloseFcn. Nous observons instantanément la fermeture de la fenêtre graphique, la
suppression des toutes les variables de l'espace de travail (Fenêtre Workspace) et les
fichiers .mat.

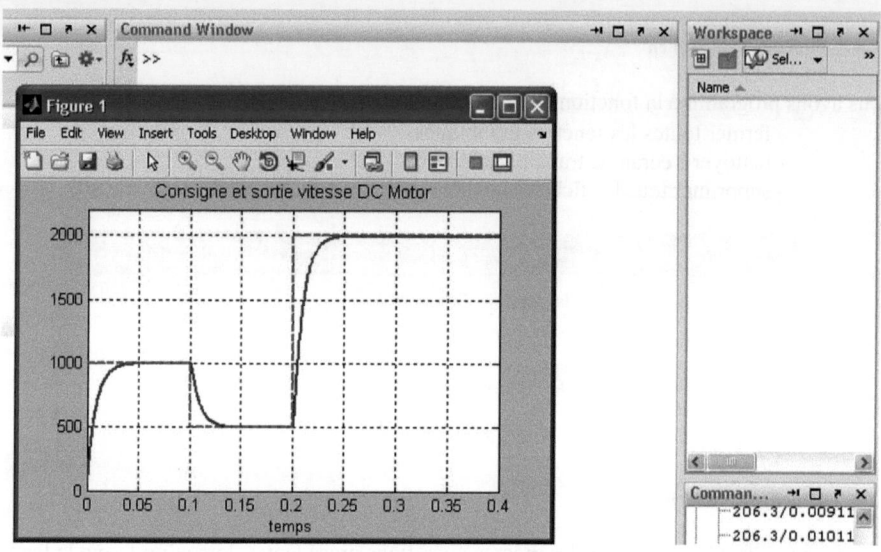

Les fonctions Callbacks sont un moyen puissant pour optimiser un modèle Simulink.

Elles sont exécutées à une étape particulière de la simulation du modèle, telle l'étape
d'initialisation, InitFcn, début StartFcn ou fin de simulation, StopFcn, et d'autres, par
exemple, lorsqu'on clique ou on déplace un bloc.

On peut utiliser les fonctions Callbacks pour exécuter des commandes ou un script Matlab.
Les Callbacks sont des expressions Matlab qui seront exécutées lors de l'occurrence d'un
événement (ouverture d'un modèle Simulink, un double-clic sur un bloc ...).

Ces fonctions sont spécifiées par les paramètres d'un bloc, d'un port ou du modèle Simulink.

Les instructions Matlab associées au Callback CloseFcn sont exécutées à la fermeture du
modèle Simulink.

On peut créer des fonctions Callbacks de 2 façons : mode interactif, par le menu Edit
Properties (bloc ou système Simulink) ou par programmation par la commande
set_param.

La façon interactive consiste à utiliser l'option Model Properties du menu Edit pour
le modèle Simulink ou Edit bloc properties pour un bloc du modèle Simulink.

Les fonctions Callbacks 619

I.2. Fonctions Callbacks liées à un bloc

I.2.1. Régulation de vitesse d'un moteur à courant continu

Nous allons considérer un modèle Simscape dans lequel on réalise la régulation de vitesse d'un moteur à courant continu.

On programme des fonctions Callbacks liées à des blocs du système Simscape. Les signaux de vitesse et de position angulaire sont envoyés dans le fichier binaire `pos_vit.mat` sous le nom de la variable x.
Dans la fonction Callback `InitFcn`, nous spécifions uniquement la valeur de N correspondant au temps de simulation.
Pour cela, on considère le modèle «`regulation_vitesse_DC_Motor2.mdl`».

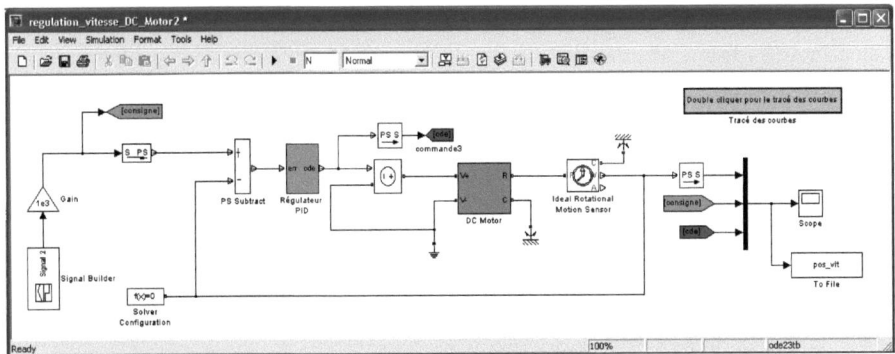

Le tableau suivant récapitule les blocs auxquels on a programmé un callback.

Bloc	Callback et commandes	Opération
Régulateur PID	DeleteFcn / DestroyFcn / InitFcn / LoadFcn / ModelCloseFcn / MoveFcn / NameChangeFcn / OpenFcn* / ParentCloseFcn — Ki=1e-4; Kd=1e-4; Kp=5;	Double clic
DC Motor	Callback functions list: ClipboardFcn / CloseFcn / ContinueFcn / CopyFcn / DeleteChildFcn / DeleteFcn / DestroyFcn / InitFcn / LoadFcn* / ModelCloseFcn — Content of callback function: "LoadFcn": R=4; % Résistance d'induit / L=1e-5; % Inductance d'induit / K=0.0005; % paramètre électromagnétique / J=1; %inertie (g*cm^2) / Cr=0.02e-3; % frottements / f=1e-8; % amortissement	Sauvegarde et ouverture si modification

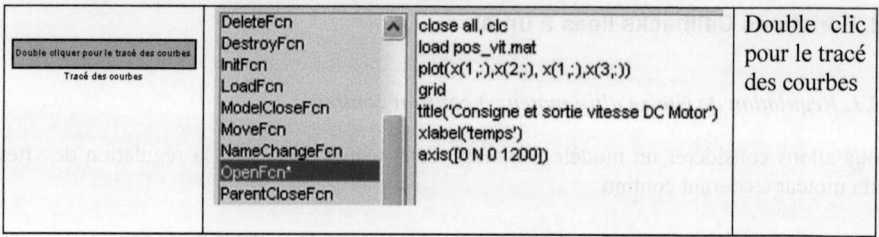

Pour ce modèle, nous devons d'abord double-cliquer sur le bloc Régulateur PID pour évaluer les valeurs des paramètres du régulateur.

Pour le bloc DC Motor, nous devons le sauvegarder et le rouvrir au cas où on aurait apporté une modification sur un paramètre quelconque du système.

Le tracé des courbes de consigne et de vitesse se fait immédiatement après un double clic sur le bloc Tracé des courbes.

Le modèle Simulink possède les fonctions Callbacks InitFcn (étape d'initialisation) et CloseFcn (lors de la fermeture de la fenêtre du modèle).

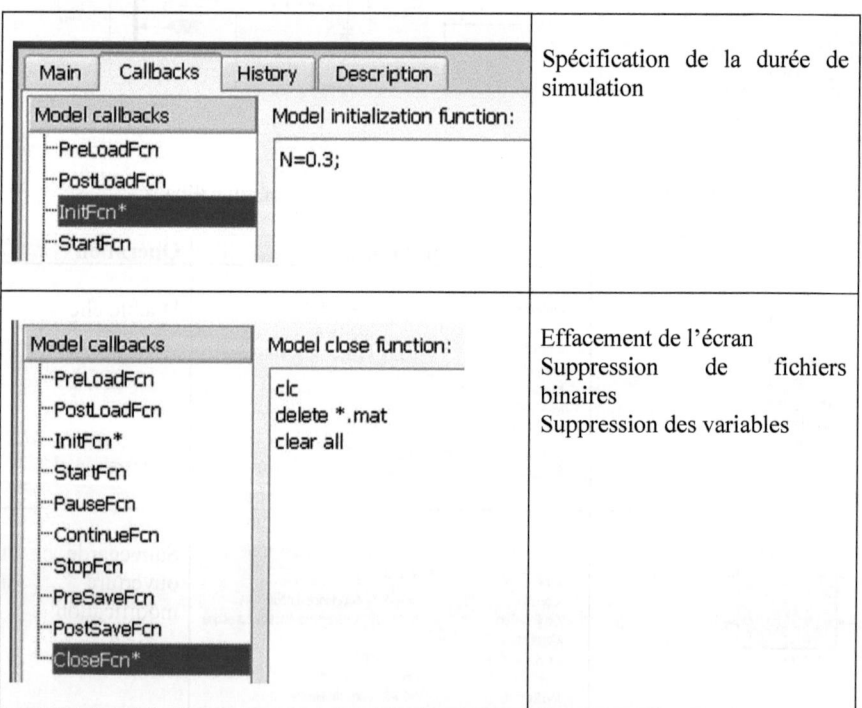

La figure suivante donne l'évolution des signaux de consigne et de vitesse angulaire.
On remarque que la vitesse suit la consigne en régime permanent au bout de 0.05s environ.

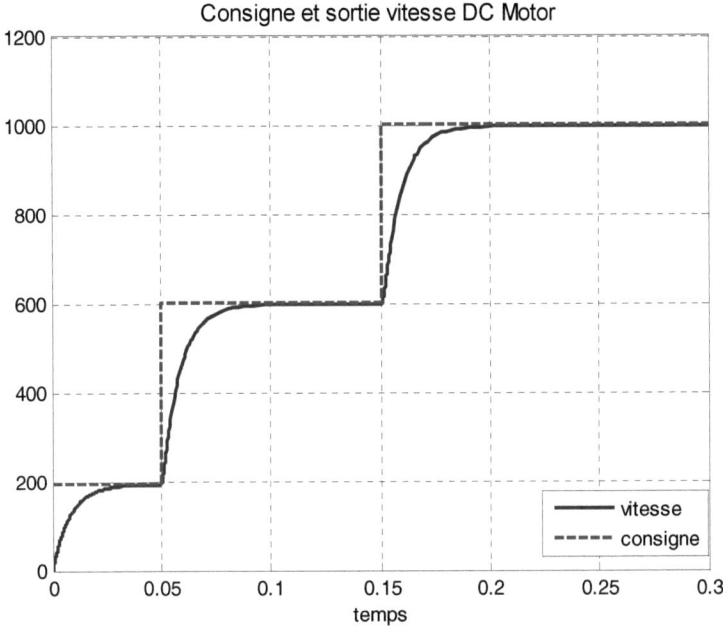

I.2.2. Contrôle d'un modèle par les fonctions Callbacks

Grâce aux callbacks, nous pouvons modifier les valeurs de certains paramètres d'un modèle Simulink et contrôler son exécution.
On considère le modèle Simulink « ssc_house_heating_system.mdl » qui sert de démo de système thermique de Simscape.

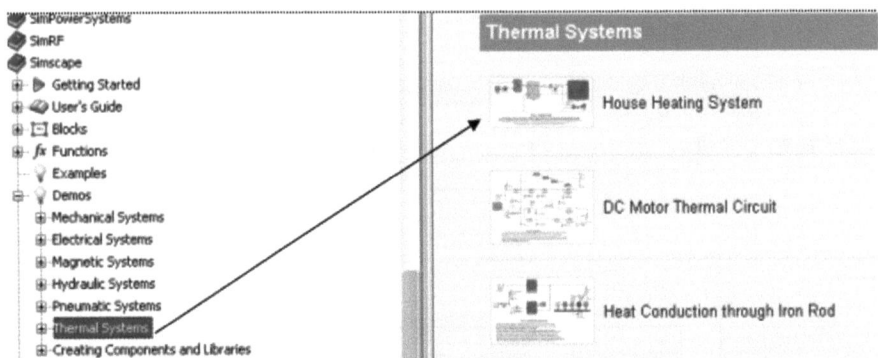

Ce modèle correspond à la régulation de la température de l'intérieur d'un bâtiment avec la commande d'un radiateur lorsque la température extérieure varie sinusoïdalement autour d'une valeur Text qu'on va modifier grâce à une fonction Callback. Cette température qui varie sinusoïdalement simule les apports solaires.

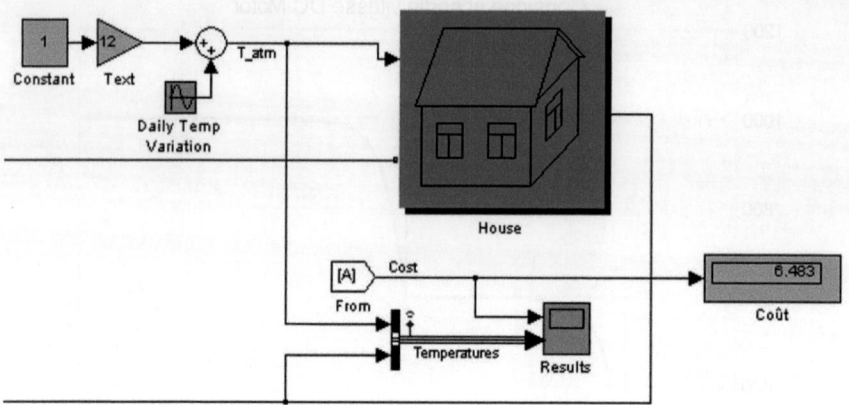

Dans le programme `Callback_set_param`, on crée des blocs pour gérer le programme de démonstration `ssc_house_heating_system` dont on a apporté quelques modifications et que l'on renomme `demo_ssc_house_heating_system`.

La température externe moyenne est donnée par la valeur du gain `Text`. Nous affichons, d'autre part dans le display Coût une valeur qui est proportionnelle à l'énergie de chauffage qui a permis d'atteindre la consigne désirée.
Pour tous ces blocs nous avons utilisé le Callback `open_fcn` correspondant au double click pour gérer le programme demo légèrement modifié.

Ainsi, il s'agit de :
- l'ouvrir, le fermer,
- Afficher les résultats,
- choisir la valeur de la température moyenne externe `Text` après l'avoir spécifiée dans l'espace de travail Matlab.
- lancer son exécution, etc.

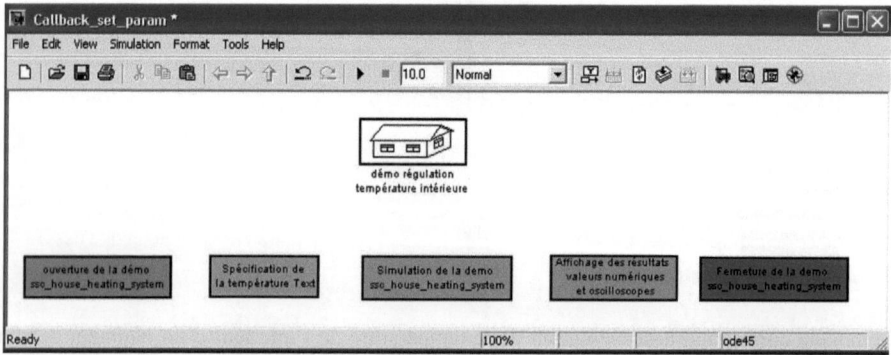

Chacun de ses blocs est créé à partir d'un sous-système vide dont on réalise un masque.

Ci-dessous, on liste ces blocs et on décrit les actions de sa fonction Callback `Open_Fcn`.

Les fonctions Callbacks 623

- *Ouverture du modèle*

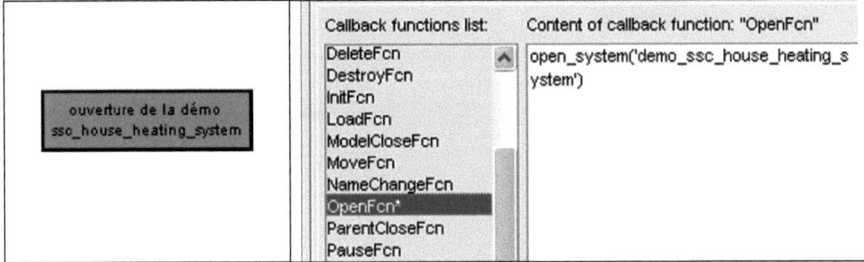

- *Valeur de la température Text*

La commande `open_system` permet d'ouvrir un modèle Simulink ou d'activer sa fenêtre (la mettre en avant plan).

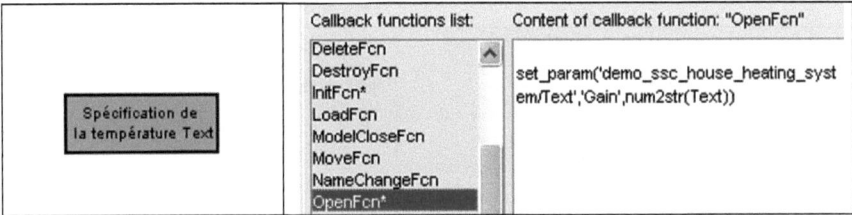

Avant de double-cliquer sur ce bloc, on doit affecter une valeur à la variable `Text` qui représente la valeur moyenne de la température extérieure.
Cette affectation se fait dans l'espace de travail Matlab, comme par exemple :

```
>> Text=12
Text =
    12
```

Cette version de la commande `set_param` permet d'affecter la valeur de `Text` au gain `Text`. On met la valeur 1 à l'entrée de ce gain pour qu'il représente la valeur de cette température.

- *Affichage de l'oscilloscope des résultats*

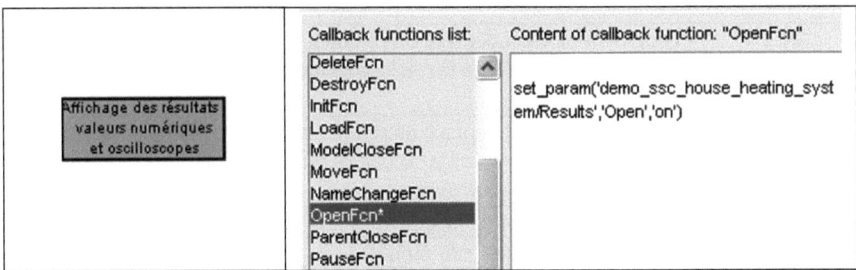

Avec la même commande `set_param`, on affiche l'oscilloscope `Results`.

- *Lancement de la simulation*

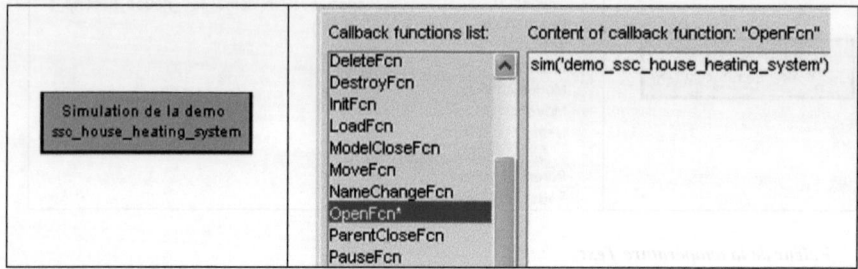

La commande `sim` permet de lancer l'exécution du modèle.

- *Sauvegarde et fermeture du modèle*

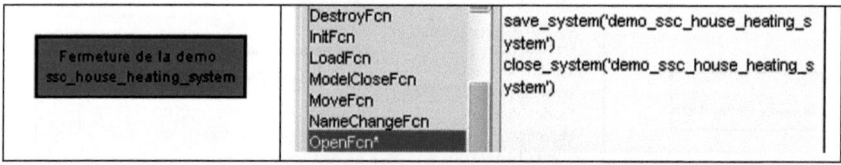

Si on apporte des modifications au modèle, la commande `close_system`, qui permet de le fermer, donne un message d'erreur, si on ne l'avait pas sauvegardé auparavant.

Cette sauvegarde se fait, ici, à l'aide de la commande `save_system`.

1.2.3. Autres fonctions Callbacks

On donne, ci-après, quelques autres Callbacks avec leur étape d'exécution.

Callback	Instant d'exécution
`ModelCloseFcn`	A la fermeture du modèle. Permet de supprimer toutes les variables inutiles à la fermeture du modèle
`LoadFcn`	Chargement du modèle
`ModelCloseFcn`	Fermeture du modèle
`MoveFcn`	Quand un bloc est déplacé ou redimensionné. Ne fonctionne pas pour la rotation (`Rotate Block`) ou le retournement (`Flip Block`)
`NameChangeFcn`	Quand un bloc est déplacé ou redimensionné. Ne fonctionne pas pour la rotation (`Rotate Block`) ou le retournement (`Flip Block`)
`StartFcn`	Lors du lancement de la simulation du modèle
`PreSaveFcn`	Lors de la sauvegarde du modèle

Les fonctions Callbacks 625

II. Aide pour les fonctions Callbacks

Pour avoir de l'aide pour créer des fonctions Callbacks, on fait apparaître la fenêtre de l'aide de Simulink, `help`, à l'aide de la commande suivante :

```
>> doc help
```

On écrit le mot « callbacks » dans l'onglet de recherche et on obtient la fenêtre suivante :

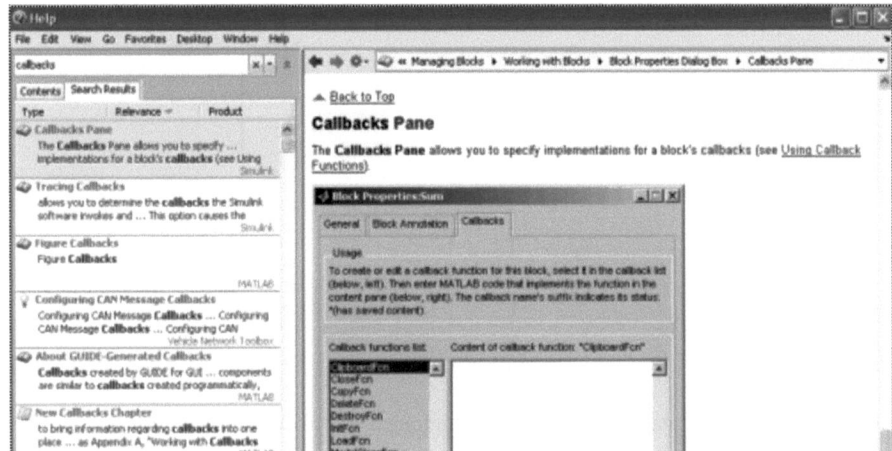

Nous pouvons également consulter les documentations de Simulink :
- `sl_using.pdf`, "Simulink 7, User's Guide", Chapitre « Using Callback Functions", page 3.54
- `slref.pdf`, Simulink 7 Reference, rechercher le mot clé "callback"

Ou consulter le site :

http://www.mathworks.com/help/toolbox/simulink/.

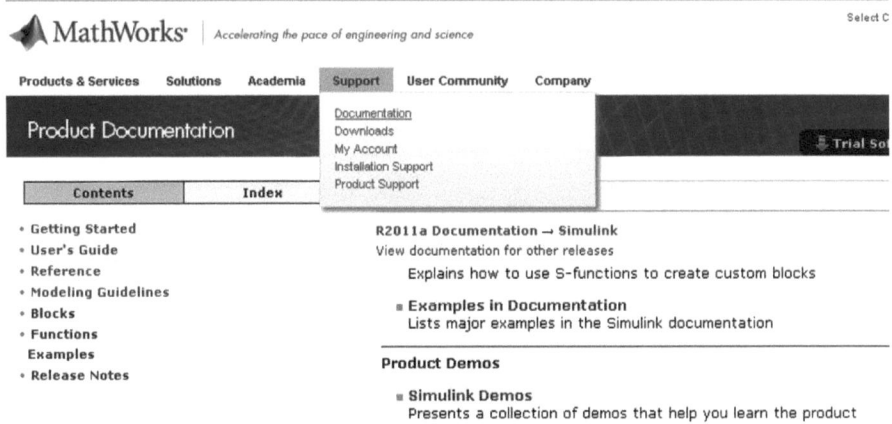

III. Programmation des Callbacks avec la commande set_param

Nous pouvons programmer les fonctions Callbacks directement sur le prompt de Matlab ou dans un fichier M, grâce à la commande set_param.
Considérons le fichier suivant où l'on régule un système du 1er ordre (circuit RC) à l'aide d'un régulateur PID.

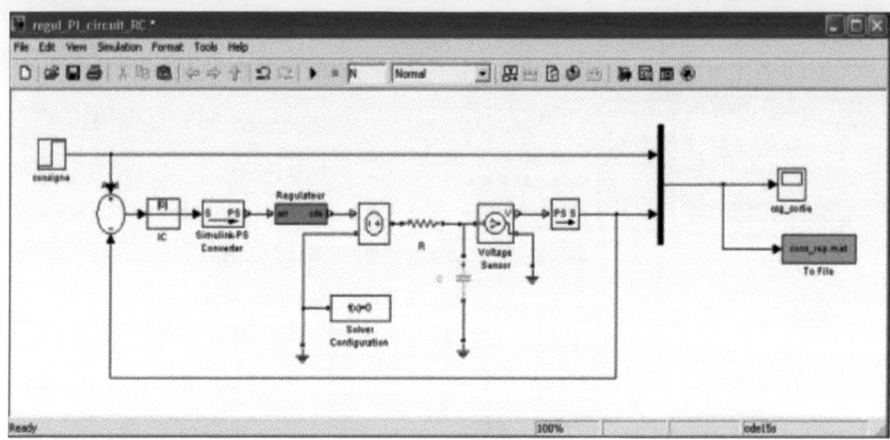

Le régulateur est réalisé par un intégrateur analogique à amplificateur opérationnel.

Le gain K est négatif pour compenser le signe moins du montage intégrateur à amplificateur opérationnel.

$$-\frac{1}{RC\,p} \text{ avec } R\,C = 1$$

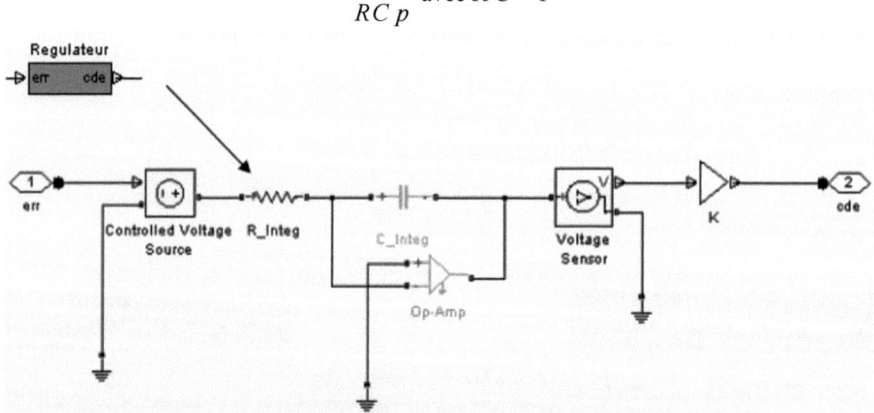

Nous allons programmer des Callbacks pour paramétrer le processus RC à réguler, l'intégrateur et les paramètres de simulation du programme Simscape.

Le régulateur PID se réduit à un intégrateur pur :

$$R(p) = \frac{K}{p} \text{ avec } R\_Integ * C\_Integ = 1$$

Les fonctions Callbacks 627

La programmation des Callbacks avec la commande `set_param` se fait de la façon suivante :

```
set_param('mymodelname','NomFonctionCallback', 'expression')
```

Dans le script `Prog_callbacks.m`, on programme la fonction Callback `InitFcn` pour spécifier les valeurs des composants du circuit RC et ceux de l'intégrateur du régulateur.

```
% Paramètres du process et du régulateur
set_param('regul_PI_circuit_RC/Regulateur','InitFcn',
'R_Integ=1e2;C_Integ=5e-4;R=1e3;C=1e-3;N=50;')
```

Pour spécifier les paramètres du solveur et de la durée de simulation :

```
% paramètres de simulation
set_param('regul_PI_circuit_RC','Solver','ode15s','StopTime','N')
```

Pour vérifier la validité de ce programme, on efface toutes les variables de l'espace de travail, avant de vérifier leurs valeurs.

fichier prog_callbacks.m
```
% Programmation des callbacks pour le modèle
"regul_PI_circuit_RC"
clc

% Paramètres du process et du régulateur
set_param('regul_PI_circuit_RC/Regulateur','InitFcn',
'R_Integ=1e2;C_Integ=5e-4;R=1e3;C=1e-3;N=50;')

% paramètres de simulation
set_param('regul_PI_circuit_RC','Solver','ode15s','StopTime','N')
```

Avant l'exécution du modèle `regul_PI_circuit_RC.mdl`, et après avoir effacé les variables par :

```
>> clear all
```

Les paramètres du process et du régulateur sont inconnus :

```
>> R_Integ
??? Undefined function or variable 'R_Integ'.

>> C
??? Undefined function or variable 'C'.
```

Après exécution du modèle Simulink, ces variables sont connues.

```
>> R_Integ
R_Integ =
    100
>> C_Integ
```

```
C_Integ =
  5.0000e-004

>> C
C =
  1.0000e-003
```

Nous allons maintenant programmer le Callback `OpenFcn` du bloc `To File` qui permet, après un double clic, de tracer les courbes de consigne et de sortie.

Dans ce cas, la fonction Callback `OpenFcn` permet de faire appel au fichier fonction `Trace_signaux.m` qui permet de tracer les signaux de consigne et de sortie.

```
% Callback OpenFcn du bloc To File

set_param('regul_PI_circuit_RC/To
File','OpenFcn','Trace_signaux')
```

Le code de cette fonction est le suivant.

fonction Trace_signaux.m
```
function Trace_signaux
  load cons_rep.mat
  plot(x(1,:),x(2,:))
  hold on
  plot(x(1,:),x(3,:))
  grid
  title('Consigne et signal de sortie du circuit RC')
end
```

Nous résumons les différentes fonctions Callbacks et les blocs auxquels elles sont liées.

- **Bloc Regulateur en début de simulation**

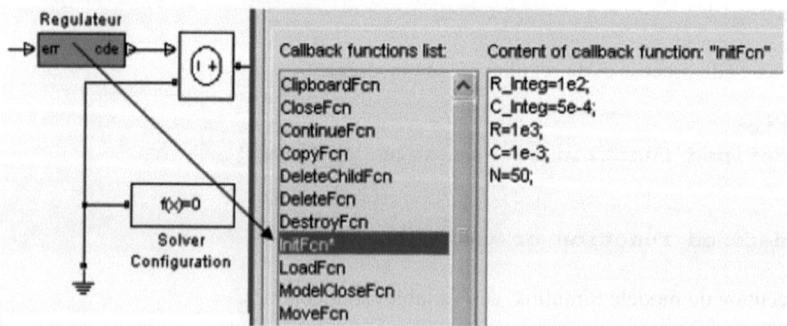

Nous spécifions à chaque début de simulation, les grandeurs électromécaniques du moteur.

- **Bloc To File après un double clic**

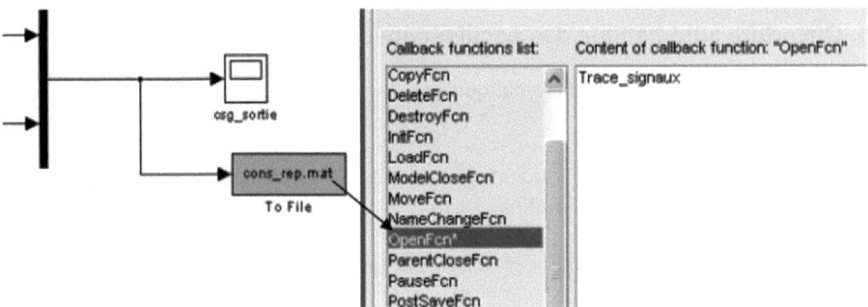

La fonction Callback est appelée à chaque fois qu'on double-clique sur le bloc. Dans le cas du bloc To File, on exécute le script Trace_signaux.m dans lequel on trace les signaux de consigne et la tension de sortie du circuit RC.

La tension de sortie suit la consigne avec un seul dépassement selon une dynamique du 2nd ordre d'amortissement optimal, comme le montre la figure suivante.

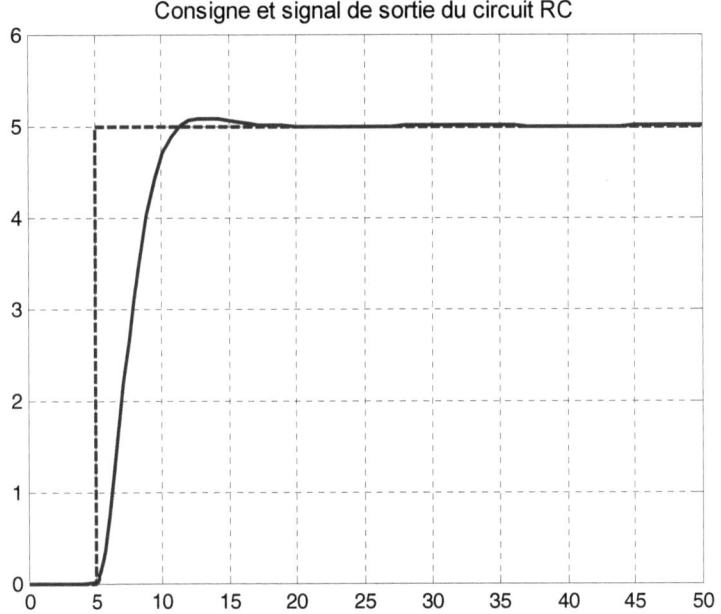

Nous remarquons que la sortie atteint la consigne au bout d'une vingtaine d'échantillons, selon la dynamique d'un système du second ordre d'amortissement optimal (meilleur temps de réponse).

IV. Autre façon de programmer des Callbacks et fichier startup

IV.1. Ouverture automatique des oscilloscopes

On peut décider de l'ouverture automatique des oscilloscopes sans avoir à double cliquer dessus.

Pour cela, on devra les chercher à l'aide de la commande `find_system` qui peut rechercher un type de bloc dans un modèle Simulink.

La commande suivante recherche des blocs de type `Scope`, présents dans le modèle Simulink.

On considère le modèle Simulink étudié précédemment, à savoir `regul_PI_circuit_RC.mdl` et on cherche tous les oscilloscopes qu'il contient.

```
>> Scopes=find_system('regul_PI_circuit_RC','BlockType','Scope');

>> Scopes
Scopes =
    'regul_PI_circuit_RC/csg_sortie'
```

On retrouve bien le seul oscilloscope ayant pour nom `csg_sortie`.
Comme on ne connaît pas, a priori, le nombre d'oscilloscopes existant dans le modèle, on utilise une boucle `for` afin d'ouvrir tous les oscilloscopes.

```
for i = 1:length(Scopes)
  set_param(Scopes {i},'Open','on')
end
```

Comme la simulation a été faite, on obtient, avec ces commandes, l'ouverture de l'oscilloscope avec les deux courbes de consigne et de sortie.

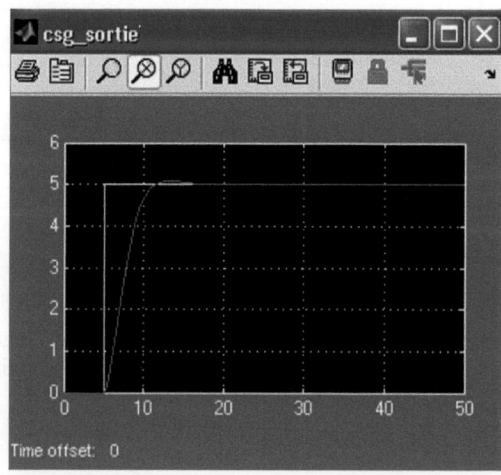

Si l'on veut l'ouverture avant simulation, on insère ces commandes dans la fonction Callback `InitFcn`, par exemple, du modèle Simulink par la méthode itérative.

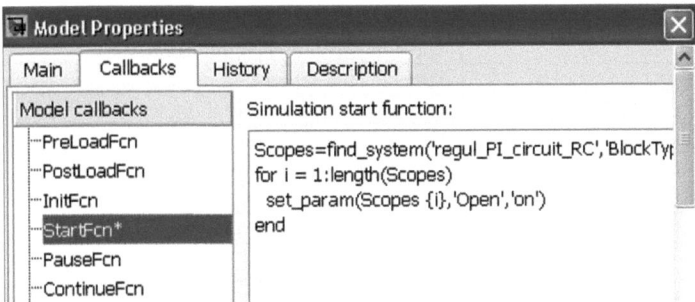

Dès le départ de la simulation, étape d'initialisation, on obtient un écran vide de l'oscilloscope `csg_sortie`.

IV.2. Evaluation des Callbacks programmés dans un modèle Simulink

Nous pouvons avoir la liste de toutes les fonctions Callbacks programmées dans un modèle Simulink par la propriété `CallbackTracing` qu'on met à la valeur `on`.

A chaque fois qu'on exécute le modèle Simulink, tout ce qui est programmé dans les Callbacks est affiché à l'écran de Matlab.

```
>> set_param(0, 'CallbackTracing', 'on')
```

Dans le cas du modèle `regul_PI_circuit_RC.mdl`, nous obtenons la liste suivante :

```
Evaluating callback 'InitFcn' for
regul_PI_circuit_RC/Regulateur

Callback: R_Integ=1e2;C_Integ=5e-4;R=1e3;C=1e-3;N=50;

Evaluating callback 'OpenFcn' for regul_PI_circuit_RC/To File
Callback: Trace_signaux
```

Nous remarquons que dans la fonction Callback `InitFcn`, nous avons spécifié les valeurs des composants électriques dans le sous-système `Regulateur`.

Dans `OpenFcn` du bloc `To File` nous faisons appel au script `Trace_signaux` pour le tracé des signaux de consigne et de sortie du circuit RC.

IV.3. Liste des Callbacks liés à un modèle Simulink

Dans le tableau suivant, nous listons et décrivons les actions réalisées par les différentes fonctions Callbacks liées à un modèle Simulink.

Callback	Description
`CloseFcn`	Avant la fermeture du modèle
`ContinueFcn`	Avant la reprise de la simulation
`InitFcn`	Durant la période de l'initialisation
`PauseFcn`	Après la pause de la simulation
`PostLoadFcn`	Après le chargement du modèle
`PostSaveFcn`	Après la sauvegarde du modèle
`PreLoadFcn`	Avant le chargement du modèle
`PreSaveFcn`	Avant la sauvegarde du modèle
`StartFcn`	Avant le début de la simulation
`StopFcn`	Après l'arrêt de la simulation

IV.4. Liste des Callbacks liés à un bloc

Le tableau suivant récapitule certaines fonctions associées à un bloc d'un modèle Simulink.

Fonction Callback	Description
`ClipboardFcn`	Lorsque le bloc est copié ou coupé et mis dans le presse papier.
`CloseFcn`	Quand le bloc est fermé par la commande `close_system`. Pas d'effet pour une fermeture de façon interactive.
`CopyFcn`	Quand le bloc est copié, ainsi que les sous blocs qu'il contient.
`DeleteChildFcn`	Après la suppression d'une ligne ou d'un sous-bloc dans un sous-système.
`DeleteFcn`	Lorsque le bloc est supprimé. Ceci est équivalent à l'invocation de la commande `delete_block` ou `DestroyFcn`.
`InitFcn`	Avant la compilation du modèle et l'évaluation de ses paramètres. On utilise cette fonction Callback pour mettre des valeurs numériques à certains paramètres du modèle Simulink.
`LoadFcn`	Après le chargement du modèle. Cette fonction Callback est récursive pour des sous-systèmes.
`ModleCloseFcn`	Avant la fermeture du bloc diagramme. Lorsque ce bloc diagramme est fermé, la fonction Callback `ModelCloseFcn` est appelée prioritairement que `DeleteFcn`. Cette fonction est récursive pour les sous-systèmes.
`MoveFcn`	Lorsqu'un bloc est déplacé ou a subi un changement de taille.
`NameChangeFcn`	Après le changement du nom ou du chemin du bloc. Lorsque le chemin a changé, on fait appel à cette fonction pour tous les blocs qu'il contient.
`OpenFcn`	A l'ouverture du bloc par un double clic ou par invocation de la commande `open_system`.
`PauseFcn`	Après la pause de la simulation
`PostSaveFcn`	Après la sauvegarde du bloc diagramme. Elle est récursive pour tous les blocs d'un sous-système.
`StartFcn`	Après la compilation du bloc diagramme et avant la simulation.
`StopFcn`	A tout arrêt de la simulation.

IV.5. Fichier startup

Le fichier startup.m est exécuté à chaque fois qu'on lance Matlab. Il suffit que ce fichier soit dans un répertoire des chemins de recherche de Matlab. Pour cela on utilise le menu File ... set path pour mettre un répertoire dans les chemins de recherche de Matlab. Nous considérons le modèle suivant qui consiste à filtrer un signal qui est la somme de 3 sinusoïdes de fréquences respectives 10Hz, 10kHz et 50kHz. Le filtre est du type Butterworth passe bas afin de récupérer la sinusoïde de plus basse fréquence 10Hz.

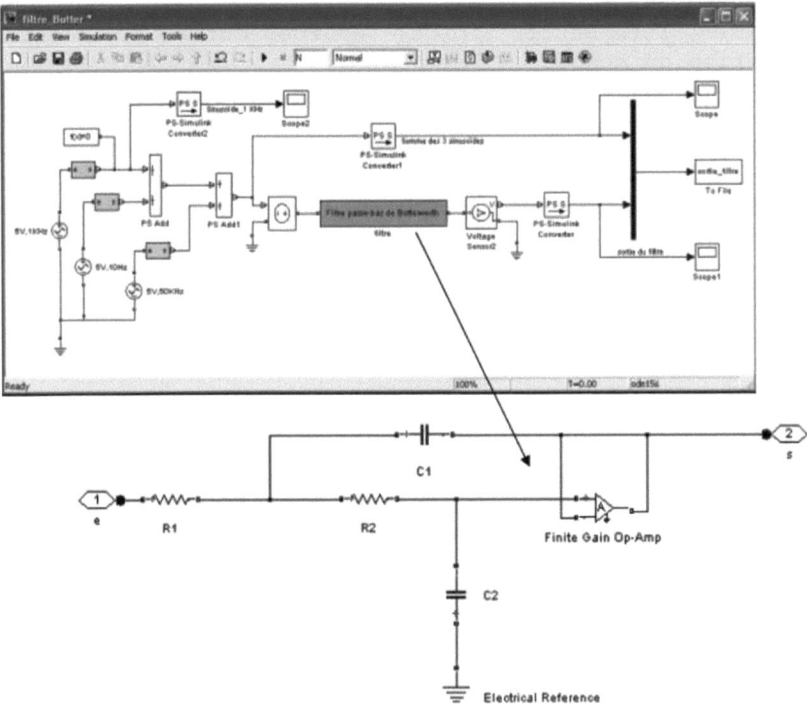

Nous créons, pour cela un fichier startup.m qui consiste à réaliser les opérations suivantes :
- Ouverture du modèle filtre_Butter.mdl,
- Spécification des valeurs des composants du filtre,
- Spécification des paramètres de simulation (type de solveur, durée de simulation),
- Recherche et affichage de tous les oscilloscopes,
- Programmation de la fonction Callback StopFcn du bloc To File (tracé des courbes grâce au script courbes_butter.m),
- Lancement de la simulation.

fichier startup.m
```
% ouverture du modèle Simulink
open_system('filtre_Butter')
% Spécification des valeurs des composants du filtre
set_param('filtre_Butter/filtre','InitFcn',
'R1=100e3;R2=100e3;C1=68e-9;C2=100e-9;N=0.001')
```

```
% Spécification des paramètres de simulation
 set_param('filtre_Butter','Solver','ode15s','StopTime','N')
% Affichage des oscilloscopes
Scopes=find_system('filtre_Butter','BlockType','Scope');
for i = 1:length(Scopes)
   set_param(Scopes {i},'Open','on')
end
% Programmation de StopFcn du modèle qui exécute le script
% courbes_butter.m
set_param('filtre_Butter','bloc, 'courbes_butter')
% Simulation du modèle
 sim('filtre_Butter')
```

Dès l'ouverture d'une session Matlab, le modèle Simulink s'ouvre grâce à la commande `open_system`. Les deux commandes `set_param` spécifient les valeurs des résistances et des capacités du filtre (sous-système `filtre`) et les paramètres de simulation du modèle. Tous les oscilloscopes s'affichent à l'écran grâce à la commande `find_system` qui recherche les blocs de type `Scope` et spécifie leur propriété `Open` à `on`.
La fonction Callback `StopFcn` du modèle permet d'exécuter le script `courbes_butter.m` suivant.

fonction courbes_butter.m
```
function courbes_butter
load sortie_filtre.mat
plotyy(s(1,:),s(2,:),s(1,:),s(3,:)), grid
title('Somme de 3 sinusoïdes et sortie du filtre')
xlabel('temps'), gtext('somme des 3 sinusoïdes')
gtext('sortie du filtre')
end
```

Ce fichier donne la figure suivante.

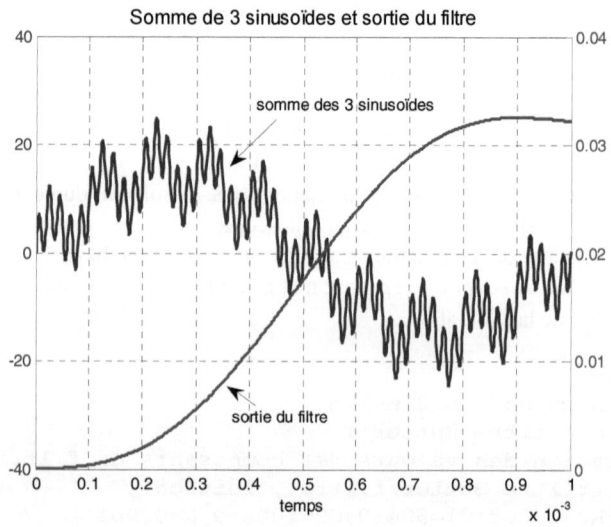

Les fonctions Callbacks 635

A l'ouverture d'une nouvelle session Matlab, nous obtenons successivement l'affichage de la fenêtre du modèle, des 3 oscilloscopes, le lancement de la simulation du modèle, le tracé des signaux somme des 3 sinusoïdes et du signal de sortie du filtre (extraction de la sinusoïde de plus basse fréquence).

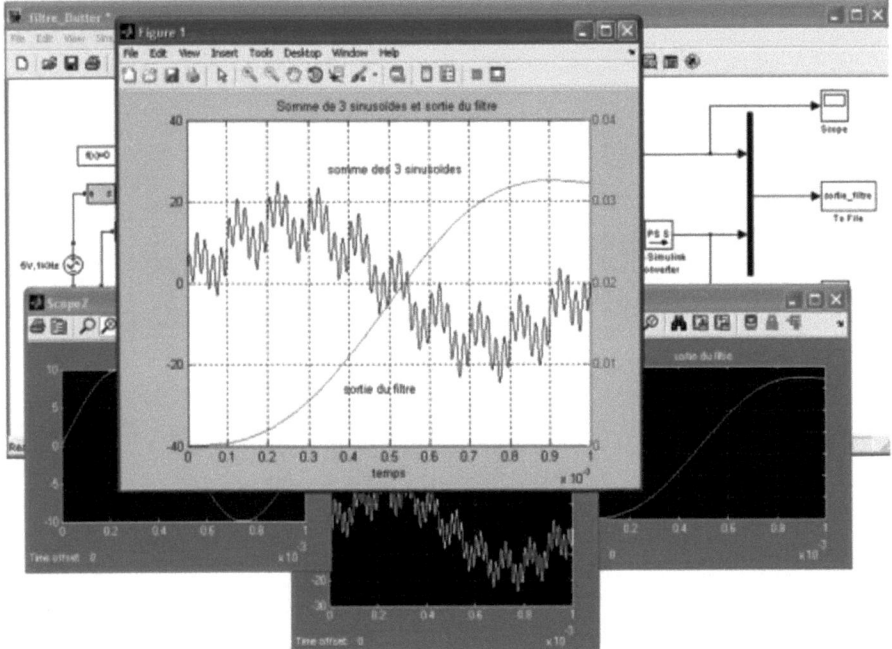

A l'ouverture d'une nouvelle session Matlab, nous obtenons successivement l'affichage de la fenêtre du modèle, de l'oscilloscope, le lancement de la simulation du modèle, le track des signaux sinus des 3 sinusoïdes et un signal de sortie qui s'avère l'extraction de la sinusoïde de plus basse fréquence.

Annexe 2

Masquage ou encapsulation de blocs

I. Etapes de masquage d'un ensemble de blocs
    I.1. Sous-système
    I.2. Masquage de sous-systèmes
II. Masques dynamiques
    II.1. Programmation du sinus cardinal
    II.2. Programmation du signal PWM
III. Création du masque
    III.1. Onglet Icon & Ports
    III.2. Onglet Parameters
    III.3. Onglet Initialization
    III.4. Onglet Documentation

Le masquage permet de rassembler un certain nombre de blocs pour réaliser une fonction particulière en un seul bloc paramétrable. Les blocs de Simulink, Simscape ou SimPowerSystems, sont réalisés sous forme de masques.
Dans ce qui suit, on décrira la façon de réaliser des masques à travers des exemples concrets.

I. Etapes de masquage d'un ensemble de blocs

I.1. Sous-système

Considérons l'ensemble de blocs représentant un moteur à courant continu avec des couples résistants (inertie, frottements, etc.) qu'on présente à son arbre.

Nous décidons de ressortir :
- le courant d'induit sous forme d'un signal Simulink,
- les masses (électrique et mécanique),
- la vitesse et la position angulaire,
- le rotor afin de pouvoir appliquer des couples résistants.

Le modèle Simulink du moteur DC est le suivant :
- l'induit avec sa résistance, Rotor Resistance R, sa self L, sa force contre électromotrice,
- l'inducteur (rotor) et les couples résistants (Inertie Inertia J, Amortisseur Rotational Dumper, Frottements Friction Mr).

Nous avons inséré :
- Un capteur de courant (ampèremètre), Current Sensor, en série à l'induit afin de ressortir la valeur de son courant sous la forme de signal Simulink par le convertisseur PS→S, Physical Signal to Simulink.
- Un capteur de vitesse et de position angulaire pour un mouvement rotationnel, Ideal Rotational Motion Sensor.

Nous sélectionnons ensuite l'ensemble de ce modèle, à la souris ou Edit/Select All et nous obtenons ce qui suit :

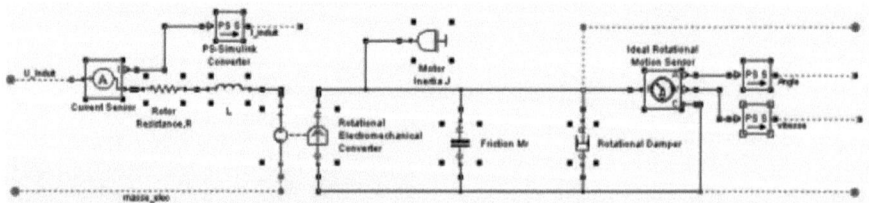

Avec le menu Edit/Mask, il y a création de ports de 2 types :

-Physical Signal pour les références, électrique réf_elec et mécanique, ref_meca et l'arbre moteur, arbre.

-Simulink pour le courant d'induit I_induit, Angle, vitesse après le passage par le convertisseur PS→S.

Les masques 639

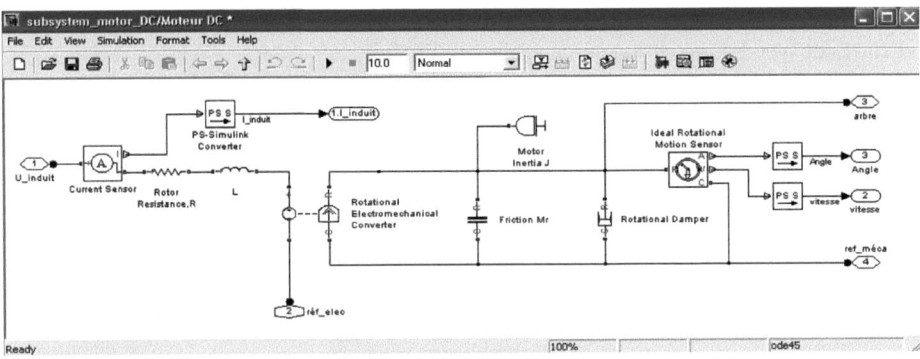

En double-cliquant sur l'un des ports de type Simulink, on peut modifier son label, soit le nom du signal (ex : `I_induit`), soit seulement le numéro du port, soit les deux comme c'est le cas du port représentant le courant d'induit.

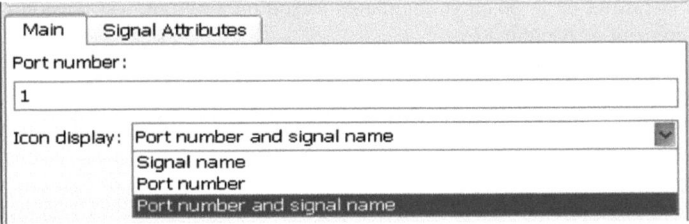

On peut mettre à droite les ports de type `Physical Signal` ou à gauche du bloc du sous-système.

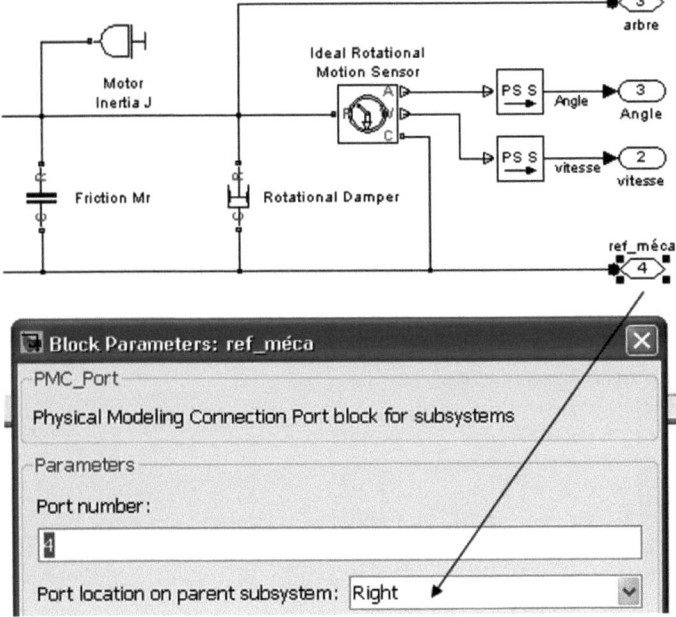

640 Annexe 2

Nous obtenons ainsi le sous-système suivant, avec :
- 1 entrée de type PS, la tension qu'on applique à l'induit,
- les références, électrique et mécanique, de type PS,
- le rotor, de type PS,
- 3 sorties, de type Simulink, qui sont le courant d'induit, la vitesse et la position angulaire.

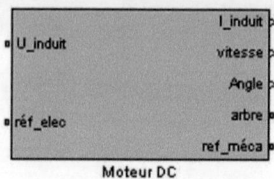

Dans ce sous-système, les différentes valeurs des éléments électromécaniques (résistance, self d'induit, les couples résistants) sont ceux déjà définis dans les démos de Simscape.
Nous pouvons utiliser ce sous-système pour obtenir les courbes du courant d'induit ainsi que celles de la vitesse et de la position angulaires lorsqu'on applique une tension d'induit sous forme d'un créneau de hauteur 12V.
Le créneau est généré par un monostable (simpowerSystems/Extra Library/Control Blocks) qui se déclenche au front montant de l'échelon d'entrée. Pour obtenir une amplitude de 12V, la sortie du monostable est multipliée par un gain de valeur 12. Le signal de sortie du monostable, étant de type booléen, nous devons le convertir en type double avant d'attaquer le convertisseur S->PS.

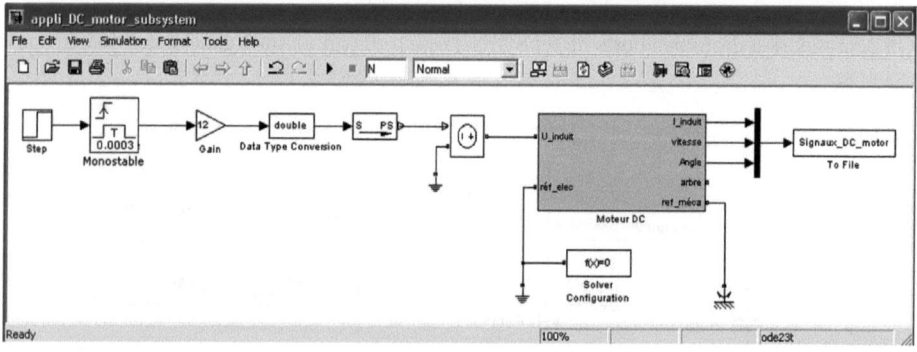

Les commandes suivantes de la fonction Callback StopFcn permettent de tracer les différentes courbes.

```
close all, clc
load Signaux_DC_motor.mat
subplot 121
plot(x(1,:),x(2,:))
hold on
plot(x(1,:), x(3,:))
grid
subplot 122
plot(x(1,:), x(4,:))
```

Les masques 641

```
gtext('vitesse de rotation')
gtext('courant d''induit'), gtext('position angulaire')
```

La durée de la simulation N est spécifiée dans la fonction Callback `InitFcn` :

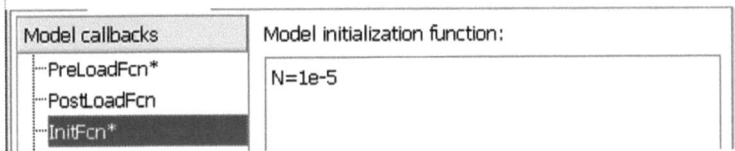

Les courbes suivantes représentent les réponses en vitesse, courant d'induit et position angulaire.

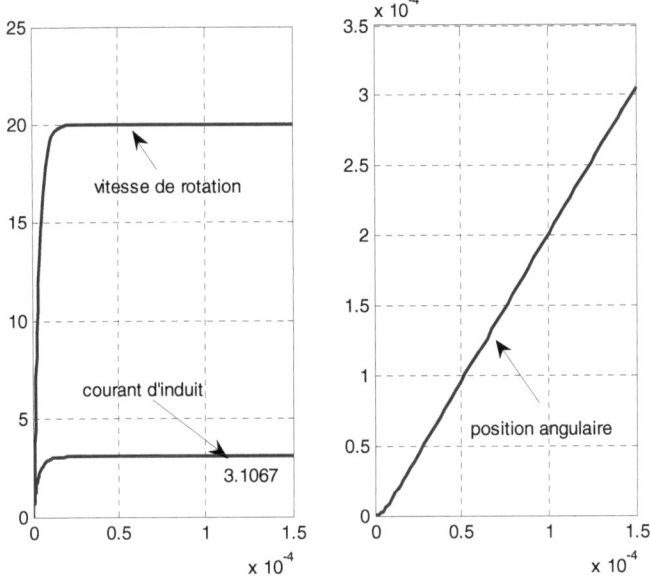

Nous pouvons vérifier, approximativement, la valeur en régime permanent du courant d'induit, sachant que la résistance vaut $3.9\,\Omega$.

```
>> 12/3.9

ans =
    3.0769
```

I.2. Masquage de sous-systèmes

On désire faire un masquage du système précédent. Dans la boite de dialogue du masque, nous pouvons spécifier des valeurs particulières aux différents paramètres du moteur et des couples résistants.

Pour réaliser le masque, nous utilisons le menu `Edit/Mask Subsystem` après avoir sélectionné le sous-système qu'on veut masquer.

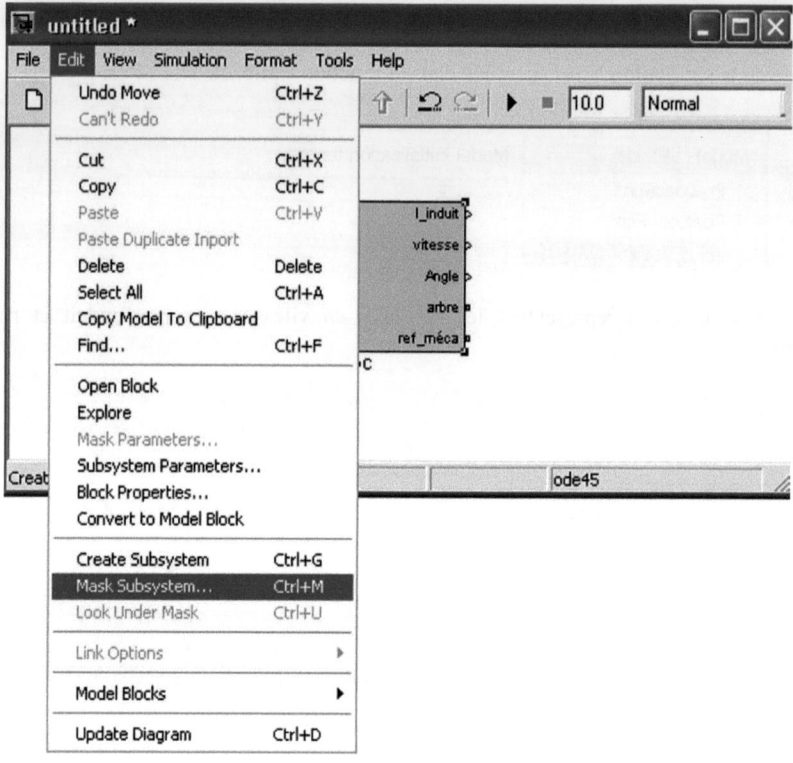

Comme on désire que le masque nous invite à spécifier les valeurs des paramètres du moteur (résistance d'induit, etc.) ainsi que ceux des couples résistants, nous allons d'abord les remplacer par des variables après avoir double-cliqué sur leurs blocs.

Le bloc du moteur DC contient les éléments suivants :

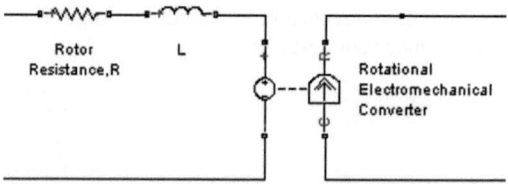

Il est défini par sa résistance R, sa self d'induit L ainsi que le coefficient de proportionnalité, K entre le courant d'induit et le couple moteur.
Dans les boites de dialogue de ces composants (R, L et bloc électromécanique), nous remplaçons les valeurs numériques (ex. 3.9 pour R) par la variable R, ainsi que par L et K, les valeurs de la self et le coefficient K.

Dans le cas du sous-système précédent, les valeurs de ces paramètres sont ceux définis dans le fichier ssc_dcmotor.mdl de Simscape/demos/Electrical Systems.

Les masques 643

Grâce à l'option Edit/Mask Subsystem, nous ouvrons l'éditeur de masque avec ses 4 onglets.
1. Icon & Ports
* Icon Drawing Commands
   Nous pouvons spécifier un titre, tracer une courbe ou insérer une image représentant le masque.

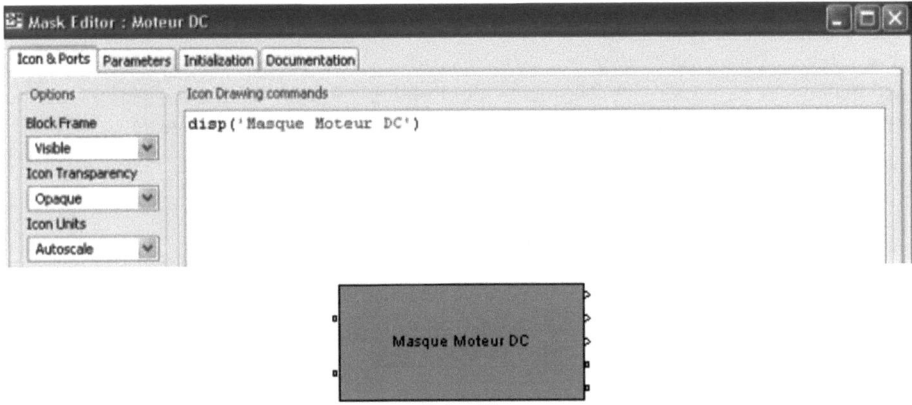

Ce masque reçoit 2 entrées de type PS (Physical System) et 5 sorties dont 3 de type Simulink et 2 de type PS.
On peut aussi insérer une image représentant ce masque, laquelle doit être présente dans le répertoire courant de travail.

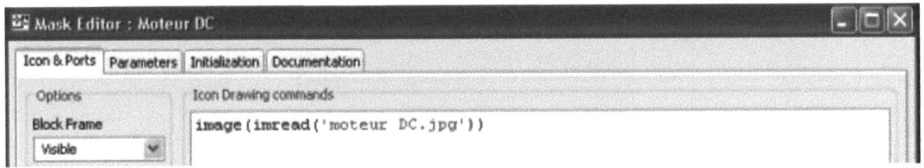

Nous obtenons le masque suivant avec l'image « moteur DC.jpg» de Helloprof.

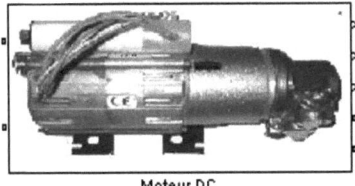

A gauche de cette fenêtre, nous trouvons 4 options :

* Block Frame

Cette option de rendre visible ou invisible, le contour du bloc.

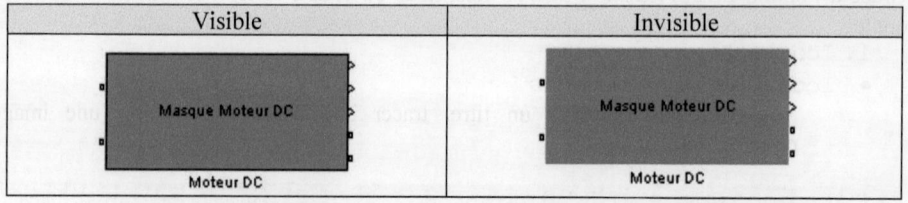

- `Icon Transparency`

Les options `Transparent/opaque` de l'option `Icon Transparency` permet d'afficher/masquer les labels des ports d'entrées/sorties du sous-système masqué.

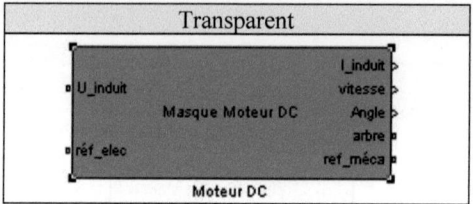

- `Icon Units`

Permet de choisir l'unité de mesure de l'icône.

- `Port Rotation`

Permet de rendre fixe l'icône ou permettre sa rotation.

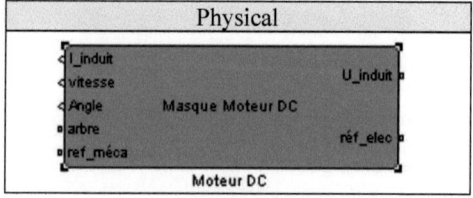

2. Parameters

Cet onglet nous permet de spécifier les variables définissant les différents paramètres du sous-système masqué dont une boite de dialogue demandera les valeurs après un double clic sur le bloc du masque.

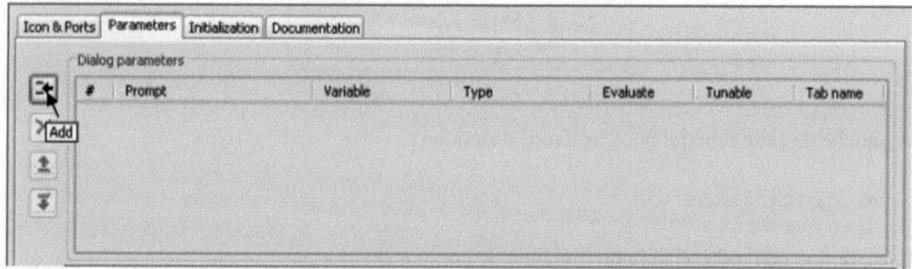

Pour cela, on insère les différentes variables en appuyant sur le bouton `Add`.

Les masques

Les variables utilisées sont les suivantes :

Définition	Variable
Résistance d'induit (Rotor Resistance), Ω	R
Self d'induit (Inductor), H	L
Paramètre électromécanique, V/(rad/s)	K
Couple de frottement, N*m	fr
Couple d'amortissement, N*m/(rad/s)	Damp
Inertie, g*cm^2	J

En commençant par les variables définissant le moteur, nous obtenons :

#	Prompt	Variable	Type	Evaluate	Tunable	Tab name
1	Résistance d'induit	R	edit	☑	☑	
2	Self d'induit	L	edit	☑	☑	
3	Paramètre électromécanique (...	K	edit	☑	☑	

Ce sont les paramètres de fréquence f, résistance d'induit R et self d'induit L que l'utilisateur spécifie dans la boite de dialogue du masque. Le `Prompt` représente le texte qui apparaît dans la boite de dialogue du masque, le champ `Variable` permet de spécifier le nom de la variable pour laquelle la boite de dialogue saisira la valeur. Le champ `Type` correspond à la façon dont on représente la variable (`check Box`, `popup menu`, etc.).

#	Prompt	Variable	Type	Evaluate	Tunable	Tab name
1	Résistance d'induit, Ohm:	R	edit	☑	☑	
2	Self d'induit, H:	L	edit / checkbox / popup / DataTypeStr / Minimum / Maximum	☑	☑	
3	Paramètre électromécanique, ...	K		☑	☑	

Le type `Evaluate` correspond à la façon d'évaluer la variable du masque, littéralement ou par sa valeur numérique. Si nous double-cliquons sur le bloc du masque du moteur DC, nous obtenons la boite de dialogue dans laquelle nous pouvons spécifier les valeurs de ces variables, initialisées préalablement à 0.

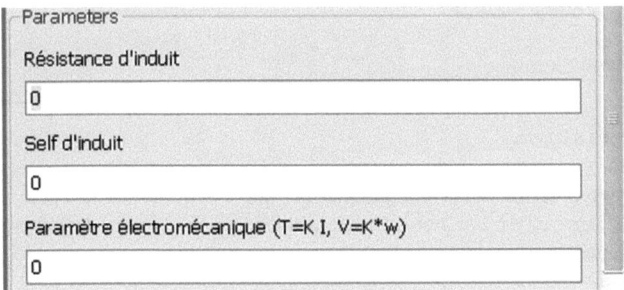

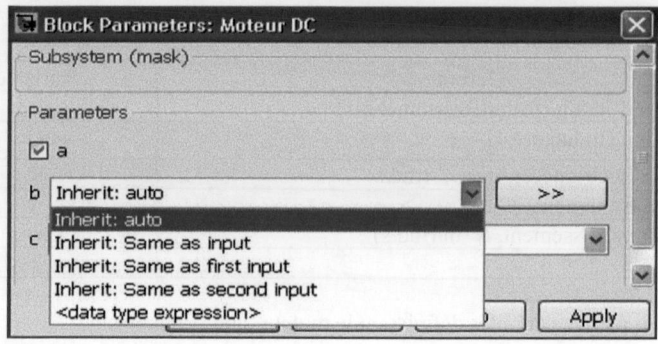

On fait de même pour les variables des couples résistants, à savoir les variables `fr`, `J` et `Damp`.

3. Initialization

Cet onglet permet de spécifier le code qui s'exécute pour initialiser le masque.

Comme exemple de cette initialisation, nous nettoyons la fenêtre de travail, fermons toutes les fenêtres graphiques et traçons une fonction sinus cardinal.

Ceci se fait dès l'ouverture de la fenêtre Simulink contenant le masque.

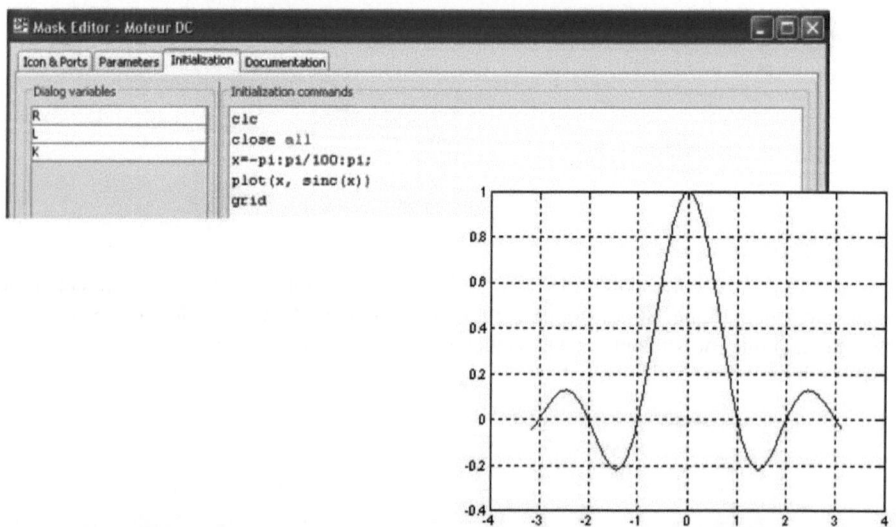

4. Documentation

Cet onglet permet d'écrire de la documentation qui s'affiche sur la boite de dialogue du masque (`Mask description`) et un texte d'aide (`Mask Help`) qu'on obtient lorsqu'on sélectionne le bouton `Help`.

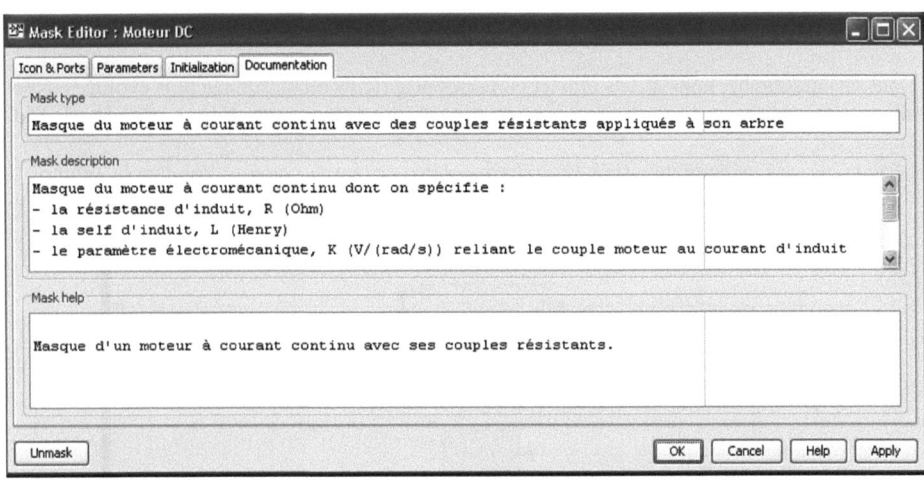

Lorsqu'on double-clique sur le bloc du masque, nous obtenons la fenêtre de dialogue suivante dans laquelle on affiche :

- le titre du masque spécifié dans le champ Mask type,

- le texte dans lequel on explique les différentes variables comme la résistance R, la self d'induit L et le paramètre électromécanique K,

- l'aide qui s'affichera lorsqu'on clique sur le bouton Help.

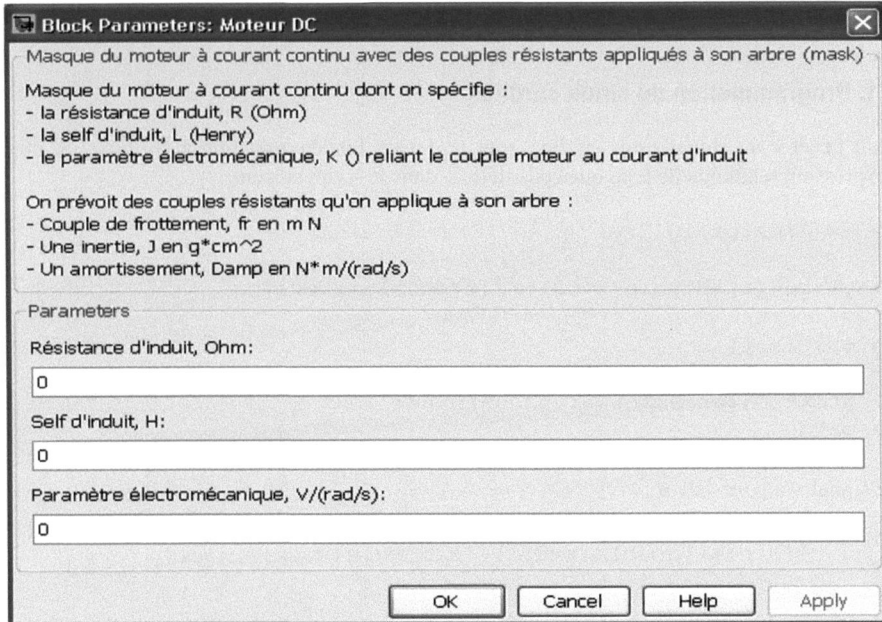

II. Masques dynamiques

Dans ce paragraphe, nous allons utiliser certaines propriétés du masquage plus évoluées. Nous allons créer un masque qui servira de générateur de signal sinusoïdal, sinus cardinal ou PWM.

Chacun de ces générateurs sera programmé dans un sous-système, comme le montre le schéma suivant :

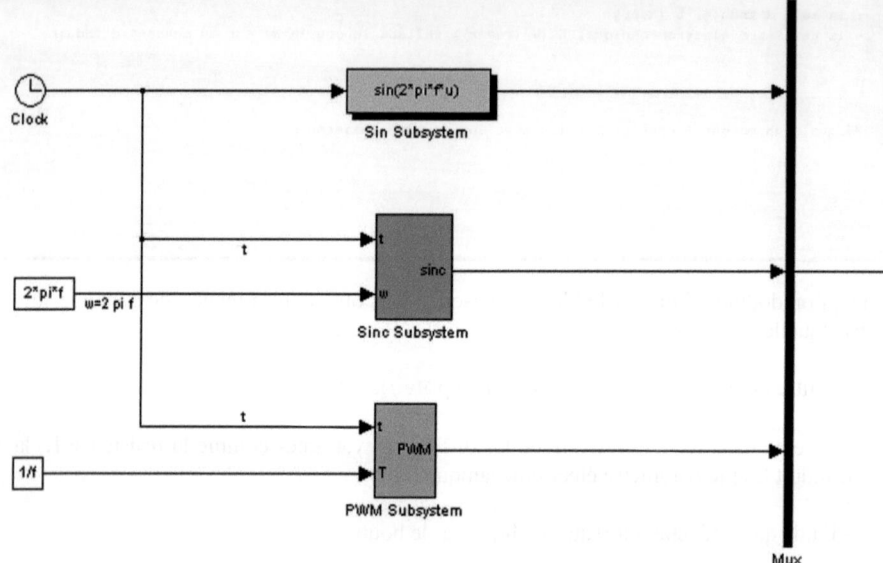

Les 3 sous-systèmes ont besoin de l'entrée temps t, généré par le bloc `Clock`.

II.1. Programmation du sinus cardinal

Pour générer un signal sinus cardinal tout en levant l'indétermination à l'origine, on utilise l'expression relationnelle telle que celle définie dans le script suivant :

```
>> x=-3*pi:pi/10:3*pi;
>> y=(sin(x)+double(x==0))./(x+double(x==0));
>> plot(x,y)
>> axis([-10 10 0 1.2])
>> gtext('\leftarrow sinus cardinal')
>> grid
```

Le signal y a pour valeur :

$$y=\texttt{(sin(x)+double(x=0))./(x+double(x=0))} = \begin{cases} 1 & si\ x = 0 \\ \dfrac{\sin(x)}{x} & si\ x \neq 0 \end{cases}$$

Les masques 649

Les lignes de commande précédentes donnent la courbe suivante que l'on programmera par la suite dans Simulink par le sous-système du sinus cardinal.

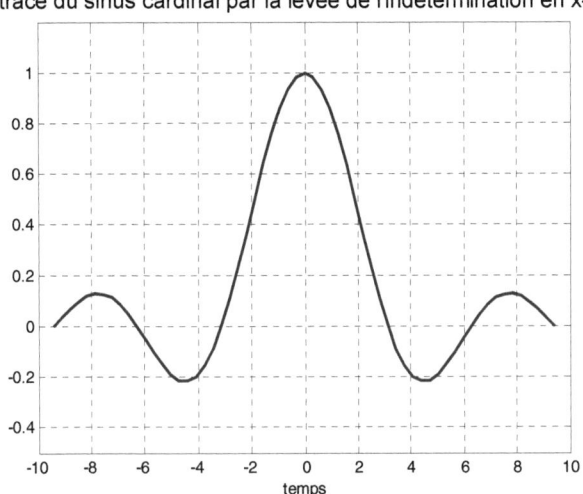

tracé du sinus cardinal par la levée de l'indétermination en x=0

Le modèle suivant programme parfaitement cette expression relationnelle.
Pour faciliter la lecture, nous avons documenté en étiquetant les lignes de connexion. Les variables paramétrables dans la boîte de dialogue du masque sont la fréquence f et l'amplitude Ampl, qui sont aussi utilisées pour la génération de la sinusoïde et du signal PWM.
La variable fréquence f est mise dans un bloc de constante et l'amplitude Ampl est définie par un gain.

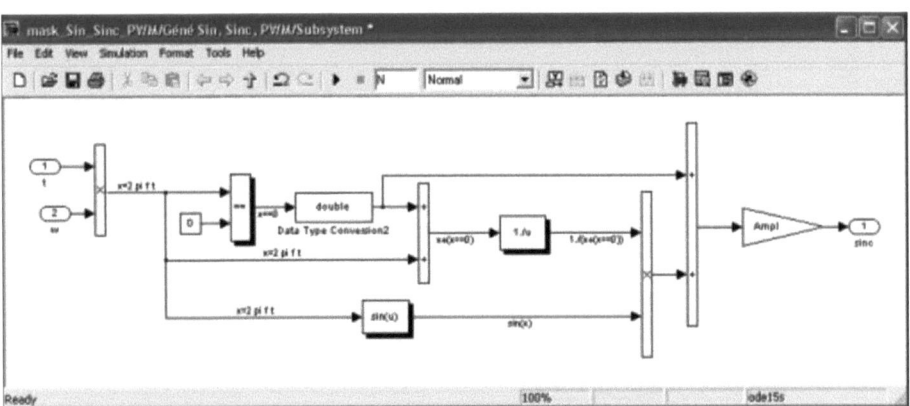

II.2. Programmation du signal PWM

Un signal PWM (Pulse Width Modulation) ou MLI (Modulation de largeur d'impulsion) est un signal carré dont on peut régler le rapport cyclique (rapport de la durée de la valeur haute du signal sur celle de la valeur basse sur une période). Ce type de signal est largement utilisé pour commander des moteurs à courant continu grâce au fort rendement qu'il permet contrairement à une commande par une tension continue.

La génération d'un signal PWM de période 20 s et de rapport cyclique 0.8 peut être réalisée par les lignes de commandes MATLAB suivantes:

```
>> t=0:0.01:100;          % durée du signal en secondes
>> T=20;                  % période en secondes
>> rap_cycl=0.8;
>> x=~(mod(t,T)<rap_cycl); % signal PWM
>> stairs(t,x)
>> axis([0 100 -0.1 1.1])
>> title('signal PWM de rapport cyclique 0.8 et période 20')
>> xlabel('temps')
```

Le signal x donné par

$$x=\sim(\text{mod}(t,T)<\text{rap\_cycl})$$

retourne le modulo du temps par rapport à la période T ou 1/f, où f est la fréquence choisie dans la boite de dialogue du masque.

Les valeurs du signal généré varient de 0 à 1. Pour obtenir d'autres valeurs, il suffit de les multiplier par un gain et leur ajouter un offset.

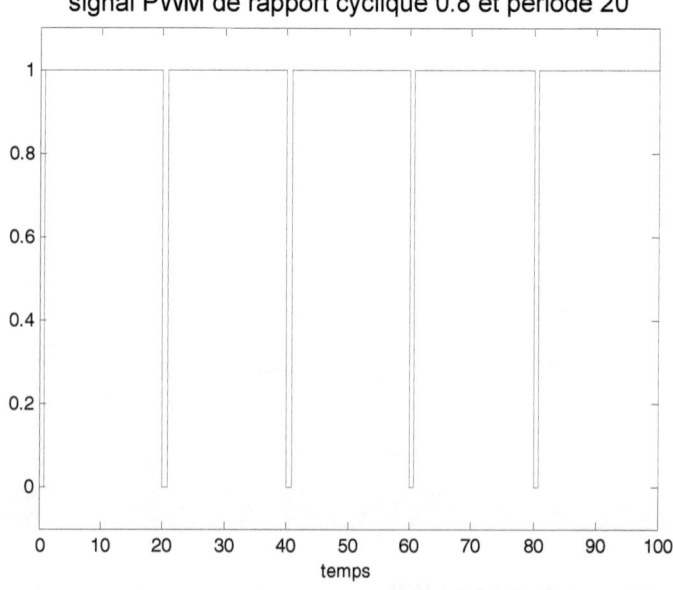

On se propose de créer un masque que l'on peut utiliser sous SIMULINK bien qu'il existe déjà le bloc `Pulse Generator` de la bibliothèque `Sources` qui permet le choix du rapport cyclique. Le sous-système générant ce signal PWM est le suivant :

Les masques 651

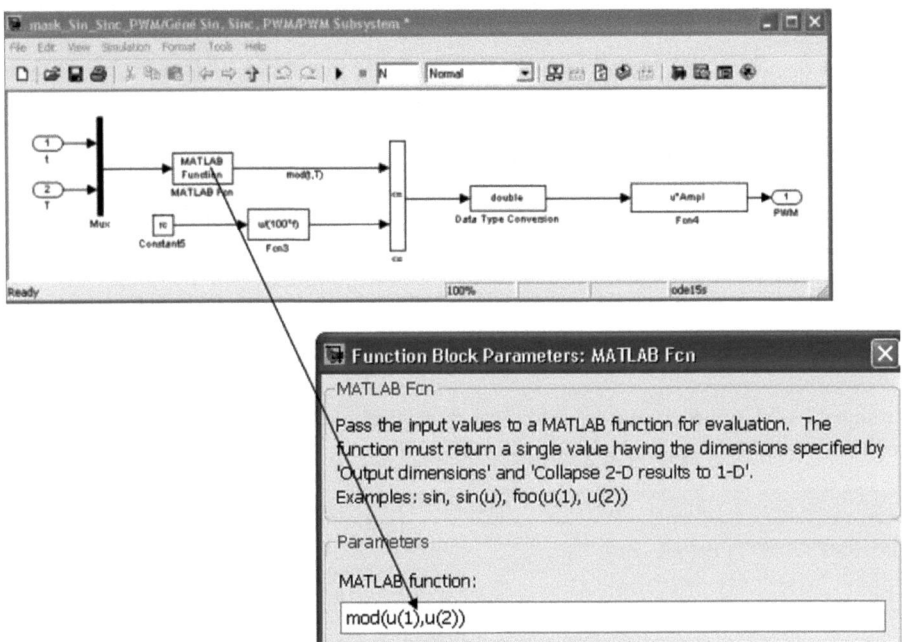

Le bloc `Matlab Function` génère le temps t modulo la période T $(1/f)$.

III. Création du masque

III.1. Onglet Icon & Ports

Dans cet onglet, nous tracerons le signal choisi (sinus, sinus cardinal) de façon dynamique. La commande `color` permet de spécifier la couleur du tracé (ici en rouge). La commande `plot` permet de tracer le signal `y` en fonction `x`, préalablement déterminé dans la phase d'initialisation (onglet `Initialization`).

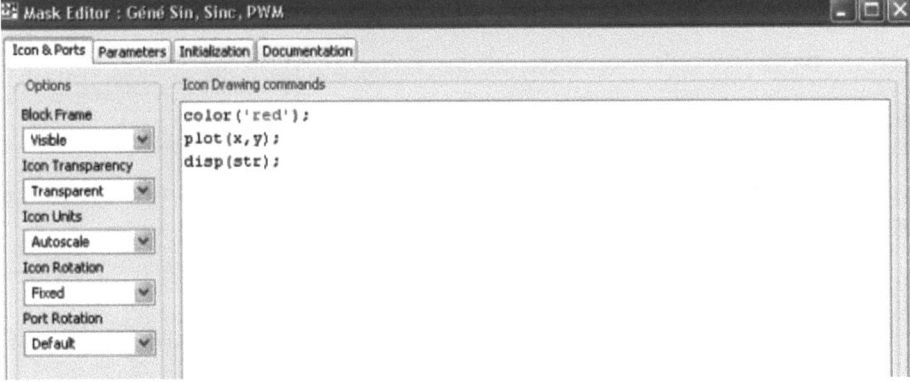

III.2. Onglet Parameters

Dans cet onglet, on spécifie les paramètres régissant le fonctionnement du masque. L'ordre d'entrée de ceux-ci a son importance, comme nous le verrons plus loin.

Ce sont les paramètres que l'utilisateur doit rentrer dans la boite de dialogue du masque.

La fréquence et l'amplitude sont ceux de la sinusoïde, le sinus cardinal ou PWM. Le rapport cyclique concerne uniquement le signal PWM.

La variable ChoixSignal est un menu déroulant (popup menu) qui permet de choisir ou le sinus ou le sinus cardinal si la case à cocher, permettant le choix du signal PWM, n'est pas préalablement cochée.

Le signal PWM, prioritaire sur les autres, est choisi tant que la case à cocher (checkbox) est cochée.

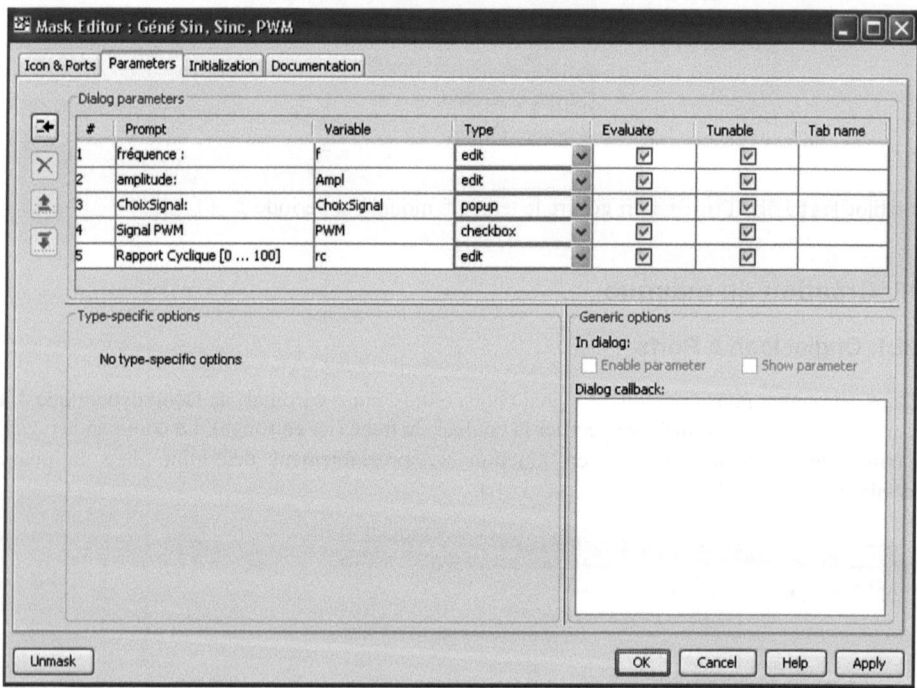

Les cases Evaluate et Tunable sont toutes deux cochées. Cocher la case Evaluate permet au masque d'évaluer le paramètre, autrement il le ferait littéralement.

Tunable permet de changer le paramètre pendant l'exécution de Simulink.

Tab name permet de créer des étiquettes pour chaque paramètre. On modifie l'onglet Tab name Parameters comme suit.

Les masques 653

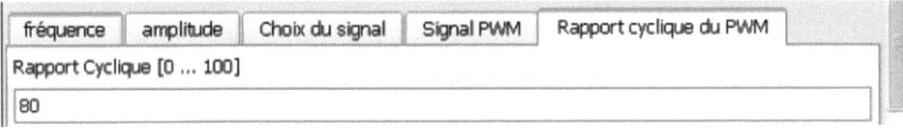

La boite de dialogue aura ainsi la forme suivante.
Le champ de la valeur du rapport cyclique n'est valide que si on a choisi le signal de type PWM.

fréquence	amplitude	Choix du signal	Signal PWM	Rapport cyclique du PWM
Rapport Cyclique [0 ... 100]				
80				

- Dialog Callback (les Callbacks du masque)

Les paramètres sont évalués dans l'ordre dans lequel ils sont définis. Lors de l'évaluation de la fréquence f (1er paramètre), nous programmons les commandes suivantes dans la fenêtre Dialog Callback :

```
visible={'on','on','on','on','off'};
set_param(gcb,'MaskVisibilities',visible)
```

La commande set_param sert à spécifier des valeurs à des blocs ou au système Simulink (solveur, temps de simulation, etc.) et dans notre cas à modifier la visibilité d'un des paramètres du masque.
Les commandes ci-dessus permettent de rendre invisible, valeur off, le paramètre rc du rapport cyclique.

En effet, comme on le verra ci-dessous, ce paramètre sera invisible dans la boite de dialogue tant qu'on n'a pas choisi le signal PWM.

Pour le paramètre PWM (Signal PWM) nous avons les commandes suivantes :

```
parametres=get_param(gcb,'MaskValues');
p4=parametres{4};

if strcmp(p4,'on');
    visible={'on','on','on','on','on'};
    set_param(gcb,'MaskVisibilities',visible)
end
```

On récupère les valeurs des paramètres du masque dont le 4ème est affecté à la variable p4.
Si p4 vaut la valeur on (choix du signal PWM), on rend visible la case à cocher PWM.

Ceci est réalisé par la commande set_param; ce qui permet de réaliser un masque dynamique.

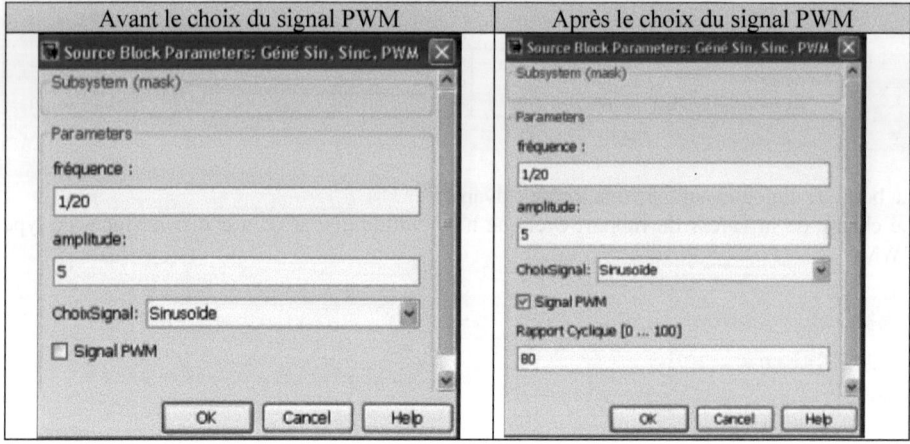

Avant le choix du signal PWM	Après le choix du signal PWM

Nous obtenons les formes du signal sur le masque dans les cas où l'on choisit le sinus ou le sinus cardinal.

- Sinusoïde

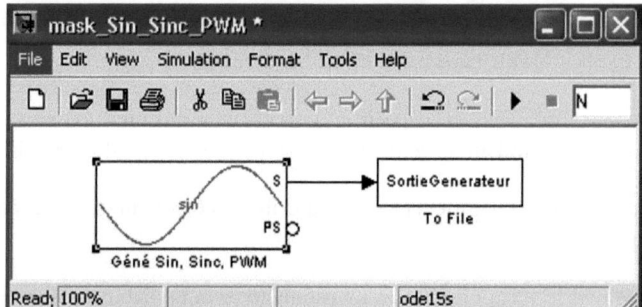

- Sinus cardinal

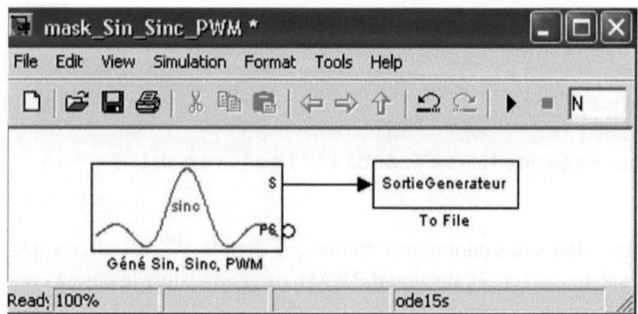

III.3. Onglet Initialization

Cet onglet permet d'initialiser le masque. Ci-dessous, on affecte des valeurs aux variables x et y ainsi qu'à la chaîne de caractères str.
On teste la variable ChoixSignal qui prend 1 dans le cas de la sinusoïde et 2 pour le choix du sinus cardinal.
Pour le cas du signal PWM, on récupère les valeurs des paramètres par la commande get_param qui retourne la valeur du paramètre spécifié, gcb (get current bloc) dans notre cas.
Si on rend actif le bloc PWM Subsystem, on peut obtenir la liste des blocs avec leurs types.

```
blks = find_system(gcs, 'Type', 'block');
listblks = get_param(blks, 'BlockType')
listblks =
    'SubSystem'
    'Inport'
    'Inport'
    'RelationalOperator'
    'Constant'
    'DataTypeConversion'
    'Fcn'
    'Fcn'
    'MATLABFcn'
    'Mux'
    'Outport'
```

Dans notre cas, on cherche à récupérer les valeurs des paramètres du masque avec la commande
          parametres=get_param(gcb,'MaskValues');

qui sont dans le cas particulier :

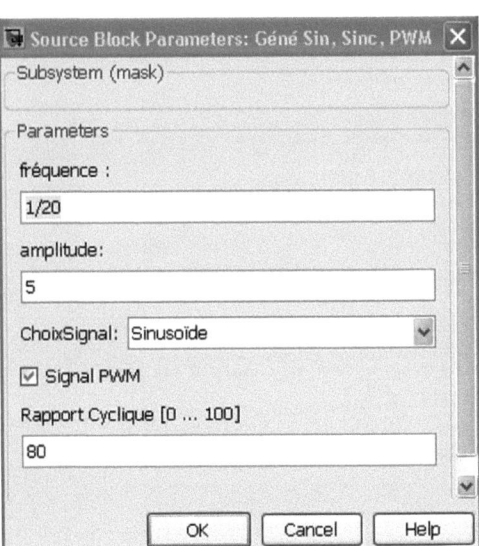

```
>> parametres=get_param(gcb,'MaskValues')
parametres =
    '1/20'
    '5'
    'Sinusoïde'
    'on'
    '80'
```

Le 4ème paramètre étant la valeur on/off de la case à cocher PWM, sa valeur vaut on (strcmp(p4,'on')) lorsque cette dernière est cochée. Dans ce cas, à la chaîne str est affectée la valeur 'PWM' et on trace un signal PWM de rapport cyclique 70%.

```
switch ChoixSignal
case 1, % Sinus
        str='sin';
        x=-pi:pi/100:pi;
        y=sin(x);
case 2, % Sinc
        str='sinc'; x=-pi:pi/100:pi;y=sinc(x);
end
parametres=get_param(gcb,'MaskValues');
p4=parametres{4};
if strcmp(p4,'on');
    str='PWM'; x=0:0.01:10; y=square(x,70);
end
```

III.4. Onglet Documentation

Comme expliqué dans l'exemple du masque du moteur à courant continu, cet onglet affiche le type de masque, une description sur la fenêtre de dialogue ainsi que l'aide lorsqu'on appuie sur le bouton Help.

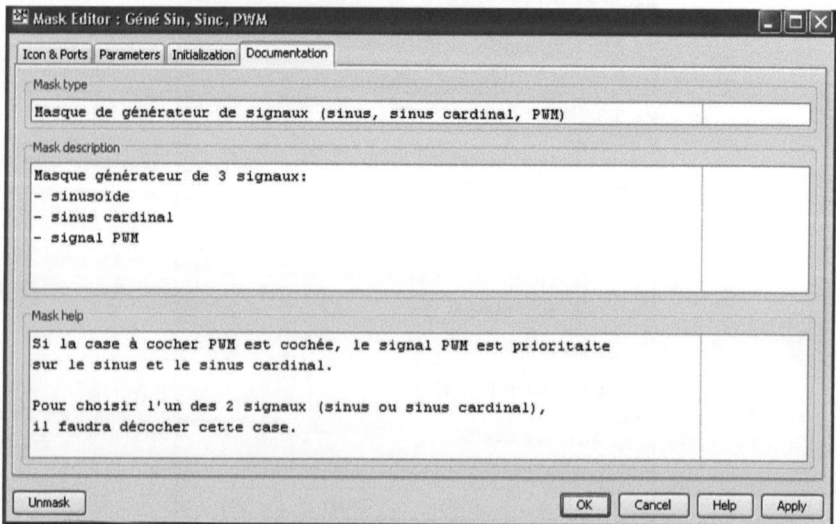

Le signal généré par le masque est envoyé vers le fichier binaire `SortieGenerateur.mat` sous le nom de variable x.

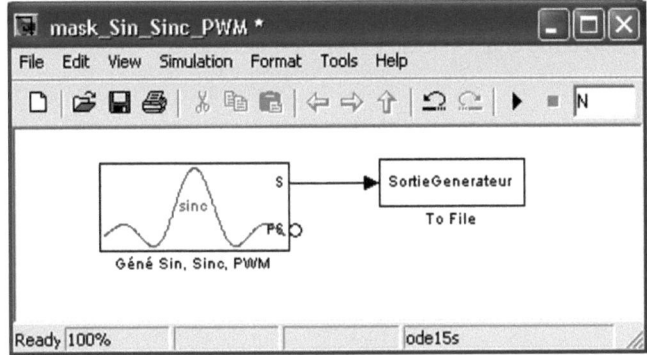

Grâce à la fonction Callback `StopFcn`, nous lisons le fichier binaire et nous traçons le signal généré.

```
clc
load SortieGenerateur.mat
plot(x(1,:),x(2,:))
xlabel('temps')
title('Signal de sortie du générateur de signaux')
grid
```

Dans la fonction `InitFcn`, nous affectons une valeur à la durée de simulation N (ici N=100). Dans le cas d'un signal PWM de rapport cyclique 80%, nous obtenons le résultat suivant.

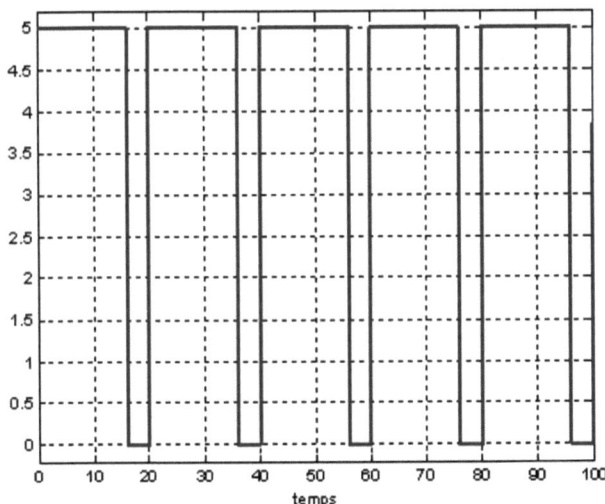

Pour sélectionner un signal parmi les trois, nous avons utilisé les conditions logiques suivantes dans le bloc `Matlab Function`.

```
((ChoixSignal==1)&&(PWM~=1))*u(1)+((ChoixSignal==2)&&
(PWM~=1))*u(2)+(PWM==1) *u(3)
```

Les signaux Sinus et Sinus cardinal ne sortent vers le fichier binaire que si leur numéro (1 ou 2) est vérifié et que la case PWM n'est pas cochée.

Références bibliographiques

Ouvrages

1- MATLAB R2009, SIMULINK ET STATEFLOW pour Ingénieurs, Chercheurs et Etudiants. N. Martaj, M. Mokhtari, Ed. Springer, juin 2010

2- Circuit Analysis II with MATLAB® Computing and Simulink® / SimPowerSystems® Modeling, Steven T. Karris, Orchard Publications, Fremont, California, 2009

3- Electrical Circuit Theory and Technology, Revised second edition, J. Bird, BSC(Hons), CEng, MIEE, FIEIE, CMath, FIMA, FCollP, Newnes, 1997

4- Introduction to Linear Circuit Analysis and Modelling
From DC to RF, L. Moura, I. Darwazeh, Newnes, 2005

5- MANUEL DE GÉNIE ÉLECTRIQUE, G. Chateigner, M. Boës, D. Bouix, J. Vaillant, D. Verkindère, Dunod, 2007.

6- Circuit_Analysis_Demystified, D. McMahon, Mc Graw Hill, 2008

7- Electrical Engineering, Principles and Applications, Fifth Edition
A. R. Hambley, Prentice Hall, 2008

8- MANUEL DE GENIE ELECTRIQUE, Guy Chateigner& al.
Rappels de cours, méthodes et exercices corrigés, Dunod, 2007.

9- Electrical Engineering and Control, Min Zhu Editor, 2011, Springer

10- An Analog Electronics Companion, S. Hamilton, Cambridge University Press, 2003

11- The Industrial Electronics Handbook, FUNDAMENTAL INDUSTRIAL ELECTRONICS Second Edition, B. Wilamovski, CRC Press, 2011-10-20

12- Engineering Circuit Analysis, Sevent Edition, W. H. Hayt, J. E. Kemmerly, S. M. Durbin, Mc Graw Hill, Higher Education, 2007

13- Experiments in Modern Electronics, Third Edition, W. M. Leach, Jr., T. E. Brewer, Kendall/Hunt Publishing Company, 2006

14- Digital Power Electronics and Applications F. L. Luo, H. Ye, M. Rashid, ELSEVIER ACADEMIC PRESS, 2005

Ressources Internet

http://c.divoux.free.fr/phyapp/redressement_com/cours_redressement_commande.pdf
http://fabrice.sincere.pagesperso-orange.fr/cm_electrotechnique/exercices_electrotechnique/exercices_onduleur.pdf
http://www.louis-armand-mulhouse.eu/btsse/acrobat-modules/oscillateur.pdf
http://fr.wikipedia.org/wiki/Courant_triphas%C3%A9
http://www.installations-electriques.net/Electr/triphase.htm
http://fabrice.sincere.pagesperso-orange.fr/electrotechnique.htm
http://fabrice.sincere.pagesperso-orange.fr/electronique.htm

Logiciel de dessin utilisé

http://davbucci.chez-alice.fr/index.php?argument=elettronica/fidocadj/fidocadj.inc

Index

A

AC, 22, 174, 198, 223, 382, 425, 427, 428, 429, 444-450, 456-459, 476, 503, 510, 580
across, 296-300, 301, 314, 318, 319, 323-339
Actionneur, 39
ampèremètre, 7, 9, 12
amplificateur
    opérationnel, 23-27, 51, 141-146, 193-294, 203-207, 226-261, 315-319, 369, 537-554, 626
    non inverseur, 25, 26, 372
    à transistors, 46
    d'instrumentation, 199-202
    de puissance, 444
amortissement
    d'un circuit RLC, 19, 226
    d'un circuit mécanique, 28, 29, 41, 284
amortisseur (d'un circuit mécanique), 28, 32, 39, 87- 98, 139, 167, 251, 283, 638
analyse
    FFT, 377, 378, 509
    fréquentielle, 492
    système LTI, 510-514
anode, 386, 447, 451, 560-564
astable
    à portes NAND, 44
    à portes NOR ou NAND, 214
    à transistors, 216
    multivibrateur, 204, 206-216

B

Batterie, 112, 393-395, 403-456
bottom, 299-301, 312, 332, 336
Bridge, 124, 426, 556

C

capteur
    champ magnétique, 34
    courant, 7, 56, 166, 362, 423, 638
    force, 65, 66, 92
    couple, 92, 140
    position, vitesse, 32, 72, 83, 92, 98, 99, 139, 258, 333, 611, 638
    MMF, 84, 89
    température, 75, 104, 189, 307
    flux, 83-89, 104
    tension, 7, 53, 114, 423, 539, 550

circuit
    RC, 4-19, 46, 52-55, 105, 150, 250, 304, 305, 313, 344, 353, 366, 406, 413-424, 488-497, 581, 626, 627
    RL, 287, 406, 408, 453-467, 488, 502- 506
    RLC, 16, 18, 56, 225, 226-231, 244, 246, 352-359, 363, 383, 389, 406, 40-412, 492-502, 510-512, 526-529
classe, 322, 324, 25
CMOS, 44, 110, 146, 149, 150, 269
Concordia, 600, 601
convertisseur
    électromagnétique, 37, 73, 81, 84, 85
    électromécanique, 67, 72, 73, 251
Converter, 67, 189, 251, 297, 391
Controller, 391, 392, 393, 541, 567, 569, 577- 581

D

DC
    Current Source, 9, 47, 63, 180, 184, 227, 251, 381, 425, 503-506
    Drives, 456, 580
    DC-AC, 447-452
    Machine, 391, 392, 397, 457, 469
    motor, 40, 41, 115, 117, 253, 609-621, 640
Devices
    Passive, 110, 154, 155, 174, 234, 244
    Semiconductor, 46, 110, 164, 176
différentiel
    ampli, 24, 47
    étage, 46, 193
    gain, 201, 202
    montage, 23
diphasique, 599, 600
domaine
    Thermic, 2
    électrique, 4, 37, 65
dsolve, 411, 424

E

Electrical, 2-9, 19, 45, 51-56, 63, 65, 84, 131, 138, 198-207, 251, 296-307, 316-326
Electronics, 2, 3, 40-47, 110, 111, 195, 205, 242, 244, 265, 281, 388, 426, 441, 456, 533, 549, 556
électromécanique
    actionneur, 251
    convertisseur, 67, 72, 73, 251
    couple, 582, 583, 609, 642, 645, 647
    modèle, 115

F

FACTS, 458, 459
factslib, 459
FFT, 377, 378, 509
filtres
    passe bas du 1er ordre, 232, 244, 457, 553, 567
    passe bande, 234
    passe bas du 2nd ordre, 237, 244, 373, 377, 463, 663
flux
    magnétique, 34, 35, 36, 37, 39, 82, 83, 84, 88, 89, 91, 326, 601
    thermique, 101-107, 326
    Flux Sensor, 35, 84-89
    Controlled Flux Source, 39
Fortescue, 515, 517, 520, 592, 593
frottement, 93, 251, 287, 332, 580, 645
Foucault, 129
Fourier, 102, 375, 384, 421, 429, 432, 434, 439, 460-466, 472, 482, 483, 566, 589, 596

G

gâchette
    de MOSFET, 395-397, 551
    de thyristor, 443-452, 560-563
    de GTO, 453-455, 543, 548
gate, 390, 441, 442, 450, 548
Generator, 53, 370, 444, 556-559, 576, 650
Giacoletto, 338, 340,
glissement, 129-136, 571, 580
Graëtz, 564
GTO, 426, 450-454, 548, 581

H

hacheur, 453, 454, 532-546
héritage, 321
hidden, 301, 322, 324
Hooke, 28
Hopkinson, 35
hystérésis, 174, 175, 394

I

IGBT, 390, 391, 426, 441, 533, 534, 556, 581
inducteur, 331, 470, 583, 638
induction, 82, 111, 128, 130-134, 420, 580
inductive, 129, 406, 506, 547, 557, 562, 563
inertie, 32, 33, 41-44, 65, 92, 98, 101, 102, 115, 118, 132, 139, 167, 171, 183, 253, 258, 287, 298, 332-430, 471, 580, 607- 611, 638, 645
instrumentation, 199, 200-204
Integrated circuits, 44, 110, 140, 533
Intégrateur, 72, 207, 208, 229, 286, 343, 344, 370, 371, 626, 627
Intégré, 44, 208, 210, 281, 456
interpolation, 4, 14, 15, 69, 75-79, 178, 179, 580

J

jauge, 110, 186-188, 297
JFET, 164-176

K

Kirchhoff, 34 , 332, 334, 476

L

Laplace, 14, 30, 33, 95, 409, 476
LC, 19, 223-227, 350-356, 362-368, 406-411, 415, 416, 426, 526
LED, 149, 165, 213
linéique, 420
lissage, 60, 387, 452-454, 544, 566
Logic, 44, 146
LTI, 510-515

M

matériau, 82, 101, 102, 187, 246
Measurement
    Current, 356, 362, 382, 409, 422, 430, 436, 495, 498, 500, 507, 527, 529, 568, 573, 590
    Impedance, 364, 365, 367, 493, 502
    Voltage, 356, 382, 403, 409, 413, 422, 430, 436, 495-500, 507-527, 529, 568, 573, 590, 591
Measurements, 357, 364, 365, 375, 376, 384, 405, 420-428, 450, 460-463, 490-493, 518, 535, 566, 589
mechanical, 2, 4, 41, 65, 92, 132-139, 284, 289, 296, 297, 298, 325, 326, 331-338, 391
Millman (théorème de), 23, 143, 188, 197, 199, 203, 240
MMF, 34-39, 326
Modélisation
    amplificateur opérationnel, 24
    capacité, 11, 17
    d'état, 356, 502, 509, 531
    inductance, 11, 17
    multi physique, 297
    PID analogique, 342-346
    résistance, 11-17
    transistor NPN, 334
    transistor à effet de champ, 328
Modulation
    amplitude, 272-280
    largeur d'impulson (PWM), 45, 112, 240, 460, 548, 569, 576, 649
Moteur
    asynchrone, 571-585
    à courant continu, 40, 108-115, 124, 137, 167, 176, 182, 251-258, 267, 269, 331, 347, 388, 391-395, 449-473, 524, 545, 562, 567, 606- 619, 638, 656
    à induction, 111, 128-133
    servomoteur, 137-139
    moteur pas à pas, 112
    synchrone, 470-472, 571, 583-585
MOS, 395, 441
MOSFET, 110, 164, 171, 390-543, 551, 552, 581

Index

MMF, *34-39, 82-92, 326*
Motor
    asynchronous, *580*
    DC, *40-43, 115, 117, 253, 392, 608- 621, 640*
    synchronous, *523, 546, 585*
multimètre, *357- 364, 420-427*
multiplieur, *151-154, 272, 276*
multivibrateur, *204, 206-210, 216*

N

NAND, *44, 46, 147- 216, 247*
NE 555, *208- 213, 215, 216, 217, 218*
neutral, *400, 406, 408*
neutre, *130, 383, 385, 400, 406-408, 431-434, 471, 519, 564, 572, 582, 589, 590*
NMOS, *176, 177, 551*
nodes, *326, 331-336, 341*

O

onduleur, *450, 547-558, 576-585*
Op-Amp, *144, 145, 195, 196, 230, 533*
optocoupleur, *165, 166, 167*
Oscillateur
    à déphasage *222-222*
    à portes logiques, *147-151*
    à portes NAND, *44*
    de Pierce rectangulaire, *247*
    de Pierce sinusoïdal, *246*
    LC, *223, 225-28*

P

Passive Devices, *110, 154, 155, 174, 234, 244*
Park, *601*
phaseur, *421, 465, 476, 477, 489, 515, 516, 588, 598*
Pierce, *246, 247*
PLL, *460, 602, 603*
PMOS, *176*
Pont en H, *260-266, 268-271*
power_analyze, *356, 357, 494-504, 507, 514, 527,*
powergui, *365, 367, 377-400, 429, 474-476, 482-493, 502, 506, 509, 511*
powerlib, *388, 400, 402, 405, 421, 441, 524*
private, *301, 302, 328, 329*
puissance
    active, *406, 421, 422, 465-468, 518-522, 564, 591, 592*
    réactive, *129, 406, 421, 422, 465-468, 518-522, 564, 591, 592*
PWM, *45, 46, 110, 112, 114, 115, 122, 124, 125, 126, 127, 128, 171, 172, 215, 239, 240, 242, 243*

Q

quartz, *110, 154, 244-246*

R

Réactive, *129, 406, 421, 422, 465-468, 518-522, 564, 591, 592*

redressement, *59, 385*
régulateur
    P, *87,253, 389*
    PD, *252*
    PI, *72, 73, 115-191, 248-252, 267, 262, 268, 327, 392, 457*
    PID, *191, 248-257, 342-346, 389, 390, 461, 462, 524, 525, 537-541, 567, 569, 578-586, 613, 614, 620-627*
    PI et PID analogiques, *255-257, 327*
réluctance, *34-39, 81-89*
ressort, *28-33, 39, 301, 307, 336, 337, 339*
rhéostat, *583*
RMS, *86, 376, 385, 421, 429, 434, 438, 460-466, 488, 587-596*

S

Seebeck, *189, 190*
Semiconductor Devices, *46, 110, 164, 176*
setup, *298-301, 307-321, 323-337, 341-344*
SimElectronics, *2, 3, 40-47, 110-189, 195, 205, 242, 244, 265, 281*
simulation
    continuous, *429, 430, 487, 489*
    discrete, *430, 435*
    phasors, *421, 430-435, 475, 477, 485-489, 573, 575*
sommateur, *27, 143, 144, 197, 198, 237, 274*
SPICE, *110, 155, 173-185, 178, 182*
ssc, *298, 302-308, 314-330, 338-347*
ssc_build, *302, 303, 313, 318, 337, 343*
ssc_new, *50*
stator, *40, 128-139, 331, 470, 571-583, 587, 601*
Stefan-Boltzmann, *103*
subs, *410, 411, 426, 427, 484*
survolteur, *532-542*
syms, *411, 424, 473*
Symbolic, *410, 473*

T

tables 1D et 2D, *4, 14, 15*
THD, *438*
Thermal, *4, 34, 49, 101-107, 160, 326*

thermistance, *75-110, 154, 159-162, 186 159-164, 186, 294, 307-310, 318*
thermocouple, *110, 186-190*
threshold, *25, 157, 174*
through, *297-301, 312, 317, 321-341*
thyristor, *164, 441, 443, 444, 445, 446, 447, 450, 451, 548, 560, 561, 562, 563, 581*
Toolbox, *410, 473, 625*
torque, *33, 92-97, 131, 138-140*
transformer, *400, 405, 425, 426*
transistor
    bipolaire, *110, 164, 171, 176, 193, 258, 259, 334, 339, 340, 390, 441*
    FET, *20, 22, 328, 329*
    JFET, *110, 164-169, 176*

MOSFET, 110, 164, 171, 390, 385, 397, 441-552, 581
NMOS, 176,177, 551
NPN, 47, 164, 165, 176, 182, 183, 334, 335, 340, 347, 443
PMOS, 176
PNP, 164, 165, 176, 443
Schéma équivalent, 22, 60- 64
triphasé, 131, 383-386, 400-408, 432, 467-470, 507, 509, 515-521, 556-603

U
Utilities, 3, 6, 52, 108

W
Weber, 82
Wheatstone, 186- 188
Wien, 218-220, 371, 372

MIX
Papier aus verantwortungsvollen Quellen
Paper from responsible sources
FSC® C105338

If you have any concerns about our products,
you can contact us on
ProductSafety@springernature.com

In case Publisher is established outside the EU,
the EU authorized representative is:
**Springer Nature Customer Service Center GmbH
Europaplatz 3, 69115 Heidelberg, Germany**

Printed by Libri Plureos GmbH
in Hamburg, Germany